1 Planungsablauf bei Hochbauten

2 Rechtliche Rahmenbedingungen

3 Planungsgrundlagen

4 Bauphysikalische Grundlagen

5 Bauteile/Baukonstruktionen

6 Ausführungsgrundlagen

Bauplanung mit DIN-Normen

Grundlagen für den Hochbau

Herausgegeben vom
DIN Deutsches Institut für Normung e.V.

Bearbeitet von
Prof. Dr.-Ing. Joachim Arlt
und Dr.-Ing. Peter Kiehl

Mit 378 Bildern und 129 Tabellen

1995

B. G. Teubner Stuttgart   Leipzig
Beuth Verlag Berlin   Wien   Zürich

Die Bearbeiter
Prof. Dr.-Ing. Joachim Arlt
Direktor des Instituts für Bauforschung e.V. (IfB), Hannover,
Honorarprofessor an der Gesamthochschule Kassel
Dr.-Ing. Peter Kiehl
Technischer Direktor und Leiter der Abteilung Technische Koordinierung und Planung im DIN Deutsches Institut für Normung e.V., Berlin
Lehrbeauftragter an der Technischen Fachhochschule Berlin, Fachbereich Architektur

---

Die Deutsche Bibliothek – CIP-Einheitsaufnahme

Arlt, Joachim:
Bauplanung mit DIN-Normen: Grundlagen für den Hochbau; mit 129 Tabellen / bearb. von Joachim Arlt und Peter Kiehl. Hrsg. vom DIN, Deutsches Institut für Normung e.V. – Stuttgart; Leipzig: Teubner; Berlin; Wien; Zürich: Beuth, 1995
  ISBN 3-519-05257-1 (Teubner)
  ISBN 3-410-13307-0 (Beuth)
NE: Kiehl, Peter:

Das Werk einschließlich aller seiner Teile ist urheberrechtlich geschützt. Jede Verwertung außerhalb der engen Grenzen des Urheberrechtsgesetzes ist ohne Zustimmung des Verlages unzulässig und strafbar. Das gilt besonders für Vervielfältigungen, Übersetzungen, Mikroverfilmungen und die Einspeicherung und Verarbeitung in elektronischen Systemen.

© 1995 B. G. Teubner Stuttgart und Beuth Verlag GmbH Berlin und Köln
Printed in Germany
Gesamtherstellung: Universitätsdruckerei H. Stürtz AG
Einbandgestaltung: Peter Pfitz, Stuttgart

Vorwort

Die technische Normung ist in der Bundesrepublik Deutschland eine Aufgabe der Selbstverwaltung der an der Normung interessierten Kreise unter Einschluß des Staates. Das DIN Deutsches Institut für Normung e. V. ist seit seiner Gründung vor mehr als 75 Jahren der runde Tisch, an dem sich Hersteller, Handel, Verbraucher, Handwerk, Dienstleistungsunternehmen, Wissenschaft, Technische Überwachung, Arbeitgeber, Gewerkschaften, kurz, jedermann, der ein Interesse an der Normung hat, zusammensetzen, um den Stand der Technik zu ermitteln und unter Berücksichtigung neuer Erkenntnisse der Wissenschaft und der Praxis in DIN-Normen niederzuschreiben. Das DIN ist der zentrale technische Regelsetzer in Deutschland. Ihm obliegt die Aufgabe, die deutschen Interessen in der internationalen und der europäischen Normung zur Geltung zu bringen.

Die allgemeine Anerkennung der DIN-Normen beruht auf dem für alle offenen, demokratischen, auf das Erreichen eines Konsens ausgerichteten Verfahren, das zu ihrem Zustandekommen führt und das den vernünftigen Ausgleich der technischen, wirtschaftlichen und gesellschaftlichen Interessen gewährleistet.

Das Anwenden von DIN-Normen steht jedermann frei. DIN-Normen sind Empfehlungen für einwandfreies technisches Verhalten im Regelfall und als solche Grundlage der Verständigung aller Beteiligten. Sie sind der gesammelte Sachverstand der Fachkreise zum Zeitpunkt des Entstehens der Normen und füllen u. a. den unbestimmten Rechtsbegriff der allgemein anerkannten Regeln der Technik aus.

Im Bauwesen werden DIN-Normen bei der Planung, Berechnung sowie Ausführung und Beschreibung der vertraglichen Leistung angewendet, dies z. B. durch entsprechende Bezugnahme in der Verdingungsordnung für Bauleistungen (VOB) und im Standardleistungsbuch für das Bauwesen (StLB). Schließlich stellen DIN-Normen auch die Beurteilungsgrundlage bei gerichtlichen Auseinandersetzungen im öffentlich-rechtlichen wie auch im zivilrechtlichen Bereich dar.

Von besonderer Bedeutung ist die Normung auch für den europäischen Binnenmarkt und für den sich enger verflechtenden Weltmarkt. Der weltweite Warenaustausch verlangt international harmonisierte Normen. Die von der gemeinsamen europäischen Normungsinstitution CEN/CENELEC und ETSI betriebene europäische Normung orientiert sich weitgehend an den Arbeitsergebnissen der internationalen Normungsinstitutionen ISO/IEC und ITU.

Die Entschließung des Europäischen Rates über die technische Harmonisierung und Normung spielt eine wichtige Rolle, wonach sich EG-Richtlinien auf die Festlegung grundlegender Sicherheitsanforderungen (wesentlicher Anforderungen) beschränken. Die technischen Spezifikationen und notwendigen Konkretisierungen sollen den Europäischen Normen von CEN/CENELEC und ETSI vorbehalten sein.

Für das Bauwesen sind insbesondere die Bauproduktenrichtlinie und die Bauvergaberichtlinien von Bedeutung, die einer Ausfüllung durch Europäische Normen bedürfen.

Das Buch ist eine Arbeitshilfe für Architekten, Hochbauingenieure, Bauingenieure und Bautechniker in allen Bereichen der Bauwirtschaft, der Wohnungswirtschaft und Baubehörden. Als Orientierungshilfe dient es allen Lehrenden und Lernenden an Universitäten, Fachhochschulen und berufsbildenden Schulen und soll insbesondere auch das Kennen- und Verstehenlernen der Normung auf dem Gebiet der Bauplanung schon während der Berufsausbildung erleichtern.

Berlin, im Frühjahr 1995

DIN Deutsches Institut für Normung e.V.
Prof. Dr.-Ing. Sc. D. Helmut Reihlen

Grundsätze der Gestaltung des Buches

Die Bauplanung ist ein wichtiges Koordinierungs- und Steuerungsinstrument im Bauprozeß. Die sorgfältige Planung eines Gebäudes ist die Grundlage für eine mangelfreie Baudurchführung und zweckentsprechende Nutzung. Der Planungsprozeß setzt die Kenntnis aller rechtlichen Rahmenbedingungen, wie sie z. B. durch die Bauordnungen der Länder gegeben sind, und der technischen Regelwerke voraus.

Das vorliegende Buch bildet den Planungsprozeß ab und gibt eine Übersicht über die verschiedenen Phasen der Bauplanung. Dabei werden die Rechtsgrundlagen der Stadtplanung ebenso angesprochen wie die Planungsgrundlagen für Entwurf und Ausführung. Dies sind im wesentlichen DIN-Normen, zu denen neben der inhaltlichen Wiedergabe - soweit erforderlich - eine kurze Einführung gegeben wird.

Der Begriff Bauplanung gilt nicht nur für den Planungsprozeß allein, sondern ebenso für das Zusammenwirken der am Bau Beteiligten. Er umfaßt auch die Ermittlung der Baukosten, Wirtschaftlichkeitsbetrachtungen sowie die bauphysikalischen Planungen und Berechnungen.

Nach der Darstellung des Planungsprozesses werden Planungsgrundlagen, z. B. die Maßordnungen des Bauwesens und die Verfahren der Kostenermittlung im Hochbau, vorgestellt. Einen Schwerpunkt bilden DIN-Normen für den Bereich der bauphysikalischen Grundlagen, zum Wärmeschutz, Schallschutz, Brandschutz, Feuchteschutz sowie Erschütterungsschutz.

Ferner gibt das Buch eine Übersicht über wesentliche DIN-Normen zur Berechnung von Bauwerken sowie in tabellarischer Form über die wichtigsten DIN-Normen auf dem Gebiet der Baustoffe und Bauteile. Für verschiedene Objekttypen, z. B. dem Schulbau, sind wichtige Vorschriften sowie weitere Arbeitsunterlagen übersichtlich zusammengefaßt und mit Hinweisen auf bestimmte Informationsstellen versehen.

Bei einigen Normen fällt der Termin für eine Folgeausgabe in die Laufzeit der vorliegenden Auflage. Aus diesem Grunde wurde bei diesen Normen schon der zu erwartende Stand der Technik berücksichtigt. Es ist also möglich, daß beim Nachschlagen in einer Original-DIN-Norm, die in dem vorliegenden Buch mit Ausgabedatum zitiert ist, noch nicht die geänderten Festlegungen enthalten sind.

Auf europäischer oder internationaler Ebene laufende Arbeiten zur Harmonisierung im Bauwesen und bereits vorliegende Ergebnisse, z. B. in der europäischen Normung oder der europäischen Richtlinienarbeit, wird hingewiesen und auf deren Umsetzung auf nationaler Ebene eingegangen.

Veröffentlichungen in der Vergangenheit haben gezeigt, daß trotz intensiven Bemühens zu einer praxisgerechten Auswahl der Inhalte es nie gelingen wird, allen Wünschen gerecht zu werden. Für Anregungen zur Weiterentwicklung sind die Verfasser dankbar.

> Hinweise auf DIN-Normen in diesem Werk entsprechen dem Stand der Normung bei Abschluß des Manuskriptes. Maßgebend sind die jeweils neuesten Ausgaben der DIN-Normen[1]

---

[1] DIN-Normen und Norm-Entwürfe sind beim Beuth Verlag, Berlin und Köln (Postanschrift: 10772 Berlin; Hausanschrift: Burggrafenstraße 6, 10787 Berlin), zu beziehen.

Inhalt

1	**Planungsablauf bei Hochbauten**	9
1.1	Grundbegriffe	9
1.2	Planungs- und Bauablauf	10
1.2.1	Grundleistungen für Gebäude	11
1.2.2	Die am Planen und Bauen Beteiligten	16
1.2.3	Verordnung über die Honorare für Leistungen der Architekten und Ingenieure (HOAI)	21
1.3	Informationsumsatz	23
2	**Rechtliche Rahmenbedingungen**	38
2.1	Planungsrecht und städtebauliche Grundlagen	38
2.1.1	Baugesetzbuch	38
2.1.2	Baunutzungsverordnung	40
2.1.3	Planzeichenverordnung	41
2.2	Bauordnungsrecht	43
2.2.1	Musterbauordnung (MBO)/Landesbauordnungen (LBO)	43
2.2.2	Durchführungsverordnungen zu den LBO	48
2.2.3	Bauvorlagenverordnung	48
2.2.4	Kennzeichnung von Bauprodukten	50
2.3	Europäische Richtlinien	52
2.3.1	Bauproduktenrichtlinie (BPR)	53
2.3.2	Bauvergaberichtlinien	55
2.3.3	Dienstleistungsrichtlinien	56
2.3.4	Richtlinie über Sicherheit und Gesundheitsschutz auf Baustellen	60
2.3.5	Übersicht über weitere EG-Richtlinien und Richtlinien-Vorschläge	61
2.4	Technische Regelwerke	62
2.4.1	DIN-Normen	62
2.4.2	Internationale und europäische Normung	65
2.4.3	Zulassungen	67
2.4.4	Unfallverhütungsvorschriften – Sonstige Regelwerke	68
3	**Planungsgrundlagen**	73
3.1	Grundnormen	73
3.2	Rahmenbedingungen der Planung	121
3.2.1	Verordnung über wohnungswirtschaftliche Berechnungen (Zweite Berechnungsverordnung – II. BV) vom 12. Okt. 1990	121
3.2.2	Wohnungsbauförderung	145
3.3	Planungsnormen	148
4	**Bauphysikalische Grundlagen**	197
4.1	Wärmeschutz	200
4.1.1	Anforderungen und Hinweise für Planung und Ausführung	200
4.1.2	Formelzeichen, Einheiten	201
4.1.3	Wärmeschutz im Winter	203
4.1.4	Wärmeschutz im Sommer	208
4.1.5	Klimabedingter Feuchteschutz	211
4.1.6	Berechnungsverfahren	235
4.1.7	Fugendurchlässigkeit von Fenstern	250
4.1.8	Verordnungen zum Wärmeschutz und zur Energieeinsparung	251
4.1.9	Heizungsanlagenverordnung – HeizAnlV	265
4.1.10	Heizkostenverordnung – HeizkostenV	266
4.1.11	Feuerungsverordnung – FeuV	268
4.1.12	Internationale und Europäische Normen zum Wärmeschutz	268

4.2	Schallschutz	270
4.2.1	Begriffe	271
4.2.2	Anforderungen und Nachweise	278
4.2.3	Trittschalldämmung	280
4.2.4	Luftschalldämmung in Gebäuden in Massivbauart; Trennende Bauteile	296
4.2.5	Schutz gegen Außenlärm; Anforderungen an die Luftschalldämmung von Außenbauteilen	313
4.2.6	Luftschalldämmung in Gebäuden in Skelett- und Holzbauart; Nachweis der resultierenden Schalldämmung	318
4.2.7	Luftschalldämmung in Gebäuden in Skelett- und Holzbauart bei horizontaler Schallübertragung (Rechenwerte); Ausführungsbeispiele	323
4.2.8	Luftschalldämmung in Gebäuden in Skelett- und Holzbauart bei vertikaler Schallübertragung; Ausführungsbeispiele	337
4.2.9	Außenbauteile – Nachweis ohne bauakustische Messungen	341
4.2.10	Schutz gegen Geräusche aus haustechnischen Anlagen und Betrieben	349
4.2.11	Nachweis der Eignung der Bauteile	365
4.2.12	Weitere Hinweise für Planung und Ausführung; Luft- und Trittschalldämmung	365
4.2.13	Erhöhter Schallschutz	370
4.2.14	Internationale und europäische Normung zum Schallschutz	379
4.3	Brandschutz	380
4.3.1	Übersicht und Baustoffklassen	381
4.3.2	Feuerwiderstandsklassen	382
4.3.3	Klassifizierte Baustoffe	385
4.3.4	Sonderbauteile	391
4.3.5	Internationale und europäische Normung zum Brandschutz	391
4.4	Feuchteschutz	393
4.4.1	Dränung	393
4.4.2	Bauwerksabdichtung	396
4.5	Erschütterungsschutz	408
4.5.1	Bauten in deutschen Erdbebengebieten	408
4.5.2	Erschütterungen im Bauwesen	409
5	**Bauteile/Baukonstruktionen**	**414**
5.1	Rohbau	414
5.2	Ausbau	424
6	**Ausführungsgrundlagen**	**433**
6.1	VOB Verdingungsordnung für Bauleistungen	433
6.1.1	Allgemeines	433
6.1.2	Vergabe von Bauleistungen	433
6.1.3	Ausführung von Bauleistungen	435
6.1.4	Durchführung von Bauleistungen	435
6.2	StLB – Standardleistungsbuch für das Bauwesen	436
6.2.1	Allgemeines über Leistungsbeschreibungen	436
6.2.2	Grundzüge des StLB	436
6.2.3	Aufbau des StLB	437
6.2.4	Beispiel für die Anwendung des StLB Leistungsbereiches 023 „Putz- und Stuckarbeiten" (Mrz 1991)	439
Anhang 1	**Baustoffe**	**440**
Anhang 2	**Objektbereiche**	**449**
Anhang 3	**Informationsstellen**	**451**
Verzeichnis der behandelten DIN-Normen		**467**
Sachverzeichnis		**469**

1 Planungsablauf bei Hochbauten

1.1 Grundbegriffe

Planung hat folgende Funktionen

- **ordnende Funktionen** (Koordination, Anpassung, Abstimmung),
- **optimalisierende Funktionen** (Finden der besten Lösung),
- **schöpferische Funktionen** (Entwicklung neuer Ideen).

Die Bauplanung ist eine komplexe Aufgabe, die interdisziplinär zu lösen ist. Methodisches Wissen, Kenntnis der allgemeinen Abläufe und Strukturen sowie Informationen über Rahmenbedingungen wie Gesetze, Verordnungen, Richtlinien, Technische Regeln und spezielle Informationen über die Aufgabenstellung sind hierfür notwendig.
Planen bedeutet auch **Informationsumsatz**:

- Informationsgewinnung,
- Informationsverarbeitung,
- Informationsausgabe zur Durchführung.

Aufgabenstellung für den Planungs- und Bauprozeß ist im Regelfall die Durchführung einer Reihe von Maßnahmen für ein oder an einem Objekt als Neubau, Umbau, Ausbau, Modernisierung, Instandhaltung oder Instandsetzung. Dazu einige Definitionen aus der Verordnung über die Honorare für Leistungen der Architekten und Ingenieure (HOAI):

- **Objekte** sind Gebäude, sonstige Bauwerke, Anlagen, Freianlagen und raumbildende Ausbauten.
- **Umbauten** sind Umgestaltungen eines vorhandenen Objektes mit wesentlichen Eingriffen in Konstruktion und Bestand.
- **Anbauten** sind Erweiterungen oder Ergänzungen eines vorhandenen Gebäudes/Bauwerkes auf zusätzlicher Grundfläche.
- **Modernisierungen** sind bauliche Maßnahmen zur nachhaltigen Erhöhung des Gebrauchswertes eines Gebäudes, soweit sie nicht unter Erweiterung, Umbau oder Instandhaltung fallen, jedoch einschließlich der durch diese Maßnahmen verursachten Instandsetzungen.
- **Instandhaltungen** sind Maßnahmen zur Erhaltung des Sollzustandes eines Objektes, d. h. der Erhaltung der Gebrauchsfähigkeit einer baulichen Anlage durch vorbeugende Maßnahmen zur Verhütung von baulichen oder sonstigen Mängeln und Schäden oder durch Beseitigung von baulichen Mängeln und Schäden, die auf Abnutzung, Alterung oder Witterungseinwirkungen zurückzuführen sind.
- **Instandsetzungen** sind Maßnahmen zur Wiederherstellung des zum bestimmungsmäßigen Gebrauch geeigneten Zustandes (Sollzustand) eines Objektes, soweit sie nicht unter Wiederaufbau fallen oder durch Modernisierungsmaßnahmen verursacht sind, d. h. Beseitigung von baulichen oder sonstigen Mängeln und Schäden, die durch längeres Unterlassen der Instandhaltung oder durch außergewöhnliche Ereignisse entstanden sind.

Die Planungsfunktionen beeinflussen auch die Qualität der betrieblichen Leistungen sowie die Qualität des Betriebsergebnisses. Nach DIN ISO 8402 Qualitätsmanagement und Qualitätssicherung; Begriffe (s. Norm) ist **Qualität** die Gesamtheit von Merkmalen eines Produktes oder einer Leistung bezüglich ihrer Eignung, festgelegte, identifizierte und genau bestimmte und anderweitig vorausgesetzte Erfordernisse zu erfüllen.

Qualitätssicherung
- verbessert die Leistung,
- verringert die Kosten,
- bringt Rationalisierungserfolge in der Organisation,
- verbessert Informationsverhalten und Informationssysteme,
- klärt Planungsabläufe, bringt Zeiteinsparungen,
- führt zu weitgehendem schadenfreien Planen und Ausführen,
- systematisiert die Fort- und Weiterbildung der Mitarbeiter,
- verbessert die Zusammenarbeit mit Sonderfachleuten und Ausführenden,
- bildet Vertrauen beim Auftraggeber,
- verbessert Kostenplanung und Kostensicherheit,
- verbessert Zeitplanung und Terminsicherheit,
- schafft Zufriedenheit der Mitarbeiter,
- fördert die Imagebildung,
- schafft Transparenz des Rechnungswesens,
- bewirkt geringere Kosten der Instandhaltung und der Instandsetzung.

Ein **Ziel der Planung,** der Projektentwicklung eines Bauprojekts ist es, Sicherheit in bezug auf
- Qualität (Gestaltung, Technik, Konstruktion),
- Termine (Einhaltung eines Zeitplanes),
- Informationen (rechtzeitig, vollständig),
- Verträge (Rechtssicherheit),
- Kosten (Genauigkeit der Kostenermittlungen)

zu gewinnen.

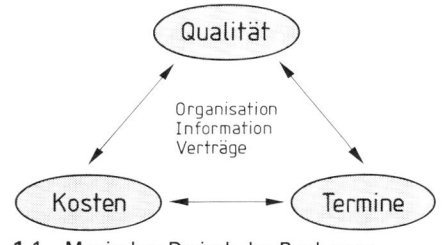

1.1 Magisches Dreieck des Bauherren

Hinsichtlich der Leistungen eines Betriebes/Büros bilden Qualität, Kosten und Termine das sogenannte „magische Dreieck des Bauherren" (Bild **1.1**), das nach der Formulierung und Bewertung der Ziele eine optimale Lösung erwarten läßt.

1.2 Planungs- und Bauablauf

Das Leistungsbild gemäß § 15 Abs. 2 HOAI beschreibt die notwendigen **Grundleistungen** sowie die **Besonderen Leistungen** zur Planung und Überwachung eines Objektes. Im einzelnen ist es im Abschn. 1.3 im Zusammenhang mit den jeweils erforderlichen Daten, Fakten und Methoden der Planung objektunabhängig dargestellt.
Die folgenden Ausführungen sind, soweit sie nicht allgemeine Gültigkeit besitzen, am Wohnungsbau orientiert.
Das Leistungsbild unterscheidet Tätigkeiten und Ergebnisse. Aufgelistet sind jeweils die Tätigkeiten, die im Zusammenhang als Tätigkeitsbündel ein Ergebnis als Voraussetzung für die Entscheidungsfindung ergeben **(entscheidungsorientierte Planung).**
Beschrieben werden die **Leistungsphasen** von der Phase 1 „Grundlagenermittlung" bis zur Phase 9 „Objektbetreuung und Dokumentation". Das Ergebnis einer Leistungsphase, das sich aus den einzelnen Tätigkeiten zusammensetzt, dient der Entscheidungsvorbereitung für den jeweiligen Entscheidungsträger (Bauherrn).

Die Entscheidung selbst ist nicht Bestandteil des Leistungsbildes einer bestimmten Institution, da im Regelfall Entscheidungsträger und Institutionen, die die Entscheidung vorbereiten, nicht identisch sind oder sein sollen (**unabhängige Planung**), d. h. der Auftragnehmer wird das jeweilige Ergebnis einer Leistungsphase in die Entscheidungsfindung mit dem Auftraggeber einbringen.

Die Bezeichnung der Ergebnisse der einzelnen Leistungsphasen ist für alle Leistungsbilder der an der Objektplanung beteiligten Fachplaner gleich, so daß die Einzeltätigkeiten aller Beteiligten jeweils in bestimmte Phasen integriert werden können (**integrierte Planung**).

Nicht das Ergebnis von Einzeltätigkeiten, sondern nur das Ergebnis der gesamten Phase macht die Auftragnehmerleistung aus.

Besondere Leistungen können zu den Grundleistungen hinzu oder an deren Stelle treten, wenn besondere Anforderungen an die Ausführung des Auftrages gestellt werden, die über die allgemeinen Leistungen hinausgehen oder diese ändern.

1.2.1 Grundleistungen für Gebäude

Da die folgenden Beschreibungen sich auch am Bauordnungsrecht orientieren müssen, wurde hierfür die Musterbauordnung (MBO), s. Abschn. 2.2.1, herangezogen.
Nachfolgend werden Anforderungen des Bauordnungsrechts dem Leistungsbild der HOAI zugeordnet, um so den Zusammenhang der Bauordnung mit Rechtsverordnungen und Technischen Regeln herauszustellen.

Leistungsphase 1: Grundlagenermittlung

Die Grundlagenermittlung ist eine interdisziplinäre Leistungsphase. Im Gegensatz zu den darauffolgenden projektorientierten Phasen ist sie problemorientiert. Der Projektanstoß, durch den Bauherrn gegeben, wird analysiert und verarbeitet und kann zu planerischen Konsequenzen führen. Werden darüber hinaus Besondere Leistungen erbracht, besteht sogar unter Umständen die Möglichkeit, daß z. B. bei einem Gewerbebetrieb organisatorische Veränderungen eine Bauplanung überflüssig machen.

Im Laufe der Zeit gibt es in jeder Disziplin Änderungen in Struktur und Ablauf der Leistungen sowie im Verhalten der beteiligten Personen/Institutionen. Der Bauherr als Auftraggeber ist gerade bei großen Projekten nicht mehr der, der den Planungsanstoß gibt. Mittelknappheit und der Wunsch nach eindeutiger Orientierung am Ergebnis haben zu neuen Leistungen wie z. B. der Projektentwicklung geführt.

Die Ergebnisse der Grundlagenermittlung werden zusammengefaßt zu den Punkten
- Ziele,
- Aufgabe,
- Leistungsbedarf,
- Entscheidungshilfen,
- Ergebnisse der Besonderen Leistungen.

Leistungsphase 2: Vorplanung

Im Rahmen der Vorplanung werden die wesentlichen Ziele der gesamten Planung und Prioritäten entsprechend den Zielvorstellungen des Bauherrn festgesetzt. Die Wirtschaftlichkeit des Projektes wird entscheidend vorbestimmt. Spätere Leistungsphasen machen Eingriffe, die die Wirtschaftlichkeit beeinflussen können, nicht mehr im gleichen Maß möglich. Die Leistungsphase 2 beinhaltet das wesentliche künstlerische Grundkonzept des Gebäudes entsprechend den Gliederungen der Baumassen.

Die in der Grundlagenermittlung festgestellten oder vorgegebenen Grundlagen werden im Hinblick auf die Aufgabe analysiert. Herangezogen werden z. B.

- Raumprogramm,
- Bestandsaufnahme,
- Baugesetzbuch,
- Baunutzungsverordnung,
- Bundesimmissionsschutzgesetz,
- Bundesnaturschutzgesetz,
- Denkmalschutzgesetz.

Das Abstimmen der Zielvorstellungen dient dem Zweck der Feststellung eines eindeutigen Zielsystems zur späteren Überprüfung der Verwirklichung der Ziele. Dies führt zur Aufstellung eines planungsbezogenen Zielkatalogs, der Art, Maß und zeitlichen Bezug der Ziele systematisch darstellt.

Das Planungskonzept erfordert die Kenntnis von

- Landesbauordnung,
- Abstandsflächenverordnung,
- Gestaltungssatzung,
- Förderungsbestimmungen des Landes,
- Stellplatzverordnung.

Beim Planungskonzept steht die Idee im Vordergrund, die in dieser Phase insoweit dargestellt wird, als sie in der Diskussion mit dem Auftraggeber erörtert und in ihren Alternativen durchgespielt werden kann. Für zeichnerische Darstellungen und Skizzen wird der Maßstab 1:500 bis 1:200 bei größeren Objekten und 1:100 bei kleineren Objekten gewählt.

Schon in dieser Phase können Fachleute eingeschaltet werden. Ihre Leistungen, z. B.

- Tragwerksplanung,
- Technische Gebäudeausrüstung,
- Objektplanung Freianlagen,

müssen in die Architektenleistung integriert werden.

Das Planungskonzept muß unter Berücksichtigung der wesentlichen städtebaulichen, gestalterischen, funktionalen, technischen, bauphysikalischen, wirtschaftlichen, energiewirtschaftlichen, biologischen und ökologischen Zusammenhänge, Vorgänge und Bedingungen geklärt und erläutert werden. Dabei ist allerdings zu beachten, daß nicht alle genannten Punkte unbedingt für die Aufgabe relevant sind. Die Schwerpunkte sind unterschiedlich, so daß die erwähnten Kriterien nicht in jedem Falle im einzelnen angesprochen werden müssen.

Da das Planungskonzept unter Umständen Abweichungen von den Vorgaben des Bebauungsplans notwendig macht, sind schon in dieser Phase, um Fehlplanungen zu vermeiden, Vorverhandlungen mit Behörden zu führen, soweit die Genehmigungsfähigkeit einzelner Punkte bezweifelt wird.

Eine Kostenermittlung ist in dieser Phase nur überschlägig möglich, muß aber in jedem Fall angestellt werden, da die Durchführbarkeit eines Projekts natürlich auch von der konzipierten Finanzierung abhängt. Zu beachten sind:

DIN 276 Kosten von Hochbauten (s. Abschn. 3.1),
II. Berechnungsverordnung (s. Abschn. 3.2),
DIN 277 Grundflächen und Rauminhalte von Hochbauten (s. Abschn. 3.1),
DIN 18 960 Baunutzungskosten von Hochbauten.

Leistungsphase 3: Entwurfsplanung

Ergab die Vorplanung nur die nötige Strukturierung der Ziele des Bauherrn in einem Gebäudekonzept, so wird dieses Konzept in der Leistungsphase 3 nach Systemen entwickelt. Systeme können darstellen

- ein gestalterisches Prinzip,
- Konstruktion,
- Erschließung,
- Versorgung,
- Ausbau o. ä.

Der Begriff System umfaßt sowohl den realen Gegenstand der Betrachtung als auch logisch verknüpfte Aussagen über denselben. Ein System enthält auf diese Weise eine gedankliche Konstruktion, eine Darstellung oder Abspiegelung der Wirklichkeit. Es versteht sich als eine geordnete Gesamtheit von Elementen, die über ihre Eigenschaften untereinander in Beziehung stehen.

Wesentliche Aufgabe ist das Durcharbeiten des Planungskonzepts unter Berücksichtigung städtebaulicher, gestalterischer, funktionaler, technischer, bauphysikalischer, wirtschaftlicher, energiewirtschaftlicher, biologischer und ökologischer Anforderungen unter Verwendung der Beiträge anderer an der Planung fachlich Beteiligter bis zum vollständigen Entwurf. In dieser Phase wird damit die endgültige Lösung der Bauaufgabe entwickelt. Der Entwurf kann in Elemente gegliedert werden, die zuerst einzeln und danach in ihren Abhängigkeiten voneinander geplant und optimiert werden. Einzelheiten der Ausführung müssen hier noch nicht enthalten sein.

Besonders wichtig ist es, Leistungen anderer an der Planung fachlich Beteiligter zu integrieren, um so in dieser Phase schon eine Gesamtlösung darzustellen.

Die Norm DIN 276 stellt mit ihrer Kostengliederung eine systematische Grundlage für die Objektbeschreibung dar. Die zeichnerische Darstellung des Gesamtentwurfs sollte nach DIN 1356 Bauzeichnungen vorgenommen werden. Auch in dieser Phase kann hinsichtlich der Einzelheiten des Entwurfs mit den Behörden über die Auslegung oder Ausnahmen vom Landesbaurecht oder des Planungsrechts verhandelt werden.

Die Kostenberechnung muß die Grundlage für die endgültige Finanzierung bieten. Das heißt die durch die Planung verursachten Kosten müssen so genau wie möglich dargestellt werden. Als Besondere Leistungen sind deshalb auch die Analyse der Alternativen/Varianten und deren Wertung mit Kostenuntersuchungen, Wirtschaftlichkeitsberechnungen, Kostenberechnungen durch Aufstellen von Mengengerüsten oder Bauelementkatalog genannt.

Leistungsphase 4: Genehmigungsplanung

Nach den öffentlich-rechtlichen Vorschriften müssen für die Genehmigung oder Zustimmung einschließlich der Anträge auf Ausnahme und Befreiung Vorlagen erarbeitet werden, die unter Verwendung der Beiträge anderer an der Planung fachlich Beteiligter eingereicht werden müssen. Diese Vorlagen müssen der Bauvorlagenverordnung (s. Abschn. 2.2.3) des einzelnen Bundeslandes entsprechen. Der Bauantrag ist schriftlich einzureichen, dazu gehören alle für die Beurteilung des Bauantrages erforderlichen Unterlagen.

Die Landesbauordnungen (s. Abschn. 2.2.1 und 2.2.2) regeln die
- genehmigungsbedürftigen Vorhaben,
- Bauanträge und Bauvorlagen,
- Bauvorlageberechtigung,
- neuen Baustoffe und Bauteile,
- Beteiligung der Nachbarn.

In den Bauvorlageverordnungen finden sich neben Definitionen und Anforderungen für Lagepläne, Bauzeichnungen und Baubeschreibungen noch solche für
- Standsicherheitsnachweise und andere bautechnische Nachweise,
- Darstellungen der Grundstücksentwässerung (Einzelheiten s. Abschn. 2.2.3).

Leistungsphase 5: Ausführungsplanung

Mit der Ausführungsplanung beginnt die Planung des Bauens. Die Realisierung des Planungsgedankens wird vorbereitet. Diese Vorbereitung erfolgt aufgrund der Ergebnisse der Leistungsphasen 3 und 4, wobei neben der Gestaltung besonders technisch-konstruktive und wirtschaftliche Anforderungen gestellt werden. Sämtliche Einzelheiten in technisch-konstruktiver Hinsicht werden erarbeitet und einschließlich der Beiträge anderer an der Planung Beteiligter zu einem Gesamtkonzept zusammengeführt, welches Grundlage für Mengenermittlung, Ausschreibung und spätere Bauausführung wird. In diesem Rahmen ist die Koordinierungstätigkeit zur Integration der Fachplanungen besonders wichtig.

Die ausführungsreife Lösung soll in dieser Phase zwar erreicht werden, jedoch werden sich aufgrund der Ausschreibung möglicherweise Material- und Konstruktionsalternativen ergeben, die zu einem späteren Zeitpunkt in die Ausführungsplanung eingearbeitet werden müssen. Dies geschieht in der Fortschreibung der Ausführungsplanung vor und während der Objektausführung. Das heißt also, daß die Ausführungsplanung permanent weiterbearbeitet wird, abhängig von vorgeplanten Entscheidungen, die während der Bearbeitung bewußt offengelassen worden sind oder durch besondere Wünsche des Bauherrn, die später auftreten, dann allerdings nicht in den Grundleistungen des Architekten enthalten sind, sondern besonders honoriert werden müssen. Ein Beispiel mögen konstruktive Details oder Fassadenelemente sein, deren gestalterische Auswirkungen am Objekt selbst erst erprobt werden müssen.

Schwer darstellbare Einzelheiten des Objekts können auch beschrieben werden, sofern eine eindeutige zeichnerische Aussage nicht möglich ist.

Den anderen an der Planung fachlich Beteiligten müssen Ausführungspläne zur Verfügung gestellt werden, in die sie ihre Ausführungen integrieren können. Dies sind Pläne, die mindestens sämtliche konstruktiven Einzelheiten des Objekts enthalten müssen. Der Architekt wird aufgrund dieser Einzelpläne den Gesamtplan fertigen. Eventuell werden auch gesonderte Pläne für die einzelnen Leistungsbereiche erstellt, sofern eine Zusammenfassung die Übersicht erschweren würde.

Leistungsphase 6: Vorbereitung der Vergabe

Die abgeschlossene Planung der Leistungsphase 5 ist Grundlage der Mengenberechnung. Die Mengen für die notwendigen Leistungen bei der Herstellung des Objekts müssen beschrieben werden. Bei Arbeiten, für die Fachplaner eingeschaltet wurden, z. B. für Heizung, Lüftung, Elektro, Be- und Entwässerung und Sanitäranlagen, werden die Mengen von den entsprechenden Fachplanern berechnet und beschrieben. Dies gilt auch für die Stahlmengen der Tragwerke.

Die Leistungsbeschreibung wird aufgrund der Mengenermittlung als Leistungsverzeichnis aufgestellt. In der Leistungsbeschreibung werden die Bauleistungen eindeutig und erschöpfend zum Zwecke der Preisermittlung und Vergabe der Arbeiten beschrieben. Diese Leistungsverzeichnisse stellen das Kernstück der Ausschreibungs- bzw. der Verdingungsunterlagen dar.

Mit den Fachplanern muß sich der Architekt bei übergreifenden Leistungen absprechen.

Heranzuziehen sind:
- Verdingungsordnung für Bauleistungen – VOB (s. Abschn. 6.1),
- VOB Teil A: Allgemeine Bestimmungen für die Vergabe von Bauleistungen – DIN 1960,
- VOB Teil B: Allgemeine Vertragsbedingungen für die Ausführung von Bauleistungen – DIN 1961,
- VOB Teil C: Allgemeine Technische Vertragsbedingungen für Bauleistungen – DIN 18 299 bis DIN 18 451.

Eine weitere Grundlage ist das Standardleistungsbuch für das Bauwesen (StLB) (s. Abschn. 6.2).

Leistungsphase 7: Mitwirkung bei der Vergabe

Als Grundlage für die Einholung von Angeboten müssen die Verdingungsunterlagen, die aus Leistungsverzeichnis, Bewerbungsunterlagen, Baustellengegebenheiten, Technischen Vorbemer-

1.2.1 Grundleistungen für Gebäude

kungen, Besonderen Vertragsbedingungen, Zusätzlichen Vertragsbedingungen, Zusätzlichen Technischen Vorschriften, Terminplänen, Ausführungszeichnungen und eventuell Probestücken bestehen, zusammengestellt werden.

Zu beachten sind:
- VOB Teil A: Allgemeine Bestimmungen für die Vergabe von Bauleistungen – DIN 1960,
- VOB Teil B: Allgemeine Vertragsbedingungen für die Ausführung von Bauleistungen – DIN 1961,
- StLB Standardleistungsbuch,
- BGB Bürgerliches Gesetzbuch.

Art und Umfang der Leistung (§ 1 VOB/B)
„1. Die auszuführende Leistung wird nach Art und Umfang durch den Vertrag bestimmt. Als Bestandteil des Vertrages gelten auch die Allgemeinen Technischen Vorschriften für Bauleistungen.
2. Bei Widersprüchen im Vertrag gelten nacheinander:
 a) die Leistungsbeschreibung,
 b) die Besonderen Vertragsbedingungen,
 c) etwaige Zusätzliche Vertragsbedingungen,
 d) etwaige Zusätzliche Technische Vorschriften,
 e) die Allgemeinen Technischen Vorschriften für Bauleistungen,
 f) die Allgemeinen Vertragsbedingungen für die Ausführung von Bauleistungen.
3. Änderungen des Bauentwurfs anzuordnen, bleibt dem Auftraggeber vorbehalten.
4. Nicht vereinbarte Leistungen, die zur Ausführung der vertraglichen Leistung erforderlich werden, hat der Auftragnehmer auf Verlangen des Auftraggebers mit auszuführen, außer wenn sein Betrieb auf derartige Leistungen nicht eingerichtet ist. Andere Leistungen können dem Auftragnehmer nur mit seiner Zustimmung übertragen werden."

Damit können Angebote eingeholt werden, soweit nicht eine freihändige Vergabe erfolgt. Die Angebote werden in öffentlicher oder beschränkter Ausschreibung eingeholt.

Die eingehenden Angebote müssen überprüft und mit Hilfe eines Preisspiegels nach Teilleistungen verglichen werden. Das geschieht unter Mitwirkung aller während der Leistungsphase 6 und 7 fachlich Beteiligten.

Eine zusammenfassende Übersicht aller Bauleistungen zur abschließenden Beurteilung geschieht durch das Abstimmen und Zusammenstellen der Leistungen der fachlich Beteiligten, die an der Vergabe mitwirken.

Nach Vorlage des Ergebnisses der Ausschreibung kann es möglich sein, daß Verhandlungen mit den Bietern über deren technische und wirtschaftliche Leistungsfähigkeit, das Angebot selbst, etwaige Änderungsvorschläge und Nebenangebote, die geplante Art der Durchführung, etwaige Ursprungsorte oder Bezugsquellen von Stoffen und Bauteilen geführt werden müssen, damit die Angemessenheit der Preise festgestellt werden kann.

Aus den Einheits- oder Pauschalpreisen der Angebote wird der Kostenanschlag nach DIN 276 zur genauen Ermittlung der tatsächlich zu erwartenden Kosten durch die Zusammenstellung von Auftragnehmerangeboten erstellt.

Bei der Auftragserteilung wirkt der Architekt mit. Er macht dem Bauherrn Vorschläge zur Auftragserteilung und berät ihn nach bestem Wissen und Gewissen.

Leistungsphase 8: Objektüberwachung

Die Überwachung der Ausführung des Objekts auf Übereinstimmung mit der Baugenehmigung oder Zustimmung, den Ausführungsplänen und den Leistungsbeschreibungen, mit den anerkannten Regeln der Technik und den einschlägigen Vorschriften ist die Hauptleistung dieser Leistungsphase, die durch Einzelleistungen unterstützt wird.

Die Unfallverhütungsvorschriften der gewerblichen Berufsgenossenschaften sind zu beachten (s. Abschn. 2.4.4).

Bei den folgenden Leistungen steht das Koordinieren der an der Objektüberwachung fachlich Beteiligten im Vordergrund. Der erarbeitete und aufgestellte Zeitplan (in der Grundleistung als Balkendiagramm) ist während der gesamten Bauüberwachung zu kontrollieren und eventuell umzustellen, soweit dies erforderlich ist.

Das Führen eines Bautagebuches ist ebenfalls eine Leistung, die über die gesamte Phase läuft.

Mit dem gemeinsamen Aufmaß mit den bauausführenden Unternehmen, der Abnahme der Bauleistungen, der Rechnungsprüfung, der Kostenfeststellung, dem Antrag auf behördliche Abnahmen, der Übergabe des Objektes, der Auflistung der Gewährleistungspflichten, der Überwachung der Beseitigung von Mängeln und der Kostenkontrolle werden Einzelleistungen beschrieben, die jeweils zum notwendigen Termin erbracht werden müssen.

Die Kostenfeststellung nach DIN 276 dient dem Nachweis der tatsächlich entstandenen Kosten und ist zusätzlich Abrechnungsgrundlage für das Architektenhonorar der Phasen 5 bis 9. Parallel zur gesamten Bauphase muß eine Kostenkontrolle erfolgen, die permanent Soll- und Ist-Kosten gegenüberstellt, damit der Auftraggeber die Möglichkeit hat, bei Über- und Unterschreitungen entsprechende Entscheidungen zu fällen.

Soweit behördliche Abnahmen notwendig sind, sind sie zu beantragen und mit den beteiligten Firmen zu koordinieren. Eine Teilnahme des Auftragnehmers ist notwendig. Das Objekt wird nach Fertigstellung an den Nutzer übergeben.

Besonders haftungsintensiv ist die Auflistung der Gewährleistungsfristen, da hier nicht nur die genauen Termine der Laufzeit festgestellt werden müssen, sondern in der Leistungsphase 9 auch jeweils zum richtigen Zeitpunkt Begehungen zur Mängelfeststellung erfolgen müssen.

Die Überwachung der Mängelbeseitigung erfordert gute zeitliche Terminierungen.

Leistungsphase 9: Objektbetreuung und Dokumentation

Ziel dieser Leistungsphase ist die „Nach"-Betreuung des Objekts nach Beendigung der Leistungsphase 8. Sie umfaßt die Objektbegehung zur Mängelfeststellung nach Ablauf der Gewährleistungsfristen der bauausführenden Unternehmen, die der Planer unaufgefordert vorzunehmen hat, um die Leistungen in Augenschein zu nehmen und für den Bauherrn ein Protokoll mit entsprechenden Feststellungen anzufertigen. Die Mängelbeseitigung ist vom Bauherrn zu veranlassen. Der Architekt hat diese Mängelbeseitigung innerhalb der Verjährungsfrist der Gewährleistungsansprüche nur zu überwachen.

Liegt eine mängelfreie Leistung nach Ablauf der Gewährleistungsfristen vor, so wirkt der Architekt bei der Freigabe der Sicherheitsleistungen mit.

Die Dokumentation der Ergebnisse durch die systematische Zusammenstellung der zeichnerischen und rechnerischen Darstellungen und Ergebnisse des Objekts dient als Grundlage der Gebäudeunterhaltung und späterer Maßnahmen, die am Objekt vorgenommen werden.

1.2.2 Die am Planen und Bauen Beteiligten

An der Vorbereitung der Planung eines Objekts sind eine Reihe von Fachleuten beteiligt, die organisatorisch eingebunden und deren Leistungen in einer Gesamtleistung zusammengeführt werden müssen.

Über das Zusammenwirken und die jeweiligen Verantwortlichkeiten geben die Landesbauordnungen (im folgenden durch die entsprechenden Paragraphen der Musterbauordnung (MBO) dargestellt) Auskunft.

§ 53 (MBO) Grundsatz

Bei der Errichtung, Änderung, Nutzungsänderung oder dem Abbruch einer baulichen Anlage sind der Bauherr und im Rahmen ihres Wirkungskreises die anderen am Bau Beteiligten dafür verantwortlich, daß die öffentlich-rechtlichen Vorschriften eingehalten werden.

§ 54 (MBO) Bauherr

(1) Der Bauherr hat zur Vorbereitung, Überwachung und Ausführung eines genehmigungsbedürftigen Bauvorhabens einen Entwurfsverfasser (§ 55), Unternehmer (§ 56) und einen Bauleiter (§ 57) zu bestellen. Dem Bauherrn obliegen die nach den öffentlich-rechtlichen Vorschriften erforderlichen Anzeigen und Nachweise an die Bauaufsichtsbehörde.

(2) Bei geringfügigen oder bei technisch einfachen baulichen Anlagen kann die Bauaufsichtsbehörde darauf verzichten, daß ein Entwurfsverfasser und ein Bauleiter nach Absatz 1 bestellt werden. Bei Bauarbeiten, die in Selbsthilfe oder Nachbarschaftshilfe ausgeführt werden, ist die Bestellung von Unternehmern nach Absatz 1 nicht erforderlich, wenn dabei genügend Fachkräfte mit der nötigen Sachkunde, Erfahrung und Zuverlässigkeit mitwirken. Genehmigungsbedürftige Abbrucharbeiten dürfen nicht in Selbsthilfe oder Nachbarschaftshilfe ausgeführt werden.

(3) Sind die vom Bauherrn bestellten Personen für ihre Aufgabe nach Sachkunde und Erfahrung nicht geeignet, so kann die Bauaufsichtsbehörde vor und während der Bauausführung verlangen, daß ungeeignete Beauftragte durch geeignete ersetzt oder geeignete Sachverständige herangezogen werden. Die Bauaufsichtsbehörde kann die Bauarbeiten einstellen lassen, bis geeignete Beauftragte oder Sachverständige bestellt sind.

(4) Wechselt der Bauherr, so hat der neue Bauherr dies der Bauaufsichtsbehörde unverzüglich schriftlich mitzuteilen.

§ 55 (MBO) Entwurfsverfasser

(1) Der Entwurfsverfasser muß nach Sachkunde und Erfahrung zur Vorbereitung des jeweiligen Bauvorhabens geeignet sein. Er ist für die Vollständigkeit und Brauchbarkeit seines Entwurfs verantwortlich. Der Entwurfsverfasser hat dafür zu sorgen, daß die für die Ausführung notwendigen Einzelzeichnungen, Einzelberechnungen und Anweisungen geliefert werden und dem genehmigten Entwurf und den öffentlich-rechtlichen Vorschriften entsprechen.

(2) Hat der Entwurfsverfasser auf einzelnen Fachgebieten nicht die erforderliche Sachkunde und Erfahrung, so sind geeignete Sachverständige heranzuziehen. Diese sind für die von ihnen gefertigten Unterlagen verantwortlich. Für das ordnungsgemäße Ineinandergreifen aller Fachentwürfe bleibt der Entwurfsverfasser verantwortlich.

§ 56 (MBO) Unternehmer

(1) Jeder Unternehmer ist für die ordnungsgemäße, den Technischen Baubestimmungen und den genehmigten Bauvorlagen entsprechende Ausführung der von ihm übernommenen Arbeiten und insoweit für die ordnungsgemäße Einrichtung und den sicheren Betrieb der Baustelle verantwortlich. Er hat die erforderlichen Nachweise über die Verwendbarkeit der verwendeten Bauprodukte und Bauarten zu erbringen und auf der Baustelle bereitzuhalten. Er darf, unbeschadet der Vorschriften des § 69, Arbeiten nicht ausführen oder ausführen lassen, bevor nicht die dafür notwendigen Unterlagen und Anweisungen an der Baustelle vorliegen.

(2) Die Unternehmer haben auf Verlangen der Bauaufsichtsbehörde für Bauarbeiten, bei denen die Sicherheit der baulichen Anlage in außergewöhnlichem Maße von der besonderen Sachkenntnis und Erfahrung des Unternehmers oder von einer Ausstattung des Unternehmens mit besonderen Vorrichtungen abhängt, nachzuweisen, daß sie für diese Bauarbeiten geeignet sind und über die erforderlichen Vorrichtungen verfügen.

(3) Hat der Unternehmer für einzelne Arbeiten nicht die erforderliche Sachkunde und Erfahrung, so sind geeignete Fachunternehmer oder Fachleute heranzuziehen. Diese sind für ihre Arbeiten verantwortlich.

§ 57 (MBO) Bauleiter

(1) Der Bauleiter hat darüber zu wachen, daß die Baumaßnahme dem öffentlichen Baurecht, den Technischen Baubestimmungen und den genehmigten Bauvorlagen entsprechend durchgeführt

wird und die dafür erforderlichen Weisungen zu erteilen. Er hat im Rahmen dieser Aufgabe auf den sicheren bautechnischen Betrieb der Baustelle, insbesondere auf das gefahrlose Ineinandergreifen der Arbeiten der Unternehmer zu achten. Die Verantwortlichkeit der Unternehmer bleibt unberührt.
(2) Der Bauleiter muß über die für seine Aufgabe erforderliche Sachkunde und Erfahrung verfügen. Verfügt er auf einzelnen Teilgebieten nicht über die erforderliche Sachkunde, so sind geeignete Sachverständige (Fachbauleiter) heranzuziehen. Diese treten insoweit an die Stelle des Bauleiters. Der Bauleiter hat die Tätigkeit der Fachbauleiter und seine Tätigkeit aufeinander abzustimmen.

Leistungsträger

Die **üblichen Beziehungen** zwischen den am Planen und Bauen Beteiligten sind im Bild **1.2** dargestellt.

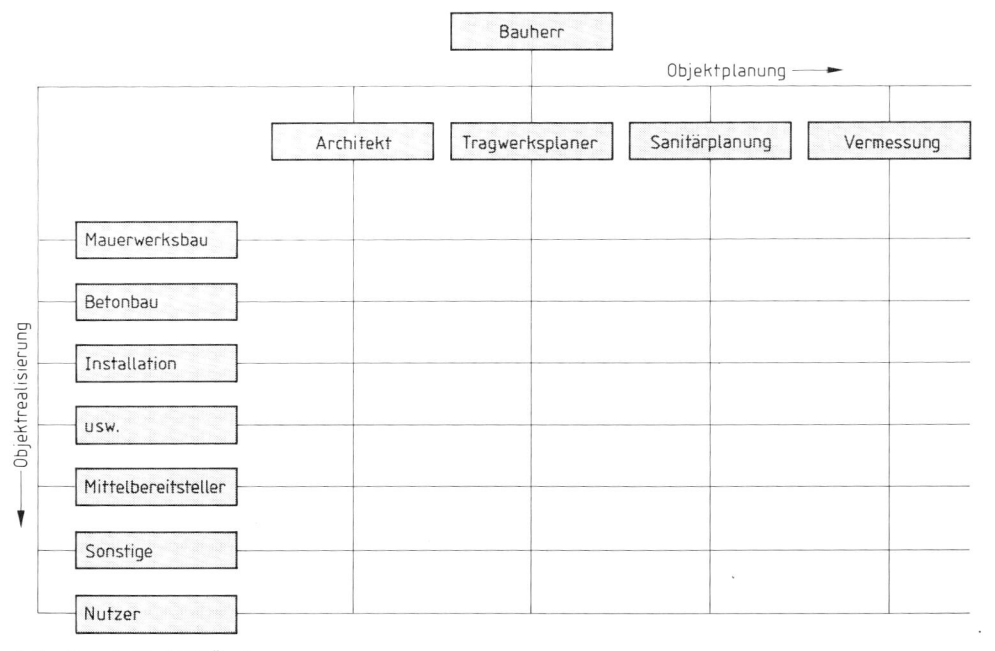

1.2 Einzelleistungsträger

Eine **teilweise Zusammenfassung** der Leistungen ist möglich (Bild **1.3**), wenn der Bauherr daraus einen organisatorischen Nutzen (Verantwortung aus einer Hand, evtl. Kostengarantien des Generalunternehmers) ziehen will. Problematisch ist der fehlende Einfluß des Architekten/Generalplaners auf die einzelnen beteiligten Firmen.
Planen und Bauen aus einer Hand bietet der **Totalunternehmer** (Bild **1.4**).
Große Unternehmen, die als Totalunternehmer tätig sind und auch die Projektentwicklung betreiben, brauchen für die Einzelprobleme Fachberater:
– Geologen für Baugrunduntersuchungen,
– Biologen und Chemiker für evtl. Altlastenuntersuchung,
– Meteorologen für Klima, Wind, Niederschläge,

1.2.2 Die am Planen und Bauen Beteiligten

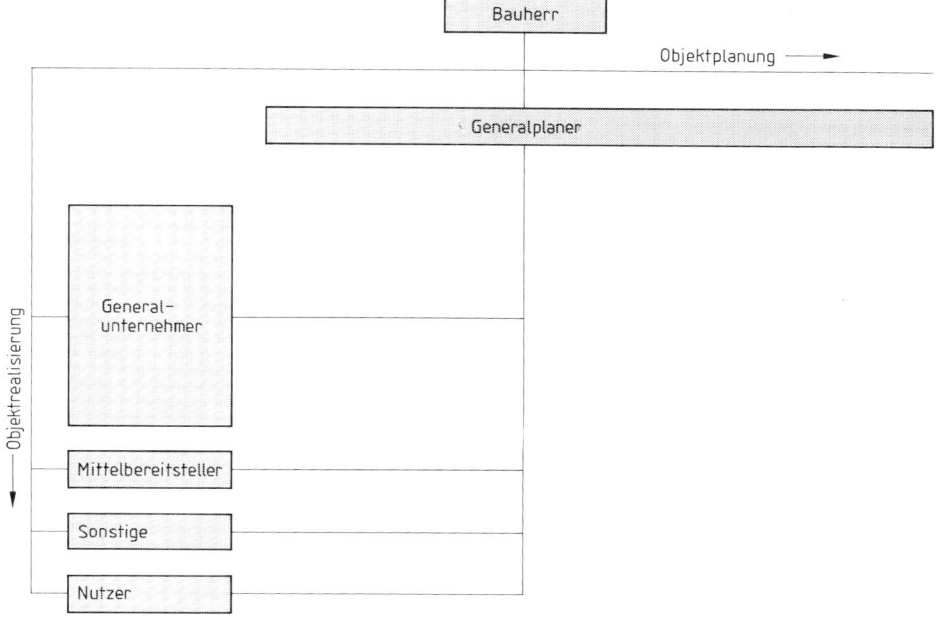

1.3 Generalplaner, Generalunternehmer

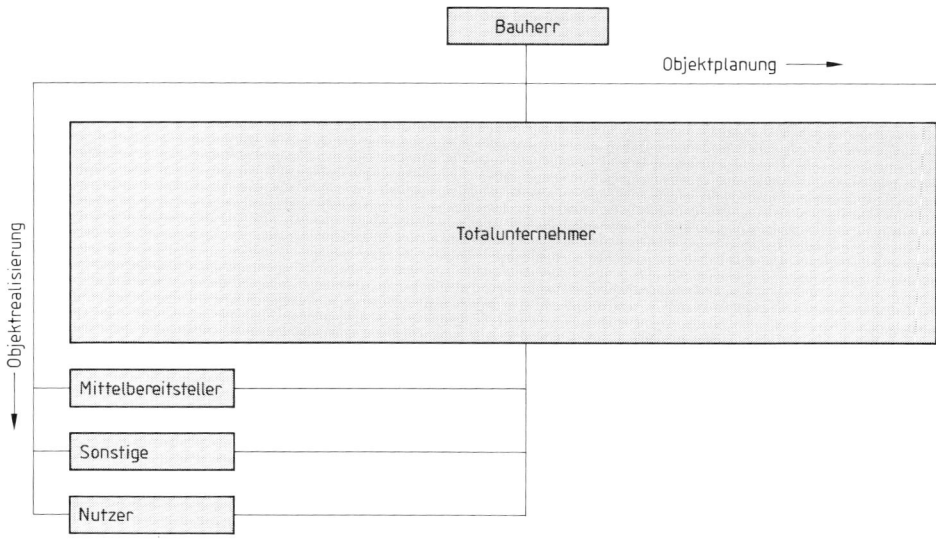

1.4 Totalunternehmer

- Mediziner für Arbeitsplätze/Arbeitssicherheit,
- Sachverständige für die Bewertung,
- Gutachter für die Versicherung
- und andere.

Die im Regelfall einzubeziehenden **Behörden,** z. B.

- Bauaufsichtsamt,
- Tiefbauamt,
- Straßenbauamt,
- Vermessung, Kataster,
- Versorgungsbetriebe,
- Brandschutzamt, Feuerwehr,
- Denkmalpflege,
- Gartenbauamt,
- Umweltschutzbehörde,

nehmen bei der Planung und Ausführung auch beratende Funktionen wahr.

Die **Aufgaben eines Projektleiters** sind bei Bauaufgaben mit einer Vielzahl von beteiligten Planern/Beratern/Institutionen sehr umfangreich.
Er muß mehr Manager als Planer sein und

- führen,
- motivieren,
- koordinieren,
- im Team arbeiten,
- delegieren,
- wissen, wann Experten notwendig sind,
- den systematischen und konzeptionellen Überblick bewahren und
- danach konsequent handeln können.

Je nach Aufgabe muß er entscheiden, wer hinzuzuziehen und zu beauftragen ist. z. B. Fachleute für

- Gebäudeplanung,
- Tragwerksplanung, Statik,
- Vermessung,
- Bodenmechanik, Erd- und Grundbau,
- Heizungs-, Lüftungs-, Klimatechnik,
- Gas-, Wasser-, Abwassertechnik,
- Elektrotechnik,
- Aufzugs-, Förder- und Lagertechnik,
- Thermische Bauphysik,
- Schallschutz und Raumakustik,
- Erschütterungsschutz,
- Umweltschutz,
- Kosten- und Terminplanung
- Innenarchitektur,
- Verkehrsanlagen,
- Außenanlagen- und Landschaftsplanung,
- Farbgestaltung und Design,
- Fassadenplanung,
- Lichtplanung.

Alle Einzelleistungen sind zur Lösung der gemeinsamen Aufgabe zusammenzuführen und der Informationsfluß ist zu organisieren.
Dabei dürfen die Ziele nicht aus den Augen verloren gehen.

1.2.3 Verordnung über die Honorare für Leistungen der Architekten und Ingenieure (HOAI)

Aufbau und Inhalt der HOAI sind wie folgt geregelt:

Teil I enthält die allgemeinen Vorschriften, die für sämtliche Teile der HOAI gelten, soweit dort nicht etwas anderes bestimmt ist.
Teil II behandelt Leistungen bei Gebäuden, Freianlagen und raumbildenden Ausbauten.
In **Teil III** werden sogenannte Zusätzliche Leistungen erfaßt, die aber abgesehen von der Projektsteuerung keine große Relevanz haben.
Teil IV beinhaltet Honorarregelungen für Gutachten und Wertermittlungen.
Teil V unterwirft die Städtebaulichen Leistungen einer staatlichen Honorarregelung.
Teil VI regelt die Landschaftsplanerischen Leistungen in teilweise sehr umfangreicher und detaillierter Form.
Teil VII beeinhaltet Leistungen bei Ingenieurbauwerken und Verkehrsanlagen.
Teil VII a integriert als verkehrsplanerische Leistungen das Vorbereiten und Erstellen der für einige Planarten erforderlichen Ausarbeitungen und Planfassungen.
Teil VIII nennt Leistungen und Honorare für die Tragwerksplanung, die in der Regel ergänzende Leistungen bei der Planung bei Gebäuden, Ingenieurbauwerken und Verkehrsanlagen sind.
Teil IX, Leistungen bei der Technischen Ausrüstung, umfaßt Anlagen auf den Gebieten der Gas-, Wasser-, Abwasser- und Feuerlöschtechnik, der Wärmeversorgungs-, Brauchwassererwärmungs- und Raumlufttechnik, der Elektrotechnik, der Aufzugs-, Förder- und Lagertechnik, der Küchen-, Wäscherei- und chemische Reinigungstechnik sowie der Medizin- und Labortechnik.
Teil X beschreibt die Leistungen für die Thermische Bauphysik und regelt im einzelnen den Wärmeschutz.
Teil XI für Leistungen im Bereich Schallschutz und Raumakustik umfaßt detailliert Leistungen und Honorare für Bauakustik und Raumakustik.
Teil XII regelt Leistungen für Bodenmechanik, Erd- und Grundbau.
Teil XIII umfaßt vermessungstechnische Leistungen, d.h. das Erfassen ortsbezogener Daten über Bauwerke und Anlagen, Grundstücke und Topographie, das Erstellen von Plänen, das Übertragen von Planungen in die Örtlichkeit sowie das vermessungstechnische Überwachen der Bauausführung.
Teil XIV beinhaltet rechtliche Überleitungsvorschriften.

Soweit Architekten- und Ingenieurleistungen in der HOAI erfaßt sind, können Honorare für diese Leistungen nur im Rahmen der Honorarvorschriften vereinbart und behandelt werden. Gleichwohl gibt es Architekten- und Ingenieurleistungen, die in der HOAI nicht erfaßt sind, weil der Verordnungsgeber bewußt auf eine Regelung verzichtet hat. Trotz Regelung bleibt das Honorar, bewußt vorgesehen, in zahlreichen Fällen frei zu vereinbaren. Einen Honorarspielraum gibt es im Rahmen der geregelten Mindest- und Höchstsätze.
Zentraler Inhalt der einzelnen Leistungsbereiche sind die Leistungsbilder, in denen die Gesamtleistung, aufgeteilt in Grund- und Besondere Leistungen in Leistungsphasen zusammengefaßt beschrieben werden.

Grundlagen für die Honorierung, z. B. für Gebäude, sind die anrechenbaren Kosten, die Honorarzonen und die Honorartafel nach § 16. Die Einordnung in eine der fünf Honorarzonen wird mit Hilfe von Bewertungsmerkmalen ermittelt. Es sind dies:

- Anforderungen an die Einbindung in die Umgebung,
- Funktionsbereiche,
- Gestaltung,
- Konstruktion,
- Technische Ausrüstung,
- Ausbau.

Die anrechenbaren Kosten sind unter Zugrundelegung der Kostenermittlungsverfahren nach DIN 276 zu ermitteln. Zu beachten sind dabei

- nicht anrechenbare Kosten,
- teilweise anrechenbare Kosten, z. B. für die Technische Ausrüstung
- bedingt anrechenbare Kosten, z. B. wenn für Leistungen, deren Kosten nicht anrechenbar sind, Planungs- und/oder Überwachungsleistungen erbracht werden.

Die **Honorarermittlung** wird nach dem im Bild **1.5** dargestellten Schema durchgeführt.

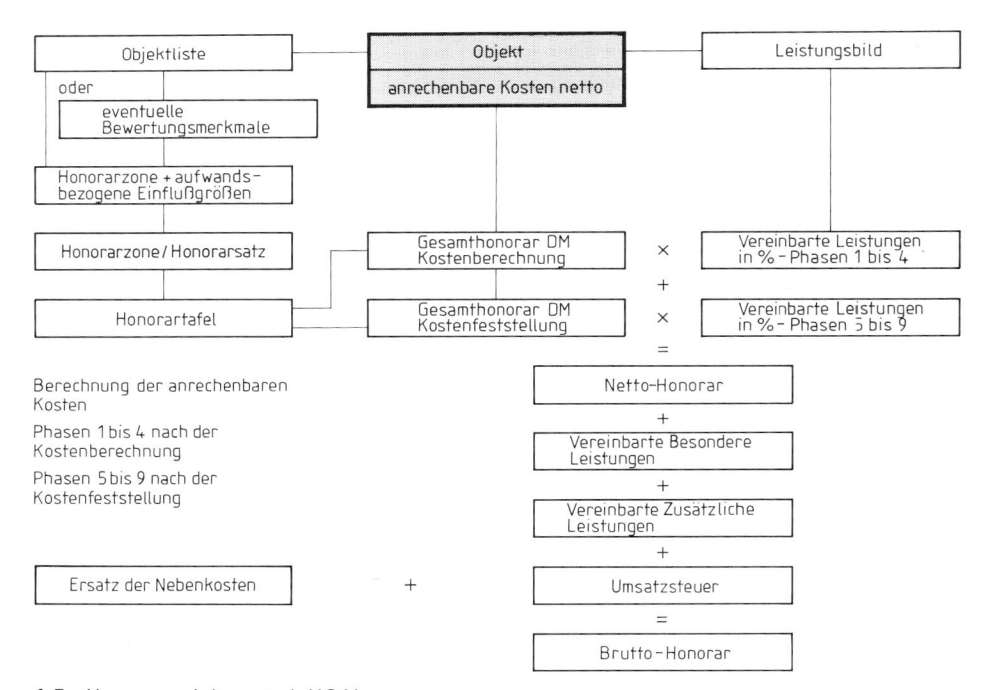

1.5 Honorarermittlung nach HOAI

Die Regelungen für Gebäude, Freianlagen und raumbildende Ausbauten sind wie folgt gegliedert.

Teil II Leistungen bei Gebäuden, Freianlagen und raumbildenden Ausbauten

§ 10	Grundlagen des Honorars	§ 18	Auftrag über Gebäude und Freianlagen
§ 11	Honorarzonen für Leistungen bei Gebäuden	§ 19	Vorplanung, Entwurfsplanung und Objektüberwachung als Einzelleistung
§ 12	Objektliste für Gebäude	§ 20	Mehrere Vor- oder Entwurfsplanungen
§ 13	Honorarzonen für Leistungen bei Freianlagen	§ 21	Zeitliche Trennung der Ausführung
§ 14	Objektliste für Freianlagen	§ 22	Auftrag für mehrere Gebäude
§ 14a	Honorarzonen für Leistungen bei raumbildenden Ausbauten	§ 23	Verschiedene Leistungen an einem Gebäude
§ 14b	Objektliste für raumbildende Ausbauten	§ 24	Umbauten und Modernisierungen von Gebäuden
§ 15	Leistungsbild Objektplanung für Gebäude, Freianlagen und raumbildende Ausbauten	§ 25	Leistungen des raumbildenden Ausbaus
§ 16	Honorartafel für Grundleistungen bei Gebäuden und raumbildenden Ausbauten	§ 26	Einrichtungsgegenstände und integrierte Werbeanlagen
§ 17	Honorartafel für Grundleistungen bei Freianlagen	§ 27	Instandhaltungen und Instandsetzungen.

1.3 Informationsumsatz

Zur optimalen Durchführung eines Projekts werden in erheblichem Umfang Informationen in Form von Daten, Fakten und Methoden benötigt.

Hierfür ist eine möglichst umfassende Kenntnis des Informationsbedarfes notwendig. Als Grundlage soll die nachfolgende Auflistung der im Planungsprozeß benötigten Daten, Fakten und Methoden anhand des Leistungsbildes § 15 HOAI dienen (Tab. **1**.6).

Objektplanungsleistungen

Die Leistungen für die Objektplanung von Gebäuden, Freianlagen und raumbildenden Ausbauten sind im § 15 HOAI aufgeführt. Sie werden beispielhaft für die Leistungsbilder der HOAI angeführt. Sie stellen eine Umschreibung der Leistungen für alle Arten dieser Objekte dar, d. h. Leistungen, die zur ordnungsgemäßen Erfüllung eines Auftrages im allgemeinen erforderlich sind. Besondere Leistungen ergänzen diese Grundleistungen, wenn besondere Anforderungen an die Ausführung des Auftrages gestellt werden, die über die allgemeinen Leistungen hinausgehen oder diese ändern.

Da die Ergebnisse einzelner Leistungsphasen, insbesondere der Phasen 2 bis 5 in der Darstellung und Beschreibung der Einzelheiten ähnlich sind, aber immer klarere und detailliertere Ergebnisse mit jeweils höherem Informationsinhalt zeigen, sind auch die notwendigen Daten, Fakten und Methoden einander ähnlich. Sie werden aber immer genauer sein müssen. Ihre Aufbereitung für ein Informationsangebot muß in verschiedenen Stufen erfolgen. Im Regelfall wird sich die Nachfrage nach Genauigkeit und Aussagekraft im Ablauf des Planungsprozesses steigern. Am Beispiel der Kostendaten zu den Kostenermittlungsverfahren nach DIN 276 läßt sich dies eindeutig erkennen.

Informationsbegriff

Für den Planer sind Informationen im Planungsablauf Angaben, Mitteilungen und Beschreibungen über Daten, Fakten und Methoden sowie über den Verlauf von Prozessen.
Die Informationen sind:
- **prozeßorientiert,** d. h. sie tragen zum Ablauf des Planungsprozesses vor allem durch Methoden bei,
- **leistungsträgerorientiert,** d. h. sie tragen zur reibungslosen Zusammenarbeit zwischen den am Planen und Bauen Beteiligten bei und
- **objektorientiert,** d. h. sie sind insbesondere als Daten und Fakten auf das spezielle Objekt bezogen.

Arten der Informationen sind:
- **Daten** Allgemeine Bezeichnung für Zahlen, Buchstaben, Symbole usw., die sich in formalisierter Weise für Kommunikation, Interpretation oder Verarbeitung eignen.
- **Fakten** Sachverhalte in Form von Texten und Bildern, die zu einem bestimmten Zeitpunkt festgelegt für diesen als gesichert gelten.
- **Methoden** Planvolle Verfahren (Vorgehensweise) zum Erreichen eines Zieles.
- **Vorschriften** Sachverhalte, die als Fakten zur Regelung des Gemeinwohls, des sozialen Friedens, der Ordnung, der Lebensqualität und der Sicherheit von Einzelpersonen festgelegt sind.

Tabelle **1.6** Liste der im Planungsprozeß benötigten Daten, Fakten und Methoden

Leistungsphasen	Datenarten orientiert am Planungsablauf				
	Geometrie	Qualität	Quantität	Kosten	Termine
1 Grundlagenermittlung	Skizzen, Bebauungsplan	Planungsprogramm, Aufgabenstellung	Bedarfsplanung	Finanzierungsgrundlagen, Kostenrahmen	Ecktermine
2 Vorplanung	Skizzen, Lagepläne, Vorentwurf	Zielkatalog, Erläuterungen	Berechnung der Flächen und Rauminhalte	Fortschreibung Kostenrahmen, Kostenschätzung	Rahmenterminplanung für Planung und Ausführung
3 Entwurfsplanung	Entwurf, Detailzeichnungen, Fachingenieur-Zeichnungen	Objektbeschreibung, Raumbuch	Fortschreibung Flächen und Rauminhalte, Bauelemente	Kostenberechnung, Kostengruppen, Bauelemente, Gewerke	Fortschreibung Terminplanung
4 Genehmigungsplanung	Planvorlage-Zeichnungen	Baubeschreibung, Bauantrag	Fortschreibung Flächen und Rauminhalte, Bauelemente		Fortschreibung Terminplanung
5 Ausführungsplanung	Ausführungszeichnungen, Detailzeichnungen	Fortschreibung Baubeschreibung	Fortschreibung Flächen und Rauminhalte, Bauelemente	Fortschreibung Kostenberechnung	Fortschreibung Terminplanung
6 Vorbereitung der Vergabe	Aufmaßzeichnungen	Leistungsbeschreibung, Vertragsbedingungen, Vergabebestimmungen	Mengenermittlung zur Leistungsbeschreibung	Fortschreibung Kostenberechnung, Kostenanschlag	Fortschreibung Terminplanung
7 Mitwirkung bei der Vergabe		Bauverträge	Fortschreibung Mengenermittlung	Kostenanschlag, Angebotsprüfung, Preisspiegel	Fortschreibung Terminplanung
8 Objektüberwachung	Zeichnungssätze für Auftragnehmer	Qualitätskontrolle, Bautagebuch	Mengenkontrolle, Aufmaß	Baukostenfeststellung, Bauabrechnung	Ausführungstermine
9 Objektbetreuung und Dokumentation	Bestands-, Revisionszeichnungen	Mängelliste	Mengenliste	Baukostendokumentation, Kostenanalyse	Gewährleistungstermine

Fortsetzung s. nächste Seiten

Tabelle 1.6, Fortsetzung

Leistungsphasen	Daten, Fakten, Methoden zu den Leistungen bei der Objektplanung eines Gebäudes			
	Grundleistungen		Besondere Leistungen	
1 Grundlagenermittlung	Klären der Aufgabenstellung Beraten zum gesamten Leistungsbedarf	Art der Nutzung, notwendige Flächen, notwendige Qualität, Planungs- und Bauzeit, vorhandene oder erforderliche Mittel, Lage des Objektes. Allgemeine Informationen z. B. zum Wohnungsbau politische und soziale Gegebenheiten, Grundstücksmarkt, Grundstückskosten, Wohnungsmarkt, Mietenspiegel, Qualitätsnachfrage, Flächennachfrage, Kostenrichtwerte, Baupreisindex, Kapitalmarkt, öffentliche Förderung. Grundstück Bebaubarkeit, F-Plan, B-Plan, Rahmenplan, Gestaltungssatzung, Erschließung, Baulasten, Bodenbeschaffenheit, vorhandene Bebauung, Leistungsbedarf in Form von Planen (Gebäude, Technische Ausrüstung, Freianlagen, Innenräume, Tragwerk, Finanzen), Überwachen (Überwachen der Bauleistungen), Beraten (Bodengutachten, Finanzierung, Rationalisierung), Betreuen (Projektsteuerung), Prüfen (TÜV, Behörden),	Bestandsaufnahme Standortanalyse Betriebsplanung Aufstellen eines Raumprogrammes Aufstellen eines Funktionsprogrammes	Methode der Bestandsaufnahme wie Endoskopie, Thermovision, Photogrammetrie, Ablaufplanung, Bestandsaufnahme, Maßliche Bestandsaufnahme, Technische Bestandsaufnahme, Schadenkartierung Methode der Standortanalyse, Bodenmarkt, Infrastruktur, Methode der Bewertung von Grundstücken (WertermittlungVO) Methode der Betriebsplanung, Betriebsabläufe, Betriebsorganisation, Vorschriften für Arbeitsstätten (Arbeitsst. Richtl.), Analyse- und Prognosemethoden Flächenbedarf, Raumbedarf, Vorschriften für bestimmte Objekttypen (Arbeitsstätten, Versammlungsstätten, Krankenhäuser, Kindergärten usw.), Beispielsammlungen Funktionsabläufe in bestimmten Objekttypen, Beispielsammlungen

Fortsetzung s. nächste Seiten

Tabelle 1.6, Fortsetzung

Leistungsphasen	Daten, Fakten, Methoden zu den Leistungen bei der Objektplanung eines Gebäudes			
	Grundleistungen		**Besondere Leistungen**	
1 Grundlagenermittlung (Fortsetzung)	**Beraten zum gesamten Leistungsbedarf**	Bauen (Einzelunternehmer, Generalunternehmer), Nutzen, (Verwalten, Warten, Pflegen)	**Prüfen der Umwelterheblichkeit**	Grundsätze für die Prüfung der Umwelterheblichkeit, Gesetze, Verordnungen, Richtlinien
	Formulieren von Entscheidungshilfen für die Auswahl anderer an der Planung fachlich Beteiligter	Markt für Leistungsträger, Auswahlkriterien für Leistungsträger, Vertragsmuster	**Prüfen der Umweltverträglichkeit**	Grundsätze für die Prüfung der Umweltverträglichkeit, Gesetze, Verordnungen, Richtlinien
	Zusammenfassung der Ergebnisse	Methoden zur Aufstellung einer Durchführbarkeitanalyse (Feasibility-Studie)		
2 Vorplanung (Projekt- und Planungsvorbereitung)	**Analyse der Grundlagen**	Methode der Grundlagenanalyse	**Untersuchung für Lösungsmöglichkeiten** nach grundsätzlich verschiedenen Anforderungen	Planungsmethoden, Entwurfsmethoden, Planungstechniken, Projektorganisation, Bewertungsmethode, Modellsimulation, Bautechnische Kennzahlen
	Abstimmen der Zielvorstellungen (Randbedingungen, Zielvorstellungen)	Kenntnis der Zielvorstellungen nach Art, Maß und Zeit von Bauherr, Kapitalgeber, Planer, Bauunternehmer, Nutzer		
	Aufstellen eines planungsbezogenen Zielkatalogs (Programmziele)	Methode der Aufstellung eines Zielbaumes, von Problembäumen oder Anforderungslisten	**Aufstellen eines Finanzierungsplanes**	Methode der Aufstellung eines Finanzierungsplanes (II. BV), Finanzierungsmöglichkeiten, Öffentliche Förderung
	Erarbeiten eines Planungskonzepts einschl. Untersuchung der alternativen Lösungsmöglichkeiten nach gleichen Anforderungen mit zeichnerischer Darstellung und Bewertung, zum Beispiel versuchsweise zeichnerische Darstellungen/Skizzen, gegebenenfalls mit erläuternden Angaben	Planungsmethoden, Modelle der Stadtplanung, Quantitative Methoden der Stadtplanung, Entwurfsmethoden, Planungstechniken, Projektorganisation, Bewertungsmethoden, Bautechnische Kennzahlen, Orientierungswerte, Richtlinien Versammlungsstätten, Arbeitsstätten, Hochhäuser, Krankenhäuser usw.	**Aufstellen einer Bauwerks- und Betriebskosten-Nutzen-Analyse**	Methode der Bauwerks- und Betriebskosten-Nutzen-Analyse, Bewertungsverfahren
			Mitwirken bei der Kreditbeschaffung	Kapitalmarkt, Formen der Kredite
			Durchführen der Voranfrage (Bauanfrage)	Verfahren der Bauvoranfrage (Bauordnung)
			Ergänzen der Vorplanungsunterlagen aufgrund besonderer Anforderungen	(s. nebenstehende Erläuterungen unter Grundleistungen)

Fortsetzung s. nächste Seiten

1.3 Informationsumsatz

Tabelle 1.6, Fortsetzung

Leistungsphasen	Daten, Fakten, Methoden zu den Leistungen bei der Objektplanung eines Gebäudes			
	Grundleistungen		Besondere Leistungen	
2 Vorplanung (Fortsetzung)	**Integrieren der Leistungen anderer** an der Planung fachlich Beteiligter	Organisation der Planungsbeteiligten, Methode interdisziplinärer Zusammenarbeit (Leistungsfeststellung, Terminplanung, jour fix)	**Anfertigen von Darstellungen** durch besondere Techniken, wie zum Beispiel Perspektiven, Muster, Modelle	Darstellungsmethoden, Freihandzeichnen, Darstellende und konstruktive Geometrie, Modellbau
	Klären und Erläutern der wesentlichen städtebaulichen, gestalterischen, funktionalen, technischen, bauphysikalischen, wirtschaftlichen, energiewirtschaftlichen, (z. B. hinsichtlich rationeller Energieverwendung und der Verwendung erneuerbarer Energien) und landschaftsökologischen **Zusammenhänge,** Vorgänge und Bedingungen, sowie der Belastung und Empfindlichkeit der betroffenen Ökosysteme	Beispiele städtebaulicher Einordnung, Bebaubarkeit des Grundstücks, Maßverhältnisse für die Gestaltung, Proportion, Harmonie, Beispiele ähnlicher Gebäudetypen, Technische Lösungen für das Tragwerk, Bedingungen und Lösungen für Schallschutz, Wärmeschutz, Feuchteschutz, Brandschutz, Angebote von Fertigteilen für Roh- und Ausbau, Energieeinsparungsmöglichkeiten für Gestaltung, Bauteile, Heizungstechnik, Biologische Bauweisen, Ökologie, Vegetationskunde, Art und Anwendung der Baunormung, Regeln der Technik	**Aufstellen eines Zeit- und Organisationsplanes**	Planungszeiten, Bauzeiten, Einsatz von Menschen und Maschinen, Organisationsmethoden, Zeitplanungsmethoden
	Vorverhandlungen mit den Behörden und anderen an der Planung fachlich Beteiligten über die Genehmigungsfähigkeit	Baugenehmigungsverfahren, Verfahren der Bauvoranfrage, Verhandlungstechnik, Bauvorlagenverordnung		

Fortsetzung s. nächste Seiten

Tabelle 1.6, Fortsetzung

Leistungsphasen	Daten, Fakten, Methoden zu den Leistungen bei der Objektplanung eines Gebäudes			
	Grundleistungen		Besondere Leistungen	
2 Vorplanung (Fortsetzung)	**Kostenschätzung nach DIN 276** oder nach dem wohnungsrechtlichen Berechnungsrecht	Kostenkennzahlen, Kostenrichtwerte, Bauteilkosten, Bauelementkosten, Kostenermittlungsverfahren, Kostenplanungsmethoden, Anforderungen zur Kostenermittlung bei öffentlicher Förderung		
	Zusammenstellen der Vorplanungsergebnisse	Systematische Darstellungsmethoden, Raumbuch, Baubuch		
3 Entwurfsplanung (System- und Integrationsplanung)	**Durcharbeiten des Planungskonzepts** (stufenweise Erarbeitung einer zeichnerischen Lösung) unter Berücksichtigung städtebaulicher, gestalterischer, funktionaler, technischer, bauphysikalischer, wirtschaftlicher, energiewirtschaftlicher, (z. B. hinsichtlich rationeller Energieverwendung und der Verwendung erneuerbarer Energien) und landschaftsökologischer Anforderungen unter Verwendung der Beiträge anderer an der Planung fachlich Beteiligter bis zum vollständigen Entwurf	Bausysteme, Bauteile, Baustoffe, Baustoffnormen, Bauelemente, Bautechnik, Fertigteile, Technische Systeme Heizung und Lüftung, Sanitär, Elektrische Anlagen, Fördertechnik, Kommunikationstechnik, Technik für besondere Objekttypen (z. B. Krankenhaus, Lagerung, Theater). Wärmeschutz, Schallschutz, Feuchteschutz, Brandschutz, Qualitätsstandards	**Analyse der Alternativen/Varianten und deren Wertung mit Kostenuntersuchung** (Optimierung) **Wirtschaftlichkeitsberechnung** **Kostenberechnung** durch Aufstellung von Mengengerüsten oder Bauelementkatalog	Optimierungsverfahren, Bewertungsmethoden Methoden der statischen und dynamischen Wirtschaftlichkeitsberechnung Mengenberechnung, Bauelementkataloge, Kostenermittlungsverfahren, Kostenplanungsverfahren

Fortsetzung s. nächste Seiten

Tabelle 1.6, Fortsetzung

Leistungsphasen	Daten, Fakten, Methoden zu den Leistungen bei der Objektplanung eines Gebäudes		Besondere Leistungen
	Grundleistungen		
3 Entwurfsplanung (Fortsetzung)	**Integrieren der Leistungen anderer** an der Planung fachlich Beteiligter	Organisation der Planungsbeteiligten, Methode interdisziplinärer Zusammenarbeit	
	Objektbeschreibung nach DIN 276	Systematische Objektbeschreibung entsprechend den Kostenermittlungsverfahren	
	Zeichnerische Darstellung des Gesamtentwurfs, z. B. durchgearbeitete, vollständige Vorentwurfs-/oder Entwurfszeichnungen (Maßstab nach Art und Größe des Bauvorhabens)	Normgerechte Darstellung, Darstellungsmethoden (DIN 1356) CAD-Anwendung	
	Verhandlungen mit Behörden und anderen an der Planung fachlich Beteiligten über die Genehmigungsfähigkeit	Bauaufsichtlich eingeführte Normen, Bauordnung, Landesverordnungen und Richtlinien zur Bauordnung (Abstandsflächen, Garagen, Stellplätze usw.)	
	Kostenberechnungen nach DIN 276 oder nach dem wohnungsrechtlichen Berechnungsrecht	Kostenkennzahlen, Kostenrichtwerte, Bauteilkosten, Bauelementkosten, Kostenermittlungsverfahren, Kostenplanungsmethoden, Anforderungen zur Kostenermittlung bei öffentlicher Förderung	
	Zusammenfassen aller Entwurfsunterlagen	Systematische Darstellungsmethoden	

Fortsetzung s. nächste Seiten

Tabelle **1**.6, Fortsetzung

Leistungsphasen	Daten, Fakten, Methoden zu den Leistungen bei der Objektplanung eines Gebäudes			
	Grundleistungen		Besondere Leistungen	
4 Genehmigungsplanung	**Erarbeiten der Vorlagen für** die nach den öffentlichrechtlichen Vorschriften erforderlichen **Genehmigungen oder Zustimmungen** einschließlich der Anträge auf Ausnahmen und Befreiungen unter Verwendung der Beiträge anderer an der Planung fachlich Beteiligter sowie noch notwendiger Verhandlungen mit Behörden	Bauvorlagenverordnung, normgerechte Darstellung, Landesbauordnung und landesrechtliche Vorschriften, Regeln der Technik, Verfahren der Wärmeschutzberechnung	**Mitwirken bei der Beschaffung der nachbarlichen Zustimmung**	Nachbarrechtsgesetz
			Erarbeiten von Unterlagen für besondere Prüfverfahren	Prüfzeichenverordnung, Überwachungsverordnung
			Fachliche und organisatorische Unterstützung des Bauherrn im Widerspruchsverfahren, Klageverfahren oder ähnliches	Nachbarrecht
	Einreichen dieser Unterlagen	Baugenehmigungsverfahren	**Ändern der Genehmigungsunterlagen** infolge von Umständen, die der Auftragnehmer nicht zu vertreten hat	Bauvorlagen verordnung, normgerechte Darstellung, Landesbauordnung, landesrechtliche Vorschriften, Regeln der Technik, Verfahren der Wärmeschutzberechnung
	Vervollständigen und Anpassen der Planungsunterlagen, Beschreibungen und Berechnungen unter Verwendung der Beiträge anderer an der Planung fachlich Beteiligter	Bauvorlagenverordnung, normgerechte Darstellung, Landesbauordnung und landesrechtliche Vorschriften, Regeln der Technik, Verfahren der Wärmeschutzberechnung		
5 Ausführungsplanung	**Durcharbeiten der Ergebnisse der Leistungsphasen 3 und 4** (stufenweise Erarbeitung und Darstellung der Lösung) unter Berücksichtigung städtebaulicher, gestalterischer, funktionaler, technischer, bauphysikalischer, wirtschaftlicher, energiewirtschaftlicher, (z. B. hinsichtlich	Bauprodukte, Bauteile, Bauelemente, Materialien, Materialeigenschaften, Materialmaße, Materialkosten, Verarbeitung der Materialien, Materialeigenschaften zum Wärmeschutz, Schallschutz, Feuchteschutz, Brandverhalten der Materialien,	**Aufstellen einer detaillierten Objektbeschreibung** als **Baubuch** zur Grundlage der Leistungsbeschreibung mit Leistungsprogramm	Art und Methode der Objektbeschreibung, Darstellung als Baubuch, Darstellung der Anforderungen
			Aufstellen einer detaillierten Objektbeschreibung als **Raumbuch** zur Grundlage der Leistungsbeschreibung mit Leistungsprogramm	Raumbuchdarstellung, Nutzungsbedingungen, Qualitätsbeschreibungen, Mengenberechnungen

Fortsetzung s. nächste Seiten

Tabelle 1.6, Fortsetzung

Leistungsphasen	Daten, Fakten, Methoden zu den Leistungen bei der Objektplanung eines Gebäudes			
	Grundleistungen		Besondere Leistungen	
5 Ausführungs-planung (Fortsetzung)	rationeller Energie-verwendung und der Verwendung erneuerbarer Ener-gien) und land-schaftsökologischer Anforderungen un-ter Verwendung der Beiträge ande-rer an der Planung fachlich Beteiligter bis zur ausfüh-rungsreifen Lösung	Musterdetails, Standarddetails, Bauschäden, Bauproduktinfor-mationen wie Planungsbedingun-gen, Landesbauordnung und zugehörige Verordnungen, Normen, Sonstige Regel-werke, Baukonstruktionen, Tragwerksabmes-sungen	**Prüfen der vom bauausführenden Unternehmen** auf-grund der Lei-stungsbeschreibung mit Leistungspro-gramm ausgearbei-teten Ausführungs-pläne auf Überein-stimmung mit der Entwurfsplanung	Entsprechend Entwurfs- und Genehmigungs-planung
			Erarbeiten von Detailmodellen	Darstellung im Modell, Modellbau
	Zeichnerische Darstellung des Objekts mit allen für die Ausführung notwendigen Ein-zelangaben, z. B. endgültige, vollständige Aus-führungs-, Detail- und Konstruktions-zeichnungen im Maßstab 1:50 bis 1:1, mit den erfor-derlichen textlichen Ausführungen	Art und Methoden der Darstellung, Bezeichnungen, z. B. Schaltzeichen, Reprozeichnen, Mikroverfilmung, CAD-Anwendung, Anwendung von Zeichenhilfen, Berechnungsme-thoden	**Prüfen und An-erkennen von Plänen Dritter** nicht an der Planung fachlich Beteiligter auf Überstim-mung mit den Aus-führungsplänen (z. B. Werk-stattzeichnungen von Unternehmen, Aufstellungs- und Fundamentpläne von Maschinenlieferan-ten) soweit die Lei-stungen Anlagen betreffen, die in den anrechenbaren Kosten nicht erfaßt sind.	Art und Methode technischer Darstellungen, Darstellung der Fachplanungen
	Erarbeiten der Grundlagen für die anderen an der Planung fach-lich Beteiligten und Integrierung ihrer Beiträge bis zur ausführungsreifen Lösung	Anforderungen der Fachplanungen		
	Fortschreiben der Ausfüh-rungsplanung während der Objektausführung	Bauprodukte, Bauteile, Bauelemente, Materialien, Materialeigen-schaften, Materialmaße, Materialkosten, Verarbeitung der Materialien,		

Fortsetzung s. nächste Seiten

Tabelle **1**.6, Fortsetzung

Leistungsphasen	Daten, Fakten, Methoden zu den Leistungen bei der Objektplanung eines Gebäudes			
	Grundleistungen		Besondere Leistungen	
5 Ausführungs- planung (Fortsetzung)	**Fortschreiben der Ausfüh- rungsplanung** (Fortsetzung)	Materialeigenschaf- ten zum Wärme- schutz, Schallschutz, Feuchteschutz Brandverhalten der Materialien, Musterdetails, Standarddetails, Bauschäden, Bauproduktinfor- mationen, Planungsbedingun- gen wie Landesbauord- nung und zuge- hörige Verordnun- gen, Normen, Sonstige Regel- werke, Baukonstruktionen, Tragwerksabmes- sungen, Art und Methoden der Darstellung, Bezeichnungen z. B. Schaltzeichen, Reprozeichnen, Mikroverfilmung, CAD-Anwendung, Anwendung von Zeichenhilfen, Berechnungs- methoden		
6 Vorbereitung der Vergabe	**Ermitteln und Zusammenstel- len** von Mengen als Grundlage für das **Aufstellen von Leistungs- beschreibungen** unter Verwendung der Beiträge anderer an der Planung fachlich Beteiligter	Art und Methode der Mengen- berechnung, EDV-Anwendung, Allgemeine techni- sche Vorschriften (DIN usw.) StlB als Grundlagen	**Aufstellen von Leistungsbe- schreibungen** mit Leistungsprogramm unter Bezug auf Baubuch/Raumbuch	Darstellung von Leistungspro- grammen, Nutzungsbedin- gungen, Beschreibungs- muster, Arten der Bauaus- führung, Mengenermitt- lungen

Fortsetzung s. nächste Seiten

1.3 Informationsumsatz

Tabelle 1.6, Fortsetzung

Leistungsphasen	Daten, Fakten, Methoden zu den Leistungen bei der Objektplanung eines Gebäudes			
	Grundleistungen		Besondere Leistungen	
6 Vorbereitung der Vergabe (Fortsetzung)	**Aufstellen von Leistungsbeschreibungen** mit Leistungsverzeichnissen nach Leistungsbereichen	Art der Leistungsbeschreibung, Standardbeschreibungen, Standardleistungsbuch, Bauproduktinformationen, Produktarten, Baustoffe, Produkteigenschaften, Produktverarbeitung, Art der Aufstellung von Leistungsverzeichnissen	**Aufstellen von alternativen Leistungsbeschreibungen** für geschlossene Leistungsbereiche	Art der Leistungsbeschreibung, Standardbeschreibungen, Standardleistungsbuch, Bauproduktinformationen, Produktarten, Baustoffe, Produkteigenschaften, Produktverarbeitung, Art der Aufstellung von Leistungsverzeichnissen
	Abstimmen und Koordinieren der Leistungsbeschreibungen der an der Planung fachlich Beteiligten	Leistungsanforderungen der Fachplanungen	**Aufstellen von vergleichenden Kostenübersichten** unter Auswertung der Beiträge anderer an der Planung fachlich Beteiligter	Darstellung von Übersichten, Vergleichsmethoden, Baukostendaten, Einheitspreise, Elementkosten, Gewerkekosten, ortsübliche Preise
7 Mitwirkung bei der Vergabe	**Zusammenstellen der Verdingungsunterlagen** für alle Leistungsbereiche	Bauverträge (Musterverträge), Vertragsgestaltung, Bewerbungsunterlagen, Technische Vorbemerkungen, Besondere Vertragsbedingungen, Zusätzliche technische Vorschriften, Terminplanung, Verdingungsordnung für Bauleistungen (VOB)	**Prüfen und Werten der Angebote** aus Leistungsbeschreibung mit Leistungsprogramm einschließlich Preisspiegel	Art und Methode des Prüfens und Wertens der Ergebnisse aus Leistungsbeschreibung mit Leistungsprogramm
			Aufstellen, Prüfen und Werten von Preisspiegeln nach besonderen Anforderungen	Art und Methode der Aufstellung von Preisspiegeln, EDV-Anwendung
	Einholen von Angeboten	Arten der Vergabe, Grundsätze der Vergabe, VOB, Markt für Bauleistungen,		

Fortsetzung s. nächste Seiten

Tabelle **1**.6, Fortsetzung

Leistungsphasen	Daten, Fakten, Methoden zu den Leistungen bei der Objektplanung eines Gebäudes		Besondere Leistungen
	Grundleistungen		Besondere Leistungen
7 Mitwirkung bei der Vergabe (Fortsetzung)	**Prüfen und Werten der Angebote** einschließlich Aufstellen eines Preisspiegels nach Teilleistungen unter Mitwirkung aller während der Leistungsphasen 6 und 7 fachlich Beteiligten	Methoden des Prüfens und Wertens	
	Abstimmen und Zusammenstellung der Leistungen der fachlich Beteiligten, die an der Vergabe mitwirken.	Bauverträge, (Musterverträge), Vertragsgestaltung, Bewerbungsunterlagen, Technische Vorbemerkungen, Besondere Vertragsbedingungen, Zusätzliche technische Vorschriften, Terminplanung, Verdingungsordnung für Bauleistungen (VOB)	
	Verhandlungen mit Bietern	Verdingungsordnung für Bauleistungen (VOB), Verhandlungstechniken	
	Kostenanschlag nach DIN 276 aus Einheits- oder Pauschalpreisen der Angebote	Kostenermittlungsverfahren, Baukostenplanung	
	Mitwirken bei der Auftragserteilung	Firmeninformationen wie Leistungsfähigkeit, Qualität der Leistungen, Leistungskapazität, Maschinenausstattung, Wirtschaftliche Lage,	

Fortsetzung s. nächste Seiten

1.3 Informationsumsatz

Tabelle 1.6, Fortsetzung

Leistungsphasen	Daten, Fakten, Methoden zu den Leistungen bei der Objektplanung eines Gebäudes			
	Grundleistungen		Besondere Leistungen	
8 Objekt-Überwachung (Bauüberwachung)	**Überwachen der Ausführung des Objekts** auf Übereinstimmung mit der Baugenehmigung oder Zustimmung, den Ausführungsplänen und den Leistungsbeschreibungen sowie mit den anerkannten Regeln der Technik und den einschlägigen Vorschriften	Organisation der Bauausführung, Kontrolle der Bauausführung, Kontrolle der Materialqualitäten, Beachten der Regeln der Technik, Beachten der Unfallverhütungsvorschriften, Künstlerische Oberleitung	**Aufstellen, Überwachen und Fortschreiben eines Zahlungsplanes**	Methode der Aufstellung von Zahlungsplänen, EDV-Anwendung
			Aufstellen, Überwachen und Fortschreiben von differenzierten Zeit-, Kosten- oder Kapazitätsplänen	Methoden der Zeit-, Kosten- und Kapazitätsplanung, Leistungswerte, Kapazitätsdaten, Kostendaten, EDV-Anwendung, Netzplantechnik
	Überwachen der Ausführung von Tragwerken nach HOAI § 63 Abs. 1 Nr. 1 und 2 auf Übereinstimmung mit dem Standsicherheitsnachweis		**Tätigkeit als verantwortlicher Bauleiter** soweit diese Tätigkeit nach jeweiligem Landesrecht über die Grundleistungen der Leistungsphase 8 hinausgeht	Organisation der Bauausführung, Kontrolle der Bauausführung, Kontrolle der Materialqualitäten, Beachtung der Regeln der Technik, Beachtung der Unfallverhütungsvorschriften, Künstlerische Oberleitung
	Koordinieren der an der Objektüberwachung fachlich Beteiligten	Koordinierungsmethode fachlich, zeitlich, organisatorisch		
	Überwachung und Detailkorrektur von Fertigteilen	Herstellungsmethoden von Fertigteilen		
	Aufstellen und Überwachen eines Zeitplanes (Balkendiagramm)	Methoden der Zeitplanung		
	Führen eines Bautagebuches	Art und Aufbau eines Bautagebuches		
	Gemeinsames Aufmaß mit den bauausführenden Unternehmen	Systematik und methodisches Vorgehen beim Aufmaß		

Fortsetzung s. nächste Seiten

Tabelle **1**.6, Fortsetzung

Leistungsphasen	Daten, Fakten, Methoden zu den Leistungen bei der Objektplanung eines Gebäudes		
	Grundleistungen		Besondere Leistungen
8 Objekt-Überwachung (Fortsetzung)	**Abnahme der Bauleistungen** unter Mitwirkung anderer an der Planung und Objektüberwachung fachlich Beteiligter unter Feststellen von Mängeln	Kenntnis kritischer Punkte bei Konstruktion und Ausbau sowie typischer Bauschäden	
	Rechnungsprüfung	Art der Rechnungsaufstellung, Leistungsbewertung, Rechtliche Wirkung verschiedener Rechnungsarten (Einheitspreise, Fest-, Pauschal-, Höchstpreise)	
	Kostenaufstellung nach DIN 276 oder nach dem wohnungsrechtlichen Berechnungsrecht	Kostenermittlungsverfahren, Wohnungswirtschaftliches Berechnungsrecht (II. BV), Baukostenplanung	
	Antrag auf behördliche Abnahmen und Teilnahme daran	Verfahren der behördlichen Abnahme	
	Übergabe des Objekts einschließlich Zusammenstellung und Übergabe der erforderlichen Unterlagen, z. B. Bedienungsanleitungen, Prüfprotokolle	Systematische Zusammenstellung der Bauunterlagen, Ordnungssysteme	
	Auflistung der Gewährleistungsfristen	Aufstellen eines Terminkalenders (Fristenkalender), Beachtung der Regeln der Technik	
	Überwachung der Beseitigung der bei der Abnahme der Bauleistungen festgestellten Mängel		
	Kostenkontrolle	Verfahren der Kostenkontrolle, EDV-Anwendung, Methode des Soll/Ist-Vergleichs	

Fortsetzung s. nächste Seite

1.3 Informationsumsatz

Tabelle 1.6, Fortsetzung

Leistungsphasen	Daten, Fakten, Methoden zu den Leistungen bei der Objektplanung eines Gebäudes			
	Grundleistungen		Besondere Leistungen	
9 Objektbetreuung und Dokumentation	Objektbegehung zur Mängelfeststellung vor Ablauf der Gewährleistungsfristen der bauausführenden Unternehmen	Kenntnis typischer Mängel, Bauschäden, Gewährleistung der Baubeteiligten, Kenntnis der Rechtsbehelfe wie Beweissicherungsverfahren, Mängelbewertung	Erstellen von Bestandsplänen	Methode der Darstellung und Inhalte von Bestandsplänen
			Aufstellen von Ausrüstungs- und Inventarverzeichnissen	Systematik der Aufstellung von Ausrüstungs- und Inventarverzeichnissen
	Überwachen der Beseitigung von Mängeln, die innerhalb der Verjährungsfristen der Gewährleistungsansprüche, längstens jedoch bis zum Ablauf von fünf Jahren seit Abnahme der Bauleistungen auftreten	Organisation der Bauausführung und Kontrolle der Materialqualitäten, Beachten der Regeln der Technik und der Unfallverhütungsvorschriften, Künstlerische Oberleitung	Erstellung von Wartungs- und Pflegeanweisungen	Kenntnisse der Wartung und Pflege, Darstellung der Technik, Wartungsintervalle und -arbeiten Pflegeanweisungen und Materialqualität
			Objektbeobachtung	Kenntnisse über Instandhaltung und Instandsetzung, Verfolgung von Kosten und Erträgen
	Mitwirken bei der Freigabe von Sicherheitsleistungen	Bewertung der Leistungsqualitäten	Objektverwaltung	Aufgaben und Methoden der Objektverwaltung
			Baubegehung nach Übergabe	Art der Mängelfeststellung, Mängelbewertung
	Systematische Zusammenstellung der zeichnerischen Darstellungen und rechnerischen Ergebnisse des Objekts	Systematik der Zusammenstellung von Objektergebnissen	Überwachen der Wartungs- und Pflegeleistungen	Organisation der Wartungs- und Pflegeleistungen, Kontrolle der Ausführung, Beachtung der Regeln der Technik, Beachtung der Unfallverhütungsvorschriften
			Aufbereiten des Zahlenmaterials für eine Objektdatei	Systematischer Aufbau einer Objektdatei als Informationssystem
			Ermittlung und Kostenfeststellung zu Kostenrichtwerten	Methode der Ermittlung von Kostenrichtwerten
			Überprüfen der Bauwerks- und Betriebs-Kosten-Nutzen-Analyse	Methoden der Kosten-Nutzen-Analyse

2 Rechtliche Rahmenbedingungen

Es wird häufig davon gesprochen, daß das Bauen „Ländersache" sei. Dies ist im Grundsatz richtig, jedoch bedarf es hierzu einiger Erläuterungen.
Die Aufgabenteilung der Regelsetzung zwischen Bund und Ländern sieht vor, daß der Bund für die übergeordnete Gesetzgebung zuständig ist, z. B. für Bereiche außerhalb des Bauwesens (aber das Bauwesen betreffend) wie das Energieeinsparungsgesetz und daraus abgeleitet die Wärmeschutzverordnung. Des weiteren steht dem Bund die Regelung des Rechtes
- der städtebaulichen Planung,
- der Baulandumlegung,
- der Zusammenlegung von Grundstücken,
- des Bodenverkehrs,
- der Erschließung sowie
- der Bodenbewertung, soweit sie sich auf diese Gebiete bezieht,

zu.
Das Baupolizeirecht als Teil des allgemeinen Polizeirechts liegt in der Gesetzgebungskompetenz der Länder. Im Laufe der Jahre hat sich eine Wegentwicklung vom Baupolizeirecht im Sinne einer reinen Überwachungsfunktion und eines Vollzuges zum Terminus Bauordnungsrecht ergeben. Dies hat jedoch zu keiner Änderung der Gesetzgebungskompetenz durch die Länder geführt.

Der Bund machte von seiner Gesetzgebungskompetenz für das Bauwesen durch den Erlaß des Bundesbaugesetzes und des Städtebauförderungsgesetzes Gebrauch, die nunmehr im Baugesetzbuch zusammengefaßt sind.

Von der ARGEBAU (Arbeitsgemeinschaft der für das Bau-, Wohnungs- und Siedlungswesen zuständigen Minister der Länder) wurden als Muster für die Bauordnungen aller Länder eine Musterbauordnung und zugleich Muster für zugehörige Rechtsverordnungen erarbeitet. Die erste Musterbauordnung – kurz MBO 1960 genannt – wurde im weiteren Verlauf der technischen und rechtlichen Entwicklungen fortgeschrieben. Eine größere Änderung ergab sich nunmehr mit der Vorlage der Musterbauordnung, Fassung Dezember 1993, die insbesondere dadurch geprägt ist, daß eine Anpassung an die Festlegungen in europäischen Richtlinien, und hier insbesondere der EG-Bauproduktenrichtlinie, erforderlich war.

Öffentliches und **Privates Baurecht** beinhalten Regelungen, die als zwei Rechtsbereiche nebeneinander und unabhängig voneinander gelten. Das Private Baurecht regelt die Beziehungen zwischen Auftraggeber und Architekt, Auftraggeber und Bauunternehmer sowie weiteren mit der Bauausführung beauftragten Unternehmen sowie zwischen Auftraggeber und Sonderfachleuten. Darüber hinaus sind die Rechtsbeziehungen des Bauherrn, z. B. mit Nachbarn und anderen Betroffenen, angesprochen. Dazu gehören insgesamt auch die Haftungsverhältnisse zwischen allen am Bau Beteiligten.

Im Vordergrund stehen für den Architekten der Architektenvertrag sowie Verträge mit Sonderfachleuten und der VOB-Vertrag mit Auftragnehmern, zu denen er den Bauherrn zu beraten hat.

2.1 Planungsrecht und städtebauliche Grundlagen

2.1.1 Baugesetzbuch

Für die Stadtplanung ist das Baugesetzbuch (BauGB) die wichtigste gesetzliche Grundlage.

1986 wurde das Bundesbaugesetz und das Städtebauförderungsgesetz im Baugesetzbuch zusammengeführt. Insoweit wurde „Allgemeines Städtbaurecht" und „Besonderes Städtebaurecht" übernommen, geändert, ergänzt oder neu zusammengeführt.

2.1.1 Baugesetzbuch

BauGB Inhalt §§

Erstes Kapitel: Allgemeines Städtebaurecht		
Erster Teil:	Bauleitplanung	1– 13
	– Allgemeine Vorschriften	1– 4
	– Vorbereitender Bauleitplan (Flächennutzungsplan)	5– 7
	– Verbindlicher Bauleitplan (Bebauungsplan)	8– 13
Zweiter Teil:	Sicherung der Bauleitplanung	14– 28
	– Veränderungssperre und Zurückstellung von Baugesuchen	14– 18
	– Teilungsgenehmigung	19– 23
	– Gesetzliche Vorkaufsrechte der Gemeinde	24– 28
Dritter Teil:	Regelung der baulichen und sonstigen Nutzung; Entschädigung	29– 44
	– Zulässigkeit von Vorhaben	29– 38
	– Entschädigung	39– 44
Vierter Teil:	Bodenordnung	45– 84
	– Umlegung	45– 79
	– Grenzregelung	80– 84
Fünfter Teil:	Enteignung	85–122
	– Zulässigkeit der Enteignung	85– 92
	– Entschädigung	93–103
	– Enteignungsverfahren	104–122
Sechster Teil:	Erschließung	123–135
	– Allgemeine Vorschriften	123–126
	– Erschließungsbeitrag	127–135
Zweites Kapitel: Besonderes Städtebaurecht		
Erster Teil:	Städtebauliche Sanierungsmaßnahmen	136–164
	– Allgemeine Vorschriften	136–139
	– Vorbereitung und Durchführung	140–151
	– Besondere sanierungsrechtliche Vorschriften	152–156
	– Sanierungsträger und andere Beauftragte	157–161
	– Abschluß der Sanierung	162–164
Zweiter Teil:	Städtebauliche Entwicklungsmaßnahmen	165–171
Dritter Teil:	Erhaltungssatzung und städtebauliche Gebote	172–179
	– Erhaltungssatzung	172–174
	– Städtebauliche Gebote	175–179
Vierter Teil:	Sozialplan und Härteausgleich	180–181
Fünfter Teil:	Miet- und Pachtverhältnisse	182–186
Sechster Teil:	Städtebauliche Maßnahmen im Zusammenhang mit Maßnahmen zur Verbesserung der Agrarstruktur	187–191
Drittes Kapitel: Sonstige Vorschriften		
Erster Teil:	Wertermittlung	192–199
Zweiter Teil:	Allgemeine Vorschriften; Zuständigkeiten; Verwaltungsverfahren; Wirksamkeitsvoraussetzungen	200–216
	– Allgemeine Vorschriften	200–202
	– Zuständigkeiten	203–206
	– Verwaltungsverfahren	207–213
	– Wirksamkeitsvoraussetzungen	214–216
Dritter Teil:	Verfahren vor den Kammern (Senaten) für Baulandsachen	217–232
Viertes Kapitel: Überleitungs- und Schlußvorschriften		
Erster Teil:	Überleitungsvorschriften	233–245
Zweiter Teil:	Schlußvorschriften	246–247

Das **Allgemeine Städtebaurecht** regelt bauliche und sonstige Nutzungen von Grund und Boden, ihre Neuordnung und vorgesehene Nutzungsansprüche. Instrumentarien sind der vorbereitende Bauleitplan (Flächennutzungsplan) und der verbindliche Bauleitplan (Bebauungsplan).

„Die **Bauleitpläne** sollen eine geordnete städtebauliche Entwicklung und eine dem Wohl der Allgemeinheit entsprechende sozialgerechte Bodennutzung gewährleisten und dazu beitragen, eine menschenwürdige Umwelt zu sichern und die natürlichen Lebensgrundlagen zu schützen und zu entwickeln."

Im **Flächennutzungsplan** werden für das ganze Gemeindegebiet die sich aus der beabsichtigten städtebaulichen Entwicklung ergebende Art der Bodennutzung nach den voraussehbaren Bedürfnissen der Gemeinde in den Grundzügen dargestellt.

Der **Bebauungsplan** konkretisiert die rechtsverbindlichen Festsetzungen für die städtebauliche Ordnung. Um die Durchführung der notwendigen Verfahren zu erleichtern, sieht das BauGB Möglichkeiten der Sicherung der Bauleitplanung vor:

– Veränderungssperre,
– Zurückstellung von Baugesuchen,
– Teilungsgenehmigung,
– Vorkaufsrechte der Gemeinde.

Die Regelungen des Besonderen Städtebaurechts finden nur fallweise Anwendung. Es enthält Regelungen, die negative Auswirkungen für Eigentümer, Nutzer weitgehend vermeiden sollen.

Die Sonstigen Vorschriften haben nur ergänzenden Charakter.

2.1.2 Baunutzungsverordnung

Die Baunutzungsverordnung (BauNVO) ist Teil des Bauplanungsrechts und ergänzt das Baugesetzbuch. Sie bildet den materiellen Rahmen, den die Gemeinden bei Aufstellung der Bauleitpläne, Flächennutzungsplan und Bebauungsplan einzuhalten und auszufüllen haben.

Die BauNVO enthält Vorschriften über
– Art der baulichen Nutzung
– Maß der baulichen Nutzung
– Bauweise, überbaubare Grundstücksfläche.

So können im Flächennutzungsplan, die für die Bebauung vorgesehenen Flächen nach der allgemeinen Art ihrer baulichen Nutzung als
– Wohnbauflächen (W)
– gemischte Bauflächen (M)
– gewerbliche Bauflächen (G)
– Sonderbauflächen (S)

dargestellt werden. Die für die Bebauung vorgesehenen Flächen können nach der besonderen Art ihrer baulichen Nutzung differenziert werden als

– Kleinsiedlungsgebiete (WS)
– reine Wohngebiete (WR)   } Wohnbauflächen
– allgemeine Wohngebiete (WA)
– besondere Wohngebiete (WB)

– Dorfgebiete (MD)
– Mischgebiete (MI)   } gemischte Bauflächen
– Kerngebiete (MK)

– Gewerbegebiete (GE)
– Industriegebiete (GI)   } gewerbliche Bauflächen
– Sondergebiete (SO)   Sonderbauflächen

Geregelt ist, welchem Zweck die Flächen dienen, welche Nutzungen generell oder nur ausnahmsweise zulässig sind, sowie die Möglichkeiten und Einschränkungen, die den Gemeinden Einfluß über die Zulässigkeit von Vorhaben bieten.

Die Bestimmungen des Maßes der baulichen Nutzung betreffen im wesentlichen die Festsetzung
- der Grundflächenzahl oder der Größe der Grundfläche der baulichen Anlagen,
- der Geschoßflächenzahl oder der Größe der Geschoßfläche,
- der Baumassenzahl oder der Baumasse,
- der Zahl der Vollgeschosse,
- der Höhe der baulichen Anlage.

Die Begriffe sind in der Baunutzungsverordnung geregelt. Die Definition der Vollgeschosse regelt das Landesrecht. Vollgeschosse sind nach § 2 Abs. 4 MBO „...*Geschosse, deren Deckenoberkante im Mittel mehr als 1,4 m über die festgelegte Geländeoberfläche hinausragt und die über mindestens 2/3 ihrer Grundfläche eine lichte Höhe von mindestens 2,30 m haben.*"

Verordnung über die bauliche Nutzung der Grundstücke (Baunutzungsverordnung – BauNVO)
In der Fassung der Bekanntmachung vom 23. Januar 1990 (BGBl. I, Nr. 3, Seite 133)

Inhaltsübersicht

Erster Abschnitt
Art der baulichen Nutzung
§ 1   Allgemeine Vorschriften für Bauflächen und Baugebiete
§ 2   Kleinsiedlungsgebiete
§ 3   Reine Wohngebiete
§ 4   Allgemeine Wohngebiete
§ 4a Gebiete zur Erhaltung und Entwicklung der Wohnnutzung (besondere Wohngebiete)
§ 5   Dorfgebiete
§ 6   Mischgebiete
§ 7   Kerngebiete
§ 8   Gewerbegebiete
§ 9   Industriegebiete
§ 10 Sondergebiete, die der Erholung dienen
§ 11 Sonstige Sondergebiete
§ 12 Stellplätze und Garagen
§ 13 Gebäude und Räume für freie Berufe
§ 14 Nebenanlagen
§ 15 Allgemeine Voraussetzungen für die Zulässigkeit baulicher und sonstiger Anlagen

Zweiter Abschnitt
Maß der baulichen Nutzung
§ 16 Bestimmung des Maßes der baulichen Nutzung
§ 17 Obergrenzen für die Bestimmung des Maßes der baulichen Nutzung

§ 18 Höhe baulicher Anlagen
§ 19 Grundflächenzahl, zulässige Grundfläche
§ 20 Vollgeschosse, Geschoßflächenzahl, Geschoßfläche
§ 21 Baumassenzahl, Baumasse
§ 21a Stellplätze, Garagen und Gemeinschaftsanlagen

Dritter Abschnitt
Bauweise, überbaubare Grundstücksfläche
§ 22 Bauweise
§ 23 Überbaubare Grundstücksfläche

Vierter Abschnitt
§ 24 (weggefallen)

Fünfter Abschnitt
Überleitungs- und Schlußvorschriften
§ 25 Fortführung eingeleiteter Verfahren
§ 25a Überleitungsvorschriften aus Anlaß der zweiten Änderungsverordnung
§ 25b Überleitungsvorschrift aus Anlaß der dritten Änderungsverordnung
§ 25c Überleitungsvorschrift aus Anlaß der vierten Änderungsverordnung
§ 26 Berlin-Klausel
§ 27 Inkrafttreten

2.1.3 Planzeichenverordnung

Verordnung über die Ausarbeitung der Bauleitpläne und die Darstellung des Planinhalts (PlanzV90) vom 18. Dez. 1990 (BGBl. I S.58).

Auf Grund des § 2 Abs. 5 Nr. 4 des Baugesetzbuchs in der Fassung der Bekanntmachung vom 8. Dezember 1986 (BGBl. I S. 2253) verordnet der Bundesminister für Raumordnung, Bauwesen und Städtebau:

§ 1 (PlanzV90) Planunterlagen

(1) Als Unterlagen für Bauleitpläne sind Karten zu verwenden, die in Genauigkeit und Vollständigkeit den Zustand des Plangebiets in einem für den Planinhalt ausreichenden Grade erkennen lassen (Planunterlagen). Die Maßstäbe sind so zu wählen, daß der Inhalt der Bauleitpläne eindeutig dargestellt oder festgesetzt werden kann.

(2) Aus den Planunterlagen für Bebauungspläne sollen sich die Flurstücke mit ihren Grenzen und Bezeichnungen in Übereinstimmung mit dem Liegenschaftskataster, die vorhandenen baulichen Anlagen, die Straßen, Wege und Plätze sowie die Geländehöhe ergeben. Von diesen Angaben kann insoweit abgesehen werden, als sie für die Festsetzungen nicht erforderlich sind. Der Stand der Planunterlagen (Monat, Jahr) soll angegeben werden.

§ 2 (PlanzV90) Planzeichen

(1) Als Planzeichen in den Bauleitplänen sollen die in der Anlage zu dieser Verordnung enthaltenen Planzeichen verwendet werden. Dies gilt auch insbesondere für Kennzeichnungen, nachrichtliche Übernahmen und Vermerke. Die Darstellungsarten können miteinander verbunden werden. Linien können auch in Farbe ausgeführt werden. Kennzeichnungen, nachrichtliche Übernahmen und Vermerke sollen zusätzlich zu den Planzeichen als solche bezeichnet werden.

(2) Die in der Anlage enthaltenen Planzeichen können ergänzt werden, soweit dies zur eindeutigen Darstellung des Planinhalts erforderlich ist. Soweit Darstellungen des Planinhalts erforderlich sind, für die in der Anlage keine oder keine ausreichenden Planzeichen enthalten sind, können Planzeichen verwendet werden, die sinngemäß aus den angegebenen Planzeichen entwickelt worden sind.

(3) Die Planzeichen sollen in Farbton, Strichstärke und Dichte den Planunterlagen so angepaßt werden, daß deren Inhalt erkennbar bleibt.

(4) Die verwendeten Planzeichen sollen im Bauleitplan erklärt werden.

(5) Eine Verletzung von Vorschriften der Absätze 1 bis 4 ist unbeachtlich, wenn die Darstellung, Festsetzung, Kennzeichnung, nachrichtliche Übernahme oder der Vermerk hinreichend deutlich erkennbar ist.

§ 3 (PlanzV90) Überleitungsvorschrift

Die bis zum 31. Oktober 1981 sowie die bis zum Inkrafttreten dieser Verordnung geltenden Planzeichen können weiterhin verwendet werden
1. für Änderungen oder Ergänzungen von Bauleitplänen, die bis zu diesen Zeitpunkten rechtswirksam geworden sind,
2. für Bauleitpläne, deren Aufstellung die Gemeinde bis zu diesen Zeitpunkten eingeleitet hat, wenn mit der Beteiligung der Träger öffentlicher Belange nach § 4 des Baugesetzbuchs oder vor Inkrafttreten des Baugesetzbuchs nach § 2 Abs. 5 des Bundesbaugesetzes begonnen worden ist sowie für Änderungen oder Ergänzungen dieser Bauleitpläne.

§ 4 (PlanzV90) Inkrafttreten

(1) Diese Verordnung tritt am ersten Tage des auf die Verkündung folgenden dritten Kalendermonats in Kraft.

(2) Gleichzeitig tritt die Planzeichenverordnung 1981 vom 30. Juli 1981 (BGBl. I S. 833) außer Kraft.

Die **Planzeichen** in der Anlage zur PlanzV90 umfassen
– Art der baulichen Nutzung,
– Maß der baulichen Nutzung,
– Bauweise, Baulinien, Baugrenzen,

- Einrichtungen und Anlagen zur Versorgung mit Gütern und Dienstleistungen des öffentlichen und privaten Bereichs, Flächen für Gemeinbedarf, Flächen für Sport- und Spielanlagen,
- Flächen für den überörtlichen Verkehr und für die örtlichen Hauptverkehrszüge,
- Verkehrsflächen,
- Flächen für Versorgungsanlagen, für die Abfallentsorgung und Abfallbeseitigung sowie für Ablagerungen,
- Hauptversorgungs- und Abwasserleitungen,
- Grünflächen,
- Wasserflächen und Flächen für die Wasserwirtschaft, den Hochwasserschutz und die Regelung des Wasserabflusses,
- Flächen für Aufschüttungen, Abgrabungen oder für die Gewinnung von Bodenschätzen,
- Flächen für die Landwirtschaft und Wald,
- Planungen, Nutzungsregelungen, Maßnahmen und Flächen für Maßnahmen zum Schutz, zur Pflege und zur Entwicklung von Natur und Landschaft,
- Regelungen für die Stadterhaltung und für den Denkmalschutz,
- Sonstige Planzeichen.

2.2 Bauordnungsrecht

Das Baugeschehen ist in vielen Ländern, so auch in der Bundesrepublik Deutschland, von einem umfassenden Regelwerk durchzogen, das die Grundlage sicheren und zuverlässigen Bauens bildet und damit auch die Grundlagen für einwandfreies Handeln bei der Planung und Durchführung von Bauleistungen schafft.

Das für das Bauwesen relevante Regelwerk läßt sich im wesentlichen in zwei Bereiche einteilen:
- den privatrechtlichen Bereich und
- den öffentlich-rechtlichen Bereich.

Für den öffentlich-rechtlichen Bereich gibt es eine Reihe von Gesetzen und Verordnungen, die von Bund und Ländern erlassen werden. Im privatrechtlichen Bereich dagegen sind insbesondere die technischen Regeln der privaten Regelsetzer, wie DIN Deutsches Institut für Normung e. V., Verein Deutscher Ingenieure VDI oder DVGW Deutscher Verein des Gas- und Wasserfaches e. V., zu nennen. Bezüglich technischer Festlegungen ist zwischen diesen beiden Bereichen ein **„Arbeitsteilungsprinzip"** vorhanden, das sich in der Praxis bewährt hat.

Die öffentlich-rechtlichen Festlegungen enthalten die grundlegenden Rechtsanforderungen, z. B. in Form von Sicherheitszielen, die dann gegebenenfalls noch durch Verordnungen oder Richtlinien ergänzt werden; deren Präzisierung und Ausfüllung wird durch die technischen Regeln der privaten Regelsetzer vorgenommen.

Dieses Arbeitsteilungsprinzip findet sich auch auf europäischer Ebene wieder (s. Abschn. 2.3).

2.2.1 Musterbauordnung (MBO)/Landesbauordnungen (LBO)

Im vorgenannten Sinne waren auch die bisherigen Bauordnungen der Länder (Ländergesetze) gestaltet. Dies gilt gleichermaßen für die bei Drucklegung dieses Buches noch in Bearbeitung befindlichen neuen Bauordnungen der 16 Bundesländer.
Ein **Beispiel** soll das Vorgenannte erläutern.
In der Musterbauordnung der Länder der Bundesrepublik Deutschland, Fassung Dezember 1993, lautet es unter § 3 „Allgemeine Anforderungen":

„(1) Bauliche Anlagen sowie andere Anlagen und Einrichtungen im Sinne von § 1 Abs. 1 Satz 2 sind so anzuordnen, zu errichten, zu ändern und instandzuhalten, daß die öffentliche Sicherheit oder Ordnung, insbesondere Leben oder Gesundheit oder die natürlichen Lebensgrundlagen nicht gefährdet werden.
(2) Bauprodukte dürfen nur verwendet werden, wenn bei ihrer Verwendung die baulichen Anlagen bei ordnungsgemäßer Instandhaltung während einer dem Zweck entsprechenden angemessenen Zeitdauer die Anforderungen dieses Gesetzes oder aufgrund dieses Gesetzes erfüllen und gebrauchstauglich sind.
(3) Die von der obersten Bauaufsichtsbehörde durch öffentliche Bekanntmachung als Technische Baubestimmungen eingeführten technischen Regeln sind zu beachten. Bei der Bekanntmachung kann hinsichtlich ihres Inhalts auf die Fundstelle verwiesen werden. Von den Technischen Baubestimmungen kann abgewichen werden, wenn mit einer anderen Lösung in gleichem Maße die allgemeinen Anforderungen des Absatzes 1 erfüllt werden; § 20 Abs. 3 und § 23 bleiben unberührt."

Somit sind die präventiven Maßnahmen, nämlich Herstellung und Wahrung der öffentlichen Sicherheit und Ordnung sowie Schutz des Lebens und der Gesundheit unter natürlichen Lebensgrundlagen, verankert.

Dann erfolgt der Verweis auf die durch öffentliche Bekanntmachungen als Technische Baubestimmungen eingeführten technischen Regeln, z. B. DIN-Normen (s. Abschn. 2.4.1).

Durch die bauaufsichtliche Einführung als Technische Baubestimmungen werden Normen oder andere technische Regeln keine Rechtsvorschriften und auch nicht Bestandteile der Bauordnungen. Bei Abweichungen ist daher auch keine Befreiung oder Ausnahmeregelung erforderlich.

Der Vorteil eines derartigen Verweises liegt darin, daß die gesetzliche Bestimmung sich auf die Festlegung der allgemeinen grundlegenden Schutzziele beschränken kann und die Konkretisierung und Anreicherung mit technischen Details dann den freiwilligen technischen Regeln überläßt. Dies schafft eine größere Flexibilität hinsichtlich der Anpassung an den jeweiligen Stand der Technik. Der Gesetzgeber wird von dieser Arbeit entlastet. Allerdings ist dieses Zusammenspiel auch nur dann möglich, wenn der Staat auch an der Erarbeitung der technischen Regeln im privatrechtlichen Bereich beteiligt ist.

Dieses Arbeitsteilungsprinzip wird auch in anderen Bereichen als dem Bauwesen, z. B. im Maschinenbau durch das Gerätesicherheitsgesetz, praktiziert. In der Verdingungsordnung für Bauleistungen (VOB) (s. auch VOB/B § 4 „Ausführung", Abschn. 6) als Grundlage des Bauvertragsrechts heißt es:

„Der Auftragnehmer hat die Leistung unter eigener Verantwortung nach dem Vertrag auszuführen. Dabei hat er die anerkannten Regeln der Technik und die gesetzlichen und behördlichen Bestimmungen zu beachten. Es ist seine Sache, die Ausführung seiner vertraglichen Leistung zu leiten und für Ordnung auf seiner Arbeitsstelle zu sorgen."

Daraus folgt: Wer nach den anerkannten Regeln der Technik gebaut hat, hat die rechtliche Vermutung für sich, richtig gehandelt zu haben. Der Beweis des Zweifels muß dann vom Auftraggeber dargelegt werden.

Dementsprechend hat allerdings der Auftragnehmer nach VOB/B § 13 Nr. 1 die Gewähr zu übernehmen, daß seine Leistung auch den anerkannten Regeln der Technik entspricht.

Der Bund hat die EG-Bauproduktenrichtlinie (s. Abschn. 2.3.1) für seinen Bereich durch die Veröffentlichung des

„Gesetzes über das Inverkehrbringen von und den freien Warenverkehr mit Bauprodukten zur Umsetzung der Richtlinie 89/106/EWG des Rates vom 21. Dezember 1988 zur Angleichung der Rechts- und Verwaltungsvorschriften der Mitgliedstaaten über Bauprodukte (Bauproduktegesetz – BauPG –) vom 10. August 1992 (Bundesgesetzblatt I, S. 1495 ff.)"

umgesetzt. Auch hier werden die verschiedenen Kompetenzen sehr deutlich. Der **Bund** sorgte mit dem vorgenannten Gesetz für den **freien Warenverkehr.** Die **Verwendung** der in den Verkehr gebrachten Bauprodukte haben weitgehend die **Länder** in ihrer Gesetzgebungskompetenz, insbesondere im Bereich des Bauordnungsrechtes. Somit bedurfte es der Umsetzung auch in den Bauordnungen der Länder, die nunmehr mit der Fassung Dezember 1993 der MBO eingeleitet wurde. Zur Zeit der Drucklegung dieses Buches waren in den 16 Bundesländern die Beratungsstadien zur Verabschiedung der jeweiligen neuen Bauordnungen als Landesgesetze unterschiedlich weit gediehen.

Die Musterbauordnung war und ist das Mittel, um die Einheitlichkeit des Bauordnungsrechtes zu wahren. Sie ist selbst kein Gesetz, sondern kann, wie zuvor ausgeführt, nur die Vorlage für Landesgesetze sein.

Das nachfolgend wiedergegebene Inhaltsverzeichnis der MBO gibt einen Überblick über den Regelungsumfang, der in den Bauordnungen der einzelnen Länder vorhanden ist.

Musterbauordnung – MBO –

Fassung gemäß Beschluß vom 10. Dezember 1993 der Arbeitsgemeinschaft der für das Bau-, Wohnungs- und Siedlungswesen zuständigen Minister der Länder (ARGEBAU)

Inhaltsverzeichnis

Erster Teil

Allgemeine Vorschriften
- § 1 Anwendungsbereich
- § 2 Begriffe
- § 3 Allgemeine Anforderungen

Zweiter Teil

Das Grundstück und seine Bebauung
- § 4 Bebauung der Grundstücke mit Gebäuden
- § 5 Zugänge und Zufahrten auf den Grundstücken
- § 6 Abstandflächen
- § 7 Übernahme von Abständen und Abstandflächen auf Nachbargrundstücke
- § 8 Teilung von Grundstücken
- § 9 Nicht überbaute Flächen der bebauten Grundstücke, Kinderspielplätze
- § 10 Einfriedung der Baugrundstücke
- § 11 Gemeinschaftsanlagen

Dritter Teil

Bauliche Anlagen

Erster Abschnitt

Gestaltung
- § 12 Gestaltung
- § 13 Anlagen der Außenwerbung und Warenautomaten

Zweiter Abschnitt

Allgemeine Anforderungen an die Bauausführung
- § 14 Baustelle
- § 15 Standsicherheit
- § 16 Schutz gegen schädliche Einflüsse
- § 17 Brandschutz
- § 18 Wärmeschutz, Schallschutz und Erschütterungsschutz
- § 19 Verkehrssicherheit

Dritter Abschnitt

Bauprodukte und Bauarten
- § 20 Bauprodukte
- § 21 Allgemeine bauaufsichtliche Zulassung
- § 21a Allgemeines bauaufsichtliches Prüfzeugnis
- § 22 Nachweis der Verwendbarkeit von Bauprodukten im Einzelfall
- § 23 Bauarten
- § 24 Übereinstimmungsnachweis
- § 24a Übereinstimmungserklärung des Herstellers
- § 24b Übereinstimmungszertifikat
- § 24c Prüf-, Zertifizierungs- und Überwachungsstellen

Vierter Abschnitt

Wände, Decken und Dächer
- § 25 Tragende Wände, Pfeiler und Stützen
- § 26 Außenwände
- § 27 Trennwände
- § 28 Brandwände
- § 29 Decken
- § 30 Dächer

Fünfter Abschnitt

Treppen, Rettungswege, Aufzüge und Öffnungen
- § 31 Treppen
- § 32 Treppenräume
- § 33 Allgemein zugängliche Flure
- § 34 Aufzüge
- § 35 Fenster, Türen, Kellerlichtschächte
- § 36 Umwehrungen

Sechster Abschnitt

Haustechnische Anlagen und Feuerungsanlagen
- § 37 Leitungen, Lüftungsanlagen, Installationsschächte, Installationskanäle
- § 38 Feuerungsanlagen, Wärme- und Brennstoffversorgungsanlagen
- § 39 Wasserversorgungsanlagen
- § 40 Anlagen für Abwasser und Niederschlagswasser
- § 41 Einleitung der Abwasser in Kleinkläranlagen, Gruben oder Sickeranlagen

§ 42 Abfallschächte
§ 43 Anlagen für feste Abfallstoffe

Siebter Abschnitt

Aufenthaltsräume und Wohnungen

§ 44 Aufenthaltsräume
§ 45 Wohnungen
§ 46 Aufenthaltsräume und Wohnungen in Kellergeschossen und Dachräumen
§ 47 Bäder und Toilettenräume

Achter Abschnitt

Besondere Anlagen

§ 48 Stellplätze und Garagen
§ 49 Ställe
§ 50 Ausnahmen für Behelfsgebäude und untergeordnete Gebäude
§ 51 Bauliche Anlagen und Räume besonderer Art oder Nutzung
§ 52 Bauliche Anlagen für besondere Personengruppen

Vierter Teil

Die am Bau Beteiligten

§ 53 Grundsatz
§ 54 Bauherr
§ 55 Entwurfsverfasser
§ 56 Unternehmer
§ 57 Bauleiter

Fünfter Teil

Bauaufsichtsbehörden und Verwaltungsverfahren

§ 58 Aufbau der Bauaufsichtsbehörden
§ 59 Aufgaben und Befugnisse der Bauaufsichtsbehörden
§ 60 Sachliche Zuständigkeit

§ 61 Genehmigungsbedürftige Vorhaben
§ 61a Vereinfachtes Baugenehmigungsverfahren
§ 62 Genehmigungsfreie Vorhaben
§ 63 Bauantrag und Bauvorlagen
§ 64 Bauvorlageberechtigung
§ 65 Vorbescheid
§ 66 Behandlung des Bauantrages
§ 67 Ausnahmen und Befreiungen
§ 68 Beteiligung der Nachbarn
§ 69 Baugenehmigung und Baubeginn
§ 70 Teilbaugenehmigung
§ 71 Geltungsdauer der Genehmigung
§ 72 Typengenehmigung
§ 73 Genehmigung Fliegender Bauten
§ 74 Bauaufsichtliche Zustimmung
§ 74a Verbot unrechtmäßig gekennzeichneter Bauprodukte
§ 75 Baueinstellung
§ 76 Beseitigung baulicher Anlagen
§ 77 Bauüberwachung
§ 78 Bauzustandsbesichtigung
§ 79 Baulasten und Baulastenverzeichnis

Sechster Teil

Ordnungswidrigkeiten, Rechtsvorschriften, Übergangs- und Schlußvorschriften

§ 80 Ordnungswidrigkeiten
§ 81 Rechtsvorschriften
§ 82 Örtliche Bauvorschriften
§ 83 Bestehende bauliche Anlagen
§ 84 Inkrafttreten

Übergangsvorschriften

Anhang zu § 62 Abs. 1
Genehmigungsfreie bauliche Anlagen, andere Anlagen und Einrichtungen

Wichtig zu wissen ist, auf welchen Bereich diese Musterbauordnung bzw. die Landesbauordnungen anzuwenden und welche Bereiche ausgeschlossen sind. Darüber geben in der MBO § 1 „Anwendungsbereich" und § 2 „Begriffe" eindeutig Auskunft:

§ 1 (MBO) Anwendungsbereich

(1) Dieses Gesetz gilt für bauliche Anlagen und Bauprodukte. Es gilt auch für Grundstücke sowie für andere Anlagen und Einrichtungen, an die in diesem Gesetz oder in Vorschriften aufgrund dieses Gesetzes Anforderungen gestellt werden.

(2) Dieses Gesetz gilt nicht für
1. Anlagen des öffentlichen Verkehrs einschließlich Zubehör, Nebenanlagen und Nebenbetrieben, mit Ausnahme von Gebäuden,
2. Anlagen, soweit sie der Bergaufsicht unterliegen, mit Ausnahme von Gebäuden,
3. Leitungen, die der öffentlichen Versorgung mit Wasser, Gas, Elektrizität, Wärme, der öffentlichen Abwasserbeseitigung oder dem Fernmeldewesen dienen,
4. Rohrleitungen, die dem Ferntransport von Stoffen dienen,
5. Kräne und Krananlagen.

§ 2 (MBO) Begriffe

(1) Bauliche Anlagen sind mit dem Erdboden verbundene, aus Bauprodukten hergestellte Anlagen. Eine Verbindung mit dem Boden besteht auch dann, wenn die Anlage durch eigene Schwere auf dem Boden ruht oder auf ortsfesten Bahnen begrenzt beweglich ist oder wenn die Anlage nach ihrem Verwendungszweck dazu bestimmt ist, überwiegend ortsfest benutzt zu werden. Zu den baulichen Anlagen zählen auch
1. Aufschüttungen und Abgrabungen,
2. Lagerplätze, Abstellplätze und Ausstellungsplätze,
3. Campingplätze, Wochenendplätze und Zeltplätze,
4. Stellplätze für Kraftfahrzeuge,
5. Gerüste,
6. Hilfseinrichtungen zur statischen Sicherung von Bauzuständen.

(2) Gebäude sind selbständig benutzbare, überdeckte bauliche Anlagen, die von Menschen betreten werden können und geeignet oder bestimmt sind, dem Schutz von Menschen, Tieren oder Sachen zu dienen.

(3) Gebäude geringer Höhe sind Gebäude, bei denen der Fußboden keines Geschosses, in dem Aufenthaltsräume möglich sind, an keiner Stelle mehr als 7 m über der Geländeoberfläche liegt. Hochhäuser sind Gebäude, bei denen der Fußboden mindestens eines Aufenthaltsraumes mehr als 22 m über der Geländeoberfläche liegt.

(4) Vollgeschosse sind Geschosse, deren Deckenoberkante im Mittel mehr als 1,4 m über die festgelegte Geländeoberfläche hinausragt und die über mindestens zwei Drittel ihrer Grundfläche eine lichte Höhe von mindestens 2,3 m haben."

Mit der Novellierung der Musterbauordnung in Anpassung an die EG-Bauproduktenrichtlinie ist der Begriff des „**Bauproduktes**" (s. § 2 Abschn. 9 der MBO) eingeführt worden.

Übersicht über Verordnungen zur MBO/LBO

Ergänzend zu den Festlegungen der Bauordnungen erlassen die Landesbehörden, im Regelfall die zuständigen Ministerien, eine Reihe von Verordnungen. In Ergänzung zur MBO 1960 gab es eine Reihe von Musterentwürfen für derartige Verordnungen, die die Grundlage für die Formulierung der entsprechenden Verordnungen auf Landesebene darstellten.

- Durchführungs-Verordnung (s. Abschn. 2.2.2),
- Bauvorlagen-Verordnung (s. Abschn. 2.2.3),
- Garagen-Verordnung,
- Geschäftshaus-Verordnung,
- Versammlungsstätten-Verordnung,
- Gaststätten-Verordnung,
- Krankenhaus-Bau- und -Betriebs-Verordnung,
- Verordnung über Wochenendhäuser und Wochenendplätze,
- Camping- und Zeltplätze-Verordnung,
- Musterfeuerungs-Verordnung,
- Hochhaus-Richtlinien,
- Schulbau-Richtlinien,
- Richtlinie über den Bau und Betrieb Fliegender Bauten,
- Richtlinie über Flächen für die Feuerwehr auf Grundstücken,
- Richtlinie über brandschutztechnische Anforderungen an Lüftungsanlagen,
- Richtlinie über brandschutztechnische Anforderungen an Leitungsanlagen,
- Prüfingenieur-Verordnung,
- Güteüberwachungs-Verordnung,
- Prüfzeichen-Verordnung.

Es ist davon auszugehen, daß es ergänzend zu den neuen Landesbauordnungen weiterhin eine Reihe von Verordnungen (wie vorstehend aufgeführt) geben wird.

2.2.2 Durchführungsverordnungen zu den LBO

Es kann nicht Aufgabe der Bauordnungen sein, für die Planung und Ausführung Details zu regeln, die für Sicherheit, Gesundheit und Hygiene jeweils maßgebend sein sollen. Insoweit geben sie die Ermächtigung zu entsprechenden Regelungen. Dazu gehören die Allgemeinen Durchführungsverordnungen zu den Bauordnungen der Länder. Sie haben ergänzenden Charakter hinsichtlich ihrer Festlegungen.

Abgesehen von Begriffsdefinitionen für Gebäude geringer Höhe, Laubengänge, Wände oder Kellergeschoß sind alle anderen Regelungen den §§ der Bauordnungen zuzuordnen, i. d. R. wird darauf hingewiesen.

Als Beispiel einer Durchführungsverordnung ist nachfolgend die Inhaltsübersicht der Durchführungsverordnung von Niedersachsen wiedergegeben.

**Allgemeine Durchführungsverordnung zur Niedersächsischen Bauordnung (DVNBauO)
Vom 11. März 1987**

Inhaltsübersicht

§ 1	Begriffe		§ 19	Fenster und Türen
§ 2	Zuwegung		§ 20	Zelte
§ 3	Aufstell- und Bewegungsflächen für die Feuerwehr		§ 21	Lüftungsleitungen, Installationsschächte und -kanäle
§ 4	Umwehrungen		§ 22	Sonstige Leitungen
§ 5	Tragende oder aussteifende Wände		§ 23	Wasserversorgungsanlagen
§ 6	Außenwände		§ 24	Anlagen für Abwässer, Niederschlagswasser und feste Abfallstoffe
§ 7	Trennwände			
§ 8	Brandwände		§ 25	Müllabwurfanlagen
§ 9	Pfeiler und Stützen		§ 26	Abstell- und Trockenräume
§ 10	Decken		§ 27	Toiletten und Bäder
§ 11	Dächer		§ 28	Aufenthaltsräume
§ 12	Verkleidungen, Dämmschichten		§ 29	Anforderungen zugunsten Behinderter an bauliche Anlagen
§ 13	Rettungswege			
§ 14	Treppen		§ 30	Landwirtschaftliche Betriebsgebäude
§ 15	Treppenräume		§ 31	Druckbehälter für flüssige Gase
§ 16	Sicherheitstreppenräume		§ 32	Ordnungswidrigkeiten
§ 17	Flure, Laubengänge		§ 33	Inkrafttreten
§ 18	Aufzugsanlagen			

2.2.3 Bauvorlagenverordnung

Die HOAI beschreibt in § 15 Abs. 2 Leistungsphase 4 die Genehmigungsplanung (s. Abschn. 1.2.1 und 1.3). Entsprechend der MBO sind die Bauvorlagen vom Entwurfsverfasser einzureichen.

§ 63 (MBO) Bauantrag und Bauvorlagen

(1) Der Bauantrag ist schriftlich bei der unteren Bauaufsichtsbehörde einzureichen.
(2) Mit dem Bauantrag sind alle für die Beurteilung des Bauvorhabens und die Bearbeitung des Bauantrags erforderlichen Unterlagen (Bauvorlagen) einzureichen. Es kann gestattet werden, daß einzelne Bauvorlagen nachgereicht werden.

(3) In besonderen Fällen kann zur Beurteilung der Einwirkung der baulichen Anlagen auf die Umgebung verlangt werden, daß die bauliche Anlage in geeigneter Weise auf dem Grundstück dargestellt wird.
(4) Der Bauherr und der Entwurfsverfasser haben den Bauantrag, der Entwurfsverfasser die Bauvorlagen zu unterschreiben. Die von den Sachverständigen nach § 55 bearbeiteten Unterlagen müssen auch von diesen unterschrieben sein. Ist der Bauherr nicht Grundstückseigentümer, so kann die Zustimmung des Grundstückseigentümers zu dem Bauvorhaben gefordert werden.
(5) Treten bei einem Bauvorhaben mehrere Personen als Bauherren auf, so kann die Bauaufsichtsbehörde verlangen, daß ihr gegenüber ein Vertreter bestellt wird, der die dem Bauherrn nach den öffentlich-rechtlichen Vorschriften obliegenden Verpflichtungen zu erfüllen hat.

§ 64 (MBO) Bauvorlageberechtigung

(1) Bauvorlagen für die Errichtung und Änderung von Gebäuden müssen von einem Entwurfsverfasser unterschrieben sein, der bauvorlageberechtigt ist.
(2) Bauvorlageberechtigt ist, wer
1. die Berufsbezeichnung „Architekt" führen darf,
2. in die von der Ingenieurkammer... geführte Liste der Bauvorlageberechtigten eingetragen ist,
3. die Berufsbezeichnung „Innenarchitekt" führen darf, für die mit der Berufsaufgabe des Innenarchitekten verbundenen baulichen Änderungen von Gebäuden, oder
4. die Berufsbezeichnung „Ingenieur" in den Fachrichtungen Architektur, Hochbau oder Bauingenieurwesen führen darf, mindestens zwei Jahre als Ingenieur tätig war und Bediensteter einer juristischen Person des öffentlichen Rechts ist, für die dienstliche Tätigkeit.
(3) Absatz 1 gilt nicht für
1. freistehende Gebäude bis 50 m^2 Grundfläche und mit nicht mehr als zwei Geschossen,
2. Gebäude ohne Aufenthaltsräume bis 100 m^2 Grundfläche und mit nicht mehr als zwei Geschossen,
3. Behelfsbauten (§ 50 Abs. 1) und
4. Bauvorlagen, die üblicherweise von Fachkräften mit anderer Ausbildung als nach Absatz 2 verfaßt werden.
(4) In die Liste der Bauvorlageberechtigten ist auf Antrag von der Ingenieurkammer einzutragen, wer aufgrund einer Ausbildung im Bauingenieurwesen die Berufsbezeichnung „Ingenieur" führen darf und mindestens zwei Jahre als Bauingenieur tätig war. Die Anforderungen nach Satz 1 braucht ein Antragsteller nicht nachzuweisen, wenn er bereits in einem anderen Land in eine entsprechende Liste eingetragen ist und für die Eintragung mindestens diese Anforderungen zu erfüllen hatte.

Die Bauvorlagenverordnung definiert im einzelnen die einzureichenden Unterlagen in Art, Umfang, Inhalt und Ordnung. Dem Bauantrag sind folgende Unterlagen beizufügen:
– der Lageplan,
– die Bauzeichnungen,
– die Baubeschreibung,
– der Nachweis der Standsicherheit und die anderen bautechnischen Hinweise,
– die Darstellung der Grundstücksentwässerung.

Diese Unterlagen (**Bauvorlagen**) sind in der Regel in zweifacher Ausfertigung bei der Gemeinde einzureichen. Je nach Einzelfall können weitere Ausfertigungen notwendig werden. Für den schriftlichen Bauantrag sind die in den Ländern vorgeschriebenen Muster zu verwenden. Er muß vom Bauherrn und vom Entwurfsverfasser mit Tagesangabe unterschrieben sein.
Bauvorlagen müssen in der Größe dem Format A4 entsprechen oder auf diese Größe nach DIN 824 (s. Norm) gefaltet sein.
Der Lageplan ist auf der Grundlage einer amtlichen Flurkarte aufzustellen. Sein Maßstab soll nicht kleiner als 1 : 500 sein. Der einfache Lageplan muß mindestens enthalten

- Maßstab und Himmelsrichtung,
- Bezeichnung des Grundstücks,
- Grundstücksgrenzen, Maße und Flächeninhalt,
- Einzelheiten benachbarter Grundstücke,
- die Festsetzungen des Bebauungsplanes
- den Bestand vorhandener baulicher Anlagen auf dem Grundstück und auf den benachbarten Grundstücken.

Die Bauzeichnungen sind im Maßstab 1 : 100 darzustellen. Zu zeigen sind dabei insbesondere
- die Gründung,
- die Grundrisse aller Geschosse,
- die Schnitte, die zum Verständnis notwendig sind,
- die Ansichten,
- Feuermelde- und Feuerlöscheinrichtungen.

Anzugeben sind weiterhin
- der Maßstab,
- die Maße,
- wesentliche Baustoffe und Bauarten,
- das Brandverhalten der Baustoffe,
- die Rohbaumaße der Öffnungen notwendiger Fenster,
- die Lage des Raumes für die Versorgungsanschlüsse,
- bei Änderung zu beseitigende und neue Bauteile.

Je nach Bauvorlagenverordnung sind evtl. farbige Darstellungen notwendig.

Die Baubeschreibung ist in ihrer Gliederung nach den Kostengruppen von DIN 276 vorzunehmen. Zugleich ist insbesondere bei gewerblichen Bauten die Nutzung mit der Art der gewerblichen Tätigkeit und der Zahl der Beschäftigten anzugeben.

Der Standsicherheitsnachweis wird mit Vorlage der statischen Berechnungen erbracht. Für die Prüfung sind die Darstellung des gesamten statischen Systems, die erforderlichen Konstruktionszeichnungen und die erforderlichen Berechnungen vorzulegen. Wärme-, Schall- und Brandschutz sind ebenfalls zu berücksichtigen.

Die Grundstücksentwässerung ist in einem Entwässerungsplan im Maßstab 1 : 100 darzustellen. Grundsätzlich sind Angaben zum Gebäude und zum Grundstück notwendig. DIN 1986 – Entwässerungsanlagen für Gebäude und Grundstücke – (s. Norm) gibt dazu Hilfestellung.

2.2.4 Kennzeichnung von Bauprodukten

Die neue MBO vom 10. Dezember 1993 verwendet eine neue Terminologie, ausgehend von der EG-Bauproduktenrichtlinie.

Bisher gilt als Nachweis dafür, daß ein Hersteller sich für das jeweils in Frage kommende Produkt der in DIN 18200 „Überwachung (Güteüberwachung) von Baustoffen, Bauteilen und Bauarten; Allgemeine Grundsätze" (s. Norm) und der in der Überwachungsverordnung (und damit der bauaufsichtlich) vorgeschriebenen Überwachung, bestehend aus Eigen- und Fremdüberwachung, unterworfen hat, das einheitliche Überwachungszeichen (s. Bild **2.**1) auf dem Produkt oder auf dem Lieferschein. Im Rahmen der EG-Bauproduktenrichtlinie wird als Konformitätskennzeichen (mit dem die Erfüllung der wesentlichen Anforderungen aus den für das Bauprodukt relevanten Richtlinien bescheinigt wird) das CE-Zeichen (s. Bild **2.**2) (im Bauwesen stets in Verbindung mit Anforderungen aus Europäischen Normen oder Europäischen Technischen Zulassungen) verge-

2.2.4 Kennzeichnung von Bauprodukten

ben. Für die Erteilung des CE-Zeichens gibt die EG-Bauproduktenrichtlinie beispielhaft vier Konformitätsbescheinigungsverfahren an. Welches Verfahren für welches Bauprodukt zur Anwendung kommt, wird auf europäischer Ebene entschieden (s. auch Abschn. 2.3.1).

2.1 Beispiele für Überwachungszeichen aus dem Bereich der Baustoffe

2.2 EG-Konformitätszeichen

Da es künftig Bauprodukte geben kann, die entweder auf europäischer (und damit auch auf nationaler) oder nur allein auf nationaler Ebene geregelt sind, mußte dies auch in der neuen MBO (bei der Umsetzung der EG-Bauproduktenrichtlinie) berücksichtigt werden; hierzu ist für Bauprodukte bezüglich ihrer Verwendung vorgesehen, daß die entsprechenden technischen Regeln in Verzeichnissen (Bauregellisten) von den obersten Bauaufsichtsbehörden der Länder aufgenommen werden.

Die **Bauregelliste A** enthält **nationale** technische Regeln, z. B. für Fälle, für die es noch keine europäischen Spezifikationen gibt. Sie legt für die betroffenen Bauprodukte auch die erforderliche Überwachungsstufe fest. Diese Bauprodukte tragen als Zeichen des Übereinstimmungsnachweises das **Übereinstimmungszeichen Ü** (das das Überwachungszeichen ablöst). Die Bauregelliste A ist vergleichbar mit der bisherigen „Liste von Baustoffnormen und anderen technischen Regeln für die Überwachung".

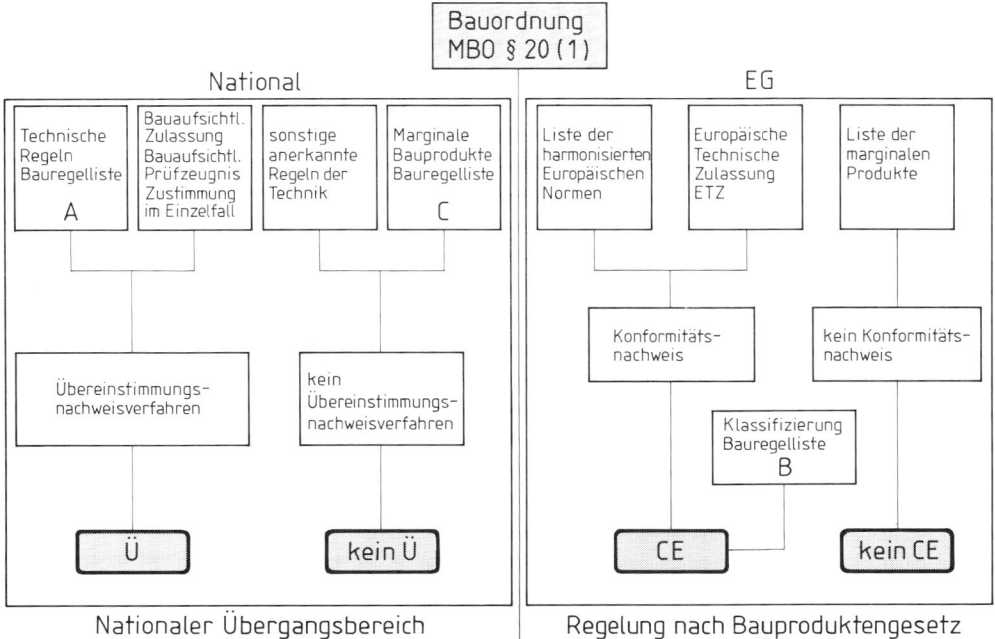

2.3 Übersicht über die Kennzeichnung in Deutschland von bauaufsichtlich relevanten Bauprodukten

Weichen die Bauprodukte von den technischen Regeln wesentlich ab oder bestehen keine technischen Regeln, so müssen die Bauprodukte eine allgemeine bauaufsichtliche Zulassung, ein allgemeines bauaufsichtliches Prüfzeugnis oder eine Zustimmung im Einzelfall haben.

Die **Bauregelliste B** legt die in Deutschland zulässigen Klassen und Leistungsstufen fest, die in harmonisierten Europäischen Normen, Leitlinien für Europäische Technische Zulassungen oder in Europäischen Technischen Zulassungen enthalten sind.

Die **Bauregelliste C** enthält die Aufzählung der Bauprodukte, die wegen ihrer untergeordneten Bedeutung ohne weiteren Nachweis verwendet werden dürfen. Für solche Bauprodukte ist aus öffentlich-rechtlicher Sicht bei fehlender Normung kein weiterer Verwendungsnachweis erforderlich.

Sonstige Bauprodukte – also solche, für die keine technischen Regeln in der Bauregelliste A enthalten sind – dürfen ohne weiteren Nachweis verwendet werden, wenn sie anderen allgemein anerkannten Regeln der Technik, z. B. DIN-Normen, entsprechen. Sonstige Bauprodukte dürfen selbst dann ohne weiteren Nachweis verwendet werden, wenn sie von den anderen allgemein anerkannten Regeln der Technik abweichen.

Eine Übersicht zu den vorgenannten Ausführungen ist in Bild **2.3** enthalten.

2.3 Europäische Richtlinien

Die Kommission der Europäischen Gemeinschaften, künftig als Europäische Kommission bezeichnet, stellte in ihrem Weißbuch zur „Vollendung des Binnenmarktes" vom Juni 1985 fest, daß bis zum 31. Dezember 1992 ein Raum geschaffen werden soll, in dem der freie Verkehr von Waren, Personen, Dienstleistungen und Kapital gemäß den Bestimmungen des EWG-Vertrages sichergestellt ist. Um dieses Ziel zu erreichen, hatte die Kommission der EG die Aufgabe übernommen, Handelshemmnisse, beispielsweise durch das Harmonisieren von Rechtsvorschriften und technischen Normen, abzubauen.

Die EG-Kommission entwickelte im Weißbuch mit Billigung des Rates die folgende Strategie:

„Die Kommission trägt den eigentlichen Ursachen von Handelshemmnissen Rechnung und stellt fest, daß die gesetzgeberischen Ziele der Mitgliedstaaten auf dem Gebiet des Schutzes der Gesundheit, der Sicherheit und der Umwelt im Kern gleichwertig sind. Ihr Harmonisierungskonzept stützt sich auf die folgenden Grundsätze:

- Bei künftigen Initiativen zur Verwirklichung des Binnenmarktes muß deutlicher unterschieden werden zwischen den Bereichen, in denen eine Harmonisierung unerläßlich ist, und den Bereichen, bei denen man sich auf eine gegenseitige Anerkennung der nationalen Regelungen und Normen verlassen kann.

- Die Harmonisierung von Rechtsvorschriften wird sich künftig darauf beschränken, zwingende Erfordernisse für Gesundheit und Sicherheit festzulegen, die in allen Mitgliedstaaten vorgeschrieben sein müssen und bei deren Beachtung ein Erzeugnis frei verkehren kann.

- Die Harmonisierung von technischen Normen durch Ausarbeitung Europäischer Normen wird weitestmöglich gefördert."

Als eines der Gebiete, das vorrangig zu harmonisieren ist, war ausdrücklich das Bauwesen genannt worden. Immerhin stellt der Binnenmarkt der Europäischen Gemeinschaften bei einer Bevölkerungszahl von 360 Mio. Einwohnern und einem Handelsvolumen von ca. 1.200 Milliarden DM im Bauwesen einen der größten Wirtschaftsbereiche dar; dies gilt gleichermaßen für den am 01. Januar 1994 in Kraft getretenen Europäischen Wirtschaftsraum (EWR).

Bild **2.4** zeigt den Weg einer europäischen Richtlinie vom Vorschlag durch die Kommission der EG bis hin zur Verabschiedung durch den Ministerrat mit verschiedenen Zwischenschritten, u. a. unter Einschaltung des Europäischen Parlaments.

Richtlinien nach § 100a des EWG-Vertrages werden mit qualifizierter Mehrheit, d. h. mit gewichteter Mehrheit, angenommen. Dies ist in der Einheitlichen Europäischen Akte vom Dezember 1986 verankert. Seit diesem Zeitpunkt entfiel die Einstimmigkeit, die früher vielfach den Fortschritt der Arbeiten blockiert hat.

Europäische Richtlinien wenden sich im Regelfall immer an die Mitgliedstaaten unter Festsetzung einer bestimmten Frist, in der diese Richtlinien in nationales Recht, z. B. Gesetze oder Verordnungen, umzusetzen sind. Ein Beispiel ist die Umsetzung der EG-Bauproduktenrichtlinie durch das zuvor erwähnte Bauproduktengesetz und die Neufassung der Bauordnungen der Länder.

Der Europäische Binnenmarkt benötigt gemeinsame Europäische Normen (s. Abschn. 2.4.2). Dies hat die Kommission der EG im Jahr 1984 in ihren Schlußfolgerungen zur Normung unterstrichen. Damit hat sich das national bewährte Arbeitsteilungsprinzip auch auf europäischer Ebene durchgesetzt. Während früher EG-Richtlinien, allerdings nicht im Bauwesen, selbst technische Details regelten, z. B. für Akkerschlepper-Kupplungen, hat sich wegen des großen Bedarfs an technischen Regeln und des bis dahin ungenügenden Arbeitsfortschrittes auf der Richtlinienarbeitsebene das Arbeitsteilungsprinzip gleichfalls durchgesetzt, das als „Neue Konzeption" am 07. Mai 1985 verabschiedet wurde und die Bedeutung und Wirksamkeit der europäischen Normung erheblich gestärkt hat. Damit konzentrieren sich auch auf europäischer Ebene die Richtlinien auf die Vorgabe von Schutzzielen, so in der EG-Bauproduktenrichtlinie mit der Formulierung der sechs wesentlichen Anforderungen (s. Abschn. 2.3.1).

Europäische Normen sind wie nationale Normen hinsichtlich ihrer Anwendung freiwillig (s. auch Abschn. 2.4.1). Allerdings ist in einer Reihe von EG-Richtlinien, z. B. im Bereich des Beschaffungswesens, verankert, daß die öffentliche Verwaltung oder ihr gleichzusetzende Institutionen bei der Beschaffung solche Erzeugnisse zu verwenden haben, die Europäischen Normen entsprechen.

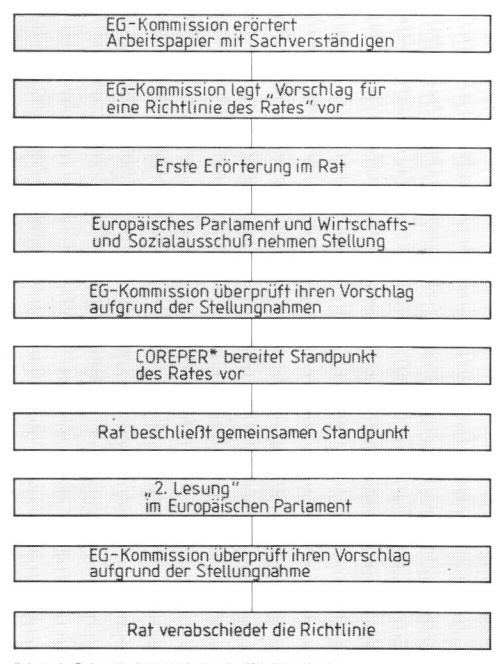

```
┌─────────────────────────────────────┐
│ EG-Kommission erörtert              │
│ Arbeitspapier mit Sachverständigen  │
└─────────────────────────────────────┘
               ↓
┌─────────────────────────────────────┐
│ EG-Kommission legt „Vorschlag für   │
│ eine Richtlinie des Rates" vor      │
└─────────────────────────────────────┘
               ↓
┌─────────────────────────────────────┐
│ Erste Erörterung im Rat             │
└─────────────────────────────────────┘
               ↓
┌─────────────────────────────────────┐
│ Europäisches Parlament und Wirtschafts- │
│ und Sozialausschuß nehmen Stellung  │
└─────────────────────────────────────┘
               ↓
┌─────────────────────────────────────┐
│ EG-Kommission überprüft ihren Vorschlag │
│ aufgrund der Stellungnahmen         │
└─────────────────────────────────────┘
               ↓
┌─────────────────────────────────────┐
│ COREPER* bereitet Standpunkt        │
│ des Rates vor                       │
└─────────────────────────────────────┘
               ↓
┌─────────────────────────────────────┐
│ Rat beschließt gemeinsamen Standpunkt │
└─────────────────────────────────────┘
               ↓
┌─────────────────────────────────────┐
│ „2. Lesung"                         │
│ im Europäischen Parlament           │
└─────────────────────────────────────┘
               ↓
┌─────────────────────────────────────┐
│ EG-Kommission überprüft ihren Vorschlag │
│ aufgrund der Stellungnahme          │
└─────────────────────────────────────┘
               ↓
┌─────────────────────────────────────┐
│ Rat verabschiedet die Richtlinie    │
└─────────────────────────────────────┘
```

* Ausschuß der ständigen Vertreter der Mitgliedsstaaten

2.4 Entstehung einer EG-Richtlinie

2.3.1 Bauproduktenrichtlinie (BPR)

Die Richtlinie des Rates Nr. 89/106/EWG vom 21. Dezember 1988 zur Angleichung der Rechts- und Verwaltungsvorschriften der Mitgliedstaaten über Bauprodukte (BPR) ist eine der ersten Richtlinien nach dem Prinzip der sogenannten „Neuen Konzeption" der EG-Kommission. Sie gilt für Bauprodukte, soweit für sie die wesentlichen Anforderungen an Bauwerke Bedeutung haben.

Im Sinne dieser Richtlinie ist unter „Bauprodukt" jedes Produkt zu verstehen, das hergestellt wird, um dauerhaft in Bauwerke des Hoch- oder Tiefbaus eingebaut zu werden.

Im BauPG (s. u.) wird ferner noch präzisiert, daß zu den Bauprodukten auch aus Baustoffen und Bauteilen vorgefertigte Anlagen, die hergestellt werden, um mit dem Erdboden verbunden zu werden, wie Fertighäuser, Fertiggaragen und Silos, gehören.

Die BPR ist national in zwei Schritten umgesetzt; zum einen regelt das Bauproduktengesetz (BauPG) vom 10. August 1992 (Gesetz über das Inverkehrbringen von und den freien Warenverkehr mit Bauprodukten zur Umsetzung der Richtlinie 89/106/EWG des Rates vom 21. Dezember 1988 zur Angleichung der Rechts- und Verwaltungsvorschriften der Mitgliedstaaten über Bauprodukte) das Inverkehrbringen von Bauprodukten und den freien Warenverkehr mit Bauprodukten von und nach den Mitgliedstaaten der Europäischen Gemeinschaften. Zum anderen werden Anforderungen an die Verwendung von Bauprodukten in nationalen öffentlich-rechtlichen Regelungen erfaßt. Hierzu gehören insbesondere die Bauordnungen der Länder.

Die Richtlinie enthält folgende **wesentliche Anforderungen an Bauwerke:**
- mechanische Festigkeit und Standsicherheit,
- Brandschutz,
- Hygiene, Gesundheit und Umweltschutz,
- Nutzungssicherheit,
- Schallschutz,
- Energieeinsparung und Wärmeschutz.

Die Bauprodukte müssen so beschaffen sein, daß mit ihnen Bauwerke erstellt werden, die die vorgenannten Anforderungen erfüllen.

Die Schaffung des Europäischen Binnenmarktes bedeutet auch im Bauwesen nicht, daß eine Gleichmacherei oder gar ein Absenken der nationalen Qualitäts- und Sicherheitsniveaus erfolgt. Es muß nur konsequent das in den Europäischen Richtlinien, so auch in der EG-Bauproduktenrichtlinie, verankerte Prinzip eingehalten werden, wonach die lebensgewohnheitlichen, geographischen und klimatischen Bedingungen der einzelnen Mitgliedstaaten auch ihren Niederschlag in Europäischen Normen finden. In Artikel 3, Ziffer 2, der EG-Bauproduktenrichtlinie lautet es:

„Um etwaige unterschiedliche Bedingungen geographischer, klimatischer und lebensgewohnheitlicher Art sowie unterschiedliche Schutzniveaus zu berücksichtigen, die gegebenenfalls auf einzelstaatlicher, regionaler oder lokaler Ebene bestehen, können für jede wesentliche Anforderung Klassen ... für die einzuhaltenden Anforderungen festgelegt werden."

Dies ist der Schlüssel, vernünftige, für alle akzeptable Europäische Normen zu schaffen. Es geht nicht darum, ein einheitliches Wärmedämm- oder Schalldämmniveau für Europa zu schaffen. Was für den Skandinavier z. B. angenehm ist, muß dem Italiener durchaus nicht mehr angenehm sein.

Die Mitgliedstaaten – und dieses richtet sich insbesondere an die Auftraggeber, die mit öffentlichen Geldern bauen – dürfen keine zusätzlichen Anforderungen stellen, damit der freie Verkehr von Bauprodukten in der Gemeinschaft nicht behindert wird.

Als Bindeglied zwischen der BPR (und den vorgenannten wesentlichen Anforderungen) und den in der BPR erwähnten technischen Spezifikationen – sogenannte (harmonisierte) Europäische Normen und Europäische Technische Zulassungen – sind im Herbst 1993 die in der BPR genannten Grundlagendokumente zu diesen wesentlichen Anforderungen verabschiedet worden. Sie präzisieren die relativ allgemein gefaßten Angaben im Anhang I der BPR und geben allgemeine Grundlagen für die Bemessung, Sicherheitsphilosophie, Stufen oder Klassen; sie sind damit für die Erarbeitung der technischen Spezifikationen Grundlagen für Aufträge (Mandate) für Europäische Normen an CEN/CENELEC bzw. für Leitlinien für Europäische Technische Zulassungen an die Europäische Organisation für Technische Zulassungen EOTA (s. Abschn. 2.4.3).

Alle Bauprodukte, die einer der oben genannten technischen Spezifikationen entsprechen, dürfen dieses nach außen kenntlich machen durch das CE-Zeichen. Dieses EG-**Konformitätszeichen** bescheinigt die Übereinstimmung mit den wesentlichen Anforderungen der Bauproduktenrichtlinie und anderen für das Bauprodukt relevanten EG-Richtlinien und ergänzend mit einer oder mehreren der zuvor genannten technischen Spezifikationen. Hinsichtlich der Konformitätsbescheinigungsverfahren sieht die Richtlinie verschiedene Verfahren vor. Die Auswahl der Verfahren für ein bestimmtes Produkt oder eine bestimmte Produktfamilie erfolgt durch die Kommission der EG (unter Einschaltung des aus Vertretern aller Mitgliedstaaten zusammengesetzten sogenannten Ständigen Ausschusses nach der BPR) in Abhängigkeit von

- der Bedeutung des Produktes im Hinblick auf die wesentlichen Anforderungen, insbesondere bezüglich Gesundheit und Sicherheit,
- der Art der Beschaffenheit des Produktes,
- des Einflusses der Veränderlichkeit der Eigenschaften des Produktes auf seine Gebrauchstauglichkeit,
- der Fehleranfälligkeit der Herstellung des Produktes.

Dabei soll dem jeweils am wenigsten aufwendigen Verfahren, das mit den Sicherheitsanforderungen vereinbar ist, der Vorzug gegeben werden.

2.3.2 Bauvergaberichtlinien

Für die Vergabe von öffentlichen Bauaufträgen und öffentlichen Lieferaufträgen gibt es im Prinzip drei wichtige Richtlinien:
- Die Baukoordinierungsrichtlinie:
  Richtlinie des Rates vom 14. Juni 1993 zur Koordinierung der Verfahren zur Vergabe öffentlicher Bauaufträge (93/37/EWG)
- Die Sektorenrichtlinie:
  Richtlinie des Rates vom 14. Juni 1993 zur Koordinierung der Auftragsvergabe durch Auftraggeber im Bereich der Wasser-, Energie- und Verkehrsversorgung sowie im Telekommunikationssektor (93/38/EWG)
- Die Lieferkoordinierungsrichtlinie:
  Richtlinie des Rates vom 14. Juni 1993 über die Koordinierung der Verfahren zur Vergabe öffentlicher Lieferaufträge (93/36/EWG)

Die **Baukoordinierungsrichtlinie (BKR)** ist bei Baumaßnahmen anzuwenden, wenn deren Auftragsvolumen mindestens 5 Mio. ECU (ca. 10 Mio. DM) beträgt. Eine Splittung in Einzellose für die Gesamtmaßnahme ist bezüglich der Ermittlung dieses Grenzwertes nicht zulässig. Für derartige Baumaßnahmen oberhalb des Schwellenwertes ist die Ausschreibung der Baumaßnahmen EG-weit durchzuführen. Die BKR enthält Verfahren mit entsprechenden Fristsetzungen. Ziel der BKR ist nicht nur die Vereinheitlichung der Vergabeverfahren in den Mitgliedstaaten, sondern insbesondere die Einhaltung der Grundsätze, der Transparenz, der Vergabemodalitäten und die Sicherstellung, daß einzelne Anbieter nicht diskriminiert werden. Die BKR wurde durch die jeweilige Neufassung der VOB Teil A umgesetzt. Die entsprechenden Angaben in der Ausgabe 1992 sind in VOB Teil A, Abschnitt 2, enthalten (s. Abschn. 6.1.1).

Die Vergabeverfahren umfassen u. a. eine Vorankündigung zur beabsichtigten Auftragsvergabe, die Ankündigung der Auftragsvergabe selbst sowie Mitteilung der Gründe, warum Angebote der nichtberücksichtigten Anbieter nicht zum Zuge gekommen sind.

Die BKR nahm aus ihrem Geltungsbereich ausdrücklich die Bereiche Wasser-, Energie- und Verkehrsversorgung sowie Telekommunikation aus. Hierfür wurde die sogenannte **Sektorenrichtlinie (SKR)** erarbeitet. Sie gilt nur für Bau- und Lieferaufträge in den vorgenannten Bereichen, für die die Baukoordinierungsrichtlinie nicht gilt. Unter den Anwendungsbereich der SKR fallen auch all diejenigen Auftraggeber, die im allgemeinen Interesse liegende Aufgaben zu erfüllen haben und entweder staatliche Institutionen sind oder als Unternehmen zur öffentlichen Hand in engerer Beziehung stehen. Dies gilt insbesondere für diejenigen, die als Auftraggeber in Frage kommen, deren Finanzierung durch staatliche Mittel mehr als 50% beträgt.

Der Schwellenwert der SKR beträgt bei Bauaufträgen analog zur BKR 5 Mio. ECU, für Lieferaufträge im allgemeinen 400 000 ECU und 600 000 ECU im Telekommunikationssektor.

Die Umsetzung der SKR auf nationaler Ebene wurde durch die jeweilige Neufassung von VOB Teil A Abschnitt 3 vorgenommen; Abschnitt 4 von VOB Teil A richtet sich an diejenigen privaten Auftraggeber, die nicht die VOB anzuwenden haben, z. B. private Elektrizitätsversorgungsunternehmen.

Die Festlegungen der **Lieferkoordinierungsrichtlinie (LKR)** stimmen mit denen der BKR im wesentlichen überein. Abweichungen ergeben sich z. B. aus der unterschiedlichen Art der Verträge. Der Schwellenwert der Lieferkoordinierungsrichtlinie liegt bei 200 000 ECU. Die Umsetzung der LKR erfolgte durch die Aufnahme von a-Paragraphen als zusätzliche Abschnitte in die Verdingungsordnung für Leistungen, ausgenommen Bauleistungen, Teil A (VOL/A) am 10. Januar 1990.

Zur Überwachung der Regelungen der vorgenannten drei Richtlinien hat die EG jeweils eine Überwachungsrichtlinie erlassen, in der die Nachprüfungsmöglichkeiten mit einer Nachprüfungsinstanz, die von den Vergabebehörden unabhängig ist, vorgesehen ist. Die Umsetzung erfolgt über das nationale Haushaltsrecht (Änderung zum Haushaltsgrundsätzegesetz).

2.3.3 Dienstleistungsrichtlinie

Mit der Dienstleistungsrichtlinie deckt die Kommission einen weiteren Bereich des öffentlichen Auftragswesens ab. Die Dienstleistungsrichtlinie 92/50/EWG ist am 18. Juli 1992 vom EG-Ministerrat verabschiedet worden.

Durch erhebliche Meinungsverschiedenheiten hinsichtlich der Integration der Regelungen der Dienstleistungsrichtlinie in andere Vergabevorschriften oder die Formulierung einer eigenen Vergabevorschrift ist eine Umsetzung im Jahre 1993 noch nicht erfolgt. Zwischenzeitlich ist aber entschieden, für die freiberuflichen Dienstleistungen eine eigene Vergaberichtlinie zu formulieren und die gewerblichen Dienstleistungen in die bisherigen Vergabevorschriften zu integrieren.

Inhalt der Richtlinie ist die Koordinierung der Verfahren zur Vergabe öffentlicher Dienstleistungsaufträge. Sie soll für alle öffentlichen Auftraggeber gelten.

Für Architekten- und Ingenieurleistungen als geistig schöpferische Leistungen ist das Verhandlungsverfahren mit vorheriger Veröffentlichung einer Bekanntmachung vorgesehen. Begründung ist, daß die zu erbringende Leistung nicht ausreichend genau beschreibbar ist, was insbesondere im Bereich der geistigen Leistung gilt. Das Verhandlungsverfahren entspricht im weitesten Sinne einer freihändigen Vergabe bei genauer Kenntnis der Leistungen und Leistungsfähigkeit des einzelnen Anbieters.

V e r h a n d l u n g s v e r f a h r e n sind diejenigen einzelstaatlichen Verfahren, bei denen die Auftraggeber ausgewählte Dienstleistungserbringer ansprechen und mit einem oder mehreren von diesen über die Auftragsbedingungen verhandeln.

Die Richtlinie gilt für öffentliche Aufträge für Dienstleistungen, deren geschätzter Wert ohne Mehrwertsteuer 200 000 ECU oder mehr beträgt.

Der Schwellenwert gilt auch für Wettbewerbe, deren Summe der Preisgelder und Zahlungen an Teilnehmer 200 000 ECU oder mehr beträgt.
Artikel 13 regelt diese Möglichkeit von Wettbewerben, die wiederum das Anwenden der Regelungen der Grundsätze und Richtlinien für Wettbewerbe (GRW) erlauben.
Betroffen sind Wettbewerbe, die im Rahmen eines Verfahrens durchgeführt werden, das zu einem Dienstleistungsauftrag führen soll.
Die auf die Durchführung des Wettbewerbs anwendbaren Regeln müssen diesem Artikel entsprechen und sind den an der Teilnahme am Wettbewerb Interessierten mitzuteilen.
Die Zulassung zur Teilnahme an einem Wettbewerb darf nicht beschränkt werden
– auf das Gebiet eines Mitgliedstaats oder einen Teil davon;
– aufgrund der Tatsache, daß die Teilnehmer gemäß den Rechtsvorschriften des Mitgliedstaats, in dem der Wettbewerb organisiert wird, entweder eine natürliche oder juristische Person sein müßten.

Bei Wettbewerben mit beschränkter Teilnehmerzahl legen die Auftraggeber eindeutige und nichtdiskriminierende Auswahlkriterien fest. In jedem Fall muß die Zahl der Bewerber, die zur Teilnahme aufgefordert werden, ausreichen, um einen echten Wettbewerb zu gewährleisten.

Das **Preisgericht** darf nur aus Preisrichtern bestehen, die von den Teilnehmern des Wettbewerbs unabhängig sind. Wird von den Wettbewerbsteilnehmern eine bestimmte berufliche Qualifikation verlangt, muß mindestens ein Drittel der Preisrichter über dieselbe oder eine gleichwertige Qualifikation verfügen.
Das Preisgericht ist in seinen Entscheidungen und Stellungnahmen unabhängig. Es trifft diese aufgrund von Wettbewerbsarbeiten, die anonym vorgelegt werden.

Tabelle 2.5 Kategorien von Dienstleistungen (nach Richtlinie 92/50/EWG)

Kategorie	Titel	Kategorie	Titel
Dienstleistungen im Sinne von Artikel 8		13	Werbung
1	Instandhaltung und Reparatur	14	Gebäudereinigung und Hausverwaltung
2	Landverkehr[1] einschl. Geldtransport und Kurierdienste, ohne Postverkehr	15	Verlegen und Drucken gegen Vergütung oder auf vertraglicher Grundlage
3	Fracht- und Personenbeförderung im Flugverkehr, ohne Postverkehr	16	Abfall- und Abwasserbeseitigung; sanitäre und ähnliche Dienstleistungen
4	Postbeförderung im Landverkehr[1] sowie Luftpostbeförderung	**Dienstleistungen im Sinne von Artikel 9**	
5	Fernmeldewesen[2]	17	Gaststätten und Beherbergungsgewerbe
6	Finanzielle Dienstleistungen a) Versicherungsleistungen b) Bankenleistungen und Wertpapiergeschäfte[3]	18	Eisenbahnen
		19	Schiffahrt
7	Datenverarbeitung und verbundene Tätigkeiten	20	Neben- und Hilfstätigkeiten des Verkehrs
		21	Rechtsberatung
8	Forschung und Entwicklung[4]	22	Arbeits- und Arbeitskräftevermittlung
9	Buchführung, -haltung und -prüfung		
10	Markt- und Meinungsforschung	23	Auskunfts- und Schutzdienste (ohne Geldtransport)
11	Unternehmensberatung und verbundene Tätigkeiten[5]	24	Unterrichtswesen und Berufsausbildung
12	Architektur, technische Beratung und Planung; integrierte technische Leistungen; Stadt- und Landschaftsplanung; zugehörige wissenschaftliche und technische Beratung; technische Versuche und Analysen	25	Gesundheits-, Veterinär- und Sozialwesen
		26	Erholung, Kultur und Sport
		27	Sonstige Dienstleistungen

[1] Ohne Eisenbahnverkehr der Kategorie 18.
[2] Ohne Fernsprechdienstleistungen, Telex, beweglichen Telefondienst, Funkrufdienst und Satellitenkommunikation.
[3] Ohne Verträge über finanzielle Dienstleistungen im Zusammenhang mit Ausgabe, Verkauf, Ankauf oder Übertragung von Wertpapieren oder anderen Finanzinstrumenten sowie Dienstleistungen der Zentralbanken.
[4] Ohne Aufträge über Forschungs- und Entwicklungsdienstleistungen anderer Art als derjenigen, deren Ergebnisse ausschließlich Eigentum des Auftraggebers für seinen Gebrauch bei der Ausübung seiner eigenen Tätigkeit sind, sofern die Dienstleistung vollständig durch den Auftraggeber vergütet wird.
[5] Ohne Schiedsgerichts- und Schlichtungsleistungen.

Bei der Definition der Architekten- und Ingenieurleistungen kann auf die HOAI zurückgegriffen werden. Als Zuschlagskriterium kann nicht ausschließlich das Kriterium des niedrigsten Preises dienen.
Der **Zuschlag** wird verschiedene auf den jeweiligen Auftrag bezogene Kriterien z. B. Qualität, technischer Wert, Ästhetik, Zweckmäßigkeit der Leistung, Ausführungszeitraum oder -frist und (als eines von vielen Kriterien) die Preise berücksichtigen. Hier wird der Spielraum der HOAI im Rahmen der Mindest- und Höchstsätze maßgeblich sein.

Die Dienstleistungsrichtlinie schafft einen allgemeinen Rahmen und eröffnet den nationalen Regierungen die Möglichkeit, eigenständige Umsetzungen und damit sachgerechte Einzellösungen zu erarbeiten, die den Anforderungen in der Praxis gerecht werden.

Das Gesetz zur Änderung der Bundeshaushaltsordnung (Haushaltsgrundsätzegesetz) sieht vor, daß die Bundesregierung ermächtigt wird, Vergabeordnungen mit Zustimmung des Bundesrates oder Verfahren zur Vergabe von Liefer-, Bau- und Dienstleistungsaufträgen mit Zustimmung des Bundesrates zu erlassen. Die Vergabe von Architekten- und Ingenieurleistungen fällt in diesen Ermächtigungsrahmen.

Nach bisheriger Tradition wird die Vergabe von Architekten- und Ingenieurleistungen im Direktauftrag vorgenommen. Öffentliche und beschränkte Ausschreibungen finden nicht statt. Die Beauftragung eines Architekten oder Ingenieurs ist in hohem Maße Vertrauenssache. Vom Anwendungsbereich der VOL (Verdingungsordnung für Leistungen) sind deshalb solche Leistungen ausdrücklich ausgenommen.

Zur Vorbereitung einer sachgerechten Vergabe sind die **„Grundsätze und Richtlinien für Wettbewerbe auf den Gebieten der Raumplanung, des Städtebaus und des Bauwesens (GRW 1977)"** vom Bundesbauminister erlassen worden. Sie sind der Vergabeentscheidung vorgeschaltet.

Vergabemethode und vor allem die Festlegung vertraglicher Verpflichtungen auftragnehmender Architekten und Ingenieure sind in den Richtlinien für die Durchführung von Bauaufgaben des Bundes (im Rahmen der Richtlinie K 12) eingeführt. Diese Richtlinie folgt in Anwendung und Auslegung der HOAI, die zuständigkeitshalber im Bundesministerium für Wirtschaft (BMWi) bearbeitet wird.

Die EG-Dienstleistungsrichtlinie erlaubt vom Prinzip her die Fortführung der bisherigen Vergabeform, wenn die Direktvergabe dem in der Richtlinie vorgesehenen Verhandlungsverfahren nach vorheriger Bekanntmachung der Vergabeabsicht gleichgesetzt wird.

Da die Dienstleistungsrichtlinie das Verhandlungsverfahren nur als eine Vergabeform neben dem offenen und beschränkten Verfahren sieht, stellt sich für den nationalen Verordnungsgeber das Problem, aus ordnungspolitischen Erwägungen die Vergabe von Architekten- und Ingenieurleistungen auf das Verhandlungsverfahren zu reduzieren.

Dazu besteht nach der Dienstleistungsrichtlinie die Möglichkeit, in einer eigenständigen Richtlinie die Vergabe von Architekten- und Ingenieurleistungen zu regeln z. B. in einer Richtlinie für die Vergabe freiberuflicher Leistungen (VOF).

Die Umsetzung der Vergaberichtlinie kommt ohne Festsetzung vertraglicher Inhalte nicht aus. Entsprechend der VOB/B und der VOL/B sind deshalb ebenfalls allgemeine Geschäftsbedingungen zur Regelung des Leistungsaustausches darzustellen.

Die derzeit diskutierte Lösung liegt innerhalb einer VOF, in der neben Architekten- und Ingenieurleistungen noch sonstige freiberufliche Leistungen geregelt werden. Es handelt sich um Architekten- und Ingenieurleistungen, die von der Honorarordnung für Architekten und Ingenieure (HOAI) erfaßt werden sowie sonstige Leistungen, für die die berufliche Qualifikation des Architekten oder Ingenieurs erforderlich ist oder vom Auftraggeber gefordert wird. Die Auftragnehmer sollen Gewähr für eine von Liefer- und Herstellerinteressen unabhängige Dienstleistung bieten. Die Qualifikation wird von der Berechtigung zur Führung der Berufsbezeichnung abhängig gemacht. Juristische Personen müssen einen verantwortlichen Berufsangehörigen benennen. An Stelle eines allgemeinen Auswahlverfahrens wird auch der Planungswettbewerb eingeführt. Auftragsverhandlungen führen zur Auswahl und Auftragsvergabe. Entsprechende Kriterien werden festgelegt.

Mit der Vorlage eines Entwurfs durch das federführende Bundesministerium für Raumordnung, Bauwesen und Städtebau ist bis Mitte des Jahres 1994 zu rechnen.

2.3.3 Dienstleistungsrichtlinie

Planungsleistungen der Architekten und Ingenieure unterliegen dem Leistungswettbewerb und nicht dem Preiswettbewerb. Eine besondere Art des Leistungswettbewerbs ist der Architektenwettbewerb.

Dies ist ein selbst gewähltes Verfahren zur Konkurrenz der Leistungen mit einer Sonderstellung in den Berufsordnungen der Architektenkammern der Bundesländer zur Förderung der Baukultur und der Qualität beim Planen und Bauen ausschließlich nach den Grundsätzen und Richtlinien für Wettbewerbe. Die Architektenschaft bietet damit der Öffentlichkeit, dem Bauherrn, ein Auswahlverfahren für die optimale Lösung der Bauaufgabe.

Wettbewerbe (so die Vorbemerkung der GRW 1977) dienen dazu, mit alternativen Vorschlägen gute Lösungen durch Architekten, Landschaftsarchitekten, Innenarchitekten, Stadt- und Raumplaner als Partner für die gestellte Aufgabe zu finden. Wettbewerbe fördern als fachliche Leistungsvergleiche die Qualität von Planen, Bauen und Gestalten der Umwelt. Sie geben den Teilnehmern die Möglichkeit zur Darstellung neuer Ideen und Konzepte, zur interdisziplinären Zusammenarbeit und zur Weiterbildung.

Die Beurteilung der Wettbewerbsarbeiten durch ein unabhängiges Preisgericht gibt dem Auslober eine fachkundige Entscheidungshilfe zur Lösung der gestellten Aufgabe.

Der große ideelle und materielle Aufwand der Teilnehmer bei Wettbewerben bedingt nicht nur eine sorgfältige Vorbereitung und Abwicklung, sondern angesichts der Fülle von Anregungen auch eine angemessene Gegenleistung des Auslobers.

Insbesondere bei Realisierungswettbewerben liegt ein wesentlicher Teil dieser Gegenleistung in der Erklärung des Auslobers, daß er beabsichtigt, Verfasser von durch das Preisgericht ausgezeichneten Arbeiten mit der weiteren Bearbeitung zu beauftragen.

Abzusehen ist, daß sich aus der Umsetzung der Dienstleistungsrichtlinie hinsichtlich europaweiter Wettbewerbe Veränderungen ergeben werden. Nicht zu erwarten ist, daß wesentliche Prinzipien eine Veränderung erfahren werden. Es sind dies

- **die Anonymität.** Die Arbeiten werden anonym eingereicht. Vorprüfer und Preisgericht dürfen keine Kenntnis von den Verfassern der Arbeiten erhalten. Verstöße gegen das Prinzip der Anonymität könnte für Verfasser zum Ausschluß oder auch zur Aufhebung des gesamten Verfahrens führen.
- **die Unabhängigkeit** des Preisgerichts, das in der Mehrzahl aus Fachleuten des Berufsstandes bestehen soll. Es tagt nicht öffentlich und hat die Aufgaben, die Wettbewerbsarbeiten zu beurteilen, Preisträger zu ermitteln und Preise und Ankäufe festzulegen.
- **die Auslobung** von Preisen in angemessener Höhe.
- **die Vergabe** an den ersten oder einen weiteren Preisträger.

Die GRW formulieren den **Begriff des Wettbewerbs** als die in der Konkurrenz geistiger Leistungen erbrachten Lösungen für Aufgaben auf den Gebieten der Raumplanung, des Städtebaus und des Bauwesens, die

- sich an einen bestimmten Teilnehmerkreis richten,
- allen Teilnehmern gleiche Bedingungen auferlegen,
- eine Frist für die Teilnehmer festlegen,
- Preise für die besten Arbeiten aussetzen und
- die Beurteilung der eingereichten Arbeiten sowie die Zuerkennung der Preise durch ein unabhängiges Preisgericht vorsehen.

Wettbewerbsarten sind insbesondere Entwürfe zur

- Regionalplanung,
- Landschaftsplanung,
- Stadtplanung,
- Städtebauplanung,
- Bauwerksplanung,

- Freiraumplanung,
- Innenraumplanung einschließlich Ausstattung,
- Elementplanung.

Wettbewerbe können durchgeführt werden als

- **Grundsatz- und Programmierungswettbewerbe,** d. h. Wettbewerbe, die sich auf die grundsätzliche Klärung der Aufgabe, Ermittlung von Planungsgrundlagen und/oder das Entwickeln grundsätzlicher Lösungen beschränken.
- **Ideenwettbewerbe,** d. h. Wettbewerbe, die eine Vielfalt von Ideen für die Lösung der Aufgabe anstreben. Sie können auch der Ermittlung von Teilnehmern für einen weiteren Wettbewerb mit beschränkter Teilnehmerzahl dienen.
- **Realisierungswettbewerbe,** d. h. Wettbewerbe, die bei fest umrissenem Programm und konkreten Leistungsanforderungen die planerischen Voraussetzungen für die Realisierung eines konkreten Projekts schaffen sollen.

2.3.4 Richtlinie über Sicherheit und Gesundheitsschutz auf Baustellen

Die Richtlinie 92/57/EWG des Rates vom 24. Juni 1992 legt Mindestvorschriften für die Sicherheit und den Gesundheitsschutz auf zeitlich begrenzten und ortsveränderlichen Baustellen fest.

Arbeitnehmer sind auf zeitlich begrenzten oder ortsveränderlichen Baustellen besonders großen Gefahren ausgesetzt. In mehr als der Hälfte der Arbeitsunfälle auf Baustellen haben nicht geeignete bauliche und/oder organisatorische Entscheidungen oder eine schlechte Planung der Arbeiten bei der Vorbereitung des Bauprojektes eine Rolle gespielt.

Die nachfolgend wiedergegebenen Artikel 2 und 3 der Richtlinie geben einen Überblick über den Inhalt der Richtlinie.

Artikel 2 (Richtlinie 92/57/EWG) Definitionen

Im Sinne dieser Richtlinie gelten als

a) „Zeitlich begrenzte oder ortsveränderliche Baustellen" (nachfolgend „Baustellen" genannt) alle Baustellen, an denen Hoch- oder Tiefbauarbeiten ausgeführt werden, die in der nicht erschöpfenden Liste in Anhang I aufgeführt sind;

b) „Bauherr" jede natürliche oder juristische Person, in deren Auftrag ein Bauwerk ausgeführt wird;

c) „Bauleiter" jede natürliche oder juristische Person, die mit der Planung und/oder Ausführung und/oder Überwachung der Ausführung des Bauwerks im Auftrag des Bauherrn beauftragt ist;

d) „Selbständiger" jede andere Person als die in Artikel 3 Buchstaben a) und b) der Richtlinie 89/391/EWG genannten Personen, die ihre berufliche Tätigkeit zur Ausführung des Bauwerks ausübt;

e) „Sicherheits- und Gesundheitsschutzkoordinator für die Vorbereitungsphase des Bauprojekts" jede natürliche oder juristische Person, die vom Bauherrn und/oder Bauleiter mit der Durchführung der in Artikel 5 genannten Aufgaben für die Vorbereitungsphase des Bauwerks betraut wird;

f) „Sicherheits- und Gesundheitsschutzkoordinator für die Ausführungsphase des Bauwerks" jede natürliche oder juristische Person, die vom Bauherrn und/oder Bauleiter mit der Durchführung der in Artikel 6 genannten Aufgaben für die Ausführungsphase des Bauwerks betraut wird.

Artikel 3 (Richtlinie 92/57/EWG) Koordinatoren – Sicherheits- und Gesundheitsschutzplan – Vorankündigung

(1) Der Bauherr oder der Bauleiter betraut im Fall einer Baustelle, auf der mehrere Unternehmen anwesend sein werden, einen oder mehrere **Sicherheits- und Gesundheitsschutzkoordinatoren** im Sinne von Artikel 2 Buchstaben e) und f).

(2) Der Bauherr oder der Bauleiter sorgt dafür, daß vor Eröffnung der Baustelle ein **Sicherheits- und Gesundheitsschutzplan** entsprechend Artikel 5 Buchstabe b) erstellt wird.
Die Mitgliedstaaten können nach Anhörung der Sozialpartner von Unterabsatz 1 abweichen, außer wenn es sich um Arbeiten handelt,
– die mit besonderen Gefahren, wie in Anhang II aufgeführt, verbunden sind
oder
– für die nach Absatz 3 eine Vorankündigung erforderlich ist.

(3) Im Fall einer Baustelle
– bei der die voraussichtliche Dauer der Arbeiten mehr als 30 Arbeitstage beträgt und auf der mehr als 20 Arbeitnehmer gleichzeitig beschäftigt werden
oder
– deren voraussichtlicher Umfang 500 Manntage übersteigt,

übermittelt der Bauherr oder der Bauleiter den zuständigen Behörden vor Beginn der Arbeiten eine **Vorankündigung,** deren Inhalt Anhang III entspricht.
Die Vorankündigung ist sichtbar auf der Baustelle auszuhängen und erforderlichenfalls auf dem laufenden zu halten.
Die Mindestvorschriften für Sicherheit und Gesundheitsschutz auf Baustellen sind im Anhang V in allgemeine (Teil A) und besondere Mindestvorschriften für Arbeitsplätze auf Baustellen (Teil B) beschrieben.
Vorschriften für Sicherheit und Gesundheitsschutz werden in der Bundesrepublik Deutschland im wesentlichen durch die Unfallverhütungsvorschriften und die Arbeitsstättenrichtlinien abgedeckt. Neu sind die einzuschaltenden Koordinatoren und besonderen Sicherheits- und Gesundheitspläne. Inwieweit sich Änderungen ergeben, wird sich zeigen, wenn die EG-Richtlinie umgesetzt ist.

2.3.5 Übersicht über weitere EG-Richtlinien und Richtlinien-Vorschläge

– Richtlinie des Rates vom 29. Juni 1990 zur Angleichung der Rechtsvorschriften der Mitgliedstaaten für **Gasverbrauchseinrichtungen** (90/396/EWG)
– Richtlinie des Rates vom 14. Juni 1989 zur Angleichung der Rechtsvorschriften der Mitgliedstaaten für **Maschinen** (89/392/EWG)
– Richtlinie des Rates vom 20. Juni 1991 zur Änderung der Richtlinie 89/392/EWG zur Angleichung der Rechtsvorschriften der Mitgliedstaaten für Maschinen (Wiedereinbeziehung von **beweglichen Maschinen** sowie **Hebezeugen** und Zubehör) (91/368/EWG)
– Geänderter Vorschlag für eine Richtlinie des Rates zur Änderung der Richtlinie 89/392/EWG für Maschinen (Einbeziehung von **Hebeeinrichtungen für Personenbeförderung**) (Kom (92) 363 endg. – SYN 391 bzw. Rats-Nr. 92/C252/03)
– Vorschlag für eine Richtlinie des Rates zur Angleichung der Rechtsvorschriften der Mitgliedstaaten über **Aufzüge** (sie soll die Richtlinie 84/529/EWG vom 17. September 1984 und ihre Änderungen ablösen) (Kom (92) 35 endg. – SYN 394 bzw. Rats-Nr. 92/C62/05)
– Richtlinie des Rates vom 19. Februar 1973 zur Angleichung der Rechtsvorschriften der Mitgliedstaaten betreffend **elektrische Betriebsmittel** zur Verwendung innerhalb bestimmter Spannungsgrenzen (73/23/EWG)
– Richtlinie des Rates vom 27. Juli 1976 zur Angleichung der Rechtsvorschriften der Mitgliedstaaten über gemeinsame Vorschriften für **Druckbehälter** sowie über Verfahren zu deren Prüfung (76/767/EWG)

- Richtlinie des Rates vom 25. Juli 1985 zur Angleichung der Rechtsvorschriften der Mitgliedstaaten über die **Haftung für fehlerhafte Produkte** (85/374/EWG)
- Richtlinie des Rates vom 29. Juni 1992 über die **allgemeine Produktsicherheit** (92/59/EWG)
- Entschließung des Rates vom 21. Dezember 1987 über **Sicherheit, Arbeitshygiene und Gesundheit am Arbeitsplatz** (88/C28/01)
- Mitteilung der Kommission über ihr Aktionsprogramm für Sicherheit, Arbeitshygiene und Arbeitsschutz am Arbeitsplatz (88/C28/02)
- Richtlinie des Rates vom 12. Juni 1989 über die Durchführung von Maßnahmen zur Verbesserung der **Sicherheit und des Gesundheitsschutzes der Arbeitnehmer bei der Arbeit** (89/391/EWG)
- Richtlinie des Rates vom 30. November 1989 über die Mindestvorschriften bezüglich der **Sicherheit und des Gesundheitsschutzes an Arbeitsstätten** (89/654/EWG)
- Richtlinie des Rates vom 30. November 1989 über die Mindestvorschriften bezüglich der **Sicherheit und des Gesundheitsschutzes bei der Benutzung von Maschinen, Apparaten und Anlagen durch die Arbeitnehmer** (89/655/EWG)
- Richtlinie des Rates vom 30. November 1989 über Mindestvorschriften für die Benutzung **persönlicher Schutzausrüstungen** durch Arbeitnehmer (89/656/EWG)
- Richtlinie des Rates vom 29. Mai 1990 über die Mindestvorschriften bezüglich der Sicherheit und des Gesundheitsschutzes bei der **Handhabung schwerer Lasten,** die für die Arbeitnehmer Gefährdungen der Lendenwirbelsäule mit sich bringen (90/269/EWG)
- Vorschlag für eine Richtlinie des Rates über die Mindestvorschriften für die **Sicherheits- und Gesundheitsschutz-Kennzeichnung** am Arbeitsplatz (92/58/EWG)

2.4 Technische Regelwerke

2.4.1 DIN-Normen

Technische Normen sind eine wesentliche Grundlage der Arbeit eines jeden Ingenieurs.

In **DIN 820-1 Normungsarbeit; Grundsätze** ist definiert:

Normung ist die planmäßige, durch die interessierten Kreise gemeinschaftlich durchgeführte Vereinheitlichung von materiellen und immateriellen Gegenständen zum Nutzen der Allgemeinheit. Sie darf nicht zu einem wirtschaftlichen Sondervorteil einzelner führen.

Sie fördert die Rationalisierung und Qualitätssicherung in Wirtschaft, Technik, Wissenschaft und Verwaltung. Sie dient der Sicherheit von Menschen und Sachen sowie der Qualitätsverbesserung in allen Lebensbereichen.

Sie dient außerdem einer sinnvollen Ordnung und der Information auf dem jeweiligen Normungsgebiet (Weiteres s. Norm).

DIN-Normen werden vom DIN Deutsches Institut für Normung e. V. in Gemeinschaftsarbeit erarbeitet. Das DIN ist die zentrale, national (durch den 1975 mit der Bundesrepublik Deutschland geschlossenen Normenvertrag) wie international als normenschaffende Körperschaft anerkannte deutsche „Nationale Normungsorganisation".

Seine Hauptaufgabe besteht darin, Normen zu erstellen, anzuerkennen oder anzunehmen sowie der Öffentlichkeit zugänglich zu machen.

Das DIN ist Mitglied in den entsprechenden europäischen und internationalen Normungsorganisationen.

2.4.1 DIN-Normen

Ergebnisse der Normungsarbeit im DIN sind Deutsche Normen (DIN-Normen), die unter dem Verbandszeichen DIN herausgegeben werden und das Deutsche Normenwerk bilden. Internationale und Europäische Normen werden z. B. als DIN-ISO-Normen oder DIN-EN-Normen auch als Deutsche Normen in das Normenwerk übernommen.

Das DIN hat die Rechtsform eines eingetragenen Vereins auf ausschließlich gemeinnütziger Grundlage mit Sitz in Berlin. Gegründet wurde es 1917.

Etwa 44 000 ehrenamtliche Mitarbeiter arbeiten in 105 Normenausschüssen mit 4350 Arbeitsausschüssen, unterstützt von 1000 hauptamtlichen Mitarbeitern des DIN, am Deutschen Normenwerk, das aus rund 28 600 Normen und Norm-Entwürfen besteht. 40% der Normen haben einen direkten Bezug zu Internationalen und Europäischen Normen.

Die eigentliche fachliche Arbeit (Normungsarbeit) des DIN wird in Arbeitsausschüssen geleistet, die im Regelfall zu Normenausschüssen zusammengefaßt sind.

Ein Normenausschuß trägt die nationale Normung auf seinem Fach- und Wissensgebiet (z. B. Bauwesen, Wasserwesen) verantwortlich und nimmt auf diesem Gebiet auch die Mitarbeit bei der europäischen und internationalen Normung wahr. Er setzt sich für die Einführung der DIN-Normen seines Fachgebietes in den davon berührten Lebensbereichen ein.

Die Normungsarbeit orientiert sich an den folgenden 10 Grundsätzen:
- Freiwilligkeit,
- Öffentlichkeit,
- Beteiligung aller interessierten Kreise,
- Konsens,
- Einheitlichkeit und Widerspruchsfreiheit,
- Sachbezogenheit,
- Ausrichten am Stand von Wissenschaft und Technik,
- Ausrichten an den wirtschaftlichen Gegebenheiten,
- Ausrichten am allgemeinen Nutzen,
- Internationalität.

Werdegang einer DIN-Norm

Ein begründeter Normungsantrag kann von jedermann gestellt werden; es wird vor Aufnahme einer jeden Normungsarbeit geprüft, ob der Normungsgegenstand normungsfähig ist, ob hierfür ein Bedarf besteht und ob die interessierten Kreise zur Mitarbeit bereit sind. Ferner wird geprüft, ob die vorgesehene Arbeit nicht von vornherein auf europäischer (oder internationaler) Ebene durchgeführt werden kann.

In Bild 2.6 ist der weitere Weg über die Erarbeitung einer Norm-Vorlage und die Veröffentlichung des Norm-Entwurfs bis hin zum Erscheinen der Norm dargestellt.

Alle Normungsvorhaben und alle Entwürfe zu DIN-Normen werden öffentlich bekanntgemacht und vor ihrer endgültigen Festlegung der Öffentlichkeit zur Stellungnahme vorgelegt. Kritiker werden an den Verhandlungstisch gebeten, wobei jeder schriftlich eingegangene Einspruch mit dem Einsprecher verhandelt werden muß. Der Einsprecher zu Norm-Entwürfen

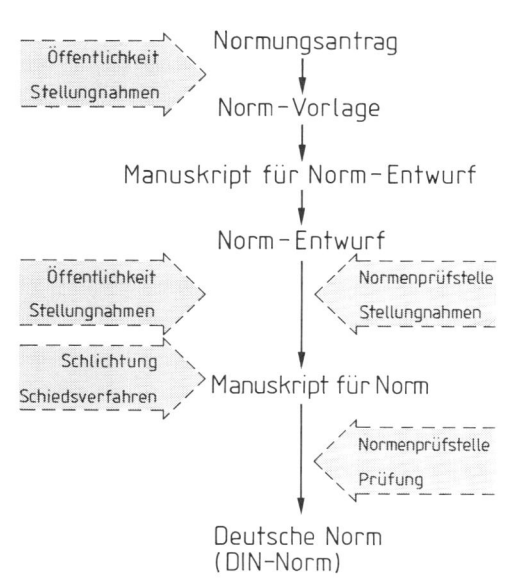

2.6 Werdegang einer DIN-Norm

hat dabei die Möglichkeit, ein gemäß DIN 820-4 Normungsarbeit; Geschäftsgang (s. Norm) vorgesehenes Schlichtungs- und Schiedsverfahren zu veranlassen, wenn sein Einspruch verworfen wird. Die Kontrolle, ob die beabsichtigte DIN-Norm z. B. den jeweiligen Stand der Wissenschaft und Technik und die wirtschaftlichen Gegebenheiten in hinreichendem Maße berücksichtigt, ist absichtlich der Fachöffentlichkeit vorbehalten.

Die Normungsarbeit vollzieht sich nach dem Konsens-Prinzip. Die der Normungsarbeit des DIN zugrunde liegenden Regeln garantieren ein für alle interessierten Kreise faires Verfahren, dessen Kern die Ausgewogenheit der verschiedenen Interessen bei der Meinungsbildung ist. Der Inhalt einer Norm wird dabei im Wege gegenseitiger Verständigung mit dem Bemühen festgelegt, eine die allgemeine Zustimmung findende gemeinsame Auffassung zu erreichen. Abstimmungen zum Inhalt einer Norm sind die Ausnahme. Sind sie nicht zu umgehen, entscheidet die Mehrheit der Mitarbeiter des Arbeitsgremiums.

Das Deutsche Normenwerk befaßt sich mit allen technischen Disziplinen, die Regeln der Normungsarbeit sichern seine Einheitlichkeit. Die Normenprüfstelle prüft die Norm-Entwürfe vor ihrer Aufnahme in das Deutsche Normenwerk daraufhin, daß die neue Norm nicht im Widerspruch zu bereits bestehenden Normen steht.

Es gibt folgende **Publikationsformen:**

DIN-Norm ist die Deutsche Norm, die im DIN aufgestellt und mit dem Verbandszeichen DIN herausgegeben wird.

DIN-VDE-Norm ist die Deutsche Norm, die zugleich eine VDE-Bestimmung oder -Richtlinie ist.

DIN-ISO-Norm ist die Deutsche Norm, in die eine Norm (auch normenartige Veröffentlichung, z. B. Empfehlung) der ISO unverändert übernommen wurde.

DIN-IEC-Norm ist die Deutsche Norm, in die eine Norm (auch normenartige Veröffentlichung, z. B. Publikation) der IEC unverändert übernommen wurde.

DIN-EN-Norm ist die Europäische Norm, deren deutsche Fassung den Status einer Deutschen Norm erhalten hat.

DIN-ETS-Norm ist die vom Europäischen Institut für Telekommunikationsnormen (ETSI) erstellte Europäische Norm, deren deutsche Fassung den Status einer Deutschen Norm erhalten hat.

DIN-Vornorm ist das Ergebnis einer Normungsarbeit, das wegen bestimmter Vorbehalte zum Inhalt oder wegen des gegenüber einer Norm abweichenden Aufstellungsverfahrens vom DIN nicht als Norm herausgegeben wird.

DIN V-ENV-Norm ist die Europäische Vornorm, deren deutsche Fassung als DIN-Vornorm veröffentlicht wurde.

DIN-EN-ISO-Norm ist die als Europäische Norm übernommene Internationale Norm (ISO-Norm), deren deutsche Fassung den Status einer Deutschen Norm erhalten hat.

DIN-EN-IEC-Norm ist die als Europäische Norm übernommene Internationale Norm (IEC-Norm), deren deutsche Fassung den Status einer Deutschen Norm erhalten hat.

Eine **Auswahlnorm** ist eine Norm, die für ein bestimmtes Fachgebiet einen Auszug aus einer anderen Norm enthält, jedoch ohne sachliche Veränderungen oder Zusätze. Bei ihr wird die DIN-Nummer aus der DIN-Nummer der zugehörigen Norm mit dem Zusatz Auswahl und einer Zählnummer gebildet.

Eine **Übersichtsnorm** ist eine Norm, die eine Zusammenstellung von Festlegungen mehrerer Normen enthält, jedoch ohne sachliche Veränderungen oder Zusätze. Sie hat eine eigene DIN-Nummer. Das Wort Übersicht erscheint nur im Titelfeld.

Von DIN-Normen zu unterscheiden sind **Beiblätter**. Sie enthalten nur Informationen zu einer DIN-Norm (Erläuterungen, Beispiele, Anmerkungen, Anwendungshilfsmittel, u. ä.), jedoch keine über die Bezugsnorm hinausgehenden genormten Festlegungen. Sie werden nicht mit „Deutsche Norm" überschrieben. Das Wort Beiblatt mit Zählnummer erscheint zusätzlich im Nummernfeld zu der Nummer der Bezugsnorm.

Über die Veränderungen des gesamten Deutschen Normenwerkes informieren die monatlich erscheinenden „**DIN-Mitteilungen + elektronorm**" als das Zentralorgan der deutschen Normung einschließlich des „**DIN-Anzeigers für technische Regeln**" sowie der jährlich erscheinende „**DIN-Katalog für technische Regeln**" mit seinen monatlich erscheinenden Ergänzungsheften.

Eine weitere Arbeitshilfe ist der auf die Erfordernisse des Bauwesens abgestimmte jährlich erscheinende „**Führer durch die Baunormung**".

Ferner steht allen Auskunftssuchenden neben der DIN-Bibliothek das **DITR Deutsches Informationszentrum für technische Regeln** im DIN als zentrale Auskunftsstelle für alle in Deutschland Beachtung findende in- und ausländische sowie internationale technische Regeln offen. Dies gilt auch für die deutschen und europäischen (EG) Rechts- und Verwaltungsvorschriften mit technischem Bezug.

Hinweise für den Anwender von DIN-Normen

Die Normen des Deutschen Normenwerkes stehen jedermann zur Anwendung frei. Festlegungen in Normen sind aufgrund ihres Zustandekommens nach hierfür geltenden Grundsätzen und Regeln fachgerecht. Sie sollen sich als „anerkannte Regeln der Technik" einführen. Bei sicherheitstechnischen Festlegungen in DIN-Normen besteht überdies eine tatsächliche Vermutung dafür, daß sie „anerkannte Regeln der Technik" sind. Die Normen bilden einen Maßstab für einwandfreies technisches Verhalten; dieser Maßstab ist auch im Rahmen der Rechtsordnung von Bedeutung. Eine Anwendungspflicht kann sich aufgrund von Rechts- oder Verwaltungsvorschriften, Verträgen oder sonstigen Rechtsgründen ergeben.

DIN-Normen sind nicht die einzige, sondern eine Erkenntnisquelle für technisch ordnungsgemäßes Verhalten im Regelfall. Es ist auch zu berücksichtigen, daß DIN-Normen nur den zum Zeitpunkt der jeweiligen Ausgabe herrschenden Stand der Technik berücksichtigen können.

Durch das Anwenden von Normen entzieht sich niemand der Verantwortung für eigenes Handeln. Jeder handelt insoweit auf eigene Gefahr.

Jeder, der beim Anwenden einer DIN-Norm auf eine Unrichtigkeit oder eine Möglichkeit einer unrichtigen Auslegung stößt, wird gebeten, dies dem DIN unverzüglich mitzuteilen, damit etwaige Mängel beseitigt werden können.

2.4.2 Internationale und europäische Normung

Internationale Normung

Der Zweck der ISO (International Organization for Standardization) (Sitz: Genf) ist die Förderung der Normung in der Welt, um den weltweiten, freien Austausch von Gütern und Dienstleistungen zu unterstützen und die gegenseitige Zusammenarbeit im Bereich des geistigen, wissenschaftlichen, technischen und wirtschaftlichen Schaffens zu entwickeln. Für den elektrotechnischen Bereich besteht ferner die IEC (International Electrotechnical Commission).

Die Mitglieder der ISO repräsentieren heute etwa 95% der Weltproduktion und des Weltmarktes. 60% der ordentlichen und korrespondierenden ISO-Mitglieder sind der Dritten Welt zuzuordnen. Diese Länder tragen dabei weniger als 5% zur technischen Arbeit der ISO bei.

Die Organisationsformen von ISO und IEC sind die eines Vereins nach Schweizer Zivilrecht; sie sind also keine Regierungsorganisationen, auch wenn eine Reihe ihrer nationalen Mitglieder (die nationalen Normungsorganisationen) Behördenorganisationen sind. Die Ergebnisse der ISO-Arbeit sind Internationale Normen ISO (International Standard ISO), mit dem Kurzzeichen ISO vor der Nummer (Analoges gilt für die IEC). Zur Zeit bestehen rund 13 000 Normen und Norm-Entwürfe der ISO und IEC.

Die deutsche Beteiligung an der internationalen Normung vollzieht sich ausschließlich über das DIN.

Europäische Normung

Die für die europäische (regionale) Normung in Europa zuständigen, eng miteinander verbundenen Normungsorganisationen CEN/CENELEC (Europäisches Komitee für Normung/Europäisches Komitee für elektrotechnische Normung) sind keine staatlichen Körperschaften[1]. Es sind privatrechtliche und gemeinnützige Vereinigungen mit Sitz in Brüssel. Ihre Gründung geht auf das Jahr 1961 zurück und steht damit (nicht zufällig) in einem zeitlichen Zusammenhang mit der Gründung der Europäischen Wirtschaftsgemeinschaft. 1982 haben CEN/CENELEC sich zur „Gemeinsamen Europäischen Normungsinstitution" erklärt. Mitglieder von CEN/CENELEC sind die anerkannten nationalen Normungsorganisationen der EG- und EFTA-Staaten. Normungseinrichtungen mittel- und osteuropäischer Staaten werden als angegliederte Normungsinstitute anerkannt. Sie erhalten einen Beobachterstatus.

Deutsches Mitglied im CEN ist das DIN Deutsches Institut für Normung e. V., im CENELEC die Deutsche Elektrotechnische Kommission (DKE) im DIN und VDE.

Als weitere europäische Normenorganisation besteht ETSI (Europäisches Institut für Telekommunikationsnormen), das eng mit CEN/CENELEC zusammenarbeitet.

Europäische Normen werden im EG-Binnenmarkt insbesondere benötigt, um die allgemeinen Festlegungen der EG-Richtlinien mit technischen Inhalten auszufüllen (s. Abschn. 2.3). Im Bauwesen gingen und gehen für die europäische Normung Impulse insbesondere von der EG-Bauproduktenrichtlinie aus. Im Baubereich sind heute bereits etwa 90% aller Normungsvorhaben europäische Normungsarbeiten.

Das Hauptziel der europäischen Normungsarbeit ist es, neben dem Erstellen eines umfassenden Europäischen Normenwerkes insbesondere bestehende nationale Normen zu harmonisieren.

Hierbei sind soweit wie möglich Internationale Normen (ISO/IEC) zugrunde zu legen, um nicht an den Grenzen der EG neue technische Handelshemmnisse gegenüber Drittländern entstehen zu lassen. ISO und CEN sowie IEC und CENELEC haben deshalb eine enge Zusammenarbeit vereinbart, die es u. a. erlaubt, die Arbeitsprogramme zu koordinieren, geeignete europäische Normenprojekte an ISO/IEC (und umgekehrt) zu übertragen, über Norm-Entwürfe auf beiden Ebenen (europäisch/international) parallel abzustimmen und gegenseitig Beobachter zu den Normungssitzungen zu entsenden (Abkommen von Wien und Lugano).

Anders als im Falle der Internationalen Normen von ISO/IEC sind die Mitglieder von CEN/CENELEC und ETSI verpflichtet, die Europäischen Normen unverändert in das nationale Normenwerk zu übernehmen (s. Tab. 2.7).

Die Übernahmeverpflichtung einer Europäischen Norm bedeutet nicht nur, dieser den Status einer nationalen Norm zu geben, sondern auch etwaige andere entgegenstehende nationale Normen zum gleichen Thema zurückzuziehen. Abweichungen irgendwelcher Art sind im Regelfall bei Europäischen Normen nicht erlaubt.

Neben den Europäischen Normen (EN) werden von den Europäischen Normungsorganisationen noch folgende Dokumente erstellt:

- Harmonisierungsdokumente (HD) werden erstellt, wenn die Überführung in identische nationale Normen unnötig oder unpraktisch ist und insbesondere, wenn eine Einigung nur durch Zulassen nationaler technischer Abweichungen zu erreichen ist.
- Europäische Vornormen (ENV) sind beabsichtigte Normen zur vorläufigen Anwendung.
- CEN/CENELEC-Berichte dienen der Information.

ETSI hat die Aufgabe, die Voraussetzungen für die Integration der Telekommunikations-Infrastruktur, die Übereinstimmung von Telekommunikationsdiensten und die Verträglichkeit von Endeinrichtungen durch europaweite Normen zu schaffen.

---

[1] Europäische Normung: Ein Leitfaden des DIN. DIN Dtsch. Inst. für Normung (Hrsg.); 1992

Tabelle 2.7 Übersicht über Veröffentlichungsformen von Technischen Regeln durch CEN/CENELEC

Dokumentart	Abkürzung	Verpflichtungen	
		zur Übernahme	zur Zurückziehung der entsprechenden nationalen Normen
Europäische Norm	EN	Ja, durch Übernahme in das nationale Normenwerk	Ja
Harmonisierungsdokument	HD	Ja, mindestens Ankündigung der HD-Nummer und des Titels	Ja
Europäische Vornorm	ENV	Ja, in geeigneter Weise verfügbar machen, z. B. als Deutsche Vornorm auf nationaler Ebene und Ankündigung wie bei HD	Nein
CEN/CENELEC-Bericht (enthält Fachinformationen)	–	Nein, in geeigneter Weise verfügbar machen	Nein

2.4.3 Zulassungen

In den Bauordnungen der Länder wird gefordert, daß bei der Errichtung und Änderung baulicher Anlagen nur Baustoffe, Bauteile und Einrichtungen verwendet bzw. Bauarten angewendet werden dürfen, die den Anforderungen und Vorschriften der Bauordnung entsprechen. Dabei kann bei Baustoffen und Bauteilen, deren Herstellung in ausreichendem Maß von der Sachkunde und Erfahrung der damit betrauten Person oder von einer Ausstattung und besonderen Vorrichtungen abhängt, die oberste Bauaufsichtsbehörde oder die von ihr bestimmte Behörde vom Hersteller den Nachweis verlangen, daß er über solche Fachkräfte und Vorrichtungen verfügt.

Ferner legen die Bauordnungen fest, daß Baustoffe und Bauteile, die noch nicht allgemein gebräuchlich und bewährt sind – früher als neue Baustoffe, Bauteile bzw. Bauarten bezeichnet –, nur verwendet oder angewendet werden dürfen, wenn ihre Brauchbarkeit nachgewiesen ist. Dies gilt als erfüllt, wenn es sich um bauaufsichtlich eingeführte technische Regeln, z. B. eine bauaufsichtlich eingeführte DIN-Norm, nach der der Baustoff hergestellt worden ist, handelt. Der Nachweis kann auch durch eine allgemeine bauaufsichtliche Zulassung oder ein Prüfzeichen geführt werden. Alternativ gibt es auch die Möglichkeit der Zustimmung der obersten Bauaufsichtsbehörden oder der von ihr bestimmten Behörde für den Einzelfall.

Der Antrag auf Erteilung einer bauaufsichtlichen Zulassung für neue Baustoffe, Bauteile und Bauarten ist an die oberste Bauaufsichtsbehörde oder die von ihr bestimmte Behörde zu richten, im Regelfall für alle Bundesländer gemeinsam das Deutsche Institut für Bautechnik (DIBt), Berlin (früher Institut für Bautechnik – IfBt). Die Zulassung wird auf der Grundlage des Gutachtens eines Sachverständigenausschusses, und zwar widerruflich für eine Frist, die nicht fünf Jahre überschreiten sollte, erteilt.

Der obersten Bauaufsichtsbehörde ist es möglich, durch Rechtsverordnung ferner vorzuschreiben, daß bestimmte werkmäßig hergestellte Baustoffe, Bauteile und Einrichtungen, bei denen wegen ihrer Eigenart und Zweckbestimmung der Erfüllung der Anforderungen nach § 3 der MBO vom 10. Dezember 1993, in besonderem Maße von ihrer einwandfreien Beschaffenheit abhängen und nur verwendet oder eingebaut werden dürfen, wenn sie ein Prüfzeichen haben, über deren Zuteilung die oberste Bauaufsichtsbehörde oder die von ihr bestimmte Behörde, gleichfalls im Regelfall das DIBt, entscheidet.

Analog zur Handhabung auf nationaler Ebene sieht auch die EG-Bauproduktenrichtlinie das Instrumentarium der **Europäischen Technischen Zulassung (ETA** – European Technical Approval) vor, die von der Europäischen Organisation für Technische Zulassungen (**EOTA** – European Organization for Technical Approval) erteilt wird. Mitglieder sind nationale Zulassungsstellen, für Deutschland das DIBt.

Die Erteilung Europäischer Technischer Zulassungen durch EOTA erfolgt im Regelfall auf der Basis von Zulassungsleitlinien. Dies kann der Fall für Bauprodukte sein, für die keine entsprechende europäische oder anerkannte nationale Norm vorliegt, oder für die bisher noch keine Norm ausgearbeitet worden ist bzw. überhaupt nicht ausgearbeitet werden kann. Die Erteilung der Zulassung ist auch möglich für Produkte, die nicht nur unwesentlich von den Normen abweichen.

Allerdings sieht die EG-Bauproduktenrichtlinie als Ausnahmefall auch vor, daß eine Europäische Technische Zulassung sich unter Berücksichtigung der wesentlichen Anforderungen auf die sogenannten Grundlagendokumente, die eine Ergänzung der o. g. wesentlichen Anforderungen durch die Kommission der EG darstellen, stützt.

2.4.4 Unfallverhütungsvorschriften – Sonstige Regelwerke

Unfallverhütungsvorschriften

Arbeitssicherheit und Gesundheitsschutz werden verbindlich geregelt durch
- Gesetze, Verordnungen des Staates,
- Unfallverhütungsvorschriften der Berufsgenossenschaften.

Ihnen liegen in zunehmendem Maße auch EG-Richtlinien zugrunde (s. Abschn. 2.3.4). Die staatlichen Vorschriften gelten übergreifend für alle Arbeitsbereiche.

Die Unfallverhütungsvorschriften (UVVen) werden von den Berufsgenossenschaften erlassen. Einige Unfallverhütungsvorschriften gelten für alle Branchen wie zum Beispiel die UVV „Allgemeine Vorschriften" (VBG1) oder die UVV „Arbeitsmedizinische Vorsorge" (VBG 100). Andere Unfallverhütungsvorschriften sind auf bestimmte Maschinen, Einrichtungen oder Branchen zugeschnitten. Die UVVen dienen auch der Umsetzung staatlicher Gesetze; sie haben den gleichen rechtlichen Rang wie Verordnungen.

Die Unfallverhütungsvorschriften werden durch zahlreiche Richtlinien, Sicherheitsregeln, Merkblätter und arbeitsplatzbezogene Schriften ergänzt und ausgefüllt, um die praktische Umsetzung in den Betrieben zu erleichtern.

Die Unfallverhütungsvorschriften regeln
- notwendige Einrichtungen, Anordnungen und Maßnahmen zur Unfallverhütung,
- Verhaltenspflichten für die Mitarbeiter,
- erforderliche ärztliche Untersuchungen (arbeitsmedizinische Vorsorge),
- Anforderungen an die innerbetriebliche Arbeitssicherheitsorganisation.

Für die Arbeitssicherheit und den Gesundheitsschutz der Mitarbeiter ist ausschließlich der Unternehmer verantwortlich, Arbeitssicherheit ist eine Führungsaufgabe. Arbeitssicherheit und Gesundheitsschutz müssen vom Unternehmer so organisiert werden, daß beispielsweise auch alle Vorgesetzten über ihre Verantwortung in diesem Bereich informiert sind. Der Unternehmer hat in seinem Betrieb Einrichtungen, Anordnungen und Maßnahmen zu realisieren, die ein sicheres und gesundes Arbeiten ermöglichen. Die Mitarbeiter müssen die Einrichtungen bestimmungsgemäß verwenden, die vorgeschriebene persönliche Schutzausrüstung tragen und die Anweisungen zur Unfallverhütung befolgen.

Arbeitssicherheit lohnt sich für den Unternehmer auch finanziell: Über verhütete Arbeitsunfälle kann er Berufsgenossenschafts-Beiträge sparen. Darüber hinaus können die durch Unfälle bedingten zusätzlichen Kosten für Personal- und Produktionsausfall vermindert werden. Der Unternehmer hat ab einer bestimmten Betriebsgröße Fachkräfte für Arbeitssicherheit (auch Sicherheitsfachkräfte genannt) zu bestellen. Die **Sicherheitsfachkräfte** müssen – als Ingenieure, Meister oder Techniker – über umfangreiche sicherheitstechnische Fachkenntnisse verfügen. Ihre Aufgabe ist es, den Arbeitgeber in allen Fragen der Arbeitssicherheit zu beraten.

Der **Sicherheitsbeauftragte** wird ebenfalls vom Unternehmer ernannt. Als Kollege unter Kollegen soll er die Sicherheit am Arbeitsplatz im Auge behalten.

Zunehmende Bedeutung gewinnt die arbeitsmedizinische Vorsorge und Betreuung der Mitarbeiter in den Betrieben. Die Berufsgenossenschaften schreiben – abhängig von der Betriebsgröße – den Einsatz von Betriebsärzten vor. Diese Ärzte haben eine besondere Ausbildung in der Arbeitsmedizin. Der Betriebsarzt unterstützt und berät den Unternehmer in allen Fragen des Gesundheitsschutzes.

Zur Sicherheitsorganisation in den Betrieben gehört auch eine wirksame Erste Hilfe (z. B. betriebliches Rettungswesen, Ersthelfer). Zu Arbeitsunfällen und Berufskrankheiten soll es erst gar nicht kommen, deswegen engagieren sich die Berufsgenossenschaften für sicheres und gesundes Arbeiten.

Aufgaben der Berufsgenossenschaften sind:
– mit allen geeigneten Mitteln dafür zu sorgen, Arbeitsunfälle und Gesundheitsschäden zu vermeiden,
– die Folgen eines Unfalls zu beseitigen oder zu mindern – durch Heilung, Berufshilfe oder – wenn erforderlich – durch Rente.

Wo Mitarbeiter während der Arbeit und auf dem Arbeitsweg in Gefahr geraten können, haben die Berufsgenossenschaften ihr Aufgabenfeld. Das gilt für
– Arbeitsunfälle,
   Unfälle, die ein Mitarbeiter während seiner Arbeit und auf dem Dienstweg erleidet,
– Wegeunfälle,
   Unfälle auf dem Weg zur Arbeit und zurück,
– Berufskrankheiten, Krankheiten, die sich ein Mitarbeiter durch eine Arbeit zuzieht und die entweder in der Berufskrankheitenverordnung verzeichnet oder die nach neuen medizinischen Erkenntnissen durch den Beruf verursacht sind.

Die Unfallversicherung der Mitarbeiter durch den Arbeitgeber in den Berufsgenossenschaften ist zwingend vorgeschrieben.

Für das Bauwesen ist insbesondere die Unfallverhütungsvorschift Bauarbeiten von Bedeutung, deren Inhaltsübersicht nachfolgend wiedergegeben ist.

Unfallverhütungsvorschrift Bauarbeiten (VBG 37) und Durchführungsanweisungen vom April 1993 zur Unfallverhütungsvorschrift Bauarbeiten (VBG 37)*
Vom 1. April 1977 in der Fassung vom 1. April 1993

Inhaltsverzeichnis

I. Allgemeines
§ 1 Geltungsbereich
§ 2 Begriffsbestimmungen
§ 3 Anzeigepflichten

II. Gemeinsame Bestimmungen
§ 4 Leitung, Aufsicht und Mängelmeldung
§ 5 Wahrnehmung von Sicherungsaufgaben
§ 6 Standsicherheit und Tragfähigkeit
§ 7 Arbeitsplätze
§ 7a gestrichen
§ 8 Arbeitsplätze auf geneigten Flächen
§ 9 Arbeitsplätze am, auf und über dem Wasser
§ 10 Verkehrswege

§ 11 „Nicht begehbare" Bauteile
§ 12 Absturzsicherungen
§ 12a Öffnungen und Vertiefungen
§ 13 Schutz gegen herabfallende Gegenstände und Massen
§ 14 Abwerfen von Gegenständen und Massen
§ 15 Verkehrsgefahren
§ 15a Baustellenverkehr
§ 16 Bestehende Anlagen

III. Zusätzliche Bestimmungen für Montagearbeiten
§ 17 Montageanweisung
§ 18 Transport, Lagerung, Einbau
§ 19 Zugänge für kurzzeitige Tätigkeiten
§ 19a gestrichen

IV. Zusätzliche Bestimmungen für Abbrucharbeiten

§ 20 Untersuchung des baulichen Zustandes, Abbruchanweisung
§ 21 Absperren von Gefahrenbereichen
§ 22 Unterbrechung von Abbrucharbeiten
§ 23 Einreißarbeiten
§ 24 Abbrucharbeiten mit Baggern und Ladern
§ 25 Unterhöhlen und Einschlitzen
§ 26 Kurzzeitige Tätigkeiten

V. Zusätzliche Bestimmungen für Arbeiten mit heißen Massen

§ 27 Verarbeiten von heißen Massen

VI. Zusätzliche Bestimmungen für Arbeiten in Baugruben und Gräben sowie an und vor Erd- und Felswänden

§ 28 Sicherung gegen Abrutschen von Massen
§ 29 Maschineller Aushub im Hochschnitt
§ 30 Beräumen von Erd- und Felswänden
§ 31 Verkehrswege an Gruben und Gräben
§ 32 Arbeitsraumbreiten
§ 33 Um- und Ausbau des Verbaues
§ 34 Neuartige Verbaugeräte

VII. Zusätzliche Bestimmungen für Bauarbeiten unter Tage

§ 35 Beaufsichtigung und Belegung der Arbeitsplätze
§ 36 Sicherung von Verkehrswegen
§ 36a Personenbeförderung
§ 37 Sicherung gegen Hereinbrechen des Gebirges
§ 38 Verständigung
§ 39 Beleuchtung
§ 40 Belüftung
§ 40a Belüftung bei Arbeiten in Druckluft
§ 41 Verbrennungskraftmaschinen
§ 42 Mindestlichtmaße
§ 43 Elektrische Anlagen und Betriebsmittel
§ 44 Einrichtungen zur Befahrung, Arbeitsbühnen in Schächten
§ 45 Förderung in Schächten
§ 45a Gasaustritte
§ 45b Flucht- und Rettungsplan
§ 46 Arbeiten nach Fertigstellung des Rohbaues

VIII. Zusätzliche Bestimmungen für Arbeiten in Bohrungen

§ 47 Beaufsichtigung und Belegung der Arbeitsplätze
§ 48 Sicherung des Bohrlochrandes
§ 49 Sicherungsposten
§ 50 Beleuchtung
§ 51 Belüftung
§ 52 Verbrennungskraftmaschinen
§ 53 Mindestlichtmaße
§ 54 Sicherung gegen Hereinbrechen des Gebirges
§ 55 *gestrichen*
§ 56 *gestrichen*
§ 57 Elektrische Anlagen und Betriebsmittel
§ 58 Schweiß-, Schneid- und verwandte Arbeiten
§ 59 Verwendung von Flüssiggas
§ 60 Unregelmäßigkeiten

IX. Zusätzliche Bestimmungen für Arbeiten in Rohrleitungen

A. Gemeinsame Bestimmungen

§ 61 Vorbereitende Maßnahmen
§ 62 Sicherungsposten
§ 63 Beleuchtung
§ 64 Belüftung
§ 65 Verbrennungskraftmaschinen
§ 66 Elektrische Anlagen und Betriebsmittel
§ 67 Schweißen, Schneiden und verwandte Verfahren
§ 68 Verwenden von Flüssiggas
§ 69 Unregelmäßigkeiten

B. Ergänzende Bestimmungen für Rohrleitungen mit einem Lichtmaß bis 800 mm

§ 70 Beschäftigungsbeschränkung
§ 71 Aufsicht
§ 72 Arbeitsplätze und Verkehrswege
§ 73 Rohrleitungen mit einem Lichtmaß unter 600 mm

X. Ordnungswidrigkeiten

§ 74 Ordnungswidrigkeiten

XI. Inkrafttreten

§ 75 Inkrafttreten

Stichwortverzeichnis

I. (VBG 37) Allgemeines

Geltungsbereich

§ 1

(1) Diese Unfallverhütungsvorschrift gilt für Bauarbeiten.

(2) Diese Unfallverhütungsvorschrift gilt nicht für

– Arbeiten an Fliegenden Bauten,

– Herstellung, Instandhaltung und das Abwracken von Wasserfahrzeugen und schwimmenden Anlagen,

2.4.4 Unfallverhütungsvorschriften – Sonstige Regelwerke

- Anlage und Betrieb von Steinbrüchen über Tage, Gräbereien und Haldenabtragungen,
- das Anbringen, Ändern, Instandhalten und Abnehmen elektrischer Betriebsmittel an Freileitungen, Oberleitungsanlagen und Masten.

Begriffsbestimmungen

§ 2

(1) **Bauarbeiten** sind Arbeiten zur Herstellung, Instandhaltung, Änderung und Beseitigung von baulichen Anlagen einschließlich der hierfür vorbereitenden und abschließenden Arbeiten.

(2) **Bauarbeiten unter Tage** sind Bauarbeiten zur Erstellung unterirdischer Hohlräume in geschlossener Bauweise sowie zu deren Ausbau, Umbau, Instandhaltung und Beseitigung.

(3) **Bauliche Anlagen** sind mit dem Erdboden verbundene, aus Baustoffen und Bauteilen hergestellte Anlagen. Eine Verbindung mit dem Boden besteht auch dann, wenn die Anlage durch eigene Schwere auf dem Boden ruht oder auf ortsfesten Bahnen begrenzt beweglich ist oder wenn die Anlage nach ihrem Verwendungszweck dazu bestimmt ist, überwiegend ortsfest benutzt zu werden. Aufschüttungen und Abgrabungen sowie künstliche Hohlräume unterhalb der Erdoberfläche gelten als bauliche Anlage.

(4) **Absturzkanten** sind Kanten, über die Personen bei Bauarbeiten mehr als 1,00 m abstürzen können.

(5) **Absturzhöhe** ist der Höhenunterschied zwischen einer Absturzkante, einem Arbeitsplatz oder Verkehrsweg und der nächsten tiefer gelegenen ausreichend breiten und tragfähigen Fläche. Die Absturzhöhe wird wie folgt gemessen:
- bei Absturzmöglichkeit von einer bis einschließlich 60° geneigten Fläche: Von den jeweiligen Absturzkanten dieser Fläche;
- bei Absturzmöglichkeit von einer mehr als 60° geneigten Fläche: Vom Arbeitsplatz oder Verkehrsweg auf dieser Fläche.

Sonstige Regelwerke

Wie bereits in Abschn. 2.4.1 erwähnt, gibt es im Bereich des Bauwesens eine Reihe von technischen Regeln. Der umfassendste Regelsetzer in diesem Bereich ist das DIN mit seinen DIN-Normen und dessen Einbindung in die europäische und internationale Normung (s. Abschn. 2.4.2).

Traditionell haben sich im Bereich des Bauwesens für einige spezielle Bereiche eigene Regelwerke entwickelt. Als Beispiel seien die VDI-Richtlinien genannt. Darüber hinaus gibt es eine größere Anzahl von Verbandsvorschriften, beispielsweise des Zentralverbandes des Deutschen Baugewerbes mit Ausführungsvorschriften für die Handwerker oder die Flachdachrichtlinie des Zentralverbandes des Deutschen Dachdeckerhandwerks.

Obwohl eine Reihe dieser technischen Regeln – nachdem sie sich in der Praxis durchgesetzt haben – auch den Status einer anerkannten Regel der Technik haben kann, ist es eine Besonderheit des Deutschen Normenwerkes, daß im Gegensatz zu anderen technischen Regelwerken in klaren Verfahrensregeln die Mitwirkung **aller** interessierten Kreise ermöglicht wird und somit die hohe Akzeptanz bereits aufgrund der Art des Zustandekommens erzielt wird.

Die nachfolgende Aufstellung gibt einige Beispiele wieder, ohne den Anspruch auf Vollständigkeit zu erheben:

AGI-Arbeitsblätter	Arbeitsgemeinschaft Industriebau e. V., Köln
AMEV-Ausarbeitungen	Arbeitskreis Maschinen- und Elektrotechnik staatlicher und kommunaler Verwaltungen im Bundesministerium für Raumordnung, Bauwesen und Städtebau, Bonn
BAST-Empfehlungen	Bundesanstalt für Straßenwesen, Bergisch Gladbach
Berichte des Bundesverbandes Porenbetonindustrie e. V.	Bundesverband Porenbetonindustrie e. V., Wiesbaden

DAfStb-Richtlinien	Deutscher Ausschuß für Stahlbeton, Berlin
DASt-Richtlinien	Deutscher Ausschuß für Stahlbau, Köln
DVGW-Regelwerk	DVGW Deutscher Verein des Gas- und Wasserfaches e. V., Eschborn
DVWK-Regeln und -Merkblätter zur Wasserwirtschaft	Deutscher Verband für Wasserwirtschaft und Kulturbau e. V., Bonn
Fachschriften des Dachdeckerhandwerks	Zentralverband des Deutschen Dachdeckerhandwerks, Köln
FGSV-Vorschriften/-Richtlinien/-Merkblätter	Forschungsgesellschaft für Straßen- und Verkehrswesen e. V., Köln
KTBL-Arbeitsblätter	Kuratorium für Technik und Bauwesen in der Landwirtschaft e. V., Darmstadt
Sicherheitstechnische Regeln des KTA (offizielle Publikationen)	Kerntechnischer Ausschuß c/o Gesellschaft für Reaktorsicherheit (GRS), Salzgitter
Standardleistungskatalog für den Wasserbau (STLK-W)	Bundesministerium für Verkehr, Bonn
Standardleistungsbuch für das Bauwesen	Gemeinsamer Ausschuß Elektronik im Bauwesen (GAEB)
VDE-Druckschriften	Verband Deutscher Elektrotechniker (VDE) e. V., Frankfurt
VDEW-Schriften	Vereinigung Deutscher Elektrizitätswerke e. V., Frankfurt
VDI-Richtlinien	Verein Deutscher Ingenieure, Düsseldorf
VdTÜV-Merkblätter	Verband der Technischen Überwachungs-Vereine e. V., Essen
ZDB-Merkblätter	Zentralverband des Deutschen Baugewerbes, Bonn

3 Planungsgrundlagen

3.1 Grundnormen

Als Grundnormen werden im folgenden Planungsnormen bezeichnet, die bei allen Gebäuden Anwendung finden sollen. Sie betreffen grundsätzlich Hochbauten und sind nicht wie andere Planungsnormen auf den Wohnungsbau beschränkt.

Geometrische Ordnungssysteme sind für den Hochbau aus Rationalisierungsgründen notwendig. Sie tragen dazu bei, aufgrund einheitlicher Bezüge das Bauen besser zu beherrschen. So bezieht sich DIN 4172 zunächst auf naheliegende geometrische Maße im oktametrischen System, die sowohl Mauerwerks- als auch Maße für Betonbauten regelt. Die Anwendung dieser Baunormzahlen hat sich bis heute erhalten.

Darüber hinaus wird seit Ende der 50er Jahre international über eine Modulordnung für das Bauwesen diskutiert. Ende der 60er Jahre entschloß sich auch die Bundesrepublik Deutschland zur Einführung, um nicht bei Im- und Exporten von Bauteilen und Zeichnungen isoliert dazustehen. Dies bedeutete zunächst nicht die Aufgabe des Oktametersystems, sondern die parallele Entwicklung einer Modulordnung im Bauwesen (s. DIN 18000 und DIN-Fachbericht „Allgemeine Grundsätze zur Maßkoordinierung im Bauwesen, Erläuterungen zu DIN 18000").

Konflikte aus dem Nebeneinander von DIN 18000 und DIN 4172 entstehen nur bei Ausführungsarten, bei denen modulare Bauteile in nennenswertem Maß in oktametrisch bemessene Gebäude oder oktametrisch bemessene Bauhalbzeuge und Bauteile in modular geordnete Bauwerke eingesetzt werden. Es handelt sich im Regelfall um Fenster und Türen, die in einem sonst oktametrisch bemessenen Mauerwerksbau eingesetzt werden sollen.

Konflikte entstehen sonst nur am Rande, da kaum komplexe Fertigteile existieren, die beim Bauen angewendet werden. Abgesehen vom Verblendmauerwerk minimiert die Möglichkeit, im Mauerwerksbau mit Paßsteinen zu arbeiten, die Konfliktsituation. Insoweit ist der Konflikt praktisch lösbar.

Für die **Flächenberechnungen** gilt die Norm DIN 277-1 und DIN 277-2, Grundflächen und Rauminhalte von Bauwerken im Hochbau[1]. Seitens des öffentlich geförderten Wohnungsbaus ist die Berechnungsvorschrift der zweiten Berechnungsverordnung maßgeblich.

DIN 276, Kosten im Hochbau, gilt für Kosten, die beim Neubau, beim Umbau und bei der Modernisierung von Hochbauten entstehen.

Für Baunutzungskosten gilt DIN 18960-1. Künftig wird es möglich, die Kosten im Hochbau auch nach herstellungsmäßigen Gesichtspunkten zu unterteilen. Beispielhaft wird die Gliederung in Leistungsbereiche gemäß dem Standardleistungsbuch genannt.

DIN 276 ist eine zentrale Planungsnorm, die auch im Zusammenhang mit den Honoraren und Leistungen gemäß der HOAI gesehen werden muß.

Maßordnungssysteme

DIN 4172 Maßordnung im Hochbau (Jul 1955)

Begriffe

B a u n o r m z a h l e n sind die Zahlen für Baurichtmaße und die daraus abgeleiteten Einzel-, Rohbau- und Ausbaumaße.

---

[1] DIN 277 hat auch DIN 283-1 „Wohnungen; Begriffe" (Mrz 1951) ersetzt.

Baunormzahlen

Tabelle **3.1** Bevorzugt anzuwendende Normzahlen

Reihen vorzugsweise für den Rohbau				Reihe vorzugsweise für Einzelmaße	Reihen vorzugsweise für den Ausbau			
a	b	c	d	e	f	g	h	i
25	$\frac{25}{2}$	$\frac{25}{8}$		$\frac{25}{10}=\frac{5}{2}$	5	2 × 5	4 × 5	5 × 5
				2,5				
			6¼	5	5			
		8⅓		7,5				
				10	10	10		
	12½		12½	12,5				
		16⅔		15	15			
			18¾	17,5				
				20	20	20	20	
				22,5				
25	25	25	25	25	25			25
				27,5				
			31¼	30	30	30		
		33⅓		32,5				
				35	35			
	37½		37½	37,5				
		41⅔		40	40	40	40	
			43¾	42,5				
				45	45			
				47,5				
50	50	50	50	50	50	50		50
				52,5				
			56¼	55	55			
		58⅓		57,5				
				60	60	60	60	
	62½		62½	62,5				
		66⅔		65	65			
			68¾	67,5				
				70	70	70		
				72,5				
75	75	75	75	75	75			75
				77,5				
			81¼	80	80	80	80	
		83⅓		82,5				
				85	85			
	87½		87½	87,5				
		91⅔		90	90	90		
			93¾	92,5				
				95	95			
				97,5				
100	100	100	100	100	100	100	100	100

Baurichtmaße sind zunächst theoretische Maße; sie sind aber die Grundlage für die in der Praxis vorkommenden Baumaße. Sie sind nötig, um alle Bauteile planmäßig zu verbinden.

Nennmaß ist das Maß, das die Bauten haben sollen. Es wird in der Regel in die Bauzeichnungen eingetragen. Nennmaße entsprechen bei Bauarten ohne Fugen den Baurichtmaßen. Bei Bauarten mit Fugen ergeben sich die Nennmaße aus den Baurichtmaßen abzüglich der Fugen.

Anwendung der Baunormzahlen

Baurichtmaße sind Tab. **3.**1 zu entnehmen.
Nennmaße sind bei Bauarten ohne Fugen gleich den Baurichtmaßen. Sie sind ebenfalls Tab. **3.**1 zu entnehmen.

Beispiel Baurichtmaß für Dicke geschütteter Betonwände = 25 cm
Nennmaß für Dicke geschütteter Betonwände = 25 cm
Baurichtmaß Raumbreite = 300 cm
Nennmaß Raumbreite = 300 cm

Nennmaße bei Bauarten mit Fugen sind aus den Baurichtmaßen durch Abzug oder Zuschlag des Fugenanteiles abzuleiten.

Beispiel Baurichtmaß Steinlänge = 25 cm
Nennmaß Steinlänge = 25 − 1 = 24 cm;
Baurichtmaß Raumbreite = 300 cm
Nennmaß Raumbreite = 300 + 1 = 301 cm.

Wenn es nicht möglich ist, alle Baumaße nach Baunormzahlen festzulegen, sollen die Baunormzahlen in erster Linie für die Festlegung der Berührungspunkte und -flächen mit anderen Bauteilen, die nach Baunormzahlen gestaltet sind, verwendet werden.

Fugen und Verband

Bauteile (Mauersteine, Bauplatten usw.) sind so zu bemessen, daß ihre Baurichtmaße im Verband Baunormzahlen sind. Verbandsregeln, Verarbeitungsfugen und Toleranzen sind dabei zu beachten.

Beispiel

	Baurichtmaß	Fuge	Nennmaß
Steinlänge	25 cm	1 cm	24 cm
Steinbreite	$\frac{25}{2}$ cm	1 cm	11,5 cm
Steinhöhe	$\frac{25}{3}$ cm	1,23 cm	7,1 cm
oder			
Steinhöhe	$\frac{25}{4}$ cm	1,05 cm	5,2 cm

Modulordnungen sind Grundlagen für einheitliche Planungen und Ausführungen. Mit ihnen werden Regelungen getroffen, die zur systematischen maßlichen Abstimmung technischer Teile in einem oder mehreren technischen Bereichen führen.

Ein Beispiel für einige Verknüpfungen technischer Bereiche durch Modulordnungen zeigt Bild **3.**2.

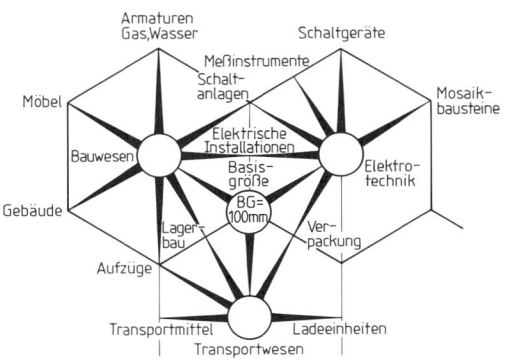

3.2 Beispiel für einige Verknüpfungen technischer Bereiche durch Modulordnungen

DIN 18000 Modulordnung im Bauwesen (Mai 1984)

Diese Norm gilt für die Planung und Ausführung von Bauwerken sowie für die Planung und Herstellung von Bauteilen und Bauhalbzeugen.

Die Modulordnung ist Hilfsmittel für die Abstimmung der Maße im Bauwesen.

Geometrische Festlegungen

Ein K o o r d i n a t i o n s s y s t e m besteht aus rechtwinklig zueinander angeordneten Ebenen, deren Abstände Koordinationsmaße sind.

Dem Koordinationssystem werden die Koordinationsräume von Bauwerken, Bauteilen und Räumen mittels festgelegter Bezugsarten – Grenzbezug, Achsbezug, Randlage, Mittellage – (s. Bild **3**.3) zugeordnet.

K o o r d i n a t i o n s r a u m ist ein in 3 Dimensionen von Koordinationsebenen begrenzter Raum.

K o o r d i n a t i o n s m a ß ist das Abstandsmaß der Koordinationsebenen. Es ist in der Regel ein Vielfaches eines Moduls. Vom Koordinationsmaß werden die Nennmaße (Sollmaße) abgeleitet.

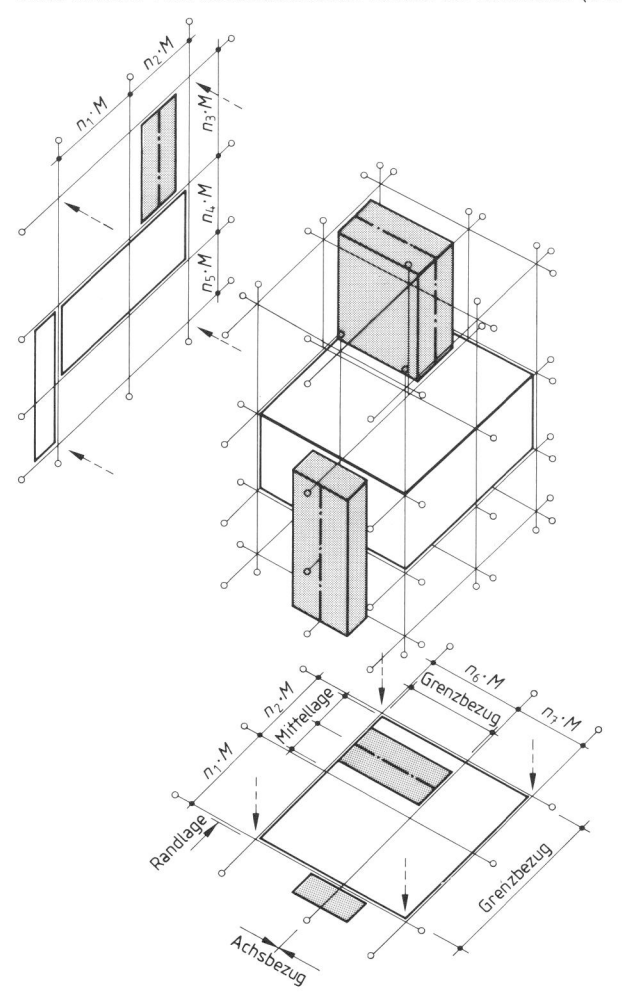

3.3
Bezugsarten im Koordinationssystem

Tabelle 3.4 Vorzugszahlen

Vielfache der Multimoduln			Vielfache des Grundmoduls M
12 M	6 M	3 M	
			1 M
			2 M
		3 M	3 M
			4 M
			5 M
	6 M	6 M	6 M
			7 M
			8 M
		9 M	9 M
			10 M
			11 M
12 M	12 M	12 M	12 M
			13 M
			14 M
		15 M	15 M
			16 M
			17 M
	18 M	18 M	18 M
			19 M
			20 M
		21 M	21 M
			22 M
			23 M
24 M	24 M	24 M	24 M
			25 M
			26 M
		27 M	27 M
			28 M
			29 M
	30 M	30 M	30 M
		33 M	
36 M	36 M	36 M	
		39 M	
	42 M	42 M	
		45 M	
48 M	48 M	48 M	
		51 M	
	54 M	54 M	
		57 M	
60 M	60 M	60 M	
	66 M		
72 M	72 M		
	78 M		
84 M	84 M		
	90 M		
96 M	96 M		
	102 M		
108 M	108 M		
	114 M		
120 M	120 M		
132 M			
144 M			
156 M			
168 M			
180 M			
usw.			

Diagonalen: Verdopplungsfolgen

Maßliche Festlegungen

Die M o d u l n dieser Norm sind Längeneinheiten, die als genormte Größen zur Bildung von abgestimmten Koordinationsmaßen dienen.

Der G r u n d m o d u l ist die kleinste Einheit der Modulordnung. Sein Wert ist M = 100 mm.

Die M u l t i m o d u l n sind ausgewählte Vielfache des Grundmoduls. Multimoduln sind:
```
 3 M =  300 mm
 6 M =  600 mm
12 M = 1200 mm.
```

V o r z u g s z a h l e n (s. Tab. **3**.4) sind die begrenzten Folgen der Vielfachen der Moduln. Aus ihnen sollen die Koordinationsmaße vorzugsweise gebildet werden. Vorzugszahlen sind:
```
1, 2, 3 bis 30mal     M
1, 2, 3 bis 20mal    3 M
1, 2, 3 bis 20mal    6 M
1, 2, 3 usw.  mal 12 M.
```

E r g ä n z u n g s m a ß e sind genormte Maße kleiner als M. Ihre Werte, die sich zu M ergänzen sollen, sind:
25 mm
50 mm
75 mm.

Flächen- und Kostenermittlung

DIN 277–1 Grundflächen und Rauminhalte von Bauwerken im Hochbau; Begriffe, Berechnungsgrundlagen (Jun 1987)

Grundflächen und Rauminhalte sind unter anderem maßgebend für die Ermittlung der Kosten von Hochbauten und bei dem Vergleich von Bauwerken.

Begriffe

Die B r u t t o - G r u n d f l ä c h e (**BGF**) ist die Summe der Grundflächen aller Grundrißebenen eines Bauwerkes.

Nicht dazu gehören die Grundflächen von nicht nutzbaren Dachflächen und von konstruktiv bedingten Hohlräumen, z. B. in belüfteten Dächern oder über abgehängten Decken.

Die Brutto-Grundfläche gliedert sich in Konstruktions-Grundfläche und Netto-Grundfläche.

Die K o n s t r u k t i o n s - G r u n d f l ä c h e (**KGF**) ist die Summe der Grundflächen der aufgehenden Bauteile aller Grundrißebenen eines Bauwerkes, z. B. von Wänden, Stützen und Pfeilern. Zur Konstruktions-Grundfläche gehören auch die Grundflächen von Schornsteinen, nicht begehbaren Schächten, Türöffnungen, Nischen sowie von Schlitzen.

Die N e t t o - G r u n d f l ä c h e (**NGF**) ist die Summe der nutzbaren, zwischen den aufgehenden Bauteilen befindlichen Grundflächen aller Grundrißebenen eines Bauwerkes. Zur Netto-Grundfläche gehören auch die Grundflächen von freiliegenden Installationen und von fest eingebauten Gegenständen, z. B. von Öfen, Heizkörpern oder Tischplatten.

Die Netto-Grundfläche gliedert sich in Nutzfläche, Funktionsfläche und Verkehrsfläche.

Die N u t z f l ä c h e (**NF**) ist derjenige Teil der Netto-Grundfläche, der der Nutzung des Bauwerkes aufgrund seiner Zweckbestimmung dient.

Die Nutzfläche gliedert sich in H a u p t n u t z f l ä c h e (**HNF**) und N e b e n n u t z f l ä c h e (**NNF**).

Die F u n k t i o n s f l ä c h e (**FF**) ist derjenige Teil der Netto-Grundfläche, der der Unterbringung zentraler betriebstechnischer Anlagen in einem Bauwerk dient.

Sofern es die Zweckbestimmung eines Bauwerkes ist, eine oder mehrere betriebstechnische Anlagen unterzubringen, die der Ver- und Entsorgung anderer Bauwerke dienen, z. B. bei einem Heizhaus, sind die dafür erforderlichen Grundflächen jedoch Nutzflächen.

Die Verkehrsfläche (VF) ist derjenige Teil der Netto-Grundfläche, der dem Zugang zu den Räumen, dem Verkehr innerhalb des Bauwerkes und auch dem Verlassen im Notfall dient. Bewegungsflächen innerhalb von Räumen, die zur Nutz- oder Funktionsfläche gehören, z. B. Gänge zwischen Einrichtungsgegenständen, zählen nicht zur Verkehrsfläche.

Der Brutto-Rauminhalt (BRI) ist der Rauminhalt des Baukörpers der nach unten von der Unterfläche der konstruktiven Bauwerkssohle und im übrigen von den äußeren Begrenzungsflächen des Bauwerkes umschlossen wird.
Nicht zum Brutto-Rauminhalt gehören die Rauminhalte von

– Fundamenten;
– Bauteilen, soweit sie für den Brutto-Rauminhalt von untergeordneter Bedeutung sind, z. B. Kellerlichtschächte, Außentreppen, Außenrampen, Eingangsüberdachungen und Dachgauben;
– untergeordneten Bauteilen wie z. B. konstruktive und gestalterische Vor- und Rücksprünge an den Außenflächen, auskragende Sonnenschutzanlagen, Lichtkuppeln, Schornsteinköpfe, Dachüberstände, soweit sie nicht Überdeckungen für Bereich b nach den Berechnungsgrundlagen sind.

Der Netto-Rauminhalt (NRI) ist die Summe der Rauminhalte aller Räume, deren Grundflächen zur Netto-Grundfläche gehören.

Berechnungsgrundlagen

Grundflächen und Rauminhalte sind nach ihrer Zugehörigkeit zu folgenden Bereichen getrennt zu ermitteln:

– Bereich a: überdeckt und allseitig in voller Höhe umschlossen,
– Bereich b: überdeckt, jedoch nicht allseitig in voller Höhe umschlossen,
– Bereich c: nicht überdeckt.

Sie sind ferner getrennt nach Grundrißebenen, z. B. Geschossen, und getrennt nach unterschiedlichen Höhen zu ermitteln.
Waagerechte Flächen sind aus ihren tatsächlichen Maßen, schrägliegende Flächen aus ihrer senkrechten Projektion auf eine waagerechte Ebene zu berechnen.
Grundflächen sind in m², Rauminhalte in m³ anzugeben.

Berechnung von Grundflächen

Für die Berechnung der Brutto-Grundfläche sind die äußeren Maße der Bauteile einschließlich Bekleidung, z. B. Putz, in Fußbodenhöhe anzusetzen. Konstruktive und gestalterische Vor- und Rücksprünge an den Außenflächen bleiben dabei unberücksichtigt.
Brutto-Grundflächen des Bereichs b sind an den Stellen, an denen sie nicht umschlossen sind, bis zur senkrechten Projektion ihrer Überdeckungen zu rechnen.
Brutto-Grundflächen von Bauteilen (Konstruktions-Grundflächen), die zwischen den Bereichen a und b liegen, sind zum Bereich a zu rechnen.
Die Konstruktions-Grundfläche ist aus den Grundflächen der aufgehenden Bauteile zu berechnen. Dabei sind die Fertigmaße der Bauteile in Fußbodenhöhe einschließlich Putz oder Bekleidung anzusetzen. Konstruktive und gestalterische Vor- und Rücksprünge an den Außenflächen, soweit sie die Netto-Grundfläche nicht beeinflussen, Fuß-, Sockelleisten, Schrammborde sowie vorstehende Teile von Fenster- und Türbekleidungen bleiben unberücksichtigt.
Die Konstruktions-Grundfläche darf auch als Differenz aus Brutto- und Netto-Grundfläche ermittelt werden.

Bei der Berechnung der Netto-Grundfläche sind die Grundflächen von Räumen oder Raumteilen unter Schrägen mit lichten Raumhöhen
- von 1,5 m und mehr, sowie
- unter 1,5 m

stets getrennt zu ermitteln.

Für die Ermittlung der Netto-Grundfläche bzw. der Nutz-, Funktions- oder Verkehrsfläche im einzelnen sind die lichten Maße der Räume in Fußbodenhöhe ohne Berücksichtigung von Fuß-, Sockelleisten oder Schrammborden anzusetzen. Netto-Grundflächen des Bereichs b sind an den Stellen an denen sie nicht umschlossen sind, bis zur senkrechten Projektion ihrer Überdeckungen zu rechnen.

Die Grundflächen von Treppenräumen und Rampen sind als Projektion auf die darüber liegende Grundrißebene zu berechnen, soweit sie sich nicht mit anderen Grundflächen überschneiden.

Grundflächen unter der jeweils ersten Treppe oder unter der ersten Rampe werden derjenigen Grundrißebene zugerechnet, auf der die Treppe oder Rampe beginnt. Sie werden ihrer Nutzung entsprechend zugeordnet.

Die Grundflächen von Aufzugsschächten und von begehbaren Installationsschächten werden in jeder Grundrißebene, durch die sie führen, berechnet.

Berechnung von Rauminhalten

Der Brutto-Rauminhalt ist aus den Brutto-Grundflächen und den dazugehörigen Höhen zu errechnen. Als Höhen für die Ermittlung des Brutto-Rauminhaltes gelten die senkrechten Abstände zwischen den Oberflächen des Bodenbelages der jeweiligen Geschosse bzw. bei Dächern die Oberfläche des Dachbelages.

Bei Luftgeschossen gilt als Höhe der Abstand von der Oberfläche des Bodenbelages bis zur Unterfläche der darüberliegenden Deckenkonstruktion.

Bei untersten Geschossen gilt als Höhe der Abstand von der Unterfläche der konstruktiven Bauwerkssohle bis zur Oberfläche des Bodenbelages des darüberliegenden Geschosses.

Für die Höhen des Bereichs c sind die Oberkanten der diesem Bereich zugeordneten Bauteile, z. B. Brüstungen, Attiken, Geländer, maßgebend.

Bei Bauwerken oder Bauwerksteilen, die von nicht senkrechten und/oder nicht waagerechten Flächen begrenzt werden, ist der Rauminhalt nach entspechenden Formeln zu berechnen.

Der Netto-Rauminhalt ist aus den Netto-Grundflächen und den lichten Raumhöhen sinngemäß nach den Bereichen der Berechnungsgrundlagen zu berechnen.

DIN 277-2 Grundflächen und Rauminhalte von Bauwerken im Hochbau; Gliederung von Nutzflächen, Funktionsflächen und Verkehrsflächen (Netto-Grundfläche) (Jun 1987)

Diese Norm ist für die Berechnung der Flächen von Bauwerken unterschiedlicher Nutzung in Zusammenhang mit DIN 277-1 anzuwenden.

Sie hat den Zweck, die in DIN 277-1 enthaltene Gliederung der Netto-Grundfläche in Nutzflächen (Haupt- und Nebennutzflächen) sowie in Funktions- und in Verkehrsflächen im einzelnen festzulegen und Beispiele für die Zuordnung von Räumen und Flächen zu geben.

Anmerkung Die in Tab. 3.5 aufgeführten Nutzungsarten sind nicht einer Gebäudeart gleichzusetzen. Ein Gebäudezweck wird in der Regel durch mehrere Arten der Nutzung bestimmt.

Anwendung

Flächenberechnungen nach dieser Norm sind für jedes Bauwerk getrennt aufzustellen. Dies gilt auch, wenn auf einem Grundstück mehrere Bauwerke vorhanden sind.

Zur Berechnung der Netto-Grundfläche oder ihren Teilflächen sind die Grundflächen der Räume und sonstige Grundflächen nach DIN 277-1 zu errechnen und zu untergliedern.

Die Netto-Grundfläche (**NGF**) setzt sich zusammen aus den Grundflächen, die nach den in Tab. 3.5 ausgeführten Nutzungsarten genutzt werden.

3.1 Grundnormen

Tabelle 3.5 Nutzungsarten und Gliederung der Netto-Grundfläche

Nr.	Nutzungsart – Benennung	Netto-Grundfläche (NGF) – Gliederung	
1	Wohnen und Aufenthalt	Nutzfläche (NF)	Hauptnutzfläche 1 (HNF1)
2	Büroarbeit		Hauptnutzfläche 2 (HNF2)
3	Produktion, Hand- und Maschinenarbeit, Experimente		Hauptnutzfläche 3 (HNF3)
4	Lagern, Verteilen und Verkaufen		Hauptnutzfläche 4 (HNF4)
5	Bildung, Unterricht und Kultur		Hauptnutzfläche 5 (HNF5)
6	Heilen und Pflegen		Hauptnutzfläche 6 (HNF6)
7	Sonstige Nutzungen		Nebennutzfläche (NNF)
8	Betriebstechnische Anlagen		Funktionsfläche (FF)
9	Verkehrserschließung und -sicherung		Verkehrsfläche (VF)

Tabelle 3.6 Zuordnung von Grundflächen und Räumen zu den Nutzungsarten mit Beispielen

Nutzungsart Nr.	Grundflächen und Räume	Beispiele[1]
1	**Wohnen und Aufenthalt**	
1.1	Wohnräume	Wohn- und Schlafräume in Wohnungen, Wohnheimen, Internaten, Beherbergungsstätten, Unterkünften; Wohndielen, Wohnküchen, Wohnbalkone, -loggien, -veranden; Terrassen
1.2	Gemeinschaftsräume	Gemeinschaftsräume in Heimen, Kindertagesstätten; Tagesräume, Aufenthaltsräume, Clubräume, Bereitschaftsräume
1.3	Pausenräume	Wandelhallen, Pausenhallen, -zimmer, -flächen in Schulen, Hochschulen, Krankenhäusern, Betrieben, Büros; Ruheräume
1.4	Warteräume	Warteräume in Verkehrsanlagen, Krankenhäusern, Praxen, Verwaltungsgebäuden
1.5	Speiseräume	Gast- und Speiseräume, Kantinen, Cafeterien, Tanzcafes
1.6	Fafträume	Haftzellen
2	**Büroarbeit**	
2.1	Büroräume	Büro-, Diensträume für eine oder mehrere Personen
2.2	Großraumbüros	Flächen für Büroarbeitsplätze einschl. der im Großraum enthaltenen Flächen für Pausenzonen, Besprechungszonen, Garderoben, Verkehrswege
2.3	Besprechungsräume	Sitzungsräume, Prüfungsräume, Elternsprechzimmer
2.4	Konstruktionsräume	Zeichenräume
2.5	Schalterräume	Kassenräume
2.6	Bedienungsräume	Schalträume und Schaltwarten für betriebstechnische Anlagen oder betriebliche Einbauten; Regieräume, Vorführkabinen; Leitstellen
2.7	Aufsichtsräume	Pförtnerräume, Wachräume, Haftaufsichtsräume
2.8	Bürotechnikräume	Photolabor-Räume, Vervielfältigungsräume, Räume für EDV-Anlagen

[1] Die Beispiele zeigen einige typische Nutzungsfälle ohne Anspruch auf Vollzähligkeit.
Fortsetzung s. nächste Seiten

Tabelle 3.6, Fortsetzung

Nr.	Grundflächen und Räume	Beispiele
3	**Produktion, Hand- und Maschinenarbeit, Experimente**	
3.1	Werkhallen	Werkhallen für Produktion und Instandsetzung; Versuchshallen, Prüfhallen, Schwerlabors
3.2	Werkstätten	Werkstätten für Produktion, Entwicklung, Instandsetzung, Lehre und Forschung; Prüfstände, prothetische Werkstätten, Wartungsstationen
3.3	Technologische Labors	Materialprüflabors, Materialbearbeitungslabors, Labors für mechanische Verfahrenstechnik, Maschinenlabors; licht- und schalltechnische Versuchsräume; Strömungstechnikräume; Hochdruck- und Unterdrucklaborräume
3.4	Physikalische, physikalisch-technische, elektrotechnische Labors	Physiklabors, elektrotechnische und elektronische Labors; geodätische und astronomische Meß- und Beobachtungsräume; optische Sonderlabors; Meßgeräte- und Wägeräume; Labors für Elektronenmikroskopie, Massen-, Röntgen-Spektroskopie; Beschleuniger- und Reaktorräume
3.5	Chemische, bakteriologische, morphologische Labors	Labors für analytische und präparative Chemie, Labors für chemische und pharmazeutische Verfahrenstechnik; biochemische, physiologische Labors, Labors für biologische und medizinische Morphologie; Tierversuchslabors; Isotopenlabors mit Dekontamination; Chromatographieräume, Brut- und Nährbodenräume
3.6	Räume für Tierhaltung	Stallräume für Nutz-, Versuchs- und kranke Tiere; Milch-, Melkräume, Tierpflege-, Tierwägeräume, Schaukäfige, Aquarien, Terrarien, Futteraufbereitung
3.7	Räume für Pflanzenzucht	Gewächshausräume, Pilzkulturen
3.8	Küchen	Kochküchen, Verteiler-, Teeküchen, Vorbereitungsräume, Speiseausgaben, Geschirr-Rückgaben, Geschirrspülräume
3.9	Sonderarbeitsräume	Hauswirtschafts- und Hausarbeitsräume, Räume für Wäschepflege, Waschküchen, Spül-, Desinfektions- und Sterilisationsräume, Bettenaufbereitungsräume, Pflegearbeitsräume, Laborspülräume
4	**Lagern, Verteilen, Verkaufen**	
4.1	Lagerräume	Lager- und Vorratsräume für Material, Gerät und Waren; Lösungsmittellager, Sprengstofflager, Isotopenlager, Tresorräume, Scheunen, Silos
4.2	Archive, Sammlungsräume	Registraturen, Lehrmittelräume, Buchmagazine
4.3	Kühlräume	Tiefkühlräume, Gefrierräume
4.4	Annahme- und Ausgaberäume	Sortierräume, Verteilräume, Packräume, Versandräume, Ver- und Entsorgungsstützpunkte
4.5	Verkaufsräume	Geschäftsräume, Ladenräume, Kioske, einschließlich Schaufenster
4.6	Ausstellungsräume	Messehallen, Musterräume
5	**Bildung, Unterricht und Kultur**	
5.1	Unterrichtsräume mit festem Gestühl	Hörsäle, auch Experimentierhörsäle; Lehrsäle
5.2	Allgemeine Unterrichts- und Übungsräume ohne festes Gestühl	Klassen- und Gruppenräume, Seminarräume, Studenten- und Schülerarbeitsräume
5.3	Besondere Unterrichts- und Übungsräume ohne festes Gestühl	Werk- und Bastelräume, Praktikumsräume, Sprachlabors, besondere Zeichensäle, Räume für Grafik, Malerei, Bildhauerei, Räume und Übezellen für Gesangs-, Sprach- und Instrumentalausbildung, Räume für Hauswirtschaftsunterricht

Tabelle 3.6, Fortsetzung

Nr.	Grundflächen und Räume	Beispiele
5.4	Bibliotheksräume	Leseräume, Katalogräume, Mediotheken, Freihandbüchereien
5.5	Sporträume	Sport-, Schwimmsport-, Reithallen; Gymnastikräume, Kegelbahnen
5.6	Versammlungsräume	Zuschauerräume in Kinos und Theatern, Aulen, Foren, Mehrzweckhallen
5.7	Bühnen-, Studioräume	Haupt-, Seiten-, Hinterbühnen; Schnürböden, Orchesterräume, Probebühnen, Film-, Fernseh-, Rundfunkstudios
5.8	Schauräume	Schauräume für Museen, Galerien, Kunstausstellungen, Lehr- und Schausammlungen
5.9	Sakralräume	Gottesdienst-, Andachts-, Aufbahrungs- und Aussegnungsräume, Sakristeien
6 Heilen und Pflegen		
6.1	Räume mit allgemeiner medizinischer Ausstattung	Räume für allgemeine Untersuchung und Behandlung, medizinische Erstversorgung und Erste-Hilfe, Wundversorgung, Beratung (medizinische Vor- und Fürsorge), Ambulanz, Obduktions- und Verstorbenenräume
6.2	Räume mit besonderer medizinischer Ausstattung	Räume für Funktionsuntersuchung (klinische Physiologie, Neuro- und Sinnesphysiologie) und spezielle Behandlung
6.3	Räume für operative Eingriffe, Endoskopien und Entbindungen	Räume für Operationen, Notfall- und Unfallbehandlung, einschließlich Ein- und Ausleitungsräume, Ärztewaschräume
6.4	Räume für Strahlendiagnostik	Räume für allgemeine und spezielle Röntgendiagnostik, Thermographie, Nuklearmedizinische Diagnostik (Applikations- und Meßräume)
6.5	Räume für Strahlentherapie	Räume für konventionelle Röntgentherapie, Hochvolttherapie, Telegammatherapie, nuklearmedizinische Therapie (Applikations- und Implantationsräume)
6.6	Räume für Physiotherapie und Rehabilitation	Räume für Hydro-, Bewegungs-, Elektro- und Ergotherapie sowie Kuranwendungen; Räume für therapeutische Bäder aller Art, Inhalations- und Klimabehandlung, Krankengymnastik und Massage, Spiel- und Gruppentherapie, Heilpädagogik, Arbeitstherapie
6.7	Bettenräume mit allgemeiner Ausstattung in Krankenhäusern, Pflegeheimen, Heil- und Pflegeanstalten	Räume für Normal-, Langzeit- und Leichtpflege von kranken, pflegebedürftigen und psychiatrischen Patienten
6.8	Bettenräume mit besonderer Ausstattung	Räume für postoperative Überwachung und Intensivmedizin (Überwachung, Behandlung) Dialyse, Nuklearmedizin
7 Sonstige Nutzungen		
7.1	Sanitärräume	Toiletten, Wasch-, Dusch-, Baderäume, Saunen, Reinigungsschleusen, Wickelräume, Schminkräume, jeweils einschließlich Vorräume; Putzräume
7.2	Garderoben	Umkleideräume, Schrankräume in Wohngebäuden, Kleiderablagen, Künstlergarderoben
7.3	Abstellräume	Abstellräume in Wohngebäuden und gleichartige Abstellräume in anderen Gebäuden; Fahrrad-, Kinderwagen- und Müllsammelräume
7.4	Fahrzeugabstellflächen	Garagen aller Art; Hallen für Schienen-, Straßen-, Wasser-, Luftfahrzeuge, landwirtschaftliche Fahrzeuge

Fortsetzung s. nächste Seite

Tabelle **3**.6, Fortsetzung

Nr.	Grundflächen und Räume	Beispiele
7.5	Fahrgastflächen	Bahnsteige, Flugsteige, einschließlich der dazugehörenden Zugänge, Treppen und Rollsteige
7.6	Räume für zentrale Technik	Räume in Kraftwerken, freistehenden Kesselhäusern, Gaswerken, Ortsvermittlungsstellen, zentralen Müllverbrennungsanlagen für die Ver- und Entsorgung anderer Bauwerke
7.7	Schutzräume	Räume für den zivilen Bevölkerungsschutz, auch wenn zeitweilig (Mehrzweckbauten) anders genutzt
8	**Betriebstechnische Anlagen**	
8.1	Abwasseraufbereitung und -beseitigung	
8.2	Wasserversorgung	
8.3	Heizung und Brauchwassererwärmung	
8.4	Gase (außer für Heizzwecke) und Flüssigkeiten	Räume für betriebstechnische Anlagen für die Ver- und Entsorgung des Bauwerks selbst, einschließlich der unmittelbar zu deren Betrieb gehörigen Flächen für Brennstoffe, Löschwasser, Abwasser-, Abfallbeseitigung
8.5	Elektrische Stromversorgung	
8.6	Fernmeldetechnik	
8.7	Raumlufttechnische Anlagen	
8.8	Aufzugs- und Förderanlagen	
8.9	Sonstige betriebstechnische Anlagen	Hausanschlußräume, Installationsräume, -schächte, -kanäle; Abfallverbrennungsräume
9	**Verkehrserschließung und -sicherung**	
9.1	Flure, Hallen	Flure, Gänge, Dielen, Korridore einschließlich Differenzstufen; Eingangshallen, Windfänge, Vorräume, Schleusen, Fluchtbalkone
9.2	Treppen	Treppenräume, -läufe, Fahrtreppen, Rampen (jeweils je Geschoß)
9.3	Schächte für Förderanlagen	Aufzugsschächte, Abwurfschächte (jeweils je Geschoß)
9.4	Fahrzeugverkehrsflächen	Durchfahrten, befahrbare Rampen, Gleisflächen

Die Nutzfläche (**NF**) besteht aus den Grundflächen, die nach den Nutzungsarten Nr 1 bis Nr 7 der Tab. **3**.5 genutzt werden. Die Nutzfläche kann untergliedert werden in der Regel in Hauptnutzfläche (HNF), bestehend aus der Summe der Grundflächen der Nutzungsarten Nr 1 bis Nr 6, und in die Nebennutzfläche (NNF), bestehend aus den Grundflächen der Nutzungsart 7.

Wenn Zweck und Nutzung des Bauwerks durch Grundflächen der Nutzungsart 7 bestimmt werden, wird die Nutzfläche nicht weiter untergliedert.

Die Funktionsfläche (**FF**) besteht aus den Grundflächen, die nach der Nutzungsart Nr 8 der Tab. **3**.5 genutzt werden.

Die Verkehrsfläche (**VF**) besteht aus den Grundflächen, die nach der Nutzungsart Nr 9 der Tab. **3**.5 genutzt werden.

Grundflächen, die mehrfach genutzt werden, sind der überwiegenden Nutzungsart zuzuordnen, z. B. Eingangshallen zur Nutzungsart Nr 9 (Verkehrsflächen), trotz gleichzeitiger Nutzung für Information, Ausstellung usw. Sind jedoch Flächen innerhalb eines Raumes für andere Nutzungen besonders ausgewiesen, z. B. Garderoben in Eingangshallen, so sollen diese Teil-Grundflächen der entsprechenden Nutzungsart, z. B. Nr 7, gesondert zugeordnet werden.

Kostenermittlungen

Systematische Grundlage jeder Baukostenplanung ist die Norm DIN 276, Kosten von Hochbauten. Sie legt die Ermittlungsverfahren fest, die HOAI ordnet sie in den Planungsablauf ein. Konsequent durchgeführt sind punktuelle, in der jeweiligen Situation gültige Ergebnisse zu erwarten, wenn Kostendaten verwendet werden können, die eine durchschnittlich brauchbare Aussage über den Kostenstand zum Zeitpunkt der Ermittlung zulassen. Dazu gehört die Kenntnis regionaler und allgemein marktwirtschaftlicher Tendenzen des Baumarktes.

Die **Kostenermittlungsverfahren** sind den Leistungsphasen 2, 3, 7 und 8 der HOAI zuzuordnen (s. Tab. **1**.6 in Abschn. 1.3).

Über die **Genauigkeit der Kostenermittlungen** lassen sich durchschnittliche Werte nennen, die aber mit Hilfe eindeutiger Planung und fundierter Kostendaten von Fall zu Fall zu verbessern sind. Folgende Toleranzen können für die

Kostenschätzung	±15;
Kostenberechnung	±10%
Kostenanschlag	± 5%
Kostenfeststellung	± 0%

als hinreichende Genauigkeit vorausgesetzt werden.
Entsprechend groß sind die Einflußmöglichkeiten auf die Baukosten (s. Bild **3**.7).

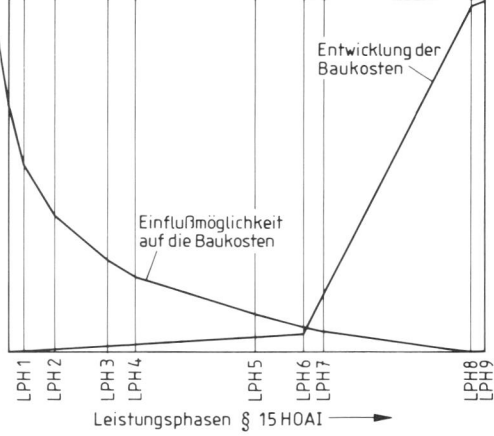

3.7 Einflußmöglichkeiten auf Baukosten in Abhängigkeit vom Leistungsfortschritt

Für die **Kostenermittlungen** werden gebäudebezogene Größen herangezogen, die je nach Planungsfortschritt immer mehr differenziert werden können. In frühen Planungsstadien sind dies z. B. die Brutto-Grundfläche (BGF) und der Brutto-Rauminhalt (BRI).
Schon im Rahmen der Entwurfsplanung lassen sich aber für bestimmte Bauelemente die benötigten Mengen und die jeweils notwendige Qualität definieren. Grobelemente sind z. B.: Gründung, Außenwände, Innenwände, Decken, Dächer, sonstige Konstruktionen. Sie lassen sich in m² ermitteln und werden mit entsprechenden Kostenkennwerten multipliziert. Weitere Kosten können dann prozentual zugeschlagen werden.
Derartige Berechnungen lassen sich mit Hilfe der Kostenarten nach DIN 276 in verschiedener Tiefe bzw. Genauigkeit durchführen.
Die Norm stellt zunächst auf Elementkosten ab, läßt aber auch ausführungsorientierte Berechnungen zu. Die Kosten werden dann nach Leistungsbereichen und Teilleistungen gegliedert. Das kann in verschiedenen Bereichen auch nach Schwerpunkt- oder Leitpositionen geschehen, die im Regelfall schon einen hohen Anteil der Gesamtkosten ausmachen.
Die Genauigkeit der Verfahren hängt von der Differenzierung der Kostenanteile sowie der Qualität der zu Verfügung stehenden Daten ab.
Danach ist natürlich auch auf den Aufwand für die Kostenermittlung zu schließen. So kann die Kostenberechnung im Vergleich zur Kostenschätzung je nach Detaillierungsgrad einen bis zu 10fachen Mehraufwand ausmachen. Der Einsatz geeigneter EDV-Programme kann helfen, den Aufwand zu verringern.
Zur Zeit bieten u. a. nachfolgende Institutionen und Publikationen **Datensammlungen** als Arbeitshilfen **für die Kostenermittlungen an.**

– Architektenkammer Baden-Württemberg, Baukostenberatungsdienst: Baukostendaten; Stuttgart 1993
– Architektenkammer Baden-Württemberg, Baukostenberatungsdienst: Gebäudekosten '94, Baupreistabellen für überschlägige Kostenermittlungen; Stuttgart 1993

- Architektenkammer Nordrhein-Westfalen, Kosteninformationsdienst: Handbuch KOSTEN (nach alter DIN 276/04.81); Hans-Soldan-GmbH Essen; Düsseldorf 1993
- Architektenkammer Nordrhein-Westfalen, Kosteninformationsdienst: Handbuch KOSTENERMITTLUNG (nach neuer DIN 276/06.93); Hans-Soldan-GmbH Essen; Düsseldorf 1993
- Architektenkammer Nordrhein-Westfalen, Kosteninformationsdienst: Jahrbuch OBJEKTE '92; Hans-Soldan-GmbH Essen; Düsseldorf 1992
- Architektenkammer Nordrhein-Westfalen, Kosteninformationsdienst: Jahrbuch OBJEKTE '93; Hans-Soldan-GmbH Essen; Düsseldorf 1993
- Mittag, Martin: Kostenermittlung nach DIN 276; WEKA-Baufachverlage; Augsburg 1993
- Mittag, Martin: Kostenplanung mit Bauelementen; WEKA-Baufachverlage; Augsburg 1993
- Schmitz, H., Krings, E., Hutzelmeyer, H.: Baukosten '93/94 – Instandsetzung/Sanierung/Modernisierung/Umnutzung; Verlag für Wirtschaft und Verwaltung Hubert Wingen; Essen 1993
- Schmitz, H., Meisel, U.: Baukosten '93/94 – Preiswerter Neubau von Ein- und Mehrfamilienhäusern; Verlag für Wirtschaft und Verwaltung Hubert Wingen; Essen 1993

DIN 276   Kosten im Hochbau (Jun 1993)

Diese Norm gilt für die Ermittlung und die Gliederung von Kosten im Hochbau. Sie erfaßt die Kosten für Maßnahmen zur Herstellung, zum Umbau und zur Modernisierung der Bauwerke sowie die damit zusammenhängenden Aufwendungen (Investitionskosten); für Baunutzungskosten gilt DIN 18960–1.

Die Norm legt Begriffe und Unterscheidungsmerkmale fest und schafft damit die Voraussetzungen für die Vergleichbarkeit der Ergebnisse von Kostenermittlungen. Die nach dieser Norm ermittelten Kosten können bei Verwendung für andere Zwecke (z. B. Honorierung von Auftragnehmerleistungen, steuerliche Förderung) den dabei erforderlichen Ermittlungen zugrunde gelegt werden. Eine Bewertung der Kosten im Sinne der entsprechenden Vorschriften nimmt die Norm jedoch nicht vor.

Die Norm gilt für Kostenermittlungen, die auf der Grundlage von Ergebnissen der Bauplanung durchgeführt werden. Sie gilt nicht für Kostenermittlungen, die vor der Bauplanung lediglich auf der Grundlage von Bedarfsangaben durchgeführt und z. B. als „Kostenrahmen" bezeichnet werden.

Begriffe

Kosten im Hochbau sind Aufwendungen für Güter, Leistungen und Abgaben, die für die Planung und Ausführung von Baumaßnahmen erforderlich sind.

Anmerkung   Kosten im Hochbau werden in dieser Norm im folgenden als Kosten bezeichnet.

Die Kostenplanung ist die Gesamtheit aller Maßnahmen der Kostenermittlung, der Kostenkontrolle und der Kostensteuerung. Die Kostenplanung begleitet kontinuierlich alle Phasen der Baumaßnahme während der Planung und Ausführung. Sie befaßt sich systematisch mit den Ursachen und Auswirkungen der Kosten.

Die Kostenermittlung ist die Vorausberechnung der entstehenden Kosten bzw. die Feststellung der tatsächlich entstandenen Kosten. Entsprechend dem Planungsfortschritt werden die im folgenden aufgeführten Arten der Kostenermittlung unterschieden.

Die Kostenschätzung ist eine überschlägige Ermittlung der Kosten.

Die Kostenberechnung ist eine angenäherte Ermittlung der Kosten.

Der Kostenanschlag ist eine möglichst genaue Ermittlung der Kosten.

Die Kostenfeststellung ist die Ermittlung der tatsächlich entstandenen Kosten.

Die Kostenkontrolle ist der Vergleich einer aktuellen mit einer früheren Kostenermittlung.

Die Kostensteuerung ist das gezielte Eingreifen in die Entwicklung der Kosten, insbesondere bei Abweichungen, die durch die Kostenkontrolle festgestellt worden sind.

Ein Kostenkennwert ist ein Wert, der das Verhältnis von Kosten zu einer Bezugseinheit (z. B. Grundflächen oder Rauminhalte nach DIN 277-1 und DIN 277-2) darstellt.

Die Kostengliederung ist die Ordnungsstruktur, nach der die Gesamtkosten einer Baumaßnahme in Kostengruppen unterteilt werden.

Eine Kostengruppe ist die Zusammenfassung einzelner, nach den Kriterien der Planung oder des Projektablaufes zusammengehörender Kosten.

Die Gesamtkosten sind die Kosten, die sich als Summe aus allen Kostengruppen ergeben.

Kostenermittlung

Grundsätze der Kostenermittlung

Kostenermittlungen dienen als Grundlagen für die Kostenkontrolle, für Planungs-, Vergabe- und Ausführungsentscheidungen sowie zum Nachweis der entstandenen Kosten.

Kostenermittlungen sind in der Systematik der Kostengliederung zu ordnen und darzustellen.

Die Art und die Detaillierung der Kostenermittlung sind abhängig vom Stand der Planung und Ausführung und den jeweils verfügbaren Informationen z. B. in Form von Zeichnungen, Berechnungen und Beschreibungen.

Die Informationen über die Baumaßnahme nehmen entsprechend dem Projektfortschritt zu, so daß auch die Genauigkeit der Kostenermittlungen wächst.

Die Kosten der Baumaßnahme sind in der Kostenermittlung vollständig zu erfassen.

Besteht eine Baumaßnahme aus mehreren zeitlich oder räumlich getrennten Abschnitten, sollten für jeden Abschnitt getrennte Kostenermittlungen aufgestellt werden.

Bei Kostenermittlungen ist vom Kostenstand zum Zeitpunkt der Ermittlung auszugehen; dieser Kostenstand ist durch die Angabe des Zeitpunktes zu dokumentieren.

Sofern Kosten auf den Zeitpunkt der Fertigstellung prognostiziert werden, sind sie gesondert auszuweisen.

Die Grundlagen für die Kostenermittlung sind anzugeben. Erläuterungen zur Baumaßnahme sollten in der Systematik der Kostengliederung geordnet werden.

Sofern Kosten durch außergewöhnliche Bedingungen des Standortes (z. B. Gelände, Baugrund, Umgebung), durch besondere Umstände des Projekts oder durch Forderungen außerhalb der Zweckbestimmung des Bauwerks verursacht werden (Besondere Kosten), sollten diese Kosten bei den betreffenden Kostengruppen gesondert ausgewiesen werden.

Der Wert wiederverwendeter Teile sowie der Wert von Eigenleistungen sollen bei den betreffenden Kostengruppen gesondert ausgewiesen werden. Für Eigenleistungen des Bauherrn sind die Kosten einzusetzen, die für entsprechende Auftragnehmerleistungen entstehen würden.

Die Umsatzsteuer kann entsprechend den jeweiligen Erfordernissen wie folgt berücksichtigt werden:

– In den Kostenangaben ist die Umsatzsteuer enthalten („Brutto-Angabe"),
– in den Kostenangaben ist die Umsatzsteuer nicht enthalten („Netto-Angabe"),
– nur bei einzelnen Kostenangaben (z. B. bei übergeordneten Kostengruppen) ist die Umsatzsteuer ausgewiesen.

In der Kostenermittlung und bei Kostenkennwerten ist immer anzugeben, in welcher Form die Umsatzsteuer berücksichtigt worden ist.

Arten der Kostenermittlung

In den folgenden Ausführungen werden die Arten der Kostenermittlung nach ihrem Zweck, den erforderlichen Grundlagen und dem Detaillierungsgrad festgelegt.

Die Kostenschätzung dient als eine Grundlage für die Entscheidung über die Vorplanung.

Grundlagen für die Kostenschätzung sind:
- Ergebnisse der Vorplanung, insbesondere Planungsunterlagen, z. B. versuchsweise zeichnerische Darstellungen, Strichskizzen,
- Berechnung der Mengen von Bezugseinheiten der Kostengruppen, z. B. Grundflächen und Rauminhalte nach DIN 277–1 und DIN 277–2,
- erläuternde Angaben zu den planerischen Zusammenhängen, Vorgängen und Bedingungen,
- Angaben zum Baugrundstück und zur Erschließung.

In der Kostenschätzung sollen die Gesamtkosten nach Kostengruppen mindestens bis zur 1. Ebene der Kostengliederung ermittelt werden.

Die **Kostenberechnung** dient als eine Grundlage für die Entscheidung über die Entwurfsplanung.

Grundlagen für die Kostenberechnung sind:
- Planungsunterlagen, z. B. durchgearbeitete, vollständige Vorentwurfs- und/oder Entwurfszeichnungen (Maßstab nach Art und Größe des Bauvorhabens), gegebenenfalls auch Detailpläne mehrfach wiederkehrender Raumgruppen,
- Berechnung der Mengen von Bezugseinheiten der Kostengruppen,
- Erläuterungen, z. B. Beschreibung der Einzelheiten in der Systematik der Kostengliederung, die aus den Zeichnungen und den Berechnungsunterlagen nicht zu ersehen, aber für die Berechnung und die Beurteilung der Kosten von Bedeutung sind.

In der Kostenberechnung sollen die Gesamtkosten nach Kostengruppen mindestens bis zur 2. Ebene der Kostengliederung ermittelt werden.

Der **Kostenanschlag** dient als eine Grundlage für die Entscheidung über die Ausführungsplanung und die Vorbereitung der Vergabe.

Grundlagen für den Kostenanschlag sind:
- Planungsunterlagen, z. B. endgültige, vollständige Ausführungs-, Detail- und Konstruktionszeichnungen,
- Berechnungen, z. B. für Standsicherheit, Wärmeschutz, technische Anlagen,
- Berechnung der Mengen von Bezugseinheiten der Kostengruppen,
- Erläuterungen zur Bauausführung, z. B. Leistungsbeschreibungen,
- Zusammenstellungen von Angeboten, Aufträgen und bereits entstandenen Kosten.

Im Kostenanschlag sollen die Gesamtkosten nach Kostengruppen mindestens bis zur 3. Ebene der Kostengliederung ermittelt werden.

Die **Kostenfeststellung** dient zum Nachweis der entstandenen Kosten sowie gegebenenfalls zu Vergleichen und Dokumentationen.

Grundlagen für die Kostenfeststellung sind:
- geprüfte Abrechnungsbelege, z. B. Schlußrechnungen, Nachweise der Eigenleistungen,
- Planungsunterlagen, z. B. Abrechnungszeichnungen,
- Erläuterungen.

In der Kostenfeststellung sollen die Gesamtkosten nach Kostengruppen bis zur 2. Ebene der Kostengliederung unterteilt werden. Bei Baumaßnahmen, die für Vergleiche und Kostenkennwerte ausgewertet und dokumentiert werden, sollten die Gesamtkosten mindestens bis zur 3. Ebene der Kostengliederung unterteilt werden.

Kostengliederung

Aufbau der Kostengliederung. Die Kostengliederung sieht drei Ebenen der Kostengliederung vor; diese sind durch dreistellige Ordnungszahlen gekennzeichnet.

In der 1. Ebene der Kostengliederung werden die Gesamtkosten in folgende **sieben Kostengruppen** gegliedert:

100 Grundstück
200 Herrichten und Erschließen
300 Bauwerk – Baukonstruktionen
400 Bauwerk – Technische Anlagen
500 Außenanlagen
600 Ausstattung und Kunstwerke
700 Baunebenkosten

Bei Bedarf werden diese Kostengruppen entsprechend der Kostengliederung in die Kostengruppen der 2. und 3. Ebene der Kostengliederung unterteilt.

Über die Kostengliederung dieser Norm hinaus können die Kosten entsprechend den technischen Merkmalen oder den herstellungsmäßigen Gesichtspunkten oder nach der Lage im Bauwerk bzw. auf dem Grundstück weiter untergliedert werden.

Darüber hinaus sollten die Kosten in Vergabeeinheiten geordnet werden, damit die projektspezifischen Angebote, Aufträge und Abrechnungen mit den Kostenvorgaben verglichen werden können.

Anmerkung In Vergabeeinheiten werden Kostengruppen ganz oder in Teilen nach projektspezifischen Bedingungen zusammengefaßt.

Ausführungsorientierte Gliederung der Kosten. Soweit es die Umstände des Einzelfalls zulassen (z. B. im Wohnungsbau) oder erfordern (z. B. bei Modernisierungen), können die Kosten vorrangig ausführungsorientiert gegliedert werden, indem bereits die Kostengruppen der ersten Ebene der Kostengliederung nach herstellungsmäßigen Gesichtspunkten unterteilt werden.

Hierfür kann die Gliederung in Leistungsbereiche entsprechend dem Standardleistungsbuch für das Bauwesen (StLB) oder Standardleistungskatalog (StLK) oder eine Gliederung entsprechend anderen ausführungs- bzw. gewerkeorientierten Strukturen (z. B. Verdingungsordnung für Bauleistungen VOB Teil C) verwendet werden. Dies entspricht formal der 2. Ebene der Kostengliederung.

Im Falle einer solchen ausführungsorientierten Gliederung der Kosten ist eine weitere Unterteilung, z. B. in Teilleistungen, erforderlich, damit die Leistungen hinsichtlich Inhalt, Eigenschaften und Menge beschrieben und erfaßt werden können. Dies entspricht formal der 3. Ebene der Kostengliederung.

Auch bei einer ausführungsorientierten Gliederung sollten die Kosten in Vergabeeinheiten geordnet werden, damit die projektspezifischen Angebote, Aufträge und Abrechnungen mit den Kostenvorgaben verglichen werden können.

Darstellung der Kostengliederung

Die in der Spalte „Anmerkungen" von Tab. **3**.8 aufgeführten Güter, Leistungen oder Abgaben sind Beispiele für die jeweilige Kostengruppe; die Aufzählung ist nicht abschließend.

Gliederung in Leistungsbereiche

Als Beispiel für eine ausführungsorientierte Ergänzung der Kostengliederung können die Leistungsbereiche des Standardleistungsbuches für das Bauwesen (StLB) gelten. Diese Gliederung kann entsprechend der Weiterentwicklung des StLB angepaßt werden (s. Abschn. 6.2).

Tabelle 3.8 Kostengliederung

Kostengruppen		Anmerkungen
100	**Grundstück**	
110	**Grundstückswert**	
120	**Grundstücksnebenkosten**	Kosten, die im Zusammenhang mit dem Erwerb eines Grundstücks entstehen
121	Vermessungsgebühren	
122	Gerichtsgebühren	
123	Notariatsgebühren	
124	Maklerprovisionen	
125	Grunderwerbsteuer	
126	Wertermittlungen, Untersuchungen	Wertermittlungen, Untersuchungen zu Altlasten und deren Beseitigung, Baugrunduntersuchungen und Untersuchungen über die Bebaubarkeit, soweit sie zur Beurteilung des Grundstückswertes dienen
127	Genehmigungsgebühren	
128	Bodenordnung, Grenzregulierung	
129	Grundstücksnebenkosten, sonstiges	
130	**Freimachen**	Kosten, die aufzuwenden sind, um ein Grundstück von Belastungen freizumachen
131	Abfindungen	Abfindungen und Entschädigungen für bestehende Nutzungsrechte, z. B. Miet- und Pachtverträge
132	Ablösen dinglicher Rechte	Ablösung von Lasten und Beschränkungen, z. B. Wegerechten
139	Freimachen, sonstiges	
200	**Herrichten und Erschließen**	Kosten aller vorbereitenden Maßnahmen, um das Grundstück bebauen zu können
210	**Herrichten**	Kosten der vorbereitenden Maßnahmen auf dem Baugrundstück
211	Sicherungsmaßnahmen	Schutz von vorhandenen Bauwerken, Bauteilen, Versorgungsleitungen sowie Sichern von Bewuchs und Vegetationsschichten
212	Abbruchmaßnahmen	Abbrechen und Beseitigen von vorhandenen Bauwerken, Ver- und Entsorgungsleitungen sowie Verkehrsanlagen
213	Altlastenbeseitigung	Beseitigen von Kampfmitteln und anderen gefährlichen Stoffen, Sanieren belasteter und kontaminierter Böden
214	Herrichten der Geländeoberfläche	Roden von Bewuchs, Planieren, Bodenbewegungen einschließlich Oberbodensicherung
219	Herrichten, sonstiges	
220	**Öffentliche Erschließung**	Anteilige Kosten aufgrund gesetzlicher Vorschriften (Erschließungsbeiträge/Anliegerbeiträge) und Kosten aufgrund öffentlich-rechtlicher Verträge für die – Beschaffung oder den Erwerb der Erschließungsflächen gegen Entgelt durch den Träger der öffentlichen Erschließung, – Herstellung oder Änderung gemeinschaftlich genutzter technischer Anlagen, z. B. zur Ableitung von Abwasser sowie zur Versorgung mit Wasser, Wärme, Gas, Strom und Telekommunikation, – erstmalige Herstellung oder den Ausbau der öffentichen Verkehrs-, der Grün- und sonstiger Freiflächen für öffentliche Nutzung. Kostenzuschüsse und Anschlußkosten sollen getrennt ausgewiesen werden.
221	Abwasserentsorgung	Anschlußbeiträge, Anschlußkosten
222	Wasserversorgung	Kostenzuschüsse, Anschlußkosten
223	Gasversorgung	Kostenzuschüsse, Anschlußkosten
224	Fernwärmeversorgung	Kostenzuschüsse, Anschlußkosten
225	Stromversorgung	Kostenzuschüsse, Anschlußkosten
226	Telekommunikation	einmalige Entgelte für die Bereitstellung und Änderung von Netzanschlüssen

Fortsetzung s. nächste Seiten

Tabelle **3**.8, Fortsetzung

Kostengruppen		Anmerkungen
227	Verkehrserschließung	Erschließungsbeiträge für die Verkehrs- und Freianlagen einschließlich deren Entwässerung und Beleuchtung
229	Öffentliche Erschließung, sonstiges	
230	Nichtöffentliche Erschließung	Kosten für Verkehrsflächen und technische Anlagen, die ohne öffentlich-rechtliche Verpflichtung oder Beauftragung mit dem Ziel der späteren Übertragung in den Gebrauch der Allgemeinheit hergestellt und ergänzt werden. Kosten von Anlagen auf dem eigenen Grundstück gehören zu der Kostengruppe 500. Soweit erforderlich, kann die Kostengruppe 230 entsprechend der Kostengruppe 220 untergliedert werden
240	Ausgleichsabgaben	Kosten, die aufgrund landesrechtlicher Bestimmungen oder einer Ortssatzung aus Anlaß des geplanten Bauvorhabens einmalig und zusätzlich zu den Erschließungsbeiträgen entstehen. Hierzu gehört insbesondere das Ablösen von Verpflichtungen aus öffentlich-rechtlichen Vorschriften, z. B. für Stellplätze, Baumbestand
300	Bauwerk-Baukonstruktionen	Kosten von Bauleistungen und Lieferungen zur Herstellung des Bauwerks, jedoch ohne die Technischen Anlagen (Kostengruppe 400). Dazu gehören auch die mit dem Bauwerk fest verbundenen Einbauten, die der besonderen Zweckbestimmung dienen, sowie übergreifende Maßnahmen in Zusammenhang mit den Baukonstruktionen. Bei Umbauten und Modernisierungen zählen hierzu auch die Kosten von Teilabbruch-, Sicherungs- und Demontagearbeiten
310	Baugrube	Bodenabtrag, Aushub einschließlich Arbeitsräumen und Böschungen
311	Baugrubenherstellung	Lagern, Hinterfüllen, Ab- und Anfuhr
312	Baugrubenumschließung	Verbau, z. B. Schlitz-, Pfahl-, Spund-, Trägerbohl-, Injektions- und Spritzbetonwände einschließlich Verankerung, Absteifung
313	Wasserhaltung	Grund- und Schichtenwasserbeseitigung während der Bauzeit
319	Baugrube, sonstiges	
320	Gründung	Die Kostengruppen enthalten die zugehörigen Erdarbeiten und Sauberkeitsschichten
321	Baugrundverbesserung	Bodenaustausch, Verdichtung, Einpressung
322	Flachgründungen[1]	Einzel-, Streifenfundamente, Fundamentplatten
323	Tiefgründungen[1]	Pfahlgründung einschließlich Roste, Brunnengründungen; Verankerungen
324	Unterböden und Bodenplatten	Unterböden und Bodenplatten, die nicht der Fundamentierung dienen
325	Bodenbeläge[2]	Beläge auf Boden- und Fundamentplatten, z. B. Estriche, Dichtungs-, Dämm-, Schutz-, Nutzschichten
326	Bauwerksabdichtungen	Abdichtungen des Bauwerks einschließlich Filter-, Trenn- und Schutzschichten
327	Dränagen	Leitungen, Schächte, Packungen
329	Gründung, sonstiges	
330	Außenwände	Wände und Stützen, die dem Außenklima ausgesetzt sind bzw. an das Erdreich oder an andere Bauwerke grenzen
331	Tragende Außenwände[3]	Tragende Außenwände einschließlich horizontaler Abdichtungen
332	Nichttragende Außenwände[3]	Außenwände, Brüstungen, Ausfachungen, jedoch ohne Bekleidungen
333	Außenstützen[3]	Stützen und Pfeiler mit einem Querschnittsverhältnis ≤ 1 : 5
334	Außentüren und -fenster	Fenster und Schaufenster, Türen und Tore einschließlich Fensterbänken, Umrahmungen, Beschlägen, Antrieben, Lüftungselementen und sonstigen eingebauten Elementen
335	Außenwandbekleidungen außen	Äußere Bekleidungen einschließlich Putz-, Dichtungs-, Dämm-, Schutzschichten an Außenwänden und -stützen

Fortsetzung s. nächste Seiten, Fußnoten s. S. 101

Tabelle 3.8, Fortsetzung

Kostengruppen		Anmerkungen
336	Außenwandbekleidungen innen[4]	Raumseitige Bekleidungen, einschließlich Putz-, Dichtungs-, Dämm-, Schutzschichten an Außenwänden und -stützen
337	Elementierte Außenwände	Elementierte Wände, bestehend aus Außenwand, -fenster, -türen, -bekleidungen
338	Sonnenschutz	Rolläden, Markisen und Jalousien einschließlich Antrieben
339	Außenwände, sonstiges	Gitter, Geländer, Stoßabweiser und Handläufe
340	**Innenwände**	Innenwände und Innenstützen
341	Tragende Innenwände[3]	Tragende Innenwände einschließlich horizontaler Abdichtungen
342	Nichttragende Innenwände[3]	Innenwände, Ausfachungen, jedoch ohne Bekleidungen
343	Innenstützen[3]	Stützen und Pfeiler mit einem Querschnittsverhältnis $<1:5$
344	Innentüren und -fenster	Türen und Tore, Fenster und Schaufenster einschließlich Umrahmungen, Beschlägen, Antrieben und sonstigen eingebauten Elementen
345	Innenwandbekleidungen[5]	Bekleidungen einschließlich Putz, Dichtungs-, Dämm-, Schutzschichten an Innenwänden und -stützen
346	Elementierte Innenwände	Elementierte Wände, bestehend aus Innenwänden, -türen, -fenstern, -bekleidungen, z. B. Falt- und Schiebewände, Sanitärtrennwände, Verschläge
349	Innenwände, sonstiges	Gitter, Geländer, Stoßabweiser, Handläufe, Rolläden einschließlich Antrieben
350	**Decken**	Decken, Treppen und Rampen oberhalb der Gründung und unterhalb der Dachfläche
351	Deckenkonstruktionen	Konstruktionen von Decken, Treppen, Rampen, Balkonen, Loggien einschließlich Über- und Unterzügen, füllenden Teilen wie Hohlkörpern, Blindböden, Schüttungen, jedoch ohne Beläge und Bekleidungen
352	Deckenbeläge[6]	Beläge auf Deckenkonstruktionen einschließlich Estrichen, Dichtungs-, Dämm-, Schutz-, Nutzschichten; Schwing- und Installationsdoppelböden
353	Deckenbekleidungen[7]	Bekleidungen unter Deckenkonstruktionen einschließlich Putz, Dichtungs-, Dämm-, Schutzschichten; Licht- und Kombinationsdecken
359	Decken, sonstiges	Abdeckungen, Schachtdeckel, Roste, Geländer, Stoßabweiser, Handläufe, Leitern, Einschubtreppen
360	**Dächer**	Flache oder geneigte Dächer
361	Dachkonstruktionen	Konstruktionen von Dächern, Dachstühlen, Raumtragwerken und Kuppeln einschließlich Über- und Unterzügen, füllenden Teilen wie Hohlkörpern, Blindböden, Schüttungen, jedoch ohne Beläge und Bekleidungen
362	Dachfenster, Dachöffnungen	Fenster, Ausstiege einschließlich Umrahmungen, Beschlägen, Antrieben, Lüftungselementen und sonstigen eingebauten Elementen
363	Dachbeläge	Beläge auf Dachkonstruktionen einschließlich Schalungen, Lattungen, Gefälle-, Dichtungs-, Dämm-, Schutz- und Nutzschichten; Entwässerungen der Dachfläche bis zum Anschluß an die Abwasseranlagen
364	Dachbekleidungen[8]	Dachbekleidungen unter Dachkonstruktionen einschließlich Putz, Dichtungs-, Dämm-, Schutzschichten; Licht- und Kombinationsdecken unter Dächern
369	Dächer, sonstiges	Geländer, Laufbohlen, Schutzgitter, Schneefänge, Dachleitern, Sonnenschutz

Fortsetzung s. nächste Seiten, Fußnoten s. S. 101

3.1 Grundnormen

Tabelle **3.**8, Fortsetzung

Kostengruppen		Anmerkungen
370	Baukonstruktive Einbauten	Kosten der mit dem Bauwerk fest verbundenen Einbauten, jedoch ohne die nutzungsspezifischen Anlagen (s. Kostengruppe 470). Für die Abgrenzung gegenüber der Kostengruppe 610 ist maßgebend, daß die Einbauten durch ihre Beschaffenheit und Befestigung technische und bauplanerische Maßnahmen erforderlich machen, z. B. Anfertigen von Werkplänen, statischen und anderen Berechnungen, Anschließen von Installationen
371	Allgemeine Einbauten	Einbauten, die einer allgemeinen Zweckbestimmung dienen, z. B. Einbaumöbel wie Sitz- und Liegemöbel, Gestühl, Podien, Tische, Theken, Schränke, Garderoben, Regale
372	Besondere Einbauten	Einbauten, die einer besonderen Zweckbestimmung dienen, z. B. Werkbänke in Werkhallen, Labortische in Labors, Bühnenvorhänge in Theatern, Altäre in Kirchen, Einbausportgeräte in Sporthallen, Operationstische in Krankenhäusern
379	Baukonstruktive Einbauten, sonstiges	
390	Sonstige Maßnahmen für Baukonstruktionen	Übergreifende Maßnahmen im Zusammenhang mit den Baukonstruktionen, die nicht einzelnen Kostengruppen der Baukonstruktionen zuzuordnen sind oder nicht in anderen Kostengruppen erfaßt werden können
391	Baustelleneinrichtung	Einrichten, Vorhalten, Betreiben, Räumen der übergeordneten Baustelleneinrichtung, z. B. Material- und Geräteschuppen, Lager-, Wasch-, Toiletten- und Aufenthaltsräume, Bauwagen, Misch- und Transportanlagen, Energie- und Bauwasseranschlüsse, Baustraßen, Lager- und Arbeitsplätze, Verkehrssicherungen, Abdeckungen, Bauschilder, Bau- und Schutzzäune, Baubeleuchtung, Schuttbeseitigung
392	Gerüste	Auf-, Um-, Abbauen, Vorhalten von Gerüsten
393	Sicherungsmaßnahmen	Sicherungsmaßnahmen an bestehenden Bauwerken; z. B. Unterfangungen, Abstützungen
394	Abbruchmaßnahmen	Abbruch- und Demontagearbeiten einschließlich Zwischenlagern wiederverwendbarer Teile, Abfuhr des Abbruchmaterials
395	Instandsetzungen	Maßnahmen zur Wiederherstellung des zum bestimmungsgemäßen Gebrauch geeigneten Zustandes
396	Recycling, Zwischendeponierung und Entsorgung	Maßnahmen zum Recycling, zur Zwischendeponierung und zur Entsorgung von Materialien, die bei dem Abbruch, bei der Demontage und bei dem Ausbau von Bauteilen oder bei der Erstellung einer Bauleistung anfallen
397	Schlechtwetterbau	Winterbauschutzvorkehrungen wie Notverglasung, Abdeckungen und Umhüllungen, Erwärmung des Bauwerks, Schneeräumung
398	Zusätzliche Maßnahmen	Schutz von Personen, Sachen und Funktionen; Reinigung vor Inbetriebnahme; Maßnahmen aufgrund von Forderungen des Wasser-, Landschafts- und Lärmschutzes während der Bauzeit; Erschütterungsschutz
399	Sonstige Maßnahmen für Baukonstruktionen, sonstiges	Schließanlagen, Schächte, Schornsteine, soweit nicht in anderen Kostengruppen erfaßt
400	Bauwerk–Technische Anlagen[9]	Kosten aller im Bauwerk eingebauten, daran angeschlossenen oder damit fest verbundenen technischen Anlagen oder Anlagenteile. Die einzelnen technischen Anlagen enthalten die zugehörigen Gestelle, Befestigungen, Armaturen, Wärme- und Kältedämmung, Schall- und Brandschutzvorkehrungen, Abdeckungen, Verkleidungen, Anstriche, Kennzeichnungen sowie Meß-, Steuer- und Regelanlagen.

Fortsetzung s. nächste Seiten, Fußnoten s. S. 101

Tabelle **3**.8, Fortsetzung

Kostengruppen		Anmerkungen
410	**Abwasser-, Wasser-, Gasanlagen**	
411	Abwasseranlagen	Abläufe, Abwasserleitungen, Abwassersammelanlagen, Abwasserbehandlungsanlagen, Hebeanlagen
412	Wasseranlagen	Wassergewinnungs-, Aufbereitungs- und Druckerhöhungsanlagen, Rohrleitungen, dezentrale Wassererwärmer, Sanitärobjekte
413	Gasanlagen	Gasanlagen für Wirtschaftswärme: Gaslagerungs- und Erzeugungsanlagen, Übergabestationen, Druckregelanlagen und Gasleitungen, soweit nicht zu den Kostengruppen 420 oder 470 gehörend
414	Feuerlöschanlagen	Sprinkler-, CO_2-Anlagen, Löschwasserleitungen, Wandhydranten, Feuerlöschgeräte
419	Abwasser, Wasser-, Gasanlagen, sonstiges	Installationsblöcke, Sanitärzellen
420	**Wärmeversorgungsanlagen**	
421	Wärmeerzeugungsanlagen	Brennstoffversorgung, Wärmeübergabestationen, Wärmeerzeugung auf der Grundlage von Brennstoffen oder unerschöpflichen Energiequellen einschließlich Schornsteinanschlüsse, zentrale Wassererwärmungsanlagen
422	Wärmeverteilnetze	Pumpen, Verteiler; Rohrleitungen für Raumheizflächen, raumlufttechnische Anlagen und sonstige Wärmeverbraucher
423	Raumheizflächen	Heizkörper Flächenheizsysteme
429	Wärmeversorgungsanlagen, sonstiges	Schornsteine, soweit nicht in anderen Kostengruppen erfaßt
430	**Lufttechnische Anlagen**	Anlagen mit und ohne Lüftungsfunktion
431	Lüftungsanlagen	Abluftanlagen, Zuluftanlagen, Zu- und Abluftanlagen ohne oder mit einer thermodynamischen Luftbehandlungsfunktion, mechanische Entrauchungsanlagen
432	Teilklimaanlagen	Anlagen mit zwei oder drei thermodynamischen Luftbehandlungsfunktionen
433	Klimaanlagen	Anlagen mit vier thermodynamischen Luftbehandlungsfunktionen
434	Prozeßlufttechnische Anlagen	Farbnebelabscheideanlagen, Prozeßfortluftsysteme, Absauganlagen
435	Kälteanlagen	Kälteanlagen für lufttechnische Anlagen: Kälteerzeugungs- und Rückkühlanlagen einschließlich Pumpen, Verteiler und Rohrleitungen
439	Lufttechnische Anlagen, sonstiges	Lüftungsdecken, Kühldecken, Abluftfenster; Installationsdoppelböden, soweit nicht in anderen Kostengruppen erfaßt
440	**Starkstromanlagen**	
441	Hoch- und Mittelspannungsanlagen	Schaltanlagen, Transformatoren
442	Eigenstromversorgungsanlagen	Stromerzeugungsaggregate einschließlich Kühlung, Abgasanlagen und Brennstoffversorgung, zentrale Batterie- und unterbrechungsfreie Stromversorgungsanlagen, photovoltaische Anlagen
443	Niederspannungsschaltanlagen	Niederspannungshauptverteiler, Blindstromkompensationsanlagen, Maximumüberwachungsanlagen
444	Niederspannungsinstallationsanlagen	Kabel, Leitungen, Unterverteiler, Verlegesysteme, Installationsgeräte
445	Beleuchtungsanlagen	Ortsfeste Leuchten, einschließlich Leuchtmittel
446	Blitzschutz-, Erdungsanlagen	Auffangeinrichtungen, Ableitungen, Erdungen
449	Starkstromanlagen, sonstiges	Frequenzumformer

Fortsetzung s. nächste Seiten

Tabelle 3.8, Fortsetzung

Kostengruppen		Anmerkungen
450	**Fernmelde- und informationstechnische Anlagen**	Die einzelnen Anlagen enthalten die zugehörigen Verteiler, Kabel, Leitungen
451	Telekommunikationsanlagen	
452	Such- und Signalanlagen	Personenruf-, Lichtruf- und Klingel-, Türsprech- und Türöffneranlagen
453	Zeitdienstanlagen	Uhren- und Zeiterfassungsanlagen
454	Elektroakustische Anlagen	Beschallungsanlagen, Konferenz- und Dolmetscheranlagen, Gegen- und Wechselsprechanlagen
455	Fernseh- und Antennenanlagen	Fernsehanlagen, soweit nicht in den Such-, Melde-, Signal- und Gefahrenmeldeanlagen erfaßt, einschließlich Sende- und Empfangsantennenanlagen, Umsetzer
456	Gefahrenmelde- und Alarmanlagen	Brand-, Überfall-, Einbruchmeldeanlagen, Wächterkontrollanlagen, Zugangskontroll- und Raumbeobachtungsanlagen
457	Übertragungsnetze	Kabelnetze zur Übertragung von Daten, Sprache, Text und Bild, soweit nicht in anderen Kostengruppen erfaßt
459	Fernmelde- und informationstechnische Anlagen, sonstiges	Verlegesysteme, soweit nicht in Kostengruppe 444 erfaßt; Fernwirkanlagen, Parkleitsysteme
460	**Förderanlagen**	
461	Aufzugsanlagen	Personenaufzüge, Lastenaufzüge
462	Fahrtreppen, Fahrsteige	
463	Befahranlagen	Fassadenaufzüge und andere Befahranlagen
464	Transportanlagen	Automatische Warentransport-, Aktentransport-, Rohrpostanlagen
465	Krananlagen	Einschließlich Hebezeuge
469	Förderanlagen, sonstiges	Hebebühnen
470	**Nutzungsspezifische Anlagen**	Kosten der mit dem Bauwerk fest verbundenen Anlagen, die der besonderen Zweckbestimmung dienen, jedoch ohne die baukonstruktiven Einbauten (Kostengruppe 370) Für die Abgrenzung gegenüber der Kostengruppe 610 ist maßgebend, daß die nutzungsspezifischen Anlagen technische und planerische Maßnahmen erforderlich machen, z. B. Anfertigen von Werkplänen, Berechnungen, Anschließen von anderen technischen Anlagen
471	Küchentechnische Anlagen	Einrichtungen zur Speisen- und Getränkezubereitung, -ausgabe und -lagerung einschließlich zugehöriger Kälteanlagen
472	Wäscherei- und Reinigungsanlagen	Einschließlich zugehöriger Wasseraufbereitung, Desinfektions- und Sterilisationseinrichtungen
473	Medienversorgungsanlagen	Medizinische und technische Gase, Vakuum, Flüssigchemikalien, Lösungsmittel, vollentsalztes Wasser; einschließlich Lagerung, Erzeugungsanlagen, Übergabestationen, Druckregelanlagen, Leitungen und Entnahmearmaturen
474	Medizintechnische Anlagen	Ortsfeste medizintechnische Anlagen, soweit nicht in Kostengruppe 610 erfaßt
475	Labortechnische Anlagen	Ortsfeste labortechnische Anlagen, soweit nicht in Kostengruppe 610 erfaßt
476	Badetechnische Anlagen	Aufbereitungsanlagen für Schwimmbeckenwasser, soweit nicht in Kostengruppe 410 erfaßt
477	Kälteanlagen	Kälteversorgungsanlagen, soweit nicht in anderen Kostengruppen erfaßt; Eissportflächen
478	Entsorgungsanlagen	Abfall- und Medienentsorgungsanlagen, Staubsauganlagen, soweit nicht in Kostengruppe 610 erfaßt
479	Nutzungsspezifische Anlagen, sonstiges	Bühnentechnische Anlagen, Tankstellen- und Waschanlagen

Fortsetzung s. nächste Seiten

Tabelle 3.8, Fortsetzung

Kostengruppen		Anmerkungen
480	**Gebäudeautomation**	Kosten der anlagenübergreifenden Automation einschließlich der zugehörigen Verteiler, Kabel und Leitungen
481	Automationssysteme	Automationsstationen, Bedien- und Beobachtungseinrichtungen, Programmiereinrichtungen, Sensoren und Aktoren, Kommunikationsschnittstellen, Software der Automationsstationen
482	Leistungsteile	Schaltschränke mit Leistungs-, Steuerungs- und Sicherungsbaugruppen
483	Zentrale Einrichtungen	Leitstationen mit Peripherie-Einrichtungen, Einrichtungen für Systemkommunikation zu den Automationsstationen
489	Gebäudeautomation, sonstiges	
490	**Sonstige Maßnahmen für Technische Anlagen**	Übergreifende Maßnahmen im Zusammenhang mit den Technischen Anlagen, die nicht einzelnen Kostengruppen der Technischen Anlagen zuzuordnen sind oder nicht in anderen Kostengruppen erfaßt werden können
491	Baustelleneinrichtung	Einrichten, Vorhalten, Betreiben, Räumen der übergeordneten Baustelleneinrichtung, z. B. Material- und Geräteschuppen, Lager-, Wasch-, Toiletten- und Aufenthaltsräume, Bauwagen, Misch- und Transportanlagen, Energie- und Bauwasseranschlüsse, Baustraßen, Lager- und Arbeitsplätze, Verkehrssicherungen, Abdeckungen, Bauschilder, Bau- und Schutzzäune, Baubeleuchtung, Schuttbeseitigung
492	Gerüste	Auf-, Um-, Abbauen, Vorhalten von Gerüsten
493	Sicherungsmaßnahmen	Sicherungsmaßnahmen an bestehenden Bauwerken; z. B. Unterfangungen, Abstützungen
494	Abbruchmaßnahmen	Abbruch- und Demontagearbeiten einschließlich Zwischenlagern wiederverwendbarer Teile, Abfuhr des Abbruchmaterials
495	Instandsetzungen	Maßnahmen zur Wiederherstellung des zum bestimmungsgemäßen Gebrauch geeigneten Zustandes
496	Recycling, Zwischendeponierung und Entsorgung	Maßnahmen zum Recycling, zur Zwischendeponierung und zur Entsorgung von Materialien, die bei dem Abbruch, bei der Demontage und bei dem Ausbau von Bauteilen oder bei der Erstellung einer Bauleistung anfallen
497	Schlechtwetterbau	Winterbauschutzvorkehrungen wie Notverglasung, Abdeckungen und Umhüllungen, Erwärmung des Bauwerks, Schneeräumung
498	Zusätzliche Maßnahmen	Schutz von Personen, Sachen und Funktionen; Reinigung vor Inbetriebnahme; Maßnahmen aufgrund von Forderungen des Wasser-, Landschafts- und Lärmschutzes während der Bauzeit; Erschütterungsschutz
499	Sonstige Maßnahmen für Technische Anlagen, sonstiges	
500	**Außenanlagen**	Kosten der Bauleistungen und Lieferungen für die Herstellung aller Gelände- und Verkehrsflächen, Baukonstruktionen und technischen Anlagen außerhalb des Bauwerks, soweit nicht in Kostengruppe 200 erfaßt
		In den einzelnen Kostengruppen sind die zugehörigen Leistungen, wie z. B. Erdarbeiten, Unterbau und Gründungen, enthalten.
510	**Geländeflächen**	
511	Geländebearbeitung	Bodenabtrag und Bodenauftrag; Boden- und Oberbodenarbeiten
512	Vegetationstechnische Bodenbearbeitung	Bodenlockerung, Bodenverbesserung, z. B. Düngung, Bodenhilfsstoffe

Fortsetzung s. nächste Seiten

3.1 Grundnormen

Tabelle 3.8, Fortsetzung

Kostengruppen		Anmerkungen
513	Sicherungsbauweisen	Vegetationsstücke, Geotextilien, Flechtwerk
514	Pflanzen	Einschließlich Fertigstellungspflege
515	Rasen	Einschließlich Fertigstellungspflege; ohne Sportrasenflächen (s. Kostengruppe 525)
516	Begrünung unterbauter Flächen	Auf Tiefgaragen, einschließlich Wurzelschutz- und Fertigstellungspflege
517	Wasserflächen	Naturnahe Wasserflächen
519	Geländeflächen, sonstiges	Entwicklungspflege
520	**Befestigte Flächen**	
521	Wege[10]	Befestigte Fläche für den Fuß- und Radfahrerverkehr
522	Straßen[10]	Flächen für den Leicht- und Schwerverkehr; Fußgängerzonen mit Anlieferungsverkehr
523	Plätze, Höfe[10]	Gestaltete Platzflächen, Innenhöfe
524	Stellplätze[10]	Flächen für den ruhenden Verkehr
525	Sportplatzflächen	Sportrasenflächen, Kunststoffsportflächen
526	Spielplatzflächen	
527	Gleisanlagen	
529	Befestigte Flächen, sonstiges	
530	**Baukonstruktionen in Außenanlagen**	
531	Einfriedungen	Zäune, Mauern, Türen, Tore, Schrankenanlagen
532	Schutzkonstruktionen	Lärmschutzwände, Sichtschutzwände, Schutzgitter
533	Mauern, Wände	Stütz-, Schwergewichtsmauern
534	Rampen, Treppen, Tribünen	Kinderwagen- und Behindertenrampen, Block- und Stellstufen, Zuschauertribünen von Sportplätzen
535	Überdachungen	Wetterschutz, Unterstände; Pergolen
536	Brücken, Stege	Holz- und Stahlkonstruktionen
537	Kanal- u. Schachtbauanlagen	Bauliche Anlagen für Medien- oder Verkehrserschließung
538	Wasserbauliche Anlagen	Brunnen, Wasserbecken, Bachregulierungen
539	Baukonstruktionen in Außenanlagen, sonstiges	
540	**Technische Anlagen in Außenanlagen**	Kosten der Technischen Anlagen auf dem Grundstück einschließlich der Ver- und Entsorgung des Bauwerks
541	Abwasseranlagen	Kläranlagen, Oberflächen- und Bauwerksentwässerungsanlagen, Sammelgruben, Abscheider, Hebeanlagen
542	Wasseranlagen	Wassergewinnungsanlagen, Wasserversorgungsnetze, Hydrantenanlagen, Druckerhöhungs- und Beregnungsanlagen
543	Gasanlagen	Gasversorgungsnetze, Flüssiggasanlagen
544	Wärmeversorgungsanlagen	Wärmeerzeugungsanlagen, Wärmeversorgungsnetze, Freiflächen- und Rampenheizungen
545	Lufttechnische Anlagen	Bauteile von lufttechnischen Anlagen, z. B. Außenluftansaugung, Fortluftausblas, Kälteversorgung
546	Starkstromanlagen	Stromversorgungsnetze, Freilufttrafostationen, Eigenstromerzeugungsanlagen, Außenbeleuchtungs- und Flutlichtanlagen einschließlich Maste und Befestigung
547	Fernmelde- und informationstechnische Anlagen	Leitungsnetze, Beschallungs-, Zeitdienst- und Verkehrssignalanlagen, elektronische Anzeigetafeln, Objektsicherungsanlagen, Parkleitsysteme

Fortsetzung s. nächste Seiten, Fußnote s. S. 101

Tabelle 3.8, Fortsetzung

Kostengruppen		Anmerkungen
548	Nutzungsspezifische Anlagen	Medienversorgungsanlagen, Tankstellenanlagen, badetechnische Anlagen
549	Technische Anlagen in Außenanlagen, sonstiges	
550	**Einbauten in Außenanlagen**	
551	Allgemeine Einbauten	Wirtschaftsgegenstände, z. B. Möbel, Fahrradständer, Schilder, Pflanzbehälter, Abfallbehälter, Fahnenmaste
552	Besondere Einbauten	Einbauten für Sport- und Spielanlagen, Tiergehege
559	Einbauten in Außenanlagen, sonstiges	
590	**Sonstige Maßnahmen für Außenanlagen**	Übergreifende Maßnahmen in Zusammenhang mit den Außenanlagen, die nicht einzelnen Kostengruppen der Außenanlagen zuzuordnen sind
591	Baustelleneinrichtung	Einrichten, Vorhalten, Betreiben, Räumen der übergeordneten Baustelleneinrichtung, z. B. Material- und Geräteschuppen, Lager-, Wasch-, Toiletten- und Aufenthaltsräume, Bauwagen, Misch- und Transportanlagen, Energie- und Bauwasseranschlüsse, Baustraßen, Lager- und Arbeitsplätze, Verkehrssicherungen, Abdeckungen, Bauschilder, Bau- und Schutzzäune, Baubeleuchtung, Schuttbeseitigung
592	Gerüste	Auf-, Um-, Abbauen, Vorhalten von Gerüsten
593	Sicherungsmaßnahmen	Sicherungsmaßnahmen an bestehenden baulichen Anlagen, z. B. Unterfangungen, Abstützungen
594	Abbruchmaßnahmen	Abbruch- und Demontagearbeiten einschließlich Zwischenlagern wiederverwendbarer Teile, Abfuhr des Abbruchmaterials
595	Instandsetzungen	Maßnahmen zur Wiederherstellung des zum bestimmungsgemäßen Gebrauch geeigneten Zustandes
596	Recycling, Zwischendeponierung und Entsorgung	Maßnahmen zum Recycling, zur Zwischendeponierung und zur Entsorgung von Materialien, die bei dem Abbruch, bei der Demontage und bei dem Ausbau von Bauteilen oder bei der Erstellung einer Bauleistung anfallen
597	Schlechtwetterbau	Winterbauschutzvorkehrungen wie Notverglasung, Abdeckungen und Umhüllungen, Erwärmung des Bauwerks, Schneeräumung
598	Zusätzliche Maßnahmen	Schutz von Personen, Sachen und Funktionen; Reinigung vor Inbetriebnahme; Maßnahmen aufgrund von Forderungen des Wasser-, Landschafts- und Lärmschutzes während der Bauzeit; Erschütterungsschutz
599	Sonstige Maßnahmen für Außenanlagen, sonstiges	
600	**Ausstattung und Kunstwerke**	Kosten für alle beweglichen oder ohne besondere Maßnahmen zu befestigenden Sachen, die zur Ingebrauchnahme, zur allgemeinen Benutzung oder zur künstlerischen Gestaltung des Bauwerks und der Außenanlagen erforderlich sind (s. Anmerkungen zu den Kostengruppen 370 und 470)
610	**Ausstattung**	
611	Allgemeine Ausstattung	Möbel, z. B. Sitz- und Liegemöbel, Schränke, Regale, Tische; Textilien, z. B. Vorhänge, Wandbehänge, lose Teppiche, Wäsche; Haus-, Wirtschafts-, Garten- und Reinigungsgeräte
612	Besondere Ausstattung	Ausstattungsgegenstände, die einer besonderen Zweckbestimmung dienen wie z. B. wissenschaftliche, medizinische, technische Geräte
619	Ausstattung, sonstiges	Wegweiser, Orientierungstafeln, Farbleitsysteme, Werbeanlagen

Fortsetzung s. nächste Seiten

Tabelle 3.8, Fortsetzung

Kostengruppen		Anmerkungen
620	**Kunstwerke**	
621	Kunstobjekte	Kunstwerke zur künstlerischen Ausstattung des Bauwerks und der Außenanlagen einschließlich Tragkonstruktionen, z. B. Skulpturen, Objekte, Gemälde, Möbel, Antiquitäten, Altäre, Taufbecken
622	Künstlerisch gestaltete Bauteile des Bauwerks	Kosten für die künstlerische Gestaltung, z. B. Malereien, Reliefs, Mosaiken, Glas-, Schmiede-, Steinmetzarbeiten
623	Künstlerisch gestaltete Bauteile der Außenanlagen	Kosten für die künstlerische Gestaltung, z. B. Malereien, Reliefs, Mosaiken, Glas-, Schmiede-, Steinmetzarbeiten
629	Kunstwerke, sonstiges	
700	**Baunebenkosten**	Kosten, die bei der Planung und Durchführung auf der Grundlage von Honorarordnungen, Gebührenordnungen oder nach weiteren vertraglichen Vereinbarungen entstehen
710	**Bauherrenaufgaben**	
711	Projektleitung	Kosten, die der Bauherr zum Zwecke der Überwachung und Vertretung der Bauherreninteressen aufwendet
712	Projektsteuerung	Kosten für Projektsteuerungsleistungen im Sinne der HOAI sowie für andere Leistungen, die sich mit der übergeordneten Steuerung und Kontrolle von Projektorganisation, Terminen, Kosten und Qualitätssicherung befassen
713	Betriebs- und Organisationsberatung	Kosten für Beratung, z. B. zur betrieblichen Organisation, zur Arbeitsplatzgestaltung, zur Erstellung von Raum- und Funktionsprogrammen, zur betrieblichen Ablaufplanung und zur Inbetriebnahme
719	Bauherrenaufgaben, sonstiges	Baubetreuung
720	**Vorbereitung der Objektplanung**	
721	Untersuchungen	Standortanalysen, Baugrundgutachten, Gutachten für die Verkehrsanbindung, Bestandsanalysen, z. B. Untersuchungen zum Gebäudebestand bei Umbau- und Modernisierungsmaßnahmen, Umweltverträglichkeitsprüfungen
722	Wertermittlungen	Gutachten zur Ermittlung von Gebäudewerten, soweit nicht in Kostengruppe 126 erfaßt
723	Städtebauliche Leistungen	vorbereitende Bebauungsstudien
724	Landschaftsplanerische Leistungen	vorbereitende Grünplanstudien
725	Wettbewerbe	Kosten für Ideenwettbewerbe und Realisierungswettbewerbe nach den GRW 1977
729	Vorbereitung der Objektplanung, sonstiges	
730	**Architekten- und Ingenieurleistungen**	Kosten für die Bearbeitung der in der HOAI beschriebenen Leistungen (Honorare für Grundleistungen und Besondere Leistungen) bzw. nach vertraglicher Vereinbarung
731	Gebäude	
732	Freianlagen	
733	Raumbildende Ausbauten	
734	Ingenieurbauwerke und Verkehrsanlagen	
735	Tragwerksplanung	
736	Technische Ausrüstung	
739	Architekten- und Ingenieurleistungen, sonstiges	

Fortsetzung s. nächste Seiten

Tabelle 3.8, Fortsetzung

Kostengruppen		Anmerkungen
740	**Gutachten und Beratung**	Kosten für die Bearbeitung der in der HOAI beschriebenen Leistungen (Honorare für Grundleistungen und Besondere Leistungen) bzw. nach vertraglicher Vereinbarung
741	Thermische Bauphysik	
742	Schallschutz und Raumakustik	
743	Bodenmechanik, Erd- und Grundbau	
744	Vermessung	Vermessungstechnische Leistungen mit Ausnahme von Leistungen, die aufgrund landesrechtlicher Vorschriften für Zwecke der Landvermessung und des Liegenschaftskatasters durchgeführt werden (s. Kostengruppe 771)
745	Lichttechnik, Tageslichttechnik	
749	Gutachen und Beratung, sonstiges	
750	**Kunst**	
751	Kunstwettbewerbe	Kosten für die Durchführung von Wettbewerben zur Erarbeitung eines Konzepts für Kunstwerke oder künstlerisch gestaltete Bauteile
752	Honorare	Kosten für die geistig-schöpferische Leistung für Kunstwerke oder künstlerisch gestaltete Bauteile, soweit nicht in der Kostengruppe 620 enthalten
759	Kunst, sonstiges	
760	**Finanzierung**	
761	Finanzierungskosten	Kosten für die Beschaffung der Dauerfinanzierungsmittel, die Bereitstellung des Fremdkapitals, die Beschaffung der Zwischenkredite und für Teilvalutierungen von Dauerfinanzierungsmitteln
762	Zinsen vor Nutzungsbeginn	Kosten für alle im Zusammenhang mit der Finanzierung des Projektes anfallenden Zinsen bis zum Zeitpunkt des Nutzungsbeginns
769	Finanzierung, sonstiges	
770	**Allgemeine Baunebenkosten**	
771	Prüfungen, Genehmigungen, Abnahmen	Kosten im Zusammenhang mit Prüfungen, Genehmigungen und Abnahmen, z. B. Prüfung der Tragwerksplanung, Vermessungsgebühren für das Liegenschaftskataster
772	Bewirtschaftungskosten	Baustellenbewachung, Nutzungsschädigungen während der Bauzeit; Gestellung des Bauleitungsbüros auf der Baustelle sowie dessen Beheizung, Beleuchtung und Reinigung
773	Bemusterungskosten	Modellversuche, Musterstücke, Eignungsversuche, Eignungsmessungen
774	Betriebskosten während der Bauzeit	Kosten für den vorläufigen Betrieb insbesondere der Technischen Anlagen bis zur Inbetriebnahme
779	Allgemeine Baunebenkosten, sonstiges	Kosten für Vervielfältigung und Dokumentation, Post- und Fernsprechgebühren, Kosten für Baufeiern, z. B. Grundsteinlegung, Richtfest
790	**Sonstige Baunebenkosten**	

Fußnoten zu Tab. **3**.8

1) Gegebenenfalls können die Kostengruppen 322 und 323 zusammengefaßt werden; die Zusammenfassung ist kenntlich zu machen.
2) Gegebenenfalls können die Kosten der Bodenbeläge (Kostengruppe 325) mit den Kosten der Deckenbeläge (KG 352) in einer Kostengruppe zusammengefaßt werden; die Zusammenfassung ist kenntlich zu machen.
3) Gegebenenfalls können die Kostengruppen 331, 332 und 333 bzw. 341, 342 und 343 zusammengefaßt werden; die Zusammenfassung ist kenntlich zu machen.
4) Gegebenenfalls können die Kosten der Außenwandbekleidungen innen (KG 336) mit den Kosten der Innenwandbekleidungen (KG 345) zusammengefaßt werden; die Zusammenfassung ist kenntlich zu machen.
5) Gegebenenfalls können die Kosten der Innenwandbekleidungen (KG 345) mit den Kosten der Außenwandbekleidungen innen (KG 336) zusammengefaßt werden; die Zusammenfassung ist kenntlich zu machen.
6) Gegebenenfalls können die Kosten der Deckenbeläge (KG 352) mit den Kosten der Bodenbeläge (KG 325) zusammengefaßt werden; die Zusammenfassung ist kenntlich zu machen.
7) Gegebenenfalls können die Kosten der Deckenbekleidungen (KG 353) mit den Kosten der Dachbekleidungen (KG 364) zusammengefaßt werden; die Zusammenfassung ist kenntlich zu machen.
8) Gegebenenfalls können die Kosten der Dachbekleidungen (KG 364) mit den Kosten der Deckenbekleidungen (KG 353) zusammengefaßt werden; die Zusammenfassung ist kenntlich zu machen.
9) Bei Bedarf können die Kosten der technischen Anlagen in die Installationen und die zentrale Betriebstechnik aufgeteilt werden
10) Gegebenenfalls können die Kostengruppen 521, 522, 523 und 524 zusammengefaßt werden; die Zusammenfassung ist kenntlich zu machen.

DIN 18960-1 Baunutzungskosten von Hochbauten; Begriff, Kostengliederung (Apr 1976)

B a u n u t z u n g s k o s t e n sind alle bei Gebäuden, den dazugehörenden baulichen Anlagen und deren Grundstücken unmittelbar entstehenden regelmäßig oder unregelmäßig wiederkehrenden Kosten vom Beginn der Nutzbarkeit des Gebäudes bis zum Zeitpunkt seiner Beseitigung.

Als G e b ä u d e gelten auch unterirdische Bauwerke, soweit sie einem vergleichbaren Zweck wie Hochbauten dienen. Die betriebsspezifischen und produktionsbedingten Personal- und Sachkosten sind nicht nach dieser Norm zu erfassen, soweit sie sich von den Baunutzungskosten trennen lassen.

Die Kosten der Herstellung, des Umbaues oder der Beseitigung von Gebäuden sind Kosten von Hochbauten nach DIN 276.

Tabelle **3**.9 Baunutzungskosten, Kostengliederung

Kostengruppen		Abgrenzung
1 Kapitalkosten		Zinsen für Fremdmittel und vergleichbare Kosten Zinsen für den Wert von Eigenleistungen
	1.1 Fremdmittel	Zinsen für Fremdmittel und vergleichbare Kosten, z. B. Darlehenszinsen Leistungen aus Rentenschulden Leistungen aus Dienstbarkeiten auf fremden Grundstücken, soweit sie mit dem Gebäude in unmittelbarem Zusammenhang stehen Erbbauzinsen Sonstige Kosten für Fremdmittel, z. B. laufende Verwaltungkosten Leistungen aus Bürgschaften.

Fortsetzung s. nächste Seiten

Tabelle 3.9, Fortsetzung

Kostengruppen			Abgrenzung
1 Kapitalkosten (Fortsetzung)	1.2	Eigenleistungen	Eigenkapitalzinsen und Zinsen für den Wert anderer Eigenleistungen, z. B. der Arbeitsleistungen der eingebrachten Baustoffe des vorhandenen Grundstücks vorhandener Bauteile.
2 Abschreibung			Verbrauchsbedingte Wertminderung der Gebäude, Anlagen und Einrichtungen.
3 Verwaltungskosten			Fremd- und Eigenleistungen für Gebäude- und Grundstücksverwaltung.
4 Steuern			Steuern für Gebäude und Grundstücke, z. B. Grundsteuer.
5 Betriebskosten			Sicherung der Bedingungen für die vorgesehene Nutzung der Gebäude und Außenanlagen.
	5.1	Gebäudereinigung	Innenreinigung, z. B. Fußböden Inneneinrichtung Vorhänge Sanitärobjekte oder Arbeitsplätze. Fensterreinigung einschließlich Sonnenschutzeinrichtungen. R e g e l m ä ß i g e Reinigung von Fassaden. (Reinigung der haus- und betriebstechnischen Anlagen gehört zu Abschnitt 5.6, Reinigung der Außenanlagen zu Abschnitt 5.7). Untergliederungsvorschlag: 1. Innenreinigung 2. Fensterreinigung 3. Fassadenreinigung
	5.2	Abwasser und Wasser	Abwasser, auch wenn die Kosten dafür in Form von Gebühren anfallen, außer zur Erzeugung von Wärme und Kälte in zusammenhängenden Systemen nach Abschnitt 5.3. Brauch- und Trinkwasser, auch aus eigenen Brunnenanlagen, außer zur Erzeugung von Wärme und Kälte in zusammenhängenden Systemen nach Abschnitt 5.3. (Chemikalien und Betriebsstoffe für Wasserbehandlung und Wasseraufbereitung gehören zu Abschnitt 5.6.) Untergliederungsvorschlag: 1. Abwasser 2. Wasser
	5.3	Wärme und Kälte	Heizstoffe, auch Fernwärme und Fernkälte zur Erzeugung von Raum-, Lüftungs- und Wirtschaftswärme oder -kälte. (Hierzu gehören auch Wasser, Abwasser und Strom zur Erzeugung von Wärme und Kälte in zusammenhängenden Systemen). Gesamtverbrauch an Gas, jedoch nicht technische Gase. Untergliederungsvorschlag: 1. Wärme 2. Kälte

Fortsetzung s. nächste Seite

Tabelle 3.9, Fortsetzung

Kostengruppen		Abgrenzung
5 Betriebskosten (Fortsetzung)	5.4 Strom	Gesamtverbrauch, außer zur Erzeugung von Wärme und Kälte in zusammenhängenden Systemen nach Abschnitt 5.3.
	5.5 Bedienung	Bedienen von haus- und betriebstechnischen Anlagen.
	5.6 Wartung und Inspektion	Wartung und Inspektion der haus- und betriebstechnischen Anlagen einschließlich damit zusammenhängender kleinerer Reparaturen, Auswechseln von Verschleißteilen, Gebühren. Hilfs- und Betriebsstoffe, z. B. Lampen Chemikalien für Abwasser- und Wasseraufbereitung Filter Schmierstoffe Dichtungen. (Hierzu gehören nicht allgemeine Hausdienste wie Pförtner, Nachtwächter oder Hausmeister.)
	5.7 Verkehrs- und Grünflächen	Reinigung und Pflege der Verkehrsanlagen und Grünflächen einschließlich der notwendigen Hilfsstoffe, z. B. Unterhaltungsarbeiten bei Vegetationsflächen Straßen- und Gehwegreinigung Schneebeseitigung Streudienst.
	5.8 Sonstiges	Sonstige Betriebskosten, z. B. Abfallbeseitigung Schornsteinreinigung (Aufsichts- und Hausmeisterdienst) Versicherungen für das Gebäude oder Grundstück.
6 Bauunterhaltungskosten		Gesamtheit der Maßnahmen zur Bewahrung und Wiederherstellung des Sollzustandes von Gebäuden und dazugehörenden Anlagen, jedoch ohne Reinigung und Pflege der Verkehrs- und Grünflächen nach Abschnitt 5.7 und ohne Wartung und Inspektion der haus- und betriebstechnischen Anlagen nach Abschnitt 5.6. (Nicht zur Bauunterhaltung gehören Maßnahmen zur Nutzungsänderung der Gebäude oder Liegenschaften.) Untergliederungsvorschlag: 1 Bauwerk 1.1 Baukonstruktionen 1.2 Installationen und betriebstechnische Anlagen 1.3 Betriebliche Einbauten 2 Gerät 3 Außenanlagen

Darstellung und Begriffe

DIN 1356–1 Bauzeichnungen; Arten, Inhalte und Grundregeln der Darstellung (Feb 1995)

Diese Norm legt Arten und Inhalte von Bauzeichnungen für die Objekt- und Tragwerksplanung sowie Grundregeln für die Darstellung in Bauzeichnungen fest. Bauzeichnungen im Sinne dieser

Norm sind Zeichnungen für die Objektplanung und die Tragwerksplanung also für Entwurf, Genehmigung, Ausführung und Aufnahme von baulichen Anlagen.
Sie gilt für Bauzeichnungen, die manuell und rechnergestützt hergestellt werden.

Arten und Inhalte von Bauzeichnungen für die Objektplanung

Vorentwurfszeichnungen sind Bauzeichnungen mit zeichnerischen Darstellungen eines Planungskonzeptes für eine geplante bauliche Anlage.

Vorentwurfszeichnungen dienen im Rahmen der Vorplanung der Erläuterung des Planungskonzeptes unter Berücksichtigung der Leistungen anderer an der Planung fachlich Beteiligter, soweit notwendig. Sie können auch als Grundlage zur Beurteilung der baurechtlichen Genehmigungsfähigkeit dienen.

Maßstäbe sind nach Art und Umfang der Bauaufgabe zu wählen, im Regelfall 1 : 500 bzw. 1 : 200.

Entwurfszeichnungen sind Bauzeichnungen mit zeichnerischen Darstellungen des durchgearbeiteten Planungskonzeptes der geplanten baulichen Anlage.

Entwurfszeichnungen berücksichtigen die Beiträge anderer, an der Planung fachlich Beteiligter und lassen die Gestaltung und Konstruktion erkennen.

Maßstäbe sind nach Art und Umfang der Bauaufgabe zu wählen, im Regelfall 1 : 100, gegebenenfalls 1 : 200.

Bauvorlagezeichnungen sind Entwurfszeichnungen, die durch alle Angaben ergänzt sind, die gemäß den jeweiligen Bauvorlagenverordnungen der Länder oder nach den Vorschriften für andere öffentlich-rechtliche Verfahren gefordert werden.

Die Rechtsverordnungen der Länder enthalten konkrete Forderungen hinsichtlich der Maßstäbe, der Mindestinhalte sowie der zu verwendenden Zeichen und gegebenenfalls Farben.

Zeichnungen für andere öffentlich-rechtliche Verfahren haben sich nach den entsprechenden Vorschriften zu richten.

Ausführungszeichnungen sind Bauzeichnungen mit zeichnerischen Darstellungen des geplanten Objektes mit allen für die Ausführung notwendigen Einzelangaben.

Ausführungszeichnungen enthalten unter Berücksichtigung der Beiträge anderer an der Planung fachlich Beteiligter alle für die Ausführung bestimmten Einzelangaben in Detailzeichnungen und dienen als Grundlage der Leistungsbeschreibung und Ausführung der baulichen Leistungen.

Für Werkzeichnungen („Werkpläne") ist als Maßstab im Regelfall 1 : 50, gegebenenfalls 1 : 20 zu wählen.

Für Detail-/Teilzeichnungen sind die Maßstäbe 1 : 20, 1 : 10, 1 : 5 und 1 : 1 zu wählen.

Baubestandszeichnungen enthalten alle für den jeweiligen Zweck notwendigen Angaben über die fertiggestellte bauliche Anlage; im Regelfall Maßstab 1 : 100, 1 : 50.

Bauaufnahmezeichnungen sind Maßaufnahmen bestehender Objekte im erforderlichen Umfang und Maßstab.

Benutzungspläne sind Baubestandszeichnungen oder Bauaufnahmen, die durch zusätzliche Angaben für bestimmte baurechtlich, konstruktiv oder funktionell zulässige Nutzungen ergänzt sind (z. B. zulässige Verkehrslasten, Rettungswege).

Arten und Inhalte von Bauzeichnungen für die Tragwerksplanung (Genehmigungs- und Ausführungsplanung)

Positionspläne sind Zeichnungen des Tragwerks – gegebenenfalls in skizzenhafter Darstellung – zur Erläuterung der statischen Berechnung mit Angabe der einzelnen Positionen.

Sie werden auf der Grundlage der Entwurfszeichnungen des Objektplaners erstellt.

Schalpläne sind Bauzeichnungen des Beton-, Stahlbeton- und Spannbetonbaus mit Darstellung der einzuschalenden Bauteile. Bei der Ausführung sind gegebenenfalls ergänzende Angaben den Ausführungszeichnungen des Objektplaners zu entnehmen.

Sie werden auf der Grundlage der Ausführungszeichnungen des Objektplaners als Grundrisse und Schnitte unter Berücksichtigung der Ergebnisse der statischen Berechnung angefertigt.
Geschoßgrundrisse werden im Regelfall als Grundrisse Typ B (s. Bild **3**.12), Fundamente im Regelfall als Grundrisse Typ A (s. Bild **3**.11) dargestellt.
Vorzugsmaßstab 1 : 50, Detailmaßstäbe nach Art und Größe der darzustellenden Einzelheiten.
R o h b a u z e i c h n u n g e n sind Bauzeichnungen mit allen für die Ausführung des Rohbaus erforderlichen Angaben (erweiterte Schalpläne). Sie werden auf der Grundlage der Ausführungszeichnungen des Objektplaners angefertigt.
Darstellungsregeln und Maßstäbe wie für Schalpläne.
B e w e h r u n g s z e i c h n u n g e n sind Bauzeichnungen des Stahlbeton- und Spannbetonbaus mit allen zum Biegen und Verlegen der Bewehrung erforderlichen Angaben.
Sie werden nach DIN 1356–10 angefertigt. Die Bewehrung wird gegenüber den Bauteilbegrenzungen durch breitere Linien hervorgehoben.
Maßstab nach Art und Schwierigkeit des Tragwerks, im Regelfall 1 : 50, 1 : 25 oder 1 : 20.
F e r t i g t e i l z e i c h n u n g e n sind Bauzeichnungen zur Herstellung von Fertigteilen aus Beton, Stahlbeton, Spannbeton oder Mauerwerk im Fertigteilwerk oder auf der Baustelle.
Im Regelfall werden Rohbau- und Bewehrungszeichnung für Fertigteile auf einem Blatt zusammengefaßt.
Fertigteilzeichnungen sind gegebenenfalls durch Stücklisten zu ergänzen.
Vorzugsmaßstäbe sind 1 : 25 und 1 : 20.
V e r l e g e z e i c h n u n g e n sind Bauzeichnungen für die Verwendung von Fertigteilen. Sie enthalten alle für Einbau und Anschluß der Fertigteile erforderlichen Angaben, gegebenenfalls in skizzenhafter Darstellung. Diese richtet sich nach der Art der Fertigteilkonstruktion.
Grundrisse als Typ A bzw. Typ B sowie Maßstäbe wie für Schalpläne.

Projektionsarten für Bauzeichnungen

Die D r a u f s i c h t eines Bauobjektes ist die maßstäbliche Abbildung auf einer horizontalen Bildtafel in orthogonaler Parallelprojektion. Die Bildtafel wird unterhalb des Darzustellenden gewählt, die Projektionsrichtung ist von oben nach unten. Dabei werden die von oben sichtbaren Begrenzungen und Knickkanten der Bauteiloberseiten als sichtbare Kanten durch Vollinien dargestellt (s. Bild **3**.10).

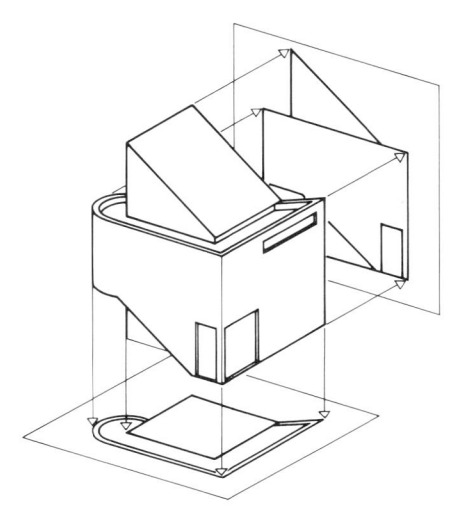

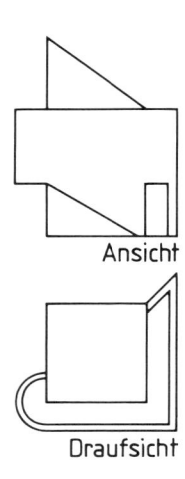

3.10
Draufsicht, Ansicht
(Abbildungsprinzip)

Die Ansicht ist die maßstäbliche Abbildung eines Bauobjektes auf einer vertikalen Bildtafel in orthogonaler Parallelprojektion. Die Bildtafel wird hinter dem Darzustellenden gewählt, die Projektionsrichtung verläuft von vorne (d. h. von der darzustellenden Seite des Objektes) nach hinten. Dabei werden die von vorne sichtbaren Begrenzungen und Knickkanten der Bauteilvorderseiten als sichtbare Kanten durch Vollinien dargestellt (s. Bild **3**.10).

Ansichten sind entsprechend der Lage zu kennzeichnen.

Anmerkung   „Ansicht Nord" ist die Ansicht der Nordseite des Gebäudes; „Ansicht Beethovenstraße" stellt die der Beethovenstraße zugewandte Gebäudeseite dar.

Der Grundriß Typ A ist die Draufsicht auf den unteren Teil eines waagerecht geschnittenen Bauobjektes (s. Bild **3**.11). Dabei werden von oben sichtbare Begrenzungen und Knickkanten der Bauteiloberseiten als sichtbare Kanten durch Vollinien dargestellt. Unter dieser Oberfläche liegende Kanten werden gegebenenfalls als verdeckte Kanten durch Strichlinien dargestellt. Die Kanten von Bauteilen, die oberhalb der Schnittebene liegen (Unterzüge, Deckenöffnungen, Vorsprünge usw.), werden gegebenenfalls durch Punktlinien dargestellt (s. Bild **3**.11).

Benennung: Grundriß Typ A

Geschnittene Flächen werden in der Zeichnung hervorgehoben. Bei Grundrissen liegt die horizontale Schnittebene – auch verspringend – so im Bauwerk oder Bauteil, daß die wesentlichen Einzelheiten, z. B. Wände oder andere Tragglieder, Treppen, Öffnungen für Fenster und Türen usw., geschnitten werden.

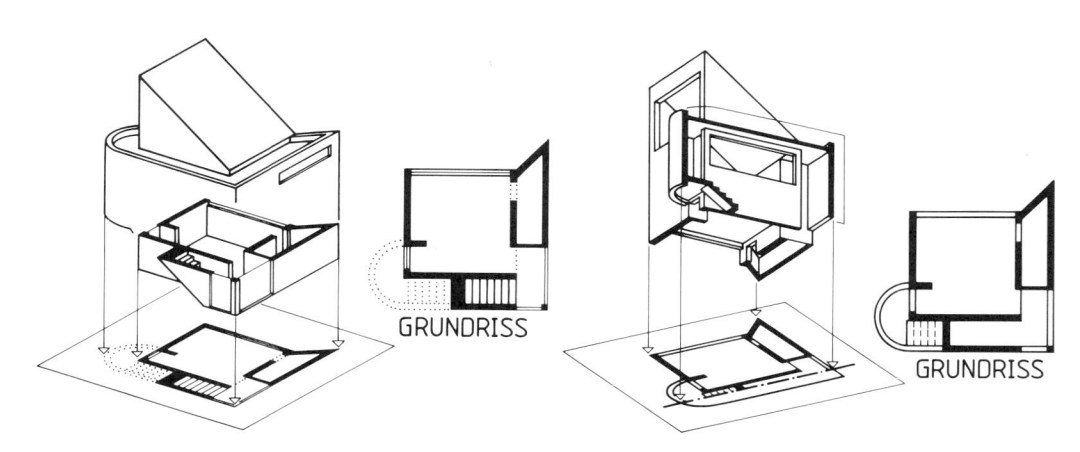

3.11   Grundriß Typ A (Abbildungsprinzip)   **3**.12   Grundriß Typ B (Abbildungsprinzip)

Der Grundriß Typ B kann auch die gespiegelte Untersicht unter den oberen Teil eines waagerecht geschnittenen Bauobjektes sein (s. Bild **3**.12). Diese Darstellungsart ist typisch für die Tragwerksplanung.

Dabei werden alle tragenden Bauteile im jeweiligen Geschoß dargestellt („Blick in die leere Schalung"). Begrenzungen und Kanten der Bauteiluntersichten werden als sichtbare Kanten durch Vollinien dargestellt. Über diesen Unterseiten liegende Bauteile (Überzüge, Schlitze, Aufkantungen, Brüstungen usw.) werden als verdeckte Kanten durch Strichlinien dargestellt. Die Schnitte sind so geführt, daß die Gliederung und der konstruktive Aufbau des Tragwerks deutlich werden.

Benennung: Grundriß Typ B.

Der Schnitt ist die Ansicht des hinteren Teils eines vertikal geschnittenen Bauobjektes (s. Bild **3**.13). Dabei werden die von vorn sichtbaren Begrenzungen und Kanten durch Vollinien dargestellt. Hinter diesen Vorderseiten liegende Kanten werden gegebenenfalls als verdeckte Kanten durch Strichlinien dargestellt. Die Kanten der Bauteile, die vor der Schnittebene liegen (z. B. Treppenläufe), werden gegebenenfalls durch Punktlinien dargestellt. Geschnittene Flächen werden in der Zeichnung hervorgehoben (s. Kennzeichnung von Schnittflächen).

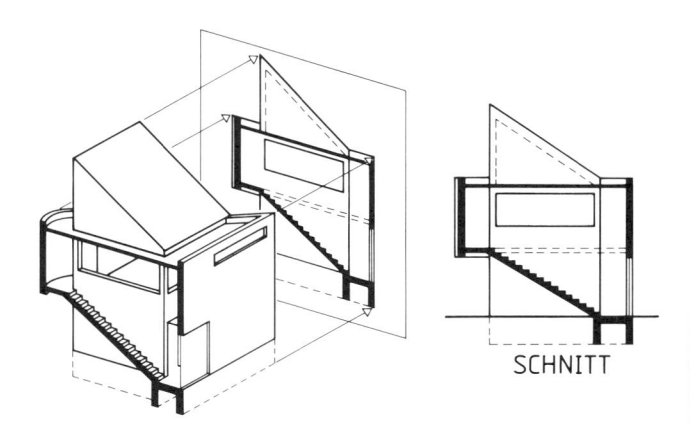

3.13   Schnitt (Abbildungsprinzip)

Die Schnittebene liegt – auch verspringend – so im Bauwerk oder Bauteil, daß die wesentlichen Einzelheiten, z. B. Wände, Decken, Treppen, Öffnungen wie Fenster und Türen usw. geschnitten werden. Schnittebenen werden im Regelfall rechtwinklig oder parallel zu den Außenflächen des Bauwerks oder Bauteils gelegt. Die Lage der vertikalen Schnittebene ist im Grundriß anzugeben (Darstellung s. Angabe des Schnittverlaufs im Grundriß).
Blattgrößen und Zeichenflächen sind vorzugsweise nach DIN 6771–6 zu wählen.
Für Faltungen gilt DIN 824.
Maßstäbe nach DIN ISO 5455 sind 1 : 500, 1 : 200, 1 : 100, 1 : 50, 1 : 20, 1 : 10, 1 : 5, 1 : 1. Außerdem darf der Maßstab 1 : 25 angewendet werden.
Bei nebeneinander gezeichneten Ansichten und Schnitten soll die gleiche Höhenlage eingehalten werden. Zeichnerische Darstellungen sind den Benennungen eindeutig zuzuordnen.
Für Bauzeichnungen sind die Linienarten nach Tab. **3**.14 anzuwenden.

Tabelle **3**.14   Linienarten

Vollinie	Strichlinie	Strichpunktlinie	Punktlinie
————————	— — — — — —	— · — · — · —	· · · · · · · · · ·

Werden Bauzeichnungen in Tusche und mit genormten Zeichengeräten von Hand oder maschinell ausgeführt, so sollen vorzugsweise die Linienbreiten der Tab. **3**.15 angewendet werden. Ihre Angaben dienen der sinnvollen Nutzung üblicher Reproduktionstechniken.

Tabelle 3.15 Linienbreiten (Angaben in mm)

Linienart	Anwendungsbereich	Liniengruppe			
		I	II	III[1]	IV[2]
		Zuordnung zu Maßstab			
		≤1:100		≥1:50	
		Linienbreite			
Vollinie	Begrenzung von Schnittflächen	0,5	0,5	1,0	1,0
Vollinie	Sichtbare Kanten und sichtbare Umrisse von Bauteilen, Begrenzung von Schnittflächen schmaler oder kleiner Bauteile	0,25	0,35	0,5	0,7
Vollinie	Maßlinien, Maßhilfslinien, Hinweislinien, Lauflinien, Begrenzung von Ausschnittdarstellungen, vereinfachte Darstellungen	0,18	0,25	0,35	0,5
Strichlinie	Verdeckte Kanten und verdeckte Umrisse von Bauteilen	0,25	0,35	0,5	0,7
Strichpunktlinie	Kennzeichnung der Lage der Schnittebenen	0,5	0,5	1,0	1,0
Strichpunktlinie	Achsen	0,18	0,25	0,35	0,5
Punktlinie	Bauteile vor bzw. über der Schnittebene	0,25	0,35	0,5	0,7
Maßzahlen	Schriftgröße	2,5	3,5	5,0	7,0

[1] Die Liniengruppe I ist nur dann anzuwenden, wenn eine Zeichnung mit der Liniengruppe III angefertigt, im Verhältnis 2:1 verkleinert wurde und die Verkleinerung weiterbearbeitet werden soll. In der Zeichnung mit der Liniengruppe III ist dann die Schriftgröße 5,0 mm zu wählen. Die Liniengruppe I erfüllt nicht die Anforderungen der Mikroverfilmung.

[2] Die Liniengruppe IV ist für Ausführungszeichnungen anzuwenden, wenn eine Verkleinerung, z. B. vom Maßstab 1:50 in den Maßstab 1:100 vorgesehen ist und die Verkleinerung den Anforderungen der Mikroverfilmung zu entsprechen hat. Die Verkleinerung kann dann gegebenenfalls mit den Breiten der Liniengruppe II weiterbearbeitet werden.

Bemaßung

Die Bemaßung besteht aus Maßzahl, Maßlinie, Maßlinienbegrenzung und ggf. Maßhilfslinie (s. Bild 3.16).

Maßzahlen sind im Regelfall über der zugehörigen, durchgezogenen Maßlinie so anzuordnen, daß sie in der Gebrauchslage der Zeichnung von unten bzw. von rechts lesbar sind (s. Bild 3.21). Maßlinien sind als Vollinien nach Tab. 3.14 darzustellen. Sie sind parallel zu den zu bemaßenden Strecken anzuordnen (s. Bild 3.21).

Die Maßlinienbegrenzung ist in Anlehnung an DIN 406-2, wahlweise nach Bild 3.17 wie folgt darzustellen:

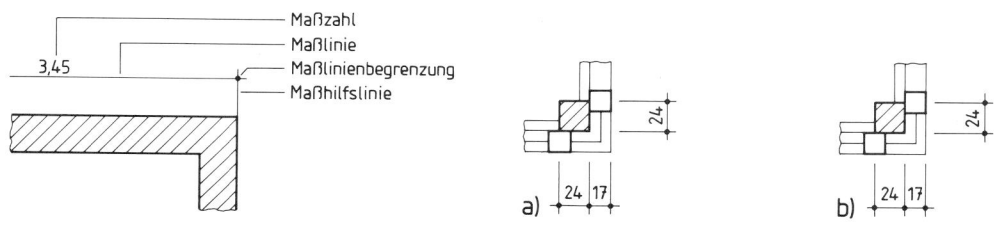

3.16 Benennungen für die Bemaßung

3.17 Maßlinienbegrenzung

3.1 Grundnormen

3.18 Anordnung der Höhenangaben und Radien-Bemaßung in Grundrissen

3.19 Anordnung der Höhenangaben in Schnitten

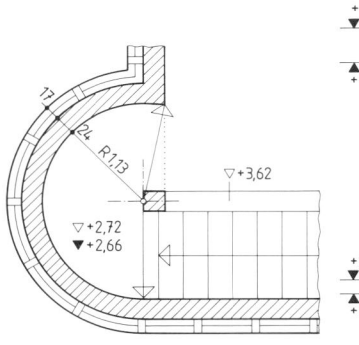

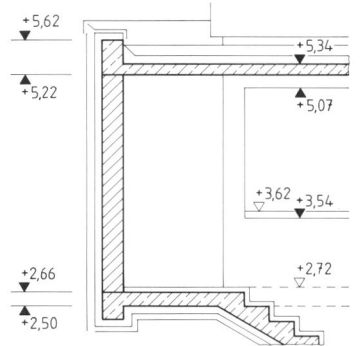

Tabelle **3.20** Maßeinheiten

Maßeinheit, Bemaßung in	Maße unter 1 m z. B.	Maße über 1 m z. B.
cm	24	88,5	388,5
m / cm	24	88⁵	3,88⁵
mm	240	885	3885

Maße, die nicht zwischen den Begrenzungslinien der Flächen eingetragen werden, sind mittels M a ß h i l f s l i n i e n herauszuziehen. Sie stehen im allgemeinen rechtwinklig zur Maßlinie und gehen etwas über diese hinaus. Sie sind von den zugehörigen Körperkanten abzusetzen (s. Bild **3**.21).

Bemaßt wird im allgemeinen unter bzw. rechts der Darstellung (s. auch DIN 406-2). Bei mehreren parallelen Maßketten sind die Maßketten entsprechend der Lage der zu bemaßenden Bauteile von innen nach außen anzuordnen (s. Bild **3**.21). Die zusammenfassenden Maße stehen außen. Maßketten innerhalb der Darstellung sind so anzuordnen, daß die Flächen in Raummitte möglichst frei bleiben.

H ö h e n a n g a b e n sind nach Bild **3**.19 in Schnitten und Bild **3**.18 in Grundrissen bzw. Draufsichten einzutragen. Das Vorzeichen + oder − der Maßzahlen bezieht sich auf die Höhenlage ± 0,00 (im Regelfall die planmäßige Höhenlage der Oberfläche der Fertigkonstruktion des Fußbodens im Eingangsbereich, bezogen auf NN). Bei Brüstungen darf zusätzlich die Rohbauhöhe über Oberfläche Rohfußboden angegeben werden (s. Bilder **3**.18 und **3**.21).

Wird in Grundrissen bei der B e m a ß u n g v o n W a n d ö f f n u n g e n, insbesondere für Türen und Fenster, zusätzlich zur Angabe der Breite auch die Höhe angegeben, so ist die Maßzahl für die Breite über der Maßlinie und die Maßzahl für die Höhe direkt darunter unter der Maßlinie anzuordnen (s. Bild **3**.21).

R e c h t e c k q u e r s c h n i t t e dürfen zur Vereinfachung auch durch Angabe ihrer Seitenlängen in Bruchform bemaßt werden, z. B. 12/16 (im Schnitt: Breite/Höhe).

R u n d e Q u e r s c h n i t t e erhalten vor der Maßzahl das Durchmesserzeichen ⌀, z. B. ⌀ 12. Weitere Querschnitte s. DIN 1353-2.

R a d i e n sind vor der Maßzahl mit dem Großbuchstaben R zu kennzeichnen (s. Bild **3**.18).

Die Wahl der M a ß e i n h e i t e n richtet sich nach der Bauart oder der Art des Bauwerks.

Die angewendeten Maßeinheiten sind in Verbindung mit dem Maßstab, zweckmäßigerweise im Schriftfeld, anzugeben (z. B. 1 : 50 − m, cm). Anstelle des Punktes darf auch ein Komma gesetzt werden.

In Bauzeichnungen sind H i n w e i s l i n i e n nach Bild **3**.23 aus der Darstellung herauszuziehen. Sie dürfen bei Platzmangel auch als Bezugslinien für Maße angewendet werden. Hinweislinien dürfen in Anlehnung an DIN 406-2 auch mit einem Punkt oder ohne Begrenzungszeichen enden. Hinweislinien sind rechtwinklig anzuordnen und sollen höchstens einmal abgewinkelt werden. Das schräge Herausziehen unter 45° wird nur empfohlen, wenn es der Verdeutlichung dient.

Hinweise sind entsprechend Bild **3**.23 in Blockform anzuordnen.

3.1 Grundnormen

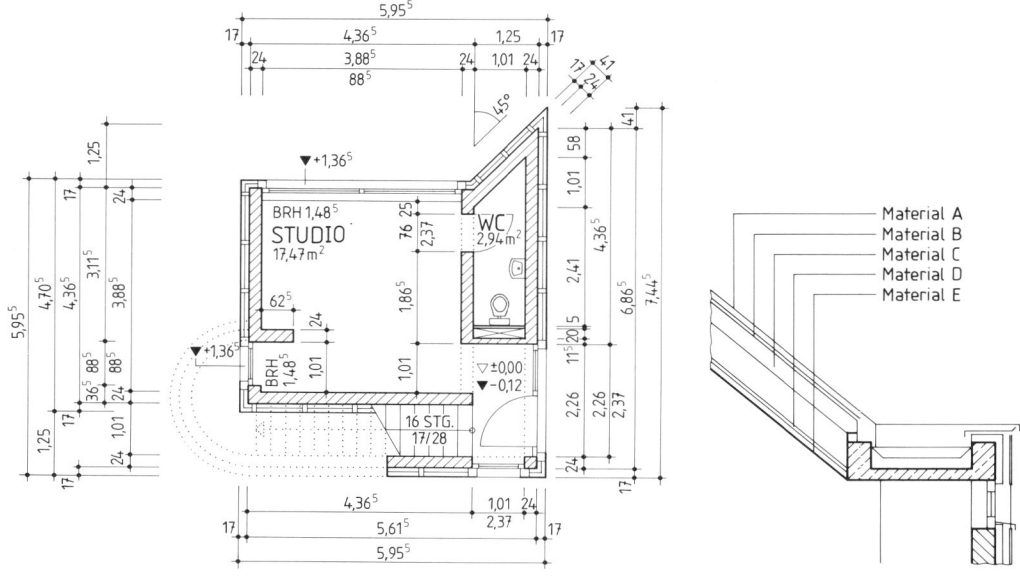

3.21 Beispiel für Maßanordnung und Höhenangaben im Grundriß

3.23 Hinweise, Hinweislinien

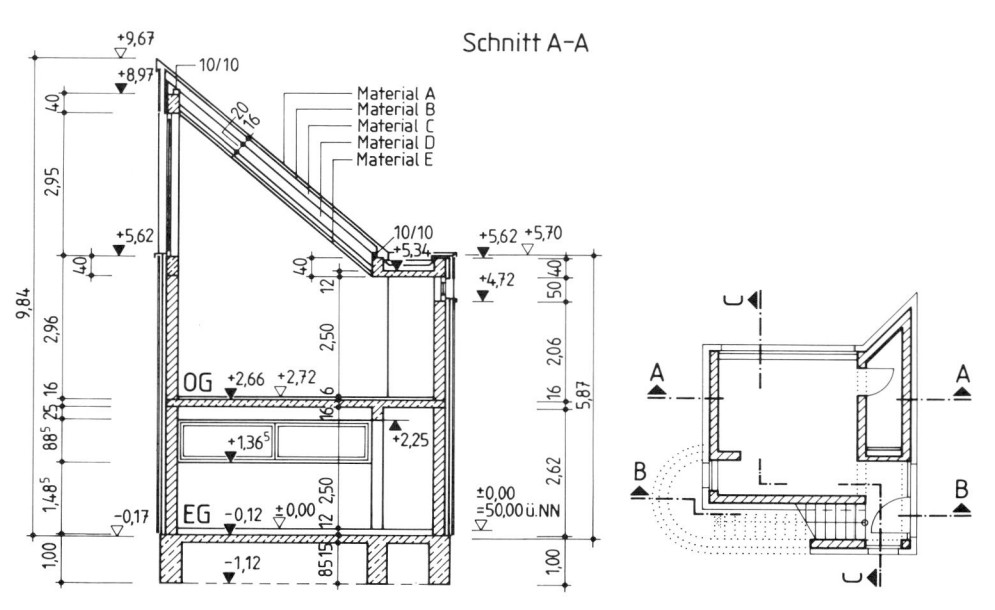

3.22 Beispiel für Maßanordnung und Höhenangaben im Schnitt

3.24 Kennzeichnung des Schnittverlaufs im Grundriß

3.1 Grundnormen

Im Grundriß ist die Lage der vertikalen Schnittebene(n) für einen oder mehrere Schnitte mit Strichpunktlinien nach Tab. 3.15 und Blickrichtung anzugeben. Der Schnittverlauf braucht nicht durchgehend durch die Strichpunktlinie markiert zu werden. Verspringt der Schnitt, so ist die Stelle des Versprunges anzugeben. Bei mehr als einem Schnitt ist jeder Schnitt eindeutig zu kennzeichnen (s. Bild 3.24).

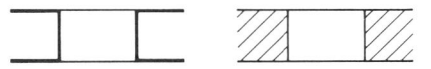

3.25 Kennzeichnung von Schnittflächen Begrenzung der Ausschnittdarstellungen

Vorzugsweise sind die Begrenzungslinien der Schnittflächen mit Vollinien nach Tab. 3.15 hervorzuheben. Schraffur der Schnittflächen darf zur Verdeutlichung zusätzlich oder anstele der o. a. Hervorhebung der Schnittflächen angewendet werden (s. Bild 3.25). Schnittflächen können außerdem entsprechend dem verwendeten Baustoff gekennzeichnet werden, wenn dies zweckmäßig erscheint. Wenn der Maßstab es erfordert, dürfen Schnittflächen auch geschwärzt werden.

Ausschnittdarstellungen sollen mit einer Vollinie abgegrenzt werden (s. Bild 3.25). Bei Kennzeichnung nach Tab. 3.30 kann auf Begrenzungslinien auch verzichtet werden (s. Bild 3.25).

Tabelle 3.26 Allgemeine Zeichen

Richtung	
Höhenangabe Oberfläche Fertigkonstruktion Rohkonstruktion	
Höhenangabe Unterfläche Fertigkonstruktion Rohkonstruktion	
Angabe der Schnittführung in Blickrichtung	
Angabe der horizontalen Schnittführung für den Grundriß Typ B	
Radius	

Tabelle 3.27 Steigungsrichtung bei Treppen und Rampen im Grundriß (s. auch DIN 18024)

Einläufige Treppe	
Zweiläufige Treppe	
Spindeltreppe	
Treppenlauf, horizontal geschnitten, mit darunterliegendem Lauf	
Treppenlauf, horizontal geschnitten, mit Darstellung des Laufes oberhalb der Schnittebene (Grundriß Typ A)	
Rampe, Darstellung von geschnittenen Rampen erfolgt sinngemäß der Darstellung von geschnittenen Treppen	

Tabelle 3.28 Öffnungsarten von Türen im Grundriß und von Türen und Fenstern in der Ansicht

Drehflügel, einflügelig		Drehflügel	
Drehflügel, zweiflügelig		Kippflügel	
Drehflügel, zweiflügelig gegeneinanderschlagend		Klappflügel	
Pendelflügel, einflügelig		Dreh-Kippflügel	
Pendelflügel, zweiflügelig		Hebe-Drehflügel	
Hebe-Drehflügel		Schwingflügel	
Drehtür		Wendeflügel	
Schiebeflügel		Schiebeflügel, vertikal	
Hebe-Schiebeflügel		Schiebeflügel, horizontal	
Falttür, Faltwand		Hebe-Schiebeflügel	
Schwingflügel		Festverglasung	

3.1 Grundnormen

Tabelle 3.29 Tragrichtung von Platten

Zweiseitig gelagert	← →	Vierseitig gelagert	⤢
Dreiseitig gelagert	⊥	Auskragend	→

Tabelle 3.30 Kennzeichnung von geschnittenen Stoffen in Bauzeichnungen (s. auch DIN 201)

Boden	▨	Holz, quer zur Faser geschnitten	▨
Kies	◌◌◌	Holz, längs zur Faser geschnitten	≡
Sand	⋯	Metall	I
Beton (unbewehrt)	▨	Mörtel, Putz	⋯
		Dämmstoffe	⋈⋈⋈
Stahlbeton	▨	Abdichtungen	▬▬▬
Mauerwerk	▨	Dichtstoffe	⋈⋈⋈

Abgehängte Decken werden im Grundriß mit einer Strichlinie gekennzeichnet, welche die Deckenfläche diagonal durchquert. Diese Linie bekommt die Kennzeichnung „abgeh. Decke", sowie die Höhenangabe für die Unterfläche Decke.
Für die Darstellung der Änderungen bestehender baulicher Anlagen gilt DIN ISO 7518 (s. Norm).
Für Bauvorlagezeichnungen sind die entsprechenden Verordnungen der Länder zu beachten.

3.31

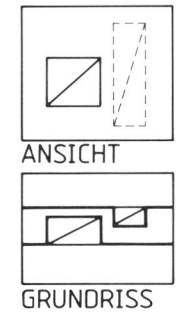

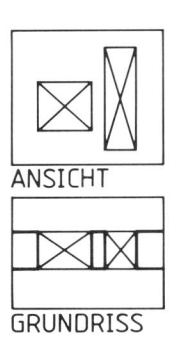

3.32 Aussparungen, deren Tiefe kleiner als die Bauteiltiefe ist

3.33 Aussparungen, deren Tiefe gleich der Bauteiltiefe ist

DIN 107 Bezeichnung mit links oder rechts im Bauwesen (Apr 1974)

Diese Norm gilt für folgende, im Bauwesen hinsichtlich der gewählten Seite, Lage oder Drehrichtung unterschiedlich auszuführenden Bauteile oder Ausstattungsgegenstände
a) Türen, Fenster und Läden
b) Zargen
c) Schlösser, Beschläge und Türschließer
d) Treppen
e) Sanitär-Ausstattungsgegenstände.

Drehflügeltüren, -fenster und -läden

Die Öffnungsfläche ist diejenige Fläche eines Flügels von Drehflügeltüren, -fenstern oder -läden, die auf derjenigen Seite liegt, nach der sich der Flügel öffnet.

Die Öffnungsfläche ist die Bezugsfläche für die Bezeichnung mit links oder rechts.

Die Schließfläche ist diejenige Fläche eines Flügels von Drehflügeltüren, -fenstern oder -läden, die auf derjenigen Seite liegt, nach der sich der Flügel schließt.

Ein Linksflügel ist ein Flügel von Drehflügeltüren, -fenstern oder -läden, dessen Drehachse bei Blickrichtung auf seine Öffnungsfläche links liegt (s. Bild **3.34**).

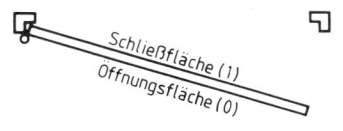

3.34 Linksflügel

3.35 Rechtsflügel

Ein Rechtsflügel ist ein Flügel von Drehflügeltüren, -fenstern oder -läden, dessen Drehachse bei Blickrichtung auf seine Öffnungsfläche rechts liegt (s. Bild **3.35**).
Bezeichnung
Öffnungsfläche: Kennzahl 0
Schließfläche: Kennzahl 1
Linksflügel: Kennbuchstabe L
Rechtsflügel: Kennbuchstabe R
In DIN-Bezeichnungen für Drehflügeltüren, -fenster oder -läden geht zur Bezeichnung mit links oder rechts der Kennbuchstabe L bzw. R ein.

Schiebetüren, -fenster und -läden
Eine Linksschiebetür (-fenster, -laden) schlägt beim Verschließen vom Standort des Betrachters aus gesehen links an. Der Standort des Betrachters befindet sich im Raum. Bei gleichberechtigten Räumen ist der Standort anzugeben.
Eine Rechtsschiebetür (-fenster, -laden) schlägt beim Verschließen vom Standort des Betrachters aus gesehen rechts an. Der Standort des Betrachters befindet sich im Raum. Bei gleichberechtigten Räumen ist der Standort anzugeben.
Bezeichnung
Linksschiebetür, -fenster, -laden: Kennbuchstabe L
Rechtsschiebetür, -fenster, -laden: Kennbuchstabe R
In DIN-Bezeichnungen für Schiebetüren, -fenster oder -läden geht zur Bezeichnung mit links oder rechts der Kennbuchstabe L bzw. R ein.

Zargen
Eine Linkszarge ist eine Zarge für den Linksflügel einer Drehflügeltür.
Eine Rechtszarge ist eine Zarge für den Rechtsflügel einer Drehflügeltür.
Bezeichnung
Linkszarge: Kennbuchstabe L, Rechtszarge: Kennbuchstabe R
In DIN-Bezeichnungen für Zargen für Drehflügeltüren geht zur Bezeichnung mit links oder rechts der Kennbuchstabe L bzw. R ein.

Schlösser, Beschläge und Türschließer
Ein Linksschloß ist ein Schloß für den Linksflügel einer Drehflügeltür, eines Drehflügelfensters oder eines Drehflügelladens.
Ein Rechtsschloß ist ein Schloß für den Rechtsflügel einer Drehflügeltür, eines Drehflügelfensters oder eines Drehflügelladens.
Ein Linksbeschlag ist ein Beschlag für den Linksflügel einer Drehflügeltür, eines Drehflügelfensters oder eines Drehflügelladens.
Ein Rechtsbeschlag ist ein Beschlag für den Rechtsflügel einer Drehflügeltür, eines Drehflügelfensters oder eines Drehflügelladens.
Ein Linkstürschließer ist ein Türschließer für den Linksflügel einer Drehflügeltür.
Ein Rechtstürschließer ist ein Türschließer für den Rechtsflügel einer Drehflügeltür.
Bezeichnung: Wenn die Konstruktion eines Schlosses, Beschlages oder Türschließers die Bezeichnung mit links oder rechts erfordert, gilt:
Linksschloß, Linksbeschlag und Linkstürschließer: Kennbuchstabe L
Rechtsschloß, Rechtsbeschlag und Rechtstürschließer: Kennbuchstabe R
Bei Kastenschlössern und bestimmten Beschlägen ist zusätzlich anzugeben, auf welcher Fläche des Flügels diese angebracht werden müssen.
In diesem Fall ist dem Kennbuchstaben (L oder R) die Kennzahl für die betreffende Fläche hinzuzufügen, z. B. L1.
In DIN-Bezeichnungen für Schlösser, Beschläge und Türschließer geht zur Bezeichnung mit links oder rechts der Kennbuchstabe L oder R ein. Falls die Befestigungsfläche zu bezeichnen ist, ist zusätzlich die Kennzahl 0 oder 1 hinzuzufügen.

Treppen und Geländer
Eine Linkstreppe ist eine Treppe, deren Treppenlauf entgegen dem Uhrzeigersinn aufwärts führt (s. Bild **3**.36).
Eine Rechtstreppe ist eine Treppe, deren Treppenlauf im Uhrzeigersinn aufwärts führt (s. Bild **3**.37).

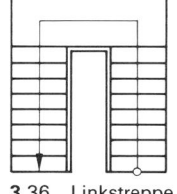

3.36 Linkstreppe mit Linksgeländer

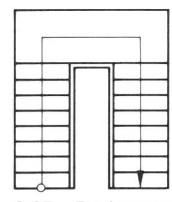

3.37 Rechtstreppe mit Rechtsgeländer

Ein Linksgeländer ist ein Geländer, das beim Aufwärtsgehen auf der linken Seite einer Treppe liegt (s. Bild **3**.36).

Ein Rechtsgeländer ist ein Geländer, das beim Aufwärtsgehen auf der rechten Seite einer Treppe liegt (s. Bild **3**.37).

Bezeichnung: Für die Bezeichnung der Treppen und Geländer mit links oder rechts in Verbindung mit der Treppenart gilt DIN 18064.

Badewannen

Eine Linksbadewanne ist eine zu ihrer Längsachse asymmetrische Badewanne, bei der die Ablauföffnung links liegt, gesehen vom Standort vor derjenigen Längsseite, an der sich die Sitzfläche befindet (s. Bild **3**.38).

Eine Rechtsbadewanne ist eine zu ihrer Längsachse asymmetrische Badewanne, bei der die Ablauföffnung rechts liegt, gesehen vom Standort vor derjenigen Längsseite, an der sich die Sitzfläche befindet (s. Bild **3**.39).

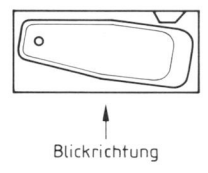

3.38   Linksbadewanne (Linkswanne)

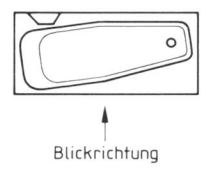

3.39   Rechtsbadewanne (Rechtswanne)

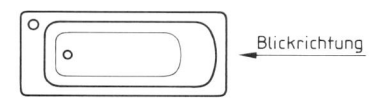

3.40   Badewanne mit Linksbohrung für Zuflußarmatur (Wanne mit Linksbohrung)

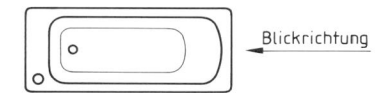

3.41   Badewanne mit Rechtsbohrung für Zuflußarmatur (Wanne mit Rechtsbohrung)

Eine Badewanne mit Bohrung für Armaturenanordnung links ist eine Badewanne, bei der, vom Kopfende zum Fußende gesehen, die Bohrung links liegt (s. Bild **3**.40).

Eine Badewanne mit Bohrung für Armaturenanordnung rechts ist eine Badewanne, bei der, vom Kopfende zum Fußende gesehen, die Bohrung rechts liegt (s. Bild **3**.41).

Bezeichnung: Linksbadewanne und Badewanne mit Bohrung für Armaturenanordnung links: Kennbuchstabe L

Rechtsbadewanne und Badewanne mit Bohrung für Armaturenanordnung rechts: Kennbuchstabe R

In DIN-Bezeichnungen für asymmetrische Badewannen und für Badewannen mit Bohrung für Armaturen, wie Zulauf und Haltegriffe, geht zur Bezeichnung mit links oder rechts der Kennbuchstabe L bzw. R ein.

Handwaschbecken

Ein Handwaschbecken mit Becken links ist ein Handwaschbecken mit asymmetrisch angeordneter seitlicher Ablagefläche, bei dem, vom Standort vor dem Handwaschbecken aus gesehen, das Becken links liegt (s. Bild **3**.42).

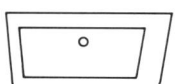

3.42 Handwaschbecken mit Becken links (Linkswaschbecken)
3.43 Handwaschbecken mit Becken rechts (Rechtswaschbecken) 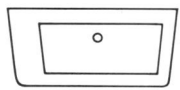
3.44 Handwaschbecken mit Bohrung links (Waschbecken mit Linksbohrung) 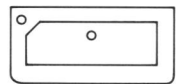
3.45 Handwaschbecken mit Bohrung rechts (Waschbecken mit Rechtsbohrung) 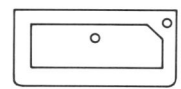

Ein Handwaschbecken mit Becken rechts ist ein Handwaschbecken mit asymmetrisch angeordneter, seitlicher Ablagefläche, bei dem, vom Standort vor dem Handwaschbecken aus gesehen, das Becken rechts liegt (s. Bild 3.43).

Ein Handwaschbecken mit Bohrung für Armaturenanordnung links ist ein Handwaschbecken, bei dem, vom Standort vor dem Becken aus gesehen, die Bohrung links liegt (s. Bild 3.44).

Ein Handwaschbecken mit Bohrung für Armaturenanordnung rechts ist ein Handwaschbecken, bei dem, vom Standort vor dem Becken aus gesehen, die Bohrung rechts liegt (s. Bild 3.45).

Bezeichnung: Handwaschbecken mit Becken links und Handwaschbecken mit Bohrung für Armaturenanordnung links: Kennbuchstabe L.

Handwaschbecken mit Becken rechts und Handwaschbecken mit Bohrung für Armaturenanordnung rechts: Kennbuchstabe R.

In DIN-Bezeichnungen für asymmetrische Handwaschbecken und für Handwaschbecken mit Bohrung für Armaturen, wie Zulauf und Mischbatterie, geht zur Bezeichnung mit links oder rechts der Kennbuchstabe L bzw. R ein.

Klosettbecken

Ein Klosettbecken mit Ablaufstutzen links ist ein Klosettbecken, bei dem, vom Standort vor dem Klosettbecken aus gesehen, der Ablaufstutzen nach links führt (s. Bild 3.46).

Ein Klosettbecken mit Ablaufstutzen rechts ist ein Klosettbecken, bei dem, vom Standort vor dem Klosettbecken aus gesehen, der Ablaufstutzen nach rechts führt (s. Bild 3.47).

3.46 Klosettbecken mit Ablaufstutzen links (Linksklosett)
3.47 Klosettbecken mit Ablaufstutzen rechts (Rechtsklosett) 

Bezeichnung: Klosettbecken mit Ablaufstutzen links: Kennbuchstabe L
Klosettbecken mit Ablaufstutzen rechts: Kennbuchstabe R
In DIN-Bezeichnungen für Klosettbecken geht zur Bezeichnung mit links oder rechts der Kennbuchstabe L bzw. R ein.

Spültische

Ein Spültisch mit Becken links ist ein Spültisch mit seitlich angeordneter Abtropffläche, bei dem, vom Standort vor dem Spültisch aus gesehen, das Becken links liegt (s. Bild 3.48).

Ein Spültisch mit Becken rechts ist ein Spültisch mit seitlich angeordneter Abtropffläche, bei dem, vom Standort vor dem Spültisch aus gesehen, das Becken rechts liegt (s. Bild 3.49).

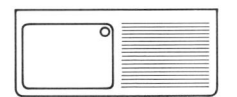

3.48 Spültisch mit Becken links (Linksspüle)

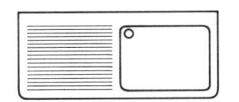

3.49 Spültisch mit Becken rechts (Rechtsspüle)

Bezeichnung: Spültisch mit Becken links: Kennbuchstabe L

Spültisch mit Becken rechts: Kennbuchstabe R

In DIN-Bezeichnungen für Spültische geht zur Bezeichnung mit links oder rechts der Kennbuchstabe L bzw. R ein.

DIN 18201 Toleranzen im Bauwesen; Begriffe, Grundsätze, Anwendung, Prüfung (Dez 1984)

Diese Norm gilt für die in DIN 18202 und DIN 18203-1, DIN 18203-2 und DIN 18203-3 festgelegten Toleranzen. Sie gilt sowohl für die Herstellung von Bauteilen als auch für die Ausführung von Bauwerken.

Diese Norm hat den Zweck, Grundlagen für Toleranzen und Grundsätze für ihre Prüfung festzulegen.

Sie ist erforderlich, um trotz unvermeidlicher Ungenauigkeiten beim Messen, bei der Fertigung und bei der Montage das funktionsgerechte Zusammenfügen von Bauteilen des Roh- und Ausbaus ohne Anpaß- und Nacharbeiten zu ermöglichen.

Begriffe

Das **Nennmaß** (Sollmaß) ist ein Maß, das zur Kennzeichnung von Größe, Gestalt und Lage eines Bauteils oder Bauwerks angegeben und in Zeichnungen eingetragen wird.

Das **Istmaß** ist ein durch Messung festgestelltes Maß.

Das **Istabmaß** ist die Differenz zwischen Ist- und Nennmaß. In der Praxis gebräuchlich ist der Begriff „Abmaß".

Das **Größtmaß** ist das größte zulässige Maß.

Das **Kleinstmaß** ist das kleinste zulässige Maß.

Das **Grenzabmaß** ist die Differenz zwischen Größtmaß und Nennmaß oder Kleinstmaß und Nennmaß.

Die **Maßtoleranz** ist die Differenz zwischen Größtmaß und Kleinstmaß.

Die **Ebenheitstoleranz** ist der Bereich für die zulässige Abweichung einer Fläche von der Ebene.

Die **Winkeltoleranz** ist der Bereich für die zulässige Abweichung eines Winkels vom Nennwinkel.

Das **Stichmaß** ist Hilfsmaß zur Ermittlung der Istabweichungen von der Ebenheit und der Winkligkeit. Das Stichmaß ist der Abstand eines Punktes von einer Bezugslinie.

Toleranzen sollen die Abweichungen von den Nennmaßen der Größe, Gestalt und der Lage von Bauteilen und Bauwerken begrenzen.

Für zeit- und lastabhängige Verformungen gilt die Begrenzung der Abweichungen durch die Festlegung von Toleranzen im Sinne dieser Norm nicht.

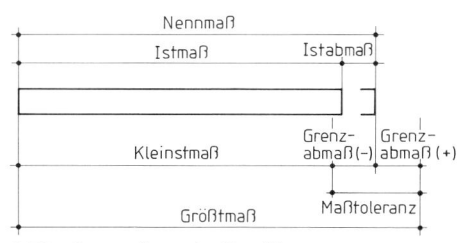

3.50 Anwendung der Begriffe

Anwendung

Die in DIN 18202 und DIN 18203 festgelegten Toleranzen stellen die im Rahmen üblicher Sorgfalt zu erreichende Genauigkeit dar. Sie gelten stets, soweit nicht andere Genauigkeiten vereinbart werden.

Werden andere Genauigkeiten vereinbart, so müssen sie in den Vertragsunterlagen, z. B. Leistungsverzeichnis, Zeichnungen, angegeben werden.

DIN 18202 Toleranzen im Hochbau; Bauwerke (Mai 1986)

Die in dieser Norm festgelegten Toleranzen gelten baustoffunabhängig für die Ausführung von Bauwerken auf der Grundlage von DIN 18201.
Es werden festgelegt:
- Grenzabmaße,
- Winkeltoleranzen,
- Ebenheitstoleranzen.

Grenzabmaße für Bauwerksmaße

Die in Tab. 3.51 festgelegten Grenzabmaße gelten für
- Längen, Breiten, Höhen, Achs- und Rastermaße,
- Öffnungen, z. B. für Fenster, Türen, Einbauelemente.

Tabelle 3.51 Grenzabmaße

Bezug	Grenzabmaße in mm bei Nennmaßen in m				
	bis 3	über 3 bis 6	über 6 bis 15	über 15 bis 30	über 30
Maße im Grundriß, z. B. Längen, Breiten, Achs- und Rastermaße	±12	±16	±20	±24	±30
Maße im Aufriß, z. B. Geschoßhöhen, Podesthöhen, Abstände von Aufstandsflächen und Konsolen	±16	±16	±20	±30	±30
Lichte Maße im Grundriß, z. B. Maße zwischen Stützen, Pfeilern usw.	±16	±20	±24	±30	–
Lichte Maße im Aufriß, z. B. unter Decken und Unterzügen	±20	±20	±30	–	–
Öffnungen, z. B. für Fenster, Türen, Einbauelemente	±12	±16	–	–	–
Öffnungen wie vor, jedoch mit oberflächenfertigen Leibungen	±10	±12	–	–	–

Durch Ausnutzen der Grenzabmaße der Tab. 3.51 dürfen die Grenzwerte für Stichmaße der Tab. 3.52 nicht überschritten werden.

Winkeltoleranzen

In Tab. 3.52 sind Stichmaße als Grenzwerte für Winkeltoleranzen festgelegt; diese gelten für vertikale, horizontale und geneigte Flächen, auch bei Öffnungen.

Tabelle 3.52 Winkeltoleranzen

Bezug	Grenzwerte für Stichmaße in mm bei Nennmaßen in m					
	bis 1	von 1 bis 3	über 3 bis 6	über 6 bis 15	über 15 bis 60	über 60
Vertikale, horizontale und geneigte Flächen	6	8	12	16	20	30

Durch Ausnutzen der Grenzwerte für Stichmaße der Tab. 3.52 dürfen die Grenzabmaße der Tab. 3.51 nicht überschritten werden.

Ebenheitstoleranzen

In Tab. **3**.53 sind Stichmaße als Grenzwerte für Ebenheitstoleranzen festgelegt; diese gelten für Flächen von Decken (Ober- und Unterseite), Estrichen, Bodenbelägen und Wänden.
Die Ebenheitstoleranz gilt unabhängig von der Lage einer Fläche.
Bei Mauerwerk, dessen Dicke gleich einem Steinmaß ist, gelten die Ebenheitstoleranzen nur für die bündige Seite.

Tabelle **3**.53   Ebenheitstoleranzen

Bezug	Grenzwerte für Stichmaße in mm bei Meßpunktabständen in m bis				
	0,1	1[1]	4[1]	10[1]	15[1]
Nichtflächenfertige Oberseiten von Decken, Unterbeton und Unterböden	10	15	20	25	30
Nichtflächenfertige Oberseiten von Decken, Unterbeton und Unterböden mit erhöhten Anforderungen, z. B. zur Aufnahme von schwimmenden Estrichen, Industrieböden, Fliesen- und Plattenbelägen, Verbundestrichen					
Fertige Oberflächen für untergeordnete Zwecke, z. B. in Lagerräumen, Kellern	5	8	12	15	20
Flächenfertige Böden, z. B. Estriche als Nutzestriche, Estriche zur Aufnahme von Bodenbelägen					
Bodenbeläge, Fliesenbeläge, gespachtelte und geklebte Beläge	2	4	10	12	15
Flächenfertige Böden mit erhöhter Anforderung, z. B. mit selbstverlaufenden Spachtelmassen	1	3	9	12	15
Nichtflächenfertige Wände und Unterseiten von Rohdecken	5	10	15	25	30
Flächenfertige Wände und Unterseiten von Decken, z. B. geputzte Wände, Wandbekleidungen, untergehängte Decken	3	5	10	20	25
Wie vor, jedoch mit erhöhten Anforderungen	2	3	8	15	20

[1] Zwischenwerte sind auf ganze mm zu runden.

Hinweis auf weitere Normen

DIN 18203-1   Toleranzen im Hochbau; Vorgefertigte Teile aus Beton und Stahlbeton
DIN 18203-2   Maßtoleranzen im Hochbau; Vorgefertigte Teile aus Stahl
DIN 18203-3   Toleranzen im Hochbau; Bauteile aus Holz und Holzwerkstoffen

3.2 Rahmenbedingungen der Planung

3.2.1 Verordnung über wohnungswirtschaftliche Berechnungen (Zweite Berechnungsverordnung – II.BV) vom 12. Oktober 1990

Inhaltsübersicht

Teil I
Allgemeine Vorschriften

1 Anwendungsbereich der Verordnung
1a bis 1d (weggefallen)

Teil II
Wirtschaftlichkeitsberechnung

Erster Abschnitt
Gegenstand, Gliederung und Aufstellung der Berechnung

2 Gegenstand der Berechnung
3 Gliederung der Berechnung
4 Maßgebende Verhältnisse für die Aufstellung der Berechnung
4a Berücksichtigung von Änderungen bei Aufstellung der Berechnung
4b Berechnung für steuerbegünstigten Wohnraum, der mit Aufwendungszuschüssen oder Aufwendungsdarlehen gefördert ist
4c Berechnung des angemessenen Kaufpreises aus den Gesamtkosten

Zweiter Abschnitt
Berechnung der Gesamtkosten

5 Gliederung der Gesamtkosten
6 Kosten des Baugrundstücks
7 Baukosten
8 Baunebenkosten
9 Sach- und Arbeitsleistungen
10 Leistungen gegen Renten
11 Änderung der Gesamtkosten, bauliche Änderungen
11a Nicht feststellbare Gesamtkosten

Dritter Abschnitt
Finanzierungsplan

12 Inhalt des Finanzierungsplanes
13 Fremdmittel
14 Verlorene Baukostenzuschüsse
15 Eigenleistungen
16 Ersatz der Eigenleistung
17 (weggefallen)

Vierter Abschnitt
Laufende Aufwendungen und Erträge

18 Laufende Aufwendungen
19 Kapitalkosten
20 Eigenkapitalkosten
21 Fremdkapitalkosten
22 Zinsersatz bei erhöhten Tilgungen
23 Änderung der Kapitalkosten
23a Marktüblicher Zinssatz für erste Hypotheken
24 Bewirtschaftungskosten
25 Abschreibung
26 Verwaltungskosten
27 Betriebskosten
28 Instandhaltungskosten
29 Mietausfallwagnis
30 Änderung der Bewirtschaftungskosten
31 Erträge

Fünfter Abschnitt
Besondere Arten der Wirtschaftlichkeitsberechnung

32 Voraussetzungen für besondere Arten der Wirtschaftlichkeitsberechnung
33 Teilwirtschaftlichkeitsberechnung
34 Gesamtkosten in der Teilwirtschaftlichkeitsberechnung
35 Finanzierungsmittel in der Teilwirtschaftlichkeitsberechnung
36 Laufende Aufwendungen und Erträge in der Teilwirtschaftlichkeitsberechnung
37 Gesamtwirtschaftlichkeitsberechnung
38 Teilberechnungen der laufenden Aufwendungen
39 Vereinfachte Wirtschaftlichkeitsberechnung
39a Zusatzberechnung

Teil III
Lastenberechnung

40 Lastenberechnung
40a Aufstellung der Lastenberechnung durch den Bauherrn
40b Aufstellung der Lastenberechnung durch den Erwerber
40c Ermittlung der Belastung
40d Belastung aus dem Kapitaldienst
41 Belastung aus der Bewirtschaftung

Teil IV
Wohnflächenberechnung

42 Wohnfläche
43 Berechnung der Grundfläche
44 Anrechenbare Grundfläche

Teil V
Schluß- und Überleitungsvorschriften

45 Befugnisse des Bauherrn und seines Rechtsnachfolgers
46 Überleitungsvorschriften
47 (weggefallen)
48 (weggefallen)
48a Berlin-Klausel
49 Geltung im Saarland
50 (Inkrafttreten)

Anlagen

Anlage 1 (zu § 5 Abs. 5): Aufstellung der Gesamtkosten
Anlage 2 (zu den §§ 11a und 34 Abs. 1): Berechnung des umbauten Raumes
Anlage 3 (zu § 27 Abs. 1): Aufstellung der Betriebskosten

Teil I
Allgemeine Vorschriften

§ 1
Anwendungsbereich der Verordnung

(1) Diese Verordnung ist anzuwenden, wenn

1. die Wirtschaftlichkeit, Belastung, Wohnfläche oder der angemessene Kaufpreis für öffentlich geförderten Wohnraum

   bei Anwendung des Zweiten Wohnungsbaugesetzes oder des Wohnungsbindungsgesetzes,

2. die Wirtschaftlichkeit, Belastung oder Wohnfläche für steuerbegünstigten oder freifinanzierten Wohnraum

   bei Anwendung des Zweiten Wohnungsbaugesetzes,

3. die Wirtschaftlichkeit, Wohnfläche oder der angemessene Kaufpreis

   bei Anwendung der Verordnung zur Durchführung des Wohnungsgemeinnützigkeitsgesetzes

zu berechnen ist.

(2) Diese Verordnung ist ferner anzuwenden, wenn in anderen Rechtsvorschriften die Anwendung vorgeschrieben oder vorausgesetzt ist. Das gleiche gilt, wenn in anderen Rechtsvorschriften die Anwendung der Ersten Berechnungsverordnung vorgeschrieben oder vorausgesetzt ist.

§§ 1a bis 1d

(weggefallen)

Teil II
Wirtschaftlichkeitsberechnung

Erster Abschnitt
Gegenstand, Gliederung und Aufstellung der Berechnung

§ 2
Gegenstand der Berechnung

(1) Die Wirtschaftlichkeit von Wohnraum wird durch eine Berechnung (Wirtschaftlichkeitsberechnung) ermittelt. In ihr sind die laufenden Aufwendungen zu ermitteln und den Erträgen gegenüberzustellen.

(2) Die Wirtschaftlichkeitsberechnung ist für das Gebäude, das den Wohnraum enthält, aufzustellen. Sie ist für eine Mehrheit solcher Gebäude aufzustellen, wenn sie eine Wirtschaftseinheit bilden. Eine Wirtschaftseinheit ist eine Mehrheit von Gebäuden, die demselben Eigentümer gehören, in örtlichem Zusammenhang stehen und deren Errichtung ein einheitlicher Finanzierungsplan zugrunde gelegt wird oder zugrunde gelegt werden soll. Ob der Errichtung einer Mehrheit von Gebäuden ein einheitlicher Finanzierungsplan zugrunde gelegt werden soll, bestimmt der Bauherr. Im öffentlich geförderten sozialen Wohnungsbau kann die Bewilligungsstelle die Bewilligung öffentlicher Mittel davon abhängig machen, daß der Bauherr eine andere Bestimmung über den Gegenstand der Berechnung trifft. Wird eine Wirtschaftseinheit in der Weise aufgeteilt, daß eine Mehrheit von Gebäuden bleibt, die demselben Eigentümer gehören und in örtlichem Zusammenhang stehen, so entsteht insoweit eine neue Wirtschaftseinheit.

(3) In die Wirtschaftlichkeitsberechnung sind außer dem Gebäude oder der Wirtschaftseinheit auch zugehörige Nebengebäude, Anlagen und Einrichtungen sowie das Baugrundstück einzubeziehen. Das Baugrundstück besteht aus den überbauten und den dazugehörigen Flächen, soweit sie einen angemessenen Umfang nicht überschreiten; bei einer Kleinsiedlung gehört auch die Landzulage dazu.

(4) Enthält das Gebäude oder die Wirtschaftseinheit neben dem Wohnraum, für die die Wirtschaftlichkeitsberechnung aufzustellen ist, noch anderen Raum, so ist die Wirtschaftlichkeitsberechnung unter den Voraussetzungen und nach Maßgabe des Fünften Abschnittes als Teilwirtschaftlichkeitsberechnung oder als Gesamtwirtschaftlichkeitsberechnung oder mit Teilberechnungen der laufenden Aufwendungen aufzustellen.

(5) Ist die Wirtschaftseinheit aufgeteilt worden, so sind Wirtschaftlichkeitsberechnungen, die nach der Aufteilung aufzustellen sind, für die einzelnen Gebäude oder, wenn neue Wirtschaftseinheiten entstanden sind, für die neuen Wirtschaftseinheiten aufzustellen; Entsprechendes gilt, wenn die Wirtschaftseinheit aufgeteilt werden soll und im Hinblick hierauf Wirtschaftlichkeitsberechnungen aufgestellt werden. Auf die Aufstellung der Wirtschaftlichkeitsberechnungen sind die Vorschriften über die Teilwirtschaftlichkeitsberechnung sinngemäß anzuwenden, soweit nicht eine andere Aufteilung aus besonderen Gründen angemessen ist; im öffentlich geförderten sozialen Wohnungsbau bedarf die Wahl einer anderen Aufteilung der Zustimmung der Bewilligungsstelle. Ist Wohnungseigentum an den Wohnungen einer Wirtschaftseinheit oder eines Gebäudes begründet, ist die Wirtschaftlichkeitsberechnung entsprechend Satz 2 für die einzelnen Wohnungen aufzustellen.

(6) Im öffentlich geförderten sozialen Wohnungsbau dürfen mehrere Gebäude, mehrere Wirtschaftseinheiten oder mehrere Gebäude und Wirtschaftseinheiten nachträglich zu einer Wirtschaftseinheit zusammengefaßt werden, sofern sie demselben Eigentümer gehören, in örtlichem Zusammenhang stehen und die Wohnungen keine wesentlichen Unterschiede in ihrem Wohnwert aufweisen. Die Zusammenfassung bedarf der Zustimmung der Bewilligungsstelle. Sie darf nur erteilt werden, wenn öffentlich geförderte Wohnungen in sämtlichen Gebäuden vorhanden sind. In die Wirtschaftlichkeitsberechnungen, die nach der Zusammenfassung aufgestellt werden, sind die bisherigen Gesamtkosten, Finanzierungsmittel und laufenden Aufwendungen zu übernehmen. Die öffentlichen Mittel gelten als für sämtliche öffentlich geförderten Wohnungen der zusammengefaßten Wirtschaftseinheit bewilligt.

(7) Absatz 6 gilt entsprechend im steuerbegünstigten oder freifinanzierten Wohnungsbau, der mit Wohnungsfürsorgemitteln gefördert worden ist. Anstelle der Zustimmung der Bewilligungsstelle ist die Zustimmung des Darlehns- oder Zuschußgebers erforderlich.

(8) Gelten nach § 15 Abs. 2 Satz 2 oder § 16 Abs. 2 oder 7 des Wohnungsbindungsgesetzes eine oder mehrere Wohnungen eines Gebäudes oder einer Wirtschaftseinheit nicht mehr als öffentlich gefördert, so bleibt für die übrigen Wohnungen die bisherige Wirtschaftlichkeitsberechnung mit den zulässigen Ansätzen für Gesamtkosten, Finanzierungsmittel und laufende Aufwendungen in der Weise maßgebend, wie sie für alle bisherigen öffentlich geförderten Wohnungen des Gebäudes oder der Wirtschaftseinheit maßgebend gewesen wäre.

§ 3
Gliederung der Berechnung

Die Wirtschaftlichkeitsberechnung muß enthalten

1. die Grundstücks- und Gebäudebeschreibung,
2. die Berechnung der Gesamtkosten,
3. den Finanzierungsplan,
4. die laufenden Aufwendungen und die Erträge.

§ 4
Maßgebende Verhältnisse für die Aufstellung der Berechnung

(1) Ist im öffentlich geförderten sozialen Wohnungsbau der Bewilligung der öffentlichen Mittel eine Wirtschaftlichkeitsberechnung zugrunde zu legen, so ist die Wirtschaftlichkeitsberechnung nach den Verhältnissen aufzustellen, die beim Antrag auf Bewilligung öffentlicher Mittel bestehen. Haben sich die Verhältnisse bis zur Bewilligung der öffentlichen Mittel geändert, so kann die Bewilligungsstelle der Bewilligung die geänderten Verhältnisse zugrunde legen; sie hat sie zugrunde zu legen, wenn der Bauherr es beantragt.

(2) Ist im öffentlich geförderten sozialen Wohnungsbau der Bewilligung der öffentlichen Mittel eine Wirtschaftlichkeitsberechnung nicht zugrunde gelegt worden, wohl aber eine ähnliche Berechnung oder eine Berechnung der Gesamtkosten und Finanzierungsmittel, so ist die Wirtschaftlichkeitsberechnung nach den Verhältnissen aufzustellen, die der Bewilligung auf Grund dieser Berechnung zugrunde gelegt worden sind; soweit dies nicht geschehen ist, ist die Wirtschaftlichkeitsberechnung nach den Verhältnissen aufzustellen, die bei der Bewilligung der öffentlichen Mittel bestanden haben.

(3) Ist im öffentlich geförderten sozialen Wohnungsbau der Bewilligung der öffentlichen Mittel eine Wirtschaftlichkeitsberechnung oder eine Berechnung der in Absatz 2 bezeichneten Art nicht zugrunde gelegt worden, so ist die Wirtschaftlichkeitsberechnung nach den Verhältnissen aufzustellen, die bei der Bewilligung der öffentlichen Mittel bestanden haben.

(4) Im steuerbegünstigten Wohnungsbau ist die Wirtschaftlichkeitsberechnung nach den Verhältnissen bei Bezugsfertigkeit aufzustellen.

§ 4a
Berücksichtigung von Änderungen bei Aufstellung der Berechnung

(1) Ist im öffentlich geförderten sozialen Wohnungsbau der Bewilligung der öffentlichen Mittel eine Wirtschaftlichkeitsberechnung zugrunde gelegt worden, so sind die Gesamtkosten, Finanzierungsmittel oder laufenden Aufwendungen, die bei der Bewilligung auf Grund dieser Berechnung zugrunde gelegt worden sind, in eine spätere Wirtschaftlichkeitsberechnung zu übernehmen, es sei denn, daß

1. sie sich nach der Bewilligung der öffentlichen Mittel geändert haben und ein anderer Ansatz in dieser Verordnung vorgeschrieben ist oder

2. nach der Bewilligung der öffentlichen Mittel bauliche Änderungen vorgenommen worden sind und ein anderer Ansatz in dieser Verordnung vorgeschrieben oder zugelassen ist oder

3. laufende Aufwendungen nicht oder nur in geringerer Höhe, als in dieser Verordnung vorgeschrieben oder zugelassen ist, in Anspruch genommen oder anerkannt worden sind oder auf ihren Ansatz ganz oder teilweise verzichtet worden ist oder

4. der Ansatz von laufenden Aufwendungen nach dieser Verordnung nicht mehr oder nur in geringerer Höhe zulässig ist.

In den Fällen der Nummern 3 und 4 bleiben die Gesamtkosten und die Finanzierungsmittel unverändert. Nummer 3 ist erst nach dem Ablauf von 6 Jahren seit der Bezugsfertigkeit der Wohnungen anzuwenden, es sei denn, daß eine andere Frist bei der Bewilligung der öffentlichen Mittel vereinbart worden ist.

(2) Ist im öffentlich geförderten sozialen Wohnungsbau der Bewilligung der öffentlichen Mittel eine Wirtschaftlichkeitsberechnung nicht zugrunde gelegt worden, wohl aber eine ähnliche Berechnung oder eine Berechnung der Gesamtkosten und Finanzierungsmittel, so gilt Absatz 1 entsprechend, soweit bei der Bewilligung auf Grund dieser Berechnung Gesamtkosten, Finanzierungsmittel oder laufende Aufwendungen zugrunde gelegt worden sind; im übrigen gilt Absatz 3 entsprechend.

(3) Ist im öffentlich geförderten sozialen Wohnungsbau der Bewilligung der öffentlichen Mittel eine Wirtschaftlichkeitsberechnung oder eine Berechnung der in Absatz 2 bezeichneten Art nicht zugrunde gelegt worden und haben sich die Gesamtkosten, Finanzierungsmittel oder laufenden Aufwendungen nach der Bewilligung der öffentlichen Mittel geändert oder sind danach bauliche Änderungen vorgenommen worden, so dürfen diese Änderungen nur berücksichtigt werden, soweit es sich bei entsprechender Anwendung der Vorschriften dieser Verordnung, die die Änderung von Gesamtkosten, Finanzierungsmitteln oder laufenden Aufwendungen oder die baulichen Änderungen zum Gegenstand haben, ergibt.

(4) Haben sich im steuerbegünstigten Wohnungsbau die Gesamtkosten, Finanzierungsmittel oder laufenden Aufwendungen nach der Bezugsfertigkeit geändert oder sind bauliche Änderungen vorgenommen worden, so dürfen diese Änderungen nur berücksichtigt werden, soweit es in dieser Verordnung vorgeschrieben oder zugelassen ist.

(5) Soweit eine Berücksichtigung geänderter Verhältnisse nach dieser Verordnung nicht zulässig ist, bleiben die Verhältnisse im Zeitpunkt nach § 4 maßgebend.

§ 4 b
Berechnung für steuerbegünstigten Wohnraum, der mit Aufwendungszuschüssen oder Aufwendungsdarlehen gefördert ist

(1) Ist die Wirtschaftlichkeit für steuerbegünstigte Wohnungen, die mit Aufwendungszuschüssen oder Aufwendungsdarlehen nach § 88 des Zweiten Wohnungsbaugesetzes gefördert worden sind, zu berechnen, so sind die Vorschriften für öffentlich geförderte Wohnungen entsprechend anzuwenden. Bei der entsprechenden Anwendung von § 4 Abs. 1 sind die Verhältnisse im Zeitpunkt der Bewilligung der Aufwendungszuschüsse oder Aufwendungsdarlehen zugrunde zu legen.

(2) Sind die in Absatz 1 bezeichneten Wohnungen auch mit einem Darlehen oder einem Zuschuß aus Wohnungsfürsorgemitteln gefördert worden, so sind die Vorschriften für steuerbegünstigte Wohnungen mit den Maßgaben aus § 6 Abs. 1 Satz 4 und § 20 Abs. 3 anzuwenden.

§ 4 c
Berechnung des angemessenen Kaufpreises aus den Gesamtkosten

Ist in Fällen des § 1 Abs. 1 Nr. 1 oder Nr. 3 der angemessene Kaufpreis zu berechnen, so sind die Vorschriften der §§ 4 und 4a bei der Ermittlung der Gesamtkosten, der Kosten des Baugrundstücks oder der Baukosten entsprechend anzuwenden, soweit sich aus § 54a Abs. 2 Satz 2 letzter Halbsatz des Zweiten Wohnungsbaugesetzes oder aus § 14 Abs. 2 Satz 3 der Durchführungsverordnung zum Wohnungsgemeinnützigkeitsgesetz nichts anderes ergibt. Im übrigen sind die Gesamtkosten, die Kosten des Baugrundstücks und die Baukosten nach den §§ 5 bis 11 a zu ermitteln.

Zweiter Abschnitt
Berechnung der Gesamtkosten

§ 5
Gliederung der Gesamtkosten

(1) Gesamtkosten sind die Kosten des Baugrundstücks und die Baukosten.

(2) Kosten des Baugrundstücks sind der Wert des Baugrundstücks, die Erwerbskosten und die Erschließungskosten. Kosten, die im Zusammenhang mit einer das Baugrundstück betreffenden freiwilligen oder gesetzlich geregelten Umlegung, Zusammenlegung oder Grenzregelung (Bodenordnung) entstehen, gehören zu den Erwerbskosten, außer den Kosten der dem Bauherrn dabei obliegenden Verwaltungsleistungen. Bei einem Erbbaugrundstück sind Kosten des Baugrundstücks nur die dem Erbbauberechtigten entstehenden Erwerbs- und Erschließungskosten; zu den Erwerbskosten des Erbbaurechts gehört auch ein Entgelt, das der Erbbauberechtigte einmalig für die Bestellung oder Übertragung des Erbbaurechts zu entrichten hat, soweit es angemessen ist.

(3) Baukosten sind die Kosten der Gebäude, die Kosten der Außenanlagen, die Baunebenkosten, die Kosten besonderer Betriebseinrichtungen sowie die Kosten des Gerätes und sonstiger Wirtschaftsausstattungen. Wird der Wert verwendeter Gebäudeteile angesetzt, so ist er unter den Baukosten gesondert auszuweisen.

(4) Baunebenkosten sind

1. die Kosten der Architekten- und Ingenieurleistungen,
2. die Kosten der dem Bauherrn obliegenden Verwaltungsleistungen bei Vorbereitung und Durchführung des Bauvorhabens,
3. die Kosten der Behördenleistungen bei Vorbereitung und Durchführung des Bauvorhabens, soweit sie nicht Erwerbskosten sind,
4. die Kosten der Beschaffung der Finanzierungsmittel, die Kosten der Zwischenfinanzierung und, soweit sie auf die Bauzeit fallen, die Kapitalkosten und die Steuerbelastungen des Baugrundstücks,
5. die Kosten der Beschaffung von Darlehen und Zuschüssen zur Deckung von laufenden Aufwendungen, Fremdkapitalkosten, Annuitäten und Bewirtschaftungskosten,
6. sonstige Nebenkosten bei Vorbereitung und Durchführung des Bauvorhabens.

(5) Der Ermittlung der Gesamtkosten ist die dieser Verordnung beigefügte Anlage 1 „Aufstellung der Gesamtkosten" zugrunde zu legen.

§ 6
Kosten des Baugrundstücks

(1) Als Wert des Baugrundstücks darf höchstens angesetzt werden,

1. wenn das Baugrundstück dem Bauherrn zur Förderung des Wohnungsbaues unter dem Verkehrswert überlassen worden ist, der Kaufpreis,
2. wenn das Baugrundstück durch Enteignung zur Durchführung des Bauvorhabens vom Bauherrn erworben worden ist, die Entschädigung,
3. in anderen Fällen der Verkehrswert in dem nach § 4 maßgebenden Zeitpunkt oder der Kaufpreis, es sei denn, daß er unangemessen hoch gewesen ist.

Für den Begriff des Verkehrswertes gilt § 194 des Baugesetzbuchs. Im steuerbegünstigten Wohnungsbau dürfen neben dem Verkehrswert Kosten der Zwischenfinanzierung, Kapitalkosten und Steuerbelastungen des Baugrundstücks, die auf die Bauzeit fallen, nicht angesetzt werden. Ist die Wirtschaftlichkeitsberechnung nach § 87 des Zweiten Wohnungsbaugesetzes aufzustellen, so darf der Bauherr den Wert des Baugrundstücks nach Satz 1 ansetzen, soweit nicht mit dem Darlehns- oder Zuschußgeber vertraglich ein anderer Ansatz vereinbart ist.

(2) Bei Ausbau durch Umwandlung oder Umbau darf als Wert des Baugrundstücks höchstens der Verkehrswert vergleichbarer unbebauter Grundstücke für Wohngebäude in dem nach § 4 maßgebenden Zeitpunkt angesetzt werden. Der Wert des Baugrundstücks darf nicht angesetzt werden beim Ausbau durch Umbau einer Wohnung, deren Bau bereits mit öffentlichen Mitteln oder mit Wohnungsfürsorgemitteln gefördert worden ist.

(3) Soweit Preisvorschriften in dem nach § 4 maßgebenden Zeitpunkt bestanden haben, dürfen höchstens die danach zulässigen Preise zugrunde gelegt werden.

(4) Erwerbskosten und Erschließungskosten dürfen, vorbehaltlich der §§ 9 und 10, nur angesetzt werden, soweit sie tatsächlich entstehen oder mit ihrem Entstehen sicher gerechnet werden kann.

(5) Wird die Erschließung im Zusammenhang mit dem Bauvorhaben durchgeführt, so darf außer den Erschließungskosten nur der Wert des nicht erschlossenen Baugrundstücks nach Absatz 1 angesetzt werden. Ist die Erschließung bereits vorher ganz oder teilweise durchgeführt worden, so kann der Wert des ganz oder teilweise erschlossenen Baugrundstücks nach Absatz 1 angesetzt werden, wenn ein Ansatz von Erschließungskosten insoweit unterbleibt.

(6) Liegt das Baugrundstück in dem nach § 4 maßgebenden Zeitpunkt in einem nach dem Städtebauförderungsgesetz oder dem Baugesetzbuch förmlich festgelegten Sanierungsgebiet, Ersatzgebiet, Ergänzungsgebiet oder Entwicklungsbereich und wird die Maßnahme nicht im vereinfachten Verfahren durchgeführt, dürfen abweichend von Absatz 1 Satz 1 und den Absätzen 2, 4 und 5 als Wert des Baugrundstücks und an Stelle der Erschließungskosten höchstens angesetzt werden

1. der Wert, der sich für das unbebaute Grundstück ergeben würde, wenn eine Sanierung oder Entwicklung weder beabsichtigt noch durchgeführt worden wäre, der Kaufpreis für ein nach der förmlichen Festlegung erworbenes Grundstück, soweit er gewissenhaft gewesen ist, oder, wenn eine Umlegung nach Maßgabe des § 16 des Städtebauförderungsgesetzes oder des § 153 Abs. 5 des Baugesetzbuches durchgeführt worden ist, der Verkehrswert, der der Zuteilung des Grundstücks zugrunde gelegt worden ist,

2. der Ausgleichsbetrag, der für das Grundstück zu entrichten ist,

3. der Betrag, der auf den Ausgleichsbetrag angerechnet wird, soweit die Anrechnung nicht auf Umständen beruht, die in dem nach Nummer 1 angesetzten Wert des Grundstücks berücksichtigt sind.

§ 7
Baukosten

(1) Baukosten dürfen nur angesetzt werden, soweit sie tatsächlich entstehen oder mit ihrem Entstehen sicher gerechnet werden kann und sie bei gewissenhafter Abwägung aller Umstände, bei wirtschaftlicher Bauausführung und bei ordentlicher Geschäftsführung gerechtfertigt sind. Kosten entstehen tatsächlich in der Höhe, in der der Bauherr eine Vergütung für Bauleistungen zu entrichten hat; ein Barzahlungsnachlaß (Skonto) braucht nicht abgesetzt zu werden, soweit er handelsüblich ist. Die Vorschriften der §§ 9 und 10 bleiben unberührt.

(2) Bei Wiederaufbau und bei Ausbau durch Umwandlung oder Umbau eines Gebäudes gehört zu den Baukosten auch der Wert der verwendeten Gebäudeteile. Der Wert der verwendeten Gebäudeteile ist mit dem Betrage anzusetzen, den ein Unternehmer für die Bauleistungen im Rahmen der Kosten des Gebäudes zu entrichten wäre, wenn an Stelle des Wiederaufbaues oder des Ausbaues ein Neubau durchgeführt würde, abzüglich der Kosten des Gebäudes, die für den Wiederaufbau oder den Ausbau tatsächlich entstehen oder mit deren Entstehen sicher gerechnet werden kann. Bei der Ermittlung der Kosten eines vergleichbaren Neubaues dürfen verwendete Gebäudeteile, die für einen Neubau nicht erforderlich gewesen wären, nicht berücksichtigt werden. Bei Wiederaufbau ist der Restbetrag der auf dem Grundstück ruhenden Hypothekengewinnabgabe von dem nach den Sätzen 2 und 3 ermittelten Wert der verwendeten Gebäudeteile mit dem Betrage abzuziehen, der sich vor Herabsetzung der Abgabeschulden nach § 104 des Lastenausgleichsgesetzes für den Herabsetzungsstichtag ergibt. § 6 Abs. 2 Satz 2 ist auf den Wert der verwendeten Gebäudeteile entsprechend anzuwenden.

(3) Bei Wiederherstellung, Ausbau eines Gebäudeteils und Erweiterung darf der Wert der verwendeten Gebäudeteile nur nach dem Fünften Abschnitt angesetzt werden.

§ 8
Baunebenkosten

(1) Auf die Ansätze für die Kosten der Architekten, Ingenieure und anderer Sonderfachleute, die Kosten der Verwaltungsleistungen bei Vorbereitung und Durchführung des Bauvorhabens und die damit zusammenhängenden Nebenkosten ist § 7 Abs. 1 anzuwenden. Als Kosten der Architekten- und Ingenieurleistungen dürfen höchstens die Beträge angesetzt werden, die sich nach Absatz 2 ergeben. Als Kosten der Verwaltungsleistungen dürfen höchstens die Beträge angesetzt werden, die sich nach den Absätzen 3 bis 5 ergeben.

(2) Der Berechnung des Höchstbetrages für die Kosten der Architekten- und Ingenieurleistungen sind die Teile I bis III und VII bis XII der Honorarordnung für Architekten und Ingenieure vom 17. September 1976 (BGBl. I S. 2805, 3616) in der jeweils geltenden Fassung zugrunde zu legen. Dabei dürfen

1. das Entgelt für Grundleistungen nach den Mindestsätzen der Honorartafeln in den Honorarzonen der Teile II, VIII, X und XII bis einschließlich Honorarzone III und der Teile IX und XI bis einschließlich Honorarzone II,

2. die nachgewiesenen Nebenkosten und

3. die auf das ansetzbare Entgelt und die nachgewiesenen Nebenkosten fallende Umsatzsteuer

angesetzt werden. Höhere Entgelte und Entgelte für andere Leistungen dürfen nur angesetzt werden, soweit die nach Satz 2 Nr. 1 zulässigen Ansätze den erforderlichen Leistungen nicht gerecht werden. Die in Satz 3 bezeichneten Entgelte dürfen nur angesetzt werden, soweit

1. im öffentlich geförderten sozialen Wohnungsbau die Bewilligungsstelle,

2. im steuerbegünstigten oder freifinanzierten Wohnungsbau, der mit Wohnungsfürsorgemitteln gefördert worden ist, der Darlehns- oder Zuschußgeber

ihnen zugestimmt hat.

(3) Der Berechnung des Höchstbetrages für die Kosten der Verwaltungsleistungen ist ein Vomhundertsatz der Baukosten ohne Baunebenkosten und, soweit der Bauherr die Erschließung auf eigene Rechnung durchführt, auch

der Erschließungskosten zugrunde zu legen, und zwar bei Kosten in der Stufe

1. bis 250 000 Deutsche Mark einschließlich
   3,40 vom Hundert,
2. bis 500 000 Deutsche Mark einschließlich
   3,10 vom Hundert,
3. bis 1 000 000 Deutsche Mark einschließlich
   2,80 vom Hundert,
4. bis 1 600 000 Deutsche Mark einschließlich
   2,50 vom Hundert,
5. bis 2 500 000 Deutsche Mark einschließlich
   2,20 vom Hundert,
6. bis 3 500 000 Deutsche Mark einschließlich
   1,90 vom Hundert,
7. bis 5 000 000 Deutsche Mark einschließlich
   1,60 vom Hundert,
8. bis 7 000 000 Deutsche Mark einschließlich
   1,30 vom Hundert,
9. über 7 000 000 Deutsche Mark
   1,00 vom Hundert.

Die Vomhundertsätze erhöhen sich

1. um 0,5 im Falle der Betreuung des Baues von Eigenheimen, Eigensiedlungen und Eigentumswohnungen sowie im Falle des Baues von Kaufeigenheimen, Trägerkleinsiedlungen und Kaufeigentumswohnungen,
2. um 0,5, wenn besondere Maßnahmen zur Bodenordnung (§ 5 Abs. 2 Satz 2) notwendig sind,
3. um 0,5, wenn die Vorbereitung oder Durchführung des Bauvorhabens mit sonstigen besonderen Verwaltungsschwierigkeiten verbunden ist,
4. um 1,5, wenn für den Bau eines Familienheims oder einer eigengenutzten Eigentumswohnung Selbsthilfe in Höhe von mehr als 10 vom Hundert der Baukosten geleistet wird.

Erhöhungen nach den Nummern 1, 2 und 3 sowie nach den Nummern 2 und 4 dürfen nebeneinander angesetzt werden. Bei der Berechnung des Höchstbetrages für die Kosten von Verwaltungsleistungen, die bei baulichen Änderungen nach § 11 Abs. 4 bis 6 erbracht werden, sind Satz 1 und Satz 2 Nr. 3 entsprechend anzuwenden. Neben dem Höchstbetrag darf die Umsatzsteuer angesetzt werden.

(4) Statt des Höchstbetrages, der sich aus den nach Absatz 3 Satz 1 oder 4 maßgebenden Kosten und dem Vomhundertsatz der entsprechenden Kostenstufe ergibt, darf der Höchstbetrag der vorangehenden Kostenstufe gewählt werden. Die aus Absatz 3 Satz 2 und folgenden Erhöhungen werden in den Fällen des Absatzes 3 Satz 1 hinzugerechnet. Absatz 3 Satz 5 gilt entsprechend.

(5) Wird der angemessene Kaufpreis nach § 4 c für Teile einer Wirtschaftseinheit aus den Gesamtkosten ermittelt, so sind für die Berechnung des Höchstbetrages nach den Absätzen 3 und 4 die Kosten für das einzelne Gebäude zugrunde zu legen; der Kostenansatz dient auch zur Deckung der Kosten dem Bauherrn im Zusammenhang mit der Eigentumsübertragung obliegenden Verwaltungsleistungen. Bei Eigentumswohnungen und Kaufeigentumswohnungen sind für die Berechnung der Kosten der Verwaltungsleistungen die Kosten für die einzelnen Wohnungen zugrunde zu legen.

(6) Der Kostenansatz nach den Absätzen 3 bis 5 dient auch zur Deckung der Kosten der Verwaltungsleistungen, die der Bauherr oder der Betreuer zur Beschaffung von Finanzierungsmitteln erbringt.

(7) Kosten der Beschaffung der Finanzierungsmittel dürfen nicht für den Nachweis oder die Vermittlung von Mitteln aus öffentlichen Haushalten angesetzt werden.

(8) Als Kosten der Zwischenfinanzierung dürfen nur Kosten für Darlehen oder die vom Bauherrn angesetzt werden, deren Ersetzung durch zugesagte oder sicher in Aussicht stehende endgültige Finanzierungsmittel bereits bei dem Einsatz der Zwischenfinanzierungsmittel gewährleistet ist. Eine Verzinsung der vom Bauherrn zur Zwischenfinanzierung eingesetzten eigenen Mittel darf höchstens mit dem marktüblichen Zinssatz für erste Hypotheken angesetzt werden. Kosten der Zwischenfinanzierung dürfen, vorbehaltlich des § 11, nur angesetzt werden, soweit sie auf die Bauzeit bis zur Bezugsfertigkeit entfallen.

(9) Auf die Eigenkapitalkosten in der Bauzeit ist § 20 entsprechend anzuwenden. § 6 Abs. 1 Satz 3 bleibt unberührt.

§ 9
Sach- und Arbeitsleistungen

(1) Der Wert der Sach- und Arbeitsleistungen des Bauherrn, vor allem der Wert der Selbsthilfe, darf bei den Gesamtkosten mit dem Betrage angesetzt werden, der für eine gleichwertige Unternehmerleistung angesetzt werden könnte. Der Wert der Architekten-, Ingenieur- und Verwaltungsleistungen des Bauherrn darf mit den nach § 8 Abs. 2 Satz 2 Nr. 1 und Abs. 3 zulässigen Höchstbeträgen angesetzt werden. Erbringt der Bauherr die Leistungen nur zu einem Teil, so darf nur der den Leistungen entsprechende Teil der Höchstbeträge als Eigenleistungen angesetzt werden.

(2) Absatz 1 gilt entsprechend für den Wert der Sach- und Arbeitsleistungen des Bewerbers um ein Kaufeigenheim, eine Trägerkleinsiedlung, eine Kaufeigentumswohnung sowie einer Genossenschaftswohnung sowie für den Wert der Sach- und Arbeitsleistungen des Mieters.

(3) Die Absätze 1 und 2 gelten entsprechend, wenn der Bauherr, der Bewerber oder der Mieter Sach- und Arbeitsleistungen mit eigenen Arbeitnehmern im Rahmen seiner gewerblichen oder unternehmerischen Tätigkeit oder auf Grund seines Berufes erbringt.

§ 10
Leistungen gegen Renten

(1) Sind als Entgelt für eine der Vorbereitung oder Durchführung des Bauvorhabens dienende Leistung eines Dritten wiederkehrende Leistungen zu entrichten, so darf der Wert der Leistung des Dritten bei den Gesamtkosten angesetzt werden,

1. wenn es sich um die Übereignung des Baugrundstücks handelt, mit dem Verkehrswert,
2. wenn es sich um eine andere Leistung handelt, mit dem Betrage, der für eine gleichwertige Unternehmerleistung angesetzt werden könnte.

(2) Absatz 1 gilt nicht für die Bestellung eines Erbbaurechts.

§ 11
Änderung der Gesamtkosten, bauliche Änderungen

(1) Haben sich die Gesamtkosten geändert
1. im öffentlich geförderten sozialen Wohnungsbau nach der Bewilligung der öffentlichen Mittel gegenüber dem bei der Bewilligung auf Grund der Wirtschaftlichkeitsberechnung zugrunde gelegten Betrag,
2. im steuerbegünstigten Wohnungsbau nach der Bezugsfertigkeit,

so sind in Wirtschaftlichkeitsberechnungen, die nach diesen Zeitpunkten aufgestellt werden, die geänderten Gesamtkosten anzusetzen. Dies gilt bei einer Erhöhung der Gesamtkosten nur, wenn sie auf Umständen beruht, die der Bauherr nicht zu vertreten hat. Bei öffentlich gefördertem Wohnraum, auf den das Zweite Wohnungsbaugesetz nicht anwendbar ist, dürfen erhöhte Gesamtkosten nur angesetzt werden, wenn sie in der Schlußabrechnung oder sonst von der Bewilligungsstelle anerkannt worden sind.

(2) Wertänderungen sind nicht als Änderungen der Gesamtkosten anzusehen.

(3) Die Gesamtkosten können sich auch dadurch erhöhen,
1. daß sich innerhalb von zwei Jahren nach der Bezugsfertigkeit Kosten der Zwischenfinanzierung ergeben, welche die für die endgültigen Finanzierungsmittel nach den §§ 19 bis 23 a angesetzten Kapitalkosten übersteigen oder
2. daß bei einer Ersetzung von Finanzierungsmitteln durch andere Mittel nach § 12 Abs. 4 einmalige Kosten entstehen oder
3. daß durch die Verlängerung der vereinbarten Laufzeit oder durch die Anpassung der Bedingungen nach der vereinbarten Festzinsperiode eines im Finanzierungsplan ausgewiesenen Darlehens einmalige Kosten entstehen, soweit sie auch bei einer Ersetzung nach § 12 Abs. 4 entstehen würden.

(4) Sind
1. im öffentlich geförderten sozialen Wohnungsbau nach der Bewilligung der öffentlichen Mittel,
2. im steuerbegünstigten Wohnungsbau nach der Bezugsfertigkeit

bauliche Änderungen vorgenommen worden, so dürfen die durch die Änderungen entstehenden Kosten nach den Absätzen 5 und 6 den Gesamtkosten hinzugerechnet werden. Erneuerungen, Instandhaltungen und Instandsetzungen sind keine baulichen Änderungen; jedoch fallen Instandsetzungen, die durch Maßnahmen der Modernisierung (Absatz 6) verursacht werden, unter die Modernisierung.

(5) Die Kosten von baulichen Änderungen dürfen den Gesamtkosten nur hinzugerechnet werden, soweit die Änderungen
1. auf Umständen beruhen, die der Bauherr nicht zu vertreten hat, oder eine Modernisierung (Absatz 6) bewirken und dem gesamten Wohnraum zugute kommen, für den eine Wirtschaftlichkeitsberechnung aufzustellen ist, oder
2. dem Ausbau eines Gebäudeteils oder der Erweiterung dienen und nicht Modernisierung sind, es sei denn, daß es sich nur um die Vergrößerung eines Teils der Wohnungen handelt, für die eine Wirtschaftlichkeitsberechnung aufzustellen ist.

(6) Modernisierung sind bauliche Maßnahmen, die den Gebrauchswert des Wohnraums nachhaltig erhöhen, die allgemeinen Wohnverhältnisse auf die Dauer verbessern oder nachhaltig Einsparung von Heizenergie bewirken. Modernisierung sind auch der Ausbau und der Anbau im Sinne des § 17 Abs. 1 Satz 2 und Abs. 2 des Zweiten Wohnungsbaugesetzes, soweit die baulichen Maßnahmen den Gebrauchswert des bestehenden Wohnraums nachhaltig erhöhen.

(7) Eine Modernisierung darf im öffentlich geförderten sozialen Wohnungsbau nur berücksichtigt werden, wenn die Bewilligungsstelle ihr zugestimmt hat. Die Zustimmung gilt als erteilt, wenn Mittel aus öffentlichen Haushalten für die Modernisierung bewilligt worden sind.

§ 11 a
Nicht feststellbare Gesamtkosten

Sind die Bau-, Erwerbs- oder Erschließungskosten nach § 6 Abs. 4 und 5, den §§ 7 bis 11 ganz oder teilweise nicht oder nur mit verhältnismäßig großen Schwierigkeiten festzustellen, so dürfen insoweit die Kosten angesetzt werden, die zu der Zeit, als die Leistungen erbracht worden sind, marktüblich waren. Die marktüblichen Kosten der Gebäude (§ 5 Abs. 3) können nach Erfahrungssätzen über die Kosten des umbauten Raumes bei Hochbauten berechnet werden. Bei der Berechnung des umbauten Raumes ist die Anlage 2 dieser Verordnung zugrunde zu legen.

Dritter Abschnitt
Finanzierungsplan

§ 12
Inhalt des Finanzierungsplanes

(1) Im Finanzierungsplan sind die Mittel auszuweisen, die zur Deckung der in der Wirtschaftlichkeitsberechnung angesetzten Gesamtkosten dienen (Finanzierungsmittel), und zwar
1. die Fremdmittel mit dem Nennbetrag und mit den vereinbarten oder vorgesehenen Auszahlungs-, Zins- und Tilgungsbedingungen, auch wenn sie planmäßig getilgt sind,
2. die verlorenen Baukostenzuschüsse,
3. die Eigenleistungen.

Vor- oder Zwischenfinanzierungsmittel sind nicht als Finanzierungsmittel auszuweisen.

(2) Werden nach § 11 Abs. 1 bis 3 geänderte Gesamtkosten angesetzt, so sind die Finanzierungsmittel auszuweisen, die zur Deckung der geänderten Gesamtkosten dienen.

(3) Werden nach § 11 Abs. 4 bis 6 die Kosten von baulichen Änderungen den Gesamtkosten hinzugerechnet, so sind die Mittel, die zur Deckung dieser Kosten dienen, im Finanzierungsplan auszuweisen. Für diese Mittel gelten die Vorschriften über Finanzierungsmittel.

(4) Sind

1. im öffentlich geförderten sozialen Wohnungsbau nach der Bewilligung der öffentlichen Mittel oder

2. im steuerbegünstigten Wohnungsbau nach der Bezugsfertigkeit

Finanzierungsmittel durch andere Mittel ersetzt worden, so sind die neuen Mittel an der Stelle der bisherigen Finanzierungsmittel auszuweisen. Sind die Kapitalkosten der neuen Mittel zusammen mit den Kapitalkosten der Mittel, die der Deckung der einmaligen Kosten der Ersetzung dienen, höher als die Kapitalkosten der bisherigen Finanzierungsmittel, so sind die neuen Mittel nur auszuweisen, wenn die Ersetzung auf Umständen beruht, die der Bauherr nicht zu vertreten hat. Bei einem Tilgungsdarlehen ist der Betrag, der planmäßig getilgt ist, unter Hinweis hierauf in der bisherigen Weise auszuweisen; die Sätze 1 und 2 finden auf diesen Betrag keine Anwendung.

(5) Sind die als Darlehen gewährten öffentlichen Mittel gemäß § 16 des Wohnungsbindungsgesetzes vorzeitig zurückgezahlt oder abgelöst worden, so sind die zur Rückzahlung oder Ablösung aufgewandten Finanzierungsmittel an der Stelle der öffentlichen Mittel auszuweisen. Der Betrag des Darlehens, der planmäßig getilgt oder bei der Ablösung erlassen ist, ist unter Hinweis hierauf in der bisherigen Weise auszuweisen.

(6) Ist die Verbindlichkeit aus einem Aufbaudarlehen, das dem Bauherrn gewährt worden ist, nach Zuerkennung des Anspruchs auf Hauptentschädigung gemäß § 258 Abs. 1 Nr. 2 des Lastenausgleichsgesetzes ganz oder teilweise als nicht entstanden anzusehen, so gilt das Aufbaudarlehen insoweit als durch eigene Mittel des Bauherrn ersetzt. Die Ersetzung gilt als auf Umständen beruhend, die der Bauherr nicht zu vertreten hat, und von dem Zeitpunkt an als eingetreten, zu dem der Bescheid über die Zuerkennung des Anspruchs auf Hauptentschädigung unanfechtbar geworden ist.

§ 13
Fremdmittel

(1) Fremdmittel sind

1. Darlehen,

2. gestundete Restkaufgelder,

3. gestundete öffentliche Lasten des Baugrundstücks außer der Hypothekengewinnabgabe,

4. kapitalisierte Beträge wiederkehrender Leistungen, namentlich von Rentenschulden,

5. Mietvorauszahlungen,

die zur Deckung der Gesamtkosten dienen.

(2) Vor der Bebauung vorhandene Verbindlichkeiten, die auf dem Baugrundstück dinglich gesichert sind, gelten als Fremdmittel, soweit sie den Wert des Baugrundstücks und der verwendeten Gebäudeteile nicht übersteigen.

(3) Kapitalisierte Beträge wiederkehrender Leistungen, namentlich von Rentenschulden, dürfen höchstens mit dem Betrage ausgewiesen werden, der bei den Gesamtkosten für die Gegenleistung nach § 10 angesetzt ist.

§ 14
Verlorene Baukostenzuschüsse

Verlorene Baukostenzuschüsse sind Geld-, Sach- und Arbeitsleistungen an den Bauherrn, die zur Deckung der Gesamtkosten dienen und erbracht werden, um den Gebrauch von Wohn- oder Geschäftsraum zu erlangen oder Kapitalkosten zu ersparen, ohne daß vereinbart ist, den Wert der Leistung zurückzuerstatten oder mit der Miete oder einem ähnlichen Entgelt zu verrechnen oder als Vorauszahlung hierauf zu behandeln. Verlorene Baukostenzuschüsse sind auch Geldleistungen, mit denen die Gemeinde dem Eigentümer Kosten der Modernisierung erstattet oder die ihm vom Land oder von der Gemeinde als Modernisierungszuschüsse gewährt werden.

§ 15
Eigenleistungen

(1) Eigenleistungen sind die Leistungen des Bauherrn, die zur Deckung der Gesamtkosten dienen, namentlich

1. Geldmittel,

2. der Wert der Sach- und Arbeitsleistungen, vor allem der Wert der eingebrachten Baustoffe und der Selbsthilfe,

3. der Wert des eigenen Baugrundstücks und der Wert verwendeter Gebäudeteile.

(2) Als Eigenleistung kann auch ganz oder teilweise ausgewiesen werden

1. ein Barzahlungsnachlaß (Skonto), wenn bei den Gesamtkosten die vom Bauherrn zu entrichtende Vergütung in voller Höhe angesetzt ist,

2. der Wert von Sach- und Arbeitsleistungen, die der Bauherr mit eigenen Arbeitskräften im Rahmen seiner gewerblichen oder unternehmerischen Tätigkeit oder auf Grund seines Berufes erbringt.

(3) Die in Absatz 1 Nr. 2 und 3 bezeichneten Werte sind, vorbehaltlich der Absätze 2 und 4, mit dem Betrage auszuweisen, der bei den Gesamtkosten angesetzt ist.

(4) Bei Ermittlung der Eigenleistung sind gestundete Restkaufgelder und die in § 13 Abs. 2 bezeichneten Verbindlichkeiten mit dem Betrage abzuziehen, mit dem sie im Finanzierungsplan als Fremdmittel ausgewiesen sind.

§ 16
Ersatz der Eigenleistung

(1) Im öffentlich geförderten sozialen Wohnungsbau sind von der Bewilligungsstelle, soweit der Bauherr nichts anderes beantragt, als Ersatz der Eigenleistung anzuerkennen

1. ein der Restfinanzierung dienendes Familienzusatzdarlehen nach § 45 des Zweiten Wohnungsbaugesetzes,

2. ein Aufbaudarlehen an den Bauherrn nach § 254 des Lastenausgleichsgesetzes oder ein ähnliches Darlehen aus Mitteln eines öffentlichen Haushalts,

3. ein Darlehen an den Bauherrn zur Beschaffung von Wohnraum nach § 30 des Kriegsgefangenenentschädigungsgesetzes.

(2) Im öffentlich geförderten sozialen Wohnungsbau kann die Bewilligungsstelle auf Antrag des Bauherrn ganz oder teilweise als Ersatz der Eigenleistung anerkennen
1. der Restfinanzierung dienende verlorene Baukostenzuschüsse, soweit ihre Annahme nach § 50 Abs. 1 des Zweiten Wohnungsbaugesetzes zulässig ist,
2. auf dem Baugrundstück nicht dinglich gesicherte Fremdmittel,
3. im Range nach dem der nachstelligen Finanzierung dienenden öffentlichen Baudarlehen auf dem Baugrundstück dinglich gesicherte Fremdmittel,
4. der Restfinanzierung dienende öffentliche Baudarlehen.

(3) Für die als Ersatz der Eigenleistung anerkannten Finanzierungsmittel gelten im übrigen die Vorschriften für Fremdmittel oder verlorene Baukostenzuschüsse.

§ 17

(weggefallen)

Vierter Abschnitt
Laufende Aufwendungen und Erträge

§ 18
Laufende Aufwendungen

(1) Laufende Aufwendungen sind die Kapitalkosten und die Bewirtschaftungskosten. Zu den laufenden Aufwendungen gehören nicht die Leistungen aus der Hypothekengewinnabgabe.

(2) Werden dem Bauherrn Darlehen oder Zuschüsse zur Deckung von laufenden Aufwendungen, Fremdkapitalkosten, Annuitäten oder Bewirtschaftungskosten für den gesamten Wohnraum gewährt, für den eine Wirtschaftlichkeitsberechnung aufzustellen ist, so verringert sich der Gesamtbetrag der laufenden Aufwendungen entsprechend. Der verringerte Gesamtbetrag ist auch für die Zeit anzusetzen, in der diese Darlehen oder Zuschüsse für einen Teil des Wohnraums entfallen oder in der sie aus solchen Gründen nicht mehr gewährt werden, die der Bauherr zu vertreten hat. Entfallen die Darlehen oder Zuschüsse für den gesamten Wohnraum aus Gründen, die der Bauherr nicht zu vertreten hat, so erhöht sich der Gesamtbetrag der laufenden Aufwendungen entsprechend; dies gilt nicht, soweit Darlehen oder Zuschüsse nach vollständiger Tilgung anderer Finanzierungsmittel verringert werden.

(3) Zinsen und Tilgungen, die planmäßig für Aufwendungsdarlehen im Sinne des § 42 Abs. 1 Satz 2 oder § 88 Abs. 1 Satz 1 des Zweiten Wohnungsbaugesetzes oder im Sinne des § 2 a Abs. 9 des Gesetzes zur Förderung des Bergarbeiterwohnungsbaues im Kohlenbergbau zu entrichten sind, erhöhen den Gesamtbetrag der laufenden Aufwendungen. Zinsen und Tilgungen, die planmäßig für Annuitätsdarlehen im Sinne des § 42 Abs. 1 Satz 2 des Zweiten Wohnungsbaugesetzes zu entrichten sind, erhöhen den Gesamtbetrag der laufenden Aufwendungen; dies

gilt jedoch nicht für Tilgungsbeträge für Annuitätsdarlehen, soweit diese zur Deckung der für Finanzierungsmittel zu entrichtenden Tilgungen bewilligt worden sind.

(4) Sind Aufwendungs- oder Annuitätsdarlehen gemäß § 16 des Wohnungsbindungsgesetzes vorzeitig zurückgezahlt oder abgelöst worden, dürfen für den zur Rückzahlung oder Ablösung aufgewendeten Betrag vorbehaltlich des § 46 Abs. 2 keine höheren Zinsen und Tilgungen dem Gesamtbetrag der laufenden Aufwendungen hinzugerechnet werden, als im Zeitpunkt der Rückzahlung oder Ablösung für das Aufwendungs- oder Annuitätsdarlehen zu entrichten waren; soweit Annuitätsdarlehen zur Deckung der für Finanzierungsmittel zu entrichtenden Tilgungen bewilligt worden sind, können für das Ersatzfinanzierungsmittel Tilgungsbeträge nicht angesetzt werden.

§ 19
Kapitalkosten

(1) Kapitalkosten sind die Kosten, die sich aus der Inanspruchnahme der im Finanzierungsplan ausgewiesenen Finanzierungsmittel ergeben, namentlich die Zinsen. Zu den Kapitalkosten gehören die Eigenkapitalkosten und die Fremdkapitalkosten.

(2) Leistungen aus Nebenverträgen, namentlich aus dem Abschluß von Personenversicherungen, dürfen als Kapitalkosten auch dann nicht angesetzt werden, wenn der Nebenvertrag der Beschaffung von Finanzierungsmitteln oder sonst dem Bauvorhaben gedient hat.

(3) Für verlorene Baukostenzuschüsse ist der Ansatz von Kapitalkosten unzulässig.

(4) Tilgungen dürfen als Kapitalkosten nur nach § 22 angesetzt werden.

(5) Dienen Finanzierungsmittel zur Deckung von Gesamtkosten, mit deren Entstehen sicher gerechnet werden kann, die aber bis zur Bezugsfertigkeit nicht entstanden sind, dürfen Kapitalkosten hierfür nicht vor dem Entstehen dieser Gesamtkosten angesetzt werden.

§ 20
Eigenkapitalkosten

(1) Eigenkapitalkosten sind die Zinsen für die Eigenleistungen.

(2) Für Eigenleistungen darf eine Verzinsung in Höhe des im Zeitpunkt nach § 4 marktüblichen Zinssatzes für erste Hypotheken angesetzt werden. Im öffentlich geförderten sozialen Wohnungsbau darf für den Teil der Eigenleistungen, der 15 vom Hundert der Gesamtkosten des Bauvorhabens nicht übersteigt, eine Verzinsung von 4 vom Hundert angesetzt werden; für den darüber hinausgehenden Teil der Eigenleistungen darf angesetzt werden
a) eine Verzinsung in Höhe des marktüblichen Zinssatzes für erste Hypotheken, sofern die öffentlichen Mittel vor dem 1. Januar 1974 bewilligt worden sind,
b) in den übrigen Fällen eine Verzinsung in Höhe von 6,5 vom Hundert.

(3) Ist die Wirtschaftlichkeitsberechnung nach § 87 a des Zweiten Wohnungsbaugesetzes aufzustellen, so dürfen die Zinsen für die Eigenleistungen nach dem Zinssatz

angesetzt werden, der mit dem Darlehns- oder Zuschußgeber vereinbart ist, mindestens jedoch entsprechend Absatz 2 Satz 2.

§ 21
Fremdkapitalkosten

(1) Fremdkapitalkosten sind die Kapitalkosten, die sich aus der Inanspruchnahme der Fremdmittel ergeben, namentlich

1. Zinsen für Fremdmittel,
2. laufende Kosten, die aus Bürgschaften für Fremdmittel entstehen,
3. sonstige wiederkehrende Leistungen aus Fremdmitteln, namentlich aus Rentenschulden.

Als Fremdkapitalkosten gelten auch die Erbbauzinsen. Laufende Nebenleistungen, namentlich Verwaltungskostenbeiträge, sind wie Zinsen zu behandeln.

(2) Zinsen für Fremdmittel, namentlich für Tilgungsdarlehen, sind mit dem Betrage anzusetzen, der sich aus dem im Finanzierungsplan ausgewiesenen Fremdmittel mit dem maßgebenden Zinssatz errechnet.

(3) Maßgebend ist, soweit nichts anderes vorgeschrieben ist, der vereinbarte Zinssatz oder, wenn die Zinsen tatsächlich nach einem niedrigeren Zinssatz zu entrichten sind, dieser, höchstens jedoch der für erste Hypotheken im Zeitpunkt nach § 4 marktübliche Zinssatz. Der niedrigere Zinssatz bleibt maßgebend

1. nach der planmäßigen Tilgung des Fremdmittels,
2. nach der Ersetzung des Fremdmittels durch andere Mittel, deren Kapitalkosten höher sind, wenn die Ersetzung auf Umständen beruht, die der Bauherr zu vertreten hat; § 23 Abs. 5 bleibt unberührt.

(4) Fremdkapitalkosten nach Absatz 1 Nr. 3 und Erbbauzinsen sind, soweit nichts anderes vorgeschrieben ist, in der vereinbarten Höhe oder, wenn der tatsächlich zu entrichtende Betrag niedriger ist, in dieser Höhe anzusetzen, höchstens jedoch mit dem Betrag, der einer Verzinsung zu dem im Zeitpunkt nach § 4 marktüblichen Zinssatz für erste Hypotheken entspricht; für die Berechnung dieser Verzinsung ist bei einem Erbbaurecht höchstens der im Zeitpunkt nach § 4 maßgebende Verkehrswert des Baugrundstücks, abzüglich eines einmaligen Entgeltes nach § 5 Abs. 2 Satz 2, zugrunde zu legen.

§ 22
Zinsersatz bei erhöhten Tilgungen

(1) Bei unverzinslichen Fremdmitteln, deren Tilgungssatz 1 vom Hundert übersteigt, dürfen Tilgungen als Kapitalkosten angesetzt werden (Zinsersatz); das gleiche gilt, wenn der Zinssatz niedriger als 4 vom Hundert ist.

(2) Der Ansatz für Zinsersatz darf bei den einzelnen Fremdmitteln deren Tilgung nicht überschreiten und zusammen mit dem Ansatz für Zinsen nicht höher sein als der Betrag, der sich aus einer Verzinsung des Fremdmittels mit 4 vom Hundert ergibt. Die Summe aller Ansätze für Zinsersatz darf auch nicht die Summe der Tilgungen übersteigen, die aus der gesamten Abschreibung nicht gedeckt werden können (erhöhte Tilgungen).

(3) Im öffentlich geförderten sozialen Wohnungsbau sind Ansätze für Zinsersatz nur insoweit zulässig, als die Bewilligungsstelle zustimmt.

(4) Auf Mietvorauszahlungen und Mieterdarlehen sind die Vorschriften über den Zinsersatz nicht anzuwenden.

(5) Ist vor dem 1. Januar 1971 ein höherer Ansatz für Zinsersatz zugelassen worden oder zulässig gewesen, als er nach den Absätzen 1 bis 4 zulässig ist, darf der höhere Ansatz in Härtefällen für die Dauer der erhöhten Tilgungen in eine nach dem 30. Juni 1972 aufgestellte Wirtschaftlichkeitsberechnung aufgenommen werden, soweit

1. im öffentlich geförderten sozialen Wohnungsbau die Bewilligungsstelle,
2. im steuerbegünstigten oder freifinanzierten Wohnungsbau, der mit Wohnungsfürsorgemitteln gefördert worden ist, der Darlehns- oder Zuschußgeber,
3. im sonstigen Wohnungsbau von gemeinnützigen Wohnungsunternehmen die Anerkennungsbehörde

zustimmt. Dem höheren Ansatz soll zugestimmt werden, soweit der seit dem 1. Januar 1971 zulässige Ansatz unter Berücksichtigung aller Umstände des Einzelfalles für den Vermieter zu einer unbilligen Härte führen würde. Dem Ansatz von Zinsersatz für Mietvorauszahlungen oder Mieterdarlehen darf nicht zugestimmt werden.

§ 23
Änderung der Kapitalkosten

(1) Hat sich der Zins- oder Tilgungssatz für ein Fremdmittel geändert

1. im öffentlich geförderten sozialen Wohnungsbau nach der Bewilligung der öffentlichen Mittel gegenüber dem bei der Bewilligung auf Grund der Wirtschaftlichkeitsberechnung zugrunde gelegten Satz,
2. im steuerbegünstigten Wohnungsbau nach der Bezugsfertigkeit,

so sind in Wirtschaftlichkeitsberechnungen, die nach diesen Zeitpunkten aufgestellt werden, die Kapitalkosten anzusetzen, die sich auf Grund der Änderung nach Maßgabe des § 21 oder des § 22 ergeben. Dies gilt bei einer Erhöhung der Kapitalkosten nur, wenn sie auf Umständen beruht, die der Bauherr nicht zu vertreten hat, und nur insoweit, als der Kapitalkostenbetrag im Rahmen des § 21 oder des § 22 den Betrag nicht übersteigt, der sich aus der Verzinsung des Fremdmittels zu dem bei der Kapitalkostenerhöhung marktüblichen Zinssatz für erste Hypotheken ergibt.

(2) Bei einer Änderung der in § 21 Abs. 4 bezeichneten Fremdkapitalkosten gilt Absatz 1 entsprechend. Übersteigt der erhöhte Erbbauzins den nach Absatz 1 ermittelten Betrag, so darf der übersteigende Betrag im öffentlich geförderten sozialen Wohnungsbau nur mit Zustimmung der Bewilligungsstelle in der Wirtschaftlichkeitsberechnung angesetzt werden. Die Zustimmung ist zu erteilen, soweit die Erhöhung auf Umständen beruht, die der Bauherr nicht zu vertreten hat, und unter Berücksichtigung aller Umstände nach dem durch das Gesetz vom 8. Januar 1974 (BGBl. I S. 41) eingefügten § 9 a der Verordnung über das Erbbaurecht nicht unbillig ist. Im steuerbegünstigten Wohnungsbau darf der übersteigende Betrag ange-

gesetzt werden, soweit die Voraussetzungen der Zustimmung nach Satz 3 gegeben sind.

(3) Absatz 1 gilt nicht bei einer Erhöhung der Zinsen oder Tilgungen für das der nachstelligen Finanzierung dienende öffentliche Baudarlehen nach Tilgung anderer Finanzierungsmittel. Auf eine Erhöhung der Zinsen und Tilgungen nach den §§ 18 a bis 18 e des Wohnungsbindungsgesetzes oder nach § 44 Abs. 2 und 3 des Zweiten Wohnungsbaugesetzes ist Absatz 1 jedoch anzuwenden.

(4) Werden an der Stelle der bisherigen Finanzierungsmittel nach § 12 Abs. 4 oder Abs. 6 andere Mittel ausgewiesen, so treten die Kapitalkosten der neuen Mittel insoweit an die Stelle der Kapitalkosten der bisherigen Finanzierungsmittel, als sie im Rahmen des § 20, des § 21 oder des § 22 den Betrag nicht übersteigen, der sich aus der Verzinsung zu dem bei der Ersetzung marktüblichen Zinssatz für erste Hypotheken ergibt. Bei einem Tilgungsdarlehen bleibt es für den Betrag, der planmäßig getilgt ist (§ 12 Abs. 4 Satz 3), bei der bisherigen Verzinsung. Sind Finanzierungsmittel durch eigene Mittel des Bauherrn ersetzt worden, so dürfen im öffentlich geförderten sozialen Wohnungsbau Zinsen nur unter entsprechender Anwendung des § 20 Abs. 2 Satz 2 angesetzt werden.

(5) Werden an der Stelle der als Darlehen gewährten öffentlichen Mittel nach § 12 Abs. 5 andere Mittel ausgewiesen, so dürfen als Kapitalkosten der neuen Mittel Zinsen nach Absatz 4 Satz 1 angesetzt werden. Vorbehaltlich des § 46 Abs. 2 darf jedoch keine höhere Verzinsung angesetzt werden, als im Zeitpunkt der Rückzahlung für das öffentliche Baudarlehen zu entrichten war. Ist ein Schuldnachlaß gewährt worden, dürfen Kapitalkosten für den erlassenen Darlehnsbetrag nicht angesetzt werden.

(6) Werden nach § 11 Abs. 4 bis 6 die Kosten von baulichen Änderungen den Gesamtkosten hinzugerechnet, so dürfen für die Mittel, die zur Deckung dieser Kosten dienen, Kapitalkosten insoweit angesetzt werden, als sie im Rahmen des § 20, § 21 oder des § 22 den Betrag nicht übersteigen, der sich aus der Verzinsung zu dem bei Fertigstellung marktüblichen Zinssatz für erste Hypotheken ergibt. Sind diese Kosten durch eigene Mittel des Bauherrn gedeckt worden, so dürfen im öffentlich geförderten sozialen Wohnungsbau Zinsen nur unter entsprechender Anwendung des § 20 Abs. 2 Satz 2 und im steuerbegünstigten und freifinanzierten Wohnungsbau, der mit Wohnungsfürsorgemitteln gefördert worden ist, nur unter entsprechender Anwendung des § 20 Abs. 3 angesetzt werden.

§ 23 a
Marktüblicher Zinssatz für erste Hypotheken

(1) Der marktübliche Zinssatz für erste Hypotheken im Zeitpunkt nach § 4 kann ermittelt werden

1. aus dem durchschnittlichen Zinssatz der durch erste Hypotheken gesicherten Darlehen, die zu dieser Zeit von Kreditinstituten oder privatrechtlichen Unternehmen, zu deren Geschäften üblicherweise die Hergabe derartiger Darlehen gehört, zu geschäftsüblichen Bedingungen für Bauvorhaben an demselben Ort gewährt worden sind oder

2. in Anlehnung an den Zinssatz der zu dieser Zeit zahlenmäßig am meisten abgesetzten Pfandbriefe unter Berücksichtigung der üblichen Zinsspanne.

(2) Absatz 1 gilt sinngemäß, wenn der marktübliche Zinssatz für einen anderen Zeitpunkt als den nach § 4 festzustellen ist.

§ 24
Bewirtschaftungskosten

(1) Bewirtschaftungskosten sind die Kosten, die zur Bewirtschaftung des Gebäudes oder der Wirtschaftseinheit laufend erforderlich sind. Bewirtschaftungskosten sind im einzelnen

1. Abschreibung,
2. Verwaltungskosten,
3. Betriebskosten,
4. Instandhaltungskosten,
5. Mietausfallwagnis.

(2) Der Ansatz der Bewirtschaftungskosten hat den Grundsätzen einer ordentlichen Bewirtschaftung zu entsprechen. Bewirtschaftungskosten dürfen nur angesetzt werden, wenn sie ihrer Höhe nach feststehen oder wenn mit ihrem Entstehen sicher gerechnet werden kann und soweit sie bei gewissenhafter Abwägung aller Umstände und bei ordentlicher Geschäftsführung gerechtfertigt sind. Erfahrungswerte vergleichbarer Bauten sind heranzuziehen. Soweit nach den §§ 26 und 28 Ansätze in einer bestimmten Höhe zugelassen sind, dürfen Bewirtschaftungskosten bis zu dieser Höhe angesetzt werden, es sei denn, daß der Ansatz im Einzelfall unter Berücksichtigung der jeweiligen Verhältnisse nicht angemessen ist.

§ 25
Abschreibung

(1) Abschreibung ist der auf jedes Jahr der Nutzung fallende Anteil der verbrauchsbedingten Wertminderung der Gebäude, Anlagen und Einrichtungen. Die Abschreibung ist nach der mutmaßlichen Nutzungsdauer zu errechnen.

(2) Die Abschreibung soll bei Gebäuden 1 vom Hundert der Baukosten, bei Erbbaurechten 1 vom Hundert der Gesamtkosten nicht übersteigen, sofern nicht besondere Umstände eine Überschreitung rechtfertigen.

(3) Als besondere Abschreibung für Anlagen und Einrichtungen dürfen zusätzlich angesetzt werden von den in der Wirtschaftlichkeitsberechnung enthaltenen Kosten

1. der Öfen und Herde	3 vom Hundert,
2. der Einbaumöbel	3 vom Hundert,
3. der Anlagen und der Geräte zur Versorgung mit Warmwasser, sofern sie nicht mit einer Sammelheizung verbunden sind,	4 vom Hundert,
4. der Sammelheizung einschließlich einer damit verbundenen Anlage zur Versorgung mit Warmwasser	3 vom Hundert,
5. der Hausanlage bei eigenständig gewerblicher Lieferung von Wärme	0,5 vom Hundert
und einer damit verbundenen Anlage zur Versorgung mit Warmwasser	4 vom Hundert,

6. des Aufzugs   2 vom Hundert,
7. der Gemeinschaftsantenne   9 vom Hundert,
8. der maschinellen
   Wascheinrichtung   9 vom Hundert.

§ 26
Verwaltungskosten

(1) Verwaltungskosten sind die Kosten der zur Verwaltung des Gebäudes oder der Wirtschaftseinheit erforderlichen Arbeitskräfte und Einrichtungen, die Kosten der Aufsicht sowie der Wert der vom Vermieter persönlich geleisteten Verwaltungsarbeit. Zu den Verwaltungskosten gehören auch die Kosten für die gesetzlichen oder freiwilligen Prüfungen des Jahresabschlusses und der Geschäftsführung.

(2) Die Verwaltungskosten dürfen höchstens mit 320 Deutsche Mark jährlich je Wohnung, bei Eigenheimen, Kaufeigenheimen und Kleinsiedlungen je Wohngebäude angesetzt werden.

(3) Für Garagen oder ähnliche Einstellplätze dürfen Verwaltungskosten höchstens mit 45 Deutsche Mark jährlich je Garagen- oder Einstellplatz angesetzt werden.

§ 27
Betriebskosten

(1) Betriebskosten sind die Kosten, die dem Eigentümer (Erbbauberechtigten) durch das Eigentum am Grundstück (Erbbaurecht) oder durch den bestimmungsmäßigen Gebrauch des Gebäudes oder der Wirtschaftseinheit, der Nebengebäude, Anlagen, Einrichtungen und des Grundstücks laufend entstehen. Der Ermittlung der Betriebskosten ist die dieser Verordnung beigefügte Anlage 3 „Aufstellung der Betriebskosten" zugrunde zu legen.

(2) Sach- und Arbeitsleistungen des Eigentümers (Erbbauberechtigten), durch die Betriebskosten erspart werden, dürfen mit dem Betrage angesetzt werden, der für eine gleichwertige Leistung eines Dritten, insbesondere eines Unternehmers, angesetzt werden könnte. Die Umsatzsteuer des Dritten darf nicht angesetzt werden.

(3) Im öffentlich geförderten sozialen Wohnungsbau und im steuerbegünstigten oder freifinanzierten Wohnungsbau, der mit Wohnungsfürsorgemitteln gefördert worden ist, dürfen die Betriebskosten nicht in der Wirtschaftlichkeitsberechnung angesetzt werden.

(4) (weggefallen)

§ 28
Instandhaltungskosten

(1) Instandhaltungskosten sind die Kosten, die während der Nutzungsdauer zur Erhaltung des bestimmungsmäßigen Gebrauchs aufgewendet werden müssen, um die durch Abnutzung, Alterung und Witterungseinwirkung entstehenden baulichen oder sonstigen Mängel ordnungsgemäß zu beseitigen. Der Ansatz der Instandhaltungskosten dient auch zur Deckung der Kosten von Instandsetzungen, nicht jedoch der Kosten von Baumaßnahmen, soweit durch sie eine Modernisierung vorgenommen wird

oder Wohnraum oder anderer auf die Dauer benutzbarer Raum neu geschaffen wird. Der Ansatz dient nicht zur Deckung der Kosten einer Erneuerung von Anlagen und Einrichtungen, für die eine besondere Abschreibung nach § 25 Abs. 3 zulässig ist.

(2) Als Instandhaltungskosten dürfen je Quadratmeter Wohnfläche im Jahr angesetzt werden

1. für Wohnungen, die bis zum 31. Dezember 1952 bezugsfertig geworden sind, höchstens 15,50 Deutsche Mark,

2. für Wohnungen, die in der Zeit vom 1. Januar 1953 bis zum 31. Dezember 1969 bezugsfertig geworden sind, höchstens 14,50 Deutsche Mark,

3. für Wohnungen, die in der Zeit vom 1. Januar 1970 bis zum 31. Dezember 1979 bezugsfertig geworden sind, höchstens 11,50 Deutsche Mark,

4. für Wohnungen, die nach dem 31. Dezember 1979 bezugsfertig geworden sind oder bezugsfertig werden, höchstens 9 Deutsche Mark.

Diese Sätze verringern sich, wenn in der Wohnung weder ein eingerichtetes Bad noch eine eingerichtete Dusche vorhanden ist, um 1,30 Deutsche Mark. Diese Sätze erhöhen sich für Wohnungen, für die eine Sammelheizung vorhanden ist, um 1,10 Deutsche Mark, bei eigenständig gewerblicher Lieferung von Wärme, soweit die Hausanlage vom Vermieter instandgehalten wird, jedoch höchstens um 0,75 Deutsche Mark und für Wohnungen, für die ein maschinell betriebener Aufzug vorhanden ist, um 1,00 Deutsche Mark.

(3) Trägt der Mieter die Kosten für kleine Instandhaltungen in der Wohnung, so verringern sich die Sätze nach Absatz 2 um 1,90 Deutsche Mark. Die kleinen Instandhaltungen umfassen nur das Beheben kleiner Schäden an den Installationsgegenständen für Elektrizität, Wasser und Gas, den Heiz- und Kocheinrichtungen, den Fenster- und Türverschlüssen sowie den Verschlußvorrichtungen von Fensterläden.

(4) Die Kosten der Schönheitsreparaturen in Wohnungen sind in den Sätzen nach Absatz 2 nicht enthalten. Trägt der Vermieter die Kosten dieser Schönheitsreparaturen, so dürfen sie höchstens mit 10 Deutsche Mark je Quadratmeter Wohnfläche im Jahr angesetzt werden. Dieser Satz verringert sich für Wohnungen, die überwiegend nicht tapeziert sind, um 1 Deutsche Mark. Der Satz erhöht sich für Wohnungen mit Heizkörpern um 0,80 Deutsche Mark und für Wohnungen, die überwiegend mit Doppelfenstern oder Verbundfenstern ausgestattet sind, um 0,85 Deutsche Mark. Schönheitsreparaturen umfassen nur das Tapezieren, Anstreichen und Kalken der Wände und Decken, das Streichen der Fußböden, Heizkörper einschließlich Heizrohre, der Innentüren sowie der Fenster und Außentüren von innen.

(5) Für Garagen oder ähnliche Einstellplätze dürfen als Instandhaltungskosten einschließlich Kosten für Schönheitsreparaturen höchstens 90 Deutsche Mark jährlich je Garagen- oder Einstellplatz angesetzt werden.

(6) Für Kosten der Unterhaltung von Privatstraßen und Privatwegen, die dem öffentlichen Verkehr dienen, darf ein Erfahrungswert als Pauschbetrag neben den vorstehenden Sätzen angesetzt werden.

(7) Kosten eigener Instandhaltungswerkstätten sind mit den vorstehenden Sätzen abgegolten.

§ 29
Mietausfallwagnis

Mietausfallwagnis ist das Wagnis einer Ertragsminderung, die durch uneinbringliche Rückstände von Mieten, Pachten, Vergütungen und Zuschlägen oder durch Leerstehen von Raum, der zur Vermietung bestimmt ist, entsteht. Es umfaßt auch die uneinbringlichen Kosten einer Rechtsverfolgung auf Zahlung oder Räumung. Das Mietausfallwagnis darf höchstens mit 2 vom Hundert der Erträge im Sinne des § 31 Abs. 1 Satz 1 angesetzt werden. Soweit die Deckung von Ausfällen anders, namentlich durch einen Anspruch auf Erstattung gegenüber einem Dritten, gesichert ist, darf kein Mietausfallwagnis angesetzt werden.

§ 30
Änderung der Bewirtschaftungskosten

(1) Haben sich die Verwaltungskosten oder die Instandhaltungskosten geändert

1. im öffentlich geförderten sozialen Wohnungsbau nach der Bewilligung der öffentlichen Mittel gegenüber dem bei der Bewilligung auf Grund der Wirtschaftlichkeitsberechnung zugrunde gelegten Betrag,
2. im steuerbegünstigten Wohnungsbau nach der Bezugsfertigkeit,

so sind in Wirtschaftlichkeitsberechnungen, die nach diesen Zeitpunkten aufgestellt werden, die geänderten Kosten anzusetzen. Dies gilt bei einer Erhöhung dieser Kosten nur, wenn sie auf Umständen beruht, die der Bauherr nicht zu vertreten hat. Die Verwaltungskosten dürfen bis zu der in § 26 zugelassenen Höhe, die Instandhaltungskosten bis zu der in § 28 zugelassenen Höhe ohne Nachweis einer Kostenerhöhung angesetzt werden, es sei denn, daß der Ansatz im Einzelfall unter Berücksichtigung der jeweiligen Verhältnisse nicht angemessen ist. Eine Überschreitung der für die Verwaltungskosten und die Instandhaltungskosten zugelassenen Sätze ist nicht zulässig.

(2) Der Ansatz für die Abschreibung ist in Wirtschaftlichkeitsberechnungen, die nach den in Absatz 1 bezeichneten Zeitpunkten aufgestellt werden, zu ändern, wenn nach § 11 Abs. 1 bis 3 geänderte Gesamtkosten angesetzt werden; eine Änderung des für die Abschreibung angesetzten Vomhundertsatzes ist unzulässig.

(3) Der Ansatz für das Mietausfallwagnis ist in Wirtschaftlichkeitsberechnungen, die nach den in Absatz 1 bezeichneten Zeitpunkten aufgestellt werden, zu ändern, wenn sich die Jahresmiete ändert; eine Änderung des Vomhundertsatzes für das Mietausfallwagnis ist zulässig, wenn sich die Voraussetzungen für seine Bemessung nachhaltig geändert haben.

(4) Werden nach § 11 Abs. 4 bis 6 die Kosten von baulichen Änderungen den Gesamtkosten hinzugerechnet, so dürfen die infolge der Änderungen entstehenden Bewirtschaftungskosten den anderen Bewirtschaftungskosten hinzugerechnet werden. Für die entstehenden Abschreibungen und Instandhaltungskosten gelten die §§ 25 und 28 Abs. 2 bis 6 entsprechend.

§ 31
Erträge

(1) Erträge sind die Einnahmen aus Mieten, Pachten und Vergütungen, die bei ordentlicher Bewirtschaftung des Gebäudes oder der Wirtschaftseinheit nachhaltig erzielt werden können. Umlagen und Zuschläge, die zulässigerweise neben der Einzelmiete erhoben werden, bleiben als Ertrag unberücksichtigt.

(2) Als Ertrag gilt auch der Miet- oder Nutzungswert von Räumen oder Flächen, die vom Eigentümer (Erbbauberechtigten) selbst benutzt werden oder auf Grund eines anderen Rechtsverhältnisses als Miete oder Pacht überlassen sind.

(3) Wird die Wirtschaftlichkeitsberechnung aufgestellt, um für Wohnraum die zur Deckung der laufenden Aufwendungen erforderliche Miete (Kostenmiete) zu ermitteln, so ist der Gesamtbetrag der Erträge in derselben Höhe wie der Gesamtbetrag der laufenden Aufwendungen auszuweisen. Aus dem nach Abzug der Vergütungen verbleibenden Betrag ist die Miete nach den für ihre Ermittlung maßgebenden Vorschriften zu berechnen.

Fünfter Abschnitt
Besondere Arten
der Wirtschaftlichkeitsberechnung

§ 32
Voraussetzungen für besondere Arten
der Wirtschaftlichkeitsberechnung

(1) Die Wirtschaftlichkeitsberechnung ist, vorbehaltlich des Absatzes 3, als Teilwirtschaftlichkeitsberechnung aufzustellen, wenn das Gebäude oder die Wirtschaftseinheit neben dem Wohnraum, für den die Berechnung aufzustellen ist, auch anderen Wohnraum oder Geschäftsraum enthält.

(2) Enthält das Gebäude oder die Wirtschaftseinheit steuerbegünstigten oder freifinanzierten Wohnraum, für den eine Wirtschaftlichkeitsberechnung nach § 87 a des Zweiten Wohnungsbaugesetzes aufzustellen ist, und anderen steuerbegünstigten oder freifinanzierten Wohnraum, so ist die Wirtschaftlichkeitsberechnung als Teilwirtschaftlichkeitsberechnung aufzustellen.

(3) Die Wirtschaftlichkeitsberechnung für öffentlich geförderten Wohnraum ist als Teilwirtschaftlichkeitsberechnung oder mit Zustimmung der Bewilligungsstelle als Gesamtwirtschaftlichkeitsberechnung aufzustellen, wenn das Gebäude oder die Wirtschaftseinheit auch freifinanzierten Wohnraum oder Geschäftsraum enthält.

(4) Die Wirtschaftlichkeitsberechnung für öffentlich geförderten Wohnraum ist in der Form von Teilwirtschaftlichkeitsberechnungen oder als Wirtschaftlichkeitsberechnung mit Teilberechnungen der laufenden Aufwendungen aufzustellen, wenn für einen Teil dieses Wohnraums (begünstigter Wohnraum) gegenüber dem anderen Teil des Wohnraums eine stärkere oder länger dauernde Senkung der laufenden Aufwendungen erzielt werden soll

1. durch Gewährung öffentlicher Mittel als Darlehen oder Zuschüsse zur Deckung von laufenden Aufwendungen,

Fremdkapitalkosten, Annuitäten oder Bewirtschaftungskosten (§ 18 Abs. 2) oder

2. durch Gewährung von höheren, der nachstelligen Finanzierung dienenden öffentlichen Baudarlehen.

Anstelle einer besonderen Form der Wirtschaftlichkeitsberechnung nach Satz 1 darf eine Wirtschaftlichkeitsberechnung nach den Vorschriften des ersten bis vierten Abschnittes aufgestellt werden, wenn eine Senkung der laufenden Aufwendungen für den begünstigten Wohnraum auf Grund von Umständen, die vom Bauherrn nicht zu vertreten sind, nicht mehr erzielt werden kann oder die besondere Zweckbestimmung für diesen Teil des Wohnraums entfallen ist.

(4 a) Ist eine Wirtschaftlichkeitsberechnung nach den Vorschriften des Ersten bis Vierten Abschnitts oder nach den Absätzen 1 bis 4 aufgestellt worden, bleibt diese als Teilwirtschaftlichkeitsberechnung für den Wohnraum, der Gegenstand ihrer Berechnung ist, weiterhin maßgebend, wenn neuer Wohnraum durch Ausbau oder Erweiterung des Gebäudes oder der zur Wirtschaftseinheit gehörenden Gebäude geschaffen worden ist. Ist für den neu geschaffenen Wohnraum eine Wirtschaftlichkeitsberechnung erforderlich, ist sie als Teilwirtschaftlichkeitsberechnung aufzustellen.

(5) Wird eine Wirtschaftlichkeitsberechnung für öffentlich geförderten Wohnraum erstmalig nach dieser Verordnung aufgestellt, so bleibt die der Bewilligung der öffentlichen Mittel zugrunde gelegte Art der Wirtschaftlichkeitsberechnung maßgebend, wenn diese Art auch nach Absatz 1, 3 oder 4 zulässig wäre; ist der Bewilligung der öffentlichen Mittel eine ähnliche Berechnung oder eine Berechnung der Gesamtkosten und Finanzierungsmittel zugrunde gelegt worden, so gilt dies sinngemäß. Wäre die der Bewilligung zugrunde gelegte Art der Berechnung nicht nach Absatz 1, 3 oder 4 zulässig oder ist der Bewilligung eine Berechnung nicht zugrunde gelegt worden, so ist die Wirtschaftlichkeitsberechnung, die erstmalig nach dieser Verordnung aufgestellt wird, unter Anwendung des Absatzes 1, 3 oder 4 und unter Ausübung der dabei zulässigen Wahl aufzustellen.

(6) Die nach den Absätzen 3, 4 oder 5 getroffene Wahl bleibt für alle späteren Wirtschaftlichkeitsberechnungen maßgebend.

(7) Für die Aufstellung der Wirtschaftlichkeitsberechnung gelten

1. bei der Teilwirtschaftlichkeitsberechnung die sich aus den §§ 33 bis 36 ergebenden Besonderheiten,
2. bei der Gesamtwirtschaftlichkeitsberechnung die sich aus § 37 ergebenden Besonderheiten,
3. bei den Teilberechnungen der laufenden Aufwendungen die sich aus § 38 ergebenden Besonderheiten.

§ 33
Teilwirtschaftlichkeitsberechnung

In der Teilwirtschaftlichkeitsberechnung ist die Gegenüberstellung der laufenden Aufwendungen und der Erträge auf den Teil des Gebäudes oder der Wirtschaftseinheit zu beschränken, der den Wohnraum enthält, für den die Berechnung aufzustellen ist.

§ 34
Gesamtkosten
in der Teilwirtschaftlichkeitsberechnung

(1) In der Teilwirtschaftlichkeitsberechnung sind nur die Gesamtkosten anzusetzen, die auf den Teil des Gebäudes oder der Wirtschaftseinheit fallen, der Gegenstand der Berechnung ist. Soweit bei Gesamtkosten nicht festgestellt werden kann, auf welchen Teil des Gebäudes oder der Wirtschaftseinheit sie fallen, sind sie bei Wohnraum nach dem Verhältnis der Wohnflächen aufzuteilen; enthält das Gebäude oder die Wirtschaftseinheit auch Geschäftsraum, so sind sie für den Wohnteil und den Geschäftsteil im Verhältnis des umbauten Raumes aufzuteilen. Kosten oder Mehrkosten, die nur durch den Wohn- oder Geschäftsraum entstehen, der nicht Gegenstand der Berechnung ist, dürfen diesem nicht zugerechnet werden. Bei der Berechnung des umbauten Raumes ist die Anlage 2 dieser Verordnung zugrunde zu legen.

(2) Enthält das Gebäude oder die Wirtschaftseinheit außer Wohnraum auch Geschäftsraum von nicht nur unbedeutendem Ausmaß, so dürfen die Kosten des Baugrundstücks, die dem Wohnraum zugerechnet werden, 15 vom Hundert seiner Baukosten nicht übersteigen; in besonderen Fällen, namentlich bei Grundstücken in günstiger Wohnlage, kann der Vomhundertsatz überschritten werden. Erhöhte Kosten des Baugrundstücks, die durch die Geschäftslage veranlaßt sind, dürfen nicht dem Wohnraum zugerechnet werden.

(3) Bei Wiederherstellung eines Gebäudes gehört zu den Baukosten auch der Wert der beim Bau des Wohnraums, für den die Berechnung aufzustellen ist, verwendeten Gebäudeteile; er ist entsprechend § 7 Abs. 2 Satz 2 bis 4 zu ermitteln. Kommt eine Wiederherstellung auch dem noch vorhandenen, auf die Dauer benutzbaren Raum zugute, so dürfen Baukosten nur insoweit angesetzt werden, als die Wiederherstellung dem neu geschaffenen Wohnraum zugute kommt; Absatz 1 gilt entsprechend.

(4) Ist Wohnraum durch Ausbau oder Erweiterung neu geschaffen worden, gehören zu den Gesamtkosten, die diesem Wohnraum in der Teilwirtschaftlichkeitsberechnung zuzurechnen sind, nur diejenigen Kosten, die durch den Ausbau oder die Erweiterung entstanden sind; dies gilt auch, wenn Zubehörräume von öffentlich geförderten Wohnungen zu neuen Wohnungen ausgebaut werden. Kosten des Baugrundstücks dürfen bei Ausbau nicht, bei Erweiterung nur dann angesetzt werden, wenn das Grundstück für einen Anbau neu erworben worden ist.

§ 35
Finanzierungsmittel
in der Teilwirtschaftlichkeitsberechnung

In der Teilwirtschaftlichkeitsberechnung sind zur Deckung der angesetzten anteiligen Gesamtkosten die Finanzierungsmittel, die nur für den Teil des Gebäudes oder der Wirtschaftseinheit bestimmt sind, der Gegenstand der Berechnung ist, in voller Höhe im Finanzierungsplan auszuweisen. Die anderen Finanzierungsmittel sind angemessen zu verteilen.

§ 36
Laufende Aufwendungen und Erträge
in der Teilwirtschaftlichkeitsberechnung

(1) In der Teilwirtschaftlichkeitsberechnung sind die laufenden Aufwendungen anzusetzen, die für den Teil des

Gebäudes oder der Wirtschaftseinheit, der Gegenstand der Berechnung ist, entstehen.

(2) Bewirtschaftungskosten, die für das ganze Gebäude oder die ganze Wirtschaftseinheit entstehen, sind nur mit dem Teil anzusetzen, der sich nach dem Verhältnis der Teilung der Gesamtkosten nach § 34 ergibt. Bewirtschaftungskosten oder Mehrbeträge von Bewirtschaftungskosten, die allein durch den Wohn- oder Geschäftsraum, der nicht Gegenstand der Berechnung ist, entstehen, dürfen nur diesem zugerechnet werden. Bei Wiederherstellung, Ausbau und Erweiterung dürfen Bewirtschaftungskosten nur insoweit angesetzt werden, als sie für den Teil des Gebäudes oder der Wirtschaftseinheit, der Gegenstand der Berechnung ist, zusätzlich entstehen; ist auch für den vorhanden gewesenen Wohnraum eine Teilwirtschaftlichkeitsberechnung aufzustellen, so dürfen Bewirtschaftungskosten nur nach den Sätzen 1 und 2 angesetzt werden.

(3) In der Teilwirtschaftlichkeitsberechnung sind die Erträge auszuweisen, die sich für den Teil des Gebäudes oder der Wirtschaftseinheit, der Gegenstand der Berechnung ist, nach § 31 ergeben.

§ 37
Gesamtwirtschaftlichkeitsberechnung

(1) In der Gesamtwirtschaftlichkeitsberechnung ist die Gegenüberstellung der laufenden Aufwendungen und der Erträge für das gesamte Gebäude oder die gesamte Wirtschaftseinheit vorzunehmen und sodann der Teil der laufenden Aufwendungen und der Erträge auszugliedern, der auf den öffentlich geförderten Wohnraum entfällt.

(2) Bewirtschaftungskosten für Geschäftsraum sind mit den Beträgen anzusetzen, die zur ordentlichen Bewirtschaftung des Geschäftsraums laufend erforderlich sind.

(3) Zur Ausgliederung des Teils der laufenden Aufwendungen, der auf den öffentlich geförderten Wohnraum fällt, ist der Gesamtbetrag der laufenden Aufwendungen auf diesen Wohnraum und auf den anderen Wohnraum sowie den Geschäftsraum angemessen zu verteilen. Laufende Aufwendungen oder Mehrbeträge laufender Aufwendungen, die allein durch den öffentlich geförderten Wohnraum oder durch den anderen Wohnraum oder den Geschäftsraum entstehen, dürfen jeweils nur dem in Betracht kommenden Raum zugerechnet werden.

(4) Wird für öffentlich geförderten Wohnraum eine Gesamtwirtschaftlichkeitsberechnung aufgestellt, so finden die Absätze 1 bis 3 auch dann Anwendung, wenn in der Berechnung, die der Bewilligung der öffentlichen Mittel zugrunde gelegt worden ist, eine Ausgliederung des auf den öffentlich geförderten Wohnraum fallenden Teiles der laufenden Aufwendungen nicht oder nach einem anderen Verteilungsmaßstab vorgenommen worden ist oder wenn Bewirtschaftungskosten für Geschäftsraum nicht oder nur in geringerer Höhe in Anspruch genommen oder anerkannt worden sind oder wenn auf Ansätze ganz oder teilweise verzichtet worden ist.

§ 38
Teilberechnungen der laufenden Aufwendungen

(1) Für die Teilberechnungen der laufenden Aufwendungen ist der in der Wirtschaftlichkeitsberechnung für den öffentlich geförderten Wohnraum errechnete Gesamtbetrag der laufenden Aufwendungen nach dem Verhältnis der Wohnfläche auf den begünstigten Wohnraum und den anderen Wohnraum aufzuteilen. Laufende Aufwendungen oder Mehrbeträge laufender Aufwendungen, die allein durch den begünstigten Wohnraum oder den anderen Wohnraum entstehen, dürfen nur dem jeweils in Betracht kommenden Wohnraum zugerechnet werden.

(2) Im Falle des § 32 Abs. 4 Nr. 1 ist nach Aufteilung des Gesamtbetrages der laufenden Aufwendungen auf den begünstigten Wohnraum und den anderen Wohnraum die Verminderung der laufenden Aufwendungen nach § 18 Abs. 2 jeweils bei dem Teil der laufenden Aufwendungen vorzunehmen, der auf den Wohnraum fällt, für den die Darlehen oder Zuschüsse zur Deckung von laufenden Aufwendungen, Fremdkapitalkosten, Annuitäten oder Bewirtschaftungskosten gewährt werden.

(3) Im Falle des § 32 Abs. 4 Nr. 2 sind bei Berechnungen des Gesamtbetrages der laufenden Aufwendungen für die der nachstelligen Finanzierung dienenden öffentlichen Baudarlehen Rechnungszinsen in Höhe des im Zeitpunkt nach § 4 marktüblichen Zinssatzes für erste Hypotheken anzusetzen. Nach Aufteilung des Gesamtbetrages der laufenden Aufwendungen auf den begünstigten Wohnraum und den anderen Wohnraum sind wieder abzuziehen

1. von dem Teil der laufenden Aufwendungen, der auf den begünstigten Wohnraum fällt, die für die höheren öffentlichen Baudarlehen angesetzten Rechnungszinsen,
2. von dem Teil der laufenden Aufwendungen, der auf den anderen Wohnraum fällt, die für die anderen öffentlichen Baudarlehen angesetzten Rechnungszinsen.

Die Zinsen, die sich nach § 21 Abs. 2 und 3 für die öffentlichen Baudarlehen ergeben, sind sodann jeweils hinzuzurechnen.

(4) Absatz 3 gilt sinngemäß, wenn Darlehen oder Zuschüsse zur Senkung der Kapitalkosten von Fremdmitteln unmittelbar dem Gläubiger gewährt werden und für den begünstigten Wohnraum höhere Fremdmittel dieser Art ausgewiesen sind als für den anderen Wohnraum; Absatz 2 ist in diesem Falle nicht anzuwenden.

§ 39
Vereinfachte Wirtschaftlichkeitsberechnung

(1) In der vereinfachten Wirtschaftlichkeitsberechnung ist die Ermittlung der laufenden Aufwendungen sowie die Gegenüberstellung der laufenden Aufwendungen und der Erträge in vereinfachter Form zulässig. Die vereinfachte Wirtschaftlichkeitsberechnung kann auch als Auszug aus einer Wirtschaftlichkeitsberechnung aufgestellt werden. Der Auszug aus einer Wirtschaftlichkeitsberechnung muß enthalten

1. die Bezeichnung des Gebäudes,
2. die Höhe der einzelnen laufenden Aufwendungen,
3. die Darlehen und Zuschüsse zur Deckung von laufenden Aufwendungen für den gesamten Wohnraum,
4. die Mieten und Pachten, den entsprechenden Miet- oder Nutzwert und die Vergütungen.

(2) Absatz 1 Satz 3 ist sinngemäß anzuwenden, wenn der Auszug zur Berechnung einer Mieterhöhung nach § 10 Abs. 1 des Wohnungsbindungsgesetzes aufgestellt wird.

Aus dem Auszug muß auch die Erhöhung der einzelnen laufenden Aufwendungen erkennbar werden.

§ 39a
Zusatzberechnung

(1) Ist bereits eine Wirtschaftlichkeitsberechnung aufgestellt worden und haben sich nach diesem Zeitpunkt laufende Aufwendungen geändert, so kann eine neue Wirtschaftlichkeitsberechnung in der Weise aufgestellt werden, daß die bisherige Wirtschaftlichkeitsberechnung um eine Zusatzberechnung ergänzt wird, in der die Erhöhung oder Verringerung der einzelnen laufenden Aufwendungen ermittelt und der Erhöhung oder Verringerung der Erträge gegenübergestellt wird. Eine Zusatzberechnung kann auch aufgestellt werden, wenn die in § 18 Abs. 2 Satz 1 bezeichneten Darlehen oder Zuschüsse nicht mehr oder nur in verminderter Höhe gewährt werden und der Vermieter den Wegfall oder die Verminderung nicht zu vertreten hat.

(2) Hat der Vermieter den Änderungsbetrag zur Vergleichsmiete nach § 12 oder nach § 14 Abs. 6 der Neubaumietenverordnung 1970 zu ermitteln, sind die einzelnen laufenden Aufwendungen nach den Verhältnissen zum Zeitpunkt der Bewilligung der öffentlichen Mittel zusammenzustellen und eine Zusatzberechnung nach Absatz 1 aufzustellen. Dabei bleiben Änderungen der laufenden Aufwendungen, die sich nicht auf den Wohnraum beziehen, dessen Vergleichsmiete zu ermitteln ist, unberücksichtigt. Enthält das Gebäude neben dem öffentlich geförderten Wohnraum auch anderen Wohnraum oder Geschäftsraum, sind die laufenden Aufwendungen und die Zusatzberechnung entsprechend § 37 aufzustellen.

(3) Ist bereits eine Wirtschaftlichkeitsberechnung aufgestellt und sind nach diesem Zeitpunkt bauliche Änderungen vorgenommen worden, so kann eine neue Wirtschaftlichkeitsberechnung in der Weise aufgestellt werden, daß die bisherige Wirtschaftlichkeitsberechnung um eine Zusatzberechnung ergänzt wird. In der Zusatzberechnung sind die Kosten der baulichen Änderungen anzusetzen, die zu ihrer Deckung dienenden Finanzierungsmittel auszuweisen und die sich danach für die baulichen Änderungen ergebenden Aufwendungen den Ertragserhöhungen gegenüberzustellen.

(4) Hat der Vermieter den Erhöhungsbetrag zur Vergleichsmiete nach § 13 der Neubaumietenverordnung 1970 für sämtliche öffentlich geförderten Wohnungen zu ermitteln, so ist eine Zusatzberechnung nach Absatz 3 Satz 2 aufzustellen.

Teil III
Lastenberechnung

§ 40
Lastenberechnung

(1) Die Belastung des Eigentümers eines Eigenheims, einer Kleinsiedlung oder einer eigengenutzten Eigentumswohnung oder des Inhabers eines eigengenutzten eigentumsähnlichen Dauerwohnrechts wird durch eine Berechnung (Lastenberechnung) ermittelt. Das gleiche gilt für die Belastung des Bewerbers um ein Kaufeigenheim, eine Trägerkleinsiedlung, eine Kaufeigentumswohnung oder eine Wohnung in der Rechtsform des eigentumsähnlichen Dauerwohnrechts.

(2) Wird durch Ausbau oder Erweiterung neuer, fremden Wohnzwecken dienender Wohnraum unter Einsatz öffentlicher Mittel geschaffen, ist hierfür eine Teilwirtschaftlichkeitsberechnung aufzustellen. Die Regelungen des § 32 Abs. 4a und des § 34 Abs. 4 sind entsprechend anzuwenden.

§ 40 a
Aufstellung der Lastenberechnung durch den Bauherrn

(1) Ist der Eigentümer der Bauherr, so kann er die Lastenberechnung auf Grund einer Wirtschaftlichkeitsberechnung aufstellen. In diesem Fall beschränkt sich die Lastenberechnung auf die Ermittlung der Belastung nach den §§ 40 c bis 41.

(2) Wird die Lastenberechnung vom Bauherrn nicht auf Grund einer Wirtschaftlichkeitsberechnung aufgestellt, so muß sie enthalten

1. die Grundstücks- und Gebäudebeschreibung,
2. die Berechnung der Gesamtkosten,
3. den Finanzierungsplan,
4. die Ermittlung der Belastung nach den §§ 40 c bis 41.

(3) Die Lastenberechnung ist aufzustellen

1. bei einem Eigenheim, einer Kleinsiedlung oder einem Kaufeigenheim für das Gebäude,
2. bei einer eigengenutzten Eigentumswohnung oder einer Kaufeigentumswohnung
   a) für die im Sondereigentum stehende Wohnung und den damit verbundenen Miteigentumsanteil an dem gemeinschaftlichen Eigentum oder
   b) in der Weise, daß die Berechnung für die Eigentumswohnungen oder Kaufeigentumswohnungen des Gebäudes oder für die Wirtschaftseinheit (§ 2 Abs. 2) zusammengefaßt und die Gesamtkosten nach dem Verhältnis der Miteigentumsanteile aufgeteilt werden,
3. bei einer Wohnung in der Rechtsform des eigentumsähnlichen Dauerwohnrechts für die Wohnung und den Teil des Grundstücks, auf den sich das Dauerwohnrecht erstreckt.

(4) Für die Aufstellung der Lastenberechnung gelten im übrigen § 2 Abs. 3 und 5, § 4 Abs. 1 bis 3, § 4 Abs. 1 bis 3, 5 sowie die §§ 5 bis 15 entsprechend. § 12 Abs. 4 Satz 2 gilt dabei mit der Maßgabe, daß anstelle der Erhöhung der Kapitalkosten die Erhöhung der Kapitalkosten und Tilgungen zu berücksichtigen ist.

§ 40 b
Aufstellung der Lastenberechnung durch den Erwerber

(1) Hat der Eigentümer das Gebäude oder die Wohnung auf Grund eines Veräußerungsvertrages gegen Entgelt erworben, so ist die Lastenberechnung nach § 40 a Abs. 2 und 3 mit folgenden Maßgaben aufzustellen:

1. An die Stelle der Gesamtkosten treten der angemessene Erwerbspreis, die auf ihn fallenden Erwerbskosten und die nach dem Erwerb entstandenen Kosten nach § 11;

2. im Finanzierungsplan sind die Mittel auszuweisen, die zur Deckung des Erwerbspreises und der in Nummer 1 bezeichneten Kosten dienen.

(2) Für die Aufstellung der Lastenberechnung gelten im übrigen § 2 Abs. 3 und 5 und die §§ 12 bis 15 entsprechend. § 12 Abs. 4 Satz 2 gilt dabei mit der Maßgabe, daß an Stelle der Erhöhung der Kapitalkosten die Erhöhung der Kapitalkosten und Tilgungen zu berücksichtigen ist.

(3) Die Absätze 1 und 2 gelten entsprechend für die Aufstellung der Lastenberechnung durch einen Bewerber nach § 40 Satz 2.

§ 40 c
Ermittlung der Belastung

(1) Die Belastung wird ermittelt
1. aus der Belastung aus dem Kapitaldienst und
2. aus der Belastung aus der Bewirtschaftung.

(2) Hat derjenige, dessen Belastung zu ermitteln ist, einem Dritten ein Nutzungsentgelt oder einen ähnlichen Beitrag zum Kapitaldienst oder zur Bewirtschaftung zu leisten, so ist dieses Entgelt in die Lastenberechnung an Stelle der sonst ansetzbaren Beträge aufzunehmen, soweit es zur Deckung der Belastung bestimmt ist.

(3) Bei einer Kleinsiedlung vermehrt sich die Belastung um die Pacht einer gepachteten Landzulage.

(4) Werden von einem Dritten Aufwendungsbeihilfen, Zinszuschüsse oder Annuitätsdarlehen gewährt, so vermindert sich die Belastung entsprechend.

(5) Erträge aus Miete oder Pacht, die für den Gegenstand der Berechnung (§ 40 a Abs. 3) erzielt werden, vermindern die Belastung. Dies gilt nicht für Ertragsteile, die zur Deckung von Betriebskosten dienen, die bei der Berechnung der Belastung aus der Bewirtschaftung nicht angesetzt werden dürfen. Als Ertrag gilt auch der Miet- oder Nutzungswert der Räume, die von demjenigen, dessen Belastung zu ermitteln ist, ausschließlich zu anderen als Wohnzwecken oder als Garagen benutzt werden, sowie der von ihm gewerblich benutzten Flächen.

§ 40 d
Belastung aus dem Kapitaldienst

(1) Zu der Belastung aus dem Kapitaldienst gehören
1. die Fremdkapitalkosten,
2. die Tilgungen für Fremdmittel.

(2) Die Fremdkapitalkosten sind entsprechend den §§ 19, 21 und 23 a zu berechnen. Die Tilgungen für Fremdmittel sind aus dem im Finanzierungsplan ausgewiesenen Fremdmittel mit dem maßgebenden Tilgungssatz zu berechnen. Maßgebend ist der vereinbarte Tilgungssatz oder, wenn die Tilgungen tatsächlich nach einem niedrigeren Tilgungssatz zu entrichten sind, dieser.

(3) Ist im Falle des § 40 b im Finanzierungsplan eine Verbindlichkeit ausgewiesen, die ohne Änderung der Vereinbarung über die Verzinsung und Tilgung vom Erwerber übernommen worden ist, so gilt Absatz 2 mit der Maßgabe, daß die Zinsen und Tilgungen aus dem Ursprungsbetrag der Verbindlichkeit mit dem maßgebenden Zins- und Tilgungssatz zu berechnen sind.

(4) Hat sich der Zins- oder Tilgungssatz für ein Fremdmittel geändert, so sind die Zinsen und Tilgungen anzusetzen, die sich auf Grund der Änderung bei entsprechender Anwendung der Absätze 2 und 3 ergeben; dies gilt bei einer Erhöhung des Zins- oder Tilgungssatzes nur, wenn sie auf Umständen beruht, die derjenige, dessen Belastung zu ermitteln ist, nicht zu vertreten hat, und für die Zinsen nur insoweit, als sie im Rahmen der Absätze 2 und 3 den Betrag nicht übersteigen, der sich aus der Verzinsung zu dem bei der Erhöhung marktüblichen Zinssatz für erste Hypotheken ergibt.

(5) Bei einer Änderung der in § 21 Abs. 4 bezeichneten Fremdkapitalkosten gilt Absatz 4 entsprechend.

(6) Werden an der Stelle der bisherigen Finanzierungsmittel nach § 12 Abs. 4 andere Mittel ausgewiesen, so treten die Kapitalkosten und Tilgungen der neuen Mittel an die Stelle der Kapitalkosten und Tilgungen der bisherigen Finanzierungsmittel; dies gilt für die Kapitalkosten nur insoweit, als sie im Rahmen der Absätze 2 und 3 den Betrag nicht übersteigen, der sich aus der Verzinsung zu dem bei der Ersetzung marktüblichen Zinssatz für erste Hypotheken ergibt. Sind Finanzierungsmittel durch eigene Mittel ersetzt worden, so dürfen Zinsen oder Tilgungen nicht angesetzt werden.

(7) Werden nach § 11 Abs. 4 bis 6 den Gesamtkosten die Kosten von baulichen Änderungen hinzugerechnet, so dürfen für die Fremdmittel, die zur Deckung dieser Kosten dienen, bei Anwendung des Absatzes 2 Kapitalkosten insoweit angesetzt werden, als sie den Betrag nicht überschreiten, der sich aus der Verzinsung zu dem bei Fertigstellung der baulichen Änderungen marktüblichen Zinssatz für erste Hypotheken ergibt.

(8) Soweit für Fremdmittel, die ganz oder teilweise im Finanzierungsplan ausgewiesen sind, Kapitalkosten oder Tilgungen nicht mehr zu entrichten sind, dürfen diese nicht angesetzt werden.

§ 41
Belastung aus der Bewirtschaftung

(1) Zu der Belastung aus der Bewirtschaftung gehören
1. die Ausgaben für die Verwaltung, die an einen Dritten laufend zu entrichten sind,
2. die Betriebskosten,
3. die Ausgaben für die Instandhaltung.

Die Vorschriften der §§ 24, 28 und 30 sind entsprechend anzuwenden.

(2) § 26 ist entsprechend anzuwenden mit der Maßgabe, daß bei Eigentumswohnungen, Kaufeigentumswohnungen oder Wohnungen in der Rechtsform des eigentumsähnlichen Dauerwohnrechts als Ausgaben für die Verwaltung höchstens 385 Deutsche Mark angesetzt werden dürfen.

(3) § 27 ist entsprechend anzuwenden mit der Maßgabe, daß als Betriebskosten angesetzt werden dürfen

1. laufende öffentliche Lasten des Grundstücks, namentlich die Grundsteuer, jedoch nicht die Hypothekengewinnabgabe,
2. Kosten der Wasserversorgung,
3. Kosten der Straßenreinigung und Müllabfuhr,
4. Kosten der Entwässerung,

5. Kosten der Schornsteinreinigung,
6. Kosten der Sach- und Haftpflichtversicherung.

Bei einer Eigentumswohnung, einer Kaufeigentumswohnung und einer Wohnung in der Rechtsform des eigentumsähnlichen Dauerwohnrechts dürfen als Betriebskosten außerdem angesetzt werden

1. Kosten des Betriebes des Fahrstuhls,
2. Kosten der Hausreinigung und Ungezieferbekämpfung,
3. Kosten für den Hauswart.

Teil IV
Wohnflächenberechnung

§ 42
Wohnfläche

(1) Die Wohnfläche einer Wohnung ist die Summe der anrechenbaren Grundflächen der Räume, die ausschließlich zu der Wohnung gehören.

(2) Die Wohnfläche eines einzelnen Wohnraumes besteht aus dessen anrechenbarer Grundfläche; hinzuzurechnen ist die anrechenbare Grundfläche der Räume, die ausschließlich zu diesem einzelnen Wohnraum gehören. Die Wohnfläche eines untervermieteten Teils einer Wohnung ist entsprechend zu berechnen.

(3) Die Wohnfläche eines Wohnheimes ist die Summe der anrechenbaren Grundflächen der Räume, die zur alleinigen und gemeinschaftlichen Benutzung durch die Bewohner bestimmt sind.

(4) Zur Wohnfläche gehört nicht die Grundfläche von

1. Zubehörräumen; als solche kommen in Betracht: Keller, Waschküchen, Abstellräume außerhalb der Wohnung, Dachböden, Trockenräume, Schuppen (Holzlegen), Garagen und ähnliche Räume;
2. Wirtschaftsräumen; als solche kommen in Betracht: Futterküchen, Vorratsräume, Backstuben, Räucherkammern, Ställe, Scheunen, Abstellräume und ähnliche Räume;
3. Räumen, die den nach ihrer Nutzung zu stellenden Anforderungen des Bauordnungsrechtes nicht genügen;
4. Geschäftsräumen.

§ 43
Berechnung der Grundfläche

(1) Die Grundfläche eines Raumes ist nach Wahl des Bauherrn aus den Fertigmaßen oder den Rohbaumaßen zu ermitteln. Die Wahl bleibt für alle späteren Berechnungen maßgebend.

(2) Fertigmaße sind die lichten Maße zwischen den Wänden ohne Berücksichtigung von Wandgliederungen, Wandbekleidungen, Scheuerleisten, Öfen, Heizkörpern, Herden und dergleichen.

(3) Werden die Rohbaumaße zugrunde gelegt, so sind die errechneten Grundflächen um 3 vom Hundert zu kürzen.

(4) Von den errechneten Grundflächen sind abzuziehen die Grundflächen von

1. Schornsteinen und anderen Mauervorlagen, freistehenden Pfeilern und Säulen, wenn sie in der ganzen Raumhöhe durchgehen und ihre Grundfläche mehr als 0,1 Quadratmeter beträgt,
2. Treppen mit über drei Steigungen und deren Treppenabsätze.

(5) Zu den errechneten Grundflächen sind hinzuzurechnen die Grundflächen von

1. Fenster- und offenen Wandnischen, die bis zum Fußboden herunterreichen und mehr als 0,13 Meter tief sind,
2. Erkern und Wandschränken, die eine Grundfläche von mindestens 0,5 Quadratmeter haben,
3. Raumteilen unter Treppen, soweit die lichte Höhe mindestens 2 Meter ist.

Nicht hinzuzurechnen sind die Grundflächen der Türnischen.

(6) Wird die Grundfläche auf Grund der Bauzeichnung nach den Rohbaumaßen ermittelt, so bleibt die hiernach berechnete Wohnfläche maßgebend, außer wenn von der Bauzeichnung abweichend gebaut wird. Ist von der Bauzeichnung abweichend gebaut worden, so ist die Grundfläche auf Grund der berichtigten Bauzeichnung zu ermitteln.

§ 44
Anrechenbare Grundfläche

(1) Zur Ermittlung der Wohnfläche sind anzurechnen

1. voll

   die Grundflächen von Räumen und Raumteilen mit einer lichten Höhe von mindestens 2 Metern;

2. zur Hälfte

   die Grundflächen von Räumen und Raumteilen mit einer lichten Höhe von mindestens 1 Meter und weniger als 2 Metern und von Wintergärten, Schwimmbädern und ähnlichen, nach allen Seiten geschlossenen Räumen;

3. nicht

   die Grundflächen von Räumen oder Raumteilen mit einer lichten Höhe von weniger als 1 Meter.

(2) Gehören ausschließlich zu dem Wohnraum Balkone, Loggien, Dachgärten oder gedeckte Freisitze, so können deren Grundflächen zur Ermittlung der Wohnfläche bis zur Hälfte angerechnet werden.

(3) Zur Ermittlung der Wohnfläche können abgezogen werden

1. bei einem Wohngebäude mit einer Wohnung bis zu 10 vom Hundert der ermittelten Grundfläche der Wohnung,
2. bei einem Wohngebäude mit zwei nicht abgeschlossenen Wohnungen bis zu 10 vom Hundert der ermittelten Grundfläche beider Wohnungen,
3. bei einem Wohngebäude mit einer abgeschlossenen und einer nicht abgeschlossenen Wohnung bis zu 10 vom Hundert der ermittelten Grundfläche der nicht abgeschlossenen Wohnung.

(4) Die Bestimmung über die Anrechnung oder den Abzug nach Absatz 2 oder 3 kann nur für das Gebäude oder die Wirtschaftseinheit einheitlich getroffen werden. Die Bestimmung bleibt für alle späteren Berechnungen maßgebend.

Teil V
Schluß- und Überleitungsvorschriften

§ 45
Befugnisse des Bauherrn und seines Rechtsnachfolgers

(1) Läßt diese Verordnung eine Wahl zwischen zwei oder mehreren Möglichkeiten zu oder setzt sie bei einer Berechnung einen Rahmen, so ist der Bauherr, soweit sich aus dieser Verordnung nichts anderes ergibt, befugt, die Wahl vorzunehmen oder den Rahmen auszufüllen.

(2) Die Befugnisse des Bauherrn nach dieser Verordnung stehen auch seinem Rechtsnachfolger zu. Soweit der Bauherr nach dieser Verordnung Umstände zu vertreten hat, hat sie auch der Rechtsnachfolger zu vertreten.

§ 46
Überleitungsvorschriften

(1) Soweit bis zum 31. Oktober 1957 für den in § 1 Abs. 1 und § 1 a Abs. 2 Nr. 2 und 3 bezeichneten Wohnraum Wirtschaftlichkeit oder Wohnfläche nach der Verordnung über Wirtschaftlichkeits- und Wohnflächenberechnung für neugeschaffenen Wohnraum (Berechnungsverordnung) vom 20. November 1950 (BGBl. S. 753) berechnet worden ist, bleibt es für diese Berechnungen dabei.

(2) § 2 Abs. 8, § 18 Abs. 4 und § 23 Abs. 5 sind in der mit Inkrafttreten dieser Verordnung geltenden Fassung anzuwenden, wenn die Darlehen nach dem 31. Dezember 1989 vorzeitig zurückgezahlt oder abgelöst wurden oder nach diesem Zeitpunkt auf die weitere Auszahlung von Zuschüssen zur Deckung der laufenden Aufwendungen oder von Zinszuschüssen verzichtet wurde.

(3) Sind für ein Gebäude oder eine Wirtschaftseinheit auf Grund von Ausbau oder Erweiterung Wirtschaftlichkeitsberechnungen oder Teilwirtschaftlichkeitsberechnungen vor dem 29. August 1990 aufgestellt worden, sind die Regelungen der §§ 32, 34 und 40 in der bis zum 29. August 1990 geltenden Fassung anzuwenden.

§ 47
(weggefallen)

§ 48
(weggefallen)

§ 48 a
Berlin-Klausel

Diese Verordnung gilt nach § 14 des Dritten Überleitungsgesetzes in Verbindung mit § 125 des Zweiten Wohnungsbaugesetzes, § 53 des Ersten Wohnungsbaugesetzes und Artikel X § 10 des Gesetzes über den Abbau der Wohnungszwangswirtschaft und über ein soziales Miet- und Wohnungsrecht auch im Land Berlin.

§ 49
Geltung im Saarland

Diese Verordnung gilt nicht im Saarland.

§ 50
(Inkrafttreten)

Anlage 1
(zu § 5 Abs. 5)

Aufstellung der Gesamtkosten

Die Gesamtkosten bestehen aus:

I. Kosten des Baugrundstücks

Zu den Kosten des Baugrundstücks gehören:

1. **Der Wert des Baugrundstücks**

2. **Die Erwerbskosten**

   Hierzu gehören alle durch den Erwerb des Baugrundstücks verursachten Nebenkosten, z. B. Gerichts- und Notarkosten, Maklerprovisionen, Grunderwerbsteuern, Vermessungskosten, Gebühren für Wertberechnungen und amtliche Genehmigungen, Kosten der Bodenuntersuchung zur Beurteilung des Grundstückswertes.

   Zu den Erwerbskosten gehören auch Kosten, die im Zusammenhang mit einer das Baugrundstück betreffenden freiwilligen oder gesetzlich geregelten Umlegung, Zusammenlegung oder Grenzregelung (Bodenordnung) entstehen, außer den Kosten der dem Bauherrn dabei obliegenden Verwaltungsleistungen.

3. **Die Erschließungskosten**

   Hierzu gehören:

   a) Abfindungen und Entschädigungen an Mieter, Pächter und sonstige Dritte zur Erlangung der freien Verfügung über das Baugrundstück,

   b) Kosten für das Herrichten des Baugrundstücks, z. B. Abräumen, Abholzen, Roden, Bodenbewegungen, Enttrümmern, Gesamtabbruch,

   c) Kosten der öffentlichen Entwässerungs- und Versorgungsanlagen, die nicht Kosten der Gebäude oder der Außenanlagen sind, und Kosten öffentlicher Flächen für Straßen, Freiflächen und dgl., soweit diese Kosten vom Grundstückseigentümer auf Grund gesetzlicher Bestimmungen (z. B. Anliegerleistungen) oder vertraglicher Vereinbarungen (z. B. Unternehmerstraßen) zu tragen und vom Bauherrn zu übernehmen sind,

   d) Kosten der nichtöffentlichen Entwässerungs- und Versorgungsanlagen, die nicht Kosten der Gebäude oder der Außenanlagen sind, und Kosten nichtöffentlicher Flächen für Straßen, Freiflächen und dgl., wie Privatstraßen, Abstellflächen für Kraftfahrzeuge, wenn es sich um Daueranlagen handelt, d. h. um Anlagen, die auch nach etwaigem Abgang der Bauten im Rahmen der allgemeinen Ortsplanung bestehen bleiben müssen,

   e) andere einmalige Abgaben, die vom Bauherrn nach gesetzlichen Bestimmungen verlangt werden (z. B. Bauabgaben, Ansiedlungsleistungen, Ausgleichsbeträge).

II. Baukosten

Zu den Baukosten gehören:

1. **Die Kosten der Gebäude**

   Das sind die Kosten (getrennt nach der Art der Gebäude oder Gebäudeteile) sämtlicher Bauleistungen, die für die Errichtung der Gebäude erforderlich sind.

   Zu den Kosten der Gebäude gehören auch

   die Kosten aller eingebauten oder mit den Gebäuden fest verbundenen Sachen, z. B. Anlagen zur Beleuchtung, Erwärmung, Kühlung und Lüftung von Räumen und zur Versorgung mit Elektrizität, Gas, Kalt- und Warmwasser (bauliche Betriebseinrichtungen), bis zum Hausanschluß an die Außenanlagen, Öfen, Koch- und Waschherde, Bade- und Wascheinrichtungen, eingebaute Rundfunkanlagen, Gemeinschaftsantennen, Blitzschutzanlagen, Luftschutzanlagen, Luftschutzvorsorgeanlagen, bildnerischer und malerischer Schmuck an und in Gebäuden, eingebaute Möbel,

   die Kosten aller vom Bauherrn erstmalig zu beschaffenden, nicht eingebauten oder nicht fest verbundenen Sachen an und in den Gebäuden, die zur Benutzung und zum Betrieb der baulichen Anlagen erforderlich sind oder zum Schutz der Gebäude dienen, z. B. Öfen, Koch- und Waschherde, Bade- und Wascheinrichtungen, soweit sie nicht unter den vorstehenden Absatz fallen, Aufsteckschlüssel für innere Leitungshähne und -ventile, Bedienungseinrichtungen für Sammelheizkessel (Schaufeln, Schürstangen usw.), Dachaussteige- und Schornsteinleitern, Feuerlöschanlagen (Schläuche, Stand- und Strahlrohre für eingebaute Feuerlöschanlagen), Schlüssel für Fenster- und Türverschlüsse usw..

   Zu den Kosten der Gebäude gehören auch die Kosten von Teilabbrüchen innerhalb der Gebäude sowie der etwa angesetzte Wert verwendeter Gebäudeteile.

2. **Die Kosten der Außenanlagen**

   Das sind die Kosten sämtlicher Bauleistungen, die für die Herstellung der Außenanlagen erforderlich sind.

   Hierzu gehören

   a) die Kosten der Entwässerungs- und Versorgungsanlagen vom Hausanschluß ab bis an das öffentliche Netz oder an nichtöffentliche Anlagen, die Daueranlagen sind (I3d), außerdem alle anderen Entwässerungs- und Versorgungsanlagen außerhalb der Gebäude, Kleinkläranlagen, Sammelgruben, Brunnen, Zapfstellen usw,

   b) die Kosten für das Anlegen von Höfen, Wegen und Einfriedungen, nichtöffentlicher Spielplätzen usw.,

c) die Kosten der Gartenanlagen und Pflanzungen, die nicht zu den besonderen Betriebseinrichtungen gehören, der nicht mit einem Gebäude verbundenen Freitreppen, Stützmauern, fest eingebauten Flaggenmaste, Teppichklopfstangen, Wäschepfähle usw.,

d) die Kosten sonstiger Außenanlagen, z. B. Luftschutzaußenanlagen, Kosten für Teilabbrüche außerhalb der Gebäude, soweit sie nicht zu den Kosten für das Herrichten des Baugrundstücks gehören.

Zu den Kosten der Außenanlagen gehören auch

die Kosten aller eingebauten oder mit den Außenanlagen fest verbundenen Sachen,

die Kosten aller vom Bauherrn erstmalig zu beschaffenden, nicht eingebauten oder nicht fest verbundenen Sachen an und in den Außenanlagen, z. B. Aufsteckschlüssel für äußere Leitungshähne und -ventile, Feuerlöschanlagen (Schläuche, Stand- und Strahlrohre für äußere Feuerlöschanlagen).

3. Die Baunebenkosten

Das sind

a) Kosten der Architekten- und Ingenieurleistungen; diese Leistungen umfassen namentlich Planungen, Ausschreibungen, Bauleitung, Bauführung und Bauabrechnung,

b) Kosten der dem Bauherrn obliegenden Verwaltungsleistungen bei Vorbereitung und Durchführung des Bauvorhabens,

c) Kosten der Behördenleistungen; hierzu gehören die Kosten der Prüfungen und Genehmigungen der Behörden oder Beauftragten der Behörden,

d) folgende Kosten:

aa) Kosten der Beschaffung der Finanzierungsmittel, z. B. Maklerprovisionen, Gerichts- und Notarkosten, einmalige Geldbeschaffungskosten (Hypothekendisagio, Kreditprovisionen und Spesen, Wertberechnungs- und Bearbeitungsgebühren, Bereitstellungskosten usw.),

bb) Kapitalkosten und Erbbauzinsen, die auf die Bauzeit entfallen,

cc) Kosten der Beschaffung und Verzinsung der Zwischenfinanzierungsmittel einschließlich der gestundeten Geldbeschaffungskosten (Disagiodarlehen),

dd) Steuerbelastungen des Baugrundstücks, die auf die Bauzeit entfallen,

ee) Kosten der Beschaffung von Darlehen und Zuschüssen zur Deckung von laufenden Aufwendungen, Fremdkapitalkosten, Annuitäten und Bewirtschaftungskosten,

e) sonstige Nebenkosten, z. B. die Kosten der Bauversicherungen während der Bauzeit, der Bauwache, der Baustoffprüfungen des Bauherrn, der Grundsteinlegungs- und Richtfeier.

4. Die Kosten der besonderen Betriebseinrichtungen

Das sind z. B. die Kosten für Personen- und Lastenaufzüge, Müllbeseitigungsanlagen, Hausfernsprecher, Uhrenanlagen, gemeinschaftliche Wasch- und Badeeinrichtungen usw..

5. Die Kosten des Gerätes und sonstiger Wirtschaftsausstattungen

Das sind

die Kosten für alle vom Bauherrn erstmalig zu beschaffenden beweglichen Sachen, die nicht unter die Kosten der Gebäude oder der Außenanlagen fallen, z. B. Asche- und Müllkästen, abnehmbare Fahnen, Fenster- und Türbehänge, Feuerlösch- und Luftschutzgerät, Haus- und Stallgerät usw.,

die Kosten für Wirtschaftsausstattungen bei Kleinsiedlungen usw., z. B. Ackergerät, Dünger, Kleinvieh, Obstbäume, Saatgut.

Anlage 2
(zu den §§ 11 a und 34 Abs. 1)

Berechnung des umbauten Raumes

Der umbaute Raum ist in m³ anzugeben.

1.1 Voll anzurechnen ist der umbaute Raum eines Gebäudes, der umschlossen wird:

1.11 seitlich von den Außenflächen der Umfassungen,

1.12 unten

1.121 bei unterkellerten Gebäuden von den Oberflächen der untersten Geschoßfußböden,

1.122 bei nichtunterkellerten Gebäuden von der Oberfläche des Geländes. Liegt der Fußboden des untersten Geschosses tiefer als das Gelände, gilt Abschnitt 1.121,

1.13 oben

1.131 bei nichtausgebautem Dachgeschoß von den Oberflächen der Fußböden über den obersten Vollgeschossen,

1.132 bei ausgebautem Dachgeschoß, bei Treppenhausköpfen und Fahrstuhlschächten von den Außenflächen der umschließenden Wände und Decken. (Bei Ausbau mit Leichtbauplatten sind die begrenzenden Außenflächen durch die Außen- oder Oberkante der Teile zu legen, welche diese Platten unmittelbar tragen),

1.133 bei Dachdecken, die gleichzeitig die Decke des obersten Vollgeschosses bilden, von den Oberflächen der Tragdecke oder Balkenlage,

1.134 bei Gebäuden oder Bauteilen ohne Geschoßdecken von den Außenflächen des Daches, vgl. Abschnitt 1.35.

1.2 Mit einem Drittel anzurechnen ist der umbaute Raum des nichtausgebauten Dachraumes, der umschlossen wird von den Flächen nach Abschnitt 1.131 oder 1.132 und den Außenflächen des Daches.

1.3 bei den Berechnungen nach Abschnitt 1.1 und 1.2 ist:

1.31 die Gebäudegrundfläche nach den Rohbaumaßen des Erdgeschosses zu berechnen,

1.32 bei wesentlich verschiedenen Geschoßgrundflächen der umbaute Raum geschoßweise zu berechnen,

1.33 nicht abzuziehen der umbaute Raum, der gebildet wird von:

1.331 äußeren Leibungen von Fenstern und Türen und äußeren Nischen in den Umfassungen,

1.332 Hauslauben (Loggien), d. h. an höchstens zwei Seitenflächen offenen, im übrigen umbauten Räumen,

1.34 nicht hinzuzurechnen der umbaute Raum, den folgende Bauteile bilden:

1.341 stehende Dachfenster und Dachaufbauten mit einer vorderen Ansichtsfläche bis zu je 2 m² (Dachaufbauten mit größerer Ansichtsfläche siehe Abschnitt 1.42),

1.342 Balkonplatten und Vordächer bis zu 0,5 m Ausladung (weiter ausladende Balkonplatten und Vordächer siehe Abschnitt 1.44),

1.343 Dachüberstände, Gesimse, ein bis drei nichtunterkellerte, vorgelagerte Stufen, Wandpfeiler, Halbsäulen und Pilaster,

1.344 Gründungen gewöhnlicher Art, deren Unterfläche bei unterkellerten Bauten nicht tiefer als 0,5 m unter der Oberfläche des Kellergeschoßfußbodens, bei nichtunterkellerten Bauten nicht tiefer als 1 m unter der Oberfläche des umgebenden Geländes liegt (Gründungen außergewöhnlicher Art und Tiefe siehe Abschnitt 1.48),

1.345 Kellerlichtschächte und Lichtgräben,

1.35 für Teile eines Baues, deren Innenraum ohne Zwischendecken bis zur Dachfläche durchgeht, der umbaute Raum getrennt zu berechnen, vgl. Abschnitt 1.134,

1.36 für zusammenhängende Teile eines Baues, die sich nach dem Zweck und deshalb in der Art des Ausbaues wesentlich von den übrigen Teilen unterscheiden, der umbaute Raum getrennt zu berechnen.

1.4 Von der Berechnung des umbauten Raumes nicht erfaßt werden folgende (besonders zu veranschlagende) Bauausführungen und Bauteile:

1.41 geschlossene Anbauten in leichter Bauart und mit geringwertigem Ausbau und offene Anbauten, wie Hallen, Überdachungen (mit oder ohne Stützen) von Lichthöfen, Unterfahrten auf Stützen, Veranden,

1.42 Dachaufbauten mit vorderen Ansichtsflächen von mehr als 2 m² und Dachreiter,

1.43 Brüstungen von Balkonen und begehbaren Dachflächen,

1.44 Balkonplatten und Vordächer mit mehr als 0,5 m Ausladung,

1.45 Freitreppen mit mehr als 3 Stufen und Terrassen (und ihre Brüstungen),

1.46 Füchse, Gründungen für Kessel und Maschinen,

1.47 freistehende Schornsteine und der Teil von Hausschornsteinen, der mehr als 1 m über den Dachfirst hinausragt,

1.48 Gründungen außergewöhnlicher Art, wie Pfahlgründungen und Gründungen außergewöhnlicher Tiefe, deren Unterfläche tiefer liegt als im Abschnitt 1.344 angegeben,

1.49 wasserdruckhaltende Dichtungen.

Anlage 3
(zu § 27 Abs. 1)

Aufstellung der Betriebskosten

Betriebskosten sind nachstehende Kosten, die dem Eigentümer (Erbbauberechtigten) durch das Eigentum (Erbbaurecht) am Grundstück oder durch den bestimmungsmäßigen Gebrauch des Gebäudes oder der Wirtschaftseinheit, der Nebengebäude, Anlagen, Einrichtungen und des Grundstücks laufend entstehen, es sei denn, daß sie üblicherweise vom Mieter außerhalb der Miete unmittelbar getragen werden:

1. **Die laufenden öffentlichen Lasten des Grundstücks**

   Hierzu gehört namentlich die Grundsteuer, jedoch nicht die Hypothekengewinnabgabe.

2. **Die Kosten der Wasserversorgung**

   Hierzu gehören die Kosten des Wasserverbrauchs, die Grundgebühren und die Zählermiete, die Kosten der Verwendung von Zwischenzählern, die Kosten des Betriebs einer hauseigenen Wasserversorgungsanlage und einer Wasseraufbereitungsanlage einschließlich der Aufbereitungsstoffe.

3. **Die Kosten der Entwässerung**

   Hierzu gehören die Gebühren für die Haus- und Grundstücksentwässerung, die Kosten des Betriebs einer entsprechenden nicht öffentlichen Anlage und die Kosten des Betriebs einer Entwässerungspumpe.

4. **Die Kosten**

   a) **des Betriebs der zentralen Heizungsanlage einschließlich der Abgasanlage;**

   hierzu gehören die Kosten der verbrauchten Brennstoffe und ihrer Lieferung, die Kosten des Betriebsstroms, die Kosten der Bedienung, Überwachung und Pflege der Anlage, der regelmäßigen Prüfung ihrer Betriebsbereitschaft und Betriebssicherheit einschließlich der Einstellung durch einen Fachmann, der Reinigung der Anlage und des Betriebsraums, die Kosten der Messungen nach dem Bundes-Immissionsschutzgesetz, die Kosten der Anmietung oder anderer Arten der Gebrauchsüberlassung einer Ausstattung zur Verbrauchserfassung sowie die Kosten der Verwendung einer Ausstattung zur Verbrauchserfassung einschließlich der Kosten der Berechnung und Aufteilung;

   oder

   b) **des Betriebs der zentralen Brennstoffversorgungsanlage;**

   hierzu gehören die Kosten der verbrauchten Brennstoffe und ihrer Lieferung, die Kosten des Betriebsstroms und die Kosten der Überwachung sowie die Kosten der Reinigung der Anlage und des Betriebsraums;

   oder

   c) **der eigenständig gewerblichen Lieferung von Wärme, auch aus Anlagen im Sinne des Buchstabens a;**

   hierzu gehören das Entgelt für die Wärmelieferung und die Kosten des Betriebs der zugehörigen Hausanlagen entsprechend Buchstabe a;

   oder

   d) **der Reinigung und Wartung von Etagenheizungen;**

   hierzu gehören die Kosten der Beseitigung von Wasserablagerungen und Verbrennungsrückständen in der Anlage, die Kosten der regelmäßigen Prüfung der Betriebsbereitschaft und Betriebssicherheit und der damit zusammenhängenden Einstellung durch einen Fachmann sowie die Kosten der Messungen nach dem Bundes-Immissionsschutzgesetz.

5. **Die Kosten**

   a) **des Betriebs der zentralen Warmwasserversorgungsanlage;**

   hierzu gehören die Kosten der Wasserversorgung entsprechend Nummer 2, soweit sie nicht dort bereits berücksichtigt sind, und die Kosten der Wassererwärmung entsprechend Nummer 4 Buchstabe a;

   oder

   b) **der eigenständig gewerblichen Lieferung von Warmwasser, auch aus Anlagen im Sinne des Buchstabens a;**

   hierzu gehören das Entgelt für die Lieferung des Warmwassers und die Kosten des Betriebs der zugehörigen Hausanlagen entsprechend Nummer 4 Buchstabe a;

   oder

   c) **der Reinigung und Wartung von Warmwassergeräten;**

   hierzu gehören die Kosten der Beseitigung von Wasserablagerungen und Verbrennungsrückständen im Innern der Geräte sowie die Kosten der regelmäßigen Prüfung der Betriebsbereitschaft und Betriebssicherheit und der damit zusammenhängenden Einstellung durch einen Fachmann.

6. **Die Kosten verbundener Heizungs- und Warmwasserversorgungsanlagen**

   a) bei zentralen Heizungsanlagen entsprechend Nummer 4 Buchstabe a und entsprechend Nummer 2, soweit sie nicht dort bereits berücksichtigt sind;

   oder

   b) bei der eigenständig gewerblichen Lieferung von Wärme entsprechend Nummer 4 Buchstabe c und

entsprechend Nummer 2, soweit sie nicht dort bereits berücksichtigt sind;
oder

c) bei verbundenen Etagenheizungen und Warmwasserversorgungsanlagen entsprechend Nummer 4 Buchstabe d und entsprechend Nummer 2, soweit sie nicht dort bereits berücksichtigt sind.

7. **Die Kosten des Betriebs des maschinellen Personen- oder Lastenaufzuges**

   Hierzu gehören die Kosten des Betriebsstroms, die Kosten der Beaufsichtigung, der Bedienung, Überwachung und Pflege der Anlage, der regelmäßigen Prüfung ihrer Betriebsbereitschaft und Betriebssicherheit einschließlich der Einstellung durch einen Fachmann sowie die Kosten der Reinigung der Anlage.

8. **Die Kosten der Straßenreinigung und Müllabfuhr**

   Hierzu gehören die für die öffentliche Straßenreinigung und Müllabfuhr zu entrichtenden Gebühren oder die Kosten entsprechender nicht öffentlicher Maßnahmen.

9. **Die Kosten der Hausreinigung und Ungezieferbekämpfung**

   Zu den Kosten der Hausreinigung gehören die Kosten für die Säuberung der von den Bewohnern gemeinsam benutzten Gebäudeteile, wie Zugänge, Flure, Treppen, Keller, Bodenräume, Waschküchen, Fahrkorb des Aufzuges.

10. **Die Kosten der Gartenpflege**

    Hierzu gehören die Kosten der Pflege gärtnerisch angelegter Flächen einschließlich der Erneuerung von Pflanzen und Gehölzen, der Pflege von Spielplätzen einschließlich der Erneuerung von Sand und der Pflege von Plätzen, Zugängen und Zufahrten, die dem nicht öffentlichen Verkehr dienen.

11. **Die Kosten der Beleuchtung**

    Hierzu gehören die Kosten des Stroms für die Außenbeleuchtung und die Beleuchtung der von den Bewohnern gemeinsam benutzten Gebäudeteile, wie Zugänge, Flure, Treppen, Keller, Bodenräume, Waschküchen.

12. **Die Kosten der Schornsteinreinigung**

    Hierzu gehören die Kehrgebühren nach der maßgebenden Gebührenordnung, soweit sie nicht bereits als Kosten nach Nummer 4 Buchstabe a berücksichtigt sind.

13. **Die Kosten der Sach- und Haftpflichtversicherung**

    Hierzu gehören namentlich die Kosten der Versicherung des Gebäudes gegen Feuer-, Sturm- und Wasserschäden, der Glasversicherung, der Haftpflichtversicherung für das Gebäude, den Öltank und den Aufzug.

14. **Die Kosten für den Hauswart**

    Hierzu gehören die Vergütung, die Sozialbeiträge und alle geldwerten Leistungen, die der Eigentümer (Erbbauberechtigte) dem Hauswart für seine Arbeit gewährt, soweit diese nicht die Instandhaltung, Instandsetzung, Erneuerung, Schönheitsreparaturen oder die Hausverwaltung betrifft.

    Soweit Arbeiten vom Hauswart ausgeführt werden, dürfen Kosten für Arbeitsleistungen nach den Nummern 2 bis 10 nicht angesetzt werden.

15. **Die Kosten**

    a) des Betriebs der Gemeinschafts-Antennenanlage;
    hierzu gehören die Kosten des Betriebsstroms und die Kosten der regelmäßigen Prüfung ihrer Betriebsbereitschaft einschließlich der Einstellung durch einen Fachmann oder das Nutzungsentgelt für eine nicht zur Wirtschaftseinheit gehörende Antennenanlage;
    oder

    b) des Betriebs der mit einem Breitbandkabelnetz verbundenen privaten Verteilanlage;
    hierzu gehören die Kosten entsprechend Buchstabe a, ferner die laufenden monatlichen Grundgebühren für Breitbandanschlüsse.

16. **Die Kosten des Betriebs der maschinellen Wascheinrichtung**

    Hierzu gehören die Kosten des Betriebsstroms, die Kosten der Überwachung, Pflege und Reinigung der maschinellen Einrichtung, der regelmäßigen Prüfung ihrer Betriebsbereitschaft und Betriebssicherheit sowie die Kosten der Wasserversorgung entsprechend Nummer 2, soweit sie nicht dort bereits berücksichtigt sind.

17. **Sonstige Betriebskosten**

    Das sind die in den Nummern 1 bis 16 nicht genannten Betriebskosten, namentlich die Betriebskosten von Nebengebäuden, Anlagen und Einrichtungen.

3.2.2 Wohnungsbauförderung

Zur Erläuterung der in der Bundesrepublik Deutschland derzeit gegebenen öffentlichen Förderung des Wohnungsbaus, sind nachfolgend einige Auszüge aus dem Wohnungsbauförderungsprogramm des Landes Niedersachsen wiedergegeben.

A. Zuwendungszweck, Grundlagen

Zur Förderung des Wohnungsbaues gewährt das Land Niedersachsen im Jahre 1993 Zuwendungen (Darlehen, Zuschüsse); darin sind Finanzhilfen des Bundes enthalten.
Angesichts der derzeitigen Situation auf dem Wohnungsmarkt wird der Förderung des Baues von Mietwohnungen mit langfristiger Sozialbindung für Wohnungsuchende mit niedrigem Einkommen besondere Bedeutung beigemessen. Die Zuwendungen für Eigentumsmaßnahmen werden nach sozialer Dringlichkeit gewährt.
Es wird erwartet, daß sich die Gemeinden/Gemeindeverbände angemessen an der Förderung beteiligen. Sie können sich hierdurch Belegungsrechte an den geförderten Wohnungen sichern. Bei der Auswahl werden Bauvorhaben, an deren Förderung sich die Gemeinden/Gemeindeverbände beteiligen, vorrangig berücksichtigt.
Um für Arbeitnehmerinnen und Arbeitnehmer Wohnungen zu schaffen oder zu sichern (Werkswohnungsbau), wird erwartet, daß sich auch Unternehmen und sonstige Arbeitgeber an der Förderung von Mietwohnungen angemessen beteiligen oder selbst als Bauherren auftreten.
Die Förderung erfolgt nach Maßgabe dieser Bestimmungen auf der Grundlage
– des Zweiten Wohnungsbaugesetzes (II. WoBauG);
– der Wohnungsbauförderungsbestimmungen (WFB 1987) des Landes Niedersachsen.
Die in diesen Bestimmungen zitierten Gesetze, Verordnungen und Verwaltungsvorschriften sind in der jeweils geltenden Fassung maßgebend.
Die Mietenstufe von Gemeinden ergibt sich aus Anlage 1 der Wohngeldverordnung.
Die Technischen Anforderungen von Abschnitt G sind zu beachten. Auf die **Ökologischen Empfehlungen für den sozialen Wohnungsbau im Lande Niedersachsen (s. nachfolgenden Auszug),** eingeführt durch den RdErl. vom 30. 12. 1992 (Nds. MBl. 1993 S. 223), wird hingewiesen.
Die Zuwendungen in den jeweiligen Förderungswegen werden nicht kumulativ gewährt.
Ein Rechtsanspruch auf Gewährung einer Zuwendung besteht nicht.

G. Technische Anforderungen

Raumgrößen und Raummöblierungen. In den der Wohnungsbauförderungsstelle vorzulegenden Grundrißzeichnungen sind die Wohnflächen jeder Wohnung und die Flächenangaben der einzelnen Räume sowie die Möblierung einschließlich der Ausstattung von Küche, Bad und WC einzutragen. Bei Wiederholungen gleicher Wohnungstypen in einem Bauvorhaben genügt die einmalige Eintragung.
Kinderzimmer. Die Größe der Kinderzimmer soll als Einbettzimmer 12 m² und als Zweibettzimmer 16 m² nicht unterschreiten. Kinderzimmer dürfen nicht Durchgangsräume sein.
Getrennte Hausmüllagerung. Die Fläche für die getrennte Hausmüllagerung ist in der Küche vorzusehen und im Wohnungsgrundriß zu bezeichnen.
Elektroinstallation. Widerstandsraumheizungen sind nicht zulässig.
Wasserversorgungseinrichtungen. Wohnungen sind mit folgenden Installationen auszustatten:
– Wohnungswasserzähler je Wohneinheit,

- WC-Spülkästen mit reduzierter Wasserspülmenge (maximal sechs Liter) und Spülstromunterbrecher/Spartaste,
- Einhand-Mischbatterien für Duschen.

Barrierefreies Wohnen. Bei der Errichtung von Wohngebäuden mit mehr als sechs Mietwohnungen müssen die Wohnungen des Erdgeschosses folgende Anforderungen erfüllen:
- Die Wohnungen müssen von der öffentlichen Verkehrsfläche aus stufenlos erreichbar sein.
- Türen in den Wohnungen müssen eine lichte Breite von mindestens 80 cm, Hauseingangs- und Wohnungseingangstüren müssen eine lichte Breite von mindestens 90 cm haben. Bad- und WC-Türen müssen nach außen aufschlagen.
- Schalter und Sicherungen müssen in 85 cm Höhe angebracht sein.
- Die Bewegungsfläche vor einer WC-Anlage jeder Wohnung muß 120 cm × 120 cm betragen.

Wohnungen für Rollstuhlbenutzerinnen, -benutzer und Blinde. Für die Planung von Wohnungen für Rollstuhlbenutzerinnen und -benutzer wird auf DIN 18025-1, Barrierefreie Wohnungen für Rollstuhlbenutzer, Planungsgrundlagen, und für die Planung von barrierefreien Miet- und Genossenschaftswohnungen und entsprechenden Wohnanlagen auf DIN 18025-2, Barrierefreie Wohnungen, Planungsgrundlagen, hingewiesen.

Ökologische Empfehlungen für den sozialen Wohnungsbau im Lande Niedersachsen RdErl. d. MS v. 30. 12. 1992

Allgemeines

Die Förderung des sozialen Wohnungsbaus im Lande Niedersachsen richtet sich nach den Wohnungsbauförderungsbestimmungen. Die Ökologischen Empfehlungen sollen die Schaffung von zusätzlichen sozialpolitischen und ökologischen Qualitäten anregen.

Die Empfehlungen sind darauf gerichtet, den Belangen des Umweltschutzes und der Ökologie Rechnung zu tragen. Schutz und Pflege der natürlichen Umwelt sowie die Verbesserung der Lebens- und Umweltbedingungen sind für die Menschen von existentieller Bedeutung.

Im Abschnitt II sind allgemeine Empfehlungen enthalten, die den am Bau Beteiligten Anstöße zu umweltbewußten und ökologisch orientierten Entscheidungen geben sollen.

Die im Abschnitt III genannten besonderen Empfehlungen können in der Vereinbarung über die Förderung von Mietwohnungen verbindlich erklärt werden; werden die besonderen Empfehlungen insgesamt vereinbart, ist eine Anhebung der Mieten nach Maßgabe der Bestimmungen des Wohnungsbauprogramms berechtigt.

Allgemeine Empfehlungen

Energie. Einsparung von Energie und Minimierung der Schadstoffbelastung der Umwelt lassen sich durch Einsatz von schadstoffmindernden Systemen und durch Nutzung regenerativer Energiequellen erreichen. Dieser Zielsetzung dienen vor allem Anlagen mit
- Brennwerttechnik, bei Gasfeuerung i. V. m. Niedertemperaturheizung ($t_m < 50°$ C),
- Gebläsebrennern,
- Niedertemperaturheizungsanlagen,
- Anschluß an vorhandene Fernwärmeversorgung,
- Kraft-Wärme-Kopplung (Blockheizkraftwerke),
- Sonnenkollektoren zur Brauchwassererwärmung,
- Wärmerückgewinnung.

Beim Einbau von Wärmerückgewinnungssystemen soll angestrebt werden, daß das Verhältnis zwischen der für den Betrieb erforderlichen elektrischen Energie und der rückgewonnenen Wärmemenge mindestens 1 : 5 beträgt.

Freiflächen auf dem Baugrundstück. Bei der Planung und Gestaltung der Außenanlagen stehen die Schonung der natürlichen Ressourcen wie Boden und Wasser sowie die Vegetation und Fauna im Vordergrund. Dies läßt sich insbesondere erreichen durch
- Minimierung der Grundstücksversiegelung und Bodenverdichtung,
- Bündelung der Ver- und Entsorgungssysteme zur Vermeidung unnötiger Bodeneingriffe,
- Minimierung der überbauten Grundstücksflächen,
- Erhaltung und Schaffung von naturnahen Biotopen und standortgerechter Vegetation,
- Anlage von Haus- und Mietergärten sowie Kompostplätzen,
- Regenwasserversickerung der Dachabflüsse auf dem Baugrundstück, soweit die natürlichen Standortverhältnisse dies zulassen.

Für eine effektive Gestaltung der nicht überbauten Grundstücksflächen ist es in der Regel zweckmäßig, eine Fachfrau oder einen Fachmann mit der Freiflächenplanung zu betrauen.

Baustoffe. Es werden Baustoffe empfohlen,
- die hinsichtlich ihrer Gewinnung, Verarbeitung, Funktion und Beseitigung eine hohe Gesundheits- und Umweltverträglichkeit aufweisen, wie z. B. Holz, Sand, Kies, Naturstein, Mauerstein, Mörtel und Putz,
- deren Herstellung und Beseitigung einen möglichst geringen Energieaufwand erfordern,
- die eine gute Recyclingfähigkeit besitzen,
- bei deren Verwendung keine hohen Abfallanteile anfallen.

Für Maßnahmen zum vorbeugenden Holzschutz wird empfohlen, vorrangig die konstruktiven Möglichkeiten auszuschöpfen.

Gebäude. Für die Gebäudeplanung unter ökologischen Gesichtspunkten werden folgende Kriterien empfohlen:
- energetisch günstige Gesamtlösung
- Berücksichtigung des Mikroklimas
- optimale Anordnung des Gebäudes auf dem Grundstück
- ökologisch günstige Gebäudegeometrie
- optimale Ausrichtung der Aufenthaltsräume zur passiven Nutzung der Sonnenenergie
- Minimierung von Fensterflächen an der Nordseite
- hohe Wärmedämmung der Gebäudeflächen
- winddichte Ausführung der gesamten Gebäudehülle, insbesondere im Bereich der Dachkonstruktion
- eine nach dem Stand der Technik wärmebrückenfreie Konstruktion.

Sanitärräume. Es wird empfohlen, in Wohnungen, die für mehr als vier Personen bestimmt sind, Bad und WC räumlich zu trennen und mit insgesamt zwei Spülklosetts und zwei Waschtischen auszustatten.

Freiflächen als Spielflächen. Es wird empfohlen, alle Freiflächen den Kindern als Spielfläche zur Verfügung zu stellen, soweit die Flächen nicht anderen Nutzungen dienen sowie insbesondere gegenüber öffentlichen Verkehrsflächen hinreichend gesichert sind.

Besondere Empfehlungen

Elektroinstallation. Für Beleuchtungen in Treppenräumen und Fluren außerhalb der Wohnungen werden Energiesparlampen empfohlen.

Baustoffe. Es wird empfohlen, nicht zu verwenden:
- Baustoffe, die unter Einsatz von Fluorchlorkohlenwasserstoffen (FCKW) hergestellt sind, insbesondere Schaumdämmplatten und Ortschäume, wenn andere geeignete Stoffe zur Verfügung stehen,
- Edelhölzer aus tropischen Regenwäldern (Primärwälder), ausgenommen tropische Hölzer, wenn der überprüfbare Nachweis der Herkunft aus schonender, nachhaltiger Waldbewirtschaftung (Sekundärwälder) geführt werden kann,
- Fußbodenbeläge, Fußleisten, Fensterprofile und Handläufe aus PVC.

Es werden Baustoffe empfohlen,
- die nur einen geringstmöglichen Anteil an Isozyanat enthalten,
- die mit geringem Einsatz und Gehalt von Formaldehyd hergestellt werden.

Holzschutz, Anstriche u. ä. Es wird empfohlen, den Einsatz chemischer Mittel soweit wie möglich einzuschränken und nur arsen- und chromatfreie Mittel zu verwenden.

Zur Verbesserung des Raumklimas werden als Oberflächenbehandlung Anstrich- und Klebestoffe sowie Lacke vorzugsweise entsprechend gekennzeichnete umweltverträgliche Produkte empfohlen.

Baulicher Wärmeschutz. Es wird empfohlen, die Werte für den mittleren Wärmedurchgangskoeffizienten $k_{m,max}$ gemäß Anlage 1 Tabelle 1 der Wärmeschutzverordnung vom 24. 2. 1982 (BGBl. I S. 209) um 40 v. H. zu unterschreiten.

Beratung

Für Vorhaben des sozialen Wohnungsbaus wird eine Beratung zum kosten- und flächensparenden sowie zum ökologischen Bauen durch das Institut für Bauforschung (IfB) in Hannover oder andere fachkundige Stellen empfohlen.

Die Landestreuhandstelle für den Wohnungs- und Städtebau wird die Kosten für die Beratung bis zur Höhe von 0,4 v. H. der Kosten der Gebäude als „sonstige Nebenkosten" nach § 5 Abs. 4 Nr. 6 der Zweiten Berechnungsverordnung i. d. F. vom 12. 10. 1990 (BGBl. I S. 2178), geändert durch Artikel 1 der Verordnung vom 13. 7. 1992 (BGBl. I S. 1250), anerkennen.

3.3 Planungsnormen

Die nachfolgenden Themen sind alle bei der Planung zu berücksichtigen. Dies gilt insbesondere für den Wohnungsbau, für einige jedoch auch über diesen Bereich hinaus. Auch die Wohnungsbauförderungsbestimmungen der Länder enthalten Anwendungshinweise auf DIN-Normen.

Der Lärmbelästigung durch Verkehr, Gewerbe und Industrie soll durch DIN 18005-1 entgegengewirkt werden. Auch der Freizeitlärm wird angesprochen. Eine Orientierung schon in der städtebaulichen Planung ist notwendig. Hinsichtlich des Beurteilungspegels ist die Erhaltung und Schaffung ruhiger Wohnanlagen oder anderer schutzbedürftiger Nutzungen vorgesehen.

Ausreichender Schallschutz ist eine der Voraussetzungen für gesunde Lebensverhältnisse der Bevölkerung. In erster Linie soll der Schall bereits bei der Entstehung verringert werden. Dies ist häufig nicht in ausreichendem Maß möglich. Lärmvorsorge und Lärmminderung müssen deshalb auch durch städtebauliche Maßnahmen bewirkt werden. Voraussetzung dafür ist die Beachtung allgemeiner schalltechnischer Grundregeln bei der Planung und deren rechtzeitige Berücksichtigung in den Verfahren zur Aufstellung der Bauleitpläne (Flächennutzungsplan, Bebauungsplan) sowie bei anderen raumbezogenen Fachplanungen. Nachträglich lassen sich wirksame Schallschutzmaßnahmen vielfach nicht oder nur mit Schwierigkeiten und erheblichen Kosten durchführen. Das Beiblatt 1 zu DIN 18005-1 enthält Orientierungswerte für die angemessene Berücksichtigung des Schallschutzes in der städtebaulichen Planung. Die Orientierungswerte sind eine sachverständige Konkretisierung für in der Planung zu berücksichtigende Ziele des Schallschutzes. Es sind keine Grenzwerte. Beiblätter zu DIN-Normen enthalten Informationen und keine zusätzlichen genormten Festlegungen.

Im Wohnungsbau haben sich insbesondere für die Technische Ausrüstung, die Planung für Behinderte und das barrierefreie Bauen Notwendigkeiten für empfehlende Regelungen ergeben.

Hausanschlußräume sollen die Anschlußleitungen für die Ver- und Entsorgung eines Gebäudes zusammenfassen und auch die notwendigen Betriebseinrichtungen erfassen. Eine Abstimmung mit den Ver- und Entsorgungseinrichtungen ist vorzunehmen.

Bezüglich der Energie-Verbrauchsabrechnung für die einzelnen Wohnungen werden Zählerplätze benötigt, die in der Regel in Nischen untergebracht werden. Die Anforderungen für Nischen für Zählerplätze sind in DIN 18013 geregelt.

Gerade im Hinblick auf Sicherheit, Ausstattung und Leitungsführung sind Planungsgrundlagen unabweisbar. Die Ausstattung ist nur mit hohem Aufwand nachrüstbar. Aussparungen, Schlitze und Öffnungen sind bereits bei der Gebäudeplanung zu berücksichtigen und entsprechend Installationspläne zu erstellen. Da DIN 18015-3 auch die Anordnung der elektrischen Leitungen regelt, ist trotz verdeckter Leitungsführung eindeutig, wo die Leitungen in der Wand zu finden sind.

Die Wohnungslüftung bedarf einer generellen Lösung. Besonders hinsichtlich wärmetechnischer Belange ist dies notwendig, aber noch nicht geregelt. Die Lüftung von Bädern und Toiletten ohne Außenfenster ist für Einzelschachtanlagen mit und ohne Ventilatoren in DIN 18017 dargestellt. Es wird davon ausgegangen, daß die Zuluft ohne besondere Zulufteinrichtungen durch die Undichtheiten in den Außenbauteilen einströmen kann. Hinsichtlich der zur Minimierung der Wärmeverluste notwendigen Dichtheit der Gebäude werden hier in Zukunft weitere Regeln notwendig sein.

DIN 18022 enthält für Küchen, Bäder und WCs Angaben für eine nutzungsgerechte Aufstellung von Objekten und Geräten, die sich weitgehend ebenfalls an Normgrößen orientieren.

Größe und Einrichtung von Küchen, Bädern und WCs hängen vorrangig von der Anzahl der Personen ab, für die die Wohnungen oder Einfamilienhäuser geplant werden. Die Mindestmaße ergeben sich aus den Stellflächen, Abständen und Bewegungsflächen.

Hinsichtlich weitergehender Anforderungen für barrierefreie Wohnungen ist zusätzlich DIN 18025-2 bei der Planung zu beachten.

DIN 18005-1 Schallschutz im Städtebau; Berechnungsverfahren (Mai 1987)

Diese Norm enthält vereinfachte Verfahren zur Schallimmissionsberechnung für die städtebauliche Planung. Sie sind nicht für die Anwendung bei Genehmigungsverfahren für einzelne Objekte (z. B. gewerbliche Anlagen) gedacht. Dafür gelten die Vorschriften des Immissionsschutzrechtes, z. B. die Allgemeine Verwaltungsvorschrift über genehmigungsbedürftige Anlagen nach § 16 der Gewerbeordnung; Technische Anleitung zum Schutz gegen Lärm (TA Lärm).

Begriffe

S c h a l l e m i s s i o n ist das Abstrahlen von Schall von einer Schallquelle oder von einer Ansammlung von Schallquellen (z. B. Straße, Gewerbebetrieb, Industriegebiet).

S c h a l l i m m i s s i o n ist das Einwirken von Schall auf ein Gebiet oder einen Punkt eines Gebietes (Immissionsort).

Anmerkung Vor der Fassade eines betroffenen Hauses kann durch Reflexion eine Erhöhung des Schallpegels auftreten; diese Erhöhung wird hier nicht der Schallimmission zugerechnet.

Unter S c h a l l p e g e l L in Dezibel (dB) wird nach dieser Norm der Schalldruckpegel nach DIN 45630-1 (s. Norm) verstanden.

Durch die F r e q u e n z b e w e r t u n g A nach DIN IEC 651 (Schallpegelmesser) (s. Norm) wird die Frequenzabhängigkeit der Empfindlichkeit des Gehörs näherungsweise berücksichtigt. Der Schallpegel mit dieser Frequenzbewertung wird A-bewerteter Schallpegel (oder kurz: A-Schallpegel) L_A genannt.

In dieser Norm wird nur mit A-bewerteten Schallpegeln gerechnet und der Index A fortgelassen.

Für die in der Norm angegebenen vereinfachten Berechnungsverfahren sind die drei Kenngrößen
- Mittelungspegel,
- Beurteilungspegel,
- Schalleistungspegel

von Bedeutung.

Der Mittelungspegel dient zur Kennzeichnung von Geräuschen mit zeitlich veränderlichen Schallpegeln ohne Berücksichtigung von auffälligen Einzeltönen oder Impulsen. Dabei wird die Verdoppelung oder Halbierung der Einwirkzeit eines Geräusches wie die Erhöhung oder Verringerung seines Mittelungspegels um 3 dB bewertet. Bei Straßen und Schienenwegen führt auch die Verdoppelung oder Halbierung der Verkehrsstärke unter sonst gleichen Bedingungen zu einer Veränderung des Mittelungspegels um 3 dB. In den Mittelungspegel gehen Dauer und Stärke jedes Einzelgeräusches ein.

Der Beurteilungspegel L_r in dB ist der mit den Orientierungswerten nach Beiblatt 1 zu DIN 18005-1 zu vergleichende Pegel. Er wird als Maß für die durchschnittliche Langzeitbelastung von betroffenen Personen oder an ausgewählten Orten in der Beurteilungszeit benutzt. Er entsteht aus dem Mittelungspegel durch Zu- oder Abschläge für bestimmte Geräusche, Zeiten oder Situationen (z. B. ton- und/oder impulsartige Geräusche, bestimmte Ruhezeiten, Immissionsorte in der Nähe von lichtzeichengeregelten Kreuzungen). Beurteilungszeit ist hier für den Tag die Zeit von 6.00 bis 22.00 Uhr, für die Nacht die Zeit von 22.00 bis 6.00 Uhr.

Beurteilungspegel werden in DIN 18005-1 im Regelfall berechnet.

Der Schalleistungspegel L_W in dB kennzeichnet die Stärke der Schallemission einer Schallquelle oder von Teilen einer Schallquelle. Er ist ein logarithmisches Maß für die abgestrahlte Schalleistung.

In DIN 18005-1 wird der A-bewertete Schalleistungspegel L_{WA} in dB verwendet – er wird auch A-Schalleistungspegel genannt. Der Index A wird fortgelassen.

Da die Schallimmission nach DIN 18005-1 nur durch zeitliche Mittelwerte (Beurteilungspegel oder Mittelungspegel) gekennzeichnet wird, ist für die Berechnung der Schallimmission auch immer von zeitlichen Mittelwerten der Schalleistung auszugehen.

In DIN 18005-1 sind entsprechende Angaben für die Lärmquellen Straßen-, Schienen-, Luft- und Wasserverkehr sowie Industrie und Gewerbe enthalten.

Es sind Rechenverfahren für die Beurteilungspegel sowie für Verkehrswege angegeben; darüber hinaus enthält die Norm eine Reihe von Berechnungsbeispielen.

Bbl. 1 zu DIN 18005-1 Schallschutz im Städtebau; Berechnungsverfahren; Schalltechnische Orientierungswerte für die städtebauliche Planung (Mai 1987)

Das Beiblatt enthält Orientierungswerte für die angemessene Berücksichtigung des Schallschutzes in der städtebaulichen Planung. Sie stellen eine sachverständige Konkretisierung für die in der Planung zu berücksichtigenden Ziele des Schallschutzes dar (§ 50 BImschG, § 1 Abs. 5 BauGB). Es sind keine Grenzwerte.

Die Orientierungswerte haben vorrangig Bedeutung für die Planung von Neubaugebieten mit schutzbedürftigen Nutzungen und für die Neuplanung von Flächen, von denen Schallemissionen ausgehen und auf vorhandene oder geplante schutzbedürftige Nutzungen einwirken können. Da die Orientierungswerte allgemein sowohl für Großstädte als auch für ländliche Gemeinden gelten, können örtliche Gegebenheiten in bestimmten Fällen ein Abweichen von den Orientierungswerten nach oben oder unten erfordern.

3.3 Planungsnormen

Sie gelten für die städtebauliche Planung, nicht dagegen für die Zulassung von Einzelvorhaben oder den Schutz einzelner Objekte. Die Orientierungswerte unterscheiden sich nach Zweck und Inhalt von immissionsschutzrechtlich festgelegten Werten wie etwa den Immissionsrichtwerten der TA Lärm; sie weichen zum Teil von diesen Werten ab.

Bei der Bauleitplanung nach dem Baugesetzbuch und der Baunutzungsverordnung (BauNVO) sind im Regelfall den verschiedenen schutzbedürftigen Nutzungen (z. B. Bauflächen, Baugebieten, sonstigen Flächen) Orientierungswerte nach Tab. 3.54 für den Beurteilungspegel zuzuordnen. Ihre Einhaltung oder Unterschreitung ist wünschenswert, um die mit der Eigenart des betreffenden Baugebietes oder der betreffenden Baufläche verbundene Erwartung auf angemessenen Schutz vor Lärmbelastungen zu erfüllen.

Tabelle 3.54 Orientierungswerte für den Beurteilungspegel

Bereich	Orientierungswert in dB	
	tags	nachts
reine Wohngebiete (WR), Wochenendhausgebiete, Ferienhausgebiete	50	40 bzw. 35
allgemeine Wohngebiete (WA), Kleinsiedlungsgebiete (WS) und Campingplatzgebiete	55	45 bzw. 40
Friedhöfe, Kleingartenanlagen, Parkanlagen	55	55
besondere Wohngebiete (WB)	60	45 bzw. 45
Dorfgebiete (MD) und Mischgebiete (MI)	60	50 bzw. 45
Kerngebiete (NK) und Gewerbegebiete (GE)	65	55 bzw. 50
sonstige Sondergebiete, soweit sie schutzbedürftig sind, je nach Nutzungsart	45 bis 65	35 bis 65
Industriegebiete (GI)[1]		

[1] Für Industriegebiete kann – soweit keine Gliederung nach § 1 Abs. 4 und 9 BauNVO erfolgt – kein Orientierungswert angegeben werden. Die Schallemission der Industriegebiete ist nach DIN 18005-1 zu bestimmen.

Bei zwei angegebenen Nachtwerten soll der niedrigere für Industrie-, Gewerbe- und Freizeitlärm sowie für Geräusche von vergleichbaren öffentlichen Betrieben gelten.

Die Orientierungswerte sollten bereits auf den Rand der Bauflächen oder der überbauten Grundstücksflächen in den jeweiligen Baugebieten oder der Flächen sonstiger Nutzung bezogen werden.

Anmerkung Bei Beurteilungspegeln über 45 dB ist selbst bei nur teilweise geöffnetem Fenster ungestörter Schlaf häufig nicht mehr möglich.

In den Hinweisen für die Anwendung der Orientierungswerte wird u. a. ausgeführt:

Die Beurteilungspegel der Geräusche verschiedener Arten von Schallquellen (Verkehr, Industrie und Gewerbe, Freizeitlärm) sollen wegen der unterschiedlichen Einstellung der Betroffenen zu verschiedenen Arten von Geräuschquellen jeweils für sich allein mit den Orientierungswerten verglichen und nicht addiert werden.

Eine Unterschreitung der Orientierungswerte kann sich beispielsweise empfehlen
– zum Schutz besonders schutzbedürftiger Nutzungen,
– zur Erhaltung oder Schaffung besonders ruhiger Wohnlagen.

In vorbelasteten Bereichen, insbesondere bei vorhandener Bebauung, bestehenden Verkehrswegen und in Gemengelagen, lassen sich die Orientierungswerte oft nicht einhalten. Wo im Rahmen der Abwägung mit plausibler Begründung von den Orientierungswerten abgewichen werden soll, weil andere Belange überwiegen, sollte möglichst ein Ausgleich durch andere geeignete Maßnahmen (z. B. geeignete Gebäudeanordnung und Grundrißgestaltung, bauliche Schallschutzmaßnahmen – insbesondere für Schlafräume) vorgesehen und planungsrechtlich abgesichert werden.

DIN 18012 Hausanschlußräume; Planungsgrundlagen (Jun 1982)

Diese Norm gibt Empfehlungen für die Planung und den Bau von Hausanschlußräumen in Wohn-, Geschäfts- und Bürogebäuden sowie vergleichbaren Bauwerken.

Sie gilt sinngemäß auch bei wesentlichen Änderungen und Ergänzungen der Hausanschlüsse in bestehenden Gebäuden.

Bei Ein- und Zweifamilienhäusern sind keine gesonderten Hausanschlußräume erforderlich; die Bestimmungen für die Anschlüsse der Leitungen sind jedoch sinngemäß anzuwenden.

Die Norm gilt nicht für den Anschluß von Gebäuden an Starkstromanlagen über 1000 V und an zentrale Müllentsorgungssysteme.

Begriffe

Der Hausanschlußraum ist der Raum eines Gebäudes, der zur Einführung der Anschlußleitungen für die Ver- und Entsorgung des Gebäudes bestimmt ist und in dem die erforderlichen Anschlußeinrichtungen und gegebenenfalls Betriebseinrichtungen untergebracht werden.

Die Anschlußeinrichtung ist eine Einrichtung, mit der die Hausleitungen einer Versorgungsart an die jeweilige Anschlußleitung angeschlossen werden.

Anschlußeinrichtungen sind bei der
- Wasserversorgung: die Wasserzählanlage,
- Entwässerung: die Reinigungsöffnung des Anschlußkanals,
- Starkstromversorgung: die Hausanschlußsicherung,
- Fernmeldeversorgung: die Anschlußpunkte des allgemeinen Netzes der Deutschen Bundespost oder die Anschlußpunkte sonstiger Fernmeldeanlagen,
- Gasversorgung: die Hauptabsperreinrichtung,
- Fernwärmeversorgung: die Übergabestation.

Eine Betriebseinrichtung ist eine, der Anschlußeinrichtung nachgeordnete, technische Einrichtung.

Größe und Anzahl der Hausanschlußräume

Die Größe und die Anzahl der Hausanschlußräume richtet sich nach der Anzahl der vorgesehenen Anschlüsse, der Anzahl der zu versorgenden Verbraucher und nach der Art und Größe der Betriebseinrichtungen, die in den Hausanschlußräumen untergebracht werden sollen.

Tabelle 3.55 Anschlußleitungen, Tiefe unter Geländeoberfläche

Art der Leitung	Tiefe unter Geländeoberfläche in m
Wasser	1,2 bis 1,5
Starkstrom	0,6 bis 0,8
Fernmelde	0,35 bis 0,6
Gas	0,5 bis 1,0
Fernwärme	0,6 bis 1,0

Die Größe ist so zu planen, daß vor Anschluß- und Betriebseinrichtungen stets eine Bedienungs- und Arbeitsfläche mit einer Tiefe von mindestens 1,2 m vorhanden ist.

Einführung der Anschlußleitungen

Die Anschlußleitungen der einzelnen Versorgungsträger sollen durch die Gebäudeaußenwand in den Hausanschlußraum geführt werden. Bei unterirdischer Einführung sollen die in Tab. 3.55 angegebenen Tiefen unter der Geländeoberfläche eingehalten werden.

DIN 18013 Nischen für Zählerplätze (Elektrizitätszähler) (Apr 1981)

Diese Norm gilt für Nischen für Zählerplätze (kurz Zählernischen), die für den Wandeinbau von Zählerplätzen in der Ausführung mit Zählerplatzumhüllung (UH) nach DIN 43870-1 bestimmt sind.

Bezeichnung

Zählernischen werden mit der Anzahl für die Zählerplätze und der Nischenhöhe h in mm bezeichnet.

Beispiel Zählernische für 3 Zählerplätze (3) mit einer Höhe $h=1100$ mm:
Zählernische DIN 18013-3-1100

Anforderungen

Die Größe einer Zählernische richtet sich nach der Anzahl und der Bestückung der darin unterzubringenden Zählerplätze. Ihre Lage und Anordnung ist mit dem zuständigen Elektrizitätsversorgungsunternehmen (EVU) abzustimmen.
Wenn die mögliche Tiefe einer Zählernische bedingt, daß die Zählerplatzumhüllung nach dem Einbau in einen Treppenraum oder in einen anderen Rettungsweg ragt, dann muß sichergestellt sein, daß die erforderliche Breite des Rettungsweges entsprechend der gültigen Bauordnung vorhanden ist.
Anmerkung Die maximale Tiefe umhüllter Zählerplätze nach DIN 43870-1 beträgt 225 mm.

Die lichten Maße von Zählernischen im fertigen Zustand müssen den Festlegungen in Tab. **3.57** entsprechen.
Zählernischen sollen so angeordnet sein, daß ihre Oberkante (1800 ± 5) mm über der Oberfläche des fertigen Fußbodens liegt (s. Bild **3.56**).
Eine Zählernische darf einen für die Wand geforderten
– Mindest-Brandschutz nach DIN 4102-2,
– Mindest-Wärmeschutz nach DIN 4108,
– Mindest-Schallschutz nach DIN 4109-2
sowie die Standfestigkeit der Wand nicht beeinträchtigen. Dies gilt auch für etwaige weitergehende bauaufsichtliche Anforderungen.

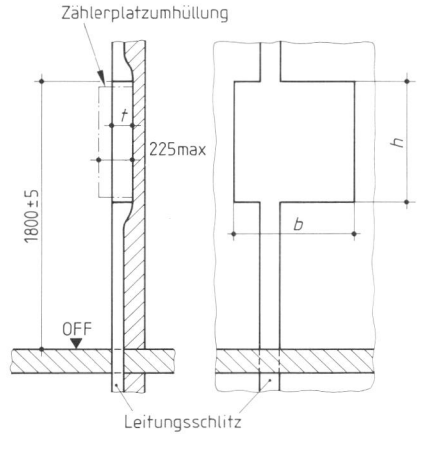

3.56 Zählernischen

Tabelle **3.57** Lichte Maße von Zählernischen

Anzahl der Zählerplätze	Zählernische		
	Breite b min.	Tiefe t min.	Höhe[1]) h min.
1	300	140	950, 1100, 1250 oder 1400
2	550	140	
3	800	140	
4	1050	140	
5	1300	140	

[1]) In Abhängigkeit von der Bestückung der Zählerplätze

Die Leitungen werden senkrecht von oben oder von unten in die Zählernische eingeführt. Im Einführungsbereich zur Zählernische muß der Leitungsschlitz die gleiche Tiefe wie die Zählernische haben. Die Lage des Leitungsschlitzes in Verbindung mit der Nische ist im Einvernehmen mit dem EVU und dem Elektro-Installateur festzulegen.

Bei Zählernischen muß sichergestellt sein, daß ein einwandfreies Einführen der Leitungen nicht durch statisch tragende Bauteile, z. B. Stürze, verhindert wird.

Sofern Zählernischen mit größeren als in Tab. **3**.57 angegebenen Maßen, z. B. mit Nennmaßen nach DIN 4172, für den Rohbau hergestellt werden, sind die nach Einbau der Zählerplätze mit Zählerplatzumhüllung verbleibenden Hohlräume bauseitig zu schließen.

DIN 18015-1 Elektrische Anlagen in Wohngebäuden; Planungsgrundlagen (Mrz 1992)

Diese Norm gilt für die Planung von elektrischen Anlagen in Wohngebäuden. Für Gebäude mit vergleichbaren Anforderungen an die elektrische Ausrüstung ist sie sinngemäß anzuwenden.

Begriffe

Elektrische Anlagen in Wohngebäuden sind
- Starkstromanlagen mit Nennspannungen bis 1000 V,
- Fernmeldeanlagen, zu denen Anlagen zum Anschluß an das Netz der Deutschen Bundespost-TELEKOM (DBP-TELEKOM) sowie andere Fernmelde- und Informationsverarbeitungsanlagen einschließlich Gefahrenmeldeanlagen gehören,
- Empfangsanlagen für Ton- und Fernsehrundfunk,
- Blitzschutzanlagen.

Das Hauptstromversorgungssystem ist die Zusammenfassung aller Hauptleitungen und Betriebsmittel hinter der Übergabestelle (Hausanschlußkasten) des Elektrizitätsversorgungsunternehmens (EVU), die nicht gemessene elektrische Energie führen.

Die Hauptleitung ist die Verbindungsleitung zwischen der Übergabestelle des Elektrizitätsversorgungsunternehmens und der Zähleranlage, die nicht gemessene elektrische Energie führt.

Eine Meßeinrichtung ist ein Zähler zum Erfassen der elektrischen Energie.

Eine Steuereinrichtung ist ein Rundsteuerempfänger oder eine Schaltuhr zur Tarifschaltung.

Eine Überstrom-Schutzeinrichtung ist ein Betriebsmittel zum Schutz von Kabeln oder Leitungen gegen zu hohe Erwärmung durch betriebliche Überlastung oder bei Kurzschluß, z. B. Leitungsschutzschalter, Schmelzsicherung.

Eine Fehlerstrom-Schutzeinrichtung ist ein Betriebsmittel zum Schutz gegen gefährliche Körperströme und zum Brandschutz.

Neben allgemeinen Planungshinweisen sind in der Norm auch Angaben, über Starkstromanlagen, Fernmeldeanlagen, Empfangsanlagen, Fundamenterder, Potentialausgleich und Blitzschutzanlagen enthalten (Einzelheiten s. Norm).

DIN 18015-2 Elektrische Anlagen in Wohngebäuden; Art und Umfang der Mindestausstattung (Nov 1984)

Diese Norm gilt für die Art und den Umfang der Mindestausstattung elektrischer Anlagen in Wohngebäuden, ausgenommen die Ausstattung der technischen Betriebsräume und der betriebstechnischen Anlagen.

Allgemeines

Die in dieser Norm festgelegte Anzahl der Stromkreise, Steckdosen, Auslässe und Anschlüsse für Verbrauchsmittel von 2 kW und mehr stellen die erforderliche Mindestausstattung dar.

Wird eine darüber hinausgehende Anzahl von Steckdosen, Auslässen und Anschlüssen vorgesehen, muß auch die Anzahl der Stromkreise angemessen erhöht werden.
Bei den Auslässen ist festzulegen, ob sie schaltbar eingerichtet werden sollen. Soweit die Schaltbarkeit bestimmt wird, muß auch die Lage der Schalter festgelegt werden.
Im Freien zugängliche Anlagen, insbesondere Steckdosen, sollen gegen unbefugte Benutzung gesichert sein.
Bei Räumen mit mehr als einer Tür und bei internen Geschoßtreppen soll die Schaltmöglichkeit für mindestens einen Beleuchtungsauslaß in der Regel von mindestens zwei Stellen aus vorgesehen werden.
Für die Leitungsführung und die Anordnung von Steckdosen, Auslässen und Schaltern gilt DIN 18015-3.

Ausstattung

Starkstromanlagen. Die erforderliche Anzahl der Stromkreise für Steckdosen und Beleuchtung richtet sich nach Tab. **3.**58.

Für Gemeinschaftsanlagen sind die erforderlichen Stromkreise zusätzlich zu Tab. **3.**58 vorzusehen.

Für alle in der Planung vorgesehenen Verbrauchsmittel mit Anschlußwerten von 2 kW und mehr ist ein eigener Stromkreis anzuordnen, auch wenn sie über Steckdosen angeschlossen werden.

In Räumen für besondere Nutzungen sind gegebenenfalls für Steckdosen und Beleuchtung getrennte Stromkreise vorzusehen.
Für Keller- und Bodenräume, die den Wohnungen zugeordnet sind, müssen zusätzliche Stromkreise vorgesehen werden.
Stromkreisverteiler sind mit Reserveplätzen vorzusehen. Bei Mehrraumwohnungen sind mindestens zweireihige Stromkreisverteiler anzuordnen.

Tabelle **3.**58 Anzahl der Stromkreise

Wohnfläche der Wohnung in m^2	Anzahl der Stromkreise für Steckdosen und Beleuchtung
bis 50	2
über 50 bis 75	3
über 75 bis 100	4
über 100 bis 125	5
über 125	6

Steckdosen, Auslässe und Anschlüsse für Verbrauchsmittel von 2 kW und mehr. Die erforderliche Anzahl der Steckdosen, Auslässe und Anschlüsse für Verbrauchsmittel richtet sich nach Tab. **3.**59. Sofern dort nichts anderes angegeben ist, sind die Auslässe für den Anschluß von Leuchten bestimmt (Beleuchtungsauslässe). Steckdosen, Auslässe und Anschlüsse sind in nutzungsgerechter räumlicher Verteilung anzuordnen.

In Tab. **3.**59 nicht aufgeführte Gemeinschaftsräume von Mehrfamilien-Wohnanlagen, z. B. Treppenräume, sind nach den Erfordernissen der Zweckmäßigkeit auszustatten.

Fernmeldeanlagen. Für jede Wohnung ist eine Klingelanlage, für Gebäude mit mehr als zwei Wohnungen ist ferner eine Türöffneranlage in Verbindung mit einer Türsprechanlage vorzusehen.

In jeder Wohnung ist ein Auslaß für einen Fernmeldeanschluß der Deutschen Bundespost (DBP) vorzusehen.

Werden mehr als ein Auslaß angeordnet, sind die entsprechenden Bestimmungen der DBP zu beachten.

Empfangsantennenanlagen für Ton- und Fernsehrundfunk. Bei Wohnungen bis zu 4 Räumen (Wohn-, Schlafräume und Küchen) ist eine, bei größeren Wohnungen sind mindestens zwei Antennensteckdosen vorzusehen.

Tabelle 3.59 Anzahl der Steckdosen, Auslässe und Anschlüsse

Art des Verbrauchsmittels	Anzahl der		
	Steckdosen[1]	Auslässe	Anschlüsse für Verbrauchsmittel ab 2 kW
Wohn- und Schlafraum			
Steckdosen[2], Beleuchtung bei Wohnfläche bis 8 m^2	2	1	
– über 8 bis 12 m^2	3	1	
– über 12 bis 20 m^2	4	1	
– über 20 m^2	5	2	
Küche, Kochnische			
Steckdosen, Beleuchtung			
für Kochnischen	3	2[3]	
für Küchen	5	2[3]	
Lüfter/Dunstabzug		1[4]	
Herd			1
Kühl-/Gefriergerät	1		
Geschirrspülmaschine			1
Warmwassergerät			1[5]
Bad			
Steckdosen, Beleuchtung	2[6]	2[7]	
Lüfter		1[4)8]	
Waschmaschine[9]			1[10]
Heizgerät	1		
Warmwassergerät			1[5]
WC-Raum			
Steckdosen, Beleuchtung	1[11]	1	
Lüfter		1[4)8]	
Hausarbeitsraum			
Steckdosen, Beleuchtung	3	1[3]	
Lüfter		1[4]	
Waschmaschine			1[12]
Wäschetrockner			1[12]
Bügelmaschine			1
Flur			
Steckdosen, Beleuchtung			
bei Flurlänge bis 2,5 m	1	1[13]	
über 2,5 m	1	1[14]	
Freisitz			
Steckdosen, Beleuchtung	1	1[15]	
Abstellraum ab 3 m^2			
Beleuchtung		1	
Hobbyraum			
Steckdosen, Beleuchtung	3	1	
Zur Wohnung gehörender Keller-, Bodenraum[16]			
Steckdosen, Beleuchtung	1	1	

Fortsetzung und Fußnoten s. nächste Seite

3.3 Planungsnormen

Tabelle 3.59. Fortsetzung

Art des Verbrauchsmittels	Anzahl der		
	Steckdosen[1]	Auslässe	Anschlüsse für Verbrauchsmittel ab 2 kW
Gemeinschaftlich genutzter Kellerraum, Bodenraum			
Steckdosen, Beleuchtung bei Nutzfläche bis 20 m²	1[17]	1	
über 20 m²	1[17]	2	
Kellergang, Bodengang			
Beleuchtung		1[18]	

[1] bzw. Anschlußdosen für Verbrauchsmittel unter 2 kW.
[2] Die den Betten zugeordneten Steckdosen sind mindestens als Doppelsteckdosen, die neben Antennensteckdosen angeordneten Steckdosen sind als Dreifachsteckdosen vorzusehen. Diese Mehrfachsteckdosen gelten nach der Tabelle als jeweils eine Steckdose.
[3] Die Arbeitsflächen sollen möglichst schattenfrei beleuchtet werden.
[4] Sofern eine Einzellüftung vorzusehen ist.
[5] Sofern die Warmwasserversorgung nicht auf eine andere Weise erfolgt.
[6] Davon eine in Kombination mit Waschtischleuchte zulässig.
[7] Bei Bädern bis 4 m² Nutzfläche genügt ein Auslaß über dem Waschtisch.
[8] Bei fensterlosen Bädern oder WC-Räumen ist die Schaltung über die Allgemeinbeleuchtung mit Nachlauf vorzusehen.
[9] In einer Wohnung nur einmal erforderlich.
[10] Sofern kein Hausarbeitsraum vorhanden ist oder falls die Geräte nicht in einem anderen geeigneten Raum untergebracht werden können.
[11] Für WC-Räume mit Waschtischen.
[12] Sofern nicht im Bad oder einem anderen geeigneten Raum vorgesehen.
[13] Von einer Stelle schaltbar.
[14] Von zwei Stellen schaltbar.
[15] Ab 8 m² Nutzfläche.
[16] Gilt nicht für Keller- und Bodenräume, die durch gitterartige Abtrennungen, z. B. Maschendraht, gebildet werden.
[17] Für Antennenverstärker, je Antennenanlage nur einmal erforderlich.
[18] Bei Gängen über 6 m Länge ein Auslaß je angefangene 6 m Ganglänge.

DIN 18015-3 Elektrische Anlagen in Wohngebäuden; Leitungsführung und Anordnung der Betriebsmittel (Jul 1990)

Diese Norm gilt für die Anordnungen von nicht sichtbar verlegten Leitungen (hierzu zählen im Sinne dieser Norm auch Kabel) sowie von Auslässen, Schaltern und Steckdosen elektrischer Anlagen, die nach DIN 18015–1 in den Räumen von Wohnungen geplant werden.
Sie gilt nicht für sichtbar verlegte Leitungen (Aufputz-Installationen, Installationskanalsysteme).
Diese Norm hat den Zweck, die Anordnung von nicht sichtbar verlegten elektrischen Leitungen auf bestimmte festgelegte Zonen zu beschränken, um bei der Montage anderer Leitungen, z. B. für Gas, Wasser oder Heizung, oder bei sonstigen nachträglichen Arbeiten an den Wänden die Gefahr der Beschädigung der elektrischen Leitungen einzuschränken.

Installationszonen

Für die Unterbringung der elektrischen Leitungen werden an den Wänden Installationszonen (Z) festgelegt (s. auch Bilder 3.60 und 3.61).

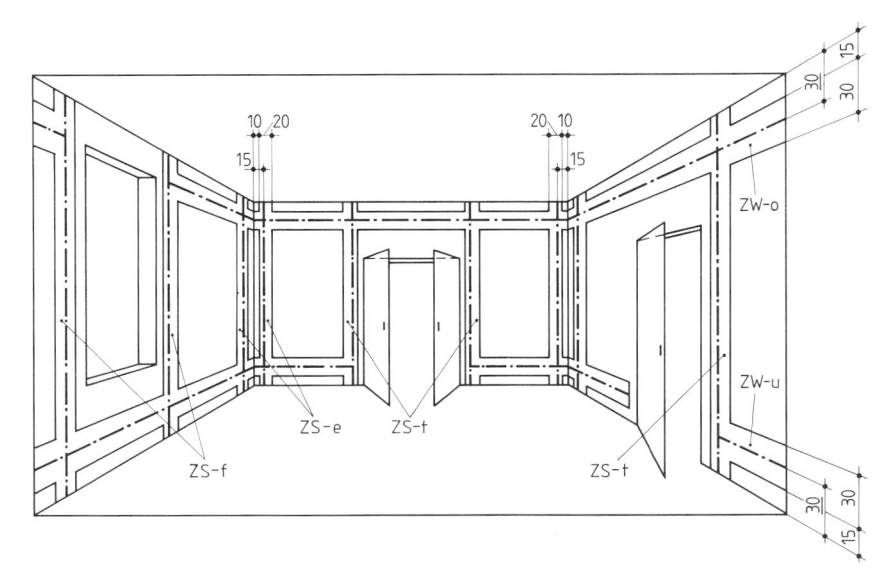

3.60 Installationszonen und Vorzugsmaße (unterstrichen) für Räume ohne Arbeitsflächen an Wänden. Sofern Wandfläche in ausreichendem Maße zur Verfügung steht, läuft die obere waagerechte Installationszone über dem Fenster durch (s. Bild **3.61**)

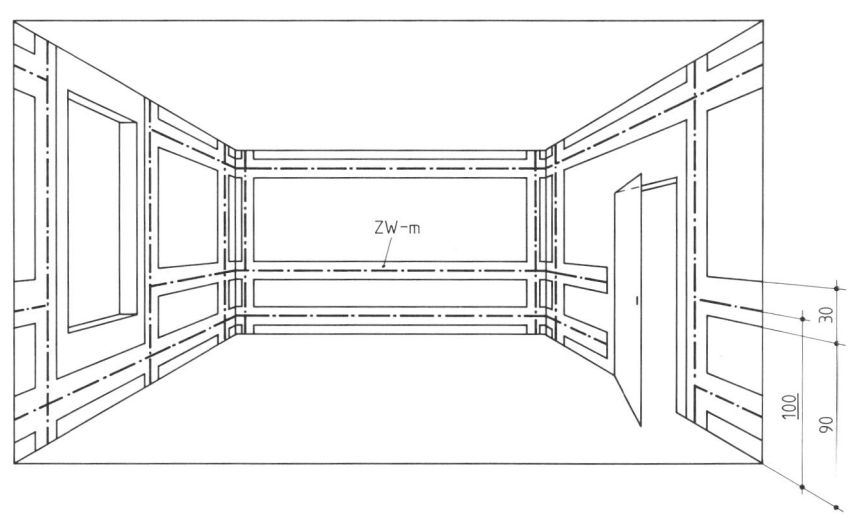

Nicht angegebene Maße wie in Bild **3.60**

3.61 Installationszonen und Vorzugsmaße (unterstrichen) für Räume mit Arbeitsflächen an Wänden, z. B. Küchen

Waagerechte Installationszonen (ZW), 30 cm breit:
ZW-o   Obere waagerechte Installationszone von 15 bis 45 cm unter der fertigen Deckenfläche
ZW-u   Untere waagerechte Installationszone von 15 bis 45 cm über der fertigen Fußbodenfläche
ZW-m   Mittlere waagerechte Installationszone von 90 bis 120 cm über der fertigen Fußbodenfläche

Die mittlere waagerechte Installationszone (ZW-m) wird nur für Räume festgelegt, in denen Arbeitsflächen an den Wänden vorgesehen sind, z. B. Küchen.

Senkrechte Installationszonen (ZS), 20 cm breit:
ZS-t   Senkrechte Installationszonen an Türen von 10 bis 30 cm neben den Rohbaukanten
ZS-f   Senkrechte Installationszonen an Fenstern von 10 bis 30 cm neben den Rohbaukanten
ZS-e   Senkrechte Installationszonen an Wandecken von 10 bis 30 cm neben den Rohbauecken

Die senkrechten Installationszonen reichen jeweils von der Deckenunterkante bis zur Fußbodenoberkante.

Für Fenster, zweiflügelige Türen und Wandecken werden die senkrechten Installationszonen beidseitig, für einflügelige Türen jedoch nur an der Schloßseite festgelegt.

Anordnung

Die elektrischen Leitungen sind innerhalb der festgelegten Installationszonen anzuordnen, soweit nicht diese Norm Ausnahmen zuläßt, dabei ist die Lage mit folgenden Maßen zu bevorzugen (Vorzugsmaße):
– in waagerechten Installationszonen
– ZW-o: 30 cm unter der fertigen Deckenfläche,
– ZW-u: 30 cm über der fertigen Fußbodenfläche,
– ZW-m: 100 cm über der fertigen Fußbodenfläche,
– in senkrechten Installationszonen 15 cm neben den Rohbaukanten bzw.-ecken.

Für die Anordnung der Leitungen im Fußboden und an Deckenflächen gilt DIN 18015-1.

Schalter sind vorzugsweise neben den Türen in den senkrechten Installationszonen so anzuordnen, daß ihre Mitte 105 cm über der fertigen Fußbodenfläche liegt.

Steckdosen und Schalter über Arbeitsflächen an Wänden sollen innerhalb der mittleren waagerechten Installationszone in einer Vorzugshöhe von 115 cm über der fertigen Fußbodenfläche angeordnet werden.

Der Anschluß von Auslässen, Schaltern und Steckdosen, die notwendigerweise außerhalb der Installationszonen angeordnet werden müssen, ist mit senkrecht geführten Stichleitungen aus der nächstgelegenen waagerechten Installationszone vorzunehmen.

DIN 18017-1   Lüftung von Bädern und Toilettenräumen ohne Außenfenster; Einzelschachtanlagen ohne Ventilatoren (Feb 1987)

Die Norm legt lüftungstechnische Anforderungen an Einzelschachtanlagen ohne Ventilatoren zur Lüftung von Bädern und Toilettenräumen ohne Außenfenster fest.

Die Norm regelt nicht die Lüftung, soweit sie für den Betrieb von Feuerstätten erforderlich wird.

Für jeden zu lüftenden Raum ist ein eigener Zuluftschacht und ein eigener Abluftschacht einzubauen (s. Bild **3.62**).

Liegen Bad und Toilettenraum derselben Wohnung nebeneinander, so dürfen sie einen gemeinsamen Zuluftschacht und einen gemeinsamen Abluftschacht haben. Der Zuluftschacht ist von unten bis zur Zuluftöffnung in den zu lüftenden Raum hochzuführen; an seinem unteren Ende ist er mit

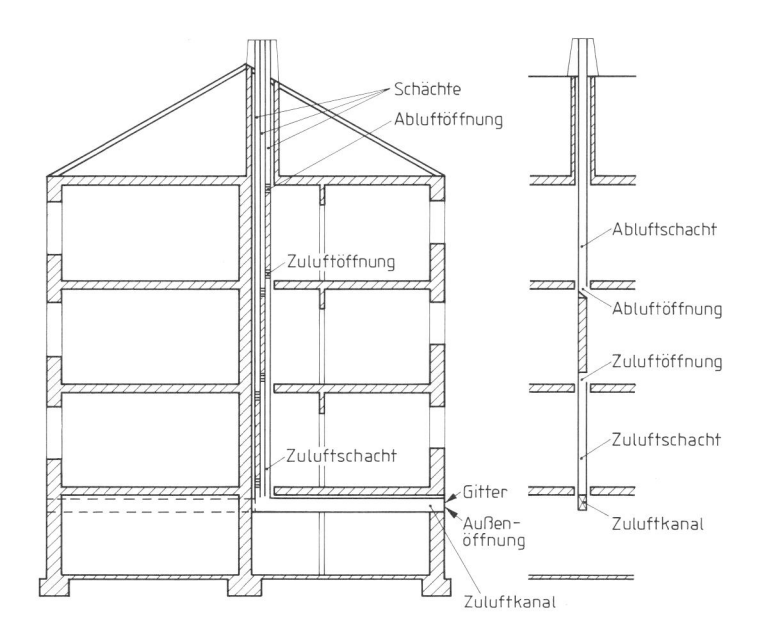

3.62 Einzelschachtanlage (Beispiel)

einem ins Freie führenden Zuluftkanal zu verbinden. Anstelle des Zuluftschachtes kann eine andere dichte Zuluftleitung zur Außenwand angeordnet werden. Der Abluftschacht ist von der Abluftöffnung im Raum nach oben über Dach zu führen.

Die Schächte müssen einen nach Form und Größe gleichbleibenden lichten Schachtquerschnitt haben. Er darf kreisförmig oder rechteckig und muß mindestens 140 cm^2 groß sein. Bei rechteckigen lichten Schachtquerschnitten darf das Maß der längeren Seite höchstens das 1,5fache der kürzeren betragen.

Die Schächte sind senkrecht zu führen. Sie dürfen einmal schräg geführt werden. Bei der Schrägführung darf der Winkel zwischen der Schachtachse und der Waagerechten nicht kleiner als 60° sein. Die Schächte sollen Dächer mit einer Neigung von mehr als 20° im First oder in unmittelbarer Nähe des Firstes durchdringen und müssen diesen mindestens 0,4 m überragen; über einseitig geneigten Dächern sind die Schachtmündungen entsprechend nahe über der höchsten Dachkante anzuordnen. Die Schächte müssen Dachflächen mit einer Neigung von weniger als 20° mindestens 1 m überragen. Schächte, die Windhindernissen auf dem Dach näher liegen, als deren 1,5fache Höhe über Dach beträgt, müssen mindestens so hoch wie das Windhindernis sein. Grenzen Schächte an Windhindernisse, müssen sie diese um mindestens 0,4 m überragen. Schächte müssen Brüstungen auf Dächern mindestens 0,5 m überragen.

Schächte müssen Revisionsöffnungen haben.

Am unteren Ende sind die Zuluftschächte mit einem ins Freie führenden Zuluftkanal zu verbinden. Dieser Zuluftkanal kann auch mit zwei gegenüberliegenden Öffnungen ausgeführt werden. Der Zuluftkanal muß einen nach Form und Größe gleichbleibenden lichten Querschnitt haben. Er darf kreisförmig oder rechteckig sein. Bei rechteckigen lichten Querschnitten müssen die Rechteckseiten mindestens 90 mm lang sein. Das Maß der längeren Seite darf höchstens cas 10fache der kürzeren betragen. Die Fläche eines Zuluftkanals mit kreisförmigem lichten Querschnitt muß mindestens 80% der Summe aller angeschlossenen Zuluftschachtquerschnitte betragen. Die Fläche des Zuluftkanals mit rechteckigem lichten Querschnitt muß, abhängig vom Verhältnis der längeren zur kürzeren Rechteckseite, einen Anteil der gesamten Fläche der angeschlossenen Zuluftschächte nach Tab. **3.63** haben.

3.3 Planungsnormen

Tabelle **3.63** Lichte Querschnitte von Zuluftkanälen

Verhältnis der längeren zur kürzeren Rechteckseite	Lichter Querschnitt des Zuluftkanals, bezogen auf die Gesamtfläche der lichten Querschnitte der angeschlossenen Zuluftschächte % min.
bis 2,5	80
über 2,5 bis 5	90
über 5 bis 10	100

Die Zuluftkanäle sind möglichst waagerecht und geradlinig zu führen.

Die Außenöffnungen der Zuluftkanäle müssen vergittert sein; das Gitter muß eine Maschenweite von mindestens 10 mm × 10 mm haben und herausnehmbar sein. Der freie Querschnitt des Gitters muß insgesamt mindestens so groß sein, wie der Mindestquerschnitt des Zuluftkanals. Zuluftkanäle dürfen am Ende, das dem Freien zugekehrt ist, entgegen vorstehender Anforderung aufgeweitet sein.

Die Zuluftöffnung muß einen freien Querschnitt von mindestens 150 cm² haben.

Die Zuluftöffnung muß mit einer Einrichtung ausgestattet sein, mit der der Zuluftstrom gedrosselt und die Zuluftöffnung verschlossen werden kann.

Die Zuluftöffnung sollte nach Möglichkeit im unteren Bereich des Raumes angeordnet sein. Aus baulichen Gründen kann sie aber auch in jeder beliebigen Höhe angebracht werden. Liegen die Zu- und Abluftöffnungen unmittelbar übereinander, so ist an der Zuluftöffnung eine Luftleitvorrichtung anzubringen.

Die Abluftöffnung muß einen lichten Querschnitt von mindestens 150 cm² haben und muß möglichst nahe unter der Decke angeordnet sein.

DIN 18017-3 Lüftung von Bädern und Toilettenräumen ohne Außenfenster mit Ventilatoren (Aug 1990)

Diese Norm gilt für Entlüftungsanlagen mit Ventilatoren zur Lüftung von Bädern und Toilettenräumen ohne Außenfester in Wohnungen und ähnlichen Aufenthaltsbereichen, z. B. Wohneinheiten in Hotels. Andere Räume innerhalb von Wohnungen, z. B. Küchen oder Abstellräume, können ebenfalls über Anlagen nach dieser Norm entlüftet werden. Die Lüftung von fensterlosen Küchen ist nicht Gegenstand dieser Norm.

Diese Norm setzt voraus, daß die Zuluft ohne besondere Zulufteinrichtungen durch die Undichtheiten in den Außenbauteilen nachströmen kann. Deswegen darf der planmäßige Abluftvolumenstrom ohne besondere Zulufteinrichtung keinem größeren Luftwechsel als einen 0,8fachen, bezogen auf die gesamte Wohnung, entsprechen.

Art der Anlagen und deren Betriebsweise

Einzelentlüftungsanlagen sind Entlüftungsanlagen mit eigenen Ventilatoren für jede Wohnung. Einzelentlüftungsanlagen ermöglichen die Entlüftung von Räumen nach dem Bedarf der Bewohner der einzelnen Wohnungen.

Einzelentlüftungsanlagen mit eigenen Abluftleitungen: Diese Entlüftungsanlagen haben je Wohnung mindestens eine Abluftleitung ins Freie (s. Bild **3.64**).

Einzelentlüftungsanlagen mit gemeinsamer Abluftleitung: Diese Entlüftungsanlagen haben für mehrere Wohnungen eine gemeinsame Abluftleitung (Hauptleitung), durch die Abluft unter Überdruck ins Freie geleitet wird (s. Bild **3.65**).

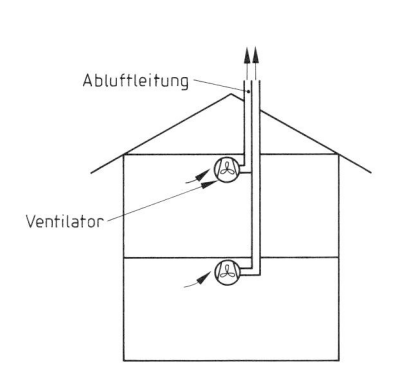

3.64 Einzelentlüftungsanlagen mit eigenen Abluftleitungen

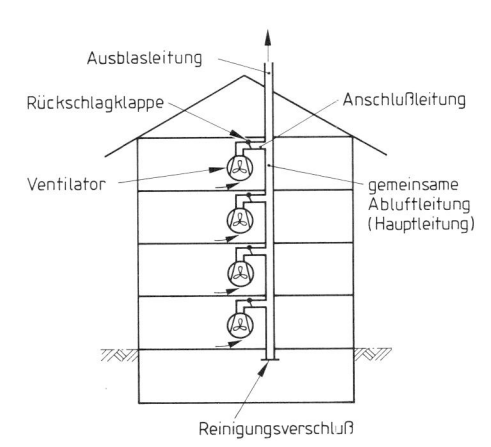

3.65 Einzelentlüftungsanlagen mit gemeinsamer Abluftleitung (Hauptleitung)

Zentralentlüftungsanlagen sind Entlüftungsanlagen mit gemeinsamem Ventilator für mehrere Wohnungen.
Zentralentlüftungsanlagen ermöglichen je nach Ausführungsart
- eine dauernde Entlüftung der Räume mit Volumenströmen, die für die angeschlossenen Wohnungen nur gemeinsam dem Bedarf der Bewohner angepaßt werden können (im folgenden genannt „Zentralentlüftungsanlagen mit nur gemeinsam veränderlichem Gesamtvolumenstrom");
- eine Entlüftung der Räume mit Volumenströmen, die wohnungsweise dem Bedarf der jeweiligen Bewohner angepaßt werden können (im folgenden genannt „Zentralentlüftungsanlagen mit wohnungsweise veränderlichen Volumenströmen");
- eine dauernde Entlüftung der Räume mit unveränderlichen Volumenströmen (im folgenden genannt „Zentralentlüftungsanlagen mit unveränderlichen Volumenströmen").

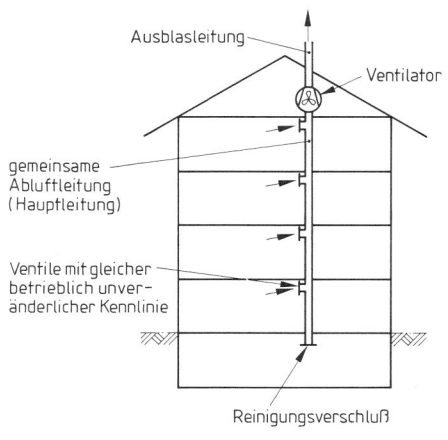

3.66 Zentralentlüftungsanlage mit nur gemeinsam veränderlichem Gesamtvolumenstrom

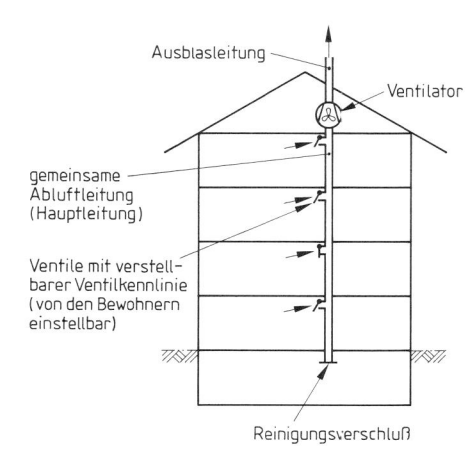

3.67 Zentralentlüftungsanlage mit wohnungsweise veränderlichen Volumenströmen

Zentralentlüftungsanlagen mit nur gemeinsam veränderlichem Gesamtvolumenstrom: Anlagen dieser Ausführungsart haben Abluftventile mit gleichen betrieblich unveränderlichen Ventilkennlinien. Durch eine entsprechende Schaltung des Ventilators können Anlagen dieser Ausführungsart mit planmäßigem Volumenstrom oder zeitweise reduziertem Volumenstrom betrieben werden. Die Volumenstromreduzierung wird an allen Abluftventilen gleichzeitig wirksam (s. Bild **3.**66).

Zentralentlüftungsanlagen mit wohnungsweise veränderlichen Volumenströmen: Anlagen dieser Ausführungsart haben einstellbare Abluftventile mit veränderlichen Kennlinien. Durch Einstellung der Abluftventile können die Bewohner den Volumenstrom wohnungsweise bzw. raumweise dem jeweiligen Bedarf anpassen (s. Bild **3.**67).

Zentralentlüftungsanlagen mit unveränderlichen Volumenströmen: Anlagen dieser Ausführungsart haben Abluftventile, die innerhalb eines erheblichen Bereichs der Druckdifferenz zwischen ihren beiden Seiten einen konstanten, also von der Größe der Druckdifferenz unabhängigen Volumenstrom, aus den zu entlüftenden Räumen sicherstellen. Wegen dieser Besonderheit der Abluftventile ist eine Volumenstromreduzierung nicht möglich (s. Bild **3.**68).

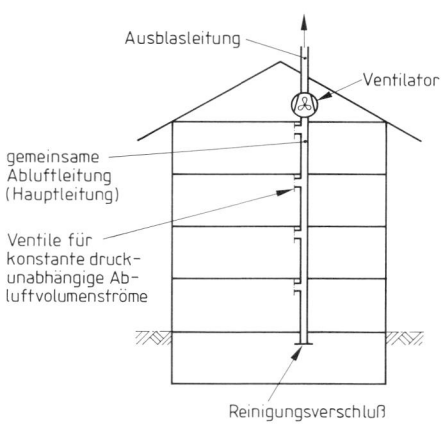

3.68 Zentralentlüftungsanlage mit unveränderlichen Volumenströmen

DIN 18022 Küchen, Bäder und WCs im Wohnungsbau; Planungsgrundlagen (Nov 1989)

Diese Norm dient der Planung und Bemessung von Küchen, Bädern und WCs im Wohnungsbau. Sie enthält Angaben über Einrichtungen, Stellflächen, Abstände und Bewegungsflächen.

Bei Aus- und Umbau sowie Modernisierung ist diese Norm unter Berücksichtigung der baulichen Gegebenheiten sinngemäß anzuwenden.

Begriffe

Einrichtungen sind die zur Erfüllung der Raumfunktion notwendigen Teile, z. B. Sanitär-Ausstattungsgegenstände, Geräte und Möbel; sie können sowohl bauseits als auch vom Wohnungsnutzer eingebracht werden.

Stellflächen geben den Platzbedarf der Einrichtungen im Grundriß nach Breite (b) und Tiefe (t) an.

Abstände sind die Maße zwischen zwei Stellflächen sowie zwischen Stellflächen und fertigen Wandoberflächen.

Bewegungflächen sind die zur Nutzung der Einrichtungen erforderlichen Flächen. Ihre Sicherstellung erfolgt durch Einhalten der notwendigen Abstände.

Küchen

Größe und Einrichtung von Küchen hängen vorrangig von der Anzahl der Personen ab, für die Wohnungen oder Einfamilienhäuser geplant werden. Die Mindestmaße ergeben sich aus den Stellflächen und Abständen; Küchen können um einen Eßplatz erweitert werden. Voraussetzungen für eine ausreichende Lüftung und Heizung sind zu schaffen.

Kleinküchen in Wohnungen für 1 oder 2 Personen (s. Bild **3**.70) entsprechen hauswirtschaftlichen Anforderungen nur bedingt.

Kücheneinrichtungen und ihre Stellflächen sind in Tab. **3**.71 aufgeführt.

Die Zuordnung der Kücheneinrichtungen soll einen rationellen Arbeitsablauf ermöglichen, deshalb sollen die Stellflächen vorzugsweise von rechts nach links in folgender Reihenfolge angeordnet werden:

– Abstellfläche nach Tab. **3**.71, Zeile 10,
– Herd oder Einbaukochstelle nach Tab. **3**.71, Zeile 12 oder Zeile 13,
– Kleine Arbeitsfläche nach Tab. **3**.71, Zeile 7,
– Spüle nach Tab. **3**.71, Zeile 16, Zeile 17 oder Zeile 19,
– Abstellfläche nach Tab. **3**.71, Zeile 11.

Die Höhe von Arbeits- und Abstellflächen, Herden und Spülen kann maximal 92 cm betragen; Fensterbrüstungen sind entsprechend höher festzulegen.

Als Abstände sind erforderlich:

zwischen Stellflächen und

– gegenüberliegenden Stellflächen ≥ 120 cm,
– gegenüberliegenden Wänden ≥ 120 cm,
– anliegenden Wänden ≥ 3 cm,
– Türleibungen ≥ 10 cm.

Die Anordnung von Schaltern, Steckdosen, Leuchten und Lüftungseinrichtungen sowie von Warmwasserbereitern, Heizkörpern und Rohrleitungen ist bei der Planung der Stellflächen und Abstände zu berücksichtigen.

Für Vorwandinstallationen ist der zusätzliche Platzbedarf zu beachten.

Beispiele für die Anordnung von Stellflächen und Abständen in Küchen zeigen die Bilder **3**.69 und **3**.70. Die Indizes der Stellflächenbreiten und -tiefen entsprechen der Zeilenbenummerung in Tab. **3**.71.

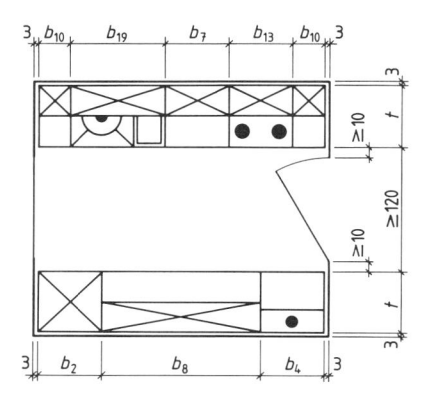

3.69 Zweizeilige Küche

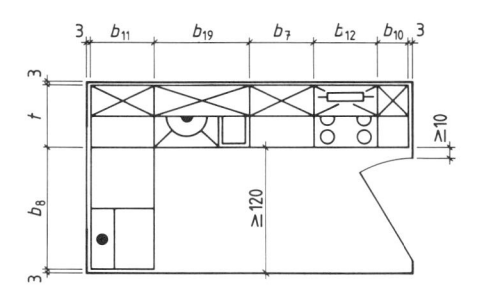

3.70 Kleinküche

Tabelle 3.71 Kücheneinrichtungen

Zeile	Einrichtungen	Stellflächen b	Stellflächen t	Zeile	Einrichtungen	Stellflächen b	Stellflächen t
Schränke für Geschirr, Töpfe, Geräte, Hilfsmittel, Speisen, Vorräte usw.				**Arbeits- und Abstellflächen** (Fortsetzung)			
1	Unterschrank	30 bis 150	60	8	Große Arbeitsfläche[1]	≥120	60
2	Hochschrank	60	60	9	Fläche zum Aufstellen von Küchenmaschinen und Geräten[1]	≥60	60
3	Oberschrank	30 bis 150	≤40	10	Abstellfläche neben Herd, Einbaukochstelle oder Spüle	≥30	60
Kühl- und Gefriergeräte				11	Abstell- oder Abtropffläche neben Spüle	≥60	60
4	Kühlgerät/Kühl-Gefrier-Kombination	60	60	**Koch- und Backeinrichtungen**			
5	Gefrierschrank	60	60	12	Herd mit Backofen darüber Dunstabzug (Gas)	60	60
6	Gefriertruhe	≥90	je nach Fabrikat	13	Einbaukochstelle mit Unterschrank (elektrisch)	60 bis 90	60
Arbeits- und Abstellflächen				14	Einbaubackofen mit Schrank[2]	60	60
7	Kleine Arbeitsfläche zwischen Herd oder Einbaukochstelle und Spüle[1]	≥60	60	15	Mikrowellenherd mit Schrank[2]	60	60

Fortsetzung und Fußnote s. nächste Seite

Tabelle **3**.71, Fortsetzung

Zeile	Einrichtungen	Stellflächen		Zeile	Einrichtungen	Stellflächen	
		b	t			b	t
Spüleinrichtungen							
16	Einbeckenspüle mit Abtropffläche	≥90	60	18	Geschirrspülmaschine	60	60
17	Doppelbeckenspüle mit Abtropffläche	≥120	60	19	Spülzentrum (Einbeckenspüle mit Abtropffläche, Unterschrank und Geschirrspülmaschine)	≥90	60

1) Gegebenenfalls mit ausziehbarer oder ausschwenkbarer Fläche zum Arbeiten im Sitzen.
2) Einrichtungen nach den Zeilen 14 und 15 sind wahlweise übereinander kombinierbar.

Bäder und WCs

Anzahl und Größe von Bädern und WCs hängen vorrangig von der Anzahl der Personen ab, für die Wohnungen oder Einfamilienhäuser geplant werden, sowie von den dafür vorgesehenen Einrichtungen. In Wohnungen für mehrere Personen ist die Anordnung eines vom Bad getrennten WCs zweckmäßig. Die Mindestmaße ergeben sich aus den Stellflächen und Abständen. Voraussetzung für eine ausreichende Lüftung und Heizung ist zu schaffen.

Einrichtungen für Bäder und WCs und ihre Stellflächen sind in Tab. **3**.74 aufgeführt.

Als Abstände sind erforderlich:

zwischen Stellflächen oder Wänden und
– gegenüberliegenden Stellflächen mit Ausnahme von ≥75 cm,
– gegenüberliegenden Stellflächen von Waschmaschinen und Wäschetrocknern ≥90 cm,

zwischen Stellflächen für bewegliche Einrichtungen und
– anliegenden Wänden ≥3 cm,

zwischen Stellflächen und
– Türleibungen ≥10 cm.

Bei Badewannen ist der erforderliche Abstand auf mindestens 90 cm Breite einzuhalten.
Die erforderlichen seitlichen Abstände sind Tab. **3**.75 zu entnehmen.
Die Anordnung von Schaltern, Steckdosen, Leuchten und Lüftungseinrichtungen sowie von Warmwasserbereitern, Heizkörpern und Rohrleitungen ist bei der Planung der Stellflächen und Abstände zu berücksichtigen.
Für Vorwandinstallationen ist zusätzlicher Platzbedarf zu berücksichtigen:
– bei horizontaler Leitungsführung 20 cm,
– bei vertikaler Leitungsführung 25 cm.

In Räumen mit Badewannen oder Duschen sind die Schutzbereiche nach DIN VDE 0100–701 (s. Norm) zu beachten.
Beispiele für die Anordnung von Stellflächen, Abständen und Bewegungsflächen in Bädern und WCs zeigen die Bilder **3**.72 und **3**.73. Die Indizes der Stellflächenbreiten und -tiefen entsprechen der Zeilenbenummerung in Tab. **3**.74.

3.3 Planungsnormen

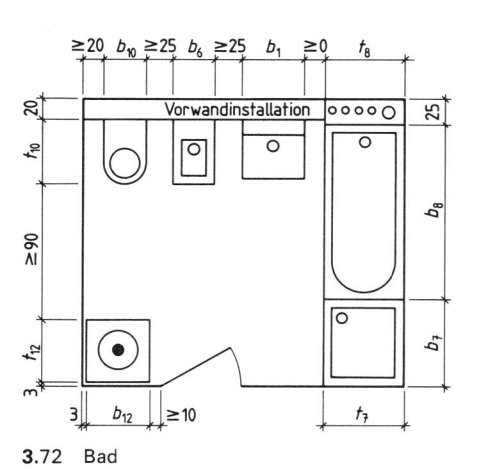

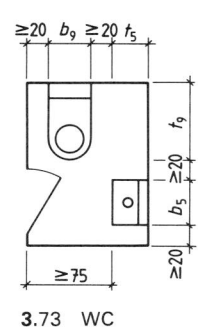

3.72 Bad

3.73 WC

Tabelle **3.74** Einrichtungen für Bäder und WCs

Zeile	Einrichtungen	Stellflächen b	Stellflächen t	Zeile	Einrichtungen	Stellflächen b	Stellflächen t
Waschtische, Hand- und Sitzwaschbecken							
1	Einzelwaschtisch	≥ 60	≥ 55	5	Handwaschbecken	≥ 45	≥ 35
2	Doppelwaschtisch	≥ 120	≥ 55	6	Sitzwaschbecken (Bidet), bodenstehend oder wandhängend	40	60
				Wannen			
3	Einbauwaschtisch mit 1 Becken und Unterschrank	≥ 70	≥ 60	7	Duschwanne	≥ 80	≥ 80 / ≥ 75[1]
4	Einbauwaschtisch mit 2 Becken und Unterschrank	≥ 140	≥ 60	8	Badewanne	≥ 170	≥ 75

[1]) Nur in Verbindung mit $b \geq 90$ cm.

Fortsetzung s. nächste Seite

Tabelle 3.74, Fortsetzung

Zeile	Einrichtungen	Stellflächen b	Stellflächen t	Zeile	Einrichtungen	Stellflächen b	Stellflächen t
Klosett- und Urinalbecken				**Wäschepflegegeräte**			
9	Klosettbecken mit Spülkasten oder Druckspüler vor der Wand	40	75	12	Waschmaschine	60	60
10	Klosettbecken mit Spülkasten oder Druckspüler für Wandeinbau	40	60	13	Wäschetrockner	60	60
				Badmöbel			
11	Urinalbecken	40	40	14	Hochschrank (Unterschrank, Oberschrank)	≥30	≥40

Tabelle 3.75 Seitliche Abstände von Stellflächen und WCs
(Sich nicht ergebende Nebeneinanderstellungen sind durch Schrägstellungen getilgt.)

	Waschtische	Einbauwaschtische	Handwaschbecken	Sitzwaschbecken	Dusch- und Badewannen	Klosett- und Urinalbecken	Wäschepflegegeräte	Badmöbel	Wände[4]
Waschtische nach Tab. 3.74, Zeilen 1, 2	20			25	20[1]	20	20	5	20
Einbauwaschtische nach Tab. 3.74, Zeilen 3, 4		0		25	15[1]	20	15	0	0
Handwaschbecken nach Tab. 3.74, Zeile 5				25	20	20	20	20	20
Sitzwaschbecken nach Tab. 3.74, Zeile 6	25	25	25		25	25	25	25	25
Dusch- und Badewannen nach Tab. 3.74, Zeilen 7, 8	20[1]	15[1]	20	25	0[2]	20	0	0	0
Klosett- und Urinalbecken nach Tab. 3.74, Zeilen 9, 10, 11	20	20	20	25	20	20[3]	20	20	20 / 25[5]
Wäschepflegegeräte nach Tab. 3.74, Zeilen 12, 13	20	15	20	25	0	20	0	0	3
Badmöbel nach Tab. 3.74, Zeile 14	5	0	20	25	0	20	0	0	3
Wände[4]	20	0	20	25	0	20 / 25[5]	3	3	

Fußnoten s. nächste Seite

Fußnoten zu Tab. **3**.75
1) Der Abstand kann bis auf 0 verringert werden.
2) Abstand zwischen Bade- und Duschwanne; bei Anordung der Versorgungsarmaturen in der Trennwand zwischen den Wannen sind 15 cm erforderlich.
3) Abstand zwischen Klosettbecken und Urinalbecken.
4) Auch Duschabtrennungen.
5) Bei Wänden auf beiden Seiten.

Barrierefreies Bauen

Die Normen DIN 18024 und DIN 18025 erscheinen bewußt unter der Überschrift „Barrierefreies Bauen". Angesprochen sind damit nicht nur Menschen mit Behinderungen sondern alle Menschen in der Gesellschaft, für die ein barrierefreies Wohnen und Wohnumfeld geschaffen werden soll. Die Idee ist, daß kein Wohnraum mehr geschaffen werden soll, der nicht in eine barrierefreie Nutzung genommen werden kann. Das gilt natürlich auch für öffentliche Verkehrsräume und Grünanlagen. Für den Menschen soll damit eine Situation geschaffen werden, die ihn weitgehend unabhängig von fremder Hilfe macht. So sollen älterwerdende Menschen nicht mehr gezwungen sein, deswegen aus einer Wohnung auszuziehen, weil sie für sie unbequem geworden ist. In Verbindung mit einem ebenso barrierefreien Wohnumfeld macht es den Verbleib in gewachsenen Strukturen mit all den Vorteilen eines selbstbestimmten Lebens in einer kommunikationsfähigen Umgebung möglich.

Da mit der Barrierefreiheit Mehrkosten am Gebäude verbunden sind, wird die Forderung danach nicht immer ohne weiteres durchzusetzen sein. Dennoch muß zumindest die entsprechende Umgestaltung jederzeit möglich sein. Grundsätzlich sollte in Zukunft auch bei Modernisierungen an das barrierefreie Wohnen gedacht werden. Oft sind es nur Kleinigkeiten, die eine erhebliche Hilfe für die Bewegungsfreiheit bzw. Nutzung sein können.

Die Normen DIN 18024 und DIN 18025 tragen besonders dem Gedanken Rechnung, daß Unabhängigkeit dem Menschen nutzt, das Leben in der Gemeinschaft letztlich sogar die Einsparung sozialer Kosten bedeutet.

DIN 18024-1 Bauliche Maßnahmen für Behinderte und alte Menschen im öffentlichen Bereich; Planungsgrundlagen, Straßen, Plätze und Wege (Nov 1974)

Die Norm wird zur Zeit überarbeitet. Die zu erwartenden Festlegungen wurden hier weitgehend bereits berücksichtigt. Hinsichtlich der Barrierefreiheit wird eine Anwendung der neuen Festlegungen schon heute empfohlen.

Diese Norm gilt für die Planung, Ausführung und Ausstattung des öffentlichen Verkehrsraumes und öffentlicher Grünanlagen. Sie gilt sinngemäß für bauliche Nutzungsänderungen.

Bauliche Anlagen müssen für alle Menschen barrierefrei nutzbar sein. Die Nutzer müssen in die Lage versetzt werden, von fremder Hilfe weitgehend unabhängig zu sein. Das gilt insbesondere für
– Rollstuhlbenutzer – auch mit Oberkörperbehinderung,
– Blinde und Sehbehinderte,
– Gehörlose und Hörgeschädigte,
– Gehbehinderte,
– Menschen mit sonstigen Behinderungen,
– ältere Menschen,
– Kinder, klein- und großwüchsige Menschen.

Die Bewegungsflächen sind nach dem Mindestplatzbedarf der Rollstuhlbenutzer bemessen. Die Anforderungen an die Orientierung entsprechen auch den Bedürfnissen Blinder und Sehbehinderter (aus DIN 18024-2).

A u s s t a t t u n g e n sind die zur Erfüllung der bestimmten Funktionen notwendigen Elemente, z. B. Ampelanlagen, Aufzüge/Fahrtreppen, Hinweis- und Warnschilder, Geräte, Automaten, Poller, Papierkörbe, Abfallbehälter, Fahrradständer.

Bewegungsflächen

B e w e g u n g s f l ä c h e n sind die zur barrierefreien Nutzung notwendigen Flächen. Sie schließen die zur Benutzung der Ausstattungen erforderlichen Flächen ein.

Bewegungsflächen dürfen sich überlagern, ausgenommen vor Fahrschachttüren.

Bewegungsflächen dürfen nicht in ihrer Funktion eingeschränkt sein, z. B. durch Mauervorsprünge, abgestellte Fahrzeuge, Ausstattungen, Türen in geöffnetem Zustand.

Die Bewegungsfläche muß mindestens 400 cm breit und 250 cm tief sein
- als Verweilfläche auf Mittelinseln oder Fahrbahnteilern von Hauptverkehrsstraßen.

Die Bewegungsfläche muß mindestens 300 cm breit sein
- auf Gehwegen, z. B. im Umfeld von Schulen, Einkaufszentren, Freizeiteinrichtungen,
- auf Fußgängerüberwegen.

Die Bewegungsfläche muß mindestens 300 cm breit und 200 cm tief sein
- als Verweilfläche auf Fußgängerüberwegen von Erschließungsstraßen.

Die Bewegungsfläche muß mindestens 200 cm breit sein
- auf Gehwegen an Sammelstraßen.

Die Bewegungsfläche muß mindestens 150 cm breit und 150 cm tief sein, als Wendemöglichkeit, z. B.
- am Anfang und am Ende einer Rampe,
- vor Haus- und Gebäudeeingängen,
- vor Fernsprechzellen und öffentlichen Fernsprechern,
- vor Serviceschaltern,
- vor Dienstleistungsautomaten, Briefeinwürfen, Ruf- und Sprechanlagen,
- vor Durchgängen, Kassen und Kontrollen,
- vor und neben Parkbänken,
- vor Bedienelementen,
- vor und nach Fahrtreppen und Fahrsteigen.

Die Bewegungsfläche muß mindestens 150 cm tief sein
- vor einer Längsseite des Kraftfahrzeuges.

Die Bewegungsfläche muß mindestens 150 cm breit sein
- auf Gehwegen außer an Sammelstraßen,
- neben Treppenauf- und -abgängen; die Auftrittsfläche der obersten Stufe ist auf die Bewegungsfläche nicht anzurechnen.

In Sichtabständen müssen Gehwege für die Begegnung von Rollstuhlbenutzern eine Bewegungsfläche von mindestens 200 cm Breite und 250 cm Tiefe aufweisen.

Die Bewegungsfläche muß mindestens 120 cm breit sein
- zwischen Radabweisern einer Rampe.

Die Bewegungsfläche muß mindestens 90 cm breit sein
- in Durchgängen neben Kassen und Kontrollen.

Die Bewegungsflächen entlang der Haltestellen müssen 250 cm tief sein.

Die Bewegungsfläche vor Fahrschachttüren muß so groß sein wie die Grundfläche des Fahrkorbs, mindestens aber 150 cm breit und 150 cm tief. Sie darf sich mit Verkehrswegen und anderen Bewegungsflächen nicht überlagern. Sie darf nicht gegenüber abwärts führenden Treppen und Rampen angeordnet sein.

Treppen

T r e p p e n dürfen nicht gewendelt sein.

An Treppen sind in 85 cm Höhe beidseitig Handläufe mit 3 cm bis 4,5 cm Durchmesser anzubringen. Der innere Handlauf am Treppenauge darf nicht unterbrochen sein. Äußere Handläufe müssen 30 cm waagerecht um eine Auftrittsbreite am Anfang und Ende der Treppe hinausragen. Anfang und Ende des Treppenlaufs sind rechtzeitig und deutlich erkennbar zu machen, z. B. durch taktile Hilfen an den Handläufen.

Taktile Geschoß- und Wegebezeichnungen müssen die Orientierung sicherstellen.

Treppe und Treppenpodest müssen ausreichend belichtet bzw. beleuchtet und deutlich erkennbar sein, z. B. durch Farb- und Materialwechsel. Die Trittstufen müssen durch taktiles Material erkennbar sein.

Die Beleuchtung von Verkehrsflächen in Gebäuden mit künstlichem Licht ist blend- und schattenfrei auszuführen. Eine höhere Beleuchtungsstärke als nach DIN 5035-2 ist vorzusehen.

Stufenunterschneidungen sind unzulässig.

Treppen sollen an freien seitlichen Stufenenden eine mindestens 2 cm hohe Aufkantung aufweisen. Die Durchgangshöhen unter Treppen sollen mindestens 210 cm betragen.

Vor dem unteren und oberen Antritt einer Treppe sind für Blinde ertastbare und für Sehbehinderte erkennbare Aufmerksamkeitsfelder anzuordnen. Sie müssen einen hohen Helligkeits- und Rauheitskontrast gegenüber den angrenzenden Verkehrsflächen aufweisen.

Die Aufmerksamkeitsfelder sollen in voller Treppenbreite im Abstand von ca. 30 cm von den oberen und unteren Treppenantritten angeordnet und zur Erzielung eines hohen Helligkeits- und Rauheitskontrastes gegebenenfalls durch Begleitstreifen eingefaßt werden. Die Länge der Aufmerksamkeitsfelder soll mindestens 90 cm, die Breite der Begleitstreifen mindestens 25 cm betragen.

Leitstreifen für Blinde und Sehbehinderte sollen stets auf die rechte Seite von Treppen hinführen. Das Aufmerksamkeitsfeld wird in diesem Fall als Quadrat ausgeführt.

Die Unterseite von Treppen soll bis zu einer Höhe von 210 cm geschlossen werden.

Bei nicht überdachten Treppen empfiehlt es sich, eine Stufenheizung einzubauen.

Fahrtreppen sind als Ersatz für feste Treppen oder von Aufzügen nicht geeignet.

Fahrsteige sind als Ersatz für feste Treppen oder von Aufzügen nicht geeignet.

Rampe

Die Steigung der Rampe darf nicht mehr als 6% betragen. Bei einer Rampenlänge von mehr als 600 cm ist ein Zwischenpodest von mindestens 150 cm Länge erforderlich. Die Rampe und das Zwischenpodest sind beidseitig mit 10 cm hohen Radabweisern zu versehen. Die Rampe ist ohne Quergefälle auszubilden.

An Rampe und Zwischenpodest sind beidseitig Handläufe mit 3 cm bis 4,5 cm Durchmesser in 85 cm Höhe anzubringen. Handläufe und Radabweiser müssen 30 cm in den Plattformbereich waagerecht hineinragen.

In der Verlängerung einer Rampe darf keine abwärtsführende Treppe angeordnet werden.

Aufzug

Der Fahrkorb ist mindestens wie folgt zu bemessen:
– lichte Breite 110 cm,
– lichte Tiefe 140 cm.

PKW-Stellplätze

3% der Stellplätze sind für Behinderte vorzusehen; mind. 1 Behindertenparkplatz/10 Parkplätze.

DIN 18024-2 **Barrierefreies Bauen; öffentlich zugängige Gebäude und Arbeitsstätten, Planungsgrundlagen (Entw. Jul 1994)** (DIN 18024-2 wird als Entwurf Juli 1994 abgedruckt. Sie wird die Fassung 04. 1976 ersetzen. Hinsichtlich der Barrierefreiheit für alle Menschen ist ihre Anwendung schon heute zu empfehlen.)

Diese Norm gilt für die Planung, Ausführung und Einrichtung von öffentlich zugängigen Gebäuden/Gebäudeteilen sowie Arbeitsstätten, die nach ihrer Art für die Beschäftigung Behinderter geeignet sind, und deren Außenanlagen. Sie gilt sinngemäß für bauliche Veränderungen und Nutzungsänderungen.

Bauliche Anlagen müssen für alle Menschen barrierefrei nutzbar sein. Die Nutzer müssen in die Lage versetzt werden, von fremder Hilfe weitgehend unabhängig zu sein. Das gilt insbesondere für
- Rollstuhlbenutzer – auch mit Oberkörperbehinderung –,
- Blinde und Sehbehinderte,
- Gehörlose und Hörgeschädigte,
- Gehbehinderte,
- Menschen mit sonstigen Behinderungen,
- ältere Menschen,
- Kinder, klein- und großwüchsige Menschen.

Bewegungsflächen sind nach dem Mindestplatzbedarf der Rollstuhlbenutzer bemessen. Die Anforderungen an die Orientierung entsprechen auch den Bedürfnissen Blinder und Sehbehinderter.

Begriffe
E i n r i c h t u n g e n sind die zur Erfüllung der Raumfunktion notwendigen Teile, z. B. Sanitär-Ausstattungsgegenstände, Geräte und Möbel; sie können sowohl bauseits als auch vom Nutzer eingebracht werden.
B e w e g u n g s f l ä c h e n sind die zur Bewegung mit dem Rollstuhl notwendigen Flächen. Sie schließen die zur Benutzung der Einrichtungen erforderlichen Flächen ein.
Bewegungsflächen dürfen sich überlagern, ausgenommen vor Fahrschachttüren.
Bewegungsflächen dürfen nicht in ihrer Funktion eingeschränkt sein, z. B. durch Rohrleitungen, Mauervorsprünge und Einrichtungen, insbesondere auch in geöffnetem Zustand. Bewegliche Geräte und Einrichtungen an Arbeitsplätzen und in Therapiebereichen dürfen die Bewegungsflächen nicht einschränken.

Maße der Bewegungsflächen
Mehr als 1500 cm lange Flure und Wege müssen für die Begegnung von Rollstuhlbenutzern eine Bewegungsfläche von mindestens 180 cm Breite und 180 cm Tiefe aufweisen.
Die Bewegungsfläche muß mindestens 150 cm breit und 150 cm tief sein:
- als Wendemöglichkeit in jedem Raum,
- am Anfang und am Ende einer Rampe,
- vor Fernsprechzellen und öffentlichen Fernsprechern,
- vor Serviceschaltern,
- vor Durchgängen, Kassen und Kontrollen,
- vor Dienstleistungsautomaten, Briefeinwürfen, Ruf- und Sprechanlagen.

Die Bewegungsfläche muß mindestens 150 cm tief sein:
- vor Therapieeinrichtungen (z. B. Wanne, Liege),
- vor dem Rollstuhlabstellplatz,
- vor der Längsseite des Kraftfahrzeuges des Rollstuhlbenutzers auf PKW-Stellplätzen.

Die Bewegungsfläche muß mindestens 150 cm breit sein:
- in Fluren,
- auf Wegen,
- neben Treppenauf- und abgängen; die Auftrittsfläche der obersten Stufe ist auf die Bewegungsfläche nicht anzurechnen.

Die Bewegungsfläche muß mindestens 120 cm breit sein:
- entlang der Einrichtungen, die der Rollstuhlbenutzer seitlich anfahren muß,

– zwischen Radabweisern einer Rampe,
– neben Bedienungsvorrichtungen.
Die Bewegungsfläche muß mindestens 90 cm breit sein:
– in Durchgängen neben Kassen und Kontrollen.
Die Bewegungsfläche vor Fahrschachttüren muß so groß sein wie die Grundfläche des Fahrkorbs, mindestens aber 150 cm breit und 150 cm tief. Sie darf sich mit Verkehrswegen und anderen Bewegungsflächen nicht überlagern.
Sie darf nicht gegenüber einer abwärts führenden Treppe oder Rampe angeordnet sein.

Türen

Türen müssen eine lichte Breite von mindestens 90 cm haben.
Türen von Toiletten-, Dusch- und Umkleidekabinen dürfen nicht nach innen schlagen.
Große Glasflächen müssen kontrastreich gekennzeichnet und bruchsicher sein.
Türen dürfen im geöffneten Zustand nicht in die Bewegungsflächen von Fluren hineinschlagen.
Hauseingangstüren, Brandschutztüren und Garagentore müssen kraftbetätigt und von Hand zu öffnen und zu schließen sein.
An kraftbetätigten Türen sind Quetsch- und Scherstellen zu vermeiden oder zu sichern. Auch das Anstoßen soll vermieden werden.
Rotationstüren sind nur dann vorzusehen, wenn Drehflügeltüren angeordnet sind.

Stufenlose Erreichbarkeit, untere Türanschläge und -schwellen, Aufzug, Rampe

Alle Ebenen und Einrichtungen innerhalb und außerhalb von Gebäuden müssen stufenlos, gegebenenfalls mit einem Aufzug oder einer Rampe, erreichbar sein.
Untere Türanschläge und -schwellen sind grundsätzlich zu vermeiden. Soweit sie technisch unbedingt erforderlich sind, dürfen sie nicht höher als 2 cm sein.
Der Fahrkorb des Aufzugs ist mindestens wie folgt zu bemessen:
– lichte Breite 110 cm,
– lichte Tiefe 140 cm.

Rampe

Die Steigung der Rampe darf nicht mehr als 6% betragen. Bei einer Rampenlänge von mehr als 600 cm ist ein Zwischenpodest von mindestens 150 cm Länge erforderlich. Die Rampe und das Zwischenpodest sind beidseitig mit 10 cm hohen Radabweisern zu versehen. Die Rampe ist ohne Quergefälle auszubilden.
An Rampe und Zwischenpodest sind beidseitig Handläufe mit 3 cm bis 4,5 cm Durchmesser in 85 cm Höhe anzubringen. Handläufe und Radabweiser müssen 30 cm in den Plattformbereich waagerecht hineinragen
In der Verlängerung einer Rampe darf keine abwärtsführende Treppe angeordnet werden.

Treppe

An Treppen sind beidseitig Handläufe mit 3 cm bis 4,5 cm Durchmesser anzubringen. Der innere Handlauf am Treppenauge darf nicht unterbrochen sein. Äußere Handläufe müssen in 85 cm Höhe 30 cm waagerecht über den Anfang und das Ende der Treppe hinausragen.
Notwendige Treppen dürfen nicht gewendelt sein.
Stufenunterscheidungen sind unzulässig.

Bodenbeläge

Bodenbeläge im Gebäude müssen rutschhemmend, rollstuhlgeeignet und fest verlegt sein; sie dürfen sich nicht elektrostatisch aufladen.

Bodenbeläge im Freien müssen mit dem Rollstuhl leicht und erschütterungsarm befahrbar sein. Hauptwege (z. B. zu Hauseingang, Garage) müssen auch bei ungünstiger Witterung gefahrlos befahrbar sein; das Längsgefälle darf 3% und das Quergefälle 2% nicht überschreiten.

Sanitärräume

In jedem Sanitärraum oder jeder Sanitäranlage ist mindestens eine für Rollstuhlbenutzer geeignete Toilettenkabine einzuplanen. Sie ist wie folgt zu planen und auszustatten:

Klosettbecken: Rechts und links neben dem Klosettbecken sind 95 cm breite und 70 cm tiefe und vor dem Klosettbecken 150 cm breite und 150 cm tiefe Bewegungsflächen vorzusehen. Die Sitzhöhe (einschließlich Sitz) soll maximal 48 cm betragen. Eine Rückenstütze muß 55 cm hinter der Vorderkante des Klosettbeckens angebracht werden.

Haltegriffe: Auf jeder Seite des Klosettbeckens sind klappbare, 15 cm über die Vorderkante des Beckens hinausragende Haltegriffe zu montieren, die in der waagerechten und senkrechten Position selbsttätig arretieren. Sie müssen am äußersten vorderen Punkt für eine Druckbelastung von 100 kg geeignet sein.

Der Abstand zwischen den Klappgriffen muß 70 cm, ihre Höhe 85 cm betragen.

Toilettenspülung: Die Spülung muß beidseitig mit Hand oder Arm zu betätigen sein, ohne daß der Benutzer die normale Sitzposition verändern muß.

Toilettenpapierhalter: Ein Toilettenpapierhalter muß beidseitig an den Klappgriffen im vorderen Greifbereich des Sitzenden angeordnet sein.

Waschtisch: Ein voll unterfahrbarer Waschtisch mit Unterputz- oder Flachaufputzsyphon ist vorzusehen. Die Oberkante des Waschtisches darf höchstens 80 cm hoch montiert sein. Kniefreiheit muß in 30 cm Tiefe in mindestens 67 cm Höhe gewährleistet sein. Der Waschtisch ist mit einer Einhebelstandarmatur oder mit einer berührungslosen Armatur auszustatten.

Vor dem Waschtisch ist eine 150 cm tiefe und 150 cm breite Bewegungsfläche anzuordnen.

Spiegel: Über dem Waschtisch ist ein Spiegel anzuordnen, der die Einsicht sowohl aus der Steh- als auch aus der Sitzposition ermöglicht.

Seifenspender: Ein Seifenspender muß über dem Waschtisch im Greifbereich eines Rollstuhlbenutzers auch mit eingeschränkter Handfunktion und mit einer Hand benutzbar sein. Die Entnahmehöhe darf nicht unter 85 cm und nicht über 100 cm angeordnet sein.

Handtrockner: Der Handtrockner mit berührungsloser Betätigung muß anfahrbar sein. Entnahme- oder Luftaustrittshöhe ist in 85 cm anzuordnen. Die Bewegungsfläche vor dem Handtrockner muß 150 cm tief und 150 cm breit sein.

Klappliege: Sanitärräume, z. B. in Raststätten, Sportstätten, Behinderteneinrichtungen, sollten mit einer 200 cm langen und 90 cm breiten Klappliege ausgestattet sein.

Abfallauffang: Ein abgedichteter und geruchsverschlossener Abfallauffang mit selbstschließender Einwurföffnung in 85 cm Höhe muß anfahrbar und mit einer Hand bedienbar sein. Die Bewegungsfläche vor dem Abfallauffang zur seitlichen Anfahrt muß 120 cm breit sein.

Ein Wasserventil mit Wasserschlauch und ein Fußbodenablauf sind vorzusehen.

Notruf ist vorzusehen.

Zusätzliche Anforderungen an Toilettenkabinen/Duschkabinen in Sport-, Bade-, Arbeits- und Freizeitstätten (z. B. Campingplatz, Vergnügungspark)

Der schwellenfreie Duschplatz, 150 cm breit und 150 cm tief, ist als seitliche Bewegungsfläche des Klosettbeckens anzuordnen.

Ein Dusch-Klappsitz, mindestens mit einer Sitzfläche von 40 cm Breite und 45 cm Tiefe, muß mit Rückenlehne vorhanden sein.

Neben Klappsitz und Klosettbecken muß eine Bewegungsfläche von 95 cm Breite und 70 cm Tiefe (gemessen von der Vorderkante sowohl des Klappsitzes als auch des Klosettbeckens) verfügbar sein. Beidseitig des Klappsitzes müssen waagerechte Haltegriffe vorhanden sein, die an der Anfahrseite hochklappbar sein müssen.
Eine Einhebel-Duscharmatur, auch mit Handbrause, muß aus der Sitzposition seitlich in 85 cm Höhe erreichbar sein.
Umkleidebereiche: Für Rollstuhlbenutzer ist in Arbeitsstätten mindestens ein Umkleidebereich, für Sport- und Badestätten mindestens ein Umkleidebereich für Damen und Herren und in Therapieeinrichtungen mindestens ein Umkleidebereich für Damen und Herren je Therapiebereich vorzusehen.
Schwimm- und Bewegungsbecken: Schwimm- und Bewegungsbecken sind mit geeigneten technischen Ein- und Ausstiegshilfen, z. B. Lifte, Rutschen, auszustatten. Abstellplätze für Rollstühle sind in Abhängigkeit von der jeweils gewählten Ein- und Ausstiegshilfe vorzusehen.
Hygieneschleusen sind mit beidseitigen Handläufen in 85 cm Höhe auszustatten.
Rampen von Durchfahrbecken sind nach Abschnitt Rampen zu gestalten; der Bodenbelag muß rutschhemmend sein.
Sanitätsräume müssen mit mindestens einer Liege ausgestattet sein.

Versammlungs-, Sport- und Gaststätten

Plätze für Rollstuhlbenutzer müssen mindestens 95 cm breit und 150 cm tief sein.
Bei loser Bestuhlung, z. B. in Gaststätten, sind für mindestens 3% der Besucher Plätze für Rollstuhlbenutzer vorzusehen, mindestens jedoch 1 Platz.
Bei fester Bestuhlung, z. B. in Versammlungsstätten, Kinos, Theatern, sind für mindestens 3% der Besucher Plätze für Rollstuhlbenutzer vorzusehen. Für weitere 2% ist eine variable Bestuhlung zu ermöglichen.

Beherbergungsbetriebe

Ab 10 Gästezimmern sind mindestens 3%, mindestens jedoch 1 Zimmer, nach DIN 18025-1 zu planen und einzurichten.
Jedes rollstuhlgerechte Gästezimmer muß mit Telefon ausgestattet sein.

Tresen, Serviceschalter und Verkaufstische

Zur rollstuhlgerechten Nutzung soll die Höhe von Tresen, Serviceschaltern und Verkaufstischen 85 cm betragen.
Bei mehreren gleichartigen Einrichtungen ist mindestens ein Element in dieser Höhe anzuordnen und unterfahrbar auszubilden. Kniefreiheit muß in 30 cm Tiefe in mindestens 67 cm Höhe gewährleistet sein.

Rollstuhlabstellplatz

Für Rollstuhlbenutzer sind Rollstuhlabstellplätze, vorzugsweise im Eingangsbereich des Gebäudes zum Umsteigen vom Straßenrollstuhl auf den Zimmerrollstuhl vorzusehen. Jeder Rollstuhlabstellplatz muß mindestens 190 cm breit und mindestens 150 cm tief sein.
Zur Ausstattung eines Batterieladeplatzes für Elektro-Rollstühle ist DIN VDE 0510-3 (s. Norm) zu beachten.

Pkw-Stellplätze

3% der Pkw-Stellplätze, mindestens jedoch 2 Stellplätze, müssen nach DIN 18025-1 gestaltet sein.
In der Nähe des Haupteinganges ist ein Stellplatz für einen Kleinbus, Höhe mindestens 250 cm, Länge 750 cm, Breite 350 cm, vorzusehen.

Bedienungsvorrichtungen

Bedienungsvorrichtungen (z. B. Schalter, Taster, Toilettenspüler, Briefeinwurf- und Codekartenschlitze, Klingel, Bedienungselemente kraftbetätigter Türen, Notrufschalter) sind in 85 cm Höhe anzubringen. Sie dürfen nicht versenkt und scharfkantig sein. Bedienungselemente müssen durch kontrastreiche und taktil erfaßbare Gestaltung auch für sehschwache Personen leicht erkennbar sein.

Die Tür des Sanitärraumes oder der rollstuhlgerechten Toilettenkabine muß abschließbar und im Notfall von außen zu entriegeln sein.

Schalter für kraftbetätigte Türen sind bei frontaler Anfahrt mindestens 250 cm vor der aufschlagenden Tür und auf der Gegenseite 150 cm vor der Tür anzubringen.

Bedienungsvorrichtungen müssen einen seitlichen Abstand zur Wand oder zu bauseits einzubringenden Einrichtungen von mindestens 50 cm haben.

Sanitärarmaturen mit Warmwasseranschluß sind mit Einhebelmischbatterien und Temperaturbegrenzung und schwenkbarem Auslauf vorzusehen.

Notrufschalter in Sanitär- oder Toilettenräumen müssen zusätzlich vom Boden aus (Zugschnur) erreichbar sein.

Orientierung, Beschilderung

Öffentlich zugängige Gebäude/Gebäudeteile, Arbeitsstätten und ihre Außenanlagen müssen mit Orientierungshilfen ausgestattet sein, insbesondere für Menschen mit sensorischen Behinderungen.

Orientierungshilfen müssen signalwirksam und tastbar sein.

DIN 18025-1 Barrierefreie Wohnungen; Wohnungen für Rollstuhlbenutzer, Planungsgrundlagen (Dez 1992)

Diese Norm gilt für die Planung, Ausführung und Einrichtung von rollstuhlgerechten, neuen Miet- und Genossenschaftswohnungen und entsprechender Wohnanlagen. Sie gilt sinngemäß für die Planung, Ausführung und Einrichtung von rollstuhlgerechten, neuen Wohnheimen, Aus- und Umbauten sowie Modernisierungen von Miet- und Genossenschaftswohnungen und entsprechender Wohnanlagen und Wohnheime.

Sie gilt sinngemäß – entsprechend dem individuellen Bedarf – für die Planung, Ausführung und Einrichtung von rollstuhlgerechten Neu-, Aus- und Umbauten sowie Modernisierungen von Eigentumswohnungen, Eigentumswohnanlagen und Eigenheimen.

Rollstuhlbenutzer – auch mit Oberkörperbehinderungen – müssen alle zur Wohnung gehörenden Räume und alle den Bewohnern der Wohnanlage gemeinsam zur Verfügung stehenden Räume befahren können. Sie müssen grundsätzlich alle Einrichtungen innerhalb der Wohnung und alle Gemeinschaftseinrichtungen innerhalb der Wohnanlage nutzen können. Sie müssen in die Lage versetzt werden, von fremder Hilfe weitgehend unabhängig zu sein.

Begriffe

Einrichtungen sind die zur Erfüllung der Raumfunktion notwendigen Teile, z. B. Sanitär-Ausstattungsgegenstände, Geräte und Möbel; sie können sowohl bauseits als auch vom Wohnungsnutzer eingebracht werden.

Bewegungsflächen für den Rollstuhlbenutzer sind die zur Bewegung mit dem Rollstuhl notwendigen Flächen. Sie schließen die zur Benutzung der Einrichtungen erforderlichen Flächen ein.

Bewegungsflächen dürfen sich überlagern (s. Bild 3.81). Die Bewegungsflächen dürfen nicht in ihrer Funktion eingeschränkt sein, z. B. durch Rohrleitungen, Mauervorsprünge, Heizkörper, Handläufe.

Maße der Bewegungsflächen

Die Bewegungsfläche muß mindestens 150 cm breit und 150 cm tief sein:

3.3 Planungsnormen

- als Wendemöglichkeit in jedem Raum, ausgenommen kleine Räume, die der Rollstuhlbenutzer ausschließlich vor- und rückwärtsfahrend uneingeschränkt nutzen kann,
- als Duschplatz (s. Bilder **3**.76 und **3**.78),
- vor dem Klosettbecken (s. Bild **3**.79),
- vor dem Waschtisch (s. Bild **3**.80),
- auf dem Freisitz,
- vor den Fahrschachttüren (s. Bild **3**.87),
- am Anfang und am Ende der Rampe (s. Bilder **3**.82 und **3**.83),
- vor dem Einwurf des Müllsammelbehälters.

Die Bewegungsfläche muß mindestens 150 cm tief sein:
- vor einer Längsseite des Bettes des Rollstuhlbenutzers (s. Bild **3**.91),
- vor Schränken,
- vor Küchenausrichtungen (s. Bilder **3**.93 und **3**.94),
- vor der Einstiegseite der Badewanne (s. Bilder **3**.77 und **3**.78),
- vor dem Rollstuhlabstellplatz (s. Bild **3**.90),
- vor einer Längsseite des Kraftfahrzeuges (s. Bild **3**.95).

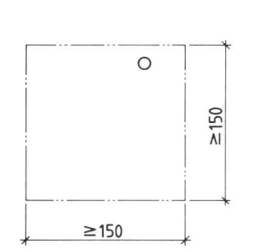

3.76 Bewegungsfläche im Bereich des Duschplatzes

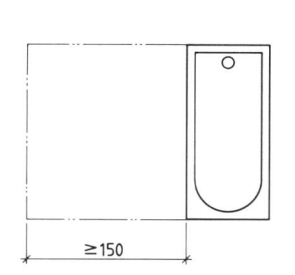

3.77 Bewegungsfläche vor der Einstiegseite der Badewanne

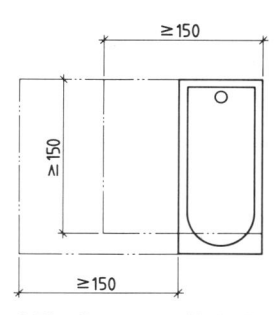

3.78 Bewegungsfläche Duschplatz; alternativ: Badewanne

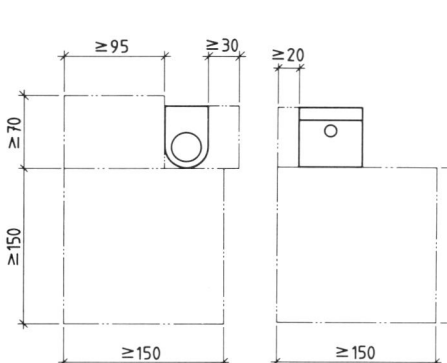

3.79 Bewegungsfläche vor und neben dem Klosettbecken

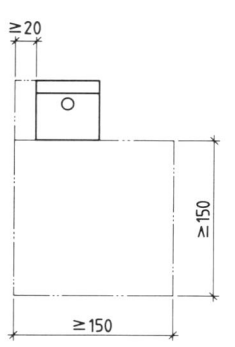

3.80 Bewegungsfläche vor dem Waschtisch

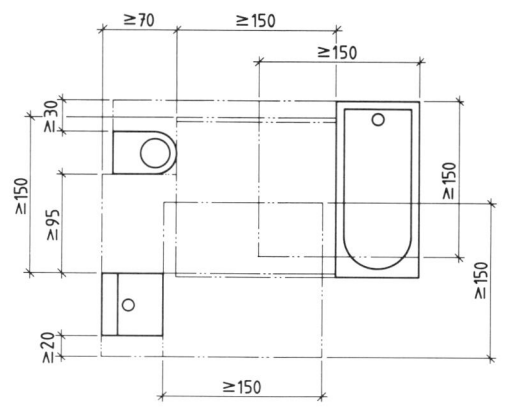

3.81 Beispiel der Überlagerung der Bewegungsflächen im Sanitärraum

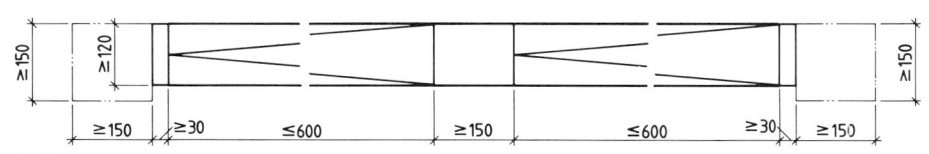

3.82 Rampe (Rampenlänge ≥ 600 cm)

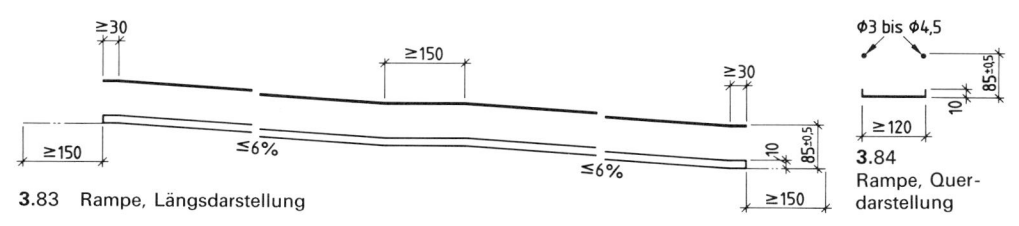

3.83 Rampe, Längsdarstellung

3.84 Rampe, Querdarstellung

Die Bewegungsfläche muß mindestens 150 cm breit sein:
– zwischen Wänden außerhalb der Wohnung,
– neben Treppenauf- und -abgängen; die Auftrittsfläche der obersten Stufe ist auf die Bewegungsfläche nicht anzurechnen (s. Bild **3.89**).

Die Bewegungsfläche muß mindestens 120 cm breit sein:
– entlang der Möbel, die der Rollstuhlbenutzer seitlich anfahren muß,
– entlang der Betteinstiegseite – Bett des Nicht-Rollstuhlbenutzers (s. Bild **3.92**),
– zwischen Wänden innerhalb der Wohnung,
– neben Bedienungsvorrichtungen (s. Bild **3.88**),
– zwischen den Radabweisern einer Rampe (s. Bilder **3.82** und **3.84**),
– auf Wegen innerhalb der Wohnanlage.

Die Bewegungsfläche muß links oder rechts neben dem Klosettbecken mindestens 95 cm breit und 70 cm tief sein. Auf einer Seite des Klosettbeckens muß ein Abstand zur Wand oder zu Einrichtungen von mindestens 30 cm eingehalten werden (s. Bild **3.79**).

Türen

Türen müssen eine lichte Breite von 90 cm haben (s. Bilder **3.85**, **3.86** und **3.87**). Die Tür darf nicht in den Sanitärraum schlagen.

Große Glasflächen müssen kontrastreich gekennzeichnet und bruchsicher sein.

Bewegungsflächen vor handbetätigten Türen sind nach den Bildern **3.85** und **3.86** zu bemessen.

Stufenlose Erreichbarkeit, untere Türanschläge und -schwellen, Aufzug, Rampe

Alle zur Wohnung gehörenden Räume und die gemeinschaftlichen Einrichtungen der Wohnanlage müssen stufenlos, gegebenenfalls mit einem Aufzug oder einer Rampe, erreichbar sein.

Alle nicht rollstuhlgerechten Wohnungen innerhalb der Wohnanlage müssen zumindest durch den nachträglichen Ein- oder Anbau eines Aufzuges oder einer Rampe stufenlos erreichbar sein.

Untere Türanschläge und -schwellen sind grundsätzlich zu vermeiden. Soweit sie technisch unbedingt erforderlich sind, dürfen sie nicht höher als 2 cm sein.

Der Fahrkorb des Aufzugs ist mindestens wie folgt zu bemessen:
lichte Breite 110 cm, lichte Tiefe 140 cm.

Bei Bedarf muß der Aufzug mit akustischen Signalen nachgerüstet werden können.

Bedienungstableau und Haltestangen s. Bilder **3.96** bis **3.99**. Für ein zusätzliches senkrechtes Bedienungstableau gilt DIN 15325 (s. Norm).

3.3 Planungsnormen

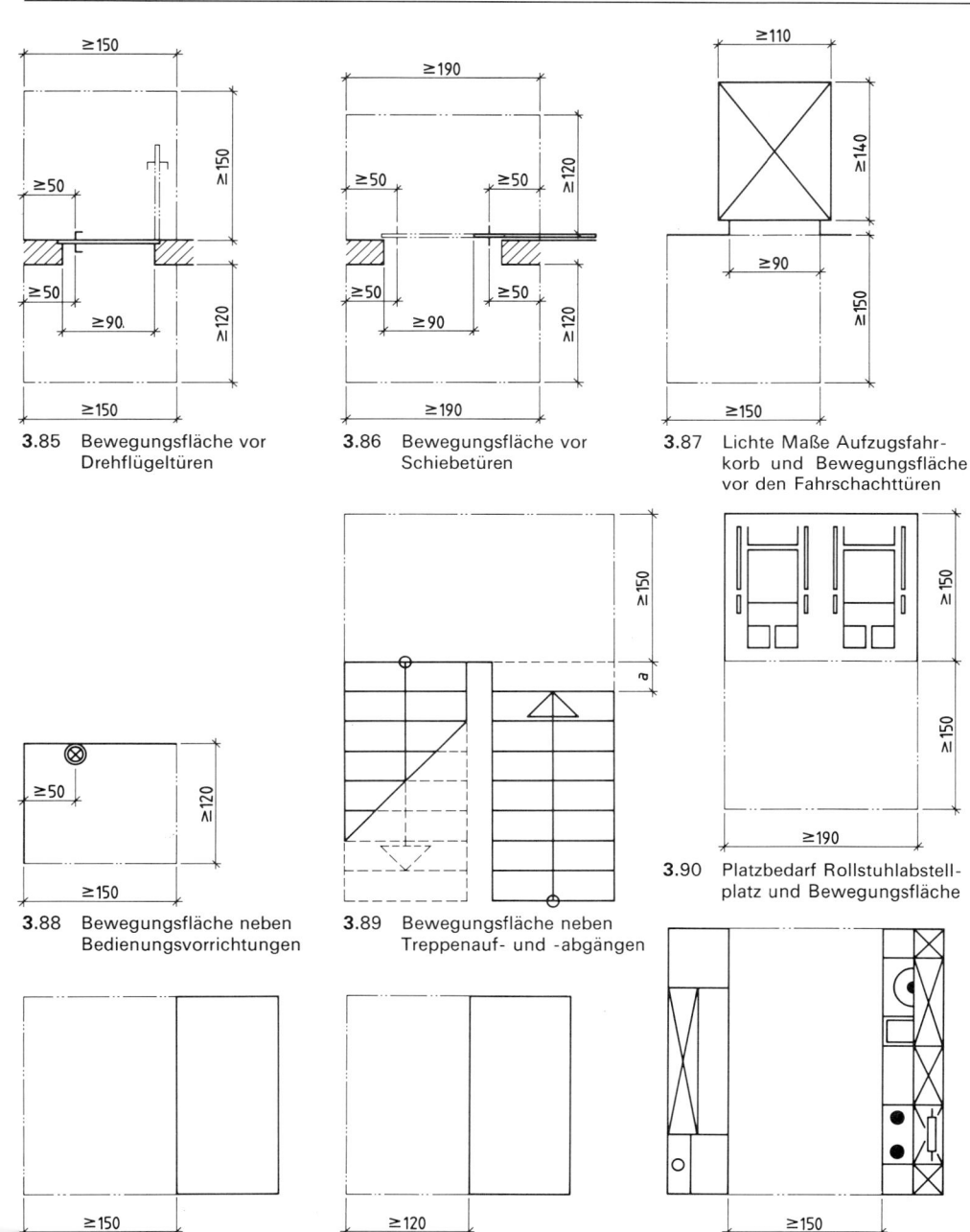

3.85 Bewegungsfläche vor Drehflügeltüren

3.86 Bewegungsfläche vor Schiebetüren

3.87 Lichte Maße Aufzugsfahrkorb und Bewegungsfläche vor den Fahrschachttüren

3.88 Bewegungsfläche neben Bedienungsvorrichtungen

3.89 Bewegungsfläche neben Treppenauf- und -abgängen

3.90 Platzbedarf Rollstuhlabstellplatz und Bewegungsfläche

3.91 Bewegungsfläche vor einer Längsseite des Bettes des Rollstuhlbenutzers

3.92 Bewegungsfläche vor einer Längsseite des Bettes des Nicht-Rollstuhlbenutzers

3.93 Bewegungsflächen in einer zweizeiligen Küche

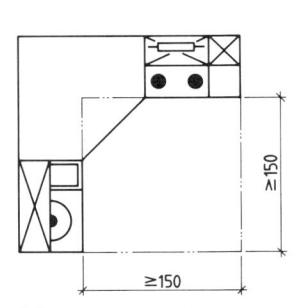

3.94 Bewegungsfläche in einer übereck angeordneten Küche

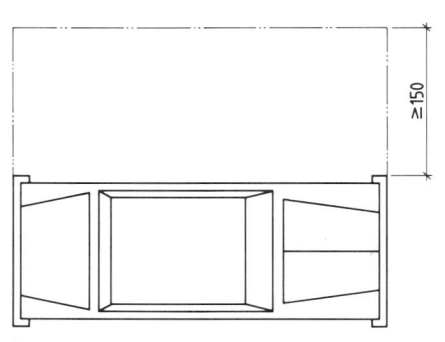

3.95 Bewegungsfläche vor einer Längsseite des Kraftfahrzeugs

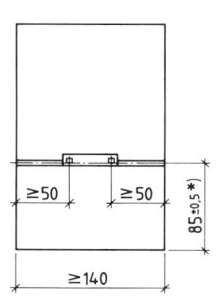

3.96 Höhenlage und Ansicht des Bedienungstableaus

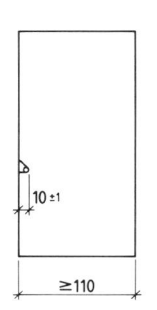

3.97 Tiefenlage des Bedienungstableaus

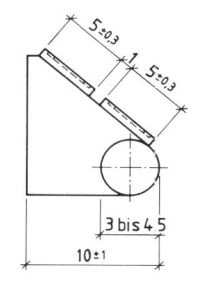

3.98 Querschnitt des horizontal angeordneten Bedienungstableaus und der Haltestange

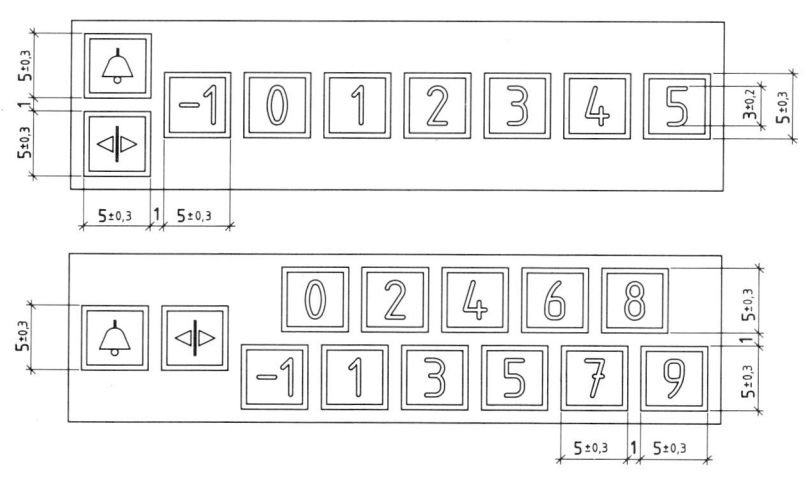

3.99 Anordnung der Taster auf dem Bedienungstableau, Schrift und Tasterrand erhaben

Bewegungsflächen vor den Fahrschachttüren s. Bild **3**.87.
Die Steigung der R a m p e d a r f nicht mehr als 6% betragen. Bei einer Rampenlänge von mehr als 600 cm ist ein Zwischenpodest von mindestens 150 cm Länge erforderlich. Die Rampe und das Zwischenpodest sind beidseitig mit 10 cm hohen Radabweisern zu versehen. Die Rampe ist ohne Quergefälle auszubilden.
An Rampe und Zwischenpodest sind beidseitig Handläufe mit 3 cm bis 4,5 cm Durchmesser in 85 cm Höhe anzubringen. Handläufe und Radabweiser müssen 30 cm in den Plattformbereich waagerecht hineinragen (s. Bilder **3**.82, **3**.83 und **3**.84).

Besondere Anforderungen

H e r d , A r b e i t s p l a t t e und S p ü l e müssen uneingeschränkt unterfahrbar sein. Sie müssen für die Belange des Nutzers in die ihm entsprechende Arbeitshöhe montiert werden können. Zur Unterfahrbarkeit der Spüle ist ein Unterputz- oder Flachaufputzsiphon erforderlich.
Zusätzlich gilt DIN 18022.
Der S a n i t ä r r a u m (Bad, WC) ist mit einem rollstuhlbefahrbaren Duschplatz auszustatten. Das nachträgliche Aufstellen einer mit einem Lifter unterfahrbaren Badewanne im Bereich des Duschplatzes muß möglich sein (s. Bild **3**.78).
Der Waschtisch muß flach und unterfahrbar sein; ein Unterputz- oder Flachaufputzsiphon ist vorzusehen.
Der Waschtisch muß für die Belange des Nutzers in die ihm entsprechende Höhe montiert werden können.
Die Sitzhöhe des Klosettbeckens, einschließlich Sitz, muß 48 cm betragen. Im Bedarfsfall muß eine Höhenanpassung vorgenommen werden können.
Der Sanitärraum muß über eine mechanische Lüftung nach DIN 18017-3 verfügen.
Zusätzlich gilt DIN 18022.
In Wohnungen für mehr als drei Personen ist ein zusätzlicher Sanitärraum nach DIN 18022 mit mindestens einem Waschbecken und einem Klosettbecken vorzusehen.
Für den Rollstuhlbenutzer ist bei Bedarf eine z u s ä t z l i c h e W o h n f l ä c h e vorzusehen. Die angemessene Wohnungsgröße erhöht sich hierdurch im Regelfall um 15 m^2 (s. § 39 Abs. 2 Zweites Wohnungsbaugesetz und § 5 Abs. 2 Wohnungsbindungsgesetz).
Für jeden Rollstuhlbenutzer ist ein R o l l s t u h l a b s t e l l p l a t z , vorzugsweise im Eingangsbereich des Hauses oder vor der Wohnung, zum Umsteigen vom Straßenrollstuhl auf den Zimmerrollstuhl vorzusehen. Der Rollstuhlabstellplatz muß mindestens 190 cm breit und mindestens 150 cm tief sein (s. Bild **3**.90).
Zur Ausstattung eines B a t t e r i e l a d e p l a t z e s für Elektro-Rollstühle ist DIN VDE 0510-3 (s. Norm) zu beachten.
Für jede Wohnung ist ein wettergeschützter P k w - S t e l l p l a t z oder eine Garage vorzusehen.
W ä n d e u n d D e c k e n sind zur bedarfsgerechten Befestigung von Einrichtungs-, Halte-, Stütz- und Hebevorrichtungen tragfähig auszubilden.
B o d e n b e l ä g e im Gebäude müssen rutschhemmend, rollstuhlgeeignet und fest verlegt sein; sie dürfen sich nicht elektrostatisch aufladen.
Die H e i z u n g von Wohnungen und gemeinschaftlich zu nutzenden Aufenthaltsräumen ist für eine Raumtemperatur nach DIN 4701-2 (s. Norm) zu bemessen.
In der Wohnung ist zur Haustür eine G e g e n s p r e c h a n l a g e mit Türöffner vorzusehen.
F e r n s p r e c h a n s c h l u ß muß vorhanden sein.
B e d i e n u n g s v o r r i c h t u n g e n (z. B. Schalter, häufig benutzte Steckdosen, Taster, Sicherungen, Raumthermostat, Sanitärarmaturen, Toilettenspüler, Rolladengetriebe, Türdrücker, Quer-

stangen zum Zuziehen von Drehflügeltüren, Öffner von Fenstertüren, Bedienungselemente automatischer Türen, Briefkastenschloß, Mülleinwurföffnungen) sind in 85 cm Höhe anzubringen.
Bedienungsvorrichtungen müssen ein sicheres und leichtes Zugreifen ermöglichen. Sie dürfen nicht versenkt und scharfkantig sein.

DIN 18025-2 Barrierefreie Wohnungen; Planungsgrundlagen (Dez 1992)

Diese Norm gilt für die Planung, Ausführung und Einrichtung von barrierefreien, neuen Miet- und Genossenschaftswohnungen und entsprechender Wohnanlagen. Sie gilt sinngemäß für die Planung, Ausführung und Einrichtung von barrierefreien, neuen Wohnheimen, Aus- und Umbauten sowie Modernisierungen von Miet- und Genossenschaftswohnungen und entsprechender Wohnanlagen und Wohnheimen. Sie gilt sinngemäß – entsprechend dem individuellen Bedarf – für die Planung, Ausführung und Einrichtung von barrierefreien Neu-, Aus- und Umbauten sowie Modernisierungen von Eigentumswohnungen, Eigentumswohnanlagen und Eigenheimen. Die Wohnungen müssen für alle Menschen nutzbar sein.

Die Bewohner müssen in die Lage versetzt werden, von fremder Hilfe weitgehend unabhängig zu sein. Das gilt insbesondere für
– Blinde und Sehbehinderte,
– Gehörlose und Hörgeschädigte,
– Gehbehinderte,
– Menschen mit sonstigen Behinderungen,
– ältere Menschen,
– Kinder, klein- und großwüchsige Menschen.

Planungsgrundlagen für Wohnungen für Rollstuhlbenutzer s. DIN 18025-1.
Die in den Anmerkungen enthaltenen Empfehlungen sind besonders zu vereinbaren.

Begriffe

Einrichtungen sind die zur Erfüllung der Raumfunktion notwendigen Teile, z. B. Sanitär-Ausstattungsgegenstände, Geräte und Möbel; sie können sowohl bauseits als auch vom Wohnungsnutzer eingebracht werden.
Bewegungsflächen sind die zur Nutzung der Einrichtungen erforderlichen Flächen. Ihre Sicherstellung erfolgt durch Einhalten der notwendigen Abstände.
Bewegungsflächen dürfen sich überlagern.
Die Bewegungsflächen dürfen nicht in ihrer Funktion eingeschränkt sein, z. B. durch Rohrleitungen, Mauervorsprünge, Heizkörper, Handläufe.

Maße der Bewegungsflächen

Die Bewegungsfläche muß mindestens 150 cm breit und 150 cm tief sein:
– auf dem Freisitz,
– vor den Fahrschachttüren (s. Bild **3**.81),
– am Anfang und am Ende der Rampe (s. Bilder **3**.82 und **3**.83).

Die Bewegungsfläche muß mindestens 150 cm breit sein:
– zwischen Wänden außerhalb der Wohnung,
– neben Treppenauf- und -abgängen; die Auftrittsfläche der obersten Stufe ist auf die Bewegungsfläche nicht anzurechnen.

Die Bewegungsfläche muß mindestens 120 cm breit und 120 cm tief sein:
– vor Einrichtungen im Sanitärraum,
– im schwellenlos begehbaren Duschbereich.

3.3 Planungsnormen

Die Bewegungsfläche muß mindestens 120 cm breit sein:
- entlang einer Längsseite eines Bettes, das bei Bedarf von drei Seiten zugänglich sein muß,
- zwischen Wänden innerhalb der Wohnung,
- vor Kücheneinrichtungen,
- zwischen den Radabweisern einer Rampe (s. Bilder **3**.82 und **3**.84),
- auf Wegen innerhalb der Wohnanlage.

Die Bewegungsfläche muß mindestens 90 cm tief sein:
- vor Möbeln (z. B. Schränken, Regalen, Kommoden, Betten).

Türen

Türen müssen eine lichte Breite von mindestens 80 cm haben.
Hauseingangs-, Wohnungseingangs- und Fahrschachttüren müssen eine lichte Breite von mindestens 90 cm haben.
Die Tür darf nicht in den Sanitärraum schlagen.
Große Glasflächen müssen kontrastreich gekennzeichnet und bruchsicher sein.

Stufenlose Erreichbarkeit, untere Türanschläge und -schwellen, Aufzug, Rampe, Treppe

Der Hauseingang und eine Wohnebene müssen stufenlos erreichbar sein, es sei denn, nachweislich zwingende Gründe lassen dies nicht zu.
Alle zur Wohnung gehörenden Räume und die gemeinschaftlichen Einrichtungen der Wohnanlage müssen zumindest durch den nachträglichen Ein- oder Anbau eines Aufzuges oder durch eine Rampe stufenlos erreichbar sein.
Untere Türanschläge und -schwellen sind grundsätzlich zu vermeiden. Soweit sie technisch unbedingt erforderlich sind, dürfen sie nicht höher als 2 cm sein.
Der Fahrkorb des Aufzugs ist mindestens wie folgt zu bemessen:
- lichte Breite 110 cm,
- lichte Tiefe 140 cm.

Bei Bedarf muß der Aufzug mit akustischen Signalen nachgerüstet werden können.
Bedienungstableau und Haltestangen s. Bilder **3**.96 bis **3**.99. Für ein zusätzliches senkrechtes Bedienungstableau gilt DIN 15325.
Die Steigung der Rampe darf nicht mehr als 6% betragen. Bei einer Rampenlänge von mehr als 600 cm ist ein Zwischenpodest von mindestens 150 cm Länge erforderlich. Die Rampe und das Zwischenpodest sind beidseitig mit 10 cm hohen Radabweisern zu versehen. Die Rampe ist ohne Quergefälle auszubilden.
An Rampe und Zwischenpodest sind beidseitig Handläufe mit 3 cm bis 4,5 cm Durchmesser in 85 cm Höhe anzubringen. Handläufe und Radabweiser müssen 30 cm in den Plattformbereich waagerecht hineinragen (s. Bilder **3**.82, **3**.83 und **3**.84).
An Treppen sind beidseitig Handläufe mit 3 cm bis 4,5 cm Durchmesser anzubringen. Der innere Handlauf am Treppenauge darf nicht unterbrochen sein. Äußere Handläufe müssen in 85 cm Höhe 30 cm waagerecht über den Anfang und das Ende der Treppe hinausragen. Anfang und Ende des Treppenlaufs sind rechtzeitig und deutlich erkennbar zu machen, z. B. durch taktile Hilfen an den Handläufen.
In Mehrfamilienhäusern müssen taktile Geschoß- und Wegebezeichnungen die Orientierung sicherstellen.
Treppe und Treppenpodest müssen ausreichend belichtet bzw. beleuchtet und deutlich erkennbar sein, z. B. durch Farb- und Materialwechsel. Die Trittstufen müssen durch taktiles Material erkennbar sein. Stufenunterscheidungen sind unzulässig.

Besondere Anforderungen

Herd, Arbeitsplatte und Spüle müssen für die Belange des Nutzers in die ihm entsprechende Arbeitshöhe montiert werden können.
Zusätzlich gilt DIN 18022.
Der Sanitärraum (Bad, WC) ist mit einem stufenlos begehbaren Duschplatz auszustatten.
Unter dem Waschtisch muß Beinfreiraum vorhanden sein; ein Unterputz- oder Flachaufputzsiphon ist vorzusehen.
Zusätzlich gilt DIN 18022.
Für z. B. Kleinwüchsige, Blinde und Sehbehinderte ist bei Bedarf eine zusätzliche Wohnfläche vorzusehen. Die angemesse Wohnungsgröße erhöht sich hierdurch im Regelfall um 15 m^2.
Wände der Küche sind tragfähig auszubilden.
Bodenbeläge im Gebäude müssen reflexionsarm, rutschhemmend und fest verlegt sein; sie dürfen sich nicht elektrostatisch aufladen.
Hauptwege (z. B. zu Hauseingang, Garage, Müllsammelbehälter) müssen auch bei ungünstiger Witterung gefahrlos begehbar sein; das Längsgefälle darf 3% und das Quergefälle 2% nicht überschreiten.
Die Heizung von Wohnungen und gemeinschaftlich zu nutzenden Aufenthaltsräumen ist für eine Raumtemperatur nach DIN 4701-2 zu bemessen.
In der Wohnung ist zur Haustür eine Gegensprechanlage mit Türöffner vorzusehen.
Fernsprechanschluß muß vorhanden sein.
Bedienungsvorrichtungen (z. B. Schalter, häufig benutzte Steckdosen, Taster, Türdrükker, Öffner von Fenstertüren, Bedienungselemente automatischer Türen) sind in 85 cm Höhe anzubringen. Sie dürfen nicht versenkt und scharfkantig sein. Schalter außerhalb von Wohnungen sind durch abtastbare Markierungen und Farbkontraste zu kennzeichnen.
Heizkörperventile müssen in einer Höhe zwischen 40 cm und 85 cm bedient werden können.
Namensschilder an Hauseingangs- und Wohnungseingangstüren sollen mit taktil erfaßbarer, aufgesetzter Schrift versehen sein.
Die Tür des Sanitärraumes muß abschließbar und im Notfall von außen zu entriegeln sein.

DIN 18035 Spielplätze und Freiflächen zum Spielen: Grundlagen und Hinweise für die Objektplanung (Okt 1988)

Diese Norm enthält Grundlagen und Hinweise für die Objektplanung von Spielplätzen und Freiflächen zum Spielen für Kinder, Jugendliche und Erwachsene.
Dazu gehören außer den zum Spielen ausgewiesenen Spielplätzen und Flächen auch solche Flächen, die neben anderer Nutzung teil- oder zeitweise zum Spielen geeignet und freigegeben sind, z. B.

– Wohnumfeld (Blockinnenbereiche, Abstandsflächen, Eingangsbereiche),
– Schulhöfe,
– Freiflächen von Kindertagesstätten,
– Freizeiteinrichtungen (Grünanlagen, Sportplätze, Freibäder).

Begriffe

Ein Spielbereichskonzept ist eine Anordnung von Spielbereichen für alle Altersgruppen in ein Netz innerhalb einer Gemeinde, welches auf die Bedürfnisse der Bevölkerung abgestimmt ist.

Der **Spielbereich** umfaßt nachbarlich zusammengefaßte Spielflächen verschiedener Art und Nutzung.

Der **Spielplatz** stellt ein räumlich zusammenhängendes und aufeinander abgestimmtes Spielangebot dar.

Eine **Spielfläche** ist eine zum Spielen bestimmte und geeignete natürliche oder hergerichtete Fläche mit oder ohne Spieleinrichtungen.

Es können
- natürlich belassene Flächen,
- gestaltete Flächen,
- gestaltbare/veränderbare Flächen

sein.

Eine **Spieleinrichtung** ist ein zum Spielen hergerichtetes und bestimmtes Ausstattungselement (z. B. Sandkasten, Spielgerät, Fußballtor, Gartenschachfeld), welches auf einer Spielfläche ein bestimmtes Spielen ermöglicht.

Spielbereiche

Allgemeine Hinweise für ein Spielbereichskonzept der Gemeinde einschließlich der Orientierungswerte für den Spielflächenbedarf sind in einem Mustererlaß der ARGEBAU vom 03. 06. 1987 enthalten.

Der Mustererlaß unterscheidet nach den folgenden Spielbereichen.

Nach dem Mustererlaß ist anzustreben, die Spielflächen in ein Grünflächen- sowie Fuß- und Radwegesystem einzubeziehen. Dies ist angeraten, um eine Verkehrsgefährdung der Nutzer nach Möglichkeit zu vermeiden. Dies trifft insbesondere für die Spielbereiche B und C zu, die sich innerhalb der Wohnbereiche bzw. des Wohnquartiers befinden. Es sollte besonders bei diesen Spielbereichen vermieden werden, daß stark befahrene Straßen gekreuzt werden müssen.

Bei den Spielbereichskonzepten handelt es sich um Beispiele, die andere Konzepte zur Berücksichtigung der örtlichen Anforderungen möglich machen.

Spielbereich A ist der Bereich mit dem vielfältigsten Angebot an Spielmöglichkeiten. Er hat zentrale Versorgungsfunktionen für alle Altersstufen in einem Ort bzw. Ortsteil. Er sollte in größeren Gemeinden nach Möglichkeit betreut und beispielsweise wie folgt ausgestattet sein:

a) Spielhaus,

b) Einrichtungen für

- Bauspiele,
- Werken und Töpfern,
- Wasserspiele,
- Ballspiele,
- Spielgeräte,
- Abenteuerspiele,
- Tierhaltung und
- Pflanzenbau,

c) besondere Spielangebote für Kleinkinder.

Spielbereich B dient der Versorgung vorzugsweise von Jugendlichen und Schulkindern im Wohnbereich. Er ist dazu geeignet, dem Bewegungsdrang von Kindern und Jugendlichen im schulpflichtigen Alter entgegenzukommen (z. B. auch ein gestalteter Schulhof).

Es sind Spielbereiche mit unterschiedlicher Ausstattung (z. B. Bolzplätze, Geräteplätze, Sandflächen, Flächen für Bodenspiele, Tischtennis, Flächen für Rollschuhe oder Skateboards). Sie sollen auch angemessene Spielangebote für Kleinkinder enthalten.

Spielbereich C ist den Wohnungen in angemessener Entfernung (bis etwa 200 m) zugeordnet, soweit er nicht nach der Landesbauordnung auf dem Baugrundstück vorzusehen ist.
Es handelt sich um kleine überschaubare Spielbereiche, die dem Wegenetz zugeordnet sind und sich als platzartige Erweiterungen oder speziell dafür ausgestattete Flächen im Fußwegenetz darstellen können. Sie sollen spontanes Spiel in Wohnungsnähe ermöglichen und sollten gleichzeitig zur Kommunikation der Bewohner dienen. Sie sind entsprechend auszustatten, z. B. mit Nischen, Bänken, Sandkästen, Sitzwinkeln, Laufbalken, Reckstangen, erweiterten Stufenanlagen, speziellen Bodenbelägen (z. B. Tennenfläche, vorgezeichnete Bodenspiele).

Planungsziele

Freiflächen zum Spielen sollen
- vor Gefährdungen durch den Verkehr gesichert sein,
- in Teilräume gegliedert sein, die zu sozialen Kontakten und gemeinsamem Spiel zwischen unterschiedlichen Alters- und Nutzergruppen anregen (Gruppenbildung), z. B. auch Treffpunkte für Jugendliche,
- den örtlichen Bedürfnissen entsprechend behindertengerecht gestaltet sein,
- durch Nischen, Winkel, Pflanzungen usw. Rückzugsmöglichkeiten für Kinder beinhalten; Spielflächen für Kleinkinder sollen von der Nachbarschaft gut einsehbar sein,
- durch die Art der Gestaltung, Raumbildung und Bewuchs zum Aufenthalt einladen und durch die Ausstattung ein intensives Spiel ermöglichen; dabei müssen durch die funktionsgerechte Zusammenfassung von Spielangeboten Überschneidungen vermieden und ein gegenseitiger Ausschluß verhindert werden,
- die Anpassung der Spieleinrichtungen infolge sich ändernder Spielwünsche oder Altersstruktur der Nutzer zulassen,
- zusammenhängende, vielgestaltige Spiel- und Bewegungsabläufe ermöglichen,
- Mehrfachnutzungen ermöglichen (z. B. Sommer/Winternutzung) und bei entsprechender Geländegröße erweiterungsfähig sein (z. B. Ergänzung um einen Bauspielplatz),
- sowohl besonnte Flächen, insbesondere für bewegungsarme Spiele und Ruhebereiche, als auch schattenspendende Bäume, Schutzpflanzungen gegen Wind und nach Möglichkeit auch Schutz gegen Regen (Bäume, Schutzdach usw.) enthalten.

Besondere Anforderungen gelten für Teilbereiche
- für Sand- und Matschspiele,
- für freie Bewegung und für Bewegung mit mobilen Geräten,
- mit Spielgeräten,
- für Ballspiele,
- für Werken und Gestalten,
- für Kommunikation.

Gebäudetreppen

Bei der Erarbeitung von DIN 18064 wurde eine Beschränkung auf diejenigen Begriffe vorgenommen, für die die Normung eines entsprechenden Begriffsinhaltes im Hinblick auf die Eindeutigkeit von hiermit zusammenhängenden Normen, bauaufsichtlichen Bestimmunges usw. unerläßlich erscheint.

Die Grundbegriffe enthalten u. a. alle für den bauaufsichtlichen Bereich notwendigen Definitionen, z. B. Geschoßtreppe, notwendige und nicht notwendige Treppe, Lauflinie etc. Begriffe wie Haupt-, Neben- und Nottreppe sind entfallen.

Die Maßbegriffe enthalten alle jene Maße, die im Rahmen der Planung, Baugenehmigung und Bauabnahme von Bedeutung sind, wobei die Begriffsdefinitionen zugleich die Meßvorschriften liefern. Bei der Definition von Podestbreite und Podesttiefe ist dabei auf die klare Sprache der Zeichnung zurückgegriffen worden.

Die Lauflinie einer Treppe hat besondere Bedeutung, da in ihr laut bauaufsichtlicher Vorschriften das Steigungsverhältnis gemessen wird und sich dies bei ein und derselben Treppe nicht ändern darf. Die Praxis ungezählter

3.3 Planungsnormen

gewendelter Treppen zeigt jedoch, daß es keine exakte Linie mit konstantem Steigungsverhältnis geben kann. Die bauaufsichtliche Anforderung, bezogen auf eine Lauf „Linie", ist in der normalen Treppenbaupraxis unerfüllbar. Es läßt sich allenfalls ein Bereich angeben, innerhalb dessen von „praktisch konstantem Steigungsverhältnis" gesprochen werden kann (s. DIN 18065).
In der Musterbauordnung (MBO) (s. Abschn. 2.2.1) wurde auf die Festlegung von Maßen von Treppen weitgehend verzichtet. Maße für Treppen sind – abgestimmt mit den Obersten Baubehörden der Länder – in der Norm DIN 18065 festgelegt. Der Anwendungsbereich der Norm bezieht sich auf Treppen in und an Gebäuden, soweit keine Sondervorschriften, z. B. für Versammlungsstätten, Krankenhäuser, Hochhäuser oder Schulbauten bestehen.
Kernstück der Norm sind die Anforderungen mit Mindest- und Höchstmaßen für Steigungen und Auftritte. Das Grenzmaß für Gebäude mit nicht mehr als zwei Wohnungen ist ein Steigungsverhältnis von 20/23. Mit den Grenzmaßen 17 ± 3 (Steigung) sowie $28 \pm \frac{9}{5}$ (Auftritt) sollen der Gestaltungsfreiheit im Rahmen der Norm weite Grenzen gesteckt werden. Bei sonstigen Gebäuden liegen die Grenzen baurechtlich notwendiger Treppen bei 19/26, d. h. den Grenzmaßen $17 \pm \frac{2}{3}$ (Steigung) und $28 \pm \frac{9}{2}$ (Auftritt).
Alle andere Treppen sind, soweit es sich nicht um baurechtlich nicht notwendige Treppen innerhalb geschlossener Wohnungen handelt, für die keine Festlegungen gelten, mit einer Steigung von gleich oder kleiner 21 und einem Auftritt gleich oder größer 21 angegeben.
Mit den in der Norm angegebenen Grenzmaßen soll nicht zum Ausdruck gebracht werden, daß diese Maße Regelmaße darstellen für gute oder gar ideale Treppen. Diese kann der Treppenplaner in eigener Verantwortung frei festlegen.
Die Musterbauordnung (MBO) gibt für Treppen und Treppenräume folgendes vor:

§ 31 (MBO) Treppen

(1) Jedes nicht zu ebener Erde liegende Geschoß und der benutzbare Dachraum eines Gebäudes müssen über mindestens eine Treppe zugänglich sein (notwendige Treppe); weitere Treppen können gefordert werden, wenn die Rettung von Menschen im Brandfall nicht auf andere Weise möglich ist. Statt notwendiger Treppen können Rampen mit flacher Neigung gestattet werden.

(2) Einschiebbare Treppen und Rolltreppen sind als notwendige Treppen unzulässig. Einschiebbare Treppen und Leitern sind bei Wohngebäuden mit nicht mehr als zwei Wohnungen als Zugang zu einem Dachraum ohne Aufenthaltsräume zulässig; sie können als Zugang zu sonstigen Räumen, die keine Aufenthaltsräume sind, gestattet werden, wenn wegen des Brandschutzes Bedenken nicht bestehen.

(3) Notwendige Treppen sind in einem Zuge zu allen angeschlossenen Geschossen zu führen; sie müssen mit den Treppen zum Dachraum unmittelbar verbunden sein. Dies gilt nicht für Gebäude geringer Höhe.

(4) Die tragenden Teile notwendiger Treppen müssen feuerbeständig sein. Bei Gebäuden geringer Höhe müssen sie aus nichtbrennbaren Baustoffen bestehen oder mindestens feuerhemmend sein; dies gilt nicht für Wohngebäude geringer Höhe mit nicht mehr als zwei Wohnungen.

(5) Die nutzbare Breite der Treppen und Treppenabsätze notwendiger Treppen muß mindestens 1 m betragen. In Wohngebäuden mit nicht mehr als zwei Wohnungen und innerhalb von Wohnungen genügt eine Breite von 80 cm. Für Treppen mit geringer Benutzung können geringere Breiten gestattet werden.

(6) Treppen müssen mindestens einen festen und griffsicheren Handlauf haben. Bei großer nutzbarer Breite der Treppen können Handläufe auf beiden Seiten und Zwischenhandläufe gefordert werden.

(7) Die freien Seiten der Treppen, Treppenabsätze und Treppenöffnungen müssen durch Geländer gesichert werden. Fenster, die unmittelbar an Treppen liegen und deren Brüstungen unter der notwendigen Geländerhöhe liegen, sind zu sichern.

(8) Treppengeländer müssen mindestens 90 cm, bei Treppen mit mehr als 12 m Absturzhöhe mindestens 1,1 m hoch sein.

(9) Eine Treppe darf nicht unmittelbar hinter einer Tür beginnen, die in Richtung der Treppe aufschlägt; zwischen Treppe und Tür ist ein Treppenabsatz anzuordnen, der mindestens so tief sein soll, wie die Tür breit ist.

§ 32 (MBO) Treppenräume

(1) Jede notwendige Treppe muß in einem eigenen, durchgehenden und an einer Außenwand angeordneten Treppenraum liegen. Innenliegende Treppenräume können gestattet werden, wenn ihre Benutzung durch Raucheintritt nicht gefährdet werden kann und wegen des Brandschutzes Bedenken nicht bestehen. Für die innere Verbindung von Geschossen derselben Wohnung sind innenliegende Treppen ohne eigenen Treppenraum zulässig, wenn in jedem Geschoß ein anderer Rettungsweg erreicht werden kann.

(2) Von jeder Stelle eines Aufenthaltsraumes sowie eines Kellergeschosses muß der Treppenraum mindestens einer notwendigen Treppe oder ein Ausgang ins Freie in höchstens 35 m Entfernung erreichbar sein. Sind mehrere Treppen erforderlich, so sind sie so zu verteilen, daß die Rettungswege möglichst kurz sind.

(3) Jeder Treppenraum nach Absatz 1 muß auf möglichst kurzem Wege einen sicheren Ausgang ins Freie haben. Der Ausgang muß mindestens so breit sein wie die zugehörigen Treppen und darf nicht eingeengt werden. Verkleidungen, Dämmstoffe und Einbauten aus brennbaren Baustoffen sind in Treppenräumen und ihren Ausgängen ins Freie unzulässig.

(4) In Geschossen mit mehr als vier Wohnungen oder Nutzungseinheiten vergleichbarer Größe müssen allgemein zugängliche Flure angeordnet sein, die vom Treppenraum rauchdicht abgeschlossen sind.

(5) Übereinanderliegende Kellergeschosse müssen mindestens zwei getrennte Ausgänge haben. Von je zwei Ausgängen jedes Kellergeschosses muß mindestens einer unmittelbar oder durch einen eigenen, an einer Außenwand liegenden Treppenraum ins Freie führen. Auf eigene Treppenräume für jedes Kellergeschoß kann verzichtet werden, wenn wegen des Brandschutzes Bedenken nicht bestehen.

(6) Die Wände von Treppenräumen notwendiger Treppen und ihrer Ausgänge ins Freie müssen in der Bauart von Brandwänden (§ 28 Abs. 3) hergestellt sein; bei Gebäuden geringer Höhe müssen sie feuerbeständig sein. Dies gilt nicht, soweit die Wände der Treppenräume Außenwände sind, aus nichtbrennbaren Baustoffen bestehen und durch andere Wandöffnungen im Brandfall nicht gefährdet werden können. Verkleidungen in Treppenräumen notwendiger Treppen müssen aus nichtbrennbaren Baustoffen bestehen.

(7) Der obere Abschluß des Treppenraumes muß feuerbeständig, bei Gebäuden geringer Höhe mindestens feuerhemmend sein. Dies gilt nicht für obere Abschlüsse gegenüber dem Freien.

(8) Öffnungen zwischen Treppenräumen und Kellergeschossen, nicht ausgebauten Dachräumen, Werkstätten, Läden, Lagerräumen und ähnlichen Räumen müssen mit mindestens feuerhemmenden, selbstschließenden Abschlüssen versehen sein. Öffnungen zwischen Treppenräumen und allgemein zugänglichen Fluren müssen mit rauchdichten Abschlüssen versehen sein. Alle anderen Öffnungen, die nicht ins Freie führen, müssen, außer in Gebäuden geringer Höhe, dichtschließende Türen erhalten.

(9) Treppenräume müssen zu lüften und zu beleuchten sein. Treppenräume, die an einer Außenwand liegen, müssen in jedem Geschoß Fenster von mindestens 60 cm × 90 cm erhalten, die geöffnet werden können. Innenliegende Treppenräume müssen in Gebäuden mit mehr als fünf oberirdischen Geschossen eine von der allgemeinen Beleuchtung unabhängige Beleuchtung haben.

(10) In Gebäuden mit mehr als fünf oberirdischen Geschossen und bei innenliegenden Treppenräumen ist an der obersten Stelle des Treppenraumes eine Rauchabzugsvorrichtung mit einer Größe von mindestens 5 v. H. der Grundfläche, mindestens jedoch von 1 m² anzubringen, die vom Erdgeschoß und vom obersten Treppenabsatz zu öffnen sein muß. Es kann verlangt werden, daß die Rauchabzugsvorrichtung auch von anderen Stellen aus bedient werden kann. Ausnahmen können gestattet werden, wenn der Rauch auf andere Weise abgeführt werden kann.

(11) Auf Wohngebäude mit nicht mehr als zwei Wohnungen sind die Absätze 1 bis 10 nicht anzuwenden.

DIN 18064 Treppen; Begriffe (Nov 1979)

Diese Norm definiert die im Bauwesen üblichen und gebräuchlichen Begriffe für Treppen.

Sofern die Eindeutigkeit des Begriffs im gewählten Anwendungsbereich erhalten bleibt, kann das Vorwort „Treppen" entfallen.

Grundbegriffe

Treppe. Bauteil aus mindestens einem Treppenlauf.
Geschoßtreppe. Treppe von einem Geschoß zum nächsten Geschoß
- zwischen zwei Vollgeschossen,
- zwischen Keller- und Erdgeschoß (Kellertreppe),
- zwischen oberstem Vollgeschoß und Dachboden (Bodentreppe).

Ausgleichstreppe. In der Regel Treppe zwischen Eingangsebene und erstem Vollgeschoß (Erdgeschoß) sowie Treppe zum Ausgleich von Höhenunterschieden innerhalb eines Geschosses.
Notwendige Treppe. Treppe, die auch nach den behördlichen Vorschriften (z. B. Bauordnungen der Länder) vorhanden sein muß.
Nicht notwendige Treppe. Zusätzliche Treppe, die gegebenenfalls auch der Hauptnutzung dient.
Treppenlauf. Ununterbrochene Folge von mindestens drei Treppenstufen (drei Steigungen) zwischen zwei Ebenen.
Lauflinie. Gedachte Linie, die den üblichen Weg der Benutzer einer Treppe angibt. Ihre zeichnerische Darstellung im Grundriß (s. DIN 1356) gibt die Laufrichtung der Treppe an; der Punkt kennzeichnet die Vorderkante der Antrittstufe, der Pfeil die Vorderkante der Austrittstufe; die Pfeile in den Beispielen geben an, in welcher Richtung die Treppe ansteigt.
Die Lauflinie liegt im Gehbereich.
Treppenpodest. Treppenabsatz am Anfang oder Ende eines Treppenlaufes, meist Teil der Geschoßdecke.
Zwischenpodest. Treppenabsatz zwischen zwei Treppenläufen, Anordnung zwischen den Geschoßdecken.
Treppenstufe. Bauteil einer Treppe, das zur Überwindung von Höhenunterschieden in der Regel mit einem Schritt begangen werden kann.
Trittstufe. Waagerechtes Stufenteil (s. Bild **3**.100).
Trittfläche. Betretbare waagerechte Oberfläche einer Stufe (s. Bild **3**.100).
Setzstufe. Lotrechtes oder annähernd lotrechtes Stufenteil (s. Bild **3**.100); wird auch als Stoßstufe, Futterstufe, im Holzbau als Futterbrett bezeichnet.

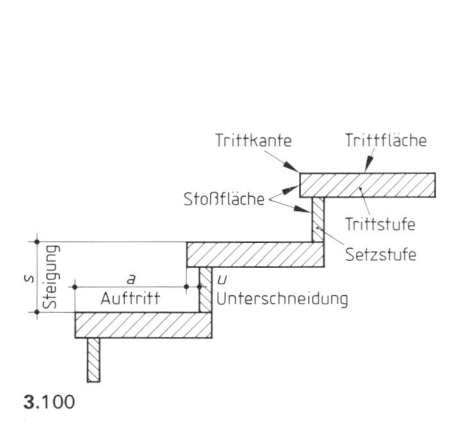

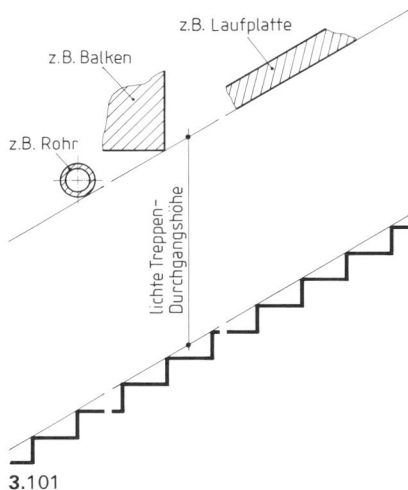

3.100   **3**.101

Treppenauge. Von Treppenläufen und Treppenpodesten umschlossener freier Raum.
Treppenraum. Für die Treppe vorgesehener Raum; auch Treppenhaus.
Treppenöffnung. Aussparung in Geschoßdecken für Treppen; auch Treppenloch.
Geländer. In der Regel lotrechte Umwehrung als Schutzeinrichtung gegen Abstürzen an Treppenläufen und Treppenpodesten; auch Treppenbrüstung.
Treppenhandlauf. Griffgerechtes Bauteil als Gehhilfe für Personen, angebracht am Geländer und/oder an der Wand bzw. Spindel.
Treppenwange. Bauteil, das die Stufen trägt und den Lauf seitlich begrenzt.
Treppenholm. Bauteil, das die Stufen trägt oder unterstützt; auch Treppenbalken.
Treppenspindel. Kern in der Mitte einer Spindeltreppe.

Maßbegriffe

Treppensteigung. Lotrechtes Maß s von der Trittfläche einer Stufe zur Trittfläche der folgenden Stufe (s. Bild **3**.100).
Treppenauftritt. Waagerechtes Maß a von der Vorderkante einer Treppenstufe bis zur Vorderkante der folgenden Treppenstufe in der Laufrichtung gemessen (s. Bild **3**.100).
Steigungsverhältnis. Verhältnis von Steigung zu Auftritt s/a; dieser Quotient ist ein Maß für die Neigung einer Treppe.
Es wird das Verhältnis der Maße zueinander angegeben; z. B. 17,2/28 in cm.
Unterschneidung. Waagerechtes Maß u, um das die Vorderkante einer Stufe über die Breite der Trittfläche der darunterliegenden Stufe vorspringt (Differenz zwischen Breite der Trittfläche und Auftritt, s. Bild **3**.100).
Lichte Treppendurchgangshöhe. Lotrechtes Fertigmaß (gemessen in gebrauchsfertigem Zustand der Treppe) über den Vorderkanten der Stufen und über den Podesten bis zu den Unterkanten darüberliegender Bauteile (s. Bild **3**.101).
Lichter Stufenabstand. Bei Plattenstufen lotrechtes Fertigmaß zwischen Trittfläche und Unterfläche der darüberliegenden Stufe.
Wandabstand. Lichtes Fertigmaß zwischen Treppenlauf oder Podest und Wandoberfläche bzw. angrenzenden Bauteilen, z. B. Umwehrungen.
Treppenlauflänge. Maß von Vorderkante Antrittstufe bis Vorderkante Austrittstufe, im Grundriß an der Lauflinie gemessen.
Treppenlaufbreite. Grundrißmaß der Konstruktionsbreite. Bei seitlich eingebundenen Läufen rechnen die Oberflächen der Rohbauwände (begrenzende Konstruktionsteile) als Begrenzung.
Nutzbare Treppenlaufbreite. Lichtes Fertigmaß (gemessen in gebrauchsfertigem Zustand der Treppe in Handlaufhöhe) zwischen Wandoberfläche (Oberfläche Putz, Bekleidung, auch Spindel) und Innenkante Handlauf bzw. zwischen beiderseitigen Handläufen.
Nutzbare Podesttiefe. Lichtes Fertigmaß, im Grundriß zwischen Stufenvorderkante und begrenzenden Bauteilen gemessen (s. Bilder **3**.104 bis **3**.108).
Geländerhöhe. Lotrechtes Fertigmaß von Vorderkante Trittstufe bzw. Oberfläche Podest bis Oberkante Handlauf oder Brüstung.
Stufenlänge l. Länge des kleinstumschriebenen Rechteckes, das der Stufenvorderkante (bezogen auf die Einbaulage) anliegt (s. Bild **3**.102).
Stufenbreite b. Breite des kleinstumschriebenen Rechteckes, das der Stufenvorderkante (bezogen auf die Einbaulage) anliegt (s. Bild **3**.102).
Stufenhöhe h. Größte Höhe der einzelnen Stufen in der Aufrißprojektion (bezogen auf die Einbaulage).
Stufendicke d. Größte Höhe (Dicke) bei Plattenstufen; bei winkelförmigen Stufen größte Dicke der Trittstufe.

3.102 Stufenlänge, Stufenbreite

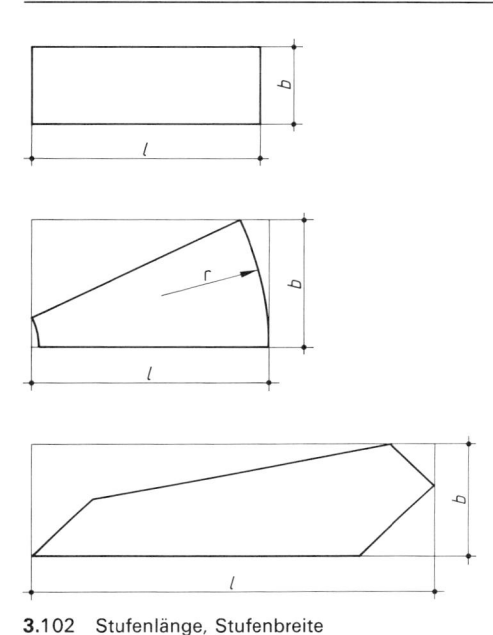

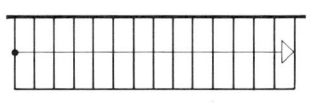

3.103 Einläufige gerade Treppe

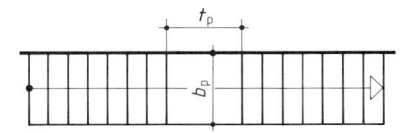

3.104 Zweiläufige gerade Treppe mit Zwischenpodest

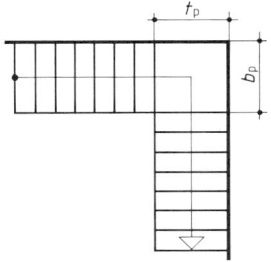

t_p = Podesttiefe,
b_p = Podestbreite

3.105 Zweiläufige gewinkelte Treppe mit Zwischenpodest (als Rechtstreppe dargestellt)

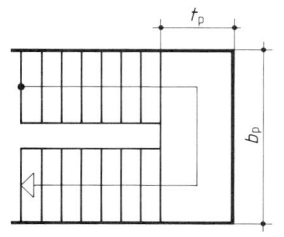

3.106 Zweiläufige gegenläufige Treppe mit Zwischenpodest (als Rechtstreppe dargestellt)

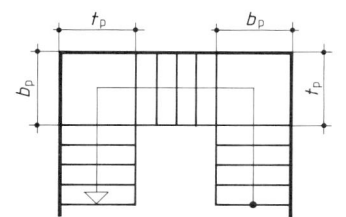

3.107 Dreiläufige zweimal abgewinkelte Treppe mit Zwischenpodesten (als Linkstreppe dargestellt)

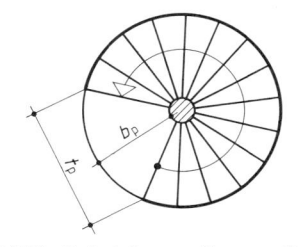

3.108 Spindeltreppe. Treppe mit Treppenspindel (dargestellt als einläufige Linkstreppe)

DIN 18065 Gebäudetreppen; Hauptmaße (Jul 1984)

Diese Norm gilt für Treppen in und an Gebäuden, soweit für diese keine Sondervorschriften bestehen[1].

[1] Solche Sondervorschriften können z. B. sein:
Arbeitsstättenverordnung (bundeseinheitliches Arbeitsstättenrecht) sowie die sogenannten Sonderbauverordnungen und Richtlinien (nach Landesrecht unterschiedlich) für
– Versammlungsstätten (Versammlungsstättenverordnung)
– Geschäftshäuser (Geschäftshausverordnung)
– Krankenhäuser (Krankenhausbauverordnung)
– Gaststätten (Gaststättenbauverordnung)
– Garagen (Garagenverordnung)
– Schulbauten (Schulbaurichtlinien)
– Hochhäuser (Hochhausrichtlinien)

Anforderungen

Treppenlaufbreite, Steigung, Auftritt. In Tab. **3.**109 sind maßliche Anforderungen an Treppen festgelegt. Die Nennmaße (Sollmaße) für Treppen sind unter Berücksichtigung der angegebenen Toleranzen zu planen.
Die nutzbare Podesttiefe muß mindestens der nutzbaren Treppenlaufbreite nach Tab. **3.**109, Spalte 4, entsprechen.
Nach höchstens 18 Stufen soll ein Zwischenpodest angeordnet werden.
Die lichte Treppendurchgangshöhe muß mindestens 200 cm betragen (s. Bild **3.**110).
Bei Treppen nach Tab. **3.**109, Zeilen 1 bis 4, darf die lichte Treppendurchgangshöhe auf einem einseitigen oder beiderseitigen Randstreifen der Treppe von höchstens 25 cm Breite entsprechend Bild **3.**110 eingeschränkt sein. Dies gilt auch für Treppen zu einem Dachraum ohne Aufenthaltsräume in sonstigen Gebäuden (s. Tab. **3.**109, Zeilen 5 und 6).
Steiltreppen. Bei Wohngebäuden mit nicht mehr als zwei Wohnungen dürfen anstelle von einschiebbaren Treppen oder Leitern als Zugang zu einem Dachraum ohne Aufenthaltsräume auch Steiltreppen mit versetzten Auftritten mit einer nutzbaren Treppenlaufbreite von mindestens 50 cm und höchstens 70 cm verwendet werden. Es wird empfohlen, beidseitig Handläufe anzuordnen.
Wandabstand. Der Abstand darf auf der Wandseite der Treppenläufe und Treppenpodeste sowie auf der Seite der Umwehrung nicht mehr als 6 cm betragen (s. Bild **3.**110).
Unterschneidung. Treppen ohne Setzstufen („offene Treppen") sowie Treppen mit Auftritten ≤26 cm – gemessen in der Lauflinie – sind um mindestens 3 cm zu unterschneiden.
Wendelstufen. In Wohngebäuden mit nicht mehr als zwei Wohnungen und innerhalb von Wohnungen müssen Wendelstufen an der schmalsten Stelle einen Mindestauftritt von 10 cm im Abstand von 15 cm von der inneren Begrenzung der nutzbaren Treppenlaufbreite haben; dies gilt nicht für Spindeltreppen.

Tabelle **3.**109 Maßliche Anforderungen

	1	2	3	4	5	6
	Gebäudeart		Treppenart	Nutzbare Treppen- laufbreite mindestens	Steigung $s^{2)}$	Auftritt $a^{3)}$
1	Wohnge- bäude mit nicht mehr als zwei Wohnun- gen$^{1)}$	Baurecht- lich not- wendige Treppen	Treppen, die zu Aufenthalts- räumen führen	80	17 ± 3	28^{+9}_{-5}
2			Kellertreppen und Bodentrep- pen, die nicht zu Aufenthalts- räumen führen	80	≤ 21	≥ 21
3		Baurechtlich nicht notwendige (zusätzliche) Treppen		50	≤ 21	≥ 21
4	Baurechtlich nicht notwendige (zusätzliche) Treppen inner- halb geschlossener Wohnungen			50	keine Festlegungen	
5	Sonstige Gebäude	Baurechtlich notwendige Treppen		100	17^{+2}_{-3}	28^{+9}_{-2}
6		Baurechtlich nicht notwendige (zusätzliche) Treppen		50	≤ 21	≥ 21

[1] schließt auch Maisonetten-Wohnungen in Gebäuden mit mehr als zwei Wohnungen ein.
[2] aber nicht <14 cm ⎫
[3] aber nicht >37 cm ⎬ Festlegung des Steigungsverhältnisses s/a.

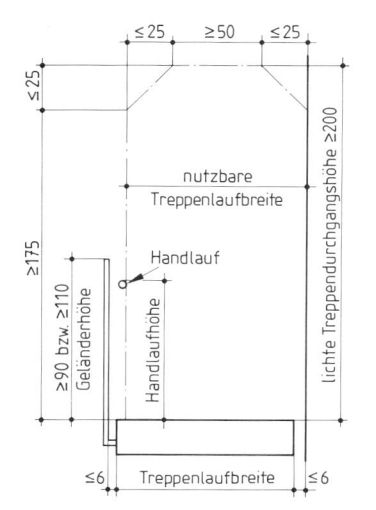

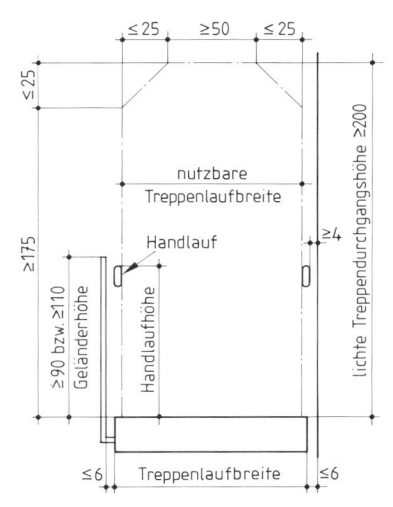

3.110 Treppen-Lichtraumprofil, Maße, Benennungen

In sonstigen Gebäuden müssen Wendelstufen an der inneren Begrenzung der nutzbaren Treppenlaufbreite einen Auftritt von mindestens 10 cm haben.

G e l ä n d e r müssen mindestens 90 cm, bei Absturzhöhen von mehr als 12 m jedoch mindestens 110 cm hoch sein, gemessen über Stufenvorderkante (bzw. Oberfläche Podest); dies gilt nicht für Treppenaugen ≤20 cm.

In Gebäuden, in denen mit der Anwesenheit von Kindern zu rechnen ist, sind Geländer so zu gestalten, daß ein Überklettern des Geländers („Leitereffekt") durch Kleinkinder erschwert wird.

Dabei darf der Abstand von Geländerteilen in einer Richtung nicht mehr als 12 cm betragen. Dies gilt nicht für Wohngebäude mit nicht mehr als zwei Wohnungen (s. Tab. **3.**109, Zeilen 1 bis 4).

H a n d l ä u f e sind in der Höhe so anzubringen, daß sie bequem genutzt werden können. Sie sollen dabei nicht tiefer als 75 cm und dürfen nicht höher als 110 cm angebracht sein, gemessen lotrecht über Stufenvorderkante bis Oberkante Handlauf.

Der lichte Abstand des Handlaufes von benachbarten Bauteilen (z. B. Oberfläche der fertigen Wand) muß mindestens 4 cm betragen (s. Bild **3.**110).

Steigungsverhältnis

Das Steigungsverhältnis einer Treppe, ausgedrückt durch die Maße für Steigung und Auftritt s/a, angegeben jeweils in cm, soll sich in der Lauflinie nicht ändern.
Das Steigungsverhältnis kann mit Hilfe der Schrittmaßregel

$2s + a$ = 59 bis 65 cm

geplant werden.

Dabei bedeuten:
s	Steigung
a	Auftritt
59 bis 65 cm	mittlere Schrittmaßlänge des Menschen.

Toleranzen

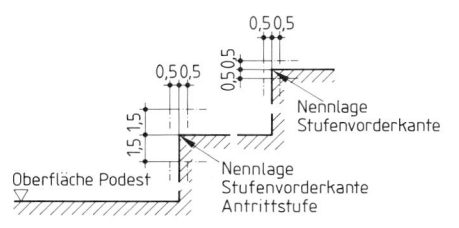

3.111 Toleranzen der Lagen der Stufenvorderkanten

Das Istmaß von Steigung *s* und Auftritt *a* innerhalb eines (fertigen) Treppenlaufes darf gegenüber dem Nennmaß (Sollmaß) um nicht mehr als 0,5 cm abweichen (s. Bild **3.111**).

Von Stufe zur jeweils benachbarten Stufe darf die Abweichung der Istmaße untereinander dabei jedoch nicht mehr als 0,5 cm betragen.

Für vorgefertigte Treppenläufe in Wohngebäuden mit nicht mehr als zwei Wohnungen darf das Istmaß der Steigung der Antrittstufe höchstens 1,5 cm vom Nennmaß (Sollmaß) abweichen (s. Bild **3.111**).

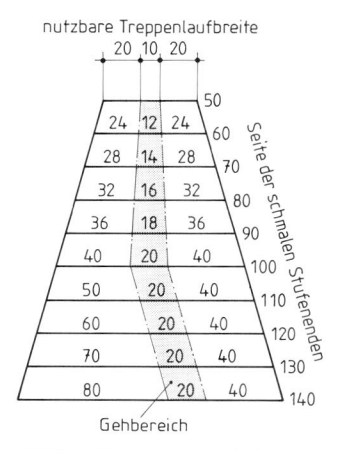

3.112 Diagramm des Gehbereiches für gewendelte Treppen sowie für Treppen, die sich aus geraden und gewendelten Laufteilen zusammensetzen

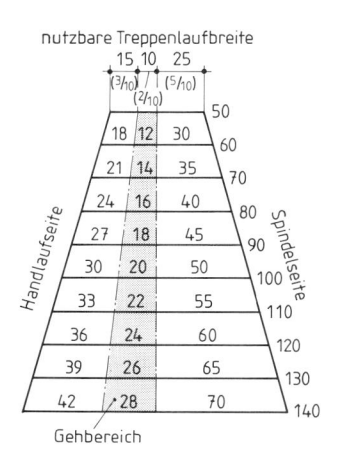

3.113 Diagramm des Gehbereiches für Spindeltreppen

Gehbereich, Lauflinie bei gewendelten Läufen

Bei nutzbaren Treppenlaufbreiten bis 100 cm (s. Bilder **3.114** bis **3.116**) hat der Gehbereich eine Breite von ²⁄₁₀ der nutzbaren Treppenlaufbreite und liegt im Mittelbereich der Treppen. Krümmungsradien der Begrenzungslinien des Gehbereiches müssen mindestens 30 cm betragen.

Bei nutzbaren Treppenlaufbreiten über 100 cm – außer bei Spindeltreppen – beträgt die Breite des Gehbereiches 20 cm. Der Abstand des Gehbereiches von der inneren Begrenzung der nutzbaren Treppenlaufbreite beträgt 40 cm.

Bei Spindeltreppen beträgt der Gehbereich ²⁄₁₀ der nutzbaren Treppenlaufbreite. Die innere Begrenzung des Gehbereiches liegt in der Mitte der Treppenlaufbreite.

Der Auftritt ist in der Lauflinie zu messen. Im Krümmungsbereich der Lauflinie ist der Auftritt gleich der Sehne, die sich durch die Schnittpunkte der gekrümmten Lauflinie mit den Stufenvorderkanten ergibt.

3.114 Gehbereich bei gewendeltem Lauf

3.115 Gehbereich bei gewendeltem Lauf

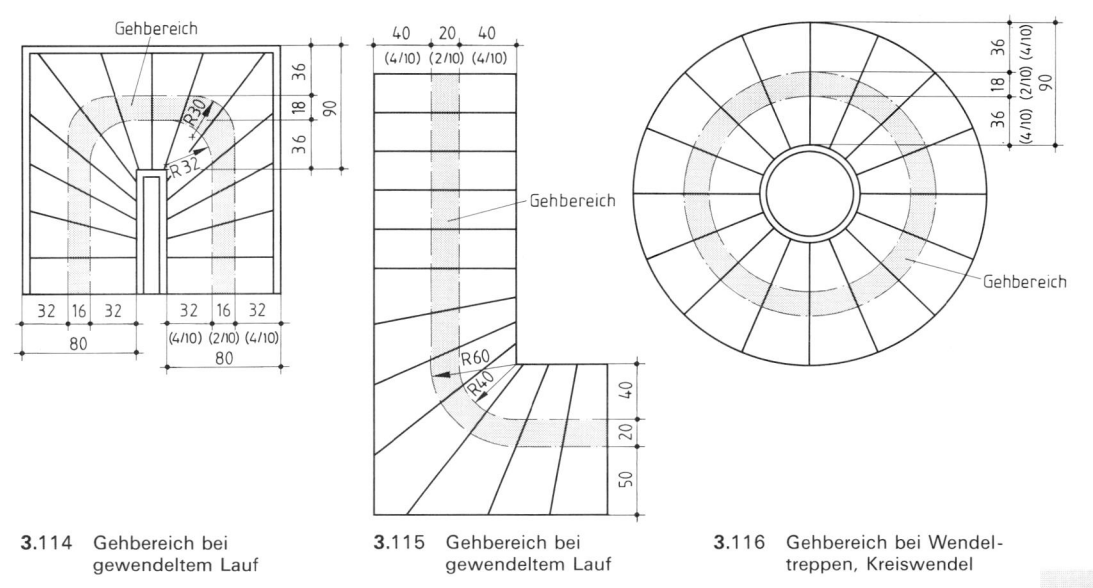

3.116 Gehbereich bei Wendeltreppen, Kreiswendel

Die Lauflinie kann vom Treppenplaner bei Treppen mit gewendelten Läufen frei innerhalb des Gehbereiches gewählt werden. Sie ist stetig und hat keine Knickpunkte. Ihre Richtung entspricht der Laufrichtung der Treppe.
Krümmungsradien der Lauflinie müssen mindestens 30 cm betragen.

DIN 18069 Tragbolzentreppen für Wohngebäude; Bemessung und Ausführung (Nov 1985)

Diese Norm gilt für die Bemessung, Herstellung und Überwachung sowie für den Einbau von Tragbolzentreppen mit geraden und gewendelten Läufen oder Laufteilen für eine zulässige Verkehrslast von 3,5 kN/m² zur Verwendung als außen- und innenliegende Treppen von Wohngebäuden.

Die Trittstufen von Tragbolzentreppen müssen aus Baustoffen und Bauteilen bestehen, die entweder nach technischen Baubestimmungen bemessen und hergestellt werden (z. B. Stahlbeton nach DIN 1045) oder die für die Verwendung für Tragbolzentreppen allgemein bauaufsichtlich zugelassen sind.

Für die Hauptmaße (z. B. das Steigungsverhältnis der Treppe, die nutzbare Treppenlaufbreite, die lichte Treppendurchgangshöhe) und für die Anforderungen an das Brandverhalten und den Schallschutz gelten die bauaufsichtlichen Vorschriften. Außerdem sind DIN 18064 und DIN 18065 zu beachten.

Begriffe

Tragbolzentreppen sind Fertigteiltreppen, bei denen Trittstufen durch Tragbolzen miteinander verbunden werden. Bei Tragbolzentreppen im Sinne dieser Norm muß jede Trittstufe direkt oder mittels Anker mit der Wand verbunden sein.

Tragbolzen im Sinne dieser Norm sind metallische Verbindungsmittel, die die Trittstufen miteinander zug- und druckfest verbinden bzw. den Anschluß zu den Auflagern bilden.

DIN 18069 hat folgenden weiteren Inhalt (s. Norm):

– Bautechnische Unterlagen
– Bauliche Durchbildung
– Standsicherheitsnachweis
– Herstellung und Einbau der Trittstufen
– Überwachung.

4 Bauphysikalische Grundlagen

Bauwerke und ihre Nutzer sind vielfältigen physikalischen Einflüssen ausgesetzt, deren Kenntnis bei der Planung, Ausführung und Nutzung von Bauwerken unerläßlich ist.

Ignorieren bauphysikalischer Grundlagen, z. B. zum Schallschutz, Wärmeschutz oder Feuchteschutz, führt oftmals zu verheerenden Fehlern und damit zu Bauschäden, die später entweder gar nicht oder nur mit einem unverhältnismäßig hohen Aufwand zu beseitigen sind (s. auch Abschn. 5).

Mit den Ausführungen in den nachfolgenden Abschnitten und den darin angesprochenen Normen werden nicht nur die bauphysikalischen Kennwerte und Berechnungsmethoden aufgezeigt, sondern es werden darüber hinaus zahlreiche Hinweise für eine einwandfreie Planung und Ausführung gegeben.

Eine Übersicht über die Bereiche der Bauphysik gibt Bild **4.1**.

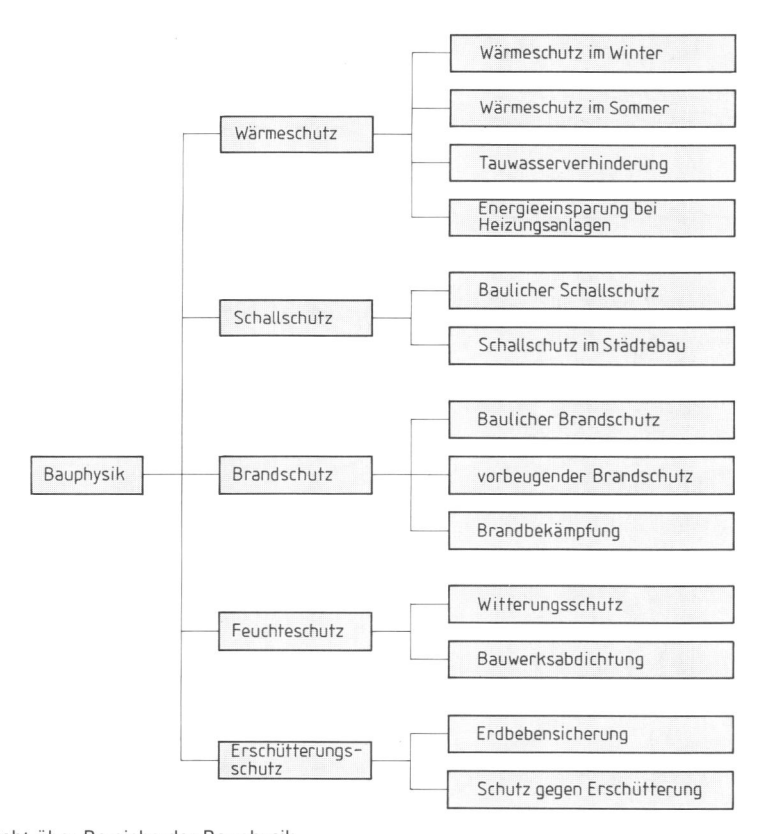

```
                                   ┌── Wärmeschutz im Winter
                                   │
                   ┌── Wärmeschutz ─┼── Wärmeschutz im Sommer
                   │                │
                   │                ├── Tauwasserverhinderung
                   │                │
                   │                └── Energieeinsparung bei
                   │                    Heizungsanlagen
                   │
                   │                ┌── Baulicher Schallschutz
                   ├── Schallschutz ┤
                   │                └── Schallschutz im Städtebau
                   │
                   │                ┌── Baulicher Brandschutz
  Bauphysik ───────┼── Brandschutz ─┼── vorbeugender Brandschutz
                   │                └── Brandbekämpfung
                   │
                   │                ┌── Witterungsschutz
                   ├── Feuchteschutz┤
                   │                └── Bauwerksabdichtung
                   │
                   │  Erschütterungs-┌── Erdbebensicherung
                   └── schutz ──────┤
                                    └── Schutz gegen Erschütterung
```

4.1 Übersicht über Bereiche der Bauphysik

Während für den Schall-, Wärme- und Brandschutz bauaufsichtliche Anforderungen bestehen, sind in bezug auf den Feuchteschutz (mit Ausnahme des klimabedingten Feuchteschutzes) keine derartigen Festlegungen im bauaufsichtlichen Sinne getroffen worden. Die Normen zur Bauwerksabdichtung sind in den einzelnen Bundesländern – von wenigen Ausnahmen abgesehen – bauaufsichtlich nicht eingeführt. Hier kann sich in absehbarer Zeit ein Wandel vollziehen.

Zum Wärme-, Schall-, Brand- und Erschütterungsschutz sowie zu sicherheitstechnischen Aspekten führt die MBO vom 10. Dez 1993 im zweiten Abschnitt „Allgemeine Anforderungen an die Bauausführung" in den §§ 14 bis 19 aus:

§ 14 (MBO) Baustelle

(1) Baustellen sind so einzurichten, daß bauliche Anlagen ordnungsgemäß errichtet, geändert oder abgebrochen werden können und Gefahren oder vermeidbare Belästigungen nicht entstehen.

(2) Bei Bauarbeiten, durch die unbeteiligte Personen gefährdet werden können, ist die Gefahrenzone abzugrenzen oder durch Warnzeichen zu kennzeichnen. Soweit erforderlich, sind Baustellen mit einem Bauzaun abzugrenzen, mit Schutzvorrichtungen gegen herabfallende Gegenstände zu versehen und zu beleuchten.

(3) Bei der Ausführung genehmigungsbedürftiger Bauvorhaben hat der Bauherr an der Baustelle ein Schild, das die Bezeichnung des Bauvorhabens und die Namen und Anschriften des Entwurfsverfassers, des Bauleiters und der Unternehmer für den Rohbau enthalten muß, dauerhaft und von der öffentlichen Verkehrsfläche aus sichtbar anzubringen.

(4) Bäume, Hecken und sonstige Bepflanzungen, die aufgrund anderer Rechtsvorschriften zu erhalten sind, müssen während der Bauausführung geschützt werden.

§ 15 (MBO) Standsicherheit

(1) Jede bauliche Anlage muß im Ganzen und in ihren einzelnen Teilen für sich allein standsicher sein. Die Standsicherheit anderer baulicher Anlagen und die Tragfähigkeit des Baugrundes des Nachbargrundstücks dürfen nicht gefährdet werden.

(2) Die Verwendung gemeinsamer Bauteile für mehrere bauliche Anlagen ist zulässig, wenn öffentlich-rechtlich gesichert ist, daß die gemeinsamen Bauteile beim Abbruch einer der baulichen Anlagen bestehen bleiben können.

§ 16 (MBO) Schutz gegen schädliche Einflüsse

Bauliche Anlagen sowie andere Anlagen und Einrichtungen im Sinne von § 1 Abs. 1 Satz 2 müssen so angeordnet, beschaffen und gebrauchstauglich sein, daß durch Wasser, Feuchtigkeit, pflanzliche und tierische Schädlinge sowie andere chemische, physikalische oder biologische Einflüsse Gefahren oder unzumutbare Belästigungen nicht entstehen. Baugrundstücke müssen für bauliche Anlagen entsprechend geeignet sein.

§ 17 (MBO) Brandschutz

(1) Bauliche Anlagen müssen so beschaffen sein, daß der Entstehung eines Brandes und der Ausbreitung von Feuer und Rauch vorgebeugt wird und bei einem Brand die Rettung von Menschen und Tieren sowie wirksame Löscharbeiten möglich sind.

(2) Leichtentflammbare Baustoffe dürfen nicht verwendet werden; dies gilt nicht für Baustoffe, wenn sie in Verbindung mit anderen Baustoffen nicht leichtentflammbar sind.

(3) Feuerbeständige Bauteile müssen in den wesentlichen Teilen aus nichtbrennbaren Baustoffen bestehen: dies gilt nicht für feuerbeständige Abschlüsse von Öffnungen.

(4) Jede Nutzungseinheit mit Aufenthaltsräumen muß in jedem Geschoß über mindestens zwei voneinander unabhängige Rettungswege erreichbar sein. Der erste Rettungsweg muß in Nutzungseinheiten, die nicht zu ebener Erde liegen, über mindestens eine notwendige Treppe führen; der zweite Rettungsweg kann eine mit Rettungsgeräten der Feuerwehr erreichbare Stelle oder eine weitere notwendige Treppe sein. Ein zweiter Rettungsweg ist nicht erforderlich, wenn die Rettung über einen Treppenraum möglich ist, in den Feuer und Rauch nicht eindringen können (Sicherheitstreppenraum). Gebäude, deren zweiter Rettungsweg über Rettungsgeräte der Feuerwehr führt und bei denen die Oberkante der Brüstungen notwendiger Fenster oder sonstiger zum Anleitern bestimmter Stellen mehr als 8 m über der festgelegten Geländeoberfläche liegt, dürfen nur errichtet werden, wenn die erforderlichen Rettungsgeräte der Feuerwehr vorgehalten werden.

(5) Bauliche Anlagen, bei denen nach Lage, Bauart oder Nutzung Blitzschlag leicht eintreten oder zu schweren Folgen führen kann, sind mit dauernd wirksamen Blitzschutzanlagen zu versehen.

§ 18 (MBO) Wärmeschutz, Schallschutz und Erschütterungsschutz

(1) Gebäude müssen einen ihrer Nutzung und den klimatischen Verhältnissen entsprechenden Wärmeschutz haben.

(2) Gebäude müssen einen ihrer Nutzung entsprechenden Schallschutz haben. Geräusche, die von ortsfesten Einrichtungen in baulichen Anlagen oder auf Baugrundstücken ausgehen, sind so zu dämmen, daß Gefahren oder unzumutbare Belästigungen nicht entstehen.

(3) Erschütterungen oder Schwingungen, die von ortsfesten Einrichtungen in baulichen Anlagen oder auf Baugrundstücken ausgehen, sind so zu dämmen, daß Gefahren oder unzumutbare Belästigungen nicht entstehen.

§ 19 (MBO) Verkehrssicherheit

(1) Bauliche Anlagen und die dem Verkehr dienenden nicht überbauten Flächen von bebauten Grundstücken müssen verkehrssicher sein.

(2) Die Sicherheit und Leichtigkeit des öffentlichen Verkehrs darf durch bauliche Anlagen oder ihre Nutzung nicht gefährdet werden.

Auf europäischer Ebene sind der Schall-, Wärme- und Brandschutz als sogenannte wesentliche Anforderungen in der EG-Bauproduktenrichtlinie, Anhang I, wie folgt verankert:

EG-Bauproduktenrichtlinie: Anhang I

Schallschutz

Das Bauwerk muß derart entworfen und ausgeführt sein, daß der von den Bewohnern oder von in der Nähe befindlichen Personen wahrgenommene Schall auf einem Pegel gehalten wird, der nicht gesundheitsgefährdend ist und bei dem zufriedenstellende Nachtruhe-, Freizeit- und Arbeitsbedingungen sichergestellt sind.

Energieeinsparung und Wärmeschutz

Das Bauwerk und seine Anlagen und Einrichtungen für Heizung, Kühlung und Lüftung müssen derart entworfen und ausgeführt sein, daß unter Berücksichtigung der klimatischen Gegebenheiten des Standortes der Energieverbrauch bei seiner Nutzung gering gehalten und ein ausreichender Wärmekomfort der Bewohner gewährleistet wird.

Brandschutz

Das Bauwerk muß derart entworfen und ausgeführt sein, daß bei einem Brand
- die Tragfähigkeit des Bauwerks während eines bestimmten Zeitraums erhalten bleibt,
- die Entstehung und Ausbreitung von Feuer und Rauch innerhalb des Bauwerks begrenzt wird,
- die Ausbreitung von Feuer auf benachbarte Bauwerke begrenzt wird,
- die Bewohner das Gebäude unverletzt verlassen oder durch andere Maßnahmen gerettet werden können,
- die Sicherheit der Rettungsmannschaften berücksichtigt ist.

Ergänzend dazu sind in den Grundlagendokumenten der EG zu diesen wesentlichen Anforderungen weitere Angaben gemacht.

4.1 Wärmeschutz

4.1.1 Anforderungen und Hinweise für Planung und Ausführung

DIN 4108-2 Wärmeschutz im Hochbau; Wärmedämmung und Wärmespeicherung; Anforderungen und Hinweise für Planung und Ausführung (Aug 1981)

Diese Norm enthält Anforderungen an die Wärmedämmung und Wärmespeicherung sowie wärmeschutztechnische Hinweise für Planung und Ausführung von Aufenthaltsräumen in Hochbauten, die ihrer Bestimmung nach auf normale Innentemperaturen ($\geq 19\,°C$) beheizt werden.
Nebenräume, die zu Aufenthaltsräumen gehören, werden wie Aufenthaltsräume behandelt.
Diese Norm enthält zahlenmäßige Festlegungen der Anforderungen an den Mindestwärmeschutz.

Anmerkung Zahlenmäßige Festlegungen der Anforderungen für den energiesparenden Wärmeschutz sind Gegenstand der „Verordnung über einen energiesparenden Wärmeschutz bei Gebäuden (Wärmeschutzverordnung – WärmeschutzV)".
Die Wärmeschutzverordnung hat einen erweiterten Anwendungsbereich.

Nach dieser Norm umfaßt der Wärmeschutz im Hochbau insbesondere Maßnahmen zur Verringerung der Wärmeübertragung durch die Umfassungsflächen eines Gebäudes und durch die Trennflächen von Räumen unterschiedlicher Temperaturen.
Der Wärmeschutz hat bei Gebäuden Bedeutung für
– die Gesundheit der Bewohner durch ein hygienisches Raumklima,
– den Schutz der Baukonstruktion vor klimabedingten Feuchteinwirkungen und deren Folgeschäden,
– einen geringeren Energieverbrauch bei der Heizung und Kühlung,
– die Herstellungs- und Bewirtschaftungskosten.

Durch Mindestanforderungen an den Wärmeschutz der Bauteile im Winter in Verbindung mit DIN 4108-3 soll ein hygienisches Raumklima sowie ein dauerhafter Schutz der Baukonstruktion vor klimabedingten Feuchteinwirkungen gesichert werden. Hierbei wird vorausgesetzt, daß die Räume entsprechend ihrer Nutzung ausreichend beheizt und belüftet werden.

Durch Anforderungen an die wärmeübertragende Umfassungsfläche der Gebäude (vgl. Wärmeschutzverordnung) soll ein geringer Energieverbrauch bei der Heizung erreicht werden. Hierbei sollte im Einzelfall geprüft werden, ob über diese Anforderungen hinausgehende Maßnahmen wirtschaftlich zweckmäßig sind.

Durch Empfehlungen für den baulichen Wärmeschutz der Bauteile im Sommer soll eine zu hohe Erwärmung der Aufenthaltsräume infolge sommerlicher Wärmeeinwirkung vermieden werden.

Die Bemessung des Mindestwärmeschutzes von z. B. Außenwänden beruht auf dem sogenannten „Tauwasserkriterium". Auf der Innenseite der Außenwand darf sich bei normaler Nutzung niemals auf Dauer Tauwasser bilden (sonst ist z. B. Schimmelbildung möglich). Das Innenraumklima sollte daher nur in Ausnahmefällen einen Grenzwert von 20 °C und 60% relativer Luftfeuchte überschreiten. Dieses Kriterium wird seit alters von 38 cm dicken Ziegelwänden erfüllt. Dies ist das technische Kriterium.

Als wichtige Kennwerte sind der Wärmedurchlaßwiderstand und der Wärmedurchgangskoeffizient definiert:
Der **Wärmedurchlaßwiderstand** $1/\Lambda$ (auch als Wärmeleitwiderstand R_λ bezeichnet) eines Bauteiles dient der Beurteilung der Wärmedämmung. Der **Wärmedurchgangskoeffizient** k dient der Beurteilung des Transmissionswärmeverlustes durch Bauteile, Bauteilkombinationen oder die gesamte Gebäudeumfassungsfläche.

Die Berechnung des Wärmedurchlaßwiderstandes $1/\Lambda$ und des Wärmedurchgangskoeffizienten k erfolgt nach DIN 4108-5.

Für einschichtige sowie – in Richtung des Wärmestroms geschichtete – mehrschichtige Bauteile wird der Wärmedurchlaßwiderstand $1/\Lambda$ aus den Dicken der Baustoffschichten s in m und den Rechenwerten der Wärmeleitfähigkeit λ_R in W/(m · K) berechnet zu:

$$\frac{1}{\Lambda} = \frac{s_1}{\lambda_{R1}} + \frac{s_2}{\lambda_{R2}} + \frac{s_3}{\lambda_{R3}} + \ldots + \frac{s_n}{\lambda_{Rn}} \quad \text{in m}^2 \cdot \text{K/W} \tag{4.1}$$

Der Wärmedurchgangskoeffizient k wird aus dem Wärmedurchlaßwiderstand unter Berücksichtigung der Wärmeübergangswiderstände wie folgt berechnet:

$$k = \frac{1}{\dfrac{1}{\alpha_i} + \dfrac{1}{\Lambda} + \dfrac{1}{\alpha_a}} \quad \text{in W/(m}^2 \cdot \text{K)} \tag{4.2}$$

Die Wärmeübergangswiderstände $1/\alpha_i$ und $1/\alpha_a$ (auch als R_i und R_a bezeichnet) und die Rechenwerte der Wärmeleitfähigkeit λ_R sind DIN 4108-4 zu entnehmen.
Für die Beurteilung des Transmissionswärmeverlustes durch Fenster und Verglasungen wird nur der Wärmedurchgangskoeffizient k_F bzw. k_V nach DIN 4108-4 verwendet (Tab. **4.21**).

4.1.2 Formelzeichen, Einheiten

DIN 4108-1   Wärmeschutz im Hochbau; Größen und Einheiten (Aug 1981)

Diese Norm enthält die in DIN 4108-1 bis DIN 4108-5 zu verwendenden Größen und Einheiten. Die Einheiten gehen auf die SI-Einheiten zurück (DIN 1301-1 und DIN 1301-2, s. Normen). In DIN 4108-2 bis DIN 4108-5 werden verschiedene Größen für eine übersichtlichere Anwendung zusätzlich mit Indizes versehen. Die Bedeutung der Indizes ist dort jeweils erläutert.

Begriffe

Die Wärmeleitfähigkeit λ ist eine Stoffeigenschaft, die angibt, wie groß in einem gegebenen Temperaturfeld der Wärmestrom ist, der die Meßfläche unter der Wirkung des Temperaturgefälles in Richtung der Flächennormale durchströmt (DIN 1341, s. Norm).
Der Wärmedurchlaßwiderstand $1/\Lambda$ einer Stoffschicht der Dicke s ist gleich s/λ.

Tabelle **4.2**   Allgemeine Größen

Bedeutung	Formelzeichen	zu verwendende SI-Einheiten in DIN 4108-1 bis DIN 4108-5
Dicke	s	m
Fläche	A	m²
Volumen	V	m³
Masse	m	kg
Dichte	ϱ	kg/m³
Zeit	t	h, s

Tabelle 4.3 Wärmeschutztechnische Größen

Bedeutung	Formelzeichen	zu verwendende SI-Einheiten in DIN 4108-1 bis DIN 4108-5
Temperatur	ϑ, T	°C, K
Temperaturdifferenz	$\Delta\vartheta, \Delta T$	K
Wärmemenge	Q	W · s[1]
Wärmestrom	$\Phi, \dot{Q}$	W
Transmissionswärmestrom (-verlust)	$\dot{Q}_T$	W
Wärmestromdichte	q	W/m²
Wärmeleitfähigkeit	λ	W/(m · K)
Rechenwert der Wärmeleitfähigkeit	λ_R	W/(m · K)
Wärmedurchlaßkoeffizient	Λ	W/(m² · K)
Wärmedurchlaßwiderstand (Wärmeleitwiderstand)	$1/\Lambda$ (R_λ)	m² · K/W
Wärmeübergangskoeffizient	α	W/(m² · K)
Wärmeübergangswiderstand innen / außen	$1/\alpha_i$ (R_i) / $1/\alpha_a$ (R_a)	m² · K/W
Wärmedurchgangskoeffizient	k	W/(m² · K)
Wärmedurchgangswiderstand	$1/k$ (R_k)	m² · K/W
spezifische Wärmekapazität	c	J/(kg · K)
Fugendurchlaßkoeffizient	α	m³/(h · m · da Pa^(2/3))
Gesamtenergiedurchlaßgrad	g	1[2]
Abminderungsfaktor einer Sonnenschutzvorrichtung	z	1[2]

[1] 1 W · s = 1 J = 1 N · m
[2] 1 steht für das Verhältnis zweier gleicher Einheiten.

Tabelle 4.4 Feuchteschutztechnische Größen

Bedeutung	Formelzeichen	zu verwendende SI-Einheiten in DIN 4108-1 bis DIN 4108-5
Partialdruck des Wasserdampfes (Wasserdampfteildruck)	p	Pa (N/m²)
Sättigungsdruck des Wasserdampfes (Wasserdampfsättigungsdruck)	p_s	Pa (N/m²)
relative Luftfeuchte	φ	1[1]
massebezogener Feuchtegehalt fester Stoffe	u_m	1[1]
volumenbezogener Feuchtegehalt fester Stoffe	u_v	1[1]
Diffusionskoeffizient	D	m²/h
Wasserdampf-Diffusionsstrom	I	kg/h
Wasserdampf-Diffusionsstromdichte	i	kg/(m² · h)
Wasserdampf-Diffusionsdurchlaßkoeffizient	Δ	kg/(m² · h · Pa)
Wasserdampf-Diffusionsdurchlaßwiderstand	$1/\Delta$	m² · h · Pa/kg
Wasserdampf-Diffusionsleitkoeffizient	δ	kg/(m · h · Pa)
Wasserdampf-Diffusionswiderstandszahl	μ	1[1]
(wasserdampf-)diffusionsäquivalente Luftschichtdicke	s_d	m
flächenbezogene Wassermasse	W	kg/m²
Wasseraufnahmekoeffizient	w	kg/(m² · h^(1/2))
Gaskonstante des Wasserdampfes	R_D	J/(kg · K)

[1] 1 steht für das Verhältnis zweier gleicher Einheiten.

4.1.3 Wärmeschutz im Winter

Der Wärmeverbrauch eines Gebäudes kann durch die Wahl seiner Lage (Verminderung des Windangriffs infolge benachbarter Bebauung, Baumpflanzungen, Orientierung der Fenster zur Ausnutzung winterlicher Sonneneinstrahlung) erheblich vermindert werden.

Bei der Gebäudeform und -gliederung ist zu beachten, daß jede Vergrößerung der Außenflächen im Verhältnis zum beheizten Gebäudevolumen den spezifischen Wärmeverbrauch eines Hauses erhöht; daher haben z. B. stark gegliederte Baukörper einen vergleichsweise höheren Wärmeverbrauch als nicht gegliederte. Doppelhäuser und Reihenhäuser weisen je Hauseinheit bei gleicher Größe und Ausführung einen geringeren Wärmeverbrauch als frei stehende Einzelhäuser auf.

Der Energieverbrauch für die Beheizung eines Gebäudes und ein hygienisches Raumklima werden erheblich von der Wärmedämmung der raumumschließenden Bauteile, insbesondere der Außenbauteile, der Dichtheit der äußeren Umfassungsflächen sowie von der Gebäudeform und -gliederung beeinflußt.

Auch die Anordnung der Räume zueinander beeinflußt den Heizwärmeverbrauch. Räume mit etwa gleicher Raumtemperatur sollten möglichst aneinander grenzen oder übereinander liegen. Räume, die über mehrere Geschosse reichen, sind schwer auf eine gleichmäßige Temperatur zu beheizen und können einen erhöhten Wärmeverbrauch verursachen.

Zur Verminderung des Wärmeverbrauchs ist es zweckmäßig, bei Gebäudeeingängen Windfänge vorzusehen. Sie müssen so groß sein, daß die innere Tür geschlossen werden kann, bevor die Außentür geöffnet wird.

Eine Vergrößerung der Fensterflächen kann zu einem Ansteigen des Wärmeverbrauchs führen. Bei nach Süden (Südosten/Südwesten) orientierten Fensterflächen können infolge Sonneneinstrahlung die Wärmeverluste erheblich vermindert oder sogar Wärmegewinne erzielt werden.

Geschlossene, möglichst dichtschließende Fensterläden und Rolläden vermindern den Wärmedurchgang durch Fenster erheblich.

Rohrleitungen für die Wasserversorgung, Wasserentsorgung und Heizung sowie Schornsteine sollten nicht in Außenwänden liegen. Bei Schornsteinen vermindert dies den Heizwärmeverbrauch und die Gefahr einer Versottung. Bei Wasser- und Heizleitungen verringert sich die Gefahr des Einfrierens.

Bei ausgebauten Dachräumen mit Abseitenwänden sollte die Wärmedämmung der Dachschräge u. a. auch zum Schutz der Heiz- und Wasserleitungen bis zum Dachfuß hinabgeführt werden.

Die Mindestanforderungen, die bei Räumen an Einzelbauteile gestellt werden, sind in Tab. 4.5 auf S. 204 angegeben.

Zusätzliche Anforderungen für Außenwände, Decken unter nicht ausgebauten Dachräumen und Dächer mit einer flächenbezogenen Gesamtmasse unter 300 kg/m² (leichte Bauteile) enthält Tab. 4.6 auf S. 205. Diese Anforderungen gelten nicht für den Bereich von Wärmebrücken. Sie gelten bei Holzbauteilen (z. B. Tafelbauart) für den Gefachbereich. Die Anforderungen nach Tab. 4.6 gelten als erfüllt, wenn im Gefachbereich des Bauteils der Wärmedurchlaßwiderstand $\geq 1{,}75$ m² · K/W bzw. der Wärmedurchgangskoeffizient $\geq 0{,}52$ W/(m² · K) (Bauteile mit nicht hinterlüfteter Außenhaut) oder $\geq 0{,}51$ W/(m² · K) (Bauteile mit hinterlüfteter Außenhaut) beträgt.

Erläuterungen zu Tab. 4.5 (s. auch S. 205)

Wände. Der Mindestwärmeschutz muß an jeder Stelle vorhanden sein. Hierzu gehören u. a. auch Nischen unter Fenstern, Fensterbrüstungen von Fensterelementen, Fensterstürze, Rollkästen einschließlich Rollkastendeckel, Wandbereiche auf der Außenseite von Heizkörpern und Rohrkanäle insbesondere für ausnahmsweise in Außenwänden angeordnete wasserführende Leitungen.

Tabelle 4.5 Mindestwerte der Wärmedurchlaßwiderstände $1/\Lambda$ und Maximalwerte der Wärmedurchgangskoeffizienten k von Bauteilen

Spalte		1		2		3	
				2.1	2.2	3.1	3.2
Zeile		Bauteile		Wärmedurchlaßwiderstand $1/\Lambda$		Wärmedurchgangskoeffizient k	
				im Mittel	an der ungünstigsten Stelle	im Mittel	an der ungünstigsten Stelle
				in m² · K/W		in W/(m² · K)	
1	1.1	Außenwände[1])	allgemein	0,55		1,39; 1,32[2])	
	1.2		für kleinflächige Einzelbauteile (z. B. Pfeiler) bei Gebäuden mit einer Höhe des Erdgeschoßfußbodens (1. Nutzgeschoß) ≤500 m über NN	0,47		1,56; 1,47[2])	
2	2.1	Wohnungstrennwände[3]) und Wände zwischen fremden Arbeitsräumen	in nicht zentralbeheizten Gebäuden	0,25		1,96	
	2.2		in zentralbeheizten Gebäuden[4])	0,07		3,03	
3		Treppenraumwände[5])		0,25		1,96	
4	4.1	Wohnungstrenndecken[3]) und Decken zwischen fremden Arbeitsräumen[6,7])	allgemein	0,35		1,64[8]); 1,45[9])	
	4.2		in zentralbeheizten Bürogebäuden[4])	0,17		2,33[8]); 1,96[9])	
5	5.1	Unterer Abschluß nicht unterkellerter Aufenthaltsräume[6])	unmittelbar an das Erdreich grenzend	0,90		0,93	
	5.2		über einen nicht belüfteten Hohlraum an das Erdreich grenzend			0,81	
6		Decken unter nicht ausgebauten Dachräumen[6,10])		0,90	0,45	0,90	1,52
7		Kellerdecken[6,11])		0,90	0,45	0,81	1,27
8	8.1	Decken, die Aufenthaltsräume gegen die Außenluft abgrenzen[6])	nach unten[12])	1,75	1,30	0,51; 0,50[2])	0,66; 0,65[2])
	8.2		nach oben[13,14])	1,10	0,80	0,79	1,03

[1]) Die Zeile 1 gilt auch für Wände, die Aufenthaltsräume gegen Bodenräume, Durchfahrten, offene Hausflure, Garagen (auch beheizte) oder dergleichen abschließen oder an das Erdreich grenzen. Zeile 1 gilt nicht für Abseitenwände, wenn die Dachschräge bis zum Dachfuß gedämmt ist.
[2]) Dieser Wert gilt für Bauteile mit hinterlüfteter Außenhaut.
[3]) Wohnungstrennwände und -trenndecken sind Bauteile, die Wohnungen voneinander oder von fremden Arbeitsräumen trennen.
[4]) Als zentralbeheizt im Sinne dieser Norm gelten Gebäude, deren Räume an eine gemeinsame Heizzentrale angeschlossen sind, von der ihnen die Wärme mittels Wasser, Dampf oder Luft unmittelbar zugeführt wird.

Fortsetzung s. nächste Seite

4.1.3 Wärmeschutz im Winter 205

Fußnoten zu Tab. **4**.5, Fortsetzung

5) Die Zeile 3 gilt auch für Wände, die Aufenthaltsräume von fremden, dauernd unbeheizten Räumen trennen, wie abgeschlossenen Hausfluren, Kellerräumen, Ställen, Lagerräumen usw. Die Anforderung nach Zeile 3 gilt nur für geschlossene, eingebaute Treppenräume; sonst gilt Zeile 1.
6) Bei schwimmenden Estrichen ist für den rechnerischen Nachweis der Wärmedämmung die Dicke der Dämmschicht im belasteten Zustand anzusetzen.
Bei Fußboden- oder Deckenheizungen müssen die Mindestanforderungen an den Wärmedurchlaßwiderstand durch die Deckenkonstruktion unter- bzw. oberhalb der Ebenen der Heizfläche (Unter- bzw. Oberkante Heizrohr) eingehalten werden. Es wird empfohlen, die Wärmedurchlaßwiderstände $1/\Lambda$ über diese Mindestanforderungen hinaus zu erhöhen.
7) Die Zeile 4 gilt auch für Decken unter Räumen zwischen gedämmten Dachschrägen und Abseitenwänden bei ausgebauten Dachräumen.
8) Für Wärmestromverlauf von unten nach oben.
9) Für Wärmestromverlauf von oben nach unten.
10) Die Zeile 6 gilt auch für Decken, die unter einem belüfteten Raum liegen, der nur bekriechbar oder noch niedriger ist, sowie für Decken unter belüfteten Räumen zwischen Dachschrägen und Abseitenwänden bei ausgebauten Dachräumen (bezüglich der erforderlichen Belüftung s. DIN 4108-3).
11) Die Zeile 7 gilt auch für Decken, die Aufenthaltsräume gegen abgeschlossene, unbeheizte Hausflure o. ä. abschließen.
12) Die Zeile 8.1 gilt auch für Decken, die Aufenthaltsräume gegen Garagen (auch beheizte), Durchfahrten (auch verschließbare) und belüftete Kriechkeller abgrenzen.
13) s. auch DIN 18530.
14) Zum Beispiel Dächer und Decken unter Terrassen.

Tabelle 4.6 Mindestwerte der Wärmedurchlaßwiderstände $1/\Lambda$ und Maximalwerte der Wärmedurchgangskoeffizienten k für Außenwände, Decken unter nicht ausgebauten Dachräumen und Dächer mit einer flächenbezogenen Gesamtmasse unter 300 kg/m² (leichte Bauteile)

Flächenbezogene Masse der raumseitigen Bauteilschichten[1],[2] in kg/m²	Wärmedurchlaßwiderstand des Bauteils $1/\Lambda$[1],[2] in m²·K/W	Wärmedurchgangskoeffizient des Bauteils k[1],[2] in W/(m²·K)	
		Bauteile mit nicht hinterlüfteter Außenhaut	Bauteile mit hinterlüfteter Außenhaut
0	1,75	0,52	0,51
20	1,40	0,64	0,62
50	1,10	0,79	0,76
100	0,80	1,03	0,99
150	0,65	1,22	1,16
200	0,60	1,30	1,23
300	0,55	1,39	1,32

1) Als flächenbezogene Masse sind in Rechnung zu stellen:
   – bei Bauteilen mit Dämmschicht die Masse derjenigen Schichten, die zwischen der raumseitigen Bauteiloberfläche und der Dämmschicht angeordnet sind. Als Dämmschicht gilt hier eine Schicht mit $\lambda_R \leq 0{,}1$ W/(m·K) und $1/\Lambda \geq 0{,}25$ m²·K/W (vgl. auch Beispiel A in Bild **4**.7),
   – bei Bauteilen ohne Dämmschicht (z. B. Mauerwerk) die Gesamtmasse des Bauteils.
   Werden die Anforderungen nach Tab. **4**.6 bereits von einer oder mehreren Schichten des Bauteils – und zwar unabhängig von ihrer Lage – (z. B. bei Vernachlässigung der Masse und des Wärmedurchlaßwiderstandes einer Dämmschicht) erfüllt, so braucht kein weiterer Nachweis geführt zu werden.
   Holz und Holzwerkstoffe dürfen näherungsweise mit dem 2fachen Wert ihrer Masse in Rechnung gestellt werden.
2) Zwischenwerte dürfen geradlinig interpoliert werden.

Wenn Heizungs- und Warmwasserrohre in Außenwänden angeordnet werden, ist auf der raumabgewandten Seite der Rohre eine erhöhte Wärmedämmung gegenüber den Werten nach Tab. **4.**5, Zeile 1, in der Regel erforderlich.

Außenschale bei belüfteten Bauteilen. Der Wärmedurchlaßwiderstand der Außenschale und der Luftschicht von belüfteten Bauteilen (Querschnitt der Zu- und Abluftöffnung s. DIN 4108-3) wird bei der Berechnung der vorhandenen Wärmedämmung nicht in Ansatz gebracht.

Wegen der Berücksichtigung der Wärmedämmung der belüfteten Luftschicht von mehrschaligem Mauerwerk nach DIN 1053-1 s. DIN 4108-4. Hierbei darf die Wärmedämmung der Luftschicht und der Außenschale mitgerechnet werden.

Fußböden (zu Tab. **4.**5, Zeilen 4, 5, 7 und 8.1) Ein befriedigender Schutz gegen Wärmeableitung (ausreichende Fußwärme) soll sichergestellt werden.

Berechnung des Wärmedurchlaßwiderstandes bei Bauteilen mit Abdichtungen. Bei der Berechnung des Wärmedurchlaßwiderstandes $1/\Lambda$ werden nur die Schichten innenseits der Bauwerksabdichtung bzw. der Dachhaut berücksichtigt.

Nicht ausgebaute Dachräume. Bei Gebäuden mit nicht ausgebauten Dachräumen, bei denen die oberste Geschoßdecke mindestens einen Wärmeschutz nach Tab. **4.**5, Zeile 6, oder nach Tab. **4.**6 erhält, ist zur Erfüllung der Mindestanforderungen ein Wärmeschutz der Dächer nicht erforderlich.

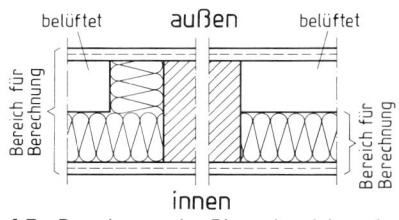

Berechnung des Wärmedurchgangswiderstandes $1/k$ bzw. Wärmedurchlaßwiderstandes $1/\Lambda$ des Rippenbereichs neben belüfteten Gefachbereichen

Bei Querschnitten mit belüfteten Gefachbereichen sind für die Berechnung von $1/k$ bzw. $1/\Lambda$ im Rippenbereich die in Bild **4.**7 in Abhängigkeit von der Anordnung der Dämmschicht eingetragenen Bereiche zu berücksichtigen.

4.7 Berechnung des Rippenbereichs neben belüfteten Gefachbereichen

Beispiel A Flächenbezogene Masse der raumseitigen Bauteilschichten 1 und 2:

$0{,}0125 \cdot 900 + 0{,}01 \cdot 700 \cdot 2 = 25$ kg/m²

Erforderlicher Wärmedurchlaßwiderstand im Gefachbereich (aus Tab. **4.**6 durch Interpolation):

erf $1/\Lambda = 1{,}35$ m² · K/W

Vorhandener Wärmedurchlaßwiderstand im Gefachbereich:

vorh $1/\Lambda = 0{,}0125/0{,}21 + 0{,}01/0{,}13 + 0{,}06/0{,}040 + 0{,}17 + 0{,}013/0{,}13$
   $= 1{,}91$ m² · K/W > erf $1/\Lambda$

Ergebnis   Die Anforderungen der Tab. **4.**6 sind eingehalten.

Beispiel B Es wird zunächst geprüft, ob die Anforderung nach Tab. **4.**6 bereits von der außenliegenden Schicht 1 erfüllt wird:

Flächenbezogene Masse der Schicht 1:

$0{,}25 \cdot 600 = 150$ kg/m²

Erforderlicher Wärmedurchlaßwiderstand für Schicht 1 (aus Tab. **4.**6):

erf $1/\Lambda_1 = 0{,}65$ m² · K/W

Vorhandener Wärmedurchlaßwiderstand der Schicht 1:

vorh $1/\Lambda_1 = 0{,}25/0{,}18 = 1{,}39$ m² · K/W > erf $1/\Lambda_1$

Ergebnis   Die Anforderungen der Tab. **4.**6 werden bereits durch die Schicht 1 allein erfüllt. Ein Nachweis für das gesamte Bauteil braucht also nicht mehr geführt zu werden (vgl. Tab. **4.**6, Fußnote 1).

4.1.3 Wärmeschutz im Winter

Beispiel A Wand in Holztafelbauart
1. Gipskarton-Bauplatte,
   ϱ = 900 kg/m³,
   λ_R = 0,21 W/(m · K)
2. Spanplatte,
   ϱ = 700 kg/m³,
   λ_R = 0,13 W/(m · K)
3. Dampfsperre (wird nicht berücksichtigt)
4. Mineralischer Faserdämmstoff,
   λ_R = 0,040 W/(m · K)
5. Stehende Luft, $1/\Lambda$ = 0,17 m² · K/W
6. Belüfteter Hohlraum
7. Wetterschutz (Bekleidung)

Beispiel B Leichtbeton mit zusätzlicher Innendämmung
1. Leichtbeton
   (s. DIN 4108-4, Tab. **4.**19, Z. 2.4.2.1),
   ϱ = 600 kg/m³,
   λ_R = 0,18 W/(m · K)
2. Raumseitige Dämmschicht

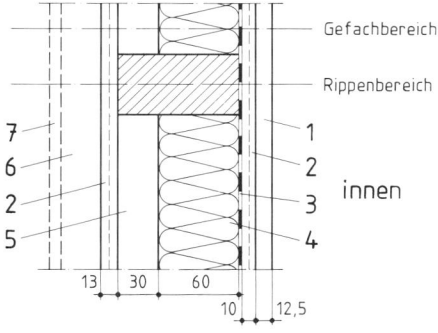

4.8 Wand in Holztafelbauart

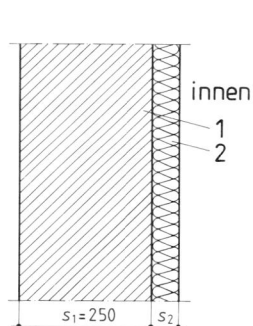

4.9 Wand aus Leichtbeton mit zusätzlicher Innendämmung

Für den Bereich der **Wärmebrücken** sind die Anforderungen der Tab. **4.**5 einzuhalten, wobei teilweise für die „ungünstigste Stelle" geringere Anforderungen angegeben werden.

Begrenzung der Transmissionswärmeverluste

Um Energie zu sparen, kann der Transmissionswärmeverlust Q_T der wärmeübertragenden Umfassungsfläche A eines Gebäudes wie folgt begrenzt werden:

$$Q_T = A \cdot k_m \cdot \Delta\vartheta \qquad (4.3)$$

Hierbei bedeutet $\Delta\vartheta$ die mittlere Temperaturdifferenz zwischen Innen- und Außenluft.
Der Bereich eines erhöhten Wärmeschutzes wird durch die Kurve der maximalen mittleren Wärmedurchgangskoeffizienten $k_{m,max}$ (A/V) nach oben abgegrenzt (Bild **4.**10).

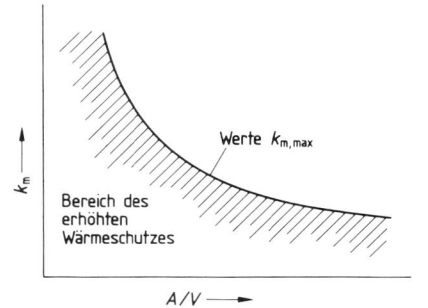

Die Transmissionswärmeverluste sind gemäß Gleichung (4.3) den mittleren Wärmedurchgangskoeffizienten k_m verhältnisgleich. Daher werden für einen energiesparenden Wärmeschutz Anforderungen an die Größe des mittleren Wärmedurchgangskoeffizienten k_m in Abhängigkeit vom Verhältnis der wärmeübertragenden Umfassungsfläche (A) zu dem von dieser Fläche umschlossenen Volumen (V) gestellt.

4.10 Qualitativer Verlauf des maximalen mittleren Wärmedurchgangskoeffizienten $k_{m,max}$ in Abhängigkeit vom Wert Umfassungsfläche/Volumen (A/V) des Bauwerkes (Bereichsgrenze)

Die Begrenzung der Transmissionswärmeverluste kann auch über Anforderungen (z. B. Wärmedurchgangskoeffizienten) an einzelne Bauteile oder Bauteilkombinationen erfolgen.

Bei Fugen in der wärmeübertragenden Umfassungsfläche des Gebäudes, insbesondere auch bei durchgehenden Fugen zwischen Fertigteilen oder zwischen Ausfachungen und dem Tragwerk, ist dafür Sorge zu tragen, daß diese Fugen entsprechend dem Stand der Technik dauerhaft und luftundurchlässig abgedichtet sind (s. auch DIN 18540-1 bis DIN 18540-3 (s. Normen)).

Aus einzelnen Teilen zusammengesetzte Bauteile oder Bauteilschichten (z. B. Holzschalungen) müssen im allgemeinen zusätzlich abgedichtet werden.

Der Eindichtung der Fenster in die Außenwand ist besondere Aufmerksamkeit zu schenken. Die Fugen müssen entsprechend dem Stand der Technik dauerhaft und luftundurchlässig abgedichtet sein.

Fenster, Fenstertüren und Außentüren

Die Lüftungswärmeverluste infolge Fugendurchlässigkeit zwischen Flügeln und Rahmen bei Fenstern, Fenstertüren und Außentüren können durch Anforderungen an den Fugendurchlaßkoeffizienten a nach DIN 18055 begrenzt werden.

Anmerkung Anforderungen an den Fugendurchlaßkoeffizienten a werden in der Wärmeschutzverordnung gestellt.

4.1.4 Wärmeschutz im Sommer

Bei Gebäuden mit Wohnungen oder Einzelbüros und Gebäuden mit vergleichbaren Nutzungen sind im Regelfall raumlufttechnische Anlagen bei ausreichenden baulichen und planerischen Maßnahmen entbehrlich. Nur in besonderen Fällen (z. B. große interne Wärmequellen, große Menschenansammlungen, besondere Nutzungen) können raumlufttechnische Anlagen notwendig sein.

Wärmeschutzmaßnahmen bei der Planung von Gebäuden

Der sommerliche Wärmeschutz ist abhängig von der Energiedurchlässigkeit der transparenten Außenbauteile (Fenster und feste Verglasungen einschließlich des Sonnenschutzes), ihrem Anteil an der Fläche der Außenbauteile, ihrer Orientierung nach der Himmelsrichtung, der Lüftung in den Räumen, der Wärmespeicherfähigkeit insbesondere der innenliegenden Bauteile sowie von den Wärmeleiteigenschaften der nichttransparenten Außenbauteile bei instationären Randbedingungen (tageszeitlicher Temperaturgang und Sonneneinstrahlung).

Große Fensterflächen ohne Sonnenschutzmaßnahmen und zu geringe Anteile insbesondere innenliegender wärmespeichernder Bauteile können eine zu hohe Erwärmung der Räume und Gebäude zur Folge haben. Eine dunkle Farbgebung der Außenbauteile kann zu höheren Temperaturen an der Außenoberfläche als eine helle führen.

Ein wirksamer Sonnenschutz der transparenten Außenbauteile kann durch die bauliche Gestaltung (z. B. auskragende Dächer, Balkone) oder mit Hilfe außen- oder innenliegender Sonnenschutzvorrichtungen (z. B. Fensterläden, Rolläden, Jalousien, Markisen) und Sonnenschutzgläsern erreicht werden. Automatisch bediente Sonnenschutzvorrichtungen können sich besonders günstig auswirken.

In Abhängigkeit von der Sonnenschutzmaßnahme ist aber darauf zu achten, daß die Innenraumbeleuchtung mit Tageslicht nicht unzulässig herabgesetzt wird (DIN 5034-1, s. Norm).

Bei der Orientierung der transparenten Außenbauteile zur Himmelsrichtung ist eine Süd- oder Nord-Orientierung der Gebäudefassaden mit Fenstern günstiger als eine Ost- bzw. West-Lage.

Eckräume mit nach zwei oder mehr Richtungen orientierten Fensterflächen, insbesondere Südost- oder Südwest-Orientierungen, sind im allgemeinen ungünstiger als mit einseitig orientierten Fensterflächen.

4.1.4 Wärmeschutz im Sommer

Energiedurchlässigkeit der transparenten Außenbauteile

Die Energiedurchlässigkeit der transparenten Außenbauteile wird von der Glasart und zusätzlichen Sonnenschutzmaßnahmen bestimmt. Sie wird durch den Gesamtenergiedurchlaßgrad g_F aus Verglasung einschließlich gegebenenfalls vorhandener Sonnenschutzvorrichtungen gekennzeichnet.

Der Gesamtenergiedurchlaßgrad g_F beschreibt denjenigen Anteil der Sonnenenergie, der – bezogen auf die Außenstrahlung – unter vorgegebenen Randbedingungen nach DIN 67507 (s. Norm) durch das transparente Bauteil unter Berücksichtigung des Sonnenschutzes in den Raum gelangt.

Anmerkung   Bezieht man die durch das Fenster dem Raum zugeführte Energie auf die Verhältnisse bei einem einfach verglasten Fenster mit 3 mm Glasdicke, dann erhält man den Durchlaßfaktor b (s. VDI-Richtlinie 2078 „Berechnung der Kühllast klimatisierter Räume (VDI-Kühllastregeln)"). Zwischen den Kennwerten g und b besteht näherungsweise die Beziehung $g = 0{,}87\, b$.

Für Gebäude, für die raumlufttechnische Anlagen nicht erforderlich sind, wird empfohlen, die in Tab. 4.11 angegebenen Werte einzuhalten. Damit soll verhindert werden, daß bei einer Folge heißer Sommertage die Innentemperaturen in einzelnen Räumen über die Außentemperaturen ansteigen.

Tabelle 4.11   Empfohlene Höchstwerte ($g_F \cdot f$) in Abhängigkeit von den natürlichen Lüftungsmöglichkeiten und der Innenbauart

Spalte	1	2	3
Zeile	Innenbauart	Empfohlene Höchstwerte ($g_F \cdot f$)[1]	
		Erhöhte natürliche Belüftung nicht vorhanden[2]	Erhöhte natürliche Belüftung vorhanden[3]
1	leicht[4]	0,12	0,17
2	schwer[4]	0,14	0,25

Hierin bedeuten:
g_F Gesamtenergiedurchlaßgrad gemäß Gl. (4.4)
f Fensterflächenanteil, bezogen auf die Fenster enthaltende Außenwandfläche (lichte Rohbaumaße):

$$f = \frac{A_F}{A_W + A_F}$$

Bei Dachfenstern ist der Fensterflächenanteil auf die direkt besonnte Dach- bzw. Dachdeckenfläche zu beziehen. Fußnote 1 ist nicht anzuwenden.
In den Höchstwerten ($g_F \cdot f$) ist der Rahmenanteil an der Fensterfläche mit 30% berücksichtigt.

[1] Bei nach Norden orientierten Räumen oder solchen, bei denen eine ganztägige Beschattung (z. B. durch Verbauung) vorliegt, dürfen die angegebenen ($g_F \cdot f$)-Werte um 0,25 erhöht werden.
Als Nord-Orientierung gilt ein Winkelbereich, der bis zu etwa 22,5° von der Nord-Richtung abweicht.
[2] Fenster werden nachts oder in den frühen Morgenstunden nicht geöffnet (z. B. häufig bei Bürogebäuden und Schulen).
[3] Erhöhte natürliche Belüftung (mindestens etwa 2 Stunden), insbesondere während der Nacht- oder in den frühen Morgenstunden. Dies ist bei zu öffnenden Fenstern in der Regel gegeben (z. B. bei Wohngebäuden).
[4] Zur Unterscheidung in leichte und schwere Innenbauart wird raumweise der Quotient aus der Masse der raumumschließenden Innenbauteile sowie gegebenenfalls anderer Innenbauteile und der Außenwandfläche ($A_W + A_F$), die die Fenster enthält, ermittelt.
Für einen Quotienten >600 kg/m² liegt eine schwere Innenbauart vor. Für die Holzbauweise ergibt sich in der Regel leichte Innenbauart. Die Massen der Innenbauteile werden wie folgt berücksichtigt:
 – Bei Innenbauteilen ohne Wärmedämmschicht wird die Masse zur Hälfte angerechnet.
 – Bei Innenbauteilen mit Wärmedämmschicht darf die Masse derjenigen Schichten angerechnet werden, die zwischen der raumseitigen Bauteiloberfläche und der Dämmschicht angeordnet sind, jedoch höchstens die Hälfte der Gesamtmasse. Als Dämmschicht gilt hier eine Schicht mit $\lambda_R \leq 0{,}1$ W/(m · K) und $1/\varLambda \geq 0{,}25$ m² · K/W.
 – Bei Innenbauteilen mit Holz oder Holzwerkstoffen dürfen die Schichten aus Holz oder Holzwerkstoffen näherungsweise mit dem 2fachen Wert ihrer Masse angesetzt werden.

Tabelle **4.**12 Gesamtenergiedurchlaßgrade g von Verglasungen

Zeile		Verglasung	g
1	1.1	Doppelverglasung aus Klarglas	0,8
	1.2	Dreifachverglasung aus Klarglas	0,7
2		Glasbausteine	0,6
3		Mehrfachverglasung mit Sondergläsern (Wärmeschutzglas, Sonnenschutzglas)[1]	0,2 bis 0,8

[1] Die Gesamtenergiedurchlaßgrade g von Sondergläsern können aufgrund von Einfärbung bzw. Oberflächenbehandlung der Glasscheiben sehr unterschiedlich sein. Im Einzelfall ist der Nachweis gemäß DIN 67507 zu führen.
Ohne Nachweis darf nur der ungünstigere Grenzwert angewendet werden.

Tabelle **4.**13 Abminderungsfaktoren z von Sonnenschutzvorrichtungen[1] in Verbindung mit Verglasungen

Zeile	Sonnenschutzvorrichtung	z
1	fehlende Sonnenschutzvorrichtung	1,0
2	innenliegend und zwischen den Scheiben liegend	
2.1	Gewebe bzw. Folien[2]	0,4 bis 0,7
2.2	Jalousien	0,5
3	außenliegend	
3.1	Jalousien, drehbare Lamellen, hinterlüftet	0,25
3.2	Jalousien, Rolläden, Fensterläden, feststehende oder drehbare Lamellen	0,3
3.3	Vordächer, Loggien[3]	0,3
3.4	Markisen, oben und seitlich ventiliert[3]	0,4
3.5	Markisen, allgemein[3]	0,5

[1] Die Sonnenschutzvorrichtung muß fest installiert sein (z. B. Lamellenstores). Übliche dekorative Vorhänge gelten nicht als Sonnenschutzvorrichtung.
[2] Die Abminderungsfaktoren z können aufgrund der Gewebestruktur, der Farbe und der Reflexionseigenschaften sehr unterschiedlich sein. Im Einzelfall ist der Nachweis in Anlehnung an DIN 67507 zu führen. Ohne Nachweis darf nur der ungünstigere Grenzwert angewendet werden.
[3] Dabei muß näherungsweise sichergestellt sein, daß keine direkte Besonnung des Fensters erfolgt. Dies ist der Fall, wenn
 – bei Südorientierung der Abdeckwinkel $\beta \geq 50°$ ist
 – bei Ost- und Westorientierung entweder der Abdeckwinkel $\beta \geq 85°$ oder $\gamma \geq 115°$ ist.
Zu den jeweiligen Orientierungen gehören Winkelbereiche von $\pm 22,5°$. Bei Zwischenorientierungen ist der Abdeckwinkel $\beta \geq 80°$ erforderlich.

Vertikalschnitt durch Fassade   Horizontalschnitt durch Fassade

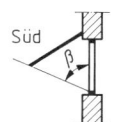

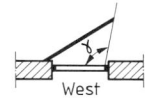

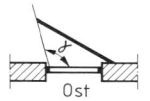

4.1.5 Klimabedingter Feuchteschutz

Durch Einhaltung der Anforderungen nach Tab. **4.**6 und **4.**7 wird ein ausreichender sommerlicher Wärmeschutz der nichttransparenten Bauteile erreicht.
Für die transparenten Bauteile werden in Tab. **4.**13 in Abhängigkeit von der Innenbauart, den Lüftungsmöglichkeiten im Sommer sowie der Gebäude- oder Raumorientierung raumweise Werte, die nicht überschritten werden sollen, für das Produkt aus Gesamtenergiedurchlaßgrad g_F und Fensterflächenanteil f empfohlen.
Für die näherungsweise Ermittlung des Gesamtenergiedurchlaßgrades g_F[1)] in Abhängigkeit von der Verglasung und zusätzlichen Sonnenschutzvorrichtungen gilt:

$$g_F = g \cdot z \tag{4.4}$$

Hierin bedeuten:
g Gesamtenergiedurchlaßgrad der Verglasung nach DIN 67507 (s. Norm)
z Abminderungsfaktor für Sonnenschutzvorrichtungen; bei mehreren, hintereinandergeschalteten Sonnenschutzvorrichtungen das Produkt aus einzelnen Abminderungsfaktoren ($z_1 \cdot z_2 \ldots \cdot z_n$)

Die Werte für g können aus Tab. **4.**12 und für z aus Tab. **4.**13 entnommen werden.
Für Räume mit natürlicher Belüftung nach Tab. **4.**13, Spalte 3, kann für schwere Innenbauart (Tab. **4.**13, Zeile 2) bei einem Fensterflächenanteil $f \leq 0{,}31$ oder einem Gesamtenergiedurchlaßgrad $g_F \geq 0{,}36$ und für leichte Innenbauart (Tab. **4.**13, Zeile 1) bei $f \leq 0{,}21$ oder $g_F \leq 0{,}24$ auf die Ermittlung verzichtet werden.

4.1.5 Klimabedingter Feuchteschutz

DIN 4108-3 Wärmeschutz im Hochbau; Klimabedingter Feuchteschutz; Anforderungen und Hinweise für Planung und Ausführung (Aug 1981)

Diese Norm enthält
– Anforderungen an den Tauwasserschutz von Bauteilen für Aufenthaltsräume nach DIN 4108-2 (einschließlich zugehörige Nebenäume),
– Empfehlungen für den Schlagregenschutz von Wänden sowie
– feuchteschutztechnische Hinweise für Planung und Ausführung von Hochbauten.
Die Einwirkung von Tauwasser und Schlagregen auf Baukonstruktionen soll dadurch so begrenzt werden, daß Schäden (z. B. unzulässige Minderung des Wärmeschutzes, Schimmelpilzbildung, Korrosion) vermieden werden.
Die Ausführung von Abdichtungen ist Gegenstand der Normenreihe DIN 18195.

Tauwasserschutz

Tauwasserbildung auf Oberflächen von Bauteilen. Bei Einhaltung der Mindestwerte des Wärmedurchlaßwiderstandes nach DIN 4108-2 werden bei Raumlufttemperaturen und relativen Luftfeuchten, wie sie sich in nicht klimatisierten Aufenthaltsräumen, z. B. Wohn- und Büroräumen, einschließlich häuslicher Küchen und Bäder, bei üblicher Nutzung und dementsprechender Heizung und Lüftung einstellen, Schäden durch Tauwasserbildung im allgemeinen vermieden. In Sonderfällen (z. B. dauernd hohe Raumluftfeuchte) ist der unter den jeweiligen raumklimatischen Bedingungen erforderliche Wärmedurchlaßwiderstand nach DIN 4108-5 rechnerisch zu ermitteln. Dabei sind eine Außentemperatur von $-15\ °C$ und ein raumseitiger Wärmeübergangswiderstand $1/\alpha_i = 0{,}17\ m^2 \cdot K/W$ der Berechnung zugrunde zu legen, soweit nicht besondere Bedingungen, z. B. bei stark behindertem Wärmeübergang durch Möblierung, die Wahl eines größeren Wärmeübergangswiderstandes erfordern.

Im übrigen gelten die Wärmeübergangswiderstände nach DIN 4108-4.

Tauwasserbildung im Innern von Bauteilen. Eine Tauwasserbildung in Bauteilen ist unschädlich, wenn durch Erhöhung des Feuchtegehaltes der Bau- und Dämmstoffe der Wärmeschutz und die Standsicherheit der Bauteile nicht gefährdet werden. Diese Voraussetzungen liegen vor, wenn folgende Bedingungen erfüllt sind:
a) Das während der ganzen Tauperiode im Innern des Bauteils anfallende Wasser muß während der Verdunstungsperiode wieder an die Umgebung abgegeben werden können.
b) Die Baustoffe, die mit dem Tauwasser in Berührung kommen, dürfen nicht geschädigt werden (z. B. durch Korrosion, Pilzbefall).
c) Bei Dach- und Wandkonstruktionen darf eine Tauwassermasse von insgesamt 1,0 kg/m² nicht überschritten werden.
Dies gilt nicht für die Bedingungen d) und e).
d) Tritt Tauwasser an Berührungsflächen von kapillar nicht wasseraufnahmefähigen Schichten auf, so darf zur Begrenzung des Ablaufens oder Abtropfens eine Tauwassermasse von 0,5 kg/m² nicht überschritten werden (z. B. Berührungsflächen von Faserdämmstoff- oder Luftschichten einerseits und Dampfsperr- oder Betonschichten andererseits).
e) Bei Holz ist eine Erhöhung des massebezogenen Feuchtegehaltes um mehr als 5%, bei Holzwerkstoffen um mehr als 3% unzulässig[1] (Holzwolle-Leichtbauplatten und Mehrschicht-Leichtbauplatten aus Schaumkunststoffen und Holzwolle nach DIN 1101 (s. Norm) sind hiervon ausgenommen).

Angaben zur Berechnung der Tauwassermasse

Berechnung. Die Berechnung ist nach DIN 4108-5 durchzuführen, sofern das Bauteil nicht nach den Angaben auf den nachfolgenden Seiten ohne besonderen Nachweis die Anforderungen nach Abschnitt „Tauwasserbildung im Innern von Bauteilen" erfüllt.

Klimabedingungen. In nicht klimatisierten Wohn- und Bürogebäuden sowie vergleichbar genutzten Gebäuden können der Berechnung folgende vereinfachte Annahmen zugrunde gelegt werden:

Tauperiode
Außenklima[2]   −10 °C, 80% relative Luftfeuchte
Innenklima   20 °C, 50% relative Luftfeuchte
Dauer   1440 Stunden (60 Tage)

Verdunstungsperiode
a) Wandbauteile und Decken unter nicht ausgebauten Dachräumen
   Außenklima[2]   12 °C, 70% relative Luftfeuchte
   Innenklima   12 °C, 70% relative Luftfeuchte
   Klima im
   Tauwasserbereich   12 °C, 100% relative Luftfeuchte
   Dauer   2160 Stunden (90 Tage)
b) Dächer, die Aufenthaltsräume gegen die Außenluft abschließen

---

[1] s. auch DIN 68800-2 (s. Norm).
[2] Gilt auch für nicht beheizte, belüftete Nebenräume, z. B. belüftete Dachräume, Garagen.

Außenklima	12 °C, 70% relative Luftfeuchte
Temperatur der Dachoberfläche	20 °C
Innenklima	12 °C, 70% relative Luftfeuchte
Klima im Tauwasserbereich	
Temperatur	entsprechend dem Temperaturgefälle von außen nach innen
Relative Luftfeuchte	100%
Dauer	2160 Stunden (90 Tage).

Vereinfachend dürfen bei diesen Dächern auch die Klimabedingungen für Wandbauteile nach Aufzählung a) zugrunde gelegt werden.

Bei schärferen Klimabedingungen (z. B. Schwimmbäder, klimatisierte Räume, extremes Außenklima) sind diese vereinfachten Annahmen nicht zulässig. Es sind dann das tatsächliche Raumklima und das Außenklima am Standort des Gebäudes mit deren zeitlichen Verlauf zu berücksichtigen (s. hierzu DIN 4108-5).

S t o f f k e n n w e r t e . Die Rechenwerte der Wärmeleitfähigkeit und die Richtwerte der Wasserdampf-Diffusionswiderstandszahlen sind DIN 4108-4 zu entnehmen. Es sind die für die Tauperiode ungünstigeren Werte auch für die Verdunstungsperiode anzuwenden.

Die Wärmeübergangswiderstände sind Tab. **4**.23 zu entnehmen.

Bauteile mit ausreichendem Wärmeschutz nach DIN 4108-2, für die kein rechnerischer Nachweis des Tauwasserausfalls infolge Dampfdiffusion erforderlich ist

A u ß e n w ä n d e . Mauerwerk nach DIN 1053-1 (s. Norm) aus künstlichen Steinen ohne zusätzliche Wärmedämmschicht als ein- oder zweischaliges Mauerwerk, verblendet oder verputzt oder mit angemörtelter oder angemauerter Bekleidung nach DIN 18515 (s. Norm) (Fugenanteil mindestens 5%) sowie zweischaliges Mauerwerk mit Luftschicht nach DIN 1053-1, ohne oder mit zusätzlicher Wärmedämmschicht.

Mauerwerk nach DIN 1053-1 aus künstlichen Steinen mit außenseitig angebrachter Wärmedämmschicht und einem Außenputz mit mineralischen Bindemitteln nach DIN 18550-1 und DIN 18550-2 (s. Normen) oder einem Kunstharzputz, wobei die diffusionsäquivalente Luftschichtdicke s_d der Putze $\leq 4{,}0$ m ist, oder mit hinterlüfteter Bekleidung.

Mauerwerk nach DIN 1053-1 aus künstlichen Steinen mit raumseitig angebrachter Wärmedämmschicht mit – einschließlich eines Innenputzes – $s_d \geq 0{,}5$ m und einem Außenputz oder mit hinterlüfteter Bekleidung.

Mauerwerk nach DIN 1053-1 aus künstlichen Steinen mit raumseitig angebrachten Holzwolle-Leichtbauplatten nach DIN 1101 (s. Norm), verputzt oder bekleidet, außenseitig als Sichtmauerwerk (keine Klinker nach DIN 105, s. Norm) oder verputzt oder mit hinterlüfteter Bekleidung.

Wände aus gefügedichtem Leichtbeton nach DIN 4219-1 und DIN 4219-2 (s. Normen) ohne zusätzliche Wärmedämmschicht.

Wände aus bewehrtem Gasbeton nach DIN 4223 (s. Norm) ohne zusätzliche Wärmedämmschicht mit einem Kunstharzputz mit $s_d \leq 4{,}0$ m oder mit hinterlüfteter Bekleidung bzw. hinterlüfteter Vorsatzschale.

Wände aus haufwerksporigem Leichtbeton nach DIN 4232 (s. Norm) beidseitig verputzt oder außenseitig mit hinterlüfteter Bekleidung, ohne zusätzliche Wärmedämmschicht.

Wände aus Normalbeton nach DIN 1045 (s. Norm) oder gefügedichtem Leichtbeton nach DIN 4219-1 und DIN 4219-2 mit außenseitiger Wärmedämmschicht und einem Außenputz mit mineralischen Bindemitteln nach DIN 18550-1 und DIN 18550-2 oder einem Kunstharzputz oder einer Bekleidung oder einer Vorsatzschale.

Wände in Holzbauart mit innenseitiger Dampfsperrschicht ($s_d \geq 10$ m), äußerer Beplankung aus Holz oder Holzwerkstoffen ($s_d \leq 10$ m) und hinterlüftetem Wetterschutz.

Nichtbelüftete Dächer. Dächer mit einer Dampfsperrschicht ($s_d \geq 100$ m) unter oder in der Wärmedämmschicht (an Ort aufgebrachte Klebemassen bleiben bei der Berechnung von s_d unberücksichtigt), wobei der Wärmedurchlaßwiderstand der Bauteilschichten unterhalb der Dampfsperrschicht höchstens 20% des Gesamtwärmedurchlaßwiderstandes beträgt (bei Dächern mit nebeneinanderliegenden Bereichen unterschiedlicher Wärmedämmung ist der Gefachbereich zugrunde zu legen).

Einschalige Dächer aus Gasbeton nach DIN 4223 (s. Norm) ohne Dampfsperrschicht an der Unterseite.

Belüftete Dächer. Dächer mit einem belüfteten Raum oberhalb der Wärmedämmung, die folgende Bedingungen erfüllen:

a) Bei Dächern mit einer Dachneigung $\geq 10°$ (Bild **4.**14) beträgt
 – der freie Lüftungsquerschnitt der an jeweils zwei gegenüberliegenden Traufen angebrachten Öffnungen mindestens je 2‰ der zugehörigen geneigten Dachfläche, mindestens jedoch 200 cm² je m Traufe
 – die Lüftungsöffnung am First mindestens 0,5‰ der gesamten geneigten Dachfläche
 – der freie Lüftungsquerschnitt innerhalb des Dachbereiches über die Wärmedämmschicht im eingebauten Zustand mindestens 200 cm² je m senkrecht zur Strömungsrichtung und dessen freie Höhe mindestens 2 cm
 – die diffusionsäquivalente Luftschichtdicke s_d der unterhalb des belüfteten Raumes angeordneten Bauteilschichten in Abhängigkeit von der Sparrenlänge a:
 $a \leq 10$ m: $s_d \geq$ 2 m
 $a \leq 15$ m: $s_d \geq$ 5 m
 $a > 15$ m: $s_d \geq 10$ m

b) Bei Dächern mit einer Neigung $<10°$ (Bild **4.**15) beträgt
 – der freie Lüftungsquerschnitt der an mindestens zwei gegenüberliegenden Traufen angebrachten Öffnungen mindestens je 2‰ der gesamten Dachgrundrißfläche

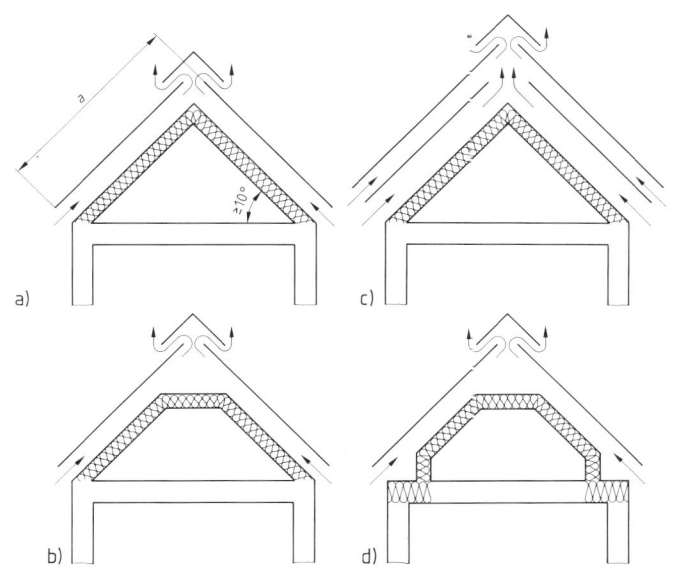

4.14
Beispiele für belüftete Dächer mit einer Dachneigung $\geq 10°$ (schematisiert)

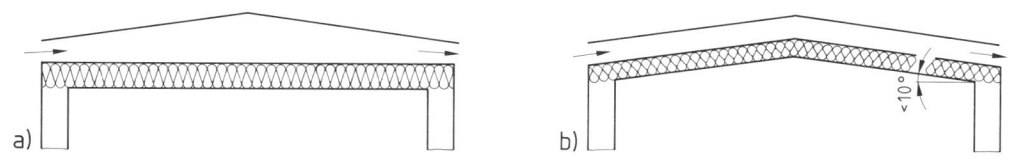

4.1.5 Klimabedingter Feuchteschutz

4.15 Beispiele für belüftete Dächer mit einer Dachneigung <10° (schematisiert)

- die Höhe des freien Lüftungsquerschnitts innerhalb des Dachbereiches über der Wärmedämmschicht im eingebauten Zustand mindestens 5 cm
- die diffusionsäquivalente Luftschichtdicke s_d der unterhalb des belüfteten Raumes angeordneten Bauteilschichten mindestens 10 m.

c) Bei Dächern mit etwa vorhandenen Dampfsperrschichten ($s_d \geq 100$ m) sind diese so angeordnet, daß der Wärmedurchlaßwiderstand der Bauteilschichten unterhalb der Dampfsperrschicht höchstens 20% des Gesamtwärmedurchlaßwiderstandes beträgt (bei Dächern mit nebeneinanderliegenden Bereichen unterschiedlicher Wärmedämmung ist der Gefachbereich zugrunde zu legen).

d) Bei Dächern mit massiven Deckenkonstruktionen sowie bei geschichteten Dachkonstruktionen ist die Wärmedämmschicht als oberste Schicht unter dem belüfteten Raum angeordnet.

Schlagregenschutz von Wänden

Bei Beregnung kann Wasser in Außenbauteile durch Kapillarwirkung eindringen. Außerdem kann unter dem Einfluß des Staudruckes bei Windanströmung durch Spalten, Risse und fehlerhafte Stellen im Bereich der gesamten der Witterung ausgesetzten Flächen Wasser in oder durch die Konstruktion geleitet werden.

Maßnahmen zur Begrenzung der kapillaren Wasseraufnahme von Außenbauteilen können darin bestehen, daß der Regen an der Außenoberfläche des wärmedämmenden Bauteils durch eine wasserdichte oder mit Luftabstand vorgesetzte Schicht abgehalten wird oder daß die Wasseraufnahme durch wasserabweisende oder wasserhemmende Putze an der Außenoberfläche oder durch Schichten im Innern der Konstruktion vermindert oder auf einen bestimmen Bereich (z. B. Vormauerschicht) beschränkt wird. Dabei darf aber die Wasserabgabe (Verdunstung) nicht unzulässig beeinträchtigt werden.

Nach Einstufung in die zugehörige Beanspruchungsgruppe ist sicherzustellen, daß das Niederschlagswasser schnell und sicher wieder abgeleitet wird (z. B. durch Anordnung von Dachüberständen, Abdeckungen und Sperrschichten, Fensteranschläge).

Beanspruchungsgruppen

Die Beanspruchung von Gebäuden oder von einzelnen Gebäudeteilen durch Schlagregen wird durch die Beanspruchungsgruppen I, II oder III definiert. Bei der Wahl der Beanspruchungsgruppe sind die regionalen klimatischen Bedingungen (Regen, Wind), die örtliche Lage und die Gebäudeart zu berücksichtigen. Die Beanspruchungsgruppe ist daher im Einzelfall festzulegen. Hierzu dienen folgende Hinweise:

Beanspruchungsgruppe I. Geringe Schlagregenbeanspruchung:
Im allgemeinen Gebiete mit Jahresniederschlagsmengen unter 600 mm sowie besonders windgeschützte Lagen auch in Gebieten mit größeren Niederschlagsmengen.

Beanspruchungsklasse II. Mittlere Schlagregenbeanspruchung:
Im allgemeinen Gebiete mit Jahresniederschlagsmengen von 600 bis 800 mm sowie windgeschützte Lagen auch in Gebieten mit größeren Niederschlagsmengen. Hochhäuser und Häuser in exponierter Lage in Gebieten, die auf Grund der regionalen Regen- und Windverhältnisse einer geringen Schlagregenbeanspruchung zuzuordnen wären.

Beanspruchungsgruppe III. Starke Schlagregenbeanspruchung:
Im allgemeinen Gebiete mit Jahresniederschlagsmengen über 800 mm sowie windreiche Gebiete auch mit geringeren Niederschlagsmengen (z. B. Küstengebiete, Mittel- und Hochgebirgslagen, Alpenvorland), Hochhäuser und Häuser in exponierter Lage in Gebieten, die auf Grund der regionalen Regen- und Windverhältnisse einer mittleren Schlagregenbeanspruchung zuzuordnen wären. Für die Ermittlung der Jahresniederschlagsmengen kann z. B. als Anhalt die Regenkarte dienen.

Fugen und Anschlüsse

Der Schlagregenschutz des Gebäudes muß auch im Bereich der Fugen und Anschlüsse sichergestellt sein. Zur Erfüllung dieser Anforderungen können die Fugen und Anschlüsse entweder durch Fugendichtungsmassen (s. auch DIN 18540-1) oder durch konstruktive Maßnahmen gegen Schlagregen abgedichtet werden.
Empfehlungen für die Ausbildung von Fugen zwischen vorgefertigten Wandplatten in Abhängigkeit von der Schlagregenbeanspruchung gibt Tab. 4.16.
Die Möglichkeit der Wartung von Fugen (einschließlich der Fugen von Anschlüssen) ist vorzusehen.
Für Wandbekleidungen wird auf DIN 18515 und DIN 18516-1 und DIN 18516-2 (s. Normen) verwiesen.

Tabelle 4.16 Beispiele für die Zuordnung von Fugenabdichtungsarten und Beanspruchungsgruppen

Fugenart	Beanspruchungs-gruppe I geringe Schlagregen-beanspruchung	Beanspruchungs-gruppe II mittlere Schlagregen-beanspruchung	Beanspruchungs-gruppe III starke Schlagregen-beanspruchung
Vertikalfugen			Konstruktive Fugenausbildung[1)] Fugen nach DIN 18540-1[1)]
Horizontalfugen	Offene, schwellenförmige Fugen, Schwellenhöhe $h \geq 60$ mm	Offene, schwellenförmige Fugen, Schwellenhöhe $h \geq 80$ mm	Offene, schwellenförmige Fugen, Schwellenhöhe $h \geq 100$ mm Fugen nach DIN 18540-1 mit zusätzlichen konstruktiven Maßnahmen, z. B. mit Schwelle $h \geq 50$ mm

[1)] Fugen nach DIN 18540-1 dürfen nicht bei Bauten im Bergsenkungsgebiet verwendet werden. Bei Setzungsfugen ist die Verwendung nur dann zulässig, wenn die Verformungen bei der Bemessung der Fugenmaße berücksichtigt werden.

Hinweise zur Erfüllung des Schlagregenschutzes

Beispiele für die Anwendung genormter Wandbauarten in Abhängigkeit von der Schlagregenbeanspruchung gibt Tab. 4.17, die andere Bauausführungen entsprechend gesicherter praktischer Erfahrungen nicht ausschließt.
Die Schlagregensicherheit von Fenstern wird in DIN 18055 (s. Norm) geregelt.

Tabelle 4.17 Beispiele für die Zuordnung von genormten Wandbauarten und Beanspruchungsgruppen

1	2	3
Beanspruchungsgruppe I geringe Schlagregen- beanspruchung	Beanspruchungsgruppe II mittlere Schlagregen- beanspruchung	Beanspruchungsgruppe III starke Schlagregen- beanspruchung
Mit Außenputz ohne besondere Anforderung an den Schlagregenschutz nach DIN 18550-1 verputzte – Außenwände aus Mauerwerk, Wandbauplatten, Beton o. ä. – Holzwolle-Leichtbauplatten, ausgeführt nach DIN 1102 (mit Fugenbewehrung) – Mehrschicht-Leichtbauplatten, ausgeführt nach DIN 1102 (mit ganzflächiger Bewehrung)	Mit wasserhemmendem Außenputz nach DIN 18550-1 oder einem Kunstharzputz verputzte – Außenwände aus Mauerwerk, Wandbauplatten, Beton o. ä. – Holzwolle-Leichtbauplatten, ausgeführt nach DIN 1102 (mit Fugenbewehrung) oder Mehrschicht-Leichtbauplatten mit zu verputzenden Holzwolleschichten der Dicken ≥15 mm, ausgeführt nach DIN 1102 (mit ganzflächiger Bewehrung) – Mehrschicht-Leichtbauplatten mit zu verputzenden Holzwolleschichten der Dicken <15 mm, ausgeführt nach DIN 1102 (mit ganzflächiger Bewehrung) unter Verwendung von Werkmörtel nach DIN 18557	Mit wasserabweisendem Außenputz nach DIN 18550-1 oder einem Kunstharzputz verputzte – Außenwände aus Mauerwerk, Wandbauplatten, Beton o. ä. – Holzwolle-Leichtbauplatten, ausgeführt nach DIN 1102 (mit Fugenbewehrung) oder Mehrschicht-Leichtbauplatten mit zu verputzenden Holzwolleschichten der Dicken ≥15 mm, ausgeführt nach DIN 1102 (mit ganzflächiger Bewehrung)
Einschaliges Sichtmauerwerk nach DIN 1053-1 31 cm dick[1])	Einschaliges Sichtmauerwerk nach DIN 1053-1 37,5 cm dick[1])	Zweischaliges Verblendmauerwerk mit Luftschicht nach DIN 1053-1[2]) Zweischaliges Verblendmauerwerk ohne Luftschicht nach DIN 1053-1 mit Vormauersteinen
	Außenwände mit angemörtelten Bekleidungen nach DIN 18515	Außenwände mit angemauerten Bekleidungen mit Unterputz nach DIN 18515 und mit wasserabweisendem Fugenmörtel[3]); Außenwände mit angemörtelten Bekleidungen mit Unterputz nach DIN 18515 und mit wasserabweisendem Fugenmörtel[3])
		Außenwände mit gefügedichter Betonaußenschicht nach DIN 1045 und DIN 4219-1 und DIN 4219-2
		Wände mit hinterlüfteten Außenwandbekleidungen nach DIN 18515 und mit Bekleidungen nach DIN 18516-1 und DIN 18516-2[4])
	Außenwände in Holzbauart unter Beachtung von DIN 68800-2 mit 11,5 cm dicker Mauerwerks-Vorsatzschale[5])	Außenwände in Holzbauart unter Beachtung von DIN 68800-2 a) mit vorgesetzter Bekleidung nach DIN 18516-1 und DIN 18516-2[4]) oder b) mit 11,5 cm dicker Mauerwerks-Vorsatzschale mit Luftschicht[5],[6])

Fußnoten s. S. 219

218   4.1 Wärmeschutz

☐ Jahresniederschlag unter 600 mm

≡ Jahresniederschlag zwischen 600 und 800 mm

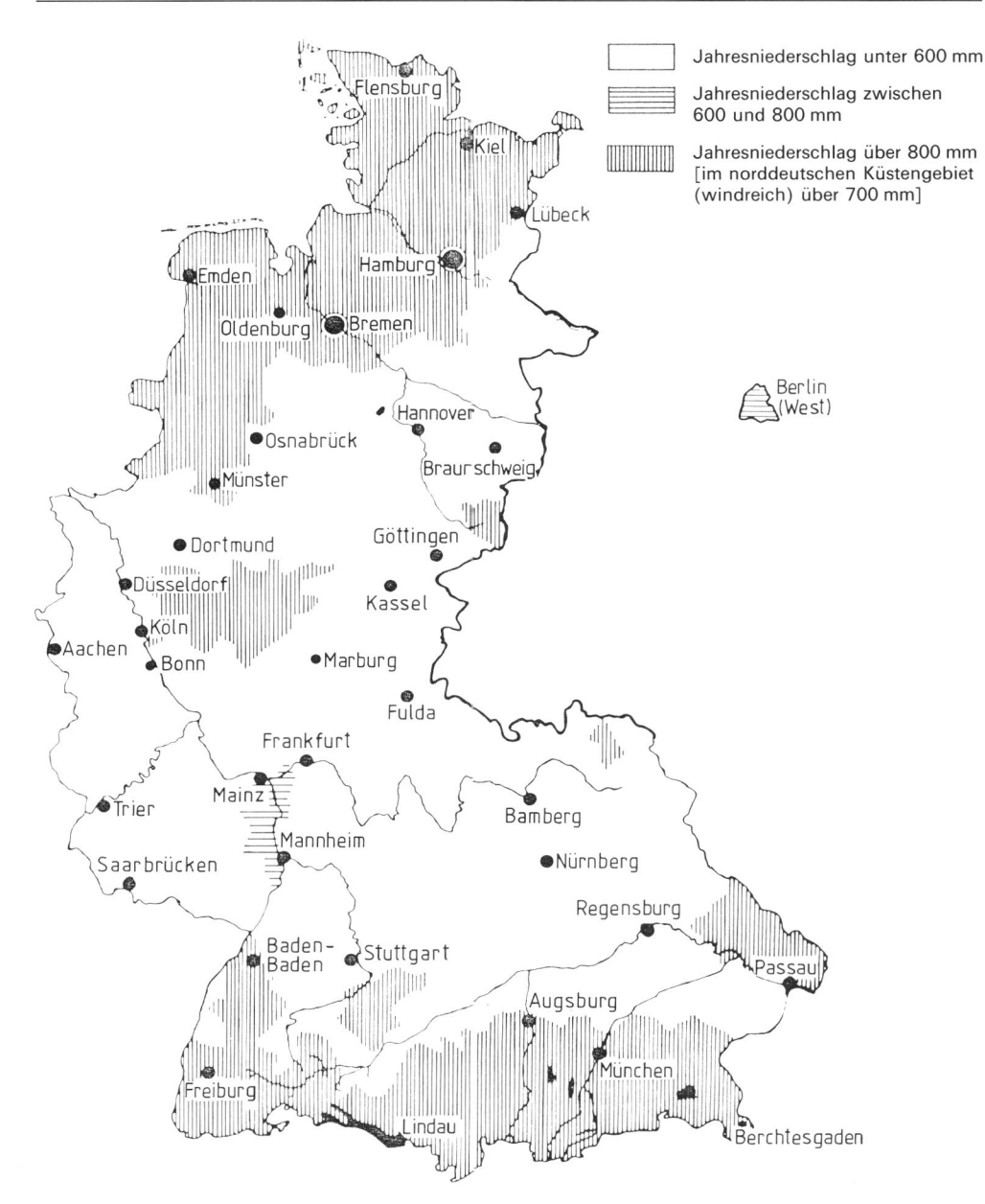

▦ Jahresniederschlag über 800 mm [im norddeutschen Küstengebiet (windreich) über 700 mm]

Bild 4.18 Regenkarte zur überschläglichen Ermittlung der durchschnittlichen Jahresniederschlagsmengen

Anmerkung Die Ergänzung der Regenkarte für die Bundesländer Brandenburg, Mecklenburg-Vorpommern, Sachsen, Sachsen-Anhalt und Thüringen ist in Vorbereitung. Bis zum Vorliegen dieser Karte sind die maßgebenden Daten bei den zuständigen Bauaufsichtsbehörden zu erfragen.

4.1.5 Klimabedingter Feuchteschutz

Fußnoten zu Tabelle **4**.17

[1)] Übernimmt eine zusätzlich vorhandene Wärmedämmschicht den erforderlichen Wärmeschutz allein, so kann das Mauerwerk in die nächsthöhere Beanspruchungsgruppe eingeordnet werden.
[2)] Die Luftschicht muß nach DIN 1053-1 ausgebildet werden. Eine Verfüllung des Zwischenraums als Kerndämmung darf nur nach hierfür vorgesehenen Normen durchgeführt werden oder bedarf eines besonderen Nachweises der Brauchbarkeit, z. B. durch allgemeine bauaufsichtliche Zulassung.
[3)] Wasserabweisende Fugenmörtel müssen einen Wasseraufnahmekoeffizienten $w \leq 0,5$ kg/(m² · h$^{1/2}$) aufweisen, ermittelt nach DIN 52617.
[4)] Es gelten z. Z. die „Richtlinien für Fassadenbekleidungen mit und ohne Unterkonstruktion".
[5)] Durch konstruktive Maßnahmen (z. B. Abdichtung des Wandfußpunktes, Ablauföffnungen in der Vorsatzschale) ist dafür zu sorgen, daß die hinter der Vorsatzschale auftretende Feuchte von den Holzteilen ferngehalten und abgeleitet wird.
[6)] Die Luftschicht muß mindestens 4 cm dick sein. Die Vorsatzschale ist unten und oben mit Lüftungsöffnungen zu versehen, die jeweils eine Fläche von mindestens 150 cm² auf etwa 20 m² Wandfläche haben. Bezüglich ausreichender Belüftung für den Tauwasserschutz s. DIN 68800-2.

Für den Nachweis des Wärmeschutzes und der Tauwasserbildung an der raumseitigen Oberfläche dürfen jedoch die Luftschicht und die Vorsatzschale nicht in Ansatz gebracht werden.

DIN 4108-4 Wärmeschutz im Hochbau; Wärme- und feuchteschutztechnische Kennwerte (Nov 1991)

DIN 4108-4 enthält wärmeschutztechnische Kennwerte, die für den rechnerischen Nachweis des Wärmeschutzes von Gebäuden und deren Bauteile anzuwenden sind. Die Richtwerte der Wasserdampf-Diffusionswiderstandszahlen dienen zur näherungsweisen Beurteilung des Tauwasserschutzes nach DIN 4108-3.

Rechenwerte der Wärmeleitfähigkeit λ_R berücksichtigen u. a. Einflüsse der Temperatur, des praktischen Feuchtegehaltes und Schwankungen der Stoffeigenschaft.

Wärme- und feuchteschutztechnische Kennwerte

Tabelle 4.19 Rechenwerte der Wärmeleitfähigkeit und Richtwerte der Wasserdampf-Diffusionswiderstandszahlen

Zeile	Stoff	Rohdichte[1),2)] in kg/m³	Rechenwert der Wärmeleitfähigkeit λ_R[3)] in W/(m · K)	Richtwert der Wasserdampf-Diffusionswiderstandszahl μ[4)]
1	**Putze, Estriche und andere Mörtelschichten**			
1.1	Kalkmörtel, Kalkzementmörtel, Mörtel aus hydraulischem Kalk	(1800)	0,87	15/35
1.2	Leichtmörtel nach DIN 1053-1			
1.2.1	Leichtmörtel LM 21	($\leq$700)	0,21	15/35
1.2.2	Leichtmörtel LM 36	($\leq$1000)	0,36	15/35
1.3	Zementmörtel	(2000)	1,4	15/35

Fortsetzung s. nächste Seiten, Fußnoten s. Tabellenende

Tabelle 4.19, Fortsetzung

Zeile	Stoff	Rohdichte[1),2)] in kg/m³	Rechenwert der Wärmeleitfähigkeit λ_R [3)] in W/(m · K)	Richtwert der Wasserdampf-Diffusionswiderstandszahl μ [4)]
1.4	Kalkgipsmörtel, Gipsmörtel, Anhydritmörtel, Kalkanhydritmörtel	(1400)	0,70	10
1.5	Gipsputz ohne Zuschlag	(1200)	0,35	10
1.6	Wärmedämmputzsysteme nach DIN 18550-3 Wärmeleitfähigkeitsgruppe 060 / 070 / 080 / 090 / 100	(≥200)	0,060 / 0,070 / 0,080 / 0,090 / 0,100	5/20
1.7	Anhydritestrich	(2100)	1,2	
1.8	Zementestrich	(2000)	1,4	15/35
1.9	Magnesiaestrich			
1.9.1	Unterböden und Unterschichten von zweilagigen Böden	(1400)	0,47	
1.9.2	Industrieböden und Gehschicht	(2300)	0,70	
1.10	Gußasphaltestrich, Dicke ≥ 15 mm	(2300)	0,90	5)
2	**Großformatige Bauteile**			
2.1	Normalbeton nach DIN 1045 (Kies- oder Splittbeton mit geschlossenem Gefüge; auch bewehrt)	(2400)	2,1	70/150
2.2	Leichtbeton und Stahlleichtbeton mit geschlossenem Gefüge nach DIN 4219-1 und DIN 4219-2, hergestellt unter Verwendung von Zuschlägen mit porigem Gefüge nach DIN 4226-2 ohne Quarzsandzusatz[6)]	800 / 900 / 1000 / 1100 / 1200 / 1300 / 1400 / 1500 / 1600 / 1800 / 2000	0,39 / 0,44 / 0,49 / 0,55 / 0,62 / 0,70 / 0,79 / 0,89 / 1,0 / 1,3 / 1,6	70/150
2.3	Dampfgehärteter Gasbeton nach DIN 4223	400 / 500 / 600 / 700 / 800	0,14 / 0,16 / 0,19 / 0,21 / 0,23	5/10
2.4	Leichtbeton mit haufwerksporigem Gefüge, z. B. nach DIN 4232			
2.4.1	mit nichtporigen Zuschlägen nach DIN 4226-1, z. B. Kies	1600 / 1800 / 2000	0,81 / 1,1 / 1,4	3/10 / 5/10

Fortsetzung s. nächste Seiten, Fußnoten s. Tabellenende

4.1.5 Klimabedingter Feuchteschutz

Tabelle **4.**19, Fortsetzung

Zeile	Stoff	Roh-dichte[1],[2] in kg/m³	Rechenwert der Wärme-leitfähigkeit λ_R[3] in W/(m·K)	Richtwert der Wasser-dampf-Diffu-sionswider-standszahl μ[4]
2.4.2	mit porigen Zuschlägen nach DIN 4226-2 ohne Quarzsandzusatz[6]	600 700 800 1000 1200 1400 1600 1800 2000	0,22 0,26 0,28 0,36 0,46 0,57 0,75 0,92 1,2	5/15
2.4.2.1	ausschließlich unter Verwendung von Naturbims	500 600 700 800 900 1000 1200	0,15 0,18 0,20 0,24 0,27 0,32 0,44	5/15
2.4.2.2	ausschließlich unter Verwendung von Blähton	500 600 700 800 900 1000 1200	0,18 0,20 0,23 0,26 0,30 0,35 0,46	5/15
3	**Bauplatten**			
3.1	Asbestzementplatten nach DIN 274-1 bis 274-4 und DIN 18517-1	(2000)	0,58	20/50
3.2	Gasbeton-Bauplatten, unbewehrt, nach DIN 4166			
3.2.1	mit normaler Fugendicke und Mauermörtel nach DIN 1053-1 verlegt	500 600 700 800	0,22 0,24 0,27 0,29	5/10
3.2.2	dünnfugig verlegt	500 600 700 800	0,19 0,22 0,24 0,27	5/10
3.3	Wandbauplatten aus Leichtbeton nach DIN 18162	800 900 1000 1200 1400	0,29 0,32 0,37 0,47 0,58	5/10
3.4	Wandbauplatten aus Gips nach DIN 18163, auch mit Poren, Hohlräumen, Füllstoffen oder Zuschlägen	600 750 900 1000 1200	0,29 0,35 0,41 0,47 0,58	5/10
3.5	Gipskartonplatten nach DIN 18180	(900)	0,21	8

Fortsetzung s. nächste Seiten, Fußnoten s. Tabellenende

Tabelle 4.19, Fortsetzung

Zeile	Stoff	Rohdichte[1),2)] in kg/m³	Rechenwert der Wärmeleitfähigkeit λ_R[3)] in W/(m · K)	Richtwert der Wasserdampf-Diffusionswiderstandszahl μ[4)]
4	**Mauerwerk einschließlich Mörtelfugen**			
4.1	Mauerwerk aus Mauerziegeln nach DIN 105-1 bis DIN 105-4			
4.1.1	Vollklinker, Hochlochklinker, Keramikklinker	1800 2000 2200	0,81 0,96 1,2	50/100
4.1.2	Vollziegel, Hochlochziegel	1200 1400 1600 1800 2000	0,50 0,58 0,68 0,81 0,96	5/10
4.1.3	Leichthochlochziegel mit Lochung A und Lochung B nach DIN 105-2	700 800 900 1000	0,36 0,39 0,42 0,45	5/10
4.1.4	Leichthochlochziegel W nach DIN 105-2	700 800 900 1000	0,30 0,33 0,36 0,39	5/10
4.2	Mauerwerk aus Kalksandsteinen nach DIN 106-1 und DIN 106-2 und aus Kalksand-Plansteinen nach DIN 106-1 A1 (Entwurf)	1000 1200 1400 1600 1800 2000 2200	0,50 0,56 0,70 0,79 0,99 1,1 1,3	5/10 5/25
4.3	Mauerwerk aus Hüttensteinen nach DIN 398	1000 1200 1400 1600 1800 2000	0,47 0,52 0,58 0,64 0,70 0,76	70/100
4.4	Mauerwerk aus Gasbeton-Blocksteinen und Gasbeton-Plansteinen nach DIN 4165			
4.4.1	Gasbeton-Blocksteine (G)	400 500 600 700 800	0,20 0,22 0,24 0,27 0,29	5/10
4.4.2	Gasbeton-Plansteine (GP)	400 500 600 700 800	0,15 0,17 0,20 0,23 0,27	5/10

Fortsetzung s. nächste Seiten, Fußnoten s. Tabellenende

4.1.5 Klimabedingter Feuchteschutz

Tabelle 4.19, Fortsetzung

Zeile	Stoff	Rohdichte[1],[2] in kg/m³	Rechenwert der Wärmeleitfähigkeit λ_R[3] in W/(m · K)	Richtwert der Wasserdampf-Diffusionswiderstandszahl μ[4]
4.5	Mauerwerk aus Betonsteinen			
4.5.1	Hohlblöcke aus Leichtbeton (Hbl) nach DIN 18151 mit porigen Zuschlägen nach DIN 4226-2 ohne Quarzsandzusatz[7]			
4.5.1.1	2 K Hbl, Breite ≤ 240 mm 3 K Hbl, Breite ≤ 300 mm 4 K Hbl, Breite ≤ 365 mm 5 K Hbl, Breite ≤ 490 mm 6 K Hbl, Breite ≤ 490 mm	500 600 700 800 900 1000 1200 1400	0,29 0,32 0,35 0,39 0,44 0,49 0,60 0,73	5/10
4.5.1.2	2 K Hbl, Breite = 300 mm 3 K Hbl, Breite = 365 mm	500 600 700 800 900 1000 1200 1400	0,29 0,34 0,39 0,46 0,55 0,64 0,76 0,90	5/10
4.5.2	Vollsteine und Vollblöcke aus Leichtbeton nach DIN 18152			
4.5.2.1	Vollsteine (V)	500 600 700 800 900 1000 1200 1400 1600 1800 2000	0,32 0,34 0,37 0,40 0,43 0,46 0,54 0,63 0,74 0,87 0,99	5/10 10/15
4.5.2.2	Vollblöcke (Vbl) (außer Vollblöcken S-W aus Naturbims nach Zeile 4.5.2.3 und aus Blähton oder aus einem Gemisch aus Blähton und Naturbims nach Zeile 4.5.2.4)	500 600 700 800 900 1000 1200 1400 1600 1800 2000	0,29 0,32 0,35 0,39 0,43 0,46 0,54 0,63 0,74 0,87 0,99	5/10 10/15
4.5.2.3	Vollblöcke S-W aus Naturbims			
4.5.2.3.1	Länge ≥ 490 mm	500 600 700 800	0,20 0,22 0,25 0,28	5/10

Fortsetzung s. nächste Seiten, Fußnoten s. Tabellenende

Tabelle 4.19, Fortsetzung

Zeile	Stoff	Rohdichte[1),2)] in kg/m³	Rechenwert der Wärmeleitfähigkeit λ_R[3)] in W/(m·K)	Richtwert der Wasserdampf-Diffusionswiderstandszahl μ[4)]
4.5.2.3.2	Länge *l*: 240 mm ≤ *l* < 490 mm	500 600 700 800	0,22 0,24 0,28 0,31	5/10
4.5.2.4	Vollblöcke S-W aus Blähton oder aus einem Gemisch aus Blähton und Naturbims			
4.5.2.4.1	Länge ≥ 490 mm	500 600 700 800	0,22 0,24 0,27 0,31	5/10
4.5.2.4.2	Länge *l*: 240 mm ≤ *l* < 490 mm	500 600 700 800	0,24 0,26 0,30 0,34	5/10
4.5.3	Hohlblöcke (Hbn) und T-Hohlblöcke (Tbn) aus Normalbeton mit geschlossenem Gefüge nach DIN 18153			
4.5.3.1	2 K, Breite ≤ 240 mm 3 K, Breite ≤ 300 mm 4 K, Breite ≤ 365 mm	(≤1800)	0,92	20/30
4.5.3.2	2 K, Breite = 300 mm 3 K, Breite = 365 mm	(≤1800)	1,3	20/30
5 Wärmedämmstoffe				
5.1	Holzwolle-Leichtbauplatten nach DIN 1101[8)] Plattendicke ≥ 25 mm Plattendicke = 15 mm	(360 bis 480) (570)	0,090 0,15	2/5
5.2	Mehrschicht-Leichtbauplatten nach DIN 1101			
	Polystyrol-Partikelschaumschicht nach DIN 18164-1 Wärmeleitfähigkeitsgruppe[9)] 040	(≥15)	0,040	20/50
	Mineralfaserschicht nach DIN 18165-1 Wärmeleitfähigkeitsgruppe[10)] 040 045	(50 bis 250)	0,040 0,045	1
	Holzwolleschichten[11)] (Einzelschichten) Dicke *d*: 10 mm ≤ *d* < 25 mm Dicke ≥ 25 mm	(460 bis 650) (360 bis 480)	0,15 0,090	2/5
5.3	Schaumkunststoffe nach DIN 18159-1 und DIN 18159-2 an der Baustelle hergestellt			
5.3.1	Polyurethan(PUR)-Ortschaum nach DIN 18159-1	(≥37)	0,030	30/100
5.3.2	Harnstoff-Formaldehydharz(UF)-Ortschaum nach DIN 18159-2	(≥10)	0,041	1/3
5.4	Korkdämmstoffe Korkplatten nach DIN 18161-1 Wärmeleitfähigkeitsgruppe 045 050 055	(80 bis 500)	0,045 0,050 0,055	5/10

Fortsetzung s. nächste Seiten, Fußnoten s. Tabellenende

4.1.5 Klimabedingter Feuchteschutz

Tabelle 4.19, Fortsetzung

Zeile	Stoff	Rohdichte[1),2)] in kg/m³	Rechenwert der Wärmeleitfähigkeit λ_R[3)] in W/(m·K)	Richtwert der Wasserdampf-Diffusionswiderstandszahl μ[4)]
5.5	Schaumkunststoffe nach DIN 18164-1[12)]			
5.5.1	Polystyrol(PS)-Hartschaum Wärmeleitfähigkeitsgruppe 025 030 035 040		0,025 0,030 0,035 0,040	
	Polystyrol-Partikelschaum	(≥15) (≥20) (≥30)		20/50 30/70 40/100
	Polystyrol-Extruderschaum	(≥25)		80/250
5.5.2	Polyurethan(PUR)-Hartschaum Wärmeleitfähigkeitsgruppe 020 025 030 035	(≥30)	0,020 0,025 0,030 0,035	30/100
5.5.3	Phenolharz(PF)-Hartschaum Wärmeleitfähigkeitsgruppe 030 035 040 045	(≥30)	0,030 0,035 0,040 0,045	10/50
5.6	Mineralische und pflanzliche Faserdämmstoffe nach DIN 18165-1[13)] Wärmeleitfähigkeitsgruppe 035 040 045 050	(8 bis 500)	0,035 0,040 0,045 0,050	1
5.7	Schaumglas nach DIN 18174 Wärmeleitfähigkeitsgruppe 045 050 055 060	(100 bis 500)	0,045 0,050 0,055 0,060	5)
6	**Holz und Holzwerkstoffe[14)]**			
6.1	Holz			
6.1.1	Fichte, Kiefer, Tanne	(600)	0,13	40
6.1.2	Buche, Eiche	(800)	0,20	
6.2	Holzwerkstoffe			
6.2.1	Sperrholz nach DIN 68705-2 bis DIN 68705-4	(800)	0,15	50/400
6.2.2	Spanplatten			
6.2.2.1	Flachpreßplatten nach DIN 68761-1 und DIN 68761-4 und DIN 68763	(700)	0,13	50/100

Fortsetzung s. nächste Seiten, Fußnoten s. Tabellenende

Tabelle 4.19, Fortsetzung

Zeile	Stoff	Roh-dichte[1),2)] in kg/m³	Rechenwert der Wärme-leitfähigkeit λ_R [3)] in W/(m · K)	Richtwert der Wasser-dampf-Diffusions-widerstandszahl μ[4)]
6.2.2.2	Strangpreßplatten nach DIN 68764-1 (Vollplatten ohne Beplankung)	(700)	0,17	20
6.2.3	Holzfaserplatten			
6.2.3.1	Harte Holzfaserplatten nach DIN 68750 und DIN 68754-1	(1000)	0,17	70
6.2.3.2	Poröse Holzfaserplatten nach DIN 68750 und Bitumen-Holzfaserplatten nach DIN 68752	≤300 ≤400	0,060 0,070	5
7	**Beläge, Abdichtstoffe und Abdichtungsbahnen**			
7.1	Fußbodenbeläge			
7.1.1	Linoleum nach DIN 18171	(1000)	0,17	
7.1.2	Korklinoleum	(700)	0,081	
7.1.3	Linoleum-Verbundbeläge nach DIN 18173	(100)	0,12	
7.1.4	Kunststoffbeläge, z. B. auch PVC	(1500)	0,23	
7.2	Abdichtstoffe, Abdichtungsbahnen			
7.2.1	Asphaltmastix, Dicke≥7 mm	(2000)	0,70	[5)]
7.2.2	Bitumen	(1100)	0,17	
7.2.3	Dachbahnen, Dachdichtungsbahnen			
7.2.3.1	Bitumendachbahnen nach DIN 52128	(1200)	0,17	10 000/ 80 000
7.2.3.2	Bitumendachbahnen nach DIN 52129	(1200)	0,17	2000/ 20 000
7.2.3.3	Glasvlies-Bitumendachbahnen nach DIN 52143			20 000/ 60 000
7.2.4	Kunststoff-Dachbahnen			
7.2.4.1	nach DIN 16729 (ECB) 2,0 K 2,0			50 000/ 75 000 70 000/ 90 000
7.2.4.2	nach DIN 16730 (PVC-P)			10 000/ 30 000
7.2.4.3	nach DIN 16731 (PIB)			400 000/ 1 750 000
7.2.5	Folien			
7.2.5.1	PVC-Folien, Dicke≥0,1 mm			20 000/ 50 000
7.2.5.2	Polyethylen-Folien, Dicke≥0,1 mm			100 000
7.2.5.3	Aluminium-Folien, Dicke≥0,05 mm			[5)]
7.2.5.4	Andere Metallfolien, Dicke≥0,1 mm			[5)]

Fortsetzung s. nächste Seite, Fußnoten s. Tabellenende

4.1.5 Klimabedingter Feuchteschutz

Tabelle 4.19, Fortsetzung

Zeile	Stoff	Rohdichte[1),2)] in kg/m³	Rechenwert der Wärmeleitfähigkeit λ_R[3)] in W/(m · K)	Richtwert der Wasserdampf-Diffusionswiderstandszahl μ[4)]
8	**Sonstige gebräuchliche Stoffe[15)]**			
8.1	Lose Schüttungen[16)], abgedeckt			
8.1.1	aus porigen Stoffen: Blähperlit Blähglimmer Korkschrot, expandiert Hüttenbims Blähton, Blähschiefer Bimskies Schaumlava	(≤100) (≤100) (≤200) (≤600) (≤400) (≤1000) ≤1200 ≤1500	0,060 0,070 0,050 0,13 0,16 0,19 0,22 0,27	
8.1.2	aus Polystyrolschaumstoff-Partikeln	(15)	0,045	
8.1.3	aus Sand, Kies, Splitt (trocken)	(1800)	0,70	
8.2	Fliesen	(2000)	1,0	
8.3	Glas	(2500)	0,80	
8.4	Natursteine			
8.4.1	Kristalline metamorphe Gesteine (Granit, Basalt, Marmor)	(2800)	3,5	
8.4.2	Sedimentsteine (Sandstein, Muschelkalk, Nagelfluh)	(2600)	2,3	
8.4.3	Vulkanische porige Natursteine	(1600)	0,55	
8.5	Böden (naturfeucht)			
8.5.1	Sand, Kiessand		1,4	
8.5.2	Bindige Böden		2,1	
8.6	Keramik und Glasmosaik	(2000)	1,2	100/300
8.7	Kunstharzputz	(1100)	0,70	50/200
8.8	Metalle			
8.8.1	Stahl		60	
8.8.2	Kupfer		380	
8.8.3	Aluminium		200	
8.9	Gummi (kompakt)	(1000)	0,20	

[1)] Die in Klammern angegebenen Rohdichtewerte dienen nur zur Ermittlung der flächenbezogenen Masse, z. B. für den Nachweis des sommerlichen Wärmeschutzes.
[2)] Die bei den Steinen genannten Rohdichten entsprechen den Rohdichteklassen der zitierten Stoffnormen.
[3)] Die angegebenen Rechenwerte der Wärmeleitfähigkeit λ_R von Mauerwerk dürfen bei Verwendung von Leichtmörtel nach DIN 1053-1 um 0,06 W/(m · K) verringert werden, jedoch dürfen die verringerten Werte bei Gasbeton-Blocksteinen nach Zeile 4.4 sowie bei Vollblöcken S-W aus Naturbims und aus Blähton oder aus einem Gemisch aus Blähton und Naturbims nach den Zeilen 4.5.2.3.1 und 4.5.2.4.1 die Werte der entsprechenden Zeilen 2.3 sowie 2.4.2.1 und 2.4.2.2 nicht unterschreiten.

Fortsetzung s. nächste Seiten

Fußnoten zu Tabelle **4**.19, Fortsetzung

[4)] Es ist jeweils der für die Baukonstruktion ungünstigere Wert einzusetzen. Bezüglich der Anwendung der μ-Werte s. DIN 4108-3 und Beispiele in DIN 4108-5.
[5)] Praktisch dampfdicht. Nach DIN 52615: $s_d \geq 1500$ m.
[6)] Bei Quarzsandzusatz erhöhen sich die Rechenwerte der Wärmeleitfähigkeit um 20%.
[7)] Die Rechenwerte der Wärmeleitfähigkeit sind bei Hohlblöcken mit Quarzsandzusatz für 2 K Hbl um 20% und für 3 K Hbl bis 6 K Hbl um 15% zu erhöhen.
[8)] Platten der Dicken < 15 mm dürfen wärmeschutztechnisch nicht berücksichtigt werden (s. DIN 1101).
[9)] Bei Vereinbarung anderer Wärmeleitfähigkeitsgruppen oder anderer Schaumkunststoffe nach DIN 18164-1 gelten die Werte der Zeile 5.5.
[10)] Bei Vereinbarung anderer Wärmeleitfähigkeitsgruppen gelten die Werte der Zeile 5.6.
[11)] Holzwolleschichten (Einzelschichten) mit Dicken < 10 mm dürfen zur Berechnung des Wärmedurchlaßwiderstandes $1/\Lambda$ nicht berücksichtigt werden (s. DIN 1101). Bei Diffusionsberechnungen werden sie jedoch mit ihrer wasserdampfdiffusionsäquivalenten Luftschichtdicke s_d in Ansatz gebracht.
[12)] Bei Trittschalldämmplatten aus Schaumkunststoffen werden bei sämtlichen Erzeugnissen der Wärmedurchlaßwiderstand $1/\Lambda$ und die Wärmeleitfähigkeitsgruppe auf der Verpackung angegeben (s. DIN 18164-2).
[13)] Bei Trittschalldämmplatten aus Faserdämmstoffen wird bei sämtlichen Erzeugnissen die Wärmeleitfähigkeitsgruppe auf der Verpackung angegeben (s. DIN 18165-2).
[14)] Die angegebenen Rechenwerte der Wärmeleitfähigkeit λ_R gelten für Holz quer zur Faser, für Holzwerkstoffe senkrecht zur Plattenebene. Für Holz in Faserrichtung sowie für Holzwerkstoffe in Plattenebene ist näherungsweise der 2,2fache Wert einzusetzen, wenn kein genauerer Nachweis erfolgt.
[15)] Diese Stoffe sind hinsichtlich ihrer wärmeschutztechnischen Eigenschaften nicht genormt. Die angegebenen Wärmeleitfähigkeitswerte stellen obere Grenzwerte dar.
[16)] Die Dichte wird bei losen Schüttungen als Schüttdichte angegeben.

Tabelle **4**.20 Rechenwerte der Wärmedurchlaßwiderstände von Luftschichten[1)]

Lage der Luftschicht	Dicke der Luftschicht in mm	Wärmedurchlaßwiderstand $1/\Lambda$ in m² · K/W
lotrecht	10 bis 20	0,14
	über 20 bis 500	0,17
waagerecht	10 bis 500	0,17

[1)] Die Werte gelten für Luftschichten, die nicht mit der Außenluft in Verbindung stehen, und für Luftschichten bei mehrschaligem Mauerwerk nach DIN 1053-1

Tabelle **4**.21 Rechenwerte der Wärmedurchgangskoeffizienten für Verglasungen (k_V) und für Fenster und Fenstertüren einschließlich Rahmen (k_F)

Spalte	1	2	3	4	5	6	7
Zeile	Beschreibung der Verglasung	Verglasung[1)] k_V in W/(m² · K)	Fenster und Fenstertüren einschließlich Rahmen				
			k_F für Rahmenmaterialgruppe[2)] in W/(m² · K)				
			1	2.1	2.2	2.3	3[3)]
1	**Unter Verwendung von Normglas**						
1.1	Einfachverglasung	5,8	5,2				
1.2	Isolierglas mit Luftzwischenraum von 6 bis 8 mm	3,4	2,9	3,2	3,3	3,6	4,1
1.3	Isolierglas mit Luftzwischenraum über 8 bis 10 mm	3,2	2,8	3,0	3,2	3,4	4,0

Fortsetzung s. nächste Seiten, Fußnoten s. Tabellenende

4.1.5 Klimabedingter Feuchteschutz

Tabelle 4.21, Fortsetzung

Spalte	1	2	3	4	5	6	7
Zeile	Beschreibung der Verglasung	Verglasung[1] k_v in W/(m² · K)	Fenster und Fenstertüren einschließlich Rahmen k_F für Rahmenmaterialgruppe[2] in W/(m² · K)				
			1	2.1	2.2	2.3	3[3]
1.4	Isolierglas mit Luftzwischenraum über 10 bis 16 mm	3,0	2,6	2,9	3,1	3,3	3,8
1.5	Isolierglas mit zweimal Luftzwischenraum von 6 bis 8 mm	2,4	2,2	2,5	2,6	2,9	3,4
1.6	Isolierglas mit zweimal Luftzwischenraum über 8 bis 10 mm	2,2	2,1	2,3	2,5	2,7	3,3
1.7	Isolierglas mit zweimal Luftzwischenraum über 10 bis 16 mm	2,1	2,0	2,3	2,4	2,7	3,2
1.8	Doppelverglasung mit 20 bis 100 mm Scheibenabstand	2,8	2,5	2,7	2,9	3,2	3,7
1.9	Doppelverglasung aus Einfachglas und Isolierglas (Luftzwischenraum 10 bis 16 mm) mit 20 bis 100 mm Scheibenabstand	2,0	1,9	2,2	2,4	2,6	3,1
1.10	Doppelverglasung aus zwei Isolierglaseinheiten (Luftzwischenraum 10 bis 16 mm) mit 20 bis 100 mm Scheibenabstand	1,4	1,5	1,8	1,9	2,2	2,7
2	**Unter Verwendung von Sondergläsern**						
2.1	Die Wärmedurchgangskoeffizienten k_v für Sondergläser werden aufgrund von Prüfzeugnissen hierfür anerkannter Prüfanstalten festgelegt	3,0	2,6	2,9	3,1	3,3	3,8
2.2		2,9	2,5	2,8	3,0	3,2	3,8
2.3		2,8	2,5	2,7	2,9	3,2	3,7
2.4		2,7	2,4	2,7	2,9	3,1	3,6
2.5		2,6	2,3	2,6	2,8	3,0	3,6
2.6		2,5	2,3	2,5	2,7	3,0	3,5
2.7		2,4	2,2	2,5	2,6	2,9	3,4
2.8		2,3	2,1	2,4	2,6	2,8	3,4
2.9		2,2	2,1	2,3	2,5	2,7	3,3
2.10		2,1	2,0	2,3	2,4	2,7	3,2
2.11		2,0	1,9	2,2	2,4	2,6	3,1
2.12		1,9	1,8	2,1	2,3	2,5	3,1
2.13		1,8	1,8	2,0	2,2	2,5	3,0
2.14		1,7	1,7	2,0	2,2	2,4	2,9
2.15		1,6	1,6	1,9	2,1	2,3	2,9

Fortsetzung s. nächste Seiten, Fußnoten s. Tabellenende

Tabelle **4**.21, Fortsetzung

Spalte	1	2	3	4	5	6	7
Zeile	Beschreibung der Verglasung	Ver-glasung[1]) k_V in W/(m² · K)	Fenster und Fenstertüren einschließlich Rahmen k_F für Rahmenmaterialgruppe[2]) in W/(m² · K)				
			1	2.1	2.2	2.3	3[3])
2.16	Die Wärmedurchgangskoeffizienten k_V für Sondergläser werden aufgrund von Prüfzeugnissen hierfür anerkannter Prüfanstalten festgelegt	1,5	1,6	1,8	2,0	2,3	2,8
2.17		1,4	1,5	1,8	1,9	2,2	2,7
2.18		1,3	1,4	1,7	1,9	2,1	2,7
2.19		1,2	1,4	1,6	1,8	2,0	2,6
2.20		1,1	1,3	1,6	1,7	2,0	2,5
2.21		1,0	1,2	1,5	1,7	1,9	2,4
3	**Glasbausteinwand** nach DIN 4242 mit Hohlglasbausteinen nach DIN 18175						3,5

[1]) Bei Fenstern mit einem Rahmenanteil von nicht mehr als 5% (z. B. Schaufensteranlagen) kann für den Wärmedurchgangskoeffizienten k_F der Wärmedurchgangskoeffizient k_V der Verglasung gesetzt werden.

[2]) Die Einstufung von Fensterrahmen in die Rahmenmaterialgruppen 1 bis 3 ist wie folgt vorzunehmen:

Gruppe 1: Fenster mit Rahmen aus Holz, Kunststoff (s. Anmerkung) und Holzkombinationen (z. B. Holzrahmen mit Aluminiumbekleidung) ohne besonderen Nachweis.

Fenster mit Rahmen aus beliebigen Profilen, wenn der Wärmedurchgangskoeffizient des Rahmens mit $k_R \leq 2{,}0$ W/(m² · K) aufgrund von Prüfzeugnissen nachgewiesen worden ist.

Anmerkung In die Gruppe 1 sind Profile für Kunststoff-Fenster nur dann einzuordnen, wenn die Profilausbildung vom Kunststoff bestimmt wird und eventuell vorhandene Metalleinlagen nur der Aussteifung dienen.

Gruppe 2.1: Fenster mit Rahmen aus wärmegedämmten Metall- oder Betonprofilen, wenn der Wärmedurchgangskoeffizient des Rahmens mit $2{,}0 < k_R \leq 2{,}8$ W/(m² · K) aufgrund von Prüfzeugnissen nachgewiesen worden ist.

Gruppe 2.2: Fenster mit Rahmen aus wärmegedämmten Metall- oder Betonprofilen, wenn der Wärmedurchgangskoeffizient des Rahmens mit $2{,}8 < k_R \leq 3{,}5$ W/(m² · K) aufgrund von Prüfzeugnissen nachgewiesen worden ist oder wenn die Kernzone der Profile die in der Tab. 4.21 A angegebenen Merkmale aufweist:

Tabelle **4**.21 A Merkmale der Profilkernzone

Anteil der Kunststoffverbindung an der Dämmzone mit $\lambda \geq 0{,}17$ W/(m · K)		Abstand gegenüberliegender Stege a in mm	Dicke der Dämmzone s in mm
bei Verbindung der Innen- und Außenschale der Metallprofile mit Kunststoff	$b_1 + b_2 \leq 0{,}4 \cdot b$	≥ 7	≥ 12
	$b_1 + b_2 > 0{,}4 \cdot b$	≥ 9	≥ 12

4.1.5 Klimabedingter Feuchteschutz

Gruppe 2.3: Fenster mit Rahmen aus wärmegedämmten Metall- oder Betonprofilen, wenn der Wärmedurchgangskoeffizient des Rahmens mit $4{,}5 \geq k_R \geq 3{,}5$ W/(m² · K) aufgrund von Prüfzeugnissen nachgewiesen worden ist oder wenn die Kernzone der Profile die in der Tab. 4.21 B angegebenen Merkmale aufweist:

Tabelle 4.21 B Merkmale der Profilkernzone

Anteil der Kunststoffverbindung an der Dämmzone mit $\lambda \geq 0{,}17$ W/(m · K)		Abstand gegenüberliegender Stege a in mm	Dicke der Dämmzone s in mm	Dicke der Stifte in mm	Abstand der Stifte in mm
bei Verbindung der Innen- und Außenschale der Metallprofile mit Kunststoff	$b_1 + b_2 \leq 0{,}4 \cdot b$	≥ 3	≥ 10		
	$b_1 + b_2 > 0{,}4 \cdot b$	≥ 5	≥ 10		
bei Verbindung der Innen- und Außenschale der Metallprofile mit Stiften		≥ 5	≥ 10	≤ 3	≥ 200

Gruppe 3: Fenster mit Rahmen aus Beton, Stahl und Aluminium sowie wärmegedämmten Metallprofilen, die nicht in die Rahmenmaterialgruppen 2.1 bis 2.3 eingestuft werden können, ohne besonderen Nachweis.

3) Bei Verglasungen mit einem Rahmenanteil $\leq 15\%$ dürfen in der Rahmenmaterialgruppe 3 (Spalte 7, ausgenommen Zeile 1.1) die k_F-Werte um 0,5 W/(m² · K) herabgesetzt werden.

Tabelle 4.22 Konstruktionsmerkmale von Fenstern und Fenstertüren in Abhängigkeit vom Fugendurchlaßkoeffizienten a nach DIN 18055

Konstruktionsmerkmale	Fugendurchlaßkoeffizient a[1]) in m³/(h · m · daPa^{2/3})
Holzfenster (auch Doppelfenster) mit Profilen nach DIN 68121-1 ohne Dichtung	$2{,}0 \geq a > 1{,}0$
alle Fensterkonstruktionen (bei Holzfenstern mit Profilen nach DIN 68121-1) mit alterungsbeständiger, leicht auswechselbarer, weichfedernder Dichtung	$\leq 1{,}0$

) Bezüglich eines ausreichenden Luftwechsels s. DIN 4108-2.

Tabelle 4.23 Rechenwerte der Wärmeübergangswiderstände [1), 2)]

Zeile	Bauteil[3)]	Wärmeübergangswiderstand $\frac{1}{\alpha_i}$ in m² · K/W	$\frac{1}{\alpha_a}$ in m² · K/W
1	Außenwand (ausgenommen solche nach Zeile 2)	0,13	0,04
2	Außenwand mit hinterlüfteter Außenhaut[4)], Abseitenwand zum nicht wärmegedämmten Dachraum		0,08[5)]
3	Wohnungstrennwand, Treppenraumwand, Wand zwischen fremden Arbeitsräumen, Trennwand zu dauernd unbeheiztem Raum, Abseitenwand zum wärmegedämmten Dachraum		[6)]
4	An das Erdreich grenzende Wand		0
5	Decke oder Dachschräge, die Aufenthaltsraum nach oben gegen die Außenluft abgrenzt (nicht belüftet)	0,13	0,04
6	Decke unter nicht ausgebautem Dachraum, unter Spitzboden oder unter belüftetem Raum (z. B. belüftete Dachschräge)		0,08[5)]
7	Wohnungstrenndecke und Decke zwischen fremden Arbeitsräumen		
7.1	Wärmestrom von unten nach oben	0,13	[6)]
7.2	Wärmestrom von oben nach unten	0,17	
8	Kellerdecke	0,17	[6)]
9	Decke, die Aufenthaltsraum nach unten gegen die Außenluft abgrenzt		0,04
10	Unterer Abschluß eines nicht unterkellerten Aufenthaltsraumes (an das Erdreich grenzend)		0

[1)] Vereinfachend kann in allen Fällen mit $1/\alpha_i = 0{,}13$ m² · K/W sowie – die Zeilen 4 und 10 ausgenommen – mit $1/\alpha_a = 0{,}04$ m² · K/W gerechnet werden.
[2)] Für die Überprüfung eines Bauteils auf Tauwasserbildung auf Oberflächen s. besondere Festlegung in DIN 4108-3
[3)] Zur Lage der Bauteile im Bauwerk s. Bild 4.24.
[4)] Für zweischaliges Mauerwerk mit Luftschicht nach DIN 1053-1 gilt Zeile 1.
[5)] Diese Werte sind auch bei der Berechnung des Wärmedurchgangswiderstandes $1/k$ von Rippen neben belüfteten Gefachen nach DIN 4108-2 anzuwenden.
[6)] Bei innenliegendem Bauteil ist zu beiden Seiten mit demselben Wärmeübergangswiderstand zu rechnen.

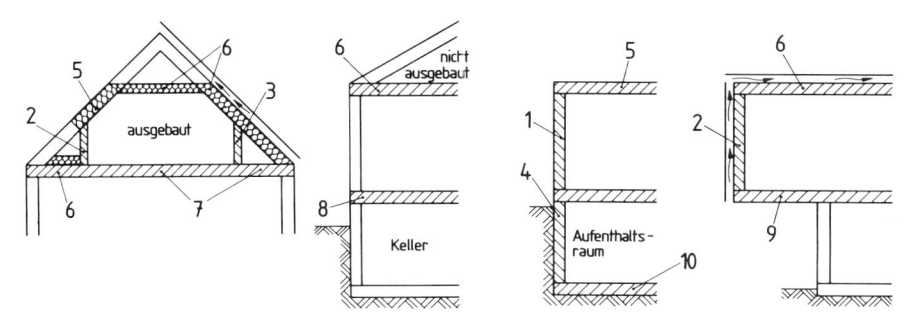

4.24 Lage und Ausbildung der Bauteile; die lfd. Nr. entsprechen den Zeilen-Nummern in Tab. 4.23

4.1.5 Klimabedingter Feuchteschutz

Praktische Feuchtegehalte von Baustoffen

Die Rechenwerte der Wärmeleitfähigkeit λ_R in Tab. **4.**19 sind u. a. aufgrund der praktischen Feuchtegehalte nach Tab. **4.**25 festgelegt worden.

Tabelle **4.**25 Praktische Feuchtegehalte von Baustoffen (gemäß Anhang A der Norm)

Zeile		Stoff	praktischer Feuchtegehalt[1]	
			volumenbezogen[2] u_v in %	massebezogen u_m in %
1		Ziegel	1,5	–
2		Kalksandsteine	5	–
3	3.1	Beton mit geschlossenem Gefüge mit dichten Zuschlägen	5	–
	3.2	Beton mit geschlossenem Gefüge mit porigen Zuschlägen	15	–
4	4.1	Leichtbeton mit haufwerksporigem Gefüge mit dichten Zuschlägen nach DIN 4226-1	5	–
	4.2	Leichtbeton mit haufwerksporigem Gefüge mit porigen Zuschlägen nach DIN 4226-2	4	–
5		Gasbeton	3,5	–
6		Gips, Anhydrit	2	–
7		Gußasphalt, Asphaltmastix	≈0	≈0
8		Anorganische Stoffe in loser Schüttung; expandiertes Gesteinsglas (z. B. Blähperlit)	–	5
9		Mineralische Faserdämmstoffe aus Glas-, Stein-, Hochofenschlacken-(Hütten-)-Fasern	–	5
10		Schaumglas	≈0	≈0
11		Holz, Sperrholz, Spanplatten, Holzfaserplatten, Holzwolle-Leichtbauplatten, Schilfrohrplatten und -matten, Organische Faserdämmstoffe	–	15
12		Pflanzliche Faserdämmstoffe aus Seegras, Holz-, Torf- und Kokosfasern und sonstigen Fasern	–	15
13		Korkdämmstoffe	–	10
14		Schaumkunststoffe aus Polystyrol, Polyurethan (hart)	–	5

[1] Unter praktischem Feuchtegehalt versteht man den Feuchtegehalt, der bei der Untersuchung genügend ausgetrockneter Bauten, die zum dauernden Aufenthalt von Menschen dienen, in 90% aller Fälle nicht überschritten wurde.

[2] Der volumenbezogene Feuchtegehalt bezieht sich auch bei Lochsteinen, Hohldielen oder sonstigen Bauelementen mit Lufthohlräumen immer auf das Material allein ohne die Hohlräume.

Tabelle 4.26 Wärmedurchlaßwiderstände von Decken

Spalte	1	2	3	4
Zeile	Deckenart und Darstellung	Dicke s	Wärmedurchlaßwiderstand in m² · K/W im Mittel	an der ungünstigsten Stelle
1	**Stahlbetonrippen- und Stahlbetonbalkendecken nach DIN 1045 mit Zwischenbauteilen nach DIN 4158**			
1.1	Stahlbetonrippendecke (ohne Aufbeton, ohne Putz)	120 140 160 180 200 220 250	0,20 0,21 0,22 0,23 0,24 0,25 0,26	0,06 0,07 0,08 0,09 0,10 0,11 0,12
1.2	Stahlbetonbalkendecke (ohne Aufbeton, ohne Putz)	120 140 160 180 200 220 240	0,16 0,18 0,20 0,22 0,24 0,26 0,28	0,06 0,07 0,08 0,09 0,10 0,11 0,12
2	**Stahlbetonrippen- und Stahlbetonbalkendecken nach DIN 1045 mit Deckenziegeln nach DIN 4160**			
2.1	Ziegel als Zwischenbauteile nach DIN 4160 ohne Querstege (ohne Aufbeton, ohne Putz)	115 140 165	0,15 0,16 0,18	0,06 0,07 0,08
2.2	Ziegel als Zwischenbauteile nach DIN 4160 mit Querstegen (ohne Aufbeton, ohne Putz)	190 225 240 265 290	0,24 0,26 0,28 0,30 0,32	0,09 0,10 0,11 0,12 0,13
3	**Stahlsteindecken nach DIN 1045 aus Deckenziegeln nach DIN 4159**			
3.1	Ziegel für teilvermörtelbare Stoßfugen nach DIN 4159	115 140 165 190 215 240 265 290	0,15 0,18 0,21 0,24 0,27 0,30 0,33 0,36	0,06 0,07 0,08 0,09 0,10 0,11 0,12 0,13

Fortsetzung s. nächste Seite

Tabelle **4.**26, Fortsetzung

Spalte	1	2	3	4
Zeile	Deckenart und Darstellung	Dicke s	Wärmedurchlaßwiderstand $m^2 \cdot K/W$ im Mittel	an der ungünstigsten Stelle
3.2	Ziegel für vollvermörtelbare Stoßfugen nach DIN 4159	115 140 165 190 215 240 265 290	0,13 0,16 0,19 0,22 0,25 0,28 0,31 0,34	0,06 0,07 0,08 0,09 0,10 0,11 0,12 0,13
4	**Stahlbetonhohldielen nach DIN 1045**			
	(ohne Aufbeton, ohne Putz)	65 80 100	0,13 0,14 0,15	0,03 0,04 0,05

Tabelle **4.**27 Rechenwerte der spezifischen Wärmekapazität verschiedener Stoffe[1)]

Zeile	Stoff	Spezifische Wärmekapazität c in $J/(kg \cdot K)$
1	Anorganische Bau- und Dämmstoffe	1000
2	Holz und Holzwerkstoffe einschließlich Holzwolle-Leichtbauplatten	2100
3	Pflanzliche Fasern und Textilfasern	1300
4	Schaumkunststoffe und Kunststoffe	1500
5	Metalle	
5.1	Aluminium	800
5.2	Sonstige Metalle	400
6	Luft ($\varrho = 1{,}25$ kg/m^3)	1000
7	Wasser	4200

[1)] Diese Werte sind für spezielle Berechnungen der Wärmeleitung von Bauteilen bei instationären Randbedingungen zu verwenden.

4.1.6 Berechnungsverfahren

DIN 4108-5 Wärmeschutz im Hochbau; Berechnungsverfahren (Aug 1981)

Diese Norm dient zur Festlegung von Berechnungsverfahren, die für die in DIN 4108-2 und DIN 4108-3 zu berechnenden Größen benötigt werden.
Zur Berechnung des Wärmedurchlaßkoeffizienten k für einschichtige sowie mehrschichtige Bauteile mit hintereinanderliegenden Schichten s. Abschn. 4.1.1.

Bauteile mit nebeneinanderliegenden Bereichen. Bei einem Bauteil, das aus mehreren, nebeneinanderliegenden Bereichen mit unterschiedlichen Wärmedurchlaßwiderständen besteht, muß – sofern kein genauerer Nachweis erfolgt – der mittlere Wärmedurchlaßwiderstand über die Wärmedurchgangskoeffizienten k der einzelnen Bereiche ermittelt werden. Hierbei dürfen sich die Wärmedurchlaßwiderstände $1/\Lambda$ benachbarter Bereiche höchstens um den Faktor 5 unterscheiden.

Der mittlere Wärmedurchgangskoeffizient k für ein Bauteil, das aus mehreren, nebeneinanderliegenden Bereichen mit verschiedenen Wärmedurchgangskoeffizienten $k_1, k_2, ..., k_n$ besteht, wird entsprechend ihren Flächenanteilen $A_1/A, A_2/A, ..., A_n/A$ nach folgender Gleichung berechnet:

$$k = k_1 \frac{A_1}{A} + k_2 \frac{A_2}{A} + ... + k_n \frac{A_n}{A}, \quad (4.5)$$

k	$k_1 ... k_n$	$A_1 ... A_n$	A
in W/(m² · K)	in W/(m² · K)	in m²	in m²

wobei A die Summe Flächenanteile $A_1 + A_2 + ... + A_n$ der Bauteilbereiche bedeutet.

Der mittlere Wärmedurchlaßwiderstand $1/\Lambda$ eines Bauteils mit nebeneinanderliegenden Bereichen ergibt sich mit k aus Gleichung (4.5) wie folgt:

$$\frac{1}{\Lambda} = \frac{1}{k} - \left(\frac{1}{\alpha_i} + \frac{1}{\alpha_a}\right) \quad (4.6)$$

$\dfrac{1}{\Lambda}$	$\dfrac{1}{k}$	$\dfrac{1}{\alpha_i}$	$\dfrac{1}{\alpha_a}$
in m² · K/W	in m² · K/W	in m² · K/W	in m² · K/W

Berechnung der Wärmestromdichte

Durch ein Außenbauteil, an dessen einer Seite Innenluft mit der Temperatur ϑ_{Li} und an dessen anderer Seite Außenluft mit der Temperatur ϑ_{La} angrenzt, fließt im Beharrungszustand ein Wärmestrom mit der Dichte q. Die Wärmestromdichte wird nach folgender Gleichung berechnet:

$$q = k (\vartheta_{Li} - \vartheta_{La}) \quad (4.7)$$

q	k	ϑ_{Li}	ϑ_{La}
in W/m²	in W/(m² · K)	in °C	in °C

Berechnung der Temperaturen

Temperatur der Innenoberfläche. Die Temperatur ϑ_{Oi} der Bauteilinnenoberfläche wird nach folgender Gleichung ermittelt:

$$\vartheta_{Oi} = \vartheta_{Li} - \frac{1}{\alpha_i} q \quad (4.8)$$

ϑ_{Oi}	ϑ_{Li}	$\dfrac{1}{\alpha_i}$	q
in °C	in °C	in m² · K/W	in W/m²

Temperatur der Außenoberfläche. Die Temperatur ϑ_{Oa} der Außenoberfläche eines Bauteils wird nach folgender Gleichung ermittelt:

$$\vartheta_{Oa} = \vartheta_{La} + \frac{1}{\alpha_a} q \qquad (4.9)$$

ϑ_{Oa}	ϑ_{La}	$\frac{1}{\alpha_a}$	q
in °C	in °C	in m² · K/W	in W/m²

Temperatur der Trennflächen. Die Temperaturen $\vartheta_1, \vartheta_2, ..., \vartheta_n$ nach jeweils der ersten, zweiten bzw. n-ten Schicht eines mehrschichtigen Bauteils (in Richtung des Wärmestroms gezählt) können wie folgt ermittelt werden (vgl. auch Bild **4.28**):

$$\vartheta_1 = \vartheta_{Oi} - \frac{1}{\Lambda_1} q \qquad (4.10)$$

$$\vartheta_2 = \vartheta_1 - \frac{1}{\Lambda_2} q \qquad (4.11)$$

$$\vdots \quad \vdots \quad \vdots$$

$$\vartheta_n = \vartheta_{n-1} - \frac{1}{\Lambda_n} q \qquad (4.12)$$

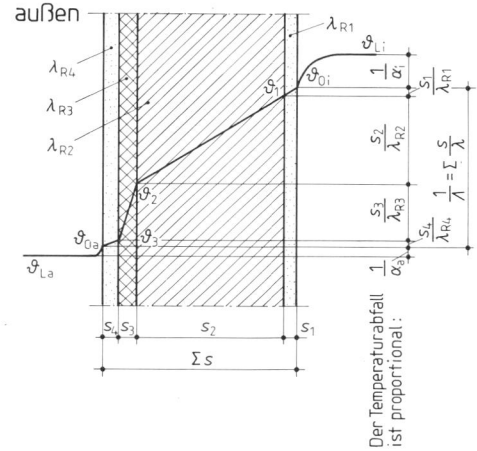

4.28 Temperaturverteilung über den Querschnitt eines mehrschichtigen Bauteils

$\vartheta_1 ... \vartheta_n$	$\vartheta_{Oi} ... \vartheta_{n-1}$	$\frac{1}{\Lambda_1} ... \frac{1}{\Lambda_n}$	q
in °C	in °C	in m² · K/W	in W/m²

Die Temperaturverteilungen in einem mehrschichtigen Bauteil in Abhängigkeit von den Schichtdicken und den Wärmeleitfähigkeiten veranschaulicht Bild **4.28**.

Wärmeschutztechnische Berechnungen zur Verhinderung von Tauwasserbildung an der Innenoberfläche von Bauteilen

Der erforderliche Wärmedurchlaßwiderstand $1/\Lambda$ eines Bauteils zur Verhinderung von Tauwasserbildung an der Innenoberfläche wird nach folgender Gleichung ermittelt:

$$\frac{1}{\Lambda} = \frac{1}{\alpha_i} \cdot \frac{\vartheta_{Li} - \vartheta_{La}}{\vartheta_{Li} - \vartheta_s} - \left(\frac{1}{\alpha_i} + \frac{1}{\alpha_a}\right) \qquad (4.13)$$

$\frac{1}{\Lambda}$	$\frac{1}{\alpha_i}$	$\vartheta_{Li}, \vartheta_{La}, \vartheta_s$	$\frac{1}{\alpha_a}$
in m² · K/W	in m² · K/W	in °C	in m² · K/W

Der entsprechende Wärmedurchgangskoeffizient k ergibt sich zu:

$$k = \frac{\vartheta_{Li} - \vartheta_s}{\frac{1}{\alpha_i}(\vartheta_{Li} - \vartheta_{La})} \qquad (4.14)$$

k	$\frac{1}{\alpha_i}$	$\vartheta_{Li}, \vartheta_{La}, \vartheta_s$
in W/(m² · K)	in m² · K/W	in °C

Die Taupunkttemperatur ϑ_s kann aus Tab. **4.29** entnommen werden.

Tabelle 4.29   Taupunkttemperatur ϑ_s der Luft in Abhängigkeit von Temperatur und relativer Feuchte der Luft

Lufttemperatur ϑ in °C	Taupunkttemperatur ϑ_s[1] in °C bei einer relativen Luftfeuchte von													
	30%	35%	40%	45%	50%	55%	60%	65%	70%	75%	80%	85%	90%	95%
30	10,5	12,9	14,9	16,8	18,4	20,0	21,4	22,7	23,9	25,1	26,2	27,2	28,2	29,1
29	9,7	12,0	14,0	15,9	17,5	19,0	20,4	21,7	23,0	24,1	25,2	26,2	27,2	28,1
28	8,8	11,1	13,1	15,0	16,6	18,1	19,5	20,8	22,0	23,2	24,2	25,2	26,2	27,1
27	8,0	10,2	12,2	14,1	15,7	17,2	18,6	19,9	21,1	22,2	23,3	24,3	25,2	26,1
26	7,1	9,4	11,4	13,2	14,8	16,3	17,6	18,9	20,1	21,2	22,3	23,3	24,2	25,1
25	6,2	8,5	10,5	12,2	13,9	15,3	16,7	18,0	19,1	20,3	21,3	22,3	23,2	24,1
24	5,4	7,6	9,6	11,3	12,9	14,4	15,8	17,0	18,2	19,3	20,3	21,3	22,3	23,1
23	4,5	6,7	8,7	10,4	12,0	13,5	14,8	16,1	17,2	18,3	19,4	20,3	21,3	22,2
22	3,6	5,9	7,8	9,5	11,1	12,5	13,9	15,1	16,3	17,4	18,4	19,4	20,3	21,2
21	2,8	5,0	6,9	8,6	10,2	11,6	12,9	14,2	15,3	16,4	17,4	18,4	19,3	20,2
20	1,9	4,1	6,0	7,7	9,3	10,7	12,0	13,2	14,4	15,4	16,4	17,4	18,3	19,2
19	1,0	3,2	5,1	6,8	8,3	9,8	11,1	12,3	13,4	14,5	15,5	16,4	17,3	18,2
18	0,2	2,3	4,2	5,9	7,4	8,8	10,1	11,3	12,5	13,5	14,5	15,4	16,3	17,2
17	−0,6	1,4	3,3	5,0	6,5	7,9	9,2	10,4	11,5	12,5	13,5	14,5	15,3	16,2
16	−1,4	0,5	2,4	4,1	5,6	7,0	8,2	9,4	10,5	11,6	12,6	13,5	14,4	15,2
15	−2,2	−0,3	1,5	3,2	4,7	6,1	7,3	8,5	9,6	10,6	11,6	12,5	13,4	14,2
14	−2,9	−1,0	0,6	2,3	3,7	5,1	6,4	7,5	8,6	9,6	10,6	11,5	12,4	13,2
13	−3,7	−1,9	−0,1	1,3	2,8	4,2	5,5	6,6	7,7	8,7	9,6	10,5	11,4	12,2
12	−4,5	−2,6	−1,0	0,4	1,9	3,2	4,5	5,7	6,7	7,7	8,7	9,6	10,4	11,2
11	−5,2	−3,4	−1,8	−0,4	1,0	2,3	3,5	4,7	5,8	6,7	7,7	8,6	9,4	10,2
10	−6,0	−4,2	−2,6	−1,2	0,1	1,4	2,6	3,7	4,8	5,8	6,7	7,6	8,4	9,2

[1] Näherungsweise darf gradlinig interpoliert werden.

Berechnung von Wärmebrücken

Wärmebrücken, die dadurch entstehen, daß Bereiche mit unterschiedlichen Wärmedurchlaßwiderständen in einem Bauteil angeordnet werden, sind rechnerisch nach der Gleichung (4.1) zu behandeln, sofern kein genauerer Nachweis erfolgt.

4.1.6 Berechnungsverfahren

Diffusionsberechnungen

Wasserdampf-Diffusionsdurchlaßwiderstand. Der Wasserdampf-Diffusionsdurchlaßwiderstand $1/\Delta$ einer Baustoffschicht wird für eine Bezugstemperatur von 10 °C[1]) nach folgender Zahlenwertgleichung berechnet:

$$1/\Delta = 1{,}5 \cdot 10^6 \cdot \mu \cdot s \qquad (4.15)$$

$1/\Delta$	$R_D \cdot \dfrac{T}{D} \approx 1{,}5 \cdot 10^6$	μ	s
in m² · h · Pa/kg	in m · h · Pa/kg	–	in m

Sind mehrere Baustoffschichten hintereinander angeordnet, so wird der Wasserdampf-Diffusionsdurchlaßwiderstand $1/\Delta$ des Bauteils aus den Dicken $s_1, s_2, ..., s_n$ der einzelnen Baustoffschichten und ihrer Wasserdampf-Diffusionswiderstandszahlen $\mu_1, \mu_2, ..., \mu_n$ nach folgender Zahlenwertgleichung ermittelt:

$$1/\Delta = 1{,}5 \cdot 10^6 \, (\mu_1 \cdot s_1 + \mu_2 \cdot s_2 + ... + \mu_n \cdot s_n) \qquad (4.16)$$

$1/\Delta$	$R_D \cdot \dfrac{T}{D} \approx 1{,}5 \cdot 10^6$	$\mu_1 ... \mu_n$	$s_1 ... s_n$
in m² · h · Pa/kg	in m · h · Pa/kg	–	in m

Wasserdampfdiffusionsäquivalente Luftschichtdicke. Die diffusionsäquivalente Luftschichtdicke s_d einer Baustoffschicht wird aus ihrer Dicke s und der Wasserdampf-Diffusionswiderstandszahl μ des Baustoffes wie folgt berechnet:

$$s_d = \mu \cdot s \qquad (4.17)$$

s_d	μ	s
in m	–	in m

Wasserdampfteildruck. Der Wasserdampfteildruck p wird aus der relativen Luftfeuchte φ und dem Wasserdampfsättigungsdruck p_s bei der Temperatur ϑ (s. Tab. 4.31[2])) wie folgt berechnet:

$$p = \varphi \cdot p_s \qquad (4.18)$$

p	φ	p_s
in Pa	–	in Pa

Die relative Luftfeuchte φ ist als Dezimalbruch in die Gleichung einzusetzen.

---

[1] In Anlehnung an DIN 52612-2, die für den Rechenwert der Wärmeleitfähigkeit eine Bezugstemperatur von 10 °C vorschreibt. Dies ist für diffusionstechnische Berechnungen im Temperaturbereich von etwa −20 bis 30 °C ausreichend genau.

[2] Der Wasserdampfsättigungsdruck p_s darf auch durch eine Formel angenähert werden, z. B:

$$p_s = a \left(b + \frac{\vartheta}{100\,°C} \right)^n$$

p_s	a	b	n	ϑ
in Pa	in Pa	–	–	in °C

Dabei bedeuten a, b und n Konstanten mit folgenden Zahlenwerten:

$0 \leq \vartheta \leq 30\,°C$: $a = 288{,}68$ Pa $-20 \leq \vartheta < 0\,°C$: $a = 4{,}689$ Pa
                           $b = 1{,}098$ $b = 1{,}486$
                           $n = 8{,}02$ $n = 12{,}30$

Wasserdampf-Diffusionsstromdichte. Der Wasserdampf-Diffusionsstrom mit der Dichte i im Beharrungszustand, im folgenden nur noch Diffusionsstromdichte i genannt, wird nach folgender Gleichung berechnet:

$$i = \frac{p_i - p_a}{1/\Delta} \tag{4.19}$$

i	p_i, p_a	$1/\Delta$
in kg/(m² · h)	in Pa	in m² · h · Pa/kg

Gleichung (4.19) setzt einen Diffusionsstrom ohne Tauwasserausfall voraus.

Berechnungsverfahren

Das Verfahren für die Ermittlung eines etwaigen Tauwasserausfalls ist in Bild **4.30** schematisiert dargestellt.

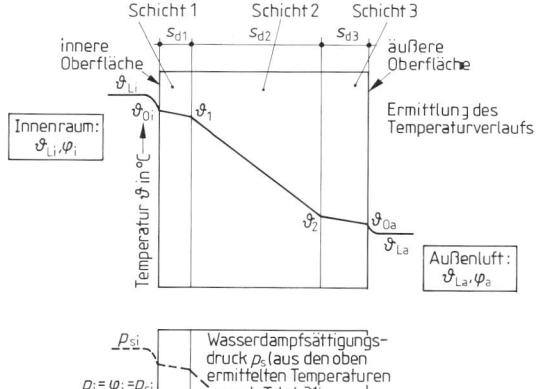

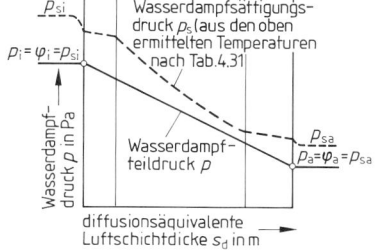

4.30 Schematisierte Darstellung des Verlaufs der Temperatur, des Wasserdampfsättigungs- und -teildrucks durch ein mehrschichtiges Bauteil zur Ermittlung etwaigen Tauwasserausfalls (in diesem Beispiel bleibt der Querschnitt tauwasserfrei)

Berechnung des Tauwasserausfalls. Durch ein Bauteil mit einem Wasserdampf-Diffusionsdurchlaßwiderstand $1/\Delta$, an dessen einer Seite Luft mit einem Wasserdampfteildruck p_i und an dessen anderer Seite Luft mit einem Wasserdampfteildruck p_a angrenzt, fließt ein Wasserdampf-Diffusionsstrom.

4.1.6 Berechnungsverfahren

Tabelle **4.31** Wasserdampfsättigungsdruck bei Temperaturen von 30,9 bis −20,9 °C

Temperatur in °C	Wasserdampfsättigungsdruck Pa									
	,0	,1	,2	,3	,4	,5	,6	,7	,8	,9
30	4244	4269	4294	4319	4344	4369	4394	4419	4445	4469
29	4006	4030	4053	4077	4101	4124	4148	4172	4196	4219
28	3781	3803	3826	3848	3871	3894	3916	3939	3961	3984
27	3566	3588	3609	3631	3652	3674	3695	3717	3793	3759
26	3362	3382	3403	3423	3443	3463	3484	3504	3525	3544
25	3169	3188	3208	3227	3246	3266	3284	3304	3324	3343
24	2985	3003	3021	3040	3059	3077	3095	3114	3132	3151
23	2810	2827	2845	2863	2880	2897	2915	2932	2950	2968
22	2645	2661	2678	2695	2711	2727	2744	2761	2777	2794
21	2487	2504	2518	2535	2551	2566	2582	2598	2613	2629
20	2340	2354	2369	2384	2399	2413	2428	2443	2457	2473
19	2197	2212	2227	2241	2254	2268	2283	2297	2310	2324
18	2065	2079	2091	2105	2119	2132	2145	2158	2172	2185
17	1937	1950	1963	1976	1988	2001	2014	2027	2039	2052
16	1818	1830	1841	1854	1866	1878	1889	1901	1914	1926
15	1706	1717	1729	1739	1750	1762	1773	1784	1795	1806
14	1599	1610	1621	1631	1642	1653	1663	1674	1684	1695
13	1498	1508	1518	1528	1538	1548	1559	1569	1578	1588
12	1403	1413	1422	1431	1441	1451	1460	1470	1479	1488
11	1312	1321	1330	1340	1349	1358	1367	1375	1385	1394
10	1228	1237	1245	1254	1262	1270	1279	1287	1296	1304
9	1148	1156	1163	1171	1179	1187	1195	1203	1211	1218
8	1073	1081	1088	1096	1103	1110	1117	1125	1133	1140
7	1002	1008	1016	1023	1030	1038	1045	1052	1059	1066
6	935	942	949	955	961	968	975	982	988	995
5	872	878	884	890	896	902	907	913	919	925
4	813	819	825	831	837	843	849	854	861	866
3	759	765	770	776	781	787	793	798	803	808
2	705	710	716	721	727	732	737	743	748	753
1	657	662	667	672	677	682	687	691	696	700
0	611	616	621	626	630	635	640	645	648	653
−0	611	605	600	595	592	587	582	577	572	567
−1	562	557	552	547	543	538	534	531	527	522
−2	517	514	509	505	501	496	492	489	484	480
−3	476	472	468	464	461	456	452	448	444	440
−4	437	433	430	426	423	419	415	412	408	405
−5	401	398	395	391	388	385	382	379	375	372
−6	368	365	362	359	356	353	350	347	343	340
−7	337	336	333	330	327	324	321	318	315	312
−8	310	306	304	301	298	296	294	291	288	286
−9	284	281	279	276	274	272	269	267	264	262
−10	260	258	255	253	251	249	246	244	242	239
−11	237	235	233	231	229	228	226	224	221	219
−12	217	215	213	211	209	208	206	204	202	200
−13	198	197	195	193	191	190	188	186	184	182
−14	181	180	178	177	175	173	172	170	168	167
−15	165	164	162	161	159	158	157	155	153	152
−16	150	149	148	146	145	144	142	141	139	138
−17	137	136	135	133	132	131	129	128	127	126
−18	125	124	123	122	121	120	118	117	116	115
−19	114	113	112	111	110	109	107	106	105	104
−20	103	102	101	100	99	98	97	96	95	94

Wenn der Wasserdampfteildruck p im Innern eines Bauteils den Wasserdampfsättigungsdruck p_s erreicht, erfolgt Tauwasserausfall.

Die Berechnung erfolgt nach dem folgenden Verfahren:

Auf der Abszisse werden in das Diagramm die im Maßstab der diffusionsäquivalenten Luftschichtdicken s_d dargestellten Baustoffschichten, auf der Ordinate der Wasserdampfteildruck p aufgetragen (vgl. Bild **4.32**).

In das Diagramm werden über dem Querschnitt des Bauteils der aufgrund der rechnerisch ermittelten Temperaturverteilung bestimmte Wasserdampfsättigungsdruck p_s (höchstmöglicher Wasserdampfdruck) und der vorhandene Wasserdampfteildruck eingetragen. Der Verlauf des Wasserdampfteildruckes im Bauteil ergibt sich im Diffusionsdiagramm als Verbindungsgerade der Drücke p_i und p_a an beiden Bauteiloberflächen. Würde eine Gerade den Kurvenzug des Wasserdampfsättigungsdruckes schneiden, so sind statt der Geraden von den Drücken p_i und p_a die Tangenten an die Kurve des Sättigungsdruckes zu zeichnen, da der Wasserdampfteildruck nicht größer als der Sättigungsdruck sein kann (vgl. Bild **4.32**, Fälle b bis d). Die Berührungsstellen der Tangenten mit dem Kurvenzug des Wasserdampfsättigungsdruckes begrenzen den Bereich des Tauwasserausfalls im Bauteil (vgl. Bild **4.32**, Fall d). Berühren sich die Gerade und die Kurve des Wasserdampfsättigungsdruckes nicht, so fällt kein Tauwasser aus (vgl. Bild **4.32**, Fall a).

Die Größe der Tauwassermasse ergibt sich als Differenz zwischen den je Zeit- und Flächeneinheit eindiffundierenden und ausdiffundierenden Wasserdampfmassen (Differenz der Diffusionsstromdichte). Die Neigung der Tangenten ist ein Maß für die jeweilige Diffusionsstromdichte i (s. Gleichung (4.19)).

Die in der Tauperiode in einem Außenbauteil ausfallende Tauwassermasse ergibt sich für die jeweiligen Fälle b bis d aus den in Bild **4.32** aufgeführten Gleichungen (4.20) bis (4.30).

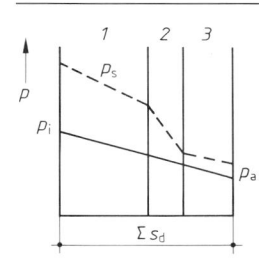

Fall a: Wasserdampfdiffusion ohne Tauwasserausfall im Bauteil. Der Wasserdampfteildruck im Bauteil ist an jeder Stelle niedriger als der mögliche Wasserdampfsättigungsdruck.

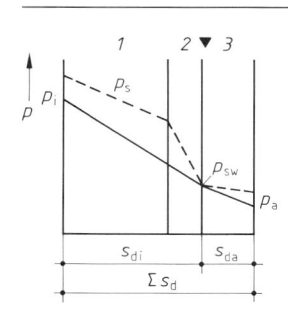

Fall b: Wasserdampfdiffusion mit Tauwasserausfall in einer Ebene des Bauteils (zwischen den Schichten 2 und 3).

Die Diffusionsstromdichte i_i vom Raum in das Bauteil bis zur Tauwasserebene ist:

$$i_i = \frac{p_i - p_{sw}}{1/\Delta_i} \quad (4.20)$$

Die Diffusionsstromdichte i_a von der Tauwasserebene zum Freien ist:

$$i_a = \frac{p_{sw} - p_a}{1/\Delta_a} \quad (4.21)$$

Die Tauwassermasse W_T, die während der Tauperiode in der Ebene ausfällt, berechnet sich wie folgt:

$$W_T = t_T \cdot (i_i - i_a) \quad (4.22)$$

4.32 Schematisierte Diffusionsdiagramme und zugehörige Berechnungsgleichungen für Außenbauteile während der Tauperiode, Fortsetzung s. nächste Seite

4.1.6 Berechnungsverfahren

Bild **4**.32, Fortsetzung

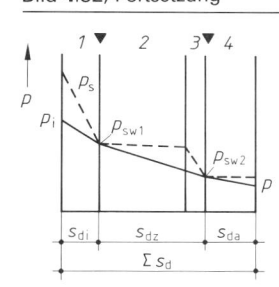

Fall c: Wasserdampfdiffusion mit Tauwasserausfall in zwei Ebenen des Bauteils (zwischen den Schichten 1 und 2 sowie zwischen den Schichten 3 und 4).

Die Diffusionsstromdichte i_i vom Raum in das Bauteil bis zur 1. Tauwasserebene ist:	Die Diffusionsstromdichte i_z zwischen der 1. und 2. Tauwasserebene ist:	Die Diffusionsstromdichte i_a von der 2. Tauwasserebene zum Freien ist:
$i_i = \dfrac{p_i - p_{sw1}}{1/\varDelta_i}$ (4.23)	$i_z = \dfrac{p_{sw1} - p_{sw2}}{1/\varDelta_z}$ (4.24)	$i_a = \dfrac{p_{sw2} - p_a}{1/\varDelta_a}$ (4.25)

Die Tauwassermassen W_{T1} und W_{T2}, die während der Tauperiode in den Ebenen 1 und 2 ausfallen, berechnen sich wie folgt:

$$W_{T1} = t_T \cdot (i_i - i_z) \quad (4.26) \quad | \quad W_{T2} = t_T \cdot (i_z - i_a) \quad (4.27)$$

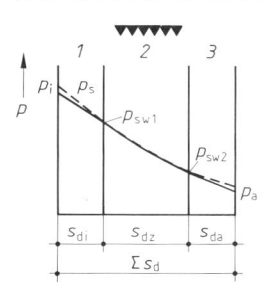

Fall d: Wasserdampfdiffusion mit Tauwasserausfall in einem Bereich im Innern des Bauteils.

Die Diffusionsstromdichte i_i vom Raum in das Bauteil bis zum Anfang des Tauwasserbereiches ist:	Die Diffusionsstromdichte i_a vom Ende des Tauwasserbereiches zum Freien ist:
$i_i = \dfrac{p_i - p_{sw1}}{1/\varDelta_i}$ (4.28)	$i_a = \dfrac{p_{sw2} - p_a}{1/\varDelta_a}$ (4.29)

Die Tauwassermasse W_T, die während der Tauperiode im Bereich ausfällt, berechnet sich wie folgt:

$$W_T = t_T \cdot (i_i - i_a) \quad (4.30)$$

Im Regelfall werden bei nichtklimatisierten Räumen die vereinfachten Randbedingungen nach DIN 4108-3 der Berechnung zugrunde gelegt.

In den Gleichungen (4.20) bis (4.30) bedeuten:

p_i Wasserdampfteildruck im Raum
p_a Wasserdampfteildruck im Freien
p_{sw} Wasserdampfsättigungsdruck
     bei Fall b: in der Tauwasserebene
     bei Fall c: in der 1. und 2. Tauwasserebene (p_{sw1}, p_{sw2})
     bei Fall d: am Anfang und am Ende des Tauwasserbereiches (p_{sw1}, p_{sw2})

$1/\varDelta$ Wasserdampf-Diffusionsdurchlaßwiderstand der Baustoffschichten (nach den Gleichungen (4.15) und (4.17) proportional zu s_d)
     bei Fall b: zwischen der raumseitigen Bauteiloberfläche und der Tauwasserebene ($1/\varDelta_i$)
         zwischen der Tauwasserebene und der außenseitigen Bauteiloberfläche ($1/\varDelta_a$)
     bei Fall c: zwischen der raumseitigen Bauteiloberfläche und der 1. Tauwasserebene ($1/\varDelta_i$)
         zwischen der 1. und 2. Tauwasserebene ($1/\varDelta_z$)
         zwischen der 2. Tauwasserebene und der außenseitigen Bauteiloberfläche ($1/\varDelta_a$)
     bei Fall d: zwischen der raumseitigen Bauteiloberfläche und dem Anfang des Tauwasserbereiches ($1/\varDelta_i$)
         zwischen dem Ende des Tauwasserbereiches und der außenseitigen Bauteiloberfläche ($1/\varDelta_a$)

t_T Dauer der Tauperiode

i_i, i_a, i_z	p_i, p_a, p_{sw}, p_{sw1}, p_{sw2}	$1/\varDelta_i$, $1/\varDelta_a$, $1/\varDelta_z$	W_T, W_{T1}, W_{T2}	t_T
in kg/(m² · h)	in Pa	in m² · h · Pa/kg	in kg/m²	in h

Berechnung der Verdunstung. Nach einem vorhergehenden Tauwasserausfall im Außenbauteil wird der Tauwasserebene bzw. in dem Tauwasserbereich Sättigungsdruck angenommen.
Die Ermittlung der durch Dampfdiffusion an die Raum- und Außenluft aus den Tauwasserebenen bzw. aus dem Tauwasserbereich abführbaren verdunstenden Wassermasse erfolgt analog zu dem in Abschnitt beschriebenen Verfahren anhand von Diffusionsdiagrammen (vgl. Bild **4**.33, Fälle b bis d).
Tauwasserausfall während der Verdunstungsperiode ist rechnerisch nicht zu berücksichtigen.
Die in Bild **4**.33 dargestellten Fälle a bis d entsprechen den Fällen a bis d in Bild **4**.32.
Im Regelfall werden bei nichtklimatisierten Räumer die vereinfachten Randbedingungen nach DIN 4108-3 der Berechnung zugrunde gelegt.
Die Bedeutung der in den Gleichungen (4.31) bis (4.39) verwendeten Größen ist in Bild **4**.32 angegeben.

Zusätzlich bedeutet:

t_V Dauer der Verdunstungsperiode

Berechnungsverfahren bei Sonderfällen. Ist nach DIN 4108-3 die Auswirkung des tatsächlich gegebenen Raumklimas und des Außenklimas am Standort des Gebäudes auf den Tauwasserausfall und bei der Ermittlung der Tauwassermasse mit zu erfassen, so ist ein modifiziertes, auf diese Klimabedingungen abgestimmtes Rechenverfahren anzuwenden.

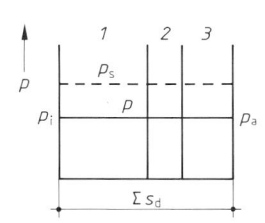

Fall a: Kein Tauwasserausfall, da an keiner Stelle $p = p_s$ ist. Eine Untersuchung der Verdunstung erübrigt sich.

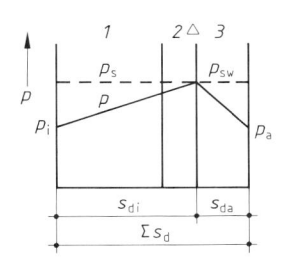

Fall b: Wasserdampfdiffusion während der Verdunstung nach Tauwasserausfall in einer Ebene des Bauteils.

Die Diffusionsstromdichte i_i von der Tauwasserebene zum Raum ist:

$$i_i = \frac{p_{sw} - p_i}{1/\varDelta_i} \quad (4.31)$$

Die Diffusionsstromdichte i_a von der Tauwasserebene zum Freien ist:

$$i_a = \frac{p_{sw} - p_a}{1/\varDelta_a} \quad (4.32)$$

Die verdunstende Wassermasse W_V, die während der Verdunstungsperiode aus dem Bauteil abgeführt werden kann, berechnet sich wie folgt:

$$W_V = t_V \cdot (i_i + i_a) \quad (4.33)$$

4.33   Schematisierte Diffusionsdiagramme und zugehörige Berechnungsgleichungen für Außenbauteile während der Verdunstungsperiode am Beispiel von Außenwänden mit den vereinfachten Randbedingungen nach DIN 4108-3, Fortsetzung nächste Seite

4.1.6 Berechnungsverfahren

Bild **4**.33, Fortsetzung

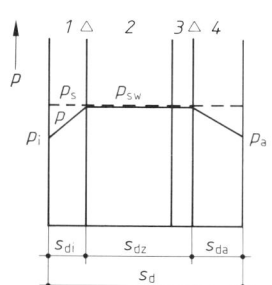

Fall c: Wasserdampfdiffusion während der Verdunstung nach Tauwasserausfall in zwei Ebenen des Bauteils[1]).

Die Diffusionsstromdichte i_i von der 1. Tauwasserebene p_{sw} zum Raum ist:

$$i_i = \frac{p_{sw} - p_i}{1/\varDelta_i} \quad (4.34)$$

Die Diffusionsstromdichte i_a von der 2. Tauwasserebene p_{sw} zum Freien ist:

$$i_a = \frac{p_{sw} - p_a}{1/\varDelta_a} \quad (4.35)$$

Die verdunstende Wassermasse W_V, die während der Verdunstungsperiode aus dem Bauteil abgeführt werden kann, berechnet sich wie folgt:

$$W_V = t_V \cdot (i_i + i_a) \quad (4.36)$$

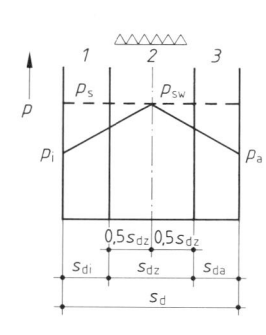

Fall d: Wasserdampfdiffusion während der Verdunstung nach Tauwasserausfall in einem Bereich im Innern des Bauteils.

Die Diffusionsstromdichte i_i von der Mitte des Tauwasserbereiches zum Raum ist:

$$i_i = \frac{p_{sw} - p_i}{1/\varDelta_i + 0{,}5 \cdot 1/\varDelta_z} \quad (4.37)$$

Die Diffusionsstromdichte i_a von der Mitte des Tauwasserbereiches zum Freien ist:

$$i_a = \frac{p_{sw} - p_a}{0{,}5 \cdot 1/\varDelta_z + 1/\varDelta_a} \quad (4.38)$$

Die verdunstende Wassermasse W_V, die während der Verdunstungsperiode aus dem Bauteil abgeführt werden kann, berechnet sich wie folgt:

$$W_V = t_V \cdot (i_i + i_a) \quad (4.39)$$

W_V	t_V	i_i, i_a
in kg/m²	in h	in kg/(m² · h)

---

[1]) Reicht die Diffusionsstromdichte i_a für die vollständige Verdunstung der in der zweiten Ebene ausgefallenen Tauwassermasse nicht aus, z. B. bei Flachdächern mit praktisch dampfdichter Dachhaut, dann ist nach der vollständigen Verdunstung der in der ersten Ebene ausgefallenen Tauwassermasse eine Verdunstung zum Raum hin auch aus der zweiten Ebene in Rechnung zu stellen.

Es ergibt sich:

$$i_a = \frac{p_{sw} - p_i}{1/\varDelta_i + 1/\varDelta_z} \quad (4.35a)$$

Anwendungsbeispiele

Nachfolgend wird am Beispiel einer Außenwand und eines Flachdaches die Untersuchung auf innere Tauwasserbildung und Verdunstung infolge von Wasserdampfdiffusion bei den Randbedingungen entsprechend DIN 4108-3 gezeigt. Feuchtigkeitstechnische Schutzschichten (z. B. Dampfsperren, Dachhaut u. a.) werden bei der Ermittlung der Temperaturverteilung nicht mitgerechnet.

Beispiel 1 Außenwand

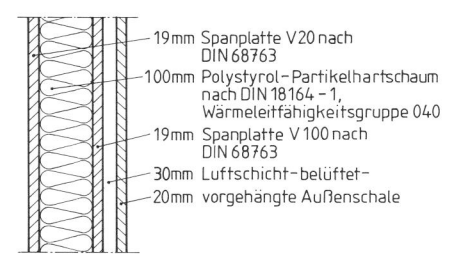

Wandaufbau:
- 19 mm Spanplatte V 20 nach DIN 68763
- 100 mm Polystyrol-Partikelhartschaum nach DIN 18164-1, Wärmeleitfähigkeitsgruppe 040
- 19 mm Spanplatte V 100 nach DIN 68763
- 30 mm Luftschicht – belüftet –
- 20 mm vorgehängte Außenschale

4.34 Wandaufbau zum Beispiel Außenwand

Tabelle **4**.35 Randbedingungen

Periode	Raum-klima	Außen-klima
Tauperiode		
Lufttemperatur	20 °C	−10 °C
Relative Luftfeuchte	50%	80%
Wasserdampfsättigungsdruck	2340 Pa	260 Pa
Wasserdampfteildruck	1170 Pa	208 Pa
Verdunstungsperiode		
Lufttemperatur	12 °C	12 °C
Relative Luftfeuchte	70%	70%
Wasserdampfsättigungsdruck	1403 Pa	1403 Pa
Wasserdampfteildruck	982 Pa	982 Pa

Tabelle **4**.36 Zusammenstellung der Rechengrößen für das Diffusionsdiagramm bei Tauwasserausfall

Spalte	1	2	3	4	5	6	7	8
Nr	Schicht	s	μ	s_d	λ_R	$1/\alpha, 1/\Lambda$	ϑ	p_s
–	–	m	–	m	W/(m·K)	m²·K/W	°C	Pa
–	Wärmeübergang innen	–	–	–	–	0,13	20,0	2340
1	Spanplatte V 20	0,019	50	0,95	0,13	0,15	18,7	2158
2	Polystyrol-Partikelhartschaum	0,10	20	2,00	0,04	2,50	17,2	1963
3	Spanplatte V 100	0,019	100	1,90	0,13	0,15	−7,7	318
4	Luftschicht – belüftet –	0,03	–	–	–	–	−9,2	279
5	Außenschale	0,02	–	–	–	–	–	–
–	Wärmeübergang außen	–	–	–	–	0,08	−10,0	260
				$\sum s_d =$	4,85	$1/k =$	3,01	

4.1.6 Berechnungsverfahren

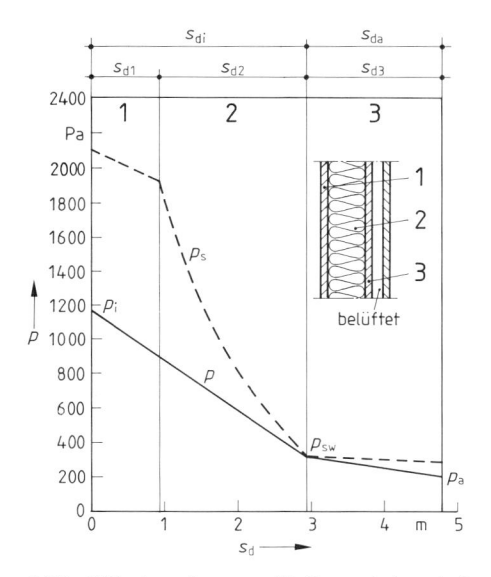

4.37 Diffusionsdiagramm für Tauperiode – Außenwand

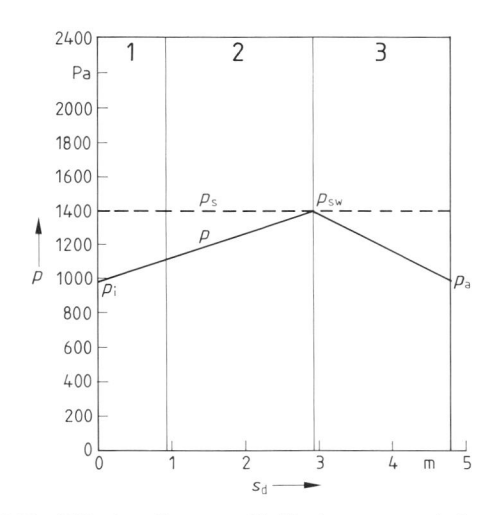

4.38 Diffusionsdiagramm für Verdunstungsperiode – Außenwand
Bei den Randbedingungen nach Tab. **4**.35 sind die Lufttemperatur ϑ und damit auch der Sättigungsdruck p_s über den ganzen Wandquerschnitt konstant.

Tauwassermasse

$1/\Delta_i = 1{,}5 \cdot 2{,}95 \cdot 10^6 =$
$\quad = 4{,}43 \cdot 10^6 \text{ m}^2 \cdot \text{h} \cdot \text{Pa/kg}$
$1/\Delta_a = 1{,}5 \cdot 1{,}9 \cdot 10^6 =$
$\quad = 2{,}85 \cdot 10^6 \text{ m}^2 \cdot \text{h} \cdot \text{Pa/kg}$
$p_i = 1170 \text{ Pa}$
$p_{sw} = 318 \text{ Pa}$
$p_a = 208 \text{ Pa}$

Dauer der Tauperiode: $t_T = 1440 \text{ h}$

$W_T = 1440 \left(\dfrac{1170 - 318}{4{,}43} - \dfrac{318 - 208}{2{,}85} \right) \cdot 10^{-6}$

$W_T = 0{,}221 \text{ kg/m}^2$

Ergebnis Zulässige Tauwassermasse nach DIN 4108-3 (Erhöhung des massebezogenen Feuchtegehalts der Spanplatte um nicht mehr als 3%):
zul $W_T = 0{,}03 \cdot 0{,}019 \cdot 700 = 0{,}399 \text{ kg/m}^2 > W_T$

Verdunstende Wassermasse

$1/\Delta_i = 1{,}5 \cdot 2{,}95 \cdot 10^6 =$
$\quad = 4{,}43 \cdot 10^6 \text{ m}^2 \cdot \text{h} \cdot \text{Pa/kg}$
$1/\Delta_a = 1{,}5 \cdot 1{,}9 \cdot 10^6 =$
$\quad = 2{,}85 \cdot 10^6 \text{ m}^2 \cdot \text{h} \cdot \text{Pa/kg}$
$p_i = p_a = 982 \text{ Pa}$
$p_{sw} = 1403 \text{ Pa}$

Dauer der Verdunstungsperiode: $t_V = 2160 \text{ h}$

$W_V = 2160 \left(\dfrac{1403 - 982}{4{,}43} + \dfrac{1403 - 982}{2{,}85} \right) \cdot 10^{-6}$

$W_V = 0{,}524 \text{ kg/m}^2 > W_T$

Ergebnis Die Tauwasserbildung ist im Sinne von DIN 4108-3 unschädlich, da
a) $W_T <$ zul W_T und
b) $W_V > W_T$.

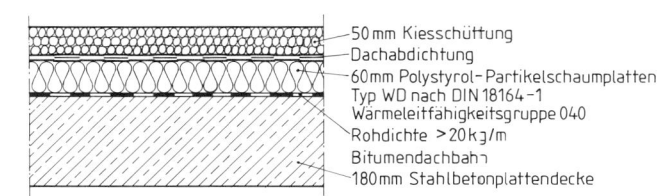

4.39 Dachaufbau zum Beispiel Flachdachaufbau

- 50 mm Kiesschüttung
- Dachabdichtung
- 60 mm Polystyrol-Partikelschaumplatten Typ WD nach DIN 18164-1 Wärmeleitfähigkeitsgruppe 040 Rohdichte >20 kg/m
- Bitumendachbahn
- 180 mm Stahlbetonplattendecke

Tabelle 4.40 Randbedingungen

Periode	Raum-klima	Außen-klima	Periode	Raum-klima	Außen-klima
Tauperiode			**Verdunstungsperiode**		
Lufttemperatur	20 °C	−10 °C	Lufttemperatur	12 °C	12 °C
Relative Luftfeuchte	50%	80%	Relative Luftfeuchte	70%	70%
Wasserdampfsättigungsdruck	2340 Pa	260 Pa	Wasserdampfsättigungsdruck	1403 Pa	1403 Pa
Wasserdampfteildruck	1170 Pa	208 Pa	Wasserdampfteildruck	982 Pa	982 Pa
			Oberflächentemperatur Dach	−	20 °C

Tabelle 4.41 Zusammenstellung der Rechengrößen für das Diffusionsdiagramm bei Tauwasserausfall

Spalte	1	2	3	4	5	6	7	8
Nr	Schicht	s	μ	s_d	λ_R	$1/\alpha, 1/\Lambda$	ϑ	p_s
−	−	m	−	m	W/(m·K)	m²·K/W	°C	Pa
−	Wärmeübergang, innen	−	−	−	−	0,13	20,0	2340
1	Stahlbeton	0,18	70	13	2,10	0,09	17,8	2039
2	Bitumendachbahn	0,002	15000	30	−	−	16,3	1854
3	Polystyrol-Partikelschaum Typ WD nach DIN 18164-1 Rohdichte ≥ 20 kg/m³	0,06	30	1,80	0,040	1,50	16,3	1854
							−9,3	276
4	Dachabdichtung	0,006	100000	600	−	−	−9,3	276
−	Wärmeübergang, außen	−	−	−	−	0,04	−10,0	260
		$\sum s_d =$		644,8	$1/k =$	1,76		

Tabelle 4.42 Zusammenstellung der Rechengrößen für das Diffusionsdiagramm bei Verdunstung

Spalte	1	2	3	4	5	6	7	8
Nr	Schicht	s	μ	s_d	λ_R	$1/\alpha, 1/\Lambda$	ϑ	p_s
−	−	m	−	m	W/(m·K)	m²·K/W	°C	Pa
−	Wärmeübergang, innen	−	−	−	−	0,13	12,0	1403
1	Stahlbeton	0,18	70	13	2,10	0,09	12,6	1460
2	Bitumendachbahn	0,002	15000	30	−	−	13,0	1498
3	Polystyrol-Partikelschaum Typ WD nach DIN 18164-1 Rohdichte ≥ 20 kg/m³	0,06	30	1,80	0,040	1,50	13,0	1498
							20,0	2340
4	Dachabdichtung	0,006	100000	600	−	−	20,0	2340
		$\sum s_d =$		644,8	$1/k =$	1,72		

4.1.6 Berechnungsverfahren

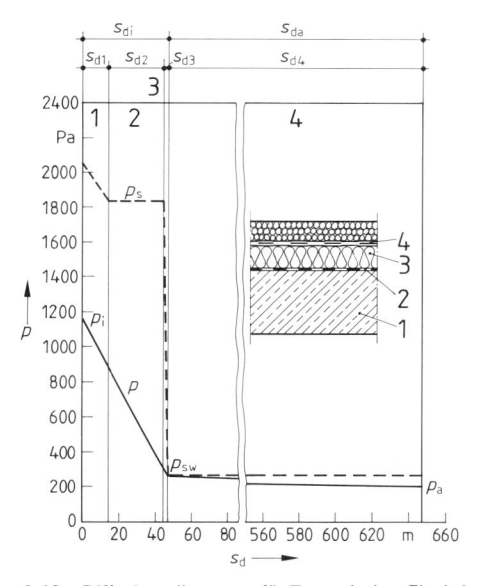

4.43 Diffusionsdiagramm für Tauperiode – Flachdach

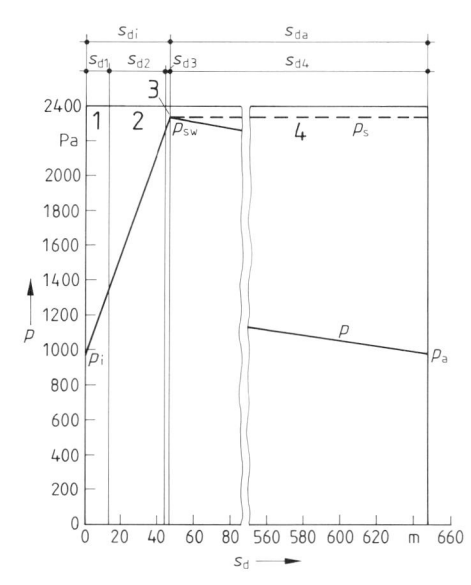

4.44 Diffusionsdiagramm für Verdunstungsperiode – Flachdach
Erneuter Tauwasserausfall während der Verdunstungsperiode (Gerade $p_{sw}-p_i$) wird nicht berücksichtigt.

Tauwassermasse

$1/\Delta_i = 1,5 \cdot 44,8 \cdot 10^6 =$
$\qquad 67,2 \cdot 10^6 \ m^2 \cdot h \cdot Pa/kg$
$1/\Delta_a = 1,5 \cdot 600 \cdot 10^6 =$
$\qquad 900 \cdot 10^6 \ m^2 \cdot h \cdot Pa/kg$
$p_i \quad = 1170 \ Pa$
$p_{sw} = 276 \ Pa$
$p_a \quad = 208 \ Pa$
Dauer der Tauperiode: $t_T = 1440 \ h$

$$W_T = 1440 \left(\frac{1170-276}{67,2} - \frac{276-208}{900} \right) \cdot 10^{-6}$$

$W_T = 0,019 \ kg/m^2$

Ergebnis Zulässige Wassermasse nach DIN 4108-3:
zul $W_T = 1,0 \ kg/m^2 > W_T$

Verdunstende Wassermasse

$1/\Delta_i = 1,5 \cdot 44,8 \cdot 10^6 =$
$\qquad 67,2 \cdot 10^6 \ m^2 \cdot h \cdot Pa/kg$
$1/\Delta_a = 1,5 \cdot 600 \cdot 10^6 =$
$\qquad 900 \cdot 10^6 \ m^2 \cdot h \cdot Pa/kg$
$p_i \quad = p_a = 982 \ Pa$
$p_{sw} = 2340 \ Pa$

Dauer der Verdunstungsperiode: $t_V = 2160 \ h$

$$W_V = 2160 \left(\frac{2340-982}{67,2} + \frac{2340-982}{900} \right) \cdot 10^{-6}$$

$W_V = 0,047 \ kg/m^2 > W_T$

Ergebnis Die Tauwasserbildung ist im Sinne von DIN 4108-3 unschädlich, da
a) $W_T <$ zul W_T und
b) $W_V > W_T$.

4.1.7 Fugendurchlässigkeit von Fenstern

DIN 18055 Fenster; Fugendurchlässigkeit, Schlagregendichtheit und mechanische Beanspruchung; Anforderungen und Prüfung (Okt 1981)

Diese Norm legt, unabhängig von Werkstoff, Konstruktion und Einbau, Anforderungen an Fenster und deren Prüfung bezüglich der Fugendurchlässigkeit, der Schlagregendichtheit und der mechanischen Beanspruchung wie Windbeanspruchung und Beanspruchung durch Fehlbedienung fest. Das Verhalten bei unterschiedlichen Temperaturen wird besonders vereinbart.

Begriffe

Die F u g e n d u r c h l ä s s i g k e i t V ist ein Volumenstrom, der in dieser Norm mit m³/h gemessen wird. Sie kennzeichnet den über die Fugen zwischen Flügel und Blendrahmen in der Zeit stattfindenden Luftaustausch, der die Folge einer am Fenster vorhandenen Luftdruckdifferenz ist.

Der F u g e n d u r c h l a ß k o e f f i z i e n t a kennzeichnet die über die Fugen zwischen Flügel und Blendrahmen eines Fensters je Zeit, Meter Fugenlänge und Luftdruckdifferenz von 10 Pa ausgetauschte Luftmenge.

Zwischen Fugendurchlässigkeit V und Fugendurchlaßkoeffizient a besteht folgende Beziehung:

$$V = a \cdot l \cdot \Delta p^n \text{ in } \frac{m^3}{h} \tag{4.40}$$

wobei bedeuten

a Fugendurchlaßkoeffizient, der im Rahmen dieser Norm auf eine Luftdruckdifferenz von 10 Pa bezogen wird
l Fugenlänge des Fensters in m (Flügelumfang)
Δp Druckdifferenz in daPa
n Exponent, der den nicht linearen Zusammenhang zwischen Druckdifferenz und Luftstrom kennzeichnet, im Rahmen dieser Norm gilt $n = 2/3$
V Luftvolumenstrom in $\frac{m^3}{h}$

Die l ä n g e n b e z o g e n e F u g e n d u r c h l ä s s i g k e i t V_1 ist der auf die Fugenlänge bezogene Luftvolumenstrom der Fugendurchlässigkeit V

$$V_1 = \frac{V}{l} \text{ in } \frac{m^3}{hm} \tag{4.41}$$

Zwischen der Luftmenge V_1, gemessen in m³/h und dem Fugendurchlaßkoeffizienten a wird im Rahmen dieser Norm folgende Beziehung angenommen:

$$V_1 = a \cdot \frac{\Delta p^{2/3}}{10^{2/3}} = 0{,}22 \cdot a \cdot \Delta p^{2/3} \tag{4.42}$$

Tabelle **4.**45 Angleichung an die vorhandenen a-Werte Pa

Druckdifferenz Δp	V_1
150	$a \cdot$ 6,21
300	$a \cdot$ 9,86
600	$a \cdot$ 15,65

Anmerkung Da aus praktischen Gründen der Fugendurchlaßkoeffizient nicht auf die Druckeinheit von 1 Pa, sondern auf die Luftdruckdifferenz von 10 Pa bezogen wird, ergibt sich in der Gleichung für die Berechnung der längenbezogenen Fugendurchlässigkeit der Faktor 0,22.

4.1.8 Verordnungen zum Wärmeschutz und zur Energieeinsparung

Schlagregendichtheit ist die Sicherheit, die ein geschlossenes Fenster bei gegebener Windstärke, Regenmenge und Beanspruchungsdauer gegen das Eindringen von Wasser in das Innere des Gebäudes bietet.
Windbeanspruchung ist die Einwirkung von Wind auf das Bauwerk.
Sie ist unter anderem abhängig von Gebäudeform, Gebäudelage und Gebäudehöhe.
Die Belastung bei Windböen ist gekennzeichnet durch stoßartig schwankende Windkräfte.
Diese Beanspruchungen sind gekennzeichnet durch Einwirkungen von Kräften, wie sie beim Gebrauch des Fensters beim Öffnen und Schließen, Stoßen usw. entstehen.
Unter Bedienbarkeit versteht man die aufzuwendenden Kräfte zum Öffnen und Schließen von Fenstern.

Beanspruchungsgruppen

Die Anforderungen an die Fugendurchlässigkeit und die Schlagregendichtheit werden in vier Beanspruchungsgruppen gegliedert (s. Tab. 4.46).
Die Zuordnung der Gebäudehöhe zu einer bestimmten Beanspruchungsgruppe nach Tab. 4.46 gilt für den Regelfall.

Tabelle 4.46   Beanspruchungsgruppen

Beanspruchungsgruppen[1]	A	B	C	D[3]
Prüfdruck in Pa entspricht etwa einer Windgeschwindigkeit bei Windstärke[2]	bis 150 bis 7	bis 300 bis 9	bis 600 bis 11	Sonderregelung
Gebäudehöhe in m (Richtwert)	bis 8	bis 20	bis 100	

[1] Die Beanspruchungsgruppe ist im Leistungsverzeichnis anzugeben.
[2] Nach der Beaufort-Skala
[3] In die Beanspruchungsgruppe D sind Fenster einzustufen, bei denen mit außergewöhnlicher Beanspruchung zu rechnen ist. Die Anforderungen sind im Einzelfall anzugeben.

4.1.8 Verordnungen zum Wärmeschutz und zur Energieeinsparung

Wärmeschutzverordnung

Alle Maßnahmen zum Wärmeschutz von Gebäuden sind Teil der Energiesparmaßnahmen. In Deutschland ist seit 1973 ein stetig fortentwickeltes, flächendeckendes Programm zur sparsamen und rationellen Energieverwendung geschaffen worden, das zugleich nachhaltig zur Ressourcenschonung und Umweltentlastung beiträgt. Ein wichtiges Gesetz in diesem Gesamtrahmen ist das Energieeinsparungsgesetz aus dem Jahre 1976, auf dessen Grundlage eine Reihe von Rechtsverordnungen erlassen worden sind.
Hierzu gehören u. a.:
– die Wärmeschutzverordnung,
– die Heizungsanlagenverordnung,
– die Heizkostenverordnung.
Die Wärmeschutzverordnung-WärmeschutzV vom 16. August 1994 ersetzt die Wärmeschutzverordnung vom 24. Februar 1982.
Durch die Anforderungen an den baulichen Wärmeschutz sollen im Gebäudebereich insbesondere bei neu errichteten Gebäuden der Energieverbrauch und damit auch die CO_2-Emissionen deutlich verringert werden. Bei der Umsetzung des CO_2-Minderungsprogramms spielt der Gebäudebereich die zentrale Rolle, denn rund ein Drittel des gesamten CO_2-Ausstoßes entfällt auf die Nutzer fossiler Energieträger zur Raumheizung und Wasseraufbereitung.

Unter Berücksichtigung des fortgeschrittenen Standes der Technik wird für neu zu errichtende Gebäude mit normalen Innentemperaturen ein Niedrigenergiehausniveau eingeführt. Der Energiebedarf neuer Gebäude wird damit künftig um etwa 30% gesenkt. Während bisher neue Gebäude in Abhängigkeit vom Gebäudetyp je m² einen jährlichen Heizenergieverbrauch von 70 bis 150 kWh als Energie aufwiesen, sind ab 1995 nur noch 54 bis 100 kWh erlaubt.

Nachrüstung bestehender Gebäude schreibt die Verordnung nicht vor. Allerdings müssen die neuen Werte auch bei erheblichen Veränderungen an Altbauten eingehalten werden.

Bei der Abfassung der neuen Wärmeschutzverordnung war man sich darüber im klaren, daß sich die Kosten neuer Gebäude bei großen Wohngebäuden um ca. 1,5 bis 2,5%, bei kleineren Wohngebäuden um etwa 2,5 bis 4%, erhöhen. Man geht dabei jedoch davon aus, daß unter Berücksichtigung finanz- und energiewirtschaftlicher Randbedingungen im Rahmen von betriebswirtschaftlichen Amortisationsrechnungen und je nach Wahl einzelner Maßnahmen, diese Investitionen im Regelfall in 15 bis 25 Jahren, also deutlich innerhalb der üblichen Nutzungsdauer neuer Gebäude, wieder erwirtschaftet werden.

Entscheidend für einen niedrigen Heizwärmebedarf sind
– die Minimierung der Transmissionswärmeverluste durch Verbesserung des baulichen Wärmeschutzes,
– die Reduzierung der Lüftungswärmeverluste, Minderung des Energiebedarfs für die Be- und Entlüftung sowie
– die optimale Nutzung solarer und interner Wärmegewinne.

Die Anhebung der Anforderungen in der Neufassung der Verordnung führt zu einer Änderung des methodischen Ansatzes:

Sie enthält eine (vereinfachte) Bilanzierung des Heizwärmebedarfes über spezifische, auf eine Nutzfläche oder das beheizte Volumen bezogene Bedarfswerte. Grundlagen sind die Internationale Norm ISO 9164 (Wärmeschutz; Berechnung des Energiebedarfs für die Beheizung von Wohnhäusern; s. Norm) sowie die in Vorbereitung befindliche DIN EN 832 (Wärmetechnisches Verhalten von Gebäuden; s. Norm). Das jetzt gewählte Berechnungs- und Nachweisverfahren ist Gegenstand des Beiblattes zu DIN 4108 (s. Abschnitt 4.1.6).

Während sich die Vorschriften bisher auf Wärmeverluste der Gebäudehülle beschränkten, wird nun eine Energiebilanz erarbeitet, die auch Wärmegewinne durch Sonneneinstrahlung oder energieeinsparende Lüftungsanlagen berücksichtigen. Somit wirkt sich eine geschickte Anordnung der Räume, Fenster und Glasflächen positiv auf die Energiebilanz aus.

Die Beratungen zur WärmeschutzV haben in Verbindung mit der erforderlichen Umsetzung einer EG-Richtlinie (93/76/EWG vom 13. September 1993 zur Begrenzung der Kohlendioxydemission durch eine effizientere Energienutzung) zu der Einführung eines Heizwärmepasses (Wärmebedarfsausweis), verkürzt auch als Wärmepaß bezeichnet, für neue Gebäude geführt. In diesem Paß werden die Ergebnisse der Nachweise in geeigneter Form zusammengefaßt und dem Eigentümer/Nutzer zugänglich gemacht.

Der Wärmepaß wird es ermöglichen, je nach Gebäudenutzung neben den allgemein nach der Verordnung anzuwendenden spezifischen Werten auch auf Wohnflächen oder Hauptnutzflächen (z. B. bei Bürogebäuden) bezogene Wärmebedarfswerte auszuweisen.

Die „Verordnung über einen energiesparenden Wärmeschutz bei Gebäuden (Wärmeschutzverordnung – WärmeschutzV)" vom 16. August 1994 ist nachfolgend wiedergegeben.

Es ist vorgesehen, zur weiteren Heizenergieeinsparung die Anforderungen nochmals anzuheben; angestrebt wird dies durch eine nochmals novellierte WärmeschutzV ab dem Jahr 1999.

Nr. 55 – Tag der Ausgabe: Bonn, den 24. August 1994

Verordnung
über einen energiesparenden Wärmeschutz bei Gebäuden (Wärmeschutzverordnung – WärmeschutzV)*)
Vom 16. August 1994

Auf Grund des § 1 Abs. 2 sowie der §§ 4 und 5 des Energieeinsparungsgesetzes vom 22. Juli 1976 (BGBl. I S. 1873), von denen die §§ 4 und 5 durch Gesetz vom 20. Juni 1980 (BGBl. I S. 701) geändert worden sind, verordnet die Bundesregierung:

Erster Abschnitt
Zu errichtende Gebäude mit normalen Innentemperaturen

§ 1
Anwendungsbereich

Bei der Errichtung der nachstehend genannten Gebäude ist zum Zwecke der Energieeinsparung der Jahres-Heizwärmebedarf dieser Gebäude durch Anforderungen an den Wärmedurchgang der Umfassungsfläche und an die Lüftungswärmeverluste nach den Vorschriften dieses Abschnittes zu begrenzen:

1. Wohngebäude,
2. Büro- und Verwaltungsgebäude,
3. Schulen, Bibliotheken,
4. Krankenhäuser, Altenwohnheime, Altenheime, Pflegeheime, Entbindungs- und Säuglingsheime sowie Aufenthaltsgebäude in Justizvollzugsanstalten und Kasernen,
5. Gebäude des Gaststättengewerbes,
6. Waren- und sonstige Geschäftshäuser,
7. Betriebsgebäude, soweit sie nach ihrem üblichen Verwendungszweck auf Innentemperaturen von mindestens 19 °C beheizt werden,
8. Gebäude für Sport- oder Versammlungszwecke, soweit sie nach ihrem üblichen Verwendungszweck auf Innentemperaturen von mindestens 15 °C und jährlich mehr als drei Monate beheizt werden,
9. Gebäude, die eine nach den Nummern 1 bis 8 gemischte oder eine ähnliche Nutzung aufweisen.

§ 2
Begriffsbestimmungen

(1) Der Jahres-Heizwärmebedarf eines Gebäudes im Sinne dieser Verordnung ist diejenige Wärme, die ein Heizsystem unter den Maßgaben des in Anlage 1 angegebenen Berechnungsverfahrens jährlich für die Gesamtheit der beheizten Räume dieses Gebäudes bereitzustellen hat.

(2) Beheizte Räume im Sinne dieser Verordnung sind Räume, die auf Grund bestimmungsgemäßer Nutzung direkt oder durch Raumverbund beheizt werden.

§ 3
Begrenzung des Jahres-Heizwärmebedarfs Q_H

(1) Der Jahres-Heizwärmebedarf ist nach Anlage 1 Ziffer 1 und 6 zu begrenzen. Für kleine Wohngebäude mit bis zu zwei Vollgeschossen und nicht mehr als drei Wohneinheiten gilt die Verpflichtung nach Satz 1 als erfüllt, wenn die Anforderungen nach Anlage 1 Ziffer 7 eingehalten werden.

(2) Werden mechanisch betriebene Lüftungsanlagen eingesetzt, können diese bei der Ermittlung des Jahres-Heizwärmebedarfes nach Maßgabe der Anlage 1 Ziffer 1.6.3 und 2 berücksichtigt werden.

---

*) Die §§ 1 bis 7, § 8 Abs. 1, die §§ 9 bis 11 und die §§ 13 bis 15 sowie die Anlagen 1, 2 und 4 dienen der Umsetzung des Artikels 5 der Richtlinie 93/76/EWG des Rates vom 13. September 1993 zur Begrenzung der Kohlendioxidemissionen durch eine effizientere Energienutzung – SAVE – (ABl. EG Nr. L 237 S. 28), § 12 dient der Umsetzung des Artikels 2 dieser Richtlinie.

(3) Ferner gelten folgende Anforderungen:

1. Bei Flächenheizungen in Bauteilen, die beheizte Räume gegen die Außenluft, das Erdreich oder gegen Gebäudeteile mit wesentlich niedrigeren Innentemperaturen abgrenzen, ist der Wärmedurchgang nach Anlage 1 Ziffer 3 zu begrenzen.

2. Der Wärmedurchgangskoeffizient für Außenwände im Bereich von Heizkörpern darf den Wert der nichttransparenten Außenwände des Gebäudes nicht überschreiten.

3. Werden Heizkörper vor außenliegenden Fensterflächen angeordnet, sind zur Verringerung der Wärmeverluste geeignete, nicht demontierbare oder integrierte Abdeckungen an der Heizkörperrückseite vorzusehen. Der k-Wert der Abdeckung darf 0,9 W/(m² · K) nicht überschreiten. Der Wärmedurchgang durch die Fensterflächen ist nach Anlage 1 Ziffer 4 zu begrenzen.

4. Soweit Gebäude mit Einrichtungen ausgestattet werden, durch die die Raumluft unter Einsatz von Energie gekühlt wird, ist der Energiedurchgang von außenliegenden Fenstern und Fenstertüren nach Maßgabe der Anlage 1 Ziffer 5 zu begrenzen.

5. Fenster und Fenstertüren in wärmetauschenden Flächen müssen mindestens mit einer Doppelverglasung ausgeführt werden. Hiervon sind großflächige Verglasungen, zum Beispiel für Schaufenster, ausgenommen, wenn sie nutzungsbedingt erforderlich sind.

§ 4
Anforderungen an die Dichtheit

(1) Soweit die wärmeübertragende Umfassungsfläche durch Verschalungen oder gestoßene, überlappende sowie plattenartige Bauteile gebildet wird, ist eine luftundurchlässige Schicht über die gesamte Fläche einzubauen, falls nicht auf andere Weise eine entsprechende Dichtheit sichergestellt werden kann.

(2) Die Fugendurchlaßkoeffizienten der außenliegenden Fenster und Fenstertüren von beheizten Räumen dürfen die in Anlage 4 Tabelle 1 genannten Werte, die Fugendurchlaßkoeffizienten der Außentüren den in Anlage 4 Tabelle 1 Zeile 1 genannten Wert nicht überschreiten.

(3) Die sonstigen Fugen in der wärmeübertragenden Umfassungsfläche müssen entsprechend dem Stand der Technik dauerhaft luftundurchlässig abgedichtet sein.

(4) Soweit es im Einzelfall erforderlich wird zu überprüfen, ob die Anforderungen der Absätze 1 bis 3 erfüllt sind, gilt Anlage 4 Ziffer 2.

Zweiter Abschnitt

Zu errichtende Gebäude
mit niedrigen Innentemperaturen

§ 5
Anwendungsbereich

Bei der Errichtung von Betriebsgebäuden, die nach ihrem üblichen Verwendungszweck auf eine Innentemperatur von mehr als 12 °C und weniger als 19 °C und jährlich mehr als vier Monate beheizt werden, ist zum Zwecke der Energieeinsparung ein baulicher Wärmeschutz nach den Vorschriften dieses Abschnitts auszuführen.

§ 6
**Begrenzung
des Jahres-Transmissionswärmebedarfs Q_T**

(1) Der Jahres-Transmissionswärmebedarf ist nach Anlage 2 Ziffer 1 zu begrenzen.

(2) Ferner gelten folgende Anforderungen:

1. Soweit die Gebäude mit Einrichtungen ausgestattet werden, bei denen die Luft unter Einsatz von Energie gekühlt, be- oder entfeuchtet wird, ist mindestens Isolier- oder Doppelverglasung vorzusehen. Wird die Luft unter Einsatz von Energie gekühlt, ist der Energiedurchgang von außenliegenden Fenstern und Fenstertüren nach Maßgabe der Anlage 1 Ziffer 5 zu begrenzen.

2. Für die Begrenzung des Jahres-Transmissionswärmebedarfs bei
   a) Flächenheizungen in Außenbauteilen gilt § 3 Abs. 3 Nr. 1 entsprechend,
   b) Außenwänden im Bereich von Heizkörpern gilt § 3 Abs. 3 Nr. 2 entsprechend,
   c) Heizkörpern im Bereich von Fensterflächen gilt § 3 Abs. 3 Nr. 3 entsprechend.

(3) Wird für außenliegende Fenster, Fenstertüren und Außentüren in beheizten Räumen Einfachverglasung vorgesehen, so ist der Wärmedurchgangskoeffizient für diese Bauteile bei der Berechnung nach Anlage 2 Ziffer 2 mit mindestens 5,2 W/(m² · K) anzusetzen.

§ 7
Anforderungen an die Dichtheit

Die Fugendurchlaßkoeffizienten der außenliegenden Fenster und Fenstertüren von beheizten Räumen dürfen den in Anlage 4 Tabelle 1 Zeile 1 genannten Wert nicht überschreiten. Im übrigen gilt § 4 Abs. 1, 3 und 4 entsprechend.

Dritter Abschnitt

Bauliche Änderungen
bestehender Gebäude

§ 8
Begrenzung des Heizwärmebedarfs

(1) Bei der baulichen Erweiterung eines Gebäudes nach dem Ersten oder Zweiten Abschnitt um mindestens einen beheizten Raum oder der Erweiterung der Nutzfläche in bestehenden Gebäuden um mehr als 10 m² zusammenhängende beheizte Gebäudenutzfläche nach Anlage 1 Ziffer 1.4.2 sind für die neuen beheizten Räume bei Gebäuden mit normalen Innentemperaturen die Anforderungen nach den §§ 3 und 4 und bei Gebäuden mit niedrigen Innentemperaturen die Anforderungen nach den §§ 6 und 7 einzuhalten.

(2) Soweit bei beheizten Räumen in Gebäuden nach dem Ersten oder Zweiten Abschnitt

1. Außenwände,
2. außenliegende Fenster und Fenstertüren sowie Dachfenster,
3. Decken unter nicht ausgebauten Dachräumen oder Decken (einschließlich Dachschrägen), welche die Räume nach oben oder unten gegen die Außenluft abgrenzen,

4. Kellerdecken oder

5. Wände oder Decken gegen unbeheizte Räume

erstmalig eingebaut, ersetzt (wärmetechnisch nachgerüstet) oder erneuert werden, sind die in Anlage 3 genannten Anforderungen einzuhalten. Dies gilt nicht, wenn die Anforderungen für zu errichtende Gebäude erfüllt werden oder wenn sich die Ersatz- oder Erneuerungsmaßnahme auf weniger als 20 vom Hundert der Gesamtfläche der jeweiligen Bauteile erstreckt; bei Außenwänden, außenliegenden Fenstern und Fenstertüren sind die jeweiligen Bauteilflächen der zugehörigen Fassade zugrunde zu legen. Satz 1 gilt auch bei Maßnahmen zur wärmeschutztechnischen Verbesserung der Bauteile. Die Sätze 1 und 3 gelten nicht, wenn im Einzelfall die zur Erfüllung der dort genannten Anforderungen aufzuwendenden Mittel außer Verhältnis zu der noch zu erwartenden Nutzungsdauer des Gebäudes stehen.

(3) Soweit Einrichtungen bei Gebäuden nach dem Ersten oder Zweiten Abschnitt nachträglich eingebaut werden, durch die die Raumluft unter Einsatz von Energie gekühlt wird, ist der Energiedurchgang von außenliegenden Fenstern und Fenstertüren nach Maßgabe der Anlage 1 Ziffer 5 zu begrenzen. Außenliegende Fenster und Fenstertüren sowie Außentüren der von Einrichtungen nach Satz 1 versorgten Räume sind mindestens mit Isolier- oder Doppelverglasungen auszuführen.

Vierter Abschnitt
Ergänzende Vorschriften

§ 9
Gebäude mit gemischter Nutzung

Bei Gebäuden, die nach der Art ihrer Nutzung nur zu einem Teil den Vorschriften des Ersten bis Dritten Abschnitts unterliegen, gelten für die entsprechenden Gebäudeteile die Vorschriften des jeweiligen Abschnitts.

§ 10
Regeln der Technik

(1) Für Bauteile von Gebäuden nach dieser Verordnung, die gegen die Außenluft oder Gebäudeteile mit wesentlich niedrigeren Innentemperaturen abgrenzen, sind die Anforderungen des Mindest-Wärmeschutzes nach den allgemein anerkannten Regeln der Technik einzuhalten, sofern nach dieser Verordnung geringere Anforderungen zulässig wären.

(2) Das Bundesministerium für Raumordnung, Bauwesen und Städtebau weist durch Bekanntmachung im Bundesanzeiger auf Veröffentlichungen sachverständiger Stellen über die jeweils allgemein anerkannten Regeln der Technik hin, auf die in dieser Verordnung Bezug genommen wird.

§ 11
Ausnahmen

(1) Diese Verordnung gilt nicht für

1. Traglufthallen, Zelte und Raumzellen sowie sonstige Gebäude, die wiederholt aufgestellt und zerlegt werden und nicht mehr als zwei Heizperioden am jeweiligen Aufstellungsort beheizt werden,

2. unterirdische Bauten oder Gebäudeteile für Zwecke der Landesverteidigung, des Zivil- oder Katastrophenschutzes,

3. Werkstätten, Werkhallen und Lagerhallen, soweit sie nach ihrem üblichen Verwendungszweck großflächig und lang anhaltend offengehalten werden müssen,

4. Unterglasanlagen und Kulturräume im Gartenbau.

(2) Die nach Landesrecht zuständigen Stellen lassen auf Antrag für Baudenkmäler oder sonstige besonders erhaltenswerte Bausubstanz Ausnahmen von dieser Verordnung zu, soweit Maßnahmen zur Begrenzung des Jahres-Heizwärmebedarfs nach dem Dritten Abschnitt die Substanz oder das Erscheinungsbild des Baudenkmals beeinträchtigen und andere Maßnahmen zu einem unverhältnismäßig hohen Aufwand führen würden.

(3) Die nach Landesrecht zuständigen Stellen lassen auf Antrag Ausnahmen von dieser Verordnung zu, soweit durch andere Maßnahmen die Ziele dieser Verordnung im gleichen Umfang erreicht werden.

§ 12
Wärmebedarfsausweis

(1) Für Gebäude nach dem Ersten und Zweiten Abschnitt sind die wesentlichen Ergebnisse der rechnerischen Nachweise in einem Wärmebedarfsausweis zusammenzustellen. Rechte Dritter werden durch den Ausweis nicht berührt. Näheres über den Wärmebedarfsausweis wird in einer Allgemeinen Verwaltungsvorschrift der Bundesregierung mit Zustimmung des Bundesrates bestimmt. Hierbei ist auf die normierten Bedingungen bei der Ermittlung des Wärmebedarfs hinzuweisen.

(2) Der Wärmebedarfsausweis ist der nach Landesrecht für die Überwachung der Verordnung zuständigen Stelle auf Verlangen vorzulegen und ist Käufern, Mietern oder sonstigen Nutzungsberechtigten eines Gebäudes auf Anforderung zur Einsichtnahme zugänglich zu machen.

(3) Dieser Wärmebedarfsausweis stellt die energiebezogenen Merkmale eines Gebäudes im Sinne der Richtlinie 93/76/EWG des Rates vom 13. September 1993 zur Begrenzung der Kohlendioxidemissionen durch eine effizientere Energienutzung (ABl. EG Nr. L 237 S. 28) dar.

§ 13
Übergangsvorschriften

(1) Die Errichtung oder bauliche Änderung von Gebäuden nach dem Ersten bis Dritten Abschnitt, für die bis zum Tage vor dem Inkrafttreten dieser Verordnung der Bauantrag gestellt oder die Bauanzeige erstattet worden ist, ist von den Anforderungen dieser Verordnung ausgenommen. Für diese Bauvorhaben gelten weiterhin die Anforderungen der Wärmeschutzverordnung vom 24. Februar 1982 (BGBl. I S. 209).

(2) Genehmigungs- und anzeigefreie Bauvorhaben sind von den Anforderungen dieser Verordnung ausgenommen, wenn mit der Bauausführung bis zum Tage vor dem Inkrafttreten dieser Verordnung begonnen worden ist. Für diese Bauvorhaben gelten weiterhin die Anforderungen der Wärmeschutzverordnung vom 24. Februar 1982 (BGBl. I S. 209).

§ 14
Härtefälle

Die nach Landesrecht zuständigen Stellen können auf Antrag von den Anforderungen dieser Verordnung befreien, soweit die Anforderungen im Einzelfall wegen besonderer Umstände durch einen unangemessenen Aufwand oder in sonstiger Weise zu einer unbilligen Härte führen.

§ 15
Inkrafttreten

(1) Diese Verordnung tritt am 1. Januar 1995 in Kraft.

(2) Mit Inkrafttreten dieser Verordnung tritt die Wärmeschutzverordnung vom 24. Februar 1982 (BGBl. I S. 209) außer Kraft.

Der Bundesrat hat zugestimmt.

Bonn, den 16. August 1994

Der Stellvertreter des Bundeskanzlers
Kinkel

Der Bundesminister für Wirtschaft
Rexrodt

Die Bundesministerin
für Raumordnung, Bauwesen und Städtebau
I. Schwaetzer

Anlage 1

Anforderungen zur Begrenzung des Jahres-Heizwärmebedarfs Q_H bei zu errichtenden Gebäuden mit normalen Innentemperaturen

1.0 Anforderungen zur Begrenzung des Jahres-Heizwärmebedarfs in Abhängigkeit von A/V (Verhältnis der wärmeübertragenden Umfassungsfläche A zum hiervon eingeschlossenen Bauwerksvolumen V)

Die in Tabelle 1 angegebenen Werte des auf das beheizte Bauwerksvolumen V oder die Gebäudenutzfläche A_N bezogenen maximalen Jahres-Heizwärmebedarfs Q'_H oder Q''_H dürfen nicht überschritten werden.

Die auf die Gebäudenutzfläche bezogenen Werte nach Tabelle 1 Spalte 3 dürfen nur bei Gebäuden mit lichten Raumhöhen von 2,60 m oder weniger angewendet werden.

Tabelle 1
Maximale Werte des auf das beheizte Bauwerksvolumen oder die Gebäudenutzfläche A_N bezogenen Jahres-Heizwärmebedarfs in Abhängigkeit vom Verhältnis A/V

A/V	Maximaler Jahres-Heizwärmebedarf	
	bezogen auf V Q'_H [1]) nach Ziff. 1.6.6	bezogen auf A_N Q''_H [2]) nach Ziff. 1.6.7
im m^{-1}	in $kWh/(m^3 \cdot a)$	in $kWh/(m^2 \cdot a)$
1	2	3
≤ 0,2	17,3	54,0
0,3	19,0	59,4
0,4	20,7	64,8
0,5	22,5	70,2
0,6	24,2	75,6
0,7	25,9	81,1
0,8	27,7	86,5
0,9	29,4	91,9
1,0	31,1	97,3
≥ 1,05	32,0	100,0

[1]) Zwischenwerte sind nach folgender Gleichung zu ermitteln:
$Q'_H = 13,82 + 17,32 \cdot (A/V)$ in $kWh/(m^3 \cdot a)$.

[2]) Zwischenwerte sind nach folgender Gleichung zu ermitteln:
$Q''_H = Q'_H / 0,32$ in $kWh/(m^2 \cdot a)$.

1.1 Berechnung der wärmeübertragenden Umfassungsfläche A eines Gebäudes

Die wärmeübertragende Umfassungsfläche A eines Gebäudes wird wie folgt ermittelt:

$$A = A_W + A_F + A_D + A_G + A_{DL}$$

Dabei bedeuten

A_W die Fläche der an die Außenluft grenzenden Wände, im ausgebauten Dachgeschoß auch die Fläche der Abseitenwände zum nicht wärmegedämmten Dachraum.
Es gelten die Gebäudeaußenmaße.
Gerechnet wird von der Oberkante des Geländes oder, falls die unterste Decke über der Oberkante des Geländes liegt, von der Oberkante dieser Decke bis zu der Oberkante der obersten Decke oder der Oberkante der wirksamen Dämmschicht.

A_F die Fläche der Fenster, Fenstertüren, Türen und Dachfenster, soweit sie zu beheizende Räume nach außen abgrenzen. Sie wird aus den lichten Rohbaumaßen ermittelt.

A_D die nach außen abgrenzende wärmegedämmte Dach- oder Dachdeckenfläche.

A_G die Grundfläche des Gebäudes, sofern sie nicht an die Außenluft grenzt. Gerechnet wird die Bodenfläche auf dem Erdreich oder bei unbeheizten Kellern die Kellerdecke. Werden Keller beheizt, sind in der Gebäudegrundfläche A_G neben der Kellergrundfläche auch die erdberührten Wandflächenanteile zu berücksichtigen.

A_{DL} die Deckenfläche, die das Gebäude nach unten gegen die Außenluft abgrenzt.

1.2 Beheiztes Bauwerksvolumen V

Das beheizte Bauwerksvolumen V in m^3 ist das Volumen, das von den nach Ziffer 1.1 ermittelten Teilflächen umschlossen wird.

1.3 A/V-Werte

Das Verhältnis A/V in m^{-1} wird ermittelt, indem die nach Ziffer 1.1 unter Beachtung der Ziffern 1.5.2.3 und 6.2 errechnete wärmeübertragende Umfassungsfläche A eines Gebäudes durch das nach Ziffer 1.2 errechnete Bauwerksvolumen geteilt wird.

1.4 Bestimmung der Bezugsgrößen V_L und A_N

1.4.1 Anrechenbares Luftvolumen V_L

Das anrechenbare Luftvolumen V_L der Gebäude wird wie folgt ermittelt:

$$V_L = 0{,}80 \cdot V \quad \text{in } m^3,$$

wobei V das beheizte Bauwerksvolumen nach Ziffer 1.2 ist.

1.4.2 Gebäudenutzfläche A_N

Die Gebäudenutzfläche wird für Gebäude, deren lichte Raumhöhen 2,60 m oder weniger betragen, wie folgt ermittelt:

$$A_N = 0{,}32 \cdot V \quad \text{in } m^2,$$

wobei V das nach Ziffer 1.2 ermittelte beheizte Bauwerksvolumen in m^3 bedeutet.

1.5 Wärmedurchgangskoeffizienten

1.5.1 Wärmedurchgangskoeffizienten k für die einzelnen Anteile der Umfassungsfläche A

Die Berechnung der Wärmedurchgangskoeffizienten k erfolgt nach den allgemein anerkannten Regeln der Technik.

Rechenwerte der Wärmeleitfähigkeit, Wärmeübergangswiderstände, Wärmedurchlaßwiderstände, Wärmedurchgangskoeffizienten, der äquivalenten Wärmedurchgangskoeffizienten für Systeme sowie der Gesamtenergiedurchlaßgrade für Verglasungen dürfen für die Berechnung des Wärmeschutzes verwendet werden, wenn sie im Bundesanzeiger bekanntgemacht worden sind.

Die Wärmedurchgangskoeffizienten für außenliegende Fenster und Fenstertüren sowie Außentüren und die Gesamtenergiedurchlaßgrade für Verglasungen sind von Prüfanstalten zu ermitteln, die im Bundesanzeiger bekanntgemacht worden sind.

1.5.2 Berücksichtigung bauteilspezifischer Temperaturdifferenzen bei der Ermittlung des Transmissionswärmebedarfs Q_T

1.5.2.1 Für Dach- oder Dachdeckenflächen sind der Wärmedurchgangskoeffizient k_D und für Flächen der Abseitenwände zum nicht wärmegedämmten Dachraum der Wärmedurchgangskoeffizient k_w jeweils mit dem Faktor 0,8 zu reduzieren.

1.5.2.2 Für die Grundfläche des Gebäudes ist der Wärmedurchgangskoeffizient k_G mit dem Faktor 0,5 zu gewichten.

1.5.2.3 Für angrenzende Gebäudeteile mit wesentlich niedrigeren Raumtemperaturen (z. B. Treppenräume, Lagerräume) dürfen die Wärmedurchgangskoeffizienten der abgrenzenden Bauteilflächen k_{AB} mit dem Faktor 0,5 gewichtet werden. Hierbei werden für die Ermittlung der wärmeübertragenden Umfassungsfläche A und des beheizten Bauwerksvolumens V die abgrenzenden Bauteilflächen A_{AB} berücksichtigt. Die angrenzenden Gebäudeteile bleiben für die Ermittlung des Verhältnisses A/V unberücksichtigt.

1.5.3 Berücksichtigung geschlossener, nicht beheizter Glasvorbauten

Die äquivalenten Wärmedurchgangskoeffizienten $k_{eq,F}$ von außenliegenden Fenstern und Fenstertüren sowie Außentüren nach Ziffer 1.6.4.2, die im Bereich von geschlossenen, nicht beheizten Glasvorbauten in Außenwänden angeordnet sind sowie die Wärmedurchgangskoeffizienten der im Bereich dieser Glasvorbauten liegenden Außenwandteile dürfen wie folgt vermindert werden:

Abminderungsfaktoren bei Glasvorbauten mit

Einfachverglasung	0,70
Isolier- oder Doppelverglasung (Klarglas)	0,60
Wärmeschutzglas ($k_V \leq 2{,}0$ W/($m^2 \cdot$ K))	0,50

Die Berücksichtigung geschlossener, nicht beheizter Glasvorbauten auf den Wärmeschutz der außenliegenden Fenster und Fenstertüren, der Außentüren sowie der Außenwandanteile im Bereich dieser Glasvorbauten kann auch nach allgemein anerkannten Regeln der Technik erfolgen.

1.6 Berechnung des Jahres-Heizwärmebedarfs Q_H

Der Jahres-Heizwärmebedarf Q_H für ein Gebäude wird wie folgt ermittelt:

$$Q_H = 0{,}9 \cdot (Q_T + Q_L) - (Q_I + Q_S) \quad \text{in kWh/a.}$$

Dabei bedeuten

Q_T der Transmissionswärmebedarf in kWh/a

den durch den Wärmedurchgang der Außenbauteile verursachten Anteil des Jahres-Heizwärmebedarfes. Bei Berücksichtigung der solaren Wärmegewinne nach Ziffer 1.6.4.2 sind die nutzbaren solaren Wärmegewinne in Q_T berücksichtigt.

Q_L der Lüftungswärmebedarf in kWh/a

den durch Erwärmung der gegen kalte Außenluft ausgetauschten Raumluft verursachten Anteil des Jahres-Heizwärmebedarfes.

Q_I die internen Wärmegewinne in kWh/a

die bei bestimmungsgemäßer Nutzung innerhalb des Gebäudes auftretenden nutzbaren Wärmegewinne.

Q_S die solaren Wärmegewinne in kWh/a

nach Ziffer 1.6.4.1 die bei bestimmungsgemäßer Nutzung durch Sonneneinstrahlung nutzbaren Wärmegewinne.

1.6.1 Transmissionswärmebedarf Q_T

Der Transmissionswärmebedarf Q_T in kWh/a wird wie folgt ermittelt:

$$Q_T = 84 \cdot (k_W \cdot A_W + k_F \cdot A_F + 0{,}8 \cdot k_D \cdot A_D + 0{,}5 \, k_G \cdot A_G + k_{DL} \cdot A_{DL} + 0{,}5 \cdot k_{AB} \cdot A_{AB})^{1)}.$$

Für nach Ziffer 1.5.3 abweichende Gebäudesituationen können die dort angegebenen Faktoren berücksichtigt werden.

Werden die solaren Wärmegewinne nach Ziffer 1.6.4.2 berücksichtigt, ist für die Ermittlung des Transmissionswärmebedarfs der außenliegenden Fenster und Fenstertüren sowie ggf. der Außentüren $k_F \cdot A_F$ durch $k_{eq,F} \cdot A_F$ zu ersetzen.

Im Bereich von Rolladenkästen darf der Wärmedurchgangskoeffizient den Wert 0,6 W/($m^2 \cdot$ K) nicht überschreiten.

1.6.2 Lüftungswärmebedarf Q_L ohne mechanisch betriebene Lüftungsanlage nach Ziffer 2.

Der Lüftungswärmebedarf Q_L wird wie folgt ermittelt:

$$Q_L = 0{,}34 \cdot \beta \cdot 84 \cdot V_L \quad \text{in kWh/a.}$$

---

[1]) Im Faktor 84 ist eine mittlere Heizgradtagzahl von 3500 K · Tage/Jahr berücksichtigt.

4.1.8 Verordnungen zum Wärmeschutz und zur Energieeinsparung

Dabei bedeuten

ß die Luftwechselzahl (Rechenwert) in h^{-1},

V_L das anrechenbare Luftvolumen in m^3 nach Ziffer 1.4.1.

Für den Nachweis des Lüftungswärmebedarfs ist die Luftwechselzahl ß gleich $0.8\ h^{-1}$ zu setzen. Damit ergibt sich:

$$Q_L = 22,85 \cdot V_L \quad \text{in kWh/a.}$$

1.6.3 Lüftungswärmebedarf Q_L mit mechanisch betriebener Lüftungsanlage nach Ziffer 2

Wird ein Gebäude mit einer mechanisch betriebenen Lüftungsanlage nach Ziffer 2.1 ausgestattet, darf der nach Ziffer 1.6.2 ermittelte Lüftungswärmebedarf Q_L bei Anlagen mit Wärmerückgewinnung ohne Wärmepumpe gemäß Ziffer 2.1 mit dem Faktor 0,80 multipliziert werden, soweit je kWh aufgewendeter elektrischer Arbeit mindestens 5,0 kWh nutzbare Wärme abgegeben wird.

Für Anlagen mit Wärmepumpen darf der Lüftungswärmebedarf Q_L mit dem Faktor 0,80 multipliziert werden, soweit je kWh aufgewendeter elektrischer Arbeit mindestens 4,0 kWh nutzbare Wärme abgegeben wird.

Soweit bei Anlagen mit Wärmerückgewinnung ein Wärmerückgewinnungsgrad η_W, der größer ist als 65 vom Hundert, im Bundesanzeiger veröffentlicht worden ist, darf der Lüftungswärmebedarf Q_L mit dem Faktor

$$0,80 \cdot (65/\eta_W)$$

multipliziert werden.

Wird ein Gebäude mit einer mechanisch betriebenen Lüftungsanlage nach Ziffer 2.2 (Abluftanlage) ausgestattet, darf der nach Ziffer 1.6.2 ermittelte Lüftungswärmebedarf Q_L mit dem Faktor 0,95 multipliziert werden.

Werden bei einem Gebäude nach § 1 Nr. 2 die erhöhten nutzbaren internen Wärmegewinne nach Ziffer 1.6.5 angesetzt, finden die Regelungen dieses Absatzes keine Anwendung.

1.6.4 Nutzbare solare Wärmegewinne

Solare Wärmegewinne dürfen nur bei außenliegenden Fenstern und Fenstertüren sowie bei Außentüren und nur dann berücksichtigt werden, wenn der Glasanteil des Bauteils mehr als 60 vom Hundert beträgt. Die nutzbaren solaren Wärmegewinne werden entweder nach Ziffer 1.6.4.1 oder nach Ziffer 1.6.4.2 ermittelt.

Bei Fensteranteilen von mehr als $^2/_3$ der Wandfläche darf der solare Gewinn nur bis zu dieser Größe berücksichtigt werden.

1.6.4.1 Gesonderte Ermittlung der nutzbaren solaren Wärmegewinne

Unter Berücksichtigung eines mittleren Nutzungsgrades, der Abminderung durch Rahmenanteile und Verschattungen sowie der Gesamtenergiedurchlaßgrade der Verglasungen werden die nutzbaren solaren Wärmegewinne entsprechend den Fensterflächen i und der Orientierung j für senkrechte Flächen wie folgt ermittelt:

$$Q_s = \sum_{i,j} 0,46 \cdot I_j \cdot g_i \cdot A_{F,j,i} \quad \text{in kWh/a.}$$

In Abhängigkeit von der Himmelsrichtung sind folgende Werte des Strahlungsangebotes I_j anzusetzen:

I_S = 400 kWh/($m^2 \cdot a$) für Südorientierung,

$I_{W/O}$ = 275 kWh/($m^2 \cdot a$) für Ost- und Westorientierung,

I_N = 160 kWh/($m^2 \cdot a$) für Nordorientierung,

g_i der Gesamtenergiedurchlaßgrad der Verglasung.

Hierbei ist unter „Orientierung" eine Abweichung der Senkrechten auf die Fensterflächen von nicht mehr als 45 Grad von der jeweiligen Himmelsrichtung zu verstehen. In den Grenzfällen (NO, NW, SO, SW) gilt jeweils der kleinere Wert für I_j. Fenster in Dachflächen mit einer Neigung von mehr als 15 Grad sind wie Fenster in senkrechten Flächen zu behandeln. Fenster in Dachflächen mit einer Neigung kleiner als 15 Grad sind wie Fenster mit Ost- und Westorientierung zu behandeln.

Sind die Fensterflächen überwiegend verschattet, so ist der Wert I_j für die Nordorientierung anzusetzen.

1.6.4.2 Ermittlung der nutzbaren solaren Wärmegewinne mittels äquivalenter Wärmedurchgangskoeffizienten $k_{eq,F}$

Aus den unter Ziffer 1.5.1 ermittelten Wärmedurchgangskoeffizienten k_F werden äquivalente Wärmedurchgangskoeffizienten wie folgt ermittelt:

$$k_{eq,F} = k_F - g \cdot S_F \quad \text{in W/($m^2 \cdot$ K).}$$

Dabei bedeutet

S_F der Koeffizient für solare Wärmegewinne mit

S_F = 2,40 W/($m^2 \cdot$ K) für Südorientierung,

  = 1,65 W/($m^2 \cdot$ K) für Ost- und Westorientierung sowie für Fenster in flachen oder bis zu 15 Grad geneigten Dachflächen,

  = 0,95 W/($m^2 \cdot$ K) für Nordorientierung.

Die Regelungen zur Orientierung und Verschattung der Fensterflächen in Ziffer 1.6.4.1 gelten entsprechend.

1.6.4.3 Fertighäuser

Für Fertighäuser darf der Nachweis nach Ziffer 1.6.4.1 oder Ziffer 1.6.4.2 unter Annahme einer Ost-/Westorientierung für alle Fensterflächen geführt werden.

1.6.5 Nutzbare interne Wärmegewinne Q_I

Interne Wärmegewinne dürfen bei Gebäuden nach § 1 berücksichtigt werden, jedoch höchstens bis zu einem Wert von

$$Q_I = 8,0 \cdot V \quad \text{in kWh/a.}$$

Bei Gebäuden nach § 1 Nr. 1 darf dieser Wert in jedem Fall zugrundegelegt werden.

Bei lichten Raumhöhen von nicht mehr als 2,60 m können die nutzbaren, auf die Gebäudenutzfläche A_N bezogenen internen Wärmegewinne höchstens wie folgt angesetzt werden:

$$Q_I = 25 \cdot A_N \quad \text{in kWh/a.}$$

Für Gebäude und Gebäudeteile nach § 1 Nr. 2 mit vorgesehener ausschließlicher Nutzung als Büro-

oder Verwaltungsgebäude dürfen die nutzbaren internen Wärmegewinne höchstens mit

$$Q_i = 10{,}0 \cdot V \quad \text{in kWh/a}$$

beziehungsweise

$$Q_i = 31{,}25 \cdot A_N \quad \text{in kWh/a}$$

angesetzt werden.

1.6.6 Jahres-Heizwärmebedarf Q'_H je m³ beheiztes Bauwerksvolumen

Der Jahres-Heizwärmebedarf je m³ beheiztes Bauwerksvolumen (Tabelle 1 Spalte 2) wird wie folgt ermittelt:

$$Q'_H = \frac{Q_H}{V} \quad \text{in kWh/(m}^3 \cdot \text{a)}.$$

1.6.7 Jahres-Heizwärmebedarf Q''_H je m² Gebäudenutzfläche A_N

Der Jahres-Heizwärmebedarf je m² Gebäudenutzfläche A_N (Tabelle 1 Spalte 3) wird wie folgt ermittelt:

$$Q''_H = \frac{Q_H}{A_N} \quad \text{in kWh/(m}^2 \cdot \text{a)}.$$

2.0 Anforderungen an mechanisch betriebene Lüftungsanlagen

Die in Ziffer 1.6.3 genannten Faktoren dürfen nur bei Lüftungsanlagen berücksichtigt werden, wenn die nachstehend in Ziffer 2.1 oder Ziffer 2.2 genannten Anforderungen sowie die in Anlage 4 Ziffer 1.1 genannte Anforderung an das Gebäude erfüllt werden und in diesen Anlagen die Zuluft nicht unter Einsatz von elektrischer oder aus fossilen Brennstoffen gewonnener Energie gekühlt wird.

Das Bundesministerium für Raumordnung, Bauwesen und Städtebau kann im Bundesanzeiger die für die Beurteilung der Lüftungsanlagen nach Ziffer 2 maßgeblichen Kennwerte solcher Produkte veröffentlichen. Diese Werte sind von Prüfstellen zu ermitteln, die im Bundesanzeiger bekannt gemacht worden sind. Die nach Landesrecht für den Vollzug der Wärmeschutzverordnung zuständigen Stellen können verlangen, daß ausschließlich im Bundesanzeiger veröffentlichte Kennwerte zur Beurteilung der Anlageneigenschaften verwendet werden.

2.1 Anforderungen an mechanisch betriebene Lüftungsanlagen mit Wärmerückgewinnung

2.1.1 Luftwechsel

In den bei der Ermittlung des anrechenbaren Luftvolumens V_L nach Ziffer 1.4.1 zu berücksichtigenden Räumen eines Gebäudes muß ein zeitlicher Mittelwert des Außenluftwechsels von mindestens 0,5 h⁻¹ und höchstens 1,0 h⁻¹ eingehalten werden können. Unter Außenluftwechsel ist dabei der Volumenanteil der Raumluft zu verstehen, der je Stunde gegen Außenluft ausgetauscht wird.

2.1.2 Anteil der rückgewonnenen Wärme

Die zum Einbau gelangenden Anlagen sind mit Einrichtungen auszustatten, die geeignet sind, im Mittel 60 vom Hundert oder mehr der Wärmedifferenz zwischen Fortluft- und Außenluftvolumenstrom zurückzugewinnen. Die hierfür maßgebenden Anlageneigenschaften sind nach allgemein anerkannten Regeln der Technik zu bestimmen, soweit solche Regeln vorliegen.

2.1.3 Wärmerückgewinnung bei Gebäuden mit mehreren Nutzeinheiten

Die Wärmerückgewinnung soll für jede Nutzeinheit getrennt erfolgen. Unter Nutzeinheit ist hier die Einheit eines oder mehrerer Räume eines Gebäudes zu verstehen, deren Beheizung auf Rechnung desselben Nutzers erfolgt.

2.1.4 Regelbarkeit durch den Nutzer

Die Lüftungsanlagen müssen mit Einrichtungen ausgestattet sein, die eine Beeinflussung der Luftvolumenströme jeder Nutzeinheit durch den Nutzer erlauben.

2.1.5 Nutzung der rückgewonnenen Wärme

Es muß sichergestellt sein, daß die aus der Fortluft rückgewonnene Wärme im Verhältnis zu der von der Heizungsanlage bereitgestellten Wärme vorrangig genutzt wird.

2.2 Anforderungen an mechanisch betriebene Lüftungsanlagen ohne Wärmerückgewinnung (Zu- und Abluftanlagen)

Mechanisch betriebene Lüftungsanlagen ohne Wärmerückgewinnung müssen so durch den Nutzer beeinflußbar und in Abhängigkeit von einer geeigneten Führungsgröße selbsttätig regelnd sein, daß sich durch ihren Betrieb in den bei der Ermittlung des anrechenbaren Luftvolumens V_L nach Ziffer 1.4.1 zu berücksichtigenden Räumen ein Luftwechsel von mindestens 0,3 h⁻¹ und höchstens 0,8 h⁻¹ einstellt.

3 Begrenzung des Wärmedurchgangs bei Flächenheizungen

Bei Flächenheizungen darf der Wärmedurchgangskoeffizient der Bauteilschichten zwischen der Heizfläche und der Außenluft, dem Erdreich oder Gebäudeteilen mit wesentlich niedrigeren Innentemperaturen den Wert 0,35 W/(m² · K) nicht überschreiten.

4 Anordnung von Heizkörpern vor Fenstern

Bei Anordnung von Heizkörpern vor außenliegenden Fensterflächen darf der Wärmedurchgangskoeffizient k_F dieser Bauteile den Wert

$$1{,}5 \text{ W/(m}^2 \cdot \text{K)}$$

nicht überschreiten.

5 Begrenzung des Energiedurchganges bei großen Fensterflächenanteilen (sommerlicher Wärmeschutz)

5.1 Zur Begrenzung des Energiedurchganges be Sonneneinstrahlung darf das Produkt ($g_F \cdot f$) aus

Gesamtenergiedurchlaßgrad g_F (einschließlich zusätzlicher Sonnenschutzeinrichtungen) und Fensterflächenanteil f unter Berücksichtigung ausreichender Belichtungsverhältnisse

a) bei Gebäuden mit einer raumlufttechnischen Anlage mit Kühlung und

b) bei anderen Gebäuden nach Abschnitt 1 mit einem Fensterflächenanteil je zugehöriger Fassade von 50 vom Hundert oder mehr

für jede Fassade den Wert 0,25 (bei beweglichem Sonnenschutz in geschlossenem Zustand) nicht überschreiten. Ausgenommen sind nach Norden orientierte oder ganztägig verschattete Fenster.

5.2 Werden zur Erfüllung der Anforderungen Sonnenschutzvorrichtungen verwendet, sind diese mindestens teilweise beweglich anzuordnen. Hierbei muß durch den beweglichen Anteil des Sonnenschutzes ein Abminderungsfaktor z von kleiner oder gleich 0,5 erreicht werden.

5.3 Die Berechnung der Werte ($g_F \cdot f$) erfolgt nach allgemein anerkannten Regeln der Technik.

6 **Aneinandergereihte Gebäude**

6.1 **Nachweis des Jahres-Heizwärmebedarfs Q_H bei aneinandergereihten Gebäuden**

Bei aneinandergereihten Gebäuden (z. B. Reihenhäuser, Doppelhäuser) ist der Nachweis der Begrenzung des Jahres-Heizwärmebedarfs Q_H für jedes Gebäude einzeln zu führen.

6.2 **Gebäudetrennwände**

Beim Nachweis nach Ziffer 1.6 werden die Gebäudetrennwände als nicht wärmedurchlässig angenommen und bei der Ermittlung der Werte A und A/V nicht berücksichtigt. Werden beheizte Teile eines Gebäudes (z. B. Anbauten nach § 8 Abs. 1) getrennt berechnet, gilt Satz 1 sinngemäß für die Trennfläche der Gebäudeteile.

Bei Gebäuden mit zwei Trennwänden (z. B. Reihenmittelhaus) darf zusätzlich der Wärmedurchgangskoeffizient für die Fassadenfläche (einschließlich Fenster und Fenstertüren)

$$k_{m,W+F} = (k_W \cdot A_W + k_F \cdot A_F) / (A_W + A_F)$$

den Wert

1,0 W/(m² · K)

nicht überschreiten. Diese Anforderung ist auch bei gegeneinander versetzten Gebäuden einzuhalten, wenn die anteiligen gemeinsamen Trennwände 50 vom Hundert oder mehr der Wandflächen betragen.

6.3 **Nachbarbebauung**

Ist die Nachbarbebauung nicht gesichert, müssen die Trennwände mindestens den Wärmeschutz nach § 10 Abs. 1 aufweisen.

7 **Vereinfachtes Nachweisverfahren**

Für kleine Wohngebäude mit bis zu zwei Vollgeschossen und nicht mehr als drei Wohneinheiten gelten die Anforderungen der Ziffern 1 und 6 auch dann als erfüllt, wenn die in Tabelle 2 genannten maximalen Wärmedurchgangskoeffizienten k nicht überschritten werden.

Tabelle 2

Anforderungen an den Wärmedurchgangskoeffizienten für einzelne Außenbauteile der wärmeübertragenden Umfassungsfläche A bei zu errichtenden kleinen Wohngebäuden

Zeile	Bauteil	max. Wärmedurchgangskoeffizient k_{max} in W/(m² · K)	
Spalte	1	2	
1	Außenwände	k_W	≤ 0,50[1]
2	Außenliegende Fenster und Fenstertüren sowie Dachfenster	$k_{m,F\,eq}$	≤ 0,7[2]
3	Decken unter nicht ausgebauten Dachräumen und Decken (einschließlich Dachschrägen), die Räume nach oben und unten gegen die Außenluft abgrenzen	k_D	≤ 0,22
4	Kellerdecken, Wände und Decken gegen unbeheizte Räume sowie Decken und Wände, die an das Erdreich grenzen	k_G	≤ 0,35

---

[1] Die Anforderung gilt als erfüllt, wenn Mauerwerk in einer Wandstärke von 36,5 cm mit Baustoffen mit einer Wärmeleitfähigkeit von λ ≤ 0,21 W/(m · K) ausgeführt wird.

[2] Der mittlere äquivalente Wärmedurchgangskoeffizient $k_{m,F\,eq}$ entspricht einem über alle außenliegenden Fenster und Fenstertüren gemittelten Wärmedurchgangskoeffizienten, wobei solare Wärmegewinne nach der Ziffer 1.6.4.2 zu ermitteln sind.

Anlage 2

Anforderungen
zur Begrenzung des Jahres-Transmissionswärmebedarfs Q_T
bei zu errichtenden Gebäuden mit niedrigen Innentemperaturen

1 **Anforderungen zur Begrenzung des Jahres-Transmissionswärmebedarfs in Abhängigkeit vom Verhältnis A/V**

Die in Tabelle 1 in Abhängigkeit vom Wert A/V (Anlage 1 Ziffer 1.3) angegebenen maximalen Werte des spezifischen, auf das beheizte Bauwerksvolumen bezogenen Jahres-Transmissionswärmebedarfs Q'_T dürfen nicht überschritten werden.

Tabelle 1

Maximale Werte
des auf das beheizte Bauwerksvolumen bezogenen Jahres-Transmissionswärmebedarfs Q'_T in Abhängigkeit vom Verhältnis A/V

A/V in m^{-1}	Q'_T [1] in kWh/($m^3 \cdot a$)
≤ 0,20	6,20
0,30	7,80
0,40	9,40
0,50	11,00
0,60	12,60
0,70	14,20
0,80	15,80
0,90	17,40
≥ 1,00	19,00

[1] Zwischenwerte sind nach folgender Gleichung zu ermitteln:
$Q'_T = 3,0 + 16 \cdot (A/V)$ in kWh/($m^3 \cdot a$).

2.0 Der Nachweis des Jahres-Transmissionswärmebedarfs Q_T wird unter Anwendung der Berechnungsgrundlagen nach Anlage 1 geführt. Hierbei werden jedoch die passiven Solarenergiegewinne nicht berücksichtigt:

$Q_T = 30 \cdot (k_W \cdot A_W + k_F \cdot A_F + 0,8 \cdot k_D \cdot A_D + f_G \cdot k_G \cdot A_G + k_{DL} \cdot A_{DL} + 0,5 \cdot k_{AB} \cdot A_{AB})$

in kWh/a.

Der Reduktionsfaktor f_G ist bei gedämmten Fußböden mit $f_G = 0,5$ anzusetzen. Bei ungedämmten Fußböden ist f_G in Abhängigkeit von der Größe der Gebäudegrundfläche A_G aus Tabelle 2 zu ermitteln.

Der Wärmedurchgangskoeffizient k_G von Fußböden gegen Erdreich braucht nicht höher als 2,0 W/($m^2 \cdot K$) angesetzt zu werden.

2.1 Der auf das beheizte Bauwerksvolumen bezogene Jahres-Transmissionswärmebedarf Q'_T wird wie folgt ermittelt:

$$Q'_T = \frac{Q_T}{V} \text{ in kWh/}(m^3 \cdot a).$$

Tabelle 2

Reduktionsfaktoren f_G

Gebäudegrundfläche A_G in m^2	Reduktionsfaktor f_G [1]
≤ 100	0,50
500	0,29
1000	0,23
1500	0,20
2000	0,18
2500	0,17
3000	0,16
5000	0,14
≥ 8000	0,12

[1] Zwischenwerte sind nach folgender Gleichung zu ermitteln:
$f_G = 2,33 / \sqrt[3]{A_G}$.

Anlage 3

**Anforderungen
zur Begrenzung des Wärmedurchgangs bei erstmaligem Einbau,
Ersatz oder Erneuerung von Außenbauteilen bestehender Gebäude**

1 **Anforderungen bei erstmaligem Einbau, Ersatz und Erneuerung von Außenbauteilen**

Bei erstmaligem Einbau, Ersatz oder Erneuerung von Außenbauteilen bestehender Gebäude dürfen die in Tabelle 1 aufgeführten maximalen Wärmedurchgangskoeffizienten nicht überschritten werden. Dabei darf der bestehende Wärmeschutz der Bauteile nicht verringert werden.

2 **Anforderungen an Außenwände**

Werden Außenwände in der Weise erneuert, daß

a) Bekleidungen in Form von Platten oder plattenartigen Bauteilen oder Verschalungen sowie Mauerwerks-Vorsatzschalen angebracht werden,

b) bei beheizten Räumen auf der Innenseite der Außenwände Bekleidungen oder Verschalungen aufgebracht werden oder

c) Dämmschichten eingebaut werden,

gelten die Anforderungen nach Tabelle 1 Zeile 1. In den Fällen a) und b) ist die Ausnahmeregelung nach § 8 Abs. 2 Satz 2 auf jede einzelne Fassadenfläche eines Gebäudes anzuwenden.

3 **Anforderungen an Decken**

Werden Decken unter nicht ausgebauten Dachräumen und Decken (einschließlich Dachschrägen), die Räume nach oben oder unten gegen die Außenluft abgrenzen, sowie Kellerdecken, Wände und Decken gegen unbeheizte Räume sowie Decken und Wände, die an das Erdreich grenzen, in der Weise erneuert, daß

a) die Dachhaut (einschließlich vorhandener Dachverschalungen unmittelbar unter der Dachhaut) ersetzt wird,

b) Bekleidungen in Form von Platten oder plattenartigen Bauteilen, wenn diese nicht unmittelbar angemauert, angemörtelt oder geklebt werden, oder Verschalungen angebracht werden oder

c) Dämmschichten eingebaut werden,

gelten die Anforderungen nach Tabelle 1 Zeile 3 und 4.

Tabelle 1
Begrenzung
des Wärmedurchgangs bei erstmaligem Einbau,
Ersatz und bei Erneuerung von Bauteilen

Zeile	Bauteil	Gebäude nach Abschnitt 1	Gebäude nach Abschnitt 2
		max. Wärmedurchgangskoeffizient k_{max} in W/(m² · K)[1]	
Spalte	1	2	3
1 a)	Außenwände	$k_W \leq 0{,}50$[2]	$\leq 0{,}75$
b)	Außenwände bei Erneuerungsmaßnahmen nach Ziffer 2 Buchstabe a und c mit Außendämmung	$k_W \leq 0{,}40$	$\leq 0{,}75$
2	Außenliegende Fenster und Fenstertüren sowie Dachfenster	$k_F \leq 1{,}8$	—
3	Decken unter nicht ausgebauten Dachräumen und Decken (einschließlich Dachschrägen), die Räume nach oben und unten gegen die Außenluft abgrenzen	$k_D \leq 0{,}30$	$\leq 0{,}40$
4	Kellerdecken, Wände und Decken gegen unbeheizte Räume sowie Decken und Wände, die an das Erdreich grenzen	$k_G \leq 0{,}50$	—

[1] Der Wärmedurchgangskoeffizient kann unter Berücksichtigung vorhandener Bauteilschichten ermittelt werden.
[2] Die Anforderung gilt als erfüllt, wenn Mauerwerk in einer Wandstärke von 36,5 cm mit Baustoffen mit einer Wärmeleitfähigkeit von $\lambda \leq 0{,}21$ W/(m² · K) ausgeführt wird.

Anlage 4

Anforderungen
an die Dichtheit zur Begrenzung der Wärmeverluste

1 Anforderungen an außenliegende Fenster und Fenstertüren sowie Außentüren

1.1 Fugendurchlaßkoeffizienten

Die Fugendurchlaßkoeffizienten der außenliegenden Fenster und Fenstertüren bei Gebäuden nach Abschnitt 1 dürfen die in Tabelle 1 genannten Werte, die Fugendurchlaßkoeffizienten von Außentüren bei Gebäuden nach Abschnitt 1 sowie von außenliegenden Fenstern und Fenstertüren bei Gebäuden nach Abschnitt 2 den in Tabelle 1 Zeile 1 genannten Wert nicht überschreiten. Werden Einrichtungen nach Anlage 1 Ziffer 2 eingebaut, dürfen die Werte der Tabelle 1 Zeile 2 nicht überschritten werden.

1.2 Prüfzeugnis

Der Nachweis der Fugendurchlaßkoeffizienten der außenliegenden Fenster und Fenstertüren sowie der Außentüren nach Ziffer 1.1 erfolgt durch Prüfzeugnis einer im Bundesanzeiger bekanntgemachten Prüfanstalt.

1.3 Verzicht auf Prüfzeugnis

1.3.1 Auf einen Nachweis nach Ziffer 1.2 und Tabelle 1 Zeile 1 kann verzichtet werden für Holzfenster mit Profilen nach DIN 68 121 – Holzprofile für Fenster und Fenstertüren – Ausgabe Juni 1990. Die Norm ist im Beuth-Verlag GmbH, Berlin und Köln, erschienen und beim Deutschen Patentamt in München archivmäßig gesichert niedergelegt.

1.3.2 Auf einen Nachweis nach Ziffer 1.2 und Tabelle 1 Zeile 1 und 2 kann nur bei Beanspruchungsgruppen A und B (d. h. bis Gebäudehöhen von 20 m) verzichtet werden für alle Fensterkonstruktionen mit umlaufender, alterungsbeständiger, weichfedernder und leicht auswechselbarer Dichtung.

1.4 Fenster ohne Öffnungsmöglichkeiten

Fenster ohne Öffnungsmöglichkeiten und feste Verglasungen sind nach dem Stand der Technik dauerhaft und luftundurchlässig abzudichten.

1.5 Andere Lüftungsmöglichkeiten

Zum Zwecke einer aus Gründen der Hygiene und Beheizung erforderlichen Lufterneuerung sind stufenlos einstellbare und leicht regulierbare Lüftungseinrichtungen zulässig. Diese Lüftungseinrichtungen müssen im geschlossenen Zustand der Tabelle 1 genügen. Soweit in anderen Rechtsvorschriften, insbesondere dem Bauordnungsrecht der Länder, Anforderungen an die Lüftung gestellt werden, bleiben diese Vorschriften unberührt.

Tabelle 1
Fugendurchlaßkoeffizienten
für außenliegende Fenster und Fenstertüren
sowie Außentüren

Zeile	Geschoßzahl	Fugendurchlaßkoeffizient a in $\dfrac{m^3}{h \cdot m \cdot [daPa]^{2/3}}$	
		Beanspruchungsgruppe nach DIN 18 055[1)][2)]	
		A	B und C
1	Gebäude bis zu 2 Vollgeschossen	2,0	–
2	Gebäude mit mehr als 2 Vollgeschossen	–	1,0

[1)] Beanspruchungsgruppe
A: Gebäudehöhe bis 8 m,
B: Gebäudehöhe bis 20 m,
C: Gebäudehöhe bis 100 m.

[2)] Das Normblatt DIN 18 055 – Fenster, Fugendurchlässigkeit, Schlagregendichtheit und mechanische Beanspruchung; Anforderungen und Prüfung – Ausgabe Oktober 1981 – ist im Beuth-Verlag GmbH, Berlin und Köln, erschienen und beim Deutschen Patentamt in München archivmäßig gesichert niedergelegt.

2 Nachweis der Dichtheit des gesamten Gebäudes

Soweit es im Einzelfall erforderlich wird zu überprüfen, ob die Anforderungen des § 4 Abs. 1 bis 3 oder des § 7 erfüllt sind, erfolgt diese Überprüfung nach den allgemein anerkannten Regeln der Technik, die nach § 10 Abs. 2 bekanntgemacht sind.

4.1.9 Heizungsanlagen-Verordnung – HeizAnIV

Diese Verordnung vom 22. März 1994, die am 1. Juni 1994 in Kraft trat, gilt für heizungstechnische sowie der Versorgung mit Brauchwasser dienende Anlagen und Einrichtungen mit einer Nennwärmeleistung von mehr als 4 kW,
– wenn sie in Gebäuden zum dauernden Verbleib eingebaut oder aufgestellt werden oder
– wenn sie in Gebäuden zum dauernden Verbleib eingebaut oder aufgestellt sind, soweit
  – sie ersetzt, erweitert oder umgerüstet werden oder
  – für sie nachträglich Anforderungen nach § 4 Abs. 4 der HeizAnIV gestellt sind oder
  – sie mit Einrichtungen zur Begrenzung von Betriebsbereitschaftsverlusten nach § 5 Abs. 2 nachzurüsten sind oder
  – sie mit Einrichtungen zur Steuerung und Regelung nach § 7 Abs. 3 oder § 8 Abs. 6 der HeizAnIV nachzurüsten sind oder
  – Anforderungen an ihren Betrieb nach § 9 der HeizanIV gestellt sind.

Ausgenommen sind Anlagen und Einrichtungen in Heizkraftwerken einschließlich Spitzenheizwerken sowie Müllheizwerken und Anlagen in Gebäuden mit einem Jahres-Heizwärmebedarf von weniger als 22 kWh je Quadratmeter beheizbarer Gebäudenutzfläche oder 7 kWh je Kubikmeter beheizbarem Gebäudevolumen.

Die Verordnung enthält neben der Definition der Begriffe der heizungstechnischen Anlagen, der Versorgung mit brauchwasserdienenden Anlagen (Brauchwasseranlagen), Wärmeerzeuger, Nennwärmeleistung und Niedertemperatur, Wärmeerzeuger (NT-Kessel), Angaben zum Einbau und Aufstellung von Wärmeerzeugern sowie über Einrichtungen zur Begrenzung von Betriebsbereitschaftsverlusten. Weitere Paragraphen befassen sich mit der Wärmedämmung von Wärmeverteilungsanlagen der Einrichtung zur Steuerung und Regelung sowie zu Brauchwasseranlagen; ferner enthält diese Verordnung in § 9 Angaben über Pflichten des Betreibers von heizungstechnischen Anlagen oder Brauchwasseranlagen.

Die HeizAnIV stellt u. a. neue Anforderungen bei der Modernisierung veralteter Heizungsanlagen sowie der Begrenzung des Betriebsstromverbrauchs. Sie schafft Anreize, die energieverbrauchsgünstige Brennwerttechnik einzusetzen. Erstmalig werden Regelungen eingeführt, die zu einem beschleunigten Austausch veralteter Kesselanlagen führen sollen.

Die Novellierung dient gleichzeitig der Umsetzung der EG-Richtlinie 92/42/EWG des Rates vom 21. Mai 1992 über die Wirkungsgrade von mit flüssigen oder gasförmigen Brennstoffen beschickten neuen Warmwasserheizkesseln, der sogenannten Heizkesselrichtlinie. Damit wird ein Teil des europäischen Energieeinsparrechts in Deutschland umgesetzt.

Um möglichen Anpassungsproblemen in der Bau- und Wohnungswirtschaft Rechnung zu tragen, ist eine ausreichend bemessene Übergangsfrist vorgesehen.

Weitere Normen und Vorschriften

Für die Bemessung von Heizungsanlagen liegen die Normen der Reihe DIN 4701 vor:

DIN 4701-1	Regeln für die Berechnung des Wärmebedarfs von Gebäuden; Grundlagen der Berechnung (Mär 1983)
DIN 4701-2	Regeln für die Berechnung des Wärmebedarfs von Gebäuden; Tabellen, Bilder, Algorithmen (Mär 1983)
DIN 4701-2 A1	Regeln für die Berechnung des Wärmebedarfs von Gebäuden; Tabellen, Bilder, Algorithmen; Außenlufttemperaturen für Orte der Bundesländer Brandenburg, Mecklenburg-Vorpommern, Sachsen, Sachsen-Anhalt und Thüringen; Änderung 1 (Okt 1991) (z. z. Entwurf)
DIN 4701-3	Regeln für die Berechnung des Wärmebedarfs von Gebäuden; Auslegung der Raumheizeinrichtungen (Aug 1989)

In dieser Normenreihe sind Berechnungsverfahren und alle Daten angegeben, die notwendig sind, um den Wärmebedarf zu ermitteln, aufgrund dessen die heiztechnischen Anlagen ausgelegt werden.

Im Anwendungsbereich zu DIN 4701-1 wird darauf hingewiesen, daß derart bemessene heiztechnische Anlagen in milderen Witterungsbedingungen als die der Normberechnung zugrunde liegen, auch dann eine befriedigende Heizung ermöglichen, wenn sie zeitweise, z. B. nachts, mit gewissen Einschränkungen oder Unterbrechungen betrieben werden.

Für selten beheizte Gebäude sind eine Reihe von Sonderfällen und ein zugehöriges Berechnungsverfahren angegeben.

Vom Grundsatz her gilt diese Normenreihe für Räume in durchgehend und voll- bzw. teilweise eingeschränkt beheizten Gebäuden. Als vollbeheizt sind dabei solche Häuser anzusehen, bei denen mit Ausnahme weniger Nebenräume alle Räume mit üblicher Temperatur beheizt werden. Als teilweise eingeschränkt beheizt sind dabei solche Häuser anzusehen, bei denen in Nachbarräumen niedrigere Temperaturen auftreten können.

Als Norm-Wärmebedarf eines Raumes wird in dieser Norm die Wärmeleistung bezeichnet, die dem Raum unter Norm-Witterungsbedingungen zugeführt werden muß, damit sich die geforderten thermischen Norm-Innenraumbedingungen einstellen.

Für die Berechnung wird ein stationärer Zustand, d. h. zeitliche Konstanz aller Berechnungsgrößen, vorausgesetzt. Es wird ferner angenommen, daß die Oberflächentemperatur der Begrenzungsfläche zu beheizten Nachbarräumen der Lufttemperatur gleich sind und daß die Außenwände nur mit den inneren Raumumgrenzungsflächen im Strahlungsaustausch stehen.

Die Norm enthält gleichfalls Angaben über den Norm-Lüftungswärmebedarf sowohl bei freier Lüftung als auch bei maschineller Lüftung.

DIN 4701-2 enthält Tabellen für Außentemperaturen, Norm-Innentemperaturen sowie Rechenwerte für Temperaturen in Nachbarräumen, in nicht beheizten eingebauten Treppenräumen, Dachräumen, Wärmedurchgangskoeffizienten für Türen, Fugendurchlässigkeiten von Bauteilen, Hauskenngrößen und Höhenkorrekturen usw., Bilder sowie vorhandene Algorithmen der Tabellen und Diagramme, die zur Berechnung des Wärmebedarfs nach DIN 4701-1 erforderlich sind.

Die entsprechenden Angaben für den Bereich der neuen Bundesländer sind in DIN 4701-2 A1 enthalten.

DIN 4701-3 gilt für die Auslegung von Raumheizeinrichtungen von Wohnungen und Gebäuden, deren Wärmebedarf nach DIN 4701-1 und DIN 4701-2 zu ermitteln ist; sie gilt nicht für dezentrale Speicherheizsysteme. Dabei wird in bestimmten Fällen ein Zuschlag auf den Norm-Wärmebedarf erforderlich, z. B. bei Fußboden- oder Deckenheizungen (Einzelheiten s. Normen).

Für die Feuerungsanlagen und deren Elemente gibt es eine Reihe weiterer Rechtsvorschriften, z. B.

- die Verordnung über Kleinfeuerungsanlagen – Erste BImSchV im Rahmen der Verordnung zur Neufassung der Ersten und Änderung der Vierten Verordnung zur Durchführung des Bundes-Immissionsschutzgesetzes vom 15. Juli 1988,
- die Richtlinie des Rates der Europäischen Gemeinschaften vom 21. Mai 1992 über die Wirkungsgrade von mit flüssigen und gasförmigen Brennstoffen beschickten Norm-Warmwasserheizkesseln (92/42/EWG).

Nach dieser „Wirkungsgrad-Richtlinie" dürfen vom 1. Januar 1998 an nur noch Heizkessel auf den Markt gebracht werden, die einen Mindestwirkungsgrad erfüllen. In der Übergangszeit bis dahin können auch Heizkessel angeboten werden, die diese Mindestwirkungsgrade nicht erfüllen

4.1.10 Heizkostenverordnung – HeizkostenV

Die Verordnung über die verbrauchsabhängige Abrechnung der Heiz- und Warmwasserkosten (Verordnung über Heizkostenabrechnung – HeizkostenV) vom 20. Januar 1989 gilt für die Verteilung

4.1.10 Heizkostenverordnung-HeizkostenV

der Kosten des Betriebes zentraler Heizungsanlagen und zentraler Warmwasserversorgungsanlagen sowie der eigenständig gewerblichen Lieferung von Wärme und Warmwasser durch den Gebäudeeigentümer auf die Nutzer der mit der Wärme oder Warmwasser versorgten Räume. Diese Verordnung schreibt die Pflicht zur Verbrauchserfassung vor und enthält Angaben über die Ausstattung zur Verbrauchserfassung.

Es wird festgelegt, daß mindestens 50% der Kosten nach dem Verhältnis der erfaßten Anteile am Gesamtverbrauch auf die Nutzergruppen aufzuteilen ist. Die übrigen Kosten der Versorgung mit Wärme können nach der Wohn- oder Nutzfläche oder nach dem umbauten Raum auf die einzelnen Untergruppen verteilt werden. Es kann auch die Wohn- oder Nutzfläche oder der umbaute Raum der beheizten Räume zugrunde gelegt werden. Die übrigen Kosten der Versorgung mit Warmwasser können nach der Wohn- oder Nutzfläche auf die einzelnen Nutzergruppen verteilt werden.

Bei der Abfassung der Heizkostenverordnung ist man von dem Grundgedanken ausgegangen, daß über 90% der in den Haushalten verbrauchten Energie auf die Raumwärme und die Warmwasserbereitung entfallen, was etwa einem Viertel des gesamten Endenergieverbrauches entspricht. Somit ist die Heizkostenverordnung nicht nur auf die Energie- und Kostenersparnis im einzelnen Haushalt, sondern auch auf die der Gesamtwirtschaft ausgerichtet. Die verbrauchsorientierte Heiz- und Warmwasserkostenverteilung führt nach Schätzungen von Fachleuten zu etwa 15% Energie-Minderverbrauch.

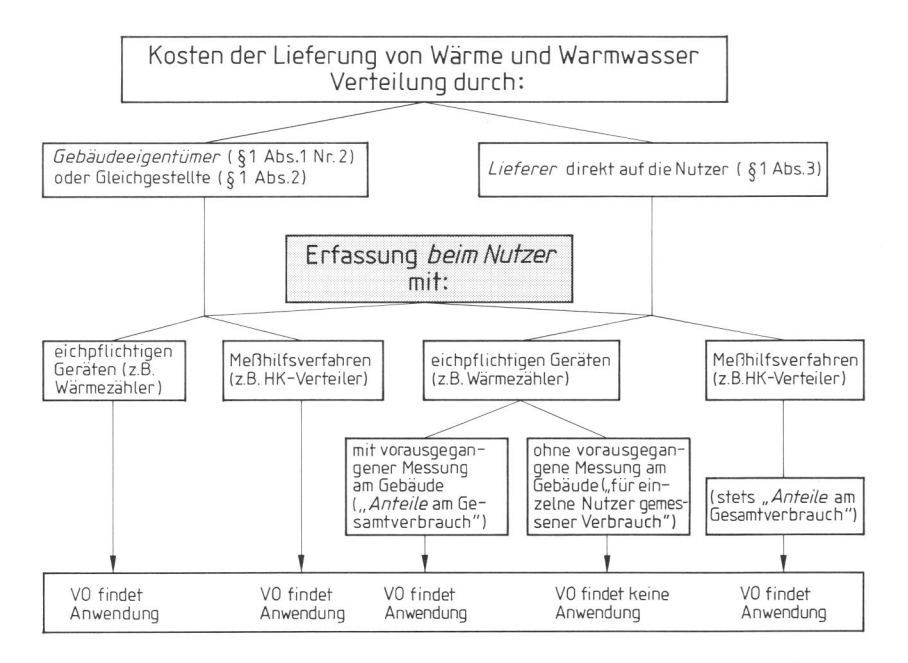

4.47 Übersicht über die Verteilung der Kosten der Lieferung von Wärme und Warmwasser[1]

---

[1] Entnommen aus der Schrift des Bundesministeriums für Wirtschaft (BMWi) über "Verbrauchsabhängige Abrechnungen; Informationen zur Verordnung über die verbrauchsabhängige Abrechnung der Heiz- und Warmwasserkosten" in der Fassung vom 20. Jan 1989.

4.1.11 Feuerungsverordnung – FeuV

In Ergänzung zu den Landesbauordnungen gibt es Feuerungsverordnungen, die auf der Muster-Feuerungsverordnung (MFeuV) (Fassung September 1987) basieren und für
– Feuerstätten, Verbindungsstücke, Schornsteine oder andere Abgasanlagen (Feuerungsanlagen),
– Anlagen zur Verteilung von Wärme,
– Anlagen zur Warmwasserversorgung,
– Leitungen für Brennstoffe,
– Aufstellräume von Feuerstätten

gelten; sie gelten nicht für Dampfkesselanlagen mit Dampfkesseln der Gruppe IV im Sinne der Verordnung über Dampfkesselanlagen (Dampfkesselverordnung – DampfkV) vom 27. Februar 1980.

In der **MFeuV § 2 „Feuerstätten, Anlagen zur Verteilung von Wärme und Warmwasserversorgung"** lautet es:

Feuerstätten sind mit Verbindungsstücken und Schornsteinen oder anderen Abgasanlagen so aufeinander abzustimmen, daß Gefahren und unzumutbare Belästigungen nicht entstehen.

Feuerstätten müssen der Bauart und den Baustoffen nach so beschaffen sein, daß sie den beim bestimmungsgemäßen Betrieb auftretenden mechanischen, chemischen und thermischen Beanspruchungen standhalten.

Feuerstätten müssen aus nichtbrennbaren, formbeständigen Baustoffen bestehen. Brennbare Baustoffe sind zulässig für

– *Brennstoffleitungen in Brennern,*
– *bewegliche Brennstoffleitungen, die zum Anschluß von Feuerstätten erforderlich und ausreichend widerstandsfähig gegen Wärme sind,*
– *Bauteile des Zubehörs, wenn die Bauteile außerhalb der Wärmeerzeugers angeordnet sind,*
– *Bauteile im Innern von Steuer-, Regel- und Sicherheitseinrichtungen,*
– *Bedienungsgriffe und elektrische Ausrüstungen und*
– *die Wärmedämmung, wenn die Dämmstoffe allseits mit nichtbrennbaren Baustoffen abgedeckt sind, keinen höheren Temperaturen als 85 °C ausgesetzt werden können und bis 120 °C ihre Wärmedämmeigenschaften und ihr Brandverhalten nicht nachteilig verändern."*

Die MFeuV enthält ferner Angaben über Abgasrohre und -kanäle, Schornsteine und andere Abgasanlagen, Ableitung der Abgase, Rohrleitungen in Gebäuden sowie zum Aufstellen von Feuerstätten und zu den Aufstellräumen.

4.1.12 Internationale und Europäische Normen zum Wärmeschutz

Auf internationaler Normungsebene der ISO werden für den Bereich des Wärmeschutzes benötigte Prüfverfahren erarbeitet. Bisher liegen als Internationale(r) Norm (ISO) bzw. Norm-Entwurf (ISO/DIS) oder als Technischer Bericht (ISO/TR) vor:

ISO 6781	Wärmeschutz; Qualitativer Nachweis von thermischen Unregelmäßigkeiten an Gebäudeaußenbauteilen; Infrarotverfahren
ISO 6946-1	–; Berechnungsgrundlagen; Teil 1: Wärmeschutztechnische Eigenschaften von Bauteilen und Bauwerksteilen im stationären Zustand
ISO 6946-2	–; Berechnungsgrundlagen; Teil 2: Balkenförmige Wärmebrücken in einfachen Konstruktionen
ISO 7345	–; Physikalische Größen und ihre Begriffsbestimmungen
ISO 8142	–; Werkmäßig hergestellte gebundene vorgeformte Mineralfaser-Rohrschalen; Festlegungen

4.1.12 Internationale und Europäische Normen zum Wärmeschutz

ISO/DIS 8143	Wärmeschutz; Kalziumsilikat-Dämmung; Festlegungen
ISO/DIS 8144	–; Mineralwollmatten für belüftete Dachkonstruktionen; Festlegungen
ISO/DIS 8145	–; Mineralwollplatten für die Dämmung von Dächern unter der Dachhaut; Festlegungen
ISO 8301	–; Bestimmung des stationären Wärmedurchlaßwiderstandes und verwandter Eigenschaften; Verfahren mit dem Wärmestrommeßplatten-Gerät
ISO 8302	–; Bestimmung des stationären Wärmedurchlaßwiderstandes und verwandter Eigenschaften; Verfahren mit dem Plattengerät
ISO/DIS 8497	–; Bestimmung der stationären Wärmedurchgangseigenschaften von Wärmedämmungen für Rohre
ISO/DIS 8990	–; Bestimmung der stationären Wärmedurchgangseigenschaften; Verfahren mit dem kalibrierten Heizkasten und dem Heizkasten
ISO/DIS 9076	–; Lose Mineralwolle für belüftete Dachräume; Spezifikationen
ISO 9164	–; Berechnung des Energiebedarfs für die Beheizung von Wohnhäusern
ISO/TR 9165	Wärmeschutztechnische Rechenwerte von Baustoffen und -produkten
ISO 9229	Wärmeschutz; Stoffe, Produkte und Systeme; Begriffe
ISO 9251	–; Bedingungen der Wärmeübertragung und Stoffeigenschaften; Begriffe
ISO 9288	–; Wärmeübertragung durch Strahlung; Physikalische Größen und Begriffe
ISO 9346	–; Massenübergang; Physikalische Größen und Begriffe
ISO 9869	–; Gebäudeteile; „Vor-Ort"-Messung des Wärmewiderstandes und Wärmedurchgangs
ISO/DIS 9972	–; Bestimmung der Luftdichtheit von Gebäuden mittels Überdruckerzeugung durch Gebläse
ISO/DIS 10051	–; Einfluß der Feuchte auf die Wärmeübertragung; Bestimmung der spezifischen Wärmedurchlässigkeit eines feuchten Baustoffes

Ferner befinden sich u. a. folgende Themen in Bearbeitung:

– Terminologie,
– Anforderungen an
  – Wärmedämmstoffe (fabrikmäßig hergestellt),
    – Polystyrol-Hartschaum, Partikelschaum (EPS),
    – Polystyrol-Hartschaum, Extruderschaum (XPS),
    – Polyurethan-Hartschaum (PUR),
    – Phenolharz-Hartschaum,
    – Schaumglas (CG),
    – Mineralisch gebundene Holzwolle (WW),
    – Dämmstoffe für betriebstechnische Anlagen in Gebäuden und in der Industrie,
    – Vorgefertigte Produkte aus Kork (ICB),
    – Holzfaserdämmstoffe bzw. auch an
    aus den vorgenannten Stoffen an der Verwendungsstelle hergestellten Dämmungen,
  – Wärmedämmverbundsysteme,
– Einbauvorschriften, z. B. für Dächer, Fußböden,
– Werkseigene Produktionskontrolle,
– Prüfverfahren (ca. 20 Normen in Bearbeitung, z. B. zur Dicke, Raumbeständigkeit, Ebenheit, Festigkeit, Wasseraufnahme und zum Feuchtegehalt).

Auf der europäischen Normungsebene dienen die Arbeitsergebnisse der Normungsarbeit im Rahmen von CEN insbesondere auch der Ausfüllung der wesentlichen Anforderungen der EG-Bauproduktenrichtlinie zum Wärmeschutz und zur Energieeinsparung sowie des zugehörigen Grundlagendokumentes.
Derzeit wird von CEN an Europäischen Normen zu den folgenden Themen gearbeitet:

– Terminologie,
– Wärmebrücken und Oberflächentauwasser,
– Wärmedurchgangskoeffizient,
– Berechnung der Wärmedämmung von haustechnischen Anlagen,
– Berechnung des Energieverbrauchs,
– Berechnung der Wärmeübertragung in und durch das Erdreich,
– Berechnung des instationären thermischen Verhaltens von Gebäuden im Sommer,
– Wärmeschutztechnische Eigenschaften von Türen und Fenstern,
– Prüfverfahren, z. B. über wärmetechnische Eigenschaften, Wärmeflußmessung, Feuchte.

Erste Arbeitsergebnisse liegen vor:

DIN EN 832	Wärmetechnisches Verhalten von Gebäuden; Berechnung des Heizenergiebedarfs; Wohngebäude (z. Z. Entwurf)
DIN EN 30211	Bauelemente und Bauteile; Wärmedurchlaßwiderstand und Wärmedurchgangskoeffizient; Rechenverfahren (z. Z. Entwurf)
DIN EN 32241	Wärmedämmung von Gebäudeteilen und Anlagen; Berechnungsgrundlagen für wärmetechnische Eigenschaften über und unter der Umgebungstemperatur (z. Z. Entwurf),
DIN EN 32573	Wärmebrücken im Hochbau; Wärmestrom und Oberflächentemperaturen; Allgemeine Berechnungsmethoden (z. Z. Entwurf)

Soweit Prüfverfahren angesprochen sind, ist CEN bemüht, die entsprechenden Arbeitsergebnisse der ISO zu übernehmen. Hierbei handelt es sich um folgende Themen:
– Eigenschaften von Fenstern bezüglich des Wärmedurchgangs,
– Prüf- und Meßverfahren,
  – Verfahren mit dem Heizkasten,
  – Rohrverfahren,
  – Ringverfahren,
  – Alterungsverhalten von Wärmedämmstoffen,
  – Bestimmung des Feuchtegehalts und der Feuchtedurchlässigkeit,
  – Einfluß der Feuchte auf die Wärmedämmeigenschaften,
  – Luftdurchlässigkeit,
  – Bestimmung des Wärmedurchlaßwiderstandes an Ort und Stelle,
  – Weitere Ringversuche,
  – Infrarot-Verfahren für Industrieanlagen,
  – Prüfverfahren mit dem Heizkasten,
– Berechnungsverfahren
  – Wärmebrücken,
  – Praktische wärmeschutztechnische Eigenschaften,
  – Berechnungsverfahren für Dämmungen im industriellen Bereich,
  – Wärmeübertragung von Gebäuden in und durch das Erdreich,
– Wärmedämmstoffe für Gebäude
  – Mineralfaser-Dämmstoffe für Dächer,
  – Lose Schüttungen aus Mineralfaser,
  – Wärmedämmung von Wänden aus Gründungen,
  – Lose Schüttungen aus Zellulosefasern,
  – Allgemeine Regeln für Probenahme, Konformität, Kontrolle und Zertifizierung,
– Wärmedämmstoffe für Industrieanlagen
  – Mineralfaser-Rohrschalen und Kalziumsilikat-Platten zur Wärmedämmung,
  – Anwendungsbezogene Eigenschaften von Dämmstoffen für Industrieanlagen.

4.2 Schallschutz

Der Schallschutz in Gebäuden hat große Bedeutung für die Gesundheit und das Wohlbefinden des Menschen.

Besonders wichtig ist der Schallschutz im Wohnungsbau, da die Wohnung dem Menschen sowohl zur Entspannung und zum Ausruhen dient als auch den eigenen häuslichen Bereich gegenüber den Nachbarn abschirmen soll. Um eine zweckentsprechende Nutzung der Räume zu ermöglichen, ist auch in Schulen, Krankenanstalten, Beherbergungsstätten und Bürobauten der Schallschutz von Bedeutung.

DIN 4109 Schallschutz im Hochbau; Anforderungen und Nachweise (Nov 1989)

Bbl 1 zu DIN 4109 Schallschutz im Hochbau; Ausführungsbeispiele und Rechenverfahren (Nov 1989)

Bbl 2 zu DIN 4109 Schallschutz im Hochbau; Hinweise für Planung und Ausführung; Vorschläge für einen erhöhten Schallschutz; Empfehlungen für den Schallschutz im eigenen Wohn- oder Arbeitsbereich (Nov 1989)

Diese Norm enthält Anforderungen an den Mindestschallschutz und die erforderlichen Nachweise. Darüber hinaus ist das **Beiblatt 1 zu DIN 4109** eine wichtige Arbeitshilfe sowie für den erhöhten Schallschutz das **Beiblatt 2 zu DIN 4109**.

In den nachfolgenden Angaben und Normenzitaten sind die Korrekturen aus „Berichtigung 1 zu DIN 4109, DIN 4109 Bbl 1 und DIN 4109 Bbl 2" (Aug 1992) übernommen.

Der Schallschutz ist auch als wesentliche Anforderung in der EG-Bauproduktenrichtlinie genannt, zu der es ein eigenes Grundlagendokument mit einer Vielzahl von Präzisierungen gibt, denen künftige Europäische Normen über Bauprodukte genügen müssen.

4.2.1 Begriffe

Die Norm DIN 4109 gibt im Anhang A eine Reihe von Begriffsdefinitionen an:

S c h a l l sind mechanische Schwingungen und Wellen eines elastischen Mediums, insbesondere im Frequenzbereich des menschlichen Hörens von etwa 16 Hz bis 16 000 Hz.
In dieser Norm wird nach Luftschall, Körperschall und Trittschall unterschieden.
L u f t s c h a l l ist der in Luft sich ausbreitende Schall.
K ö r p e r s c h a l l ist der in festen Stoffen sich ausbreitende Schall.
T r i t t s c h a l l ist der Schall, der beim Begehen und bei ähnlicher Anregung einer Decke, Treppe o. ä. als Körperschall entsteht und teilweise als Luftschall in einen darunterliegenden oder anderen Raum abgestrahlt wird.

Ton und Geräusch

E i n f a c h e r o d e r r e i n e r T o n ist die Schallschwingung mit sinusförmigem Verlauf.
F r e q u e n z f (S c h w i n g u n g s z a h l) nach dieser Norm ist die Anzahl der Schwingungen je Sekunde.
Mit zunehmender Frequenz nimmt die Tonhöhe zu. Eine Verdopplung der Frequenz entspricht einer Oktave. In der Bauakustik betrachtet man vorwiegend einen Bereich von 5 Oktaven, nämlich die Frequenzen von 100 Hz bis 3150 Hz.
H e r t z ist die Einheit der Frequenz 1/s; 1 Schwingung je Sekunde = 1 Hertz (Hz).
G e r ä u s c h ist der Schall, der aus vielen Teiltönen zusammengesetzt ist, deren Frequenzen nicht in einfachen Zahlenverhältnissen zueinander stehen; ferner Schallimpulse und Schallimpulsfolgen, deren Grundfrequenz unter 1 Hz liegt (z. B. Norm-Hammerwerk nach DIN 52210-1 (s. Norm).
Die Frequenzzusammensetzung eines Geräusches wird ermittelt durch:

- O k t a v f i l t e r - A n a l y s e ist die Zerlegung eines Geräusches durch Filter in Frequenzbereiche von der Breite einer Oktave.
- T e r z f i l t e r - A n a l y s e ist die Zerlegung eines Geräusches durch Filter in Frequenzbereiche von der Breite einer Terz (Drittel-Oktave).

Anmerkung Bei bauakustischen Prüfungen nach DIN 52210-1 bis DIN 52210-7 (s. Normen) werden nur Terzfilter verwendet.

Schalldruck und Schallpegel

S c h a l l d r u c k p ist der Wechseldruck, der durch die Schallwelle in Gasen oder Flüssigkeiten erzeugt wird, und der sich mit dem statischen Druck (z. B. dem atmosphärischen Druck der Luft) überlagert (Einheit: 1 Pa $\triangleq$ 10 µbar).

S c h a l l d r u c k p e g e l L (S c h a l l p e g e l) nach dieser Norm ist der zehnfache Logarithmus vom Verhältnis des Quadrats des jeweiligen Schalldrucks p zum Quadrat des festgelegten Bezugs-Schalldrucks p_0:

$$L = 10 \lg \frac{p^2}{p_0^2} \, \text{dB} = 20 \lg \frac{p}{p_0} \, \text{dB} \tag{4.43}$$

Der Effektivwert des Bezugs-Schalldruckes p_0 ist international festgelegt mit:

$$p_0 = 20 \, \mu Pa \tag{4.44}$$

Der Schalldruckpegel und alle Schallpegeldifferenzen werden in Dezibel (Kurzzeichen dB) angegeben.

Dezibel ist ein wie eine Einheit benutztes Zeichen, das zur Kennzeichnung von logarithmierten Verhältnisgrößen dient. Der Vorsatz „dezi" besagt, daß die Kennzeichnung „Bel", die für den Zehnerlogarithmus eines Energieverhältnisses verwendet wird, zehnmal größer ist.

Anmerkung   Von dem durch Gleichung (4.43) definierten Begriff des Schalldruckpegels sind die für die Schallempfindung gebräuchlichen Begriffe des Lautstärkepegels und der Lautheit zu unterscheiden.
Der Lautstärkepegel (phon) ist gleich dem Schalldruckpegel eines 1000-Hz-Tones, der beim Hörvergleich mit einem Geräusch als gleich laut wie dieses empfunden wird.
Die Lautheit (sone) gibt an, um wieviel mal lauter das Geräusch als ein 1000-Hz-Ton mit einem Schalldruckpegel von 40 dB empfunden wird.
Oberhalb von 40 dB wird eine Pegeländerung um 10 dB wie eine Verdopplung bzw. Halbierung der Lautheit empfunden. Unterhalb von 40 dB führen schon kleinere Pegeländerungen zu einer Verdopplung bzw. Halbierung der Lautheit.

A - b e w e r t e t e r S c h a l l d r u c k p e g e l L_A (A-Schalldruckpegel) nach dieser Norm ist der mit der Frequenzbewertung A nach DIN IEC 651 (s. Norm) bewertete Schalldruckpegel. Er ist ein Maß für die Stärke eines Geräusches und wird in dieser Norm in dB(A) angegeben.

Anmerkung   Durch die Frequenzbewertung A werden die Beiträge der Frequenzen unter 1000 Hz und über 5000 Hz zum Gesamtergebnis abgeschwächt.

Beim Vergleich mit Anforderungen ist je nach Herkunft des Geräusches zu unterscheiden:

Z e i t a b h ä n g i g e r A F - S c h a l l d r u c k p e g e l $L_{AF}(t)$ ist der Schalldruckpegel, der mit der Frequenzbewertung „A" und der Zeitbewertung „F" („Schnell", englisch: „Fast"), als Funktion der Zeit gemessen wird (DIN 45645-1 (s. Norm).

T a k t m a x i m a l p e g e l $L_{AFT}(t)$ in dB ist der in Zeitintervallen (Takten) auftretende und für den ganzen Takt geltende maximale Schalldruckpegel, gemessen mit der Frequenzbewertung A und der Zeitbewertung F, als Funktion der Zeit t (s. DIN 45645-2).

M i t t e l u n g s p e g e l L_{AFm} bei zeitlich schwankenden Geräuschen wird aus den Meßwerten $L_{AF}(t)$ der Mittelungspegel nach DIN 45641 (s. Norm) gebildet.

Ä q u i v a l e n t e r D a u e r s c h a l l p e g e l L_{eq} ist der nach dem „Gesetz zum Schutz gegen Fluglärm" gültige Schallpegel.

B e u r t e i l u n g s p e g e l L_T ist das Maß für die durchschnittliche Geräuschimmission während der Beurteilungszeit T. Er setzt sich zusammen aus dem Mittelungspegel L_{AFm} (energieäquivalenter Dauerschallpegel) und Zuschlägen für Impuls- und Tonhaltigkeit (s. z. B DIN 45645-1, VDI 2058 Blatt 1 oder DIN 18005-1).

4.2.1 Begriffe

„Maßgeblicher Außenlärmpegel" ist der Pegelwert, der für die Bemessung der erforderlichen Schalldämmung zu benutzen ist. Er soll die Geräuschbelastung außen vor dem betroffenen Objekt repräsentativ unter Berücksichtigung der langfristigen Entwicklung der Belastung (5 bis 10 Jahre) beschreiben. Die entsprechenden Pegelwerte werden nach Abschnitt 4.2.5, Unterabschnitt „Ermittlung des maßgeblichen Außenlärmpegels" berechnet oder nach Anhang B der Norm gemessen.

Maximalpegel $L_{AF,\,max}$ sind die mit der Zeitbewertung F gemessenen Schallpegelspitzen bei zeitlich veränderlichen Geräuschen.

Mittlerer Maximalpegel $\overline{L_{AF,max}}$ ist hier durch folgende Gleichung definiert:

$$\overline{L_{AF,max}} = 10 \lg \left(\frac{1}{n} \sum_{i=1}^{n} 10^{0,1 L_{AF,max,i}} \right) \tag{4.45}$$

Armaturengeräuschpegel L_{ap} ist der A-bewertete Schalldruckpegel als charakteristischer Wert für das Geräuschverhalten einer Armatur (s. DIN 52218-1).

Installations-Schallpegel L_{In} ist der am Bau beim Betrieb einer Armatur oder eines Gerätes gemessene A-Schallpegel – Näheres s. DIN 52219.

Schalldämmung

Vorhaltemaß soll den möglichen Unterschied des Schalldämm-Maßes am Prüfobjekt im Prüfstand und den tatsächlichen am Bau sowie eventuelle Streuungen der Eigenschaften der geprüften Konstruktionen berücksichtigen.

Unter Schallschutz werden einerseits Maßnahmen gegen die Schallentstehung (Primär-Maßnahmen) und andererseits Maßnahmen, die die Schallübertragung von einer Schallquelle zum Hörer vermindern (Sekundär-Maßnahmen), verstanden.

Bei den Sekundär-Maßnahmen für den Schallschutz muß unterschieden werden, ob sich Schallquelle und Hörer in verschiedenen Räumen oder in demselben Raum befinden. Im ersten Fall wird Schallschutz hauptsächlich durch Schalldämmung, im zweiten Fall durch Schallabsorption erreicht. Bei der Schalldämmung unterscheidet man je nach der Art der Schwingungsanregung der Bauteile zwischen Luftschalldämmung und Körperschalldämmung. Unter Körperschalldämmung versteht man Maßnahmen, die geeignet sind, Schwingungsübertragungen von einem Bauteil zum anderen zu vermindern. Besonders wichtige Fälle der Körperschalldämmung sind der Schutz gegen Anregung durch Trittschall – die Trittschalldämmung – und die Körperschalldämmung, z. B. von Sanitärgegenständen gegenüber dem Baukörper.

Luftschalldämmung

Schallpegeldifferenz D nach dieser Norm ist die Differenz zwischen dem Schallpegel L_1 im Senderaum und dem Schallpegel L_2 im Empfangsraum:

$$D = L_1 - L_2 \tag{4.46}$$

Diese Differenz hängt auch davon ab, wie groß die Schallabsorption durch die Begrenzungsflächen und Gegenstände im Empfangsraum ist. Um diese Einflüsse auszuschalten, bestimmt man die äquivalente Absorptionsfläche A, bezieht sich auf eine vereinbarte Bezugs-Absorptionsfläche A_0 und erhält so die Norm-Schallpegeldifferenz D_n.

Norm-Schallpegeldifferenz D_n nach dieser Norm ist die Schallpegeldifferenz zwischen Sende- und Empfangsraum, wenn der Empfangsraum die Bezugs-Absorptionsfläche A_0 hätte:

$$D_n = D - 10 \lg \frac{A}{A_0} \, dB \tag{4.47}$$

Die Norm-Schallpegeldifferenz D_n kennzeichnet die Luftschalldämmung zwischen zwei Räumen, wobei beliebige Schallübertragungen vorliegen können. Sofern nichts anderes festgelegt ist (s. z. B. DIN 52210-3) wird $A_0 = 10\ m^2$ gesetzt.

S c h a l l d ä m m - M a ß R nach dieser Norm kennzeichnet die Luftschalldämmung von Bauteilen.
Bei der Messung zwischen zwei Räumen wird R aus der Schallpegeldifferenz D, der äquivalenten Absorptionsfläche A des Empfangsraumes und der Prüffläche S des Bauteils bestimmt:

$$R = D + 10\ \lg \frac{S}{A}\ dB \qquad (4.48)$$

Bei der Messung der Schalldämmung von Fenstern und Außenwänden am Bau wird das zu prüfende Bauteil von außen beschallt (zur Durchführung der Messung und Berechnung des Schalldämm-Maßes gilt DIN 52210-5 (s. Norm).
Durch Anfügen besonderer Kennzeichnungen und Indizes wird das Schalldämm-Maß unterschieden:

a) Je nachdem, ob der Schall ausschließlich durch das zu prüfende Bauteil oder auch über etwaige Nebenwege übertragen wird.

Das „Labor-Schalldämm-Maß" R[1] wird verwendet, wenn der Schall ausschließlich durch das zu prüfende Bauteil übertragen wird, z. B. in einem Prüfstand ohne Flankenübertragung nach DIN 52210-2 (s. Norm).

Das „Bau-Schalldämm-Maß" R'[1] wird verwendet bei zusätzlicher Flanken- oder anderer Nebenwegübertragung.

Hierbei ist zu unterscheiden zwischen

 – Prüfung in Prüfständen mit nach DIN 52210-2 festgelegter bauähnlicher Flankenübertragung,
 – Prüfungen in ausgeführten Bauten mit der dort vorhandenen Flanken- und Nebenwegübertragung
und
 – Prüfungen von Außenbauteilen.

b) Je nach verwendeten Meßverfahren.
Kennzeichnung des Schalldämm-Maßes nach der verwendeten Meßmethode in DIN 52210-3 und DIN 52210-5 (s. Normen).

S c h a c h t p e g e l d i f f e r e n z D_K ist der Unterschied zwischen dem Schallpegel L_{K1} und dem Schallpegel L_{K2} bei Vorhandensein eines Schachtes oder Kanales:

$$D_K = L_{K1} - L_{K2} \qquad (4.49)$$

Hierin bedeuten:
L_{K1} mittlerer Schallpegel in der Nähe der Schachtöffnung (Kanalöffnung) im Senderaum
L_{K2} mittlerer Schallpegel in der Nähe der Schachtöffnung (Kanalöffnung) im Empfangsraum

N e b e n w e g - Ü b e r t r a g u n g b e i L u f t s c h a l l a n r e g u n g ist jede Form der Luftschallübertragung zwischen zwei aneinandergrenzenden Räumen, die nicht über die Trennwand oder Trenndecke erfolgt. Sie umfaßt z. B. auch die Übertragung über Undichtheiten, Lüftungsanlagen, Rohrleitungen und ähnliches (DIN 52217, s. Norm).

---

[1] Vereinfacht wird auf die Zusätze „Labor" bzw. „Bau" verzichtet. Die Unterscheidung geschieht allein durch den Apostroph.

4.2.1 Begriffe

Flankenübertragung ist der Teil der Nebenweg-Übertragung, der ausschließlich über die Bauteile erfolgt, d. h. unter Ausschluß der Übertragung über Undichtheiten, Lüftungsanlagen, Rohrleitungen und ähnliches (DIN 52217, s. Norm).

Flankendämm-Maß nach dieser Norm ist das auf die Trennfläche (Trennwand oder Trenndecke) bezogene Schalldämm-Maß eines flankierenden Bauteils, das sich ergeben würde, wenn der Schall auf dem jeweils betrachteten Flankenweg übertragen wird (DIN 52217, s. Norm). Das Flankendämm-Maß ist von Bedeutung für den Schallschutz in Gebäuden in Massivbauart.

Labor-Schall-Längsdämm-Maß R_L nach dieser Norm ist das auf eine Bezugs-Trennfläche und eine Bezugs-Kantenlänge zwischen flankierendem Bauteil und Trennwand bzw. Trenndecke bezogene Flankendämm-Maß, wenn die Verzweigungsdämmung an der Verbindungsstelle zwischen trennendem und flankierendem Bauteil gering ist (DIN 52217, s. Norm). Das Schall-Längsdämm-Maß ist vor allem von Bedeutung für den Schallschutz in Skelettbauten und Holzhäusern.

Trittschalldämmung

Trittschallpegel L_T nach dieser Norm ist der Schallpegel je Terz, der im Empfangsraum entsteht, wenn das zu prüfende Bauteil mit einem Norm-Hammerwerk nach DIN 52210-1 (s. Norm) angeregt wird.
Der Begriff Trittschallpegel wird auch dann angewendet, wenn die mit dem Norm-Hammerwerk angeregte Decke nicht die Decke über dem Empfangsraum ist, z. B. bei Diagonal- und Horizontalübertragung sowie bei Treppenläufen und -podesten.
Die Messung des Trittschallpegels dient nicht nur dazu, die Dämmung gegenüber Gehgeräuschen zu erfassen, man charakterisiert damit auch das Verhalten einer Decke gegenüber jeder anderen Art einer unmittelbaren punktweisen Körperschallanregung (DIN 52210-1, s. Norm).

Anmerkung   Bis 1984 wurde der Trittschallpegel in Oktavfilter gemessen. Wegen der Umstellung von Oktavfilter- auf Terzfilter-Analyse sind die Trittschallpegel (je Terz) im Mittel um $10 \lg 3 \approx 5$ dB niedriger als die früheren Trittschallpegel je Oktave. Dies ist insbesondere auch bei der Betrachtung von Frequenzdiagrammen für den Norm-Trittschallpegel L_n zu beachten.

Norm-Trittschallpegel L_n ist der Trittschallpegel, der im Empfangsraum vorhanden wäre, wenn der Empfangsraum die Bezugs-Absorptionsfläche $A_0 = 10$ m² hätte. Er hängt mit dem gemessenen Trittschallpegel L_T zusammen:

$$L_n = L_T + 10 \lg \frac{A}{A_0} \text{ db} \tag{4.50}$$

Der Norm-Trittschallpegel kennzeichnet das Trittschallverhalten eines Bauteils ohne oder mit Deckenauflage.
Wird der Norm-Trittschallpegel in Prüfständen mit nach DIN 52210-12 (s. Norm) festgelegter bauähnlicher Flankenübertragung oder am Bau gemessen, so wird dieser als L'_n gekennzeichnet.

Trittschallminderung ΔL ist die Differenz der Norm-Trittschallpegel einer Decke ohne und mit Deckenauflage (z. B. schwimmender Estrich, weichfedernder Bodenbelag):

$$\Delta L = L_{n0} - L_{n1} \tag{4.51}$$

Hierin bedeuten:
L_{n0} Norm-Trittschallpegel im Empfangsraum, gemessen ohne Deckenauflage
L_{n1} Norm-Trittschallpegel im Empfangsraum, gemessen mit Deckenauflage,
jeweils gemessen im gleichen Empfangsraum.

Nebenweg-Übertragung bei Trittschallanregung ist die Körperschallübertragung längs angrenzender, flankierender Bauteile (Flankenübertragung). Sie tritt gegenüber der direkten Schallabstrahlung der Decke insbesondere bei Decken mit untergehängter, biegeweicher Schale in Erscheinung. Die Nebenweg-Übertragung umfaßt aber auch die Übertragung durch zu Körperschall angeregte Rohrleitungen und ähnliches.

Bewertung und Kennzeichnung der Luft- und Trittschalldämmung

Einzahl-Angaben: Zur Bewertung der frequenzabhängigen Luft- und Trittschalldämmung von Bauteilen dienen Bezugskurven, mit deren Hilfe Einzahl-Angaben (d. h. Kennzeichnung mittels eines Zahlenwertes nach DIN 52210-4 (s. Norm)) ermittelt werden:

Für die Luftschalldämmung
- die bewertete Norm-Schallpegeldifferenz $D_{n,w}$,
- das bewertete Schalldämm-Maß R_w bzw. R'_w;

für die Luftschalldämmung von Schächten und Kanälen
- die bewertete Schachtpegeldifferenz $D_{K,w}$;

für die Trittschalldämmung
- der bewertete Norm-Trittschallpegel $L_{n,w}$ bzw. $L'_{n,w}$,
- der äquivalent bewertete Norm-Trittschallpegel $L'_{n,w,eq}$,
- das Trittschallverbesserungsmaß ΔL_w.

Bezugskurve ist die Festlegung von Bezugswerten der Schalldämm-Maße R und R' und der Norm-Trittschallpegel L_n und L'_n in Abhängigkeit von der Frequenz DIN 52210-4 (s. Norm).

Bewertetes Schalldämm-Maß R_w und R'_w ist die Einzahl-Angabe zur Kennzeichnung der Luftschalldämmung von Bauteilen. Das bewertete Schalldämm-Maß beruht auf der Bestimmung des Schalldämm-Maßes mittels Terzfilter-Analyse.

Zahlenmäßig ist R_w und R'_w der Wert der entsprechend DIN 52210-4 (s. Norm) um ganze dB verschobenen Bezugskurve bei 500 Hz.

Bewertetes Labor-Schall-Längsdämm-Maß $R_{L,w}$ ist die Einzahl-Angabe zur Kennzeichnung der Luftschalldämmung von Bauteilen mit einem Schall-Längsdämm-Maß. Das bewertete Schall-Längsdämm-Maß beruht auf der Bestimmung des Schall-Längsdämm-Maßes mittels Terzfilter-Analyse. Zahlenmäßig ist $R_{L,w}$ der Wert der entsprechend DIN 52210-4 um ganze dB verschobenen Bezugskurve bei 500 Hz.

Bewerteter Norm-Trittschallpegel $L_{n,w}$ und $L'_{n,w}$ ist die Einzahl-Angabe zur Kennzeichnung des Trittschallverhaltens von gebrauchsfertigen Bauteilen. Der bewertete Norm-Trittschallpegel beruht auf der Bestimmung des frequenzabhängigen Norm-Trittschallpegels mittels Terzfilter-Analyse.

Zahlenmäßig ist $L_{n,w}$ und $L'_{n,w}$ der Wert der entsprechend DIN 52210-4 um ganze dB verschobenen Bezugskurve bei 500 Hz.

Äquivalenter bewerteter Norm-Trittschallpegel $L_{n,w,eq}$ von Massivdecken ohne Deckenauflage ist die Einzahl-Angabe zur Kennzeichnung des Trittschallverhaltens einer Massivdecke ohne Deckenauflage für die spätere Verwendung als gebrauchsfertige Decke mit einer Deckenauflage. Der äquivalente bewertete Norm-Trittschallpegel beruht auf der Bestimmung des Norm-Trittschallpegels der Massivdecke mittels Terzfilter-Analyse. Zahlenmäßig ergibt sich $L_{n,w,eq}$ nach DIN 52210-4, s. Norm.

Anmerkung Für die Kennzeichnung des Trittschallverhaltens von Massivdecken ist der bewertete Norm-Trittschallpegel $L_{n,w}$ für die Praxis weniger geeignet, da Massivdecken zur Erfüllung der Anforderungen an die Trittschalldämmung stets eine Deckenauflage benötigen, deren grundsätzliche Wirkung im $L_{n,w}$ der Massivdecke nicht enthalten ist.

4.2.1 Begriffe

Der bewertete Norm-Trittschallpegel $L_{n,w}$ einer gebrauchsfertigen Decke ergibt sich aus $L_{n,w,eq}$ und dem Verbesserungsmaß ΔL_w der verwendeten Deckenauflage nach der Gleichung:

$$L_{n,w} = L_{n,w,eq} - \Delta L_w \tag{4.52}$$

Trittschallverbesserungsmaß einer Deckenauflage ΔL_w ist die Einzahl-Angabe zur Kennzeichnung der Trittschallverbesserung einer Massivdecke durch eine Deckenauflage. Das Trittschallverbesserungsmaß ΔL_w beruht auf der Bestimmung von Norm-Trittschallpegeln mittels Terzfilter-Analyse.

Zahlenmäßig ist ΔL_w die Differenz der bewerteten Norm-Trittschallpegel einer in ihrem Frequenzverlauf festgelegten Bezugsdecke (DIN 52210-4, s. Norm) ohne und mit Deckenauflage. Es kennzeichnet die frequenzabhängige Trittschallminderung ΔL der geprüften Deckenauflage durch eine Zahl (in dB).

Bauakustische Kennzeichnung von Bauteilen

Einschalige Bauteile sind Bauteile, die als Ganzes schwingen. Sie können bestehen aus:
– einem einheitlichen Baustoff (z. B. Beton, Mauerwerk, Glas)
oder
– mehreren Schichten verschiedener, aber in ihren schalltechnischen Eigenschaften verwandter Baustoffe, die fest miteinander verbunden sind (z. B. Mauerwerk- und Putzschichten).

Mehrschalige Bauteile sind Bauteile aus zwei und mehreren Schalen, die nicht starr miteinander verbunden, sondern durch geeignete Dämmstoffe oder durch Luftschichten voneinander getrennt sind.

Grenzfrequenz f_g von Bauteilen ist die Frequenz, bei der die Wellenlänge des Luftschalls mit der Länge der freien Biegewelle der Bauteile übereinstimmt (Spuranpassung). Im Bereich oberhalb der Grenzfrequenz tritt eine Spuranpassung auf; die Luftschalldämmung wird verringert.

Die Grenzfrequenz wird bestimmt durch das Verhältnis der flächenbezogenen Masse zur Biegesteifigkeit des Bauteils.

Für Platten von gleichmäßigem Gefüge gilt näherungsweise:

$$f_g \approx \frac{60}{d}\sqrt{\frac{\varrho}{E}} \text{ in Hz} \tag{4.53}$$

Hierin bedeuten:
d Dicke der Platte in m
ϱ Rohdichte des Baustoffs in kg/m^3
E Elastizitätsmodul in MN/m^2.

Biegeweiche Platten gelten im akustischen Sinne als „biegeweich" bei einer Grenzfrequenz oberhalb 2000 Hz.

Eigenfrequenz f_0 zweischaliger Bauteile (Eigenschwingungszahl, Resonanzfrequenz) ist die Frequenz, bei der die beiden Schalen unter Zusammendrücken einer als Feder wirkenden Zwischenschicht (Luftpolster oder Dämmstoff) gegeneinander mit größter Amplitude schwingen.

Dynamische Steifigkeit s' von Zwischenschichten kennzeichnet das Federungsvermögen der Zwischenschicht (Luftpolster oder Dämmstoff) zwischen zwei Schalen. Sie ergibt sich aus der Luftsteifigkeit und gegebenenfalls aus der Gefügesteifigkeit des Dämmstoffes. Sie wird bestimmt nach DIN 52214 (s. Norm).

Schallabsorption

S c h a l l a b s o r p t i o n ist der Verlust an Schallenergie bei der Reflexion an den Begrenzungsflächen eines Raumes oder Gegenständen oder Personen in einem Raum.
Der Verlust entsteht vorwiegend durch Umwandlung von Schall in Wärme (Dissipation). Die Schallabsorption unterscheidet sich von der Schalldämmung.
Die Schallabsorption braucht jedoch nicht allein auf Dissipation zu beruhen. Auch wenn der Schall teilweise in Nachbarräume oder (durch ein offenes Fenster) ins Freie gelangt (Transmission), geht er für den Raum verloren.

S c h a l l a b s o r p t i o n s g r a d α ist das Verhältnis der nicht reflektierten (nicht zurückgeworfenen) zur auffallenden Schallenergie. Bei vollständiger Reflexion ist $\alpha = 0$, bei vollständiger Absorption ist $\alpha = 1$.

N a c h h a l l - V o r g a n g ist die Abnahme der Schallenergie in einem geschlossenen Raum nach beendeter Schallsendung. Für die Schallabsorption im Raum ist die Nachhallzeit T kennzeichnend.

N a c h h a l l z e i t T ist die Zeitspanne, während der der Schalldruckpegel nach Beenden der Schallsendung um 60 dB abfällt.
Aus der Nachhallzeit T und dem Raumvolumen V ergibt sich die äquivalente Absorptionsfläche A.

Ä q u i v a l e n t e S c h a l l a b s o r p t i o n s f l ä c h e A ist die Schallabsorptionsfläche mit dem Schallabsorptionsgrad $\alpha = 1$, die den gleichen Anteil der Schallenergie absorbieren würde wie die gesamte Oberfläche des Raumes und die in ihm befindlichen Gegenstände und Personen. Sie wird nach folgender Gleichung berechnet:

$$A = 0{,}163 \frac{V}{T} \text{ in m}^2 \qquad (4.54)$$

Hierbei ist V in m³ und T in s einzusetzen.

P e g e l m i n d e r u n g ΔL d u r c h S c h a l l a b s o r p t i o n ist die Minderung des Schalldruckpegels L, die in einem Raum durch Anbringen von schallabsorbierenden Stoffen oder Konstruktionen gegenüber dem unbehandelten Raum erreicht wird.
Für sie gilt:

$$\Delta L = 10 \lg \frac{A_2}{A_1} \text{dB} \approx 10 \lg \frac{T_1}{T_2} \text{dB} \qquad (4.55)$$

Der Index 1 gilt für den Zustand des unbehandelten, der Index 2 für den Zustand des behandelten Raumes.

L ä n g e n b e z o g e n e r S t r ö m u n g s w i d e r s t a n d $\varXi$ ist eine von der Schichtdicke unabhängige Kenngröße für ein schallabsorbierendes Material. Er ist in DIN 52213 (s. Norm) definiert.

4.2.2 Anforderungen und Nachweise

DIN 4109 hat Mindestanforderungen an den Schallschutz mit dem Ziel festgelegt, Menschen in Aufenthaltsräumen vor unzumutbaren Belästigungen durch Schallübertragung zu schützen. Außerdem ist das Verfahren zum Nachweis des geforderten Schallschutzes geregelt.
Aufgrund der festgelegten Anforderungen kann nicht erwartet werden, daß Geräusche von außen oder aus benachbarten Räumen nicht mehr wahrgenommen werden. Daraus ergibt sich insbeson-

4.2.2 Anforderungen und Nachweise

dere die Notwendigkeit gegenseitiger Rücksichtnahme durch Vermeidung unnötigen Lärms. Die Anforderungen setzen voraus, daß in benachbarten Räumen keine ungewöhnlich starken Geräusche verursacht werden.

Die Norm gilt zum Schutz von Aufenthaltsräumen
- gegen Geräusche aus fremden Räumen, z. B. Sprache, Musik oder Gehen, Stühlerücken und den Betrieb von Haushaltsgeräten.
- gegen Geräusche aus haustechnischen Anlagen und aus Betrieben im selben Gebäude oder in baulich damit verbundenen Gebäuden.
- gegen Außenlärm wie Verkehrslärm (Straßen-, Schienen-, Wasser- und Luftverkehr) und Lärm aus Gewerbe- und Industriebetrieben, die baulich mit den Aufenthaltsräumen im Regelfall nicht verbunden sind.

Die Norm gilt **nicht** zum Schutz von Aufenthaltsräumen
- gegen Geräusche aus haustechnischen Anlagen im eigenen Wohnbereich.
- in denen infolge ihrer Nutzung ständig oder nahezu ständig stärkere Geräusche vorhanden sind, die einem Schalldruckpegel L_{AF} von 40 dB(A) entsprechen
- gegen Fluglärm, soweit er im „Gesetz zum Schutz gegen Fluglärm" geregelt ist.

Tabelle **4.48** Kennzeichnende Größen für die Anforderungen an die Luft- und Trittschalldämmung von Bauteilen
R'_w bewertetes Schalldämm-Maß in dB mit Schallübertragung über flankierende Bauteile
R_w bewertetes Schalldämm-Maß in dB ohne Schallübertragung über flankierende Bauteile
$L'_{n,w}$ bewerteter Norm-Trittschallpegel in dB (*TSM* Trittschallschutzmaß in dB)

Spalte	1	2	3	
Zeile	Bauteile[1]	Berücksichtigte Schallübertragung	Kennzeichnende Größe für	
			Luftschall-dämmung	Trittschalldämmung
1	Wände	über das trennende und die flankierenden Bauteile sowie gegebenenfalls über Nebenwege	erf. R'_w	–
2	Decken		erf. R'_w	erf. $L'_{n,w}$ (erf. *TSM*)
3	Treppen		–	erf. $L'_{n,w}$ (erf. *TSM*)
4	Türen	nur über die Tür bzw. über das Fenster	erf. R_w	–
5	Fenster			

[1]) Im betriebsfertigen Zustand.

Tabelle **4.49** Kennzeichnende Größen für die Anforderungen (Schalldruckpegel) bei haustechnischen Anlagen und Gewerbebetrieben

Spalte	1	2
Zeile	Geräuschquelle	Kennzeichnende Größe
1	Wasserinstallationen (Wasserversorgungs- und Abwasseranlagen gemeinsam)	Installations-Schallpegel L_{In} nach DIN 52219
2	Sonstige haustechnische Anlagen	max. Schalldruckpegel $L_{AF,max}$ in Anlehnung an DIN 52219
3	Betriebe	Beurteilungspegel L_T nach DIN 45645-1 (nachts = lauteste Stunde) bzw. VDI 2058 Blatt 1

4.2.3 Trittschalldämmung

Allgemeines

Die in Tab. 4.50 angegebenen Anforderungen sind mindestens einzuhalten.

Die für die Schalldämmung der trennenden Bauteile angegebenen Werte gelten nicht für diese Bauteile allein, sondern für die resultierende Dämmung unter Berücksichtigung der an der Schallübertragung beteiligten Bauteile und Nebenwege im eingebauten Zustand; dies ist bei der Planung zu berücksichtigen.

Bei Türen und Fenstern gelten die Werte für die Schalldämmung bei alleiniger Übertragung durch Türen und Fenster.

Sind Aufenthaltsräume oder Wasch- und Aborträume durch Schächte oder Kanäle miteinander verbunden (z. B. bei Lüftungen, Abgasanlagen und Luftheizungen), so dürfen die für die Luftschalldämmung des trennenden Bauteils in Tab. 4.50 genannten Werte durch Schallübertragung über die Schacht- und Kanalanlagen nicht unterschritten werden.

Tabelle 4.50 Erforderliche Luft- und Trittschalldämmung zum Schutz gegen Schallübertragung aus einem fremden Wohn- oder Arbeitsbereich

Spalte	1	2	3	4	5
Zeile		Bauteile	Anforderungen		Bemerkungen
			erf. R'_w in dB	erf. $L'_{n,w}$ (erf. TSM)[1]) in dB	
1 Geschoßhäuser mit Wohnungen und Arbeitsräumen					
1	Decken	Decken unter allgemein nutzbaren Dachräumen, z. B. Trokkenböden, Abstellräumen und ihren Zugängen	53	53 (10)	Bei Gebäuden mit nicht mehr als 2 Wohnungen betragen die Anforderungen erf. $R'_w = 52$ dB und erf. $L'_{n,w} = 63$ dB (erf. $TSM = 0$ dB).
2		Wohnungstrenndecken (auch -treppen) und Decken zwischen fremden Arbeitsräumen bzw. vergleichbaren Nutzungseinheiten	54	53 (10)	Wohnungstrenndecken sind Bauteile, die Wohnungen voneinander oder von fremden Arbeitsräumen trennen. Bei Gebäuden mit nicht mehr als 2 Wohnungen beträgt die Anforderung erf. $R'_w = 52$ dB. Weichfedernde Bodenbeläge dürfen bei dem Nachweis der Anforderungen an den Trittschallschutz nicht angerechnet werden; in Gebäuden mit nicht mehr als 2 Wohnungen dürfen weichfedernde Bodenbeläge, z. B. nach Bbl 1 zu DIN 4109, berücksichtigt werden, wenn die Beläge auf dem Produkt oder auf der Verpackung mit dem entsprechenden $\Delta L_w(VM)$ nach Bbl 1 zu DIN 4109, bzw. nach Eignungsprüfung gekennzeichnet sind und mit der Werksbescheinigung nach DIN 50049 ausgeliefert werden.

[1]) Zur Berechnung der bisher benutzten Größen TSM, TSM_{eq} und VM aus den Werten von $L'_{n,w}$, $L_{n,w,eq}$ und ΔL_w gelten folgende Beziehungen: $TSM = 63$ dB $- L'_{n,w}$, $TSM_{eq} = 63$ dB $- L_{n,w,eq}$, $VM = \Delta L_w$.

Fortsetzung s. nächste Seiten

4.2.3 Trittschalldämmung

Tabelle **4.**50, Fortsetzung

Spalte	1	2	3	4	5
Zeile		Bauteile	Anforderungen		Bemerkungen
			erf. R'_w in dB	erf. $L'_{n,w}$ (erf. TSM)[1]) in dB	
1 Geschoßhäuser mit Wohnungen und Arbeitsräumen					
3	Decken	Decken über Kellern, Hausfluren, Treppenräumen unter Aufenthaltsräumen	52	53 (10)	Die Anforderung an die Trittschalldämmung gilt nur für die Trittschallübertragung in fremde Aufenthaltsräume, ganz gleich, ob sie in waagerechter, schräger oder senkrechter (nach oben) Richtung erfolgt. Weichfedernde Bodenbeläge dürfen bei dem Nachweis der Anforderungen an den Trittschallschutz nicht angerechnet werden.
4		Decken über Durchfahrten, Einfahrten von Sammelgaragen und ähnliches unter Aufenthaltsräumen	55	53 (10)	
5		Decken unter/über Spiel- oder ähnlichen Gemeinschaftsräumen	55	46 (17)	Wegen der verstärkten Übertragung tiefer Frequenzen können zusätzliche Maßnahmen zur Körperschalldämmung erforderlich sein.
6		Decken unter Terrassen und Loggien über Aufenthaltsräumen	–	53 (10)	Bezüglich der Luftschalldämmung gegen Außenlärm s. Abschn. 4.2.5
7		Decken unter Laubengängen	–	53 (10)	Die Anforderung an die Trittschalldämmung gilt nur für die Trittschallübertragung in fremde Aufenthaltsräume, ganz gleich, ob sie in waagerechter, schräger oder senkrechter (nach oben) Richtung erfolgt.
8		Decken und Treppen innerhalb von Wohnungen, die sich über zwei Geschosse erstrecken	–	53 (10)	Die Anforderung an die Trittschalldämmung gilt nur für die Trittschallübertragung in fremde Aufenthaltsräume, ganz gleich, ob sie in waagerechter, schräger oder senkrechter (nach oben) Richtung erfolgt. Weichfedernde Bodenbeläge dürfen bei dem Nachweis der Anforderungen an den Trittschallschutz nicht angerechnet werden. Die Prüfung der Anforderungen an das Trittschallschutzmaß nach DIN 52210-3 erfolgt bei einer gegebenenfalls vorhandenen Bodenentwässerung nicht in einem Umkreis von $r = 60$ cm. Bei Gebäuden mit nicht mehr als 2 Wohnungen beträgt die Anforderung erf. $R'_w = 52$ dB und erf. $L'_{n,w} = 63$ dB (erf. $TSM = 0$ dB).
9		Decken unter Bad und WC ohne/mit Bodenentwässerung	54	53 (10)	

Fortsetzung s. nächste Seiten

Tabelle **4.50**, Fortsetzung

Spalte	1	2	3	4	5
Zeile	Bauteile		Anforderungen		Bemerkungen
			erf. R'_w in dB	erf. $L'_{n,w}$ (erf. TSM)[1]) in dB	
1 Geschoßhäuser mit Wohnungen und Arbeitsräumen					
10	Decken	Decken unter Hausfluren	–	53 (10)	Die Anforderung an die Trittschalldämmung gilt nur für die Trittschallübertragung in fremde Aufenthaltsräume, ganz gleich, ob sie in waagerechter, schräger oder senkrechter (nach oben) Richtung erfolgt. Weichfedernde Bodenbeläge dürfen bei dem Nachweis der Anforderungen an den Trittschallschutz nicht angerechnet werden.
11	Treppen	Treppenläufe und -podeste	–	58 (5)	Keine Anforderungen an Treppenläufe in Gebäuden mit Aufzug und an Treppen in Gebäuden mit nicht mehr als 2 Wohnungen.
12	Wände	Wohnungstrennwände und Wände zwischen fremden Arbeitsräumen	53		Wohnungstrennwände sind Bauteile, die Wohnungen voneinander oder von fremden Arbeitsräumen trennen.
13		Treppenraumwände und Wände neben Hausfluren	52		Für Wände mit Türen gilt die Anforderung erf. R'_w (Wand) = erf. R_w (Tür) + 15 dB. Darin bedeutet erf. R_w (Tür) die erforderliche Schalldämmung der Tür nach Zeile 16 oder Zeile 17. Wandbreiten ≤30 cm bleiben dabei unberücksichtigt.
14		Wände neben Durchfahrten, Einfahrten von Sammelgaragen u. ä.	55		
15		Wände von Spiel- oder ähnlichen Gemeinschaftsräumen	55		
16	Türen	Türen, die von Hausfluren oder Treppenräumen in Flure und Dielen von Wohnungen und Wohnheimen oder von Arbeitsräumen führen	27		Bei Türen gilt nach Tab. **4.48** erf. R_w.
17		Türen, die von Hausfluren oder Treppenräumen unmittelbar in Aufenthaltsräume – außer Flure und Dielen – von Wohnungen führen	37		

Fortsetzung s. nächste Seiten

4.2.3 Trittschalldämmung

Tabelle **4**.50, Fortsetzung

Spalte	1	2	3	4	5
Zeile		Bauteile	Anforderungen		Bemerkungen
			erf. R'_w in dB	erf. $L'_{n,w}$ (erf. TSM)[1]) in dB	

2 Einfamilien-Doppelhäuser und Einfamilien-Reihenhäuser

18	Decken	Decken	–	48 (15)	Die Anforderung an die Trittschalldämmung gilt nur für die Trittschallübertragung in fremde Aufenthaltsräume, ganz gleich, ob sie in waagerechter, schräger oder senkrechter (nach oben) Richtung erfolgt.
19		Treppenläufe und -podeste und Decken unter Fluren	–	53 (10)	Bei einschaligen Haustrennwänden gilt: Wegen der möglichen Austauschbarkeit von weichfedernden Bodenbelägen nach Bbl 1 zu DIN 4109, die sowohl dem Verschleiß als auch besonderen Wünschen der Bewohner unterliegen, dürfen diese bei dem Nachweis der Anforderungen an den Trittschallschutz nicht angerechnet werden.
20	Wände	Haustrennwände	57		

3 Beherbergungsstätten

21	Decken	Decken	54	53 (10)	
22		Decken unter/über Schwimmbädern, Spiel- oder ähnlichen Gemeinschaftsräumen zum Schutz gegenüber Schlafräumen	55	46 (17)	Wegen der verstärkten Übertragung tiefer Frequenzen können zusätzliche Maßnahmen zur Körperschalldämmung erforderlich sein.
23		Treppenläufe und -podeste	–	58 (5)	Keine Anforderungen an Treppenläufe in Gebäuden mit Aufzug. Die Anforderung gilt nicht für Decken, an die in Tab. 4.116, Zeile 1, Anforderungen an den Schallschutz gestellt werden.
24		Decken unter Fluren	–	53 (10)	Die Anforderung an die Trittschalldämmung gilt nur für die Trittschallübertragung in fremde Aufenthaltsräume, ganz gleich, ob sie in waagerechter, schräger oder senkrechter (nach oben) Richtung erfolgt.

Fortsetzung s. nächste Seiten

Tabelle **4.50**, Fortsetzung

Spalte	1	2	3	4	5
Zeile		Bauteile	Anforderungen erf. R'_w in dB	erf. $L'_{n,w}$ (erf. TSM)[1]) in dB	Bemerkungen
3	**Beherbergungsstätten**				
25	Decken	Decken unter Bad und WC ohne/mit Bodenentwässerung	54	53 (10)	Die Anforderung an die Trittschalldämmung gilt nur für die Trittschallübertragung in fremde Aufenthaltsräume, ganz gleich, ob sie in waagerechter, schräger oder senkrechter (nach oben) Richtung erfolgt. Die Prüfung der Anforderungen an den bewerteten Norm-Trittschallpegel nach DIN 52210-3 erfolgt bei einer gegebenenfalls vorhandenen Bodenentwässerung nicht in einem Umkreis von $r = 60$ cm.
26	Wände	Wände zwischen – Übernachtungsräumen, – Fluren, Übernachtungsräumen	47		
27	Türen	Türen zwischen Fluren und Übernachtungsräumen	32		Bei Türen gilt nach Tab. **4.48** erf. R_w.
4	**Krankenanstalten, Sanatorien**				
28	Decken	Decken	54	53 (10)	
29		Decken unter/über Schwimmbädern, Spiel- oder ähnlichen Gemeinschaftsräumen	55	46 (17)	Wegen der verstärkten Übertragung tiefer Frequenzen können zusätzliche Maßnahmen zur Körperschalldämmung erforderlich sein.
30		Treppenläufe und -podeste	–	58 (5)	Keine Anforderungen an Treppenläufe in Gebäuden mit Aufzug.
31		Decken unter Fluren	–	53 (10)	Die Anforderung an die Trittschalldämmung gilt nur für die Trittschallübertragung in fremde Aufenthaltsräume, ganz gleich, ob sie in waagerechter, schräger oder senkrechter (nach oben) Richtung erfolgt.
32		Decken unter Bad und WC ohne/mit Bodenentwässerung	54	53 (10)	Die Anforderung an die Trittschalldämmung gilt nur für die Trittschallübertragung in fremde Aufenthaltsräume, ganz gleich, ob sie in waagerechter, schräger oder senkrechter (nach oben) Richtung erfolgt. Die Prüfung der Anforderungen an den bewerteten Norm-Trittschallpegel nach DIN 52210-3 erfolgt bei einer gegebenenfalls vorhandenen Bodenentwässerung nicht in einem Umkreis von $r = 60$ cm.

Fortsetzung s. nächste Seiten

4.2.3 Trittschalldämmung

Tabelle 4.50, Fortsetzung

Spalte	1	2	3	4	5
Zeile		Bauteile	Anforderungen		Bemerkungen
			erf. R'_w in dB	erf. $L'_{n,w}$ (erf. TSM)[1] in dB	
4	**Krankenanstalten, Sanatorien**				
33	Wände	Wände zwischen – Krankenräumen, – Fluren und Krankenräumen, – Untersuchungs- bzw. Sprechzimmern, – Fluren und Untersuchungs- bzw. Sprechzimmern, – Krankenräumen und Arbeits- und Pflegeräumen	47		
34		Wände zwischen – Operations- bzw. Behandlungsräumen, – Fluren und Operations- bzw. Behandlungsräumen	42		
35		Wände zwischen – Räumen der Intensivpflege, – Fluren und Räumen der Intensivpflege	37		
36	Türen	Türen zwischen – Untersuchungs- bzw. Sprechzimmern, – Fluren und Untersuchungs- bzw. Sprechzimmern	37		Bei Türen gilt nach Tab. 4.48 erf. R_w.
37		Türen zwischen – Fluren und Krankenräumen, – Operations- bzw. Behandlungsräumen, – Fluren und Operations- bzw. Behandlungsräumen	32		
5	**Schulen und vergleichbare Unterrichtsbauten**				
38	Decken	Decken zwischen Unterrichtsräumen oder ähnlichen Räumen	55	53 (10)	
39		Decken unter Fluren	–	53 (10)	Die Anforderung an die Trittschalldämmung gilt nur für die Trittschallübertragung in fremde Aufenthalts-räume, ganz gleich, ob sie in waagerechter, schräger oder senkrechter (nach oben) Richtung erfolgt.
40		Decken zwischen Unterrichtsräumen oder ähnlichen Räumen und „besonders lauten" Räumen (z. B. Sporthallen, Musikräume, Werkräume)	55	46 (17)	Wegen der verstärkten Übertragung tiefer Frequenzen können zusätzlich Maßnahmen zur Körperschalldämmung erforderlich sein.

Fortsetzung s. nächste Seite

Tabelle **4.**50, Fortsetzung

Spalte	1	2	3	4	5
Zeile		Bauteile	Anforderungen erf. R'_w in dB	erf. $L'_{n,w}$ (erf. TSM)[1]) in dB	Bemerkungen
5	**Schulen und vergleichbare Unterrichtsbauten**				
41	Wände	Wände zwischen Unterrichts- räumen oder ähnlichen Räumen	47		
42		Wände zwischen Unterrichts- räumen oder ähnlichen Räumen und Fluren	47		
43		Wände zwischen Unterrichts- räumen oder ähnlichen Räumen und Treppenhäusern	52		
44		Wände zwischen Unterrichts- räumen oder ähnlichen Räumen und „besonders lauten" Räu- men (z. B. Sporthallen, Musik- räume, Werkräume)	55		
45	Türen	Türen zwischen Unterrichts- räumen oder ähnlichen Räumen und Fluren	32		Bei Türen gilt nach Tab. **4.**48 erf. R_w.

Trittschalldämmung[1]) in Gebäuden in Massivbauart

Massivdecken. Für Massivdecken werden folgende Ausführungsbeispiele angegeben:
- Massivdecken ohne/mit Deckenauflage bzw. ohne/mit biegeweicher Unterdecke,
- Deckenauflagen allein.

Der bewertete Norm-Trittschallpegel $L'_{n,w,R}$ (das Trittschallschutzmaß TSM_R) von Massivdecken läßt sich für einen unter einer Decke liegenden Raum folgendermaßen berechnen:

$$L'_{n,w,R} = L_{n,w,eq,R} - \Delta L_{w,R} \qquad (4.56)$$
$$(TSM_R = TSM_{eq,R} + VM_R)$$

Hierin bedeuten:

$L_{n,w,eq,R}$ ($TSM_{eq,R}$)   äquivalenter bewerteter Norm-Trittschallpegel (äquivalentes Trittschallschutzmaß) der Massivdecke ohne Deckenauflage (Rechenwert)

$\Delta L_{w,R}$ (VM_R)   Trittschallverbesserungsmaß der Deckenauflage (Rechenwert)

---

[1]) Zur Berechnung der bisher benutzten Größen TSM, TSM_{eq} und VM aus den Werten von $L'_{n,w}$, $L_{n,w,eq}$ und ΔL_w gelten folgende Beziehungen:

$TSM = 63 \text{ dB} - L'_{n,w}$
$TSM_{eq} = 63 \text{ dB} - L_{n,w,eq}$
$VM = \Delta L_w$.

4.2.3 Trittschalldämmung

Der so errechnete Wert von $L'_{n,w,R}$ muß mindestens 2 dB niedriger (beim Trittschallschutzmaß TSM_R mindestens 2 dB höher) sein als die in DIN 4109 genannten Anforderungen.

Liegt der zu schützende Raum nicht unmittelbar unter der betrachteten Decke, sondern schräg darunter (z. B. Wohnraum schräg unter einem Bad), dann dürfen von dem berechneten $L'_{n,w,R}$ 5 dB abgezogen (beim Trittschallschutzmaß TSM_R 5 dB hinzugezählt) werden, sofern die zugehörigen Trennwände ober- und unterhalb der Decke eine flächenbezogene Masse von ≥ 150 kg/m² haben. Für weitere Raumanordnungen sind Korrekturwerte in Tab. 4.122 angegeben.

Äquivalenter bewerteter Norm-Trittschallpegel $L_{n,w,eq,R}$ von Decken. Die $L_{n,w,eq,R}$-Werte ($TSM_{eq,R}$-Werte) von Massivdecken nach Tab. 4.75 sind in Tab. 4.51 angegeben.

Tabelle 4.51 Äquivalenter bewerteter Norm-Trittschallpegel $L_{n,w,eq,R}$ (äquivalentes Trittschallschutzmaß $TSM_{eq,R}$) von Massivdecken in Gebäuden in Massivbauart ohne/mit biegeweicher Unterdecke (Rechenwerte)

Spalte	1	2	3	4
Zeile	Deckenart	Flächenbezogene Masse[1] der Massivdecke ohne Auflage in kg/m²	$L_{n,w,eq,R}$[2] $(TSM_{eq,R})$[2] in dB ohne Unterdecke	mit Unterdecke[3],[4]
1	Massivdecken nach Tab. 4.75	135	86 (−23)	75 (−12)
2		160	85 (−22)	74 (−11)
3		190	84 (−21)	74 (−11)
4		225	82 (−19)	73 (−10)
5		270	79 (−16)	73 (−10)
6		320	77 (−14)	72 (− 9)
7		380	74 (−11)	71 (− 8)
8		450	71 (− 8)	69 (− 6)
9		530	69 (− 6)	67 (− 4)

[1] Flächenbezogene Masse einschließlich eines etwaigen Verbundestrichs oder Estrichs auf Trennschicht und eines unmittelbar aufgebrachten Putzes.
[2] Zwischenwerte sind gradlinig zu interpolieren und auf ganze dB zu runden.
[3] Biegeweiche Unterdecke nach Tab. 4.75, Zeilen 7 und 8, oder akustisch gleichwertige Ausführungen.
[4] Bei Verwendung von schwimmenden Estrichen mit mineralischen Bindemitteln sind die Tabellenwerte für $L_{n,w,eq,R}$ um 2 dB zu erhöhen (beim $TSM_{eq,R}$ um 2 dB abzumindern) (z. B. Zeile 1, Spalte 4: 75+2 = 77 dB (−12−2 = −14 dB)).

Tabelle 4.52 Trittschallverbesserungsmaß $\Delta L_{w,R}$ (VM_R) von schwimmenden Estrichen[1]) und schwimmend verlegten Holzfußböden auf Massivdecken (Rechenwerte)

Spalte	1	2	3
Zeile	Deckenauflagen; schwimmende Böden	$\Delta L_{w,R}$ (VM_R) in dB	
		mit hartem Bodenbelag	mit weichfederndem Bodenbelag[2]) $\Delta L_{w,R} \geq 20$ dB ($VM_R \geq 20$ dB)
Schwimmende Estriche			
1	Gußasphaltestriche nach DIN 18560-2 mit einer flächenbezogenen Masse $m' \geq 45$ kg/m² auf Dämmschichten aus Dämmstoffen nach DIN 18164-2 oder DIN 18165-2 mit einer dynamischen Steifigkeit s' von höchstens 50 MN/m³ 40 MN/m³ 30 MN/m³ 20 MN/m³ 15 MN/m³ 10 MN/m³	20 22 24 26 27 29	20 22 24 26 29 32
2	Estriche nach DIN 18560-2 mit einer flächenbezogenen Masse $m' \geq 70$ kg/m² auf Dämmschichten aus Dämmstoffen nach DIN 18164-2 oder DIN 18165-2 mit einer dynamischen Steifigkeit s' von höchstens 50 MN/m³ 40 MN/m³ 30 MN/m³ 20 MN/m³ 15 MN/m³ 10 MN/m³	22 24 26 28 29 30	23 25 27 30 33 34
Schwimmende Holzfußböden			
3	Unterböden aus Holzspanplatten nach DIN 68771 auf Lagerhölzern mit Dämmstreifen-Unterlagen aus Dämmstoffen nach DIN 18165-2 mit einer dynamischen Steifigkeit s' von höchstens 20 MN/m³; Breite der Dämmstreifen mindestens 100 mm, Dicke im eingebauten Zustand mindestens 10 mm; Dämmstoffe zwischen den Lagerhölzern nach DIN 18165-1 Nenndicke ≥ 30 mm, längenbezogener Strömungswiderstand $\Xi \geq 5$ kN · s/m⁴	24	–
4	Unterböden nach DIN 68771 aus mindestens 22 mm dicken Holzspanplatten nach DIN 68763, vollflächig verlegt auf Dämmstoffen nach DIN 18165-2 mit einer dynamischen Steifigkeit s' von höchstens 10 MN/m³	25	

[1]) Wegen der Ermittlung der flächenbezogenen Masse von Estrichen s. Abschn. Decken als trennende Bauteile
[2]) Wegen der möglichen Austauschbarkeit von weichfedernden Bodenbelägen nach Tab. 4.53, die sowohl dem Verschleiß als auch besonderen Wünschen der Bewohner unterliegen, dürfen diese bei dem Nachweis der Anforderungen nach DIN 4109 nicht angerechnet werden.

Trittschallverbesserungsmaß $\Delta L_{w,R}$ der Deckenauflagen. Aus Gleichung 4.56 läßt sich bei gegebener Massivdecke – $L_{n,w,eq,R}$ ($TSM_{eq,R}$) – der zur Erfüllung der Anforderungen erforderliche Mindestwert des Trittschallverbesserungsmaßes $\Delta L_{w,R,min}$ ($VM_{R,min}$) angeben:

4.2.3 Trittschalldämmung

$$\Delta L_{W,R,min} = L_{n,w,eq,R} + 2 \text{ dB} - \text{erf. } L'_{n,w}$$

$$(VM_{R,min} = \text{erf. } TSM + 2 \text{ dB} - TSM_{eq,R})$$

(4.57)

Dabei stellt erf. $L'_{n,w}$ (erf. TSM) den nach DIN 4109, Tab. 4.50, erforderlichen bewerteten Norm-Trittschallpegel (Trittschallschutzmaß) der fertigen Decke dar.

Wird ein weichfedernder Bodenbelag auf einem schwimmenden Boden angeordnet, dann ist als $\Delta L_{W,R}$ (VM_R) nur der höhere Wert – entweder des schwimmenden Bodens oder des weichfedernden Bodenbelags – zu berücksichtigen.

Beispiele für Deckenauflagen und die mit ihnen mindestens erzielbaren Trittschallverbesserungsmaße $\Delta L_{W,R}$ (VM_R) sind in Tab. 4.52 und Tab. 4.53 enthalten. Die Deckenauflagen in Tab. 4.52 (schwimmende Böden) verbessern die Luft- und Trittschalldämmung einer Massivdecke, die Deckenauflagen in Tab. 4.53 (weichfedernde Bodenbeläge) verbessern nur die Trittschalldämmung.

Tabelle 4.53 Trittschallverbesserungsmaß $\Delta L_{W,R}$ (VM_R) von weichfedernden Bodenbelägen für Massivdecken (Rechenwerte)

Spalte	1	2
Zeile	Deckenauflagen; weichfedernde Bodenbeläge	$\Delta L_{W,R}$ (VM_R) in dB
1	Linoleum-Verbundbelag nach DIN 18173	14[1),2)]
PVC-Verbundbeläge		
2	PVC-Verbundbelag mit genadeltem Jutefilz als Träger nach DIN 16952-1	13[1),2)]
3	PVC-Verbundbelag mit Korkment als Träger nach DIN 16952-2	16[1),2)]
4	PVC-Verbundbelag mit Unterschicht aus Schaumstoff nach DIN 16952-3	16[1),2)]
5	PVC-Verbundbelag mit Synthesefaser-Vliesstoff als Träger nach DIN 16952-4	13[1),2)]
Textile Fußbodenbeläge nach DIN 61151[3)]		
6	Nadelvlies, Dicke = 5 mm	20
Polteppiche[4)]		
7	Unterseite geschäumt, Normdicke a_{20} = 4 mm nach DIN 53855-3	19
8	Unterseite geschäumt, Normdicke a_{20} = 6 mm nach DIN 53855-3	24
9	Unterseite geschäumt, Normdicke a_{20} = 8 mm nach DIN 53855-3	28
10	Unterseite ungeschäumt, Normdicke a_{20} = 4 mm nach DIN 53855-3	19
11	Unterseite ungeschäumt, Normdicke a_{20} = 6 mm nach DIN 53855-3	21
12	Unterseite ungeschäumt, Normdicke a_{20} = 8 mm nach DIN 53855-3	24

1) Die Bodenbeläge müssen durch Hinweis auf die jeweilige Norm gekennzeichnet sein. Das maßgebliche Trittschallverbesserungsmaß $\Delta L_{W,R}$ (VM_R) muß auf dem Erzeugnis oder der Verpackung angegeben sein.
2) Die in den Zeilen 1 bis 5 angegebenen Werte sind Mindestwerte; sie gelten nur für aufgeklebte Bodenbeläge.
3) Die textilen Bodenbeläge müssen auf dem Produkt oder auf der Verpackung mit dem entsprechenden $\Delta L_{W,R}$ (VM_R) der Spalte 2 und mit der Werksbescheinigung nach DIN 50049 ausgeliefert werden.
4) Pol aus Polyamid, Polypropylen, Polyacrylnitril, Polyester, Wolle und deren Mischungen.

Holzbalkendecken. Ausführungsbeispiele sind in Tab. 4.54 enthalten. Das bewertete Schalldämm-Maß $R'_{w,R}$ hängt dabei stark von den flächenbezogenen Massen der flankierenden Bauteile ab. Die Werte der Tab. 4.54 gelten für flankierende Bauteile mit einer mittleren flächenbezogenen Masse $m'_{L,Mittel}$ von etwa 300 kg/m². Weichen die mittleren flächenbezogenen Massen $m'_{L,Mittel}$ davon um mehr als ±25 kg/m² ab, sind Zu- bzw. Abschläge nach Tab. 4.80 vorzunehmen.

Tabelle 4.54   Bewertetes Schalldämm-Maß $R'_{w,R}$ und bewerteter Norm-Trittschallpegel $L'_{n,w,R}$ (Trittschallschutzmaß TSM_R) von Holzbalkendecken (Rechenwerte) (Maße in mm)

Spalte	1	2	3	4	5	6
Zeile	Deckenausbildung[1]	Fußboden auf oberer Balkenabdeckung	Unterdecke		$R'_{w,R}$ [2]	$L'_{n,w,R}$ [3] (TSM_R)
			Anschluß Holzlatten an Balken	Anzahl der Lagen	in dB	in dB
1	*(Deckenaufbau-Skizze mit Federbügel oder Federschiene)*	Spanplatten auf mineralischem Faserdämmstoff	über Federbügel oder Federschiene	1	50	56 (7)
2				2	50	53 (10)
3	*(Deckenaufbau-Skizze mit Federbügel oder Federschiene)*	Schwimmender Estrich auf mineralischem Faserdämmstoff	über Federbügel oder Federschiene	1	50	51 (12)

[1] Bei einer Dicke der eingelegten Dämmschicht, siehe 5, von mindestens 100 mm ist ein seitliches Hochziehen nicht erforderlich.

[2] Gültig für flankierende Wände mit einer flächenbezogenen Masse $m'_{L,Mittel}$ von etwa 300 kg/m². Weitere Bedingungen für die Gültigkeit der Tab. 4.54 s. Abschn. „Einfluß flankierender Bauteile"

[3] Bei zusätzlicher Verwendung eines weichfedernden Bodenbelags dürfen in Abhängigkeit vom Trittschallverbesserungsmaß $\Delta L_{w,R}$ (VM_R) des Belags folgende Zuschläge gemacht werden:
2 dB für $\Delta L_{w,R}$ (VM_R) ≥ 20 dB, 6 dB für $\Delta L_{w,R}$ (VM_R) ≥ 25 dB.

4.2.3 Trittschalldämmung

Erklärungen zu Tab. 4.54

1. Spanplatte nach DIN 68763, gespundet oder mit Nut und Feder
2. Holzbalken
3. Gipskarton-Bauplatte nach DIN 18180, 12,5 mm oder 15 mm dick, Spanplatte nach DIN 68763, 13 mm bis 16 mm dick, oder – bei einlagigen Unterdecken – Holzwolle-Leichtbauplatten nach DIN 1101, Dicke ≥ 25 mm, verputzt.
4. Faserdämmstoff nach DIN 18165-2, Anwendungstyp T, dynamische Steifigkeit $s' \leq 15$ MN/m^3
5. Faserdämmstoff nach DIN 18165-1, längenbezogener Strömungswiderstand $\varXi \geq 5$ kN · s/m^4
6. Holzlatten, Achsabstand ≥ 400 mm, direkte Befestigung an den Balken mit mechanischen Verbindungsmitteln
7. Unterkonstruktion aus Holz, Achsabstand der Latten ≥ 400 mm, Befestigung über Federbügel (s. Bild **4.55**) oder Federschiene (s. Bild **4.56**), kein fester Kontakt zwischen Latte und Balken – ein weichfedernder Faserdämmstreifen darf zwischengelegt werden. Andere Unterkonstruktionen dürfen verwendet werden, wenn nachgewiesen ist, daß sie sich hinsichtlich der Schalldämmung gleich oder besser als die hier angegebenen Ausführungen verhalten.
8. Mechanische Verbindungsmittel oder Verleimung
9. Estrich

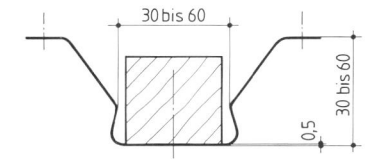

4.55 Ausbildung der Federbügel (Maße in mm)

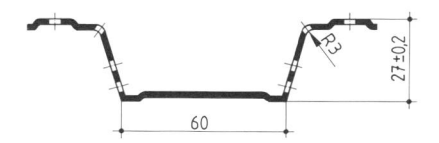

4.56 Ausbildung der Federschiene (Maße in mm)

Tabelle **4.57** Äquivalenter bewerteter Norm-Trittschallpegel $L_{n,w,eq,R}$ (Trittschallschutzmaß $TSM_{eq,R}$) und bewerteter Norm-Trittschallpegel $L'_{n,w,R}$ (Trittschallschutzmaß TSM_R) für verschiedene Ausführungen von massiven Treppenläufen und Treppenpodesten unter Berücksichtigung der Ausbildung der Treppenraumwand (Rechenwerte)

Spalte	1	2	3
Zeile	Treppen und Treppenraumwand	$L_{n,w,eq,R}$ ($TSM_{eq,R}$) in dB	$L'_{n,w,R}$ (TSM_R) in dB
1	Treppenpodest[1]), fest verbunden mit einschaliger, biegesteifer Treppenraumwand (flächenbezogene Masse ≥ 380 kg/m^2)	66 (− 3)	70 (− 7)
2	Treppenlauf[1]), fest verbunden mit einschaliger, biegesteifer Treppenraumwand (flächenbezogene Masse ≥ 380 kg/m^2)	61 (+ 2)	65 (− 2)
3	Treppenlauf[1]), abgesetzt von einschaliger, biegesteifer Treppenraumwand	58 (+ 5)	58 (+ 5)
4	Treppenpodest[1]), fest verbunden mit Treppenraumwand, und mit durchgehender Gebäudetrennfuge	≤ 53 ($\geq +10$)	≤ 50 ($\geq +13$)
5	Treppenlauf[1]), abgesetzt von Treppenraumwand, und mit durchgehender Gebäudetrennfuge	≤ 46 ($\geq +17$)	≤ 43 ($\geq +20$)
6	Treppenlauf[1]), abgesetzt von Treppenraumwand, und mit durchgehender Gebäudetrennfuge auf Treppenpodest elastisch gelagert	38 (+25)	42 (+21)

[1]) Gilt für Stahlbetonpodest oder -treppenlauf mit einer Dicke $d \geq 120$ mm.

Massive Treppenläufe und Treppenpodeste. In Tab. **4.**57 ist eine Übersicht über die Rechenwerte des bewerteten Norm-Trittschallpegels (Trittschallschutzmaßes) von massiven Treppen – bezogen auf einen unmittelbar angrenzenden Wohnraum – gegeben, wobei zwei Werte, jeweils für $L'_{n,w,R}$ (TSM_R) und $L_{n,w,eq,R}$ ($TSM_{eq,R}$) genannt sind. Der Wert $L'_{n,w,R}$ (TSM_R) ist anzuwenden, wenn kein zusätzlicher trittschalldämmender Gehbelag bzw. schwimmender Estrich aufgebracht wird. Wird dagegen ein derartiger Belag oder Estrich aufgebracht, ist für die dann erforderliche Berechnung des bewerteten Norm-Trittschallpegels $L'_{n,w,R}$ (Trittschallschutzmaßes TSM_R) der Treppe nach Gleichung 4.56 der Wert $L_{n,w,eq,R}$ ($TSM_{eq,R}$) nach Tab. **4.**57 zu verwenden. Dies wird nachstehend an zwei Beispielen gezeigt.

Beispiel 1
- Treppenpodest nach Tab. **4.**57, Zeile 1, Spalte 2
- Schwimmender Estrich nach Tab. **4.**52, Zeile 2, Spalte 2, mit einer dynamischen Steifigkeit $s' = 30$ MN/m^3 und eines Trittschallverbesserungsmaßes
- ergibt

$L_{n,w,eq,R} = 66$ dB,
$(TSM_{eq,R}) = -3$ dB,

$\Delta L_{w,R}$ (VM_R) $= 26$ dB,
$L'_{n,w,R} = 66$ dB $- 26$ dB $= \underline{40\text{ dB}}$.
$(TSM_R = -3$ dB $+ 26$ dB $= \underline{23\text{ dB}})$.

Beispiel 2
- Treppenlauf nach Tab. **4.**57, Zeile 3, Spalte 2
- PVC-Verbundbelag nach Tab. **4.**53, Zeile 3, Spalte 2
- ergibt

$L_{n,w,eq,R} = 58$ dB,
$(TSM_{eq,R}) = +5$ dB,
$\Delta L_{w,R}$ (VM_R) $= 16$ dB,
$L'_{n,w,R} = 58$ dB $- 16$ dB $= \underline{42\text{ dB}}$.
$(TSM_R = +5$ dB $+ 16$ dB $= \underline{21\text{ dB}})$.

Beispiele für Treppenausführungen (ohne zusätzlichen weichfedernden Belag) mit $L'_{n,w,R} \leq 43$ dB ($TSM_R \geq 20$ dB) sind in den Bildern **4.**58 bis **4.**62 angegeben. In den Bildern **4.**61 und **4.**62 sind die Podeste auf besonderen Stahlbeton-Konsolleisten elastisch gelagert und die Treppenläufe mit den Podesten starr verbunden. In den Bildern **4.**58 bis **4.**60 ist der Treppenlauf auf den Treppenpodesten elastisch gelagert und die Podeste sind mit einem schwimmenden Estrich versehen.

Die bauaufsichtlichen Vorschriften des Brandschutzes sind zu beachten.

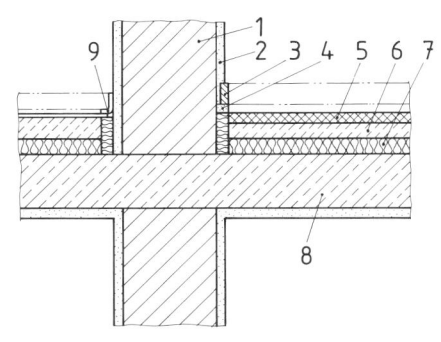

4.58 Schwimmender Estrich auf den Podesten bei elastischer Auflagerung der Treppenläufe Grundriß

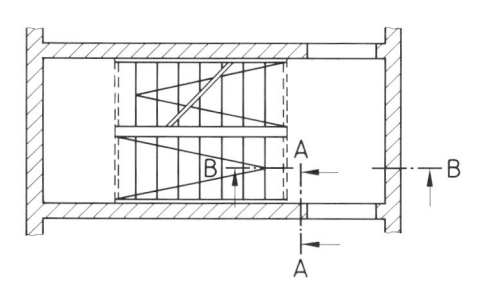

4.59 Schwimmender Estrich auf den Podesten, Schnitt A–A

1 Mauerwerk
2 Putz
3 Sockelleisten
4 Fugendichtmasse
5 Bodenbelag
6 Estriche
7 Trittschalldämmung
8 Massivdecke
9 Kunststoffwinkel

4.2.3 Trittschalldämmung

4.60 Schwimmender Estrich auf Podesten mit dämmender Zwischenlage bei Auflagerung der Läufe, Schnitt B–B

1. Mauerwerk
2. Putz
3. Sockelleiste
4. dauerelastische Fugendichtmasse
5. Bodenbelag
6. Estrich
7. Trittschalldämmung
8. Massivdecke
9. elastisches Lager
10. Trennfuge
11. Abdeckung
12. Kunststoffwinkel
13. Winkel

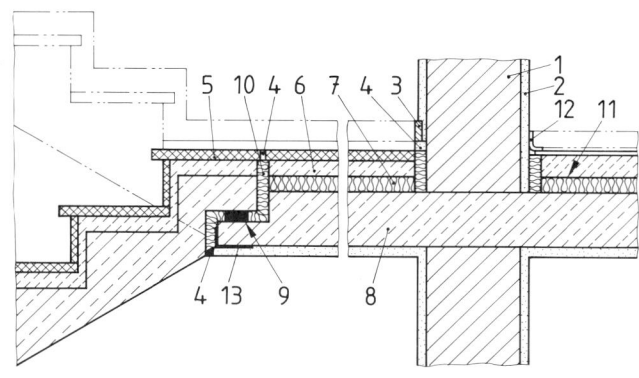

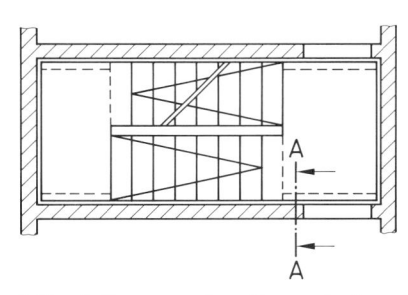

4.61 Auflagerung eines Treppenlaufes mit Podestplatte auf Konsolleisten: Quergespannte Podeste

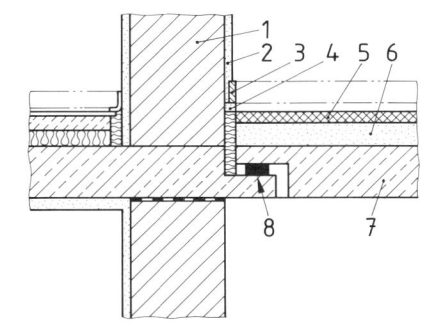

4.62 Auflagerung eines Treppenlaufes mit Podestplatte auf Konsolleisten, Schnitt A–A
1. Mauerwerk
2. Putz
3. Sockelleiste
4. dauerelastische Fugendichtmasse
5. Bodenbelag
6. Mörtelbett
7. Massivdecke
8. elastische Zwischenlage

Trittschalldämmung in Gebäuden in Skelett- und Holzbauart

M a s s i v d e c k e n. Der bewertete Norm-Trittschallpegel $L'_{n,w,R}$ (das Trittschallschutzmaß TSM_R) von Massivdecken wird für einen unter einer Decke liegenden Raum nach Abschn. „Massivdecken" berechnet.

Abweichend von Abschn. „Massivdecken" können für Decken mit Unterdecken nach Abschn. 4.2.8 für den äquivalenten bewerteten Norm-Trittschallpegel $L_{n,w,eq,R}$ (das äquivalente Trittschallschutzmaß $TSM_{eq,R}$) nach Tab. 4.51, Spalte 3, Werte der Massivdecken ohne Unterdecke abzüglich 10 dB (beim $TSM_{eq,R}$ zuzüglich 10 dB), angesetzt werden; durch Eignungsprüfungen können höhere Werte festgestellt werden.

H o l z b a l k e n d e c k e n. Ausführungsbeispiele sind in Tab. 4.63 enthalten. Für andere Holzbalkendecken ist der Nachweis der Trittschalldämmung durch Eignungsprüfung nach DIN 4109 zu führen.

Tabelle 4.63 Bewertete Schalldämm-Maße $R_{w,R}$ und $R'_{w,R}$ und bewerteter Norm-Trittschallpegel $L'_{n,w,R}$ von Holzbalkendecken (Rechenwerte) (Maße in mm)

Spalte	1	2	3	4	5	6	7	8
Zeile	Ausführungsbeispiele[1]	Fußboden auf oberer Balkenabdeckung	Unterdecke Anschluß Holzlatten an Balken	Anzahl der Lagen	$R_{w,R}$ in dB	$R'_{w,R}$ in dB	$L'_{n,w,R}$ ohne Bodenbelag	Bodenbelag mit $\Delta L_{w,R}$ (VM_R) ≥ 26 dB (TSM_R)
1		Spanplatten auf mineralischem Faserdämmstoff	direkt verbunden	1	53	50	64 (−1)	56 (7)
2			über Federbügel oder Federschiene	1	57	54	56 (7)	49 (14)
3			über Federbügel oder Federschiene	2	62	57	53 (10)	46 (17)

Fortsetzung s. nächste Seite, Erklärungen und Fußnoten s. S. 296

4.2.3 Trittschalldämmung

Tabelle 4.63, Fortsetzung

Spalte	1	2	3	4	5	6	7	8
Zeile	Ausführungsbeispiele[1]	Fußboden auf oberer Balkenabdeckung	Unterdecke Anschluß Holzlatten an Balken	Anzahl der Lagen	$R_{w,R}$ in dB	$R'_{w,R}$ in dB	$L'_{n,w,R}$ (TSM_R) in dB ohne Bodenbelag	Bodenbelag mit $\Delta L_{w,R}$ (VM_R) ≥ 26 dB
4		Spanplatten auf Lagerhölzern	über Federbügel oder Federschiene	1	65	57	51 (12)	44 (19)
5		Schwimmender Estrich auf mineralischem Faserdämmstoff	über Federbügel oder Federschiene	1	65	57	51 (12)	44 (19)
6			direkt verbunden	1	60	54	56 (7)	49 (14)
7		Spanplatten auf mineralischem Faserdämmstoff und Betonplatten		–	63	55	53 (10)	46 (17)

Erklärungen und Fußnoten s. S. 296

Erklärungen und Fußnoten zu Tab. **4**.63

1 Spanplatte nach DIN 68763, gespundet oder mit Nut und Feder
2 Holzbalken
3 Gipskartonplatten nach DIN 18180
4 Trittschalldämmplatte nach DIN 18165-2, Anwendungstyp T oder TK, dynamische Steifigkeit $s' \leq 15$ MN/m³
5 Faserdämmstoff nach DIN 18165-1, längenbezogener Strömungswiderstand $\Xi \geq 5$ kN · s/m⁴
6 Trockener Sand
7 Unterkonstruktion aus Holz, Achsabstand der Latten ≥ 400 mm, Befestigung über Federbügel nach Bild **4**.55 oder Federschiene nach Bild **4**.56, kein fester Kontakt zwischen Latte und Balken. Ein weichfedernder Faserdämmstreifen darf zwischengelegt werden. Andere Unterkonstruktionen dürfen verwendet werden, wenn nachgewiesen ist, daß sie sich hinsichtlich der Schalldämmung gleich oder besser als die hier angegebene Ausführung verhalten.
7a Holzlatten, Achsabstand ≥ 400 mm, direkte Befestigung an den Balken mit mechanischen Verbindungsmitteln
8 Mechanische Verbindungsmittel oder Verleimung
9 Bodenbelag
10 Lagerholz 40 mm × 60 mm
11 Gipskartonplatten nach DIN 18180, 12,5 mm oder 15 mm dick, Spanplatten nach DIN 68763, 10 mm bis 13 mm dick, oder verputzte Holzwolle-Leichtbauplatten nach DIN 1101, Dicke ≥ 25 mm
12 Betonplatten oder -steine, Seitenlänge ≤ 400 mm, in Kaltbitumen verlegt, offene Fugen zwischen den Platten, flächenbezogene Masse mindestens 140 kg/m²
13 Zementestrich

¹) Bei einer Dicke der eingelegten Dämmschicht, siehe 5, von mindestens 100 mm ist ein seitliches Hochziehen nicht erforderlich.
²) Dicke unter Belastung

4.2.4 Luftschalldämmung in Gebäuden in Massivbauart; Trennende Bauteile

Die Luftschalldämmung von trennenden Innenbauteilen hängt nicht nur von deren Ausbildung selbst ab, sondern auch von der der flankierenden Bauteile. Die in den Tab. **4**.54, **4**.64, **4**.68, **4**.72 bis **4**.74 und **4**.76 angegebenen Rechenwerte sind auf mittlere Flankenübertragungs-Verhältnisse bezogen, wobei die mittlere flächenbezogene Masse der flankierenden Bauteile mit etwa 300 kg/m² angenommen wird.

Für andere mittlere flächenbezogene Massen der flankierenden Bauteile sind Korrekturen anzubringen.

In den Tab. **4**.64, **4**.68, **4**.70 und **4**.72 bis **4**.74 werden Rechenwerte des bewerteten Schalldämm-Maßes $R'_{w,R}$ für verschiedene Wandausführungen angegeben.

Ausführungsbeispiele für trennende und flankierende Bauteile mit einem Schalldämm-Maß $R'_{w,R} \geq 55$ dB enthält Tab. **4**.121.

Einschalige, biegesteife Wände

Abhängigkeit des bewerteten Schalldämm-Maßes $R'_{w,R}$ von der flächenbezogenen Masse des trennenden Bauteils. Für einschalige, biegesteife Wände enthält Tab. **4**.64 Rechenwerte des bewerteten Schalldämm-Maßes $R'_{w,R}$ in Abhängigkeit von der flächenbezogenen Masse der Wände. Zwischenwerte sind gradlinig zu interpolieren und auf ganze dB zu runden. Wände mit unmittelbar aufgebrachtem Putz nach DIN 18550-1 (s. Norm) oder mit Beschichtungen gelten als einschalig.

4.2.4 Luftschalldämmung in Gebäuden in Massivbauart; Trennende Bauteile

Tabelle 4.64   Bewertetes Schalldämm-Maß $R'_{w,R}$[1),2)] von einschaligen, biegesteifen Wänden und Decken (Rechenwerte)

Spalte	1	2
Zeile	Flächenbezogene Masse m' in kg/m²	Bewertetes Schalldämm-Maß $R'_{w,R}$ in dB
1	85[3)]	34
2	90[3)]	35
3	95[3)]	36
4	105[3)]	37
5	115[3)]	38
6	125[3)]	39
7	135	40
8	150	41
9	160	42
10	175	43
11	190	44
12	210	45
13	230	46
14	250	47
15	270	48
16	295	49
17	320	50
18	350	51
19	380	52
20	410	53
21	450	54
22	490	55
23	530	56
24	580	57
25[4)]	630	58
26[4)]	680	59
27[4)]	740	60
28[4)]	810	61
29[4)]	880	62
30[4)]	960	63
31[4)]	1040	64

[1)] Gültig für flankierende Bauteile mit einer mittleren flächenbezogenen Masse $m'_{L,Mittel}$ von etwa 300 kg/m².

[2)] Meßergebnisse haben gezeigt, daß bei verputzten Wänden aus dampfgehärtetem Porenbeton und Leichtbeton mit Blähtonzuschlag mit Steinrohdichte ≤0,8 kg/dm³ bei einer flächenbezogenen Masse bis 250 kg/m² das bewertete Schalldämm-Maß $R'_{w,R}$ um 2 dB höher angesetzt werden kann. Das gilt auch für zweischaliges Mauerwerk, sofern die flächenbezogene Masse der Einzelschale $m' \leq 250$ kg/m² beträgt.

[3)] Sofern Wände aus Gips-Wandbauplatten nach DIN 4103-2 ausgeführt und am Rand ringsum mit 2 mm bis 4 mm dicken Streifen aus Bitumenfilz eingebaut werden, darf das bewertete Schalldämm-Maß $R'_{w,R}$ um 2 dB höher angesetzt werden.

[4)] Diese Werte gelten nur für die Ermittlung des Schalldämm-Maßes zweischaliger Wände aus biegesteifen Schalen.

Tabelle 4.65   Abminderung

Spalte	1	2	3
Zeile	Rohdichteklasse	Rohdichte	Abminderung
1	>1,0	>1000 kg/m³	100 kg/m³
2	≤1,0	≤1000 kg/m³	50 kg/m³

Tabelle 4.66   Wandrohdichten einschaliger, biegesteifer Wände aus Steinen und Platten (Rechenwerte)

Spalte	1	2	3
Zeile	Stein-/Plattenrohdichte[1)] ϱ_N	Wandrohdichte[2),3)] ϱ_W	
		Normalmörtel	Leichtmörtel (Rohdichte ≤1000kg/m³)
	in kg/m³	in kg/m³	in kg/m³
1	2200	2080	1940
2	2000	1900	1770
3	1800	1720	1600
4	1600	1540	1420
5	1400	1360	1260
6	1200	1180	1090
7	1000	1000	950
8	900	910	860
9	800	820	770
10	700	730	680
11	600	640	590
12	500	550	500
13	400	460	410

[1)] Werden Hohlblocksteine nach DIN 106-1, DIN 18151 und DIN 18153 umgekehrt vermauert und die Hohlräume satt mit Sand oder mit Normalmörtel gefüllt, so sind die Werte der Wandrohdichte um 400 kg/m³ zu erhöhen.

[2)] Die angegebenen Werte sind für alle Formate der in DIN 1053-1 und DIN 4103-1 für die Herstellung von Wänden aufgeführten Steine bzw. Platten zu verwenden.

[3)] Dicke der Mörtelfugen von Wänden nach DIN 1053 bzw. DIN 4103-1 bei Wänden aus dünnfugig zu verlegenden Plansteinen und -platten s. Abschn. „Wandrohdichte".

Voraussetzung für den in Tab. **4**.64 angegebenen Zusammenhang zwischen Luftschalldämmung und flächenbezogener Masse einschaliger Wände ist ein geschlossenes Gefüge und ein fugendichter Aufbau. Ist diese Voraussetzung nicht erfüllt, sind die Wände zumindest einseitig durch einen vollflächig haftenden Putz bzw. durch eine entsprechende Beschichtung gegen unmittelbaren Schalldurchgang abzudichten.

Ermittlung der flächenbezogenen Masse. Die flächenbezogene Masse der Wand ergibt sich aus der Dicke der Wand und deren Rohdichte, gegebenenfalls mit Zuschlag für ein- oder beidseitigen Putz. Die nachfolgenden Angaben sind für die Berechnung der Rohdichte von biegesteifen Wänden sowie für die Zuschläge von Putz anzuwenden.

Wandrohdichte. Die Rohdichte gemauerter Wände verschiedener Stein-/Plattenrohdichteklassen mit zwei Arten von Mauermörteln ist der Tab. **4**.66 zu entnehmen.

Zur Ermittlung der flächenbezogenen Masse von fugenlosen Wänden und von Wänden aus geschoßhohen Platten ist bei unbewehrtem Beton und Stahlbeton aus Normalbeton mit einer Rohdichte von 2300 kg/m² zu rechnen. Bei Wänden aus Leichtbeton und Porenbeton sowie bei Wänden aus im Dünnbettmörtel verlegten Plansteinen und -platten ist die Rohdichte nach Tab. **4**.65 abzumindern.

Anmerkung   Die in Tab. **4**.66 zahlenmäßig angegebenen Wandrohdichten können auch nach folgender Gleichung berechnet werden.

$$\varrho_W = \varrho_N - \frac{\varrho_N - K}{10} \tag{4.58}$$

mit ϱ_W = Wandrohdichte in kg/dm³
ϱ_N = Nennrohdichte der Steine und Platten in kg/dm³
K = Konstante mit
K = 1000 für Normalmörtel und Steinrohdichte ϱ_N 400 bis 2200 kg/m³
K = 500 für Leichtmörtel und Steinrohdichte ϱ_N 400 bis 1000 kg/m³

Wandputz. Für die flächenbezogene Masse von Putz sind die Werte nach Tab. **4**.67 einzusetzen.

Ausführungsbeispiele für einschalige, biegesteife Wände aus genormten Steinen und Platten. In Tab. **4**.68 sind Ausführungsbeispiele für einschalige, biegesteife Wände angegeben, die das für den jeweiligen Verwendungszweck erforderliche bewertete Schalldämm-Maß erf. R'_w nach Tab. **4**.50 aufweisen, und zwar für

– gemauerte Wände nach DIN 1053-1 und DIN 1053-2,
– Wände nach DIN 4103-1 aus Mauersteinen oder Bauplatten,

hergestellt nach Tab. **4**.50, Spalte 2, mit Normalmörtel und ausgeführt
– als beiderseitiges Sichtmauerwerk[1]),
– mit beiderseitigem 10 mm dickem Gips- oder Kalkgipsputz (P IV),
– mit beiderseitigem 15 mm dickem Kalk-, Kalkzement- oder Zementputz (PI, PII, PIII).

Tab. **4**.68 gilt nicht für Wände, die mit Leichtmauermörtel oder in Dünnbettmörtel gemauert sind, mit anderen Putzdicken, einseitigem Putz oder mit Leichtmörtel als Putz sowie für fugenlose Wände aus geschoßhohen Platten aus Normal-, Leicht- oder Porenbeton. Die flächenbezogene Masse in diesen Fällen ist nach Abschn. „Ermittlung der flächenbezogenen Masse" zu ermitteln. Über die Auswirkung von angesetztem Wand-Trockenputz aus Gipskartonplatten nach DIN 18180 s. Abschn. 4.2.12.

---

[1]) Erforderlichenfalls ist die notwendige akustische Dichtheit durch einen geeigneten Anstrich sicherzustellen.

4.2.4 Luftschalldämmung in Gebäuden in Massivbauart; Trennende Bauteile

Einfluß zusätzlich angebrachter Bau- und Dämmplatten. Werden z.B. aus Gründen der Wärmedämmung an einschalige, biegesteife Wände Dämmplatten hoher dynamischer Steifigkeit (z.B. Holzwolle-Leichtbauplatten oder harte Schaumkunststoffplatten) vollflächig oder punktweise angeklebt oder anbetoniert, so verschlechtert sich die Schalldämmung, wenn die Dämmplatten durch Putz, Bauplatten (z.B. Gipskartonplatten) oder Fliesen abgedeckt werden. Die Werte von Tab. 4.64 und Tab. 4.68 gelten nicht für Wände mit derartigen Bekleidungen. Statt dessen sind Ausführungen nach Tab. 4.71 zu wählen. Für Holzwolle-Leichtbauplatten und Mehrschicht-Leichtbauplatten nach DIN 1101 kann der vorgenannte Nachteil vermieden werden, wenn diese Platten an einschalige, biegesteife Wände – wie in DIN 1102 beschrieben – angedübelt und verputzt werden.

Tabelle 4.67 Flächenbezogene Masse von Wandputz

Spalte	1	2	3
Zeile	Putzdicke	Flächenbezogene Masse von	
		Kalkgipsputz, Gipsputz	Kalkputz, Kalkzementputz, Zementputz
	in mm	in kg/m²	in kg/m²
1	10	10	18
2	15	15	25
3	20	–	30

Tabelle 4.68 Bewertetes Schalldämm-Maß $R'_{w,R}$ von einschaligem, in Normalmörtel gemauertem Mauerwerk (Ausführungsbeispiele, Rechenwerte)

Spalte	1	2	3	4	5	6	7
Zeile	Bewertetes Schalldämm-Maß $R'_{w,R}$[1)] in dB	Rohdichteklasse der Steine und Wanddicke der Rohwand bei einschaligem Mauerwerk					
		Beiderseitiges Sichtmauerwerk		Beiderseitig je 10 mm Putz PIV (Gips- oder Kalkgipsputz) 20 kg/m²		Beiderseitig je 15 mm Putz PI, PII, PIII (Kalk-, Kalkzement- oder Zementputz) 50 kg/m²	
		Stein-Rohdichteklasse	Wanddicke in mm	Stein-Rohdichteklasse	Wanddicke in mm	Stein-Rohdichteklasse	Wanddicke in mm
1		0,6	175	0,5[2)]	175	0,4	115
2		0,9	115	0,7[2)]	115	0,6[3)]	100
3	37	1,2	100	0,8	100	0,7[3)]	80
4		1,4	80	1,2	80	0,8[3)]	70
5		1,6	70	1,4	70	–	–
6		0,5	240	0,5[2)]	240	0,5[2)]	175
7		0,8	175	0,7[3)]	175	0,7[3)]	115
8	40	1,2	115	1,0[3)]	115	1,2	80
9		1,8	80	1,6	80	1,4	70
10		2,2	70	1,8	70	–	–
11		0,7	240	0,6[3)]	240	0,5[2)]	240
12		0,9	175	0,8[3)]	175	0,6[3)]	175
13	42	1,4	115	1,2	115	1,0[4)]	115
14		2,0	80	1,6	100	1,2	100
15		–	–	1,8	80	1,4	80
16		–	–	2,0	70	1,6	70

Fortsetzung und Fußnoten s. nächste Seite

Tabelle **4.68**, Fortsetzung

Spalte	1	2	3	4	5	6	7
Zeile	Bewertetes SchalldämmMaß $R'_{w,R}$ [1] in dB	Rohdichteklasse der Steine und Wanddicke der Rohwand bei einschaligem Mauerwerk					
		Beiderseitiges Sichtmauerwerk		Beiderseitig je 10 mm Putz PIV (Gips- oder Kalkgipsputz) 20 kg/m²		Beiderseitig je 15 mm Putz PI, PII, PIII (Kalk-, Kalkzement- oder Zementputz) 50 kg/m²	
		Stein-Rohdichteklasse	Wanddicke in mm	Stein-Rohdichteklasse	Wanddicke in mm	Stein-Rohdichteklasse	Wanddicke in mm
17	45	0,9	240	0,8[3]	240	0,6[2]	240
18		1,2	175	1,2	175	0,9[3]	175
19		2,0	115	1,8	115	1,4	115
20		2,2	100	2,0	100	1,8	100
21	47	0,8	300	0,8[3]	300	0,6[2]	300
22		1,0	240	1,0[3]	240	0,8[3]	240
23		1,6	175	1,4	175	1,2	175
24		2,2	115	2,0	115	1,8	115
25	52	0,8	490	0,7	490	0,6	490
26		1,0	365	1,0	365	0,9	365
27		1,4	300	1,2	300	1,2	300
28		1,6	240	1,6	240	1,4	240
29		–	–	2,2	175	2,0	175
30	53	0,8	490	0,8	490	0,7	490
31		1,2	365	1,2	365	1,2	365
32		1,4	300	1,4	300	1,2	300
33		1,8	240	1,8	240	1,6	240
34		–	–	–	–	2,2	175
35	55	1,0	490	0,9	490	0,9	490
36		1,4	365	1,4	365	1,2	365
37		1,8	300	1,6	300	1,6	300
38		2,2	240	2,0	240	2,0	240
39	57	1,2	490	1,2	490	1,2	490
40		1,6	365	1,6	365	1,6	365
41		2,0	300	2,0	300	1,8	300

[1] Gültig für flankierende Bauteile mit einer mittleren flächenbezogenen Masse $m'_{L,Mittel}$ von etwa 300 kg/m². Weitere Bedingungen für die Gültigkeit der Tab. **4.68** s. Abschn. „Einfluß flankierender Bauteile."

[2] Bei Schalen aus Gasbetonsteinen und -platten nach DIN 4165 und 4166 sowie Leichtbetonsteinen mit Blähton als Zuschlag nach DIN 18151 und 18152 kann die Stein-Rohdichteklasse um 0,1 niedriger sein.

[3] Bei Schalen aus Gasbetonsteinen und -platten nach DIN 4165 und 4166 sowie Leichtbetonsteinen mit Blähton als Zuschlag nach DIN 18151 und 18152 kann die Stein-Rohdichteklasse um 0,2 niedriger sein.

[4] Bei Schalen aus Gasbetonsteinen und -platten nach DIN 4165 und 4166 sowie Leichtbetonsteinen mit Blähton als Zuschlag nach DIN 18151 und 18152 kann die Stein-Rohdichteklasse um 0,3 niedriger sein.

Zweischalige Hauswände aus zwei schweren, biegesteifen Schalen mit durchgehender Trennfuge[1]

W a n d a u s b i l d u n g. Grundriß und Schnitt sind schematisch in Bild **4.69** dargestellt.

Die flächenbezogene Masse der Einzelschale mit einem etwaigen Putz muß mindestens 150 kg/m², die Dicke der Trennfuge muß mindestens 30 mm betragen.

Anmerkung Bezüglich der Ausbildung des Wand-Decken-Anschlusses siehe DGfM-Merkblatt.

[1] Ein „Merkblatt zur Ausbildung gemauerter Wände" der Dt. Ges. für Mauerwerksbau (DGfM) gibt Hinweise.

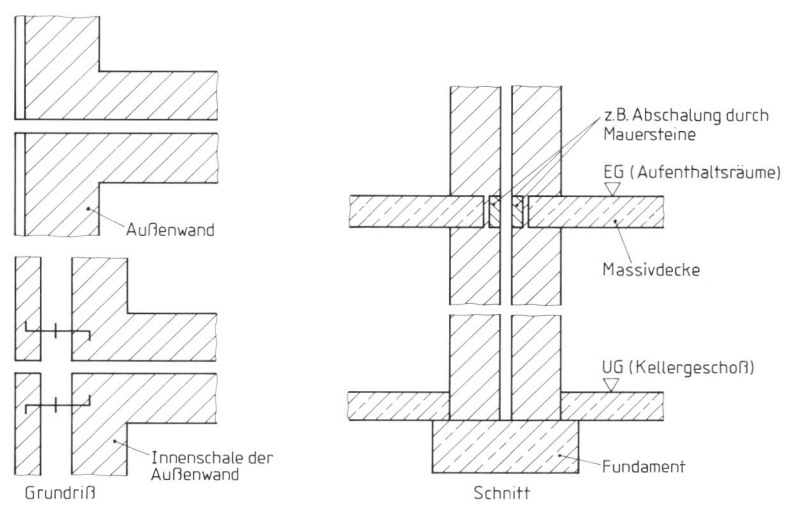

4.2.4 Luftschalldämmung in Gebäuden in Massivbauart; Trennende Bauteile

4.69 Zweischalige Hauswand aus zwei schweren, biegesteifen Schalen mit bis zum Fundament durchgehender Trennfuge (schematisch)

Bei einer Dicke der Trennfuge (Schalenabstand) ≥ 50 mm darf das Gewicht der Einzelschale 100 kg/m² betragen.
Der Fugenhohlraum ist mit dicht gestoßenen und vollflächig verlegten mineralischen Faserdämmplatten nach DIN 18165-2 Anwendungstyp T (Trittschalldämmplatten) auszufüllen.

Anmerkung Falls die Schalen in Ortbeton-Bauweise hergestellt werden, sind mineralische Faserdämmplatten mit besonderer Eignung für die beim Betoniervorgang auftretenden Beanspruchungen vorzuziehen.

Bei einer flächenbezogenen Masse der Einzelschale ≥ 200 kg/m² und Dicke der Trennfuge ≥ 30 mm darf auf das Einlegen von Dämmschichten verzichtet werden. Der Fugenhohlraum ist dann mit Lehren herzustellen, die nachträglich entfernt werden müssen.
Die nach den nachfolgenden Absätzen zu ermittelnden oder angegebenen Schalldämm-Maße $R'_{w,R}$ setzen eine besonders sorgfältige Ausbildung der Trennfuge voraus.

Ermittlung des bewerteten Schalldämm-Maßes $R'_{w,R}$

Für zweischalige Wände kann das bewertete Schalldämm-Maß $R'_{w,R}$ aus der Summe der flächenbezogenen Masse der beiden Einzelschalen unter Berücksichtigung etwaiger Putze – wie bei einschaligen, biegesteifen Wänden – nach Tab. **4.64** ermittelt werden; dabei dürfen auf das so ermittelte Schalldämm-Maß $R'_{w,R}$ für die zweischalige Ausführung mit durchgehender Trennfuge 12 dB aufgeschlagen werden.

Ausführungsbeispiele. Beispiele für erreichbare Schalldämm-Maße zweischaliger Wände aus zwei schweren, biegesteifen Schalen mit durchgehender Trennfuge und Ausführung mit Normalmörtel,
– als beiderseitiges Sichtmauerwerk,
– mit beiderseitigem 10 mm dicken Gips- oder Kalkgipsputz (PIV),
– mit beiderseitigem 15 mm dicken Kalk-, Kalkzement- oder Zementputz (PI, PII, PIII)
sind in Tab. **4.**70 angegeben. Die Werte gelten nur bei sorgfältiger Ausführung der Trennfuge.

Tabelle 4.70 Bewertetes Schalldämm-Maß $R'_{w,R}$ von zweischaligem, in Normalmörtel gemauertem Mauerwerk mit durchgehender Gebäudetrennfuge (Ausführungsbeispiele, Rechenwerte)

Spalte	1	2	3	4	5	6	7
Zeile	Bewertetes Schalldämm-Maß $R'_{w,R}$	Rohdichteklasse der Steine und Mindestwanddicke der Schalen bei zweischaligem Mauerwerk					
		Beiderseitiges Sichtmauerwerk		Beiderseits je 10 mm Putz PIV (Kalkgips- oder Gipsputz) 2·10 kg/m²		Beiderseits je 15 mm Putz PI, PII, oder PIII (Kalk-, Kalkzement- oder Zementputz) 2·25 kg/m²	
	in dB	Stein-Rohdichteklasse	Mindestdicke der Schalen ohne Putz in mm	Stein-Rohdichteklasse	Mindestdicke der Schalen ohne Putz in mm	Stein-Rohdichteklasse	Mindestdicke der Schalen ohne Putz in mm
1	57	0,6	2 · 240	0,6[1)]	2 · 240	0,7[2)]	2 · 175
2		0,9	2 · 175	0,8[2)]	2 · 175	0,9[4)]	2 · 150
3		1,0	2 · 150	1,0[3)]	2 · 150	1,2[4)]	2 · 115
4		1,4	2 · 115	1,4[5)]	2 · 115	–	–
5	62	0,6	2 · 240	0,6[6)]	2 · 240	0,5[6)]	2 · 240
6		0,9	175 + 240	0,8[7)]	2 · 175	0,8[7)]	2 · 175
7		0,9	2 · 175	1,0[7)]	2 · 150	0,9[7)]	2 · 150
8		1,4	2 · 115	1,4	2 · 115	1,2	2 · 115
9	67	1,0	2 · 240	1,0[8)]	2 · 240	0,9[8)]	2 · 240
10		1,2	175 + 240	1,2	175 + 240	1,2	175 + 240
11		1,4	2 · 175	1,4	2 · 175	1,4	2 · 175
12		1,8	115 + 175	1,8	115 + 175	1,6	115 + 175
13		2,2	2 · 115	2,2	2 · 115	2,0	2 · 115

[1)] Bei Schalenabstand ≥ 50 mm und Gewicht jeder einzelnen Schale ≥ 100 kg/m² kann die Stein-Rohdichteklasse um 0,2 niedriger sein.
[2)] Bei Schalenabstand ≥ 50 mm und Gewicht jeder einzelnen Schale ≥ 100 kg/m² kann die Stein-Rohdichteklasse um 0,3 niedriger sein.
[3)] Bei Schalenabstand ≥ 50 mm und Gewicht jeder einzelnen Schale ≥ 100 kg/m² kann die Stein-Rohdichteklasse um 0,4 niedriger sein.
[4)] Bei Schalenabstand ≥ 50 mm und Gewicht jeder einzelnen Schale ≥ 100 kg/m² kann die Stein-Rohdichteklasse um 0,5 niedriger sein.
[5)] Bei Schalenabstand ≥ 50 mm und Gewicht jeder einzelnen Schale ≥ 100 kg/m² kann die Stein-Rohdichteklasse um 0,6 niedriger sein.
[6)] Bei Schalen aus Gasbetonsteinen oder -platten nach DIN 4165 oder DIN 4166 sowie aus Leichtbeton-Steinen mit Blähton als Zuschlag nach DIN 18151 oder DIN 18152 und einem Schalenabstand ≥ 50 mm und Gewicht jeder einzelnen Schale von ≥ 100 kg/m² kann die Stein-Rohdichteklasse um 0,1 niedriger sein.
[7)] Bei Schalen aus Gasbetonsteinen oder -platten nach DIN 4165 oder DIN 4166 sowie aus Leichtbeton-Steinen mit Blähton als Zuschlag nach DIN 18151 oder DIN 18152 und einem Schalenabstand ≥ 50 mm und Gewicht jeder einzelnen Schale von ≥ 100 kg/m² kann die Stein-Rohdichteklasse um 0,2 niedriger sein.
[8)] Bei Schalen aus Gasbetonsteinen oder -platten nach DIN 4165 oder DIN 4166 sowie aus Leichtbeton-Steinen mit Blähton als Zuschlag nach DIN 18151 oder DIN 18152 kann die Stein-Rohdichteklasse um 0,2 niedriger sein.

Einschalige, biegesteife Wände mit biegeweicher Vorsatzschale

Die Luftschalldämmung einschaliger, biegesteifer Wände kann mit biegeweichen Vorsatzschalen nach Tab. 4.71 verbessert werden. Dabei ist bei den Vorsatzschalen zwischen zwei Gruppen, A und B, nach ihrer akustischen Wirksamkeit zu unterscheiden. Das erreichbare bewertete Schalldämm-Maß hängt von der flächenbezogenen Masse der biegesteifen Trennwand und der Ausbildung der flankierenden Bauteile ab. Rechenwerte sind in Tab. 4.72 enthalten.

4.2.4 Luftschalldämmung in Gebäuden in Massivbauart; Trennende Bauteile

Tabelle 4.71 Eingruppierung von biegeweichen Vorsatzschalen von einschaligen, biegesteifen Wänden nach ihrem schalltechnischen Verhalten (Maße in mm)

Spalte	1	2	3
Zeile	Gruppe[1])	Wandausbildung	Beschreibung
1	B (Ohne bzw. federnde Verbindung der Schalen)		Vorsatzschale aus Holzwolle-Leichtbauplatten nach DIN 1101, Dicke ≥ 25 mm, verputzt, Holzstiele (Ständer) mit Abstand ≥ 20 mm vor schwerer Schale freistehend, Ausführung nach DIN 1102
2			Vorsatzschale aus Gipskartonplatten nach DIN 18180, Dicke 12,5 mm oder 15 mm, Ausführung nach DIN 18181 oder aus Spanplatten nach DIN 68763, Dicke 10 mm bis 16 mm, Holzstiele (Ständer) mit Abstand ≥ 20 mm vor schwerer Schale freistehend[2]), mit Hohlraumfüllung[3]) zwischen den Holzstielen
3			Vorsatzschale aus Holzwolle-Leichtbauplatten nach DIN 1101, Dicke ≥ 50 mm, verputzt, freistehend mit Abstand von 30 mm bis 50 mm vor schwerer Schale, Ausführung nach DIN 1102, bei Ausfüllung des Hohlraumes nach Fußnote 3 ist ein Abstand von 20 mm ausreichend
4			Vorsatzschale aus Gipskartonplatten nach DIN 18180, Dicke 12,5 mm oder 15 mm, und Faserdämmplatten[4]), Ausführung nach DIN 18181 an schwerer Schale streifen- oder punktförmig angesetzt
5	A (Mit Verbindung der Schalen)		Vorsatzschale aus Holzwolle-Leichtbauplatten nach DIN 1101, Dicke ≥ 25 mm, verputzt, Holzstiele (Ständer) an schwerer Schale befestigt, Ausführung nach DIN 1102
6			Vorsatzschale aus Gipskartonplatten nach DIN 18180, Dicke 12,5 mm oder 15 mm, Ausführung nach DIN 18181 oder aus Spanplatten nach DIN 68763, Dicke 10 mm bis 16 mm, mit Hohlraumausfüllung[3]), Holzstiele (Ständer) an schwerer Schale befestigt[2])

[1]) In einem Wand-Prüfstand ohne Flankenübertragung (Prüfstand DIN 52210–P–W) wird das bewertete Schalldämm-Maß $R_{w,P}$ einer einschaligen, biegesteifen Wand durch Vorsatzschalen der Zeilen 1 bis 4 um mindestens 15 dB, der Zeilen 5 und 6 um mindestens 10 dB verbessert.
[2]) Bei diesen Beispielen können auch Ständer aus C-Wandprofilen aus Stahlblech nach DIN 18182-1 verwendet werden.
[3]) Faserdämmstoffe nach DIN 18165-1, Nenndicke 20 mm bzw. ≥ 60 mm, längenbezogener Strömungswiderstand $\varXi \geq 5$ kN $\cdot$ s/m^4.
[4]) Faserdämmstoffe nach DIN 18165-1, Anwendungstyp WV-s, Nenndicke ≥ 40 mm, $s' \leq 5$ MN/m^3.

Tabelle 4.72 Bewertetes Schalldämm-Maß $R'_{w,R}$ von einschaligen, biegesteifen Wänden mit einer biegeweichen Vorsatzschale nach Tab. 4.71 (Rechenwerte)

Spalte	1	2
Zeile	Flächenbezogene Masse der Massivwand in kg/m²	$R'_{w,R}$[1)2)] in dB
1	100	49
2	150	49
3	200	50
4	250	52
5	275	53
6	300	54
7	350	55
8	400	56
9	450	57
10	500	58

[1)] Gültig für flankierende Bauteile mit einer mittleren flächenbezogenen Masse $m'_{L,Mittel}$ von etwa 300 kg/m².
[2)] Bei Wandausführungen nach Tab. 4.71, Zeilen 5 und 6, sind diese Werte um 1 dB abzumindern.

Zweischalige Wände aus zwei biegeweichen Schalen

Ausführungsbeispiele für derartige Wände mit gemeinsamen Stielen (Ständern) und für jede Schale gesonderten Stielen oder freistehenden Schalen sind in den Tab. 4.73 und 4.74 enthalten. Von entscheidender Bedeutung ist dabei die Ausbildung der flankierenden Bauteile. Die Werte beider Tab. 4.73 und 4.74 gelten für einschalige, flankierende Bauteile mit einer mittleren flächenbezogenen Masse $m'_{L,Mittel}$ von etwa 300 kg/m². Weichen die mittleren flächenbezogenen Massen $m'_{L,Mittel}$ davon um mehr als ±25 kg/m² ab, sind Zu- bzw. Abschläge nach Tab. 4.80 vorzunehmen.

Tabelle 4.73 Bewertetes Schalldämm-Maß $R'_{w,R}$ von zweischaligen Wänden aus zwei biegeweichen Schalen aus Gipskartonplatten oder Spanplatten (Rechenwerte) (Maße in mm)

Spalte	1	2	3	4	5
Zeile	Wandausbildung mit Stielen (Ständern), Achsabstand ≥600, ein- oder zweilagige Bekleidung[1)]	Anzahl der Lagen je Seite	Mindest-Schalenabstand s	Mindest-Dämmschichtdicke[2)], Nenndicke s_D	$R'_{w,R}$[3)] in dB
1		1	60	40	38
2		2			46

Fortsetzung und Fußnoten s. nächste Seite

Tabelle 4.73, Fortsetzung

Spalte	1	2	3	4	5
Zeile	Wandausbildung mit Stielen (Ständern), Achsabstand ≥ 600, ein- oder zweilagige Bekleidung[1]	Anzahl der Lagen je Seite	Mindest-Schalenabstand s	Mindest-Dämmschichtdicke[2], Nenndicke s_D	$R'_{w,R}$[3] in dB
3	C-Wandprofil aus Stahlblech nach DIN 18182-1	1	50	40	45
4		2	50	40	49
5		2	100	80	50
6	Querlatten, $a \geq 500$	1	100	60	44
7[4]	auch C-Wandprofil aus Stahlblech nach DIN 18182-1	1	125	2 · 40	49
8[4]		1	160	40	49
9[4]	C-Wandprofil aus Stahlblech nach DIN 18182-1	2	200	80 oder 2 · 40	50

[1] Bekleidung aus Gipskartonplatten nach DIN 18180, 12,5 mm oder 15 mm dick, oder aus Spanplatten nach DIN 68763, 13 mm bis 16 mm dick.
[2] Faserdämmstoffe nach DIN 18165-1, Nenndicke 40 mm bis 80 mm, längenbezogener Strömungswiderstand $\Xi \geq 5$ kN · s/m^4.
[3] Gültig für flankierende Bauteile mit einer mittleren flächenbezogenen Masse $m'_{L,\text{Mittel}}$ von etwa 300 kg/m^2.
[4] Doppelwand mit über gesamter Wandfläche durchgehender Trennfuge.

Tabelle 4.74 Bewertetes Schalldämm-Maß $R'_{w,R}$ von zweischaligen Wänden aus biegeweichen Schalen aus verputzen Holzwolle-Leichtbauplatten (HWL) nach DIN 1101 (Rechenwerte) (Maße in mm)

Spalte	1	2	3	4	5
Zeile	Wandausbildung[1]	Dicke der HWL-Platten s_{HWL}	Schalenabstand s	Dämmschichtdicke[2], Nenndicke s_D	$R'_{w,R}$[3] in dB
1	Bei $s_{HWL}=25$: $500 \leq a \leq 670$ Bei $s_{HWL}=35$: $500 \leq a \leq 1000$	25 oder 35	≥ 100	—	50
2	Schalen freistehend		≥ 50	30 bis 50	50
				20 bis <30	≥ 20	

[1]) Ausführung nach DIN 1102.
[2]) Faserdämmstoffe nach DIN 18165-1, Nenndicke ≥ 20 mm, längenbezogener Strömungswiderstand $\Xi \geq 5$ kN · s/m^4.
[3]) Gültig für flankierende Bauteile mit einer mittleren flächenbezogenen Masse $m'_{L, Mittel}$ von etwa 300 kg/m^2. Vgl. auch $R_{w,R}$-Werte nach Tab. 4.92.

Decken als trennende Bauteile

In den Tab. 4.48, 4.54 und 4.76 werden Rechenwerte des bewerteten Schalldämm-Maßes $R'_{w,R}$ für verschiedene Deckenausführungen angegeben.

Luftschalldämmung. Die Luftschalldämmung von Massivdecken ist von der flächenbezogenen Masse der Decke, von einer etwaigen Unterdecke sowie von einem aufgebrachten schwimmenden Estrich oder anderen geeigneten schwimmenden Böden abhängig. Die Luftschalldämmung wird außerdem durch die Ausbildung der flankierenden Wände beeinflußt.
Beispiele für Massivdecken sind in Tab. 4.75 dargestellt. Die Rechenwerte für das bewertete Schalldämm-Maß $R'_{w,R}$ sind in Tab. 4.76 angegeben.
Die angegebenen Rechenwerte $R'_{w,R}$ hängen von den flächenbezogenen Massen der ober- und unterseitig an die Decken stoßenden biegesteifen Wände ab. Die Werte der Tab. 4.76 gelten für flankierende Bauteile mit einer mittleren flächenbezogenen Masse $m'_{L, Mittel}$ von etwa 300 kg/m^2. Weichen die mittleren flächenbezogenen Massen $m'_{L, Mittel}$ davon um mehr als ± 25 kg/m^2 ab, sind Zu- bzw. Abschläge nach Tab. 4.79 vorzunehmen.

4.2.4 Luftschalldämmung in Gebäuden in Massivbauart; Trennende Bauteile

Tabelle **4**.75 Massivdecken, deren Luft- und Trittschalldämmung in den Tab. **4**.51 und **4**.76 angegeben sind (Maße in mm)

Spalte	1
Zeile	Deckenausbildung

Massivdecken ohne Hohlräume, gegebenenfalls mit Putz

1	Stahlbeton-Vollplatten aus Normalbeton nach DIN 1045 oder aus Leichtbeton nach DIN 4219-1
2	Gasbeton-Deckenplatten nach DIN 4223

Massivdecken mit Hohlräumen, gegebenenfalls mit Putz

3	Stahlsteindecken nach DIN 1045 mit Deckenziegeln nach DIN 4159
4	Stahlbetonrippendecken und -balkendecken nach DIN 1045 mit Zwischenbauteilen nach DIN 4158 oder DIN 4160
5	Stahlbetonhohldielen und -platten nach DIN 1045, Stahlbetondielen aus Leichtbeton nach DIN 4028, Stahlbetonhohldecke nach DIN 1045
6	Balkendecken ohne Zwischenbauteile nach DIN 1045

Fortsetzung und Fußnoten s. nächste Seite

Tabelle **4.**75, Fortsetzung

Spalte	1
Zeile	Deckenausbildung

Massivdecken mit biegeweicher Unterdecke

7	Massivdecken nach Zeilen 1 bis 6
8	Stahlbetonrippendecken nach DIN 1045 oder Plattenbalkendecken nach DIN 1045 ohne Zwischenbauteile

[1] Z. B. Putzträger (Ziegeldrahtgewebe, Rohrgewebe) und Putz, Gipskartonplatten nach DIN 18180, Dicke 12,5 mm oder 15 mm, Holzwolle-Leichtbauplatten nach DIN 1101, Dicke ≥ 25 mm, verputzt.

[2] Im Hohlraum sind schallabsorbierende Einlagen vorzusehen, z. B. Faserdämmstoff nach DIN 18165-1, Nenndicke 40 mm, längenbezogener Strömungswiderstand $\Xi \geq 5$ kN · s/m^4.

Tabelle **4.76** Bewertetes Schalldämm-Maß $R'_{w,R}$[1] von Massivdecken (Rechenwerte)

Spalte	1	2	3	4	5
Zeile	Flächenbezogene Masse der Decke[3] in kg/m^2	$R'_{w,R}$ in dB[2]			
		Einschalige Massivdecke, Estrich und Gehbelag unmittelbar aufgebracht	Einschalige Massivdecke mit schwimmendem Estrich[4]	Massivdecke mit Unterdecke[5], Gehbelag und Estrich unmittelbar aufgebracht	Massivdecke mit schwimmendem Estrich und Unterdecke[5]
1	500	55	59	59	62
2	450	54	58	58	61
3	400	53	57	57	60
4	350	51	56	56	59
5	300	49	55	55	58
6	250	47	53	53	56
7	200	44	51	51	54
8	150	41	49	49	52

Fußnoten s. S. 309

Fußnoten zu Tab. **4**.76

1) Zwischenwerte sind linear zu interpolieren.
2) Gültig für flankierende Bauteile mit einer mittleren flächenbezogenen Masse $m'_{L,\text{Mittel}}$ von etwa 300 kg/m².
3) Die Masse von aufgebrachten Verbundestrichen oder Estrichen auf Trennschicht und vom unterseitigen Putz ist zu berücksichtigen.
4) Und andere schwimmend verlegte Deckenauflagen, z. B. schwimmend verlegte Holzfußböden, sofern sie ein Trittschallverbesserungsmaß $\Delta L_w\ (VM) \geq 24$ dB haben.
5) Biegeweiche Unterdecke nach Tab. **4**.75, Zeilen 7 und 8, oder akustisch gleichwertige Ausführungen.

Ermittlung der flächenbezogenen Masse von Massivdecken ohne Deckenauflagen. Zur Ermittlung der flächenbezogenen Masse von Massivdecken ohne Hohlräume nach Tab. **4**.75, Zeilen 1 und 2, ist bei Stahlbeton aus Normalbeton mit einer Rohdichte von 2300 kg/m³ zu rechnen. Bei solchen Decken aus Leichtbeton und Gasbeton ist die Rohdichte nach Tab. **4**.49 abzumindern.

Bei Massivdecken mit Hohlräumen nach Tab. **4**.75, Zeilen 3 bis 6, ist die flächenbezogene Masse entweder aus den Rechenwerten nach DIN 1055-1 mit einem Abzug von 15% oder aus dem vorhandenen Querschnitt mit der Rohdichte von 2300 kg/m³ zu berechnen.

Aufbeton und unbewehrter Beton aus Normalbeton ist mit einer Rohdichte von 2100 kg/m³ in Ansatz zu bringen. Für die flächenbezogene Masse von Putz gilt Abschn. ,,Wandputz."

Die flächenbezogene Masse von aufgebrachten Verbundestrichen oder Estrichen auf Trennschicht ist aus dem Rechenwert nach DIN 1055-1 mit einem Abzug von 10% zu ermitteln.

Anmerkung   Bei Stahlbeton-Rippendecken ohne Füllkörper, Estrich und Unterdecke ist nur die flächenbezogene Masse der Deckenplatte zu berücksichtigen.

Einfluß flankierender Bauteile

Die Luftschalldämmung von Trennwänden und -decken hängt nicht nur von deren Ausbildung, sondern auch von der Ausführung der flankierenden Bauteile ab.

Die in den Tab. **4**.54, **4**.64, **4**.68, **4**.72, **4**.73, **4**.74 und **4**.76 angegebenen Werte setzen voraus:
– Mittlere flächenbezogene Masse $m'_{L,\text{Mittel}}$ der biegesteifen, flankierenden Bauteile von etwa 300 kg/m²; bei der Ermittlung der flächenbezogenen Masse werden Öffnungen (Fenster, Türen) nicht berücksichtigt,

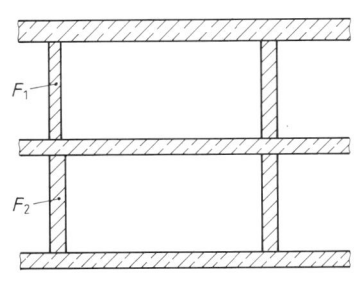

4.77 Nicht versetzt angeordnete flankierende Wände F_1 und F_2
Normalfall, den Korrekturwerten zugrundegelegt

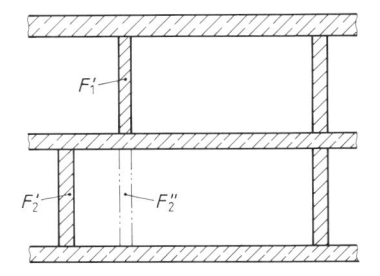

4.78 Versetzt angeordnete flankierende Wände F'_1 und F'_2
Ausnahmefall, für die Berechnung der Korrekturwerte wird anstelle der Wand F'_2 die Wand F''_2 angenommen

– biegesteife Anbindung der flankierenden Bauteile an das trennende Bauteil, sofern dessen flächenbezogene Masse mehr als 150 kg/m² beträgt (ausgenommen die Beispiele der Tab. **4.54**, **4.73** und **4.74**,
– von einem Raum zum anderen Raum durchlaufende flankierende Bauteile,
– dichte Anschlüsse des trennenden Bauteils an die flankierenden Bauteile.

Die Werte der Tab. **4**.64 gelten nicht, wenn einschalige flankierende Außenwände in Steinen mit einer Rohdichteklasse ≤0,8 und in schallschutztechnischer Hinsicht ungünstiger Lochung verwendet werden.

Einfluß von flankierenden Bauteilen, deren mittlere flächenbezogene Masse $m'_{L,\text{Mittel}}$ von etwa 300 kg/m² abweicht

Korrekturwert $K_{L,1}$. Weicht die mittlere flächenbezogene Masse der flankierenden Bauteile von etwa 300 kg/m² ab, so ist bei den in den Tab. **4.54**, **4.64**, **4.68**, **4.72**, **4.73**, **4.74** und **4.76** angegebenen Schalldämm-Maßen $R'_{w,R}$ ein Korrekturwert $K_{L,1}$ zu berücksichtigen. $K_{L,1}$ ist in Abhängigkeit von der mittleren flächenbezogenen Masse $m'_{L,\text{Mittel}}$ der flankierenden Bauteile aus den Tab. **4.79** oder **4.80** zu entnehmen. Die mittlere flächenbezogene Masse der flankierenden Bauteile muß je nach Art des trennenden Bauteils unterschiedlich berechnet werden.

Für die aufgeführten Korrekturwerte (Zu- und Abschläge) wird vorausgesetzt, daß die flankierenden Bauteile F_1 und F_2 (s. Bild **4.77**) zu beiden Seiten eines trennenden Bauteils in einer Ebene liegen.

Ist dies nicht der Fall, ist für die Berechnung anzunehmen, daß das leichtere flankierende Bauteil F'_1 (s. Bild **4.78**) auch im Nachbarraum vorhanden ist (s. F''_2 in Bild **4.78**).

Ermittlung der mittleren flächenbezogenen Masse $m'_{L,\text{Mittel}}$ der flankierenden Bauteile biegesteifer Wände und Decken. Als mittlere flächenbezogene Masse $m'_{L,\text{Mittel}}$ wird das arithmetische Mittel der Einzelwerte $m'_{L,i}$ der massiven Bauteile verwendet. Das arithmetische Mittel ist auf die Werte nach Tab. **4.79** zu runden.

Tabelle **4.79** Korrekturwerte $K_{L,1}$ für das bewertete Schalldämm-Maß $R'_{w,R}$ von biegesteifen Wänden und Decken als trennende Bauteile nach den Tab. **4.64**, **4.68**, **4.72** und **4.76** bei flankierenden Bauteilen mit der mittleren flächenbezogenen Masse $m'_{L,\text{Mittel}}$

Spalte	1	2	3	4	5	6	7	8
Zeile	Art des trennenden Bauteils	$K_{L,1}$ in dB für mittlere flächenbezogene Massen $m'_{L,\text{Mittel}}$[1)] in kg/m²						
		400	350	300	250	200	150	100
1	Einschalige, biegesteife Wände und Decken nach Tab. **4.64**, **4.68** und **4.76**, Spalte 2	0	0	0	0	−1	−1	−1
2	Einschalige, biegesteife Wände mit biegeweichen Vorsatzschalen nach Tab. **4.72**							
3	Massivdecken mit schwimmendem Estrich oder Holzfußboden nach Tab. **4.76**, Spalte 3	+2	+1	0	−1	−2	−3	−4
4	Massivdecken mit Unterdecke nach Tab. **4.76**, Spalte 4							
5	Massivdecken mit schwimmendem Estrich und Unterdecke nach Tab. **4.76**, Spalte 5							

[1)] $m'_{L,\text{Mittel}}$ ist rechnerisch nach Abschn. „Einfluß flankierender Bauteile" zu ermitteln.

4.2.4 Luftschalldämmung in Gebäuden in Massivbauart; Trennende Bauteile

Tabelle 4.80 Korrekturwerte $K_{L,1}$ für das bewertete Schalldämm-Maß $R'_{w,R}$ von zweischaligen Wänden aus biegeweichen Schalen nach den Tab. 4.73 und 4.74 und von Holzbalkendecken nach Tab. 4.54 als trennende Bauteile bei flankierenden Bauteilen mit der mittleren flächenbezogenen Masse $m'_{L,\text{Mittel}}$

Spalte	1	2	3	4	5	6	7	8
Zeile	$R'_{w,R}$ der Trennwand bzw. -decke für $m'_{L,\text{Mittel}}$ von etwa 300 kg/m² in dB	$K_{L,1}$ in dB für mittlere flächenbezogene Massen $m'_{L,\text{Mittel}}$[1]) in kg/m²						
		450	400	350	300	250	200	150
1	50	+4	+3	+2	0	−2	−4	−7
2	49	+2	+2	+1	0	−2	−3	−6
3	47	+1	+1	+1	0	−2	−3	−6
4	45	+1	+1	+1	0	−1	−2	−5
5	43	0	0	0	0	−1	−2	−4
6	41	0	0	0	0	−1	−1	−3

[1]) $m'_{L,\text{Mittel}}$ ist rechnerisch nach Abschn. „Einfluß flankierender Bauteile" oder mit Hilfe des Diagramms nach Bild 4.81 zu ermitteln.

$$m'_{L,\text{Mittel}} = \frac{1}{n} \sum_{i=1}^{n} m'_{L,1} \tag{4.59}$$

Hierin bedeuten:
$m'_{L,i}$ flächenbezogene Masse des i-ten nicht verkleideten, massiven flankierenden Bauteils ($i=1$ bis n)
n Anzahl der nicht verkleideten, massiven flankierenden Bauteile.

Ermittlung der mittleren flächenbezogenen Masse $m'_{L,\text{Mittel}}$ der flankierenden Bauteile von Wänden aus biegeweichen Schalen und von Holzbalkendecken. Die wirksame mittlere flächenbezogene Masse $m'_{L,\text{Mittel}}$ der flankierenden Bauteile wird nach Gleichung (4.60)

$$m'_{L,\text{Mittel}} = \left[\frac{1}{n} \sum_{i=1}^{n} (m'_{L,i})^{-2,5} \right]^{-0,4} \tag{4.60}$$

oder mit Hilfe des Diagramms nach Bild 4.81 ermittelt.

Für die flächenbezogene Masse $m'_{L,1}$ bis $m'_{L,4}$ der einzelnen flankierenden Bauteile werden die zugehörigen Werte y_1 bis y_4 aus dem Diagramm nach Bild 4.81 entnommen und der Mittelwert y_m gebildet. Für y_m wird aus dem Diagramm nach Bild 4.81 der gesuchte Wert $m'_{L,\text{Mittel}}$ entnommen.

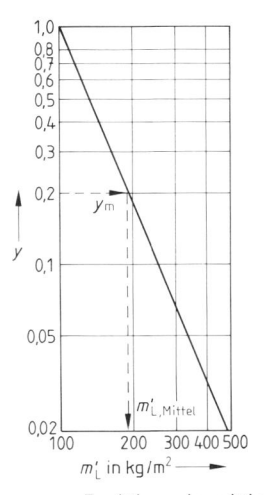

4.81 Diagramm zur Ermittlung der mittleren flächenbezogenen Masse $m'_{L,\text{Mittel}}$ der flankierenden Bauteile für Trennwände aus biegeweichen Schalen oder für Holzbalkendecken als trennende Bauteile nach den Tab. 4.54, 4.73 und 4.74

Beispiel $m'_{L,1} = 130\ \text{kg/m}^2$ $y_1 = 0{,}51$
       $m'_{L,2} = 200\ \text{kg/m}^2$ $y_2 = 0{,}18$
       $m'_{L,3} = 300\ \text{kg/m}^2$ $y_3 = 0{,}06$
       $m'_{L,4} = 400\ \text{kg/m}^2$ $y_4 = 0{,}03$

$$y_m = \frac{1}{4}(0{,}51 + 0{,}18 + 0{,}06 + 0{,}03) = 0{,}2$$

$m'_{L,\text{Mittel}} = \underline{190\ \text{kg/m}^2}$

Korrekturwert $K_{L,2}$ zur Berücksichtigung von Vorsatzschalen und biegeweichen, flankierenden Bauteilen

Das Schalldämm-Maß $R'_{w,R}$ wird bei mehrschaligen, trennenden Bauteilen um den Korrekturwert $K_{L,2}$ erhöht, wenn die einzelnen flankierenden Bauteile eine der folgenden Bedingungen erfüllen:
- Sie sind in beiden Räumen raumseitig mit je einer biegeweichen Vorsatzschale nach Tab. **4.71** oder mit schwimmendem Estrich oder schwimmendem Holzfußboden nach Tab. **4.52** versehen, die im Bereich des trennenden Bauteils (Wand oder Decke) unterbrochen sind.
- Sie bestehen aus biegeweichen Schalen, die im Bereich des trennenden Bauteils (Wand oder Decke) unterbrochen sind.

In Tab. **4.82** sind Korrekturwerte $K_{L,2}$ in Abhängigkeit von der Anzahl der flankierenden Bauteile angegeben, die eine der obigen Bedingungen erfüllen.

Tabelle **4.82** Korrekturwerte $K_{L,2}$ für das bewertete Schalldämm-Maß $R'_{w,R}$ trennender Bauteile mit biegeweicher Vorsatzschale, schwimmendem Estrich/Holzfußboden oder aus biegeweichen Schalen

Spalte	1	2
Zeile	Anzahl der flankierenden, biegeweichen Bauteile oder flankierenden Bauteile mit biegeweicher Vorsatzschale	$K_{L,2}$
1	1	+1
2	2	+3
3	3	+6

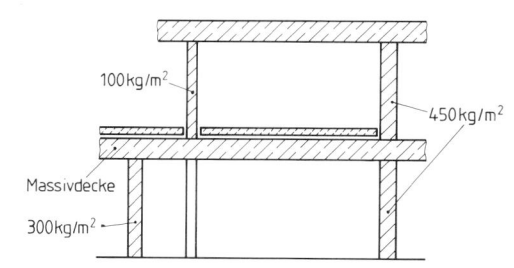

4.83 Beispiel zur Anwendung der Korrekturwerte $K_{L,1}$ und $K_{L,2}$ bei Trenndecke

Beispiele zur Anwendung der Korrekturwerte $K_{L,1}$ und $K_{L,2}$

Beispiel 1 Zwei übereinanderliegende Räume; eine Wand im oberen und unteren Raum verschieden schwer und gegeneinander versetzt ausgeführt (s. Bild **4.83**)

Trenndecke: Massivdecke (400 kg/m²) mit schwimmendem Estrich nach Tab. **4.76**, $R'_{w,R} = 57$ dB

Flankierende Bauteile:
  Außenwand $m'_{L,1} = 200\ \text{kg/m}^2$
  Wohnungstrennwand $m'_{L,2} = 450\ \text{kg/m}^2$
  Flurwand $m'_{L,3} = 300\ \text{kg/m}^2$
  Zwischenwand $m'_{L,4} = 100\ \text{kg/m}^2$

Als Zwischenwand wird oben und unten eine Wand von $m'_{L,4} = 100$ kg/m² angenommen. Damit ergibt sich:

$$m'_{L,\text{Mittel}} = \frac{200+450+300+100}{4} \text{ kg/m}^2 \approx \underline{262 \text{ kg/m}^2}$$

Nach Tab. 4.79 ist $K_{L,1} = -1$ dB, somit

$$R'_{w,R} = (57-1) \text{ dB} = 56 \text{ dB}.$$

Beispiel 2 Trennwand: Zweischalige Wand aus Gipskartonplatten nach Tab. 4.73, Zeile 5, $R'_{w,R} = 50$ dB

Flankierende
Bauteile: Außenwand $m'_{L,1} = 200$ kg/m²
           Innen-Längswand $m'_{L,2} = 350$ kg/m²
           obere Decke $m'_{L,3} = 368$ kg/m²
           (160 mm Stahlbetonplatte)
           untere Decke   schwimmender Estrich auf 160 mm Stahlbeton.

Die untere Decke trägt aufgrund des schwimmenden Estrichs nicht zur Schallübertragung über flankierende Bauteile bei und ist deshalb bei der Bestimmung von $m'_{L,\text{Mittel}}$ nicht zu berücksichtigen.

$$m'_{L,\text{Mittel}} = \left[\frac{1}{3}(200^{-2,5} + 350^{-2,5} + 368^{-2,5}) \right]^{-0,4} \text{ kg/m}^2 = \underline{266 \text{ kg/m}^2}$$

Als Korrekturwert ergibt sich nach Tab. 4.80 $K_{L,1} = -2$ dB. Nach Tab. 4.82 ist zusätzlich ein Korrekturwert $K_{L,2} = +1$ dB zu berücksichtigen. Damit wird

$$R'_{w,R} = (50-2+1) \text{ dB} = 49 \text{ dB}.$$

4.2.5 Schutz gegen Außenlärm; Anforderungen an die Luftschalldämmung von Außenbauteilen

Lärmpegelbereiche

Für die Festlegung der erforderlichen Luftschalldämmung von Außenbauteilen gegenüber Außenlärm werden verschiedene Lärmpegelbereiche zugrunde gelegt, denen die jeweils vorhandenen oder zu erwartenden „maßgeblichen Außenlärmpegel" zuzuordnen sind.

Anforderungen an Außenbauteile unter Berücksichtigung unterschiedlicher Raumarten oder Nutzungen[1]

Für Außenbauteile von Aufenthaltsräumen – bei Wohnungen mit Ausnahme von Küchen, Bädern und Hausarbeitsräumen – sind unter Berücksichtigung der unterschiedlichen Raumarten oder Raumnutzungen die in Tab. 4.84 aufgeführten Anforderungen der Luftschalldämmung einzuhalten.

Bei Außenbauteilen, die aus mehreren Teilflächen unterschiedlicher Schalldämmung bestehen, gelten die Anforderungen nach Tab. 4.84 an das aus den einzelnen Schalldämm-Maßen der Teilflächen berechnete resultierende Schalldämm-Maß $R'_{w,\text{res}}$.

---

[1] Tab. 4.84 gilt nicht für Fluglärm, soweit er im „Gesetz zum Schutz gegen Fluglärm" geregelt ist. In diesem Fall sind die Anforderungen an die Luftschalldämmung von Außenbauteilen gegen Fluglärm in der „Verordnung der Bundesregierung über bauliche Schallschutzanforderungen nach dem Gesetz zum Schutz gegen Fluglärm (Schallschutzverordnung-SchallschutzV)" geregelt.

Die erforderlichen Schalldämm-Maße sind in Abhängigkeit vom Verhältnis der gesamten Außenfläche eines Raumes $S_{(W+F)}$ zur Grundfläche des Raumes S_G nach Tab. 4.85 zu erhöhen oder zu mindern. Für Wohngebäude mit üblichen Raumhöhen von etwa 2,5 m und Raumtiefen von etwa 4,5 m oder mehr darf ohne besonderen Nachweis ein Korrekturwert von -2 dB herangezogen werden.

Auf Außenbauteile, die unterschiedlich zur maßgeblichen Lärmquelle orientiert sind, sind grundsätzlich die Anforderungen der Tab. 4.84 jeweils separat anzuwenden.

Für Räume in Wohngebäuden mit
– üblicher Raumhöhe von etwa 2,5 m,
– Raumtiefe von etwa 4,5 m oder mehr,
– 10% bis 60% Fensterflächenanteil,

gelten die Anforderungen an das resultierende Schalldämm-Maß erf. $R'_{w,res}$ als erfüllt, wenn die in Tab. 4.86 angegebenen Schalldämm-Maße $R'_{w,R}$ für die Wand und $R_{w,R}$ für das Fenster erf. $R'_{w,res}$ jeweils einzeln eingehalten werden.

Tabelle 4.84   Anforderungen an die Luftschalldämmung von Außenbauteilen

Spalte	1	2	3	4	5
Zeile	Lärmpegelbereich	„Maßgeblicher Außenlärmpegel" in dB(A)	Raumarten		
			Bettenräume in Krankenanstalten und Sanatorien	Aufenthaltsräume in Wohnungen, Übernachtungsräume in Beherbergungsstätten, Unterrichtsräume u. ä.	Büroräume[1]) u. ä.
			erf. $R'_{w,res}$ des Außenbauteils in dB		
1	I	bis 55	35	30	–
2	II	56 bis 60	35	30	30
3	III	61 bis 65	40	35	30
4	IV	66 bis 70	45	40	35
5	V	71 bis 75	50	45	40
6	VI	76 bis 80	[2])	50	45
7	VII	>80	[2])	[2])	50

[1]) An Außenbauteile von Räumen, bei denen der eindringende Außenlärm aufgrund der in den Räumen ausgeübten Tätigkeiten nur einen untergeordneten Beitrag zum Innenraumpegel leistet, werden keine Anforderungen gestellt.

[2]) Die Anforderungen sind hier aufgrund der örtlichen Gegebenheiten festzulegen.

Tabelle 4.85   Korrekturwerte für das erforderliche resultierende Schalldämm-Maß nach Tab. 4.84 in Abhängigkeit vom Verhältnis $S_{(W+F)}/S_G$

Zeile	Spalte	1	2	3	4	5	6	7	8	9	10
1	$S_{(W+F)}/S_G$	2,5	2,0	1,6	1,3	1,0	0,8	0,6	0,5	0,4	
2	Korrektur	+5	+4	+3	+2	+1	0	−1	−2	−3	

$S_{(W+F)}$: Gesamtfläche des Außenbauteils eines Aufenthaltsraumes in m²
$S_{(G)}$: Grundfläche eines Aufenthaltsraumes in m²

4.2.5 Schutz gegen Außenlärm; Anforderung an die Luftschalldämmung

Anforderungen an Decken und Dächer

Für Decken von Aufenthaltsräumen, die zugleich den oberen Gebäudeabschluß bilden, sowie für Dächer und Dachschrägen von ausgebauten Dachräumen gelten die Anforderungen an die Luftschalldämmung für Außenbauteile nach Tab. 4.84.
Bei Decken unter nicht ausgebauten Dachräumen und bei Kriechböden sind die Anforderungen durch Dach und Decke gemeinsam zu erfüllen. Die Anforderungen gelten als erfüllt, wenn das Schalldämm-Maß der Decke allein um nicht mehr als 10 dB unter dem erforderlichen resultierenden Schalldämm-Maß $R'_{w,res}$ liegt.

Einfluß von Lüftungseinrichtungen und/oder Rolladenkästen

Bauliche Maßnahmen an Außenbauteilen zum Schutz gegen Außenlärm sind nur voll wirksam, wenn die Fenster und Türen bei der Lärmeinwirkung geschlossen bleiben und die geforderte Luftschalldämmung durch zusätzliche Lüftungseinrichtungen/Rolladenkästen nicht verringert wird. Bei der Berechnung des resultierenden Schalldämm-Maßes sind zur vorübergehenden Lüftung vorgesehene Einrichtungen (z. B. Lüftungsflügel und -klappen) im geschlossenen Zustand, zur dauernden Lüftung vorgesehene Einrichtungen (z. B. schallgedämpfte Lüftungsöffnungen, auch mit mechanischem Antrieb) im Betriebszustand zu berücksichtigen.

Anmerkung Auf ausreichenden Luftwechsel ist aus Gründen der Hygiene, der Begrenzung der Luftfeuchte sowie gegebenenfalls der Zuführung von Verbrennungsluft[1] zu achten.

Tabelle 4.86 Erforderliche Schalldämm-Maße erf. $R'_{w,res}$ von Kombinationen von Außenwänden und Fenstern

Spalte	1	2	3	4	5	6	7
Zeile	erf. $R'_{w,res}$ in dB nach Tab. 4.84	Schalldämm-Maße für Wand/Fenster in …dB/…dB bei folgenden Fensterflächenanteilen in %					
		10%	20%	30%	40%	50%	60%
1	30	30/25	30/25	35/25	35/25	50/25	30/30
2	35	35/30 40/25	35/30	35/32 40/30	40/30	40/32 50/30	45/32
3	40	40/32 45/30	40/35	45/35	45/35	40/37 60/35	40/37
4	45	45/37 50/35	45/40 50/37	50/40	50/40	50/42 60/40	60/42
5	50	55/40	55/42	55/45	55/45	60/45	–

Diese Tabelle gilt nur für Wohngebäude mit üblicher Raumhöhe von etwa 2,5 m und Raumtiefe von etwa 4,5 m oder mehr, unter Berücksichtigung der Anforderungen an das resultierende Schalldämm-Maß erf. $R'_{w,res}$ des Außenbauteiles nach Tab. 4.84 und der Korrektur von −2 dB nach Tab. 4.85, Zeile 2.

Bei der Anordnung von Lüftungseinrichtungen/Rolladenkästen ist deren Schalldämm-Maß und die zugehörige Bezugsfläche bei der Berechnung des resultierenden Schalldämm-Maßes zu berücksichtigen. Bei Anwendung der Tab. 4.86 muß entweder die für die Außenwand genannte Anforderung von der Außenwand mit Lüftungseinrichtung/Rolladenkasten oder es muß die für das Fenster genannte Anforderung von dem Fenster mit Lüftungseinrichtung/Rolladenkasten eingehalten werden; im ersten Fall gehören Lüftungseinrichtung/Rolladenkasten zur Außenwand, im zweiten Fall zum Fenster.

---

[1] Die entsprechenden bauaufsichtlichen Vorschriften (z. B. Feuerungsverordnung) sind zu beachten.

Ermittlung des „maßgeblichen Außenlärmpegels"

Für die verschiedenen Lärmquellen (Straßen-, Schienen-, Luft-, Wasserverkehr, Industrie/Gewerbe) werden nachstehend die jeweils angepaßten Meß- und Beurteilungsverfahren angegeben, die den unterschiedlichen akustischen und wirkungsmäßigen Eigenschaften der Lärmarten Rechnung tragen.

Zur Bestimmung des „maßgeblichen Außenlärmpegels" werden die Lärmbelastungen in der Regel berechnet.

Für die von der maßgeblichen Lärmquelle abgewandten Gebäudeseiten darf der „maßgebliche Außenlärmpegel" ohne besonderen Nachweis
- bei offener Bebauung um 5 dB(A),
- bei geschlossener Bebauung bzw. bei Innenhöfen um 10 dB(A),

gemindert werden.

Bei Vorhandensein von Lärmschutzwänden oder -wällen darf der „maßgebliche Außenlärmpegel" gemindert werden; Nachweis nach DIN 18005-1 (s. Norm).

Sofern es im Sonderfall gerechtfertigt erscheint, sind zur Ermittlung des „maßgeblichen Außenlärmpegels" auch Messungen zulässig.

Straßenverkehr. Sofern für die Einstufung in Lärmpegelbereiche keine anderen Festlegungen, z. B. gesetzliche Vorschriften oder Verwaltungsvorschriften, Bebauungspläne oder Lärmkarten, maßgebend sind, ist der aus dem Nomogramm in Bild **4.87** ermittelte Mittelungspegel zugrunde zu legen. Für die Fälle, in denen das Nomogramm nicht anwendbar ist, können die Pegel aber auch ortsspezifisch berechnet oder gemessen werden. Bei Berechnungen sind die Beurteilungspegel für den Tag (6.00 bis 22.00 Uhr) nach DIN 18005-1 zu bestimmen, wobei zu den errechneten Werten 3 dB(A) zu addieren sind.

Messungen sind nach DIN 45642 (s. Norm) vorzunehmen und nach Anhang B von DIN 4109 auszuwerten.

Schienenverkehr. Bei Berechnungen sind die Beurteilungspegel für den Tag (6.00 bis 22.00 Uhr) nach DIN 18005-1 zu bestimmen, wobei zu den errechneten Werten 3 dB(A) zu addieren sind. Messungen sind nach DIN 45642 vorzunehmen und nach Anhang B von DIN 4109 auszuwerten.

Wasserverkehr. Bei Berechnungen sind die Beurteilungspegel für den Tag (6.00 bis 22.00 Uhr) nach DIN 18005-1 zu bestimmen, wobei zu den errechneten Werten 3 dB(A) zu addieren sind. Messungen sind nach DIN 45642 (s. Norm) vorzunehmen und nach Anhang B von DIN 4109 auszuwerten.

Luftverkehr. Für Flugplätze, für die Lärmschutzbereiche nach dem „Gesetz zum Schutz gegen Fluglärm" festgesetzt sind, gelten innerhalb der Schutzzonen die Regelungen dieses Gesetzes. Für Gebiete, die nicht durch das „Gesetz zum Schutz gegen Fluglärm" erfaßt sind, für die aber aufgrund landesrechtlicher Vorschriften äquivalente Dauerschallpegel nach DIN 45643-1 (s. Norm) in Anlehnung an das FluglärmG ermittelt wurden, sind diese im Regelfall die zugrunde zu legenden Pegel. Wird in Gebieten, die durch die beiden vorigen Absätze nicht erfaßt sind, vermutet, daß die Belastung durch Fluglärm vor allem von sehr hohen Spitzenpegeln herrührt, so sollte der mittlere maximale Schalldruckpegel $\overline{L_{AF,max}}$ bestimmt werden. Ergibt sich, daß im Beurteilungszeitraum (nicht mehr als 16 zusammenhängende Stunden eines Tages)
- der äquivalente Dauerschallpegel L_{eq} häufiger als 20mal oder mehr als 1mal durchschnittlich je Stunde um mehr als 20 dB(A) überschritten wird und überschreitet auch der mittlere maximale Schalldruckpegel $\overline{L_{AF,max}}$ den äquivalenten Dauerschallpegel L_{eq} um mehr als 20 dB(A) oder
- der Wert von 82 dB(A) häufiger als 20mal oder mehr als 1mal durchschnittlich je Stunde überschritten wird,

4.2.5 Schutz gegen Außenlärm; Anforderung an die Luftschalldämmung

so wird für den „maßgeblichen Außenlärmpegel" der Wert $L_{AF,max} - 20$ dB(A) zugrunde gelegt. Messungen sind nach DIN 45643-1 bis DIN 45643-3 (s. Normen) vorzunehmen und nach Anhang B von DIN 4109 auszuwerten.

Anmerkung Geräuschbelastungen durch militärische Tiefflüge werden in dieser Norm nicht behandelt.

Zu den Mittelungspegeln sind gegebenenfalls folgende Zuschläge zu addieren:

+3 db(A), wenn der Immissionsort an einer Straße mit beidseitig geschlossener Bebauung liegt,

+2 db(A), wenn die Straße eine Längsneigung von mehr als 5% hat,

+2 db(A), wenn der Immissionsort weniger als 100 m von der nächsten lichtsignalgeregelten Kreuzung oder Einmündung entfernt ist.

Anmerkung
Die in dem Nomogramm angegebenen Pegel wurden für einige straßentypische Verkehrssituationen nach DIN 18005-1 berechnet. Hierbei ist der Zuschlag von 3 dB(A) gegenüber der Freifeldausbreitung berücksichtigt.

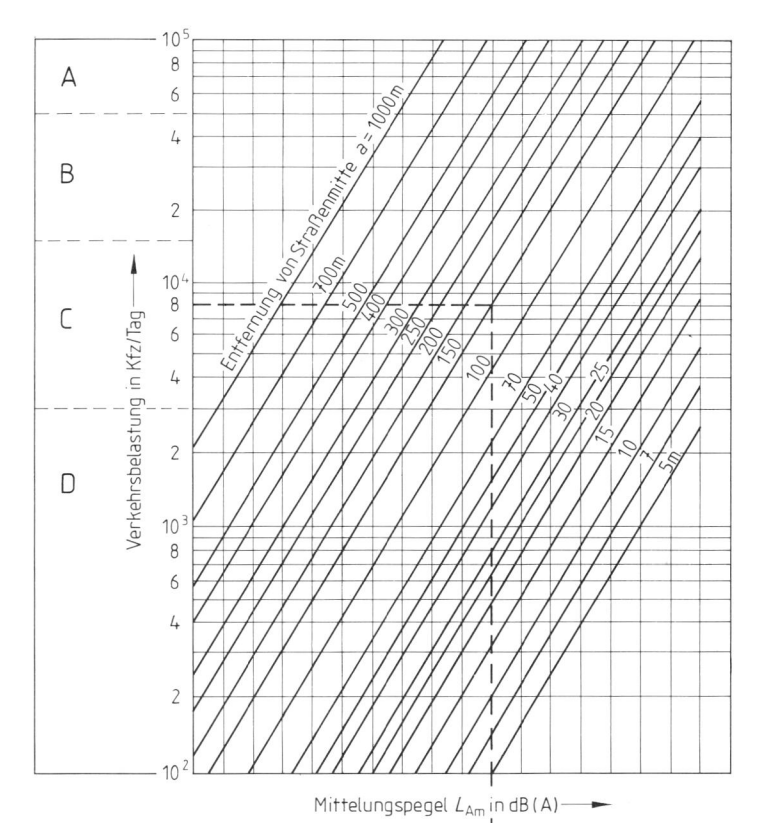

4.87 Nomogramm zur Ermittlung des „maßgeblichen Außenlärmpegels" vor Hausfassaden für typische Straßenverkehrssituationen

Gewerbe- und Industrieanlagen. Im Regelfall wird als „maßgeblicher Außenlärmpegel" der nach der TALärm im Bebauungsplan für die jeweilige Gebietskategorie angegebene Tag-Immissionsrichtwert eingesetzt.

Besteht im Einzelfall die Vermutung, daß die Immissionsrichtwerte der TALärm überschritten werden, dann sollte die tatsächliche Geräuschimmission nach der TALärm ermittelt werden.

Weicht die tatsächliche bauliche Nutzung im Einwirkungsbereich der Anlage erheblich von der im Bebauungsplan festgesetzten baulichen Nutzung ab, so ist von der tatsächlichen baulichen Nutzung unter Berücksichtigung der vorgesehenen baulichen Entwicklung des Gebietes auszugehen.

Überlagerung mehrerer Schallimmissionen. Rührt die Geräuschbelastung von mehreren (gleich- oder verschiedenartigen) Quellen her, so berechnet sich der resultierende Außenlärmpegel $L_{a,res}$ aus den einzelnen „maßgeblichen Außenlärmpegeln" $L_{a,i}$ wie folgt:

$$L_{a,res} = 10 \lg \sum_{i=1}^{n} (10^{0,1 L_{a,i}}) \, db(A) \qquad (4.61)$$

Im Sinne einer Vereinfachung werden dabei unterschiedliche Definitionen der einzelnen „maßgeblichen Außenlärmpegel" in Kauf genommen.

4.2.6 Luftschalldämmung in Gebäuden in Skelett- und Holzbauart; Nachweis der resultierenden Schalldämmung

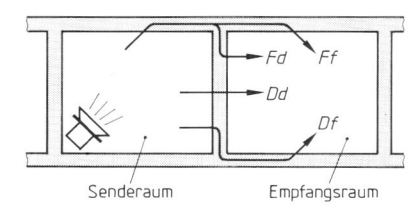

Schall wird von Raum zu Raum sowohl über das trennende Bauteil als auch über die flankierenden Bauteile übertragen.

In Massivbauten mit biegesteifer Anbindung der flankierenden Bauteile an das trennende Bauteil treten die Übertragungswege nach Bild 4.88 auf.

In Skelettbauten und Holzhäusern, bei denen diese biegesteife Anbindung nicht vorhanden ist, spielen die Übertragungswege Fd und Df keine Rolle. In diesen Gebäuden müssen nur das Labor-Schalldämm-Maß $R_{w,R}$ des trennenden Bauteils und die Schall-Längsdämm-Maße $R_{L,w,R}$ der flankierenden Bauteile (Weg Ff) für den rechnerischen Nachweis berücksichtigt werden.

4.88 Übertragungswege des Luftschalls zwischen zwei Räumen nach DIN 52217

Die Schall-Längsleitung ist abhängig von der Art der flankierenden Bauteile und von der konstruktiven Ausbildung der Verbindungsstellen zwischen flankierendem und trennendem Bauteil. Neben der im folgenden behandelten Schall-Längsleitung entlang flankierender Bauteile spielt die Schallübertragung über Undichtigkeiten eine Rolle. Sie kann im Regelfall rechnerisch nicht erfaßt werden und wird daher im folgenden auch nicht behandelt.

Nach DIN 52217 gilt für
Dd Luftschall-Anregung des Trennelementes im Senderaum
  Schallabstrahlung des Trennelementes in den Empfangsraum
Ff Luftschall-Anregung der flankierenden Bauteile des Senderaumes
  teilweise Übertragung der Schwingungen auf flankierende Bauteile des Empfangsraumes
Fd Luftschall-Anregung der flankierenden Bauteile des Senderaumes
  teilweise Übertragung der Schwingungen auf die flankierenden Bauteile des Empfangsraumes
  Schallabstrahlung des Trennelementes in den Empfangsraum
Df Luftschall-Anregung des Trennelementes im Senderaum
  teilweise Übertragung der Schwingungen auf die flankierenden Bauteile des Empfangsraumes
  Schallabstrahlung dieser Bauteile in den Empfangsraum

4.2.6 Luftschalldämmung in Gebäuden in Skelett- und Holzbauart

Mit den Großbuchstaben werden die Eintrittsflächen im Senderaum, mit den Kleinbuchstaben die Austrittsflächen im Empfangsraum gekennzeichnet, wobei D und d auf das direkte Trennelement, F und f auf die flankierenden Bauteile hinweisen.

Der Eignungsnachweis ist für benachbarte Räume zu führen, wobei alle an der Schallübertragung beteiligten Bauteile zu berücksichtigen sind. Der im Einzelfall durchgeführte Nachweis gilt für Bauteilkombinationen, die sich im Bauwerk konstruktionsgleich wiederholen.

Der Eignungsnachweis kann als vereinfachter Nachweis oder nach dem nachfolgenden Rechenverfahren erfolgen. Das Rechenverfahren ist aufwendiger, ermöglicht aber eine gezieltere und daher meist wirtschaftlichere Kombination der Bauteile.

Voraussetzungen

Die in den nachfolgenden Abschnitten beschriebenen Nachweisverfahren setzen voraus, daß

- alle an der Schallübertragung beteiligten Bauteile und Anordnungen (z. B. auch Lüftungskanäle) erfaßt sind,
- die Schall-Längsdämm-Maße der flankierenden Bauteile durch die Art des trennenden Bauteils nicht oder unwesentlich beeinflußt werden, was bei den hier angegebenen Bauteilen und deren Kombinationen der Fall ist,
- die dem Nachweis zugrunde liegenden Rechenwerte unter Berücksichtigung der Anschlüsse an Wände und Decken sowie des Einflusses von Einbauleuchten und angeordneten Steckdosen ermittelt sind,
- der Aufbau sorgfältig ausgeführt und überwacht wird. Beim Aufbau müssen alle Undichtigkeiten vermieden werden, sofern sie nicht in den Konstruktionsdetails, die den Rechenwerten zugrunde liegen, mit erfaßt sind,
- das flankierende Bauteil zu beiden Seiten des Anschlusses des trennenden Bauteils konstruktiv gleich ausgeführt ist,
- das verwendete Dichtungsmaterial dauerelastisch ist (Fugenkitt); poröse Dichtungsstreifen wirken nur in stark verdichtetem Zustand (unter Preßdruck).

Vereinfachter Nachweis

Die an der Schallübertragung beteiligten trennenden und flankierenden Bauteile müssen die Bedingung nach Gleichung (4.62) oder (4.63) erfüllen:

$$R_{w,R} \geq \text{erf.} R'_w + 5 \text{ dB} \tag{4.62}$$

$$R_{L,w,R,i} \geq \text{erf.} R'_w + 5 \text{ dB} \tag{4.63}$$

Hierin bedeuten:

$R_{w,R}$ Rechenwert des erforderlichen bewerteten Schalldämm-Maßes der Trennwand oder -decke in dB (ohne Längsleitung über flankierende Bauteile, Übertragungsweg Dd, s. Bild **4.88**)

$R_{L,w,R,i}$ Rechenwert des erforderlichen bewerteten Schall-Längsdämm-Maßes des i-ten flankierenden Bauteils in dB (ohne Schallübertragung durch das trennende Bauteil, Übertragungsweg Ff, s. Bild **4.88**)

erf. R'_w angestrebtes resultierendes Schalldämm-Maß in dB

Rechnerische Ermittlung des resultierenden Schalldämm-Maßes $R'_{w,R}$

Die resultierende Schalldämmung der an der Schallübertragung beteiligten trennenden und flankierenden Bauteile, ausgedrückt durch den Rechenwert des resultierenden bewerteten Schalldämm-Maßes $R'_{w,R}$, läßt sich unter Beachtung der vorgenannten Voraussetzungen nach Gleichung (4.64) berechnen.[1]

---

[1] Die Genauigkeit der Rechnung ist im allgemeinen ausreichend, wenn sie mit den Einzahl-Angaben der bewerteten Schalldämm-Maße der beteiligten Bauteile durchgeführt wird. Eine frequenzabhängige Berechnung von $R'_{w,R}$ kann in Sonderfällen erforderlich sein.

$$R'_{w,R} = -10\lg\left(10^{\frac{-R_{w,R}}{10}} + \sum_{i=1}^{n} 10^{\frac{-R_{L,w,R,i}}{10}}\right) \mathrm{dB} \qquad (4.64)$$

Hierin bedeuten:

$R_{w,R}$ Rechenwert[1]) des bewerteten Schalldämm-Maßes des trennenden Bauteils ohne Längsleitung über flankierende Bauteile in dB

$R'_{L,w,R,i}$ Rechenwert[1]) des bewerteten Bau-Schall-Längsdämm-Maßes des i-ten flankierenden Bauteils am Bau in dB

n Anzahl der flankierenden Bauteile (im Regelfall $n=4$).

Die rechnerische Ermittlung des bewerteten Schall-Längsdämm-Maßes $R'_{L,w,R,i}$ eines flankierenden Bauteils am Bau nach DIN 52217 erfolgt nach Gleichung (4.65):

$$R'_{L,w,R,i} = R_{L,w,R,i} + 10\lg\frac{S_T}{S_0} - 10\lg\frac{l_i}{l_0} \mathrm{dB} \qquad (4.65)$$

Hierin bedeuten:

$R_{L,w,R,i}$ Rechenwert[1]) des bewerteten Labor-Schall-Längsdämm-Maßes in dB des i-ten flankierenden Bauteils nach DIN 52217, aus Messungen im Prüfstand nach DIN 52210-7 oder aus den Ausführungsbeispielen nach Abschn. 4.2.7

S_T Fläche des trennenden Bauteils in m²

S_0 Bezugsfläche in m² (für Wände $S_0=10$ m²)

l_i gemeinsame Kantenlänge zwischen dem trennenden und dem flankierenden Bauteil in m

l_0 Bezugslänge in m: für Decken, Unterdecken, Fußböden 4,5 m, für Wände 2,8 m.

Sofern keine gemeinsame Kantenlänge l_i vorliegt, z. B. bei einem Kabelkanal oder einer Lüftungsanlage, entfällt der Ausdruck $10\lg(l_i/l_0)$ in Gleichung (4.65).

Für Räume mit einer Raumhöhe von etwa 2,5 m bis 3 m und einer Raumtiefe von etwa 4 m bis 5 m kann die Gleichung (4.65) wie folgt vereinfacht werden:

$$R'_{L,w,R,i} = R_{L,w,R,i} \qquad (4.66)$$

Rechenwerte

Rechenwerte für den Eignungsnachweis sind für die Ausführungsbeispiele in den jeweiligen Abschnitten enthalten. Bei der Ermittlung der Rechenwerte über die Eignungsprüfung I ist das Vorhaltemaß von 2 dB abzuziehen nach DIN 4109.

Diese Rechenwerte gelten nur für die dargestellten Konstruktionen. Bei Abweichungen und anderen Konstruktionen sind die Rechenwerte durch Eignungsprüfungen nach DIN 4109 zu bestimmen. Dies gilt auch für Durchbrüche und sonstige Undichtigkeiten in den Bauteilen (z. B. Lüftungsöffnungen, Einbauleuchten und angeordnete Steckdosen, gleitende Deckenanschlüsse). Kabel- und Lüftungskanäle sind als eigene Bauteile zu behandeln.

Trennende Bauteile. Für Trennwände und -decken werden als Rechenwerte in der Regel die in Prüfständen ohne Flankenübertragung nach DIN 52210-2 gemessenen Schalldämm-Maße $R_{w,P}$ verwendet, die um das Vorhaltemaß von 2 dB abzumindern sind.

Weiterhin können bei zweischaligen Trennwänden und -decken aus biegeweichen Schalen als Rechenwerte auch die bewerteten Schalldämm-Maße $R'_{w,P}$ verwendet werden, die in Prüfständen mit bauähnlicher Flankenübertragung nach DIN 52210-2 ermittelt wurden, wobei die Flankenübertragung des Prüfstandes rechnerisch eliminiert wird. Dies geschieht im Regelfall näherungsweise nach Gleichung (4.67).

---

[1]) Die Rechenwerte aus Messungen werden unter Abzug des Vorhaltemaßes von 2 dB ermittelt.

4.2.6 Luftschalldämmung in Gebäuden in Skelett- und Holzbauart

$$R_{w,R} = R'_{w,P} + Z - 2 \text{ dB} \qquad (4.67)$$

Hierin bedeuten:

$R_{w,R}$ Rechenwert des bewerteten Schalldämm-Maßes der Trennwand oder -decke ohne Längsleitung über flankierende Bauteile in dB

$R'_{w,P}$ bewertetes Schalldämm-Maß der Trennwand oder -decke in dB, gemessen im Prüfstand mit bauähnlicher Flankenübertragung[1]), ohne Abzug des Vorhaltemaßes

Z Zuschlag in dB nach Tab. 4.89.

Tabelle **4.89** Zuschläge Z für die rechnerische Ermittlung von $R_{w,R}$ aus $R'_{w,P}$

Zeile	Spalte	1	2	3	4	5	6
1	$R'_{w,P}$ in dB	≤48	49	51	53	≥54
2	Z in dB	0	1	2	3	4

Flankierende Bauteile. Als Rechenwerte $R_{L,w,R}$ sind die Schall-Längsdämm-Maße $R_{L,w,P}$ der flankierenden Bauteile zu verwenden, die in Prüfständen nach DIN 52210-2 bestimmt und um das Vorhaltemaß von 2 dB abgemindert sind.

Anwendungsbeispiele

Im folgenden werden zwei Anwendungsbeispiele für den vereinfachten Nachweis für die rechnerische Ermittlung des bewerteten Schalldämm-Maßes $R'_{w,R}$ gegeben.

Beispiel 1 Trennwand (Höhe 3 m, Länge 7 m) zwischen 2 Klassenräumen einer Schule in einem Skelettbau. Nach Tab. 4.50, Zeile 4, wird ein bewertetes Schalldämm-Maß erf. $R'_w = 47$ dB gefordert.

Die gewählte Bauteilkombination für das trennende Bauteil und die vier flankierenden Bauteile mit den zugehörigen bewerteten Schalldämm-Maßen gehen aus Tab. 4.90 hervor.

a) Vereinfachter Nachweis

Hiernach müssen alle an der Schallübertragung beteiligten Bauteile bewertete Schalldämm-Maße $R_{w,R}$ bzw. $R_{L,w,R}$ aufweisen, die um 5 dB über der Anforderung an das bewertete Schalldämm-Maß erf. R'_w liegen.

$R_{w,R} \geq 47 + 5 \geq 52$ dB

$R_{L,w,R,i} \geq 47 + 5 \geq 52$ dB.

Aus Tab. 4.90 geht hervor, daß zwei der gewählten Bauteile, nämlich die Unterdecke ($R_{L,w,R} = 51$ dB) und die Außenwand ($R_{L,w,R} = 50$ dB), nicht ausreichend sind. Sie müssen nach der vereinfachten Rechnung verbessert werden, z. B. bei der Unterdecke durch eine 10 mm dickere Faserdämmstoff-Auflage (Interpolation in Tab. 4.94, Zeile 1, zwischen den Spalten 4 und 5).

b) Rechnerische Ermittlung

Der Rechengang sieht in Tab. 4.90 die Ermittlung der Schall-Längsdämm-Maße $R'_{L,w,R,i}$ nach Gleichung (4.65) vor, die dann gemeinsam mit dem Schalldämm-Maß $R_{w,R}$ des trennenden Bauteils in die Berechnung des resultierenden Schalldämm-Maßes $R'_{w,R}$ nach Gleichung (4.64) (s. Tab. 4.90, Zeilen 2 bis 5) eingehen.

Die Rechnung ergibt ein bewertetes Schalldämm-Maß $R'_{w,R} = 47$ dB, womit die gestellte Anforderung erfüllt ist.

Das gewählte Beispiel zeigt, daß es wirtschaftlich sein kann, anstelle des vereinfachten Nachweises die genauere rechnerische Ermittlung vorzunehmen.

---

[1]) Die Bezeichnung $R'_{w,P}$ ist gleichbedeutend mit der Bezeichnung R'_w, die in DIN 52210-4 sowie in den Prüfzeugnissen verwendet wird.

Tabelle 4.90 Trennwand zwischen 2 Klassenräumen in einer Schule in Skelettbau mit flankierenden Bauteilen; gewählte Bauteile und rechnerische Ermittlung des bewerteten Schalldämm-Maßes $R'_{w,R}$ nach den Gleichungen (4.64) und (4.65)

Spalte	1	2	3	4	5	6	7	8
Zeile	Index i	Bauteil	$R_{w,R}$ in dB	$R_{L,w,R,i}$ in dB	$10 \lg \dfrac{S_T}{S_0}$ in dB	l_i in m	$-10 \lg \dfrac{l_i}{l_0}$ in dB	$R_{w,R}$ bzw. $R'_{L,w,R,i}$ in dB
Trennendes Bauteil								
1	–	Trennwand, zweischalig, nach Tab. 4.91, Zeile 10	55	–	–	–	–	55
Flankierende Bauteile								
2	1	Unterdecke aus Gipskarton-Platten (10 kg/m²), 400 mm Abhänghöhe, mit Dämmstoffauflage von 50 mm nach Tab. 4.94, Zeile 1	–	51	3,2	7	–1,9	52,3
3	2	Untere Decke (260 kg/m²) mit Verbundestrich (90 kg/m²). flächenbezogene Masse insgesamt 350 kg/m² nach Tab. 4.93	–	58	3,2	7	–1,9	59,3
4	3	Außenwand in Holzbauart, Wandstoß im Bereich der Trennwand (da keine Meßwerte $R_{L,w,P}$ vorliegen, wird nach Abschn. 4.2.7 verfahren).	–	50	3,2	3	–0,3	52,9
5	4	Innenwand nach Tab. 4.108, Zeile 1	–	53	3,2	3	–0,3	55,9

$R'_{w,R}$ nach Gleichung (4.64)

$R'_{w,R} = -10 \lg (10^{-5,5} + 10^{-5,23} + 10^{-5,93} + 10^{-5,29} + 10^{-5,59})$

$R'_{w,R} = 47,4$ dB, gerundet

$R'_{w,R} = 47$ dB

Beispiel 2 Trennwand (Höhe 2,5 m, Länge 5 m) im eigenen Wohnbereich in einem Gebäude in Holzbauart. Aufgrund einer Vereinbarung soll das erforderliche Schalldämm-Maß erf. $R'_w = 40$ dB eingehalten werden.

Gewählte Bauteilkombinationen und zugehörige bewertete Schalldämm-Maße:

Trennwand in Holzbauart nach Tab. 4.92, Zeile 2, $R_{w,R} = 46$ dB,

flankierende Bauteile mit bewerteten Schall-Längsdämm-Maßen $R'_{L,w,R,i}$ nach Gleichung (4.67),
obere Holzbalkendecke nach Tab. 4.106, Zeile 2, $R'_{L,w,R,1} = 51$ dB,
untere Holzbalkendecke nach Tab. 4.106, Zeile 5, $R'_{L,w,R,2} = 65$ dB
Außenwand nach Tab. 4.109, Zeile 3, $R'_{L,w,R,3} = 54$ dB,
Innenwand nach Tab. 4.109, Zeile 3, $R'_{L,w,R,4} = 48$ dB.

a) Vereinfachter Nachweis

Hiernach müssen alle an der Schallübertragung beteiligten Bauteile bewertete Schalldämm-Maße $R_{w,R}$ bzw. $R_{L,w,R}$ aufweisen, die um 5 dB über der Anforderung an das bewertete Schalldämm-Maß erf. R'_w liegen.

$$R_{w,R} \geq 40 + 5 \geq 45 \text{ dB}$$

$$R_{L,w,R,i} \geq 40 + 5 \geq 45 \text{ dB}$$

Die gewählten Bauteile sind im Sinne des vereinfachten Nachweises ausreichend, da sowohl der Wert $R_{w,R}$ des trennenden Bauteils als auch alle Werte $R'_{L,w,R,i}$ der flankierenden Bauteile mindestens 45 dB betragen.

b) Rechnerische Ermittlung

Das bewertete Schalldämm-Maß R'_w ergibt sich in diesem Beispiel aus den oben angegebenen bewerteten Schalldämm-Maßen für die einzelnen Bauteile mit Hilfe von Gleichung (4.64) zu:

$$R'_{w,R} = -10 \lg (10^{-4,6} + 10^{-5,1} + 10^{-6,5} + 10^{-5,4} + 10^{-4,8})$$

$$R'_{w,R} = 43 \text{ dB (gerundet)}.$$

Der vereinbarte Wert erf. $R'_w = 40$ dB wird duch die gewählte Bauteilkombination eingehalten.

4.2.7 Luftschalldämmung in Gebäuden in Skelett- und Holzbauart bei horizontaler Schallübertragung (Rechenwerte); Ausführungsbeispiele

Trennwände

Montagewände aus Gipskartonplatten nach DIN 18183 (s. Norm). Tab. **4**.91 enthält Rechenwerte für das bewertete Schalldämm-Maß $R_{w,R}$ für die dort angegebenen Ausführungsbeispiele der in Ständerbauart ausgeführten Montagewände. Die Verarbeitung der Gipskartonplatten erfolgt nach DIN 18181 (s. Norm), wobei die Fugen zu verspachteln sind. Die Gipskarton-Platten sind mit Schnellbauschrauben nach DIN 18182-1 (s. Norm) an die Metallunterkonstruktion – C-Wandprofile aus Stahlblech nach DIN 18182-1, Blechnenndicke 0,6 mm oder 0,7 mm – anzuschrauben.

Zur Hohlraumdämpfung sind Faserdämmstoffe nach DIN 18165-1 (s. Norm) mit einem längenbezogenen Strömungswiderstand $\Xi \geq 5$ kN · s/m^4 in der angegebenen Mindestdicke zu verwenden.

Wenn in den flankierenden Wänden (z. B. Fensterfassaden) keine ausreichende Anschlußbreite für die Trennwand zur Verfügung steht, sind in der Trennwand Reduzieranschlüsse erforderlich, so daß der Rechenwert des bewerteten Schalldämm-Maßes $R_{w,R}$ im Regelfall gesondert nachzuweisen ist, gegebenenfalls durch das resultierende Schalldämm-Maß $R_{w,R,res}$ der Trennwand mit dem Reduzieranschluß.

Trennwände mit Holzunterkonstruktion. Für Trennwände mit Holzunterkonstruktion gelten als Rechenwerte für das bewertete Schalldämm-Maß $R_{w,R}$ die Angaben der Tab. **4**.92. Die biegeweichen Schalen können aus Gipskartonplatten nach DIN 18180 (s. Norm), Dicke ≤ 15 mm, oder Spanplatten nach DIN 68763 (s. Norm), Dicke ≤ 16 mm, oder aus verputzten Holzwolle-Leichtbauplatten nach DIN 1101 (s. Norm) bestehen. Die Trennwände sind nach DIN 4103-4 (s. Norm) auszuführen; für die Verarbeitung der Holzwolle-Leichtbauplatten gilt DIN 1102 (s. Norm).

Plattenwerkstoffe und die Lattung sind mit Holzrippen durch mechanische Befestigungsmittel verbunden. Zur Hohlraumdämpfung sind Faserdämmstoffe nach DIN 18165-1 mit einem längenbezogenen Strömungswiderstand $\Xi \geq 5$ kN · s/m^4 in der angegebenen Mindestdicke zu verwenden. Bei Trennwänden aus Holzwolle-Leichtbauplatten kann auf diese Hohlraumdämpfung bei dem in Tab. **4**.92, Zeile 8, angegebenen Schalenabstand verzichtet werden.

Wandkonstruktionen nach Tab. 4.92 mit einem bewerteten Schalldämm-Maß $R_{w,R}$ von mindestens 60 dB gelten ohne weiteren Nachweis als geeignet, die Anforderungen an Treppenraumwände nach Tab. 4.63, Zeile 13, zu erfüllen, wenn Deckenkonstruktionen nach Tab. 4.50, Zeilen 2 bis 4, verwendet werden.

Tabelle 4.91 Bewertete Schalldämm-Maße $R_{w,R}$ für Montagewände aus Gipskartonplatten[1] in Ständerbauart nach DIN 18183 mit umlaufend dichten Anschlüssen an Wänden und Decken (Rechenwerte) (Maße in mm)

Sp.	1	2	3	4	5	6
Z.	Ausführungsbeispiele	s_B[2]	C-Wandprofil[3]	Mindestschalenabstand s	Mindestdämmschichtdicke s_D	$R_{w,R}$ in dB

Zweischalige Einfachständerwände

Z.		s_B	C-Wandprofil	s	s_D	$R_{w,R}$
1			CW 50×06	50	40	45
2			CW 75×06	75	40	45
3		12,5	CW 100×06	100	40	47
4				100	60	48
5				100	80	51
6			CW 50×06	50	40	50
7			CW 75×06	75	40	51
8		2× 12,5		75	60	52
9			CW 100×06	100	40	53
10				100	60	55
11				100	80	56
12			CW 50×06	50	40	51
13			CW 75×06	75	40	52
14		15+ 12,5		75	60	53
15			CW 100×06	100	40	54
16				100	60	56
17			CW 50×06	50	40	56
18			CW 75×06	75	60	55
19		3× 12,5		100	40	58
20			CW 100×06	100	60	59
21				100	80	60

Fortsetzung und Fußnoten s. nächste Seite

4.2.7 Luftschalldämmung bei horizontaler Schallübertragung (Rechenwerte)

Tabelle **4.91**, Fortsetzung

Sp.	1	2	3	4	5	6
Z.	Ausführungsbeispiele	s_B [2]	C-Wandprofil [3]	Mindestschalenabstand s	Mindestdämmschichtdicke s_D	$R_{w,R}$ in dB

Zweischalige Doppelständerwände

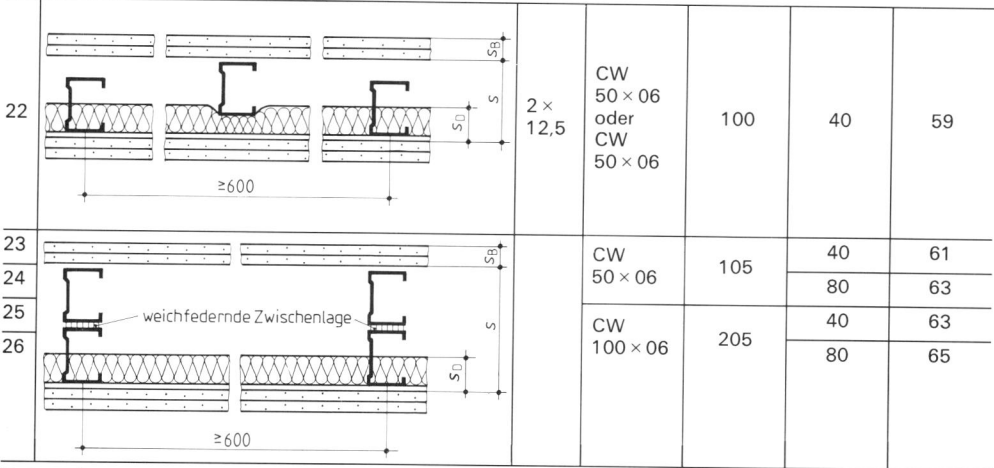

22		2 × 12,5	CW 50 × 06 oder CW 50 × 06	100	40	59
23			CW 50 × 06	105	40	61
24					80	63
25			CW 100 × 06	205	40	63
26					80	65

[1]) Anstelle der Gipskartonplatten dürfen auch – ausgenommen Konstruktionen der Zeilen 17 bis 21 – Spanplatten nach DIN 68763, Dicke 13 mm bis 16 mm, verwendet werden.
[2]) Dicke der Beplankung aus Gipskartonplatten nach DIN 18180, verarbeitet nach DIN 18181, Fugen verspachtelt.
[3]) Kurzzeichen für das C-Wandprofil und die Blechdicke nach DIN 18182-1.

Flankierende Bauteile

In den nachfolgenden Abschnitten, werden die beim Nachweis der resultierenden Luftschalldämmung nach Abschn. 4.2.6 zugrunde zu legenden Rechenwerte für das bewertete Schall-Längsdämm-Maß $R_{L,w,R}$ flankierender Bauteile angegeben. Bei der Bauausführung darf von den Details der Ausführungsbeispiele nicht abgewichen werden.

Soweit in den Ausführungsbeispielen Unterkonstruktionen verwendet werden, handelt es sich in der Regel um dünnwandige, kaltverformte und gegen Korrosion geschützte Profile aus Stahlblech nach DIN 18182-1 (s. Norm).

Rechenwerte für Ausführungsbeispiele mit Holzunterkonstruktion sind den Tab. **4.63**, **4.92** und **4.109** zu entnehmen.

Tabelle 4.92 Bewertete Schalldämm-Maße $R_{w,R}$ von Trennwänden in Holzbauart unter Verwendung von biegeweichen Schalen aus Gipskartonplatten[1]) oder Spanplatten[1]) oder verputzten Holzwolle-Leichtbauplatten[2]) (Rechenwerte) (Maße in mm)

Sp.	1	2	3	4	5
Z.	Ausführungsbeispiele	Anzahl der Lagen je Schale	Mindestschalenabstand s	Mindestdämmschichtdicke s_D	$R_{w,R}$ in dB

Einfachständerwände

1		1	60	40	38
2		2[3])			46
3		1	100	60	43

Doppelständerwände

4[4])		1	125	40	53
5[4])		2			60
6[4])		1	160	40	53

Fortsetzung s. nächste Seiten, Fußnoten s. S. 328

4.2.7 Luftschalldämmung bei horizontaler Schallübertragung (Rechenwerte)

Tabelle **4.92**, Fortsetzung

Sp.	1	2	3	4	5
Z.	Ausführungsbeispiele	Anzahl der Lagen je Schale	Mindestschalenabstand s	Mindestdämmschichtdicke s_D	$R_{w,R}$ in dB

Doppelständerwände

7[4]		2	200	80	65
8	Holzwolle-Leichtbauplatten (HWL), Dicke 25 mm oder 35 mm Bei $s_{HWL}=25$: $500 \leq a \leq 670$ Bei $s_{HWL}=35$: $500 \leq a \leq 1000$	1	≥ 100	–	55

Haustrennwand

9[5]		–	90	80	57

Freistehende Wandschalen[6]

10	Schalen freistehend	1	30 bis 50	[3]	55
			entsprechend S_D	20 bis <30	

Fußnoten s. nächste Seite

Fußnoten zu Tabelle **4**.92

[1] Bekleidung aus Gipskartonplatten nach DIN 18180, 12,5 mm oder 15 mm dick, oder Spanplatten nach DIN 68763 (s. Norm), 13 mm bis 16 mm dick.
[2] Bekleidung aus verputzten Holzwolle-Leichtbauplatten nach DIN 1101 (s. Norm), 25 mm oder 35 mm dick, Ausführung nach DIN 1102 (s. Norm).
[3] Hier darf – abweichend von Zeile 1 – je Seite für die äußere Lage auch eine 9,5 mm dicke Gipskartonplatte nach DIN 18180 (s. Norm) verwendet werden.
[4] Beide Wandhälften sind auf gesamter Fläche auch im Anschlußbereich an die flankierenden Bauteile voneinander getrennt.
[5] Voraussetzung ist, daß die flankierenden Wände nicht durchlaufen; die Fassadenfuge kann dauerelastisch, mit Abdeckprofilen oder Formteilen geschlossen werden.
[6] Verputzte Holzwolle-Leichtbauplatten nach DIN 1101, Dicke $\geq$ 50 mm, Ausführung nach DIN 1102.

Massive flankierende Bauteile von Trennwänden

Die in Tab. **4**.93 enthaltenen Rechenwerte für das bewertete Schall-Längsdämm-Maß $R_{L,w,R}$ massiver flankierender Bauteile in Abhängigkeit von ihrer flächenbezogenen Masse sind gültig für
– Oberseiten von Massivdecken, wenn kein schwimmender Boden vorhanden ist,
– Unterseiten von Massivdecken, wenn keine Unterdecke vorhanden ist,
– Längswände (z. B. Außen- und Flurwände).

Tabelle **4**.93 Bewertetes Schall-Längsdämm-Maß $R_{L,w,R}$ massiver flankierender Bauteile von Trennwänden (Rechenwerte)

Spalte	1	2	3
Zeile	Flächenbezogene Masse m' in kg/m²	$R_{L,w,R}$ in dB	
		Decken	Längswände
1	100	41	43
2	200	51	53
3	300	56	58
4	350	58	60
5	400	60	62

Massivdecken mit Unterdecken als flankierende Bauteile über Trennwänden

Übertragungswege. Bei Unterdecken erfolgt die Übertragung von Luftschall hauptsächlich über den Deckenhohlraum, wobei neben der Hohlraumhöhe (Abhängehöhe) die Dichtheit der Unterdecke an beiden Seiten der Trennwand und die Hohlraumdämpfung von Bedeutung sind.

Die Hohlraumdämpfung (Dämmstoffauflage, Mindestdicke 50 mm) ist im Regelfall vollflächig auszuführen, wobei Faserdämmstoffe nach DIN 18165-1, Anwendungstyp W-w und WL-w, mit einem längenbezogenen Strömungswiderstand $\varXi \geq 5$ kN · s/m⁴ zu verwenden sind.

Bei fugenlosen Unterdecken und stärkerer Dämpfung des Hohlraumes kann die Körperschallübertragung entlang der Unterdecke überwiegen, sofern das bewertete Schall-Längsdämm-Maß $R_{L,w,R} >$ 50 dB beträgt.

4.2.7 Luftschalldämmung bei horizontaler Schallübertragung (Rechenwerte)

Wird der Deckenhohlraum abgeschottet, kann die Schall-Längsleitung über die Massivdecke von Bedeutung sein. Die Ausführungsbeispiele der folgenden Abschnitte berücksichtigen diese Übertragungswege.

Die Werte in Tab. **4.**94 gelten für Unterdecken ohne zusätzliche Einbauten (z. B. Deckenleuchten, Lüftungsöffnungen u. a.). Sind solche vorgesehen, so sind sie gesondert zu berücksichtigen. Gegebenenfalls ist die Schalldämmung der Unterdecke mit Einbauten gesondert nachzuweisen.

Tabelle **4.**94 Bewertete Schall-Längsdämm-Maße $R_{L,w,R}$ von Unterdecken, Abhängehöhe $h = 400$ (Rechenwerte) (Maße in mm)

Spalte	1	2	3	4	5
Zeile	Ausführungsbeispiele	Flächenbezogene Masse der Decklage in kg/m²	Bewertetes Schall-Längsdämm-Maß $R_{L,w,R}$[1] in dB für folgende vollflächige Mineralfaser-Auflage der Dicke s_D		
			0	50	100
Unterdecken mit geschlossener Fläche					
1		≥ 9	40	51	57
2	Ausführung nach Bild **4.**95	≥ 11	43	55	59
3		≥ 22[2]	50	56	–
4	Ausführung nach Bild **4.**96	≥ 11	43	58	–
5	Ausführung nach Bild **4.**97	≥ 22[2]	50	63	–
Unterdecke mit gegliederter Fläche					
6	Mineralfaser-Deckenplatten in Einlege-Montage (Ausführung nach Bild **4.**98), Platten mit durchbrochener Oberfläche und ohne oberseitiger Dichtschicht	≥ 4,5	26	37[3]	45[3]
7		≥ 6	28	40[3]	48[3]
8		≥ 8	31	43[3]	52[3]
9		≥ 10	33	44[3]	54[3]
10	Mineralfaser-Deckenplatten in Einlege-Montage (Ausführung nach Bild **4.**98), Platten mit unterseitig geschlossener Oberfläche oder mit oberseitiger Dichtschicht	≥ 4,5	30	43[3]	52[3]
11		≥ 6	35	48[3]	57[3]
12		≥ 8	40	53[3]	60[3]
13		≥ 10	44	57[3]	–
14	Leichtspan-Schallschluckplatten nach DIN 68762, oberseitig Papier aufgeklebt, Mineralfaser-Auflage nur in Plattenstücken auf den Leichtspanplatten (Ausführung nach Bild **4.**99)	≥ 8	–	43	52[3]
15	Metall-Deckenplatten (Ausführung nach Bild **4.**100)	≥ 8	28	44	51[3]

[1] Bei $R_{L,w,R} \geq 55$ dB ist die Decklage im Anschlußbereich der Trennwand durch eine Fuge zu trennen.
[2] Decklage ist zweilagig auszuführen.
[3] Wenn die Mineralfaser-Auflage in Form einzelner Plattenstücke und nicht vollflächig aufgelegt wird, sind bei Unterdecken aus Mineralfaser-Deckenplatten und Stahlblechdecken von den oben genannten $R_{L,w,R}$-Werten folgende Korrekturen vorzunehmen:
– 6 dB bei 100 mm Auflage,
– 4 dB bei 50 mm Auflage.

Unterdecken ohne Abschottung im Deckenhohlraum. Die Trennwand (Unterkonstruktion aus Metall oder Holz) kann an die Unterdecke oder an die Massivdecke angeschlossen werden, wobei Decklage und Tragprofile der Unterdecke unterbrochen und dadurch die Schall-Längsleitung verringert werden kann (s. Bilder 4.95 bis 4.97). Die statisch erforderlichen Verbindungen zwischen Trennwand und Unterdecke oder Massivdecke können im Regelfall beim Schall-Längsdämm-Maß unberücksichtigt bleiben.

Tab. 4.94 enthält Rechenwerte für das bewertete Schall-Langsdämm-Maß $R_{L,w,R}$ für Unterdecken ohne Abschottung im Deckenhohlraum und einer Abhängehöhe von 400 mm. Bei größerer Abhängehöhe sind die Werte der Tab. 4.94 nach Tab. 4.101 abzumindern.

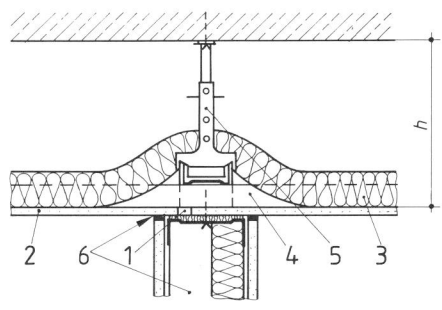

4.95 Trennwandanschluß an Unterdecke, Decklage durchlaufend (für $R_{L,w,R} \geq 55$ dB ist eine Trennung erforderlich, z. B. durch Fugenschnitt)

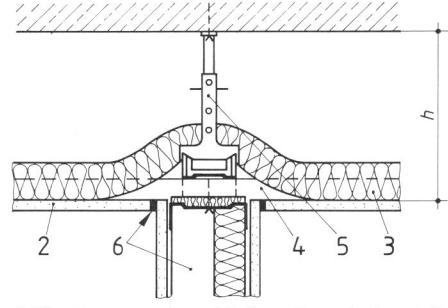

4.96 Trennwandanschluß an Unterdecke mit Trennung der Decklage

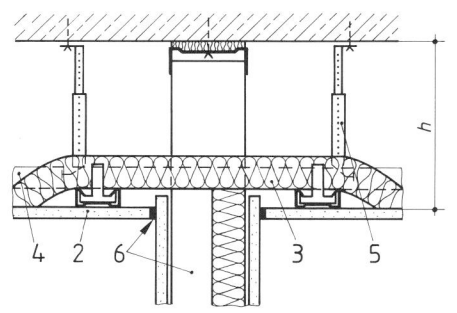

4.97 Trennwandanschluß an Massivdecke mit Trennung der Unterdecke in Decklage und Unterkonstruktion

Erklärungen zu den Bildern 4.95 bis 4.97

Anmerkung In den Bildern 4.95 bis 4.97 sind Ausführungsbeispiele für Unterdecken mit geschlossener Fläche dargestellt.

1 Beim Schall-Längsdämm-Maß $R_{L,w,R} \geq 55$ dB ist die Decklage im Anschlußbereich der Trennwand durch eine Fuge zu trennen.
2 Gipskartonplatten mit geschlossener Fläche nach DIN 18180, verarbeitet nach DIN 18181, oder Spanplatten nach DIN 68763
3 Faserdämmstoff nach DIN 18165-1 (s. Norm), längenbezogener Strömungswiderstand $\varXi \geq 5$ kN · s/m⁴
4 Die Unterkonstruktion aus Holzplatten oder Deckenprofilen aus Stahlblech nach DIN 18182-1 (s. Norm), Achsabstände ≥ 400 mm, kann durchlaufen.
5 Abhänger nach DIN 18168-1 (s. Norm)
6 Trennwand als zweischalige Einfach- oder Doppelständerwand mit dichtem Anschluß durch Verspachtelung, dicht gestoßenen Schalen oder durch Verwendung einer Anschlußdichtung.

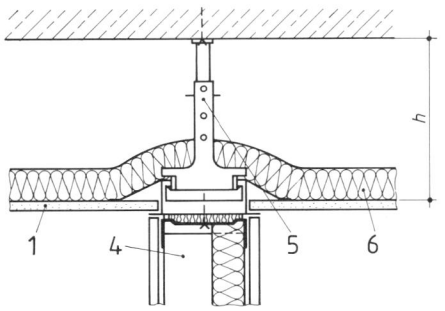

4.2.7 Luftschalldämmung bei horizontaler Schallübertragung (Rechenwerte)

4.98 Unterdecke mit Bandprofilen und Mineralfaser-Deckenplatten in Einlegemontage

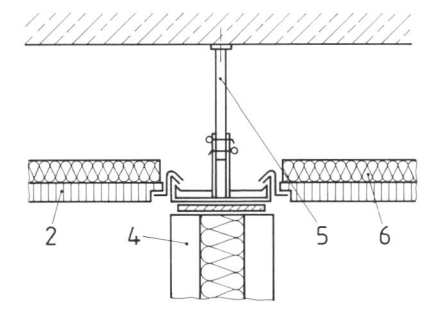

4.99 Unterdecke mit Bandprofilen und Leichtspan-Schallschluckplatten in Einlegemontage

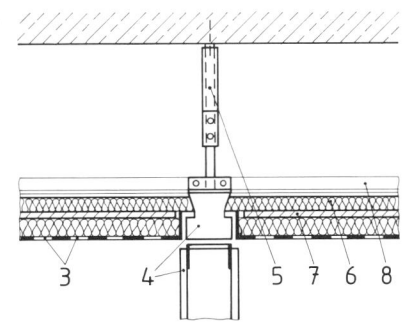

4.100 Unterdecke mit Bandprofilen und perforierten Metall-Deckenplatten in Einlegemontage

Erklärungen zu den Bildern 4.98 bis 4.100:

Anmerkung In den Bildern 4.98 bis 4.100 sind Ausführungsbeispiele für Unterdecken mit gegliederter Fläche dargestellt.

1. Mineralfaser-Deckenplatten in Einlegemontage
2. Leichtspan-Schallschluckplatten nach DIN 68762 (s. Norm)
3. Perforierte Metall-Deckenplatten mit Einlage aus Faserdämmstoff nach DIN 18165-1 (s. Norm)
4. Trennwand aus biegeweichen Schalen mit dichtem Anschluß an Deckenzarge
5. Unterkonstruktion der Unterdecke mit Abhänger nach DIN 18168-1 (s. Norm)
6. Hohlraumdämpfung aus Faserdämmstoff nach DIN 18168-1 (s. Norm), längenbezogener Strömungswiderstand $\Xi \geq 5$ kN · s/m^4
7. Schwerauflage, z. B. aus Gipskartonplatten nach DIN 18180 (s. Norm), oder Stahlblech; die Schwerauflage kann auch auf die Stirnseiten der Plattenkonstruktion gelegt werden
8. Rostwinkel zu Fixierung der Zargenabstände

Tabelle **4.101** Abminderung des bewerteten Schall-Längsdämmaßes $R_{L,w,R}$ von Unterdecken mit Absorberauflage für Abhängehöhe über 400 (Rechenwerte) (Maße in mm)

Spalte	1	2
Zeile	Abhängehöhe h	Abminderung für $R_{L,w,R}$ in dB
1	400	0
2	600	2
3	800	5
4	1000	6

Hohlraumdämpfung, mindestens 50 mm dick, ausgeführt über die gesamte Fläche der Unterdecke.

Unterdecken mit geschlossener Fläche. Zu verwenden sind Platten mit geschlossener Fläche, z. B. Gipskartonplatten nach DIN 18180, Dicke ≤ 15 mm, oder Spanplatten (Flachpreßplatten) nach DIN 68763 (s. Norm), Dicke ≤ 16 mm, die fugendicht (z. B. durch Nut-Feder-Verbindung) verbunden sind. Gipskartonplatten werden nach DIN 18181 (s. Norm) verarbeitet und im Regelfall an den Fugen verspachtelt. Die Unterkonstruktion kann aus Holzlatten oder C-Deckenprofilen aus Stahlblech nach DIN 18182-1 (s. Norm) bestehen.

Unterdecken mit gegliederter Fläche. Im Regelfall handelt es sich um elementierte Wand- und Deckensysteme (z. B. Decken mit Bandprofilen), wobei die Trennwände an Unterdecken mit Bandprofilen angeschlossen werden. Ausführungsbeispiele mit Rechenwerten sind in Tab. **4.**94 enthalten, für
- Mineralfaser-Deckenplatten (Norm in Vorbereitung), Rohdichte ≥ 300 kg/m³, mit oder ohne ober- oder unterseitiger Dichtschicht,
- Spanplatten für Sonderzwecke nach DIN 68762, Typ LF (Leichtspan-Schallschluckplatten), flächenbezogene Masse ≥ 5 kg/m², Plattendicke etwa 18 mm, Abdichtung aus Natron-Kraftpapier (etwa 80 g/m²) auf der Plattenoberseite,
- Metalldeckenplatten aus vierseitig aufgekanteten Elementen aus 0,5 mm bis 1 mm dickem Stahl- oder Aluminiumblech, bei denen im Regelfall zwei Stirnseiten eine Auflagekantung erhalten und die Längsseiten nach innen gekantet sind. Die Sichtfläche des Plattenelementes kann perforiert oder glatt ausgeführt sein. Zum Zweck der Schallabsorption sind perforierte Platten mit Faserdämmstoff nach DIN 18165-1 hinterlegt. Zum Zweck der Schalldämmung ist rückseitig eine Schwerauflage als Abdeckung angeordnet (z. B. Gipskarton oder Stahlblech mit einer flächenbezogenen Masse von ≥ 6 kg/m²). Die Metalldeckenplatten sind dicht zu stoßen.

Die Deckenplatten werden in Einlegemontage oder mit Klemmbefestigung auf entsprechend ausgebildete dünnwandige, kaltverformte und gegen Korrosion geschützte Profile aus Stahlblech oder Aluminium gelegt, eingehängt oder eingeklemmt und gegebenenfalls mit der Unterkonstruktion verriegelt, wobei die Profile sichtbar bleiben können. Die durch Auflegen der Platten abgedeckten Fugen zwischen Montageprofil und Platten werden im allgemeinen nicht zusätzlich abgedichtet. Wenn eine Hohlraumdämpfung erforderlich ist, sind als Auflage Faserdämmstoffe nach DIN 18165-1 mit einem längenbezogenen Strömungswiderstand $\Xi \geq 5$ kN · s/m⁴ zu verwenden.

Unterdecken mit Abschottung im Deckenhohlraum. Werden die Trennwände nur bis zur Unterdecke (z. B. Bandrasterdecke) geführt, kann die Luftschallübertragung im Deckenhohlraum durch eine Abschottung des Deckenhohlraumes über den Trennwänden vermindert werden. Die Dämmwirkung einer Abschottung kann durch Undichtigkeiten an den Anschlüssen der Abschottung und durch Rohrdurchführungen beeinträchtigt werden.

Abschottung durch Plattenschott. Bei dichter Ausführung des Plattenschotts nach Bild **4.**102 oder bei Ausführung der Trennwand bis Unterkante Massivdecke nach Bild **4.**103 darf das bewertete Schall-Längsdämm-Maß der Unterdecke mit einem Zuschlag von 20 dB versehen werden. Die Summe aus Schall-Längsdämm-Maß der Unterdecke und Zuschlag darf $R_{L,w,R}$ 60 dB nicht überschreiten.

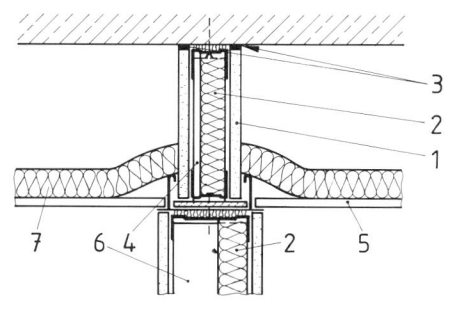

4.102 Ausführungsbeispiel für die Abschottung des Deckenhohlraumes durch ein Plattenschott

Erklärungen zu Bild 4.102:
1. Gipskartonplatten nach DIN 18180 (s. Norm), verarbeitet nach DIN 18181 (s. Norm), Fugen verspachtelt
2. Hohlraumdämpfung aus Faserdämmstoff nach DIN 18165-1 (s. Norm), längenbez. Strömungswiderstand $\Xi \geq 5$ kN · s/m⁴, Mindestdicke 40 mm
3. Dichte Anschlußausführung durch Verspachtelung oder Verwendung einer Anschlußdichtung
4. Unterkonstruktion der Unterdecke, z. B. Bandrasterprofil
5. Decklage der Unterdecke aus Platten mit geschlossener Fläche, Schallschluckplatten mit poröser oder durchbrochener (gelochter) Struktur
6. Trennwand aus biegeweichen Schalen mit dichtem Anschluß an die Unterdecke
7. Hohlraumdämpfung aus Faserdämmstoff nach DIN 18165-1 (s. Norm), längenbez. Strömungswiderstand $\Xi \geq 5$ kN · s/m⁴, Mindestdicke 50 mm

4.2.7 Luftschalldämmung bei horizontaler Schallübertragung (Rechenwerte)

Erklärungen zu Bild 4.103:

1. Trennwand als zweischalige Einfach- oder Doppelständerwand mit fugendicht ausgeführter Beplankung sowie dichten Anschlüssen an Unterdecke und Massivdecke (gleitender Deckenanschluß)
2. Abhänger für Unterdecke nach DIN 18168-1 (s. Norm)
3. Fugendichter Anschluß der Unterdecke an die Trennwand, z. B. durch Anschlußprofil oder Anschlußdichtung (Verspachtelung, elastischer Fugenkitt)
4. Unterkonstruktion aus C-Deckenprofil aus Stahlblech nach DIN 18182-1 (s. Norm)
5. Dichte Decklage der Unterkonstruktion bzw. der Beplankung der Wand, $m' \geq 10$ kg/m², z. B. aus Gipskartonplatten (mit dichten Fugen), nach DIN 18181 (s. Norm) ausgeführt
6. Faserdämmstoff nach DIN 18165-1 (s. Norm), längenbezogener Strömungswiderstand $\Xi \geq 5$ kN · s/m⁴, Dicke = 50 mm, vollflächig als Deckenlage aufgebracht
7. Deckenanschluß mit Anschlußdichtung aus Faserdämmstoff mit Fugenverspachtelung (elastischer Fugenkitt)

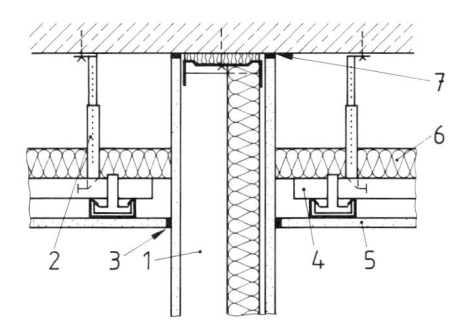

4.103 Ausführungsbeispiel für den Anschluß der Trennwand an die Massivdecke
Die bis zur Massivdecke hochgezogene Beplankung wirkt als Abschottung des Deckenhohlraumes

Abschottung durch Absorberschott. Bei Ausführung eines Absorberschotts wird der Deckenhohlraum über dem Trennwandanschluß bis zur Massivdecke mit Faserdämmstoff nach DIN 18165-1 (s. Norm) dicht ausgestopft. Die Dämmwirkung des Absorberschotts wird mit zunehmender Breite b größer.
In Tab. **4.**104 sind die in Abhängigkeit von der Breite des Absorberschotts zu erreichenden Verbesserungen $\Delta R_{L,w,R}$ für Unterdecken nach Tab. **4.**94 angegeben. Die Summe aus den in Tab. **4.**94 angegebenen Werten für $R_{L,w,R}$ und den $\Delta R_{L,w,R}$-Werten aus Tab. **4.**104 darf höchstens 60 dB betragen.

Tabelle **4.**104 Verbesserungsmaße $\Delta R_{L,w,R}$ des bewerteten Schall-Längsdämm-Maßes $R_{L,w,R}$ von Unterdecken nach Tab. **4.**94 durch ein Absorberschott (Rechenwerte) (Maße in mm)

Spalte	1	2	3
Zeile	Ausführungsbeispiel	Mindestbreite des Absorberschotts b	$R_{L,w,R}$ in dB
1		300	12
2		400	14
3		500	15
4		600	17
5		800	20
6		1000	22

1. Absorberschott aus Faserdämmstoff nach DIN 18165-1, längenbezogener Strömungswiderstand $\Xi \geq 8$ kN · s/m⁴, mit der Breite b.

Massivdecken als flankierende Bauteile unter Trennwänden

Massivdecken mit Verbundestrich oder Estrich auf Trennschicht. Für Massivdecken mit Verbundestrich oder Estrich auf Trennschicht gelten die Werte der Tab. 4.93, wobei die flächenbezogene Masse des Verbundestrichs nach DIN 18560-3 (s. Norm) oder eines Estrichs auf Trennschicht nach DIN 18560-4 (s. Norm) zu berücksichtigen sind.

Massivdecken mit schwimmendem Estrich. Tab. 4.105 enthält Ausführungsbeispiele mit Rechenwerten für das bewertete Schall-Längsdämm-Maß $R_{L,w,R}$ von schwimmenden Estrichen nach DIN 18560-2 (s. Norm) bei verschiedener Ausbildung der Anschlüsse an die Trennwand. Die Angaben in Tab. 4.105 gelten auch für Trennwände in Holzbauart.

Tabelle 4.105 Bewertetes Schall-Längsdämm-Maß $R_{L,w,R}$ von schwimmenden Estrichen nach DIN 18560-2 (Rechenwerte)

Spalte	1	2	3
		$R_{L,w,R}$ in dB	
Zeile	Ausführungsbeispiele	Zement-, Anhydrit- oder Magnesiaestrich	Gußasphaltestrich
1	durchlaufender Estrich	38	44
2	Estrich mit Trennfuge	55	
3	Estrich durch Trennwandanschluß konstruktiv getrennt	70	

1 Trennwand als Einfach- oder Doppelständerwand mit Unterkonstruktion aus Holz oder Metall oder elementierte Trennwand; Anschluß am Estrich ist mit Anschlußdichtung abgedichtet
2 Estrich
3 Faserdämmstoff nach DIN 18165-2 (s. Norm), Anwendungstyp T oder TK
4 Flächenbezogene Masse der Massivdecke $m' \geq$ 300 kg/m²

4.2.7 Luftschalldämmung bei horizontaler Schallübertragung (Rechenwerte)

Die Ausführung nach Tab. **4**.105 (s. Norm), Zeile 1, mit unter der Trennwand durchlaufendem Estrich ohne Trennfuge sollte nur bei geringen Anforderungen an die Schalldämmung der Trennwand verwendet werden.

Zur Minderung der Trittschallübertragung sollte anstelle eines durchlaufenden schwimmenden Estrichs ein weichfedernder Bodenbelag verwendet werden. Dieser sollte im Bereich Trennwand getrennt und beidseitig hochgezogen werden.

Holzbalkendecken als flankierende Bauteile von Trennwänden

Die bewerteten Schall-Längsdämm-Maße $R_{L,w,R}$ nach Tab. **4**.106 gelten für Deckenkonstruktionen nach Tab. **4**.63.

Tabelle **4**.106 Bewertetes Schall-Längsdämm-Maß $R_{L,w,R}$ von flankierenden Holzbalkendecken (F) (Rechenwerte)

Spalte	1	2	3
Zeile	Ausführung	Flankierende Holzbalkendecke (F) Anschluß an Trennwand (T)	$R_{L,w,R}$ in dB
Längsleitung über Deckenunterseite			
1	Trennwand parallel zu Deckenbalken		48
2	Deckenbekleidung im Anschlußbereich unterbrochen (S)		51
3	Trennwand rechtwinklig zum Deckenbalken		48
4	Deckenbekleidung im Anschlußbereich unterbrochen		51

Fortsetzung s. nächste Seite

Tabelle 4.106, Fortsetzung

Spalte	1	2	3
Zeile	Ausführung	Flankierende Holzbalkendecke (F) Anschluß an Trennwand (T)	$R_{L,w,R}$ in dB
	Längsleitung über Deckenoberseite		
5	Fußboden: Spanplatten auf 25 mm Mineralfaserplatten Trennwand rechtwinklig oder parallel zum Deckenbalken		65
6	Spanplatten der Deckenoberseite durchlaufend		48

Innenwände als flankierende Bauteile von Trennwänden

Biegesteife Innenwände. Als Rechenwerte gelten die bewerteten Schall-Längsdämm-Maße $R_{L,w,R}$ in Tab. 4.93, für biegesteife Wände mit biegeweichen Vorsatzschalen nach Tab. 4.71 gelten die Werte der Tab. 4.107.

Montagewände aus Gipskartonplatten nach DIN 18183. Für die Ausführung der Trennwand und flankierenden Wand gelten sinngemäß die Angaben nach Abschn. 4.2.7 (Trennwände). Rechenwerte für das bewertete Schall-Längsdämm-Maß $R_{L,w,R}$ enthält Tab. 4.108 für die dort angegebenen Anschlußarten.

Flankierende Wände in Holzbauart. Für flankierende Wände in Holzbauart gelten die bewerteten Schall-Längsdämm-Maße $R_{L,w,R}$ nach Tab. 4.109.
Die biegeweichen Schalen können aus Spanplatten nach DIN 68763, Dicke≤16 mm, und/oder Gipskartonplatten nach DIN 18180, Dicke≤15 mm, bestehen. Montagewände aus Gipskartonplatten sind nach DIN 18183 auszuführen.

Außenwände als flankierende Bauteile von Trennwänden

Außenwände und Vorhangfassaden sind so zu gestalten, daß für den Anschluß der Trennwände eine ausreichende Anschlußbreite vorhanden ist. Durchlaufende Vorhang- oder Fensterfassaden sollen im Anschlußquerschnitt der Trennwand durch Trennfugen unterbrochen werden.

Biegesteife Außenwände. Für das bewertete Schall-Längsdämm-Maß $R_{L,w,R}$ gelten die Angaben in Tab. 4.93, bei Anordnung von Vorsatzschalen die Angaben der Tab. 4.107.

Bei durchgehenden Brüstungen darf wegen des kleineren übertragenden Flächenanteils zu diesen $R_{L,w,R}$-Werten folgender Wert addiert werden:

$$10 \lg \frac{h_R}{h_B} \, dB \tag{4.68}$$

Hierin bedeuten:
h_R Raumhöhe
h_B Brüstungshöhe

Leichte Außenwände mit Unterkonstruktion. Für Außenwände aus biegeweichen Schalen und Unterkonstruktionen aus Holz oder Stahlblechprofilen nach DIN 18182-1 (s. Norm) einschließlich Fenster gilt als Rechenwert das bewertete Schall-Längsdämm-Maß $R_{L,w,R} = 50$ dB ohne weiteren Nachweis.

4.2.8 Luftschalldämmung in Gebäuden in Skelett- und Holzbauart bei vertikaler Schallübertragung; Ausführungsbeispiele

Trenndecken

Die Luftschallübertragung in vertikaler Richtung ist bei Skelettbauten mit Massivdecken von untergeordneter Bedeutung, wenn die Außenwand im Bereich der Massivdecke unterbrochen ist. Im Einzelfall ist zu prüfen, ob eine Übertragung entlang der Außenwand, z. B. Vorhangfassade, erfolgt. Im Zweifelsfall ist ein Nachweis durch Messung erforderlich.

Massivdecken ohne Unterdecken. Für den Nachweis der Anforderungen an die resultierende Schalldämmung (Luftschalldämmung) nach Abschn. 4.2.5 dürfen als Rechenwerte $R_{w,R}$ verwendet werden:
- Meßwerte $R_{w,P}$ nach DIN 52210-2 (s. Norm), abzüglich Vorhaltemaß von 2 dB,
- in Annäherung auch Rechenwerte $R'_{w,P}$ nach Tab. **4.76**, Spalten 2 und 3,
- in Annäherung auch Meßwerte $R'_{w,P}$ nach DIN 52210-2 (s. Norm), abzüglich Vorhaltemaß von 2 dB.

Massivdecken mit Unterdecken. Für Massivdecken mit Unterdecken kann ohne weiteren Nachweis eine Verbesserung des bewerteten Schalldämm-Maßes von 10 dB gegenüber der Massivdecke zugrunde gelegt werden, wenn die Unterdecke für sich allein ein bewertetes Schalldämm-Maß ≥ 15 dB aufweist und die Abhängehöhe $h \geq 200$ mm beträgt. Die Unterdecken nach Tab. **4.94** erfüllen diese Anforderungen. Die Dämmstoffauflage aus Faserdämmstoffen nach DIN 18165-1 (s. Norm), längenbezogener Strömungswiderstand $\Xi \geq 5$ kN · s/m⁴, muß vollflächig über die ganze Deckenfläche ausgeführt und mindestens 50 mm dick sein.

Holzbalkendecken. Für Holzbalkendecken gelten die bewerteten Schalldämm-Maße $R_{w,R}$ und $R'_{w,R}$ nach Tab. **4.63**.
Die Angaben für $R'_{w,R}$ gelten unter der Voraussetzung, daß als flankierende Wände Konstruktionen nach Tab. **4.91** und **4.92** verwendet werden, die in der Deckenebene unterbrochen sind.

Flankierende Wände von Trenndecken

Bauten mit Massivdecken. Bei Bauten mit Massivdecken kann die Luftschallübertragung über die inneren flankierenden Bauteile vernachlässigt werden, wenn deren Längsleitung durch die Massivdecke unterbrochen ist.

Tabelle 4.107 Bewertetes Schall-Längsdämm-Maß $R_{L,w,R}$ von flankierenden, biegesteifen Wänden mit biegeweicher Vorsatzschale nach Tab. 4.71 (Rechenwerte) (Maße in mm)

Spalte	1		2	3
Zeile	Ausführungsbeispiele		Flächenbezogene Masse der biegesteifen Wand in kg/m²	$R_{L,w,R}$ in dB
1		Angesetzte durchgehende Vorsatzschale nach DIN 18181 aus Faserdämmstoff nach DIN 18165-1	100 200 250 300 400	53 57 57 58 58
2		Freistehende Vorsatzschale nach DIN 18153, Vorsatzschale durch Trennwandanschluß unterbrochen	100 200 250 300 400	63 70 71 72 73

1 Trennwand als Einfach- oder Doppelständerwand mit Unterkonstruktion aus Holz oder Metall nach DIN 18183; mit Anschlußdichtung an biegesteifer Schale (Massivwand); biegeweiche Vorsatzschale an Trennwandanschluß unterbrochen
2 Trennwand wie 1, jedoch an der biegeweichen Schale angeschlossen
3 Hohlraumdämpfung aus Faserdämmstoff nach DIN 18165-1, längsbezogener Strömungswiderstand $\Xi \geq 5$ kN · s/m⁴
4 Biegeweiche Vorsatzschale, z. B. aus Gipskartonplatten nach DIN 18180, verarbeitet nach DIN 18181, Fugen verspachtelt ($m' = 10$ kg/m² bis 15 kg/m²)
5 Faserdämmstoff nach DIN 18165-1, Anwendungstyp WV, längsbezogener Strömungswiderstand: $\Xi \geq 5$ kN · s/m⁴ und dynamische Steifigkeit $s' \geq 5$ MN/m³
6 Massivwand

4.2.8 Luftschalldämmung bei vertikaler Schallübertragung; Ausführungsbeispiele

Tabelle 4.108 Bewertetes Schall-Längsdämm-Maß $R_{L,w,R}$ von Montagewänden aus 12,5 mm dicken Gipskartonplatten in Ständerbauart nach DIN 18183 (Rechenwerte) (Maße in mm)

Spalte	1	2	3
Zeile	Trennwand-Anschluß	Beplankung der Innenseite der flankierenden Wand, Anzahl der Lagen	$R_{L,w,R}$ in dB
1	Durchlaufende Beplankung der flankierenden Wand	1	52
2		2	57[1)]
3	Beplankung und Ständerkonstruktion der flankierenden Wand im Anschlußbereich der Trennwand unterbrochen	1	73
4		2	> 75

1 Trennwand als Einfach- oder Doppelständerwand nach DIN 18183.
2 Flankierende Wand als Einfach- oder Doppelständerwand mit einlagiger bzw. zweilagiger Beplankung aus Gipskartonplatten nach DIN 18180, Dicke 12,5 mm, verarbeitet nach DIN 18181, mit verspachtelten Fugen und dichtem Anschluß an die flankierende Wand. Der Abstand der Schalen beträgt $s \geq 50$ mm.
3 Hohlraumdämpfung aus Faserdämmstoff nach DIN 18165-1, längenbezogener Strömungswiderstand $\varXi \geq 5$ kN·s/m^4

1) Bei $R_{L,w,R} \geq 55$ dB ist die Schale im Anschlußbereich zur Trennwand durch eine Fuge zu trennen.

Tabelle **4.**109 Bewertetes Schall-Längsdämm-Maß $R_{L,w,R}$ von Wänden in Holzbauart in horizontaler Richtung (Rechenwerte)

Spalte	1	2	3
Zeile	Ausführung	Flankierende Wand (F) Anschluß an Trennwand (T)	$R_{L,w,R}$ in dB
1	ohne Dämmschicht im Gefach		48
2	mit Dämmschicht im Gefach		50
3	zweilagige raumseitige Beplankung		54
4	raumseitige Beplankung im Anschlußbereich unterbrochen (S)		54
5	Elemente im Anschlußbereich gestoßen (ES)		54[1]

[1] Beim Anschluß einer Doppelständerwand nach Tab. **4.**92, Zeilen 4 bis 8, als Trennwand darf als Rechenwert $R_{L,w,R} = 62$ dB verwendet werden, wenn durch konstruktive Maßnahmen, z. B. Einlegen eines Faserdämmstoffes, sichergestellt ist, daß im Elementstoß (ES) kein direkter Kontakt zwischen den beiden Teilen der flankierenden Wand auftritt.

Für Außenwände, die z. B. als Vorhangfassaden ohne Unterbrechung durch die Massivdecke von Geschoß zu Geschoß durchlaufen, gelten die Ausführungen in Abschn. „Holzbalkendecken als flankierende Bauteile von Trennwänden".

Bauten mit Holzbalkendecken. Für innere und äußere flankierende Wände mit Unterkonstruktion aus Holz oder Metall in Bauten mit Holzbalkendecken gilt als Rechenwert das bewertete Schall-Längsdämm-Maß $R_{L,w,R} = 65$ dB, wenn diese Wände durch die Holzbalkendecke unterbrochen sind und kein direkter Kontakt zwischen der oberen und unteren Wand besteht. Für Vorhangfassaden in der Bauart nach Tab. 4.109, Zeile 5, gilt bei abgedichteter Stoßunterbrechung in Höhe der Holzbalkendecke der Rechenwert $R_{L,w,R} = 50$ dB.

4.2.9 Außenbauteile – Nachweis ohne bauakustische Messungen[1])

Außenwände, Decken und Dächer. Für bauakustisch einschalige Außenwände[2]), Decken und Dächer kann das bewertete Schalldämm-Maß $R'_{w,R}$ in Abhängigkeit von der flächenbezogenen Masse aus Abschn. 4.2.4 entnommen werden. Bei der Ermittlung der flächenbezogenen Masse eines Daches darf auch das Gewicht der Kiesschüttung berücksichtigt werden.

Bei zweischaligem Mauerwerk mit Luftschicht nach DIN 1053-1 (s. Norm) darf das bewertete Schalldämm-Maß $R'_{w,R}$ aus der Summe der flächenbezogenen Massen der beiden Schalen – wie bei einschaligen, biegesteifen Wänden – nach Abschn. 4.2.4 ermittelt werden.

Hierbei darf das ermittelte bewertete Schalldämm-Maß $R'_{w,R}$ um 5 dB erhöht werden. Wenn die flächenbezogene Masse der auf die Innenschale der Außenwand anschließenden Trennwände größer als 50% der flächenbezogenen Masse der inneren Schale der Außenwand ist, darf das Schalldämm-Maß $R'_{w,R}$ um 8 dB erhöht werden.

Bei Sandwich-Elementen aus Beton mit einer Dämmschicht aus Hartschaumstoffen nach DIN 18164-1 ergibt sich das bewertete Schalldämm-Maß $R'_{w,R}$ aus den flächenbezogenen Massen beider Schalen abzüglich 2 dB.

Bei Außenwänden mit Außenwandbekleidung nach DIN 18516-1 oder Fassadenbekleidung nach DIN 18515 wird nur die flächenbezogene Masse der inneren Wand berücksichtigt. Gleiches gilt sinngemäß auch für vergleichbare belüftete Dächer.

Außenbauteile aus biegeweichen Schalen gelten ohne besonderen Nachweis im Sinne der erforderlichen Luftschalldämmung nach Abschn. 4.2.4 als geeignet, wenn ihre Ausführung den in den Tab. 4.110 bis 4.112 ausgeführten Ausführungsbeispielen entspricht.

) Hinsichtlich Fluglärm – soweit er im „Gesetz zum Schutz gegen Fluglärm" geregelt ist – wird auf die entsprechenden Ausführungsbeispiele in der „Verordnung der Bundesregierung über bauliche Schallschutzanforderungen nach dem Gesetz zum Schutz gegen Fluglärm (Schallschutzverordnung – SchallschutzV)" hingewiesen.

) Außenwände mit innen- oder außenseitigem Wärmeschutz sind zweischalige Wände, deren Schalldämmung schlechter als die von vergleichbaren einschaligen Außenwänden sein kann.

Tabelle 4.110 Ausführungsbeispiele für Außenwände in Holzbauart (Rechenwerte) (Maße in mm)

Sp.	1	2	Sp.	1	2
Z.	Wandausbildung[1]	$R'_{w,R}$ in dB	Z.	Wandausbildung[1]	$R'_{w,R}$ in dB
1	3a[2] oder 11; 9, 8, 1, 7, 2a[2]	35	5		45
2	5, 3a[2], 8, 1, 7, 2a[2]	35	6		48
3	6, 3, 8, 1, 7, 2, 4	42	7	14, 3, 8, 1, 7, 2, 4	52
4	5, 3, 8, 1, 7, 2, 4	42			

[1]) Mechanische Verbindungsmittel (z. B. Nägel, Klammern) für Befestigung von Beplankung und Rippe, lediglich in Zeile 2 auch Verleimung zulässig.

[2]) Eine der beiden Bekleidungen darf auch als Bretterschalung mit Nut und Feder, $d \geq 18$ mm, ausgeführt werden.

Erklärungen zu Tab. 4.110

1 Faserdämmstoff nach DIN 18165-1 (s. Norm), längenbezogener Strömungswiderstand $\varXi \geq 5$ kN · s/m^4
2 Spanplatten nach DIN 68763 (s. Norm), Bau-Furniersperrholz nach DIN 68705-3 und DIN 68705-5 (s. Normen), Gipskartonplatten nach DIN 18 180 mit $m' \geq 8$ kg/m^2
2a Wie 2 oder 18 mm Nut-Feder-Bretterschalung
3 Spanplatten, Bau-Furniersperrholz mit $m' \geq 8$ kg/m^2
3a Wie 3 oder 18 mm Nut-Feder-Bretterschalung
4 Bekleidung, $m' \geq 8$ kg/m^2
5 Vorhangschale, $m' \geq 10$ kg/m^2
6 Hartschaumplatten mit Dünn- oder Dickputz
7 Dampfsperre; bei zweilagiger, raumseitiger Bekleidung kann die Dampfsperre auch zwischen der Bekleidungen angeordnet werden
8 Hohlraum, nicht belüftet
9 Wasserdampfdurchlässige Folie; nur bei Bretterschalung erforderlich
10 Zwischenlattung
11 Faserzementplatten, $d \geq 4$ mm
12 Holzwolle-Leichtbauplatten nach DIN 1101 (s. Norm)
13 Mineralischer Außenputz nach DIN 18550-1 und DIN 18550-2 (s. Normen)
14 Mauerwerk-Vorsatzschale

4.2.9 Außenbauteile – Nachweis ohne bauakustische Messungen

Tabelle 4.111 Ausführungsbeispiele für belüftete oder nicht belüftete Flachdächer in Holzbauart (Rechenwerte) (Maße in mm)

Spalte	1	2	3	4
Zeile	Dachausbildung	Verbindungs-mittel[1]	Erforderliche Kiesauflage s_K in mm	$R'_{w,R}$ in dB
1		beliebig[2]	–	35
2		beliebig[2]	≥30	40
3		mechanisch[3]	≥30	45
4		mechanisch[3]	≥30	50

[1] Verbindungsmittel für die Befestigung von Beplankung und Rippe.
[2] Mechanische Verbindungsmittel oder Verleimung.
[3] Nur mechanische Verbindungsmittel, z. B. Nägel, Klammern.

Erklärungen zu Tab. 4.111

1 Faserdämmstoff nach DIN 18165-1 (s. Norm), längenbezogener Strömungswiderstand $\varXi \geq 5$ kN · s/m^4
2 Spanplatten nach DIN 68763, Bau-Furniersperrholz nach DIN 68705-3 und DIN 68705-5 (s. Normen), Gipskartonplatten nach DIN 18180 (s. Norm), Nut-Feder-Bretterschalung
2a Wie 2, jedoch mit Zwischenlattung
2b Spanplatten, Bau-Furniersperrholz, Nut-Feder-Bretterschalung
3 Spanplatten, Gipskartonplatten, Bretterschalung mit $m' \geq 8$ kg/m^2
4 Hohlraum belüftet/nicht belüftet
5 Dachabdichtung
6 Kiesauflage
7 Dampfsperre

Tabelle 4.112 Ausführungsbeispiele für belüftete oder nichtbelüftete, geneigte Dächer in Holzbauart (Rechenwerte) (Maße in mm)

Spalte	1	2	3
Zeile	Dachausbildung	Dachdeckung nach Ziffer	$R'_{w,R}$ in dB
1		8	35
2		8	40
3		8a	45
4		8a	45
5		8	37

Erklärungen zu Tab. 4.112

1 Faserdämmstoff nach DIN 18165-1 (s. Norm), längenbezogener Strömungswiderstand $\varXi \geq 5$ kN · s/m^4
1a Hartschaumplatten nach DIN 18164-1 (s. Norm), Anwendungstyp WD oder WS und WD
2 Spanplatten oder Gipskartonplatten
2a Spanplatten oder Gipskartonplatten ohne/mit Zwischenlattung
2b Raumspundschalung mit Nut und Feder, 24 mm
3 Zusätzliche Bekleidung aus Holz, Spanplatten oder Gipskartonplatten mit $m' \geq 6$ kg/m^2
4 Zwischenlattung
5 Dampfsperre; bei zweilagiger, raumseitiger Bekleidung kann die Dampfsperre auch zwischen den Bekleidungen angeordnet werden
6 Hohlraum belüftet/nicht belüftet
7 Unterspannbahn oder ähnliches, z. B. harte Holzfaserplatten nach DIN 68754-1 (s. Norm) mit $d \geq 3$ mm
8 Dachdeckung auf Querlattung und erforderlichenfalls Konterlattung
8a Wie 8, jedoch mit Anforderungen an die Dichtheit (z. B. Faserzementplatten auf Rauhspund ≥ 20 mm, Falzdachziegel nach DIN 456 bzw. Betondachsteine nach DIN 1115, nicht verfalzte Dachziegel bzw. Dachsteine in Mörtelbettung)

4.2.9 Außenbauteile – Nachweis ohne bauakustische Messungen

Fenster und Glassteinwände. Fenster bis 3 m² Glasfläche (größte Einzelscheibe) gelten ohne besonderen Nachweis im Sinne der erforderlichen Luftschalldämmung nach DIN 4109 als geeignet, wenn ihre Ausführungen Tab. 4.113 entsprechen.
Glasbaustein-Wände nach DIN 4242 mit einer Wanddicke ≥80 mm aus Glasbausteinen nach DIN 18175 gelten ohne besonderen Nachweis als geeignet, die Anforderung erf. $R'_w \leq 35$ dB zu erfüllen.
Bei Fenstern mit Glasflächen >3 m² (größte Einzelscheibe) dürfen die Tabellen ebenfalls angewendet werden, jedoch ist das bewertete Schalldämm-Maß $R_{w,R}$ nach Tab. 4.113 um 2 dB abzumindern.
Tab. 4.113 gilt nur für einflügelige Fenster oder mehrflügelige Fenster[1]) mit festem Mittelstück. Die in Tab. 4.113 den einzelnen Fensterbauarten zugeordneten bewerteten Schalldämm-Maße $R_{w,R}$ werden nur eingehalten, wenn die Fenster ringsum dicht schließen. Fenster müssen deshalb Falzdichtungen (s. Tab. 4.113, Fußnote 1, mit Ausnahme von Fenstern nach Zeile 1) und ausreichende Steifigkeit haben. Bei Holzfenstern wird auf DIN 68121-1 und DIN 68121-2 hingewiesen.
Um einen möglichst gleichmäßigen und hohen Schließdruck im gesamten Falzbereich sicherzustellen, muß eine genügende Anzahl von Verriegelungsstellen vorhanden sein (Anforderungen an Fenster DIN 18055) (s. Norm).
Zwischen Fensterrahmen und Außenwand vorhandene Fugen müssen nach dem Stand der Technik abgedichtet sein.

Tabelle 4.113 Ausführungsbeispiele für Dreh-, Kipp- und Drehkipp-Fenster (-Türen) und Fensterverglasungen mit bewerteten Schalldämm-Maßen $R_{w,R}$ von 25 dB bis 45 dB (Rechenwerte)

Sp.	1	2	3	4	5	6
Z.	\multicolumn{6}{l}{Anforderungen an die Ausführung der Konstruktion verschiedener Fensterarten}					
	$R_{w,R}$ in dB	Konstruktionsmerkmale	Einfachfenster[1]) mit Isolierverglasung[2])	mit 2 Einfachscheiben	Verbundfenster[1]) mit 1 Einfachscheibe und 1 Isolierglasscheibe	Kastenfenster[1])[3]) mit 2 Einfach- bzw. 1 Einfach- und 1 Isolierglasscheibe
1	25	Verglasung: Gesamtglasdicken Scheibenzwischenraum $R_{w,R}$ Verglasung Falzdichtung:	≥ 6 mm ≥ 8 mm ≥ 27 dB nicht erforderlich	≥ 6 mm keine – nicht erforderlich	keine keine – nicht erforderlich	– – – nicht erforderlich
2	30	Verglasung: Gesamtglasdicken Scheibenzwischenraum $R_{w,R}$ Verglasung Falzdichtung:	≥ 6 mm ≥ 12 mm ≥ 30 dB 1 erforderlich	≥ 6 mm ≥ 30 mm – 1 erforderlich	keine ≥ 30 mm – 1 erforderlich	– – – nicht erforderlich

Fortsetzung s. nächste Seiten, Fußnoten s. Tabellenende

---

[1]) Bis zum Vorliegen abgesicherter Prüfergebnisse ist das bewertete Schalldämm-Maß $R_{w,R}$ nach Tab. 4.113 für mehrflügelige Fenster ohne festes Mittelstück um 2 dB abzumindern.

Tabelle **4.**113, Fortsetzung

Sp.	1	2	3	4	5	6
Z.		Anforderungen an die Ausführung der Konstruktion verschiedener Fensterarten				
	$R_{w,R}$ in dB	Konstruktions- merkmale	Einfachfen- ster[1]) mit Isolierver- glasung[2])	mit 2 Ein- fachschei- ben	Verbundfenster[1]) mit 1 Einfachscheibe und 1 Isolierglasscheibe	Kastenfenster[1])[3]) mit 2 Einfach- bzw. 1 Einfach- und 1 Isolierglasscheibe
3	32	Verglasung: Gesamtglasdicken Scheibenzwi- schenraum $R_{w,R}$ Verglasung Falzdichtung:	≥ 8 mm ≥ 12 mm ≥ 32 dB 1 erforderlich	≥ 8 mm ≥ 30 mm – 1 erforderlich	≥ 4 mm + 4/12/4 ≥ 30 mm – 1 erforderlich	– – – 1 erforderlich
4	35	Verglasung: Gesamtglasdicken Scheibenzwi- schenraum $R_{w,R}$ Verglasung Falzdichtung:	≥ 10 mm ≥ 16 mm ≥ 35 dB 1 erforderlich	≥ 8 mm ≥ 40 mm – 1 erforderlich	≥ 6 mm + 4/12/4 ≥ 40 mm – 1 erforderlich	– – – 1 erforderlich
5	37	Verglasung: Gesamtglasdicken Scheibenzwi- schenraum $R_{w,R}$ Verglasung Falzdichtung:	– – ≥ 37 dB 1 erforderlich	≥ 10 mm ≥ 40 mm – 1 erforderlich	≥ 6 mm + 6/12/4 ≥ 40 mm – 1 erforderlich	≥ 8 mm bzw. ≥ 4 mm + 4/12/4 ≥ 100 mm – 1 erforderlich
6	40	Verglasung: Gesamtglasdicken Scheibenzwi- schenraum $R_{w,R}$ Verglasung Falzdichtung:	– – ≥ 42 dB 1 + 2 erforderlich	≥ 14 mm ≥ 50 mm – 1 + 2[4]) erforderlich	≥ 8 mm + 6/12/4[4]) ≥ 50 mm – 1 + 2[4]) erforderlich	≥ 8 mm bzw. ≥ 6 mm + 4/12/4 ≥ 100 mm – 1 + 2[4]) erforderlich
7	42	Verglasung: Gesamtglasdicken Scheibenzwi- schenraum $R_{w,R}$ Verglasung Falzdichtung:	– – ≥ 45 dB 1 + 2 erforderlich	≥ 16 mm ≥ 50 mm – 1 + 2[4]) erforderlich	≥ 8 mm + 8/12/4 ≥ 50 mm – 1 + 2[4]) erforderlich	≥ 10 mm bzw. ≥ 8 mm + 4/12/4 ≥ 100 mm – 1 + 2[4]) erforderlich

Fortsetzung s. nächste Seite

4.2.9 Außenbauteile – Nachweis ohne bauakustische Messungen

Tabelle **4.**113, Fortsetzung

Sp.	1	2	3	4	5	6
Z.		**Anforderungen an die Ausführung der Konstruktion verschiedener Fensterarten**				
	$R_{w,R}$ in dB	Konstruktions- merkmale	Einfachfen- ster[1]) mit Isolierver- glasung[2])	Verbundfenster[1]) mit 2 Ein- fachschei- ben	Verbundfenster[1]) mit 1 Einfachscheibe und 1 Isolierglasscheibe	Kastenfenster[1])[3]) mit 2 Einfach- bzw. 1 Einfach- und 1 Isolierglasscheibe
8	45	Verglasung: Gesamtglasdicken	–	≥ 18 mm	≥ 8 mm + 8/12/4	≥ 12 mm bzw. ≥ 8 mm + 6/12/4
		Scheibenzwi- schenraum	–	≥ 60 mm	≥ 60 mm	≥ 100 mm
		$R_{w,R}$ Verglasung	–	–	–	–
		Falzdichtung:	–	1 + 2[4]) erforderlich	1 + 2[4]) erforderlich	1 + 2[4]) erforderlich
9	≥ 48		Allgemein gültige Angaben sind nicht möglich; Nachweis nur über Eig- nungsprüfungen nach DIN 52210			

[1]) Sämtliche Flügel müssen bei Holzfenstern mindestens Doppelfalze, bei Metall- und Kunststoff-Fenstern mindestens zwei wirksame Anschläge haben. Erforderliche Falzdichtungen müssen umlaufend, ohne Unter- brechung angebracht sein; sie müssen weichfedernd, dauerelastisch, alterungsbeständig und leicht auswech- selbar sein.

[2]) Das Isolierglas muß mit einer dauerhaften, im eingebauten Zustand erkennbaren Kennzeichnung versehen sein, aus der das bewertete Schalldämm-Maß $R_{w,R}$ und das Herstellwerk zu entnehmen sind. Jeder Lieferung muß eine Werksbescheinigung nach DIN 50049 beigefügt sein, der ein Zeugnis über eine Prüfung nach DIN 52210-3 zugrunde liegt, das nicht älter als 5 Jahre sein darf.

[3]) Eine schallabsorbierende Leibung ist sinnvoll, da sie durch Alterung der Falzdichtung entstehende Fugen- undichtigkeiten teilweise ausgleichen kann.

[4]) Werte gelten nur, wenn keine zusätzlichen Maßnahmen zur Belüftung des Scheibenzwischenraumes getroffen werden.

Rolladenkästen. Für Rolladenkästen gelten die bewerteten Schalldämm-Maße $R_{w,R}$ in Tab. **4.**114. Für Rolladenkästen mit $R_{w,R} \geq 45$ dB können keine allgemeingültigen Ausführungs- beispiele angegeben werden. Wird für Rolladenkästen als kennzeichnende Größe der Schalldäm- mung die bewertete Norm-Schallpegeldifferenz $D_{n,w,P}$ angegeben, so wird der Rechenwert $R_{w,R}$ wie folgt berechnet:

$$R_{w,R} = D_{n,w,P} - 10 \lg \frac{A_0}{S_{\text{Prü}}} - 2 \text{ dB} \qquad (4.69)$$

Hierin bedeuten:

$R_{w,R}$ Rechenwert des bewerteten Schalldämm-Maßes in dB
$D_{n,w,P}$ Bewertete Norm-Schallpegeldifferenz nach DIN 52210-4 (s. Norm) in dB, im Prüfstand gemessen
Anmerkung: Die bewertete Norm-Schallpegeldifferenz $D_{n,w,P}$ ändert sich z. B. mit der Länge eines Elementes, d. h. bei doppelter Länge eines Rolladenkastens oder Lüftungselementes ist der $D_{n,w,P}$- Wert um 3 dB niedriger. Somit ist das $D_{n,w,P}$ nicht zur Beschreibung der Schalldämmeigenschaften eines Systems oder einer Konstruktion geeignet.
A_0 Bezugs-Absorptionsfläche 10 m²
$S_{\text{Prü}}$ Lichte Fläche, die der Prüfgegenstand in der Prüfwand zum bestimmungsgemäßen Betrieb benötigt.

Tabelle **4.114** Ausführungsbeispiele für Rolladenkästen mit bewerteten Schalldämm-Maßen $R_{w,R} \geq 25$ dB bis ≥ 40 dB (Rechenwerte)

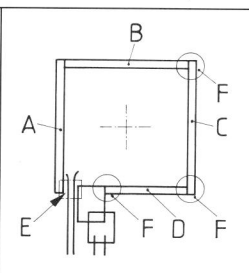

Systemvariante I
Rollkastendeckel innen
A Außenschürze[2]
B Kastenoberteil[2]
C Innenschürze, Verkleidung oder Montagedeckel

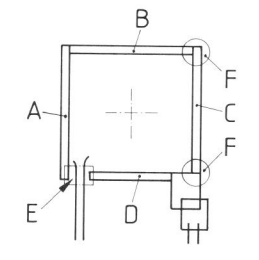

Systemvariante II
Rollkastendeckel außen[1]
D unterer waagerechter Abschluß oder Rollkastendeckel[2]
E Auslaßschlitz[2]
F Anschlußfuge

Einzelheit E

(Die erforderliche Wärmedämmung ist in diesen Ausführungsbeispielen nicht enthalten.)

Materialien für die Spalten 3 bis 5:
Innenschürze (C) oder Rollkastendeckel (D)
1 Kunststoff-Stegdoppelplatten oder Holzwerkstoffplatten, Dicke ≥ 10 mm
2 wie 1, jedoch mit Blechauflage mit $m' \geq 8$ kg/m²
3 Holzwerkstoffplatten, z. B. Spanplatten nach DIN 68763, Dicke ≥ 10 mm, mit erhöhter innerer Dämpfung
4 Putzträger (z. B. Holzwolle-Leichtbauplatte nach DIN 1101, Dicke ≥ 50 mm, Putz ≥ 5 mm)
5 Platten aus Beton, Gasbeton, Ziegel oder Bims, Dicke ≥ 50 mm oder $m' \geq 30$ kg/m²

Dichtung der Anschlußfuge (F):
6 Umlaufender Falz bzw. Nut
7 Schnapp- und Steckverbindungen mit Auflage am Kopfteil
8 Zus. Abdichtung aller Anschlußfugen mit Dichtprofilen, -bändern oder bei feststehenden Teilen mit Dichtstoffen

Spalte	1	2	3	4	5
Zeile	$R_{w,R}$ in dB	Systemvariante[3]	Innenschürze, Verkleidung oder Montagedeckel (C)	Unterer waagerechter Abschluß oder Rollkastendeckel (D)	Anschlußfuge (F)
1	25	I/II	1, 2 oder 3	1, 2 oder 3	6 oder 7
			4 oder 5		6
2	30	I/II	1, 2 oder 3	1, 2 oder 3	7 oder 6 mit 8
			4 oder 5		8
3	35	I	4 oder 5	3 oder 4	6 oder 7 mit 8
		II	2, 3, 4 oder 5	s. Fußnote[1]	
4	40[2]	I		2 oder 3	6 oder 7 mit 8
		II	2, 3, 4 oder 5	s. Fußnote[1]	

[1] An A, B und D (nur bei Systemvariante II) des Rolladenkastens werden keine besonderen Anforderungen gestellt. Die Breite des Auslaßschlitzes (E) abzüglich der Dicke des Panzers muß ≤ 10 mm sein.
[2] Bei Rolladenkästen mit einem bewerteten Schalldämm-Maß ≥ 40 dB ist an einer oder mehreren Innenflächen schallabsorbierendes Material (z. B. Mineralfaserplatten, Dicke ≥ 20 mm) anzubringen.
[3] Die Anforderungen an die Wärmedämmung sind gesondert zu erfüllen (DIN 4108-2).
[4] Mit einer Vergrößerung des Abstandes zwischen Rollpanzer und Glasfläche ergibt sich bei herabgelassenem Rollpanzer eine höhere Schalldämmung des Fensters mit Rolladen.

4.2.10 Schutz gegen Geräusche aus haustechnischen Anlagen und Betrieben

Zulässige Schalldruckpegel in schutzbedürftigen Räumen

Werte für die zulässigen Schalldruckpegel in schutzbedürftigen Räumen sind in Tab. **4.115** angegeben. Einzelne, kurzzeitige Spitzenwerte des Schalldruckpegels dürfen die in Zeilen 3 und 4 angegebenen Werte um nicht mehr als 10 dB(A) überschreiten.
Der Installations-Schallpegel L_{In} der Wasserinstallationen wird nach DIN 52219 (s. Norm) bestimmt; von anderen haustechnischen Anlagen wird der Schalldruckpegel L_{AF} in Anlehnung an DIN 52219 bestimmt.
Nutzergeräusche[1] unterliegen nicht den Anforderungen nach Tab. **4.115**; allgemeine Planungshinweises. Bbl 2 zu DIN 4109.

Anmerkung 1 **Schutzbedürftige Räume** sind Aufenthaltsräume, soweit sie gegen Geräusche zu schützen sind. Nach dieser Norm sind es
- Wohnräume einschließlich Wohndielen,
- Schlafräume einschließlich Übernachtungsräume in Beherbergungsstätten und Bettenräume in Krankenhäusern und Sanatorien,
- Unterrichtsräume in Schulen, Hochschulen und ähnlichen Einrichtungen,
- Büroräume (ausgenommen Großraumbüros), Praxisräume, Sitzungsräume und ähnliche Arbeitsräume

Anmerkung 2 **„Laute" Räume** sind
- Räume, in denen häufigere und größere Körperschallanregungen als in Wohnungen stattfinden, z. B. Heizungsräume,
- Räume, in denen der maximale Schalldruckpegel L_{AF} 75 dB(A) nicht übersteigt und die Körperschallanregung nicht größer ist als in Bädern, Aborten oder Küchen.

Anmerkung 3 **„Besonders laute" Räume** sind
- Räume mit „besonders lauten" haustechnischen Anlagen oder Anlageteilen, wenn der maximale Schalldruckpegel des Luftschalls in diesen Räumen häufig mehr als 75 dB(A) beträgt,
- Aufstellräume für Auffangbehälter von Müllabwurfanlagen und deren Zugangsflure zu den Räumen vom Freien,
- Betriebsräume von Handwerks- und Gewerbebetrieben einschließlich Verkaufsstätten, wenn der maximale Schalldruckpegel des Luftschalls in diesen Räumen häufig mehr als 75 dB(A) beträgt,
- Governments, z. B. von Gaststätten, Cafés, Imbißstuben,
- Räume von Kegelbahnen,
- Küchenräume von Beherbergungsstätten, Krankenhäusern, Sanatorien, Gaststätten; außer Betracht bleiben Kleinküchen, Aufbereitungsküchen sowie Mischküchen,
- Theaterräume,
- Sporthallen,
- Musik- und Werkräume.

Anmerkung 4 **Haustechnische Anlagen** sind nach dieser Norm dem Gebäude dienende
- Ver- und Entsorgungsanlagen,
- Transportanlagen,
- fest eingebaute, betriebstechnische Anlagen.

Als haustechnische Anlagen gelten außerdem
- Gemeinschaftswaschanlagen,
- Schwimmanlagen, Saunen und dergleichen,

---

[1] Unter Nutzergeräuschen werden z. B. das Aufstellen eines Zahnputzbechers auf Abstellplatte, hartes Schließen des WC-Deckels, Spureinlauf, Rutschen in Badewanne usw. verstanden.

- Sportanlagen,
- zentrale Staubsauganlagen,
- Müllabwurfanlagen,
- Garagenanlagen.

Außer Betracht bleiben Geräusche von ortsveränderlichen Maschinen und Geräten (z. B. Staubsauger, Waschmaschinen, Küchengeräte und Sportgeräte) im eigenen Wohnbereich.

Anmerkung 5 **Betriebe** sind Handwerksbetriebe und Gewerbebetriebe aller Art, z. B. auch Gaststätten und Theater.

Anforderungen an die Luft- und Trittschalldämmung von Bauteilen zwischen „besonders lauten" und schutzbedürftigen Räumen

Über die in Tab. **4.115** festgelegten Anforderungen hinaus sind für die Luft- und Trittschalldämmung von Bauteilen zwischen „besonders lauten" Räumen einerseits und schutzbedürftigen Räumen anderseits die Anforderungen an das bewertete Schalldämm-Maß erf. R'_w und den bewerteten Norm-Trittschallpegel $L'_{n,w}$ in Tab. **4.116** angegeben.

Bei der Luftschallübertragung müssen – entsprechend der Definition des bewerteten Schalldämm-Maßes R'_w – auch die Flankenübertragung über angrenzende Bauteile und sonstige Nebenwegübertragungen, z. B. über Lüftungsanlagen, beachtet werden.

Anforderungen an den Trittschallschutz zwischen „besonders lauten" und schutzbedürftigen Räumen dienen zum einen dem unmittelbaren Schutz gegen häufiger als in Wohnungen auftretende Gehgeräusche, zum anderen auch als Schutz gegen Körperschallübertragung anderer Art, die von Maschinen oder Tätigkeiten mit großer Körperschallanregung, z. B. in Großküchen, herrühren.

Um die in Tab. **4.115** genannten zulässigen Schalldruckpegel einzuhalten, sind Schallschutzmaßnahmen entsprechend den Anforderungen in Tab. **4.116** zwischen den „besonders lauten" und schutzbedürftigen Räumen vorzunehmen.

In vielen Fällen ist zusätzlich eine Körperschalldämmung von Maschinen, Geräten und Rohrleitungen gegenüber den Gebäudedecken und -wänden erforderlich. Sie kann zahlenmäßig nicht angegeben werden, weil sie von der Größe der Körperschallerzeugung der Maschinen und Geräte abhängt, die sehr unterschiedlich sein kann.

Tabelle **4.115** Werte für die zulässigen Schalldruckpegel in schutzbedürftigen Räumen von Geräuschen aus haustechnischen Anlagen und Gewerbebetrieben

Spalte	1	2	3
Zeile	Geräuschquelle	Art der schutzbedürftigen Räume	
		Wohn- und Schlafräume	Unterrichts- und Arbeitsräume
		Kennzeichnender Schalldruckpegel in db(A)	
1	Wasserinstallationen (Wasserversorgungs- und Abwasseranlagen gemeinsam)	≤35[1]	≤35[1]
2	Sonstige haustechnische Anlagen	≤30[2]	≤35[2]
3	Betriebe tags 6 bis 22 Uhr	≤35	≤35[2]
4	Betriebe nachts 22 bis 6 Uhr	≤25	≤35[2]

[1] Einzelne, kurzzeitige Spitzen, die beim Betätigen der Armaturen und Geräte nach Tab. **4.117** (Öffnen, Schließen, Umstellen, Unterbrechen u. a.) entstehen, sind z. Z. nicht zu berücksichtigen.
[2] Bei lüftungstechnischen Anlagen sind um 5 dB(A) höhere Werte zulässig, sofern es sich um Dauergeräusche ohne auffällige Einzeltöne handelt.

4.2.10 Schutz gegen Geräusche aus haustechnischen Anlagen und Betrieben

Tabelle 4.116 Anforderungen an die Luft- und Trittschalldämmung von Bauteilen zwischen „besonders lauten" und schutzbedürftigen Räumen

Spalte	1	2	3	4	5
Zeile	Art der Räume	Bauteile	Bewertetes Schalldämm-Maß erf. R'_w in dB		Bewerteter Norm-Trittschallpegel erf. $L'_{n,w}$ [1][2] (Trittschallschutzmaß erf. TSM) in dB
			Schalldruckpegel L_{AF} = 75 bis 80 dB(A)	Schalldruckpegel L_{AF} = 81 bis 85 dB(A)	
1.1	Räume mit „besonders lauten" haustechnischen Anlagen oder Anlageteilen	Decken, Wände	57	62	–
1.2		Fußböden	–	–	43[3] (20)[3]
2.1	Betriebsräume von Handwerks- und Gewerbebetrieben; Verkaufsstätten	Decken, Wände	57	62	–
2.2		Fußböden	–	–	43 (20)
3.1	Küchenräume der Küchenanlagen von Beherbergungsstätten, Krankenhäusern, Sanatorien, Gaststätten, Imbißstuben und dergleichen	Decken, Wände	55		–
3.2		Fußböden	–		43 (20)
3.3	Küchenräume wie vor, jedoch auch nach 22.00 Uhr in Betrieb	Decken, Wände	57[4]		–
		Fußböden	–		33 (30)
4.1	Gasträume, nur bis 22.00 Uhr in Betrieb	Decken, Wände	55		55
4.2		Fußböden	–		43 (20)
5.1	Gasträume (max. Schalldruckpegel L_{AF} ≤ 85 dB(A)), auch nach 22.00 Uhr in Betrieb	Decken, Wände	62		–
5.2		Fußböden	–		33 (30)
6.1	Räume von Kegelbahnen	Decken, Wände	67		–
6.2		Fußböden a) Keglerstube b) Bahn	– –		33 (30) 13 (50)
7.1	Gasträume (max. Schalldruckpegel 85 dB(A) ≤ L_{AF} ≤ 95 dB(A)), z. B. mit elektroakustischen Anlagen	Decken, Wände	72		–
7.2		Fußböden	–		28 (35)

[1] Jeweils in Richtung der Lärmausbreitung.
[2] Die für Maschinen erforderliche Körperschalldämmung ist mit diesem Wert nicht erfaßt; hierfür sind gegebenenfalls weitere Maßnahmen erforderlich – s. auch Bbl 2 zu DIN 4109. Ebenso kann je nach Art des Betriebes ein niedrigeres erf. $L'_{n,w}$ (beim Trittschallschutzmaß ein höheres erf. TSM) notwendig sein, dies ist im Einzelfall zu überprüfen.
[3] Nicht erforderlich, wenn geräuscherzeugende Anlagen ausreichend körperschallgedämmt aufgestellt werden; eventuelle Anforderungen nach Tab. 4.50 bleiben hiervon unberührt.
[4] Handelt es sich um Großküchenanlagen und darüberliegende Wohnungen als schutzbedürftige Räume, gilt erf. R'_w = 62 dB.

Anforderungen an Armaturen und Geräte der Wasserinstallation; Prüfung, Kennzeichnung

Anforderungan an Armaturen und Geräte. Für Armaturen und Geräte der Wasserinstallation – im nachfolgenden Armaturen genannt – sind Armaturengruppen festgelegt, in die sie aufgrund des nach DIN 52218-1 bis DIN 52218-4 (s. Normen) gemessenen Armaturengeräuschpegels L_{ap} entsprechend Tab. 4.117 eingestuft werden.

Tabelle 4.117 Armaturengruppen

Spalte	1	2	3
Zeile		Armaturengeräuschpegel L_{ap} für kennzeichnenden Fließdruck oder Durchfluß nach DIN 52218-1 bis DIN 52218-4[1)]	Armaturengruppe
1 2 3 4 5 6	Auslaufarmaturen Geräteanschluß-Armaturen Druckspüler Spülkästen Durchflußwassererwärmer Durchgangsarmaturen, wie – Absperrventile, – Eckventile, – Rückflußverhinderer	≤ 20 dB(A)[2)]	I
7 8 9	Drosselarmaturen, wie – Vordrosseln, – Eckventile Druckminderer Brausen	≤ 30 dB(A)[2)]	II
10	Auslaufvorrichtungen, die direkt an die Auslaufarmatur angeschlossen werden, wie – Strahlregler, – Durchflußbegrenzer, – Kugelgelenke, – Rohrbelüfter, – Rückflußverhinderer	≤ 15 dB(A)	I
		≤ 25 dB(A)	II

[1)] Dieser Wert darf bei den in DIN 52218-1 bis DIN 52218-4 für die einzelnen Armaturen genannten oberen Grenzen der Fließdrücke oder Durchflüsse um bis zu 5 dB(A) überschritten werden.

[2)] Bei Geräuschen, die beim Betätigen der Armaturen entstehen (Öffnen, Schließen, Umstellen, Unterbrechen u. a.) wird der A-bewertete Schallpegel dieser Geräusche, gemessen bei Zeitbewertung „FAST" der Meßinstrumente, erst dann zur Bewertung herangezogen, wenn es die Meßverfahren nach DIN 52218-1 bis DIN 52218-4 zulassen.

Anmerkung Bei dem Meßverfahren nach DIN 52218-1 bis DIN 52218-4 werden Geräusche, die beim Betätigen (Öffnen, Schließen, Umstellen, Unterbrechen u. a.) der Armaturen und Geräte der Wasserinstallation – hauptsächlich als Körperschall – entstehen, z. Z. nur teilweise oder nicht erfaßt. Es ist geplant, das Meßverfahren so zu erweitern, daß die genannten Geräuschanteile miterfaßt werden und das so erweiterte Meßverfahren in Folgeausgaben von DIN 52218-1 bis DIN 52218-4 aufzunehmen.

Tabelle 4.118 Durchflußklassen

Spalte	1	2
Zeile	Durchflußklasse	maximaler Durchfluß Q in l/s (bei 0,3 MPa Fließdruck)
1	Z	0,15
2	A	0,25
3	B	0,42
4	C	0,5
5	D	0,63

Für Auslaufarmaturen und daran anzuschließende Auslaufvorrichtungen (Strahlregler, Rohrbelüfter in Durchflußform, Rückflußverhinderer, Kugelgelenke und Brausen) sowie für Eckventile sind in Tab. 4.118 Durchflußklassen mit maximalen Durchflüssen festgelegt.

Die Einstufung in die jeweilige Durchflußklasse erfolgt aufgrund des bei der Prüfung nach DIN 52218-1 bis DIN 52218-4 verwendeten Strömungswiderstandes oder festgestellten Durchflusses.

Prüfung. Die Prüfung muß bei einer hierfür geeigneten Prüfstelle durchgeführt werden, die in einer Liste, die beim Deutschen Institut für Bautechnik geführt wird, enthalten ist.
Der Prüfbericht muß zusätzlich zu den nach DIN 52218-1 bis DIN 52218-4 erforderlichen Angaben enthalten:
– Bei allen Armaturen die Feststellung, ob die Anforderungen nach Tab. **4.**117 eingehalten werden, sowie die Einstufung in Armaturengruppe I oder II;
– bei Auslaufarmaturen sowie diesen nachgeschalteten Auslaufvorrichtungen nach Tab. **4.**117, Zeile 10, außerdem noch die Einstufung in Durchflußklasse A, B, C, D oder Z, bei Eckventilen in Durchflußklasse A oder B;
– bei allen Armaturen Angaben über die Verwendungsbeschränkungen (z. B. S-Anschluß mit Schalldämpfer), welche der Einstufung für das Geräuschverhalten zugrunde liegen.

Kennzeichnung und Lieferung. Armaturen, die nach dem vorstehenden Abschnitt geprüft worden sind und die vorstehenden Anforderungen erfüllen, sind mit einem Prüfzeichen[1]), der Armaturengruppe, gegebenenfalls der Durchflußklasse und dem Herstellerkennzeichen zu versehen. Die Kennzeichnung der Armaturen muß so angebracht sein, daß sie bei eingebauter Armatur sichtbar, mindestens leicht zugänglich ist. Bei Armaturen mit mehreren Abgängen (z. B. Badewannenbatterien) sind die Durchflußklassen der einzelnen Abgänge hintereinander anzugeben, wobei der erste Buchstabe für den unteren Abgang (z. B. Badewannenauslauf), der zweite Buchstabe für den oberen Abgang (z. B. Brauseanschluß) gilt. Falls damit keine Eindeutigkeit herzustellen ist, sind die Kennbuchstaben für die Durchflußklassen unmittelbar an den Abgängen anzubringen.
Ein Beispiel für eine vollständige Kennzeichnung:
Prüfzeichen/IA/Herstellerkennzeichen.
Die Kennzeichnung darf nur erfolgen, wenn der zugehörige Prüfbericht nicht älter als 5 Jahre ist. Die enthaltenen Angaben im Prüfbericht sind vom Hersteller in die Verkaufs- und Montageunterlagen zu übernehmen.

Nachweis der schalltechnischen Eignung von Wasserinstallationen

Die kennzeichnenden Größen für das Geräuschverhalten sind in Tab. **4.**119 aufgeführt.

Nachweis ohne bauakustische Messungen

Im Regelfall kann der Nachweis zur Erfüllung der Anforderungen ohne bauakustische Messungen geführt werden. Der Nachweis, daß die Höchstwerte für die zulässigen Schalldruckpegel von Armaturen nach Tab. **4.**115 nicht überschritten werden, gilt als erbracht, wenn die folgenden Bedingungen eingehalten werden.

Tabelle 4.119 Kennzeichnende Größen für das Geräuschverhalten

Spalte	1	2
Zeile	Geräuschquelle	Kennzeichnende Größe
1	Armaturen und Geräte, Wasserinstallationen	Armaturengeräuschpegel L_{ap} nach DIN 52218-1
2	Installationen am Bau (Installationsgeräusch normal *IGN*)	*IGN*-Schallpegel L_{IGN} nach DIN 52219

Armaturen und Geräte. Es dürfen nur Armaturen und Geräte verwendet werden, die nach Abschn. „Anforderungen an Armaturen und Geräte der Wasserinstallation; Prüfung, Kennzeichnung" geprüft und gekennzeichnet sind.

---

[1]) Nach den bauaufsichtlichen Vorschriften bedürfen Armaturen der Wasserinstallationen hinsichtlich des Geräuschverhaltens z. Z. eines bauaufsichtlichen Prüfzeichens, das auf der Armatur anzubringen ist. Prüfzeichen erteilt das Deutsche Institut für Bautechnik, Reichpietschufer 74–76, 10785 Berlin.

Anforderungen an Installation und Betrieb

a) Zulässiger Ruhedruck. Der Ruhedruck der Wasserversorgungsanlage nach Verteilung in den Stockwerken vor den Armaturen darf nicht mehr als 5 bar (0,5 MPa) betragen; ein höherer Druck ist durch Einbau von Druckminderern entsprechend zu verringern.

b) Betrieb von Durchgangsarmaturen. Durchgangsarmaturen (z. B. Absperrventile, Eckabsperrventile, Vorabsperrventile bei bestimmten Armaturen und Geräten) müssen im Betrieb immer voll geöffnet sein; sie dürfen nicht zum Drosseln verwendet werden.

c) Zulässiger Durchfluß von Armaturen. Beim Betrieb der Armaturen darf der für ihre Eingruppierung zugrunde gelegte Durchfluß (Durchflußklasse) nicht überschritten werden. Daher müssen Auslaufvorrichtungen, wie Strahlregler, Brausen und Durchflußbegrenzer den Durchfluß durch die Armaturen entsprechend begrenzen, d. h., die Auslaufvorrichtungen dürfen keiner höheren Durchflußklasse angehören als der zugehörige Armaturenabgang. Dies gilt auch für den Armaturen nachgeschaltete Auslaufvorrichtungen, wie Kugelgelenke, Rohrbelüfter in Durchflußform und Rückflußverhinderer. Eckventile vor Armaturen dürfen keiner niedrigeren Durchflußklasse angehören als durch Armatur und Auslaufvorrichtung gegeben ist.

d) Anforderungen an Wände mit Wasserinstallationen. Einschalige Wände, an oder in denen Armaturen oder Wasserinstallationen (einschließlich Abwasserleitungen) befestigt sind, müssen eine flächenbezogene Masse von mindestens 220 kg/m² haben.

Wände, die eine geringere flächenbezogene Masse als 220 kg/m² haben, dürfen verwendet werden, wenn durch eine Eignungsprüfung nachgewiesen ist, daß sie sich – bezogen auf die Übertragung von Installationsgeräuschen – nicht ungünstiger verhalten.

e) Anordnung von Armaturen. Armaturen der Armaturengruppe I und deren Wasserleitung dürfen an Wänden nach Absatz d) angebracht werden (s. Bild **4**.120). Armaturen der Armaturengruppe II und deren Wasserleitungen dürfen nicht an Wänden angebracht werden, die im selben Geschoß, in den Geschossen darüber oder darunter an schutzbedürftige Räume grenzen (s. Bild **4**.120). Armaturen der Armaturengruppe II und deren Wasserleitungen müssen außerdem nicht an Wänden angebracht sein, die auf vorgenannte Wände stoßen.

f) Anforderungen an die Verlegung von Abwasserleitungen. Abwasserleitungen dürfen an Wänden in schutzbedürftigen Räumen nicht freiliegend verlegt werden.

Tabelle **4**.120 Anordnung von Armaturen

Armaturengruppe	Anordnung von Räumen mit Wasserinstallationen und schutzbedürftigen Räumen
I	Trennwand, $m' \geq 220$ kg/m²; Wohnungstrenndecke; schutzbedürftiger Raum
II	Gebäudetrennfuge; schutzbedürftiger Raum / schutzbedürftiger Raum

Nachweis mit bauakustischen Messungen in ausgeführten Bauten

Für bestimmte Bauausführungen, die nicht vorgenannten Bedingungen entsprechen, kann die Einhaltung der Anforderungen nach Tab. **4.**115, Zeile 1, auch durch eine Eignungsprüfung am Bau nachgewiesen werden. Zum Nachweis werden in einem Musterbau Messungen nach DIN 52219 (s. Norm) durchgeführt, für die anstelle der Armaturen das Installationsgeräuschnormal (*IGN*) nach DIN 52218-1 (s. Norm) an den vorgesehenen Anschlüssen angebracht und in den schutzbedürftigen Räumen der *IGN*-Schallpegel L_{IGN} ermittelt wird.

Der Nachweis der Eignung hinsichtlich des Schallschutzes einer bestimmten Bauausführung in Verbindung mit bestimmten Armaturen gilt als erbracht, wenn der nach DIN 52218-1 bis DIN 52218-4 ermittelte Armaturengeräuschpegel L_{ap} der vorgesehenen Armaturen folgenden Wert nicht überschreitet

$$L_{ap} \leq 72 \text{ dB} - L_{IGN}. \tag{4.70}$$

Der Bericht über die Eignungsprüfung am Bau muß, neben den nach DIN 52219 geforderten, alle wichtigen Angaben zur Beschreibung der Bauausführung, z. B. Anordnung der Armaturen und Leitungen, Flächengewichte der Wände, enthalten. Zum Nachweis der Erfüllung der oben genannten Anforderung nach Gleichung (4.70) müssen Prüfberichte nach DIN 52218-1 bis DIN 52218-4 für die vorgesehenen Armaturen vorgelegt werden.

Das Ergebnis dieser Eignungsprüfung am Bau kann auch für die Beurteilung anderer Bauvorhaben mit vergleichbaren Bauausführungen herangezogen werden.

Haustechnische Anlagen und Betriebe; Nachweis einer ausreichenden Luft- und Trittschalldämmung von Bauteilen zwischen „besonders lauten" und schutzbedürftigen Räumen

Luftschalldämmung

Die in Tab. **4.**117 genannten Anforderungen an die Luftschalldämmung gelten als erfüllt, wenn eine der in Tab. **4.**121 enthaltenen Ausführungen angewandt wird.

Trittschalldämmung

Der bewertete Norm-Trittschallpegel $L'_{n,w,R}$ (das Trittschallschutzmaß TSM_R) ist nach Abschn. 4.2.3 zu ermitteln. In den Fällen, wo Aufenthaltsräume gegen Geräusche aus haustechnischen Anlagen und Betrieben zu schützen sind, läßt sich der bewertete Norm-Trittschallpegel $L'_{n,w,R}$ (das Trittschallschutzmaß TSM_R) der Decken zusammen mit den räumlichen Gegebenheiten näherungsweise wie folgt berechnen:

$$\begin{aligned}L'_{n,w,R} &= L_{n,w,eq,R} - \Delta L_{w,R} - K_T \quad \text{in dB}\\ (TSM_R &= TSM_{eq,R} + VM_R + K_T)\end{aligned} \tag{4.71}$$

Hierin bedeuten:

$L_{n,w,eq,R}$ äquivalenter bewerteter Trittschallpegel der Massivdecke nach Tab. **4.**51
($TSM_{eq,R}$ äquivalentes Trittschallschutzmaß der Massivdecke nach Tab. **4.**51)
$\Delta L_{w,R}$ Trittschallverbesserungsmaß des schwimmenden Estrichs nach Tab. **4.**52
(VM_R Trittschallverbesserungsmaß des schwimmenden Estrichs nach Tab. **4.**52)
K_T Korrekturwert nach Tab. **4.**122, der die Ausbreitungsverhältnisse zwischen der Anregestelle („besonders lauter" Raum) und dem schutzbedürftigen Raum berücksichtigt.

Der so errechnete Wert von $L'_{n,w,R}$ muß mindestens 2 dB niedriger (beim Trittschallschutzmaß TSM_R mindestens 2 dB höher) sein, als die in DIN 4109 genannte Anforderung erf. $L'_{n,w}$ (erf. TSM).

Tabelle 4.121 Ausführungsbeispiele für trennende und flankierende Bauteile bei neben- oder übereinanderliegenden Räumen mit Anforderungen erf. R'_w von 55 dB bis 72 dB

Spalte	1	2	3	4
Zeile	erf. R'_w in dB	Lage der Räume	Trennende Bauteile (Wände, Decken)	Flankierende Bauteile beiderseits des trennenden Bauteils[1]
1	55	nebeneinander	Einschalige, biegesteife Wand, $m' \geq 490$ kg/m²	a) Einschalige, biegesteife Wände, $m' \geq 300$ kg/m² [2] b) Massivdecke, $m' \geq 300$ kg/m³
2	55	nebeneinander	Zweischalige Wand aus einer schweren, biegesteifen Schale, $m' \geq 350$ kg/m², mit biegeweicher Vorsatzschale auf einer Seite[3]	
3	55	übereinander	Massivdecke, $m' \geq 300$ kg/m², mit schwimmendem Estrich[4]	Einschalige, biegesteife Wände, $m' \geq 300$ kg/m² [2]
4	57	nebeneinander	Einschalige, biegesteife Wand, $m' \geq 580$ kg/m²	a) Einschalige, biegesteife Wände, $m' \geq 250$ kg/m² [2] b) Massivdecke, $m' \geq 350$ kg/m³
5	57	nebeneinander	Zweischalige Wand aus einer schweren, biegesteifen Schale, $m' \geq 450$ kg/m², mit biegeweicher Vorsatzschale auf einer Seite[3]	
6	57	übereinander	Massivdecke, $m' \geq 400$ kg/m², mit schwimmendem Estrich[4]	Einschalige, biegesteife Wände, $m' \geq 300$ kg/m² [2]
7	62	nebeneinander	Zweischalige Wand mit durchgehender Gebäudetrennfuge[5], flächenbezogene Masse jeder Schale $m' \geq 160$ kg/m²	Keine Anforderungen
8	62	nebeneinander	Dreischalige Wand aus einer biegesteifen Schale, $m' \geq 500$ kg/m², mit biegeweicher Vorsatzschale auf beiden Seiten[3]	a) Einschalige, biegesteife Wände, $m' \geq 400$ kg/m² [2] b) Massivdecke, $m' \geq 300$ kg/m²
9	62	übereinander	Massivdecke, $m' \geq 500$ kg/m², mit schwimmendem Estrich[4] und biegeweicher Unterdecke[6]	Einschalige, biegesteife Wände, $m' \geq 300$ kg/m²
10	67	nebeneinander	Zweischalige Wand mit durchgehender Gebäudetrennfuge[5], flächenbezogene Masse jeder Schale $m' \geq 250$ kg/m²	Keine Anforderungen
11	67	nebeneinander	Dreischalige Wand aus einer schweren, biegesteifen Schale, $m' \geq 700$ kg/m², mit biegeweicher Vorsatzschale auf beiden Seiten[3]	a) Einschalige, biegesteife Wände, $m' \geq 450$ kg/m² [2] b) Massivdecke, $m' \geq 450$ kg/m²
12	67	übereinander	Massivdecke, $m' \geq 700$ kg/m², mit schwimmendem Estrich[4] und biegeweicher Unterdecke[6]	Einschalige, biegesteife Wände, $m' \geq 450$ kg/m² [2]
13	72	nebeneinander	Zweischalige Wand mit durchgehender Gebäudetrennfuge[5], flächenbezogene Masse jeder Schale $m' \geq 370$ kg/m²	Keine Anforderungen
14	72	übereinander	Bei übereinanderliegenden Räumen kann diese Anforderung ohne besondere Schutzmaßnahmen nicht erfüllt werden.	

Fußnoten s. nächste Seite

4.2.10 Schutz gegen Geräusche aus haustechnischen Anlagen und Betrieben

Fußnoten zu Tab. **4.**121
1) Anstelle der angegebenen einschaligen, flankierenden Wände können auch biegesteife Wände mit $m' \geq 100$ kg/m² und biegeweicher Vorsatzschale nach Tab. **4.**71, Gruppe B, verwendet werden.
2) Wegen einer möglichen Verringerung der Schalldämmung s. Abschn. „Einfluß flankierender Bauteile".
3) Nach Tab. **4.**71   4) Nach Tab. **4.**52   5) Nach Bild **4.**69
6) Nach Tab. **4.**75, Zeilen 7 und 8

Tabelle **4.**122 Korrekturwert K_T zur Ermittlung des bewerteten Norm-Trittschallpegels $L'_{n,w,R}$ für verschiedene räumliche Zuordnungen „besonders lauter" Räume (LR) zu schutzbedürftigen Räumen (SR)

Spalte	1		2
Zeile	Lage der schutzbedürftigen Räume (SR)		K_T in dB
1	unmittelbar unter dem „besonders lauten" Raum (LR) Norm-Hammerwerk nach DIN 52210-1		0
2	neben oder schräg unter dem „besonders lauten" Raum (LR)		+ 5
3	wie Zeile 2, jedoch ein Raum dazwischenliegend		+10
4	über dem „besonders lauten" Raum (LR) (Gebäude mit tragenden Wänden)		+10
5	über dem „besonders lauten" Raum (LR) (Skelettbau)		+20
6	über dem „besonders lauten" Kellerraum (LR)		1)
7	neben oder schräg unter dem „besonders lauten" Raum (LR), jedoch durch Haustrennfuge ($d \geq 50$ mm) getrennt		+15

1) Angabe eines K_T-Wertes nicht möglich, es gilt $L'_{n,w,R} = 63$ dB $- \Delta L_{w,R} - 15$ dB ($TSM_R = VM_R + 15$ dB). $\Delta L_{w,R}$ (VM_R) ist das Trittschallverbesserungsmaß des im Kellerraum verwendeten Fußbodens.

Lüftungsschächte und -kanäle

Durch Schächte und Kanäle (im folgenden nur Schächte genannt), die Aufenthaltsräume untereinander verbinden, kann die Luftschalldämmung des trennenden Bauteils durch Nebenwegübertragung über die Schächte verschlechtert werden.

Die Schallübertragung von Raum zu Raum ist sowohl über die Öffnung der Schächte als auch über die Schachtwände möglich.

Die Schallübertragung durch einen Schacht, der Aufenthaltsräume miteinander verbindet, ist um so geringer,
- je weiter die Schachtöffnungen auseinanderliegen,
- je kleiner der Schachtquerschnitt und die Öffnungsquerschnitte sind,
- je größer das Verhältnis vom Umfang zur Fläche des Schachtquerschnitts ist (ein Querschnitt von der Form eines flachen Rechtecks ist günstiger als ein quadratischer Querschnitt),
- je größer die Schallabsorption der Innenwände des Schachtes ist.

Für die Luftschallübertragung über die Anschlußöffnungen in den Schächten gilt die Anforderung nach Abschn. „Einfluß flankierender Bauteile" als erfüllt, wenn der Rechenwert der bewerteten Schachtpegeldifferenz $D_{K,w,R}$ folgender Bedingung genügt:

$$D_{K,w,R} \geq \text{erf. } R'_w - 10 \lg \frac{S}{S_K} + 20 \text{ dB} \tag{4.72}$$

Hierin bedeuten:
erf. R'_w das vom trennenden Bauteil (Wand oder Decke) geforderte bewertete Schalldämm-Maß
S die Fläche des trennenden Bauteils
S_K die lichte Querschnittsfläche der Anschlußöffnung (ohne Berücksichtigung einer Minderung durch etwa vorhandene Gitterstäbe oder Abdeckungen).

Die Gleichung 4.72 gilt für den Fall, daß die Anschlußöffnungen mindestens 0,5 m (Achsmaß) von einer Raumecke entfernt liegen. Wird die Entfernung von 0,5 m unterschritten, ist eine um 6 dB höhere Schachtpegeldifferenz erf. $D_{K,w,R}$ erforderlich.

Schächte und Kanäle entsprechen den vorgenannten Anforderungen, wenn sie nach den Absätzen a) bis e) ausgebildet werden. Diese Beispiele beschränken sich auf übereinanderliegende Räume mit Anforderungen an das bewertete Schalldämm-Maß erf. R'_w der Decken von 53 dB bis 55 dB nach DIN 4109.

Für andere als in den Absätzen a) bis e) beschriebene Ausführungen von Schächten und Kanälen, z. B.
- aus nicht schallabsorbierenden Werkstoffen (wie glatter Beton, Faserzement, Wickelfalzrohr aus Metall u. ä.),
- mit Auskleidungen aus schallabsorbierenden Stoffen,
- mit Ventiltellern oder -kegeln für die Anschlußöffnungen,

ist der Nachweis durch eine Eignungsprüfung zu erbringen.

Durch schallabsorbierende Auskleidungen der Schächte und Kanäle sowie durch die Begrenzung der Querschnittsfläche der Anschlußöffnungen darf die Lüftungsfähigkeit nicht unzulässig verringert werden.

a) Sammelschächte (ohne Nebenschächte), Anschluß in jedem zweiten Geschoß. Sammelschächte ohne Nebenschächte können in jedem zweiten Geschoß einen Anschluß erhalten, wenn
- der Schachtwerkstoff genügend schallabsorbierend ist (z. B. wie bei verputztem Mauerwerk, haufwerksporigem Leichtbeton u. ä.),
- der Schachtquerschnitt höchstens 270 cm² beträgt,

4.2.10 Schutz gegen Geräusche aus haustechnischen Anlagen und Betrieben

– und die Querschnittsfläche der Anschlußöffnung höchstens 180 cm² (ohne Berücksichtigung etwa vorhandener Gitterstege) beträgt.

b) **Anschluß in jedem Geschoß.** Sammelschächte ohne Nebenschächte können in jedem Geschoß einen Anschluß erhalten, wenn der Schacht nach Absatz a) ausgebildet ist, die Querschnittsfläche der Anschlußöffnung jedoch höchstens 60 cm² beträgt.

c) **Sammelschachtanlagen (mit Nebenschächten).** Sammelschachtanlagen mit einem Hauptschacht und Nebenschächten können in jedem Geschoß einen Anschluß erhalten, wenn der Schachtwerkstoff genügend schallabsorbierend ist (z. B. unverputztes Mauerwerk, haufwerksporiger Leichtbeton u. ä.).

d) **Einzelschächte und Einzelschachtanlagen.** Einzelschächte bzw. Einzelschachtanlagen nach DIN 18017-1 (s. Norm) sind erforderlich, wenn
– der Schachtwerkstoff nicht schallabsorbierend ist (z. B. bei gefügedichtem Beton),
– der Schacht nicht schallabsorbierend ausgekleidet ist oder
– die Querschnittsfläche der Anschlußöffnung mehr als 270 cm² beträgt.

Bei Einzelschachtanlagen mit dünnwandigen Kanälen (z. B. Faserzement-Rohre, Wickelfalzrohr aus Metall u. ä.) ist bei nebeneinanderliegenden Schächten ein Luftzwischenraum ≥ 40 mm notwendig, der mit einem weichfedernden Dämmstoff, längenbezogener Strömungswiderstand $\varXi \geq 5$ kN · s/m⁴, ausgefüllt ist.

e) **Schächte und Kanäle mit motorisch betriebener Lüftung.** Bei Schächten und Kanälen mit motorisch betriebener Lüftung sind neben den Anforderungen nach Abschn. 4.2.3 auch die Anforderungen nach Tab. **4.**116 an die höchstzulässigen Schallpegel in Aufenthaltsräumen durch Geräusche als Lüftungsanlagen zu beachten.

Beim Einbau von Ventilatoren, Maschinen und Aggregaten müssen Maßnahmen hinsichtlich der Körperschalldämmung sowie der Luftschalldämmung und -dämpfung getroffen werden. Dies gilt sowohl für die Schallübertragung auf das Bauwerk als auch für die Übertragungen über die Schächte und Kanäle selbst.

Für **Einzelentlüftungsanlagen** nach DIN 18017-3 (s. Norm) für den Betrieb nach Bedarf gelten die Ausführungen am Beginn des Abschn. „Lüftungsschächte und -kanäle" sinngemäß.

Für **Zentralentlüftungsanlagen** nach DIN 18017-3 für den Dauerbetrieb zur Entlüftung von Räumen mehrerer Aufenthaltsbereiche gelten sinngemäß
– bei mehreren Hauptleitungen ohne Nebenleitungen (DIN 18017-3) die Absätze a) und b)
– bei einer Hauptleitung und Nebenleitungen (DIN 18017-3) Absatz c)
– bei getrennten Hauptleitungen (DIN 18017-3) Absatz d).

Weitere Hinweise zu haustechnischen Anlagen

Der in schutzbedürftigen Räumen auftretende Schalldruckpegel läßt sich häufig quantitativ nicht vorhersagen. Dies liegt vor allem daran, daß die meist vorliegende Körperschallanregung der Bauteile z. Z. rechnerisch noch schwer erfaßbar ist. Eine gewisse Ausnahme bilden die Armaturengeräusche der Wasserinstallation.

Die Planung im Hinblick auf die Geräuschübertragung setzt gewisse Erfahrungen voraus. Der Erfahrungsbereich erstreckt sich nicht auf alle denkbaren bau- und installationstechnischen Gegebenheiten. Die Einhaltung der Anforderungen setzt voraus, daß die Verantwortlichen für die
– Planung des Grundrisses,
– Planung und Ausführung des Baukörpers,
– Planung und Ausführung der haustechnischen Anlagen,
– Planung und Ausführung besonderer Schallschutzmaßnahmen,
– Auswahl und Anordnung der geräuscherzeugenden Einrichtungen,
gemeinsam um Schallschutz bemüht sind und für eine wirksame Koordinierung aller Beteiligten gesorgt wird.

Wenn den Beteiligten die nötige Erfahrung fehlt, sollte zur Planung des Gebäudes, der haustechnischen Anlagen, der Betriebe und der besonderen Schallschutzmaßnahmen ein Sachverständiger für Schallschutz hinzugezogen werden.

Grundsätzliches zur Geräuschentstehung und Geräuschausbreitung

Geräusche entstehen vor allem durch
— rotierende oder hin- und hergehende Teile von Maschinen, Geräten oder Anlagen, z. B. von Pumpen, Aufzügen, Motoren, Verbrennungsvorgängen,
— Strömungen in den Armaturen und in den Abwasserleitungen.

Durch Maschinen, Geräte und Leitungen werden die angrenzenden Bauteile eines Aufstellungsraumes zu Schwingungen angeregt.

Bild 4.123 zeigt, wie die Decken und Wände eines Hauses zu Schwingungen angeregt werden können; dabei ist zu unterscheiden zwischen
— dem im Aufstellungsraum erzeugten Luftschall (Luftschallanregung) und
— dem im Aufstellungsraum durch Wechselkräfte erzeugten Körperschall (Körperschallanregung).

Die durch Luft- und Körperschallanregung entstandenen Schwingungen einer Wand oder Decke werden mit nur geringer Schwächung auf damit starr verbundene andere Bauteile übertragen (Körperschallanregung).

Welcher der beiden Anregungsfälle im speziellen Fall vorherrscht, ist von entscheidender Bedeutung für die vorzusehenden Maßnahmen zur Verminderung der Schallausbreitung. Wenn die Schallübertragung durch Körperschallanregung erfolgt — der häufigste Fall — hilft eine verbesserte Luftschalldämmung der Wände im Regelfall nicht.

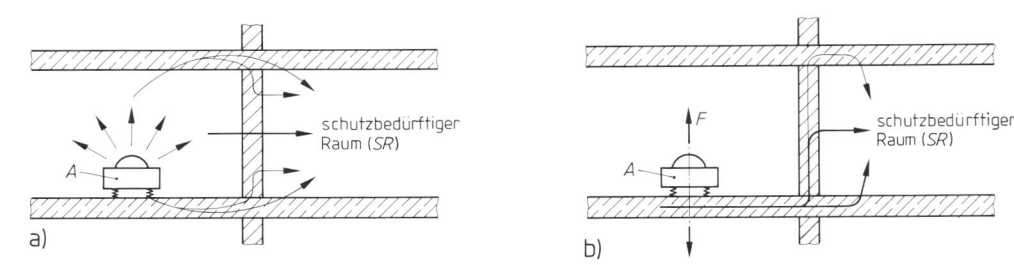

4.123 Schematische Darstellung der Geräuschübertragung von einer Schallquelle A durch Luftschallanregung und durch Körperschallanregung

    a) Luftschallanregung, b) Körperschallanregung durch Wechselkraft F

Umrechnung des entstehenden Luftschallpegels einer Maschine aus ihrem A-Schall-Leistungspegel

Für Maschinen und Geräte sollte vom Hersteller der A-Schall-Leistungspegel $L_{W,A}$ zur Kennzeichnung der Geräuschabstrahlung angegeben werden. Aus ihm läßt sich der im Aufstellungsraum zu erwartende Schalldruckpegel L_A nach folgender Beziehung berechnen:

$$L_A = L_{W,A} - 10\lg\frac{A}{1\,\text{m}^2} + 6\,\text{dB(A)} \tag{4.73}$$

Hierin bedeuten:

$L_{W,A}$ A-Schall-Leistungspegel in dB(A)
A äquivalente Schallabsorptionsfläche des Aufstellungsraumes in m². A läßt sich aus dem Volumen V (in m³) des Aufstellungsraumes und seiner Halligkeit grob abschätzen:

4.2.10 Schutz gegen Geräusche aus haustechnischen Anlagen und Betrieben

gedämpfer Raum $\quad \dfrac{A}{1\,m^2} \approx 0{,}3 \cdot \dfrac{V}{1\,m^3}$ (4.74)

halliger Raum $\quad \dfrac{A}{1\,m^2} \approx 0{,}05 \cdot \dfrac{V}{1\,m^3}$ (4.75)

Der Schalldruckpegel L_A ist in aller Regel kleiner als der Schall-Leistungspegel $L_{W,A}$.
Befinden sich mehrere geräuscherzeugende Geräte in dem Aufstellungsraum, dann müssen die nach der obigen Beziehung ermittelten Schalldruckpegelwerte L_A der einzelnen Geräte energetisch nach Gleichung

$$L_{A,\text{res}} = 10 \lg \sum_{i=1}^{n} (10^{0{,}1\,L_{A,i}})\ \text{dB (A)} \qquad (4.76)$$

zu einem Gesamtpegel addiert werden.

Maßnahmen zur Minderung der Geräuschausbreitung

Grundrißausbildung. Die Geräuschübertragung wird vermindert, wenn zwischen dem Raum mit der Schallquelle und dem schutzbedürftigen Raum ein weiterer, nicht besonders schutzbedürftiger Raum vorgesehen wird. Dies gilt sowohl bei vorliegender Luftschall- als auch bei Körperschallanregung. Die Abnahme des Schalldruckpegels beträgt im Regelfall etwa 10 dB(A); sie kann jedoch in einzelnen Fällen größer sein.
Aus diesem Grund sollten Bäder, Aborte, Küchen und ähnliche Räume in Mehrfamilienhäusern möglichst übereinander bzw. in horizontaler Richtung nebeneinander angeordnet werden; das Wechseln des Wohnungsgrundrisses von Geschoß zu Geschoß sollte unterbleiben. Anderenfalls sind zusätzliche Schutzmaßnahmen für schutzbedürftige Räume erforderlich.

Minderung des Luftschallpegels in „besonders lauten" Räumen. Der Schalldruckpegel in „besonders lauten" Räumen kann durch schallabsorbierende Bekleidungen und Kapselungen vermindert werden. Derartige Maßnahmen sind allerdings für den schutzbedürfigen Raum nur wirksam, wenn die Körperschallanregung nicht überwiegt.

Schallabsorbierende Bekleidung. In den Fällen, in denen die störende Geräuschübertragung durch Luftschallanregung erfolgt, kann man durch eine Bekleidung der Decke oder der Wände im „besonders lauten" Raum mit stark schallabsorbierendem Material (z. B. Mineralfaserplatten) den Schalldruckpegel in diesem Raum und dadurch die Geräuschübertragung senken. Die erreichbare Minderung ist selten größer als 5 dB(A). Meistens ist diese Maßnahme bei haustechnischen Anlagen nicht anwendbar, weil Körperschallanregung vorherrscht. Sie ist auch dann nicht anwendbar, wenn das störende Geräusch in Form von Sprache und Musik durch elektroakustische Anlagen (z. B. in Diskotheken) erzeugt wird, weil die Betreiber im allgemeinen die akustische Verbesserung durch Einstellen einer größeren Leistung der Übertragungsanlagen zunichte machen.

Kapselung. Die Abstrahlung des Luftschalls von Maschinen, Geräten und Rohrleitungen kann durch Kapselung wirksam herabgesetzt werden; die erreichbare Minderung beträgt je nach Ausführung der Kapselung 15 dB(A) bis 30 dB(A); Näheres zur Planung und Ausführung von Kapselung s. VDI 2711.

Verbesserung der Luftschalldämmung. Wenn die Luftschallanregung überwiegt, stehen zur Verringerung der Luftschallübertragung im wesentlichen folgende Maßnahmen zur Verfügung:

- Schwere Ausbildung der Bauteile,
- Vorsatzschalen, z. B. auch schwimmende Estriche,
- über die ganze Haustiefe verlaufende Trennfugen (besonders wirksam).

Verbesserung der Körperschalldämmung. Wenn die Körperschallanregung überwiegt, z. B. bei Geräuschen von Wasserversorgungs- und Abwasseranlagen, bei Benutzergeräuschen in Bad und WC bzw. von Pumpengeräuschen, stehen zur Verringerung der Körperschallübertragung im wesentlichen folgende Maßnahmen zur Verfügung:
- Schwere Ausbildung des unmittelbar angeregten Bauteils,
- Vorsatzschale im schutzbedürftigen Raum, wenn die unmittelbar zur Körperschall angeregte massive Wand leicht ist,
- Zwischenschalten einer federnden Dämmschicht (s. VDI 2062 Blatt 1 und Blatt 2) an der Befestigungsstelle zwischen Maschine, Gerät, Rohrleitung oder Einrichtungsgegenstand und Decke bzw. Wand,
- Ummantelung von Rohrleitungen mit weichfederndem Dämmstoff, sofern sie in Wänden und Massivdecken verlegt werden,
- Zwischenschaltung von Kompensatoren aus Gummi bei wasserführenden Rohrleitungen,
- Aufstellen ganzer Anlagen auf einer schwimmend gelagerten Betonplatte oder unter Verwendung von weichfedernd gelagerten Fundamenten.

Bei Schallquellen, bei denen insbesondere tiefe Frequenzen auftreten (z. B. Ventilatoren), ist zu beachten, daß die Anregungsfrequenzen nicht mit den Resonanzfrequenzen der Bauteile zusammenfallen.

Hinweise auf Maßnahmen bei einzelnen Anlagen und Einrichtungen

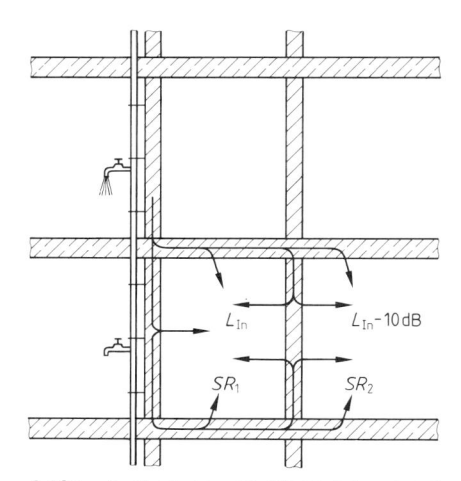

4.124. Ausbreitung von Wasserleitungsgeräuschen aus dem darüberliegenden Geschoß in schutzbedürftige Räume (SR_1 und SR_2); verminderte Schallübertragung durch einen zwischenliegenden Raum.

Wasserversorgungsanlagen. Geräusche aus Wasserversorgungsanlagen entstehen bei der Wasserentnahme hauptsächlich in den Querschnittsverengungen innerhalb der Armaturen und nicht in den Rohrleitungen selbst. Eine strömungstechnisch besonders günstige Ausbildung der Rohrleitungen bringt deshalb bezüglich der Geräusche keine Vorteile. Der in den Armaturen erzeugte Wasserschall wandert in den Rohrleitungen nur wenig geschwächt weiter. Diese Weiterleitung kann in Sonderfällen durch das Zwischenschalten von Wasserschalldämpfern gemindert werden. Durch den Wasserschall werden die Rohrleitungen zu Schwingungen angeregt, die ihrerseits wieder Wände bzw. Decken in Schwingungen bringen, an denen die Leitungen befestigt sind (Bild **4.124**). Die Abstrahlung in den angrenzenden Raum ist geringer, wenn die Zwischenwand schwer ist oder eine Vorsatzschale nach Bbl 1 zu DIN 4109 auf der Seite des schutzbedürftigen Raumes angebracht wird. Der Installa-

4.2.10 Schutz gegen Geräusche aus haustechnischen Anlagen und Betrieben

tionsschallpegel L_{In} des in einen schutzbedürftigen Raum übertragenen Geräusches ist um etwa 10 dB(A) geringer, wenn ein Raum zwischen der Wand mit Rohrinstallation und dem schutzbedürftigen Raum liegt (s. Bild **4**.124).

Rohrschellen-Isolierungen bei Rohren vor der Wand und Rohrummantelungen bei Rohren in der Wand sind als Maßnahmen gegen die Übertragung von Armaturengeräuschen auf das Bauwerk wirkungslos, wenn die Armaturen fest mit der Wand verbunden oder andere Schallbrücken vorhanden sind. Eine Geräuschminderung ist nur zu erreichen, wenn derartige Schallbrücken vermieden werden.

Das Geräusch aus Wasserversorgungsanlagen wird um so größer, je größer der Fließdruck an den Armaturen und damit der Durchfluß ist. Der Druck muß deshalb durch Druckminderer begrenzt werden.

A b w a s s e r l e i t u n g e n. Die beim Wasserablauf vor allem an den Ablaufanschlüssen und bei Richtungsänderungen auftretenden Strömungsvorgänge regen das Abwasserrohr zu Körperschallschwingungen an, die ihrerseits auf die Wände übertragen werden, an denen die Leitungen befestigt sind.

Folgende Maßnahmen zur Geräuschminderung kommen in Frage:
- Bauakustisch günstige Grundrisse, z. B. sollten schutzbedürftige Räume nicht an Wände grenzen, an denen Abwasserleitungen befestigt sind,
- Verwendung schwerer Wände (mindestens 220 kg/m^2), an denen die Abwasserleitungen befestigt sind.
- Vorsatzschalen nach Tab. **4**.71 an leichten Wänden mit Abwasserleitungen auf der den schutzbedürftigen Räumen zugewandten Seite,
- körperschallgedämmte Verlegung der Leitungen,
- Vermeidung starker Richtungsänderungen.

Wenn Abwasserleitungen in Wandschlitzen verlegt werden, sollte die flächenbezogene Masse der Restwand zum schutzbedürftigen Raum hin mindestens 220 kg/m^2 betragen.

Bei Bodeneinläufen läßt sich eine Körperschallübertragung nur schwer vermeiden.

S a n i t ä r g e g e n s t ä n d e. Beim Einlaufen des Wassers, beim Auslauf und beim Benutzen von Bade- bzw. Duschwanne (Plätschern, Rutschgeräusche), des Klosettbeckens (z. B. Spureinlauf), von Waschtisch und Ablagen (z. B. Zahnbecher aufstellen) wird Körperschall erzeugt und auf die umgebenden Wände und Decken übertragen.

Folgende Maßnahmen zur Geräuschminderung kommen in Frage:
- Bauakustisch günstige Grundrisse, z. B. sollten schutzbedürftige Räume nicht unmittelbar an Räume mit Wänden mit Sanitärinstallationen oder unter Sanitärräumen angeordnet werden,
- Badewanne und Badewannenschürze körperschallgedämmt auflagern oder auf schwimmenden Estrich stellen,
- Badewanne und Badewannenschürze von Wänden trennen (Verfugen mit elastischem Dichtstoff),
- auf dem Boden stehende Klosettbecken auf den schwimmenden Estrich stellen und nur hierauf befestigen,
- wandhängende Sanitärgegenstände, z. B. wandhängende Klosettbecken, Waschtische und Ablagen körperschallgedämmt befestigen.

H e i z u n g s a n l a g e n. Von Heizungsanlagen in Kellerräumen mit einer Heizkessel-Nennleistung bis etwa 100 kW werden Kessel- und Brennergeräusche im Regelfall nur durch Luftschall übertragen. Deshalb sollte die Kellerdecke möglichst „schwer" ausgeführt (Tab. **4**.116) und im Erdgeschoß ein schwimmender Estrich verlegt werden.

Bei größeren Heizungsanlagen können zusätzlich auch unter den Kesseln körperschalldämmende Maßnahmen erforderlich werden; Näheres s. VDI 2715.

Bei Heizungsanlagen in höherliegenden Geschossen kann die erforderliche Körperschalldämmung durch Aufbau der Anlage auf einer „schwimmend" gelagerten Betonplatte erreicht werden.

Bei größeren Anlagen kann eine zusätzliche Luftschallübertragung über den Schornstein erfolgen; durch einen Schalldämpfer zwischen Heizkessel und Schornstein kann diese vermindert werden.

Unter ungünstigen Umständen muß die Geräuschausbreitung über Belüftungsöffnungen ins Freie vor den Fenstern der schutzbedürftigen Räume beachtet werden. Dieser Übertragungsweg läßt sich vorherberechnen (s. VDI 2571); erforderlichenfalls sind Schalldämpfer anzuordnen.

Bei speziellen Heizungsanlagen, z. B. Wärmepumpen oder Wärmeerzeugern mit Pulsationsbrennern, sollte im Einzelfall geprüft werden, ob zusätzliche Schallschutzmaßnahmen erforderlich sind.

Anlagen zur Lüftung und Klimatisierung. Für die Planung und Ausführung von Maßnahmen zur Geräuschminderung wird auf VDI 2081 hingewiesen.

Aufzugsanlagen. Die Geräusche kommen von der Maschinenanlage, meistens von den Getrieben und Bremsen; außerdem spielen Relaisgeräusche eine Rolle. Die Grundrißausbildung ist von großer Bedeutung; für Planung und Ausführung von Maßnahmen zur Geräuschminderung s. VDI 2566.

Müllabwurfanlagen. Folgende Maßnahmen zur Geräuschminderung kommen in Frage:
- Der Schacht sollte unten nicht abgeknickt sein, so daß der Müll senkrecht in den Auffangbehälter fallen kann.
- Der innere Schacht sollte gegenüber dem Bauwerk körperschalldämmend ausgeführt sein und eine möglichst hohe innere Dämpfung haben. Hohe Dämpfungswerte lassen sich durch Schüttungen aus geglühtem Sand (auch nur abschnittsweise) zwischen äußerem und innerem Schacht erreichen.
- Der Auffangbehälter sollte Gummiräder erhalten und auf einem schwimmenden Estrich stehen. Der bewertete Norm-Trittschallpegel (das Trittschallschutzmaß) im Aufstellungs- und Zufahrtsbereich sollte, gemessen in Richtung der Lärmausbreitung, $L_{n,w,R} \leq 43$ dB ($TSM_R \geq 20$ dB) betragen.
- Die den Müllraum umschließenden Bauteile sollten ein bewertetes Schalldämm-Maß $R'_{w,R} \geq 55$ dB haben.

Garagen. Das Öffnen und Schließen der Garagentore erzeugt Körperschall. Störungen hierdurch können vermindert werden, indem Torrahmen körperschallgedämmt befestigt und Stöße beim Betätigen der Tore mit Hilfe von federnden Puffern vermieden werden.

Ölhydraulisch betriebene Schließanlagen für Garagentore und Hebeanlagen für Kraftfahrzeuge neigen zu lästigem „Singen", das je nach Einzelfall mit Flüssigkeitsschalldämpfern im Hydrauliksystem oder mit Kapselungen der Hydraulikpumpe gemindert werden kann.

Ventilatoren sind körperschallgedämmt anzuordnen. Im Einzelfall ist zu überprüfen, ob zur Verminderung der Luftschallübertragung Schalldämpfer erforderlich sind.

Verschiedenes. Türsprechanlagen, Türschließer, Türklingeln, Telefonklingeln, Relais – z. B. für Treppenbeleuchtung – und ähnliche Schallquellen an Wänden regen diese zu Körperschall an, der zu störenden Geräuschen in benachbarten schutzbedürftigen Räumen führen kann. Das gleiche gilt für wandhängende Schränke, Warenautomaten und dergleichen.

Durch eine körperschallgedämmte Befestigung der vorgenannten Einrichtungen können störende Geräusche vermindert werden.

4.2.11 Nachweis der Eignung der Bauteile

Bauteile, die den in den Abschn. 4.2.3, 4.2.5 und 4.2.10 gestellten Anforderungen genügen müssen, gelten ohne bauakustische Messungen als geeignet, wenn ihre Ausführungen denen im Bbl 1 zu DIN 4109 entsprechen.
Bei der Ermittlung der Werte für die Luftschalldämmung in massiven Bauteilen ist der Einfluß der flankierenden Bauteile zu berücksichtigen, wenn die mittlere flächenbezogene Masse $m'_{L,\text{Mittel}}$ der vier flankierenden Bauteile von (300 ± 25) kg/m² abweicht.
Bei den Ausführungsbeispielen für Massivdecken wird im Bbl 1 zu DIN 4109 nach Massivdecken ohne/mit Deckenauflagen bzw. ohne/mit biegeweicher Unterdecke und nach Deckenauflagen allein unterschieden. Dort ist angegeben, mit welcher Deckenauflage Massivdecken versehen werden können, damit die geforderte Schalldämmung erreicht wird.
Bei Bauteilen, für die kein Nachweis nach Bbl 1 zu DIN 4109 geführt werden kann, ist die Eignung durch Eignungsprüfungen, wie sie in DIN 4109 beschrieben sind, aufgrund von Messungen nach den entsprechenden Prüfnormen nachzuweisen.
DIN 4109 enthält gleichzeitig Bewertungen bei Messungen in Prüfständen (Eignungsprüfung I) und bei Prüfungen von Sonderbauteilen und Sonderbauarten (Eignungsprüfung III).

4.2.12 Weitere Hinweise für Planung und Ausführung; Luft- und Trittschalldämmung

Bbl 2 zu DIN 4109 enthält zahlreiche weitere Hinweise für die Planung und Ausführung, von denen einige auszugsweise wiedergegeben sind.
Die Erfüllung der Anforderungen an die Luft- und Trittschalldämmung in Gebäuden erfordern besondere Maßnahmen sowohl bei der Bauplanung als auch bei der Bauausführung. Hierzu müssen Grundkenntnisse der bauakustischen Gesetzmäßigkeiten und aus der Praxis gewonnene Erfahrungen vorhanden sein.

Hinweise für die Grundrißplanung

Wohn- oder Schlafräume sollen möglichst so angeordnet werden, daß sie wenig vom Außenlärm betroffen werden und von Treppenräumen durch andere Räume, z. B. Wasch- und Aborträume, Küchen, Flure u. ä., getrennt sind.
Beiderseits an Wohnungstrennwände angrenzende Räume sollten Räume gleichartiger Nutzung sein, z. B. Küche neben Küche, Schlafraum neben Schlafraum, sofern nicht durchgehende Gebäudetrennfugen vorhanden sind.

Luftschalldämmung von einschaligen Bauteilen

Einfluß von Masse und Biegesteifigkeit. Einschalige Bauteile haben im allgemeinen eine um so bessere Luftschalldämmung, je schwerer sie sind.
Im Regelfall nimmt die Luftschalldämmung auch mit der Frequenz stetig zu. Nur im Bereich der Grenzfrequenz verschlechtert sich die Luftschalldämmung, wenn sich hier – wie bei einer Resonanz – die Wirkung von Massenträgheit und Biegesteifigkeit gegenseitig aufheben.
Die Biegesteifigkeit kann sich unterschiedlich auf die Schalldämmung auswirken:
Ungünstig ist die Wirkung bei einschaligen Bauteilen, wenn die Grenzfrequenz im Frequenzbereich 200 Hz bis 2000 Hz liegt. Dies ist z. B. der Fall bei

– Platten oder plattenförmigen Bauteilen aus Beton, Leichtbeton, Mauerwerk, Gips und Glas mit flächenbezogenen Massen zwischen etwa 20 kg/m² und 100 kg/m².
– Platten aus Holz und Holzwerkstoffen mit flächenbezogenen Massen über 15 kg/m².

Günstig wirkt sich dagegen eine hohe Biegesteifigkeit bei dicken Wänden aus, sofern die Grenzfrequenz unter etwa 200 Hz liegt. Dies gilt für alle Platten oder plattenförmigen Bauteile aus Beton, Leichtbeton oder Mauerwerk mit einer flächenbezogenen Masse von mindestens 150 kg/m².

Einfluß von Hohlräumen. Große Hohlräume können die Schalldämmung gegenüber gleich schweren Bauteilen ohne Hohlräume verringern.

Einfluß von Putz, Trockenputz und verputzten Dämmplatten. Der Putz verbessert die Luftschalldämmung von Bauteilen nur entsprechend seinem Anteil an der flächenbezogenen Masse, sofern er nicht eine hauptsächlich dichtende Funktion hat.

Gemauerte Wände mit unvollständig vermörtelten Fugen und Wände aus luftdurchlässigem Material (Einkornbeton, haufwerksporiger Leichtbeton) erhalten die ihrer flächenbezogenen Masse entsprechende Schalldämmung erst mit einem zumindest einseitigen, dichten und vollflächig haftenden Putz oder einer Beschichtung.

Werden bei solchen undichten Rohbauwänden Gipskartonplatten nach DIN 18180 (s. Norm) mit einzelnen Gipsbatzen oder -streifen an der Wand befestigt, ist mit einer Verringerung der Schalldämmung gegenüber naß verputzten Wänden zu rechnen. Die Ursache ist in Undichtheiten der Rohbauwand und in Schwingungen der nicht an den Gipsbatzen haftenden Teile der Gipskartonplatten zu suchen. Diese Mängel lassen sich vermeiden, wenn auf einer Seite, zwischen Rohbauwand und Gipskartonplatten, Faserdämmstoffe nach DIN 18165-1 (s. Norm) angebracht werden (Ausführungsbeispiele s. Tab. 4.71).

Vollflächig oder punktweise an Decken und Wänden angeklebte oder anbetonierte und verputzte Holzwolle-Leichtbauplatten, harte Schaumkunststoffplatten oder Platten ähnlich hoher dynamischer Steifigkeit verschlechtern die Schalldämmung der Bauteile durch Resonanz, die im Frequenzbereich von 200 bis 2000 Hz liegen kann.

Eine Verschlechterung der Schalldämmung tritt nicht ein, wenn Holzwolle- oder Mehrschicht-Leichtbauplatten nach DIN 1101 (s. Norm) an Decken und Wänden – wie in DIN 1102 (s. Norm) beschrieben – angedübelt und verputzt werden.

Luftschalldämmung zweischaliger Bauteile

Bei zweischaligen Bauteilen läßt sich im allgemeinen eine bestimmte Luftschalldämmung mit einer geringeren flächenbezogenen Masse erreichen als bei einschaligen. Die bewerteten Schalldämm-Maße $R'_{w,R}$ können zum Teil erheblich über denen nach Tab. 4.64 für einschalige Bauteile liegen.

Einfluß der Eigenfrequenz. Die Luftschalldämmung zweischaliger Bauteile ist nur für Frequenzen oberhalb ihrer Eigenfrequenz f_0 besser als die von gleich schweren einschaligen Bauteilen. Im Bereich der Eigenfrequenz ist die Luftschalldämmung geringer; die Eigenfrequenz soll deshalb unter 100 Hz liegen.

In Tab. 4.125 sind Zahlenwertgleichungen zur Bestimmung der Eigenfrequenz f_0 für einige typische Anwendungsfälle angegeben.

Diese Gleichungen gelten nur für den Fall, daß die mit m' bezeichneten Schalen biegeweich ausgeführt werden.

Zweischalige Bauteile mit biegeweichen Schalen. Biegeweiche Platten haben eine wesentliche Bedeutung für die Konstruktion zweischaliger Bauteile. Zu den biegeweichen Platten gehören z. B.

4.2.12 Weitere Hinweise für Planung und Ausführung; Luft- und Trittschalldämmung

Tabelle 4.125 Eigenfrequenz f_0 **zweischaliger Bauteile**

Spalte	1	2	3	4
Zeile	Aufbau der zweischaligen Bauteile		Gleichung für f_0	Beispiele für zweischalige Bauteile mit Eigenfrequenz $f_0 \leq 100$ Hz
1	Zwei biegeweiche Schalen, Luftschicht mit schallabsorbierender Einlage[1]		$f_0 \approx \dfrac{85}{\sqrt{m' \cdot s}}$	Wände nach Tab. **4.**85 und **4.**86[2]
2	Biegeweiche Schale vor schwerer, biegesteifer Wand oder als Unterdecke von Massivdecken, Luftschicht mit schallabsorbierender Einlage[1]		$f_0 \approx \dfrac{60}{\sqrt{m' \cdot s}}$	Wände nach Tab. **4.**71, Zeilen 1[2], 2, 3[2], 5[2] und 6, und Tab. **4.**72 Decken nach Tab. **4.**61, Zeilen 7 und 8
3	Zwei biegeweiche Schalen mit Dämmschicht, die mit beiden Schalen vollflächig verbunden ist		$f_0 \approx 225\sqrt{\dfrac{s'}{m'}}$	Wegen der aus Stabilitätsgründen notwendigen hohen dynamischen Steifigkeit der Dämmschicht liegt f_0 in der Regel über 100 Hz (bauakustisch ungünstig)
4	Biegeweiche Schale vor schwerer, biegesteifer Wand mit Dämmschicht, die mit beiden Schalen verbunden ist, auch schwimmender Estrich auf Massivdecke[3]		$f_0 \approx 160\sqrt{\dfrac{s'}{m'}}$	Wand nach Tab. **4.**71, Zeile 4 Massivdecke mit schwimmenden Estrichen nach Tab. **4.**52, mit Trittschallverbesserungsmaßen $\Delta L_W(VM) \geq 27$ dB

In den Gleichungen bedeuten:
f_0 Eigenfrequenz in Hz
m' flächenbezogene Masse einer biegeweichen Schale in kg/m²
s Schalenabstand in m
s' dynamische Steifigkeit der Dämmschicht in MN/m³ (z. B. Angaben für Dämmstoffe nach DIN 18165-1 und DIN 18165-2, s. Norm), wobei $s' = \dfrac{E_{dyn}}{s}$ in MN/m³.

[1] Die schallabsorbierende Einlage muß weichfedernd sein, längenbezogener Strömungswiderstand $\Xi \geq 5$ kN · s/m⁴. Diese Bedingungen können z. B. von Faserdämmstoffen nach DIN 18165-1 erfüllt werden.
[2] In den Wänden nach Tab. **4.**71, Zeilen 1, 3 und 5, und Tab. **4.**74 übernehmen die innenseitig offenporigen Holzwolle-Leichtbauplatten die Aufgabe des Strömungswiderstandes.
[3] Die Gleichung in Zeile 4 gilt auch für die Bestimmung der Eigenfrequenz schwimmender Estriche, obwohl diese nicht mehr zu den biegeweichen Schalen zählen.

— Gipskartonplatten mit einer Dicke ≤ 18 mm,
— Putzschalen, z. B. auf Rohr- oder Drahtgewebe.
— Holzwolle-Leichtbauplatten, einseitig verputzt, auf Unterkonstruktion oder freistehend,
— Faserzementplatten mit einer Dicke ≤ 10 mm,
— Glasplatten mit einer Dicke ≤ 8 mm,
— Stahlblech mit einer Dicke ≤ 2 mm,
— Spanplatten mit einer Dicke ≤ 16 mm.

Wird zur Ermittlung des Abstandes s oder der flächenbezogenen Masse m' der biegeweichen Schale eine Eigenfrequenz $f_0 \leq 85$ Hz zugrunde gelegt, ergibt sich aus der Tab. 4.125:
- für zweischalige Bauteile aus zwei biegeweichen Schalen mit schallabsorbierender Einlage (Zeile 1)

$$m' \cdot s \geq 1 \qquad (4.77)$$

- für zweischalige Bauteile aus einer schweren, biegesteifen Schale mit biegeweicher Vorsatzschale und schallabsorbierender Einlage (Zeile 2)

$$m' \cdot s \geq 0{,}5 \qquad (4.78)$$

hierbei ist m' in kg/m² und s in m einzusetzen.

Die Schalldämmung ist um so besser, je weniger starr die Verbindung der beiden Schalen durch die Unterkonstruktion ist und je schwerer die schwere Schale bei zweischaligen Bauteilen aus einer schweren, biegesteifen Schale mit biegeweicher Vorsatzschale ist.

Zweischalige Bauteile aus zwei schweren, biegesteifen Schalen. Zweischalige Wände aus zwei schweren, biegesteifen Schalen sind dann von Vorteil, wenn zwischen den Schalen eine über die ganze Haustiefe und -höhe durchgehende schallbrückenfreie Fuge angeordnet wird, die die Flankenübertragung unterbricht. Solche Wände haben wesentliche Bedeutung für Haustrennwände, insbesondere bei Einfamilien-Doppelhäusern und Einfamilien-Reihenhäusern.

Bei zweischaligen Wänden aus zwei schweren, biegesteifen Schalen mit durchlaufenden, flankierenden Bauteilen, insbesondere bei starrem Randanschluß nach Bild 4.126, wird der Schall hauptsächlich über diesen Anschluß übertragen. Solche Wände haben im Regelfall keine höhere, eher eine geringere Schalldämmung, als sich nach Tab. 4.116 für einschalige Wände mit gleicher flächenbezogenen Masse ergeben würde.

Trittschalldämmung von Massivdecken

Einschalige Decken. Die Trittschalldämmung einschaliger Decken nimmt mit der Masse und der Biegesteifigkeit zu. Eine ausreichende Trittschalldämmung kann jedoch – im Gegensatz zur Luftschalldämmung – durch Erhöhung der flächenbezogenen Masse nicht erreicht werden. Eine Verbesserung durch Deckenauflagen ist immer notwendig.

Zweischalige Decken. Die Trittschalldämmung einschaliger Decken kann durch eine zweite Schale – mit Abstand angebracht – verbessert werden. Als zweite Schale ist der schwimmende Estrich am wirksamsten (DIN 18560-2, s. Norm), weil er das Eindringen von Körperschall in die Deckenkonstruktion weitgehend verhindert und zudem die Luftschalldämmung verbessert. Voraussetzung ist, daß er schallbrückenfrei ausgeführt wird, was eine besonders sorgfältige Arbeit voraussetzt.

Durch eine untergehängte biegeweiche Schale wird zwar auch die Trittschalldämmung verbessert, die Wirkung ist jedoch begrenzt, weil – ohne schwimmenden Estrich – Körperschall auf die flankierenden Bauteile übertragen und von diesen als Luftschall abgestrahlt wird.

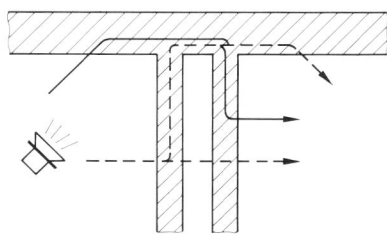

4.126 Schallübertragung bei zweischaligen Wänden aus biegesteifen Schalen mit starrem Randanschluß

4.2.12 Weitere Hinweise für Planung und Ausführung; Luft- und Trittschalldämmung

Deckenauflagen

Schwimmende Estriche. Ein schwimmender Estrich ist ein auf einer Dämmschicht hergestellter Estrich, der auf seiner Unterlage beweglich ist.
Die Verbesserung der Trittschalldämmung beginnt oberhalb der Eigenfrequenz, die sich nach Tab. **4.125**, Zeile 4, errechnet. Die Rechenwerte nach Tab. **4.**52 sind unter baupraktischen Bedingungen festgelegt.
Den theoretischen Zusammenhang zwischen dem Trittschallverbesserungsmaß $\Delta L_{w,R}(VM_R)$ und der dynamischen Steifigkeit s' der Dämmschicht zeigt näherungsweise Bild **4.**127.
Eine erhebliche Verschlechterung tritt ein, wenn Schallbrücken, d. h. feste Verbindungen zwischen Estrich und Decke oder seitlichen Wänden, entstehen. Häufig entstehen Schallbrücken bei schwimmenden Estrichen auch durch Ausgleichsspachtelmassen und harte Fußleisten, Türzargen, Aussteifungsprofile, nachträglich eingesetzte Heizkörperstützen u. ä. Bei Bodeneinläufen läßt sich eine Körperschallübertragung nur schwer vermeiden. Beispiele für Wandanschlüsse von schwimmenden Estrichen zeigen die Bilder **4.**128 bis **4.**130 (Prinzipskizzen).

Schwimmende Holzfußböden. Unterböden aus Holzspanplatten mit und ohne Lagerhölzer auf Dämmstoffen (schwimmende Holzfußböden) nach Tab. **4.**52, Zeilen 3 und 4, wirken bauakustisch ähnlich wie schwimmende Estriche.
Das Dröhnen des Fußbodens wird gedämpft, wenn der Hohlraum zwischen den Lagerhölzern mit Schallabsorptionsmaterial ausgefüllt ist.

Weichfedernde Bodenbeläge. Weichfedernde Bodenbeläge verbessern nur die Trittschalldämmung, nicht jedoch die Luftschalldämmung.
Die für die Berechnung zu verwendenden Trittschallverbesserungsmaße sind Tab. **4.**53 zu entnehmen, sofern durch Eignungsprüfungen nicht andere Trittschallverbesserungsmaße festgelegt sind.

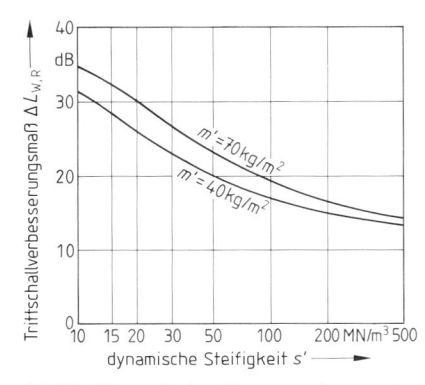

4.127 Theoretischer Zusammenhang zwischen dem Trittschallverbesserungsmaß $\Delta L_{w,R}(VM_R)$ eines schallbrückenfreien, schwimmenden Estrichs und der dynamischen Steifigkeit s' der verwendeten Dämmschicht bei Estrichen mit flächenbezogenen Massen m' von 40 und 70 kg/m².

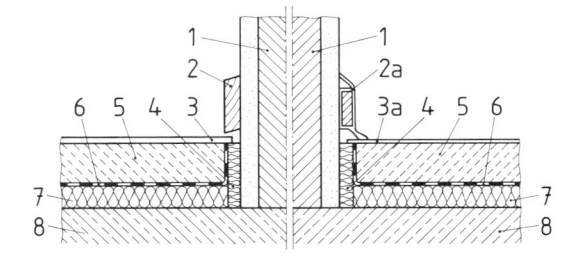

4.128 Beispiele für Wandanschlüsse bei schwimmenden Estrichen;
– bei Wandputz und weichfedernden Bodenbelägen,
– bei Wandputz und harten Bodenbelägen

1 Mauerwerk oder Beton, verputzt
2 Sockelleiste mit hartem Anschluß
2a Sockelleiste mit weichfederndem Anschluß
3 weichfedernder Bodenbelag
3a harter oder weichfedernder Bodenbelag
4 Randdämmstoffstreifen
5 Estrich
6 Abdeckung
7 Trittschall-Dämmschicht
8 Massivdecke

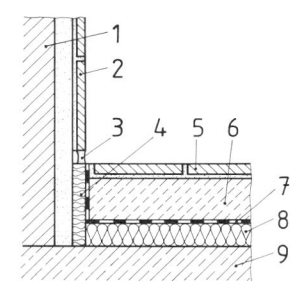

4.129 Beispiel für Wandschluß bei schwimmenden Estrichen mit keramischen Belägen, Natur- und/oder Betonwerksteinbelägen und Anordnung einer waagerechten Trennfuge
1 Mauerwerk oder Beton
2 Wandfliesen oder Platten im Dickbett
3 elastische Fugenmasse
4 Randdämmstoffstreifen
5 Bodenfliesen oder Platten
6 Estrich
7 Abdeckung
8 Trittschall-Dämmschicht
9 Massivdecke

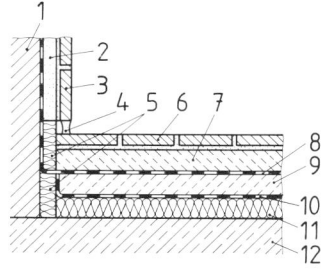

4.130 Fußbodenaufbau mit Abdichtung für Badezimmer mit Duschbetrieb
1 Mauerwerk oder Beton
2 Putz, bewehrt
3 Wandfliesen oder Platten im Dickbett
4 elastische Fugenmasse
5 Randdämmstoffstreifen
6 Bodenfliesen oder Platten
7 Schutzschicht
8 Abdichtung
9 Estrich
10 Abdeckung
11 Trittschall-Dämmschicht
12 Massivdecke

Flankenübertragung

Schall wird von Raum zu Raum nicht nur über die Trenndecke oder Trennwand (gegebenenfalls auch Türen) übertragen, sondern auch über Nebenwege. Unter Nebenwegübertragung versteht man sowohl die Schallübertragung längs angrenzender Bauteile, die sogenannte Flankenübertragung, als auch die Luftschallübertragung über Schächte, Kanäle, Deckenhohlräume von Unterdecken und Undichtigkeiten an den Randanschlüssen, z. B. von Wänden, und bei der Durchführung von Rohren durch Bauteile.

Die Flankenübertragung wird beeinflußt durch die Masse der Biegesteifigkeit und die innere Dämpfung der angrenzenden Bauteile sowie des trennenden Bauteils und durch die Ausbildung der Anschlußstellen von trennenden und flankierenden Bauteilen.

4.2.13 Erhöhter Schallschutz

Bbl 2 zu DIN 4109 enthält Vorschläge für einen erhöhten Schallschutz und Empfehlungen zum Schallschutz im eigenen Wohn- und Arbeitsbereich. Hierzu wird ausgeführt, daß in bestimmten Fällen (z. B. bei einem größeren Schutzbedürfnis, besonders geringes Hintergrundgeräusch) ein über die Anforderungen nach DIN 4109 hinausgehender erhöhter Schallschutz wünschenswert ist, wodurch die Belästigung durch Schallübertragung weiter gemindert werden kann.

Die Anforderungen in DIN 4109 sind stets Mindestanforderungen. Soll ein erhöhter Schallschutz erzielt werden, ist dieser jeweils zwischen dem Bauherrn und dem Entwurfsverfasser ausdrücklich zu vereinbaren. Wird ein erhöhter Schallschutz nach Tab. **4.**131 vereinbart, muß dies bereits bei der Planung des Gebäudes berücksichtigt werden.

Bei der Ausführung ist auf eine enge Abstimmung der beteiligten Gewerke zu achten. Die nachfolgend zur Orientierung für den Planer aufgeführten Vorschläge sind so ausgelegt, daß sowohl der Luftschallschutz als auch der Trittschallschutz im Vergleich zu den Anforderungen nach DIN 4109 zu einer deutlichen Minderung des Lautstärkeempfindens führen.

4.2.13 Erhöhter Schallschutz

Tabelle 4.131 Vorschläge für erhöhten Schallschutz; Luft- und Trittschalldämmung von Bauteilen zum Schutz gegen Schallübertragung aus einem fremden Wohn- oder Arbeitsbereich

Bauteile		Vorschläge für erhöhten Schallschutz		Bemerkungen
		erf. R'_w in dB	erf. $L'_{n,w}$ (erf. TSM) in dB	
1 Geschoßhäuser mit Wohnungen und Arbeitsräumen				
Decken	Decken unter allgemein nutzbaren Dachräumen, z. B. Trockenböden, Abstellräumen und ihren Zugängen	≥ 55	≤ 46 (≥ 17)	
	Wohnungstrenndecken (auch -treppen) und Decken zwischen fremden Arbeitsräumen bzw. vergleichbaren Nutzungseinheiten	≥ 55	≤ 46 (≥ 17)	Weichfedernde Bodenbeläge dürfen für den Nachweis des Trittschallschutzes angerechnet werden.
	Decken über Kellern, Hausfluren, Treppenräumen unter Aufenthaltsräumen	≥ 55	≤ 46 (≥ 17)	Der Vorschlag für den erhöhten Schallschutz an die Trittschalldämmung gilt nur für die Trittschallübertragung in fremde Aufenthaltsräume, ganz gleich, ob sie in waagerechter, schräger oder senkrechter (nach oben) Richtung erfolgt.
	Decken über Durchfahrten, Einfahrten von Sammelgaragen u. ä. unter Aufenthaltsräumen	–	≤ 46 (≥ 17)	
	Decken unter Terrassen und Loggien über Aufenthaltsräumen	–	≤ 46 (≥ 17)	
	Decken unter Laubengängen	–	≤ 46 (≥ 17)	Der Vorschlag für den erhöhten Schallschutz an die Trittschalldämmung gilt nur für die Trittschallübertragung in fremde Aufenthaltsräume, ganz gleich, ob sie in waagerechter, schräger oder senkrechter (nach oben) Richtung erfolgt.
	Decken und Treppen innerhalb von Wohnungen, die sich über zwei Geschosse erstrecken	–	≤ 46 (≥ 17)	Der Vorschlag für den erhöhten Schallschutz an die Trittschalldämmung gilt nur für die Trittschallübertragung in fremde Aufenthaltsräume, ganz gleich, ob sie in waagerechter, schräger oder senkrechter (nach oben) Richtung erfolgt. Weichfedernde Bodenbeläge dürfen für den Nachweis des Trittschallschutzes angerechnet werden.
	Decken unter Bad und WC ohne/mit Bodenentwässerung	≥ 55	≤ 46 (≥ 17)	
	Decken unter Hausfluren	–	≤ 46 (≥ 17)	Bei Sanitärobjekten in Bad oder WC ist für eine ausreichende Körperschalldämmung zu sorgen.
Treppen	Treppenläufe und -podeste	–	≤ 46 (≥ 17)	
Wände	Wohnungstrennwände und Wände zwischen fremden Arbeitsräumen	≥ 55	–	

Fortsetzung s. nächste Seiten

Tabelle 4.131, Fortsetzung

	Bauteile	Vorschläge für erhöhten Schallschutz erf. R'_W (erf. TSM) in dB	erf. $L'_{n,W}$ in dB	Bemerkungen
Wände	Treppenraumwände und Wände neben Hausfluren	≥55	–	Für Wände mit Türen gilt R_W (Wand) = $R_{W,P}$ (Tür) +15 dB. Darin bedeutet $R_{W,P}$ (Tür) die erforderliche Schalldämmung der Tür nach Tab. 4.48, Zeile 16 oder Zeile 17. Wandbreiten ≤30 cm bleiben dabei unberücksichtigt.
Türen	Türen, die von Hausfluren oder Treppenräumen in Flure und Dielen von Wohnungen und Wohnheimen oder von Arbeitsräumen führen	≥37	–	Bei Türen gilt Tab. 4.48, erf. R_W.
2 Einfamilien-Doppelhäuser und Einfamilien-Reihenhäuser				
Decken	Decken	–	≤38 (≥25)	Der Vorschlag für den erhöhten Schallschutz an die Trittschalldämmung gilt nur für die Trittschallübertragung in fremde Aufenthaltsräume, ganz gleich, ob sie in waagerechter, schräger oder senkrechter (nach oben) Richtung erfolgt. Weichfedernde Bodenbeläge dürfen für den Nachweis des Trittschallschutzes angerechnet werden.
	Treppenläufe und -podeste und Decken unter Fluren	–	≤46 (≥17)	
Wände	Haustrennwände	≥67	–	
3 Beherbergungsstätten, Krankenanstalten, Sanatorien				
Decken	Decken	≥55	≤46 (≥17)	
	Decken unter Bad und WC ohne/mit Bodenentwässerung	≥55	≤46 (≥17)	Der Vorschlag für den erhöhten Schallschutz an die Trittschalldämmung gilt nur für die Trittschallübertragung in fremde Aufenthaltsräume, ganz gleich, ob sie in waagerechter, schräger oder senkrechter (nach oben) Richtung erfolgt. Weichfedernde Bodenbeläge dürfen für den Nachweis des Trittschallschutzes angerechnet werden. Bei Sanitärobjekten in Bad oder WC ist für eine ausreichende Körperschalldämmung zu sorgen.
Decken	Decken unter Fluren	–	≤46 (≥17)	Der Vorschlag für den erhöhten Schallschutz an die Trittschalldämmung gilt nur für die Trittschallübertragung in fremde Aufenthaltsräume, ganz gleich, ob sie in waagerechter, schräger oder senkrechter (nach oben) Richtung erfolgt.
Treppen	Treppenläufe und -podeste	–	≤46 (≥17)	

Fortsetzung s. nächste Seite

Tabelle **4**.131, Fortsetzung

| | Bauteile | Vorschläge für erhöhten Schallschutz | | Bemerkungen |
		erf. R'_w in dB	erf. $L'_{n,w}$ (erf. TSM) in dB	
Wände	Wände zwischen Übernachtungs- bzw. Krankenräumen	≥ 52	–	
	Wände zwischen Fluren und Übernachtungs- bzw. Krankenräumen	≥ 52	–	Das erf. R'_w gilt für die Wand allein.
Türen	Türen zwischen Fluren und Krankenräumen	≥ 37	–	Bei Türen gilt nach Tab. **4**.48 erf. R_w.
	Türen zwischen Fluren und Übernachtungsräumen	≥ 37	–	

Die für die Luftschalldämmung der trennenden Bauteile angegebenen Werte gelten für die resultierende Schalldämmung und Berücksichtigung der an der Schallübertragung beteiligten Bauteile und Nebenwege im eingebauten Zustand.

Vorschläge für einen erhöhten Schallschutz von Bauteilen zwischen „besonders lauten" Räumen und schutzbedürftigen Räumen werden wegen der stark unterschiedlichen Geräusche nicht festgelegt. Hier ist im Einzelfall ein Sachverständiger hinzuzuziehen.

Empfehlungen für den Schallschutz gegen Schallübertragung im eigenen Wohn- oder Arbeitsbereich

In besonderen Fällen können wegen unterschiedlicher Nutzung und Schallquellen in einzelnen Räumen unterschiedlicher Arbeits- und Ruhezeiten einzelner Bewohner oder wegen sonstiger erhöhter Schutzbedürftigkeit auch Schallschutzmaßnahmen im eigenen Wohn- oder Arbeitsbereich wünschenswert sein.

Um dem Planer eine Orientierung für schallschutztechnisch sinnvolle Maßnahmen zu geben, werden in Tab. **4**.132 Vorschläge für einen normalen und für einen erhöhten Schallschutz zum Schutz gegen Schallübertragung aus dem eigenen Wohn- oder Arbeitsbereich gemacht.

Der Schallschutz einzelner oder mehrerer Bauteile nach diesen Vorschlägen muß ausdrücklich zwischen dem Bauherrn und dem Entwurfsverfasser vereinbart werden, wobei hinsichtlich Eignungs- und Gütenachweis auf die Regelungen in DIN 4109 Bezug genommen werden soll.

Wird ein Schallschutz nach Tab. **4**.132 vereinbart, muß dies bereits bei der Planung berücksichtigt werden. Bei der Ausführung ist auf eine enge Abstimmung der beteiligten Gewerke zu achten. Bei „offener" Grundrißgestaltung ist die Anwendung der Empfehlungen häufig nicht möglich.

Vorschläge für einen erhöhten Schallschutz gegen Geräusche aus haustechnischen Anlagen

Werden vom Bauherrn für den Schalldruckpegel bessere Werte als nach Tab. **4**.115 gefordert, bedürfen diese der ausdrücklichen Vereinbarung und zahlenmäßigen Festlegung zwischen dem Bauherrn und dem Entwurfsverfasser, wobei hinsichtlich Eignungs- und Gütenachweis auf die Regelungen nach DIN 4109 Bezug genommen werden soll.

Tabelle 4.132 Empfehlungen für normalen und erhöhten Schallschutz; Luft- und Trittschalldämmung von Bauteilen zum Schutz gegen Schallübertragung aus dem eigenen Wohn- oder Arbeitsbereich

Bauteile	Empfehlungen für normalen Schallschutz		Empfehlungen für erhöhten Schallschutz		Bemerkungen
	erf. R'_w in dB	erf. $L'_{n,w}$ (erf. TSM) in dB	erf. R'_w in dB	erf. $L'_{n,w}$ (erf. TSM) in dB	
1 Wohngebäude					
Decken in Einfamilienhäusern, ausgenommen Kellerdecken und Decken unter nicht ausgebauten Dachräumen	50	56 (7)	≥ 55	≤ 46 (≥ 17)	Bei Decken zwischen Wasch- und Berträumen nur als Schutz gegen Trittschallübertragung in Aufenthaltsräumen. Weichfedernde Bodenbeläge dürfen f. d. Nachweis des Trittschallschutzes angerechnet werden.
Treppen und Treppenpodeste in Einfamilienhäusern	–	–	–	≤ 53 (≥ 10)	Der Vorschlag für den erhöhten Schallschutz an die Trittschalldämmung gilt nur für die Trittschallübertragung in fremde Aufenthaltsräume, ganz gleich, ob sie in waagerechter, schräger oder senkrechter (nach oben) Richtung erfolgt. Weichfedernde Bodenbeläge dürfen f. d. Nachweis des Trittschallschutzes angerechnet werden.
Decken von Fluren in Einfamilienhäusern	–	56 (7)	–	≤ 46 (≥ 17)	
Wände ohne Türen zwischen „lauten" und „leisen" Räumen unterschiedlicher Nutzung, z. B. zwischen Wohn- und Kinderschlafzimmer	40	–	≥ 47	–	
2 Büro- und Verwaltungsgebäude					
Decken, Treppen, Decken von Fluren und Treppenraumwände	52	53 (10)	≥ 55	≤ 46 (≥ 17)	Weichfedernde Bodenbeläge dürfen f. d. Nachweis des Trittschallschutzes angerechnet werden.
Wände zwischen Räumen mit üblicher Bürotätigkeit	37	–	≥ 42	–	Es ist darauf zu achten, daß diese Werte nicht durch Nebenwegübertragung über Flur und Türen verschlechtert werden. Bei Türen gelten die Werte für die Schalldämmung bei alleiniger Übertragung durch die Tür.
Wände zwischen Fluren und Räumen wie Zeile zuvor	37	–	≥ 42	–	
Türen in Wänden nach den beiden Zeilen zuvor	27	–	≥ 32	–	
Wände von Räumen für konzentrierte geistige Tätigkeit oder zur Behandlung vertraulicher Angelegenheiten, z. B. zwischen Direktions- und Vorzimmer	45	–	≥ 52	–	
Wände zwischen Fluren und Räumen wie Zeile zuvor	45	–	≥ 52	–	
Türen in Wänden nach den beiden Zeilen zuvor	37	–	–	–	

4.2.13 Erhöhter Schallschutz

Schalldruckpegelwerte, die 5 dB(A) und mehr unter den in Tab. **4**.115 angegebenen Werten liegen, können als wirkungsvolle Minderung angesehen werden. In diesem Fall können zusätzliche Maßnahmen für den Luft- und Trittschallschutz erforderlich werden.

Im Einzelfall muß vorher geklärt werden, ob derartige erhöhte Anforderungen wegen sonstiger vorhandener Störgeräusche sinnvoll und mit vertretbarem Aufwand realisierbar sind.

Über die Festlegungen im Bbl 2 zu DIN 4109 hinaus gibt es in der Richtlinie VDI 4100 eine über den erhöhten Schallschutz liegende weitere Schallschutzstufe. Auch hier gilt, was für den erhöhten Schallschutz nach DIN 4109 schon ausgesagt ist, daß derartige Festlegungen ausdrücklich zwischen Bauherrn und Planer bzw. den anderen am Bau Beteiligten zu vereinbaren sind.

VDI 4100 Schallschutz von Wohnungen; Kriterien für Planung und Beurteilung (Sep 1994)

Erläuterung der Schallschutzstufen

Die zu den Schallschutzstufen (SSt) gehörenden Kennwerte für den baulichen Schallschutz werden in den Tab. **4**.134 bis **4**.136 angegeben.

Die Qualität des subjektiv empfundenen Schallschutzes bei den einzelnen Stufen wird nachfolgend beschrieben (s. auch Tab. **4**.133).

In der **Schallschutzstufe I (SSt I)** werden als Kennwerte die Anforderungen der DIN 4109 übernommen. Durch bauaufsichtliche Einführung sind die Werte der DIN 4109 Anforderungen zur Wahrung öffentlich-rechtlicher Belange im Sinne des Gesundheitsschutzes.

In DIN 4109 sind Anforderungen an den Schallschutz mit dem Ziel festgelegt, Menschen in Aufenthaltsräumen vor unzumutbaren Belästigungen durch Schallübertragung zu schützen. Aufgrund der festgelegten Anforderungen kann nicht erwartet werden, daß Geräusche von außen oder aus benachbarten Räumen nicht mehr wahrgenommen werden. Daraus ergibt sich insbesondere die Notwendigkeit gegenseitiger Rücksichtnahme durch Vermeidung unnötigen Lärms. Die Anforderungen setzen voraus, daß in benachbarten Räumen keine ungewöhnlich starken Geräusche verursacht werden.

Tabelle 4.133 Wahrnehmung üblicher Geräusche aus Nachbarwohnungen und Zuordnung zu drei Schallschutzstufen (SSt)

Art der Geräuschemission	Beurteilung der Immission in der Nachbarwohnung, abendlicher Grundgeräuschpegel von 20 dB und üblich große Aufenthaltsräume vorausgesetzt		
	SSt I	SSt II	SSt III
Laute Sprache	verstehbar	i. a. verstehbar	i. a. nicht verstehbar
Sprache mit angehobener Sprechweise	i. a. verstehbar	i. a. nicht verstehbar	nicht verstehbar
Sprache mit normaler Sprechweise	i. a. nicht verstehbar	nicht verstehbar	nicht hörbar
Gehgeräusche	i. a. störend	i. a. nicht mehr störend	nicht störend
Geräusche aus haustechnischen Anlagen	nur „unzumutbare Belästigungen" werden i. a. vermieden	i. a. störend	nicht oder nur selten störend
Hausmusik, laut eingestellte Rundfunk- und Fernsehgeräte, Parties	deutlich hörbar		i. a. hörbar

In der **Schallschutzstufe II (SSt II)** sind Werte angegeben, bei deren Einhaltung die Bewohner, übliche Wohngegebenheiten vorausgesetzt, im allgemeinen Ruhe finden und ihre Verhaltensweisen nicht besonders einschränken müssen, um Vertraulichkeit zu wahren. Angehobene Sprache in der Nachbarwohnung ist in der Regel in fremden Aufenthaltsräumen wahrzunehmen, aber nicht zu verstehen. Diese Stufe würde man bei einer Wohnung erwarten, die auch in ihrer sonstigen Ausstattung Komfortansprüchen genügt.

Die Werte der SSt II wurden so weit wie möglich analytisch abgeleitet. Da die Eingangsparameter für diese analytische Ableitung angegeben sind, können bei Bedarf auch eigene Anforderungsrechnungen durchgeführt werden; als Schallschutzstufendefinition gelten jedoch ausschließlich die Werte der Tab. **4.134** bis **4.136**.

Bei Einhaltung der Kennwerte der **Schallschutzstufe III (SSt III)** können die Bewohner ein hohes Maß an Ruhe finden. Geräusche von außen sind kaum wahrzunehmen. Der Schutz der Privatsphäre ist auch bei lauter Sprache weitestgehend gegeben. Angehobene Sprache aus der Nachbarwohnung wird nur halb so laut wahrgenommen wie bei Stufe II. Damit ist die Sicherheit des Nichtverstehens gegenüber Stufe II deutlich verbessert. Musikinstrumente können aber beim Nachbarn noch hörbar sein und damit u. U. stören.

Die Werte der Schallschutzstufe III ergeben sich aus den Werten der Stufe II, wenn man für die Eingangsparameter der analytischen Ableitung stärker dem Ruheschutz dienende Werte einsetzt. Diese Stufe würde man bei einer Wohnung erwarten, die auch in ihrer sonstigen Ausstattung gehobenen Komfort- und Luxusansprüchen genügt.

Anwendung und Ermittlung der Schallschutzstufen

Eine Wohnung kann dann in eine bestimmte Schallschutzstufe eingestuft werden, wenn der bauliche Schallschutz in allen Aufenthaltsräumen mindestens den Vorgaben der Tab. **4.134** bis **4.136** für die angegebene Schallschutzstufe entspricht. Ggf. können für Aufenthaltsräume einer Wohnung auch unterschiedliche Schallschutzstufen ausgewiesen werden. Dies ist aber bei entsprechenden Aussagen deutlich herauszustellen, z. B. „Wohnung der Schallschutzstufe II mit Schlafzimmer der Schallschutzstufe III". Die gesamte Wohnung wird in einem solchen Fall der Schallschutzstufe zugeordnet, die dem Aufenthaltsraum mit der niedrigsten Einstufung entspricht.

In der Bauplanungsphase können Angaben über die zu erwartenden akustischen Kennwerte aus den Entwurfsdaten abgeleitet werden (s. auch DIN 4109). Wegen der aber in der Praxis oft von der Planung abweichenden Bauausführung und der Abhängigkeit von der Sorgfalt der handwerklichen Ausführung können die so ermittelten Werte nur Zielwerte für die zu erwartenden Schallschutzstufen sein. Bei Bauabnahmen vor Bezug der Wohnungen kann das Erreichen der Zielwerte mittels geeigneter Kurzmeßverfahren näherungsweise überprüft werden.

Eine endgültige Feststellung der vorhandenen Kennwerte kann nur aufgrund der in VDI 4100 angegebenen Norm-Meßverfahren erfolgen.

Eine verbindliche Einstufung in eine Schallschutzstufe kann nur anhand der Vorgaben der Tab. **4.134** bis **4.136** erfolgen. Die dort angegebenen A-Schallpegel beziehen sich auf eine äquivalente Absorptionsfläche von $A = 10\ m^2$.

Anmerkung Wird ein individuelles Anspruchsniveau für den Schallschutz ermittelt und vereinbart, kann dieses zwar entsprechend überprüft, aber nicht für die Festlegung von Schallschutzstufen verwendet werden.

Kennwerte der Schallschutzstufen

In den Tab. **4.134** bis **4.136** werden die Kennwerte für den baulichen Schallschutz in den drei Schallschutzstufen bei verschiedenen Wohnsituationen (Wohnungen in Mehrfamilienhäusern, Reihen- oder Doppelhäusern sowie im eigenen Bereich) angegeben.

Je nach Wohnsituation sind für die gleichen Ansprüche erfahrungsgemäß unterschiedliche Schallschutzkennwerte notwendig. Dies beruht u. a. auf den unterschiedlichen Erwartungshaltungen bei den verschiedenen Wohnsituationen oder/und der Möglichkeit, auf die Verhaltenswünsche anderer Wohnungsnutzer (z. B. Hausordnung in Mehrfamilienhäusern) gezielt Rücksicht zu nehmen.

4.2.13 Erhöhter Schallschutz

Tabelle 4.134 Kennwerte für Schallschutzstufen (SSt) von Wohnungen in Mehrfamilienhäusern[8]

			Kennzeichnende akustische Größe[5]	SSt I	SSt II	SSt III
Luftschallschutz	zwischen fremden Aufenthaltsräumen	horizontal	R'_w in dB	Anforderungen nach DIN 4109	56	59
		vertikal			57	60
	zwischen Aufenthaltsräumen und fremden Treppenhäusern/Fluren				56	59
Trittschallschutz	zwischen fremden Wohnungen oder Erschließungs- bzw. Gemeinschafts- und Aufenthaltsräumen		$L'_{n,w}$ (TSM) in dB		46 (17)	39 (24)
	zwischen Treppenhäusern und Aufenthaltsräumen				53[8] (10)	46[8] (17)
Geräusche von	Wasserinstallationen (Wasserversorgungs- und Abwasseranlagen gemeinsam)		L_{In} in db(A)		30[3)4]	25[3)4]
Geräusche von	sonstigen haustechnischen Anlagen		$L_{AF,max}$ in dB		30	25
Geräusche von	baulich verbundenen Gewerbebetrieben (nachts/tags)		L_r in dB nach VDI 2058 Blatt [2]		35[1),2]	– [0]
Schalldämm-Maß gegen von außen eindringende Geräusche			$R'_{w,res}$ in dB		[6]	[7]

[0] In Schallschutzstufe III in der Regel gewerbliche Nutzung störungsfrei nicht möglich.
[1] Hierzu sind in der Richtlinie weitergehende Angaben gemacht (demnach möglichst nur tagsüber arbeitende Gewerbebetriebe vorsehen!).
[2] $L_{AF,max}$ höchstens 10 dB höher
[3] Wenn Abwassergeräusche gesondert (ohne die zugehörigen Armaturengeräusche) auftreten, sind wegen der erhöhten Lästigkeit dieser Geräusche um 5 dB niedrigere Werte einzuhalten.
[4] Nutzergeräusche sollten soweit durch in der Richtlinie beschriebene Maßnahmen soweit wie möglich gemindert werden. Wegen fehlender Meßverfahren werden jedoch keine Kennwerte angegeben.
[5] s. Begriffsdefinitionen in DIN 4109
[6] $R'_{w,res}$ nach DIN 4109   [7] $R'_{w,res}$ nach DIN 4109 + 5 dB
[8] Schutz in Aufenthaltsräumen vor Geräuschen aus fremden Bereichen

Tabelle 4.135 Kennwerte für Schallschutzstufen (SSt) von Doppel- und Reihenhäusern[9]

			Kennzeichnende akustische Größe[6]		SSt I	SSt II	SSt III
Luftschallschutz	zwischen fremden Aufenthaltsräumen		R'_w in dB	Anforderungen nach DIN 4109		63[1]	68
Trittschallschutz	zwischen fremden Aufenthaltsräumen	horizontal oder diagonal	$L'_{n,w}$ (TSM) in dB			41[1] (22)	34 (29)
	zwischen Aufenthaltsräumen und fremden Treppenläufen oder -podesten					46 (17)	39 (24)
Geräusche von	Wasserinstallationen (Wasserversorgungs- und Abwasseranlagen gemeinsam)		L_{In} in db(A)			25[4)5]	20[4)5]
Geräusche von	sonstigen haustechnischen Anlagen		$L_{AF,max}$ in dB			25[5]	20[5]
Geräusche von	baulich verbundenen Gewerbebetrieben (nachts/tags)		L_r in dB nach VDI 2058 Blatt [3]			30[2),3]	– [0]
Schalldämm-Maß gegen von außen eindringende Geräusche			$R'_{w,res}$ in dB			[7]	[8]

Fußnoten s. nächste Seite

Fußnoten zu Tab. **4**.135

0) In Schallschutzstufe III in der Regel gewerbliche Nutzung störungsfrei nicht möglich.
1) Bei zweischaliger Ausführung werden bei fehlerfreier Ausführung in der Regel wesentlich höhere Schalldämm-Maße erreicht (28).
2) Hierzu sind in der Richtlinie weitergehende Angaben enthalten (demnach möglichst nur tagsüber arbeitende Gewerbebetriebe vorsehen!).
3) $L_{AF,max}$ höchstens 10 dB höher
4) Wenn Abwassergeräusche gesondert (ohne die zugehörigen Armaturengeräusche) auftreten, sind wegen der erhöhten Lästigkeit dieser Geräusche um 5 dB niedrigere Werte einzuhalten.
5) Nutzergeräusche sollten durch in der Richtlinie beschriebene Maßnahmen soweit wie möglich gemindert werden. Wegen fehlender Meßverfahren werden jedoch keine Kennwerte angegeben.
6) s. Begriffsdefinitionen in DIN 4109
7) $R'_{w,res}$ nach DIN 4109
8) $R'_{w,res}$ nach DIN 4109 + 5 dB
9) Schutz in Aufenthaltsräumen vor Geräuschen aus fremden Bereichen

Tabelle **4**.136 Kennwerte für Schallschutzstufen (SSt) innerhalb des eigenen Bereiches (selbst genutzte Wohnung oder Haus)

			Kennzeichnende akustische Größe 5)		SSt I	SSt II	SSt III
Luftschallschutz	zwischen Aufenthaltsräumen	horizontal 4)	R'_w in dB	Anforderungen nach DIN 4109		48	48
		vertikal				55	55
Trittschallschutz	zwischen Aufenthaltsräumen oder zwischen Aufenthaltsräumen und Erschließungs- bzw. Gemeinschaftsräumen	vertikal, horizontal oder diagonal	$L'_{n,w}$ (TSM) in dB			46 1) (17)	46 1) (17)
Geräusche von	Wasserinstallationen (Wasserversorgungs- u. Abwasseranlagen gemeinsam)		L_{In} in dB(A)			30 2) 3)	30 2) 3)
Geräusche von	sonstigen haustechnischen Anlagen		$L_{AF,max}$ in dB			30 3)	25 3)
Schalldämm-Maß gegen von außen eindringende Geräusche			$R'_{w,res}$ in dB			6)	7)

1) Gilt auch zwischen Aufenthaltsräumen und Treppen bzw. -podesten.
2) Werden Abwassergeräusche gesondert (ohne die zugehörigen Armaturengeräusche) wahrgenommen, sind wegen der erhöhten Lästigkeit dieser Geräusche um 5 dB niedrigere Werte einzuhalten.
3) Nutzergeräusche sollten durch in der Richtlinie beschriebene Maßnahmen soweit wie möglich gemindert werden. Wegen fehlender Meßverfahren werden jedoch keine Kennwerte angegeben.
4) ohne Türen
5) s. Begriffsdefinitionen in DIN 4109
6) $R'_{w,res}$ nach DIN 4109
7) $R'_{w,res}$ nach DIN 4109 + 5 dB

Die Richtlinie gibt ferner Hinweise auf die Baukosten in Abhängigkeit verschiedener Ausführungsvarianten und bezüglich sowohl des Luftschallschutzes als auch des Trittschallschutzes zusätzliche Kennwerte und Beurteilungskriterien z. B. zur Grundrißgestaltung an (weitere Einzelheiten s. Richtlinie).

4.2.14 Internationale und europäische Normung zum Schallschutz

Auf internationaler Normungsebene der ISO werden für den Bereich des Schallschutzes benötigte Prüfverfahren erarbeitet. Bisher liegen als Internationale(r) Norm (ISO) bzw. Norm-Entwurf (ISO/DIS) vor:

ISO 140-1	Akustik: Messung der Schalldämmung in Gebäuden und von Bauteilen; Teil 1: Anforderungen an Laboratorien
ISO 140-2	Akustik: Messung der Schalldämmung in Bauten und von Bauteilen; Teil 2: Bestimmung, Überprüfung und Anwendung von Präzisionsdaten
ISO 140-3	Akustik; Messung der Schalldämmung in Gebäuden und von Bauteilen; Teil 3: Laboratoriumsmessung der Luftschalldämmung von Bauteilen
ISO/DIS 140-3	Akustik; Messung der Schalldämmung in Gebäuden und von Bauteilen; Teil 3: Messung der Luftschalldämmung von Bauteilen in Prüfständen
ISO 140-3 AMD 1	Akustik; Messung der Schalldämmung in Bauten und von Bauteilen; Teil 3: Messung der Luftschalldämmung von Bauteilen im Laboratorium; Änderung 1
ISO 140-4	Akustik; Messung der Schalldämmung in Gebäuden und von Bauteilen; Teil 4: Messung der Luftschalldämmung zwischen (angrenzenden) Räumen in Gebäuden
ISO 140-5	Akustik; Messung der Schalldämmung in Gebäuden und von Bauteilen; Teil 5: Messung der Luftschalldämmung von Fassadenelementen und Fassaden an Gebäuden
ISO 140-6	Akustik; Messung der Schalldämmung in Gebäuden und von Bauteilen; Teil 6: Laboratoriumsmessung der Trittschalldämmung
ISO 140-7	Akustik; Messung der Schalldämmung in Gebäuden und von Bauteilen; Teil 7: Feldmessungen der Trittschalldämmung von Fußböden
ISO 140-8	Akustik; Messung der Schalldämmung in Gebäuden und von Bauteilen; Teil 8: Laboratoriumsmessung der Verringerung der Trittschallübertragung durch Fußbodenbeläge auf einem Normfußboden
ISO 140-9	Akustik; Messung der Schalldämmung in Gebäuden und von Bauteilen; Teil 9: Laboratoriumsmessung der Luftschalldämmung zwischen zwei Räumen mit einer abgehängten Decke und darüber befindlichem Luftraum
ISO 140-10	Akustik; Messung der Schalldämmung in Bauten und von Bauteilen; Teil 10: Messung der Luftschalldämmung von kleinen Bauteilen im Laboratorium
ISO 717-1	Akustik; Bewertung der Schalldämmung in Gebäuden und von Bauteilen; Teil 1: Luftschalldämmung in Gebäuden und von Bauteilen im Gebäudeinneren
ISO 717-2	Akustik; Bewertung der Schalldämmung in Gebäuden und von Bauteilen; Teil 2: Trittschalldämmung
ISO 717-3	Akustik; Bewertung der Schalldämmung in Gebäuden und von Bauteilen; Teil 3: Luftschalldämmung von Fassadenelementen und Fassaden
ISO 1996-1	Akustik; Beschreibung und Messung von Umweltlärm; Teil 1: Grundeinheiten und Verfahren
ISO 1996-2	Akustik; Beschreibung und Messung von Umgebungsgeräuschen; Teil 2: Datenerfassung zur Flächennutzung
ISO 1996-3	Akustik; Beschreibung und Messung von Umgebungsgeräuschen; Teil 3: Anwendung auf Geräuschgrenzwerte
ISO 1999	Akustik; Bestimmung der berufsbedingten Lärmexposition und Einschätzung der lärmbedingten Hörschädigung
ISO 2204	Akustik; Anleitung für ISO-Normen zur Messung akustischer Lärmbelästigung und Abschätzung der Einflüsse auf den Menschen
ISO 3822-1	Akustik; Laboratoriumsprüfungen über die Geräuschemission bei Geräten und Einrichtungen von Wasserversorgungsanlagen; Teil 1: Meßverfahren
ISO 3822-2	Akustik; Laboratoriumsprüfungen über die Geräuschemission bei Geräten und Einrichtungen von Wasserversorgungsanlagen; Teil 2: Montage- und Betriebsbedingungen für Entnahmehähne
ISO 3822-3	Akustik; Laboratoriumsprüfung über die Geräuschemission bei Geräten und Einrichtungen von Wasserversorgungsanlagen; Teil 3: Montage- und Betriebsbedingungen für Durchgangsventile und -geräte
ISO 3822-4	Akustik; Laboratoriumsprüfungen über die Geräuschemission bei Geräten und Einrichtungen von Wasserversorgungsanlagen; Teil 4: Montage- und Betriebsbedingungen für Spezialgeräte
ISO 3891	Akustik; Verfahren zur Beschreibung von Fluglärm, der am Boden gehört wird

Auf europäischer Ebene werden im CEN u. a. folgende Aufgaben bearbeitet:

- Meßverfahren zur Ermittlung der Schalldämmung von Bauteilen des Gebäudes (gegebenenfalls als Labor- oder als Baustellenmessung)
  - Luftschalldämmung,
  - Trittschalldämmung,
  - Schallabsorption,
  - Dynamische Steifigkeit,
  - Schalldruckpegel,
- Übertragung der akustischen Eigenschaften von Produkten auf die akustischen Eigenschaften des Gebäudes
  - Luftschalldämmung zwischen Räumen,
  - Trittschalldämmung zwischen Räumen,
  - Luftschalldämmung gegen Außenlärm,
  - Reduzierung der Übertragungen von Innenlärm nach außen,
  - Schallpegel von technischen Einrichtungen,
  - Nachhallzeit in Räumen und angeschlossenen Schächten in Gebäuden,
- Meßverfahren zur Ermittlung der Schalldämmung von hydraulischen Einrichtungen der Wasserinstallation
  - Prüfverfahren,
  - Einbau- und Betriebsbedingungen von Einlaufarmaturen,
  - Einbau- und Betriebsbedingungen von Auslaufarmaturen,
  - Einbau- und Betriebsbedingungen spezieller Geräte,
- Einzahlangaben von akustischen Eigenschaften des Gebäudes und der Bauteile,
  - Luftschalldämmung in Gebäuden, von Innenbauteilen, Fassadenelementen und Fassaden,
  - Trittschallübertragung und Trittschallminderung von Bodenbelägen,
  - Einzahlangaben der Schallabsorption von Materialien und anderen Produkten,
- Messung der Flankenübertragung im Laboratorium,
- Messung der Geräusche der Abwasserinstallation.

Folgende, von der internationalen Normungsorganisation ISO erarbeiteten Normen wurden als Europäische Norm-Entwürfe (prEN) im Bereich des CEN bereits übernommen:

prEN 20140-10   Akustik; Messung der Schalldämmung in Gebäuden und von Bauteilen; Teil 10: Messung der Luftschalldämmung kleiner Bauteile in Prüfständen

prEN 29052-1   Akustik; Bestimmung der dynamischen Steifigkeit; Teil 1: Materialien, die unter schwimmenden Estrichen in Wohngebäuden verwendet werden

4.3 Brandschutz

Der Brandschutz umfaßt insgesamt drei wesentliche Bereiche:
- Den baulichen Brandschutz,
- den vorbeugenden Brandschutz,
- die Brandbekämpfungsmaßnahmen.

Nachfolgend wird nur der bauliche Brandschutz behandelt, mit dem durch geeignete Wahl von Konstruktionen sowie von Baustoffen und Bauteilen die Grundlagen zur Erfüllung der bauaufsichtlichen Anforderungen an den Brandschutz gegeben sind.
Zum Bereich des vorbeugenden Brandschutzes gehören u. a. zusätzliche Maßnahmen im Gebäude, z. B. Feuerlöscheinrichtungen (Sprinkleranlagen, Brandmelder, Feuerlöscher) sowie Verhaltensmaßnahmen der Nutzer des Gebäudes, z. B. Vermeiden von hohen Brandlasten oder von umfangreichem Gerümpel auf Dachböden.
Zu den Brandbekämpfungsmaßnahmen gehören u. a. alle diesbezüglichen Einrichtungen der Feuerwehren.

4.3.1 Übersicht und Baustoffklassen

Die Anforderungen an den baulichen Brandschutz sind in den Bauordnungen der Länder und den diese ergänzenden Verordnungen, wie z. B. in BauO Berlin, festgelegt, basierend auf der Musterbauordnung (s. Abschn. 2.3.1).
Die Normen der Reihe DIN 4102 geben die Realdefinition der Begriffe für Baustoffe (DIN 4102-1) und zum Brandverhalten von Bauteilen verschiedener Art (DIN 4102-2 ff.) wieder.
Die Einteilung der Baustoffe nach deren Brandverhalten in folgende Klassen ist in DIN 4102-1 festgelegt.

DIN 4102-1 Brandverhalten von Baustoffen und Bauteilen; Baustoffe; Begriffe, Anforderungen und Prüfungen (Mai 1981)

Baustoffklasse	Bauaufsichtliche Benennung
A[1]	nichtbrennbare Baustoffe[1]
A1	
A2	
B	brennbare Baustoffe
B1[1]	schwerentflammbare Baustoffe[1]
B2	normalentflammbare Baustoffe
B3	leichtentflammbare Baustoffe

Die Kurzzeichen und Benennungen dürfen nur dann verwendet werden, wenn das Brandverhalten nach dieser Norm ermittelt worden ist.
Die Klassifizierung des Brandverhaltens von Baustoffen erfolgt zur Beurteilung des Risikos als Einzelbaustoff und auch erforderlichenfalls in Verbindung mit anderen Baustoffen.
Das Brandverhalten von Bauteilen wird durch die Feuerwiderstandsdauer und durch weitere Eigenschaften gekennzeichnet.
Die Feuerwiderstandsdauer ist die Mindestdauer in Minuten, während der ein Bauteil bei Prüfung die gestellten Anforderungen erfüllt. Bauteile werden entsprechend der Feuerwiderstandsklasse eingestuft.
Die Feuerwiderstandsklasse F30 z. B. entspricht einer Feuerwiderstandsdauer von 30 Minuten und die Feuerwiderstandsklasse F180 einer Feuerwiderstandsdauer von 180 Minuten.
Im Fall des Brandschutzes schreibt die Bauordnung vor, welche Klasse von Baustoffen bzw. von Bauteilen für bestimmte Teile der Konstruktion verwendet werden müssen. Es gibt also Regelungen, die vorschreiben, daß z. B. Treppenhäuser nur aus nichtbrennbaren Stoffen bestehen müssen, oder daß die Treppenhauswände feuerbeständig F90 A1 sein müssen, d. h. die Feuerwiderstandsdauer beträgt 90 Minuten.
Zur Erleichterung der Planungsarbeit gibt es einen umfangreichen Teil 4 von DIN 4102 (s. Abschn. 4.3.3), der die Zusammenstellung und Anwendung klassifizierter Baustoffe, Bauteile und Sonder-

---

[1] Nach den Prüfzeichenverordnungen der Länder bedürfen nichtbrennbare (Klasse A) Baustoffe, soweit sie brennbare Bestandteile enthalten und schwerentflammbare (Klasse B1) Baustoffe eines Prüfzeichens des Deutschen Instituts für Bautechnik in Berlin, sofern sie nicht im Anhang zur Prüfzeichenverordnung ausgenommen sind.

Für die prüfzeichenpflichtigen Baustoffe ist eine Überwachung/Güteüberwachung mit entsprechender Kennzeichnung erforderlich.

Neben den Festlegungen dieser Norm sind die Prüfgrundsätze für prüfzeichenpflichtige nichtbrennbare (Klasse A) Baustoffe und die Prüfgrundsätze für prüfzeichenpflichtige schwerentflammbare (Klasse B1) Baustoffe maßgebend.

Diese „Prüfgrundsätze" werden in den „Mitteilungen" des Deutschen Instituts für Bautechnik, Reichpietschufer 74–76, 10785 Berlin, veröffentlicht.

bauteile aufgrund von Prüfungen enthält und der die dafür zulässige Feuerwiderstandsdauer angibt.

In dieser Norm werden brandschutztechnische, Begriffe, Anforderungen, Prüfungen und Kennzeichnungen für Baustoffe festgelegt.

Die Norm gilt für die Klassifizierung des Brandverhaltens von Baustoffen zur Beurteilung des Risikos als Einzelbaustoff und auch erforderlichenfalls in Verbindung mit anderen Baustoffen; maßgebend ist das ungünstigere der beiden Ergebnisse. Einzelbaustoffe, die ausschließlich in Verbindung mit anderen Baustoffen verwendet werden können, sind in diesem Zustand zu beurteilen.

Als **Baustoffe** im Sinne dieser Norm gelten auch platten- und bahnenförmige Materialien, Verbundwerkstoffe, Bekleidungen, Dämmschichten, Beschichtungen, Rohre und Formstücke.

Das Brandverhalten von Baustoffen wird nicht nur von der Art des Stoffes beeinflußt, sondern insbesondere auch von der Gestalt, der spezifischen Oberfläche und Masse, dem Verbund mit anderen Stoffen, den Verbindungsmitteln sowie der Verarbeitungstechnik.

Diese Einflüsse sind bei den Vorbereitungen von Prüfungen, bei der Auswahl von Proben und bei der Interpretation der Prüfergebnisse sowie bei der Kennzeichnung von Baustoffen zu berücksichtigen.

Nachweis der Baustoffklassen

Mit **Brandversuchen**. Die Baustoffklasse muß durch Prüfzeugnis bzw. Prüfzeichen[1]) auf der Grundlage von Brandversuchen nach dieser Norm nachgewiesen werden.

Die Prüfungen werden in der Regel an Baustoffen ohne Kantenschutz durchgeführt; mit Kantenschutz nur dann, wenn die Entstehung freiliegender Kanten durch nachträgliche Änderungen als ausgeschlossen gilt.

Ohne **Brandversuche**. Die in DIN 4102-4 genannten Baustoffe sind ohne weiteren Nachweis in die dort angegebene Baustoffklasse einzureihen.

Sonstiger **Nachweis**. Für Baustoffe, deren Brandverhalten durch Prüfungen nach dieser Norm nicht hinreichend beurteilt werden kann, können zusätzliche Prüfverfahren angewendet werden.

Anmerkung Die Einreihung von Baustoffen in Baustoffklassen aufgrund des sonstigen Nachweises kann nur durch ein Prüfzeichen[1]) bzw. durch eine bauaufsichtliche Zulassung vorgenommen werden.

4.3.2 Feuerwiderstandsklassen

DIN 4102-2 Brandverhalten von Baustoffen und Bauteilen; Bauteile; Begriffe, Anforderungen und Prüfungen (Sep 1977)

Die Norm DIN 4102-2 enthält die Grundlage für die Realdefinition der Begriffe „feuerhemmend", „feuerbeständig" und „hochfeuerbeständig".

In dieser Norm werden brandschutztechnische Begriffe, Anforderungen und Prüfungen für Bauteile festgelegt. Als Bauteile im Sinne dieser Norm gelten Wände, Decken, Stützen, Unterzüge, Treppen usw.

Bauteile mit brandschutztechnischen Sonderanforderungen wie Brandwände, nichttragende Außenwände, Feuerschutzabschlüsse (Türen, Klappen, Rolläden usw.), Abschlüsse in Fahrschachtwänden, werden hinsichtlich der Begriffe, Anforderungen und Prüfungen in DIN 4102-3 und DIN 4102-5 sowie weitere behandelt.

---

[1]) s. Fußnote 1, S. 381

Begriffe

Das Brandverhalten von Bauteilen wird durch die Feuerwiderstandsdauer und durch weitere, nachfolgend aufgeführte Eigenschaften gekennzeichnet.
Die Feuerwiderstandsdauer ist die Mindestdauer in Minuten, während der ein Bauteil bei der Prüfung die gestellten Anforderungen erfüllt.
Bauteile werden entsprechend der Feuerwiderstandsdauer in die Feuerwiderstandsklassen eingestuft (s. auch Abschn. „Sonderbauteile")

Tabelle **4**.137 Feuerwiderstandsklassen F

Feuerwiderstandsklasse	Feuerwiderstandsdauer in Minuten
F 30	≥ 30
F 60	≥ 60
F 90	≥ 90
F120	≥ 120
F180	≥ 180

Während in der Normenreihe DIN 4102 die **Feuerwiderstandsdauer** (in Minuten) in die Klassen 30, 60, 90, 120 und 180 vorgenommen wird, ist nach dem Grundlagendokument Nr. 2 „Brandschutz" für die Europäischen Normen und Europäischen Technischen Zulassungen die Einstufung in folgende Klassen möglich: 15, 20, 30, 45, 60, 90, 120, 180, 240 und 360; in Abhängigkeit von dem jeweils zu prüfenden Bauteil wird im Grundlagendokument Nr. 2 bereits bzw. in der jeweiligen europäischen technischen Regel eine Auswahl der zur Anwendung gestatteten Klassen getroffen.

Den Brandprüfungen nach DIN 4102–2 werden u. a. einheitliche Temperaturen im Prüfraum zugrunde gelegt:

Temperaturen im Brandraum

Der Brandraum ist mit Heizöl EL nach DIN 51603–1 oder Dieselkraftstoff nach DIN 51601 zu beflammen. Während des Brandversuches muß die mittlere Temperatur im Brandraum nach der Einheits-Temperatur-Zeitkurve – abgekürzt: ETK – (Bild **4**.139) ansteigen.

Nach den ersten 5 Minuten der Prüfung dürfen die Abweichungen der mittleren Temperatur im Brandraum ±100 K nicht übersteigen. Außerdem darf nach den ersten 5 Minuten die Fläche unter der gemessenen Kurve von der Fläche unter der Einheits-Temperatur-Zeitkurve bis zu 30 Minuten Prüfdauer nur um ±10%, bei längerer Prüfdauer nur um ±5% abweichen. Hierbei beziehen sich die angegebenen Fehlergrenzen jeweils auf den Sollwert bei Beflammungsende.

$$\vartheta - \vartheta_0 = 345 \lg (8t + 1) \tag{4.79}$$

ϑ Brandraumtemperatur in K
ϑ_0 Temperatur der Probekörper bei Versuchsbeginn in K
t Zeit in Minuten

Tabelle **4**.138   Werteangaben zur Einheits-Temperatur-Zeitkurve (ETK)

t in min	$\vartheta - \vartheta_0$ in K
0	0
5	556
10	658
15	719
30	822
60	925
90	986
120	1029
180	1090
240	1133
360	1194

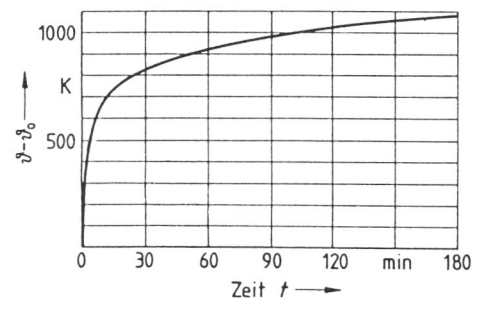

4.139   Einheits-Temperatur-Zeitkurve (ETK)

Tabelle 4.140 Feuerwiderstandsklassen

Feuerwiderstandsklasse	Baustoffklasse nach DIN 4102-1 der in den geprüften Bauteilen verwendeten Baustoffe für		Benennung[2]	Kurzbezeichnung
	wesentliche Teile[1]	übrige Bestandteile, die nicht unter den Begriff der Spalte 2 fallen	Bauteile der	
F 30	B	B	Feuerwiderstandsklasse F 30	F 30-B
	A	B	Feuerwiderstandsklasse F 30 und in den wesentlichen Teilen aus nichtbrennbaren Baustoffen[1]	F 30-AB
	A	A	Feuerwiderstandsklasse F 30 und aus nichtbrennbaren Baustoffen	F 30-A
F 60	B	B	Feuerwiderstandsklasse F 60	F 60-B
	A	B	Feuerwiderstandsklasse F 60 und in den wesentlichen Teilen aus nichtbrennbaren Baustoffen[1]	F 60-AB
	A	A	Feuerwiderstandsklasse F 60 und aus nichtbrennbaren Baustoffen	F 60-A
F 90	B	B	Feuerwiderstandsklasse F 90	F 90-B
	A	B	Feuerwiderstandsklasse F 90 und in den wesentlichen Teilen aus nichtbrennbaren Baustoffen[1]	F 90-AB
	A	A	Feuerwiderstandsklasse F 90 und aus nichtbrennbaren Baustoffen	F 90-A
F 120	B	B	Feuerwiderstandsklasse F 120	F 120-B
	A	B	Feuerwiderstandsklasse F 120 und in den wesentlichen Teilen aus nichtbrennbaren Baustoffen[1]	F 120-AB
	A	A	Feuerwiderstandsklasse F 120 und aus nichtbrennbaren Baustoffen[1]	F 120-A
F 180	B	B	Feuerwiderstandsklasse F 180	F 180-B
	A	B	Feuerwiderstandsklasse F 180 und in den wesentlichen Teilen aus nichtbrennbaren Baustoffen[1]	F 180-AB
	A	A	Feuerwiderstandsklasse F 180 und aus nichtbrennbaren Baustoffen	F 180-A

[1] Zu den wesentlichen Teilen gehören:
   a) alle tragenden oder aussteifenden Teile, bei nichttragenden Bauteilen auch die Bauteile, die deren Standsicherheit bewirken (z. B. Rahmenkonstruktionen von nichttragenden Wänden).
   b) bei raumabschließenden Bauteilen eine in Bauteilebene durchgehende Schicht, die bei der Prüfung nach dieser Norm nicht zerstört werden darf. Bei Decken muß diese Schicht eine Gesamtdicke von mindestens 50 mm besitzen; Hohlräume im Innern dieser Schicht sind zulässig. Bei der Beurteilung des Brandverhaltens der Baustoffe können Oberflächen-Deckschichten oder andere Oberflächenbehandlungen außer Betracht bleiben.
[2] Diese Benennung betrifft nur die Feuerwiderstandsfähigkeit des Bauteils; die bauaufsichtlichen Anforderungen an Baustoffe für den Ausbau, die in Verbindung mit dem Bauteil stehen, werden hiervon nicht berührt.

4.3.3 Klassifizierte Baustoffe

DIN 4102-4 Brandverhalten von Baustoffen und Bauteilen;
Zusammenstellung und Anwendung klassifizierter Baustoffe, Bauteile
und Sonderbauteile (Mrz 1994)

Die Norm DIN 4102-4 enthält Angaben über Baustoffe, Bauteile und Sonderbauteile, die nach ihrem Brandverhalten auf der Grundlage von Prüfungen nach den Normen der Reihe DIN 4102 klassifiziert wurden.
Für Baustoffe, Bauteile und Sonderbauteile, die in dieser Norm erfaßt sind, ist der Nachweis über das Brandverhalten damit erbracht (Übersicht s. Tab. **4.141**).

Die Angaben dieser Norm beziehen sich im allgemeinen nur auf Baustoffe, Bauteile und Sonderbauteile, deren Eigenschaften auf der Grundlage der jeweils zitierten Normen beurteilt werden können.
Für Baustoffe, Bauteile und Sonderbauteile, die nicht in DIN 4102-4 behandelt sind, ist das Brandverhalten durch Prüfungen nach DIN 4102-1 bis DIN 4102-3 bzw. DIN 4102-5 bis DIN 4102-18 nachzuweisen; wegen der Zulassungsbedürftigkeit von Bauprodukten siehe Bauregelliste A.
Die Angaben aller Abschnitte in dieser Norm gelten nur in brandschutztechnischer Sicht. Aus den für die Bauteile gültigen technischen Baubestimmungen können sich weitergehende Anforderungen ergeben, z. B. hinsichtlich Mindestabmessungen, Betondeckung der Bewehrung aus Korrosionsgründen, aus Gründen der Bauphysik o. ä.

Die **Feuerwiderstandsdauer** und damit auch die **Feuerwiderstandsklasse** eines Bauteils hängt im wesentlichen von folgenden Einflüssen ab:
- Brandbeanspruchung (ein- oder mehrseitig),
- verwendeter Baustoff oder Baustoffverbund,
- Bauteilabmessungen (Querschnittsabmessungen, Schlankheit, Achsabstände usw.),
- bauliche Ausbildung (Anschlüsse, Auflager, Halterungen, Befestigungen, Fugen, Verbindungsmittel, usw.),
- statisches System (statisch bestimmte oder unbestimmte Lagerung, 1achsige oder 2achsige Lastabtragung, Einspannungen, usw.),
- Ausnutzungsgrad der Festigkeiten der verwendeten Baustoffe infolge äußerer Lasten und
- Anordnung von Bekleidungen (Ummantelungen, Putze, Unterdecken, Vorsatzschalen, usw.).

Die Klassifizierung von Einzelbauteilen setzt voraus, daß die Bauteile, an denen die klassifizierten Einzelbauteile angeschlossen werden, mindestens derselben Feuerwiderstandsklasse angehören; ein Träger gehört z. B. nur dann einer bestimmten Feuerwiderstandsklasse an, wenn auch die Auflager (z. B. Konsolen), Unterstützungen (z. B. Stützen oder Wände) sowie alle statisch bedeutsamen Aussteifungen und Verbände der entsprechenden Feuerwiderstandsklasse angehören.
Die in DIN 4102-4 angegebenen Baustoffklassen gelten nur für die genannten Baustoffe oder Baustoffverbunde. Nichtgenannte Verbunde, z. B. Verbunde von Baustoffen der Klasse B mit anderen Baustoffen der Klasse A oder B nach DIN 4102-1, können ein anderes Brandverhalten und damit eine andere Baustoffklasse besitzen.

Die Baustoffklasse A bleibt bei den in der Norm DIN 4102-4 genannten Baustoffen auch dann erhalten, wenn sie oberflächlich mit Anstrichen auf Dispersions- oder Alkydharzbasis oder mit üblichen Papier-Wandbekleidungen (Tapeten) versehen sind.

Zur **Baustoffklasse A1** gehören:
- Sand, Kies, Lehm, Ton und alle sonstigen in der Natur vorkommenden bautechnisch verwendbaren Steine,
- Mineralien, Erden, Lavaschlacke und Naturbims,
- aus Steinen und Mineralien durch Brenn- und/oder Blähprozesse gewonnene Baustoffe, wie Zement, Kalk, Gips, Anhydrit, Schlacken-Hüttenbims, Blähton, Blähschiefer sowie Blähperlite und -vermiculite, Schaumglas,

- Mörtel, Beton, Stahlbeton, Spannbeton, Porenbeton, Leichtbeton, Steine und Bauplatten aus mineralischen Bestandteilen, auch mit üblichen Anteilen von Mörtel- oder Betonzusatzmitteln,
- Mineralfasern ohne organische Zusätze,
- Ziegel, Steinzeug und keramische Platten,
- Glas,
- Metalle und Legierungen in nicht fein zerteilter Form mit Ausnahme der Alkali- und Erdalkalimetalle und ihrer Legierungen.

Zur **Baustoffklasse A2** gehören: Gipskartonplatten nach DIN 18180 mit geschlossener Oberfläche.

Baustoffe der Klasse B

Zur **Baustoffklasse B1** gehören:
a) Holzwolle-Leichtbauplatten (HWL-Platten) nach DIN 1101[1]).
b) Mineralfaser-Mehrschicht-Leichtbauplatten (Mineralfaser-ML-Platten) nach DIN 1101 aus einer Mineralfaserschicht und einer ein- oder beidseitigen Schicht aus mineralisch gebundener Holzwolle[1]).
c) Gipskartonplatten nach DIN 18180 mit gelochter Oberfläche.
d) Kunstharzputze nach DIN 18558 mit ausschließlich mineralischen Zuschlägen auf massivem mineralischem Untergrund.
e) Wärmedämmputzsysteme nach DIN 18550-3.
f) Rohre und Formstücke aus
weichmacherfreiem Polyvinylchlorid (PVC-U) nach DIN 19531 mit einer Wanddicke (Nennmaß) $\leq 3,2$ mm,
chloriertem Polyvinylchlorid (PVCC) nach DIN 19538 mit einer Wanddicke (Nennmaß) $\leq 3,2$ mm,
Polypropylen (PP) nach DIN V 19560.
g) Fußbodenbeläge:
  - Eichen-Parkett aus Parkettstäben sowie Parkettriemen nach DIN 280-1 und Mosaik-Parkett-Lamellen nach DIN 280-2, jeweils auch mit Versiegelungen.
  - Bodenbeläge aus Flex-Platten nach DIN 16950 und PVC-Bodenbeläge nach DIN 16951, jeweils aufgeklebt mit handelsüblichen Klebern auf massivem mineralischem Untergrund.
  - Gußasphaltestrich nach DIN 18560-1 ohne weiteren Belag bzw. ohne weitere Beschichtung.
  - Walzasphalt nach DIN 55946-1 Nr 3.2, und DIN 18317 ohne weiteren Belag und ohne weitere Beschichtung.

Zur **Baustoffklasse B2** gehören:
a) Holz sowie genormte Holzwerkstoffe, soweit in Abschn. 2.3.2 der Norm nicht aufgeführt, mit einer Rohdichte ≥ 400 kg/m^3 und einer Dicke > 2 mm oder mit einer Rohdichte von ≥ 230 kg/m^3 und einer Dicke > 5 mm.
b) Genormte Holzwerkstoffe, soweit in Abschn. 2.3.2 der Norm nicht aufgeführt, mit einer Dicke > 2 mm, die vollflächig durch eine nicht thermoplastische Verbindung mit Holzfurnieren oder mit dekorativen Schichtpreßstoffplatten nach DIN EN 438-1 beschichtet sind.
c) Kunststoffbeschichtete dekorative Flachpreßplatten nach DIN 68765 mit einer Dicke ≥ 4 mm.
d) Kunststoffbeschichtete dekorative Holzfaserplatten nach DIN 68751 mit einer Dicke ≥ 3 mm.

---

[1]) Die Platten können auch ein- oder beidseitig mit mineralischem Porenverschluß der Holzwollestruktur als Oberflächen-Beschichtung versehen werden.

4.3.3 Klassifizierte Baustoffe

e) Dekorative Schichtpreßstoffplatten nach DIN EN 438-1.
f) Gipskarton-Verbundplatten nach DIN 18184.
g) Hartschaum-Mehrschicht-Leichtbauplatten (Hartschaum-ML-Platten) nach DIN 1101 aus einer Hartschaumschicht und einer ein- oder beidseitigen Schicht aus mineralisch gebundener Holzwolle[1]).
h) Tafeln aus weichmacherfreiem Polyvinylchlorid nach DIN 16927.
i) Rohre und Formstücke aus
   weichmacherfreiem Polyvinylchlorid (PVC-U) nach DIN 8061 mit einer Wanddicke (Nennmaß) > 3,2 mm,
   Polypropylen (PP) nach DIN 8078,
   Polyethylen hoher Dichte (PE-HD) nach DIN 8075 und DIN 19535-2,
   Styrol-Copolymerisaten (ABS/ASA/PVC) nach DIN 19561,
   Acrylnitril-Butadien-Styrol (ABS) oder Acrylester-Styrol-Acrylnitril (ASA) nach DIN 16890.
j) Gegossene Tafeln aus Polymethylmethacrylat (PMMA) nach DIN 16957 mit einer Dicke ≥ 2 mm.
k) Polystyrol-(PS-)Formmassen nach DIN 7741-1, ungeschäumt, plattenförmig, mit einer Dicke $\geq 1,6$ mm.
l) Gießharzformstoffe nach DIN 16946-2 auf Basis von Epoxidharzen oder von ungesättigten Polyesterharzen.
m) Polyethylen-(PE-)Formmassen nach DIN 16776-1, ungeschäumt, Rohdichte ≤ 940 kg/m^3 und einer Dicke $\geq 1,4$ mm sowie mit einer Rohdichte > 940 kg/m^3 und einer Dicke $\geq 1,0$ mm.
n) Polypropylen-(PP-)Formmassen nach DIN 16774-1, ungeschäumt, Typ PP-B, M, mit einer Dicke $\geq 1,4$ mm.
o) Polyamid-(PA-)Formmassen nach DIN 16773-1 und DIN 16773-2 mit einer Dicke $\geq 1,0$ mm.
p) Fugendichtstoffe im Sinne von DIN EN 26927, ungeschäumt, auf der Basis Polyurethan ohne Teer- oder Bitumenzusätze sowie Polysulfid, Silikon und Acrylat, jeweils im eingebauten Zustand zwischen Baustoffen mindestens der Klasse B2.
q) Fußbodenbeläge auf beliebigem Untergrund:
   Bodenbeläge aus Flex-Platten nach DIN 16950,
   PVC-Beläge nach DIN 16951 und DIN 16952-1 bis DIN 16952-4,
   homogene und heterogene Elastomer-Beläge nach DIN 16850,
   Elastomer-Beläge mit profilierter Oberfläche nach DIN 16852,
   Linoleum-Beläge nach DIN 18171 und DIN 18173,
   textile Fußbodenbeläge nach DIN 66090-1.
r) Hochpolymere Dach- und Dichtungsbahnen nach DIN 16729, DIN 16730. DIN 16731, DIN 16734, DIN 16735, DIN 16737, DIN 16935, DIN 16937 und DIN 16938.
s) Bitumen-, Dach- und Dichtungsbahnen nach DIN 18190-4, DIN 52128, DIN 52130, DIN 52131, DIN 52132, DIN 52133 und DIN 52143.

   Anmerkung Sofern es für bestimmte Anwendungsfälle erforderlich ist, ist der Nachweis, daß Bitumen-, Dach- und Dichtungsbahnen nicht „brennend abfallen", gesondert zu führen. Das brennende Abfallen, festgestellt bei Prüfungen nach DIN 4102-1, ist mit dem „brennenden Ablaufen", festgestellt bei Prüfungen nach DIN 4102-7, nicht gleichzusetzen.

t) Kleinflächige Bestandteile von Bauprodukten (z. B. in oder an Feuerstätten oder Feuerungseinrichtungen).
u) Elektrische Leitungen.

In DIN 4102-4 sind in Tabellen für Bauteile Feuerwiderstandsklassen in Abhängigkeit von mehreren Einflußgrößen und Randbedingungen angegeben.

Fußnote s. S. 386

Tabelle 4.141 Übersicht der klassifizierten Baustoffe, Bauteile und Sonderbauteile nach DIN 4102-4

Baustoffe		Klassifizierte Baustoffe	
Massivbauteile		Bemessungsgrundlagen	
		Balken	statisch bestimmt gelagert
			statisch unbestimmt gelagert
		Platten	
		Hohldielen, Porenbetonplatten	
		Fertigteile	
		Rippendecken ohne Zwischenbauteile	
		Plattenbalkendecken	
		Stahlsteindecken	
		Rippen- und Balkendecken mit Zwischenbauteilen	
		Decken mit eingebetteten Stahlträgern	
		Dächer	
		Stützen	
		Zugglieder	
HWL, GKF	Wände	Bemessungsgrundlagen	
		Stahlbetonwände	
		gegliederte Stahlbetonwände	
		Leichtbetonwände mit geschlossenem Gefüge	
		Mauerwerk und Wandbauplatten	
		Leichtbetonwände mit haufwerksporigem Gefüge	
		Porenbeton, bewehrt	
		Brandwände	
		Holzwolle-Leichtbauplatten-Wände	
		Gipskarton-Bauplatten-Wände	
		Fachwerkwände	
		Holztafelwände	
		Vollholz-Blockbalken-Wände	
Holzbauteile		Bemessungsgrundlagen	
		Holztafeldecken	
		Holzbalkendecken	
		Dächer	
		Balken	
		Stützen	
		Zugglieder	
		Verbindungen	

Fortsetzung s. nächste Seite

4.3.3 Klassifizierte Baustoffe

Tabelle **4.141**, Fortsetzung

Baustoffe	Klassifizierte Baustoffe	
Stahlbauteile	Bemessungsgrundlagen	
	Träger	
	Stützen	
	Zugglieder	
Unterdecken	Träger- und Stahlbetondecken mit Unterdecken	
Verbundbauteile	Bemessungsgrundlagen	
	Verbundträger	
	Verbundstützen	
Sonderbauteile	nichttragende Außenwände	(W)
	Feuerschutzabschlüsse	(T)
	Fahrschachtabschlüsse	
	Brandschutzverglasungen	(G)
	Lüftungsleitungen	(L)
	Installationsschächte und -kanäle	(I)
	Bedachungen	

Zwei Tabellen-Auszüge aus DIN 4102-4 (Tab. **4.**142 und **4.**143) vermitteln einen Eindruck über die detaillierten Angaben über die brandschutztechnischen Aspekte für einzelne Bauteile; in den Übersichten dieser Norm sind umfassende Erfahrungen und Untersuchungsergebnisse berücksichtigt worden sowie die Teile der bereits vorhandenen bzw. kurz vor der Veröffentlichung stehenden Eurocodes, die brandschutztechnische Angaben enthalten.

Tabelle **4.**142 Mindestdicke *d* **nichttragender, raumabschließender** Wände aus Mauerwerk oder Wandbauplatten (**1seitige** Brandbeanspruchung). Die ( )-Werte gelten für Wände mit beidseitigem Putz

Konstruktionsmerkmale	Mindestdicke *d* in mm für die Feuerwiderstandsklasse-Benennung				
Wände mit Mörtel[1)2)3]	F 30-A	F 60-A	F 90-A	F 120-A	F 180-A
Porenbeton-Blocksteine und Porenbeton-Plansteine nach DIN 4165 Porenbeton-Bauplatten und Porenbeton-Planbauplatten nach DIN 4166	75[4)] (50)	75 (75)	100[5)] (75)	115 (75)	150 (115)
Hohlwandplatten aus Leichtbeton nach DIN 18148 Hohlblöcke aus Leichtbeton nach DIN 18151 Vollsteine und Vollblöcke aus Leichtbeton nach DIN 18152 Mauersteine aus Beton nach DIN 18153 Wandbauplatten aus Leichtbeton nach DIN 18162	50 (50)	70 (50)	95 (70)	115 (95)	140 (115)
Mauerziegel nach DIN 105-1 Voll- und Hochziegel, DIN 105-2 Leichthochlochziegel, DIN 105-3 hochfeste Ziegel und hochfeste Klinker, DIN 105-4 Keramikklinker	115 (70)	115 (70)	115 (100)	140 (115)	175 (140)

Fortsetzung und Fußnoten s. nächste Seite

Tabelle **4.142**, Fortsetzung

Konstruktionsmerkmale Wände mit Mörtel[1][2][3]	Mindestdicke d in mm für die Feuerwiderstandsklasse-Benennung				
	F 30-A	F 60-A	F 90-A	F 120-A	F 180-A
Mauerziegel nach DIN 105-5 Leichtlanglochziegel und Leichtlangloch-Ziegelplatten	115 (70)	115 (70)	140 (115)	175 (140)	190 (175)

Kalksandsteine nach
DIN 106-1   Voll-, Loch-, Block- und
           Hohlblocksteine
DIN 106-1 A1 (z. Z. Entwurf) Voll-, Loch-, Block-,
           Hohlblock- und Plansteine
DIN 106-2   Vormauersteine und Verblender
	70
	(50)
		115[6]
		(70)
			115
			(100)
				115
				(115)
					175
					(140)

Mauerwerk nach DIN 1053-4 Bauten aus Ziegelfertigbauteilen	115 (115)	115 (115)	115 (115)	165 (140)	165 (140)
Wandbauplatten aus Gips nach DIN 18163 für Rohdichten $\geq 0{,}6$ kg/dm³	60	80	80	80	100

[1] Normalmörtel
[2] Dünnbettmörtel
[3] Leichtmörtel
[4] Bei Verwendung von Dünnbettmörtel: $d \geq 50$ mm
[5] Bei Verwendung von Dünnbettmörtel: $d \geq 75$ mm
[6] Bei Verwendung von Dünnbettmörtel: $d \geq 70$ mm

Tabelle **4.143**   Holzbalkendecken F 30-B mit verdeckten Holzbalken (z. B. in Altbauten)

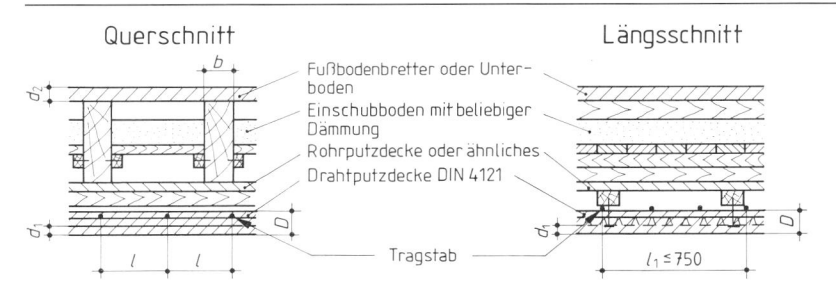

Mindestbreite der Holzbalken	Mindestdicke der Fußbodenbretter oder des Unterbodens	Zulässige Spannweite des Putzträgers bei		Mindestputzdicke[1]
		Drahtgewebe	Rippenstreckmetall	
b in mm	d_2 in mm	l in mm	l in mm	d_1 in mm
120	28	500	1000	15
160	21	500	1000	15

[1] Putz der Mörtelgruppe P II, P IVa, P IVb oder P IVc nach DIN 18550-2, d_1 über Putzträger gemessen; die Gesamtputzdicke muß $D \geq d_1 + 10$ mm sein – d. h., der Putz den Putzträger ≥ 10 mm durchdringen. Zwischen Rohrputz o. ä. und Drahtputz darf kein wesentlicher Zwischenraum sein (s. Schema-Skizze).

4.3.4 Sonderbauteile

In den nachfolgenden Normen der Reihe DIN 4102 sind die Feuerwiderstandsklassen für eine Reihe von Sonderbauteilen angegeben:

– Nichttragende Außenwände W 30, W 60 bis W 180	DIN 4102-3
– Feuerschutzabschlüsse T 30, T 60 bis T 120	DIN 4102-5
– Lüftungsleitungen L 30, L 60 bis L 120	DIN 4102-6
– Kabelabschottungen S 30, S 60 bis S 180	DIN 4102-9
– Rohrummantelungen und -abschottungen R 30, R 60 bis R 120	DIN 4102-11
– Installationsschächte und -kanäle I 30, I 60 bis I 120	DIN 4102-11
– Funktionserhalt elektrischer Kabelanlagen E 30, E 60, E 90	DIN 4102-12
– Brandschutzverglasungen F 30, F 60 bis F 120	DIN 4102-13
bzw. G 30, G 60 bis G 120	DIN 4102-5.

Darüber hinaus gibt es folgende Prüfverfahren in der Reihe DIN 4102:

DIN 4102-7	Brandverhalten von Baustoffen und Bauteilen; Bedachungen; Begriffe, Anforderungen und Prüfungen
DIN 4102-8	Brandverhalten von Baustoffen und Bauteilen; Kleinprüfstand
DIN 4102-12	Brandverhalten von Baustoffen und Bauteilen; Funktionserhalt von elektrischen Kabelanlagen; Anforderungen und Prüfungen
DIN 4102-14	Brandverhalten von Baustoffen und Bauteilen; Bodenbeläge und Bodenbeschichtungen; Bestimmung der Flammenausbreitung bei Beanspruchung mit einem Wärmestrahler
DIN 4102-15	Brandverhalten von Baustoffen und Bauteilen; Brandschacht
DIN 4102-16	Brandverhalten von Baustoffen und Bauteilen; Durchführung von Brandschachtprüfungen
DIN 4102-17	Brandverhalten von Baustoffen und Bauteilen; Schmelzpunkt von Mineralfaser-Dämmstoffen; Begriffe, Anforderungen, Prüfung

4.3.5 Internationale und europäische Normung zum Brandschutz

Die europäische Normung bezieht auch die Ergebnisse der internationalen Normung der ISO mit ein; u. a. liegen folgende Normen (ISO), Norm-Entwürfe (ISO/DIS) bzw. Technische Berichte (ISO/TR) über Prüfverfahren vor:

ISO 834	Feuerbeständigkeitsprüfungen; Baukonstruktionsteile
ISO 834 AMD 1	Feuerbeständigkeitsprüfungen; Baukonstruktionsteile; Änderung 1
ISO 834 AMD 2	Feuerbeständigkeitsprüfungen; Baukonstruktionsteile; Änderung 2
ISO 1182	Brandprüfungen; Baustoffe; Nichtbrennbarkeitsprüfung
ISO 1716	Baustoffe; Bestimmung des Heizwertes
ISO 3008	Feuerbeständigkeitsprüfungen; Türen und Schließeinrichtungen
ISO 3008 AMD 1	Feuerbeständigkeitsprüfungen; Türen und Schließeinrichtungen; Änderung 1
ISO 3009	Feuerbeständigkeitsprüfungen; Verglaste Bauteile
ISO 3009 AMD 1	Feuerbeständigkeitsprüfungen; Verglaste Bauteile; Änderung 1
ISO 3261	Brandversuche; Begriffe
ISO/TR 3814	Entwicklung von Prüfungen zur Messung „der Brennbarkeit" von Baustoffen
ISO/TR 3956	Grundlagen der brandtechnischen Bauwerksgestaltung unter besonderer Berücksichtigung der Verbindung zwischen den Belastungen eines realen Brandes und den Erwärmungsbedingungen der Norm-Feuerbeständigkeitsprüfung (ISO 834)

ISO 4736	Brandversuche; Kleine Schornsteine; Prüfung bei erhöhten Temperaturen
ISO 5657	Brandversuche; Reaktion auf Brände; Entflammbarkeit von Produkten für das Bauwesen
ISO/DIS 5660	Brandprüfungen; Brandverhalten; Wärmeentwicklungsgeschwindigkeit von Baustoffen
ISO/TR 5924	Brandprüfungen; Brandverhalten; Rauchentwicklung von Baustoffen (Zweikammerprüfung)
ISO/DIS 5924	Brandprüfungen; Brandverhalten; Raucherzeugung durch Bauprodukte (Zweikammerprüfung) (Überarbeitung von ISO/TR 5924:1989)
ISO 5925-1	Brandversuche; Bewertung von Rauchschutztüren; Teil 1: Prüfung bei Umgebungstemperatur
ISO/TR 6167	Feuerbeständigkeitsprüfungen; Beitrag durch abgehängte Decken zum Schutz von Stahlträgern in Boden- und Dachkonstruktionen
ISO/TR 6543	Entwicklung von Prüfverfahren zur Messung toxischer Gefährdungen bei Bränden
ISO 6944	Feuerbeständigkeitsprüfungen; Lüftungskanäle
ISO/TR 9122-1	Toxizitätsprüfung von Brandgasen; Teil 1: Allgemeines
ISO/TR 9122-2	Toxizitätsprüfung von Zersetzungsprodukten bei Bränden; Teil 2: Leitlinien für biologische Untersuchungen zur Bestimmung der Inhalationstoxizität von Zersetzungsprodukten bei Bränden; Grundlagen, Kriterien, Methodik
ISO/DIS 9705	Brandprüfungen; Raumversuch für Oberflächenprodukte
ISO/TR 10 158	Grundlagen und Hintergrund von Verfahren zur Berechnung der Feuerwiderstandsdauer von Bauteilen

Im Rahmen der **europäischen Harmonisierung** ist der Brandschutz eine der wesentlichen Anforderungen, die an Bauprodukte (aus denen Bauwerke errichtet werden) gestellt werden. Das Bauwerk muß derart entworfen und ausgeführt sein, daß bei einem Brand
- die Tragfähigkeit des Bauwerks während eines bestimmten Zeitraumes erhalten bleibt,
- die Entstehung und Ausbreitung von Feuer und Rauch innerhalb des Bauwerks begrenzt wird,
- die Ausbreitung von Feuer auf benachbarte Bauwerke begrenzt wird,
- die Bewohner das Gebäude unverletzt verlassen oder durch andere Maßnahmen gerettet werden können,
- die Sicherheit der Rettungsmannschaften berücksichtigt ist.

Diese Ausführungen werden im zugehörigen Grundlagendokument der EG über Brandschutz präzisiert und durch die entsprechenden Festlegungen der Länder, in Deutschland durch die Bundesländer, umgesetzt. Auf dieser Basis werden derzeit vom CEN entsprechende Normen zu den nachfolgend aufgelisteten Themen erarbeitet, die bei ihrem Erscheinen die Normen der Normenreihe DIN 4102 ablösen werden:

- über allgemeine Prüf- und Leistungsanforderungen zur Feuerwiderstandsfähigkeit,
- zur Prüfung der Feuerwiderstandsfähigkeit bei der Inbetriebnahme und Kalibrierung von Öfen, von Deckenschalen, Böden und Dächern, Trägern, Stützen, Installationsabzugleistungen und -schächten, Trennwänden, Außenwänden und Fassaden, Innenwänden, Installationsschächten und -kanälen,
- über Anforderungen an den Feuerwiderstand von konstruktiven Schalen,
- zur Prüfung der Feuerwiderstandsfähigkeit und Rauchkontrolle an Tür- und Klappenteilen und -rolltoren sowie Rauchschutztüren,
- zur Prüfung des Brandverhaltens von Wand- und Deckenbekleidungen,
- zur Ermittlung des Ausmaßes von Brandschäden,
- zur Bestimmung der Entzündlichkeit von Baustoffen und der Flammenausbreitung bei Beanspruchung mit Wärmestrahlung (Epiradiateur),
- zur Ermittlung der Flammenausbreitung an der Oberfläche,
- zur Nichtbrennbarkeitsprüfung,
- zur Heizwertbestimmung,

- zur Entzündlichkeitsprüfung,
- zur Bestimmung des kritischen Strahleneinflusses unter Verwendung eines Wärmestrahlers,
- zur Simulation von Flugfeuer,
- zur Feuerwiderstandsfähigkeit von Installationsschächten und -kanälen sowie Lüftungs- und Rauchabzugsleitungen, Absperrklappen und Abschlüssen von Fugen sowie
- zur Feuerwiderstandsfähigkeit tragender Bauteile, wie Innen- und Außenwände.

4.4 Feuchteschutz

Der Schutz eines Bauwerkes gegen Feuchtigkeit ist nicht nur ein Beitrag zum Schutz der Gesundheit der Nutzer des Gebäudes, sondern dient der Erhaltung der Nutzungssicherheit des Gebäudes selbst. Vernachlässigung des Feuchtigkeitsschutzes und Fehler bei der Ausführung können zu großen Schäden führen, deren Beseitigung unter Umständen überhaupt nicht oder nur mit großem Kostenaufwand möglich ist.

Im nachfolgenden wird ein kurzer Überblick über die Normen zum Schutz gegen von außen auf das Bauwerk einwirkende Feuchtigkeit aus dem Boden mit einigen Ausführungsbeispielen gegeben; nicht behandelt werden Dachabdichtungen einschließlich Dachdeckungen.
Im übrigen sei hier auf die Normen selbst und die einschlägige Fachliteratur[1] hingewiesen.

Bei der B a u w e r k s a b d i c h t u n g wird unterschieden zwischen
- Abdichtungen gegen Bodenfeuchtigkeit (DIN 18195-4)
- Abdichtungen gegen nichtdrückendes Wasser (DIN 18195-5)
- Abdichtungen gegen von außen drückendes Wasser (DIN 18195-6)

Eine wichtige Maßnahme ist die Ableitung des Wassers vom Bauwerk, am zweckmäßigsten so, daß kostenaufwendige Maßnahmen zum Schutz gegen von außen drückendes Wasser vermieden werden können. Eine zusätzliche Maßnahme in diesem Sinne ist die Dränung.

4.4.1 Dränung

DIN 4095 Baugrund; Dränung zum Schutz baulicher Anlagen; Planung, Bemessung und Ausführung (Jun 1990)

Dränung ist die Entwässerung des Bodens durch Dränschicht und Dränleitung, um das Entstehen von drückendem Wasser zu verhindern. Dabei soll ein Ausschlämmen von Bodenteilchen nicht auftreten.
DIN 4095 gilt für die Dränung auf, an und unter erdberührten baulichen Anlagen als Grundlage für Planung, Bemessung und Ausführung.

Diese Norm enthält Regelausführungen für definierte Voraussetzungen, für die keine weiteren Nachweise erforderlich sind (Regelfall). Für vom Regelfall abweichende Bedingungen sind besondere Nachweise zu führen (Sonderfall).

---
[1] Lufsky, Karl: Bauwerksabdichtung., 4. Aufl. 1983. B. G. Teubner Stuttgart
Cziesielski, Erich; Vogdt, Frank: Bauwerksabdichtungen. In: Cziesielski (Hrsg.), Lehrbuch der Hochbaukonstruktionen. 2. Aufl. 1993. B. G. Teubner Stuttgart

Begriffe

Eine Dränanlage besteht aus Drän, Kontroll- und Spüleinrichtungen sowie Ableitungen.

Drän ist der Sammelbegriff für Dränleitung und Dränschicht.

Dränleitung ist die Leitung aus Dränrohren zur Aufnahme und Ableitung des aus der Dränschicht anfallenden Wassers.

Dränschicht ist die wasserdurchlässige Schicht, bestehend aus Sickerschicht und Filterschicht oder aus einer filterfesten Sickerschicht (Mischfilter).

Filterschicht ist der Teil der Dränschicht, der das Ausschlämmen von Bodenteilchen infolge fließenden Wassers verhindert.

Sickerschicht ist der Teil der Dränschicht, der das Wasser aus dem Bereich des erdberührten Bauteiles ableitet.

Dränelement ist das Einzelteil für die Herstellung eines Dräns, z. B. Dränrohr, Dränmatte, Dränplatte, Dränstein.

Dränrohr ist der Sammelbegriff für Rohre, die Wasser aufnehmen und ableiten.

Stufenfilter ist der Teil der Dränschicht, bestehend aus mehreren Filterschichten unterschiedlicher Durchlässigkeit.

Mischfilter ist der Teil der Dränschicht, bestehend aus einer gleichmäßig aufgebauten Schicht abgestufter Körnung.

Anmerkung Dieser kann auch die Funktion der Sickerschicht übernehmen.

Schutzschicht ist die Schicht vor Wänden und auf Decken, welche die Abdichtung vor Beschädigungen schützt.

Anmerkung Die Dränschicht kann auch Schutzschicht sein.

Trennschicht ist die Schicht zwischen Bodenplatte und Dränschicht, die das Einschlämmen von Zementleim in die Dränschicht verhindert.

Untersuchungen

Zur Planung und Bemessung einer Dränung müssen
— Größe, Form und Oberflächengestalt des Einzugsgebietes,
— Art, Beschaffenheit und Durchlässigkeit des Baugrunds,
— die chemische Beschaffenheit des Wassers,

bekannt sein. Ferner ist zu prüfen, wohin das Wasser in baulicher und wasserrechtlicher Hinsicht abgeleitet werden kann.

Der Wasseranfall an den erdberührten baulichen Anlagen ist von der Größe des Einzugsgebietes, Geländeneigung, Schichtung sowie Durchlässigkeit des Bodens und der Niederschlagshöhe abhängig.

Trockene Baugruben geben noch keinen Anhalt, ob Dränmaßnahmen erforderlich werden. Es ist außerdem zu beachten, daß der Wasseranfall durch Regen, Schneeschmelze und Grundwasserspiegelschwankungen beeinflußt wird und wesentlich größer sein kann, als beim Aushub beobachtet.

Bei erdberührten Wänden und Decken ist der zusätzliche Wasseranfall aus angrenzenden Einzugsgebieten, benachbarten Deckenflächen und Gebäudefassaden zu berücksichtigen.

Fälle zur Festlegung der Dränmaßnahmen

Die Entscheidung über Art und Ausführung von Dränung und Bauwerksabdichtung ist entsprechend den Ergebnissen der Untersuchungen zu treffen.

Für die Entscheidung, ob eine Dränung an der Wand erforderlich ist, ist von den Fällen nach Bild **4.144** a) bis c) auszugehen.

4.4.1 Dränung

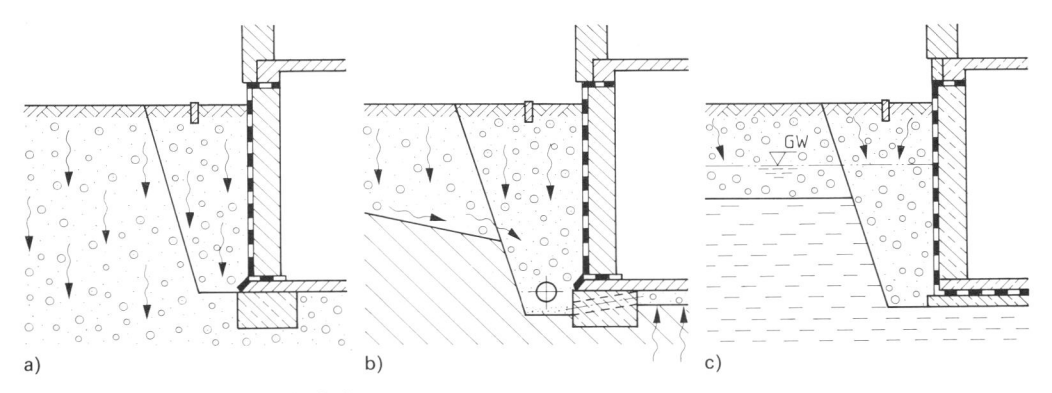

4.144 Fälle zur Festlegung der Dränung
a) Abdichtung ohne Dränung (Bodenfeuchtigkeit in stark durchlässigen Böden)
b) Abdichtung mit Dränung (Stau- und Sickerwasser in schwach durchlässigen Böden)
c) Abdichtung ohne Dränung (mit Grundwasser (GW))

Fall a) liegt vor, wenn nur Bodenfeuchtigkeit in stark durchlässigen Böden auftritt (Abdichtung ohne Dränung).
Fall b) liegt vor, wenn das anfallende Wasser über eine Dränung beseitigt werden kann und wenn damit sichergestellt ist, daß auf der Abdichtung kein Wasserdruck auftritt (Abdichtung mit Dränung).
Fall c) liegt vor, wenn drückendes Wasser, im Regelfall in Form von Grundwasser ansteht oder wenn eine Ableitung des anstehenden Wassers über eine Dränung nicht möglich ist (Abdichtung ohne Dränung).
Bei Decken mit Gefälle liegt oberhalb des Grundwasserspiegels der **Fall b)** vor (Abdichtung mit Dränung).

Anforderungen und Ausführungsbeispiele

Der Drän muß filterfest sein. Die anfallende Abflußspende q' in $l/(s \cdot m)$ muß in der Dränschicht drucklos abgeführt und vom Dränrohr bei einem Aufstau von höchstens 0,2 m bezogen auf die Dränrohrsohle aufgenommen werden.

Tabelle **4.145** Richtwerte vor Wänden

Einflußgröße	Richtwert
Gelände	eben bis leicht geneigt
Durchlässigkeit des Bodens	schwach durchlässig
Einbautiefe	bis 3 m
Gebäudehöhe	bis 15 m
Länge der Dränleitung zwischen Hochpunkt und Tiefpunkt	bis 60 m

Der Regelfall liegt vor, wenn die erforderlichen Untersuchungen die in den Tab. **4.145** bis **4.147** gestellten Anforderungen erfüllen. Die Bilder **4.148** und **4.149** zeigen Ausführungsbeispiele für Dränanlagen vor Wänden.

Tabelle **4.146** Richtwerte auf Decken

Einflußgröße	Richtwert
Gesamtauflast	bis 10 kN/m²
Deckenteilfläche	bis 150 m²
Deckengefälle	ab 3%
Länge der Dränleitung zwischen Hochpunkt und Dacheinlauf/Traufkante	bis 15 m
Angrenzende Gebäudehöhe	bis 15 m

Tabelle **4.147** Richtwerte unter Bodenplatten

Einflußgröße	Richtwert
Durchlässigkeit des Bodens	schwach durchlässig
Bebaute Fläche	bis 200 m²

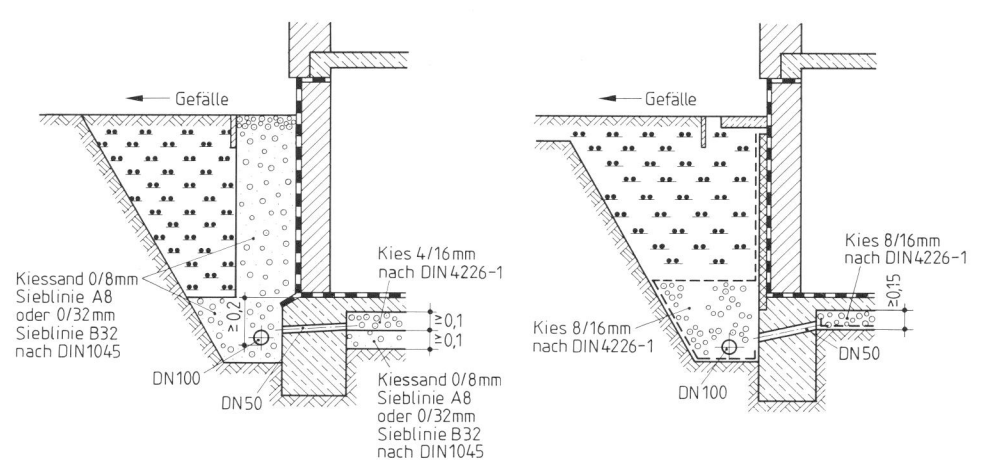

4.148 Beispiel einer Dränanlage mit mineralischer Dränschicht

4.149 Beispiel einer Dränanlage mit Dränelementen

Direkte Einleitung von Oberflächenwasser (z. B. Regenfalleitungen, Hofsenkkästen, Speier) oder das aus angrenzenden steilen Hanglagen abfließende Wasser ist unzulässig.

Wenn die örtlichen Bedingungen von den in der Regelausführung genannten abweichen, können für den Entwurf und die Bemessung der Dränanlage folgende Untersuchungen erforderlich werden:
– Geländeaufnahme,
– Bodenprofilaufnahmen,
– Ermittlung des Wasseranfalls,
– Statische Nachweise der Dränschichten und Dränleitungen,
– Hydraulische Bemessung (Durchlässigkeitsbeiwert und Abflußspende) der Dränelemente,
– Bemessung der Sickeranlage,
– Auswirkung auf Bodenwasserhaushalt, Vorfluter, Nachbarbebauung.

4.4.2 Bauwerksabdichtung

DIN 18195-1	**Bauwerksabdichtungen; Allgemeines, Begriffe (Aug 1983)**
DIN 18195-2	**Stoffe (Aug 1983)**
DIN 18195-3	**Verarbeitung der Stoffe (Aug 1983)**
DIN 18195-4	**Abdichtungen gegen Bodenfeuchtigkeit; Bemessung und Ausführung (Aug 1983)**
DIN 18195-5	**Abdichtungen gegen nichtdrückendes Wasser; Bemessung und Ausführung (Feb 1984)**
DIN 18195-6	**Abdichtungen gegen von außen drückendes Wasser; Bemessung und Ausführung (Aug 1983)**
DIN 18195-7	**Abdichtungen gegen von innen drückendes Wasser; Bemessung und Ausführung (Jun 1989)**
DIN 18195-8	**Abdichtungen über Bewegungsfugen (Aug 1983)**
DIN 18195-9	**Durchdringungen, Übergänge, Abschlüsse (Dez 1986)**
DIN 18195-10	**Schutzschichten und Schutzmaßnahmen (Aug 1983)**

Diese Normenreihe gilt für die Abdichtung von nicht wasserdichten Bauwerken oder Bauteilen mit Bitumenwerkstoffen, Kunststoff-Dichtungsbahnen und Metallbändern.
Sie gilt nicht für Dachabdichtungen und nicht für die Abdichtung der Fahrbahntafeln von Brücken, die zu öffentlichen Straßen gehören.
Die Wahl der zweckmäßigsten Abdichtungsart ist abhängig von der Angriffsart des Wassers, von der Art des Baugrundes und von den zu erwartenden physikalischen – insbesondere mechanischen und thermischen – Beanspruchungen.
Dabei kann es sich um äußere, z. B. klimatische, Einflüsse oder um Einwirkungen aus der Konstruktion oder aus der Nutzung des Bauwerks und seiner Teile handeln. Untersuchungen zur Feststellung dieser Verhältnisse müssen deshalb so frühzeitig durchgeführt werden, daß sie bereits bei der Bauwerksplanung berücksichtigt werden können.

Stoffe und Verarbeitung

Während DIN 18195-1 eine Reihe von Begriffen mit ihren Definitionen enthält, sind in DIN 18195-2 die für die Bauwerksabdichtung zu verwendenden und in den übrigen Teilen der Normenreihe in Bezug genommenen Abdichtungsstoffe zusammengestellt. Dabei ist unterschieden in

– Bitumen-Voranstrichmittel,
– Klebemassen und Deckaufstrichmittel, heiß zu verarbeiten,
– Deckaufstrichmittel, kalt zu verarbeiten,
– Asphaltmastix, heiß zu verarbeiten,
– Spachtelmassen, kalt zu verarbeiten,
– Bitumenbahnen,
– Kunststoff-Dichtungsbahnen,
– Kalottengeriffelte Metallbänder[1],
– Hilfsstoffe (Stoffe für Trennschichten/Trennlagen, Schutzlagen, zum Verfüllen von Fugen in Schutzschichten).

DIN 18195-3 enthält Angaben über die Verarbeitung der in DIN 18195-2 aufgeführten Abdichtungsstoffe.

Abdichtung gegen Bodenfeuchtigkeit

DIN 18195-4 gilt für das Abdichten von Bauwerken und Bauteilen mit Bitumenwerkstoffen und Kunststoff-Dichtungsbahnen gegen im Boden vorhandenes, kapillargebundenes und durch Kapillarkräfte auch entgegen der Schwerkraft fortleitbares Wasser (Bodenfeuchtigkeit, Saugwasser, Haftwasser, Kapillarwasser). Sie gilt ferner auch gegen das von Niederschlägen herrührende und nicht stauende Wasser (Sickerwasser) bei senkrechten und unterschnittenen Wandbauteilen.

Mit dieser Feuchtigkeitsbeanspruchung darf nur gerechnet werden, wenn das Baugelände bis zu einer ausreichenden Tiefe unter der Fundamentsohle und auch das Verfüllmaterial der Arbeitsräume aus nichtbindigen Böden, z. B. Sand, Kies, bestehen.

Nichtbindige Böden sind für in tropfbar-flüssiger Form anfallendes Wasser so durchlässig, daß es ständig von der Oberfläche des Geländes bis zum freien Grundwasserstand absickern und sich auch nicht vorübergehend, z. B. bei starken Niederschlägen, aufstauen kann. Dies erfordert einen Wasserdurchlässigkeitsbeiwert k von mindestens 0,01 cm/s.

---

[1] In Sonderfällen auch unprofiliert.

Feuchtigkeit ist im Boden immer vorhanden; mit Bodenfeuchtigkeit im Sinne dieser Norm ist daher immer zu rechnen. Bei bindigen Böden und/oder Hanglagen ist darüber hinaus immer Andrang von Wasser in tropfbar-flüssiger Form anzunehmen. Für die Abdichtung von Bauwerken und Bauteilen in solchen Böden und/oder Geländeformen gelten deshalb die Festlegungen von DIN 18195-5 für Abdichtungen gegen nichtdrückendes Wasser; zusätzlich hierzu sind Maßnahmen nach DIN 4095 zu treffen, um das Entstehen auch von kurzzeitig drückendem Wasser zu vermeiden.

Zur Bestimmung der Abdichtungsart ist daher die Feststellung der Bodenart, der Geländeform und des durch langjährige Beobachtungen ermittelten höchsten Grundwasserstandes am geplanten Bauwerksstandort unerläßlich.

Für Abdichtungen gegen Bodenfeuchtigkeit sind nach Maßgabe des Abschn. „Ausführung" Stoffe nach DIN 18195-2 zu verwenden.

Sollen Kunststoff-Dichtungsbahnen vollflächig mit Bitumen verklebt werden, ist gegebenenfalls durch eine entsprechende Untersuchung die Verträglichkeit der verwendeten Stoffe untereinander zu überprüfen.

Abdichtungen gegen Bodenfeuchtigkeit müssen Bauwerke und Bauteile gegen von außen angreifende Bodenfeuchtigkeit und unterirdische Wandbauteile auch gegen nichtstauendes Sickerwasser schützen. Sie müssen gegen natürliche oder durch Lösungen aus Beton oder Mörtel entstandene Wässer unempfindlich sein.

Das Prinzip einer fachgerechten Anordnung von Abdichtungen gegen Bodenfeuchtigkeit ist in den nachfolgenden Abschnitten an Gebäuden dargestellt; sie gilt sinngemäß jedoch auch für andere Bauwerke.

Abdichtung nicht unterkellerter Gebäude (s. Bilder **4.**150 bis **4.**153)

a) Bei nichtunterkellerten Gebäuden sind Außen- und Innenwände durch eine waagerechte Abdichtung gegen das Aufsteigen von Feuchtigkeit zu schützen. Bei Außenwänden soll die Abdichtung etwa 30 cm über dem Gelände angeordnet sein.

b) Ferner sind alle vom Boden berührten, äußeren Flächen der Umfassungswände gegen das Eindringen von Feuchtigkeit abzudichten. Die Abdichtung muß unten bis zum Fundamentabsatz und oben bis an die waagerechte Abdichtung reichen. Oberhalb des Geländes darf sie entfallen, wenn dort ausreichend wasserabweisende Bauteile verwendet werden; anderenfalls ist die Abdichtung hinter der Sockelbekleidung hochzuziehen.

c) Wird der Fußboden mit belüftetem Zwischenraum zum Erdboden ausgeführt (s. Bild **4.**150), so ist eine besondere Abdichtung des Fußbodens nicht erforderlich. In diesem Fall muß die Unterfläche der Fußbodenkonstruktion mindestens 5 cm über der waagerechten Wandabdichtung angeordnet werden, damit diese Abdichtung gegen Beschädigung beim Einbau der Fußbodenkonstruktion geschützt wird.

d) Ist ein tiefliegender Fußboden in Höhe der umgebenden Geländeoberfläche vorgesehen, so ist die Abdichtung nach Bild **4.**151 auszuführen. Dabei ist der Fußboden durch eine Abdichtung zu schützen, die an eine zusätzliche, etwa in Höhe der Fußbodenabdichtung angeordnete, waagerechte Wandabdichtung heranreichen muß.

e) Bei Gebäuden mit geringen Anforderungen an die Raumnutzung darf die Abdichtung auch nach Bild **4.**152 oder **4.**153 ausgeführt werden. In diesem Fall ist der Fußboden durch eine kapillarbrechende, grobkörnige Schüttung von mindestens 15 cm Dicke gegen das Eindringen von Feuchtigkeit zu schützen. Die Schüttung ist nach Möglichkeit in der Höhenlage der waagerechten Wandabdichtung anzuordnen. Ist diese Ausführung nicht möglich, weil der Fußboden in Höhe der Geländeoberfläche angeordnet werden soll (s. Bild **4.**153), so wird eine gewisse Durchfeuchtung der Wände unterhalb der waagerechten Abdichtung sowie des Fußbodens selbst in Kauf genommen. Bei dieser Ausführungsart müssen die Innenflächen der Wände vom Fußboden bis zur waagerechten Abdichtung unverputzt bleiben.

Um die kapillarbrechende Wirkung der Schüttung nicht zu beeinträchtigen, ist sie z. B. mit einer Folie abzudecken, bevor der Beton des Fußbodens aufgebracht wird.

4.4.2 Bauwerksabdichtung

Beispiele für die Abdichtung nichtunterkellerter Gebäude

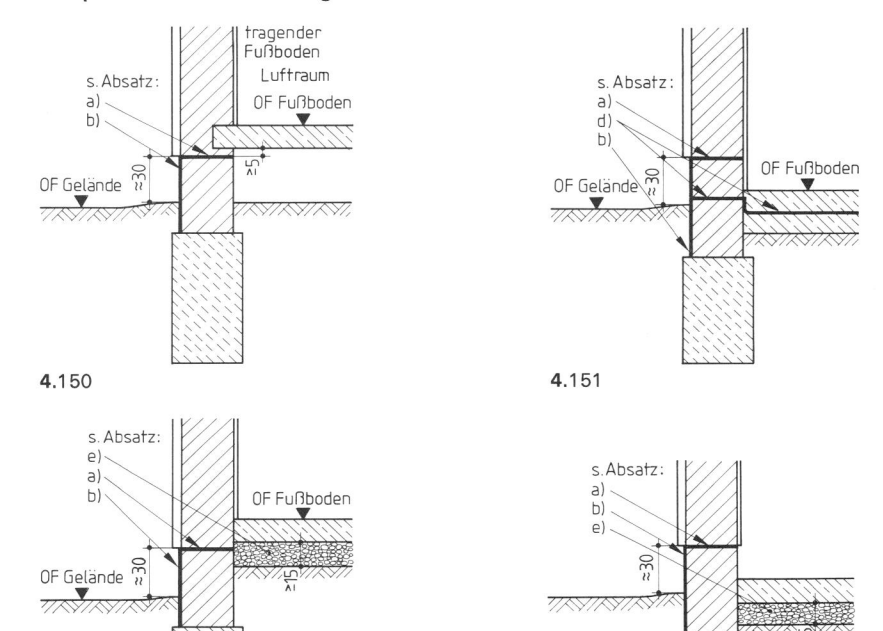

4.150

4.151

4.152

4.153

Abdichtung unterkellerter Gebäude

Gebäude mit Wänden aus Mauerwerk auf Streifenfundamenten (Bilder 4.154 und 4.155)

a) Bei Gebäuden mit gemauerten Kellerwänden sind in den Außenwänden mindestens zwei waagerechte Abdichtungen vorzusehen. Die untere Abdichtung soll etwa 10 cm über der Oberfläche des Kellerfußbodens und die obere etwa 30 cm über dem umgebenden Gelände angeordnet werden. Bei Innenwänden darf die obere Abdichtung entfallen.

b) Alle vom Boden berührten Außenflächen der Umfassungswände sind gegen seitliche Feuchtigkeit abzudichten (s. Bilder **4.154** und **4.155**).

c) Kellerdecken sind mit ihren Unterflächen mindestens 5 cm über der oberen waagerechten Abdichtung der Außenwände anzuordnen. Muß die Kellerdecke tiefer liegen, so ist eine dritte waagerechte Abdichtung der Außenwände mindestens 5 cm unter der Unterfläche der Kellerdecke vorzusehen (s. Bild **4.155**).

d) Kellerfußböden sind nach Bild **4.154** gegen aufsteigende Feuchtigkeit durch eine Abdichtung zu schützen, die an die untere waagerechte Abdichtung der Wände heranreichen muß.

e) Bei Gebäuden mit geringen Anforderungen an die Nutzung der Kellerräume darf der Schutz des Kellerfußbodens auch durch die Anordnung einer grobkörnigen Schüttung vorgenommen werden (s. Bild **4.155**).

Gebäude mit Wänden aus Mauerwerk auf Fundamentplatten (Bilder 4.156 und 4.157)

f) Bei Gebäuden auf Fundamentplatten ist der Kellerfußboden durch eine Abdichtung auf der gesamten Fundamentplatte zu schützen.

g) Die Abdichtung der Kellerwände ist nach den Absätzen a) bis e) vorzusehen, wobei die untere waagerechte Abdichtung entfallen darf, da sie durch die Abdichtung der Fundamentplatte ersetzt wird (s. Bild **4.156**). Bei dieser Ausführungsart ist eine seitliche Verschiebung des Mauerwerks durch die Einwirkung von Horizontalkräften, z. B. Erddruck, mit geeigneten Maßnahmen zu verhindern.

h) Bei Gebäuden mit geringen Anforderungen an die Nutzung der Kellerräume darf der Kellerfußboden auch durch eine kapillarbrechende, grobkörnige Schüttung von mindestens 15 cm Dicke gegen das Eindringen von Feuchtigkeit geschützt werden. In diesem Fall muß die untere waagerechte Abdichtung der Außenwände jedoch ausgeführt werden (s. Bild **4.157**).

Um die kapillarbrechende Wirkung der Schüttung nicht zu beeinträchtigen, ist sie z. B. mit einer Folie abzudecken, bevor der Beton des Fußbodens aufgebracht wird.

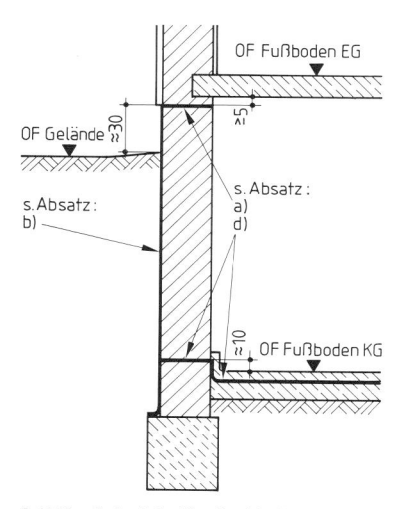

4.154 Beispiele für die Abdichtung

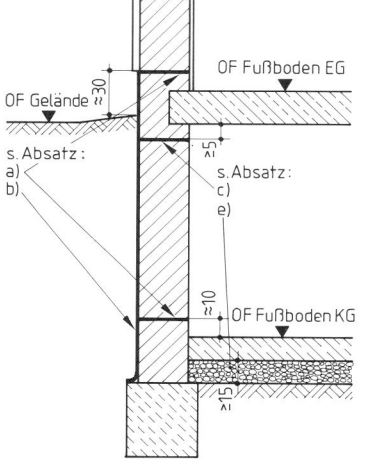

4.155 Gebäude mit Wänden aus Mauerwerk auf Streifenfundamenten

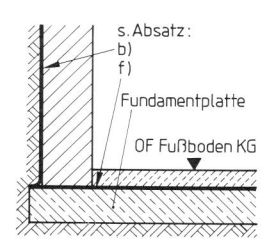

4.156 Beispiel für die Abdichtung von Gebäuden mit Wänden aus Mauerwerk auf Fundamentplatten

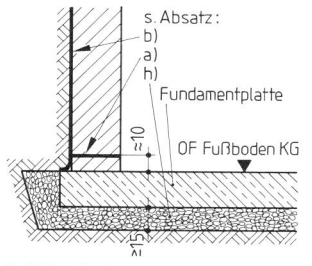

4.157 Beispiel für die Abdichtung von Gebäuden mit Wänden aus Mauerwerk auf Fundamentplatten

Gebäude mit Wänden aus Beton

Die Abdichtung der Außenwandflächen ist nach Abschn. „Abdichtung nicht unterkellerter Gebäude", Absatz b) vorzusehen. Die Fußböden sind in Abhängigkeit von den Anforderungen an die Nutzung der Kellerräume nach Abschn. „Abdichtung unterkellerter Gebäude", Absatz d) oder e) zu schützen.

Da wegen des monolithischen Gefüges des Betons die Anordnung von waagerechten Abdichtungen in den Wänden in der Regel nicht möglich ist, sind zum Schutz gegen das Aufsteigen von Feuchtigkeit im Einzelfall besondere Maßnahmen erforderlich (s. Bild **4.**158).

Ausführung

Bei der Ausführung von Abdichtungen gegen Bodenfeuchtigkeit gelten
- DIN 18195-3 für das Verarbeiten der Stoffe,
- DIN 18195-8 für das Herstellen der Abdichtungen über Bewegungsfugen,
- DIN 18195-9 für das Herstellen von Durchdringungen, Übergängen und Anschlüssen,
- DIN 18195-10 für Schutzschichten und Schutzmaßnahmen.

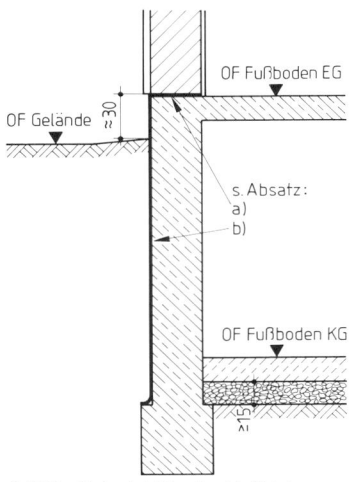

4.158 Beispiel für die Abdichtung unterkellerter Gebäude mit Wänden aus Beton

Waagerechte Abdichtungen in Wänden

Für waagerechte Abdichtungen in Wänden sind
- Bitumendachbahnen nach DIN 52128 (s. Norm)
- Dichtungsbahnen nach DIN 18190-2 bis DIN 18190-5 (s. Normen)
- Dachdichtungsbahnen nach DIN 52130 (s. Norm)
- Kunststoff-Dichtungsbahnen nach DIN 16935, DIN 16937 oder DIN 16729 (s. Normen) zu verwenden.

Kunststoff-Dichtungsbahnen nach DIN 16938 dürfen verwendet werden, wenn anschließende Abdichtungen nicht aus Bitumenwerkstoffen bestehen.

Die Abdichtungen müssen aus mindestens einer Lage bestehen. Die Auflagerflächen für die Bahnen sind mit Mörtel der Mörtelgruppen II oder III nach DIN 1053-1 (s. Norm) so dick abzugleichen, daß eine waagerechte Oberfläche ohne Unebenheiten entsteht, die die Bahnen durchstoßen könnten.

Die Bahnen dürfen nicht aufgeklebt werden. Sie müssen sich an den Stößen um mindestens 20 cm überdecken. Die Stöße dürfen verklebt werden. Wenn es aus konstruktiven Gründen notwendig ist, sind die Abdichtungen in den Wänden stufenförmig auszuführen, damit waagerechte Kräfte übertragen werden können. Die Abdichtungen dürfen hierbei nicht unterbrochen werden.

Abdichtungen von Außenwandflächen

Zur Abdichtung von Außenwandflächen dürfen alle in DIN 18195-2 genannten Abdichtungsstoffe unter Berücksichtigung der baulichen und abdichtungstechnischen Erfordernisse verwendet werden.

Die Abdichtungen müssen über ihre gesamte Länge an die waagerechten Abdichtungen herangeführt werden, so daß keine Feuchtigkeitsbrücken (Putzbrücken) entstehen können.

Je nach Art der Hinterfüllung des Arbeitsraumes und der gewählten Abdichtung sind für die abgedichteten Wandflächen Schutzmaßnahmen oder Schutzschichten vorzusehen. Beim Hinterfüllen ist darauf zu achten, daß die Abdichtung nicht beschädigt wird. Unmittelbar an die abgedichteten Wandflächen dürfen daher Bauschutt, Splitt oder Geröll nicht geschüttet werden.

Abdichtungen mit Deckaufstrichmitteln. Zur Aufnahme von Deckaufstrichmitteln sind Mauerwerksflächen voll und bündig zu verfugen; Betonflächen müssen eine ebene und geschlossene Oberfläche aufweisen. Falls erforderlich, z. B. bei porigen Baustoffen, sind die Flächen mit Mörtel der Mörtelgruppen II oder III nach DIN 1053-1 (s. Norm) zu ebnen und abzureiben.

Vor dem Herstellen der Aufstriche müssen Mörtel oder Beton ausreichend erhärtet sein. Der Untergrund muß trocken sein, sofern nicht für feuchten Untergrund geeignete Aufstrichmittel verwendet werden. Verschmutzungen der zu streichenden Flächen, z. B. durch Sand, Staub oder ähnliche lose Teile, sind zu entfernen.

Die Aufstriche sind aus einem kaltflüssigen Voranstrich und mindestens zwei heiß- oder drei kaltflüssig aufzubringenden Deckaufstrichen herzustellen. Bei heißflüssigen Aufstrichen ist der nachfolgende Aufstrich unverzüglich nach dem Erkalten des vorhergehenden herzustellen; bei kaltflüssigen Aufstrichen darf der nachfolgende erst nach dem Trocknen des vorhergehenden aufgebracht werden.

Die Aufstriche müssen eine zusammenhängende und deckende Schicht ergeben, die auf dem Untergrund fest haftet; die nach Tab. 4.159 aufzubringenden Mindestmengen müssen eingehalten werden.

Abdichtungen mit Spachtelmassen, kalt zu verarbeiten. Zur Aufnahme von kalt zu verarbeitenden Spachtelmassen sind die Wandflächen vorzubereiten (s. Abschn. „Abdichtung mit Deckaufstrichmittel") und mit einem kaltflüssigen Voranstrich zu versehen.

Die Spachtelmassen sind in der Regel in zwei Schichten aufzubringen, wobei die Mindestmengen nach Tab. 4.159 eingehalten werden müssen.

Abdichtung mit Bitumenbahnen. Zur Abdichtung mit Bitumenbahnen dürfen alle in DIN 18195-2 genannten Bitumenbahnen verwendet werden. Dazu sind die Wandflächen vorzubereiten (s. Abschn. „Abdichtung mit Deckaufstrichmittel") und mit einem kaltflüssigen Voranstrich zu versehen.

Die Bahnen sind einlagig mit Klebemasse aufzukleben. Bei Verwendung von nackten Bitumenbahnen nach DIN 52129 (s. Norm) ist außerdem ein Deckaufstrich vorzusehen. Bitumen-Schweißbahnen nach DIN 52131 (s. Norm) dürfen auch im Schweißverfahren aufgebracht werden.

Die Bahnen müssen sich an Nähten, Stößen und Anschlüssen um 10 cm überdecken.

Abdichtungen mit Kunststoff-Dichtungsbahnen. Für Abdichtungen mit Kunststoff-Dichtungsbahnen sind die Wandflächen vorzubereiten (s. Abschn. „Abdichtung mit Deckaufstrichmittel") und, falls bitumenverträgliche Bahnen aufgeklebt werden sollen, mit einem kaltflüssigen Voranstrich zu versehen. Bei der Abdichtung mit PIB-Bahnen nach DIN 16935 (s. Norm) sind die Wandflächen mit einem Aufstrich aus Klebemasse zu versehen und die Bahnen im Flämmverfahren aufzukleben.

Nicht bitumenverträgliche PVC weich-Bahnen nach DIN 16938 (s. Norm) sind mit mechanischer Befestigung lose einzubauen; sie dürfen nicht mit Bitumen in Berührung kommen. Die Art der mechanischen Befestigung richtet sich nach den baulichen Gegebenheiten.

ECB-Bahnen nach DIN 16729 (s. Norm) und bitumenverträgliche PVC weich-Bahnen nach DIN 16937 (s. Norm) dürfen sowohl mit Klebemasse aufgeklebt als auch lose mit mechanischer Befestigung eingebaut werden.

Die Bahnen müssen sich an Nähten, Stößen und Anschlüssen um 5 cm überdecken.

Abdichtungen von Fußbodenflächen

Zur Abdichtung von Fußbodenflächen dürfen Bitumenbahnen, Kunststoff-Dichtungsbahnen oder Asphaltmastix verwendet werden. Als Untergrund für die Abdichtungen ist eine Betonschicht oder ein gleichwertiger standfester Untergrund erforderlich. Kanten und Kehlen sind, falls erforderlich, zu runden. Die fertiggestellten Abdichtungen sind vor mechanischen Beschädigungen zu schützen, z. B. durch Schutzschichten nach DIN 18195-10.

Abdichtungen mit Bitumenbahnen. Zur Abdichtung mit Bitumenbahnen dürfen alle in DIN 18195-2 genannten Bitumenbahnen verwendet werden. Die Abdichtungen sind aus mindestens einer Lage herzustellen. Die Bahnen sind lose oder punktweise oder vollflächig verklebt auf den Untergrund aufzubringen. Nackte Bitumenbahnen nach DIN 52129 müssen auf ihrer Unterseite eine voll deckende, heiß aufzubringende Klebemasseschicht erhalten und mit einem gleichartigen Deckaufstrich versehen werden.

Die Bahnen müssen sich an Nähten, Stößen und Anschlüssen um 10 cm überdecken, die Überdeckungen müssen vollflächig verklebt bzw. bei Schweißbahnen verschweißt werden.

Abdichtungen mit Kunststoff-Dichtungsbahnen aus PIB oder ECB. Die Abdichtungen sind aus mindestens einer Lage herzustellen. Die Bahnen sind lose zu verlegen oder auf den Untergrund aufzukleben.

Die Bahnen müssen sich an Nähten, Stößen und Anschlüssen um 5 cm überdecken, die Überdeckungen sind bei PIB mit Quellschweißmittel und bei ECB mit Warmgas oder mit Heizelement zu verschweißen. Nähte, Stöße und Anschlüsse dürfen auch mit Bitumen verklebt werden, wenn die Überdeckungen 10 cm breit sind.
Abdichtungen aus PIB-Bahnen sind mit einer Trennschicht aus geeigneten Stoffen nach DIN 18195-2 abzudecken.

Abdichtungen mit Kunststoff-Dichtungsbahnen aus PVC weich. Die Abdichtungen sind aus mindestens einer Lage Bahnen oder werkseitig vorgefertigter Planen herzustellen. Die Bahnen oder Planen sind lose zu verlegen, bei Verwendung von bitumenverträglichem PVC weich dürfen sie auf den Untergrund aufgeklebt werden.

Auf der Baustelle ausgeführte Nähte, Stöße und Anschlüsse müssen sich um 5 cm überdecken, wenn sie mit Quellschweißmittel verschweißt werden; sie müssen sich um 3 cm überdecken, wenn sie mit Warmgas verschweißt werden. Bei bitumenverträglichen PVC weich-Bahnen, die mit Klebemasse aufgeklebt werden, müssen die Überdeckungen 10 cm breit sein.

Tabelle 4.159 Mindestmengen für Einbau/Verbrauch von streich- und spachtelfähigen Abdichtungsstoffen

Sp.	1	2	3	4	5
Zeile	Abdichtungsstoff	Dichte des Festkörpers in kg/dm^3	Verbrauchsmenge in kg/m^2	Festkörpermenge in kg/m^2	Arbeitsgänge, Anzahl
Voranstrichmittel					
1	Bitumenlösung	1,0	0,2 bis 0,3	–	1
2	Bitumenemulsion	1,0 bis 1,1	0,2 bis 0,3	–	1
Deckaufstrichmittel, kalt zu verarbeiten					
3	Bitumenlösung	1,0 bis 1,6	–	1,0 bis 1,6	3
4	Bitumenemulsion	1,1 bis 1,3	–	1,1 bis 1,3	3
Deckaufstrichmittel, heiß zu verarbeiten					
5	Bitumen, gefüllt oder ungefüllt	1,0 bis 1,8	–	2,5 bis 4,0	2
Spachtelmassen, kalt zu verarbeiten					
6	Bitumenlösung oder -emulsion	1,3 bis 2,0	–	1,3 bis 2,0	2
Asphaltmastix					
7	Asphaltmastix	1,3 bis 1,8	–	9 bis 13	1

Abdichtungen mit Asphaltmastix. Abdichtungen aus Asphaltmastix sind in einer Mindestdicke von 0,7 cm auf einer Unterlage (z. B. Betonschicht) herzustellen.

Mindestmengen für Einbau bzw. Verbrauch von streich- und spachtelfähigen Abdichtungsstoffen. Die erforderlichen Mindestmengen für streich- und spachtelfähige Abdichtungsstoffe sind in Tab. 4.159 aufgeführt. Die Mengen sind mit der in Spalte 5 angegebenen Anzahl von Arbeitsgängen aufzubringen. Die Festkörpermengen gelten für mittlere Arbeitstemperaturen und für eine mittlere Schichtdicke von 0,1 cm bei kalt zu verarbeitenden, von 0,25 cm bei heiß zu verarbeitenden Massen und von 0,7 cm bei Asphaltmastix.

Abdichtungen gegen nichtdrückendes Wasser

DIN 18195-5 gilt für die Abdichtung von Bauwerken und Bauteilen mit Bitumenwerkstoffen, Metallbändern und Kunststoff-Dichtungsbahnen gegen nichtdrückendes Wasser, d. h. gegen Wasser in tropfbar-flüssiger Form, z. B. Niederschlags-, Sicker- oder Brauchwasser, das auf die Abdichtung keinen oder nur vorübergehend einen geringfügigen hydrostatischen Druck ausübt.

Diese Norm gilt nicht für die Abdichtung der Fahrbahntafeln von Brücken, die zu öffentlichen Straßen gehören. Abdichtungen nach dieser Norm müssen Bauwerke oder Bauteile gegen nichtdrückendes Wasser schützen und gegen natürliche oder durch Lösungen aus Beton oder Mörtel entstandene Wässer unempfindlich sein.

Anforderungen. Die Abdichtung muß das zu schützende Bauwerk oder den zu schützenden Bauteil in dem gefährdeten Bereich umschließen oder bedecken und das Eindringen von Wasser verhindern.

Die Abdichtung darf bei den zu erwartenden Bewegungen der Bauteile, z. B. durch Schwingungen, Temperaturänderungen oder Setzungen, ihre Schutzwirkung nicht verlieren. Die hierfür erforderlichen Angaben müssen bei der Planung einer Bauwerksabdichtung vorliegen.

Die Abdichtung muß Risse in dem abzudichtenden Bauwerk, die z. B. durch Schwinden entstehen, überbrücken können. Durch konstruktive Maßnahmen ist jedoch sicherzustellen, daß solche Risse zum Entstehungszeitpunkt nicht breiter als 0,5 mm sind und daß durch eine eventuelle weitere Bewegung die Breite der Risse auf höchstens 2 mm und der Versatz der Rißkanten in der Abdichtungsebene auf höchstens 1 mm beschränkt bleiben.

Bauliche Erfordernisse. Bei der Planung des abzudichtenden Bauwerks oder der abzudichtenden Bauteile sind die Voraussetzungen für eine fachgerechte Anordnung und Ausführung der Abdichtung zu schaffen. Dabei ist die Wechselwirkung zwischen Abdichtung und Bauwerk zu berücksichtigen und gegebenenfalls die Beanspruchung der Abdichtung durch entsprechende konstruktive Maßnahmen in zulässigen Grenzen zu halten.

Das Entstehen von Rissen im Bauwerk, die durch die Abdichtung nicht überbrückt werden können, ist durch konstruktive Maßnahmen, z. B. durch Anordnung von Bewehrung, ausreichender Wärmedämmung oder Fugen, zu verhindern.

Dämmschichten, auf die Abdichtungen unmittelbar aufgebracht werden sollen, müssen für die jeweilige Nutzung geeignet sein. Sie dürfen keine schädlichen Einflüsse auf die Abdichtung ausüben und müssen sich als Untergrund für die Abdichtung und deren Herstellung eignen. Falls erforderlich, sind unter Dämmschichten Dampfsperren und gegebenenfalls auch Ausgleichsschichten einzubauen.

Durch bautechnische Maßnahmen, z. B. durch die Anordnung von Gefälle, ist für eine dauernd wirksame Abführung des auf die Abdichtung einwirkenden Wassers zu sorgen. Bei der Abdichtung von Bauwerken oder Bauteilen im Erdreich sind, falls erforderlich, Maßnahmen nach DIN 4095 zu treffen.

4.4.2 Bauwerksabdichtung

Bauwerksflächen, auf die die Abdichtung aufgebracht werden soll, müssen fest, eben, frei von Nestern, klaffenden Rissen und Graten und dürfen nicht naß sein. Kehlen und Kanten sollen fluchtrecht und gerundet sein.

Im Abschn. „Ausführung" sind in DIN 18195-5 in Abhängigkeit von der Art der Beanspruchung und der zum Einsatz kommenden Abdichtungsstoffe ausführliche Angaben, z. B. über Anzahl der Lagen, zur Überwachung, Verarbeitung, und Abdichtung mit Metallbändern sowie mit Asphaltmastix gemacht.

Abdichtungen gegen von außen drückendes Wasser

DIN 18195-6 gilt für die Abdichtung von Bauwerken mit Bitumenwerkstoffen, Metallbändern und Kunststoff-Dichtungsbahnen gegen von außen drückendes Wasser, d. h. gegen Wasser, das von außen auf die Abdichtung einen hydrostatischen Druck ausübt.

Anforderungen. Wasserdruckhaltende Abdichtungen müssen Bauwerke gegen von außen hydrostatisch drückendes Wasser schützen und gegen natürliche oder durch Lösungen aus Beton oder Mörtel entstandene Wässer unempfindlich sein.
Die Abdichtung ist im Regelfall auf der dem Wasser zugekehrten Bauwerksseite anzuordnen; sie muß eine geschlossene Wanne bilden oder das Bauwerk allseitig umschließen. Die Abdichtung ist bei nichtbindigem Boden mindestens 300 mm über den höchsten Grundwasserstand zu führen, darüber ist das Bauwerk durch eine Abdichtung gegen Bodenfeuchtigkeit nach DIN 18195-4 oder gegen nichtdrückendes Wasser nach DIN 18195-5 zu schützen. Bei bindigem Boden ist die Abdichtung mindestens 300 mm über die geplante Geländeoberfläche zu führen.
Der höchste Grundwasserstand ist aus möglichst langjährigen Beobachtungen zu ermitteln. Bei Bauwerken im Hochwasserbereich ist der höchste Hochwasserstand maßgebend.
Beim Nachweis der Standsicherheit für das zu schützende Bauwerk oder Bauteil darf der Abdichtung keine Übertragung von planmäßigen Kräften parallel zu ihrer Ebene zugewiesen werden. Sofern dies in Sonderfällen nicht zu vermeiden ist, muß durch Anordnung von Widerlagern, Ankern, Bewehrung oder durch andere konstruktive Maßnahmen dafür gesorgt werden, daß Bauteile auf der Abdichtung nicht gleiten oder ausknicken.
Entwässerungsabläufe, die die Abdichtung durchdringen, müssen sowohl die Oberfläche des Bauwerkes oder Bauteils als auch die Abdichtungsebene dauerhaft entwässern.

Arten der Beanspruchung. Je nach Größe der auf die Abdichtung einwirkenden Beanspruchungen durch Verkehr, Temperatur und Wasser werden mäßig und hoch beanspruchte Abdichtungen unterschieden. Die Beanspruchung von Abdichtungen auf Dämmschichten durch Verkehrslasten ist besonders zu beachten; zur Vermeidung von Schäden durch Verformungen sind Dämmstoffe zu wählen, die den statischen und dynamischen Beanspruchungen genügen.
Abdichtungen sind mäßig beansprucht, wenn
– die Verkehrslasten vorwiegend ruhend nach DIN 1055-3 (s. Norm) sind und die Abdichtung nicht unter befahrenen Flächen liegt,
– die Temperaturschwankung an der Abdichtung nicht mehr als 40 K beträgt,
– die Wasserbeanspruchung gering und nicht ständig ist.
Abdichtungen sind hoch beansprucht, wenn eine oder mehrere Beanspruchungen die oben angegebenen Grenzen überschreiten. Hierzu zählen grundsätzlich alle waagerechten und geneigten Flächen im Freien und im Erdreich.

Die Abdichtung darf bei den zu erwartenden Bewegungen der Bauteile durch Schwinden, Temperaturänderungen und Setzungen ihre Schutzwirkung nicht verlieren. Die hierfür erforderlichen Angaben müssen bei der Planung einer Bauwerksabdichtung vorliegen.

Die Abdichtung muß Risse, die z. B. durch Schwinden entstehen, überbrücken können. Durch konstruktive Maßnahmen ist jedoch sicherzustellen, daß solche Risse zum Entstehungszeitpunkt nicht breiter als 0,5 mm sind und daß durch eine eventuelle weitere Bewegung die Breite des Risses auf höchstens 5 mm und der Versatz der Rißkanten in der Abdichtungsebene auf höchstens 2 mm beschränkt bleibt.

Bauliche Erfordernisse. Beim Nachweis der Standsicherheit für das zu schützende Bauwerk darf der Abdichtung keine Übertragung von planmäßigen Kräften parallel zu ihrer Ebene zugewiesen werden. Sofern dies in Sonderfällen nicht zu vermeiden ist, muß durch Anordnung von Widerlagern, Ankern, Bewehrung oder durch andere konstruktive Maßnahmen dafür gesorgt werden, daß Bauteile auf der Abdichtung nicht gleiten oder ausknicken.

Bauwerksflächen, auf die die Abdichtung aufgebracht werden soll, müssen fest, eben, frei von Nestern, klaffenden Rissen oder Graten und dürfen nicht naß sein. Kehlen und Kanten sollen fluchtrecht und mit einem Halbmesser von 40 mm gerundet sein.

Die zulässigen Druckspannungen senkrecht zur Abdichtungsebene sind für die einzelnen Abdichtungsarten in DIN 18195-6 angegeben.

Vor- und Rücksprünge der abzudichtenden Flächen sind auf die unbedingt notwendige Anzahl zu beschränken.

Bei einer Änderung der Größe der auf die Abdichtung wirkenden Kräfte ist eine belastungsbedingte Rißbildung der Baukonstruktion zu vermeiden.

Ein unbeabsichtigtes Ablösen der Abdichtung von ihrer Unterlage ist durch konstruktive Maßnahmen auszuschließen.

Bei statisch unbestimmten Tragwerken ist der Einfluß der Zusammendrückung der Abdichtung zu berücksichtigen.

Die zu erwartenden Temperaturbeanspruchungen der Abdichtung sind bei der Planung zu berücksichtigen. Die Temperatur an der Abdichtung muß um mindestens 30 K unter dem Erweichungspunkt nach Ring und Kugel (DIN 52011, s. Norm) der Klebemassen und Deckaufstrichmittel bleiben.

Für Bauteile im Gefälle sind konstruktive Maßnahmen gegen Gleitbewegungen zu treffen, z. B. Anordnung von Nocken. Auch bei waagerechter Lage der Bauwerkssohle müssen Maßnahmen getroffen werden, die eine Verschiebung des Bauwerks durch Kräfte ausschließen, die durch den Baufortgang wirksam werden können.

Bei Einwirkung von Druckluft sind Abdichtungen durch geeignete Maßnahmen gegen das Ablösen von der Unterlage zu sichern. Bei Abdichtungen, die ausschließlich aus Bitumenwerkstoffen bestehen, sind außerdem Metallbänder einzukleben.

Gegen die Abdichtung muß hohlraumfrei gemauert oder betoniert werden. Insbesondere sind Nester im Beton an der wasserabgewandten Seite der Abdichtung unzulässig. Dies gilt uneingeschränkt für alle in dieser Norm behandelten Abdichtungsarten.

Ferner enthält die Norm Angaben über die Ausführung und Verarbeitung in Abhängigkeit von den jeweils zum Einsatz kommenden Abdichtungsstoffen.

Abdichtungen gegen von innen drückendes Wasser

DIN 18195-7 gilt für die Abdichtung von Bauwerken mit Bitumenwerkstoffen, Metallbändern und Kunststoff-Dichtungsbahnen gegen von innen drückendes Wasser, d. h. gegen Wasser, das von innen auf die Abdichtung einen hydrostatischen Druck ausübt, z. B. bei Trinkwasserbehältern, Wasserspeicherbecken, Schwimmbecken, Regenrückhaltebecken (genannt „Behälter").

Diese Norm gilt nicht für die Abdichtung von Erdbauwerken und nicht für Abdichtungen im Chemieschutz.

Anforderungen. Abdichtungen gegen von innen drückendes Wasser (Behälterabdichtungen) müssen ein unbeabsichtigtes Ausfließen des Wassers aus dem Behälter verhindern und das Bauwerk gegen das Wasser schützen. Sie müssen sich gegenüber dem zur Aufnahme bestimmten Wasser neutral verhalten und beständig sein.

Die Abdichtung ist auf der dem Wasser zugekehrten Bauwerksseite anzuordnen. Sie muß eine geschlossene Wanne bilden und im Regelfall mindestens 300 mm über den höchsten Wasserstand geführt und gegen Hinterlaufen gesichert werden, sofern das Hinterlaufen der Abdichtung nicht auf andere Weise verhindert wird, z. B. bei Schwimmbecken.

Die Abdichtung darf bei den zu erwartenden Bewegungen der Bauteile, z. B. durch Befüllen und Entleeren, Schwinden, Temperaturänderungen, Setzungen, ihre Schutzwirkung nicht verlieren. Die Angaben über Größe und Art der aufzunehmenden Bewegungen müssen bei der Planung der Bauwerksabdichtung vorliegen.

Die Abdichtung muß Risse im Bauwerk, die z. B. durch Schwinden entstehen, überbrücken können. Durch konstruktive Maßnahmen ist jedoch sicherzustellen, daß solche Risse zum Entstehungszeitpunkt nicht breiter als 0,5 mm sind und daß durch eine eventuelle weitere Bewegung die Breite der Risse auf höchstens 5 mm und der Versatz der Rißkanten auf höchstens 2 mm beschränkt bleibt.

Bauliche Erfordernisse. Wird ein Behälterbauwerk außer von innen auch von außen durch Wasser beansprucht, ist es auch von außen der Beanspruchungsart entsprechend nach DIN 18195-4, DIN 18195-5 oder DIN 18195-6 abzudichten.

Die zu erwartenden Temperaturbeanspruchungen der Abdichtung sind bei der Planung zu berücksichtigen. Bei aufgeklebten Abdichtungen muß die Temperatur um mindestens 30 K unter dem Erweichungspunkt Ring und Kugel (nach DIN 52011, s. Norm) der verwendeten Bitumenwerkstoffe bleiben.

Durch die Planung darf der Abdichtung keine Übertragung von Kräften parallel zur Abdichtungsebene zugewiesen werden. Gegebenenfalls muß durch Anordnung von Widerlagern, Ankern, Bewehrung oder durch andere konstruktive Maßnahmen sichergestellt werden, daß Bauteile auf der Abdichtung nicht gleiten oder ausknicken.

Bauwerksflächen, auf die die Abdichtung aufgebracht werden soll, müssen fest, frei von Nestern, Unebenheiten, klaffenden Rissen oder Graten sein. Sie müssen ferner frei sein von schädlichen Stoffen, die die Abdichtung in ihrer Funktion beeinträchtigen können.

Bei aufgeklebten Abdichtungen müssen Kehlen mit einem Halbmesser von mindestens 40 mm ausgerundet und Kanten mindestens 30 mm × 30 mm abgefast sein.

Wird gegen die Abdichtung gemauert oder betoniert, muß dies hohlraumfrei erfolgen.

Ferner enthält die Norm Angaben über die Ausführung bei aufgeklebten und lose verlegten Abdichtungen.

Weitere Festlegungen

Die Normen DIN 18195-8 bis DIN 18195-10 enthalten Anforderungen sowie Angaben über die zu verwendenden Stoffe, Anforderungen und zur Ausführung von Bewegungsfugen, Durchdringungen, Übergänge und Abschlüsse sowie von Schutzschichten und -maßnahmen (Einzelheiten s. Normen).

4.5 Erschütterungsschutz

4.5.1 Bauten in deutschen Erdbebengebieten

DIN 4149-1	Bauten in deutschen Erdbebengebieten; Lastannahmen, Bemessung und Ausführung üblicher Hochbauten (Apr 1981)
DIN 4149-1 A1	–; Änderung 1, Karte der Erdbebenzonen (Dez 1992)
Bbl 1 zu DIN 4149-1	–; Zuordnung von Verwaltungsgebieten zu den Erdbebenzonen (Apr 1981)

DIN 4149-1 gilt für bauliche Anlagen üblicher Hochbauten (z. B. aus Mauerwerk, Beton und Stahlbeton, Holz, Stahl), von denen bei Schäden infolge von Erdbeben keine zusätzlichen Gefahren ausgehen.

Sicherheitstechnisch relevante Bauteile von kerntechnischen baulichen Anlagen, Behälter für giftige oder brennbare Gase und Flüssigkeiten sowie ähnliche Anlagen erfordern weitergehende Sicherheiten und können mit den in dieser Norm getroffenen Festlegungen nicht ausreichend beurteilt werden.

Anmerkung Für kerntechnische bauliche Anlagen s. KTA 2201.1. Auslegung von Kernkraftwerken gegen seismische Einwirkungen; Teil 1: Grundsätze.

Mit Hilfe der Festlegungen dieser Norm soll die Widerstandsfähigkeit von Anlagen des üblichen Hochbaues gegenüber Erdbeben soweit angehoben werden, daß auftretende Schäden nicht zum Versagen der Tragkonstruktionen führen.

Ziel aller Maßnahmen ist es, einen ausreichenden Personenschutz und in besonderen Fällen auch einen Objektschutz zu erreichen.

Die Norm ist für Gebäude in deutschen Erdbebengebieten entsprechend der in der Norm enthaltenen „Karte der Erdbebenzonen" anzuwenden. Durch DIN 4149-1 A1 wird die Norm um die entsprechenden Angaben für die Bundesländer Berlin, Brandenburg, Mecklenburg-Vorpommern, Sachsen, Sachsen-Anhalt und Thüringen ergänzt. Zur Abgrenzung der Gefahrenzonen wurde aufgrund von Messungen und Beobachtungen die Einstufung der Erdbebengebiete entsprechend den seismischen Aktivitäten vorgenommen. Der Anwendungsbereich der Norm wurde in sechs Erdbebenzonen eingeteilt.

Je nach der Gefährdung der öffentlichen Sicherheit durch mögliche Schäden und nach der Bedeutung des Gebäudes für die Allgemeinheit sind unterschiedliche Anforderungen an die Erdbebensicherung zu beachten. Dem wird durch das Einteilen der üblichen Hochbauten in drei Bauwerksklassen Rechnung getragen.

Die Norm enthält ferner allgemeine konstruktive Anforderungen, Lastannahmen, Angaben über erforderliche Nachweise sowie Verfahren zur Berechnung der Beanspruchung baulicher Anlagen aufgrund von Erdbeben. Sie gibt auch Festlegungen über Sicherheiten und zulässige Spannungen vor.

Auf europäischer Normungsebene wurden vergleichbare Arbeiten von CEN aufgegriffen.

Bbl 1 zu DIN 4149-1 enthält für die alten Bundesländer die Zuordnung von Verwaltungsgebieten, z. B. Landkreisen, zu den in DIN 4149-1 angegebenen Erdbebenzonen; die entsprechende Zuordnung für die neuen Bundesländer wird von den zuständigen Bauaufsichtsbehörden der Länder vorgenommen.

4.5.2 Erschütterungen im Bauwesen

DIN 4150-1 Erschütterungen im Bauwesen; Grundsätze, Vorermittlung und Messung von Schwingungsgrößen (Sep 1975)
DIN 4150-2 –; Einwirkungen auf Menschen in Gebäuden (Dez 1992)
DIN 4150-3 –; Einwirkungen auf bauliche Anlagen (Mai 1986)

Die Normenreihe DIN 4150 legt Grundsätze fest, nach denen Erschütterungen in baulichen Anlagen vorermittelt oder gemessen werden können. Ferner werden Anhaltswerte bereitgestellt, mit denen die Auswirkungen der Erschütterungen auf Menschen und auf bauliche Anlagen beurteilt werden können. Ziel einer solchen Beurteilung sind Maßnahmen des Erschütterungsschutzes, durch die Erschütterungen vermieden oder so weit gemindert werden können, daß sie den Menschen **nicht erheblich** belästigen und die bauliche Anlage **nicht unzulässig** belasten.

Der Erschütterungsschutz ist ein besonderer Aspekt des Städtebaus. Er kann nur erreicht werden, wenn rechtzeitig bei der Bauleitplanung (Flächennutzungsplan, Bebauungsplan) und allen anderen raumbezogenen Planungen (z. B. des überörtlichen Verkehrs) neben anderen städtebaulichen Forderungen auch allgemeine erschütterungstechnische Grundregeln beachtet werden. Nachträglich lassen sich Erschütterungsschutzmaßnahmen meist nur mit Schwierigkeiten und erheblichen Kosten durchführen.

Während bei Geräuschen Störungen auch noch in größerer Entfernung von der Geräuschquelle auftreten können, sind solche bei Erschütterungen im allgemeinen nur in kleineren Entfernungen (Nahbereich) von einer Erschütterungsquelle zu erwarten; d. h. die Probleme des Erschütterungsschutzes sind meist auf den Bereich bis zu wenigen 100 m von der Erschütterungsquelle begrenzt.

Begriffe und Vorermittlung

In DIN 4150-1 wird eine Reihe von Begriffen definiert, u. a.:

Schwingungen und Erschütterungen. Zeitliche Veränderungen physikalischer Größen werden als Schwingung bezeichnet, wenn die zeitliche Veränderung im betrachteten Zeitraum nicht monoton ist.
In baulichen Anlagen führen mechanische Schwingungen zu dynamischen Belastungen.
Unter Erschütterungen werden Schwingungsemissionen und -immissionen verstanden. Mechanische Schwingungen und Erschütterungen bestimmter Intensität können in bestimmtem Frequenzbereich subjektiv wahrgenommen werden. Für die Beurteilung der Wirkung von Erschütterungen auf bauliche Anlagen reicht die subjektive Wahrnehmung des Menschen nicht aus.

Vorermittlung von Schwingungsgrößen. Sind bei der Bemessung baulicher Anlagen oder ihrer Teile dynamische Kräfte zu berücksichtigen, so sind die Spannungen, Verformungen und ggf. Schwingwege infolge dieser Kräfte durch eine Schwingungsberechnung nachzuweisen und mit den zulässigen Anhaltswerten zu vergleichen, die in den einschlägigen Bestimmungen geregelt oder durch den Verwendungszweck der Konstruktion vorgegeben sind (DIN 4150-3).

Treten auch Schwingungseinwirkungen auf den Menschen auf, so sind diese mit zu berücksichtigen (DIN 4150-2).

In vielen Fällen sind die dynamischen Kräfte nicht ausreichend bekannt, dann können ihre Einwirkungen nur nachträglich aufgrund von Messungen genauer beurteilt werden (DIN 4150-2 und DIN 4150-3).

Die Vorabschätzung wird aufgrund von Berechnungen oder von Versuchen und Erfahrungen durchgeführt; hierzu sowie zur Erschütterungsausbreitung sind in der Norm weitere Angaben gemacht.

Einwirkungen von Erschütterungen auf Menschen in Gebäuden

DIN 4150-2 enthält Angaben für die Beurteilung von Erschütterungen im Frequenzbereich von 1 bis 80 Hz, die innerhalb von Gebäuden auf Menschen einwirken. Mit Hilfe des in dieser Norm beschriebenen Beurteilungsverfahrens können beliebige periodische und nichtperiodische Schwingungen beurteilt werden.

Zweck der Norm ist die angemessene Berücksichtigung des Erschütterungsschutzes im Immissionsschutz. Es werden Anforderungen und Anhaltswerte genannt, bei deren Einhaltung erwartet werden kann, daß im Regelfall erhebliche Belästigungen von Menschen in Wohnungen und vergleichbar genutzten Räumen vermieden werden.

Schwingende Bauteile können auch zur Abstrahlung von sekundärem Luftschall führen; dieser kann nach dieser Norm nicht beurteilt werden.

Grundsätzlich soll der Mensch in Gebäuden, insbesondere in Wohnungen, so wenig wie möglich wahrnehmbaren Erschütterungen ausgesetzt werden. Wahrnehmbare Erschütterungen sind jedoch nach dem Stand der Technik nicht immer zu vermeiden.

Art und Grad der individuellen Beeinträchtigung und Belästigung durch Erschütterungen hängen vom Ausmaß der Erschütterungsbelastung und deren Wechselwirkung mit individuellen Eigenschaften und situativen Bedingungen des betroffenen Menschen ab.

Die Belästigung des Menschen durch Erschütterungen hängt insbesondere von folgenden Faktoren ab:
– der Größe (Stärke) der auftretenden Erschütterungen,
– der Frequenz,
– der Einwirkungsdauer,
– der Häufigkeit und Tageszeit des Auftretens und der Auffälligkeit (Überraschungseffekt),
– der Art und Betriebsweise der Erschütterungsquelle.

Von den individuellen Eigenschaften und den situativen Bedingungen sind u. a. von Bedeutung:
– der Gesundheitszustand (physisch, psychisch),
– die Tätigkeit während der Erschütterungsbelastung,
– der Grad der Gewöhnung,
– die Einstellung zum Erschütterungserzeuger,
– die Erwartungshaltung in bezug auf ungestörtes Wohnen, die unter Umständen von der Art des Wohngebietes (Wohnumfeld) abhängig ist,
– die Sekundäreffekte.

Das in dieser Norm beschriebene **Beurteilungsverfahren** berücksichtigt die Belästigung in nachfolgend beschriebener Weise.

Die Erschütterungsimmissionen werden an Meßorten zur Beurteilung der Schwingungen ermittelt. Aus den unbewerteten Erschütterungssignalen wird die Bewertete Schwingstärke KB_F gewonnen. Für die Beurteilungszeit wird die maximale Bewertete Schwingstärke KB_{Fmax} und, falls erforderlich, die Beurteilungs-Schwingstärke KB_{FTr} bestimmt und mit Anhaltswerten verglichen, die nach Einwirkungsorten entsprechend der baulichen Nutzung ihrer Umgebung und nach der Tageszeit des Auftretens unterteilt sind. Somit werden auch Einflüsse der Ortsüblichkeit und der Zeitpunkt des Auftretens der Erschütterungen berücksichtigt.

Der Grad der Belästigung ist von individuellen und situativen Bedingungen abhängig. Belästigungen sind nur auszuschließen, wenn die einwirkenden Erschütterungen nicht wahrnehmbar sind. Erhebliche Belästigungen liegen im allgemeinen nicht vor, wenn die Anhaltswerte dieser Norm eingehalten werden.

Bei Einhaltung der in dieser Norm genannten Anhaltswerte ist zu erwarten, daß auch die Sekundäreffekte im Regelfall nicht zu einer erheblichen Belästigung führen. Treten dennoch in Einzelfällen, z. B. bei horizontalen Bauwerksschwingungen mit Frequenzen unterhalb von etwa 8 Hz, erhebliche Sekundäreffekte auf (z. B. durch Resonanzen), so kann eine spezielle Untersuchung und Beurteilung notwendig werden.

Die Norm enthält ferner Hinweise zur Messung, wobei Erschütterungsmessungen im Prinzip Schwingungsmessungen sind.

Zur Beurteilung der Erschütterungsimmissionen gibt es zwei B e u r t e i l u n g s g r ö ß e n:
- KB_{Fmax}, die maximale Bewertete Schwingstärke,
- KB_{FTr}, die Beurteilungs-Schwingstärke.

Die beiden Beurteilungsgrößen, deren Definition in DIN 4150-2 enthalten ist, sind getrennt für die drei Richtungskomponenten x, y (horizontal) und z (vertikal) zu ermitteln. Die jeweils größte der drei ist der Beurteilung zugrunde zu legen. Ferner sind für die verschiedenen Gebietsarten und für die Tages- und Nachtzeit jeweils drei Anhaltswerte in der Norm aufgeführt sowie Angaben zur Ermittlung der Beurteilungs-Schwingstärke KB_{FTr} bei Einwirkung außerhalb von und auch während der Ruhezeiten enthalten.

Ein Näherungsverfahren zur Ermittlung der Beurteilungsgrößen aus direkten Erschütterungsregistrierungen ist ebenfalls beschrieben.

Einwirkungen auf bauliche Anlagen

DIN 4150-3 enthält Angaben für die Ermittlung und Beurteilung der durch Erschütterungen verursachten Einwirkungen auf bauliche Anlagen, die für vorwiegend ruhende Beanspruchung bemessen sind, soweit solche Angaben nicht in anderen Normen oder Richtlinien gegeben sind.
Die Norm nennt Anhaltswerte, bei deren Einhaltung Schäden im Sinne einer Verminderung des Gebrauchswertes von Gebäuden nicht zu erwarten sind. Eine Verminderung des Gebrauchswertes von Gebäuden oder Gebäudeteilen durch Erschütterungseinwirkungen im Sinne dieser Norm ist z. B. dann gegeben, wenn
- die Standsicherheit von Gebäuden und Bauteilen beeinträchtigt,
- die Tragfähigkeit von Decken vermindert ist.

Bei Gebäuden nach Tab. 4.160, Zeilen 2 und 3, ist eine Verminderung des Gebrauchwertes auch gegeben, wenn z. B.
- Risse im Putz oder in Wänden auftreten,
- bereits vorhandene Risse in Gebäuden vergrößert werden,
- Trenn- und Zwischenwände von tragenden Wänden oder Decken abreißen.

Diese Schäden werden in dieser Norm auch als leichte Schäden bezeichnet.
Für einige Erschütterungseinwirkungen werden Anhaltswerte für eine vereinfachte, näherungsweise Beurteilung angegeben.

Für die Meßgeräte, die bei der Anwendung dieser Norm benutzt werden, sind die Anforderungen nach DIN 45669-1 (s. Norm) zu beachten.
Es werden in der Norm Verfahren zur meßtechnischen Erfassung der Schwingungsgrößen und zu ihrer Beurteilung angegeben.
Für die Beurteilung der kurzzeitigen Gesamtbauwerkserschütterungen wird der größte Wert (Maximalwert) der drei Einzelkomponenten der Schwinggeschwindigkeit am Fundament v_i herangezogen.
Für die Beurteilung geben darüber hinaus die Schwingungen in der Deckenebene des obersten Vollgeschosses wesentliche Hinweise. Bei Messungen der Schwingungen an dieser Stelle wird die „Antwort" des Bauwerks auf die Fundamentanregung ermittelt.

In Tab. **4.160** sind für die verschiedenen Gebäudearten Anhaltswerte für v_i am Fundament und in der Deckenebene des obersten Vollgeschosses angegeben.

Tabelle 4.160 Anhaltswerte für die Schwinggeschwindigkeit v_i zur Beurteilung der Wirkung von kurzzeitigen Erschütterungen

Zeile	Gebäudeart	Anhaltswerte für die Schwinggeschwindigkeit v_i in mm/s			
		Fundament			Deckenebene des obersten Vollgeschosses
		<10 Hz	Frequenzen 10 bis 50 Hz	50 bis 100*) Hz	alle Frequenzen
1	Gewerblich genutzte Bauten, Industriebauten und ähnlich strukturierte Bauten	20	20 bis 40	40 bis 50	40
2	Wohngebäude und in ihrer Konstruktion und/oder ihrer Nutzung gleichartige Bauten	5	5 bis 15	15 bis 20	15
3	Bauten, die wegen ihrer besonderen Erschütterungsempfindlichkeit nicht denen nach Zeile 1 und 2 entsprechen und besonders erhaltenswert (z. B. unter Denkmalschutz stehend) sind.	3	3 bis 8	8 bis 10	8

*) Bei Frequenzen über 100 Hz dürfen mindestens die Anhaltswerte für 100 Hz angesetzt werden.

Die Anhaltswerte gelten für Erschütterungen, deren Häufigkeit für Ermüdungserscheinungen und deren zeitlicher Abstand für Resonanzerscheinungen unerheblich ist; anderenfalls ist nach den Angaben über stationäre Bauwerksschwingungen in dieser Norm vorzugehen.

Werden die Anhaltswerte nach Tab. 4.160 eingehalten, so treten Schäden im Sinne einer Verminderung des Gebrauchswertes, deren Ursachen auf Erschütterungen zurückzuführen wären, nach den bisherigen Erfahrungen nicht auf. Werden trotzdem Schäden beobachtet, ist davon auszugehen, daß andere Ursachen für diese Schäden maßgebend sind.

Werden die Anhaltswerte nach Tab. 4.160 überschritten, so folgt daraus nicht, daß Schäden auftreten. Bei deutlichen Überschreitungen sind weitergehende Untersuchungen erforderlich. Für die Einordnung in die Frequenzbereiche, die in der vorgenannten Tabelle angegeben sind, muß jene Frequenz zugrunde gelegt werden, die im Bereich der maßgebenden Schwinggeschwindigkeitswerte auftritt, wobei auf die Erfassung der niedrigen Frequenzen besondere Sorgfalt zu verwenden ist.

Treten bei kurzzeitigen Erschütterungen Deckenschwingungen auf, so ist bei $v \leq 20$ mm/s in vertikaler Meßrichtung am Ort der größten Schwinggeschwindigkeit – dies ist im allgemeinen in Deckenmitte – eine Verminderung des Gebrauchswertes der Decken nicht zu erwarten.

Erschütterungseinwirkungen durch Vibrationsrammen und Rüttler sind keine kurzzeitigen Einwirkungen im Sinne dieses Abschnittes. Da eine stationäre Anregung vorliegt, können Resonanz- und Ermüdungserscheinungen an Decken und Wänden auftreten.

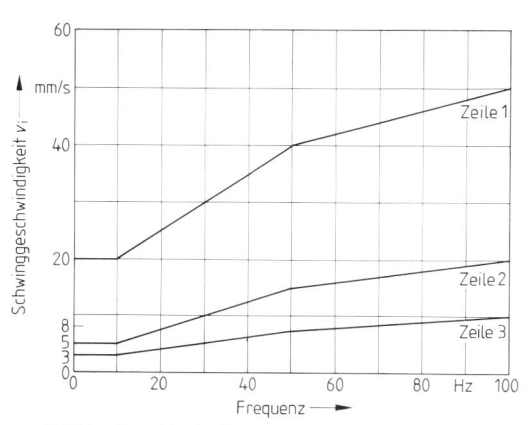

4.161 Graphische Darstellung der „Fundament-Anhaltswerte" von Tab. 4.160

4.5.2 Erschütterungen im Bauwesen

In den Erläuterungen von DIN 4150-3 ist weiterhin ausgeführt:

Erschütterungen werden im Regelfall durch den Untergrund übertragen. Sie nehmen mit dem Abstand von der Erschütterungsquelle allgemein ab. Ihre Wirkungen können deshalb durch Vergrößerung des Abstandes vom Erregermittelpunkt vermindert werden. Durch die Luft übertragene Erschütterungen spielen nur in Sonderfällen eine Rolle.

Erschütterungen lassen sich am wirkungsvollsten durch Maßnahmen an der Erschütterungsquelle vermindern. Gründungen außerhalb des Grundwassers sind in diesem Zusammenhang von Vorteil.

Stationäre Schwingungen werden vorwiegend durch Maschinen erregt. Die Erregerkräfte können durch Auswuchten und Massenausgleich verringert werden. Durch Schwingungsisolierung (Aktivisolierung) mit Feder- und Dämpfungselementen läßt sich bei Erregerfrequenzen über etwa 5 Hz durch entsprechende Abstimmung die Wirkung der Erregerkräfte auf die bauliche Anlage vermindern. Bei Erregerfrequenzen unterhalb von etwa 5 Hz ist eine steife Lagerung und steife Ausbildung zweckmäßig. Erregerfrequenzen zwischen etwa 20 und 30 Hz erfordern für die Lagerung der Fundamente auf dem Baugrund besondere Aufmerksamkeit, da die Fundamente in diesem Bereich häufig resonanzähnlich reagieren.

Verkehrserschütterungen lassen sich durch ausgewuchteten, ruhigen Antrieb der Fahrzeuge und Ebenheit der Fahrbahn auf einem der Verkehrslasten angepaßten Unterbau vermindern.

Sprengerschütterungen können durch sprengtechnische Maßnahmen eingeschränkt werden. Als wichtigste Einflußgröße ist die Lademenge je Zündzeitstufe zu nennen.

Erschütterungen, die durch Vibrationsgeräte, Rammen und Hämmer hervorgerufen werden, können häufig durch Änderung der Betriebsbedingungen dieser Geräte vermindert werden; allerdings führen derartige Eingriffe an den Geräten meist auch zur Verringerung der Effizienz und damit zu einer längeren Einwirkzeit.

An den zu schützenden baulichen Anlagen können durch Abstimmungsänderungen die Einwirkungen von resonanzbedingten Erschütterungen vermindert werden. Das dazu erforderliche Versteifen der gesamten baulichen Anlage oder eines Bauteils oder die Anbringung von Zusatzmassen ist jedoch meist sehr aufwendig. Zu den Maßnahmen an den zu schützenden baulichen Anlagen gehören auch Passivisolierung und Tilger.

Um Schäden aus Setzungsunterschieden infolge dynamischer Belastung zu vermeiden, ist eine möglichst setzungsunempfindliche Gründung anzustreben. In vielen Fällen können Tiefgründungen Abhilfe schaffen.

5 Bauteile/Baukonstruktionen

5.1 Rohbau

Baugrund

DIN 4020 Geotechnische Untersuchungen für bautechnische Zwecke (Okt 1990)

Ohne Kenntnis des Baugrundes ist die Planung der Gründung eines Gebäudes/Bauwerkes nicht möglich. Soweit die Beschaffenheit des Baugrundes nicht endgültig bekannt ist, hat der Planer seinen Auftraggeber auf notwendige Untersuchungen hinzuweisen.

Nicht immer reicht die Erkundung durch das Beschaffen von Informationen über den Baugrund anhand vorhandener Unterlagen, Karten, Ortsbegehungen oder Aufschlüsse aus.

Begriffe und Untersuchungsverfahren regelt DIN 4020, die für geotechnische Untersuchungen von Boden und Fels als Baugrund und Baustoff bei Bauvorhaben aller Art einschließlich des Hohlraumbaus, des Baus von Abfalldeponien und der Sanierung von kontaminierten Standorten gilt. Die Norm soll dazu beitragen, die Unsicherheiten bezüglich des Baugrundes zu verringern, Bauschäden vorzubeugen und eine möglichst wirtschaftliche Lösung zu erreichen.

Weitere Normen

DIN 4020 Bbl. 1	Geotechnische Untersuchungen für bautechnische Zwecke, Anwendungshilfen, Erklärungen
DIN 4021	Baugrund; Aufschluß durch Schürfe und Bohrungen und Entnahme von Proben
DIN 1054	Baugrund; Zulässige Belastung des Baugrundes

Baugruben

DIN 4123 Gebäudesicherung im Bereich von Ausschachtungen, Gründungen und Unterfangungen (Mai 1972)

Ausschachtungen und Gründungen neben bestehenden Gebäuden sowie Unterfangungen von Gebäudeteilen sind nach den bauaufsichtlichen Vorschriften genehmigungspflichtige Bauvorhaben. Sie erfordern eine gründliche und sorgfältige Vorbereitung und Ausführung. Deshalb dürfen nur solche Fachleute und Unternehmen diese Arbeiten ausführen, die über die notwendigen Kenntnisse und Erfahrungen verfügen und eine einwandfreie Ausführung gewährleisten.

DIN 4123 gibt an, wie Ausschachtungen und Gründungsarbeiten im Bereich bestehender Gebäude sowie Unterfangungen von Gebäudeteilen in der Regel ohne umfangreichen Standsicherheitsnachweis für die bestehenden Gebäudeteile so durchgeführt werden können, daß die Standsicherheit dieser Gebäude gewährleistet bleibt und daß Gebäudeteile keine schädlichen Bewegungen erleiden.

Besonders wichtig ist der Hinweis auf die Beweissicherung.

Als vorbeugende Maßnahme empfiehlt es sich, zur Beweissicherung vor Beginn der Bauarbeiten unter Mitwirkung aller Beteiligten den Zustand der vorhandenen Gebäude festzustellen. Alle Bauten, die durch die geplante Baumaßnahme Schaden erleiden können, sind mindestens während der Bauarbeiten zu beobachten. Durch Fotos kann der Zustand dieser Gebäude vor Beginn der Bauarbeiten festgehalten werden. Sind bereits Risse vorhanden oder erscheinen welche während der Bauzeit, so sind rechtzeitig Möglichkeiten für die laufende Beobachtung weiterer Bewegungen (z. B. Gipsmarken) und, falls zur Vermeidung größerer Schäden erforderlich, Sicherungsmaßnahmen einzuleiten.

DIN 4124 Baugruben und Gräben; Böschungen, Arbeitsraumbreiten, Verbau (Aug 1981)

Diese Norm gibt an, nach welchen Regelungen Baugruben und Gräben zu bemessen und auszuführen sind. Es werden Verbauregeln angegeben, bei deren Beachtung besondere statische Nachweise entfallen können (Normverbau).

Bei Erd-, Fels- und Aushubarbeiten sind Erd- und Felswände so abzuböschen oder zu verbauen, daß Beschäftigte nicht durch Abrutschen von Massen gefährdet werden können. Dabei sind alle Einflüsse, welche die Standsicherheit des Bodens beeinträchtigen können, zu berücksichtigen.

Erd- und Felswände dürfen beim Aushub nicht unterhöhlt werden. Trotzdem entstandene Überhänge sowie beim Aushub freigelegte Findlinge, Bauwerksreste, Bordsteine, Pflastersteine und dergleichen, die abstürzen oder abrutschen können, sind unverzüglich zu beseitigen.

An den Rändern von Baugruben und Gräben, die betreten werden müssen, sind mindestens 0,60 m breite, möglichst waagerechte Schutzstreifen anzuordnen und von Aushubmaterial, Hindernissen und nicht benötigten Gegenständen freizuhalten. Bei Gräben bis zu einer Tiefe von 0,80 m kann auf einer Seite auf den Schutzstreifen verzichtet werden.

Baugruben und Gräben von mehr als 1,25 m Tiefe dürfen nur über geeignete Einrichtungen, z. B. Leitern oder Treppen, betreten oder verlassen werden. Gräben von mehr als 0,80 m Breite sind in ausreichendem Maße mit Übergängen, z. B. Laufbrücken oder Laufstegen, zu versehen.

Weitere Festlegungen zur Arbeitssicherheit enthalten auch die Unfallverhütungsvorschriften (s. Abschn. 2.4.4).

Gerüste

DIN 4420-1 Arbeits- und Schutzgerüste; Allgemeine Regelungen; Sicherheitstechnische Anforderungen, Prüfungen (Dez 1990)

DIN 4420-1 gilt für Arbeits- und Schutzgerüste. Sie enthält allgemeine Regelungen und sicherheitstechnische Anforderungen.

Gerüste und Gerüstbauteile, die nicht allein aufgrund dieser Norm beurteilt werden können, gelten als „neue Bauart", für die erst der Nachweis der Brauchbarkeit in Abstimmung mit dem Deutschen Institut für Bautechnik, Berlin, zu erbringen ist.

Für den betriebssicheren Auf- und Abbau der Gerüste ist der Unternehmer für Gerüstbauarbeiten verantwortlich. Er hat für die Prüfung des Gerüsts zu sorgen.

Weitere Normen

DIN 4420-2	Arbeits- und Schutzgerüste; Leitergerüste; Sicherheitstechnische Anforderungen
DIN 4420-3	Arbeits- und Schutzgerüste; Gerüstbauarten ausgenommen Leiter- und Systemgerüste; Sicherheitstechnische Anforderungen und Regelausführungen
DIN 4420-4	Arbeits- und Schutzgerüste aus vorgefertigten Bauteilen (Systemgerüste), Werkstoffe, Gerüstbauteile, Abmessungen, Lastannahmen und sicherheitstechnische Anforderungen
DIN 4422-1	Fahrbare Arbeitsbühnen (Fahrgerüste) aus vorgefertigten Bauteilen; Werkstoffe, Gerüstbauteile, Maße, Lastannahmen und sicherheitstechnische Anforderungen; Deutsche Fassung HD 1004
DIN 4422-2	Fahrbare Arbeitsbühnen (Fahrgerüste) aus vorgefertigten Bauteilen; Verwendung; Sicherheitstechnische Anforderungen; Aufbau- und Gebrauchsanweisung (z. Z. Entwurf)
DIN 4422	Fahrbare Arbeitsbühnen (Fahrgerüste); Berechnung, Konstruktion, Ausführung, Gebrauchsanweisung
DIN 4426	Sicherheitseinrichtungen zur Instandhaltung baulicher Anlagen; Absturzsicherungen

Überprüfung der Gerüste auf

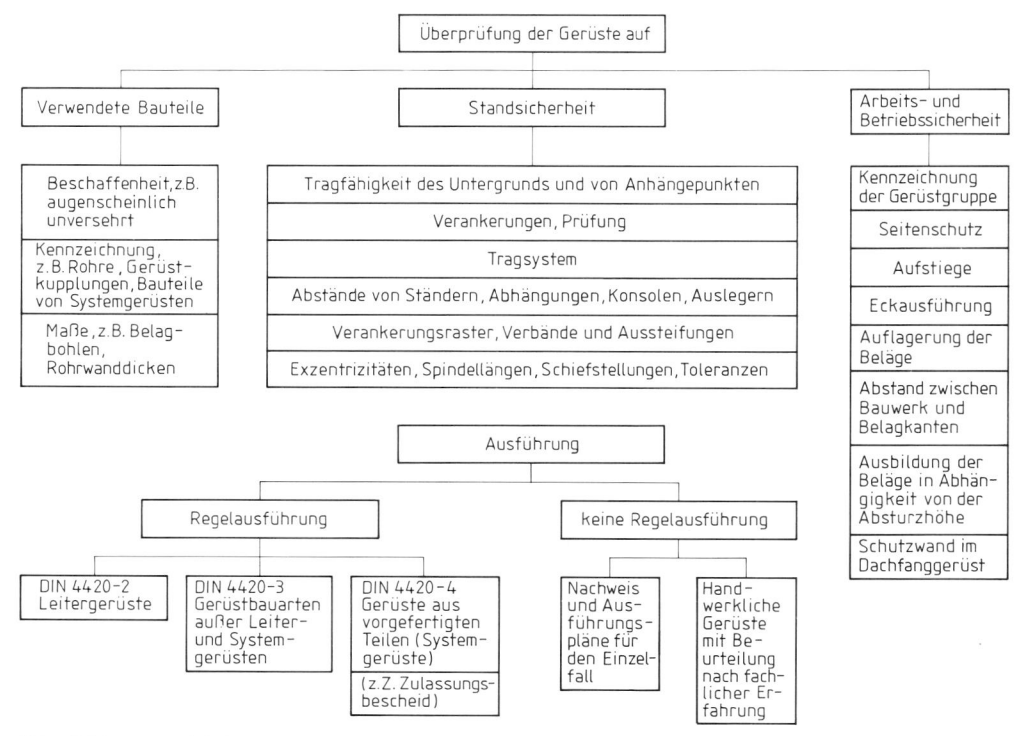

Verwendete Bauteile
- Beschaffenheit, z.B. augenscheinlich unversehrt
- Kennzeichnung, z.B. Rohre, Gerüstkupplungen, Bauteile von Systemgerüsten
- Maße, z.B. Belagbohlen, Rohrwanddicken

Standsicherheit
- Tragfähigkeit des Untergrunds und von Anhängepunkten
- Verankerungen, Prüfung
- Tragsystem
- Abstände von Ständern, Abhängungen, Konsolen, Auslegern
- Verankerungsraster, Verbände und Aussteifungen
- Exzentrizitäten, Spindellängen, Schiefstellungen, Toleranzen

Ausführung
- Regelausführung
  - DIN 4420-2 Leitergerüste
  - DIN 4420-3 Gerüstbauarten außer Leiter- und Systemgerüsten
  - DIN 4420-4 Gerüste aus vorgefertigten Teilen (Systemgerüste) (z.Z. Zulassungsbescheid)
- keine Regelausführung
  - Nachweis und Ausführungspläne für den Einzelfall
  - Handwerkliche Gerüste mit Beurteilung nach fachlicher Erfahrung

Arbeits- und Betriebssicherheit
- Kennzeichnung der Gerüstgruppe
- Seitenschutz
- Aufstiege
- Eckausführung
- Auflagerung der Beläge
- Abstand zwischen Bauwerk und Belagkanten
- Ausbildung der Beläge in Abhängigkeit von der Absturzhöhe
- Schutzwand im Dachfanggerüst

5.1 Prüfung von Arbeits- und Schutzgerüsten

Wände

Die Musterbauordnung (MBO) und die Bauordnungen der Länder haben Bauteile und Baukonstruktionen zum Gegenstand, nicht aber einzelne Bauarten, z. B. den Mauerwerksbau.

Die der MBO entnommenen §§ zu den Wandkonstruktionen gelten für die im folgenden beschriebenen Bauarten Mauerwerksbau, Stahlbau, Betonbau und Holzbau.

§ 25 (MBO) Tragende Wände, Pfeiler und Stützen

(1) Tragende Wände, Pfeiler und Stützen sind feuerbeständig, in Gebäuden geringer Höhe mindestens feuerhemmend herzustellen. Dies gilt nicht für oberste Geschosse von Dachräumen.

(2) Im Keller sind tragende Wände, Pfeiler und Stützen feuerbeständig, bei Wohngebäuden geringer Höhe mit nicht mehr als zwei Wohnungen mindestens feuerhemmend und in den wesentlichen Teilen aus nichtbrennbaren Baustoffen herzustellen.

(3) Absätze 1 und 2 gelten nicht für freistehende Wohngebäude mit nicht mehr als einer Wohnung, deren Aufenthaltsräume in nicht mehr als zwei Geschossen liegen, sowie für andere freistehende Gebäude ähnlicher Größe und freistehende landwirtschaftliche Betriebsgebäude.

§ 26 (MBO) Außenwände

(1) Nichttragende Außenwände und nichttragende Teile tragender Außenwände sind, außer bei Gebäuden geringer Höhe, aus nichtbrennbaren Baustoffen oder mindestens feuerhemmend herzustellen.

(2) Oberflächen von Außenwänden sowie Außenwandverkleidungen einschließlich der Dämmstoffe und Unterkonstruktionen sind aus schwerentflammbaren Baustoffen herzustellen; Unterkonstruktionen aus normalentflammbaren Baustoffen können gestattet werden, wenn Bedenken wegen des Brandschutzes nicht bestehen. Bei Gebäuden geringer Höhe sind, unbeschadet § 6 Abs. 8, Außenwandverkleidungen einschließlich der Dämmstoffe und Unterkonstruktionen aus normalentflammbaren Baustoffen zulässig, wenn durch geeignete Maßnahmen eine Brandausbreitung auf angrenzende Gebäude verhindert wird.

§ 27 (MBO) Trennwände

(1) Zwischen Wohnungen sowie zwischen Wohnungen und fremden Räumen sind feuerbeständige, in obersten Geschossen von Dachräumen und in Gebäuden geringer Höhe, mindestens feuerhemmende Trennwände herzustellen. Bei Gebäuden mit mehr als zwei Wohnungen sind die Trennwände bis zur Rohdecke oder bis unter die Dachhaut zu führen; dies gilt auch für Trennwände zwischen Wohngebäuden und landwirtschaftlichen Betriebsgebäuden sowie zwischen dem landwirtschaftlichen Betriebsteil und dem Wohnteil eines Gebäudes.

(2) Außer bei Wohngebäuden geringer Höhe mit nicht mehr als zwei Wohnungen sind Öffnungen in Trennwänden zwischen Wohnungen sowie zwischen Wohnungen und fremden Räumen unzulässig. Sie können gestattet werden, wenn die Nutzung des Gebäudes dies erfordert und die Öffnungen mit mindestens feuerhemmenden, selbstschließenden Abschlüssen versehen sind oder der Brandschutz auf andere Weise sichergestellt ist.

§ 28 (MBO) Brandwände

(1) Brandwände sind herzustellen

1. zum Abschluß von Gebäuden, bei denen die Abschlußwand bis zu 2,5 m von der Nachbargrenze errichtet wird, es sei denn, daß ein Abstand von mindestens 5 m zu bestehenden oder nach den baurechtlichen Vorschriften zulässigen Gebäuden gesichert ist,

2. zur Unterteilung ausgedehnter Gebäude und bei aneinandergereihten Gebäuden auf demselben Grundstück in Abständen von höchstens 40 m; größere Abstände können gestattet werden, wenn die Nutzung des Gebäudes es erfordert und wenn wegen des Brandschutzes Bedenken nicht bestehen,

3. zwischen Wohngebäuden und angebauten landwirtschaftlichen Betriebsgebäuden auf demselben Grundstück sowie zwischen dem Wohnteil und dem landwirtschaftlichen Betriebsteil eines Gebäudes, wenn der umbaute Raum des Betriebsgebäudes oder des Betriebsteiles größer als 2000 m^3 ist.

Für Wohngebäude geringer Höhe mit nicht mehr als 2 Wohnungen sind abweichend von Satz 1 Nr. 1 und 2 anstelle von Brandwänden feuerbeständige Wände zulässig; Wände mit brennbaren Baustoffen können gestattet werden, wenn wegen des Brandschutzes Bedenken nicht bestehen.

(2) Absatz 1 sowie § 6 Abs. 7 Satz 2 und Abs. 8 gelten nicht für seitliche Wände von Vorbauten wie Erker, die nicht mehr als 1,5 m vor der Flucht der vorderen oder hinteren Außenwand des Nachbargebäudes vortreten, wenn sie von dem Nachbargebäude oder der Nachbargrenze einen Abstand einhalten, der ihrer eigenen Ausladung entspricht, mindestens jedoch 1 m beträgt.

(3) Brandwände müssen feuerbeständig sein und aus nichtbrennbaren Baustoffen bestehen. Sie dürfen bei einem Brand ihre Standsicherheit nicht verlieren und müssen die Verbreitung von Feuer auf andere Gebäude oder Gebäudeabschnitte verhindern.

(4) Brandwände müssen in einer Ebene durchgehend sein. Es kann zugelassen werden, daß anstelle von Brandwänden Wände zur Unterteilung eines Gebäudes geschoßweise versetzt angeordnet werden, wenn

1. die Nutzung des Gebäudes dies erfordert,
2. die Wände in der Bauart von Brandwänden hergestellt sind,
3. die Decken, soweit sie in Verbindung mit diesen Wänden stehen, feuerbeständig sind, aus nichtbrennbaren Baustoffen bestehen und keine Öffnungen haben,
4. die Bauteile, die diese Wände und Decken unterstützen, feuerbeständig sind und aus nichtbrennbaren Baustoffen bestehen,
5. die Außenwände innerhalb des Gebäudeabschnitts, in dem diese Wände angeordnet sind, in allen Geschossen feuerbeständig sind und
6. Öffnungen in den Außenwänden so angeordnet sind oder andere Vorkehrungen so getroffen sind, daß eine Brandübertragung in andere Brandabschnitte nicht zu befürchten ist.

(5) Müssen auf einem Grundstück Gebäude oder Gebäudeteile, die über Eck zusammenstoßen, durch eine Brandwand getrennt werden, so muß der Abstand der Brandwand von der inneren Ecke mindestens 5 m betragen. Dies gilt nicht, wenn die Gebäude oder Gebäudeteile in einem Winkel von mehr als 120° über Eck zusammenstoßen.

(6) Brandwände sind 30 cm über Dach zu führen oder in Höhe der Dachhaut mit einer beiderseits 50 cm auskragenden feuerbeständigen Platte abzuschließen; darüber dürfen brennbare Teile des Daches nicht hinweggeführt werden. Bei Gebäuden mit weicher Bedachung (§ 30 Abs. 5) sind sie 50 cm über Dach zu führen. Bei Gebäuden geringer Höhe sind Brandwände sowie Wände, die anstelle von Brandwänden zulässig sind, bis unmittelbar unter die Dachhaut zu führen.

(7) Bauteile mit brennbaren Baustoffen dürfen Brandwände nicht überbrücken. Bauteile dürfen in Brandwände nur soweit eingreifen, daß der verbleibende Wandquerschnitt feuerbeständig bleibt; für Leitungen, Leitungsschlitze und Schornsteine gilt dies entsprechend.

(8) Öffnungen in Brandwänden und in Wänden, die anstelle von Brandwänden zulässig sind, sind unzulässig; sie können in inneren Brandwänden gestattet werden, wenn die Nutzung des Gebäudes dies erfordert. Die Öffnungen sind mit feuerbeständigen, selbstschließenden Abschlüssen zu versehen; Ausnahmen können gestattet werden, wenn der Brandschutz auf andere Weise gesichert ist.

(9) In inneren Brandwänden können Teilflächen aus lichtdurchlässigen nichtbrennbaren Baustoffen gestattet werden, wenn diese Flächen feuerbeständig sind.

DIN 1053-1 Mauerwerk; Rezeptmauerwerk; Berechnung und Ausführung (Feb 1990)

Rezeptmauerwerk nach DIN 1053-1 ist ein Mauerwerk, dessen Druckfestigkeit in Abhängigkeit von Steinfestigkeitsklassen, Mörtelarten und Mörtelgruppen festgelegt wird.

Die Norm gilt für die Berechnung und Ausführung von Mauerwerk aus künstlichen und natürlichen Steinen. Mauerwerk nach dieser Norm darf entweder nach dem vereinfachten Verfahren oder nach dem genaueren Verfahren berechnet werden.

Bei der Wahl der Bauteile sind auch die Funktionen der Wände hinsichtlich des Wärme-, Schall-, Brand- und Feuchteschutzes zu beachten. Es dürfen nur Baustoffe verwendet werden, die den in der Norm genannten Normen entsprechen. Die Verwendung anderer Baustoffe bedarf nach den bauaufsichtlichen Vorschriften eines besonderen Nachweises der Brauchbarkeit, z. B durch eine allgemeine bauaufsichtliche Zulassung.

DIN 1053-1 enthält Angaben über die Berechnung und Ausführung von Mauerwerk mit einer Vielzahl von Regeln, wie sie sich im Laufe der Zeit entwickelt haben. Sie stellt gewissermaßen eine auf lange Erfahrung gestütze Grundnorm dar.

DIN 1053-2 Mauerwerk; Mauerwerk nach Eignungsprüfung; Berechnung und Ausführung (Jul 1984)

Im Vergleich zu DIN 1053-1 ist DIN 1053-2 eine Weiterentwicklung in dem Sinne, daß, neben der Verbesserung der Eigenschaften der verwendeten Baustoffe, vor allem für die Bemessung ingenieurmäßig begründete Grundsätze herangezogen werden. Dies führt auch zu einer eingehenderen Charakterisierung der Eigenschaften des Mauerwerks, indem z. B. Mauerwerksfestigkeitsklassen eingeführt werden.

Die vertikale Tragfähigkeit von Mauerwerk nach Eignungsprüfung (EM) wird über Versuche an Mauerwerksprüfkörpern für eine bestimmte Stein-/Mörtel-Kombination festgelegt. Die für die Bauausführung und Überwachung erforderlichen Angaben sind in einem Einstufungsschein enthalten.

Im Rahmen der europäischen Normungsarbeit wurde auch ein einheitliches Bemessungskonzept für den Mauerwerksbau erarbeitet (dessen Vorarbeiten unter der Bezeichnung Eurocode 6 bekannt ist); das erste Arbeitsergebnis wird unter der Norm-Nummer DIN V ENV 1996-1 erscheinen.

Weitere Normen
DIN 1053-3 Mauerwerk; Bewehrtes Mauerwerk; Berechnung und Ausführung
DIN 1053-4 Mauerwerk; Bauten aus Ziegelfertigbauteilen

Betonbau

DIN 1045 Beton und Stahlbeton; Bemessung und Ausführung (Jul 1988)

DIN 1045 gilt für tragende und aussteifende Bauteile aus bewehrtem oder unbewehrtem Normal- oder Schwerbeton mit geschlossenem Gefüge. Sie gilt auch für Bauten mit biegesteifer Bewehrung, für Stahlsteindecken und für Tragwerke aus Glas-Stahl-Beton.

Stahlbeton (bewehrter Beton) ist ein Verbundbaustoff aus Beton und Stahl (im Regelfall Betonstahl) für Bauteile, bei denen das Zusammenwirken von Beton und Stahl für die Aufnahme der Schnittgrößen nötig ist.

Stahlbetonbauteile, die der Witterung unmittelbar ausgesetzt sind, werden als Außenbauteile bezeichnet.

Für den Spannbeton sind die Regeln für die Bemessung in der Normenreihe DIN 4227 zusammengefaßt (z. B. DIN 4227-1, Bauteile aus Normalbeton mit beschränkter und voller Vorspannung).

Für das **europäische** einheitliche **Bemessungskonzept im Beton- und Stahlbetonbau** liegen die ersten Ergebnisse als Vornormen vor; es ist vorgesehen, daß bei der später vorgesehenen Überführung der Europäischen Vornormen in Europäische Normen (unter Berücksichtigung der bereits mit der Vornorm gewonnenen Erfahrungen) die bisherigen nationalen Bemessungs- und Ausführungsnormen durch die europäischen ersetzt werden. Allerdings müssen bis dahin auch die in den europäischen Bemessungs- und Ausführungsnormen in Bezug zu nehmenden Grundlagennormen (z. B. über Lastannahmen) auf europäischer Ebene vorliegen.

DIN V ENV 1992-1-1 Eurocode 2: Planung von Stahlbeton- und Spannbetontragwerken; Teil 1-1: Grundlagen und Anwendungsregeln für den Hochbau (Jun 1992)

Da die hierfür benötigten europäischen Grundnormen bisher noch nicht vorliegen, muß derzeit noch auf die entsprechenden nationalen Grundnormen zurückgegriffen werden; um die Handhabung zu ermöglichen, werden von jedem CEN-Mitglied nationale Anwendungsdokumente geschaffen.

Als nationales Anwendungs-Dokument (NAD) gilt in Deutschland die „Richtlinie zur Anwendung von Eurocode 2: Planung von Stahlbeton- und Spannbetontragwerken; Teil 1: Grundlagen und Anwendungsregeln für den Hochbau",[1] herausgegeben vom Deutschen Ausschuß für Stahlbeton (DAfStb) als Fachbereich 07 „Beton- und Stahlbetonbau" des Normenausschusses Bauwesen (NABau) im DIN.

Mit diesen Unterlagen soll eine praktische Erprobung des Eurocodes 2 in Deutschland ermöglicht werden. Die Gültigkeitsdauer der Europäischen Vornorm ist zunächst auf drei Jahre begrenzt. Weitere Teile der Normenreihe DIN V ENV 1992 sind in Vorbereitung.

Weitere Normen

DIN 4227-2	Spannbeton; Bauteile mit teilweiser Vorspannung
DIN V 4227-3	Spannbeton; Bauteile in Segmentbauart; Bemessung und Ausführung der Fugen
DIN 4227-4	Spannbeton; Bauteile aus Spannleichtbeton
DIN 4227-5	Spannbeton; Einpressen von Zementmörtel in Spannkanäle
DIN V 4227-6	Spannbeton; Bauteile mit Vorspannung ohne Verbund
DIN 4227-10	Spannbeton; Einpreßmörtel für Spannglieder; Anforderungen für üblichen Einpreßmörtel (Vorschlag für eine Europäische Norm) (z. Z. Entwurf)
DIN 4227-11	Spannbeton; Einpreßmörtel für Spannglieder; Prüfverfahren (Vorschlag für eine Europäische Norm) (z. Z. Entwurf)
DIN 4227-12	Spannbeton; Einpreßmörtel für Spannglieder; Einpreßverfahren (Vorschlag für eine Europäische Norm) (z. Z. Entwurf)

---

[1] Zu beziehen unter der Vertriebsnummer 65 018 beim Beuth Verlag GmbH, 10 772 Berlin und 50 672 Köln, Kamekestr. 8.

Zusätzliche Baustoffnormen s. Anhang 1.

Stahlbau

DIN 18800-1 Stahlbauten; Bemessung und Konstruktion (Nov 1990)

DIN 18800-1 ist anzuwenden für die Bemessung und Konstruktion von Stahlbauten. Die anderen Grundnormen der Reihe DIN 18800 sind ebenfalls zu beachten. Für die verschiedenen Anwendungsgebiete sind die entsprechenden Fachnormen relevant. In ihnen können zusätzliche oder abweichende Festlegungen getroffen sein.

Bei der Erarbeitung der Normenreihe sind bereits viele Elemente der europäischen Bemessungskonzeption (Eurocode 3, s. nachstehend) einbezogen worden, so daß sich ein schrittweiser Übergang von rein nationalen hin zu europäischen Regeln vollzieht.

DIN 18801 gilt für die Bemessung, Konstruktion und Herstellung tragender Bauteile aus Stahl von Hochbauten mit vorwiegend ruhender Beanspruchung und mit Materialdicken $\geq 1{,}5$ mm. Bauteile mit geringerer Materialdicke, z. B. Trapezprofile, können zusätzliche Regelungen erfordern.

Weitere Normen

DIN 18800-2   Stahlbauten; Stabilitätsfälle; Knicken von Stäben und Stabwerken
DIN 18800-3   Stahlbauten; Stabilitätsfälle; Plattenbeulen
DIN 18800-4   Stahlbauten; Stabilitätsfälle; Schalenbeulen
DIN 18800-7   Stahlbauten; Herstellen, Eignungsnachweise zum Schweißen
DIN 18806-1   Verbundkonstruktionen; Verbundstützen

Analog zum Aufbau beim Beton- und Stahlbetonbau gibt es auch für den Stahlbau und den Verbundbau erste europäische Arbeitsergebnisse für ein einheitliches Bemessungskonzept.

DIN V ENV 1993-1-1 Eurocode 3: Bemessung und Konstruktion von Stahlbauten; Teil 1-1: Allgemeine Bemessungsregeln für den Hochbau (Apr 1993)

Zusätzlich zu dieser Vornorm wurde ein nationales Anwendungs-Dokument (NAD) geschaffen: „Richtlinie zur Anwendung von Eurocode 3: Bemessung und Konstruktion von Stahlbauten; Teil 1-1: Allgemeine Bemessungsregeln für den Hochbau" (herausgegeben vom Deutschen Ausschuß für Stahlbau (DASt) als Fachbereich 08 „Stahlbau, Verbundbau, Aluminiumbau" des Normenausschusses Bauwesen (NABau) im DIN; damit wird eine probeweise Anwendung des Eurocodes 3 in Deutschland ermöglicht.

DIN V ENV 1994-1-1 Eurocode 4: Bemessung und Konstruktion von Verbundtragwerken aus Stahl und Beton; Teil 1-1: Allgemeine Bemessungsregeln für den Hochbau (Feb 1994)

Als nationales Anwendungsdokument (NAD) gilt in Deutschland die „Richtlinie zur Anwendung von DIN V ENV 1994-1-1", gleichfalls herausgegeben vom Deutschen Ausschuß für Stahlbau (DASt) als Fachbereich 08 des Normenausschusses Bauwesen (NABau) im DIN.

Holzbau

DIN 1052-1 Holzbauwerke; Berechnung und Ausführung (Apr 1988)

Im Rahmen des kostensparenden Bauens und der Überlegungen zu einer Vorfertigung von Bauteilen oder Baukonstruktionen gewinnt der Holzbau an Bedeutung.

Gerade im Hinblick auf Brandsicherheit und Schallschutz wird es neue Entwicklungen geben müssen. Insoweit ist die neueste Literatur jeweils zu beachten.

DIN 1052-1 gilt für die Berechnung und Ausführung von Bauwerken und von tragenden und aussteifenden Bauteilen aus Holz und Holzwerkstoffen; sie gilt auch für fliegende Bauten, Bau- und Lehrgerüste, Absteifungen und Schalungsunterstützungen und für hölzerne Brücken, soweit für diese in Normen nichts anderes bestimmt ist.

Weitere Festlegungen sind in den Teilen 2 und 3 der Normenreihe DIN 1052 enthalten (s. Normen).
Wie für alle anderen Bauarten ist auch für den Holzbau ein einheitliches europäisches Bemessungskonzept erarbeitet worden (Eurocode 5), dessen erstes Ergebnis als DIN V ENV 1995-1 veröffentlicht wird.

Decken und Dächer

Für Decken und Dächer sind in der Musterbauordnung (MBO) Sicherheitsanforderungen festgelegt.

§ 29 (MBO) Decken

(1) Decken und ihre Unterstützungen sind feuerbeständig, in Gebäuden geringer Höhe mindestens feuerhemmend herzustellen. Dies gilt nicht für oberste Geschosse von Dachräumen.

(2) Kellerdecken sind feuerbeständig, in Wohngebäuden geringer Höhe mit nicht mehr als zwei Wohnungen mindestens feuerhemmend herzustellen.

(3) Decken und ihre Unterstützungen zwischen dem landwirtschaftlichen Betriebsteil und dem Wohnteil eines Gebäudes sind feuerbeständig herzustellen.

(4) Die Absätze 1 und 2 gelten nicht für freistehende Wohngebäude mit nicht mehr als einer Wohnung, deren Aufenthaltsräume in nicht mehr als zwei Geschossen liegen, für andere freistehende Gebäude ähnlicher Größe sowie für freistehende landwirtschaftliche Betriebsgebäude.

(5) Decken über und unter Wohnungen und Aufenthaltsräumen sowie Böden nichtunterkellerter Aufenthaltsräume müssen wärmegedämmt sein.

(6) Decken über und unter Wohnungen, Aufenthaltsräumen und Nebenräumen müssen schalldämmend sein. Dies gilt nicht für Decken von Wohngebäuden mit nur einer Wohnung sowie für Decken zwischen Räumen derselben Wohnung und gegen nicht nutzbare Dachräume, wenn die Weiterleitung von Schall in Räume anderer Wohnungen vermieden wird.

(7) Der Absatz 5 und der Absatz 6 Satz 1 gelten nicht für Decken über und unter Arbeitsräumen einschließlich Nebenräumen, die nicht an Wohnräume oder fremde Arbeitsräume grenzen, wenn wegen der Benutzung der Arbeitsräume ein Wärmeschutz oder Schallschutz unmöglich oder unnötig ist.

(8) Öffnungen in begehbaren Decken sind sicher abzudecken oder zu umwehren.

(9) Öffnungen in Decken, für die eine mindestens feuerhemmende Bauart vorgeschrieben ist, sind, außer bei Wohngebäuden geringer Höhe mit nicht mehr als zwei Wohnungen, unzulässig; dies gilt nicht für den Abschluß von Öffnungen innerhalb von Wohnungen. Öffnungen können gestattet werden, wenn die Nutzung des Gebäudes dies erfordert und die Öffnungen mit Abschlüssen versehen werden, deren Feuerwiderstandsdauer der der Decken entspricht. Ausnahmen können gestattet werden, wenn der Brandschutz auf andere Weise sichergestellt ist.

§ 30 (MBO) Dächer

(1) Die Dachhaut muß gegen Flugfeuer und strahlende Wärme widerstandsfähig sein (harte Bedachung). Teilflächen der Bedachung und Vordächer, die diesen Anforderungen nicht genügen, können gestattet werden, wenn Bedenken wegen des Brandschutzes nicht bestehen.

(2) Bei aneinandergebauten giebelständigen Gebäuden ist das Dach für eine Brandbeanspruchung von innen nach außen mindestens feuerhemmend auszubilden; seine Unterstützungen müssen mindestens feuerhemmend sein. Öffnungen in den Dachflächen müssen, waagerecht gemessen, mindestens 2 m von der Gebäudetrennwand entfernt sein.

(3) An Dächer, die Aufenthaltsräume abschließen, können wegen des Brandschutzes besondere Anforderungen gestellt werden.

(4) Bei Gebäuden geringer Höhe kann eine Dachhaut, die den Anforderungen nach Absatz 1 nicht entspricht (weiche Bedachung), gestattet werden, wenn die Gebäude

1. einen Abstand von der Grundstücksgrenze von mindestens 12 m,
2. von Gebäuden auf demselben Grundstück mit harter Bedachung einen Abstand von mindestens 15 m,
3. von Gebäuden auf demselben Grundstück mit weicher Bedachung einen Abstand von mindestens 24 m,
4. von kleinen, nur Nebenzwecken dienenden Gebäuden ohne Feuerstätten auf demselben Grundstück einen Abstand von mindestens 5 m einhalten. In den Fällen der Nummer 1 werden angrenzende öffentliche Verkehrsflächen zur Hälfte angerechnet.

(5) Dachvorsprünge, Dachgesimse und Dachaufbauten, Glasdächer und Oberlichte sind so anzuordnen und herzustellen, daß Feuer nicht auf andere Gebäudeteile und Nachbargrundstücke übertragen werden kann. Von Brandwänden und von Wänden nach § 28 Abs. 1 Sätze 2 und 3 müssen mindestens 1,25 m entfernt sein

1. Oberlichte und Öffnungen in der Dachhaut, wenn diese Wände nicht mindestens 30 cm über Dach geführt sind,
2. Dachgauben und ähnliche Dachaufbauten aus brennbaren Baustoffen, wenn sie nicht durch diese Wände gegen Brandübertragung geschützt sind.

(6) Dächer, die zum auch nur zeitweiligen Aufenthalt von Menschen bestimmt sind, müssen umwehrt werden. Öffnungen und nichtbegehbare Glasflächen dieser Dächer sind gegen Betreten zu sichern.

(7) Die Dächer von Anbauten, die an Wände mit Fenstern anschließen, sind in einem Abstand von 5 m von diesen Wänden so widerstandsfähig gegen Feuer herzustellen, wie die Decken des anschließenden Gebäudes.

(8) Bei Dächern an Verkehrsflächen und über Eingängen können Vorrichtungen zum Schutz gegen das Herabfallen von Schnee und Eis verlangt werden.

(9) Für die vom Dach aus vorzunehmenden Arbeiten sind sicher benutzbare Vorrichtungen anzubringen.

DIN 18530 Massive Deckenkonstruktionen für Dächer; Planung und Ausführung (März 1987)

Diese Norm behandelt massive oberseitig wärmegedämmte Deckenkonstruktionen von belüfteten oder nichtbelüfteten Dächern über Räumen in Wohngebäuden sowie in Gebäuden mit raumklimatisch gleichartigen Verhältnissen.

Sie bezieht sich im wesentlichen auf Maßnahmen zur Verhinderung von Schäden an Wänden und Decken, die vornehmlich durch Formänderungen der Decken und Wände entstehen können, insbesondere auf Rißschäden in den unmittelbar unter den Dächern befindlichen Wänden.

Massive Deckenkonstruktionen für Dächer (Dachdecken) sind Vollbetonplattendecken, Stahlbetonrippendecken, Hohlkörperdecken, Stahlsteindecken und massive Fertigteildecken.

Nicht belüftete Dächer sind einschalige Dächer, bei denen die zum Dachaufbau gehörenden Schichten unmittelbar aufliegen.

Belüftete Dächer sind zweischalige Dächer, bei denen die Dachhaut mit ihrer Tragkonstruktion von der Wärmedämmschicht und der Dachdecke durch einen belüfteten Raum, der auch ein nicht ausgebautes Dachgeschoß sein kann, getrennt ist.

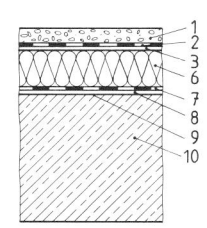

5.2 Beispiel eines nicht belüfteten Daches

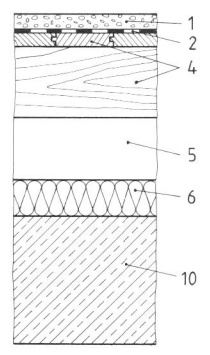

5.3 Beispiel eines belüfteten Daches

Erklärungen zu Bild 5.2 und Bild 5.3

1) Oberflächenschutz, z. B. Bestreuung, Anstrich (gespritzt oder gestrichen), Bekiesung, Kiesschüttung oder begehbare Beläge.
2) Dachhaut (Dichtung oder Deckung), sie verhindert das Eindringen der Niederschlagsfeuchte in die Deckenkonstruktion.
3) Dampfdruckausgleichsschicht, sie soll den Ausgleich örtlicher Dampfdruckunterschiede ermöglichen.
4) Dachhautträger, Tragkonstruktion der oberen Schale.
5) Belüfteter Dachraum, er trennt die Dachhaut von der wärmegedämmten Decke und soll der Abführung der Bau- und Nutzungsfeuchte dienen.
6) Wärmedämmschicht, sie übernimmt den wesentlichen Teil des Wärmeschutzes und soll durch ihre Anordnung über der Dachdecke Wärmedehnungen gering halten.
7) Dampfsperre, sie soll das Eindringen schädlicher Feuchtigkeitsmengen in die Wärmedämmschicht verhindern.
8) Ausgleichsschicht, sie soll bei örtlichen Bewegungen in der Dachdecke Schäden in den darüber liegenden Schichten verhindern.
9) Voranstrich, er soll die Haftung der Klebemittel verbessern.
10) Dachdecke, Tragkonstruktion des Daches.

Weitere Normen

DIN EN 1168	Vorgespannte vorgefertigte Hohlplattendecken
DIN 4028	Stahlbetondielen aus Leichtbeton mit haufwerkporigem Gefüge; Anforderungen, Prüfung, Bemessung, Ausführung, Einbau
DIN 4158	Zwischenbauteile aus Beton, für Stahlbeton- und Spannbetondecken
DIN 4223	Bewehrte Dach- und Deckenplatten aus dampfgehärtetem Gas und Schaumbeton; Richtlinien für Bemessung, Herstellung, Verwendung und Prüfung

Schornsteine

DIN 18160-1   Hausschornsteine; Anforderungen, Planung und Ausführung (Febr 1987)

Hausschornsteine sind Schächte in oder an Gebäuden, die ausschließlich dazu bestimmt sind, Abgase von Feuerstätten über das Dach ins Freie zu fördern.

Zweck der Festlegungen in DIN 18160-1 ist die Zusammenstellung und Ausfüllung der Rechtsvorschriften über Hausschornsteine. Die Norm geht hierbei von der Musterbauordnung, der Musterfeuerungsverordnung, vom Bundes-Emissionsschutzgesetz sowie von den daraufhin erlassenen Rechtsverordnungen aus.

Die Anforderungen der Norm erfordern, daß Planer, Unternehmer und Bauleiter eingehende Kenntnisse über Feuerungsanlagen in Gebäuden, insbesondere über Hausschornsteine haben, über entsprechende Erfahrungen verfügen und eng zusammenarbeiten. Deshalb dürfen nur Unternehmen derartige Arbeiten ausführen, denen Fachleute mit diesen Kenntnissen und Erfahrungen zur Verfügung stehen.

Schornsteine sind in solcher Zahl, Beschaffenheit und Lage herzustellen, daß die vorgesehenen Feuerstätten in den Gebäuden ordnungsgemäß an Schornsteine angeschlossen und betrieben werden können. An Schornsteine dürfen nur ordnungsgemäß beschaffene Feuerstätten angeschlossen werden; die Aufstellräume müssen sicherstellen, daß den Feuerstätten ausreichend Verbrennungsluft zuströmt.

Schornsteinwangen dürfen durch Decken, Unterzüge und andere Bauteile grundsätzlich nicht unterbrochen, nicht belastet und nicht auf sonstige Weise gefährlich beansprucht werden. Ans Freie grenzende Schornsteinwangen, die durch die Witterung durchfeuchtet oder zerstört werden können, dürfen nicht ungeschützt der Witterung ausgesetzt werden.

Schornsteinmündungen müssen mindestens 0,40 m über den höchsten Kanten von Dächern mit einer Neigung von mehr als 20° liegen. Schornsteinmündungen müssen von Dachflächen, die 20° oder weniger geneigt sind, mindestens 1 m Abstand haben. Schornsteine, die Dachaufbauten näher liegen als deren 1,5fache Höhe über Dach beträgt, müssen die Dachaufbauten mindestens

1 m überragen. Schornsteinmündungen über Dächern mit einer Brüstung, die nicht allseitig geschlossen ist, müssen stets mindestens 1 m über der Brüstung liegen.

Weitere Angaben sind in DIN 18160-2 über Verbindungsstücke und in DIN 18160-5 über Einrichtungen für Schornsteinfegerarbeiten enthalten (s. Normen). Baustoffnormen s. Anhang 1.

5.2 Ausbau

Fenster

DIN 68121-1 Holzprofile für Fenster und Fenstertüren; Maße, Qualitätsanforderungen (Jun 1990)

DIN 68121-2 Holzprofile für Fenster und Fenstertüren; Allgemeine Grundsätze (Jun 1990)

Die Norm wurde in 2 Teile untergliedert, wobei DIN 68121-1 die Flügelmaße und Anwendungsbereiche für genormte Profilquerschnitte festlegt. In DIN 68121-2 sind grundsätzliche Festlegungen zur Konstruktion von Holzfenstern angeführt, die bei nicht genormten Profilen zu beachten sind. Mit dieser Trennung soll zugleich darauf hingewiesen werden, daß auch andere als in der Norm festgelegte Holzfensterprofile möglich sind. Dies gilt z. B. auch für Wendefenster, Schwingfenster, aber auch für Dreh- und Dreh-Kipp-Fenster. Wenn z. B. in der Altbausanierung wegen der kleineren Flügelmaße geringere Flügelprofile notwendig werden, ist auf den Einbau der Beschläge Rücksicht zu nehmen. In Verbindung mit dem Einbau von Fenstern bei der Altbausanierung werden häufig wieder Fenster mit aufgehendem Mittelstück (Stulpfenster) gefordert. Um auch bei diesen Fenstern eine ausreichende Dichtheit gegen Schlagregen zu erreichen, ist auf die umlaufende Dichtungsebene besonders zu achten.

In DIN 68121-2 sind die Verbundfenster ausführlich beschrieben, wobei zur Vermeidung von Tauwasser besonders darauf zu achten ist, daß der Innenflügel zum Blendrahmen gedichtet und der Scheibenzwischenraum zur Außenseite geöffnet wird. Hierzu ist es ausreichend, wenn zwischen Innen- und Außenflügel ein umlaufender Spalt von etwa 1 mm vorhanden ist. Bei Verbundfenstern kann aber auch bei technisch richtiger Konstruktion eine absolute Tauwasserfreiheit nicht erreicht werden. Es muß vorübergehend kurzzeitig mit Tauwasseranfall im Scheibenzwischenraum gerechnet werden.

Die in der Norm angegebenen Maße sind Mindestmaße, die nicht mehr unterschritten werden dürfen. Größere Rahmendicken und Rahmenbreiten sind zulässig.

DIN 18054 Fenster, einbruchhemmende Fenster; Begriffe, Anforderungen und Prüfungen
DIN 18057 Betonfenster; Betonrahmenfenster, Betonfensterflächen; Anforderung, Prüfung

Verglasung

DIN 52290-1 Angriffhemmende Verglasungen; Begriffe (Nov 1988)

Angriffhemmende Verglasung ist ein Erzeugnis auf Glas- und/oder Kunststoffbasis in ein- oder mehrschichtigem Aufbau mit über der gesamten Fläche einheitlichem Querschnitt der angriffhemmenden Schichten. Die angriffhemmende Verglasung ist im Regelfall durchsichtig oder lichtdurchlässig und setzt einer gewaltsamen Einwirkung einen bestimmten Widerstand entgegen.

Angriffhemmende Verglasungen finden im öffentlichen, gewerblichen und privaten Bereich Verwendung, wobei der Anwender je nach angestrebter Schutzwirkung die Art der angriffhemmenden Verglasung und ihre Widerstandsklasse bestimmt.

Definiert sind

durchwurfhemmende Verglasung, die das Durchdringen von geworfenen oder geschleuderten Gegenständen behindert,
durchbruchhemmende Verglasung, die das Herstellen einer Öffnung zeitlich verzögert,
durchschußhemmende Verglasung, die das Durchdringen von Geschossen behindert,
sprengwirkungshemmende Verglasung, die dem Druck und Impuls einer bestimmten Stoßwelle widersteht.

Für den Nachweis der vorgenannten Eigenschaften bestehen DIN 52290-2 bis DIN 52290-5 (s. Normen).

Türen

DIN 18101 Türen; Türen für den Wohnungsbau; Türblattgrößen, Bandsitz und Schloßsitz; Gegenseitige Abhängigkeit der Maße (Jan 1985)

DIN 18101 gilt für gefälzte Türen im Wohnungsbau. Die Festlegung der gegenseitigen Abhängigkeit der Maße an Türzarge und Türblatt sowie die Lage der Türbänder und des Türschlosses (Bandsitz und Schloßsitz) soll den problemlosen Einbau auch dann ermöglichen, wenn Türzarge, Türblatt, Türschloß und Türbänder (Türbeschläge) getrennt angeliefert und erst auf der Baustelle zeitlich unabhängig voneinander montiert werden.

Werden Wandöffnungen normgerecht nach DIN 18100 (s. Norm) hergestellt, so ermöglichen Türen und Zargen, deren Maße entsprechend DIN 18101 hergestellt werden, einen weitgehend problemlosen nachbearbeitungsfreien Zusammenbau aller Teile.

DIN 18100	Türen; Wandöffnungen für Türen; Maße entsprechend DIN 4172
DIN 18103	Türen; Einbruchhemmende Türen; Begriffe, Anforderungen und Prüfungen
DIN 18111-1	Türzargen; Stahlzargen; Standardzargen für gefälzte Türen
DIN 18268	Baubeschläge; Türbänder, Bandbezugslinie
DIN 18082-1	Feuerschutzabschlüsse; Stahltüren T 30-1; Bauart A
DIN 18082-3	Feuerschutzabschlüsse; Stahltüren T 30-1; Bauart B
DIN 18093	Feuerschutzabschlüsse; Einbau von Feuerschutztüren in massive Wände aus Mauerwerk oder Beton, Ankerlagen, Ankerformen, Einbau
DIN 18095-1	Türen; Rauchschutztüren; Begriffe und Anforderungen

Leichte Trennwände

DIN 4103-1 Nichttragende innere Trennwände; Anforderungen, Nachweise (Jul 1984)

Nichttragende, innere Trennwände sind Bauteile im Inneren einer baulichen Anlage, die nur der Raumtrennung dienen und nicht zur Gebäudeaussteifung herangezogen werden. Ihre Standsicherheit erhalten Trennwände erst durch Verbindung mit den an sie angrenzenden Bauteilen. Trennwände können fest eingebaut oder umsetzbar ausgebildet sein. Sie können ein- oder mehrschalig ausgeführt werden und bei entsprechender Ausbildung auch Aufgaben des Brand-, Wärme-, Feuchtigkeits- und Schallschutzes übernehmen.

Die Fachgrundnorm ist baustoffneutral und formuliert nur allgemeine Anforderungen und Lastenannahmen. Besonders erwähnenswert ist, daß das Anforderungsniveau so abgestimmt ist, daß die sogenannten „bewährten" Wandsysteme nicht verdrängt werden. Insofern wird lediglich für neue, heute noch nicht entwickelte Wandsysteme ein Weg aufgezeigt, an dem man sich orientieren muß. Damit wird schließlich auch der erforderlichen Wettbewerbsgleichheit aller Wandsysteme Rechnung getragen.

Weitere Normen

DIN 4103-2	Nichttragende innere Trennwände; Trennwände aus Gips-Wandbauplatten
DIN 4103-4	Nichttragende innere Trennwände; Unterkonstruktion in Holzbauart
DIN 18180	Gipskartonplatten; Arten, Anforderungen, Prüfung
DIN 18181	Gipskartonplatten im Hochbau; Grundlagen für die Verarbeitung
DIN 18183	Montagewände aus Gipskartonplatten; Ausführung von Metallständerwänden

Putz

DIN 18550-1 Putz; Begriffe und Anforderungen (Jan 1985)

In neuerer Zeit haben sich auf dem Gebiet der Putztechnik erhebliche Entwicklungen vollzogen. So hat sich z. B. gezeigt, daß die Festlegung von Mischungsverhältnissen in Form der Mörtelgruppen nicht ausreicht, um der heutigen Herstellungs- und Anwendungstechnik für Putzmörtel Rechnung zu tragen. Darüber hinaus sind mit den Kunstharzputzen Systeme eingeführt worden, die sich in ihrem Aufbau und ihren Eigenschaften von den herkömmlichen Putzen grundlegend unterscheiden. Das bedeutet, daß althergebrachte Putzregeln nicht mehr eine Gültigkeit für alle Putzarten beanspruchen können. Es heißt aber auch, daß übergreifende Regelungen für mineralisch gebundene Putze und Kunstharzputze notwendig sind, da an beide Putzarten grundsätzlich die gleichen Anforderungen hinsichtlich ihres Verhaltens am Bauwerk gestellt werden müssen. Weiterhin hat es sich als notwendig erwiesen, Begriffe zu präzisieren.

Die Norm enthält als übergeordnete Norm Begriffe und Anforderungen an Putze.

Putz im Sinne dieser Norm ist ein an Wänden und Decken ein- oder mehrlagig in bestimmter Dicke aufgetragener Belag aus Putzmörteln oder Beschichtungsstoffen, der seine endgültigen Eigenschaften erst durch Verfestigung am Baukörper erreicht. Putze übernehmen je nach den Eigenschaften der verwendeten Mörtel bzw. Beschichtungsstoffe und der Dicke des Belages bestimmte bauphysikalische Aufgaben. Zugleich dienen sie der Oberflächengestaltung eines Bauwerks.

Weitere Normen

DIN 18550-2	Putz; Putze aus Mörteln mit mineralischen Bindemitteln, Ausführung
DIN 18550-3	Putz; Wärmedämmputzsysteme aus Mörteln mit mineralischen Bindemitteln und expandiertem Polystyrol (EPS) als Zuschlag
DIN 18550-4	Putz; Leichtputze; Ausführung
DIN 4211	Putz- und Mauerbinder; Begriff, Anforderungen, Prüfung, Überwachung
DIN 18558	Kunstharzputze; Begriffe, Anforderungen, Ausführung

Estrich

DIN 18560-1 Estriche im Bauwesen; Begriffe, Allgemeine Anforderungen, Prüfung (Jan 1985)

Die Norm gilt für Anhydridestriche, Gußasphaltestriche, Magnesiaestriche und Zementestriche.

Estrich ist ein auf einem tragenden Untergrund oder auf einer zwischenliegenden Trenn- oder Dämmschicht hergestelltes Bauteil, das unmittelbar als Boden nutzfähig ist oder mit einem Belag, gegebenenfalls frisch in frisch, versehen werden kann.

A n h y d r i d e s t r i c h ist ein Estrich, der aus Anhydridbinder, Zuschlag und Wasser sowie gegebenenfalls unter Zugabe von Zusätzen (Zusatzstoffe, Zusatzmittel) hergestellt wird.

G u ß a s p h a l t e s t r i c h ist ein Estrich, der aus Bitumen und Zuschlag sowie gegebenenfalls unter Zugabe von Zusätzen hergestellt wird.

M a g n e s i a e s t r i c h ist ein Estrich, der aus Kaustischer Magnesia, Zuschlag (Füllstoffen) und einer wäßrigen Salzlösung, im allgemeinen Magnesiumchlorid, sowie gegebenenfalls unter Zugabe von Zusätzen, z. B. Farbstoffen, hergestellt wird.

Z e m e n t e s t r i c h ist ein Estrich, der aus Zement, Zuschlag und Wasser sowie gegebenenfalls unter Zugabe von Zusätzen (Zusatzstoffe, Zusatzmittel) hergestellt wird.

Estrich auf Dämmschichten (schwimmender Estrich) ist ein auf einer Dämmschicht hergestellter Estrich, der auf seiner Unterlage beweglich ist und keine unmittelbare Verbindung mit angrenzenden Bauteilen, z. B. Wänden oder Rohren, aufweist.

Weitere Normen

DIN 18560-2	Estriche im Bauwesen; Estriche auf Dämmschichten (schwimmende Estriche)
DIN 18560-3	Estriche im Bauwesen; Verbundestriche
DIN 18560-4	Estriche im Bauwesen; Estriche auf Trennschicht
DIN 18560-5	Estriche im Bauwesen; Zementgebundene Hartstoffestriche
DIN 18560-7	Estriche im Bauwesen; Hochbeanspruchbare Estriche (Industrieestriche)
DIN 273-1	Ausgangsstoffe für Magnesiaestriche; Kaustische Magnesia
DIN 273-2	Ausgangsstoffe für Magnesiaestriche; Magnesiumchlorid
DIN 1100	Hartstoffe für zementgebundene Hartstoffestriche

Außenwandbekleidungen

DIN 18516 Außenwandbekleidungen, hinterlüftet; Anforderungen, Prüfgrundsätze (Jan 1990)

Außenwandbekleidung ist die mit der Wand mechanisch verbundene Bekleidung. Sie setzt sich zusammen aus
- Bekleidung mit offenen, geschlossenen oder überlappten Fugen bzw. Stößen,
- Unterkonstruktion, soweit erforderlich bestehend aus Trag- und gegebenenfalls Wandprofilen aus Metall, z. B. Konsolen evtl. mit Gleit- und Festpunkten, alternativ aus Holzlatten (Traglatten) oder Schalungen, z. B. aus Holzwerkstoffplatten mit oder ohne Konterlatten (Grundlatten),
- Verbindungen, Befestigungen, Verankerungen,
- Ergänzungsteile z. B. Anschlußprofile für Gebäudeecken, Gebäudesockel, Leibungen, Attiken o. ä., Lüftungsschienen, Vorrichtungen zum Anbringen von Gerüsten, Dichtungsbänder,
- gegebenenfalls Wärmedämmung und Dämmstoffhalter.

DIN 18516-1 gilt für hinterlüftete Außenwandbekleidungen mit und ohne Unterkonstruktion einschließlich der Befestigungen und Verankerungen. Sie legt Planungs-, Bemessungs- und Konstruktionsgrundsätze für dauerhafte und standsichere hinterlüftete Außenwandbekleidungen fest.

Weitere Normen

DIN 18516-1	Außenwandbekleidungen, hinterlüftet; Naturwerkstein; Anforderungen, Bemessung
DIN 18516-4	Außenwandbekleidungen, hinterlüftet; Einscheiben-Sicherheitsglas; Anforderungen, Bemessung, Prüfung
DIN 18517-1	Außenwandbekleidungen aus kleinformatigen Fassadenplatten; Asbestzementplatten

Belichtung und Beleuchtung

DIN 5034-1 Tageslicht in Innenräumen; Allgemeine Anforderungen (Feb 1983)

Aus Gründen des psychischen Wohlbefindens ist es notwendig, Aufenthaltsräume mit durchsichtigen Fenstern in Augenhöhe der im Raum sitzenden bzw. stehenden Personen auszustatten. Die Doppelaufgabe dieser Fenster liegt in der Erzeugung eines angenehmen Helligkeitsniveaus im Innenraum bei Tage und in der Ermöglichung eines Sichtkontaktes zwischen Innen- und Außenraum; hierzu müssen die Fenster genügend groß sein. Unberührt hiervon bleibt die Innenraumbeleuchtung mit Tageslicht für bestimmte Sehaufgaben.

Die Norm legt fest, wie mit Tageslicht in Innenräumen durch Fenster eine ausreichende Helligkeit und eine akzeptable Sichtverbindung nach außen zu erreichen sind. Sie gibt weiter an, welche Voraussetzungen zu erfüllen sind, damit in Innenräumen angemessene Beleuchtungsverhältnisse durch Tageslicht vorhanden sind.

DIN 5035-1 Beleuchtung mit künstlichem Licht; Begriffe und allgemeine Anforderungen (Jun 1990)

Die Beleuchtung beeinflußt durch ihre Qualität die Sehleistung, die Aktivierung, die Arbeitssicherheit und das Wohlbefinden des Menschen. Sie ist deshalb so auszuführen, daß sie ihre jeweiligen Aufgaben erfüllt und sich harmonisch in den Raum einfügt.

Die Anforderungen an die Beleuchtung beziehen sich auf folgende lichttechnische Gütemerkmale:
– Beleuchtungsniveau,
– Leuchtdichteverteilung,
– Begrenzung der Blendung,
– Lichtrichtung und Schattigkeit,
– Lichtfarbe und Farbwiedergabe.

Nur bei Beachtung aller Gütemerkmale kann eine Beleuchtungsanlage den gestellten Anforderungen genügen. Je nach Art und Schwierigkeit der Sehaufgabe bzw. je nach Raumart kann dem einen oder anderen Gütekriterium Priorität zugebilligt werden.

Weitere Normen

DIN 5034-2	Tageslicht in Innenräumen; Grundlagen
DIN 5035-2	Beleuchtung mit künstlichem Licht; Richtwerte für Arbeitsstätten in Innenräumen und im Freien
DIN 5035-3	Innenraumbeleuchtung mit künstlichem Licht; Beleuchtung in Krankenhäusern
DIN 5035-4	Innenraumbeleuchtung mit künstlichem Licht; Spezielle Empfehlung für die Beleuchtung von Unterrichtsstätten
DIN 5035-5	Innenraumbeleuchtung mit künstlichem Licht; Notbeleuchtung
DIN 5035-7	Innenraumbeleuchtung mit künstlichem Licht; Beleuchtung von Räumen mit Bildschirmarbeitsplätzen und mit Arbeitsplätzen mit Bildschirmunterstützung
DIN 67526-1	Sportstättenbeleuchtung; Richtlinien für die Beleuchtung mit künstlichem Licht
DIN 67526-2	Sportstättenbeleuchtung; Beleuchtung für Fernseh- und Filmaufnahmen; Anforderungen
DIN 67526-3	Sportstättenbeleuchtung; Richtlinien für die Beleuchtung mit Tageslicht

Abgehängte Decken

DIN 18168-1 Leichte Deckenbekleidungen und Unterdecken; Anforderungen für die Ausführung (Okt 1981)

Leichte Deckenbekleidungen und Unterdecken sind ebene oder anders geformte Decken mit glatter oder gegliederter Fläche, die aus einer Unterkonstruktion und einer flächenbildenden Decklage bestehen. Bei Deckenbekleidungen ist die Unterkonstruktion unmittelbar an dem tragenden Bauteil verankert, bei Unterdecken wird die Unterkonstruktion abgehängt.

Leichte Deckenbekleidungen und Unterdecken einschließlich deren Verankerungen sowie die Befestigung leichter Trennwände an diesen und gegebenenfalls erforderliche Maßnahmen zum Brand-, Wärme- und Schallschutz sind bei der Planung des Bauwerks zu berücksichtigen und gegebenenfalls in den Bauvorlagen anzugeben.

Weitere Normen

DIN 18161-2	Leichte Deckenbekleidungen und Unterdecken; Nachweis der Tragfähigkeit von Unterkonstruktionen und Abhängern aus Metall
DIN 4121	Hängende Drahtputzdecken; Putzdecken mit Metallputzträgern, Rabitzdecken, Anforderungen für die Ausführung

Schäden an Gebäuden

Im ersten Bericht des Bundesministeriums für Raumordnung, Bauwesen und Städtebau über Schäden an Gebäuden vom 25.05.1984 wurde dargelegt, daß Bauschäden folgenden Ursachengruppen zuzuordnen sind:
1. *Anfangsschäden durch Planungs-, Ausführungs- und Materialfehler sowohl beim Neubau als auch bei Bestandsmaßnahmen.*
2. *Schäden durch unsachgemäße Nutzung und unterlassene Instandhaltung.*
   Werden die im Laufe der Nutzungsdauer von Gebäuden notwendig werdenden Instandhaltungsmaßnahmen unterlassen, kommt es zu vorzeitigen Langzeitschäden. Durch die übermäßige und nicht sachgemäße Nutzung können solche Schäden auch auftreten oder vorhandene Schäden verstärkt werden.
3. *Unerwartete bautechnisch bedingte Langzeitschäden.*
   Das sind Schäden, die durch unerwartet frühen Verschleiß an Baustoffen und -teilen auftreten.
4. *Schäden durch aggressive Umwelteinflüsse und andere außergewöhnliche Einwirkungen.*
   Aggressive Umwelteinflüsse beschleunigen u. a. den normalen Alterungsprozeß des Gebäudes und machen zusätzliche Instandhaltungsmaßnahmen bzw. Vorsorgemaßnahmen notwendig.

Insoweit hat die vom Auftraggeber erwartete Planungsqualität einen erheblichen Stellenwert. Grundsätzlich haben die Technischen Regeln einen hohen Anteil an der erwarteten Qualität. Eine Definition des Begriffes „Bauschäden" schien angebracht. Sie gilt im Grundsatz sowohl für Neubauten als auch bei Arbeiten im Gebäudebestand.

Bauschäden *sind Veränderungen des technischen Zustandes oder der Eigenschaften von Bauwerken bzw. von Bauteilen, die die technische Tauglichkeit beeinträchtigen. Sie reichen von geringfügigen Fehlern bis zur akuten Gefährdung der Brauchbarkeit. Der Begriff Bauschäden beschreibt also überwiegend technische Sachverhalte.*

Allerdings ist eine klare Zuordnung von Bauschäden zu den einzelnen Ursachengruppen in der Praxis vielfach nicht möglich. Dies gilt besonders für die Abgrenzung zu den Arbeiten zur Bestandspflege, also für Instandhaltungs- oder Instandsetzungsarbeiten, die durch normale Abnutzung oder Alterung erforderlich werden.

Eine absolute Vermeidung von Bauschäden ist nicht zu erreichen. Auch ist es volkswirtschaftlich nicht immer sinnvoll, durch den Einsatz unverhältnismäßig hoher Mittel jeden nur möglichen Schaden zu vermeiden oder alle vorhandenen Bauwerke ständig in einem neuwertigen Zustand zu erhalten.

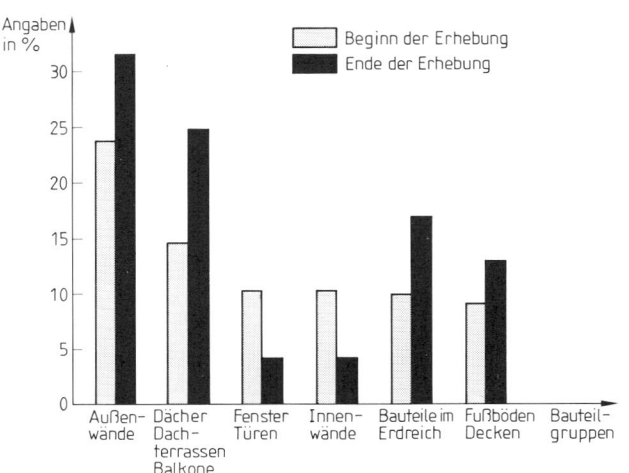

5.4
Verteilung der Schäden auf Bauteilgruppen Vergleich über einen Erhebungszeitraum von 15 Jahren[1]

---
[1] Zweiter Bericht über Schäden an Gebäuden Hrsg.: Der Bundesminister für Raumordnung, Bauwesen und Städtebau, Bonn 1988

Ansatzpunkt für Schadensvorbeugung und Schadensvermeidung sind deshalb in erster Linie die Schäden, die auf fehlerhaftes Verhalten bei der Planung, Bauausführung und Baustoffwahl, aber auch bei Nutzung und Unterhaltung des Bauwerks entstehen. Dies gilt gleichermaßen für Neubauten und Baumaßnahmen an bestehenden Gebäuden.

Im einzelnen erfordert dies:
- eine sachgemäße Bauausführung und sachgerechten Einsatz von Baustoffen,
- abnutzungsorientierte Instandhaltung und
- die Minderung aggressiver Umwelteinflüsse.

Zum anderen geht es um die fachlich einwandfreie Beseitigung bereits bestehender Bauschäden.

Die Bauschäden verteilen sich nach dem Bauschadensbericht wie folgt auf die einzelnen Bauteilgruppen:
- Außenwände (einschl. Außenwandkonstruktionen)   32%
- Dächer   25%
- Bauteile im Erdreich   17%
- Fußböden   8%
- Fenster   4%
- Innenwände   4%
- Decken   4%
- Haustechnische Anlagen   4%
- Sonstige   2%.

Der Bauschadensbericht definiert folgende Fehlerquellen:
- fehlende Qualifikation, Erfahrung und mangelnde Sorgfalt in Planung, Kostenermittlung und Ausführung,
- Verstöße gegen die anerkannten Regeln der Technik, einschließlich Bauphysik und Bauchemie,
- ungenügende wissenschaftliche Untersuchung und Erprobung der Eignung von neuen Baustoffen, Bauteilen und technischen Verfahren sowie fehlende Kenntnisse über deren Langzeitverhalten,
- mangelhafte Ausschreibung und Vergabe der Bauarbeiten,
- eine oft unzureichende Ausbildung der Architekten in der Bauausführung,
- Abweichung von den Bauplänen bei der Ausführung,
- Überlastung/Überforderung von Bauleitern und Polieren durch überhöhte Qualitätsanforderungen an die Bauleistungen,
- Mangel an Fachpersonal,
- falsche Zielvorstellungen,
- keine eindeutige Regelung der Verantwortlichkeit.

Daraus wird erkennbar, daß Verstöße gegen die anerkannten Regeln der Technik einschließlich Bauphysik und Bauchemie sowie die ungenügende wissenschaftliche Untersuchung und Erprobung der Eignung von Baustoffen, Bauteilen und technischen Verfahren einen erheblichen Anteil an den Bauschäden haben.

Bauschäden vermeiden aber kann nur der, der die Schwachpunkte beim Bauen kennt, die Materialien oder Bauteile konstruktiv und bauphysikalisch richtig einsetzt, d. h. nicht nur das Detail sondern auch die Zusammenhänge sieht, die erst zum fehlerlosen Detail führen. So stellt sich auch immer wieder die Frage, wer für einen Schaden verantwortlich ist? Oft ist dies kaum zu klären; nicht selten wird ein Sachverständiger eingeschaltet werden müssen.

Zunächst einmal ist es aber wichtig, aus Erfahrungen zu lernen. Die Vermeidung von Bauschäden ist also auch ein Informationsproblem. Es gibt genügend Literatur, die weiter hilft, und wohl kaum einen „normalen", „typischen" Schaden, der nicht schon einmal kommentiert wurde. Aber es gibt immer noch keine umfassende Bauschadens-Datenbank, die weitgehend Informationen über die Vermeidung und Behebung von Bauschäden zusammenfaßt. Die Datenbank SCHADIS des IRB (Fraunhofer-Informationszentrum Raum und Bau) ist ein Anfang.

In der Regel ist es wichtig, den Schaden zunächst einmal abzugrenzen. Ist es überhaupt ein Bauschaden, der seinen Ursprung beim Planen und Bauen hatte, oder etwa eine Beschädigung, die durch ein unvorhergesehenes Ereignis entstand oder auch eine Folge von Alterung, Abnutzung, unsachgemäßer Nutzung oder unterlassener Unterhaltung.

5.5
Verteilung der Schadenshäufigkeit über die Standzeit von Gebäuden[1])

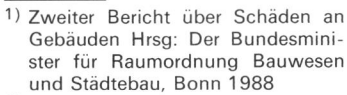

[1]) Zweiter Bericht über Schäden an Gebäuden Hrsg: Der Bundesminister für Raumordnung Bauwesen und Städtebau, Bonn 1988
[2]) Zimmermann, G., Bauschäden vermeiden und beseitigen, Hrsg.: RG-Bau, Eschborn 1980

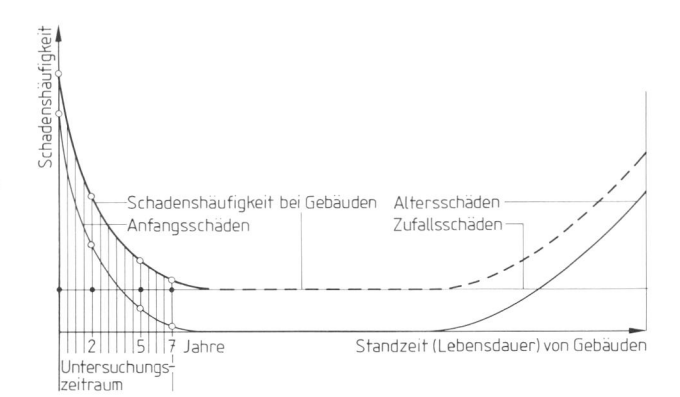

Im übrigen liegt nach VOB § 13 Nr. 1 ein Mangel auch vor, wenn die Leistung den anerkannten Regeln der Technik und damit den DIN-Normen nicht entspricht. Inwieweit daraus ein tatsächlicher Schaden entsteht oder entstanden ist, wird im Einzelfall zu klären sein.

Generell wird aber festzustellen sein, daß die Anwendung von DIN-Normen nicht zur Schadenfreiheit führt. Es ist nicht alles genormt, was sicher sinnvoll ist, und die einzelnen Normen beschreiben hinsichtlich der Konstruktionen und Baustoffe nur Teilbereiche, die die Kenntnis der Zusammenhänge dem Anwender überlassen. Das heißt, dieser wird sehr verantwortlich handeln und viele Informationen neben denen der Normen zusammentragen müssen, um Bauschäden zu vermeiden.

Die vorstehenden und nachfolgenden Hinweise zum Bauen mit DIN-Normen sollen zur Vermeidung von Bauschäden beitragen.

Das Buch „Bauschäden vermeiden und beseitigen"[2]) gibt einen Überblick über Bauschäden, die in der Praxis häufiger auftreten, und gliedert diesen Überblick nach Bauteilen wie folgt

1.	Dächer	1.5.	Zugluft durch untere Schalen belüfteter Dächer
1.1.	Schäden bei Dachdeckungen	1.6.	Schäden an Geh- und Fahrbelägen
1.1.1.	Mangelhafte „Regensicherheit"	1.6.1.	Plattenbeläge im Mörtelbett
1.1.2.	Unzureichende zusätzliche Sperrmaßnahmen	1.6.2.	Aufstelzung kleinformatiger Gehwegplatten
1.1.3.	Abdeckungen durch Sturm	1.6.3.	Fahrbeläge aus Betonverbundsteinen im Sandbett
1.2.	Schadhafte hautförmige Abdichtungen		
1.2.1.	Mechanische Beeinträchtigungen	2.	Außenwände und Fenster
1.2.2.	Fehlerhafte Herstellung	2.1.	Rissebildung durch Setzung
1.2.3.	Fehlerhaftes Material	2.1.1.	Bauen am Hang
1.2.4.	Mangelhafte Anschlüsse	2.1.2.	Unterfangen von Wänden
1.3.	Schäden bei nichthautförmigen Abdichtungen	2.2.	Eindringen von Stauwasser in Keller
1.3.1.	Sperrbeton-Flachdächer	2.2.1.	Dichtungsschlämme und Fugenbänder
1.3.2.	Flachdächer mit PUR-Ortschaum	2.2.2.	Sorgfalt bei der Ausführung wasserdruckhaltender Abdichtungen
1.4.	Schädliche Tauwasserbildung	2.2.3.	Pumpensumpf und Dränage
1.4.1.	Fehlende Dampfsperre und fehlende Belüftung	2.3.	Schäden an Außenwänden aus Beton und Stahlbeton-Fertigteilen
1.4.2.	Untergehängte Akustikdecke		
1.4.3.	Überdruck in Schwimmhalle	2.3.1	Verformungen durch Behinderung von Formänderungen infolge Temperatur- und Feuchteänderung
1.4.4.	Fleckenbildung an der Deckenunterseite		

2.3.2.	Mangelhafte Fugendichtung mit Dichtungsmasse		3.1.1.	Rissebildung durch Einwirkung benachbarter Bauteile
2.3.3.	Verfärbungen und Absprengungen des Betons durch korrodierende Stahlbewehrung		3.1.2.	Verformung und Rissebildung durch Volumenänderungen einzelner Wandteile
2.3.4.	Betonabsprengung durch Kalktreiber		3.2.	Ablösungen von Fliesenbelägen
2.3.5.	Netzförmige Schwindrisse		3.2.1.	Keramische Fliesenbeläge
2.3.6.	Ausblühungen		3.2.2.	PVC-Wandfliesenbeläge
2.4.	Schäden an Außenwänden aus Mauerwerk		3.3.	Schäden an Putzen
2.4.1.	Rissebildung im Mauerwerk		3.3.1.	Ablösungen von Deckenputz
2.4.2.	Ausblühungen der Fugen und Kalkhydratläufer bei Verblendmauerwerk		3.3.2.	Mangelhafte Putzanschlüsse
2.4.3.	Kalksandstein-Sichtmauerwerk ohne Schutzanstrich		3.4.	Schäden an Decken- und Wandverkleidungen
2.4.4.	Mauerziegel mit Kalktreibern		3.4.1.	Mangelhafte Befestigung abgehängter Decken
2.4.5.	Abplatzungen von Verblendziegeln		3.4.2.	Gasförmige Emissionen bei Verkleidungen aus Holzschalungen und Holzspanplatten
2.4.6.	Durchfeuchtung im Sockelbereich		3.5.	Schäden an Estrichen und Bodenbelägen
2.4.7.	Sprengung durch bauschädliche Salze		3.5.1.	Typische Schäden bei Zement- und Anhydrit-Estrichen
2.4.8.	Unsachgemäße Reinigung von Naturstein-Mauerwerk		3.5.2.	Ablösung von Bodenbelägen auf mineralischen Estrichen
2.5.	Schäden an Außenwänden mit Plattenbelägen		3.5.3.	Beeinträchtigung von Bodenbelägen aus Holzspanplatten
2.5.1.	Beläge aus keramischen Spaltplatten		3.5.4.	Zersetzung von Terrazzo-Fußböden in Operationssälen
2.5.2.	Mittelmosaik auf verputzten Dämmplatten		3.6.	Mangelhafter Schallschutz
2.6.	Schäden an Außenwänden mit Putzen und Beschichtungen		3.6.1.	Schlechter Körperschallschutz bei einschaligen Haustrennwänden
2.6.1.	Risse in mineralischem Außenputz mit Beschichtung		3.6.2.	Schall-Längsleitung durch Decken und Estriche
2.6.2.	Außenseitige Wärmedämm-Verbundsysteme		3.6.3.	Unwirksame biegeweiche Schalen
2.6.3.	Netzrisse in Dispersionsanstrich		3.6.4.	Geringe Federwirkung bei Masse-Feder-Masse-Systemen
2.6.4.	Auswaschung aus Dispersionssilikatanstrich		3.6.5.	Zu große Nachhallzeit
2.6.5.	Ablösungen von Beschichtungen			
2.7.	Schäden an äußeren Schalen		4.	Installationen
2.7.1.	Verwölbung und Rissebildung in Asbestzementplatten		4.1.	Korrosion von Stahl-Rohrleitungen
2.7.2.	Vorgespannte Glasscheiben		4.1.1.	Außenkorrosion
2.8.	Vermeidbare Fassaden-Verschmutzung		4.1.2.	Innenkorrosion
2.9.	Unerwünschte Tauwasserbildung auf Oberflächen		4.2.	Korrosion von Kupfer-Rohrleitungen
			4.2.1.	Regenfallrohre
2.10.	Schlechtes Raumklima infolge Luftdurchlässigkeit		4.2.2.	Lochfraß durch Lötfett
			4.2.3.	Korrosion-Erosion
2.11.	Schäden an Fenstern und Fensterwänden		4.3.	Behinderung thermischer Längenänderungen
2.11.1.	Ablösung von Anstrichen von Holzfenstern		4.4.	Andere mangelhafte Installationsanlagen
2.11.2.	Zerstörung von Holzfenstern durch Lenzites-Pilze		4.4.1.	Verpuffung im Gasheizungskessel
2.11.3.	Zu schwach dimensionierte Holzprofile einer Fensterwand		4.4.2.	Zu geringe Vorlauftemperatur in Elektroden-Kesseln
2.11.4.	Tauwasserbildung bei nicht wärmegedämmten Aluminiumfenstern		4.4.3.	Riß im Warmwasser-Speicherbehälter
2.11.5.	Tauwasserbildung in Isoliergläsern		4.4.4.	Filter- und Umwälzanlage eines Gartenschwimmbades
3.	Innenwände, Decken und Böden		4.4.5.	Geruchsbelästigung
3.1.	Verformung von Innenwänden und Rissebildung			

Grundsätzlich sollten die in diesem Buch dargestellten Normen helfen, konstruktions- und baustoffgerecht zu planen und zu bauen, sollten auch Bauschäden vermeiden helfen, dürfen aber nicht dazu führen, sich nur darauf zu verlassen. Bauschäden sind weitgehend vermeidbar, wenn sich auch der Anwender der Normen immer wieder neu aus der Praxis über die Praxis informiert.

6 Ausführungsunterlagen

6.1 VOB Verdingungsordnung für Bauleistungen

6.1.1 Allgemeines

Die Ausführung von Bauleistungen beruht auf vertraglichen Grundlagen. Das Werkvertragsrecht des Bürgerlichen Gesetzbuches (BGB, §§ 631–651) ist hierfür nicht ausreichend, da es sehr allgemein gefaßt ist. Schon frühzeitig wurden deshalb spezielle, auf die besonderen Bedingungen des Bauens abgestellte Vertragsbedingungen entwickelt, die schließlich zu der VOB, wie sie heute vorliegt, führten. Damit diese Bedingungen jedoch wirksam werden, bedürfen die Regelungen der VOB der Vereinbarung im Vertrag.

Der Ausgewogenheit der Rechte und Pflichten von Auftraggebern und Auftragnehmern ist es zuzuschreiben, daß die VOB über den öffentlichen Bereich des Bauens hinaus Anerkennung erfahren hat und vielfach auch privaten Auftraggebern als Grundlage für die rechtliche Ausgestaltung ihrer Bauverträge dient. Dies war auch der Grund, daß die Bestimmungen der VOB in das Deutsche Normenwerk überführt und als DIN-Normen veröffentlicht wurden. Heute werden die Festlegungen der VOB federführend vom „Deutschen Verdingungsausschuß für Bauleistungen (DVA)" mit seinen Hauptausschüssen „Allgemeines", „Hochbau" und „Tiefbau" bearbeitet und entsprechend der Entwicklung der Technik angepaßt. An der Erarbeitung sind Vertreter beider Vertragsseiten kontinuierlich beteiligt und stellen auch in ihrer Ausgewogenheit sicher, daß alle Interessen gerecht gegeneinander abgewogen werden.

Die VOB regelt die vertraglichen Beziehungen zwischen Auftraggeber und Auftragnehmer und ist damit neben den technischen Grundlagen, wie sie in DIN-Normen z. B. über die Berechnung und Bemessung von Mauerwerk oder über Bauprodukte enthalten sind, eine weitere wichtige Grundlage des Bauens.

Die VOB gliedert sich in folgende drei Teile:
– Teil A Allgemeine Bestimmungen für die Vergabe von Bauleistungen (DIN 1960)
– Teil B Allgemeine Vertragsbedingungen für die Ausführung von Bauleistungen (DIN 1961)
– Teil C Allgemeine Technische Vertragsbedingungen für Bauleistungen (DIN 18299 und weitere)

6.1.2 Vergabe von Bauleistungen

DIN 1960 VOB Verdingungsordnung für Bauleistungen; Teil A:
Allgemeine Bestimmungen für die Vergabe von Bauleistungen (Dez 1992)

Die Norm regelt die Verfahren des Angebots und der Auftragsvergabe und enthält dabei Festlegungen über die Vergabearten, die Angebotsverfahren, über Fristen für die Ausführung, des Zuschlages und der Bindung sowie Hinweise auf Gewährleistung und Sicherheitsleistung, ferner zur Prüfung und Wertung der Angebote.

VOB Teil A berücksichtigt in der Ausgabe 1992 erstmals vollständig alle europäischen Festlegungen über die Vergabe öffentlicher Bauaufträge. Dies machte die Gliederung in insgesamt vier Abschnitte erforderlich.

Es wurden folgende europäische Richtlinien berücksichtigt:
– **EG-Baukoordinierungsrichtlinie (BKR) (Richtlinie 93/37/EWG vom 14. Juni 1993)**
  Diese Richtlinie hat im übrigen einen Vorläufer in der Ausgabe 1971, in der bereits eine Harmonisierung der öffentlichen Vergabeverfahren für Bauaufträge geregelt war. In der Richtlinie ist im

Prinzip festgelegt, daß Aufträge mit einem Volumen von mehr als 5 Mio. ECU (ca. 10 Mio. DM) europaweit auszuschreiben sind (sogenannter Schwellenwert). Gegenüber den rein in Deutschland üblichen Ausschreibungsverfahren enthält die BKR eine Reihe von Festlegungen, von Fristen sowie Pflichten zur Bekanntmachung und Berichterstattung an die EG. Um alle im Laufe der Entwicklung der Baukoordinierungsrichtlinie erfolgten Änderungen übersichtlich zusammenzufassen, ist diese Richtlinie am 14. Juni 1993 neu erschienen.

- **EG-Sektorenrichtlinie (SKR) (Richtlinie 93/38/EWG vom 14. Juni 1993)**
  Diese Richtlinie enthält die Festlegungen für die Auftragsvergabe durch Auftraggeber im Bereich der Wasser-, Energie- und Verkehrsversorgung sowie im Telekommunikationssektor für Bau- und Lieferaufträge. Diese Bereiche waren in der BKR nicht berücksichtigt und ausdrücklich ausgeklammert worden. Diese Richtlinie gilt nicht nur für die öffentlichen Auftraggeber, sondern auch für diejenigen Institutionen, deren Finanzierung zu mehr als 50% durch den Staat erfolgt. Hier sind Stufungen bezüglich des Schwellenwertes bei Lieferaufträgen enthalten; für die Vergabe von Bauaufträgen gilt der Schwellenwert wie in der BKR.

  Sie hat ihren Vorgänger in der Sektorenrichtlinie 90/531/EWG vom 17. September 1989, die mit der VOB 1992 national umgesetzt wurde und inhaltlich bezüglich der Vergabebestimmungen keine Änderungen gegenüber der Neufassung der SKR enthält.

Die Geltungsbereiche der vier Abschnitte der VOB Teil A sind vereinfacht wie folgt zu beschreiben:

Abschnitt 1: Basisparagraphen

Die Regelungen gelten für die Vergabe von Bauaufträgen unterhalb des Schwellenwertes der EG-Baukoordinierungsrichtlinie und der EG-Sektorenrichtlinie durch Auftraggeber, die durch die Bundeshaushaltsordnung, die Landeshaushaltsordnungen und die Gemeindehaushaltsverordnungen zur Anwendung der VOB/A verpflichtet sind.

Abschnitt 2: Basisparagraphen mit zusätzlichen Bestimmungen nach der EG-Baukoordinierungsrichtlinie

1 Die Regelungen gelten für die Vergabe von Bauaufträgen, die den Schwellenwert der EG-Baukoordinierungsrichtlinie erreichen oder übersteigen durch Auftraggeber, die zur Anwendung der EG-Baukoordinierungsrichtlinie verpflichtet sind.
2 Die Bestimmungen der a-Paragraphen finden keine Anwendung, wenn die unter Nr. 1 genannten Auftraggeber Bauaufträge auf dem Gebiet der Trinkwasser- oder Energieversorgung sowie des Verkehrs- oder Fernmeldewesens vergeben.

Abschnitt 3: Basisparagraphen mit zusätzlichen Bestimmungen nach der EG-Sektorenrichtlinie

Die Regelungen gelten für die Vergabe von Bauaufträgen durch Auftraggeber, die zur Anwendung der Vergabebestimmungen nach der EG-Sektorenrichtlinie (VOB/A-SKR) verpflichtet sind und daneben die Basisparagraphen anwenden.

Abschnitt 4: Vergabebestimmungen nach der EG-Sektorenrichtlinie (VOB/A-SKR)

Die Regelungen gelten für die Vergabe von Bauaufträgen, die den Schwellenwert der EG-Sektorenrichtlinie erreichen oder übersteigen, durch Auftraggeber, die auf dem Gebiet der Trinkwasser- oder Energieversorgung sowie des Verkehrs- oder Fernmeldewesens tätig sind.

Ergänzend zu der BKR und SKR gibt es die

- Überwachungsrichtlinien (Richtlinien 88/665/EWG vom 21. Dezember 1989 und 92/13/EWG vom 25. Februar 1992)
  Mit ihnen hat die Kommission der EG ein Instrument geschaffen, mit dem sie sicherstellen will, daß in allen Mitgliedstaaten nach den gleichen Grundsätzen überwacht wird. Es soll damit erreicht werden, daß nach den Grundsätzen der Vergaberichtlinien verfahren wird. Diese Richtlinien werden zum Zeitpunkt der Drucklegung über die Festlegungen des Haushaltsgrundsätzegesetzes umgesetzt. Dazu wird es auf Bundes- und Länderebene Vergabeprüfstellen sowie einen Vergabeüberwachungsausschuß geben.

6.1.3 Ausführung von Bauleistungen

DIN 1961   VOB Verdingungsordnung für Bauleistungen; Teil B:
Allgemeine Vertragsbedingungen für die Ausführung von Bauleistungen
(Dez 1992)

In DIN 1961 sind alle Festlegungen getroffen, die einen Bauvertrag ausmachen, jedoch sei darauf hingewiesen, daß jeweils VOB Teil B, wenn sie Vertragsbestandteil werden soll, zu vereinbaren ist. Bereits im § 1 (Art und Umfang der Leistung), Ziffer 1, ist die Kopplung zu VOB Teil C durch folgenden Wortlaut gegeben: „Als Bestandteil des Vertrages werden auch die Allgemeinen Technischen Vertragsbedingungen für Bauleistungen". Dies bedeutet, daß – wenn VOB Teil B an dieser Stelle unverändert zum Vertragsbestandteil erhoben worden ist – automatisch auch Teil C Vertragsbestandteil ist.

Da es neben den – wie der Name bereits ausführt – Allgemeinen Vertragsbedingungen eine Reihe weiterer Vertragsbedingungen, die auf das spezielle Bauwerk, das spezielle Unternehmen o. ä. ausgelegt sind, gibt bzw. geben kann, ist bereits in VOB Teil B im § 1, Ziffer 2, folgendes festgelegt:

„Bei Widersprüchen im Vertrag gelten nacheinander
a) die Leistungsbeschreibung,
b) die Besonderen Vertragsbedingungen,
c) etwaige Zusätzliche Vertragsbedingungen,
d) etwaige Zusätzliche Technische Vertragsbedingungen,
e) die Allgemeinen Technischen Vertragsbedingungen für Bauleistungen,
f) die Allgemeinen Vertragsbedingungen für die Ausführung von Bauleistungen."

VOB Teil B enthält ferner Angaben über die Vergütung, Ausführungsunterlagen, die Ausführung und Ausführungsfristen sowie Angaben zur Behinderung und Unterbrechung der Ausführungen, der Verteilung der Gefahr für das Bauwerk, die Kündigung durch den Auftragger bzw. den Auftragnehmer und die Haftung der Vertragsparteien. Weitere Paragraphen enthalten Angaben zur Vertragsstrafe, Abnahme, Gewährleistung, Abrechnung sowie über Stundenlohnarbeiten, Zahlungen, Sicherheitsleistungen und Streitigkeiten.

6.1.4 Durchführung von Bauleistungen

VOB Teil C enthält Technische Vorschriften für die Ausführung der Bauleistungen und umfaßt zur Zeit 54 Leistungsarten/Gewerke, angefangen von den Erdarbeiten (DIN 18300) bis zu den Gerüstarbeiten (DIN 18451). Ferner gehört zur VOB Teil C DIN 18299 VOB Verdingungsordnung für Bauleistungen; Teil C: Allgemeine Technische Vertragsbedingungen für Bauleistungen (ATV); Allgemeine Regelungen für Bauarbeiten jeder Art (Dez 1992).

In DIN 18299 sind Texte zusammengefaßt, die für eine Reihe der gewerkespezifischen Allgemeinen Technischen Vertragsbedingungen für Bauleistungen (ATV) gelten. Hierzu gehören u. a. Hinweise für das Aufstellen der Leistungsbeschreibung sowie für die Abschnitte Stoffe und Bauteile, Ausführung, Nebenleistungen und besondere Leistungen sowie Abrechnungen.

DIN 18300	Erdarbeiten	DIN 18310	Sicherungsarbeiten an Gewässern, Deichen und Küstendünen
DIN 18301	Bohrarbeiten		
DIN 18302	Brunnenbauarbeiten	DIN 18311	Naßbaggerarbeiten
DIN 18303	Verbauarbeiten	DIN 18312	Untertagebauarbeiten
DIN 18304	Rammarbeiten	DIN 18313	Schlitzwandarbeiten mit stützenden Flüssigkeiten
DIN 18305	Wasserhaltungsarbeiten		
DIN 18306	Entwässerungskanalarbeiten	DIN 18314	Spritzbetonarbeiten
DIN 18307	Druckrohrleitungsarbeiten im Erdreich	DIN 18315	Verkehrswegebauarbeiten, Oberschichten ohne Bindemittel
DIN 18308	Dränarbeiten		
DIN 18309	Einpreßarbeiten		

DIN 18316	Verkehrswegebauarbeiten, Oberbauschichten mit hydraulischen Bindemitteln	DIN 18354	Gußasphaltarbeiten
		DIN 18355	Tischlerarbeiten
		DIN 18356	Parkettarbeiten
DIN 18317	Verkehrswegebauarbeiten, Oberbauschichten aus Asphalt	DIN 18357	Beschlagarbeiten
		DIN 18358	Rolladenarbeiten
DIN 18318	Verkehrswegebauarbeiten, Pflasterdecken, Plattenbeläge, Einfassungen	DIN 18360	Metallbauarbeiten, Schlosserarbeiten
		DIN 18361	Verglasungsarbeiten
DIN 18319	Rohrvortriebsarbeiten	DIN 18363	Maler- und Lackierarbeiten
DIN 18320	Landschaftsbauarbeiten	DIN 18364	Korrosionsschutzarbeiten an Stahl- und Aluminiumbauten
DIN 18325	Gleisbauarbeiten		
DIN 18330	Mauerarbeiten	DIN 18365	Bodenbelagarbeiten
DIN 18331	Beton- und Stahlbetonarbeiten	DIN 18366	Tapezierarbeiten
DIN 18332	Naturwerksteinarbeiten	DIN 18367	Holzpflasterarbeiten
DIN 18333	Betonwerksteinarbeiten	DIN 18379	Raumlufttechnische Anlagen
DIN 18334	Zimmer- und Holzbauarbeiten	DIN 18380	Heizanlagen und zentrale Wassererwärmungsanlagen
DIN 18335	Stahlbauarbeiten		
DIN 18336	Abdichtungsarbeiten	DIN 18381	Gas-, Wasser- und Abwasser-Installationsarbeiten innerhalb von Gebäuden
DIN 18338	Dachdeckungs- und Dachabdichtungsarbeiten		
		DIN 18382	Elektrische Kabel- und Leitungsanlagen in Gebäuden
DIN 18339	Klempnerarbeiten		
DIN 18349	Betonerhaltungsarbeiten	DIN 18384	Blitzschutzanlagen
DIN 18350	Putz- und Stuckarbeiten	DIN 18421	Dämmarbeiten an technischen Anlagen
DIN 18352	Fliesen- und Plattenarbeiten	DIN 18451	Gerüstarbeiten
DIN 18353	Estricharbeiten		

6.2 StLB Standardleistungsbuch für das Bauwesen

6.2.1 Allgemeines über Leistungsbeschreibungen

Früher wurden Leistungsbeschreibungen herkömmlicher Art meistens von den Ausschreibenden jeweils neu formuliert. Dabei wurde häufig das „Schnippel- und Klebeverfahren" angewandt, bei dem als Hilfsmittel vorhandene Texte herangezogen wurden. Schreibfehler, ungültige Normen, überholte Bezeichnungen und veraltete Techniken gelangten dabei leicht von einer Ausschreiber-Generation zur nächsten. Oft gingen sogar aus einem Büro unterschiedliche Ausschreibungstexte heraus, da sie von verschiedenen Mitarbeitern aufgestellt wurden. Daß Ausschreibungen von Büro zu Büro unterschiedlich waren, galt leider schon als Selbstverständlichkeit.

Die Forderungen von § 9 VOB Teil A erwarten von einem Leistungsverzeichnis und den Ausschreibungsunterlagen, daß sie technisch richtig, aktuell, vollständig, eindeutig, wettbewerbsneutral und rechtlich abgesichert sind.

Diesen Anforderungen genügt das Standardleistungsbuch für das Bauwesen (StLB), das vom Gemeinsamen Ausschuß Elektronik im Bauwesen (GAEB) in Verbindung mit dem Deutschen Verdingungsausschuß (DVA) – herausgegeben vom DIN Deutsches Institut für Normung e. V. – aufgestellt wird.

Der GAEB wurde im Jahr 1966 gegründet; ihm gehören Vertreter der öffentlichen Bauverwaltung, der Wohnungswirtschaft, der Bauabteilungen der Industrie, der Bau- und Baustoffwirtschaft, der Architekten- und Ingenieurschaft an.

6.2.2 Grundzüge des StLB

Für die Unterstützung des AVA-Bereichs (Ausschreibung, Vergabe und Abrechnung) stellt das Standardleistungsbuch für das Bauwesen (StLB) eine Sammlung standardisierter Texte mit einer

Variantenvielfalt, die das Baugeschehen vom Kleinauftrag bis zum Großbauvorhaben abdeckt, bereit.

Das StLB versteht sich als eine gemeinsame Sprache aller am Bau Beteiligten, die einen rationellen und zweifelsfreien Austausch von Informationen ermöglicht.

Das StLB ist für die automatisierte Anwendung durch die Datenverarbeitung eingerichtet. Es kann aber auch, allerdings mit geringerem Rationalisierungseffekt, als Textvorlage für herkömmlich erarbeitete Leistungsbeschreibungen benutzt werden. Viele Anwender des StLB haben mit dem manuellen Einsatz begonnen und erst im Laufe der Zeit auf DV-Anwendungen umgestellt – sei es auf einer eigenen Anlage oder im Servicebetrieb.

Im StLB werden gut durchdachte, technisch einwandfreie und straff formulierte Texte bereitgestellt, mit denen die Leistungen so eindeutig beschreibbar sind, daß alle Bewerber die Beschreibung im gleichen Sinne verstehen und ihre Preise sicher und ohne umfangreiche Vorarbeiten berechnen können. Mit den Standardleistungsnummern gewährleistet das StLB darüber hinaus die für die Datenverarbeitung unerläßliche Identität zwischen Leistungsbeschreibung und Verschlüsselung.

Die Erarbeitung des StLB erfolgt in den Arbeitsgremien des GAEB durch Fachleute, welche die Mitgliederinstitutionen entsenden. Damit ist sichergestellt, daß die Texte den Bedürfnissen der Praxis entsprechen.

Ein weiterer, sehr wesentlicher Vorteil für die Anwender des StLB ist die Übereinstimmung mit dem technischen Regelwerk des DIN Deutsches Institut für Normung e. V. und der Verdingungsordnung für Bauleistungen (VOB) des Deutschen Verdingungsausschusses (DVA). Beide Institutionen sind in die Entwicklungsarbeiten für die einzelnen Leistungsbereiche eingeschaltet. Damit ist sichergestellt, daß das StLB dem jeweils aktuellen Stand dieser Regelwerke entspricht und dem Anwender bei richtiger Benutzung ein hohes Maß an Rechtssicherheit bietet.

Die Bauverwaltungen der Öffentlichen Hand und viele Auftraggeber im Wohnungs- und Industriebau sowie Architektur- und Ingenieurbüros wenden das StLB seit Jahren mit Erfolg an.

6.2.3 Aufbau des StLB

Die einzelnen Leistungsbereiche des StLB entsprechen in Anlehnung an VOB Teil C (Allgemeine Technische Vertragsbedingungen für Bauleistungen (ATV)) überwiegend der Einteilung nach Gewerken. Die Einteilung in Leistungsbereiche wurde einer Einteilung in Fachbereiche vorgezogen, um den Umfang des StLB auf das notwendige Maß zu beschränken und bei jeder Beschreibung eine einwandfreie Zuordnung zwischen Leistung und Schlüsselnummer zu erreichen. Jede Leistung erscheint im Gesamtwerk des StLB im allgemeinen nur einmal. Der Anwender muß also für das Aufstellen von Leistungsbeschreibungen gegebenenfalls mehrere Leistungsbereiche verwenden. Die Anwendung wird jedoch durch Hinweise auf hinzuzuziehende Leistungsbereiche erleichtert.

Bei den technischen Ausbauarbeiten sind einige Gewerke wegen ihres großen Umfanges auf mehrere Leistungsbereiche aufgeteilt.

Grundlagen des StLB sind vor allem

- die Verdingungsordnung für Bauleistungen (VOB) oder die Verdingungsordnung für Leistungen (VOL),
- die einschlägigen technischen Regelwerke, insbesondere die DIN-Normen,
- der allgemeine Stand der Technik und
- die öffentlich-rechtlichen Bestimmungen.

Nach den Grundsätzen des StLB werden nur gängige Bauleistungen und Leistungen aufgenommen.

Der Grundgedanke des StLB besteht in dem Aufbau von Standardtexten aus einzelnen Textteilen. In den verschiedenen Leistungsbereichen werden hierarchisch geordnete Textteile angeboten, die vom Anwender zu vollständigen Leistungsbeschreibungen zusammengefügt werden.

Jeder Textteil ist mit einer Textteilnummer versehen, die aneinandergereiht die zugehörige Standardleistungsnummer ergeben. Dieses Verschlüsselungsprinzip macht es möglich, alle gängigen Bauleistungen in ihrer ganzen Vielfalt auf einfachste Weise zu beschreiben. Außerdem wird damit auch den Erfordernissen bei der DV-Anwendung Rechnung getragen.

Es wird immer auch Leistungsbeschreibungen geben, die sich nicht uneingeschränkt oder sinnvoll vereinheitlichen lassen, da sie zu selten gebraucht werden. Für diese Fälle können zusätzlich zu den Standardtexten in beliebiger Weise freie, vom Anwender formulierte Texte verwendet werden.

Zusätzlich zu den Langtexten wurden Kurztexte entwickelt und vereinheitlicht, denen die gleichen Schlüsselnummern zugeordnet sind. Solche Kurztexte dienen vor allem der innerbetrieblichen Kurzinformation bei Auftraggeber und Auftragnehmer sowie bei der Abrechnung.

Derzeit liegen folgende Leistungsbereiche vor (bzw. befinden sich in Vorbereitung):

LB 000	Baustelleneinrichtung	LB 043	Druckrohrleitungen für Gas, Wasser und Abwasser
LB 001	Gerüstarbeiten		
LB 002	Erdarbeiten	LB 044	Abwasserinstallationsarbeiten; Leitungen, Abläufe
LB 003	Landschaftsbauarbeiten		
LB 004	Landschaftsbauarbeiten; Pflanzen	LB 045	Gas-, Wasser- und Abwasserinstallationsarbeiten; Einrichtungsgegenstände
LB 005	Brunnenbauarbeiten und Aufschlußbohrungen		
		LB 046	Gas-, Wasser- und Abwasserinstallationsarbeiten; Betriebseinrichtungen
LB 006	Verbau-, Ramm- und Einpreßarbeiten		
LB 007	Untertagebauarbeiten	LB 047	Wärme- und Kältedämmarbeiten an betriebstechnischen Anlagen
LB 008	Wasserhaltungsarbeiten		
LB 009	Entwässerungskanalarbeiten	LB 048[1]	Sanitärausstattung für den medizinischen Bereich
LB 010	Dränarbeiten		
LB 011	Abscheideranlagen, Kleinkläranlagen	LB 049	Feuerlöschanlagen, Feuerlöschgeräte
LB 012	Mauerarbeiten	LB 050	Blitzschutz- und Erdungsanlagen
LB 013	Beton- und Stahlbetonarbeiten	LB 051	Bauleistungen für Kabelanlagen
LB 014	Naturwerksteinarbeiten, Betonwerksteinarbeiten	LB 052	Mittelspannungsanlagen
		LB 053	Niederspannungsanlagen
LB 016	Zimmer- und Holzbauarbeiten	LB 055	Ersatzstromversorgungsanlagen
LB 017	Stahlbauarbeiten	LB 056	Batterien
LB 018	Abdichtungsarbeiten gegen Wasser	LB 058	Leuchten und Lampen
LB 020	Dachdeckungsarbeiten	LB 059	Notbeleuchtung
LB 021	Dachabdichtungsarbeiten	LB 060	Elektroakustische Anlagen, Sprechanlagen, Personenrufanlagen
LB 022	Klempnerarbeiten		
LB 023	Putz- und Stuckarbeiten	LB 061	Fernmeldeleitungsanlagen
LB 024	Fliesen- und Plattenarbeiten	LB 063	Meldeanlagen
LB 025	Estricharbeiten	LB 069	Aufzüge
LB 027	Tischlerarbeiten	LB 070	Regelung und Steuerung für heiz-, raumluft- und sanitärtechnische Anlagen
LB 028	Parkettarbeiten, Holzpflasterarbeiten		
LB 029	Beschlagarbeiten	LB 071[1]	Gebäudeautomation; Einrichtung und Funktionen
LB 030	Rolladenarbeiten; Rollabschlüsse, Sonnenschutz- und Verdunkelungsanlagen		
		LB 072	Gebäudeautomation; Feldgeräte, Verkabelungen, Schaltschränke
LB 031	Metallbauarbeiten, Schlosserarbeiten		
LB 032	Verglasungsarbeiten	LB 074	Raumlufttechnische Anlagen; Zentralgeräte und deren Bauelemente
LB 033	Gebäudereinigungsarbeiten		
LB 034	Maler- und Lackierarbeiten	LB 075	Raumlufttechnische Anlagen; Luftverteilsysteme und deren Bauelemente
LB 035	Korrosionsschutzarbeiten an Stahl- und Aluminiumbaukonstruktionen		
		LB 076	Raumlufttechnische Anlagen; Einzelgeräte
LB 036	Bodenbelagarbeiten	LB 077	Raumlufttechnische Anlagen; Schutzräume
LB 037	Tapezierarbeiten		
LB 039	Trockenbauarbeiten	LB 078	Raumlufttechnische Anlagen; Kälteanlagen
LB 040	Heizungsanlagen und zentrale Brauchwassererwärmungsanlagen		
		LB 080	Straßen, Wege, Plätze
LB 042	Gas- und Wasser-Installationsarbeiten; Leitungen und Armaturen	LB 081[1]	Betonerhaltung
		LB 099	Allgemeine Standardbeschreibungen

[1] in Vorbereitung

6.2.4 Beispiel für die Anwendung des StLB-Leistungsbereiches 023   439

LB 312	Bauen im Bestand (BiB); Mauerarbeiten	
LB 313	Bauen im Bestand (BiB); Betonarbeiten	
LB 314	Bauen im Bestand (BiB); Naturwerksteinarbeiten	
LB 323	Bauen im Bestand (BiB); Putzinstandsetzung	
LB 382	Bauen im Bestand (BiB); Schutz vorhandener Bausubstanz	
LB 383	Bauen im Bestand (BiB); Entsorgung asbesthaltiger Bauteile	
LB 384	Bauen im Bestand (BiB); Abbruch-, Bohr- und Schneidearbeiten	
LB 385	Bauen im Bestand (BiB); Trockenlegungsarbeiten	
LB 386	Bauen im Bestand (BiB); Hausschornsteine	
LB 482	Bauarbeiten an Bahnübergängen	
LB 486	Bauarbeiten an Gleisen und Weichen	
LB 501	Bauen im Bestand (BiB); Block- und Plattenbau; Wärmedämmverbundsysteme	
LB 502	Bauen im Bestand (BiB); Block- und Plattenbau; Vorgehängte hinterlüftete Fassaden	
LB 503	Bauen im Bestand (BiB); Block- und Plattenbau; Fassadenbeschichtungen/-putz	
LB 504	Bauen im Bestand (BiB); Block- und Plattenbau; Fugeninstandsetzung	
LB 505	Bauen im Bestand (BiB); Block- und Plattenbau; Betonerhaltung	
LB 506	Bauen im Bestand (BiB); Block- und Plattenbau; Balkone, Loggien und Hauseingänge	
LB 510	Bauen im Bestand (BiB); Block- und Plattenbau; Fenster und Außentüren	

6.2.4 Beispiel für die Anwendung des StLB-Leistungsbereiches 023 „Putz- und Stuckarbeiten" (Mrz 1991)

Beispiel Ausschreibung von 200 m² volldeckendem Spritzbewurf, Höhe bis 7,50 m, aus Putzmörtel P III

StL-Nr. 023/013 01 15 02 31, 200 m²
Volldeckender Spritzbewurf,
auf Wände,
Putzhöhe
bis 8 m,
aus Putzmörtel P III,
Putzgrund Mauerwerk,
wenig saugend,
glatt.

6.1
Beispiel einer Standardleistungsbeschreibung

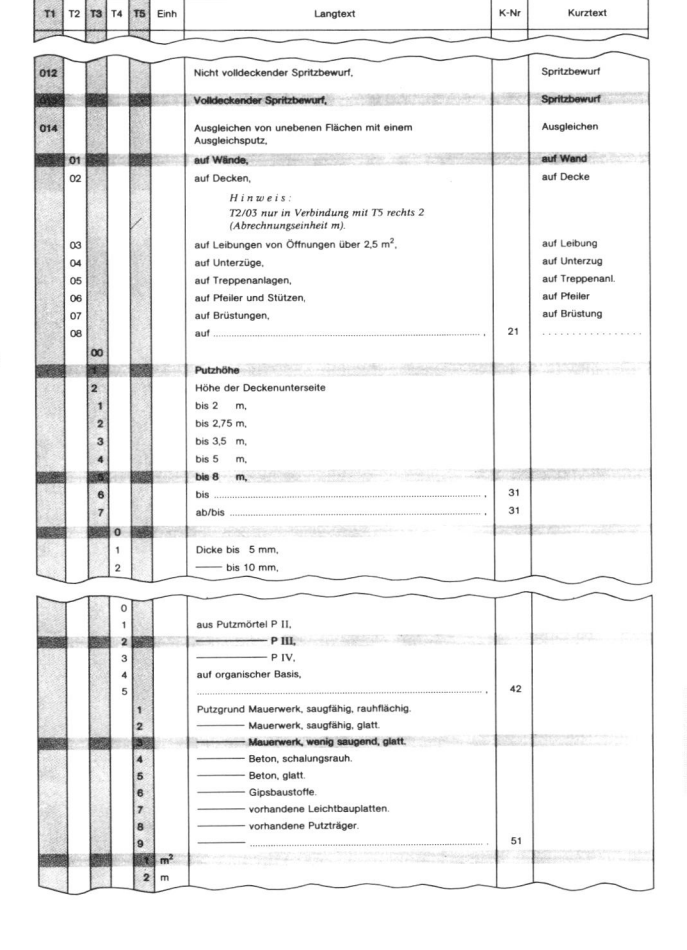

T1	T2	T3	T4	T5	Einh	Langtext	K-Nr	Kurztext
012						Nicht volldeckender Spritzbewurf.		Spritzbewurf
013						**Volldeckender Spritzbewurf,**		**Spritzbewurf**
014						Ausgleichen von unebenen Flächen mit einem Ausgleichsputz.		Ausgleichen
	01					**auf Wände,**		**auf Wand**
	02					auf Decken,		auf Decke
						Hinweis: T2/03 nur in Verbindung mit T5 rechts 2 (Abrechnungseinheit m).		
	03					auf Leibungen von Öffnungen über 2,5 m²,		auf Leibung
	04					auf Unterzüge,		auf Unterzug
	05					auf Treppenanlagen,		auf Treppenanl.
	06					auf Pfeiler und Stützen,		auf Pfeiler
	07					auf Brüstungen,		auf Brüstung
	08					auf	, 21	....
		00				Putzhöhe		
		1				Höhe der Deckenunterseite		
		2				bis 2 m,		
		3				bis 2,75 m,		
		4				bis 3,5 m,		
						bis 5 m,		
		5				**bis 8 m,**		
		6				bis	, 31	
		7				ab/bis	, 31	
			0					
			1			Dicke bis 5 mm,		
			2			bis 10 mm,		
				0				
				1		aus Putzmörtel P II,		
				2		**P III,**		
				3		P IV,		
				4		auf organischer Basis,		
				5			42	
					1	Putzgrund Mauerwerk, saugfähig, rauhflächig.		
					2	Mauerwerk, saugfähig, glatt.		
					3	**Mauerwerk, wenig saugend, glatt.**		
					4	Beton, schalungsrauh.		
					5	Beton, glatt.		
					6	Gipsbaustoffe.		
					7	vorhandene Leichtbauplatten.		
					8	vorhandene Putzträger.		
					9	....	51	
					1 m²			
					2 m			

Anhang 1   Baustoffe

Nachfolgend wird jeweils eine Übersicht über die zu den einzelnen Baustoffen bzw. zur Baustoffgruppe vorhandenen nationalen und Europäischen Normen gegeben.

Die Darstellung konzentriert sich im wesentlichen auf Normen mit Anforderungen an die Eigenschaften der Baustoffe. In einigen Fällen sind Prüfnormen – soweit sie übergreifenden Charakter haben – angegeben.

In diesem Bereich gibt es eine Vielzahl von europäischen Normungsaktivitäten, die aufgrund der EG-Bauproduktenrichtlinie teilweise von der Kommission der EG und der EFTA mandatiert sind. Damit ist zu erwarten, daß in kurzer Zeit eine Vielzahl von Europäischen Normen und Norm-Entwürfen erscheinen wird, die zunächst als Deutsche Norm-Entwürfe mit der Bezeichnung DIN EN und dann nach der Annahme als Europäische Normen als Deutsche Normen – gleichfalls mit der Bezeichnung DIN EN – in das nationale Normenwerk bei gleichzeitiger Zurückziehung der entsprechenden national entgegenstehenden Regeln übernommen werden.

Gerade im Bauwesen kann es möglich sein, daß hier bezüglich der Zurückziehungsverpflichtung der CEN-Mitglieder – also auch des DIN – eine Reihe von Ausnahmen erteilt werden, was auch aufgrund der bisherigen CEN-Regeln schon jetzt im Einzelfall möglich ist. Somit könnte es sich ergeben, daß für gewisse Übergangszeiträume im Deutschen Normenwerk bisher rein nationale Normen beibehalten und bereits Europäische Normen aufgenommen werden.

Naturstein

DIN 482	Straßenbordsteine aus Naturstein
DIN 18502	Pflastersteine; Naturstein
DIN 52098	Prüfung von Gesteinskörnungen; Bestimmung der Korngrößenverteilung durch Siebanalyse
DIN 52099	Prüfung von Gesteinskörnungen; Prüfung auf Reinheit
DIN 52100-2	Naturstein und Gesteinskörnungen; Gesteinskundliche Untersuchungen; Allgemeines und Übersicht
DIN 52103	Prüfung von Naturstein und Gesteinskörnungen; Bestimmung von Wasseraufnahme und Sättigungswert
DIN 52104-1	Prüfung von Naturstein; Frost-Tau-Wechsel-Versuch; Verfahren A bis Q
DIN 52104-2	–; –; Verfahren Z
DIN V 52104-3	Prüfung von Naturstein und Gesteinskörnungen; Frost-Tau-Wechsel-Versuch; Prüfung von Gesteinskörnungen mit Taumitteln
DIN EN 771-6	Festlegungen für Mauersteine; Teil 6: Natursteine (z. Z. Entwurf)

Betonwerkstein

DIN 18178	Haubenkanäle aus Beton und Stahlbeton; Abdeckhauben und Kanalsohle, Maße, Anforderungen, Prüfung
DIN 18500	Betonwerkstein; Begriffe, Anforderungen, Prüfung, Überwachung

Bindemittel

DIN 273-1	Ausgangsstoffe für Magnesiaestriche; Kaustische Magnesia
DIN 273-2	–; Magnesiumchlorid
DIN 1060-1	Baukalk; Begriffe, Anforderungen, Lieferung, Überwachung
DIN 1060-2	–; Chemische Analysenverfahren
DIN 1060-3	–; Physikalische Prüfverfahren
DIN 1060-101	–; Definitionen, Anforderungen und Konformitätskriterien (Vorschlag für eine Europäische Norm) (z. Z. Entwurf)
DIN 1060-102	–; Prüfverfahren (Vorschlag für eine Europäische Norm) (z. Z. Entwurf)
DIN 1164-1	Portland-, Eisenportland-, Hochofen- und Traßzement; Begriffe, Bestandteile, Anforderungen, Lieferung
DIN 1164-1	Zement; Zusammensetzung, Anforderungen (z. Z. Entwurf)
DIN 1164-2	Portland-, Eisenportland-, Hochofen- und Traßzement; Überwachung (Güteüberwachung)

DIN 1164-100	Zement; Portlandölschieferzement; Anforderungen, Prüfungen, Überwachung
DIN 1168-1	Baugipse; Begriff, Sorten und Verwendung; Lieferung und Kennzeichnung
DIN 1168-2	–; Anforderungen, Prüfung, Überwachung
DIN 4208	Anhydritbinder
DIN 4211	Putz- und Mauerbinder; Begriff, Anforderungen, Prüfungen, Überwachung
DIN 4211-101	–; Zusammensetzung, Anforderungen und Konformitätskriterien; (z. Z. Entwurf)
DIN 4211-102	–; Prüfverfahren (z. Z. Entwurf)
DIN 18506	Hydraulische Bindemittel für Tragschichten, Bodenverfestigungen und Bodenverbesserungen; Hydraulische Tragschichtbinder
DIN 51043	Traß; Anforderungen, Prüfung
DIN EN 196-1	Prüfverfahren für Zement; Bestimmung der Festigkeit; Deutsche Fassung EN 196-1:1987 (Stand 1989)
DIN V ENV 197-1	Zement; Zusammensetzung, Anforderungen und Konformitätskriterien; Teil 1: Allgemein gebräuchlicher Zement (z. Z. Vornorm)

Mörtel und Beton

DIN 1048-1	Prüfverfahren für Beton; Frischbeton
DIN 1048-2	–; Festbeton in Bauwerken und Bauteilen
DIN 1048-4	–; Bestimmung der Druckfestigkeit von Festbeton in Bauwerken und Bauteilen; Anwendung von Bezugsgeraden und Auswertung mit besonderen Verfahren
DIN 1048-5	–; Festbeton, gesondert hergestellte Probekörper
DIN 1084-1	Überwachung (Güteüberwachung) im Beton- und Stahlbetonbau; Beton B II auf Baustellen
DIN 1084-3	–; Transportbeton
DIN 4030-1	Beurteilung betonangreifender Wässer, Böden und Gase; Grundlagen und Grenzwerte
DIN 4030-2	–; Entnahme und Analyse von Wasser- und Bodenproben
DIN 4164	Gas- und Schaumbeton; Herstellung, Verwendung und Prüfung, Richtlinien
DIN 4226-1	Zuschlag für Beton; Zuschlag mit dichtem Gefüge; Begriffe, Bezeichnung und Anforderungen
DIN 4226-2	–; Zuschlag mit porigem Gefüge (Leichtzuschlag); Begriffe, Bezeichnung und Anforderungen
DIN 4226-3	–; Prüfung von Zuschlag mit dichtem oder porigem Gefüge
DIN 4226-4	–; Überwachung (Güteüberwachung)
DIN 4281	Beton für Entwässerungsgegenstände; Herstellung, Anforderungen und Prüfungen
DIN 18157-1	Ausführung keramischer Bekleidungen im Dünnbettverfahren; Hydraulisch erhärtende Dünnbettmörtel
DIN 18218	Frischbetondruck auf lotrechte Schalungen
DIN 18551	Spritzbeton; Herstellung und Güteüberwachung
DIN 18557	Werkmörtel; Herstellung, Überwachung und Lieferung
DIN 18999-1	Betontechnik; Flugasche für Beton; Definitionen, Anforderungen und Güteüberwachung (Vorschlag für eine Europäische Norm) (z. Z. Entwurf)
DIN 18999-13	–; Zusatzmittel für Beton, Mörtel und Einpreßmörtel; Betonzusatzmittel; Definitionen, Spezifizierungen und Konformitätskriterien (Vorschlag für eine Europäische Norm) (z. Z. Entwurf)
DIN 18999-14	–; Zugabewasser für Beton; Anforderungen und Prüfungen (Vorschlag für eine Europäische Norm) (z. Z. Entwurf)
DIN 25413-1	Klassifikation von Abschirmbetonen nach Elementanteilen; Abschirmung von Neutronenstrahlung
DIN 25413-2	–; Abschirmung von Gammastrahlung
DIN 52170-1	Bestimmung der Zusammensetzung von erhärtetem Beton; Allgemeines, Begriffe, Probenahme, Trockenrohdichte
DIN 52171	Bestimmung der Zusammensetzung von Frischbeton (z. Z. Entwurf)
DIN 52449-1	Bestimmung des Mischungsverhältnisses von kalkhaltigem Mörtel im unverarbeiteten Zustand; Allgemeines, Begriffe, Probenahme, Kenngrößen
DIN V ENV 206	Beton; Eigenschaften, Herstellung, Verarbeitung und Gütenachweis
DIN EN 480-1	Zusatzmittel für Beton, Mörtel und Einpreßmörtel; Prüfverfahren; Teil 1: Referenzbeton und Referenzmörtel für Prüfungen (z. Z. Entwurf)
DIN EN 992	Bestimmung der Maße vorgefertigter bewehrter Bauteile aus dampfgehärtetem Porenbeton oder haufwerksporigem Leichtbeton (z. Z. Entwurf)

DIN EN 998-1	Bestimmungen für Mörtel im Mauerwerksbau; Teil 1: Putzmörtel mit mineralischen Bindemitteln (z. Z. Entwurf)
DIN EN 998-2	Festlegungen für Mörtel für Mauerwerk; Teil 2: Mauermörtel (z. Z. Entwurf)
DIN ISO 4109	Frischbeton; Bestimmung der Konsistenz; Setzversuch
DIN ISO 4110	Frischbeton; Bestimmung der Konsistenz; Vebe-Test (Setzzeitversuch)

Mauersteine

DIN 105-1	Mauerziegel; Vollziegel und Hochlochziegel
DIN 105-2	–; Leichthochlochziegel
DIN 105-3	–; Hochfeste Ziegel und hochfeste Klinker
DIN 105-4	–; Keramikklinker
DIN 105-5	–; Leichtlanglochziegel und Leichtlangloch-Ziegelplatten
DIN 106-1	Kalksandsteine; Vollsteine, Lochsteine, Blocksteine, Hohlblocksteine
DIN 106 A1	–; Vollsteine, Lochsteine, Blocksteine, Hohlblocksteine; Änderung 1 (z. Z. Entwurf)
DIN 106-2	–; Vormauersteine und Verblender
DIN 398	Hüttensteine; Vollsteine, Lochsteine, Hohlblocksteine
DIN 4165	Gasbeton-Blocksteine und Gasbeton-Plansteine
DIN 4166	Gasbeton-Bauplatten und Gasbeton-Planbauplatten
DIN 18151	Hohlblöcke aus Leichtbeton
DIN 18152	Vollsteine und Vollblöcke aus Leichtbeton
DIN 18153	Mauersteine aus Beton (Normalbeton)
DIN 52617	Bestimmung des Wasseraufnahmekoeffizienten von Baustoffen
DIN EN 678	Bestimmung der Trockenrohdichte von dampfgehärtetem Porenbeton
DIN EN 679	Bestimmung der Druckfestigkeit von dampfgehärtetem Porenbeton (z. Z. Entwurf)
DIN EN 680	Bestimmung des Schwindens von dampfgehärtetem Porenbeton (z. Z. Entwurf)
DIN EN 771-1	Festlegungen für Mauersteine; Teil 1: Mauerziegel (z. Z. Entwurf)
DIN EN 771-2	–; Teil 2: Kalksandsteine (z. Z. Entwurf)
DIN EN 771-3	–; Teil 3: Mauersteine aus Beton (dichte und porige Zuschläge) (z. Z. Entwurf)
DIN EN 771-4	–; Teil 4: Porenbetonsteine (z. Z. Entwurf)
DIN EN 771-5	–; Teil 5: Betonwerksteine (z. Z. Entwurf)
DIN EN 771-6	–; Teil 6: Natursteine (z. Z. Entwurf)

Schornsteinbaustoffe

DIN 1057-1	Baustoffe für freistehende Schornsteine; Radialziegel; Anforderungen, Prüfung, Überwachung
DIN 1057-2	–; Formsteine für das Futter; Anforderungen, Prüfung, Überwachung
DIN 1057-3	–; Säurebeständige Wasserglaskitte; Anforderungen, Prüfung, Überwachung
DIN 18147-1	Baustoffe und Bauteile für dreischalige Hausschornsteine; Beschreibung, Prüfung und Registrierung von Schornsteinsystemen
DIN 18147-2	–; Formstücke aus Leichtbeton für die Außenschale; Anforderungen und Prüfungen
DIN 18147-3	–; Formstücke aus Leichtbeton für die Innenschale; Anforderungen und Prüfungen
DIN 18147-4	–; Formstücke aus Schamotte für die Innenschale; Anforderungen und Prüfungen
DIN 18147-5	–; Dämmstoffe; Anforderungen und Prüfungen
DIN 18150-1	Baustoffe und Bauteile für Hausschornsteine; Formstücke aus Leichtbeton, Einschalige Schornsteine, Anforderungen
DIN 18150-2	–; –; –; Prüfung und Überwachung

Unterböden und Bodenbeläge

DIN 273-1	Ausgangsstoffe für Magnesiaestriche; Kaustische Magnesia
DIN 273-2	–; Magnesiumchlorid
DIN 1100	Hartstoffe für zementgebundene Hartstoffestriche
DIN 16850	Bodenbeläge; Homogene und heterogene Elastomer-Beläge, Anforderungen, Prüfung
DIN 16850	Bodenbeläge; Homogene und heterogene Elastomer-Beläge; Anforderungen, Prüfung (z. Z. Entwurf)

DIN 16851	Bodenbeläge; Elastomer-Beläge mit Unterschicht aus Schaumstoff, Anforderungen, Prüfung
DIN 16851	Bodenbeläge; Elastomer-Beläge mit Unterschicht aus Schaumstoff; Anforderungen, Prüfung (z. Z. Entwurf)
DIN 16852	Bodenbeläge; Elastomer-Beläge mit profilierter Oberfläche, Anforderungen, Prüfung
DIN 16852	Bodenbeläge; Elastomer-Beläge mit profilierter Oberfläche; Anforderungen, Prüfung (z. Z. Entwurf)
DIN 16950	Bodenbeläge; Vinyl-Asbest-Platten, Anforderungen, Prüfung
DIN 16950	Bodenbeläge, Flex-Platten; Anforderungen, Prüfung (z. Z. Entwurf)
DIN 16951	Bodenbeläge; Polyvinylchlorid(PVC)-Beläge ohne Träger, Anforderungen, Prüfung
DIN 16952-1	Bodenbeläge; Polyvinylchlorid(PVC)-Beläge mit Träger, PVC-Beläge mit genadeltem Jutefilz als Träger, Anforderungen, Prüfung
DIN 16952-2	–; –; PVC-Beläge mit Korkment als Träger, Anforderungen, Prüfung
DIN 16952-3	–; –; PVC-Beläge mit Unterschicht aus PVC-Schaumstoff, Anforderungen, Prüfung
DIN 16952-4	–; –; PVC-Beläge mit Synthesefaser-Vliesstoff als Träger, Anforderungen, Prüfung
DIN 16952-5	–; –; PVC-Schaumbeläge mit strukturierter Oberfläche und heterogenem Aufbau, Anforderungen, Prüfung
DIN 18171	Bodenbeläge; Linoleum, Anforderungen, Prüfung
DIN 18173	Bodenbeläge; Linoleum-Verbundbelag, Anforderungen, Prüfung
DIN 18908	Fußböden für Stallanlagen; Spaltenböden aus Stahlbetonfertigteilen oder aus Holz; Maße, Lastannahmen, Bemessung, Einbau
DIN 68771	Unterböden aus Holzspanplatten
DIN EN 548	Bodenbeläge aus Linoleum; Spezifikation für Linoleum mit und ohne Dekoration (z. Z. Entwurf)

Dachsteine, -ziegel und -platten

DIN 456	Dachziegel; Anforderungen, Prüfung, Überwachung
DIN 456 A1	–; –; Änderung 1 (z. Z. Entwurf)
DIN 1115	Dachsteine aus Beton; Anforderungen, Prüfung, Überwachung
DIN 4223	Bewehrte Dach- und Deckenplatten aus dampfgehärtetem Gas- und Schaumbeton; Richtlinien für Bemessung, Herstellung, Verwendung und Prüfung
DIN 52617	Bestimmung des Wasseraufnahmekoeffizienten von Baustoffen
DIN EN 490	Dach- und Formsteine aus Beton; Produktanforderungen (z. Z. Entwurf)
DIN EN 491	Dach- und Formsteine aus Beton; Prüfungen (z. Z. Entwurf)
DIN EN 492	Faserzement-Dachplatten und dazugehörige Formteile für Dächer (z. Z. Entwurf)
DIN EN 494	Faserzement-Wellplatten und dazugehörige Formteile für Dächer; Produktspezifikation (z. Z. Entwurf)
DIN EN 501	Dachdeckungsprodukte aus Metallblech; Normspezifikation für vollflächig unterstützte Bedachungselemente aus Zinkblech (z. Z. Entwurf)
DIN EN 502	Dachdeckungsprodukte aus Metallblech; Normspezifikation für vollflächig unterstützte Bedachungselemente aus nichtrostendem Stahl (z. Z. Entwurf)
DIN EN 503	Dachdeckungsprodukte aus Metallblech; Normspezifikation für vollflächig unterstützte (aufliegende) Bedachungselemente aus Bleiblech (z. Z. Entwurf)
DIN EN 504	Dachdeckungsprodukte aus Metallblech; Normspezifikation für diskontinuierlich verlegte, vollflächig unterstützte aufgelagerte Bedachungselemente aus Kupferblech (z. Z. Entwurf)
DIN EN 505	Dachdeckungsprodukte aus Metallblech; Normspezifikation für diskontinuierlich verlegte, vollflächig unterstützte Bedachungselemente aus Stahlblech (z. Z. Entwurf)
DIN EN 506	Dachdeckungsprodukte aus Metallblech; Normspezifikation für diskontinuierlich verlegte, selbsttragende Bedachungselemente aus Kupfer- und Zink-Kupfer-Titanblech (Titanzink) (z. Z. Entwurf)
DIN EN 507	Dachdeckungsprodukte aus Metallblech; Normspezifikation für diskontinuierlich verlegte, vollflächig unterstützte Bedachungselemente aus Aluminiumblech (z. Z. Entwurf)
DIN EN 508-1	Dachdeckungsprodukte aus Metallblech; Normspezifikation für selbsttragende Bedachungselemente aus Stahlblech, Aluminiumblech oder nichtrostendem Stahlblech; Teil 1: Stahl (z. Z. Entwurf)

DIN EN 508-2	–; –; Teil 2: Aluminium (z. Z. Entwurf)
DIN EN 508-3	–; –; Teil 3: Nichtrostender Stahl (z. Z. Entwurf)
DIN EN 516	Vorgefertigte Zubehörteile für Dacheindeckungen; Einrichtungen zum Betreten des Daches (z. Z. Entwurf)
DIN EN 517	Vorgefertigte Zubehörteile für Dacheindeckungen; Sicherheitsdachhaken (z. Z. Entwurf)

Wand-, Wandbau- und Deckenplatten, Wandbekleidungen

DIN 278	Tonhohlplatten (Hourdis) und Hohlziegel, statisch beansprucht
DIN 4028	Stahlbetondielen aus Leichtbeton mit haufwerksporigem Gefüge; Anforderungen, Prüfung, Bemessung, Ausführung, Einbau
DIN 4158	Zwischenbauteile aus Beton, für Stahlbeton- und Spannbetondecken
DIN 4159	Ziegel für Decken und Wandtafeln, statisch mitwirkend
DIN 4160	Ziegel für Decken, statisch nicht mitwirkend
DIN 4166	Gasbeton-Bauplatten und Gasbeton-Planbauplatten
DIN 4223	Bewehrte Dach- und Deckenplatten aus dampfgehärtetem Gas- und Schaumbeton; Richtlinien für Bemessung, Herstellung, Verwendung und Prüfung
DIN 18148	Hohlwandplatten aus Leichtbeton
DIN 18162	Wandbauplatten aus Leichtbeton, unbewehrt
DIN 18163	Wandbauplatten aus Gips; Eigenschaften, Anforderungen, Prüfung
DIN 18169	Deckenplatten aus Gips; Platten mit rückseitigem Randwulst
DIN 18180	Gipskartonplatten; Arten, Anforderungen, Prüfung
DIN 18181	Gipskartonplatten im Hochbau; Grundlagen für die Verarbeitung
DIN 18182-1	Zubehör für die Verarbeitung von Gipskartonplatten; Profile aus Stahlblech
DIN 18182-2	–; Schnellbauschrauben
DIN 18182-3	–; Klammern
DIN 18182-4	–; Nägel
DIN 18183	Montagewände aus Gipskartonplatten; Ausführung von Metallständerwänden
DIN 18184	Gipskarton-Verbundplatten mit Polystyrol- oder Polyurethan-Hartschaum als Dämmstoff
DIN 18515-1	Außenwandbekleidungen; Angemörtelte Fliesen oder Platten; Grundsätze für Planung und Ausführung
DIN 18515-2	–; Anmauerung auf Aufstandsflächen; Grundsätze für Planung und Ausführung
DIN 18516-1	–; hinterlüftet; Anforderungen, Prüfgrundsätze
DIN 18516-3	–; Naturwerkstein; Anforderungen, Bemessung
DIN 18516-4	–; Einscheiben-Sicherheitsglas; Anforderungen, Bemessung, Prüfung
DIN EN 233	Wandbekleidungen in Rollen; Festlegungen für fertige Papier-, Vinyl- und Kunststoffwandbekleidungen
DIN EN 234	Wandbekleidungen in Rollen; Festlegungen für Wandbekleidungen für nachträgliche Behandlung
DIN EN 235	Wandbekleidungen in Rollen; Begriffe und Symbole,
DIN EN 259	Wandbekleidungen in Rollen; Festlegungen für hoch beanspruchbare Wandbekleidungen
DIN EN 266	Wandbekleidungen in Rollen; Festlegungen für Textilwandbekleidungen
DIN EN 1168	Vorgespannte vorgefertigte Hohlplattendecken (z. Z. Entwurf)

Keramische Fliesen und Platten

DIN 18156-1	Stoffe für keramische Bekleidungen im Dünnbettverfahren; Begriffe und Grundlagen
DIN 18156-2	–; Hydraulisch erhärtende Dünnbettmörtel
DIN 18156-3	–; Dispersionsklebstoffe
DIN 18156-4	–; Epoxidharzklebstoffe
DIN 18157-1	Ausführung keramischer Bekleidungen im Dünnbettverfahren; Hydraulisch erhärtende Dünnbettmörtel
DIN 18157-2	–; Dispersionsklebstoffe
DIN 18157-3	–; Epoxidharzklebstoffe
DIN 18158	Bodenklinkerplatten

Anhang 1 Baustoffe 445

DIN 51097	Prüfung von Bodenbelägen; Bestimmung der rutschhemmenden Eigenschaft; Naßbelastete Barfußbereiche; Begehungsverfahren; Schiefe Ebene
DIN EN 87	Keramische Fliesen und Platten für Bodenbeläge und Wandbekleidungen; Begriffe, Klassifizierung, Anforderungen und Kennzeichnung
DIN EN 159	Trockengepreßte keramische Fliesen und Platten mit hoher Wasseraufnahme $E > 10\%$; Gruppe BIII
DIN EN 163	Keramische Fliesen und Platten; Probenahme und Grundlagen für die Annahme
DIN EN 176	Trockengepreßte keramische Fliesen und Platten mit niedriger Wasseraufnahme $E \leq 3\%$; Gruppe BI
DIN EN 177	Trockengepreßte keramische Fliesen und Platten mit einer Wasseraufnahme $3\% < E \leq 6\%$; Gruppe BIIa
DIN EN 178	Trockengepreßte keramische Fliesen und Platten mit einer Wasseraufnahme $6\% < E \leq 10\%$; Gruppe BIIb
DIN EN 186-1	Keramische Fliesen und Platten; Stranggepreßte keramische Fliesen und Platten mit einer Wasseraufnahme von $3\% < E \leq 6\%$ (Gruppe AIIa); Teil 1
DIN EN 186-2	–; Stranggepreßte keramische Fliesen und Platten mit einer Wasseraufnahme von $3\% < E \leq 6\%$ (Gruppe AIIa); Teil 2
DIN EN 187-1	Keramische Fliesen und Platten; Stranggepreßte keramische Fliesen und Platten mit einer Wasseraufnahme von $6\% < E \leq 10\%$ (Gruppe AIIb); Teil 1
DIN EN 187-2	–; Stranggepreßte keramische Fliesen und Platten mit einer Wasseraufnahme von $6\% < E \leq 10\%$ (Gruppe AIIb); Teil 2
DIN EN 188	Keramische Fliesen und Platten; Stranggepreßte keramische Fliesen und Platten mit einer Wasseraufnahme von $E > 10\%$ (Gruppe AIII)
DIN EN 202	Keramische Fliesen und Platten; Bestimmung der Frostbeständigkeit

Bauglas, Glasbausteine

DIN 1249-1	Flachglas im Bauwesen; Fensterglas; Begriff, Maße
DIN 1249-3	–; Spiegelglas; Begriff, Maße
DIN 1249-4	–; Gußglas; Begriff, Maße
DIN 1249-5	–; Profilbauglas; Begriff, Maße
DIN 1249-10	–; Chemische und physikalische Eigenschaften
DIN 1249-11	–; Glaskanten; Begriff, Kantenformen und Ausführung
DIN 1249-12	–; Einscheiben-Sicherheitsglas; Begriff, Maße, Bearbeitung, Anforderungen
DIN 4243	Betongläser; Anforderungen, Prüfung
DIN 11525	Gartenbauglas; Gartenblankglas, Gartenklarglas
DIN 18175	Glasbausteine; Anforderungen, Prüfung
DIN 52290-1	Angriffhemmende Verglasungen; Begriffe
DIN 52290-2	–; Prüfung auf durchschußhemmende Eigenschaft und Klasseneinteilung
DIN 52290-3	–; Prüfung auf durchbruchhemmende Eigenschaft gegen Angriff mit schneidfähigem Schlagwerkzeug und Klasseneinteilung
DIN 52290-4	–; Prüfung auf durchwurfhemmende Eigenschaften und Klasseneinteilung
DIN 52290-5	–; Prüfung auf sprengwirkungshemmende Eigenschaft und Klasseneinteilung
DIN 52619-2	Wärmeschutztechnische Prüfungen; Bestimmung des Wärmedurchlaßwiderstandes und Wärmedurchgangskoeffizienten von Fenstern; Messung an der Verglasung
DIN 52620	Wärmeschutztechnische Prüfungen; Bestimmung des Bezugsfeuchtegehalts von Baustoffen; Ausgleichsfeuchtegehalt bei 23°C und 80% relative Luftfeuchte
DIN EN 356	Glas im Bauwesen; Prüfverfahren und Klasseneinteilung für angriffhemmende Verglasungen für das Bauwesen; durchwurfhemmend und durchbruchhemmend (z. Z. Entwurf)
DIN EN 357	Glas im Bauwesen; Verglasungen mit feuerwiderstandsfähigem, durchsichtigem oder durchscheinendem Glas zur Verwendung im Bauwesen (z. Z. Entwurf)
DIN EN 572-1	Glas im Bauwesen; Basis-Glaserzeugnisse; Definitionen und allgemeine physikalische und mechanische Eigenschaften (z. Z. Entwurf)
DIN EN 572-2	–; –; Floatglas (z. Z. Entwurf)
DIN EN 572-3	–; –; Poliertes Drahtglas (z. Z. Entwurf)
DIN EN 572-4	–; –; Gezogenes Flachglas (z. Z. Entwurf)
DIN EN 572-5	–; –; Gußglas (z. Z. Entwurf)
DIN EN 572-6	–; –; Drahtglas (z. Z. Entwurf)
DIN EN 572-7	–; –; Profilbauglas mit oder ohne Drahteinlage (z. Z. Entwurf)

DIN EN 1051	Glassteine und Betongläser (z. Z. Entwurf)
DIN EN 1063	Spezifikation für angriffhemmende Verglasungen; Durchschußhemmende Verglasungen; Klasseneinteilung und Prüfverfahren (z. Z. Entwurf)
DIN EN 1096-1	Beschichtetes Glas für das Bauwesen; Teil 1: Merkmale und Eigenschaften (z. Z. Entwurf)

Baustahl

DIN 488-1	Betonstahl; Sorten, Eigenschaften, Kennzeichen
DIN 488-2	–; Betonstabstahl; Maße und Gewichte
DIN 488-3	–; Betonstabstahl; Prüfungen
DIN 488-4	–; Betonstahlmatten und Bewehrungsdraht; Aufbau, Maße und Gewichte
DIN 488-5	–; Betonstahlmatten und Bewehrungsdraht; Prüfungen
DIN 488-6	–; Überwachung (Güteüberwachung)
DIN 488-7	–; Nachweis der Schweißeignung von Betonstabstahl; Durchführung und Bewertung der Prüfungen
DIN 997	Anreißmaße (Wurzelmaße) für Formstahl und Stabstahl
DIN 998	Lochabstände in ungleichschenkligen Winkelstählen
DIN 999	Lochabstände in gleichschenkligen Winkelstählen
DIN 4099	Schweißen von Betonstahl; Ausführung und Prüfung
DIN EN 10025	Warmgewalzte Erzeugnisse aus unlegierten Baustählen; Technische Lieferbedingungen;
DIN EN 10080	Betonbewehrungsstahl; Schweißgeeigneter gerippter Betonstahl B 500; Technische Lieferbedingungen für Stäbe, Ringe und geschweißte Matten (z. Z. Entwurf)

Holz, Sperrholz, Parkett

DIN 280-1	Parkett; Parkettstäbe, Parkettriemen und Tafeln für Tafelparkett
DIN 280-2	–; Mosaikparkettlamellen
DIN 280-5	–; Fertigparkett-Elemente
DIN 4070-1	Nadelholz; Querschnittsmaße und statische Werte für Schnittholz, Vorratskantholz und Dachlatten
DIN 4070-2	–; Querschnittsmaße und statische Werte, Dimensions- und Listenware
DIN 4071-1	Ungehobelte Bretter und Bohlen aus Nadelholz; Maße
DIN 4073-1	Gehobelte Bretter und Bohlen aus Nadelholz; Maße
DIN 4074-1	Sortierung von Nadelholz nach der Tragfähigkeit; Nadelschnittholz
DIN 4074-2	Bauholz für Holzbauteile; Gütebedingungen für Baurundholz (Nadelholz)
DIN 68121-1	Holzprofile für Fenster und Fenstertüren; Maße, Qualitätsanforderungen
DIN 68121-2	–; Allgemeine Grundsätze
DIN 68256	Gütemerkmale von Schnittholz; Begriffe
DIN 68283	Parkett-Rohfriesen aus Eiche und Rotbuche
DIN 68360-1	Holz für Tischlerarbeiten; Gütebedingungen bei Außenanwendung
DIN 68360-2	–; Gütebedingungen bei Innenanwendung
DIN 68362	Holz für Leitern; Gütebedingungen
DIN 68365	Bauholz für Zimmerarbeiten; Gütebedingungen
DIN 68368	Laubschnittholz für Treppenbau; Gütebedingungen
DIN 68701	Holzpflaster GE für gewerbliche und industrielle Zwecke
DIN 68702	Holzpflaster RE für Räume in Versammlungsstätten, Schulen, Wohnungen (RE–V), für Werkräume im Ausbildungsbereich (RE–W) und ähnliche Anwendungsbereiche
DIN 68705-2	Sperrholz; Sperrholz für allgemeine Zwecke
DIN 68705-3	–; Bau-Furniersperrholz
DIN 68705-4	–; Bau-Stabsperrholz, Bau-Stäbchensperrholz
DIN 68705-5	–; Bau-Furniersperrholz aus Buche
DIN 68705-5 Bbl 1	Bau-Furniersperrholz aus Buche; Zusammenhänge zwischen Plattenaufbau, elastischen Eigenschaften und Festigkeiten
DIN EN 336	Bauholz aus Nadelhölzern und Pappelholz; Maße; Zulässige Abweichungen und Vorzugsmaße (z. Z. Entwurf)
DIN EN 338	Bauholz; Festigkeitsklassen (z. Z. Entwurf)
DIN EN 384	Bauholz; Bestimmung charakteristischer Festigkeits-, Steifigkeits- und Rohdichtewerte (z. Z. Entwurf)

Anhang 1 Baustoffe 447

DIN EN 385	Keilzinkenverbindung in Bauholz (z. Z. Entwurf)
DIN EN 386	Brettschichtholz; Anforderungen an die Herstellung (z. Z. Entwurf)
DIN EN 387	Brettschichtholz; Herstellungsanforderungen für Universal-Keilzinkenverbindungen (z. Z. Entwurf)
DIN EN 390	Brettschichtholz; Maße; zulässige Abweichungen (z. Z. Entwurf)
DIN EN 391	Brettschichtholz; Delaminierungsprüfung von Leimfugen (z. Z. Entwurf)
DIN EN 392	Brettschichtholz; Scherprüfung der Leimfugen (z. Z. Entwurf)
DIN EN 518	Bauholz für tragende Zwecke; Sortierung; Anforderungen an Normen über visuelle Sortierung nach der Festigkeit (z. Z. Entwurf)
DIN EN 519	Bauholz für tragende Zwecke; Sortierung; Anforderungen an maschinell nach der Festigkeit sortiertes Bauholz und an Sortiermaschinen (z. Z. Entwurf)

Spanplatten, Faserplatten und holzhaltige Baustoffe

DIN 1101	Holzwolle-Leichtbauplatten und Mehrschicht-Leichtbauplatten als Dämmstoffe für das Bauwesen; Anforderungen, Prüfung
DIN 1102	Holzwolle-Leichtbauplatten und Mehrschicht-Leichtbauplatten nach DIN 1101 als Dämmstoffe für das Bauwesen; Verwendung, Verarbeitung
DIN 68754-1	Harte und mittelharte Holzfaserplatten für das Bauwesen; Holzwerkstoffklasse 20
DIN 68755	Holzfaserdämmplatten für das Bauwesen; Begriff, Anforderungen, Prüfung, Überwachung
DIN 68761-1	Spanplatten; Flachpreßplatten für allgemeine Zwecke; FPY-Platte
DIN 68761-4	Spanplatten; Flachpreßplatten für allgemeine Zwecke; FPO-Platte
DIN 68762	Spanplatten für Sonderzwecke im Bauwesen; Begriffe, Anforderungen, Prüfung
DIN 68763	Spanplatten; Flachpreßplatten für das Bauwesen; Begriffe, Anforderungen, Prüfung, Überwachung
DIN 68764-1	Spanplatten; Strangpreßplatten für das Bauwesen; Begriffe, Eigenschaften, Prüfung, Überwachung
DIN 68764-2	–; –; Beplankte Strangpreßplatten für die Tafelbauart
DIN 68765	Spanplatten; Kunststoffbeschichtete dekorative Flachpreßplatten; Begriff; Anforderungen
DIN 68771	Unterböden aus Holzspanplatten
DIN EN 312-5	Spanplatten; Anforderungen; Teil 5: Anforderungen an Platten für tragende Zwecke zur Verwendung im Feuchtbereich (z. Z. Entwurf)
DIN EN 312-6	–; –; Teil 6: Anforderungen an hochbelastbare Platten zur Verwendung für tragende Zwecke im Trockenbereich (z. Z. Entwurf)
DIN EN 312-7	–; –; Teil 7: Anforderungen an hochbelastbare Platten für tragende Zwecke zur Verwendung im Feuchtbereich (z. Z. Entwurf)
DIN EN 622-3	Faserplatten; Anforderungen; Teil 3: Anforderungen an Platten für tragende Zwecke zur Verwendung im Trockenbereich (z. Z. Entwurf)
DIN EN 622-5	–; –; Teil 5: Anforderungen an Platten für tragende Zwecke zur Verwendung im Feuchtbereich (z. Z. Entwurf)

Dämmstoffe

DIN 1101	Holzwolle-Leichtbauplatten und Mehrschicht-Leichtbauplatten als Dämmstoffe für das Bauwesen; Anforderungen, Prüfung
DIN 1102	Holzwolle-Leichtbauplatten und Mehrschicht-Leichtbauplatten nach DIN 1101 als Dämmstoffe für das Bauwesen; Verwendung, Verarbeitung
DIN 18159-1	Schaumkunststoffe als Ortschäume im Bauwesen; Polyurethan-Ortschaum für die Wärme- und Kältedämmung; Anwendung, Eigenschaften, Ausführung, Prüfung
DIN 18159-2	–; Harnstoff-Formaldehydharz-Ortschaum für die Wärmedämmung; Anwendung, Eigenschaften, Ausführung, Prüfung
DIN 18161-1	Korkerzeugnisse als Dämmstoffe für das Bauwesen; Dämmstoffe für die Wärmedämmung
DIN 18164-1	Schaumkunststoffe als Dämmstoffe für das Bauwesen; Dämmstoffe für die Wärmedämmung
DIN 18164-2	–; Dämmstoffe für die Trittschalldämmung; Polystyrol-Partikelschaumstoffe
DIN 18165-1	Faserdämmstoffe für das Bauwesen; Dämmstoffe für die Wärmedämmung
DIN 18165-2	–; Dämmstoffe für die Trittschalldämmung

DIN 18174	Schaumglas als Dämmstoff für das Bauwesen; Dämmstoffe für die Wärmedämmung
DIN 52270	Prüfung von Mineralwolle-Dämmstoffen; Begriffe, Lieferformen, Lieferarten (z. Z. Entwurf)
DIN 52620	Wärmeschutztechnische Prüfungen; Bestimmung des Bezugsfeuchtegehalts von Baustoffen; Ausgleichsfeuchtegehalt bei 23 °C und 80% relative Luftfeuchte

Dach- und Dichtungsbahnen

DIN 16726	Kunststoff-Dachbahnen; Kunststoff-Dichtungsbahnen; Prüfungen
DIN 16729	Kunststoff-Dachbahnen und Kunststoff-Dichtungsbahnen aus Ethylencopolymerisat-Bitumen (ECB); Anforderungen
DIN 16730	Kunststoff-Dachbahnen aus weichmacherhaltigem Polyvinylchlorid (PVC-P) nicht bitumenverträglich; Anforderungen
DIN 16731	Kunststoff-Dachbahnen aus Polyisobutylen (PIB), einseitig kaschiert; Anforderungen
DIN 16734	Kunststoff-Dachbahnen aus weichmacherhaltigem Polyvinylchlorid (PVC-P) mit Verstärkung aus synthetischen Fasern, nicht bitumenverträglich; Anforderungen
DIN 16735	Kunststoff-Dachbahnen aus weichmacherhaltigem Polyvinylchlorid (PVC-P) mit einer Glasvlieseinlage, nicht bitumenverträglich; Anforderungen
DIN 16736	Kunststoff-Dachbahnen und Kunststoff-Dichtungsbahnen aus chloriertem Polyethylen (PE-C), einseitig kaschiert; Anforderungen
DIN 16737	Kunststoff-Dachbahnen und Kunststoff-Dichtungsbahnen aus chloriertem Polyethylen (PE-C), mit einer Gewebeeinlage; Anforderungen
DIN 16738	Kunststoff-Dichtungsbahnen aus Polyethylen hoher Dichte (PE-HD); Anforderungen (z. Z. Entwurf)
DIN 16935	Kunststoff-Dichtungsbahnen aus Polyisobutylen (PIB); Anforderungen
DIN 16937	Kunststoff-Dichtungsbahnen aus weichmacherhaltigem Polyvinylchlorid (PVC-P), bitumenverträglich; Anforderungen
DIN 16938	Kunststoff-Dichtungsbahnen aus weichmacherhaltigem Polyvinylchlorid (PVC-P), nicht bitumenverträglich; Anforderungen
DIN 18190-4	Dichtungsbahnen für Bauwerksabdichtungen; Dichtungsbahnen mit Metallbandeinlage; Begriff, Bezeichnung, Anforderungen
DIN 18191	Textilglasgewebe als Einlage für bituminöse Bahnen
DIN 18192	Verfestigtes Polyestervlies als Einlage für Bitumen- und Polymerbitumenbahnen; Begriff, Bezeichnung, Anforderungen, Prüfung
DIN 52117	Rohfilzpappe; Begriff, Bezeichnung, Anforderungen
DIN 52128	Bitumendachbahnen mit Rohfilzeinlage; Begriff, Bezeichnung, Anforderungen
DIN 52129	Nackte Bitumenbahnen; Begriff, Bezeichnung, Anforderungen
DIN 52130	Bitumen-Dachdichtungsbahnen; Begriffe, Bezeichnung, Anforderungen
DIN 52131	Bitumen-Schweißbahnen; Begriffe, Bezeichnung, Anforderungen
DIN 52132	Polymerbitumen-Dachdichtungsbahnen; Begriffe, Bezeichnung, Anforderungen
DIN 52133	Polymerbitumen-Schweißbahnen; Begriffe, Bezeichnung, Anforderungen
DIN 52141	Glasvlies als Einlage für Dach- und Dichtungsbahnen; Begriff, Bezeichnung, Anforderungen
DIN 52143	Glasvlies-Bitumendachbahnen; Begriffe, Bezeichnung, Anforderungen
DIN EN 534	Bitumen-Wellplatten (z. Z. Entwurf)
DIN EN 544	Bitumenschindeln (z. Z. Entwurf)
DIN EN 1013-1	Profilierte lichtdurchlässige Platten aus Kunststoff für einschalige Dacheindeckungen; Teil 1: Allgemeine Anforderungen und Prüfverfahren (z. Z. Entwurf)

Dachrinnen und Regenfallrohre

DIN 18460	Regenfalleitungen außerhalb von Gebäuden und Dachrinnen; Begriffe, Bemessungsgrundlagen
DIN 18461	Hängedachrinnen, Regenfallrohre außerhalb von Gebäuden und Zubehörteile aus Metall; Maße, Werkstoffe
DIN 18462	Rohrbögen für kreisförmige Regenfallrohre; Prüfung
DIN 18469	Hängedachrinnen aus weichmacherfreiem Polyvinylchlorid; Anforderungen, Prüfung
DIN EN 607	Hängedachrinnen und Zubehörteile aus PVC-U; Begriffe, Anforderungen und Prüfung (z. Z. Entwurf)
DIN EN 612	Hängedachrinnen und Regenfallrohre aus Metallblech; Begriffe, Einteilung, Anforderungen und Prüfung (z. Z. Entwurf)

Schlösser und Beschläge

DIN 18250-1	Schlösser; Einsteckschlösser für Feuerschutzabschlüsse; Einfallenschloß
DIN 18250-2	–; –; Dreifallenverschluß
DIN 18251	Schlösser; Einsteckschlösser für Türen
DIN 18252	Schließzylinder für Türschlösser; Begriffe, Benennungen
DIN V 18254	Profilzylinder mit Stiftzuhaltungen für Türschlösser; Maße, Werkstoffe, Anforderungen, Prüfungen, Kennzeichnung
DIN 18255	Baubeschläge; Türdrücker, Türschilder und -rosetten; Begriffe, Maße, Anforderungen
DIN 18257	Baubeschläge; Schutzbeschläge; Begriff, Maße, Anforderungen, Prüfungen und Kennzeichnung
DIN 18262	Einstellbares, nicht tragendes Federband für Feuerschutztüren
DIN 18263-1	Türschließer mit hydraulischer Dämpfung; Oben-Türschließer mit Kurbeltrieb und Spiralfeder
DIN 18263-2	–; Oben-Türschließer mit Lineartrieb
DIN 18263-3	–; Boden-Türschließer
DIN 18263-4	–; Türschließer mit Öffnungsautomatik (Drehflügelantrieb)
DIN 18263-5	–; Feststellbare Türschließer mit und ohne Freilauf
DIN 18264	Baubeschläge; Türbänder mit Feder
DIN 18265	Baubeschläge; Pendeltürbänder mit Feder
DIN 18268	Baubeschläge; Türbänder; Bandbezugslinie
DIN 18273	Baubeschläge; Türdrückergarnituren für Feuerschutztüren und Rauchschutztüren; Begriffe, Maße, Anforderungen und Prüfungen
DIN EN 1154	Schlösser und Baubeschläge; Türschließmittel mit kontrolliertem Schließablauf; Anforderungen und Prüfverfahren; (z. Z. Entwurf)
DIN EN 1155	Schlösser und Baubeschläge; Elektrisch betriebene Feststellvorrichtungen; Anforderungen und Prüfverfahren; (z. Z. Entwurf)
DIN EN 1158	Schlösser und Baubeschläge; Schließfolgeregler; Anforderungen und Prüfverfahren (z. Z. Entwurf)

Anhang 2 Objektbereiche

Es gibt einige Objektbereiche für die aus Gründen der Sicherheit, Gesundheit oder Hygiene Normen erarbeitet und Gesetze, Verordnungen sowie Richtlinien erlassen wurden.

Sportstätten

DIN 18032-1	Sporthallen; Hallen für Turnen, Spiele und Mehrzwecknutzung; Grundsätze für Planung und Bau
DIN 18032-2	Sporthallen; Hallen für Turnen und Spiele; Sportböden; Anforderungen, Prüfungen
DIN 18032-4	Sporthallen; Hallen für Turnen, Spiele und Mehrzwecknutzung; Doppelschalige Trennvorhänge
DIN 18032-5	Sporthallen; Hallen für Turnen und Spiele; Ausziehbare Tribünen
DIN 18032-6	Sporthallen; Hallen für Turnen und Spiele; Bauliche Maßnahmen für Einbau und Verankerung von Sportgeräten
DIN 18035-1	Sportplätze; Planung und Maße
DIN 18035-2	Sportplätze; Bewässerung von Rasen- und Tennenflächen
DIN 18035-3	Sportplätze; Entwässerung
DIN 18035-4	Sportplätze; Rasenflächen
DIN 18035-5	Sportplätze; Tennenflächen
DIN 18035-8	Sportplätze; Leichtathletikanlagen
DIN 18036-1	Eissportanlagen; Hallen für den Eissport; Grundlagen für Planung und Bau
DIN 18036-2	Eissportanlagen; Freianlagen für den Eissport mit Kunsteisflächen; Grundlagen für Planung und Bau
DIN 18038	Sporthallen; Squash-Hallen; Grundlagen für Planung und Bau
DIN 67526-1	Sportstättenbeleuchtung; Richtlinien für die Beleuchtung mit künstlichem Licht
DIN 67526-2	Sportstättenbeleuchtung; Beleuchtung für Fernseh- und Filmaufnahmen; Anforderungen
DIN 67526-3	Sportstättenbeleuchtung; Richtlinien für die Beleuchtung mit Tageslicht
DIN 67526-4	Sportstättenbeleuchtung; Richtlinien für die Messung der Beleuchtung

Schulbau

DIN 58125	Schulbau, Bautechnische Anforderungen zur Verhütung von Unfällen

Krankenhäuser

DIN 13080	Gliederung des Krankenhauses in Funktionsbereiche und Funktionsstellen
DIN 13080 Bbl. 1	Gliederung des Krankenhauses in Funktionsbereiche und Funktionsstellen; Hinweise zur Anwendung und Zuordnung
DIN 6844-1	Nuklearmedizinische Betriebe; Regeln für die Errichtung und Ausstattung von Betrieben zur diagnostischen Anwendung von offenen radioaktiven Stoffen
DIN 6844-2	Nuklearmedizinische Betriebe; Regeln für Errichtung und Ausstattung von Betrieben zur therapeutischen Anwendung von offenen radioaktiven Stoffen
DIN 6844-3	Nuklearmedizinische Betriebe; Strahlenschutzberechnungen

Industriebau

DIN 4140-1	Dämmen betriebstechnischer Anlagen; Wärmedämmung
DIN 4140-2	Dämmen betriebstechnischer Anlagen; Kältedämmung
DIN 18225	Industriebau; Verkehrswege in Industriebauten
DIN 18225 Bbl. 1	Industriebau; Verkehrswege in Industriebauten, Vorschriften
DIN V 18230-1	Baulicher Brandschutz im Industriebau; Rechnerisch erforderliche Feuerwiderstandsdauer
DIN V 18230-1 Bbl. 1	Baulicher Brandschutz im Industriebau; Rechnerisch erforderliche Feuerwiderstandsdauer; Abbrandfaktor m und Heizwerte
DIN 18230-2	Baulicher Brandschutz im Industriebau; Ermittlung des Abbrandfaktors m
DIN 18232-1	Baulicher Brandschutz; Rauch- und Wärmeabzugsanlagen; Begriffe und Anwendung
DIN 18232-2	Baulicher Brandschutz im Industriebau; Rauch- und Wärmeabzugsanlagen; Rauchabzüge; Bemessung, Anforderungen und Einbau
DIN 31051	Instandhaltung; Begriffe und Maßnahmen
DIN 31052	Instandhaltung; Inhalt und Aufbau von Instandhaltungsanleitungen
DIN 18232-3	Baulicher Brandschutz im Industriebau; Rauch- und Wärmeabzugsanlagen; Rauchabzüge, Prüfungen
DIN 33403-2	Klima am Arbeitsplatz und in der Arbeitsumgebung; Einfluß des Klimas auf den Wärmehaushalt des Menschen
ArbStättV	Arbeitsstättenverordnung, Verordnung über Arbeitsstätten
ASR 7/1	Arbeitsstättenrichtlinie; Sichtverbindung nach außen
ASR 10/1	Arbeitsstättenrichtlinie; Türen und Tore
ASR 11/1–5	Arbeitsstättenrichtlinie; Kraftbetätigte Türen und Tore
ASR 17/1,2	Arbeitsstättenrichtlinie; Verkehrswege
ASR 25/1	Arbeitsstättenrichtlinie; Sitzgelegenheiten
ASR 29/1–4	Arbeitsstättenrichtlinie; Pausenräume
ASR 31	Arbeitsstättenrichtlinie; Liegeräume
ASR 34/1–5	Arbeitsstättenrichtlinie; Umkleideräume
ASR 35/1–4	Arbeitsstättenrichtlinie; Waschräume
ASR 35/5	Arbeitsstättenrichtlinie; Waschgelegenheiten außerhalb von erforderlichen Waschräumen
ASR 37/1	Arbeitsstättenrichtlinie; Toilettenräume
ASR 38/2	Arbeitsstättenrichtlinie; Sanitätsräume
ASR 39/1,3	Arbeitsstättenrichtlinie; Mittel und Einrichtungen zur Ersten Hilfe

Feuerwehrhäuser

DIN 14090	Flächen für die Feuerwehr auf Grundstücken
DIN 14092-1	Feuerwehrhäuser; Planungsgrundlagen
DIN 14092-2	Feuerwehrhäuser; Tore
DIN 14092-3	Feuerwehrhäuser; Schlauchtrockenturm, Übungswand
DIN 14092-4	Feuerwehrhäuser; Atemschutz-Werkstätten, Planungsgrundlagen
DIN 14092-5	Feuerwehrhäuser; Schutzanzugwerkstätten; Planungsgrundlagen
DIN 14092-6	Feuerwehrhäuser; Schlauchpflegewerkstätten; Planungsgrundlagen

Theatergebäude

DIN 56920-1	Theatertechnik; Begriffe für Theater- und Bühnenarten
DIN 56920-2	Theatertechnik; Begriffe für Theatergebäude

DIN 56920-3	Theatertechnik; Begriffe für bühnentechnische Einrichtungen	
DIN 56920-4	Theatertechnik; Begriffe für beleuchtungstechnische Einrichtungen	
DIN 56920-5	Theatertechnik; Begriffe für elektrische Installationen	
DIN 56920-6	Theatertechnik; Begriffe für Sicherheitseinrichtungen	
DIN 56920-7	Theatertechnik; Begriffe für Podeste, Schrägen, Stufen, Treppen und Blenden in der Theatertechnik, für Bühnen- und Studioaufbauten	

Landwirtschaftliches Bauwesen

DIN 11535-1	Gewächshäuser; Grundsätze für Berechnung und Ausführung
DIN 11535-2	Gewächshäuser; Stahl- und Aluminiumbauart 12,80 m breit mit dem Rastermaß von 3,065 m in Längsrichtung
DIN 11536	Gewächshaus in Stahlkonstruktion, feuerverzinkt, 12 m Nennbreite

Anhang 3 Informationsstellen

Amtsblätter, Gesetzesblätter u. a. offizielle Anzeiger

Organ	Herausgeber	Verlag
Bundesgesetzblatt Teil I	Bundesrepublik Deutschland	Bundesanzeiger Verlagsgesellschaft mbH (Bezug d. Bundesgesetzblattes, Teil I und II) Südstraße 119 53175 Bonn
Bundesgesetzblatt Teil II	Bundesrepublik Deutschland	Bundesanzeiger Verlagsgesellschaft mbH (Bezug d. Bundesgesetzblattes, Teil I und II) Südstraße 119 53175 Bonn
Bundesanzeiger	Bundesrepublik Deutschland	Bundesanzeiger Verlagsgesellschaft mbH (Bezug des Bundesanzeigers und des Amtsblattes der EG) Breite Straße 78-80 50667 Köln
Bundesversorgungsblatt. Beilage zu: Bundesarbeitsblatt. Ab 1979 aufgegangen in: Bundesarbeitsblatt	Bundesrepublik Deutschland	W. Kohlhammer GmbH Heßbrühlstraße 69 70565 Stuttgart
Gemeinsames Ministerialblatt	Bundesrepublik Deutschland	Carl Heymanns Verlag KG Luxemburger Straße 449 50939 Köln
Ministerialblatt des Bundesministers der Finanzen und des Bundesministers für Wirtschaft	Bundesrepublik Deutschland	Bundesanzeiger Verlagsgesellschaft mbH Breite Straße 78-80 50667 Köln
Amtsblatt des Bundesministers für das Post- und Fernmeldewesen	Bundesrepublik Deutschland	Bundesminister für Post und Telekommunikation Heinrich-von-Stephan-Straße 1 53175 Bonn
Verkehrsblatt	Bundesrepublik Deutschland	Verkehrsblatt-Verlag Hohe Straße 39 44139 Dortmund

Fortsetzung s. nächste Seiten

Amtsblätter, Gesetzesblätter u. a. offizielle Anzeiger, Fortsetzung

Organ	Herausgeber	Verlag
Ministerialblatt des Bundesministers der Verteidigung	Bundesrepublik Deutschland	Bundesanzeiger Verlagsgesellschaft mbH Breite Straße 78-80 50667 Köln
Bundesgesundheitsblatt	Robert Koch-Institut – Bundesinstitut für Infektionskrankheiten und nicht übertragbare Krankheiten; Bundesinstitut für gesundheitlichen Verbraucherschutz und Veterinärmedizin; Bundesinstitut für Arzneimittel und Medizinprodukte; Institut für Wasser-, Boden- und Lufthygiene Thielallee 88-92 14195 Berlin	Carl Heymanns Verlag KG Luxemburger Straße 449 50939 Köln
Arbeitsschutz, Beilage zu: Bundesarbeitsblatt. Ab 1979 Aufgegangen in: Bundesarbeitsblatt	Bundesminister für Arbeit und Sozialordnung Rochusstraße 1 53123 Bonn	W. Kohlhammer GmbH Heßbrühlstraße 69 70565 Stuttgart
Bundesarbeitsblatt, Mit Beilagen: Bundesversorgungsblatt. Arbeitsschutz	Bundesminister für Arbeit und Sozialordnung Rochusstraße 1 53123 Bonn	W. Kohlhammer GmbH Heßbrühlstraße 69 70565 Stuttgart
Amts- und Mitteilungsblatt der Bundesanstalt für Materialforschung und -prüfung	Bundesanstalt für Materialforschung und -prüfung Unter den Eichen 87 12203 Berlin	Bundesanstalt für Materialforschung und -prüfung Unter den Eichen 87 12203 Berlin
Mitteilungen des Deutschen Instituts für Bautechnik	Deutsches Institut für Bautechnik Reichpietschufer 74-76 10785 Berlin	Verlag Ernst & Sohn Hohenzollerndamm 170 10173 Berlin
Bundessteuerblatt I	Bundesminister der Finanzen Graurheindorfer Straße 108 53117 Bonn	Stollfuß Verlag GmbH & Co. KG Dechenstraße 7-11 53115 Bonn
Mitteilungen der Länderarbeitsgemeinschaft Abfall (LAGA)	Länderarbeitsgemeinschaft Abfall Steindamm 22 20099 Hamburg	Erich Schmidt Verlag GmbH & Co. Genthiner Straße 30g 10785 Berlin
Reichs-Gesetzblatt	Deutsches Reich	–
Gesetzblatt für Baden-Württemberg	Baden-Württemberg	Staatsanzeiger für Baden-Württemberg Rotebühlstraße 64a 70178 Stuttgart
Gemeinsames Amtsblatt des Landes Baden-Württemberg. Ausgabe A	Baden-Württemberg	Staatsanzeiger für Baden-Württemberg Rotebühlstraße 64a 70178 Stuttgart
Bayerisches Gesetz- und Verordnungsblatt	Bayern	Max Schick GmbH, Druckerei und Verlag Karl-Schmid-Straße 13 81829 München
Amtsblatt des Bayerischen Staatsministeriums für Arbeit und soziale Fürsorge	Bayern	Bayerisches Staatsministerium für Arbeit und Sozialordnung, Familie, Frauen und Gesundheit Winzererstraße 9 80797 München

Anhang 3 Informationsstellen

Amtsblätter, Gesetzesblätter u. a. offizielle Anzeiger, Fortsetzung

Organ	Herausgeber	Verlag
Ministerialamtsblatt der Bayerischen Inneren Verwaltung	Bayern	Max Schick GmbH, Druckerei und Verlag Karl-Schmid-Straße 13 81829 München
Amtsblatt des Bayerischen Staatsministeriums für Landesentwicklung und Umweltfragen	Bayern	Verlag für Verwaltungspraxis Franz-Rehm GmbH & Co. KG Vogelweideplatz 10 81677 München
Allgemeines Ministerialblatt	Bayern	Max Schick GmbH, Druckerei und Verlag Karl-Schmid-Straße 13 81829 München
Gesetz- und Verordnungsblatt für Berlin	Berlin	Kulturbuch-Verlag GmbH Sprosserweg 3 12351 Berlin
Amtsblatt für Berlin, Teil 1	Berlin	Kulturbuch-Verlag GmbH Sprosserweg 3 12351 Berlin
Gesetz- und Verordnungsblatt für das Land Brandenburg. Teil I – Gesetze	Brandenburg	Brandenburgische Universitätsdruckerei und Verlagsgesellschaft Potsdam mbH Karl-Liebknecht-Straße 14482 Potsdam-Golm
Gesetz- und Verordnungsblatt für das Land Brandenburg. Teil II – Verordnungen	Brandenburg	Brandenburgische Universitätsdruckerei und Verlagsgesellschaft Potsdam mbH Karl-Liebknecht-Straße 14482 Potsdam-Golm
Amtsblatt für Brandenburg. Gemeinsames Ministerialblatt für das Land Brandenburg	Brandenburg	Brandenburgische Universitätsdruckerei und Verlagsgesellschaft Potsdam mbH Karl-Liebknecht-Straße 14482 Potsdam-Golm
Gesetzblatt der Freien Hansestadt Bremen	Bremen	Carl Ed. Schünemann KG Verlag Zweite Schlachtpforte 7 28195 Bremen
Amtsblatt der Freien Hansestadt Bremen	Bremen	Carl Ed. Schünemann KG Verlag Zweite Schlachtpforte 7 28195 Bremen
Hamburgisches Gesetz- und Verordnungsblatt. Teil I	Hamburg	Lütcke & Wulff Heidenkampsweg 76b 20097 Hamburg
Amtlicher Anzeiger. Teil II des Hamburgischen Gesetz- und Verordnungsblattes	Hamburg	Lütcke & Wulff Heidenkampsweg 76b 20097 Hamburg
Gesetz- und Verordnungsblatt für das Land Hessen. Teil I	Hessen	Dr. Max Gehlen GmbH. u. Co. KG Daimlerstraße 12 61352 Bad Homburg v. d. Höhe
Staats-Anzeiger für das Land Hessen	Hessen	Verlag Kultur und Wissen GmbH Marktplatz 13 65183 Wiesbaden

Amtsblätter, Gesetzesblätter u. a. offizielle Anzeiger, Fortsetzung

Organ	Herausgeber	Verlag
Gesetz- und Verordnungsblatt für Mecklenburg-Vorpommern	Mecklenburg-Vorpommern	Innenminister des Landes Mecklenburg-Vorpommern Karl-Marx-Straße 1 19055 Schwerin
Amtsblatt für Mecklenburg-Vorpommern	Mecklenburg-Vorpommern	Innenminister des Landes Mecklenburg-Vorpommern Karl-Marx-Straße 1 19055 Schwerin
Amtlicher Anzeiger, Beilage zum Amtsblatt für Mecklenburg-Vorpommern	Mecklenburg-Vorpommern	Innenminister des Landes Mecklenburg-Vorpommern Karl-Marx-Straße 1 19055 Schwerin
Niedersächsisches Gesetz- und Verordnungsblatt	Niedersachsen	Schlütersche Verlagsanstalt und Druckerei GmbH & Co. Georgswall 4 30159 Hannover
Niedersächsisches Ministerialblatt	Niedersachsen	Schlütersche Verlagsanstalt und Druckerei GmbH & Co. Georgswall 4 30159 Hannover
Gesetz- und Verordnungsblatt für das Land Nordrhein-Westfalen	Nordrhein-Westfalen	August-Bagel-Verlag Grafenberger Allee 100 40237 Düsseldorf
Ministerialblatt für das Land Nordrhein-Westfalen		
Sammelblatt des Landesoberbergamts Nordrhein-Westfalen	Nordrhein-Westfalen	Verlag Glückauf GmbH Franz-Fischer-Weg 61 45307 Essen
Gesetz- und Verordnungsblatt für das Land Rheinland-Pfalz	Rheinland-Pfalz	Staatskanzlei Rheinland-Pfalz Peter-Altmeier-Allee 1 55116 Mainz
Ministerialblatt der Landesregierung von Rheinland-Pfalz	Rheinland-Pfalz	Staatskanzlei Rheinland-Pfalz Peter-Altmeier-Allee 1 55116 Mainz
Staats-Zeitung, Staatsanzeiger für Rheinland-Pfalz	Rheinland-Pfalz	Staatskanzlei Rheinland-Pfalz Peter-Altmeier-Allee 1 55116 Mainz
Amtsblatt des Saarlandes	Saarland	Saarbrücker Druckerei und Verlag GmbH Halbergstraße 3 66121 Saarbrücken
Gemeinsames Ministerialblatt Saarland	Saarland	Saarbrücker Druckerei und Verlag GmbH Halbergstraße 3 66121 Saarbrücken
Sächsisches Gesetz- und Verordnungsblatt	Sachsen	Sächsisches Druck- und Verlagshaus GmbH – SDV GmbH – Franklinstraße 17–19 01069 Dresden
Sächsisches Amtsblatt	Sachsen	Sächsisches Druck- und Verlagshaus GmbH – SDV GmbH – Franklinstraße 17–19 01069 Dresden

Anhang 3 Informationsstellen

Amtsblätter, Gesetzesblätter u. a. offizielle Anzeiger, Fortsetzung

Organ	Herausgeber	Verlag
Gesetz- und Verordnungsblatt für das Land Sachsen-Anhalt	Sachsen-Anhalt	Magdeburger Druckerei GmbH Bahnhofstraße 17 39104 Magdeburg
Ministerialblatt für das Land Sachsen-Anhalt	Sachsen-Anhalt	Magdeburger Druckerei GmbH Bahnhofstraße 17 39104 Magdeburg
Gesetz- und Verordnungsblatt für Schleswig-Holstein	Schleswig-Holstein	Innenminister des Landes Schleswig-Holstein Düsternbrooker Weg 92 24105 Kiel
Amtsblatt für Schleswig-Holstein	Schleswig-Holstein	Innenminister des Landes Schleswig-Holstein Düsternbrooker Weg 92 24105 Kiel
Amtlicher Anzeiger, Beilage zum Amtsblatt für Schleswig-Holstein	Schleswig-Holstein	Innenminister des Landes Schleswig-Holstein Düsternbrooker Weg 92 24105 Kiel
Gesetz- und Verordnungsblatt für das Land Thüringen	Thüringen	Thüringer Landtag Arnstädter Straße 51 99096 Erfurt
Thüringer Staatsanzeiger	Thüringen	Gisela Husemann Verlag Kieserstraße 2 99817 Eisenach
Amtsblatt der Europäischen Gemeinschaften	Europäische Gemeinschaften	Bundesanzeiger Verlagsgesellschaft mbH (Bezug des Bundesanzeigers und des Amtsblattes der EG) Breite Straße 78–80 50667 Köln
Hansa. Zentralorgan für Schiffahrt, Schiffbau, Hafen	Schiffahrts-Verlag Hansa C.	Schiffahrts-Verlag Hansa C. Schroedter und Co. GmbH. & Co. KG Elbchaussee 277 22605 Hamburg
Die Küste. Archiv für Forschung und Technik an der Nord- und Ostsee	Kuratorium für Forschung im Küsteningenieurwesen Feldstraße 251–253 24106 Kiel	Boyens & Co. Verlag Wulf-Isebrand-Platz 25 476 Heide
Landtechnik	Kuratorium für Technik und Bauwesen in der Landwirtschaft e. V. Bartningstraße 49 64289 Darmstadt	Eduard F. Beckmann KG Heidecker Weg 112 31275 Lehrte
FUSSBODEN-ZEITUNG	Deutsches Teppich-Forschungsinstitut e. V. Germanusstraße 5 52080 Aachen	SN-Verlag Michael Steinert An der Alster 21 20099 Hamburg
Molkereitechnik	Verband der Deutschen Milchwirtschaft e. V. Meckenheimer Allee 137 53115 Bonn	Th. Mann Verlag Nordring 10 45894 Gelsenkirchen-Buer

Amtsblätter, Gesetzesblätter u. a. offizielle Anzeiger, Fortsetzung

Organ	Herausgeber	Verlag
PTB-Mitteilungen – Amts- und Mitteilungsblatt der Physikalisch-Technischen Bundesanstalt Braunschweig und Berlin	Physikalisch-Technische Bundesanstalt	Physikalisch-Technische Bundesanstalt Bundesallee 100 38116 Braunschweig
BAUTECHNIK	Deutsche Gesellschaft für Erd- und Grundbau e. V. Hohenzollernstraße 52 45128 Essen	Verlag Ernst & Sohn Hohenzollerndamm 170 10713 Berlin
Techn.-wiss. Beilage der Verpakkungs-Rundschau	Fraunhofer-Institut für Lebensmitteltechnologie und Verpackung Schragenhofstraße 35 80992 München	P. Keppler Verlag GmbH & Co. KG Industriestraße 2 63150 Heusenstamm
Nachrichtentechnische Zeitschrift (ntz)	Informationstechnische Gesellschaft im VDE Stresemannallee 15 60596 Frankfurt/Main	vde-verlag GmbH Bismarckstraße 33 10625 Berlin
Deutsche Lebensmittel-Rundschau	Fraunhofer-Institut für Lebensmitteltechnologie und Verpackung	Fraunhofer-Institut für Lebensmitteltechnologie und Verpackung Schragenhofstraße 35 80992 München
DBV-Merkblatt-Sammlung	Deutscher Beton-Verein E. V.	Deutscher Beton-Verein E. V. Bahnhofstraße 61 65185 Wiesbaden
geotechnik – Organ der Deutschen Gesellschaft für Erd- und Grundbau	Deutsche Gesellschaft für Erd- und Grundbau e. V.	Deutsche Gesellschaft für Erd- und Grundbau e. V. Hohenzollernstraße 52 45128 Essen

Mitteilungsblätter des DIN Deutsches Institut für Normung e. V. und des Deutschen Instituts für Bautechnik

Herausgeber	Organ	Verlag
DIN Deutsches Institut für Normung e. V.	DIN-Mitteilungen (+ elektronorm) mit ständiger Beilage „Anzeiger für technische Regeln" Zentralorgan der deutschen Normung	Beuth Verlag GmbH Burggrafenstr. 6 10787 Berlin
Deutsches Institut für Bautechnik Reichpietschufer 74–76 10785 Berlin	Mitteilungen – Institut für Bautechnik –	Gropius'sche Buch- und Kunsthandlung Hohenzollerndamm 170 10713 Berlin

DITR
Deutsches Informationszentrum für technische Regeln (DITR) im DIN Deutsches Institut für Normung e. V.
Burggrafenstraße 6
10787 Berlin
Telefon (030) 2601-2600
Telefax (030) 262 81 25

Das DITR-Informationszentrum hat verschiedene Informationsdienste zur Benutzung eingerichtet.

Gedruckte Dienste
DIN-Katalog für technische Regeln, Standard-Profildienste, individuelle Profildienste.

Auskünfte
Telefonische Kurz- und umfangreiche Einzelauskunft.

Magnetbanddienste
einmaliger oder periodischer Bezug, Jahresabonnement.

Online-Dienst
Direktanschluß über Datensichtgerät.

Dokumenten-Versorgung
Auslegestelle für technische Regeln, Rechts- und Verwaltungsvorschriften als Mikroplanfilm-Rückvergrößerung, technisches Recht auf Mikrofilm, DIN-Normen auf Mikroplanfilm, Ausleihdienst für Auslandsnormen, Informationen als Auskunftsstelle des GATT und im EG-Informationsverfahren.

Liste der Obersten Bauaufsichtsbehörden der Länder

Baden-Württemberg
Innenministerium Baden-Württemberg
Dorotheenstraße 6
70173 Stuttgart

Bayern
Oberste Baubehörde im Bayerischen Staatsministerium des Innern
Postfach 22 00 36
80535 München

Berlin
Senator für Bau- und Wohnungswesen
Württembergische Straße 6
10702 Berlin

Brandenburg
Ministerium für Stadtentwicklung, Wohnen und Verkehr
Dortusstr. 30–33
14467 Potsdam

Bremen
Senator für das Bauwesen
Ansgaritorstr. 2
28195 Bremen

Hamburg
Freie und Hansestadt Hamburg
Baubehörde
Stadthausbrücke 8
20355 Hamburg

Hessen
Hessisches Ministerium für Landesentwicklung Wohnen, Landwirtschaft, Forsten und Bauordnung
Friedrich-Ebert-Allee 12
65185 Wiesbaden

Mecklenburg-Vorpommern
Innenministerium
Wismarsche Str. 133
19053 Schwerin

Niedersachsen
Niedersächsischer Sozialminister
Hinrich-Wilhelm-Kopf-Platz 2
30159 Hannover

Nordrhein-Westfalen
Minister für Bauen und Wohnen des Landes Nordrhein-Westfalen
Elisabethstr. 5–11
40217 Düsseldorf

Rheinland-Pfalz
Ministerium der Finanzen
Rheinland-Pfalz
Kaiser-Friedrich-Straße 1
55116 Mainz

Sachsen
Staatsministerium des Innern
Archivstr. 1
01097 Dresden

Sachsen-Anhalt
Ministerium für Raumordnung, Städtebau und Wohnungswesen
Herrenkrugstr. 66, Haus 4
39114 Magdeburg

Saarland
Minister für Umwelt, Raumordnung und Bauwesen Saarland
Hardenbergstraße 8
66119 Saarbrücken

Schleswig-Holstein
Innenminister des Landes Schleswig-Holstein
Düsternbrooker Weg 92
24105 Kiel

Thüringen
Innenministerium
Schillerstr. 27
99096 Erfurt

VOB-Anlauf- und Beratungsstellen

Bund
VOB-Ausschuß für den Bundesbereich beim
Bundesministerium für Raumordnung, Bauwesen und
Städtebau
Deichmanns Aue
Postfach 20 50 01
53170 Bonn

Baden-Württemberg
Regierungspräsidium Stuttgart
– VOB-Stelle –
Postfach 299
70174 Stuttgart

Regierungspräsidium Karlsruhe
– VOB-Stelle –
Schloßplatz 1–3
Postfach 53 43
76131 Karlsruhe

Regierungspräsidium Freiburg
– VOB-Stelle –
Kaiser-Josef-Straße 167
79098 Freiburg im Breisgau

Regierungspräsidium Tübingen
– VOB-Stelle –
Nauklerstraße 47
72074 Tübingen

Bayern
Regierung von Mittelfranken
– VOB-Stelle –
Promenade 27
91522 Ansbach

Regierung von Schwaben
– VOB-Stelle –
Fronhof 10
86152 Augsburg

Regierung von Oberfranken
– VOB-Stelle –
Ludwigstraße 20
95444 Bayreuth

Regierung von Niederbayern
– VOB-Stelle –
Regierungsplatz 540
84028 Landshut

Regierung von Oberbayern
– VOB-Stelle –
Maximilianstraße 39
80538 München

Regierung von Oberpfalz
– VOB-Stelle –
Emmeransplatz 8
93047 Regensburg

Regierung von Unterfranken
– VOB-Stelle –
Peterplatz 9
97070 Würzburg

Brandenburg
Ministerium für Wirtschaft, Mittelstand und
Technologie
Heinrich-Mann-Allee 107
14473 Potsdam

Berlin
Senatsbauverwaltung
– Referat VI A –
– VOB-Stelle –
Württembergische Straße 6
10707 Berlin

Bremen
Senator für das Bauwesen
– VOB-Stelle –
Am Dom 5a
28195 Bremen

Hamburg
VOB-Prüf- und Beratungsstelle
Baubehörden-/Baurechtsamt
Neuer Wall 88
20354 Hamburg

Hessen
Oberfinanzdirektion Frankfurt
– VOB-Stelle für den staatlichen Hochbau –
Adickesallee 332
Postfach 38 89
60322 Frankfurt am Main

Hessisches Landesamt für Straßenbau – VOB-Stelle
für die nicht kommunalen Straßenbauvorhaben –
Postfach
6200 Wiesbaden

Hessisches Landesamt für Ernährung, Landwirtschaft
und Landentwicklung
– VOB-Stelle für Landentwicklungsmaßnahmen –
Postfach
3500 Kassel

Hessischer Minister des Inneren
– VOB-Stelle für Bauvergabeangelegenheiten der
Städte Frankfurt und Wiesbaden –
Friedrich-Ebert-Allee 12
65185 Wiesbaden

Regierungspräsident in Darmstadt
– VOB-Stelle für Vergabeangelegenheiten der Gemeinden und Gemeindeverbände –
Luisenplatz 2
64283 Darmstadt

Regierungspräsident in Kassel
– VOB-Stelle für Vergabeangelegenheiten der Gemeinden und Gemeindeverbände –
Steinweg 6
34117 Kassel

Hessisches Ministerium für Wirtschaft
– VOB-Stelle für Fragen grundsätzlicher Bedeutung in Hessen –
Kaiser-Friedrich-Ring 75
65185 Wiesbaden

Mecklenburg-Vorpommern

Oberfinanzdirektion Rostock
– VOB-Stelle –
Wallstr. 2
18055 Rostock

Ministerium für Haushalt, Technik, Energie, Verkehr und Tourismus
– VOB-Stelle –
Stellingstr. 14
19053 Schwerin

Ministerium des Innern
– VOB-Stelle –
Wismarsche Straße 133
19053 Schwerin

Niedersachsen

Der Niedersächsische Minister für Wirtschaft, Technologie und Verkehr
– VOB-Stelle –
Friedrichswall 1
30159 Hannover

Bezirksregierung Weser-Ems
Außenstelle Aurich
– VOB-Stelle –
Schloßplatz 3
26603 Aurich

Bezirksregierung Braunschweig
– VOB-Stelle –
Bohlweg 38
38100 Braunschweig

Bezirksregierung Hannover
– VOB-Stelle –
Am Waterlooplatz 11
30169 Hannover

Bezirksregierung Lüneburg
– VOB-Stelle –
Am Ochsenmarkt 3
21335 Lüneburg

Bezirksregierung Weser-Ems
– VOB-Stelle –
Theodor-Tantzen-Platz 8
26122 Oldenburg

Bezirksregierung Weser-Ems
Außenstelle Osnabrück
– VOB-Stelle –
Heger-Tor-Wall 18
49078 Osnabrück

Bezirksregierung Lüneburg
Außenstelle Stade
– VOB-Stelle –
Bahnhofstraße 16
21680 Stade

Nordrhein-Westfalen

Regierungspräsident
– VOB-Stelle –
Seibertzstraße 2–4
59821 Arnsberg

Regierungspräsident
– VOB-Stelle –
Leopoldstraße 13–15
32756 Detmold

Regierungspräsident
– VOB-Stelle –
Cecilienallee 2
40474 Düsseldorf

Regierungspräsident
– VOB-Stelle –
Zeughausstraße 4–8
50667 Köln

Regierungspräsident
– VOB-Stelle –
Domplatz 1–3
48143 Münster

Rheinland-Pfalz

Bezirksregierung Koblenz
– VOB-Stelle –
Stresemannstraße 3–5
56068 Koblenz

Sachsen-Anhalt

Ministerium für Wirtschaft, Technologie und Verkehr
Wilhelm Höpfner Ring 4
39116 Magdeburg

Saarland

Ministerium für Umwelt
– VOB-Anlaufstelle –
Hardenbergstraße 8
66119 Saarbrücken

Ministerium des Innern
– VOB-Anlaufstelle –
Hindenburgstraße 21
66119 Saarbrücken

Oberfinanzdirektion Saarbrücken
– Landesvermögens- und Bauabteilung –
– VOB-Anlaufstelle –
Präsident-Baltz-Straße
66119 Saarbrücken

Schleswig-Holstein

Innenminister von Schleswig-Holstein
– VOB-Stelle –
Düsternbrooker Weg 92
24105 Kiel

Oberfinanzdirektion Kiel
– VOB-Stelle –
Adolfstr. 14–28
24105 Kiel

Baukostenberatungsdienst

Architektenkammer Baden-Württemberg
Baukostenberatungsdienst
Danneckerstraße 52
70182 Stuttgart
Telefon (07 11) 21 96-25

Baukostendatenbank

Gebäudekatalog
Katalog zum Abruf von Baukosteninformationen
1. Parlaments-, Gerichts-, Verwaltungsgebäude
2. Gebäude für wissenschaftliche Lehre und Forschung
3. Gebäude des Gesundheitswesens
4. Schulen
5. Sportbauten
6. Wohnbauten, Gemeinschaftsstätten
7. Gebäude für Gewerbe und Handel, öffentliche Bereitschaftsdienste, Lager- und Garagenbauten
8. Bauwerke für technische Zwecke
9. Gebäude anderer Art

Beratungsstellen für behindertengerechtes Planen und Bauen

Anmerkungen

Nicht erfaßt sind Hinweise auf spezielle Beratungsmöglichkeiten für Bau oder Umbau von Heimen, Werkstätten für Behinderte und sonstige besondere Einrichtungen der Behindertenhilfe. Ebenso unberücksichtigt geblieben ist die Tätigkeit von technischen Beratungsdiensten der Hauptfürsorgestellen und Dienststellen der Bundesanstalt für Arbeit im Zusammenhang mit der beruflichen Rehabilitation.

Adressen sind nur insoweit angegeben, als diese nach den Berichten Bedeutung haben. Jeweils an erster Stelle sind die für Bau-, Wohnungs- und Siedlungswesen zuständigen Minister (Senatoren) der Länder genannt.

Baden-Württemberg

Architekten können spezielle Informationen bei der „Beratungsstelle für behindertengerechtes Bauen und Behindertentechnik" der Fachhochschule Karlsruhe oder bei allen Oberfinanzdirektionen erhalten.

Anschriften:
Innenminister des Landes
Baden-Württemberg,
Dorotheenstraße 6, 70173 Stuttgart

Beratungsstelle für behindertengerechtes
Bauen und Behindertentechnik an der Fachhochschule Karlsruhe
Moltkestraße 4, 76133 Karlsruhe

Bayern

Die Bayerische Architektenkammer hat mit Unterstützung des Bayerischen Staatsministeriums für Arbeit und Sozialordnung und der Obersten Baubehörde im Bayerischen Staatsministerium des Innern eine Beratungsstelle für behindertengerechtes Planen und Bauen eingerichtet. Zu den Aufgaben gehören u.a.

- Beratung von baulichen Maßnahmen im Hochbau des privaten und öffentlichen Bereichs (Neubauten, Altbauten, behindertenspezifische Einrichtungen),
- Öffentlichkeitsarbeit (Durchführung von Fortbildungsveranstaltungen für Architekten und Planer, Aufklärung der Allgemeinheit, Mitarbeit in Gremien, Gutachten, Versuchsreihen und Dokumentation).

Die Beratungen sind für die Ratsuchenden kostenlos.

Anschriften:
Bayerischer Staatsminister des Innern,
Odeonsplatz 3, 80539 München 2

Beratungsstelle für behindertengerechtes
Planen und Bauen der Bayerischen
Architektenkammer, Bauzentrum München
Radlkoferstraße 16, 81373 München

Berlin

Der „Beauftragte für das Bauen zugunsten Behinderter" beim Senator für Bau- und Wohnungswesen berät
- Architekten und Bauherren im Wohnungsbau, soweit öffentliche Mittel bereitgestellt werden,
- bei der Einrichtung von DIN-Wohnungen für Rollstuhlbenutzer und Blinde.

Die TU Berlin – Institut für Bauwesen – führt Versuchsreihen über die Eignung auf dem Markt befindlicher behindertengerechter Wohnungseinrichtungen durch.

Anschriften:
Senator für Bau- und Wohnungswesen,
Württembergische Straße 6–10, 10707 Berlin
Technische Universität Berlin
Institut für Bauwesen,
Straße des 17. Juni 135, 10623 Berlin

Freie Hansestadt Bremen

Beratungen werden vom „Beauftragten für bauliche Angelegenheiten der Körperbehinderten" beim Senator für das Bauwesen wahrgenommen.

Anschrift:
Senator für das Bauwesen,
Ansgaritorstraße 2, 28195 Bremen

Freie und Hansestadt Hamburg

In der Baubehörde sind Dienststellen speziell mit der baulichen Gestaltung und Ausstattung, der Bedarfsermittlung, Bauplanung und Vergabe behindertengerechter Wohnungen sowie mit der Berücksichtigung der besonderen Bedürfnisse der Behinderten bei Angelegenheiten des Straßenbaus und des öffentlichen Nahverkehrs befaßt. Diese Dienststellen arbeiten mit den Behindertenverbänden zusammen und ziehen sie insbesondere bei Verkehrsfragen zu Rate.

Schließlich stellt sich aus Eigeninitiative ein Hamburger Architektenbüro für die „Bauberatung am Krankenbett" zur Verfügung und führt entsprechende Beratungen bei Patienten des Unfallkrankenhauses noch während des Krankenhausaufenthaltes durch.

Anschriften:

Baubehörde,
Stadthausbrücke 8, 20355 Hamburg

Architektenbüro Volker Doose,
Papendamm 24, 20146 Hamburg

Hessen

Beratungsstellen für behindertengerechtes Planen und Bauen sind in allen Städten und Landkreisen sowie bei den Regierungspräsidenten eingerichtet.

Für den Bereich des Sozialen Wohnungsbaus sind die Technischen Wohnungsbau-Richtlinien TWBR 993 zu beachten.

Anschrift:

Hessischer Minister für Landesentwicklung Wohnen, Landwirtschaft, Forsten und Naturschutz
Friedrich-Ebert-Allee 12, 65185 Wiesbaden

Niedersachsen

Bei der Architektenkammer Niedersachsen ist mit finanzieller Unterstützung durch den Niedersächsischen Sozialminister eine Beratungsstelle für behindertengerechtes Bauen eingerichtet.

Neben Einzelberatungen werden Kenntnisse besonders in Fachseminaren vertieft und weitergegeben.

Die Beratung ist für Ratsuchende kostenlos.

Außerdem besteht bei der Architektenkammer Niedersachsen ein Arbeitskreis „Behindertengerechtes Bauen", dem unter anderem der Fachreferent des Niedersächsischen Sozialministers angehört.

Anschriften:

Niedersächsischer Sozialminister,
Oberste Bauaufsicht,
Hinrich-Wilhelm-Kopf-Platz 2, 30159 Hannover

Architektenkammer Niedersachsen,
Beratungsstelle für behindertengerechtes Bauen,
Hindenburgstraße 26, 30175 Hannover

Nordrhein-Westfalen

Bei der Förderung von Behindertenwohnungen ist eine ausreichende Beratung der Bauherren durch die Bewilligungsbehörden gewährleistet. Die Förderung von Behindertenheimen wird einschließlich der Beratung beim Minister für Bauen und Wohnen unmittelbar wahrgenommen.

Anschriften:

Ministerium für Bauen und Wohnen des Landes Nordrhein-Westfalen,
Elisabethstraße 5–11, 40217 Düsseldorf

Landschaftsverband Rheinland,
Kennedy-Ufer 2, 50679 Köln

Landschaftsverband Westfalen-Lippe,
Berliner Platz 6–10, 48143 Münster

Rheinland-Pfalz

Bei der Architektenkammer Rheinland-Pfalz ist eine Beratungsstelle für behindertengerechtes Bauen eingerichtet. Die Beratung wird Bürgern und anderen Interessenten, wie z.B. Behörden und Wohnungsbaugesellschaften, kostenlos angeboten.

Anschriften:

Staatsminister der Finanzen des Landes Rheinland-Pfalz,
Kaiser-Friedrich-Straße 1, 55116 Mainz

Architektenkammer Rheinland-Pfalz,
Beratungsstelle für behindertengerechtes Bauen,
Hindenburgplatz 2–6, 55118 Mainz

Saarland

Beim Minister für Umwelt ist eine Beratungsstelle eingerichtet, die Auskünfte über Bau-, Planungs- und Baufinanzierungsfragen erteilt.

Anschrift:

Minister für Umwelt,
Hardenbergstraße 8, 66119 Saarbrücken

Schleswig-Holstein

Interessenten werden durch die einzelnen Kreise bzw. kreisfreien Städte, die einzelnen Zweigstellen der Wohnungsbaukreditanstalt sowie durch die Arbeitsgemeinschaft für zeitgemäßes Bauen, in der Architekten, die Wohnungsbaukreditanstalt und Vertreter der Wohnungsbauabteilung des Innenministeriums vertreten sind, beraten.

Anschriften:

Innenminister des Landes
Schleswig-Holstein,
Düsternbrooker Weg 70–90, 24105 Kiel

Arbeitsgemeinschaft für zeitgemäßes Bauen e.V.,
Walkerdamm 17, 24103 Kiel

Fraunhofer-Informationszentrum Raum und Bau (IRB)

Fraunhofer-Informationszentrum
Raum und Bau (IRB)
Postfach 80 04 69, D-70504 Stuttgart
Nobelstraße 12, D-70569 Stuttgart
Telefon (0711) 9702500
Telefax (0711) 9702508
e-mail dk@irb.fhg.de
Telex 7 255 168 izs d

Fachbereiche:
- Bauingenieurwesen
- Architektur
- Bau- und Wohnungswirtschaft
- Städtebau
- Raumordnung

Dienstleistungen + Produkte:
ARCONIS Information Consulting
Datenbankrecherchen
Recherchen bei Experten, Verbänden etc.
Marktstudien und Marktinformationen
Berichte zum Stand der Technik
Beratung zum Informationsmanagement
Individuelle Informationsabonnements
  CONFILE auf Diskette oder Papier

IRB-Literaturservice
Kopien von
- Artikeln aus Fachzeitschriften
- Manuskripten von Forschungsberichten
- bauaufsichtlichen Prüfbescheiden und Zulassungen
Beschaffung von Fachliteratur bei Verlagen und zentralen Einrichtungen

IRB Verlag
Fachbibliographien:
- IRB-Literaturauslesen
- IRB-Literaturauslesen plus
- ICONDA Bibliographies
MONUDOC Faktenauslesen
CD-ROM:
- RSWB (deutschsprachige Literaturdatenbank zu Raumordnung, Städtebau, Wohnungswesen, Bauwesen)
- ICONDA (englischsprachige internationale Literaturdatenbank zum Bauen und Planen)
- MONUDOC (Faktentextdatenbank zur baulichen Denkmalpflege)
- BauLit (RSWB-Segment zur Bautechnik)
- RSWLit (RSWB Segment zu Raumordnung, Städtebau, Wohnungswesen)
- ArchiLit (RSWB-Segment für Architekten)
- SCHADIS (Volltextdatenbank zu Bauschäden)
Fachbuchreihen:
- Schadenfreies Bauen
- Bauschäden-Sammlung
- Bauforschung für die Praxis

Einzelveröffentlichungen
Marktstudien und Informationen zur Bauwirtschaft – national und international
Fachzeitschriften:
- Kurzberichte aus der Bauforschung
- BULLDOK Bauschäden
Schrifttum Bauwesen Gesamtausgabe, Fachausgabe Fachingenieur und Einzelfachbereiche
Schrifttum Raumordnung, Städtebau, Wohnungswesen – Gesamtausgabe
Forschungsdokumentation Raumordnung, Städtebau, Wohnungswesen
Diskettendienste
- CONFILE Standardprofile
- CONFILE BULLDOK
Forschungsberichtsmanuskripte in Kopie
Mitteilungsblatt der Arbeitsgemeinschaft für Bauforschung (AGB)
Hauszeitschrift IRB aktuell mit der Bauliteraturzeitung (als Beilage)
Katalog der IRB-Literaturauslesen und der IRB-Literaturauslesen plus
Katalog der Forschungsberichte

Online-Angebot
Host STN International, Karlsruhe
- RSWB, die deutschsprachige Literaturdatenbank zum Planen und Bauen mit den Informationen aus BAUFO, der Bauforschungsprojektdatenbank und FORS, der Forschungsprojektdatenbank zur Raumordnung, Städtebau und Wohnungswesen.
- ICONDA, die englischsprachige internationale Bauliteraturdatenbank.
- FhG Publica, die Datenbank mit Hinweisen auf Veröffentlichungen zu den Forschungsergebnissen der Fraunhofer-Gesellschaft.
Host FIZ Technik, Frankfurt
- RSWB plus, eine Zusammenfassung der Datenbanken RSWB, BAUFO, FORS, ICONDA
Host GENIOS, Frankfurt am Main
- RSWB-ECON, ein Segment der Datenbank RSWB mit Hinweisen auf bauwirtschaftlich relevante Literatur
Host Maxwell Online, London; McLean (USA)
- ICONDA

Spezialbibliothek zum Bauen und Planen
Als Präsenzbibliothek stehen zur Verfügung
- Fachbücher
- Fachzeitschriften
- Forschungsberichte
- Hochschulschriften und andere Graue Literatur
- Baunormen, Vorschriften, Erlasse
- Bauaufsichtliche Prüfbescheide und Zulassungen
- Bauproduktinformationen.

Deutsche Bau-Dokumentation

Heinze GmbH
Bremer Weg 184
29219 Celle

Die Deutsche Bau-Dokumentation informiert Architekten und Planer über Bauprodukte und deren Hersteller. Grundbestandteile der Deutschen Bau-Dokumentation sind das Herstellerverzeichnis über Bauprodukte, gegliedert nach Hauptgruppen mit Auswahlkriterien sowie dem Markennamenverzeichnis, Beschreibungen von Firmen, deren Lieferprogramm und regionalen Kontaktstellen; eine Auflistung von Sachverständigen und Vermessungsingenieuren und die Bibliothek der Deutschen Bau-Dokumentation mit etwa 6000 vergleichbaren Produktinformationen, nach Bauteilen geordnet, in 25 Ordnern.

RG-Bau im RKW

Rationalisierungs-Gemeinschaft »Bauwesen« RG-Bau im RKW
Düsseldorfer Straße 40
65760 Eschborn
Telefon (0 61 96) 4 95 3 12
Telex 4 072 755 rkw d

Die Rationalisierungs-Gemeinschaft Bauwesen RG-Bau ist seit 1952 neutrale Gesprächs- und Arbeitsebene für die am Baugeschehen Beteiligten. Sie will anstehende Probleme der Baurationalisierung abklären, vorhandene Einzelaktivitäten zur besseren Wirksamkeit und zur Vermeidung von Doppelarbeit koordinieren sowie zu Einzelthemen Lösungen erarbeiten. Sie will die gewonnenen Ergebnisse und vorhandene Erkenntnisse der Forschung sowie Erfahrungen der Praxis aufbereiten, umsetzen und weitergeben durch Informationsschriften, Fachzeitungen, Hinweis- und Merkblätter, Broschüren, Informationsveranstaltungen, Fachseminare, Beteiligungen an Messen und Ausstellungen.

Architektenkammern

Architektenkammer Baden-Württemberg
Danneckerstraße 52
70182 Stuttgart
Tel.: (07 11) 21 96 0
Fax.: (07 11) 21 96 10 3

Bayerische Architektenkammer
Bavariaring 6
80336 München
Tel.: (0 89) 53 09 99 0
Fax.: (0 89) 53 69 51

Architektenkammer Berlin
Karl-Marx-Allee 78
10243 Berlin
Tel.: (0 30) 30 64 160
Fax.: (0 30) 30 64 16 16

Brandenburgische Architektenkammer
Stiftstraße 2
14471 Potsdam
Tel.: (03 31) 96 48 69/70
Fax.: (03 31) 96 48 71

Architektenkammer der Freien Hansestadt Bremen
Geeren 41–43
28195 Bremen
Tel.: (04 21) 17 00 07
Fax.: (04 21) 30 26 92

Hamburgische Architektenkammer
Alsterkamp 41
20149 Hamburg
Tel.: (0 40) 44 44 55
Fax.: (0 40) 41 01 44 5

Architektenkammer Hessen
Mainzer Straße 10
66185 Wiesbaden
Tel.: (06 11) 17 38 0
Fax.: (06 11) 17 38 40

Architektenkammer Mecklenburg-Vorpommern
Arsenalstraße 2
19053 Schwerin
Tel.: (03 85) 55 74 12 4/6
Fax.: (03 85) 55 74 12 7

Architektenkammer Niedersachsen
Hindenburgstraße 26
30175 Hannover
Tel.: (05 11) 28 09 60
Fax.: (05 11) 28 09 62 7

Architektenkammer Nordrhein-Westfalen
Inselstraße 27
40479 Düsseldorf
Tel.: (02 11) 49 67 0
Fax.: (02 11) 48 52 40

Architektenkammer Rheinland-Pfalz
Hindenburgplatz 2–6
55118 Mainz
Tel.: (0 61 31) 99 60 0
Fax.: (0 61 31) 61 49 26

Architektenkammer des Saarlandes
Neumarkt 11
66117 Saarbrücken
Tel.: (06 81) 54 34 3
Fax.: (06 81) 58 36 68

Architektenkammer Sachsen
Goetheallee 37
01309 Dresden
Tel.: (03 51) 35 30 1
Fax.: (03 51) 35 30 1

Architektenkammer Sachsen-Anhalt
Schillerstraße 48
39108 Magdeburg
Tel.: (03 91) 30 71 7
Fax.: (03 91) 30 71 7

Architekten- und Ingenieurkammer Schleswig-Holstein
Düsternbrooker Weg 77a
24105 Kiel
Tel.: (04 31) 56 20 66/67
Fax.: (04 31) 56 28 97

Architektenkammer Thüringen
Andreasstr. 37
99084 Erfurt
Tel.: (03 61) 66 87 00
Fax.: (03 61) 66 87 01

Bundesarchitektenkammer
Bundesgemeinschaft der Architektenkammern
Körperschaften des öffentlichen Rechts
Königswinterer Straße 709
Landhaus Oberkassel
53204 Bonn
Tel.: (02 28) 97 08 2 0
Fax.: (02 28) 44 27 60

Ingenieurkammern (Stand 11/94)

Ingenieurkammer Baden-Württemberg
Zellerstr. 26
70180 Stuttgart
Tel.: (0711) 64 97 10
Fax.: (0711) 64 97 155

Bayerische Ingenieurkammer-Bau
Einsteinstr. 1–3
81675 München
Tel.: (089) 41 94 34 0
Fax.: (089) 41 94 34 20

Baukammer Berlin
Aßmannshauserstraße 11
14197 Berlin
Tel.: (030) 821 50 71
Fax.: (030) 822 36 53

Brandenburgische Ingenieurkammer
Weinbergstraße 20
14469 Potsdam
Tel.: (0331) 29 29 28
Fax.: (0331) 29 22 91

Ingenieurkammer der freien Hansestadt Bremen
Geeren 41/43
28195 Bremen
Tel.: (0421) 17 00 90
Fax.: (0421) 30 26 920

AK. Hamburgische Ingenieurkammer
Heinrich-Hertz-Straße 116
22083 Hamburg
Tel.: (040) 22 70 00 0
Fax.: (040) 22 70 00 28

Ingenieurkammer des Landes Hessen
Kirchgasse 15
65185 Wiesbaden
Tel.: (0611) 30 76 79
Fax.: (0611) 37 99 46

Ingenieurkammer Mecklenburg-Vorpommern
Lübeckerstr. 129
19059 Schwerin
Tel.: (0385) 76 00 80
Fax.: (0385) 76 00 816

Ingenieurkammer Niedersachsen
Lüerstraße 4
30175 Hannover
Tel.: (0511) 85 40 60
Fax.: (0511) 85 40 6 18

Ingenieurkammer-Bau Nordrhein-Westfalen
Freiherr-vom-Stein-Straße 167
45133 Essen
Tel.: (0201) 43 50 50
Fax.: (0201) 43 50 555

Kammer der Beratenden Ingenieure des
Landes Rheinland-Pfalz
Im Euler 9
55139 Mainz
Tel.: (06131) 59 49 4
Fax.: (06131) 59 20 90

Kammer der Beratenden Ingenieure des Saarlandes
Franz-Josef-Röder-Straße 9
66119 Saarbrücken
Tel.: (0681) 58 53 13
Fax.: (0681) 58 53 90

Ingenieurkammer Sachsen
Postfach 437
09004 Chemnitz
Tel.: (0371) 60 83 09/311
Fax.: (0371) 60 83 24

Ingenieurkammer Sachsen-Anhalt
Förderstedter Straße 9
39112 Magdeburg
Tel.: (0391) 6 21 96 53
Fax.: (0391) 6 21 96 53

Architekten- und Ingenieurkammer Schleswig-Holstein
Düsternbrooker Weg 77a
24105 Kiel
Tel.: (0431) 56 20 66/67
Fax.: (0431) 56 28 97

Ingenieurkammer Thüringen
Postfach 948
99019 Erfurt
Tel.: (0361) 22 44 36-37
Fax.: (0361) 22 44 38

Bundes-Ingenieurkammer
Habsburgerstraße 2
53173 Bonn
Tel.: (0228) 36 52 67
Fax.: (0228) 36 52 68

Bauwirtschaft

Hauptverband der Deutschen Bauindustrie e. V.
65019 Wiesbaden, Postfach 29 66
65189 Wiesbaden, Abraham-Lincoln-Straße
Tel.: (0611) 77 20

Zentralverband des Deutschen Baugewerbes e. V.
53144 Bonn, Postfach 20 14 55
53175 Bonn, Godesberger Allee 99
Tel.: (0228) 8 10 20

Handwerk

Zentralverband des Deutschen Handwerks
53044 Bonn, Postfach 12 02 70
53113 Bonn, Johanniterstraße 1
Tel.: (0228) 54 50

Nummernverzeichnis der behandelten DIN-Normen

DIN	Seite
107	114
276	86
277-1	78
277-2	80
418-3	211
820-1	62
1045	419
1052-1	420
1053-1	418
1053-2	418
1356-1	103
1960	431
1961	435
4020	414
4095	393
4102-1	381
4102-2	382
4102-4	385
4103-1	425
4108-1	201
4108-2	200
4108-4	219
4108-5	235
4109	271
4109 Bbl 1	271, 365
4109 Bbl 2	271, 365, 370
4123	414
4124	415

DIN	Seite
4149-1	408, 409
4149-1 A 1	408
4149-1 Bbl 1	408
4150-1	409
4150-2	409, 410
4150-3	409, 411
4172	73
4420-1	415
5034-1	427
5035-1	428
18000	76
18005-1	149
18005-1 Bbl 1	150
18012	152
18013	152
18015-1	154
18015-3	157
18017-1	159
18017-3	161
18022	163
18024-1	169
18024-2	171
18025-1	176
18025-2	182
18035	184
18055	250
18064	188
18065	191
18069	195

DIN	Seite
18101	425
18160-1	423
18168-1	428
18195-1	396, 397
18195-2	396, 397
18195-3	396, 397
18195-4	396, 397
18195-5	396, 404
18195-6	396, 405
18195-7	396, 406
18195-8	396, 407
18195-9	396, 407
18195-10	396, 407
18201	118
18202	119
18516	427
18530	422
18550-1	426
18800-1	420
18960-1	101
52290-1	424
68121-1	424
68121-2	424
V ENV 1992-1-1	419
V ENV 1993-1-1	420
V ENV 1994-1-1	420
VDI 4100	375

Sachverzeichnis

A/V-Werte, Wärmeschutz 257
A-Schall-Leistungspegel 360
Abdichtstoffe, Wärmeleitfähigkeit 226
–, Wasserdampf-Diffusionswiderstandszahl 226
Abdichtung, Abschlüsse 407
–, Außenwandfläche 401
–, Bauwerk 396
–, Behälter 407
–, Bewegungsfugen 407
–, Bodenfeuchtigkeit 397
–, Drän, Beispiele 395, 396
–, Durchdringungen 407
–, Fußbodenfläche 402
–, nicht unterkellerte Gebäude 398
–, –, Beispiele 399
–, nichtdrückendes Wasser 404
–, Schutzmaßnahmen 407
–, Schutzschichten 407
–, Übergänge 407
–, unterkellerte Gebäude 399
–, –, Beispiele 400, 401
–, von außen drückendes Wasser 405
–, von innen drückendes Wasser 406
–, Wände 401
–, wasserdruckhaltende 405
Abdichtungsbahnen, Wärmeleitfähigkeit 226
–, Wasserdampf-Diffusionswiderstandszahl 226
Abdichtungsstoffe, Einbau/Verbrauch 403
abgehängte Decken 428
Abluftöffnung 160
Abluftschacht 160
Abschlüsse, Abdichtung 407
Abschottung, Schalldämmung, horizontale Schallübertragung 333
Abschreibung 131
Absturzhöhe, Begriffe 71
Absturzkanten, Begriffe 71
Abwasserleitung, Geräusche 363
Amtsblätter, Informationen 451
Anbauten, Begriffe 9
Anforderungen, wesentliche 54
angriffhemmende Verglasungen 424

Anhydridestrich 426
Ansicht 106
äquivalente Schallabsorptionsfläche 278
äquivalenter, bewerteter Norm-Trittschallpegel, Massivdecken 287
–, –, Treppe 291
– Dauerschallpegel 272
– Norm-Trittschallpegel 276
äquivalentes Trittschallschutzmaß 287
Arbeitsbereich, Schallschutz, erhöhter 371, 373
Arbeitsgerüste 415
Arbeitsraum, Trittschalldämmung 280
Arbeitsraumbreiten 415
Arbeitssicherheit 68
Architektenkammern 463
Architektenwettbewerb 59
ARGEBAU (Arbeitsgemeinschaft der für das Bau-, Wohnungs- und Siedlungswesen zuständigen Minister der Länder) 38
Armatur, Durchflußklasse 352
–, Schallschutz 352
Armaturengeräuschpegel 273, 352
Armaturengruppe, Schallschutz 352
Aufstellraum, Feuerstätte, FeuV 268
Aufzugsanlage, Geräusche 364
Ausbau, Außenwandbekleidungen 427
–, Beleuchtung 427
–, Belichtung 427
–, Decken, abgehängt 428
–, Estrich 426
–, Fenster 424
–, Putz 426
–, Trennwände 425
–, Türen 425
Ausführungsplanung, allg. Unfallverhütungsvorschriften 68, 69
–, Datenarten 24
Ausführungszeichnungen 104
Auslässe 155
Auslaufvorrichtung, Durchflußklasse 352
Ausschachtungen, Gebäudesicherung 414

Ausschreibung, Bauleistung 431
Ausschreibungsunterlagen 436
Auswahlnorm, Begriff 64
Außenbauteile, Luftschalldämmung 313
–, Schalldämmung, Nachweis 341
–, transparente 209
Außenlärm, Schutz 313
Außenlärmpegel 273
–, maßgeblicher 316
Außentür, Wärmeverluste, Begrenzung 264
Außenwand, Schall-Längsdämm-Maß 336
–, Schalldämmung, Nachweis 341, 342
–, Wärmedurchgangskoeffizient 205, 254
–, Wärmedurchlaßwiderstand 205
Außenwandbekleidungen 427
–, hinterlüftet 427
Außenwände, MBO 417
–, Wärmedurchgang 263
–, Wärmeschutz 213
Außenwandfläche, Abdichtung 401

Bäder, Begriffe 163
–, Einrichtungen 167
–, Lüftung, mit Ventilatoren 161
–, Lüftung, ohne Ventilatoren 159
–, Planungsgrundlagen 166
Badewannen 116
Bandsitz 425
barrierefreie Wohnungen, für Rollstuhlbenutzer 176
barrierefreies Bauen 169
–, öffentliche Gebäude, Planungsgrundlagen 171
–, Wohnungen, Planungsgrundlagen 182
Bauablauf 10
Bauantrag, Musterbauordnung 48
Bauarbeiten, Begriffe 71
Bauaufnahmezeichnungen 104
Bauaufsichtsbehörden, oberste 457

Bauaufträge, Vergabe 434
–, –, EG-Richtlinien 55
Baubeschläge, DIN-Normen, Übersicht 449
Baubeschreibung, allg. Beschreibung 50
Baubestandszeichnungen 104
BauGB, s. Baugesetzbuch
Baugesetzbuch 38
Baugläser, DIN-Normen, Übersicht 445
Baugruben, Ausführung 415
–, Bemessung 415
–, Gebäudesicherung 414
Baugrund, geotechnische Untersuchungen 414
Bauherr 17
Baukonstruktionen 414
Baukoordinierungsrichtlinie, EG-Richtlinie 55, 431
Baukosten 125
– beratungsdienst 460
– datenbank 460
– planung, Kostenermittlung 85
Bauleistungen, Ausführung 431
–, Ausschreibung 431
–, Durchführung 435
–, Vergabe 431
–, Vertragsbedingungen 435
Bauleiter 17
Bauleitpläne, allg. Beschreibung 40
bauliche Anlagen, Begriffe 47, 71
–, Dränung 393
–, Erschütterungen 411
–, MBO 44
–, Schwingungseinwirkungen 411
Baunebenkosten 125
Baunormzahlen 73
Baunutzungskosten 101
Baunutzungsverordnung 40
BauNVO, s. Baunutzungsverordnung
Bauordnung 48
–, Kennzeichnung, Bauprodukte 51
–, Regelwerke 43
–, Zulassungen 67
Bauordnungsrecht, öffentlich-rechtlicher Bereich 43
–, privatrechtlicher Bereich 43
–, Regelwerke 43
BauPG, s. Bauproduktengesetz
Bauphysik, Grundlagen 197
Bauplanung 9

Bauplanungsrecht, Baunutzungsverordnung 40
Bauplatten, Wärmeleitfähigkeit 221
–, Wasserdampf-Diffusionswiderstandszahl 221
Bauprodukte, Begriff 53
–, CE-Zeichen 51
–, Güteüberwachung 50
–, Kennzeichnung 50, 51
–, MBO 44
–, Überwachungszeichen 51
Bauproduktengesetz, allg. Beschreibung 44
Bauproduktenrichtlinie 53
–, EG-, wesentliche Anforderungen 199
–, Europäische Technische Zulassung 68
–, Technische Spezifikationen 54
–, wesentliche Anforderungen 54
Baurecht, Rahmenbedingungen 38
Bauregelliste A 51
Bauregelliste B 52
Bauregelliste C 52
Baurichtmaße 74
–, Bauteile 75
Bauschäden, allg. Beschreibung 429
–, Vermeidung 430
–, Vorbeugung 430
Bauschadensbericht 430
Bauschlösser, DIN-Normen, Übersicht 449
Baustähle, DIN-Normen, Übersicht 446
Baustellen, Gesundheitsschutz 60, 61
–, Sicherheit 60, 61
–, –, MBO 198
Baustoffe, Baustoffklasse A1 385
–, Baustoffklasse A2 386
–, Baustoffklasse B1 386
–, Bauwerksabdichtung 397
–, Brandverhalten 381
–, DIN-Normen, Übersicht 440
–, Feuchtegehalte 233
–, feuchteschutztechnische Kennwerte 219
–, klassifiziert, Brandverhalten 385
–, leichtentflammbare 381
–, nichtbrennbare 381
–, normalentflammbare 381
–, schwerentflammbare 381
–, wärmeschutztechnische Kennwerte 219

Baustoffklasse A1, Baustoffe 385
– A2, Baustoffe 386
– B1, Baustoffe 386
–, Brandschutz 381
–, Nachweise 382
Bauteile, Ausbau 424
–, Baurichtmaße 75
–, Brandverhalten 381, 382
–, Brandversuch 382, 383
–, Eigenfrequenz 277
–, einschalig, Schalldämmung 277
–, einschalige, Luftschalldämmung 365
–, Feuerwiderstandsdauer 381
–, Feuerwiderstandsklasse 384
–, großformatige, Wärmeleitfähigkeit 220
–, großformatige, Wasserdampf-Diffusionswiderstandszahl 220
–, Kennzeichnung, bauakustische 277
–, klassifiziert, Brandverhalten 385
–, mehrschalig, Schalldämmung 277
–, Nennmaße 75
–, Rohbau 414
–, wiederverwendete Teile 87
–, zweischalig, Luftschalldämmung 366
Bauvergabe, Dienstleistungsrichtlinie, EG- 56
–, EG-Richtlinien 55
Bauvergaberichtlinien, EG- 55
Bauvertrag 431
Bauvorlageberechtigung, MBO 49
Bauvorlagen, Musterbauordnung 48
Bauvorlagenverordnung 13, 48
Bauvorlagezeichnungen 104
Bauwerke, Bauschäden 429
–, Gründung 414
–, Schwingungseinwirkungen 411
Bauwerksabdichtung 393, 396
–, Baustoffe 397
–, Begriffe 397
–, Bodenfeuchtigkeit 397
Bauwirtschaft, Verbände 465
Bauzeichnungen, allg. Beschreibung 50
–, Arten 104
–, Begriffe 103
–, Bemaßung 108

Sachverzeichnis

Bauzeichnungen, Bezeichnung links u. rechts 114
–, Decken 113
–, Fenster, Bezeichnung 114
–, –, Öffnungsarten 112
–, Linien 107
–, Projektionsarten 105
–, Schnitte 107, 111
–, Stoffkennzeichnung 113
–, Tragrichtung, Platten 113
–, Tragwerksplanung 104
–, Treppen 111
–, –, Bezeichnung 115
–, Türen, Bezeichnung 114
–, –, Öffnungsarten 112
–, Zeichen 111
Beanspruchungsgruppe, Schlagregen 215
–, Wandbauart 217
Bebauungsplan, allg. Beschreibung 40
Behälterabdichtung 407
beheizter Raum, Begriffe 253
Beherbergungsbetrieb, Schallschutz, erhöhter 372
Beherbergungsstätte, Trittschalldämmung 283
behindertengerechtes Bauen, Beratungsstellen 460
Behörden 20
Beiblatt, Begriff 64
Beläge, Wärmeleitfähigkeit 226
–, Wasserdampf-Diffusionswiderstandszahl 226
Beleuchtung, künstliches Licht 428
–, Tageslicht 427
Belichtung, Tageslicht 427
Bemaßung 108
Benutzungspläne 104
Berechnungsverordnung, II BV 121
Berufsgenossenschaften 68, 69
Beschläge, DIN-Normen, Übersicht 449
Beschreibung, MBO 14
besondere Leistungen 10
Beton, Ausführung 419
–, Bemessung 419
–, DIN-Normen, Übersicht 441
Betonbau 419
Betonwerksteine, DIN-Normen, Übersicht 440
Betriebskosten 132
–, Aufstellung 143
Beurteilungspegel, Begriffe 150
–, Orientierungswerte 151

–, Schall 272
Bewegungsflächen, barrierefrei, öffentliche Verkehrsräume 169
Bewegungsfugen, Abdichtung 407
Bewehrungszeichnungen 105
bewerteter Norm-Trittschallpegel 276
bewertetes Labor-Schall-Längsdämm-Maß 276
bewertetes Schalldämm-Maß 276
–, Decke 297
–, Massivdecke 306
–, Mauerwerk 299
–, Wand 297
Bewirtschaftungskosten 131
Bezugskurve, Schalldämm-Maß 276
biegeweiche Platte, Schalldämmung 277
Bindemittel, DIN-Normen, Übersicht 440
Binnenmarkt, europäischer 52
BKR, s. Baukoordinierungsrichtlinie
Blattgrößen 107
Bodenbeläge, DIN-Normen, Übersicht 442
Bodenfeuchtigkeit, Bauwerksabdichtung 397
Böschungen 415
BPR, s. Bauproduktenrichtlinie
Brandschutz, Baustoffklasse 381
–, Bereiche 380
–, EG-Bauproduktenrichtlinie 199
–, Europäische Normen, Übersicht 392
–, Internationale Normen, Übersicht 391
–, MBO 198
–, Sonderbauteile 391
Brandverhalten, Baustoffe 381
–, Bauteile 381, 382
–, Begriffe 383
–, Klassifizierung 381
Brandversuch, Bauteile 382, 383
–, Brandraum 383
–, Einheits-Temperatur-Zeitkurve (ETK) 383
Brandwände, MBO 417
brennbare Baustoffe 381
Brennstoffleitungen, FeuV 268
Brutto-Grundfläche, Begriff 78
–, Berechnung 79

Brutto-Rauminhalt, Begriff 79
Bürogebäude, Schallschutz, erhöhter 374

CE-Zeichen, Bauprodukte 50, 51
CEN 66, 67
CENELEC 66, 67

Dach, belüftetes, Wärmeschutz 214
–, nichtbelüftetes, Wärmeschutz 214
–, Schalldämmung, Nachweis 341, 343
–, Wärmedurchgangskoeffizient 205
–, Wärmedurchlaßwiderstand 205
Dachbahnen, DIN-Normen, Übersicht 448
Dächer, belüftete 422
–, Deckenkonstruktionen 422
–, MBO 421
–, nicht belüftete 422
Dachplatten, DIN-Normen, Übersicht 443
Dachrinnen, DIN-Normen, Übersicht 448
Dachsteine, DIN-Normen, Übersicht 443
Dachziegel, DIN-Normen, Übersicht 443
Dämmstoffe, DIN-Normen, Übersicht 447
Daten, Begriffe 24
Dauerschallpegel, äquivalenter 272
Decke, bewertetes Schalldämm-Maß 297
–, Schalldämmung, Nachweis 341
–, Wärmedurchgang 263
–, Wärmedurchgangskoeffizient 205
–, Wärmedurchlaßwiderstand 205, 234
–, abgehängt 428
–, MBO 421
Deckenbekleidungen, leichte 428
Deckenkonstruktionen, Dächer 422
Deckenplatten, DIN-Normen, Übersicht 444
Detailzeichnungen 104
Deutsche Bau-Dokumentation 463

Deutsches Informationszentrum für technische Regeln (DITR) im DIN 457
Dichtheit, Gebäude 254
Dichtungsbahnen, DIN-Normen, Übersicht 448
Dienstleistungen, Kategorien 57
Dienstleistungsrichtlinie, EG- 56
diffusionsäquivalente Luftschichtdicke 239
Diffusionsberechnungen 239
Diffusionsdiagramm 242
–, Tauperiode, Außenwand 247
–, Tauperiode, Flachdach 249
DIN 63
DIN Deutsches Institut für Normung e.V. 62
DIN V-ENV-Norm, Begriff 64
DIN-EN-IEC-Norm, Begriff 64
DIN-EN-ISO-Norm, Begriff 64
DIN-EN-Norm, Definition 64
DIN-ETS-Norm, Begriff 64
DIN-IEC-Norm, Definition 64
DIN-ISO-Norm, Begriff 64
DIN-Norm, Begriff 64
DIN-Normen, Anwendung 65
–, Grundsätze 62
–, Informationen, Auskünfte, Dienste 457
–, Werdegang 63
DIN-VDE-Norm, Begriff 64
DIN-Vornorm, Begriff 64
DITR 457
DKE 66
Dokumentation, allg. Beschreibung 16
–, Datenarten 24
Doppelständerwand, Schalldämm-Maß, horizontale Schallübertragung 326
–, zweischalige, Schalldämm-Maß, horizontale Schallübertragung 325
Drän 394
Dränanlage 394
Dränelement 394
Dränleitung 394
Dränmaßnahmen 394
Dränrohr 394
Dränschicht 394
Dränung 393
–, Begriffe 394
–, Beispiele 395
durchbruchhemmende Verglasung 425
Durchdringungen, Abdichtung 407

Durchflußklasse, Armatur 352
–, Auslaufvorrichtung 352
Durchführung, Bauleistungen 435
Durchführungsverordnungen 48
durchschußhemmende Verglasung 425
durchwurfhemmende Verglasung 425
DVNBauO, Durchführungsverordnung zur Niedersächsischen EG-Bauvergaberichtlinien 55
dynamische Steifigkeit, Zwischenschicht 277

Ebenheitstoleranzen, Begriffe 118
–, Grenzwerte 120
EG-Baukoordinierungsrichtlinie 431
EG-Bauproduktenrichtlinie, wesentliche Anforderungen 199
EG-Konformitätszeichen 51, 54
EG-Richtlinien, allg. 52
–, allg. Übersicht 61
–, Baukoordinierungsrichtlinie 431
–, Bauproduktenrichtlinie 53
–, –, wesentliche Anforderungen 199
–, Bauvergabe 55
–, Dienstleistungsrichtlinie 56
–, Entstehung 53
–, Gesundheitsschutz, auf Baustellen 60, 61
–, Sicherheit, auf Baustellen 60, 61
–, Überwachungsrichtlinien 434
EG-Sektorenrichtlinie 434
EG-Überwachungsrichtlinien 434
Eigenfrequenz, Bauteile 277
Eigenkapitalkosten 129
Eigenleistungen 128
Eigenüberwachung, Bauprodukte 50
Einfachständerwand, Schalldämm-Maß, horizontale Schallübertragung 324, 326
Einfamilienhaus, Schallschutz, erhöhter 372, 377
–, Schallschutzstufen 377
–, Trittschalldämmung 283
Einheiten, Wärmeschutz 201

einschalige Wand, bewertetes Schalldämm-Maß 302
einschaliges Bauteil, Schalldämmung 277
Einzelentlüftungsanlagen 161
Einzelschachtanlage 160
Eissportanlagen, DIN-Normen, Übersichten 449
elektrische Anlagen, Begriffe 154
–, Leitungsführung 157
–, Mindestausstattung 154
elektrische Leitungen 159
Elektrizitätszähler, Nischen 152
Empfangsantennenanlagen 155
EN, s. Europäische Normen
Energiebedarf 252
Energiedurchgang, Fensterflächenanteile, sommerlicher Wärmeschutz 260
Energiedurchlässigkeit, transparente Außenbauteile 209
Energieeinsparung, EG-Bauproduktenrichtlinie 199
–, Wärmeschutzverordnung 251
Entwurfsplanung, allg. Beschreibung 12
–, Datenarten 24
Entwurfsverfasser 17
Entwurfszeichnungen 104
EOTA, s. Europäische Technische Zulassung
Erdbebengebiete, Lastannahmen 408
Erdbebenzonen 408
Erschütterungen, bauliche Anlagen 411
–, Einwirkung auf Menschen 410
–, Schwingungsgrößen 409
Erschütterungsschutz 408
–, MBO 199
Estrich, allg. Anforderungen 426
–, Anhydridestrich 426
–, Gußasphaltestrich 426
–, Magnesiaestrich 426
–, schwimmender 427
–, Wärmeleitfähigkeit 219
–, Wasserdampf-Diffusionswiderstandszahl 219
–, Zementestrich 426
ETA, s. Europäische Technische Zulassung
ETSI 66
Eurocode 2 419
Eurocode 3 420

Sachverzeichnis

Eurocode 4 420
Europäische Normen, Begriff 64
europäische Normung 66, 67
Europäische Technische Zulassung 54, 68
Europäische Vornorm 66

Fakten, Begriffe 24
Faserplatten, DIN-Normen, Übersicht 447
Fenster, angriffhemmende Verglasung 424
–, Bedienbarkeit 251
–, Fugendurchlässigkeit 250
–, Holzprofile 424
–, Profilkernzone 230
–, Schalldämm-Maß 345
–, Schlagregendichtheit 250
–, Wärmedurchgangskoeffizienten 228
–, Wärmeverluste, Begrenzung 264
–, Windbeanspruchung 251
Fensterflächenanteil 209
Fenstertüren, Holzprofile 424
–, Wärmedurchgangskoeffizienten 228
–, Wärmeverluste, Begrenzung 264
Fernmeldeanlagen 155
Fertigteilzeichnungen 105
Feuchtegehalte, Baustoffe 233
Feuchteschutz 393
–, klimabedingt 211
feuchteschutztechnische Größen 202
Feuerstätte, Aufstellraum, FeuV 268
Feuerungsverordnung 268
Feuerwehrhäuser, DIN-Normen, Übersichten 450
Feuerwiderstandsklassen 381, 382
Feuerwiderstandsdauer 381, 383
–, Bauteile 381
–, Einflüsse 385
–, Einstufung 383
Feuerwiderstandsklassen, Bauteile 384
–, Einflüsse 385
–, Sonderbauteile 391
FeuV, s. Feuerungsverordnung
Filterschicht 394
Finanzierungsplan 127
Flächenermittlung 74, 78
Flächenheizung 254
–, Wärmedurchgang 260

Flächennutzungsplan, allg. Beschreibung 40
Flankendämm-Maß, Schall 275
Flankenübertragung, Schall 275
flankierendes Bauteil, Schalldämmung 309
freistehende Wandschale, Schalldämm-Maß, horizontale Schallübertragung 327
Fremdkapitalkosten 130
Fremdmittel 128
Fremdüberwachung, Bauprodukte 50
Frequenz 271
Fugenabdichtung, Schlagregenschutz 216
Fugendurchlässigkeit, Begriffe 250
–, Fenster, Begriffe 250
Fugendurchlaßkoeffizient 250
–, außenliegende Fenster 254, 264
–, außenliegende Fenstertüren 264
–, Außentüren 264
Funktionsfläche, Begriff 78
–, Gliederung 80
Fußbodenfläche, Abdichtung 402

Garage, Geräusche 364
Gebäude, Bauschäden 429
–, Begriffe 47
–, Dichtheit 254
–, Grundleistungen 11
–, Gründung 414
–, Hausanschlußräume 152
–, Luftschalldämmung 296, 318
–, –, horizontale Schallübertragung, Ausführungsbeispiele 323
–, –, vertikale Schallübertragung, Ausführungsbeispiele 337
–, nicht unterkellert, Abdichtung 398
–, Schwingungseinwirkungen 411
–, Standzeit 431
–, Trittschalldämmung 286, 293
–, unterkellert, Abdichtung 399
–, Zählerplätze 152
Gebäudesicherung, Ausschachtungen 414
–, Baugruben 414

–, Beweissicherung 414
–, Gründungen 414
–, Unterfangungen 414
Gebäudetrennwände, Wärmeschutz 261
Gebäudetreppen 186
–, Hauptmaße 191
Genehmigungsplanung, allg. Beschreibung 13
–, Datenarten 24
Generalunternehmer 18, 19
geometrische Festlegungen 76
geotechnische Untersuchungen, Baugrund 414
Geräusch 271
Geräuschausbreitung, allg. Grundlagen 360
–, Minderung 361
Geräusche, Abwasserleitung 363
–, Aufzugsanlage 364
–, Garage 364
–, Heizungsanlage 363
–, Klimaanlage 364
–, Lüftungsanlage 364
–, Müllabwurfanlage 364
–, Sanitärgegenstand 363
–, Wasserversorgungsanlage 362
Geräuschentstehung, allg. Grundlagen 360
Gerüste 415
Gesamtenergiedurchlaßgrad 209
Gesamtkosten, Aufstellung 140
–, Berechnung 124
–, Gliederung 124
Geschoßhaus, Trittschalldämmung 280
Geschoßtreppe 189
Gesetze, Informationen 451
–, –, Auskünfte, Dienste 457
Gesetzesblätter, Informationen 451
Gesundheitsschutzplan 60, 61
Gesundheitsschutzkoordinator 60, 61
Gesundheitsschutz, auf Baustellen 60, 61
–, MBO 44
Gewährleistungsfristen 16
Gewerke, StLB 437
Glasbausteine, DIN-Normen, Übersicht 445
Glassteinwand, Schalldämm-Maß 345
Gräben, Ausführung 415
–, Bemessung 415
Grenzabmaß, Begriffe 118

Grenzabmaß für Bauwerksmaße 119
Grenzfrequenz, Bauteile 277
Größtmaß, Begriffe 118
Grundflächen, Begriffe 78
–, Berechnung 79
–, Netto- 80
–, Nutzungsarten 81
Grundlagendokument 54
Grundlagenermittlung, allg. Beschreibung 11
–, Datenarten 24
Grundleistungen 10, 11
Grundmodul 77
Grundriß 106
Grundrißplanung, Schallschutz 365
Grundsätze und Richtlinien für Wettbewerbe, s. GRW
Grundsatzwettbewerbe 60
Grundstücksentwässerung, allg. Beschreibung 50
Gründungen, Bauwerke 414
–, Gebäude 414
–, Gebäudesicherung 414
GRW 58
Gußasphaltestrich 426
Güteüberwachung, Bauprodukte 50

Handwaschbecken 116
Handwerk, Verbände 465
Harmonisierungsdokument 66
Hauptnutzfläche 78
Hauptstromversorgungssystem 154
Hausanschlußräume 152
Hausschornsteine, Ausführung 423
–, Planung 423
haustechnische Anlagen/Betriebe, Schallschutz 349
–, Schallschutz, erhöhter 373
Haustrennwand, Schalldämm-Maß, horizontale Schallübertragung 327
Hauswände, zweischalige, bewertetes Schalldämm-Maß 300
HeizAnIV, s. Heizungsanlagen-Verordnung
Heizkörper, Anordnung, vor Fenstern 260
–, vor außenliegenden Fensterflächen 254
Heizkosten 266
Heizkostenabrechnung 266
Heizkostenverordnung 266
Heizungsanlage, DIN-Normen 265

–, Geräusche 363
–, Verordnung 265
–, Vorschriften 265
Heizwärmebedarf 252, 254
Heizwärmepaß 252
HOAI, Aufbau und Inhalt 21
–, Honorarermittlung 22
–, Leistungen, Objektplanung 23
–, Leistungsbild 10, 23
Hochbau, allg. Bemessungsregeln, Stahlbau 420
–, Baunutzungskosten 101
–, Flächenermittlung 78
–, Grundnormen 73
–, Kostenermittlung 85
–, –, Arten 87
–, –, Begriffe 86
–, –, Kostengliederung 89
–, –, Kostengruppen 90
–, Maßordnungssysteme 73
–, Nutzflächen, Gliederung 80
–, Nutzungsarten 81
–, Planung 9
–, Planungsablauf 9
–, Rauminhalte 79
–, Toleranzen, Begriffe 118
–, Toleranzen, Ebenheit 120
–, Toleranzen, Grenzabmaße 119
–, Toleranzen, Winkel- 119
–, umbauter Raum, Berechnung 142
–, Wärmeschutz 200
–, –, Berechnung 235
–, Wohnflächenberechnung 138
Höhenangaben 109
Holz, DIN-Normen, Übersicht 446
–, Wärmeleitfähigkeit 225
–, Wasserdampf-Diffusionswiderstandszahl 225
holzartige Baustoffe, DIN-Normen, Übersicht 447
Holzbalkendecke, bewerteter Norm-Trittschallpegel 294
–, Schalldämm-Maß 294
–, Trittschalldämmung 293
–, Trittschallschutzmaß 290
Holzbau 420
Holzbauwerke, Ausführung 420
–, Berechnung 420
Holzfußboden, Trittschallverbesserungsmaß 288
Holzwerkstoffe, DIN-Normen, Übersicht 447
–, Wärmeleitfähigkeit 225

–, Wasserdampf-Diffusionswiderstandszahl 225
Honorarermittlung, HOAI 22

Ideenwettbewerbe 60
IEC 65
Industriebau, ASR, Übersichten 450
–, DIN-Normen, Übersichten 450
Informationen, Begriffe 23
Informationsstellen 451
Informationsumsatz, bei der Planung 23
Informationszentrum Raum und Bau 462
Ingenieurkammern 464
Innenräume, Tageslicht 427
Innenwand, Schall-Längsdämm-Maß 336
Installation, Wasser-, Schallschutz 351
Installations-Schallpegel 273
Installationszonen, elektrische Anlagen 157
Instandhaltungen, Begriffe 9
Instandhaltungskosten 132
Instandsetzungen, Begriffe 9
integrierte Planung 11
Internationale Normung 65
ISO 65
Istabmaß, Begriffe 118
Istmaß, Begriffe 118

Jahres-Heizwärmebedarf, Anforderungen 257
–, Begriffe 253
Jahres-Transmissionswärmebedarf, Begrenzung 254, 262
Jahresniederschlagsmenge 218

Kapitalkosten 129
Kategorien, Dienstleistungen 57
keramische Fliesen, DIN-Normen, Übersicht 444
– Platten, DIN-Normen, Übersicht 444
Klassifizierung, Brandverhalten 381
Kleinstmaß, Begriffe 118
Klimaanlage, Geräusche 364
klimabedingter Feuchteschutz 211
Klosettbecken 117
Konformität, EG-Konformitätszeichen 54

Konformität, Kennzeichnung, Bauprodukte 50
Konstruktions-Grundfläche, Begriffe 78
–, Berechnung 79
Koordinationsmaß 76
Koordinationsraum 76
Koordinationssystem 76
Körperschall 271
Kosten, Betriebskosten, Aufstellung 143
–, Gesamtkosten, Aufstellung 140
–, –, Berechnung 124
–, –, Gliederung 124
Kostenanschlag 86
–, Grundsätze 88
Kostenberechnung 86
–, Grundsätze 88
Kostenermittlung, allg. 85
–, Arten 87
–, Grundsätze 87
Kostenfeststellung 86
–, Grundsätze 88
Kostengliederung, Aufbau 88
–, ausführungsorientierte 89
–, Baunutzungskosten 101
–, Darstellung 89
–, in Leistungsbereiche 89
Kostengruppen 89, 90
Kostenkennwert 86
Kostenkontrolle 86
Kostenplanung 86
Kostenschätzung 86
–, Grundsätze 87
Krankenanstalt, Trittschalldämmung 284
Krankenhaus, Schallschutz, erhöhter 372
–, DIN-Normen, Übersichten 450
Küchen, Begriffe 163
–, Planungsgrundlagen 164
Kücheneinrichtungen 165

Labor-Schall-Längsdämm-Maß 275
–, bewertetes 276
Lageplan, allg. Beschreibung 49
Landesbauordnungen 13
–, allg. Beschreibung 43
–, Durchführungsverordnungen 48
landwirtschaftliches Bauwesen, DIN-Normen, Übersichten 451
längenbezogener Strömungswiderstand 278
Lärmpegelbereich 313

Lärmschutz, Außenlärm 313
Lastannahmen, Erdbebengebiete 408
Lastenberechnung 136
LBO, s. Landesbauordnungen
leichte Trennwände 425
leichtentflammbare Baustoffe 381
Leistungen, Besondere Leistungen 10
–, Grundleistungen 10, 11
–, Leistungsphasen 10, 11, 24
–, Objektplanung, HOAI 23
Leistungsbereiche, StLB 437, 438
Leistungsbeschreibung 14
–, Bauwesen 436
–, Beispiel der StLB 439
Leistungsbild, HOAI 10
Leistungsphasen, ,,Nach"betreuung 16
–, allg. Beschreibung 10
–, Ausführungsplanung 14
–, –, Daten, Fakten und Methoden 30
–, benötigte Datenarten 24
–, Dokumentation 16
–, –, Daten, Fakten und Methoden 37
–, Entwurfsplanung 12
–, –, Daten, Fakten und Methoden 28
–, Genehmigungsplanung 13
–, –, Daten, Fakten und Methoden 30
–, Grundlagenermittlung 11
–, –, Daten, Fakten und Methoden 25
–, Objektbetreuung 16
–, –, Daten, Fakten und Methoden 37
–, Objektüberwachung 15
–, –, Daten, Fakten und Methoden 35
–, Vergabe, Daten, Fakten und Methoden 32
–, –, Mitwirkung 14, 15
–, –, Vorbereitung 14
–, Vorplanung 11, 12
–, –, Daten, Fakten und Methoden 26
Leistungsträger 18
Leistungsverzeichnis 436
Leitungen, Brennstoff, FeuV 268
–, elektrische 159
Lieferauftrag, Vergabe, EG-Richtlinien 55
Lieferkoordinierungsrichtlinie, EG- 56

Linienarten 107
Linienbreiten 107
Linksbeschlag 115
Linksflügel 114
Linksgeländer 116
Linksschloß 115
Linkstreppe 115
Linkstürschließer 115
Linkszarge 115
LKR, s. Lieferkoordinierungsrichtlinie
Luftschall 271
Luftschalldämmung 273
–, Ausführung 365
–, Außenbauteile 313
–, Bewertung 276
–, einschaliges Bauteil 365
–, Gebäude, Holzbauart 318
–, –, horizontale Schallübertragung, Ausführungsbeispiele 323
–, –, Massivbauart 296
–, –, Skelettbauart 318
–, –, vertikale Schallübertragung, Ausführungsbeispiele 337
–, Kennzeichnung 276
–, Lüftungskanal 358
–, Lüftungsschacht 358
–, Planung 365
–, Schallschutz, erhöhter 371
–, zweischaliges Bauteil 366
Lüftung, Bäder, mit Ventilatoren 161
–, –, ohne Ventilatoren 159
–, Toilettenräume, mit Ventilatoren 161
–, –, ohne Ventilatoren 159
Lüftungsanlage, Geräusche 364
–, mechanisch, Anforderungen 260
–, –, mit Wärmerückgewinnung, Anforderungen 260
Lüftungseinrichtung, Außenlärm 315
Lüftungskanal, Luftschalldämmung 358
Lüftungsschacht, Luftschalldämmung 358
Lüftungswärmebedarf, Wärmeschutzverordnung, Berechnung 259
Luganer Abkommen, Normung 66

Magnesiaestrich 426
Mangel, VOB 431
Massivdecke, bewertetes Schalldämm-Maß 306

Massivdecke, Schalldämm-
Maß, horizontale Schallüber-
tragung 328
–, –, vertikale Schallüber-
tragung 337
–, Trittschalldämmung 286,
368
–, äquivalenter, bewerteter
Norm-Trittschallpegel 287
Maßangaben, Bauzeichnun-
gen 108
Maße, Baurichtmaße 74
–, Bauzeichnungen 108
–, Begriffe 118
–, Bemaßung 108
–, Moduln 78
–, Modulordnung 76
–, Nennmaße 74
–, Toleranzen 118
–, Treppen, Gebäude 191
Maßhilfslinien 109
Maßlinien 108
Maßlinienbegrenzung 108
Maßordnung, Hochbau 73
Maßtoleranz, Begriffe 118
Maßzahl 108
Mauersteine, Baurichtmaße 75
–, DIN-Normen, Übersicht 442
–, Nennmaße 75
Mauerwerk, Ausführung 418
–, Berechnung 418
–, bewertetes Schalldämm-
Maß 299
–, Rezeptmauerwerk 418
–, Wärmeleitfähigkeit 222
–, Wasserdampf-Diffusions-
widerstandszahl 222
Maximalpegel, Schall 273
MBO, s. Musterbauordnung
mehrschaliges Bauteil, Schall-
dämmung 277
Mengenberechnung 14
Methoden, allg. Begriffe 24
–, Leistungsphasen 30
Mischfilter 394
Mitteilungsblätter, DIBt 456
–, DIN 456
Mittelungspegel, Begriffe 150
–, Schall 272
Modernisierungen, Begriffe 9
Modulordnungen 75
–, geometrische Festlegungen
76
–, Koordinationsmaß 76
–, Koordinationsraum 76
–, Koordinationssystem 76
–, Moduln 78
–, Vorzugszahlen 77
Mörtel, DIN-Normen, Über-
sicht 441

–, Wärmeleitfähigkeit 219
–, Wasserdampf-Diffusions-
widerstandszahl 219
Müllabwurfanlage, Geräusche
364
Multimodule 77
Musterbauordnung, allg. 38
–, allg. Beschreibung 43
–, Bauherr 17
–, Bauleiter 17
–, Bauregellisten 51, 52
–, Bauvorlagen 48
–, Beteiligte am Planen und
Bauen 16, 18
–, Brandschutz 198
–, Entwurfsverfasser 17
–, Erschütterungsschutz 199
–, Gliederung 45
–, Grundleistungen 11
–, Grundsatz 16
–, Kennzeichnung, Bau-
produkte 50, 51
–, Pfeiler 416
–, Schallschutz 199
–, Sicherheit 198
–, Standsicherheit 198
–, Stützen 416
–, Unternehmer 17
–, Verkehrssicherheit 199
–, Wände 416
–, Wärmeschutz 199

Nachhall-Vorgang 278
Nachhallzeit 278
Natursteine, DIN-Normen,
Übersicht 440
Nebennutzfläche 78
Nebenweg-Übertragung,
Schall 274
–, Trittschall 276
Nennmaße 74
–, Bauteile 75
–, Begriffe 118
Netto-Grundfläche, Begriff 78
Netto-Rauminhalt, Begriff 79
nichtbrennbare Baustoffe 381
nichtdrückendes Wasser, Ab-
dichtung 404
nichttragende Trennwände
425
Nischen, Zählerplätze 152
Norm-Schallpegeldifferenz
273
Norm-Trittschallpegel 275
–, äquivalenter 276
–, bewerteter 276
–, Holzbalkendecke 294
–, Korrekturwerte 357
normalentflammbare Baustoffe
381

Normung, Begriffe 62, 63
–, europäisch 66
–, Grundsätze 63
–, international 65
–, national 64
Normungsantrag 63
Normungsarbeit, Begriffe 62,
63
Normungsvorhaben 63
Normverbau 415
Normvorlage 63
Normzahlen, Bauwesen 73
Nutzfläche, Begriffe 78, 84
–, Gliederung 80
Nutzungsarten, Grundflächen,
Räume 81

Objektbereiche, DIN-Normen,
Übersichten 449
Objektbetreuung 16
–, Datenarten 24
Objekte, Begriffe 9
Objektüberwachung, allg. Be-
schreibung 15
–, Datenarten 24
öffentliche Aufträge, EG-Richt-
linien 55, 56
öffentliche Verkehrsräume,
barrierefreies Bauen 169
Öffnungsarten 112
ökologische Empfehlungen,
Wohnungsbauförderung
146
Oktavfilter-Analyse 271
Ordnung, MBO 44

Parkett, DIN-Normen, Über-
sicht 446
Pegelminderung 278
Pfeiler, MBO 416
Planung, Ausführungsplanung
14
–, barrierefreies Bauen 169
–, behindertengerechte, Bera-
tungsstellen 460
–, Beteiligte 16, 18
–, entscheidungsorientierte 10
–, Entwurfsplanung 12
–, Finanzierungsplan 127
–, Funktionen 9
–, Genehmigungsplanung 13
–, Hochbau 9
–, Hochbau, Grundnormen 73
–, Informationsbegriff 23
–, integrierte 11
–, Kostenermittlung 86
–, Luftschalldämmung 365
–, Objektplanungsleistungen
23
–, Planungskonzept 12

Sachverzeichnis

Planung, Planungsprozeß 24
–, Schallschutz 149
–, Trittschalldämmung 365
–, unabhängige 11
–, Vorplanung 11, 12
–, Wärmeschutzmaßnahmen 208
–, Wohnflächenberechnung 138
–, wohnungswirtschaftliche Berechnungen 121
–, Ziele 10
Planungsablauf, Datenarten 24
–, Hochbauten 9, 10
Planungskonzept 12
Planungsnormen 148
Planungsprozeß 24
Planungsrecht, allg. Beschreibung 38
–, Baunutzungsverordnung 40
Planunterlagen, allg. Beschreibung 42
Planzeichen, allg. Beschreibung 42
– verordnung 41
PlanzV90, s. Planzeichenverordnung
Platte, biegeweich, Schalldämmung 277
Positionspläne 104
Profilkernzone 230
Programmierungswettbewerbe 60
Projektionsarten 105
Projektleiter, Aufgaben 20
Punktlinie 107
Putze, Anforderungen 426
–, Wärmeleitfähigkeit 219
–, Wasserdampf-Diffusionswiderstandszahl 219

Qualität, Begriffe 9
Qualitätssicherung, Funktionen 10

Rampe 171
Raum, beheizt, Begriffe 253
Räume, Nutzungsarten 81
Rauminhalte, Begriffe 78
–, Berechnung 80
Realisierungswettbewerbe 60
Rechtsbeschlag 115
Rechtsflügel 114
Rechtsgeländer 116
Rechtsschloß 115
Rechtstreppe 115
Rechtstürschließer 115
Rechtszarge 115
Regelwerke, sonstige 71

Regenfallrohre, DIN-Normen, Übersicht 448
Regenkarte 218
Rezeptmauerwerk 418
RG-Bau, RKW 463
Richtlinien, EG- 52
–, Informationen 451
–, –, Auskünfte, Dienste 457
RKW, RG-Bau 463
Rohbau 414
Rohbauzeichnungen 105
Rolladenkasten, Außenlärm 315
–, Schalldämm-Maß 347

Sanatorium, Schallschutz, erhöhter 372
–, Trittschalldämmung 284
Sanitärgegenstand, Geräusche 363
Schachtpegeldifferenz, Schall 274
Schäden, an Gebäuden 429
Schadenshäufigkeit 431
Schadensvermeidung 430
Schadensvorbeugung 430
Schall 271
Schall-Längsdämm-Maß, Außenwand 336
–, Innenwand 336
–, schwimmender Estrich 334
–, Vorhangfassade 336
Schallabsorption 278
Schallabsorptionsgrad 278
Schallabsorptionsfläche, äquivalente 278
Schallschutz, Nachweis, Eignungsprüfung am Bau 355
Schalldämm-Maß 274
–, bewertetes 276
–, –, Anwendungsbeispiele 321
–, Doppelständerwand, horizontale Schallübertragung 326
–, Einfachständerwand, horizontale Schallübertragung 326
–, Fenster 345
–, freistehende Wandschale, horizontale Schallübertragung 327
–, Glassteinwand 345
–, Haustrennwand, horizontale Schallübertragung 327
–, Holzbalkendecke 294
–, Massivdecke, horizontale Schallübertragung 328
–, –, vertikale Schallübertragung 337

–, resultierendes 318
–, Rolladenkasten 347
–, Trenndecke, vertikale Schallübertragung 337
–, Trennwand, Holzunterkonstr., horizontale Schallübertragung 323
–, Unterdecke, horizontale Schallübertragung 328
–, Vorsatzschale 312
–, –, vertikale Schallübertragung 337
Schalldämmung, Abschottung, horizontale Schallübertragung 333
–, Außenbauteile, Nachweis 341
–, Außenwand, Nachweis 341, 342
–, Dach, Nachweis 341, 343
–, Decke, Nachweis 341
–, flankierendes Bauteil 309
–, Vorhaltemaß 273
Schalldruck 272
Schalldruckpegel 272
–, haustechnische Anlagen, kennzeichnende Größen 279
Schalleistungspegel, Begriffe 150
Schallemission, Begriffe 149
Schallpegel, Begriffe 149
Schallpegeldifferenz 273
Schallschutz, allg. 270
–, allg. Begriffe 273
–, Armatur 352
–, Begriffe 271
–, EG-Bauproduktenrichtlinie 199
–, erhöhter 370
–, –, Arbeitsbereich 371, 373
–, –, Bürogebäude 374
–, –, Einfamilienhaus 377
–, –, haustechnische Anlagen 373
–, –, Verwaltungsgebäude 374
–, –, Wohnbereich 371, 373, 375
–, –, Wohngebäude 374
–, Europäische Normen, Übersicht 380
–, Grundrißplanung 365
–, haustechnische Anlagen/Betriebe 349
–, Installation 351
–, Internationale Normen, Übersicht 379
–, MBO 199
–, Mindestanforderungen 278

Schallschutz, Städtebau, Begriffe 149
–, –, Orientierungswerte 150
–, Trittschalldämmung 280
–, Wasserinstallation, Nachweis 353
Schallschutzstufen, Einfamilienhaus 377
–, Wohnung 375
–, Wohnung, Kennwerte 378
Schallübertragung, Flankenübertragung 370
–, horizontale 323
–, vertikale 337
Schaltpläne 104
Schlagregen, Beanspruchungsgruppe 215
Schlagregendichtheit, Fenster 250
Schlagregenschutz, Fugenabdichtung 216
–, Wände 215
Schlösser, DIN-Normen, Übersicht 449
Schloßsitz 425
Schnitt 107
Schnittebene 111
Schornsteinbaustoffe, DIN-Normen, Übersicht 442
Schornsteine, Ausführung 423
–, Planung 423
Schulbau, DIN-Normen 450
Schule, Trittschalldämmung 285
Schutzgerüste 415
Schutzmaßnahmen, Abdichtung 407
Schutzschicht 394
Schutzschichten, Abdichtung 407
Schwellenwert, Ausschreibung 434
–, Dienstleistungsrichtlinie 56
–, Lieferkoordinierungsrichtlinie 56
–, Sektorenrichtlinie 55
schwerentflammbare Baustoffe 381
schwimmender Estrich 427
–, Schall-Längsdämm-Maß 334
–, Trittschallverbesserungsmaß 288
Schwinggeschwindigkeit 412
Schwingung, Begriff 409
Schwingungseinwirkungen, auf Menschen 410
–, bauliche Anlagen 411
–, Beurteilungsgrößen 411
–, Beurteilungsverfahren 410

Schwingungsgrößen, Erschütterungen 409
–, Vorermittlung 409
Sektorenrichtlinie, EG- 55, 434
Sicherheit, auf Baustellen 60, 61
–, –, MBO 198
–, MBO 44
Sicherheitsbeauftragte 69
Sicherheitskoordinator 60, 61
Sicherheitsplan 60, 61
Sickerschicht 394
SKR, s. Sektorenrichtlinie
Sonderbauteile, Brandschutz 391
–, Feuerwiderstandsklassen 391
–, klassifiziert, Brandverhalten 385
Sonnenschutz 208
Sonnenschutzvorrichtung, Abminderungsfaktor 210
sozialer Wohnungsbau, ökologische Empfehlungen 146
Spannbetontragwerke, Eurocode 2 419
Spanplatten, DIN-Normen, Übersicht 447
Sperrholz, DIN-Normen, Übersicht 446
Spielbereiche 185
Spielplätze 184
Sporthallen, DIN-Normen, Übersichten 449
Sportplätze, DIN-Normen, Übersichten 449
Sportstätten, DIN-Normen, Übersichten 449
Sportstättenbeleuchtung, DIN-Normen, Übersichten 449
sprengwirkungshemmende Verglasung 425
Spültische 117
Städtebau, Schallschutz 149
Städtebaurecht 39
Stahlbau, allg. Bemessungsregeln 420
–, Eurocode 3 420
–, Eurocode 4 420
Stahlbauten, allg. Bemessungsregeln 420
–, Bemessung 420
–, Konstruktion 420
Stahlbeton, Ausführung 419
–, Bemessung 419
–, Eurocode 2 419
Standardleistungsbeschreibung, Beispiel 439
Standardleistungsbuch 436

–, Gewerke 437
–, Grundzüge 436
–, Leistungsbereiche 437, 438
–, Leistungsbereich 023, Beispiel 439
Standsicherheit, MBO 198
Standsicherheitsnachweis, allg. Beschreibung 50
Starkstromanlagen 155
Steckdosen 155
StLB, s. Standardleistungsbuch 436
Strichlinie 107
Strichpunktlinie 107
Stromkreise, Anzahl 155
Strömungswiderstand, längenbezogener 278
Stufenfilter 394
Stützen, MBO 416
Taktmaximalpegel, Schall 272
Taupunkttemperatur, Wärmeschutz 238
Tauwasserausfall, Berechnung 240
Tauwasserbildung 211
Tauwassermasse, Berechnung 212
Tauwasserschutz 211
Technische Baubestimmung, allg. Beschreibung 44
technische Regeln, Informationen 451
–, –, Auskünfte, Dienste 457
Teilzeichnungen 104
Temperatur, Oberflächen-, Berechnung 236
Terzfilter-Analyse 271
Theatergebäude, DIN-Normen, Übersichten 451
Toilettenräume, Lüftung, ohne Ventilatoren 159
–, Lüftung, mit Ventilatoren 161
Toleranzen, Begriffe 118
–, Ebenheit 120
–, Grenzabmaße 119
–, Winkel- 119
Ton, einfacher 271
–, reiner 271
Totalunternehmer 18, 19
Tragbolzentreppen 195
tragende Wände 416
Transmissionswärmeverluste, Begrenzung 207
Transmissionswärmebedarf, Wärmeschutzverordnung, Berechnung 258
Trenndecke, Schalldämm-Maß, vertikale Schallübertragung 337

Sachverzeichnis

trennende Bauteile, Luftschall-
  dämmung 296
Trennschicht 394
Trennwand, Holzunterkonstr.,
  Schalldämm-Maß, horizon-
  tale Schallübertragung 323
Trennwände, leichte 425
–, MBO 417
–, nichttragende 425
Treppen, Begriffe 188
–, Gebäude, Maße 191
–, Gebäudetreppen 186, 191
–, MBO 187
–, Steigungsverhältnis 190
–, –, Schrittmaßregel 193
–, Tragbolzentreppen 195
–, Trittschalldämmung 291
Treppenauftritt 190
Treppendurchgangshöhe 192
Treppenlauf 189
Treppenpodest 189
Treppensteigung 190
Treppenstufe 189
Trittschall 271
Trittschalldämmung 275
–, Anforderungen 280
–, Ausführung 365
–, Bewertung 276
–, Gebäude, Holzbauart 293
–, Gebäude, Massivbauart 286
–, Gebäude, Skelettbauart 293
–, Holzbalkendecke 293
–, Kennzeichnung 276
–, Massivdecke 368
–, Planung 365
–, Schallschutz, erhöhter 371
Trittschallminderung 275
Trittschallpegel 275
Trittschallschutzmaß, äquiva-
  lentes 287
–, Treppe 291
Trittschallverbesserungsmaß,
  Deckenauflage 277
–, Holzfußboden 288
–, schwimmende Estriche 288
–, weichfedernde Bodenbeläge
  289
Türblattgrößen 425
Türen, Bandsitz 425
–, Schloßsitz 425
–, Türblattgrößen 425

Übereinstimmungszeichen 51
Übergänge, Abdichtung 407
Übersichtsnorm, Begriff 64
Überwachungsrichtlinien,
  EG-Richtlinien 56, 434
Überwachungszeichen, Bau-
  produkte 51
Umbauten, Begriffe 9

umbauter Raum, Berechnung
  142
Unterböden, DIN-Normen,
  Übersicht 442
Unterdecken 428
–, Schalldämm-Maß, horizon-
  tale Schallübertragung 328
Unterfangungen, Gebäude-
  sicherung 414
Unternehmer 17
Unterrichtsraum, Trittschall-
  dämmung 285
UVV, s. Unfallverhütungsvor-
  schriften

VBG, s. Unfallverhütungsvor-
  schriften
VDE-Bestimmung 64
VDE-Richtlinie 64
Verbau 415
Verdingungsordnung für Bau-
  leistungen, s. VOB 431
Verdunstung, Berechnung 244
Vergabe, Bauauftrag 434
–, Bauleistungen 431
–, Datenarten 24
–, Mitwirkung 14
–, öffentliche Bauaufträge 55
–, Vorbereitung 14
Verglasungen, angriff-
  hemmende 424
–, durchbruchhemmende 425
–, durchschußhemmende 425
–, durchwurfhemmende 425
–, Gesamtenergiedurchlaßgrad
  210
–, sprengwirkungshemmende
  425
–, Wärmedurchgangskoeffizien-
  ten 228
Verhandlungsverfahren, öffent-
  liche Aufträge 56
Verkehrsflächen, Begriffe 79
–, Gliederung 80
Verkehrssicherheit, MBO 199
Verlegezeichnungen 105
Verordnung über die Honorare
  für Leistungen der Architekten und Ingenieure s. unter
  HOAI
Verordnungen, Informationen
  451
–, –, Auskünfte, Dienste 457
vertikale Schallübertragung
  337
Vertragsbedingungen, Bau-
  leistungen 435
Verwaltungsgebäude, Schall-
  schutz, erhöhter 374
Verwaltungskosten 132

VOB 431
–, Anlauf- und Beratungs-
  stellen 458
–, Mangel 431
–, Teil A 431
–, Teil B 435
–, Teil C 435
Vollgeschoß, Begriffe 47
–, –, MBO 41
Vollinie 107
Vorentwurfszeichnungen 104
Vorhaltemaß, Schalldämmung
  273
Vorhangfassade, Schall-Längs-
  dämm-Maß 336
Vorplanung, allg. Beschreibung
  11, 12
–, Datenarten 24
Vorsatzschale, Schalldämm-
  Maß 312
–, –, vertikale Schallübertra-
  gung 337
Vorschriften, Begriffe 24
Vorzugszahlen 77

Wand, bewertetes Schall-
  dämm-Maß 297
–, einschalige, bewertetes
  Schalldämm-Maß 302
–, zweischalige, bewertetes
  Schalldämm-Maß 304
Wandbauart, Beanspruchungs-
  gruppe 217
Wandbauplatten, DIN-Normen,
  Übersicht 444
Wandbekleidungen, DIN-Nor-
  men, Übersicht 444
Wände, Abdichtung 401
–, Außenwände 417
–, Brandwände 417
–, MBO 416
–, nichttragend, raumabschlie-
  ßend, Mindestdicke 389
–, Schlagregenschutz 215
–, tragende 416
–, Trennwände 417
–, –, leichte 425
–, –, nichttragende 425
Wandöffnungen 109
Wandplatten, DIN-Normen,
  Übersicht 444
Wandschale, freistehende,
  Schalldämm-Maß, horizon-
  tale Schallübertragung 327
Wärmebedarfsausweis 255
Wärmebrücke, Berechnung
  238
Wärmedämmstoffe, Wärmeleit-
  fähigkeit 224

Wärmedämmstoffe, Wasserdampf-Diffusionswiderstandszahl 224
Wärmedämmung 200
Wärmedurchgang, Außenbauteile, Begrenzung 263
–, Flächenheizungen 260
Wärmedurchgangskoeffizienten 201
–, Außenwand 205, 254
–, Dach 205
–, Decke 205
–, Fenster 228
–, Fenstertür 228
–, Maximalwerte, Bauteil 204
–, Verglasung 228
–, Wärmeschutzverordnung, Berechnung 258
Wärmedurchgangswiderstand, Berechnung 206
Wärmedurchlaßwiderstand, Außenwand 205
–, Berechnung 200, 206
–, Dach 205
–, Decke 205, 234
–, Luftschicht 228
–, Mindestwerte, Bauteil 204
Wärmeleitfähigkeit 201
–, Rechenwerte 219
Wärmeleitwiderstand, Berechnung 200
Wärmeschutz, A/V-Werte 257
–, Außenwände 213
–, Begriffe 201
–, belüftetes Dach 214
–, Berechnung 235
–, –, Anwendungsbeispiele 246
–, EG-Bauproduktenrichtlinie 199
–, Einheiten 201
–, Europäische Normen 269
–, feuchteschutztechnische Kennwerte 219
–, Formelzeichen 201
–, Gebäudetrennwände 261
–, Hochbau, Anforderungen 200
–, –, Ausführung 200
–, –, im Winter 203
–, –, Planung 200
–, im Sommer 208
–, Internationale Normen 268
–, MBO 199
–, nichtbelüftetes Dach 214
–, sommerlicher, Energiedurchgang, Fensterflächenanteile 260
–, Taupunkttemperatur 238
–, wärmeschutztechnische Kennwerte 219
–, Wasserdampfsättigungsdruck 241

Wärmeschutzmaßnahmen, Planung 208
wärmeschutztechnische Größen 202
Wärmeschutzverordnung 251, 253
–, Lüftungswärmebedarf, Berechnung 258
–, Transmissionswärmebedarf, Berechnung 258
–, Wärmedurchgangskoeffizient, Berechnung 258
–, Wärmegewinn, Berechnung 259
Wärmespeicherung 200
Wärmestromdichte, Berechnung 236
Wärmeübergangswiderstände 201
–, Rechenwerte 232
wärmeübertragende Umfassungsfläche 257
Wärmeverluste, Begrenzung, Dichtheitsanforderungen 264
Warmwasserkosten 266
Warmwasserversorgung, Anlagen 268
Wasser, nichtdrückend, Abdichtung 404
–, von außen drückend, Abdichtung 405
–, von innen drückend, Abdichtung 406
Wasserdampf-Diffusionsstromdichte 240
– Diffusionsdurchlaßwiderstand, Berechnung 239
– Diffusionswiderstandszahl, Richtwerte 219
– diffusionsäquivalente Luftschichtdicke 239
– Sättigungsdruck, Wärmeschutz 241
– teildruck 239
wasserdruckhaltende Abdichtung 405
Wasserinstallation, Schallschutz 351
–, –, Nachweis 353
Wasserversorgungsanlage, Geräusche 362
WCs, Begriffe 163
–, Einrichtungen 167
–, Planungsgrundlagen 166
weichfedernde Bodenbeläge, Trittschallverbesserungsmaß 289
Werkzeichnungen 104
wesentliche Anforderungen, EG-Richtlinien 54
Wettbewerbe, Richtlinien 59

Wettbewerbsarten 59
Wiener Abkommen, Normung 66
Winkeltoleranzen, Begriffe 118
–, Grenzwerte 119
Wirtschaftlichkeitsberechnung 122
Wohnbereich, Schallschutz, erhöhter 371, 373, 375
Wohnflächenberechnung 138
Wohngebäude, Schallschutz, erhöhter 374
Wohnungen, für Rollstuhlbenutzer 176
–, Schallschutzstufen 375
–, Trittschalldämmung 280
Wohnungsbau, Bäder 166
–, barrierefreies Bauen 176
–, –, Planungsgrundlagen 182
–, elektrische Anlagen 154
–, –, Mindestausstattung 154
–, Hausanschlußräume 152
–, Installationszonen 157
–, Küchen 164
–, Lüftung, mit Ventilatoren 161
–, –, ohne Ventilatoren 159
–, WCs 166
–, Zählerplätze 152
Wohnungsbauförderung 145
-programm 145
wohnungswirtschaftliche Berechnungen 121

Zählernischen 153
Zählerplätze, Nischen 152
Zeichenflächen 107
Zeichnungen, s. Bauzeichnungen 103
Zementestrich 426
Zentralentlüftungsanlagen 162
Zulassung, bauaufsichtliche 67
Zuluftkanal 160
Zuluftöffnung 160
Zuluftschacht 160
Zuschlag, Dienstleistungsrichtlinie 58
zweischalige Doppelständerwand, Schalldämm-Maß, horizontale Schallübertragung 325
– Einfachständerwand, Schalldämm-Maß, horizontale Schallübertragung 324
– Hauswände, bewertetes Schalldämm-Maß 300
– Wand, bewertetes Schalldämm-Maß 304
zweite Berechnungsverordnung 121
Zwischenschicht, dynamische Steifigkeit 277